Die Dampfturbinen

Theorie, Berechnung und Konstruktion für Studium und Praxis

Von

Professor Dipl.-Ing. C. Zietemann

Zweite verbesserte Auflage

Mit Beiträgen von

Professor Dr.-Ing. K. Röder

Mit 560 Abbildungen

Springer-Verlag
Berlin / Göttingen / Heidelberg
1955

ISBN 978-3-642-53271-9 ISBN 978-3-642-53270-2 (eBook)
DOI 10.1007/978-3-642-53270-2

Softcover reprint of the hardcover 2nd edition 1955
Berlin/Göttingen/Heidelberg.

Vorwort zur zweiten Auflage.

Die erste Auflage des vorliegenden Buches erschien in einer Zeit (1930), in welcher außer dem klassischen Werk des Dampfturbinenbaues von Stodola (6. Auflage, 1924), in der Literatur nur Teilgebiete in Zeitschriftenaufsätzen behandelt waren. Es war nicht in der Absicht verfaßt worden, das Werk von Stodola zu ersetzen, das in den grundlegenden Fragen führend geblieben ist, es sollte vielmehr dem Studierenden, wie auch dem jungen Ingenieur über die anfänglichen Schwierigkeiten bei der Berechnung und Konstruktion hinweghelfen und das Gebiet des Dampfturbinenbaues zusammenfassend behandeln.

Die günstige Aufnahme, die das längst vergriffene Buch in Fachkreisen gefunden hat, veranlaßte den Verlag, eine zweite Auflage herauszubringen. Durch den Krieg wurde die Neubearbeitung verzögert und durch den Zusammenbruch mit seinen katastrophalen Folgen weit hinausgeschoben. Erst allmählich wurde es möglich, die Verbindung zu den Dampfturbinenwerken wiederherzustellen, das inzwischen erschienene Schrifttum zu erhalten und Neuerungen zu berücksichtigen.

Bei der Bearbeitung der neuen Auflage ist versucht worden, den in den Besprechungen der ersten Auflage geäußerten Bemerkungen, Wünschen und Anregungen soweit wie möglich zu entsprechen. Die Einteilung des behandelten Stoffes ist beibehalten worden, doch wurden einzelne Abschnitte vollständig umgearbeitet, um das Buch auf den neuesten Stand zu bringen, insbesondere die Lagerreibung entsprechend der hydrodynamischen Lagertheorie und die Ausführung der Trag- und der Stützlager. Eine Reihe überholter Konstruktionen wurden durch neuzeitliche ersetzt und nur diejenigen älteren Ausführungen beibehalten, die für die Entwicklung typisch und interessant erscheinen. Die Berechnungsbeispiele sind z. T. nach den neueren Ansichten hinsichtlich Kanalhöhen und Schaufellängen umgerechnet worden.

Die zunehmende Verwendung hoher Drücke und Temperaturen erfordert hochwarmfeste Werkstoffe, deren Eigenschaften bei den einzelnen Turbinenteilen nach den neuesten Ergebnissen angegeben sind, soweit sie erreichbar waren. Die hohen Temperaturen verlangen sehr sorgfältige konstruktive Formgebung, um besonders beim Anfahren der Turbinen Anstände zu vermeiden. Es sind deshalb die diesbezüglichen Bauregeln und Maßnahmen von Röder erwähnt, die von vielen Firmen angewendet werden.

Bei den Reglungen werden neue Ausführungen und neu entwickelte Druckreglungen gezeigt. Über die Regeltechnik und die Grundlagen sind viele Werke und Abhandlungen erschienen, auf die verwiesen wird.

Im Text sind zahlreiche Quellenangaben und Hinweise auf die im Schrifttumsverzeichnis des Anhanges angegebenen Aufsätze gebracht, die demjenigen willkommen sein werden, der sich über spezielle Fragen näher orientieren will.

Dem mehrfach geäußerten Wunsche, auch die Ausführungen ausländischer Turbinenwerke zu erwähnen, entsprechend, hat sich auf Bitten des Verfassers Professor Dr.-Ing. K. RÖDER dankenswert bereit erklärt, dazu einen Beitrag zu leisten, der als „Stand des Dampfturbinenbaues in internationaler Sicht" als Abschluß des Buches wiedergegeben ist, worauf einige Abbildungen der neuesten Turbinen namhafter ausländischer Werke folgen.

Bei der Bearbeitung der neuen Auflage bin ich wieder von den Firmen, die bei der Wiedergabe ihrer Konstruktionen genannt sind, durch Überlassung von Zeichnungen und anderen Unterlagen bereitwilligst unterstützt worden, wofür ihnen auch an dieser Stelle der Dank ausgesprochen sei. Mein besonderer Dank gebührt Herrn Obering. Dipl.-Ing. MAX BLÄNSDORF, Mannheim, für seine zahlreichen Hinweise, Verbesserungsvorschläge und Anregungen. Ebenso danke ich Herrn Ing. HANS SPIES für seine Hilfe beim Korrekturlesen. Nicht zuletzt danke ich dem Springer-Verlag für die Geduld und für die bekannte vorzügliche Ausstattung des Buches.

Ich hoffe, den Fachkollegen durch meine Arbeit zu dienen und bin für eine sachliche Kritik, Wünsche und Anregungen dankbar.

Im November 1954.

C. Zietemann.

Vorwort zur ersten Auflage.

Die Entwicklung des Dampfturbinenbaues war vor dem Kriege zu einem gewissen Stillstand gekommen; wohl mit Rücksicht auf den Wettbewerb hinsichtlich des Preises wurden wenig Stufen mit hohen Dampfgeschwindigkeiten bevorzugt, wobei aber die Wirtschaftlichkeit häufig zu kurz kam. Die Nachkriegszeit mit der Forderung erhöhter Wirtschaftlichkeit brachte neue Bestrebungen nach besserer Wärmeausnutzung, es setzte eine Periode stürmischer Entwicklung ein, zum Teil angeregt durch das Vorgehen der Ersten Brünner Maschinenfabriksgesellschaft, das wesentlich höhere Wirkungsgrade der Turbinen in Aussicht stellte, zum Teil unabhängig davon, aber dem gleichen Ziele zustrebend. Dadurch wurde nicht nur die innere Ausführung der Turbinen — die Leitvorrichtungen, Schaufeln, Zahl und Durchmesser der Stufen —, sondern auch die äußere Gestalt — mehrgehäusige, mehrwellige und mehrflutige Bauart — beeinflußt. Gleichzeitig mußte sich der Dampfturbinenbau dem Streben nach Verbesserung der Wirtschaftlichkeit durch Steigerung des Dampfdruckes und der Temperatur anpassen. Die Fülle der Neuerungen und der Fragen hinsichtlich Konstruktion und Baustoff machte es auch dem erfahrenen Fachmann nicht leicht, dauernd auf dem laufenden zu bleiben.

Über die wichtigsten Neuerungen, Forschungen und Betriebsergebnisse sind wohl zahlreiche Veröffentlichungen erschienen, doch fehlt eine umfassende und zusammenhängende Übersicht über den heutigen Stand des Dampfturbinenbaues. Es ist insbesondere dem Studierenden schwer, die einzelnen Abhandlungen zu finden, noch schwerer, sich darin zurechtzufinden. Im Gegensatz zu anderen Gebieten des Kraftmaschinenbaues, besonders der Dieselmotoren, hat die Literatur über Dampfturbinen mit deren Entwicklung nicht Schritt gehalten. Diese Lücke will das vorliegende Buch ausfüllen und darüber hinaus dem Studierenden und dem jungen Ingenieur die Grundlagen, die Berechnung und die Konstruktion in einer leicht faßlichen Form vermitteln und insbesondere mit praktischen Angaben an die Hand gehen. Dem jungen Ingenieur sind meist nur die Ausführungen seines Werkes genauer bekannt, es fehlt ihm der Überblick über die Ausführungen andrer Werke. Es sind deshalb die verschiedenen Konstruktionen nebeneinander gestellt und möglichst alle Ausführungsarten gezeigt. Dieses dürfte auch dem erfahrenen Fachmann nicht unwillkommen sein, der nicht immer die Zeit findet, alles zu sammeln, was mit dem Dampfturbinenbau zusammenhängt. Auch für den Studierenden ist es pädagogisch richtiger, die Ausführungsmöglichkeiten in größerer Anzahl zu zeigen, da er bei nur einigen Beispielen zu leicht geneigt ist, diese als die einzigen zu betrachten, an die er sich bei den Konstruktionsübungen klammert.

Zum besseren Überblick sind überall Hinweise auf andere Stellen des Buches eingefügt; wo das Nachschlagen störend sein könnte, sind absichtlich kurze Wiederholungen nicht vermieden worden.

Da jeder, der sich mit dem Dampfturbinenbau und der Berechnung befassen will, die Thermodynamik beherrschen muß, ist diese als bekannt vorausgesetzt und demzufolge die Grundlagen, Gesetze und Hauptsätze nicht wiederholt, doch sind zur Einführung die grundlegenden Eigenschaften des Wasserdampfes kurz angeführt, um auch das in den Büchern über Thermodynamik noch wenig behandelte Verhalten des Dampfes bei hohen Drücken und Temperaturen zu kennzeichnen. Wem dieses Gebiet geläufig ist, mag dieses Kapitel überschlagen, den meisten Lesern wird eine kurze Einführung willkommen sein.

Die Strömung des Dampfes und der Ausfluß aus Mündungen ist eingehender behandelt, da dieses Kapitel von grundlegender Bedeutung für den Dampfturbinenbau ist; dabei ist auf die neueren Forschungen und die diesbezügliche Literatur hingewiesen.

Die Berechnung der Turbinen ist so durchgeführt, daß sie dem Anfänger praktische Fingerzeige und genügend Anhaltspunkte bietet und er nicht auf „Schätzungen“ angewiesen ist, für die ihm Gefühl und Maßstab fehlen. Die angeführten Zahlenwerte entstammen einer großen Anzahl ausgeführter Anlagen. Die Berechnungsarten zeigen nicht immer den kürzesten, sondern den übersichtlichsten Weg, der dem Anfänger zu empfehlen ist; hat er einige Anlagen durchgerechnet, so wird er sich selbst Vereinfachungen und Schemata schaffen, insbesondere bei den Überdruckturbinen, oder sich andrer Berechnungsmethoden bedienen. Für die angestrebte volle Beaufschlagung bei Gleichdruckturbinen ist eine praktische Ermittlung des Beaufschlagungsdurchmessers angegeben.

Ein wichtiges Gebiet sind die Reglungen, die hier wohl erstmalig zusammenhängend in allen Einzelheiten behandelt sind und von denen neben den Hauptarten eine große Anzahl Ausführungsbeispiele, meist in schematischer Darstellung, gezeigt werden. Für Teilbelastung und Überlastung ist die Ermittlung des Zustandsverlaufes angegeben und die Berechnung durch Beispiele erläutert. Die zunehmende Bedeutung des Gegendruck- und Entnahmebetriebes ließ die Betrachtung der Druckregler zweckmäßig erscheinen.

Von den Turbinenarten sind die Kleinturbinen ausführlicher behandelt; neben ihrer vielseitigen praktischen Anwendbarkeit sind sie auch gut für den Konstruktionsunterricht geeignet.

Eine eingehende Behandlung haben auch die Turbinen für Sonderzwecke gefunden. Bei den Gegendruck- und den Entnahmeturbinen ist die Erhöhung der Wirtschaftlichkeit bei vereinigtem Kraft-Heiz-Betrieb nachgewiesen, wie auch der Vorteil der Ausnutzung des Abdampfes von Kolbenmaschinen in Abdampfturbinen. Die Reglungen dieser Turbinenarten sind im Grundprinzip besprochen und die verschiedenen Ausführungsarten meist schematisch dargestellt.

Eine kurze Erwähnung der Abdampfspeicher dient zur Übersicht, da diese Speicher ein Bestandteil der Abdampfturbinenanlagen sind. Der Ruthsspeicher gehört als Hochdruckspeicher nicht dazu.

Die Kondensationsanlagen für Dampfturbinen mußten mit Rücksicht auf den vorgesehenen Umfang des Buches fortgelassen werden, es sei auf die diesbezügliche Literatur verwiesen.

Beim Verfassen des vorliegenden Buches bin ich von den Firmen, die jeweils bei Erwähnung ihrer Konstruktionen genannt sind, durch Überlassung von Unterlagen, Zeichnungen und Erfahrungswerten bereitwilligst unterstützt worden; diesen Firmen auch an dieser Stelle verbindlichst zu danken ist mir eine angenehme Pflicht. Besonderen Dank schulde ich Herrn Direktor R. WEIGEL, Görlitz, für das freundliche Eingehen auf meine verschiedenen Wünsche. Nicht zuletzt danke ich auch der Verlagsbuchhandlung für das großzügige Entgegenkommen und die vorzügliche Ausstattung des Buches.

Ich hoffe, der Fachwelt durch meine Arbeit zu dienen und werde einer sachlichen Kritik, Wünschen und Anregungen gern Gehör schenken.

Im März 1930.

C. Zietemann.

Inhaltsverzeichnis.

Erster Abschnitt.

Grundlagen.

Zweiter Abschnitt.

Berechnung der Dampfturbinen.

Dritter Abschnitt.

Konstruktion und Berechnung der Einzelteile.

Vierter Abschnitt.

Die Reglung der Dampfturbinen.

Fünfter Abschnitt.

Ausführungen von Dampfturbinen.

Sechster Abschnitt.

Turbinen für Sonderzwecke.

Anhang.

Erster Abschnitt.

Grundlagen.

I. Einleitung.

Der Dampfturbinenbau wurde erst möglich, nachdem die Eigenschaften des Dampfes erforscht waren, da sich die Berechnung der Dampfturbinen auf die genaue Kenntnis der Vorgänge im Dampf stützt. Die erste betriebsfähige und betriebssichere Dampfturbine wurde 1883 von DE LAVAL als einstufige Gleichdruckturbine mit 30000 Umdrehungen in der Minute, die durch Vorgelege auf 3000 Umdrehungen herabgesetzt wurden, ausgeführt, wobei DE LAVAL die erweiterte Düse — auch jetzt noch als *Lavaldüse* bezeichnet — anwandte. Im Jahre darauf führte PARSONS die erste Überdruckturbine mit 17000 Umdrehungen in der Minute aus. Eine weitere Verbreitung fand der Dampfturbinenbau jedoch erst Anfang dieses Jahrhunderts mit dem zunehmenden Bedarf an Maschinen großer Leistung und nach Lösung der Werkstofffragen. Die Entwicklung ging dann auch weiter in der Richtung der Leistungssteigerung — es sind neuerdings mehrgehäusige Aggregate von über 200000 kW ausgeführt — und der Erhöhung der Wirtschaftlichkeit und Betriebssicherheit durch Verringerung der Verluste, Erhöhung des Dampfdruckes und der Temperatur und Verringerung der Abmessungen (also des Werkstoffaufwandes) durch Erhöhung der Drehzahl. So sind bei 3000 Umdrehungen in der Minute Leistungen bis 100000 kW und mehr erreicht worden, während für kleine und mittlere Leistungen Drehzahlen von 10000 und darüber angewendet werden, die durch Zahnradgetriebe auf die gewünschte Drehzahl der anzutreibenden Maschinen herabgesetzt werden, nachdem es gelungen ist, solche Getriebe mit hohem Wirkungsgrad auszuführen.

Die Grundlagen der Thermodynamik werden im folgenden als bekannt vorausgesetzt und nur die zum Verständnis der Vorgänge und die zur Berechnung der Dampfturbinen erforderlichen Beziehungen, Vorgänge und Diagramme kurz wiedergegeben.

Die im Text in rechteckigen Klammern [ ] angeführten Zahlen beziehen sich auf die im Anhang angegebenen Literaturhinweise.

II. Die wichtigsten Beziehungen für Wasserdampf.

1. Druck, Temperatur und Volumen.

Bekanntlich entspricht im Sättigungs- (Verdampfungs-) Gebiet jedem Druck p kg/cm² (P kg/m²) eine bestimmte Siedetemperatur t_s °C (T_s °K) nach der Spannungs- (pt-) Kurve, Abb. 1.

Ist v' das *Volumen* der Flüssigkeit von Siedetemperatur, v'' dasjenige des trockenen Dampfes und x der Dampfgehalt in 1 kg des Stoffes, so hat *feuchter Dampf* das Volumen

$$v = x v'' + (1 - x) v' = v' + x (v'' - v') \text{ m}^3/\text{kg}. \tag{1}$$

Überhitzter Dampf hat bei der Temperatur $t (> t_s)$ ein Volumen v, das aus der Zustandsgleichung

$$P v = R T - B P \tag{2}$$

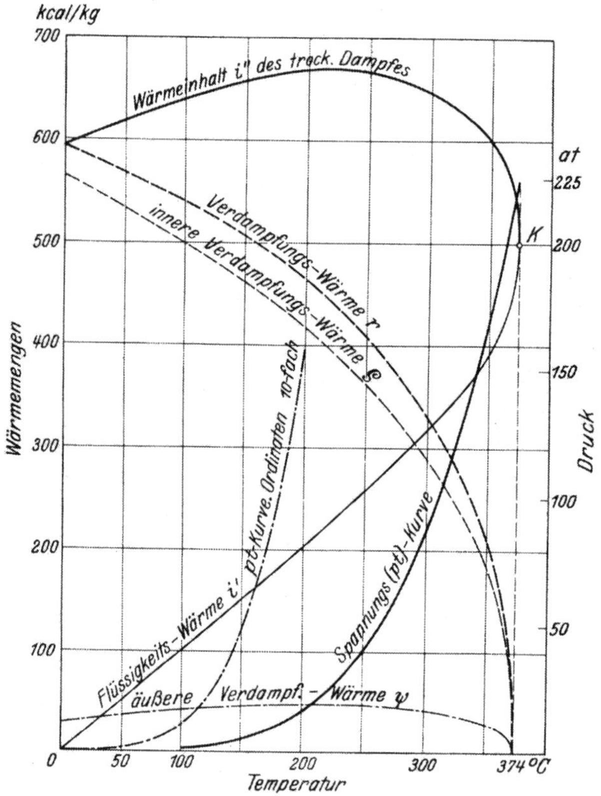

Abb. 1. Wärmemengen für Sattdampf in Abhängigkeit von der Temperatur.

errechnet werden kann,

$$v = \frac{R T}{P} - B \text{ m}^3/\text{kg}, \tag{3}$$

worin B ein von der Temperatur abhängiger Wert, der mit zunehmender Temperatur abnehmen muß.

2. Wärmemengen.

Ist die zur Erreichung der Siedetemperatur t_s aus Wasser von 0^0 C bei gleichbleibendem Druck für 1 kg erforderliche *Flüssigkeitswärme* q kcal/kg, die zur vollständigen Verdampfung noch erforderliche *Verdampfungswärme* r, so ist die Gesamtwärme

$$\lambda = q + r \text{ kcal/kg}.$$

Die Verdampfungswärme r setzt sich aus der inneren Verdampfungswärme ϱ und der äußeren Verdampfungswärme $\psi = A P (v'' - v')$ zusammen.

Die Energie der Flüssigkeit von Siedetemperatur ist

$$u' = \lambda - A\,P\,(v' - v_0)\,,$$

die Energie des trockenen Dampfes

$$u'' = u' + \varrho\,,$$

wenn v_0 der Rauminhalt der Flüssigkeit bei 0° C.

Die Wärmemengen sind in Abb. 1 in Abhängigkeit von den Temperaturen, in Abb. 2 über den Drücken aufgetragen.

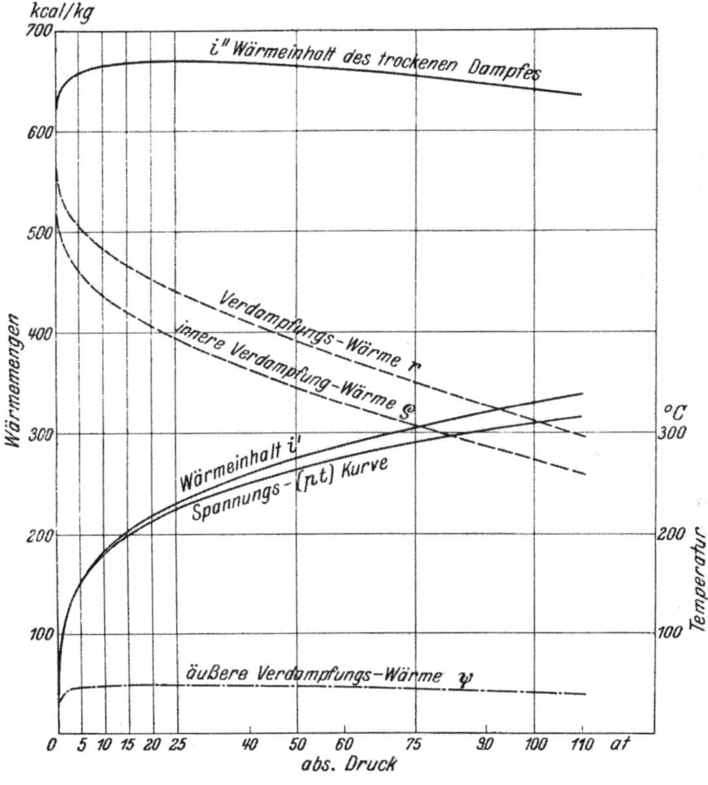

Abb. 2. Wärmemengen für Sattdampf in Abhängigkeit vom Druck.

Ist die Temperatur des gespeisten Wassers nicht 0° C, sondern t_w, und die Wasserwärme i_w, so ist nur die *Erzeugungswärme*

$$\lambda_e = \lambda - i_w = \lambda - c\,t_w \cong \lambda - t_w \tag{4}$$

erforderlich, da bei tieferen Drücken (bis $\sim$ 5 at) $c \sim 1$ ist.

Der *Wärmeinhalt* (*Enthalpie*) i ist

$$i = u + A\,P\,v\,, \tag{5}$$

wenn u die Energie des Dampfes, somit für Wasser von Siedetemperatur

$$i' = u' + A\,P\,v' \text{ kcal/kg}\,. \tag{5a}$$

Er ist größer als die Flüssigkeitswärme $q = u' + A\,P\,(v' - v_0)$, wobei v_0 das Volumen bei 0° C, jedoch nur bei hohen Drücken ist der Unterschied beachtlich.

Der Wärmeinhalt des trockenen Dampfes ist

$$i'' = u'' + A P v'' \text{ kcal/kg}, \tag{5b}$$

also größer als die Dampfwärme $\lambda = u'' + A P (v'' - v_0')$.

Es ist aus obigen Beziehungen auch

$$i'' - i' = r. \tag{6}$$

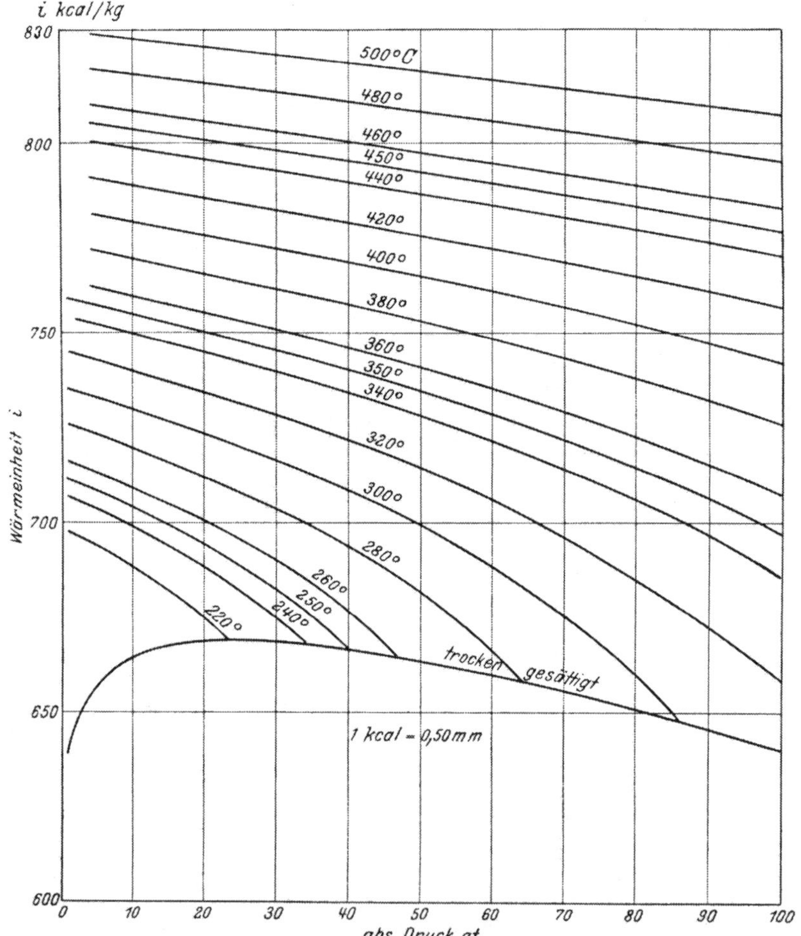

Abb. 3. Wärmeinhalt von Heißdampf abhängig vom Druck.

Feuchter Dampf vom Dampfgehalt x benötigt für die Verdampfung nur $x r$ kcal/kg, somit ist der Wärmeinhalt

$$i = i' + x r = i' + x (i'' - i') \text{ kcal/kg}. \tag{7}$$

Überhitzter Dampf von der Temperatur t erfordert eine weitere Wärmemenge, die *Überhitzungswärme*

$$c_{pm}(t - t_s) \text{ kcal/kg}, \tag{8}$$

so daß der Wärmeinhalt

$$i = i'' + c_{pm}(t - t_s) \text{ kcal/kg} \tag{8a}$$

ist, wenn c_{pm} die mittlere spezifische Wärme für die Überhitzung von der Siedetemperatur t_s auf die Dampftemperatur t.

Den Wärmeinhalt des überhitzten Dampfes zeigen die Abb. 3 und 4 in Abhängigkeit vom Druck bzw. von der Temperatur. Die Wärmeinhalte (Enthalpie) sind in den Dampftafeln enthalten, z. B. W. KOCH [IIa]; KNOBLAUCH [IIa]; SCHMIDT [IIa]; VDI [IIa].

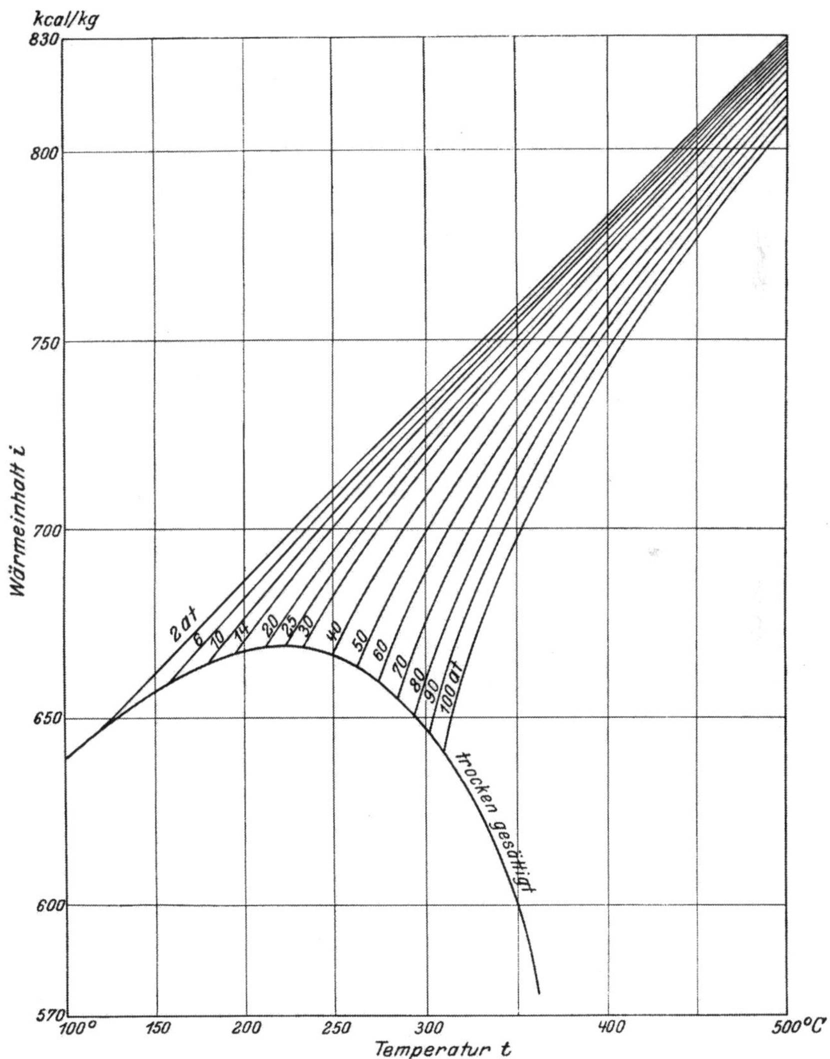

Abb. 4. Wärmeinhalt von Heißdampf abhängig von der Temperatur.

Die *Entropie* der Flüssigkeit von Siedetemperatur ist, auf 0° C bezogen [vgl. Gl. (13)],

$$s' = \int_0^{t_s} c\,\frac{dT}{T} = \int_0^{t_s} \frac{dT}{T} = \ln\frac{T_s}{T_0} = \ln\frac{T_s}{273}\ \text{Cl/kg} \tag{9}$$

des trockenen Dampfes

$$s'' = s' + \frac{r}{T_s}\ \text{Cl/kg}\,. \tag{10}$$

Dann ist die Entropie des feuchten Dampfes vom Dampfgehalt x

$$s = s' + x \frac{r}{T_s} \text{ Cl/kg}. \tag{11}$$

Für überhitzten Dampf gilt die Entropiezunahme

$$ds = \frac{c_p}{T} dT$$

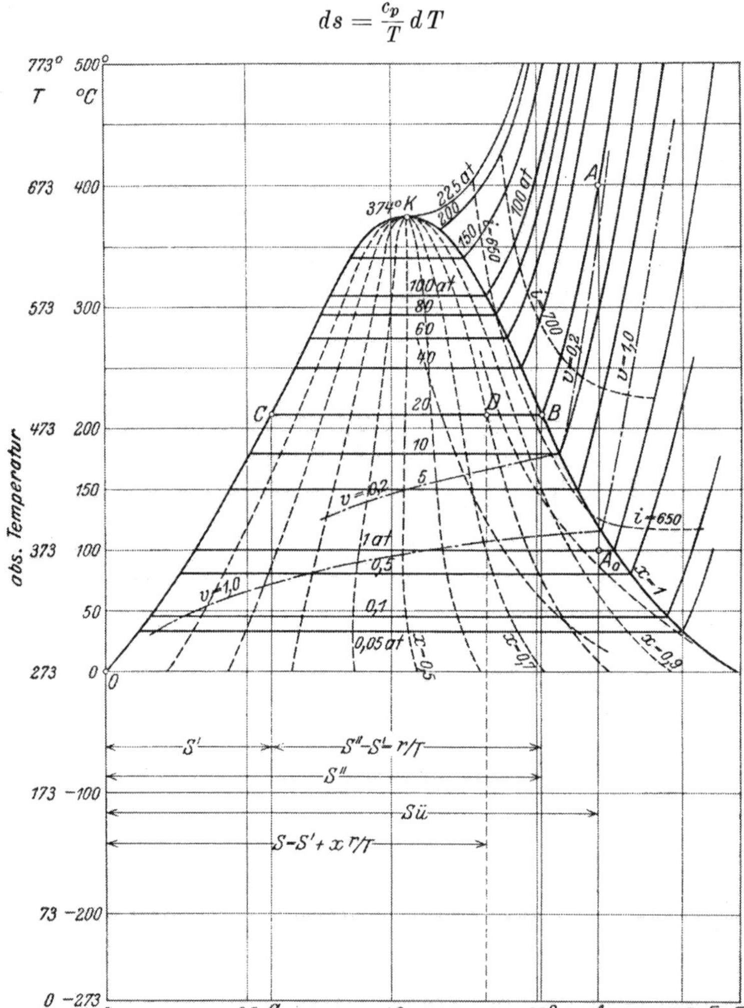

Abb. 5. Wärme- (Entropie-, Ts-) Diagramm.

oder genügend genau

$$s - s'' = c_{pm} \ln \frac{T}{T_s} \quad \text{und} \quad s = s'' + c_{pm} \ln \frac{T}{T_s} \tag{12}$$

mit $c_{pm} = (i - i'') : (t - t_s)$ kcal/°, kg.

3. Wärmediagramme.

a) *Im Wärme- oder Entropiediagramm* (Ts-Diagramm), Abb. 5, mit der absoluten Temperatur als Ordinaten und der Entropie als Abszissen erscheint die zu- oder abgeführte Wärmemenge Q als Fläche unterhalb der Linie der Zustandsänderung

$$dQ = T\,ds = c\,dt = c\,dT\,, \qquad Q = \int T\,ds\,. \tag{13}$$

Durch Eintragen der Werte für s' bzw. s'' für verschiedene Drücke bzw. Temperaturen erhält man die untere Grenzkurve OCK bzw. die obere Grenzkurve BK, die das Verdampfungsgebiet umschließen. Im Diagramm Abb. 5 sind noch die Kurven gleichen Dampfgehalts, gleichen Volumens und gleichen Wärmeinhaltes eingetragen.

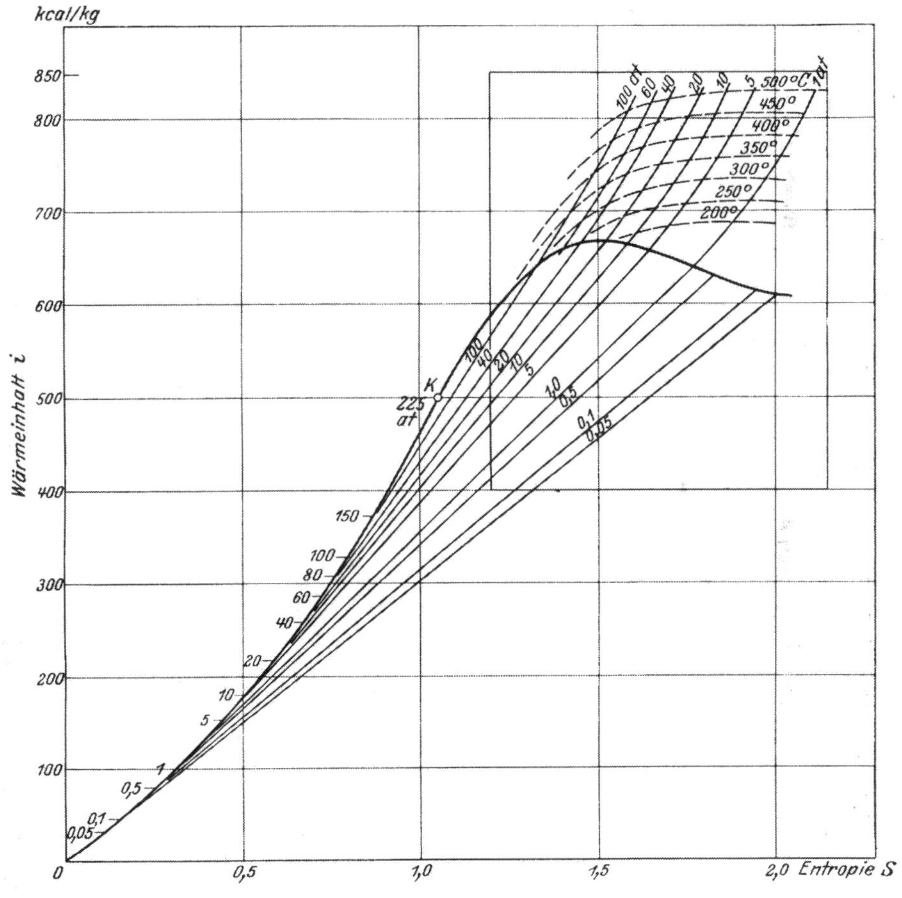

Abb. 6. *is*- (Mollier-) Diagramm.

Das Wärmediagramm ist zwar für die Berechnung der Dampfturbinen wenig gebräuchlich, aber es zeigt sehr anschaulich die Wärmemengen in ihren gegenseitigen Größenverhältnissen. So erscheint die Flüssigkeitswärme als Fläche unterhalb der linken Grenzkurve bis zur Abszissenachse (z. B. $oOCC_1$), die Verdampfungswärme als Fläche unterhalb der Geraden zwischen den Grenzkurven (z. B. Fläche C_1CBB_1) und die Überhitzungswärme als Fläche unterhalb der Kurve gleichen Druckes im Überhitzungsgebiet (z. B. B_1BAA_1).

b) Das Mollier- oder *is-Diagramm* hat als Abszissen wieder die Entropiewerte s, als Ordinaten die Wärmeinhalte i. Aus diesem Diagramm lassen sich die Wärmegefälle bzw. das Arbeitsvermögen (s. S. 9) als senkrechte Strecken abgreifen, wodurch das Diagramm für die Berechnung der Dampfturbinen sehr bequem und unentbehrlich ist. Abb. 6 zeigt das ganze Mollier-Diagramm von

0^0 C an. Für den praktischen Gebrauch kommt nur der in der Abb. 6 rechteckig umrahmte Teil in Betracht, der neuerdings links bis über den kritischen Punkt K reicht.

In den Diagrammen sind außer den Kurven gleichen Druckes noch die Kurven gleicher Temperatur im Überhitzungsgebiet, die Kurven gleichen Dampfgehaltes im Sättigungsgebiet und in manchen Diagrammen auch die Kurven gleichen Rauminhaltes eingetragen. Solche Diagramme sind von MOLLIER [IIa]; KNOBLAUCH, RAISCH und HAUSEN [IIa]; STODOLA [IIa] und von W. KOCH [IIa] erschienen auf Grund neuerer Versuche und Berechnungen. Dazu gehören noch die *Dampftabellen*.

Für die Berechnungen der Dampfturbinen im vorliegenden Buch sind die neueren Tabellen und Diagramme von W. KOCH [IIa] zugrunde gelegt. Im Anhang sind in Tabelle I die Werte p, v'', γ'', r und i'' für Temperaturen von 10^0 bis 50^0 C von Grad zu Grad zur Berechnung der Kondensation angegeben.

4. Zustandsänderungen des Wasserdampfes.

Von den Zustandsänderungen sind für Dämpfe meist nur die adiabatische (bzw. polytropische) und das Drosseln von Wichtigkeit. Die Kurven gleichen Volumens verlaufen im Sättigungsgebiet der Wärmediagramme als gekrümmte Linien (s. Abb. 5), im Überhitzungsgebiet ähnlich den Druckkurven, jedoch steiler.

Für alle Zustandsänderungen gilt die allgemeine Wärmegleichung

$$dQ = di - A\,v\,dP \tag{14}$$

oder

$$Q = i_2 - i_1 - A\int_1^2 v\,dP. \tag{14a}$$

Wie im Arbeits- (pv-) Diagramm die *Arbeit L*, welche während der Zustandsänderung geleistet oder aufgewendet wird, durch die Fläche $\int P dv$ unterhalb der Kurve der Zustandsänderung bis zur Abszissenachse dargestellt wird, so erscheint die zu- oder *abgeführte Wärme Q* im Wärme- (Ts-) Diagramm als die Fläche $\int T ds$ unterhalb der Kurve der Zustandsänderung bis zur Abszissenachse ($T = 0$) (Abb. 5).

Adiabatische Zustandsänderung, d. h. ohne Wärmezu- oder -abfuhr; da $Q = 0$, also die Fläche im Ts-Diagramm $= 0$ ist, ist die Adiabate eine senkrechte Gerade, was auch aus $dQ = T ds = 0$, also $ds = 0$ und $s = \text{const}$ folgt. Aus diesem Grunde ist sie auch im is-Diagramm eine senkrechte Gerade. Anfangs wenig feuchter und trockener Dampf wird durch adiabatische Expansion feuchter, anfangs überhitzter Dampf verliert die Überhitzung und geht bei genügend tiefem Enddruck in den gesättigten Zustand über (Abb. 5 und 6). Ist der Anfangszustand gegeben (bei gesättigtem Dampf durch p und x, bei überhitztem durch p und t), so findet man für den Enddruck p_0 den Endzustand, falls derselbe noch im Überhitzungsgebiet liegt, durch die Temperatur t_0 aus der Bedingung $s = s_0 = s_0'' + c_{pm} \ln T_0/T_{s0}$, falls er im Sättigungsgebiet liegt durch den Dampfgehalt x_0 aus $s = s_0 = s_0 + v_0\, x_0/T_{s0}$.

Im pv-Diagramm hat die Adiabate die Gleichung $p\,v^k = \text{const}$, wobei nach ZEUNER $k = 1{,}035 + 0{,}1\,x$, wenn x der Anfangsdampfgehalt, somit für *trockenen Dampf*

$$p\,v^{1{,}135} = \text{const} \tag{15}$$

und $k = 1{,}3$ für *Heißdampf*, somit

$$p\,v^{1{,}3} = \text{const}\,. \tag{15a}$$

Die *Arbeit* bei adiabatischer Expansion ist

$$L = \int_{p_0}^{p} P\,dv = \frac{P\,v}{k-1}\left[1 - \left(\frac{p_0}{p}\right)^{\frac{k-1}{k}}\right] \text{ mkg/kg}\,, \tag{16}$$

wenn P kg/m², v m³/kg die Werte im Anfangszustand, p_0 kg/cm² der Enddruck.

Das Drosseln — die Druckminderung ohne Arbeitsabgabe nach außen — ist ein nicht umkehrbarer Prozeß, der bei der Leistungsreglung eine Rolle spielt. Im Druckminder- (Drossel- oder Regel-) Ventil expandiert der Dampf, jedoch wird die dabei erzeugte Geschwindigkeit durch Wirbelbildung vernichtet; der Wärmeinhalt bleibt beim Drosseln unverändert, $i = \text{const}$, so daß die Drosselkurven auch Kurven gleichen Wärmeinhalts sind. Der Verlauf ist im is-Diagramm natürlich eine Waagerechte, im Ts-Diagramm wie aus Abb. 5 (S. 6) ersichtlich. Es tritt starker Temperaturabfall ein, im Überhitzungsgebiet jedoch nur bei höheren Drücken und Temperaturen, bei niedrigeren fällt die Temperatur weniger.

5. Kreisprozeß, Arbeitsvermögen, Wärmegefälle.

Der Kreisprozeß der Dampfturbinen ist in Abb. 7 im pv-Diagramm durch den Linienzug $DCAA_0$ dargestellt. Er ist für Turbinen mit Kondensation auch praktisch vollständig durchführbar, wenn das Kondensat nach Vorwärmung wieder in den Kessel gespeist wird. Das *Arbeitsvermögen* L in mkg ist die Fläche $DCAA_0$

$$L = \int_{p_0}^{p} v\,dP\,. \tag{17}$$

Durch Einsetzen des Wertes für v aus der Gleichung der Adiabate in das Flächenintegral kann die Arbeit in die Form gebracht werden

$$L = \frac{k}{k-1}\,P\,v\left[1 - \left(\frac{p_0}{p}\right)^{\frac{k-1}{k}}\right] \text{ mkg/kg.} \tag{18}$$

Somit ist das Arbeitsvermögen k mal größer als die Expansionsarbeit allein, vgl. Gl. (16).

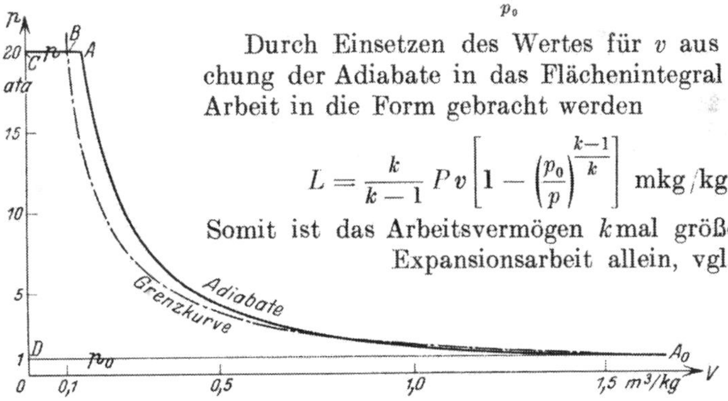

Abb. 7. Druckvolumen- (pv-) Diagramm.

Sehr anschaulich zeigt sich der Verlauf des Prozesses im Wärmediagramm (Abb. 8).

Zustand D Austritt aus dem Kondensator mit p_0, (t_{s0}), i_0',

DC Speisepumpe drückt auf den Frischdampfdruck p unter Zufuhr der noch fehlenden Flüssigkeitswärme (Vorwärmer) $i' - i_0'$ = Fläche D_1DCC_1,

CB Verdampfung im Kessel bei p, (t_s) unter Zufuhr der Verdampfungswärme $r = i'' - i'$ = Fläche C_1CBB_1,

BA Überhitzung von t_s auf t, Zufuhr der Überhitzungswärme $= c_{pm}(t - t_s) = i - i''$ = Fläche B_1BAA_1,

A Zustand beim Eintritt in die Turbine p, t, i,

AA_0 adiabatische Expansion in der Turbine auf p_0 x_0, i_0 also in Arbeit umgesetzt $i - i_0 = AL$,

A_0D Verflüssigung im Kondensator bei p_0 unter Abfuhr der Wärme i_0 i_0' = Fläche $A_1A_0DD_1 = x_0\,r$.

Die gesamte zugeführte Wärme ist

$$Q_1 = i' - i_0' + r + c_{pm}(t - t_s) = i - i_0' = \text{Fläche } D_1 D C B A A_1 ,$$

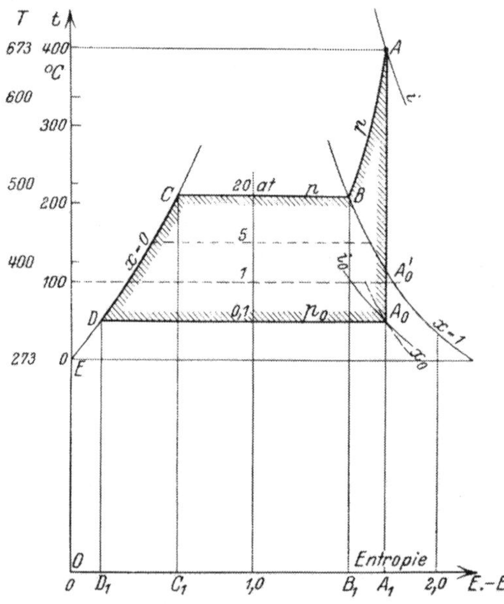

Abb. 8. Arbeitsvermögen im Ts-Diagramm.

die abgeführte, wie erwähnt,

$$Q_2 = x_0 r_0 = i_0 - i_0' = \text{Fläche } A_1 A_0 D D_1 .$$

Folglich die in Arbeit umsetzbare Wärme

$$Q = Q_1 - Q_2 = A L = i - i_0' - (i_0 - i_0') = i - i_0 = \text{Fläche } A A_0 D C B A .$$

Dasselbe folgt aus Gl. (14a)

$$Q = i_2 - i_1 - A \int_1^2 v\, dP$$

oder mit $Q = 0$ für adiabatische Expansion und im betrachteten Fall i als Anfangs-, i_0 als Endwärmeinhalt

$$0 = i_0 - i - A \int_p^{p_0} v\, dP$$

und

$$i - i_0 = A \int_{p_0}^{p} v\, dP = A L . \quad (19)$$

Es ist also die dem Arbeitsvermögen äquivalente Wärme gleich der Differenz der Wärmeinhalte am Anfang und am Ende der adiabatischen Expansion.

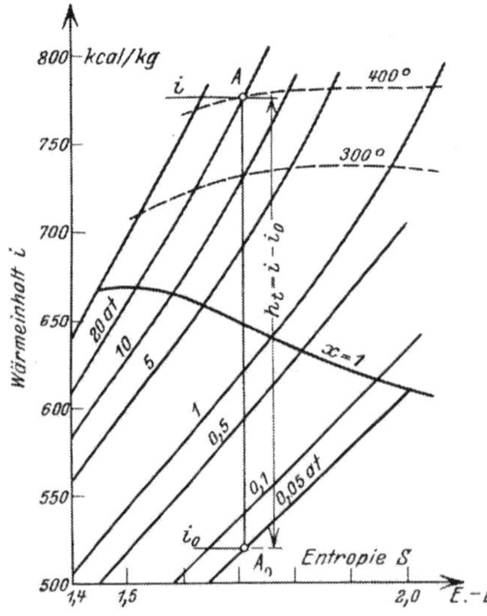

Abb. 9. Wärmegefälle im is-Diagramm.

Demnach läßt sich das Arbeitsvermögen besonders einfach und bequem aus dem is-Diagramm ermitteln, da $AL = i - i_0$ die Strecke vom Anfangszustand A (Abb. 9) bis zum Endpunkt A_0 der adiabatischen Expansion auf den Druck p_0 ist und aus dem Diagramm abgegriffen werden kann, wobei der Maßstab meist 1 mm = 1 kcal/kg gewählt ist. Man bezeichnet das Arbeitsvermögen im Wärmemaß als „*Wärmegefälle*" H_t oder h_t, so daß

$$A L = h_t = i - i_0 . \quad (20)$$

Bei der Berechnung der Dampfturbinen wird das is-Diagramm mit Vorteil benutzt.

Wie aus dem is-Diagramm (Abb. 9) ersichtlich (vgl. auch Abb. 6), nimmt das Wärmegefälle zwischen zwei Drücken mit zunehmender Anfangstemperatur zu, ebenso mit zunehmendem Anfangsdruck, dieses jedoch nur bei genügend hoher Anfangstemperatur. Das zeigt auch Abb. 10, in welcher die Wärmegefälle über den Anfangsdrücken für verschiedene Anfangstemperaturen bei Expansion auf

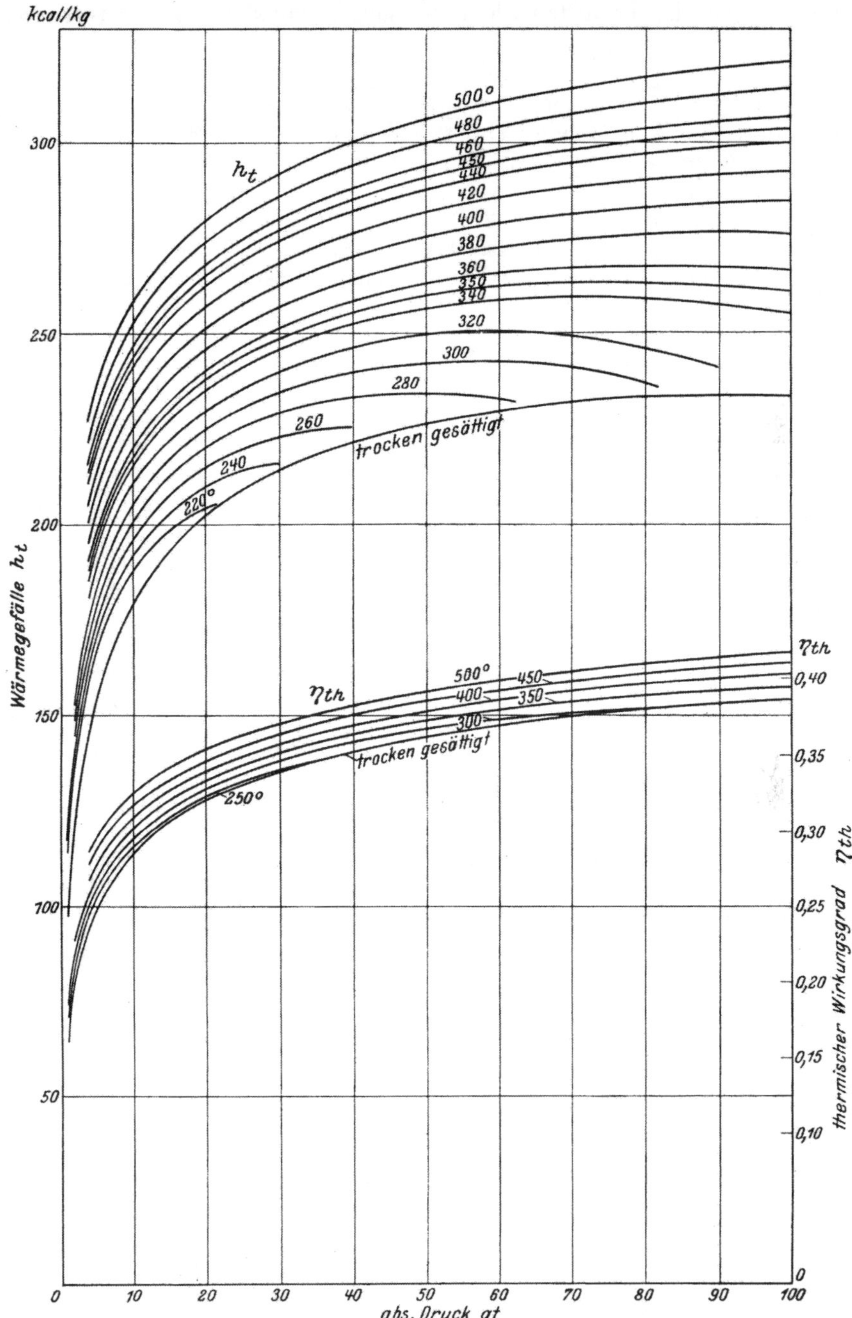

Abb. 10. Adiabatisches Gefälle und thermische Wirkungsgrade in Abhängigkeit vom Druck.

0,06 ata aufgetragen sind. Da der Wärmeinhalt und damit auch der Wärmeaufwand (Erzeugungswärme) mit zunehmendem Druck abnimmt (s. Abb. 6, S. 7), das Arbeitsvermögen aber zunimmt, ist die Anwendung hoher Drücke und Temperaturen wärmetechnisch vorteilhaft. Einen guten Überblick gibt der **thermische Wirkungsgrad**

$$\eta_{th} = \frac{A L}{i - i_w} = \frac{i - i_0}{i - i_w} = \frac{h_t}{i - i_w}, \qquad (21)$$

wenn $i_w (= i_0')$ der Wärmeinhalt des Speisewassers (bei niedrigen Drücken kann genügend genau $i_w \cong t_w$ gesetzt werden, wenn t_w die Speisewassertemperatur).

In Abb. 10 sind auch die thermischen Wirkungsgrade für Expansion bis auf $p_0 = 0{,}06$ ata eingetragen.

Bei Gegendruckturbinen (s. S. 398), bei welchen der Dampf noch mit Überdruck aus der Turbine tritt, ist das Arbeitsvermögen (Wärmegefälle) natürlich kleiner (s. Abb. 475, S. 401) und der Einfluß hohen Druckes und hoher Temperatur auf den thermischen Wirkungsgrad größer.

Wie weit mit dem Druck gegangen werden soll, wird durch die praktischen Ergebnisse ausgeführter und in Ausführung befindlicher Anlagen zu entscheiden sein, da eine ganze Reihe betriebstechnischer und wirtschaftlicher Fragen mit hineinspielen. Aus dem Verlauf der η_{th}-Kurven (Abb. 10) kann gefolgert werden, daß bei Kondensationsturbinen eine wesentliche Verbesserung zwischen 60 at und 100 at oder darüber hinaus nicht eintritt (z. B. bei 60 at 400° $\eta_{th} = 0{,}385$, bei 100 at $\eta_{th} = 0{,}404$); bei Gegendruck ist die Zunahme etwas höher. Hierbei ist der Prozeß nach CLAUSIUS-RANKINE angenommen, wie er bisher zumeist durchgeführt wurde (vgl. Abb. 7). Eine nicht unwesentliche Verbesserung des Wirkungsgrades läßt sich erreichen durch stufenweises Vorwärmen des Speisewassers mittels Dampf, der aus Zwischenstufen der Dampfturbine entnommen wird, so daß die Zufuhr der Flüssigkeitswärme, die bei hohen Drücken sehr groß wird, nicht durch eine besondere Wärmequelle (im Rauchgasvorwärmer oder gar im Kessel selbst) zu erfolgen braucht. Der Prozeß nähert sich damit dem CARNOT-Prozeß.

III. Strömung des Dampfes in Kanälen[1].

A. Strömung in geradlinigen Kanälen.

Bei der Strömung des Dampfes herrschen, im Gegensatz zum in einem Gefäß ruhenden Dampf, in den verschiedenen Querschnitten des Kanals verschiedene Zustände. Um die Strömungsgeschwindigkeit zu erzeugen, muß ein Druckabfall in aufeinanderfolgenden Querschnitten eintreten, es erfolgt eine Energieumsetzung, ferner Energieänderung durch Reibung, Stoß, Umlenkung, Wärmezu- oder -abfuhr nach außen, endlich können Querschnittsänderungen und verschiedene Höhenlagen (potentielle Energie) vorhanden sein. Aber auch in ein und demselben Querschnitt ist der Zustand verschieden. Durch Unebenheiten der Kanalwandungen ist keine Parallelströmung (laminare Strömung) der einzelnen Stromfäden vorhanden, die Geschwindigkeit wird an der Wand infolge Reibung kleiner sein als in der Mitte des Kanales, wo sie wenig verschieden ist; es treten Wirbel (Turbulenz) und Störungen auf, welche die Stromlinien in ihrer Bewegung beeinflussen.

Nach der Stetigkeitsbedingung muß die sekundlich durchströmende Dampfmenge G in allen Querschnitten gleich sein; aus der Stetigkeitsgleichung $G v = F w$, worin v m³/kg das spezifische Volumen und w m/sek die Geschwindigkeit, folgt für die Querschnitte $F_1, F_2 \ldots$ m²

$$G = \frac{F_1 w_1}{v_1} = \frac{F_2 w_2}{v_2} = \cdots \text{ kg/sek}.$$

[1] Siehe A. BETZ [V]; H. FALTIN [V]; H. FÖTTINGER [V]; M. JAKOB [V]; F. LICENI [V]; NIPPERT [III]; PRANDTL [IIa]; R. SAUER [V]; GUTHERMUTH [III]; W. HARTMANN [III].

Da sowohl v als auch w innerhalb eines Querschnittes verschieden ist, muß praktisch mit Mittelwerten gerechnet werden, wobei als mittlere Geschwindigkeit diejenige angenommen wird, welche bei gleichmäßiger Strömung die gleiche Durchflußmenge G ergeben würde. Als Volumen wird das dem mittels Manometer gemessenen mittleren Druck entsprechende angenommen, was praktisch genügend genau ist.

Es stelle Abb. 11 einen Teil eines Kanals oder Rohres dar, in welchem in den Querschnitten *1—1* und *2—2*, von der Größe F_1 bzw. F_2 m² die angegebenen Zustände, Druck p, Temperatur T, Volumen v, innere Energie u und die Geschwindigkeit w herrschen. Ganz allgemein sei noch eine Höhendifferenz $h_1 - h_2$ m angenommen, wobei h_1 und h_2 von irgend einer gemeinsamen Bezugslinie gemessen sei. Die von außen zu- oder nach außen abgeführte Wärme sei Q_{12} (+ oder —); ferner wird durch Reibung im Inneren eine Wärmemenge Q_r entstehen, die aus dem Dampf durch Änderung seiner Strömungsenergie entnommen und ihm wieder zugeführt gedacht werden kann, sie ändert dadurch die Gesamtenergie nicht. Es muß nun im Querschnitt *2—2* die Summe aller Energien gleich sein der Summe der Energien im Querschnitt *1—1* zuzüglich der zwischen *1* und *2* aufgenommenen Wärme und Arbeit.

Für 1 kg ist die potentielle Energie in Wärmeeinheiten $A \cdot 1 \cdot h$ kcal/kg, die kinetische $Aw^2/2g$ und die Arbeit APv, so daß

$$A h_2 + \frac{A w_2^2}{2 g} + u_2 + A P_2 v_2$$

$$= A h_1 + \frac{A w_1^2}{2 g} + u_1 + A P_1 v_1 + Q_{12}.$$

Mit $u + APv = i$ [Gl. (5), S. 3] ist nach Umstellung

$$A(h_2 - h_1) + A\frac{w_2^2 - w_1^2}{2 g} + i_2 - i_1 = Q_{12}; \quad \text{(a)}$$

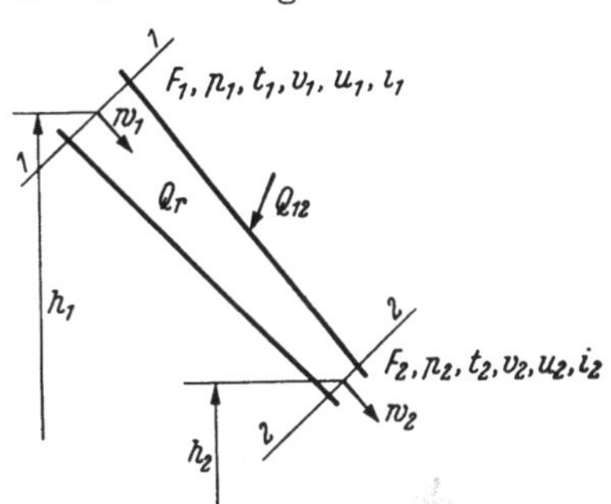

Abb. 11. Strömung in Kanälen.

außer dieser allgemeinen Energiegleichung läßt sich noch eine andere auf den inneren Zustand des Dampfes bezogene aufstellen; dabei ist die zugeführte Wärme $Q_{12} + Q_r$ und nach der allgemeinen Wärmegleichung (14a) (S. 8)

$$Q_{12} + Q_r = i_2 - i_1 - A\int_1^2 v\,dP. \quad \text{(b)}$$

Durch Vereinigung der Gleichungen (a) und (b) [Q_{12} aus (a) in (b) eingesetzt und nach Division durch A ist, wenn $Q_r = AL_r$ gesetzt wird,

$$\frac{w_2^2 - w_1^2}{2 g} + h_2 - h_1 + L_r = \int_2^1 v\,dP. \quad \text{(c)}$$

Diese Beziehungen gelten ganz allgemein; in den meisten Fällen lassen sie sich vereinfachen. Die Höhendifferenz kommt nur bei langen senkrechten Leitungen (in Schächten) in Frage, in anderen Fällen kann sie vernachlässigt, also $h_2 - h_1 = 0$ gesetzt werden. Ferner ist bei guter Isolierung und der bei den in Frage kommenden Fällen geringen Länge $Q_{12} = 0$, und endlich kann Q_r bzw. $L_r = 0$ gesetzt werden, was zwar der Wirklichkeit nicht entspricht, jedoch theoretisch (bei verlustloser Strömung) zutrifft und praktisch durch Verlustkoeffizienten berücksichtigt werden kann. Mit diesen Annahmen erhalten die Gleichungen (a), (b) und (c) die Form

$$A\frac{w_2^2 - w_1^2}{2 g} = i_1 - i_2, \quad (22)$$

$$i_1 - i_2 = A \int_2^1 v\,dP\,, \tag{23}$$

$$\frac{w_2^2 - w_1^2}{2\,g} = \int_2^1 v\,dP\,. \tag{24}$$

Gl. (22) besagt, daß *die Zunahme der kinetischen (Strömungs-) Energie im Wärmemaß gleich ist der Abnahme des Wärmeinhaltes* oder *gleich dem Wärmegefälle.* Daraus kann die Geschwindigkeit w_2 ermittelt werden, wenn w_1 bekannt ist.

Gl. (23) ist die bereits bekannte Gl. (19) (S. 10), die rechte Seite ist das Arbeitsvermögen AL bei adiabatischer (verlustloser) Expansion (vgl. Abb. 9), also

$$i_1 - i_2 = A\,L\,.$$

Gl. (24) ist, wenn die Integration zwischen den Drücken p_1 und p_2 erfolgt, die Formel von DE SAINT VENANT und WANTZL, aus welcher die Geschwindigkeit w_2 ohne Zuhilfenahme des Wärmediagramms oder der Dampftabellen ermittelt werden kann, wenn für $\int_2^1 v\,dP = L$ der Ausdruck nach Gl. (18) (S. 9) benutzt wird. Ist die Anfangsgeschwindigkeit vernachlässigbar klein im Vergleich zu w_2, so ist die erreichte Geschwindigkeit $w = \sqrt{2gL}$, also analog der hydraulischen Ausflußformel.

Durch die Reibung des Dampfes im Kanal wird die wirklich erreichte Geschwindigkeit kleiner als bei adiabatischer Strömung, ein Teil der Strömungsenergie wird in Wärme verwandelt, wodurch der Wärmeinhalt und damit das Volumen größer wird, wie weiter unten ausgeführt.

Bei nur wenig veränderlicher Geschwindigkeit und Dichte des Dampfes ist der Druckabfall (z. B. in Rohrleitungen)

$$\Delta p = p_1 - p_2 = \zeta_r \frac{l\,w^2}{d\,2\,g}\,\gamma\,, \tag{25}$$

worin l die Länge in m, d der lichte Durchmesser des Kanals oder Rohres in m, w m/sek die mittlere Geschwindigkeit, γ das spezifische Gewicht in kg/m³ und ζ_r die *Reibungs-* oder *Widerstandszahl*, die nach Versuchen von EBERLE [III] mit gesättigtem und überhitztem Dampf bei Dampfgeschwindigkeiten von 7 bis 100 m/sek den nahezu unveränderlichen Mittelwert hat:

$$\zeta_r = 0{,}021\,.$$

Die Gln. (22), (23) und (24) bilden die Grundlage für den weiter unten betrachteten Ausfluß aus Mündungen.

B. Strömung in gekrümmten Kanälen.

Die Strömungsvorgänge in krummlinigen Kanälen sind wesentlich verwickelter als in geraden Kanälen, da die Strömung nicht laminar, sondern stets turbulent ist, d. h. es finden außer der Hauptbewegung noch Wirbelströmungen statt, die eine erhöhte Reibung der Dampfteilchen nach sich ziehen. Ferner entsteht an der Hohlseite des Kanals eine Verdichtung, verbunden mit einer Geschwindigkeitsverringerung (Abb. 12); an der runden Seite hingegen kann Strahlablösung und erhöhte Geschwindigkeit eintreten. Dadurch wandern die äußeren Dampfteilchen um die inneren schraubengangähnlich herum (Abb. 12) und erzeugen die Turbulenz der Strömung durch Sekundärströmung.

Die Verdichtung und damit die Turbulenz ist nach Angaben von STODOLA [Ia] abhängig von dem Quadrat der Strömungsgeschwindigkeit, von der Dichte und von der Größe der Krümmung, d. h. vom Umlenkungswinkel γ. Je kleiner der Krümmungshalbmesser, um so größer die Verdichtung und die Verluste, die deshalb auch wesentlich größer sind als in geraden Kanälen. Je größer man andrerseits den Krümmungshalbmesser bei gegebenem Umlenkungswinkel macht, um so größer wird die Länge des gekrümmten Teiles und damit der Reibungsweg. Da die Wege der einzelnen Stromfäden in der Krümmung verschieden lang sind, so tritt außer der Reibung an der Kanalwand eine Reibung der Stromfäden aneinander auf (vergleichbar der inneren Reibung eines gebogenen Seiles), die größer ist als die Wandreibung. Offenbar wird bei gleichem mittleren Krümmungshalbmesser r die Verschiedenheit der Wege und der Drücke an der äußeren und der inneren Kanalseite um so größer, je größer die Strahldicke e. Bei sehr kleiner Strahldicke wird hingegen die innere Reibung kleiner werden und die Wandreibung überwiegen, es wäre demnach eine kürzere Krümmung angebracht. Daraus folgt, daß bei der Strömung in Kanälen, bei welchen die Umlenkung wichtig ist, also in Schaufeln, die günstigste Strahldicke in einem bestimmten Verhältnis zum Krümmungshalbmesser stehen muß. Da der Wert dieses Verhältnisses für die Wahl der Schaufelteilung wichtig ist (s. S. 59), so sind zwecks Ermittlung dieses Wertes Versuche durchgeführt worden, besonders von Banki [V]; Stodola [Ia]; A. Busemann [V] und Briling [III]; letzterer fand den günstigsten Wert $e = \frac{r}{2}$ $\left(\text{bei Überdruckschaufeln } e \simeq \frac{r}{3}\right)$, wobei r für alle Strombahnen gleich war (Schaufeln gleicher Stärke). Ebenso ist der Einfluß der Geschwindigkeit auf die Verluste untersucht worden, es ergab sich jedoch keine ganz genaue Übereinstimmung. Die weiter auftretenden Stoß- und Wirbelverluste und die Größe der Verluste sind im Kapitel „Schaufelverluste“ (S. 56) behandelt.

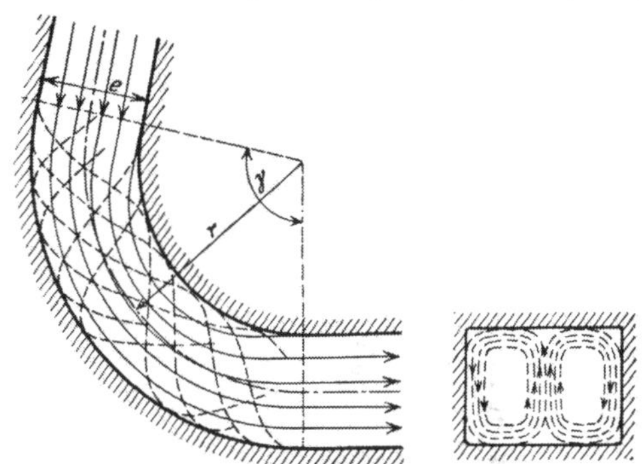

Abb. 12. Krummlinige Strömung.

Durch die Zentrifugalkraft der Massenteilchen infolge der Ablenkung wird ein **Bahndruck** ausgeübt, der aus der Fliehkraft ermittelt werden kann. Findet noch Expansion in der Krümmung statt, so wirkt außerdem der Rückdruck des Strahles.

a) Es sei zunächst ein freier Strahl ohne Druckänderung angenommen (*Gleichdruckturbine*, s. d.), wobei die *Geschwindigkeit w unverändert* bleibt. Man kann die Fliehkraft C, die stets senkrecht auf die Bahn wirkt, in Komponenten C_x, C_y in der Richtung der Koordinatenachsen zerlegen (Abb. 13), ebenso die Geschwindigkeit w in die Komponenten w_x, w_y. Durch die Ablenkung ändern sich diese Komponenten, wodurch in der Richtung der x- und y-Achsen Seitenbeschleunigungen oder Verzögerungen $\frac{dw_x}{dt}$, $\frac{dw_y}{dt}$ entstehen, wenn dt die Zeit für ein Wegteilchen ist. Die Massenkräfte der Fliehkraftkomponenten sind alsdann (Masse $m \times$ Beschleunigung)

$$C_x = m\frac{dw_x}{dt}, \qquad C_y = m\frac{dw_y}{dt}.$$

Ist G_{sek} kg das sekundlich durch den Strahlquerschnitt strömende Dampfgewicht, so wird in der Zeit dt beim Zurücklegen eines Wegteilchens ds das Gewicht $G_{\text{sek}}\,dt$ und die Masse

$$m = \frac{G_{\text{sek}}\,dt}{g}.$$

Damit wird

$$C_x = \frac{G_{sek}\,dt}{g}\,\frac{dw_x}{dt} = \frac{G_{sek}}{g}\,dw_x\,,$$

$$C_y = \frac{G_{sek}\,dt}{g}\,\frac{dw_y}{dt} = \frac{G_{sek}}{g}\,dw_y\,.$$

Die Summe aller Komponenten C_x zwischen den Punkten *1* und *2* der Bahn ist die Komponente des Bahndruckes

$$P_x = \sum_1^2 C_x = \frac{G_{sek}}{g}\sum_1^2 dw_x = \frac{G_{sek}}{g}(w_{x_2} - w_{x_1})\,,$$

wenn w_{x_2} und w_{x_1} die Werte von w_x bei *1* und *2* (Abb. 14).

Gleicherweise ist

$$P_y = \sum_1^2 C_y = \frac{G_{sek}}{g}\sum_1^2 dw_y = \frac{G_{sek}}{g}(w_{y_2} - w_{y_1})\,.$$

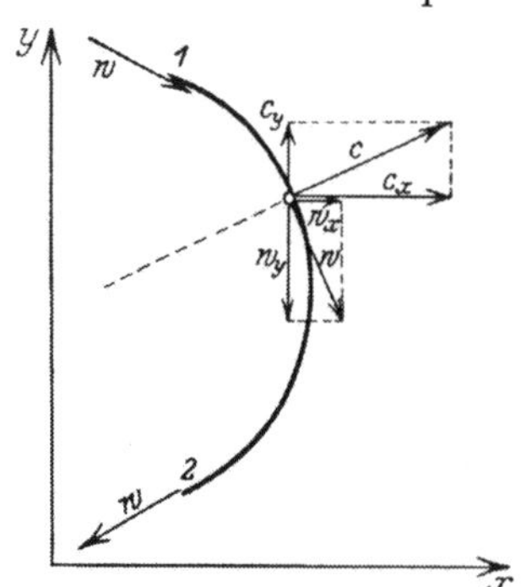

Abb. 13. Freier Strahl.

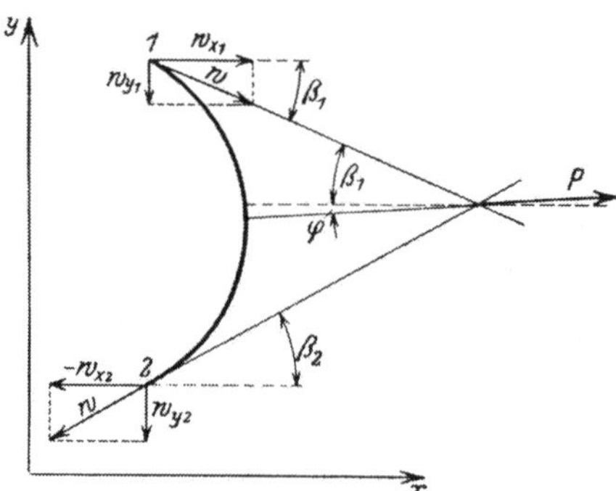

Abb. 14.

Die Klammerausdrücke sind somit die Seitenbeschleunigungen der unveränderlichen Strömungsgeschwindigkeit w.

Nun ist aber nach Abb. 14, da $w = \text{const}$,

$$w_{x_1} = w\cos\beta_1\,, \qquad w_{x_2} = -w\cos\beta_2$$

und

$$w_{y_1} = w\sin\beta_1\,, \qquad w_{y_2} = w\sin\beta_2\,;$$

damit wird

$$P_x = \frac{G_{sek}}{g}\,w(\cos\beta_2 + \cos\beta_1)\,,$$

$$P_y = \frac{G_{sek}}{g}\,w(\sin\beta_2 - \sin\beta_1)\,.$$

Die resultierende Kraft (der gesamte Bahndruck) ist

$$P = \sqrt{P_x^2 + P_y^2}$$

oder nach Einstellung der Ausdrücke für P_x und P_y

$$P = \frac{G_{sek}}{g}\,w\sqrt{2\,[1 + \cos(\beta_1 + \beta_2)]}\,, \tag{26}$$

also nur abhängig von der Richtung der Geschwindigkeit am Anfang und am Ende der Krümmung. Die *Richtung* des resultierenden Bahndrucks zur Waagerechten ist (Abb. 1)

$$\operatorname{tg}\varphi = \frac{P_y}{P_x} = \frac{\sin\beta_2 - \sin\beta_1}{\cos\beta_1 + \cos\beta_2} \quad \text{und} \quad \varphi = \frac{1}{2}(\beta_1 - \beta_2)\,.$$

Daraus folgt, daß die Richtung von P die Winkelhalbierende der Tangenten am Anfang und am Ende der Krümmung ist (Abb. 14), unabhängig von der Form der Bahn.

b) Findet im Kanal, dessen Querschnitt veränderlich ist, eine Expansion statt (*Überdruckturbine*, s. d.), so ist die *Strömungsgeschwindigkeit veränderlich,* sie nimmt von w_1 auf w_2 zu und es tritt außer der oben erwähnten Kraft durch Ablenkung des Strahles — *Aktion* — noch ein Rückdruck — *Reaktion* — auf. Beide Kräfte können zusammen berücksichtigt werden, da bei beiden Beschleunigungen auftreten (bei der Aktionskraft Seitenbeschleunigungen durch Richtungsänderung, bei der Reaktionskraft durch Änderung der Strömungsgeschwindigkeit).

Werden die Geschwindigkeiten w_1 und w_2 am Anfang und am Ende der Krümmung (Abb. 15) in die Komponenten w_{1x}, w_{1y} und w_{2x}, w_{2y} zerlegt, so ändert sich die Geschwindigkeit in der x-Richtung von w_{1x} nach rechts auf $-w_{2x}$ nach links, nimmt also um $w_{1x}-(-w_{2x}) = w_{1x}+w_{2x}$ zu (Beschleunigung) und die Kraftkomponente (der Beschleunigungskraft entgegengerichtet) wird

$$P_x = \frac{G_{\text{sek}}}{g}(w_{1x} + w_{2x})\,.$$

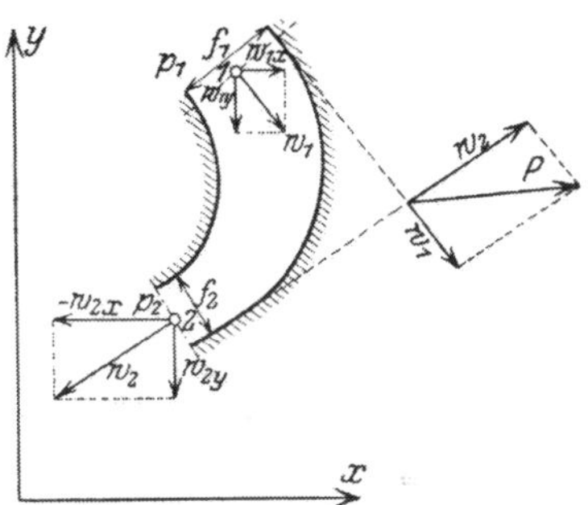

Abb. 15. Expansion im Kanal.

In der y-Richtung nimmt die Geschwindigkeit um $(w_{2y}-w_{1y})$ zu und die entsprechende Kraft ist

$$P_y = \frac{G_{\text{sek}}}{g}(w_{2y} - w_{1y})\,.$$

Der resultierende Druck ist wieder

$$P = \sqrt{P_x^2 + P_y^2}\,,$$

seine Richtung ergibt sich aus dem Parallelogramm der Geschwindigkeiten, da die Kräfte diesen proportional sind (Abb. 15).

Man kann die Drücke für Aktion und Reaktion trennen, da die Richtung des ersteren sich aus dem Parallelogramm mit den gleichbleibenden Geschwindigkeiten w_1 und deren Richtung unter β_1 und β_2 ergibt, letztere ist der Geschwindigkeit w_2 entgegengesetzt gerichtet und proportional (w_2-w_1). Beide zusammen müssen die resultierende Kraft P ergeben.

IV. Ausfluß des Dampfes aus Mündungen.

A. Verlustlose Strömung.

Die Energiegleichungen (22), (23) und (24) (S. 4) für die strömende Bewegung gelten auch für den Ausfluß aus Mündungen, da diese als Teile eines Kanales betrachtet werden können. Strömt Dampf aus einem Gefäß, in welchem der Druck p kg/cm² herrscht, durch eine entsprechend geformte Mündung in einen Raum mit dem Druck p_0, so wird der Dampf in der Mündung bis auf diesen Druck entspannt und die Druck- (potentielle) Energie in Strömungsenergie (kinetische) verwandelt.

Bei verlustloser Strömung mit den in Abb. 16 angegebenen Zustandsgrößen vor und am Ende der Mündung wird eine dem ganzen Arbeitsvermögen entsprechende Zunahme der Strömungsenergie erreicht, die nach Gl. (24) (S. 14), wenn hier sinngemäß c statt w_1 als Anfangsgeschwindigkeit und c_0 für w_2 als

Austrittsgeschwindigkeit eingesetzt wird,

$$\frac{c_0^2 - c^2}{2\,g} = \int\limits_{p_0}^{p} v\,dP = L \tag{27}$$

ist. Daraus folgt die *erreichbare Austrittsgeschwindigkeit*

$$c_0 = \sqrt{2\,g\,L + c^2}. \tag{28}$$

Häufig kann die Anfangsgeschwindigkeit c bei genügend großem Gefäß gegenüber c_0 vernachlässigt werden und es ist mit dem Ausdruck für L nach Gl. (18) (S. 9)

$$c_0 = \sqrt{2\,g\,L} = \sqrt{2\,g\,\frac{k}{k-1}\,P\,v\left[1 - \left(\frac{p_0}{p}\right)^{\frac{k-1}{k}}\right]}\ \text{m/sek}, \tag{29}$$

wobei für überhitzten Dampf $k = 1{,}3$,
für trocken gesättigten Dampf $k = 1{,}135$
und für Dampf mit dem Dampfgehalt x $k = 1{,}035 + 0{,}1\,x$.

Viel einfacher und bequemer kann die Austrittsgeschwindigkeit mit Hilfe des is-Diagramms ermittelt werden, wenn für L nach Gl. (20)

$$L = \frac{i - i_0}{A} = \frac{h_t}{A}$$

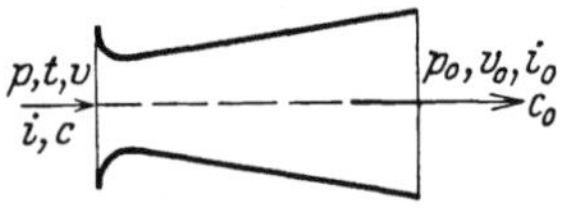

eingesetzt wird [vgl. auch Gl. (22) und (23), S. 13]

Abb. 16. Verlustlose Strömung.

$$c_0 = \sqrt{2\,g\,\frac{h_t}{A}} = \sqrt{2 \cdot 9{,}81 \cdot 427 \cdot h_t} = 91{,}5\,\sqrt{h_t}, \tag{30}$$

da h_t aus dem is-Diagramm direkt als Strecke abgegriffen werden kann. Meist ist dem is-Diagramm eine Skala angefügt, aus der man durch Anlegen der Strecke h_t die zugehörige Geschwindigkeit c_0 ablesen kann.

Die sekundliche *Ausflußmenge* G_{sek} folgt aus der Stetigkeitsbedingung zu

$$G_{\text{sek}} = \frac{F_0\,c_0}{v_0}\ \text{kg/sek},$$

wenn F_0 m² der Austrittsquerschnitt und v_0 das spezifische Volumen in demselben.

Mit $v_0 = v\left(\frac{p}{p_0}\right)^{\frac{1}{k}}$ und c_0 aus Gl. (29) wird nach entsprechender Umformung

$$G_{\text{sek}} = F_0\sqrt{2\,g\,\frac{k}{k-1}\,\frac{P}{v}\left[\left(\frac{p_0}{p}\right)^{\frac{2}{k}} - \left(\frac{p_0}{p}\right)^{\frac{k+1}{k}}\right]}\ \text{kg/sek}^{*}. \tag{31}$$

Da der Wert der Wurzel bei festliegendem Anfangszustand p, v eine Funktion von p_0 ist und das Produkt aus dem Querschnitt und der Wurzel für alle Querschnitte gleich ist (Stetigkeit), so muß, wenn der Wurzelausdruck ein Maximum ist, F ein Minimum $F_{\min}$ werden. Ist der Druck, bei welchem dies der Fall ist, p_k, so ist die zugehörige Geschwindigkeit c_k im kleinsten Querschnitt [nach Gl. (29)]

$$c_k = \sqrt{2\,g\,\frac{k}{k-1}\,P\,v\left[1 - \left(\frac{p_k}{p}\right)^{\frac{k-1}{k}}\right]}\ \text{m/sek}. \tag{32}$$

Zwischen Druck, Volumen, Geschwindigkeit und Querschnitt der Mündung bestehen bestimmte Beziehungen. Trägt man die zugehörigen Werte von p, v

* Zuerst von SAINT VENANT und WANTZL (1839) angegeben.

und c in einem Diagramm über der Länge der Mündung auf (Abb. 17), so ist für einen beliebigen Querschnitt F_x der Länge l

$$F_x = G_{\text{sek}} \frac{v_x}{c_x}.$$

Am Mündungsanfang ist $p_x = p$, also $c_x = 0$ und damit $F_x = \infty$ (das entspricht der Annahme für Gl. (29), wobei der Querschnitt des Gefäßes sehr groß ist im Vergleich zur Mündung).

Für den Druck $p_x = 0$ wäre $v_x = \infty$ (in Wirklichkeit sinkt der Druck am Mündungsende nur auf einen endlichen Wert p_0), und es wäre wieder $F_x = \infty$. Zwischen diesen Drücken muß demnach F_x einen Kleinstwert F_{min} haben [wie auch die Überlegung aus Gl. (31) zeigte], bei dem Druck p_k, wobei das spezifische Volumen v_k und die Geschwindigkeit c_k sei.

Aus Gl. (31) folgt für den kleinsten Querschnitt

$$F_{\text{min}} = G_{\text{sek}} : \sqrt{2g \frac{k}{k-1} \frac{P}{v} \left[\left(\frac{p_k}{p}\right)^{\frac{2}{k}} - \left(\frac{p_k}{p}\right)^{\frac{k+1}{k}} \right]}\,; \tag{33}$$

hieraus kann p_k/p bzw. p_k für gegebenen Druck p ermittelt werden, da für F_{min} der Klammerausdruck in der Wurzel sein Maximum erreicht.

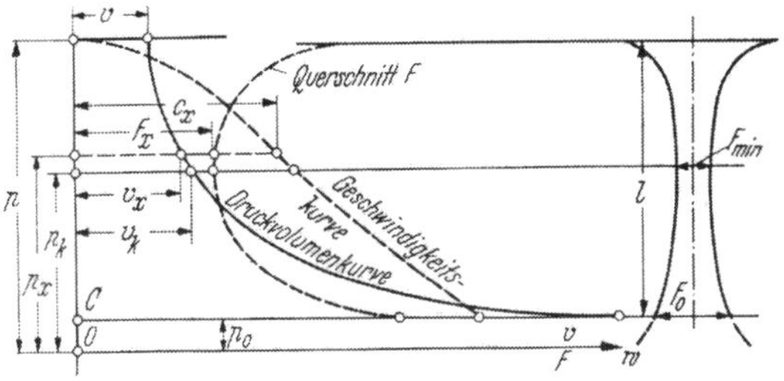

Abb. 17. Verhalten im Strahl.

Dazu muß sein

$$\frac{d}{dp} \left[\left(\frac{p_k}{p}\right)^{\frac{2}{k}} - \left(\frac{p_k}{p}\right)^{\frac{k+1}{k}} \right] = 0,$$

woraus

$$\frac{2}{k} \left(\frac{p_k}{p}\right)^{\frac{2}{k}-1} - \frac{k+1}{k} \left(\frac{p_k}{p}\right)^{\frac{k+1}{k}-1} = 0 \quad \text{oder} \quad \left(\frac{p_k}{p}\right)^{\frac{k-1}{k}} = \frac{2}{k+1}$$

und endlich

$$\frac{p_k}{p} = \left(\frac{2}{k+1}\right)^{\frac{k}{k-1}} = \beta, \tag{34}$$

das *kritische Druckverhältnis* genannt, worin p_k der kritische Wert des Druckes oder kurz der *kritische Druck*. Letzterer ist somit nur vom Anfangsdruck abhängig. Es ist mit den entsprechenden Werten für k

für überhitzten Dampf mit $k = 1{,}3$, $\beta = \frac{p_k}{p} = 0{,}5475$,

für trocken gesättigten Dampf mit $k = 1{,}135$, $\beta = 0{,}5774$.

Durch Einstellen des Wertes der Gl. (34) in Gl. (32), S. 18, ist die *kritische Geschwindigkeit* c_k im engsten Querschnitt

$$c_k = \sqrt{2g \frac{k}{k+1} P v} \text{ m/sek} \tag{35}$$

und mit obigen Werten für k

für überhitzten Dampf $c_k = 333 \sqrt{p\,v}$ m/sek, (35a)

für trocken gesättigten Dampf $c_k = 323 \sqrt{p\,v}$ m/sek, (35b)

wenn p in kg/cm² ($10000\,p = P$ kg/m²).

Der Querschnitt $F_{\min} = \frac{G_{\text{sek}}\, v_k}{c_k}$ wird ein Minimum, wenn

$$\frac{d}{dp}\left(\frac{v_k}{c_k}\right) = 0 \quad \text{ist oder} \quad \frac{c_k\, d\, v_k - v_k\, d\, c_k}{c_k^2} = 0\,,$$

woraus

$$c_k\, d\, v_k = v_k\, d\, c_k; \qquad \text{(a)}$$

aus

$$\frac{c_k^2}{2g} = -\int\limits_p^{p_k} v_k\, d\, P_k$$

[vgl. Gl. (27) S. 18] ist aber durch Differenzieren $\frac{c_k\, d\, c_k}{g} = -v_k\; d\, P_k$ und mit $d c_k$ aus Gl. (a)

Abb. 18. Nicht erweiterte Mündung.

$$\frac{c_k^2\, d\, v_k}{v_k\, g} = -v_k\, d\, P_k\,,$$

woraus

$$c_k^2 = -v_k^2\, g\,\frac{d\, P_k}{d\, v_k}\,. \qquad \text{(b)}$$

Da $v_k = \frac{1}{\gamma_k}$, so ist bei verlustloser (adiabatischer) Strömung ($s = \text{const}$)

$$c_k = \sqrt{g\left(\frac{d\, P_k}{d\, \gamma_k}\right)_s}\,,$$

das ist *die Schallgeschwindigkeit*, die sich stets im kleinsten Querschnitt als kritische Geschwindigkeit einstellt, wenn der Außendruck $p_0 \gtreqless p_k$ ist.

Die Geschwindigkeitskurve im Diagramm (Abb. 17) hat bei der kritischen Geschwindigkeit einen Wendepunkt.

Würde bei $p_0 < p_k$ die Mündung nicht erweitert, also der engste Querschnitt am Ende liegen, so würde, wie aus Abb. 17 ersichtlich, nur das Arbeitsvermögen bis zum kritischen Druck in Geschwindigkeit umgesetzt und nur die kritische (Schall-) Geschwindigkeit erreicht. Die weitere Expansion bis auf den Außendruck p_0 würde außerhalb der Mündung erfolgen, jedoch nicht in geordnetem Strahl, sondern unter mehr oder weniger heftiger Wirbelbildung (Abb. 18a) und bei sehr tiefem Außendruck unter starker seitlicher Expansion, explosiv (Abb. 18b), so daß eine Umsetzung in Geschwindigkeit nicht mehr erfolgen kann. Es wird deshalb in nicht erweiterten (prismatischen oder zylindrischen) Mündungen höchstens die Schallgeschwindigkeit c_k erreicht.

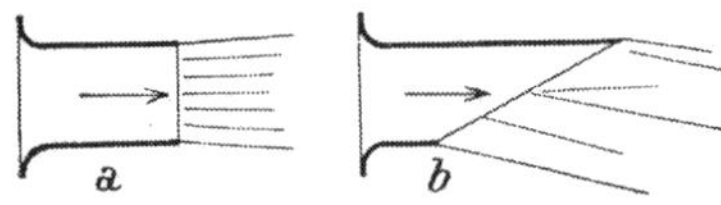

Abb. 19. Nicht erweiterte Mündung.

Soll die volle Geschwindigkeit c_0, *die der Expansion bis auf den Außendruck* $p_0 < p_k$ *entspricht, erreicht werden, so muß die Mündung einen engsten Querschnitt* $F_{\min}$ *haben und alsdann bis auf den erforderlichen Endquerschnitt* F_0 *erweitert werden. Eine Erweiterung ist aber nicht erforderlich, wenn* $p_0 \geqq p_k$, *also das Druckverhältnis* $\frac{p_0}{p} \geqq \beta$ *ist.*

Ist der Außendruck nicht viel kleiner als p_k, so wird die weitere Expansion auf den Außendruck außerhalb der Mündung stattfinden in Form eines geordneten Strahles (Abb. 19a), es kann alsdann die volle Geschwindigkeit c_0 erreicht werden. Ist die Mündung schräg abgeschnitten, wie bei Dampfturbinendüsen, so wird die weitere Expansion im Schrägschnitt stattfinden, wobei der Strahl abgelenkt wird (Abb. 19b).

Ähnlich ist das Verhalten, wenn zwar eine Erweiterung vorhanden, aber zu gering, die Mündung demnach zu kurz ist. Der Strahl expandiert dann in der

Mündung nur bis auf den dem Endquerschnitt entsprechenden Druck $p_0 > p_a$ (Außendruck), tritt also noch mit Überdruck aus. Ist dieser nicht zu groß, so wird sich die Expansion außerhalb der Mündung in mit der Mündungsform übereinstimmender Gestalt (Abb. 20) fortsetzen. Eine etwas zu kurze, also zu wenig erweiterte Mündung hat sich als günstig erwiesen (s. CHRISTLEIN [IV] und [V]), da die Verluste durch Schwingungen bei einem tieferen Gegendruck, als dem Endquerschnitt entspricht, zunächst weniger zunehmen als das Gefälle, bei Schrägabschnitt mehr als bei Normalabschnitt, jedoch ist bei ersterem die Strahlablenkung zu beachten (s. unten).

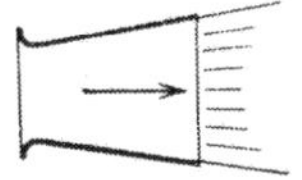

Abb. 20. Zu wenig erweiterte Mündung.

Ist hingegen die Mündung zu stark erweitert, also zu lang, so wird sich der Dampf bis zu irgend einem Querschnitt F auf den entsprechenden Druck p_1 ausdehnen (Abb. 21) und dann wieder auf den Gegendruck verdichtet werden. Die Geschwindigkeit ist über den Austrittsquerschnitt verschieden. FLÜGEL [III] weist darauf hin, daß sich der Strahl vom Querschnitt F ab von den Wandungen ablöst, er erfährt eine Einschnürung mit

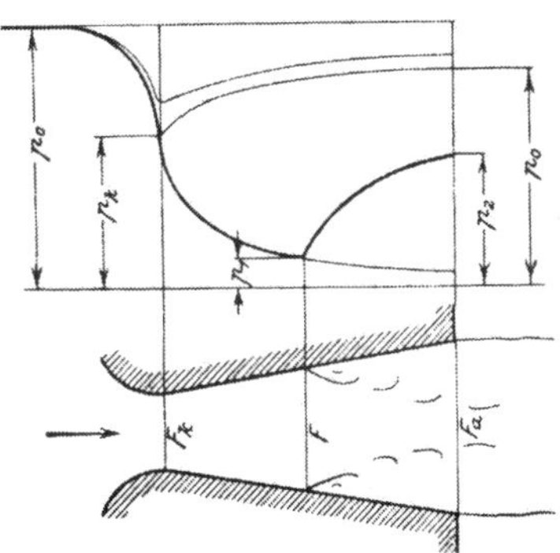

Abb. 21. Zu stark erweiterte Mündung.

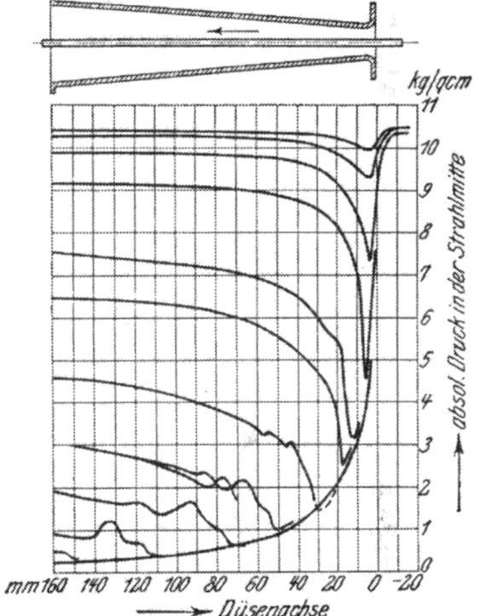

Abb. 22. Druckverlauf in der Mündung.

Druckanstieg und heftiger Wirbelbildung längs der Wand. Auch STODOLA [Ia] fand ebenfalls einen tieferen Druck in der Mündung als außen und nachher Druckanstieg je nach dem Gegendruck, wie Abb. 22 zeigt. Ferner haben die Versuche von STODOLA gezeigt, daß bei zu tiefem wie auch bei höherem Expansionsenddruck als der Gegendruck sich Schwingungen nach Austritt aus der Mündung zeigen. In Abb. 23, einer dieser Versuchsreihen, entspricht Kurve B dem genau auf Gegendruck eingestellten Expansionsenddruck; Kurve A zeigt die Schwankung bei höherem Enddruck (Düse zu kurz), Linien C und D bei zu tiefem Enddruck (Düse zu lang), bei welchem die Stauung bis ins Innere der Mündung dringt (Strahlablösung) (s. auch BUSEMANN [V]; SAUER [V]; WEWERKA [Va]; LOSCHGE [III]; H. BAER [V]; W. BADER [V]).

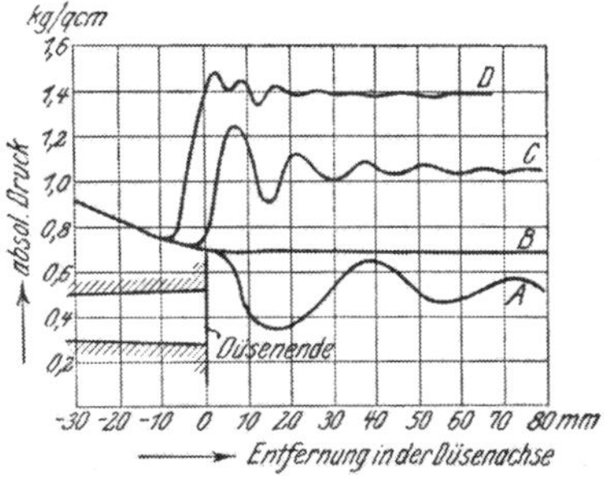

Abb. 23. Schallschwingungen.

Die *Ausflußmenge* ist mit Gl. (35), $v_k = v\left(\frac{p}{p_k}\right)^{\frac{1}{k}}$ und Gl. (34) nach entsprechender Umstellung

$$G_{sek} = \frac{F_{min}\,c_k}{v_k} = F_{min}\left(\frac{2}{k+1}\right)^{\frac{1}{k-1}}\sqrt{g\,k\frac{P}{v}\,\frac{2}{k+1}} = F_{min}\sqrt{2g\frac{k}{k-1}\,\frac{P}{v}\left(\frac{p_k}{p}\right)^{\frac{2}{k}}}\ \text{kg/sek}, \quad (36)$$

somit für überhitzten Dampf

$$G_{sek} = 209\,F_{min}\sqrt{\frac{p}{v}}\ \text{kg/sek} \quad (36\text{a})$$

und für trocken gesättigten Dampf

$$G_{sek} = 199\,F_{min}\sqrt{\frac{p}{v}}\ \text{kg/sek}, \quad (36\text{b})$$

wenn F_{min} in m^2 und p in kg/cm^2.

Eine größere Ausflußmenge ist bei gegebenem F_{min} und Anfangszustand nicht möglich, ein tieferer Enddruck wäre ganz einflußlos. Soll bei gegebenem engsten Querschnitt die ausströmende Menge vergrößert werden, so ist dieses nur durch Erhöhung des Innendruckes oder Verringerung des spezifischen Volumens v möglich.

Z. B. ist für $F_{min} = 1\ cm^2 = 0{,}0001\ m^2$ für überhitzten Dampf von 16 ata 350° C mit $v = 0{,}1788\ m^3/kg$ nach Gl. (36a)

$$G_{sek} = 209 \cdot 0{,}0001\sqrt{\frac{16}{0{,}1788}} = 0{,}198\ \text{kg/sek/cm}^2.$$

Für 1 kg/sek müßte der engste Querschnitt sein:

$$F_{min} = \frac{1}{209\sqrt{\frac{p}{v}}} = 0{,}0005058\ m^2 = 5{,}058\ cm^2\ \left(\text{oder } = \frac{1}{0{,}198}\right).$$

Bei trocken gesättigtem Dampf von 16 ata ist mit $v'' = 0{,}1264$.

$$G_{sek} = 199 \cdot 0{,}0001\sqrt{\frac{16}{0{,}1264}} = 0{,}224\ \text{kg/sek/cm}^2.$$

Für Dampf 20 ata 350° C und $v = 0{,}1422$ ist

$$G_{sek} = 209 \cdot 0{,}0001\sqrt{\frac{20}{0{,}1422}} = 0{,}2478\ \text{kg/sek/cm}^2.$$

In dem Schaubild (Abb. 21) sind die durch 1 cm^2 engsten Querschnitt strömenden sekundlichen Dampfmengen G_{sek} und die für 1 kg/sek erforderlichen engsten Querschnitte F_{min} über den Anfangsdrücken für verschiedene Temperaturen aufgetragen.

Ist $p_0 \geqq p_k$, wird also die Schallgeschwindigkeit nicht erreicht, so ist die durch den gleichbleibenden Mündungsquerschnitt fließende Menge bzw. der für eine gegebene Menge erforderliche Querschnitt aus der Stetigkeitsgleichung zu ermitteln

$$G_{sek} = F_0\frac{c_0}{v_0}\ \text{kg/sek} \quad \text{bzw.} \quad F_0 = G_{sek}\frac{v_0}{c_0}\ m^2. \quad (37)$$

B. Strömung mit Verlusten[1].

Die verlustlose Strömung ist natürlich praktisch nicht möglich, es werden innere Reibungsverluste auftreten, die den Zustand in der Mündung beeinflussen und die Geschwindigkeit verringern; es wird nur eine Geschwindigkeit c_1 erreicht, die kleiner ist als die theoretische c_0. Da der Verlust an Strömungsenergie infolge

[1] Literatur über Strömungsverluste: Flügel [Va], [IIa], [III]; Witte [Va]; A. Busemann [V]; L. Prandtl u. Busemann [V], EW-Forschung [V]; BBC-Nachrichten [V]. Berichte des „Steam Nozzle Commitee"; Engineering 1923; K. Röder [V, f]; St. Hofer [V].

Reibung in Wärme rückverwandelt wird, so ist der Wärmeinhalt i_1 am Austritt größer als derjenige bei verlustloser Strömung i_0, ebenso das Volumen $v_1 > v_0$.

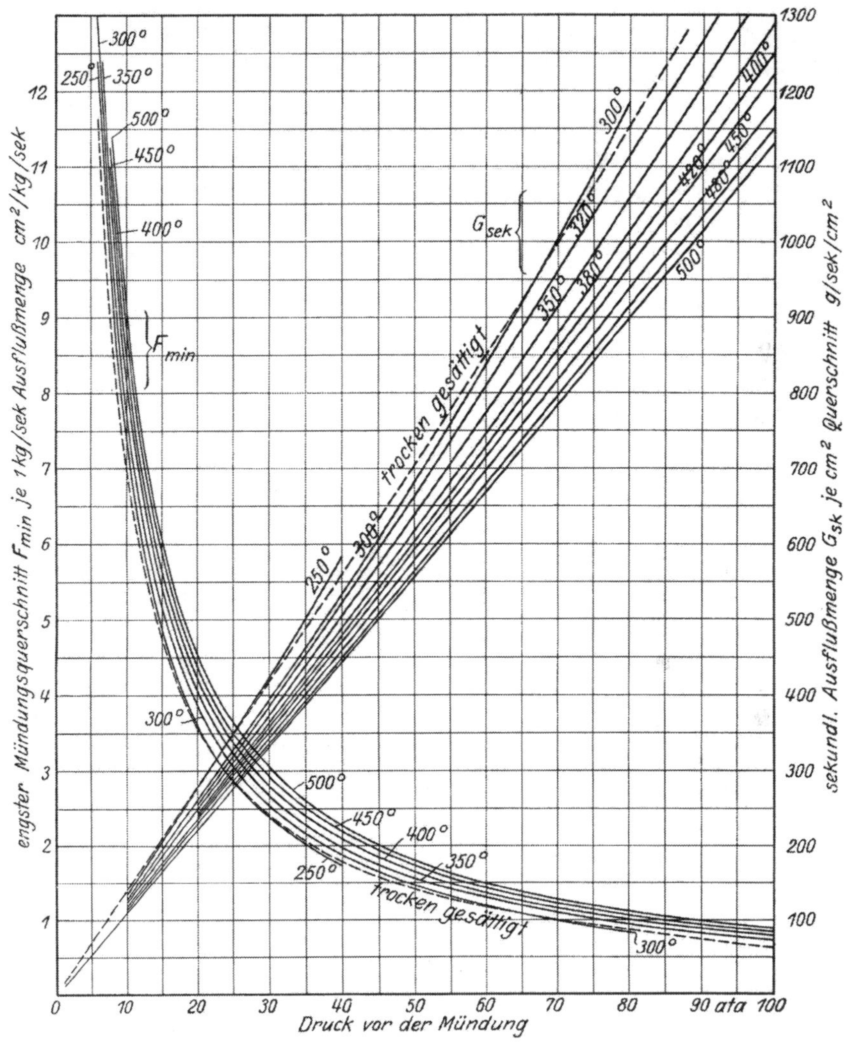

Abb. 24. Ausflußmengen und erforderliche engste Mündungsquerschnitte.

Es seien wieder die Größen vor der Mündung ohne Zeiger, am Austritt aus derselben bei verlustloser Strömung mit dem Zeiger *0* und bei Strömung mit Verlusten mit dem Zeiger *1* bezeichnet (Abb. 25). Im letzteren Falle wird also nur das Wärmegefälle $h_1 = i - i_1$ kcal/kg in Geschwindigkeit umgesetzt. Gemäß Gl. (22) (S. 13) ist die in der Mündung erzeugte Strömungsenergie

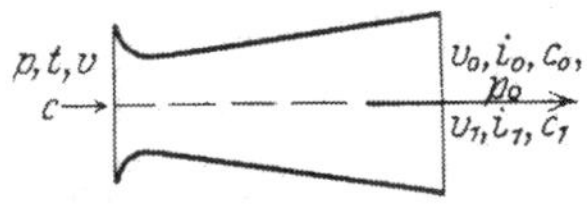

Abb. 25. Ausströmung ohne und mit Verlusten.

bei verlustloser Strömung $A\left(\frac{c_0^2}{2g} - \frac{c^2}{2g}\right) = i - i_0 = h_t$

und

bei Strömung mit Verlusten $A\left(\frac{c_1^2}{2g} - \frac{c^2}{2g}\right) = i - i_1 = h_1$.

Der *Verlust an kinetischer Energie* in der Mündung — kurz *Düsenverlust* genannt — ist die Differenz

$$h_d = h_t - h_1 = A\left(\frac{c_0^2}{2g} - \frac{c_1^2}{2g}\right) = i_1 - i_0 \text{ kcal/kg} \tag{38}$$

oder in mkg

$$L_d = \frac{h_d}{A} = \frac{c_0^2 - c_1^2}{2g} = \frac{i_1 - i_0}{A} \text{ mkg/kg}, \tag{38a}$$

also gleich derjenigen Wärmemenge, die dem Endzustand der verlustlosen (adiabatischen) Strömung zuzuführen ist, um in den Endzustand der wirklichen Strömung zu gelangen.

Dieser Verlust ist aber nicht der ganze Betrag der Reibungswärme, der wie folgt ermittelt werden kann. Es sei im pv-Diagramm (Abb. 26) $A A_0$ die verlustlose (adiabatische) Expansion, $A A_1$ diejenige mit Verlusten, die flacher verläuft als die Adiabate, da das Volumen v_r bei Reibung größer ist als v_a der adiabatischen Strömung.

Nach der allgemeinen Wärmegleichung (14a) (S. 8) ist

$$Q = i_2 - i_1 - A\int_1^2 v\,dP;$$

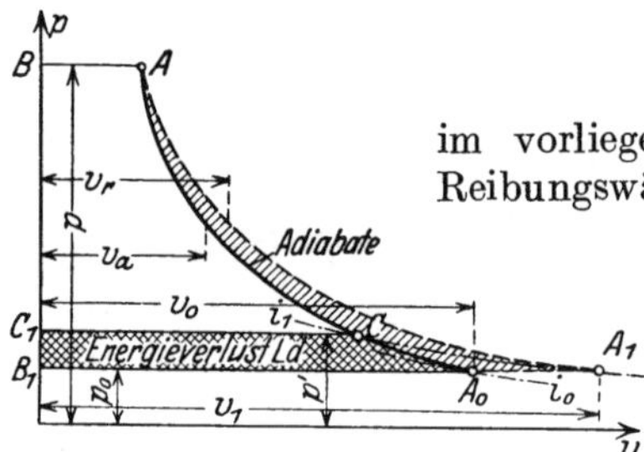

Abb. 26. Energieverlust im pv-Diagramm.

im vorliegenden Falle ist die zugeführte Wärme die Reibungswärme Q_r, das jeweilige Volumen v_r; dann ist mit den entsprechenden Werten am Anfang und am Ende der Mündung

$$Q_r = i_1 - i - A\int_p^{p_0} v_r\,dP.$$

Bei adiabatischer Strömung ist $Q = 0$, und mit v_a als zugehörigem Volumen und den entsprechenden Werten am Anfang und am Ende der Mündung wird

$$0 = i_0 - i - A\int_p^{p_0} v_a\,dP.$$

Nach Subtraktion der letzten Gleichung von der vorhergehenden und Umkehren der Integrationsgrenzen ist

$$Q_r = (i_1 - i_0) + A\int_{p_0}^{p} (v_r - v_a)\,dP,$$

d. h., die Reibungswärme ist größer als der Energieverlust $(i_1 - i_0) = h_d$, und zwar um den Wärmewert der Arbeit $\int_{p_0}^{p} (v_r - v_a)\,dP$, die im pv-Diagramm (Abb. 26) als Fläche zwischen den Expansionslinien $A A_0$ und $A A_1$ erscheint. Dieser Teil der Reibungsarbeit — praktisch etwa $^1/_4$ derselben — findet sich als Wärme im Dampf wieder, sie wird ihm gleichsam zugeführt und erhöht die kinetische Energie durch Erhöhung des Wärmezustandes des Dampfes. Es ist also nicht etwa die ganze Fläche $B A A_1 B_1$ in kinetische Energie umsetzbar, es muß noch der Energieverlust abgezogen werden. Um diesen im pv-Diagramm darzustellen, müßte die Kurve des gleichbleibenden Wärmeinhaltes i_1 eingezeichnet werden durch A_1 bis zum Schnitt in C mit der Adiabate. Um bei verlustloser (adiabatischer) Expansion den Wärmeinhalt i_1 und die wirkliche Geschwindigkeit c_1 zu erreichen, brauchte der Dampf nur bis zum dem Punkte C entsprechenden Druck p' zu expandieren, es wäre also nur das Arbeitsvermögen gleich der Fläche $B A C C_1$

erforderlich, während bei Expansion mit Verlusten das ganze Arbeitsvermögen = Fläche BAA_0B_1 nötig ist. Die Differenz, das ist die Fläche $C_1CA_0B_1$, stellt demnach den Energieverlust L_d dar. Die gesamte Reibungsarbeit ist die Summe der schraffierten Flächen. Würde der eine Teil nicht wiedergewonnen, so wäre der Energieverlust größer; wirklich ausgenutzt ist nur die Arbeit = Fläche $BACC_1$.

Wesentlich anschaulicher ist die Darstellung im *Wärme-* (Ts-) *Diagramm* (Abb. 27), in welchem die Wärmemengen als Flächen erscheinen. Es sei wieder A der Anfangszustand, gegeben durch Druck p und Temperatur t bzw. T, A_0 der Endzustand der adiabatischen Expansion auf den Enddruck p_0, A_1 der Endzustand bei Expansion mit Verlusten (die Reibung bewirkt eine Entropievermehrung); die unterhalb der Kurve der Zustandsänderung AA_1 liegende Fläche $A'AA_1A_1'$ ist die zugeführte Wärme, das ist im vorliegenden Falle die Reibungswärme Q_r. Der Wärmeinhalt in A_1 ist i_1 = Fläche $OEB_1A_1A_1'$ und im Endzustand A_0 der adiabatischen Expansion i_0 = Fläche OEB_1A_0A'; somit ist die Differenz $i_1 - i_0$ = Fläche $A'A_0A_1A_1' = h_a$ der Energieverlust, während die Fläche $AA_1A_0 = A\int_{p_0}^{p}(v_r - v_a)\,dP$ der rückgewinnbare Teil der Reibungswärme ist (vgl. Abb. 26).

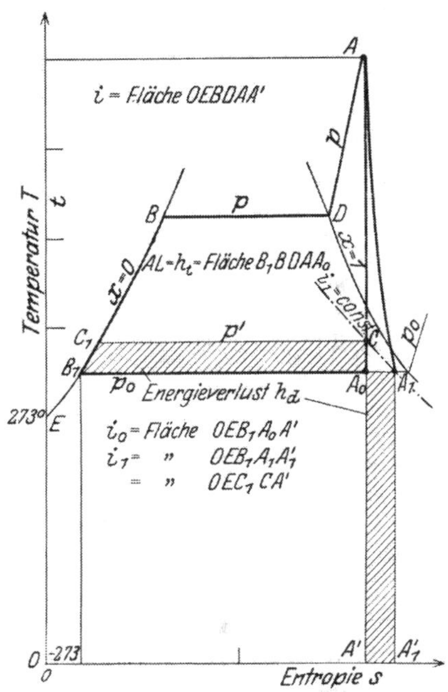

Abb. 27. Energieverlust in Ts-Diagramm.

Das theoretische Arbeitsvermögen $h_t = AL$ ist bekanntlich durch die Fläche $B_1BDAA_0 = i - i_0$ dargestellt. Soll auch hier der Energieverlust vom Arbeitsvermögen abgezogen werden, so muß wieder der Schnittpunkt C der Kurve gleichen Wärmeinhalts i_1 mit der Adiabate AA_0 gefunden werden. Bei adiabatischer Strömung braucht die Expansion nur bis auf den dem Punkt C entsprechenden Druck p' zu erfolgen, um die Geschwindigkeit c_1 und den Wärmeinhalt i_1 = Fläche OEC_1CA' zu erreichen, es wird nur die Energie = Fläche C_1BDAC ausgenutzt, die Fläche $B_1C_1CA_0$ ist demnach der Energieverlust und gleich der Fläche $A'A_0A_1A_1'$.

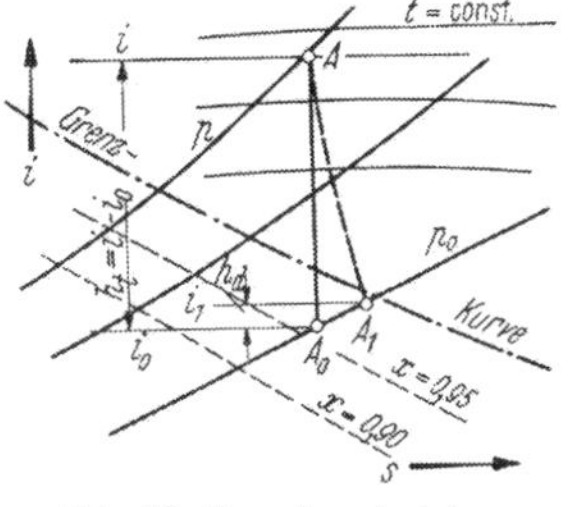

Abb. 28. Energieverlust im is-Diagramm.

Im für den Dampfturbinenbau besonders bequemen MOLLIER-*is-Diagramm* (Abb. 28) wird die Kurve der wirklichen Expansion vom Anfangszustand A infolge der Entropievermehrung ebenfalls rechts der Adiabate AA_0 verlaufen und in den Endpunkt A_1 mit dem Wärmeinhalt i_1 führen. Der Energieverlust erscheint als die Strecke $h_d = i_1 - i_0$. Die Reibungswärme Q_r ist im is-Diagramm nicht darstellbar.

Wäre der Verlauf der wirklichen Expansionslinie AA_1 bekannt, so könnte A_1 auf der Druckkurve p_0 gefunden und damit der Energieverlust ermittelt werden; das Gesetz für die Strömung ist jedoch nicht festgestellt. Durch Versuche kann der Zustand im Verlaufe der Strömung nicht genau genug erfaßt werden, da sich wohl der Druck einwandfrei messen läßt, jedoch nicht die Temperatur (noch weniger der Dampfgehalt x im Sättigungsgebiet), da infolge der Reibung des Dampfes am Thermometer oder am Draht des Thermoelementes eine Erwärmung erfolgt, die nicht feststellbare Meßfehler ergibt und die Temperaturmessung illusorisch macht.

Die Ansichten über den Verlauf der Expansionslinie gehen noch auseinander. Während von der einen Seite der Verlauf bis zum kritischen Druck mit ganz geringen Verlusten, also fast adiabatisch angenommen wird, so daß erst im erweiterten Teil der Mündung stärkere Verluste auftreten — gestrichelte Linie in Abb. 29 — wird von andrer Seite der Verlauf nach der strichpunktierten Linie angegeben, bei welchem die Verluste erst groß, dann kleiner sind. Vermutlich wird der tatsächliche Verlauf dazwischen liegen, etwa nach der voll ausgezogenen Linie der Abb. 29. Der genaue Verlauf der Expansion in der Leitvorrichtung ist aber auch nicht so wichtig wie die Größe und die Abhängigkeit des Energieverlustes. Wird dieser ermittelt, so kann der Endzustand auf dem Druck p_0 im is-Diagramm durch Abtragen des Verlustes von A_0 nach oben (Abb. 28) und Ziehen der Waagerechten i_1 gefunden werden.

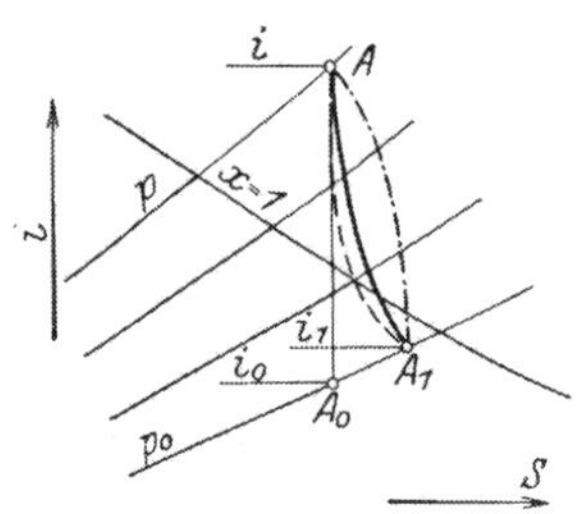

Abb. 29. Zustandsverlauf.

Da bei Überdruckturbinen die Expansion sowohl in der Leitschaufel als auch in der Laufschaufel erfolgt, wird der Expansionsvorgang zweckmäßig unterteilt betrachtet (vgl. Abb. 50, S. 42).

Die Strömungsverluste sind durch zahlreiche Versuche untersucht worden, auf die hier verwiesen sei.

Die praktische Ermittlung der Verluste in Mündungen und Düsen kann durch folgende Meßverfahren erfolgen:

1. *Messung des statischen Druckes* in der Mündung mittels Meßröhrchen mit gut abgerundeten Kanten (oder ebensolchen Bohrungen normal zur Düsenwandung (Stodola [Ia]; Büchner [III]; Loschge [III].

Ist p, t der Zustand vor der Düse, p_1 der Druck im Austrittsquerschnitt, dann wäre ohne Verluste der Endzustand durch Punkt A_0 im is-Diagramm (Abb. 28, S. 25) gegeben und H_t bestimmt, woraus c_0 nach Gl. (30), S. 18 errechnet werden kann. Die wirkliche Austrittsgeschwindigkeit c_1 muß der Stetigkeitsgleichung genügen: $G_{sek}\, v_1 = F_1 c_1$, wobei v_1 das spezifische Volumen im Austrittsquerschnitt F_1 und G_{sek} die gemessene sekundliche Dampfmenge. Die Bestimmung von v_1 erfordert im Überhitzungsgebiet die Messung von t_1 und im Sättigungsgebiet die Messung bzw. die Errechnung des Dampfgehaltes x_1.

2. *Messung des dynamischen Druckes* in der Mündung mit Hilfe des Stau- (Pitot-) Röhrchens. Dabei ist der dynamische Druck $p_{dyn} = p_{stat} + \frac{c_1}{2g}$, wenn p_{stat} der statische Druck. Zur Bestimmung von c_1 muß p_{stat} und das spezifische Gewicht γ_1 gemessen werden; letzteres hängt wieder von der Temperatur bzw. vom Dampfgehalt ab, deren Messung nicht zuverlässig ist. Dieses Verfahren ist noch nicht genügend erprobt (s. Löliger [IV]; Nusselt [I]).

3. *Messung des Aktionsdruckes des Strahles* auf eine Platte bei Annahme der Abströmung parallel zur Platte. Der Druck ist $P = \frac{G}{g} c_1$, woraus c_1 bestimmbar ist. Siehe Versuche von E. Lewicki [III]; Briling [III]; Zerkowitz [Va].

4. *Messung des Reaktionsdruckes* des Strahles, wobei die Düse mit dem Zulaufrohr drehbar pendelnd aufgehängt ist und der Rückdruck R gemessen wird. Es ist dann $R = \frac{G}{g} c_1$, wenn der Enddruck $p_1 =$ dem Außendruck p_a ist, woraus c_1 errechnet werden kann. Ist der Druck im Austrittquerschnitt F_1 höher als der Außendruck p_a (Nachexpansion), dann ist $R = \frac{G}{g} c_1 + F_1 (p_1 - p_a)$.

Versuche dieser Art sind durchgeführt worden von Christlein [V]; Stodola [Ia] und [V]; Flügel [IIa]; Lewicki [III]; Nusselt [V]; Bendemann [III]; Loschge [V].

Aus der ermittelten wirklichen Austrittsgeschwindigkeit c_1 und der dem Wärmegefälle entsprechenden theoretischen c_0 kann der *Geschwindigkeitskoeffizient* $\varphi = \frac{c_1}{c_0}$ ermittelt werden. Ist der Geschwindigkeitskoeffizient in seiner Abhängigkeit bestimmt, so kann jeweils die wirkliche Geschwindigkeit c_1 ermittelt werden aus

$$c_1 = \varphi\, c_0$$

und der Energieverlust für 1 kg

$$L_d = \frac{c_0^2 - c_1^2}{2g} = \frac{c_0^2 - \varphi^2 c_0^2}{2g} = \frac{c_0^2}{2g}(1 - \varphi^2) = \frac{c_0^2}{2g}\zeta = \zeta L$$

oder

$$h_d = A L_d = \zeta A L = \zeta h_t, \tag{38b}$$

wenn $\zeta = 1 - \varphi^2$ der *Verlust-* oder *Widerstandskoeffizient.*

Aus den Versuchen von Gutermuth [III]; Christlein [V]; Flügel [III]; und [IIa] und Stodola [Ia] mit verschiedenen Mündungen und bei verschiedenen Zuständen kann gefolgert werden:

1. Der Geschwindigkeitskoeffizient φ nimmt mit der Geschwindigkeit bis über die Schallgeschwindigkeit zu.

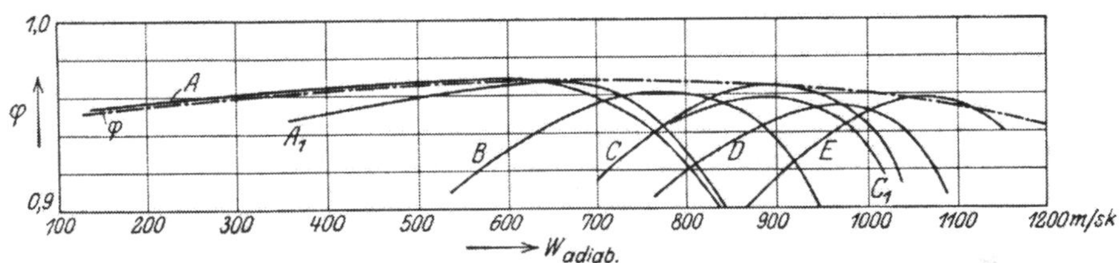

Abb. 30. Geschwindigkeitskoeffizienten φ nach BBC.

2. Bis zur Schallgeschwindigkeit nimmt φ mit abnehmendem Druck oder abnehmender Überhitzung zu.
3. Bei hoher Überhitzung ist das Maximum von φ größer als bei geringer Überhitzung.

Diese zuerst von Christlein gefundenen Ergebnisse werden im allgemeinen von den anderen Forschern bestätigt. Der Wert von φ ist nicht sehr veränderlich; er liegt im Mittel bei etwa $\varphi = 0{,}95$ bis $0{,}96$. Die Ergebnisse neuerer von BBC vorgenommenen Versuche mit verschiedenen Düsen A bis E sind in Abb. 30 angegeben (vgl. Stodola [Ia] S. 127).

Nach den Versuchen des Steam-Nozzles Research Commitee von Januar und März 1923 zeigt sich hingegen, daß φ im Bereich von 300 bis 600 m/sek sich wenig ändert, bei kleineren Geschwindigkeiten aber wesentlich zunehmen kann; deshalb ist kleine Geschwindigkeit günstig.

Ferner wurde die wirkliche Ausflußmenge gemessen; es stellte sich dabei heraus, daß diese bei gesättigtem Dampf größer sein kann als die theoretische (etwa 2%), denn Bendemann [III] fand, unabhängig von der Überhitzung

$$G_{\text{sek}} = 203\, f_{\min} \sqrt{\frac{p}{v}}\ \text{kg/sek}, \tag{39}$$

[vgl. Gl. (36a u. b) (S. 27)]; das Ergebnis wurde von Loschge [V] bestätigt. Diese eigenartige Erscheinung läßt sich durch die Unterkühlung des Dampfes erklären, d. h., der Dampf kondensiert nicht, sondern expandiert wie überhitzter Dampf, wie Stodola [Ia] experimentell festgestellt hat.

Allgemein ist die wirkliche sekundliche Ausflußmenge

$$G_{\text{sek}} = \mu \, G_{0\,\text{sek}}\,,$$

wenn $G_{0\,\text{sek}}$ die theoretische Menge, wobei $\mu < 1$ ist. Infolge der Reibung tritt eine Volumensvergrößerung gegenüber dem theoretischen v_0 ein, $v_1 > v_0$ oder $\frac{v_1}{v_0} = 1 + \beta$, ferner ist die erreichte Geschwindigkeit c_1 kleiner als die theoretische c_0 (vgl. S. 23).

$$c_1 = \varphi \, c_0;$$

aus der Stetigkeitsgleichung $G_{\text{sek}} = \frac{f_0 c_1}{v_1}$ folgt alsdann, wenn Strahlkontraktion durch geeignete Mündungsform vermieden wird.

$$G_{\text{sek}} = \frac{f_0 \, \varphi \, c_0}{v_0 (1 + \beta)} = \frac{\varphi}{1 + \beta} \frac{f_0 c_0}{v_0}$$

und da

$$\frac{f_0 c_0}{v_0} = G_{0\,\text{sek}}\,,$$

so ist

$$G_{\text{sek}} = \frac{\varphi}{1 + \beta} G_{0\,\text{sek}} = \varphi \frac{v_0}{v_1} G_{0\,\text{sek}}\,,$$

also

$$\mu = \frac{\varphi}{1 + \beta} = \varphi \frac{v_0}{v_1}\,.$$

μ wird auch *Ausflußkoeffizient* genannt. Die ausgeführten Versuche zeigen gute Übereinstimmung mit den rechnerischen Ergebnissen, μ weicht wenig von φ ab, es zeigt sich, daß $\varphi \simeq 0{,}97$ ist. Bei gesättigtem Dampf (s. oben) muß $\mu > 1$ sein.

Der Vollständigkeit halber seien noch die Versuche von E. Lewicki [III], Briling [III] und Nusselt [V] erwähnt.

Im Dampfturbinenbau dienen entsprechend geformte Mündungen als *Leitvorrichtungen*, sie geben dem Strahl die gewünschte Richtung.

C. Ausfluß aus schräg abgeschnittenen Mündungen (Leitvorrichtungen).

Da die Mündungen, die als Leitvorrichtungen für die Dampfturbinen dienen, unter einem bestimmten Winkel zur Laufradeintrittsebene (vgl. Abb. 43) geneigt stehen müssen, erhalten sie einen *Schrägabschnitt*, der nicht ohne Einfluß auf die Strahlführung bleibt, falls die Expansion nicht vor dem Schrägabschnitt beendet ist, was bei überkritischem Druckverhältnis der Fall sein kann.

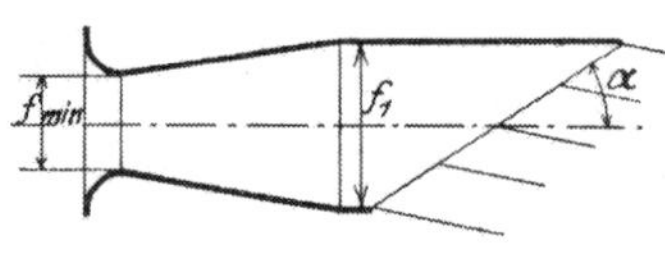

Abb. 31. Düsenform.

Aus den Betrachtungen der vorhergehenden Kapitel folgt, daß bei überkritischem Druckverhältnis, d. h. wenn der Enddruck p_0 der Expansion kleiner ist als der kritische (s. S. 19), die Leitvorrichtungen eine Erweiterung erhalten müssen; eine solche erweiterte Leitvorrichtung sei im folgenden als *Düse* bezeichnet, sie ist erstmalig von de Laval angewendet worden und wird deshalb auch *Lavaldüse* genannt. Ist der Enddruck größer oder gleich dem kritischen, so kann eine nicht erweiterte Leitvorrichtung angewendet werden, die kurz *Leitkanal* oder *Zoellymündung* genannt sei.

Die *Düsen* erhalten den engsten Querschnitt gleich am Eintritt, der vor dem engsten erforderliche große Querschnitt (vgl. Abb. 17, S. 19) wird durch gute Abrundung erreicht (Abb. 31). Vom engsten Querschnitt ab wird die Düse allmählich erweitert bis auf den Endquerschnitt f_1. Nun schließt sich vielfach ein

Teil mit gleichbleibendem Querschnitt an, der dann schräg abgeschnitten ist (Abb. 31). Entspricht der Endquerschnitt f_1 dem Enddruck p_0, so wird der Strahl in Richtung der Düsenachse austreten, ohne durch den Schrägabschnitt beeinflußt zu werden. Ist der Endquerschnitt kleiner als für den Enddruck erforderlich, dann stellt sich am Ende des erweiterten Teiles ein höherer Druck ein, die weitere Expansion findet im Schrägabschnitt statt, der Strahl wird von der Richtung der Düsenachse abweichen, es tritt *Strahlablenkung* ein, was zuerst von E. Lewicki beobachtet worden ist.

Der Schrägabschnitt kann aber auch ohne den verlängerten Teil (mit gleichbleibendem Querschnitt) ausgeführt werden (Abb. 32), nur liegt dann der Endquerschnitt nicht mehr in der Düse, sondern außerhalb derselben. (Würde man

Abb. 32 und 33. Düsen.

den Endquerschnitt in CD legen, so würde die Düse wie eine zu stark erweiterte wirken.) Von CD an wird die weitere Expansion im Schrägabschnitt stattfinden, der Strahl wird abgelenkt. Eine Düse dieser Form ist nur bei geringer Erweiterung anzuwenden.

Auch bei den nicht erweiterten Leitkanälen tritt Strahlablenkung ein, wenn der Enddruck kleiner ist als der kritische (Abb. 33). Dadurch ist es möglich, Zoellymündungen auch für überkritisches Druckverhältnis zu verwenden, wie Christlein [V] zuerst feststellte. *Strahlablenkung* wird demnach immer eintreten, wenn der Außendruck kleiner ist als der Druck im noch ganz in der Düse befindlichen Querschnitt AB. Da die neue

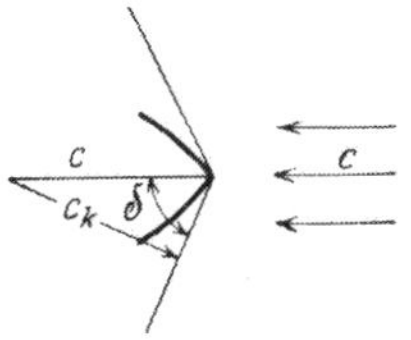

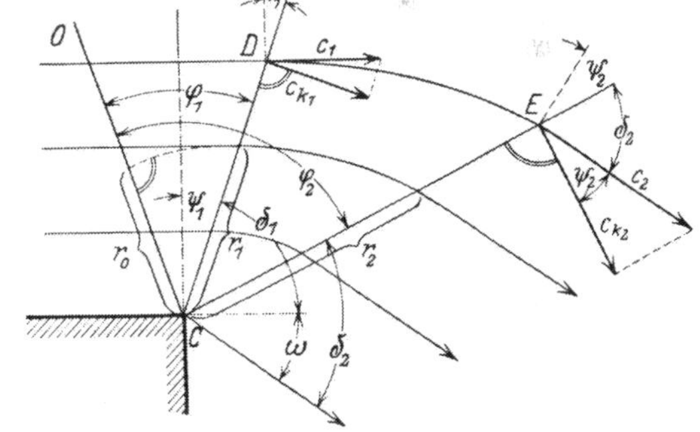

Abb. 34. Strahlablenkung (Machscher Winkel).

Abb. 35. Prandtlsche Strömung.

Richtung des Strahles für den Eintritt in die Laufschaufel wichtig ist, muß sie ermittelt werden, worauf näher eingegangen werden soll.

Trifft ein mit Überschaltgeschwindigkeit strömender Strahl auf eine feststehende Kante [oder bewegt sich ein fester Körper (Geschoß) in einem Gas], so entstehen von der Kante ausgehende Schallwellen (ähnlich etwa den Bugwellen bei einem Schiff) unter dem Machschen Winkel δ zur Bewegungsrichtung (Abb. 34), wobei $\sin\delta = \frac{c_k}{c}$, wenn c_k die kritische (Schallgeschwindigkeit), $c\,(> c_k)$ die Geschwindigkeit der Strömung oder des bewegten Körpers.

Eine ähnliche Erscheinung ist zu beobachten, wenn ein mit Überschallgeschwindigkeit strömender freier Strahl über eine Kante C (Abb. 35) führt in einen Raum, in welchem ein tieferer Druck p_0 herrscht als der Druck p_1 im Strahl an der Kante. Nach den Untersuchungen von Prandtl [V] geht von der Kante C

eine keilförmige Verdünnungswelle aus, wobei der auf dem Fahrstrahl CD, der unter dem Machschen Winkel δ_1 gegen die Strömungsrichtung geneigt ist und bis zu welchem keine Störung eintritt, überall gleiche Druck p_1 innerhalb des Keiles CDE auf den Außendruck p_0 sinkt, der wieder auf dem ganzen Fahrstrahl CE

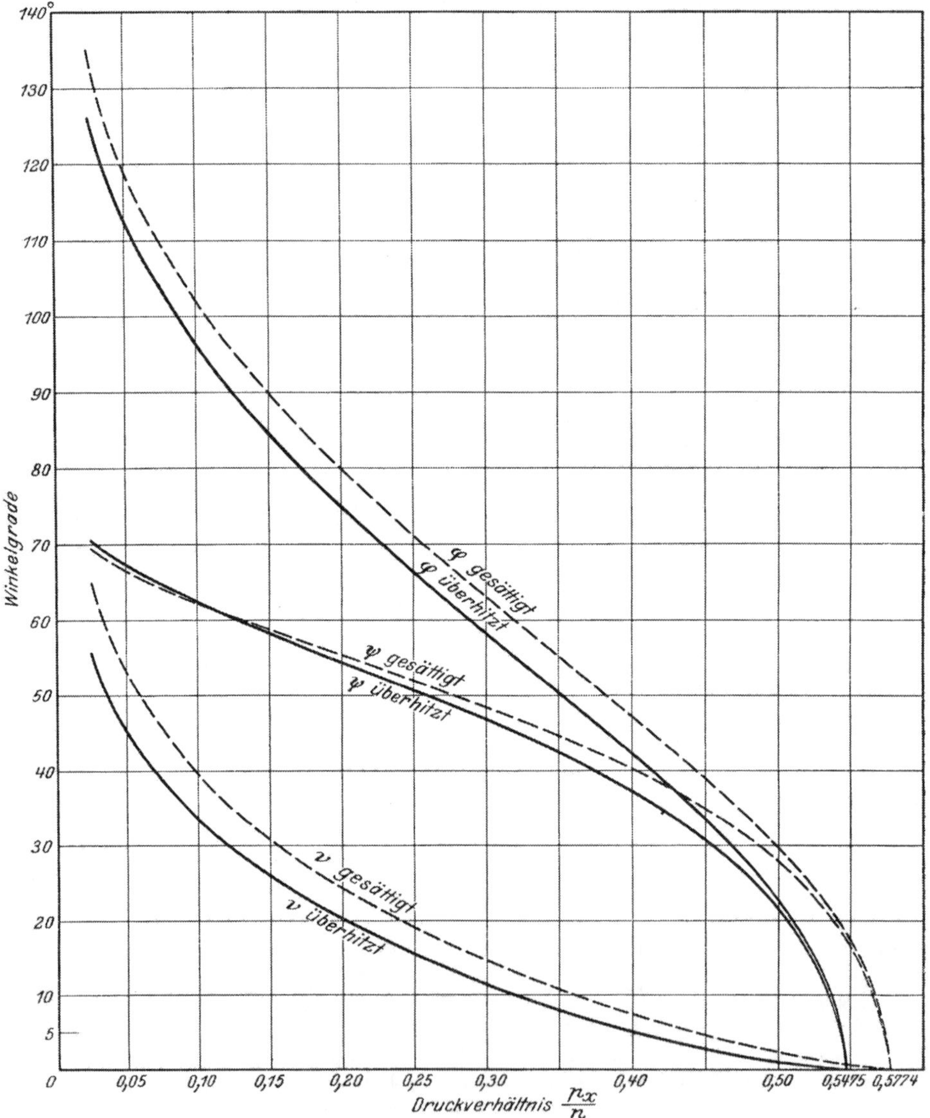

Abb. 36. Ablenkungswinkel in Abhängigkeit vom Druckverhältnis.

gleich ist. In allen Punkten eines Fahrstrahles ist auch die Schallgeschwindigkeit gleich. Der Fahrstrahl CE steht unter dem Machschen Winkel δ_2 zur neuen (abgelenkten) Strahlrichtung. Von CE an verlaufen die Stromlinien wieder parallel zueinander und zur Stromlinie durch C, so daß der ganze Strahl um den Winkel ω aus seiner Anfangsrichtung abgelenkt ist.

Th. Meyer [III] hat auf Grund der von Prandtl aufgestellten Gleichungen die Lage der Fahrstrahlen CD und CE, die Polarkoordinaten der Stromlinien und den Ablenkungswinkel ω rechnerisch ermittelt für reibungsfreie (adiabatische) Strömung. Es bezeichne nach Abb. 35 φ_1, φ_2, φ die Winkel, welche die Isobaren CD, CE und eine beliebige dazwischen liegende mit einer angenommenen Hilfsachse CO einschließen, auf der die Stromlinien senkrecht stehen, δ_1, δ, δ_2 die Machschen Winkel, ψ_1, ψ, ψ_2 die Komplementwinkel dazu, p_1 und p_0 den Druck auf den Strahlen CD bzw. CE; dann ist für einen zwischen p_1 und p_0 liegenden Druck p_x, auf dem Strahl unter φ, wenn p der Druck vor der Düse

$$\operatorname{tg}\left[\varphi\sqrt{\frac{k-1}{k+1}}\right] = \sqrt{\frac{2}{k+1}\left(\frac{p}{p_x}\right)^{\frac{k-1}{k}} - 1}\,, \tag{40a}$$

$$\operatorname{tg}\psi = \sqrt{\frac{2}{k-1}\left(\frac{p}{p_x}\right)^{\frac{k-1}{k}} - \frac{k+1}{k-1}}\,. \tag{40b}$$

Setzt man für p_x den Wert p_1, dann p_0 ein, so ergeben sich φ_1, ψ_1 bzw. φ_2, ψ_2 und es ist der Ablenkungswinkel ω

$$\omega = (\varphi_2 - \psi_2) - (\varphi_1 - \psi_1) = \nu_2 - \nu_1\,, \tag{41}$$

wenn allgemein $\varphi - \psi = \nu$ ist.

In Abb. 36 sind die nach diesen Gleichungen errechneten Werte von φ, ψ und ν für gesättigten und für überhitzten Dampf für verschiedene Druckverhältnisse von $\frac{p_x}{p} = 0{,}25$ bis zum kritischen über diesen Verhältnissen aufgetragen.

So ist z. B. für überhitzten Dampf von $p = 16$ ata bei Expansion auf $p_2 = 4$ ata, wenn auf dem Fahrstrahl CD (Abb. 35), $p_1 = 6$ ata, also $\frac{p_1}{p} = 0{,}375$, $\frac{p_2}{p} = 0{,}25$ aus Abb. 36 $\varphi_1 = 46{,}5^0$, $\psi_1 = 39{,}9^0$, $\nu_1 = 6{,}6^0$ und $\varphi_2 = 66^0$, $\psi_2 = 50{,}8^0$, $\nu_2 = 15{,}2^0$ und damit die Strahlablenkung $\omega = \nu_2 - \nu_1 = 15{,}2 - 6{,}6 = 8{,}6^0$.

Der *Verlauf der Stromlinien* läßt sich für adiabatische Strömung durch die Polarkoordinaten φ, r nach der Gleichung von Meyer ermitteln, wenn r_0 der

$$r = \frac{r_0}{\left[\cos\left(\varphi\sqrt{\frac{k-1}{k+1}}\right)\right]^{\frac{k+1}{k-1}}} \tag{42}$$

Radiusvektor auf dem zu den Stromlinien senkrecht stehenden Strahl CO (Abb. 35), von dem die Winkel φ des jeweiligen Fahrstrahles gemessen werden. So ist z. B. für

	$\varphi = 0^0$	15^0	30^0	45^0	60^0	75^0	90^0	105^0	120^0
bei überhitztem Dampf	$r = 1$	1,037	1,148	1,367	1,754	2,437	3,690	6,158	11,48
bei gesättigtem Dampf	$r = 1$	1,035	1,147	1,363	1,741	2,393	3,546	5,700	9,986

Damit können die Stromlinien gezeichnet werden, wozu zunächst die Richtung von CD aus dem Machschen Winkel und dann mit φ_1 entsprechend dem vorliegenden Druck p_1 bzw. dem Verhältnis p_1/p aus Abb. 36 oder Gl. (40a) die Lage von CO gefunden wird. Zu verschiedenen r_0 findet man unter Winkeln φ aus obigen Verhältniszahlen die jeweiligen Radien r. Die Stromlinien für gesättigten Dampf sind erstmalig von Zerkowitz [V, a] gezeichnet worden. In derselben Weise sind in Abb. 37 die Stromlinien für überhitzten Dampf für $p_1 = p_k$ gezeichnet, d. h. die Fahrstrahlen CO und CD fallen zusammen in die Senkrechte (s. u. Zoellymündung).

Die Fahrstrahlen r sind als Vielfache von $r_0 = r_k$ eingetragen (vgl. Zahlentafel S. 31). Ferner ist die Polarkurve P gezeichnet, die das zum Winkel φ gehörige Ausdehnungsverhältnis p_x/p liefert. Um den Winkel φ und den Radiusvektor r für ein Ausdehnungsverhältnis p_x/p zu finden, braucht man nur mit diesem Verhältnis im angegebenen Maßstab aus dem Punkt C einen Bogen bis zur Polarkurve zu schlagen, dann liefert die Sehne φ und r; z. B. für $p_x/p = 0{,}5$ ist $\varphi = 22{,}5^0$ und $r = 1{,}07\, r_0$.

Diese Betrachtungen lassen sich nun für die Ermittlung der Strahlablenkung bei Überschallgeschwindigkeit in zu wenig oder gar nicht erweiterten Leitvorrichtungen anwenden.

Bei zu kurzen, d. h. zu wenig erweiterten Düsen wird bis zum unter dem Machschen Winkel δ_1 zur Stromrichtung stehenden Fahrstrahl CD (Abb. 38)

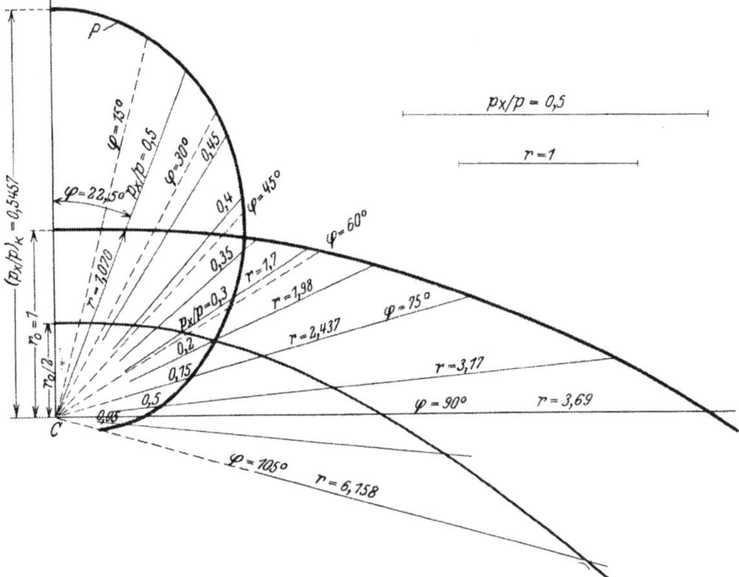

Abb. 37. Stromlinien für überhitzten Dampf.

der dem Erweiterungsverhältnis entsprechende Druck p_1 herrschen, wobei aus $\sin \delta_1 = \frac{c_k}{c_1}$ (c_1 entspricht dem Druckgefälle von p auf p_1) die Lage von CD ermittelt werden kann. Mit φ_1 aus Abb. 36 oder nach Gl. (40a) entsprechend dem Verhältnis p_1/p ergibt sich auch die Lage des Fahrstrahles CO. Die weitere Expansion beginnt somit von CD an und muß bis CE beendet sein, andernfalls noch Expansion außerhalb der Mündung und dann auch senkrecht zur Bildebene stattfinden würde. Damit dieses nicht eintritt, muß der Winkel φ_m der Mündung (s. Abb. 39) größer (oder mindestens gleich) sein als der dem Druckverhältnis p_0/p entsprechende Winkel φ_2, der wieder aus Abb. 36 entnommen werden kann.

Besonders wichtig ist die Expansion im *Schrägabschnitt* der nicht erweiterten Leitkanäle (Zoellymündung), da es dadurch möglich ist, auch ohne Erweiterung eine höhere Geschwindigkeit zu erreichen als die Schallgeschwindigkeit, wie Loschge [III] nachgewiesen hat. Bei der Zoellymündung (Abb. 39) stellt sich am Ende des allseitig umschlossenen Teils, im Querschnitt CD, die Schallgeschwindigkeit c_k ein, es ist $c = c_k$ und damit der Machsche Winkel $\delta_1 = 90^0$.

Der Fahrstrahl CD fällt somit in die Senkrechte zur Strahlachse und, da $\varphi_1 = \psi_1 = 0$, auch der Strahl CO. Von CD expandiert der Strahl im Keil CDE, die Strahlablenkung ist dann, da auch $\nu_1 = 0$, $\omega = \nu_2 = \varphi_2 - \psi_2$ und kann für p_0/p aus Abb. 36 entnommen oder nach Gl. (40a, b) ermittelt worden. Z. B. ist für überhitzten Dampf mit $p = 16$ ata, $p_0 = 4$ ata, da $\frac{p_0}{p} = 0{,}25$, die Strahlablenkung $\omega = \nu_2 = 15{,}5^0$ und $\varphi_2 = 66^0$ ist der Winkel, der nötig ist, um die volle Expansion auf den Enddruck p_0 zu ermöglichen. Ist z. B. der Leitwinkel $\alpha = 20^0$, so ist der Keilwinkel DCE $\varphi_m = 90^0 - 20^0 = 70^0$, also größer als der für das vorliegende Druckverhältnis erforderliche Winkel φ_2, der Druck p_0 kann

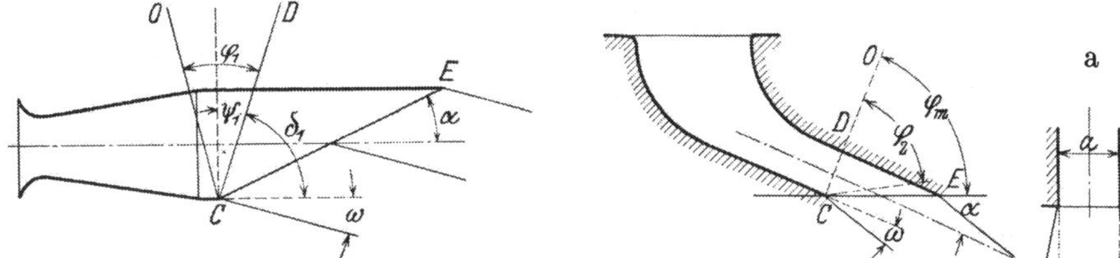

Abb. 38. Strahlablenkung in Düsen. Abb. 39 und 39a. Strahlablenkung in Zoellymündungen.

somit im Schrägabschnitt erreicht werden. Die Grenze für den Winkel α wäre $90 - 66^0 = 24^0$. Bei zu großem Winkel α könnte der Fahrstrahl unter dem Winkel φ_2 außerhalb der Austrittskante CE liegen, d. h. die gegenüberliegende Mündungswand DE nicht mehr treffen, dann kann die vollständige Expansion von p_k auf p_0 nicht im Schrägabschnitt erfolgen, es würde die Ausdehnung auf p_0 außerhalb der Kante CE stattfinden und eine Verbreiterung des Strahles auch nach den Seiten eintreten (Abb. 39a). Es muß also $\alpha \leqq 90 - \varphi_2$ sein, wobei φ_2 dem jeweiligen Druckverhältnis entspricht.

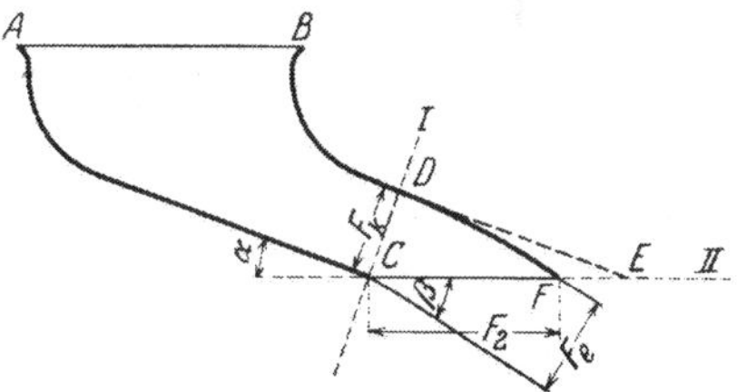

Abb. 40. Leitvorrichtung nach ZERKOWITZ.

Der Form der Stromlinien entsprechend (vgl. Abb. 37) müßte die Begrenzung der Mündung längs DE (Abb. 38 und 39) gekrümmt sein. Bei der meistens geradlinigen Ausführung ist der wirkliche Querschnitt größer als dem Druck auf dem Fahrstrahl entsprechen würde, der Druck wird sinken, er ist längs der Fahrstrahlen nicht mehr überall gleich. Dadurch sind auch die Stromfäden nicht mehr gleichgerichtet, die Abweichungen sind aber nicht groß, die Strömung wird im wesentlichen wenig beeinflußt.

Nach ZERKOWITZ [Vb] kann der gewünschte Austrittswinkel erreicht werden, wenn die Mündungswand durch die Stromlinie nach Gl. (42), S. 31, ausgebildet wird (Abb. 40); dann expandieren die Stromfäden gleichartig und werden gleich stark abgelenkt. Sie treten als Parallelstrahl aus. Ist ω die Ablenkung, α der Leitwinkel bis CD, so ist der Austrittswinkel des Parallelstrahles $\beta = \alpha + \omega$. Der wirksame Endquerschnitt ist F_e.

Da in Wirklichkeit die Strömung mit Verlusten verbunden ist, ergeben sich Abweichungen gegenüber der verlustlosen Strömung; der Vorgang wird noch wesentlich verwickelter. LOSCHGE [V] hat die Abweichungen der Winkel bei Verlusten ermittelt. Da die Geschwindigkeit kleiner wird als ohne Verluste, so wird auch die Strahlablenkung geringer. Im allgemeinen sind die Abweichungen nicht bedeutend.

Ein einfaches und praktisch genügend genaues Verfahren zur Berechnung der Strahlablenkung hat FORNER (veröffentlicht von BAER [V] aus der Stetigkeitsgleichung abgeleitet. Voraussetzung ist hierbei jedoch, daß der Strahl vollständig im Schrägabschnitt expandiert, also $\alpha_1 \leqq 90 - \varphi_2$ (s. o.) ist.

Ist in Abb. 41 a die radiale Höhe, b_2 die lichte Breite im Kanal, b_2' diejenige des Strahles nach der Ablenkung, c_k die Schallgeschwindigkeit, c_1 die Austrittsgeschwindigkeit, v_k und v_2 die zugehörigen spezifischen Volumina, so ist aus der Stetigkeitsgleichung

$$G_{\text{sek}} = \frac{F_1 c_k}{v_k} = \frac{F_1' c_1}{v_2},$$

worin $F_1 = a\, b_2$ und $F_1' = a\, b_2'$; folglich ist

$$\frac{b_2 c_k}{v_k} = \frac{b_2' c_1}{v_2} \quad \text{und} \quad \frac{b_2'}{b_2} = \frac{c_k v_1}{c_2 v_k}$$

oder, da

$$\frac{b_2'}{\sin\alpha_1'} = \frac{b_2}{\sin\alpha_1}, \quad \frac{b_2'}{b_2} = \frac{\sin\alpha_1'}{\sin\alpha_1},$$

$$\frac{c_k v_1}{c_2 v_k} = \frac{\sin\alpha_1'}{\sin\alpha_1}$$

und

$$\sin\alpha_1' = \sin\alpha_1 \frac{v_2}{v_k} \frac{c_k}{c_1} \tag{43}$$

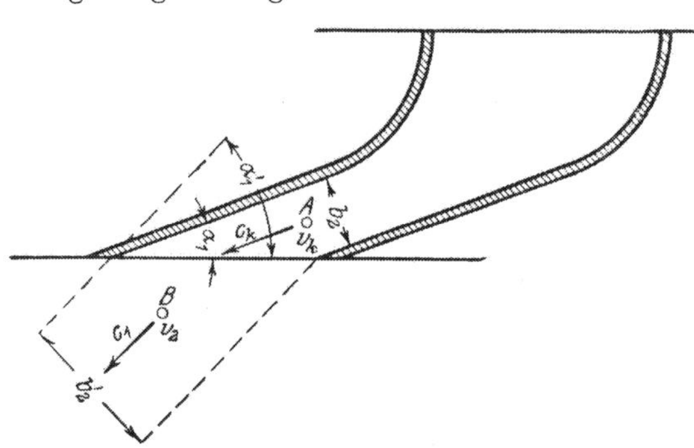

Abb. 41. Berechnung der Strahlablenkung.

Die Ablenkung ist dann $\omega = \alpha_2' - \alpha_1$.

Vergleiche der hiernach berechneten Ablenkung mit der gemessenen oder nach MEYER berechneten zeigen sehr gute Übereinstimmung.

Für zu wenig erweiterte Düsen kann die Ablenkung ebenfalls aus Gl. (43) berechnet werden, wenn in dieselbe statt c_k und v_k die dem Erweiterungsverhältnis entsprechenden Werte eingesetzt werden.

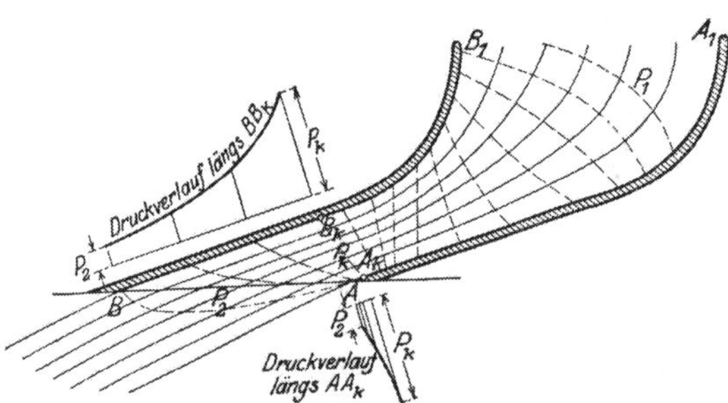

Abb. 42. Druck- und Strömungsverlauf.

Den Druckverlauf in einer Zoellymündung bei Überschallgeschwindigkeit zeigt Abb. 42 nach den Angaben von BAER [V]; die gestrichelten Linien sind die Isobaren. Wie zu ersehen, treten schräg zur Strahlrichtung Druckdifferenzen auf, welche Geschwindigkeitskomponenten erzeugen, die die Ablenkung des Strahles verursachen. Dadurch wird, wie eben erläutert, die Strahlbreite, also auch der Strahlquerschnitt, größer, die Mündung wirkt wie eine erweiterte (oder stärker erweiterte) und ermöglicht Überschallgeschwindigkeit (bzw. eine höhere Geschwindigkeit als der vorhandenen Erweiterung entspricht).

Der Geschwindigkeitskoeffizient φ nach Abb. 30, S. 27 ist für Mündungen mit Schrägabschnitt ermittelt; der Koeffizient wird durch den Schrägabschnitt nur unwesentlich beeinflußt und ist in der Hauptsache von der Beschaffenheit der Wandungen und von der Geschwindigkeit abhängig. Es gilt demnach das über die Mündungen allgemein Gesagte auch für die Leitvorrichtungen mit Schrägabschnitt. S. a. SZEWALSKI [V].

V. Energieumsetzung in der Dampfturbine. Arbeitsweise des Dampfes.

A. Systeme der Dampfturbinen.

Zur Ausnutzung des im Dampf enthaltenen Arbeitsvermögens in den Dampfturbinen wird die kinetische (Strömungs-) Energie herangezogen.

Es muß dazu zunächst eine Umwandlung der potentiellen (Druck-) Energie des Dampfes in kinetische Energie erfolgen. Der ganze Arbeitsvorgang in der Dampfturbine setzt sich somit aus zwei Teilen zusammen:

1. Umwandlung des Arbeitsvermögens in kinetische Energie in der Leitvorrichtung (bzw. zum Teil auch in der Laufschaufel), d. i. die Erzeugung der absoluten Dampfgeschwindigkeit und

2. Übertragung der Strömungsenergie an das Laufrad durch Ablenkung des Dampfstrahles in der Laufschaufel, in der dadurch ein Bahndruck ausgeübt wird, der als Umfangskraft das Drehmoment erzeugt (bzw. zum Teil durch den Rückdruck des Dampfstrahles auf die Laufschaufel bei teilweiser Expansion in derselben).

Wie bereits angedeutet, kann die Umsetzung des Gefälles in Geschwindigkeit entweder vollständig in der Leitvorrichtung (Düse oder Leitkanal) erfolgen, oder aber zum Teil in der Leitschaufel, zum andern Teil in der Laufschaufel. Dementsprechend werden zwei Hauptarten von Dampfturbinen unterschieden:

I. Das ganze verfügbare Gefälle wird in der Düse oder im Leitkanal in Geschwindigkeit umgesetzt, so daß der Dampf bis auf den Enddruck entspannt mit *gleichbleibendem* Druck durch die Laufschaufel strömt; also vor und hinter der Schaufel und in der Turbinenkammer der *gleiche Druck* herrscht — **Gleichdruckturbinen** (früher auch Aktionsturbinen genannt), analog den Freistrahl-Wasserturbinen. Die relative Dampfgeschwindigkeit bleibt bis auf die Strömungsverluste gleich, also sind auch die Ein- und die Austrittsquerschnitte des Laufrades gleich. Auf die Laufschaufel wirkt als treibende Kraft der Druck des abgelenkten freien Dampfstrahles.

II. Es wird nur ein Teil des verfügbaren Gefälles in der Leitschaufel in Geschwindigkeit umgesetzt, der andere Teil in der Laufschaufel; der Dampf tritt also mit einem *Überdruck* im Spalt zwischen Leit- und Laufschaufel in diese ein und expandiert in der Laufschaufel bis auf den Enddruck — **Überdruckturbinen** (früher auch Reaktionsturbinen genannt). Es tritt dadurch eine Geschwindigkeitszunahme in der Laufschaufel ein, der Austrittsquerschnitt muß kleiner sein als der Eintrittsquerschnitt. Auf die Schaufel wirkt als treibende Kraft außer dem Druck des in der Leitschaufel beschleunigten Dampfstrahles noch der Rückdruck (Reaktion) desselben infolge der Expansion in der Laufschaufel; diese wirkt demnach ähnlich wie die Leitschaufel. Druckverlauf s. Abb. 66 S. 53.

Gleichdruckturbinen können voll (am ganzen Umfang) oder auch nur teilweise (partiell) beaufschlagt sein, d. h., der Dampf füllt nur einen Teil des Umfanges aus. Überdruckturbinen müssen voll beaufschlagt sein, da andernfalls infolge des Spaltüberdrucks der Dampf über die Schaufelkanten seitlich in die benachbarten, nicht vom Dampf durchströmten Schaufeln abströmen würde.

Strömt der Dampf in der Turbine in der Richtung der Radachse, so ist die Turbine eine *Axialturbine*; die Schaufeln stehen hierbei radial im Laufrad. Der Dampf kann aber auch radial geführt werden — von der Mitte nach der Peripherie oder umgekehrt — dann ist es eine *Radialturbine*; die Schaufeln sitzen in axialer Richtung in der Radscheibe.

Beide Hauptarten, Gleichdruck- und Überdruckturbine, können als Axial- oder als Radialturbinen ausgeführt werden. Radialturbinen werden wenig ausgeführt[1]; die meisten Turbinen werden als Axialturbinen ausgeführt, die deshalb im folgenden vorwiegend behandelt werden.

B. Axiale Gleichdruckturbinen.

1. Energieabgabe und Leistung.

Aus der Leitvorrichtung, die unter dem Düsen- oder Leitschaufelwinkel α_1 zur Laufradebene geneigt ist, tritt der Dampf mit der aus dem ganzen verfügbaren Gefälle erzeugten wirklichen Geschwindigkeit c_1 aus — die *absolute Eintrittsgeschwindigkeit* ins Laufrad. In bezug auf die mit der *Umfangsgeschwindigkeit* u m/sek bewegte Laufschaufel hat der Dampf die *relative Eintrittsgeschwindigkeit* w_1 unter dem *Schaufeleintrittswinkel* β_1, wobei w_1 und β_1 sich aus dem Parallelogramm der Geschwindigkeiten durch Zerlegen von c_1 in u und w_1 ergeben (Abb. 43). In der Laufschaufel wird der Strahl von der Richtung β_1 in die Richtung des *Schaufelaustrittswinkels* β_2 abgelenkt, wobei die relative Austrittsgeschwindigkeit w_2 infolge der Verluste in der Schaufel (s. S. 56) kleiner sein wird als die Eintrittsgeschwindigkeit w_1, es ist $w_2 = \psi w_1$, wenn ψ der Geschwindigkeitskoeffizient.

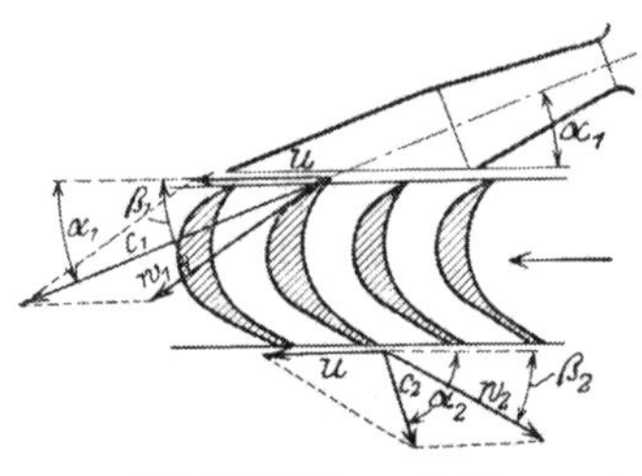

Abb. 43. Leistungsabgabe.

Mit der Eigengeschwindigkeit u der Schaufel ergibt sich wieder aus dem Parallelogramm der Geschwindigkeiten die *absolute Austrittsgeschwindigkeit* c_2 unter dem Winkel α_2, die in der Schaufel nicht ausgenutzt wird, also verloren ist, aber in einer gewissen Größe vorhanden sein muß, um den Dampf von der Schaufel fortzuführen.

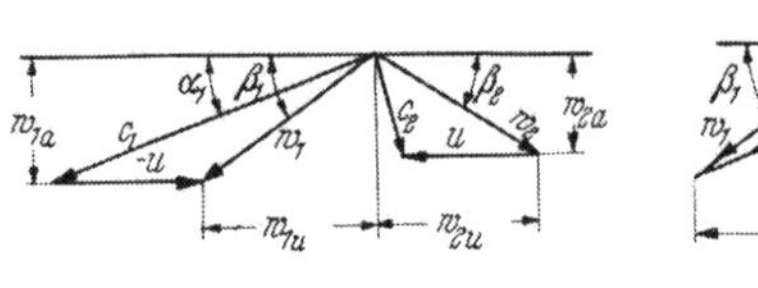

Abb. 44. Abb. 45.
Geschwindigkeitspläne.

Der Einfachheit halber zeichnet man nicht die vollständigen Parallelogramme und die Schaufel nach Abb. 43, sondern nur die *Geschwindigkeitsdreiecke*, indem für den Eintritt $-u$ an c_1 angetragen wird, um w_1 zu erhalten und für den Austritt $+u$ an w_2, um c_2 zu erhalten. Die Dreiecke für Eintritt und für Austritt werden entweder aus einem Punkt (Abb. 44) gezeichnet oder aber auf der Umfangsgeschwindigkeit u so zusammengelegt, wie in Abb. 45 angegeben. Da in vielen Fällen die erstere Art übersichtlicher ist, sei diese im folgenden angewendet.

Der strömende Dampf übt infolge der Ablenkung in der Laufschaufel auf diese einen *Bahndruck* aus, wie in Kapitel III, S. 12, dargelegt, der, wie ebenda angegeben, ermittelt werden kann. Die Komponente des resultierenden Bahn-

[1] In Deutschland wird als Radialturbine außer der *Elektra*turbine (Gleichdruckturbine von Kühnle, Kopp & Kausch, Frankenthal und der Turbinenfabrik Dresden) für kleinere Leistungen, von der Maschinenfabrik Augsburg-Nürnberg, die in Schweden konstruierte *Ljungström*turbine (Svenska Turbinfabriks Aktiebolaget Ljungström, Finspong bei Stockholm) als Überdruckturbine mit gegenläufigen Leit- und Laufschaufeln gebaut. Als einläufige Radial-Überdruckturbine führen die SSW in vielen Fällen den Hochdruckteil der Dampfturbinen aus.

druckes in Richtung der Umfangsgeschwindigkeit ist die Umfangskraft, welche durch die Bewegung der Laufschaufel auf diese eine *Umfangsleistung* überträgt.

Die **Leistung am Radumfang** kann aber auch auf einfachere Weise aus dem *Satz vom Antrieb* abgeleitet werden, wie von STODOLA angegeben.

Ein Massenpunkt m, auf den eine konstante Kraft P wirkt, erhält in der Richtung dieser Kraft eine Beschleunigung $b = P/m$ und erreicht nach t sek, wenn w_a die Anfangsgeschwindigkeit war, die Geschwindigkeit

$$w = w_a + b\,t = w_a + \frac{P}{m} t \text{ m/sek},$$

woraus

$$m(w - w_a) = P t.$$

Die linke Seite dieser Gleichung ist die *Zunahme der Bewegungsgröße* (Masse mal Geschwindigkeitsänderung) durch die Kraftwirkung in der Richtung der Kraft, sie ist gleich dem auf der rechten Seite stehenden Produkt aus der Kraft und der Dauer der Einwirkung derselben, d. h. ihrem *Antrieb*.

Auf die Verhältnisse in der Schaufel angewendet ist P die Umfangskraft, und w hat die Richtung von u. In die Schaufel tritt die Masse m ein mit der relativen Umfangskomponente $w_{1u} = w_1 \cos\beta_1$ (Abb. 44), nach links gerichtet, und verläßt die Schaufel mit der relativen Komponente $w_{2u} = w_2 \cos\beta_2$, nach rechts gerichtet. Die Geschwindigkeit ändert sich also von $+w_{1u}$ auf 0 und dann auf $-w_{2u}$, d. h. um $w_{1u} - (-w_{2u}) = w_{1u} + w_{2u}$, während die Kraft P 1 sek lang wirkt. In obige Gleichung eingesetzt ($t = 1$ sek) ist

$$P \cdot 1 = m(w_{1u} + w_{2u}).$$

und, da die Geschwindigkeit am Umfang, an dem P wirkt, u m/sek ist so ist die Leistung

$$P u = m(w_{1u} + w_{2u})\, u \text{ mkg}.$$

Für 1 kg Dampf, mit der Masse $m = 1/g$ ist die *Leistung am Umfang*

oder

$$\left.\begin{aligned} L_u &= P u = \frac{u}{g}(w_{1u} + w_{2u}) \text{ mkg*/kg} \\ L_u &= \frac{u}{g}(w_1 \cos\beta_1 + w_2 \cos\beta_2) \text{ mkg/kg}. \end{aligned}\right\} \qquad (44)$$

Die Umfangsleistung ist somit in der Hauptsache von der Umfangsgeschwindigkeit abhängig, die an sich frei gewählt werden könnte.

Für die Wahl der Umfangsgeschwindigkeit u ist es wichtig festzustellen, wie sich die Leistung mit u ändert bzw. wann der Höchstwert der Leistung erreicht wird.

Theoretisch wird die Leistung für eine bestimmte Umfangsgeschwindigkeit am größten, wenn die Winkel α_1 und damit β_1 und β_2 unendlich klein würden, wie aus Abb. 44 ersichtlich. Dann hätten alle Geschwindigkeiten die Richtung der Umfangsgeschwindigkeit, es wäre ohne Schaufelverluste ($\psi = 1$)

$$w_1 = c_1 - u = w_2 = w_{1u} = w_{2u}$$

und

$$L_u = P u = \frac{2u}{g}(c_1 - u) \text{ mkg/kg}.$$

Damit ist für die Betrachtung zunächst der Einfluß der Winkel ausgeschaltet.

---

* L_u ist eigentlich eine Arbeit, keine Leistung; da jedoch die Dampfmenge, die in der Turbine arbeitet, in kg/sek angegeben wird, so gilt dieselbe Beziehung auch für die Leistung in kgm/sek.

Von $u = 0$ an nimmt wohl $2(c_1 - u) : g = P$ allmählich ab, wegen der kleiner werdenden Relativgeschwindigkeit $c_1 - u = w_1$, jedoch nimmt mit u L_u zunächst zu, da das Wachsen von u überwiegt. Wird jedoch u so groß, daß $c_1 - u$ sehr klein wird, so nimmt L_u wieder ab und hat bei $u = c_1$ wiederum den Wert Null. Zwischendrin muß L_u einen Höchstwert haben, bei einem Wert von u, für den

$$\frac{d}{du}(c_1 - u)\,u = 0 \quad \text{oder} \quad \frac{d}{du}(c_1 u - u^2) = 0$$

ist, also

$$c_1 - 2u = 0 \quad \text{oder} \quad u = \frac{c_1}{2}, \quad \frac{u}{c_1} = 0{,}5\,.$$

Es wird demnach bei sehr kleinen Winkeln die Leistung am Umfang am größten, wenn die Umfangsgeschwindigkeit gleich der halben Dampfgeschwindigkeit c_1 ist.

Nach Einstellung ist

$$L_{u\max} = \frac{2}{g}\left(c_1 - \frac{c_1}{2}\right)\frac{c_1}{2} = \frac{c_1^2}{2g}$$

oder, wenn auch kein Düsenverlust angenommen wird, also $c_1 = c_0$ ist,

$$L_{u\max} = \frac{c_0^2}{2g} = L\,,$$

d. h. gleich der verfügbaren Energie.

2. Umfangswirkungsgrad.

Der Umfangswirkungsgrad $\eta_u = L_u/L$ ist bei der verlustlosen Turbine, wie zu erwarten, gleich 1.

Ermittelt man den Umfangswirkungsgrad

$$\eta_u = \frac{L_u}{L} = \frac{\frac{2}{g}(c_1 - u)\,u}{\frac{c_1^2}{2g}} = \frac{4u(c_1 - u)}{c_1^2} = 4\frac{u}{c_1}\left(1 - \frac{u}{c_1}\right)$$

für verschiedene Werte von u bzw. u/c_1 und trägt die η_u über u/c_1 graphisch auf, so ergibt sich eine Parabel (Abb. 46, obere Kurve) mit dem Scheitel bei $u/c_1 = 0{,}5$; der parabolische Verlauf des Wirkungsgrades (und der Leistungskurve) geht auch aus der Form der Gleichung für L_u hervor.

Da in Wirklichkeit die Winkel endliche Größe haben müssen und Verluste auftreten, wird die erreichte Leistung kleiner sein. Für den Umfangswirkungsgrad gilt allgemein mit L_u nach Gl. (44), S. 37

$$\eta_u = \frac{L_u}{L} = \frac{u}{g}(w_{1u} + w_{2u}) : \frac{c_0^2}{2g} = \frac{2u}{c_0^2}(w_{1u} + w_{2u})\,. \tag{45}$$

Die Abhängigkeit von der Größe von u, von α_1 und den Geschwindigkeitskoeffizienten φ und ψ kann wie folgt ermittelt werden.

Nach Abb. 44, S. 36 ist

$$w_{1u} = w_1 \cos\beta_1 = c_1 \cos\alpha_1 - u\,,$$

$$w_{2u} = w_2 \cos\beta_2 = \psi\,\omega_1 \cos\beta_2$$

und mit w_1 aus der ersten Gleichung

$$w_{2u} = \psi\,\frac{c_1 \cos\alpha_1 - u}{\cos\beta_1}\cos\beta_2\,.$$

Mit $c_0 = c_1/\varphi$ wird nach Einstellung in Gl. (45)

$$\eta_u = 2\frac{u}{c_1^2}\varphi^2\left[(c_1\cos\alpha_1 - u) + (c_1\cos\alpha_1 - u)\,\psi\frac{\cos\beta_2}{\cos\beta_1}\right]$$

oder nach Umformung

$$\eta_u = 2\frac{u}{c_1}\varphi^2\left(\cos\alpha_1 - \frac{u}{c_1}\right)\left(1 + \psi\frac{\cos\beta_2}{\cos\beta_1}\right). \tag{46}$$

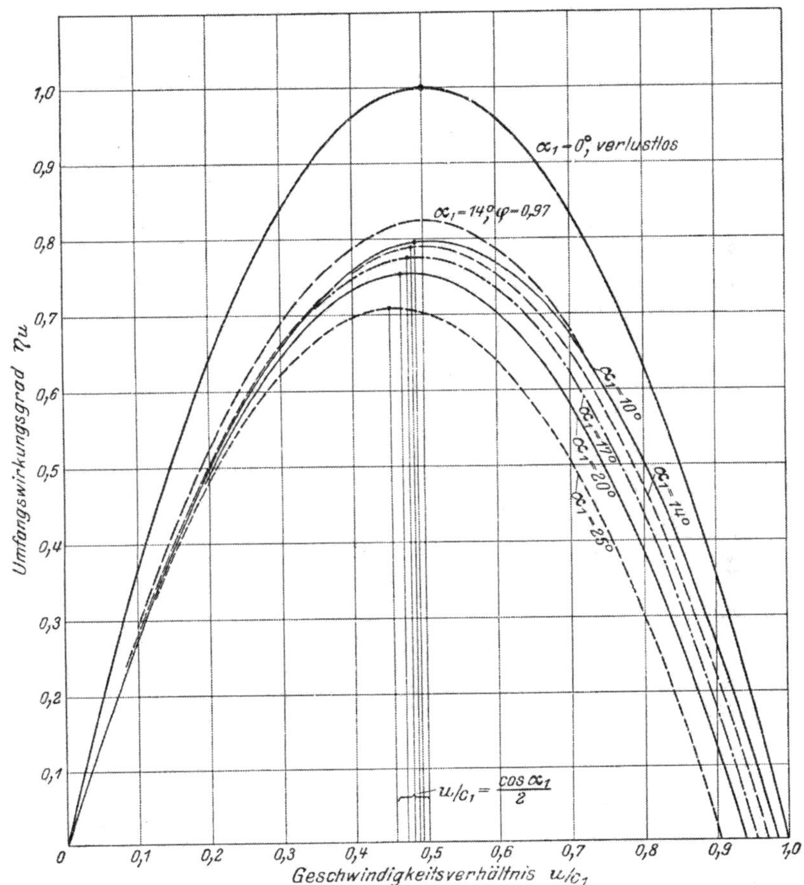

Abb. 46. Wirkungsgrad am Umfang.

Ist $\beta_1 = \beta_2$, wie vielfach ausgeführt, so wird

$$\eta_u = 2\frac{u}{c_1}\varphi^2\left(\cos\alpha_1 - \frac{u}{c_1}\right)(1 + \psi). \tag{46a}$$

Für festliegende Werte von α_1, φ und ψ ist η_u nur vom Geschwindigkeitsverhältnis u/c_1 abhängig, und zwar ist für $u = 0$ bzw. $u/c_1 = 0$ $\eta_u = 0$, nimmt mit steigendem u zu und dann wieder ab, da bei $u/c_1 = \cos\alpha_1$ bzw. $u = c_1\cos\alpha_1$ η_u wieder Null ist. Der Höchstwert von η_u wird erreicht für ein u/c_1, für welches

$$\frac{d}{du}\left(\cos\alpha_1 - \frac{u}{c_1}\right)\frac{u}{c_1} = 0 \quad \text{oder} \quad \frac{d}{du}\left(\frac{u}{c_1}\cos\alpha_1 - \frac{u^2}{c_1^2}\right) = 0,$$

woraus

$$\frac{\cos\alpha_1}{c_1} - \frac{2u}{c_1^2} = 0 \quad \text{oder} \quad \frac{u}{c_1} = \frac{\cos\alpha_1}{2}.$$

Der *Umfangswirkungsgrad hat demnach seinen Höchstwert bei*

$$u = c_1 \frac{\cos \alpha_1}{2},$$

d. h. bei einem etwas geringeren Wert von u als bei der verlustlosen Turbine. Damit wird

$$\eta_{u\,\max} = \frac{\varphi^2}{2}\left(1 + \psi \frac{\cos \beta_2}{\cos \beta_1}\right) \cos^2 \alpha_1 \,. \tag{46b}$$

Bei unveränderlichen c_1, α_1, φ und ψ ist Gl. (46b), wenn β_1 stets auf stoßfreien Eintritt eingestellt wird, die Gleichung einer Parabel.

Werden für gleiche Größe von φ, jedoch den Winkeln β_1 und β_2 entsprechende Werte von ψ (s. S. 60), die Umfangswirkungsgrade für verschiedene Winkel α_1 nach Gl. (46) ermittelt und über u/c_1 aufgetragen, so ergeben sich verschiedene Parabeln, welche die Abhängigkeit vom Winkel α_1 zeigen. Abb. 46 zeigt die Kurven für $\varphi = 0{,}95$, $\beta_1 = \beta_2$, ψ nach diesen Winkeln veränderlich, für $\alpha_1 = 10^0$, 14^0, 17^0, 20^0 und 25^0.

Wie daraus zu ersehen, nimmt der Umfangswirkungsgrad und der erreichte Höchstwert desselben mit zunehmendem Düsenwinkel α_1 ab. Nur bei kleinen Werten von u/c_1 ist er bei $\alpha_1 = 14$ etwas größer als für $\alpha_1 = 10^0$.

Ferner sind in Abb. 46 die Umfangswirkungsgrade für $\alpha_1 = 14^0$ und $\varphi = 0{,}97$ eingetragen, woraus im Vergleich zu $\varphi = 0{,}95$ der Einfluß des Geschwindigkeitskoeffizienten φ der Leitvorrichtung zu ersehen ist.

3. Ausnutzung der Austrittsgeschwindigkeit.

Wird bei mehrstufigen Gleichdruckturbinen die Austrittsgeschwindigkeit c_2 aus dem Laufrad in der Leitvorrichtung der folgenden Stufe ausgenutzt, so ist nur die Austrittsenergie der letzten Stufe verloren; von der zweiten Stufe aber wird durch die Austrittsenergie der vorhergehenden Stufe die Geschwindigkeit c_1 erhöht und ist wie bei Berücksichtigung der Anfangsgeschwindigkeit c nach Gl. (28) S. 18

$$c_0 = \sqrt{2\,g\,L + c^2};$$

$$c_1 = \varphi \sqrt{2\,g\,L + c^2}\,,$$

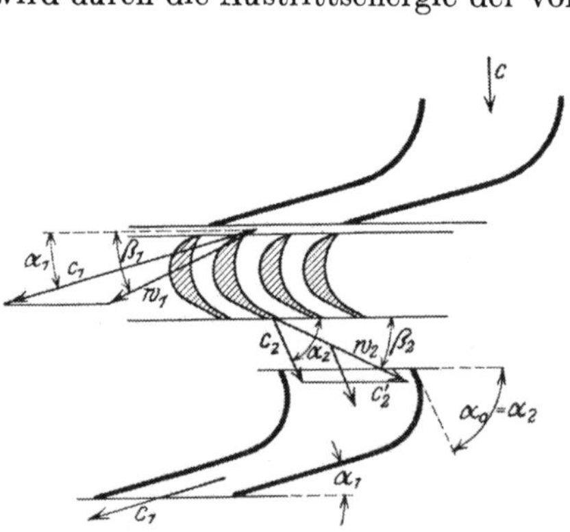

Abb. 47. Ausnutzung der Austrittsgeschwindigkeit.

wenn $L = h_t/A$ das dem adiabatischen Gefälle der betrachteten Stufe äquivalente Arbeitsvermögen. Bezeichnet c bzw. c_2' die Austrittsgeschwindigkeit der vorhergehenden Stufe (Abb. 47), so folgt aus obiger Gleichung ($c_2' = c$)

$$L = (c_0^2 - c_2'^2)\frac{1}{2\,g} = \left(\frac{c_1^2}{\varphi^2} - c_2'^2\right)\frac{1}{2\,g}, \tag{47}$$

und der *Wirkungsgrad am Radumfang bei Verwertung der Austrittsenergie* ist mit L_u nach Gl. (44), S. 37 und L aus obenstehender Beziehung

$$\eta_{u\,a} = \frac{L_u}{L} = \frac{\frac{u}{g}(w_{1u} + w_{2u})}{\frac{(c_0^2 - c_2'^2)}{2\,g}} = \frac{\frac{u}{g}(w_{1u} + w_{2u})}{\frac{c_0^2}{2\,g}\left[1 - \left(\frac{c_2'}{c_0}\right)^2\right]} = \frac{\frac{2\,u}{c_0^2}(w_{1u} + w_{2u})}{1 - \left(\frac{c_2'}{c_0}\right)^2}.$$

Der Zähler ist aber der Umfangswirkungsgrad η_u ohne Verwertung der Auslaßenergie [vgl. Gl. (45), S. 38], so daß

$$\eta_{ua} = \frac{\eta_u}{1 - \left(\frac{c_2'}{c_0}\right)^2}. \tag{48}$$

Es ist demnach der Umfangswirkungsgrad bei Verwertung der Austrittsenergie bei gleicher Dampfgeschwindigkeit c_0 stets höher als ohne Ausnutzung; deshalb sollte die Verwertung der Austrittsgeschwindigkeit angestrebt werden (vgl. Austrittsverlust S. 61).

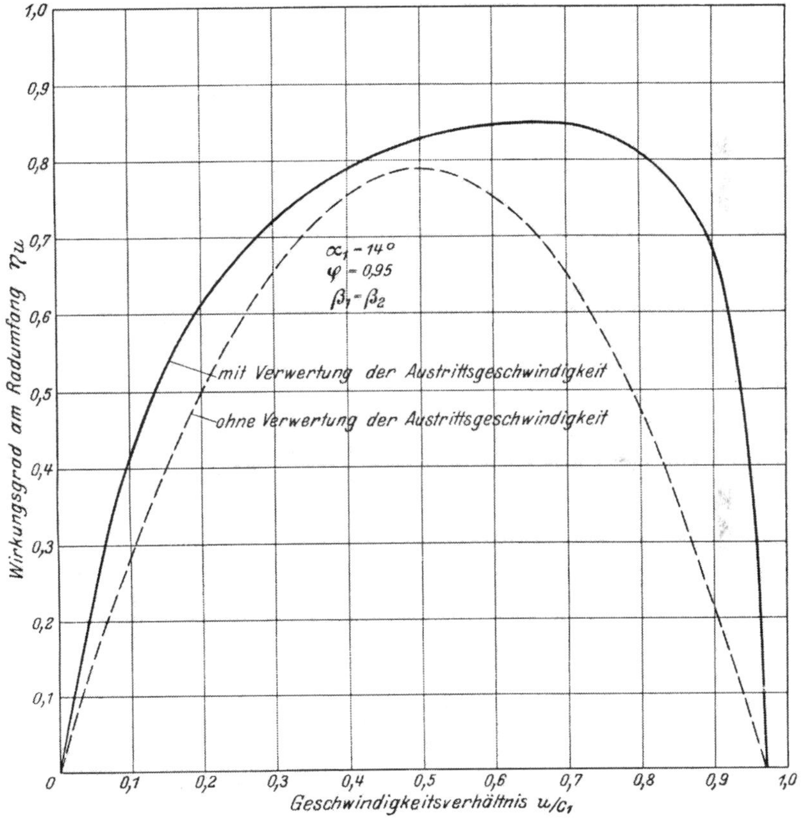

Abb. 48. Umfangswirkungsgrad bei Ausnutzung der Austrittsenergie.

Mit Gl. (46) für η_u und ist

$$\eta_{ua} = \frac{2\,\varphi^2 \frac{u}{c_1}\left(\cos\alpha_1 - \frac{u}{c_1}\right)\left(1 + \psi\,\frac{\cos\beta_2}{\cos\beta_1}\right)}{1 - \left(\varphi\,\frac{c_2'}{c_1}\right)^2}. \tag{48a}$$

In Abb. 48 sind für $\varphi = 0{,}95$, $\alpha_1 = 14^0$, $\beta_1 = \beta_2$ und diesen Winkeln β entsprechende veränderliche Werte von ψ die Wirkungsgrade η_u ohne Verwertung (gestrichelt) und η_{ua} mit Verwertung der Austrittsenergie (voll ausgezogen) über u/c_1 aufgetragen; daraus ist die Erhöhung des Wirkungsgrades durch die Verwertung ersichtlich. Die Kurve der η_{ua} weicht von der Parabel ab, der flache Verlauf am Scheitel der Kurve ist günstig, da bei Änderungen der Geschwindigkeit der Wirkungsgrad in der Nähe seines Höchstwertes wenig veränderlich ist.

Allerdings liegt der günstigste Wert von u/c_1 höher als ohne Verwertung der Austrittsenergie, etwa bei $u/c_1 = 0{,}65$.

Nach Gl. (48) ist η_{ua} um so höher, je größer c_2' ist; daraus darf aber nicht gefolgert werden, daß die Austrittsgeschwindigkeit möglichst groß gemacht werden soll, denn wenn die größere Geschwindigkeit c_2 auf Kosten einer kleineren Umfangsgeschwindigkeit u erreicht wird, so wird η_u kleiner und damit η_{ua} trotz kleineren Nenners.

Wird nur ein Teil ε der Austrittsgeschwindigkeit verwertet, so wird

$$\eta_{ua} = \frac{\eta_u}{1 - \left(\frac{\varepsilon\, c_2'\, \varphi}{c_1}\right)^2}. \tag{48b}$$

Eine teilweise Verwertung tritt nicht nur ein, wenn der Abstand zwischen Laufschaufel und der folgenden Leitschaufel groß ist, so daß durch Wirbel Verluste entstehen, oder wenn die Beaufschlagung nicht voll ist und zunimmt, sondern auch wenn die Leitschaufeleintrittskante nicht der Richtung des Strahles entspricht. Es genügt nicht, daß der Winkel $\alpha_0 = \alpha_2$ in Abb. 47, sondern es darf die Kante den Strahl nicht schräg schneiden (vgl. S. 179). Ferner müßte berücksichtigt werden, daß φ etwas kleiner werden kann durch die Krümmung des Dampfstrahles in der Leitschaufel und durch die höhere Dampfgeschwindigkeit, jedoch ist über die Einflüsse nichts Zuverlässiges bekannt. Nach STODOLA kann man mit den gleichen Werten von φ rechnen wie ψ bei den Überdruckturbinen; die Gleichdruckturbine mit Verwertung der Austrittsenergie hat in dieser Beziehung eine gewisse Ähnlichkeit mit der Überdruckturbine.

C. Axiale Überdruckturbinen.

1. Energieabgabe und Leistung.

In der Leitschaufel, die eine der Laufschaufel ähnliche (oder gleiche) Form hat und unter dem Winkel α_1 zur Laufradebene geneigt steht (Abb. 49), expandiert der Dampf vom Anfangsdruck p nur bis auf den Spaltdruck p_s (Abb. 50), wobei nur das diesem Druckgefälle entsprechende Wärmegefälle $i - i'$ in Geschwindigkeit umgesetzt und die *absolute Eintrittsgeschwindigkeit* c_1 erreicht wird. Wegen der kleineren Werte von c_1 im Vergleich zu den Gleichdruckturbinen wird hier stets die Anfangsgeschwindigkeit c bzw. die Austrittsgeschwindigkeit c_2' der vorhergehenden Stufe berücksichtigt.

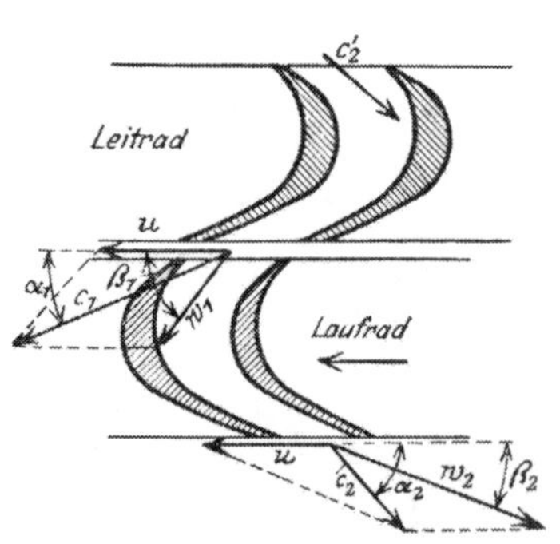

Abb. 49. Überdruckwirkung.

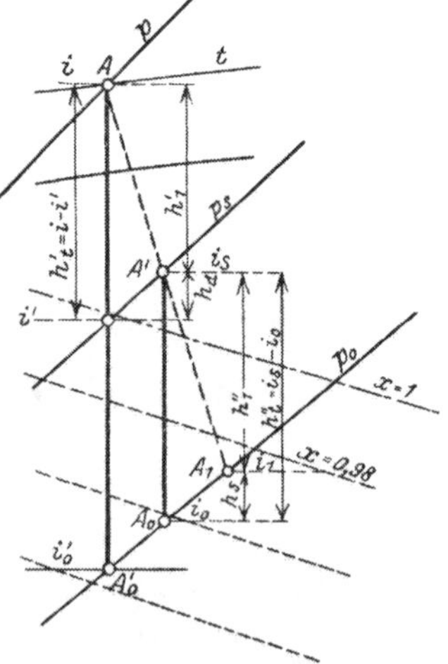

Abb. 50. Überdruckwirkung im *is*-Diagramm.

In die mit der *Umfangsgeschwindigkeit* u bewegte Laufschaufel tritt der Dampf mit der aus dem Parallelogramm der Geschwindigkeiten (Abb. 49) sich ergebenden *relativen Eintrittsgeschwindigkeit* w_1 unter dem Eintrittswinkel β_1 ein, welche, wie bei den Gleichdruckturbinen, durch Ablenkung die Energie an das Laufrad überträgt. Die weitere Expansion von p_s bis auf den Enddruck erfolgt in der Laufschaufel, dadurch wird die Geschwindigkeit w_1, die infolge der Verluste abnehmen würde, auf die *relative Austrittsgeschwindigkeit* w_2 unter dem Austrittswinkel β_2 erhöht; durch die Expansion wird ein *Rückdruck* auf die Schaufel ausgeübt (vgl. S. 17), wodurch die Energie an dieselbe übertragen wird. Aus w_2 und der Umfangsgeschwindigkeit u ergibt sich aus dem Parallelogramm der Geschwindigkeiten die *absolute Austrittsgeschwindigkeit* c_2 unter dem Winkel α_2, die in der folgenden Schaufel (für diese mit c_2' bezeichnet) verwertet wird.

Im Geschwindigkeitsplan (Abb. 51) sind Ein- und Austrittsdreieck ebenso zu zeichnen wie bei den Gleichdruckturbinen, nur ist $w_2 > w_1$, wobei w_2 in gleicher Weise wie c_1 aus dem in der Schaufel umgesetzten Gefälle unter Berücksichtigung der Anfangsgeschwindigkeit w_1 nach Gl. (28), S. 18, ermittelt wird.

Für die Leitschaufel ist, wenn c_2' die verwertete Austrittsgeschwindigkeit der vorhergehenden Laufschaufel, die theoretische Leistung

$$L' = \frac{c_0^2 - c_2'^2}{2g} = \frac{i - i'}{A} = \frac{h_t'}{A}\,\text{mkg/kg},$$

worin i' der Wärmeinhalt am Ende der adiabatischen Expansion bis auf den Spaltdruck p_s (Abb. 50) bzw. h_t' das entsprechende adiabatische Gefälle. Mit $c_1 = \varphi c_0$, $c_0 = c_1/\varphi$ ist aus obiger Gleichung

$$c_1 = \varphi\sqrt{2g\frac{h_t'}{A} + c_2'^2}$$

oder

$$h_t' = i - i' = \frac{A}{2g}\left(\frac{c_1^2}{\varphi^2} - c_2'^2\right)\text{kcal/kg}. \quad (49)$$

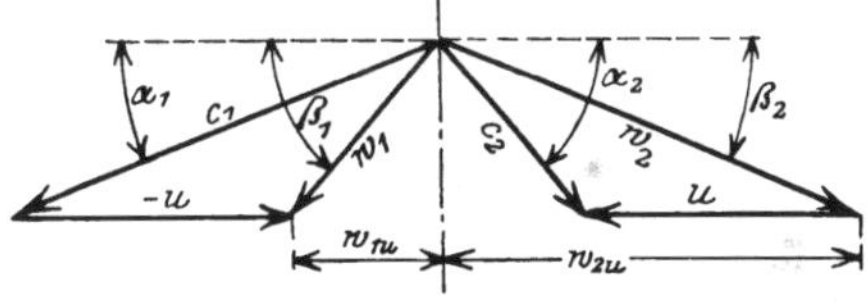

Abb. 51. Geschwindigkeitsplan.

Durch den Leitschaufelverlust (Düsenverlust) $h_d = A\,(c_0^2 - c_1^2) : 2g$ ist der Endzustand A' beim Austritt aus der Leitschaufel mit dem Wärmeinhalt i_s (Abb. 50) gegeben.

Gleicherweise ist für die Laufschaufel, da in derselben Expansion von p_s auf p_0 stattfindet, ohne Verluste

$$L'' = \frac{w_0^2 - w_1^2}{2g} = \frac{i_s - i_0}{A} = \frac{h_t''}{A},$$

wenn w_0 die erreichte Geschwindigkeit bei adiabatischer Strömung; der Spaltverlust ist hierbei nicht berücksichtigt. Mit $w_2 = \psi w_0$, $w_0 = w_2/\psi$ ist

$$w_2 = \psi\sqrt{\frac{2g}{A}(i_s - i_0) + w_1^2)}$$

oder

$$h_t'' = i_s - i_0 = \frac{A}{2g}\left(\frac{w_2^2}{\psi^2} - w_1^2\right). \quad (49\text{a})$$

Das verfügbare Gesamtgefälle ist dann

$$h_t = h_t' + h_t'' = \frac{A}{2g}\left(\frac{c_1^2}{\varphi^2} - c_2'^2 + \frac{w_2^2}{\psi^2} - w_1^2\right). \quad (49\text{b})$$

Der Endzustand ist wegen der Verluste in der Schaufel

$$h_s = A\,(w_0^2 - w_2^2) : 2g = i_1 - i_0$$

durch Punkt A_1 (Abb. 50) gegeben.

Bei dem praktisch meist gewählten *halben Reaktionsgrad* (d. h. gleiche Gefällteile für Leit- und für Laufschaufel, also $h_t' = h_t'' = i - i' = i_s - i_0$) wird $c_1 = w_2$, $c_2 = w_1$, $\varphi = \psi$ (gleiche Geschwindigkeitsdreiecke) und

$$h_t = \frac{A}{g}\left(\frac{c_1^2}{\psi^2} - w_1^2\right) = A\,L. \tag{49c}$$

Das wirklich ausgenutzte Gefälle, d. h. die **Leistung am Radumfang** ist

$$A\,L_u = h_u = i - i_1 = \frac{A}{g}(c_1^2 - w_1^2)\ \text{kcal/kg}, \tag{50}$$

$$L_u = \frac{(c_1^2 - w_1^2)}{g}\ \text{mkg/kg}. \tag{50a}$$

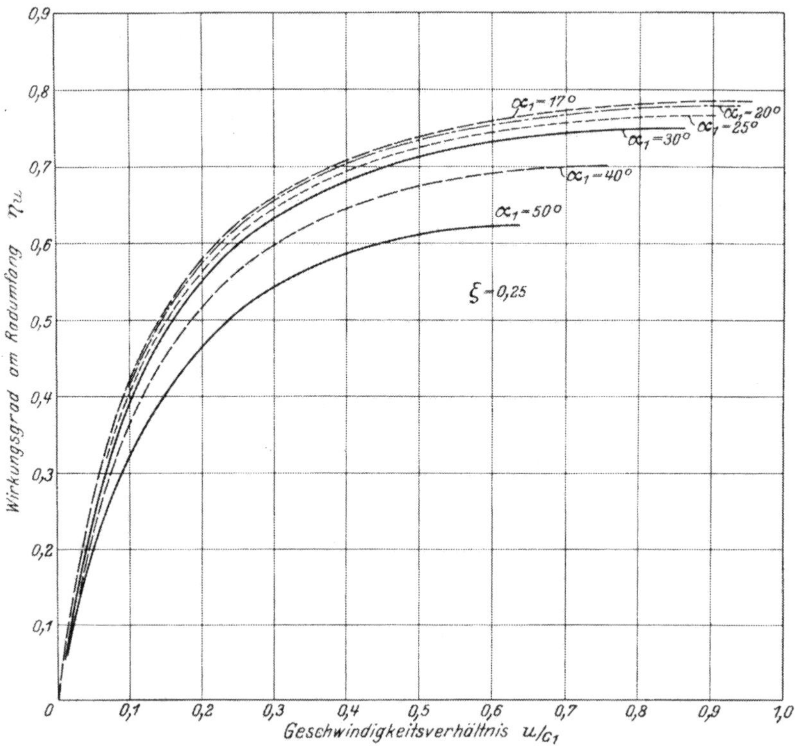

Abb. 52. Wirkungsgrad am Umfang bei Überdruck.

Die Umfangsleistung kann aber auch wie bei Gleichdruckturbinen aus dem Geschwindigkeitsplan (Abb. 51) ermittelt werden:

$$L_u = \frac{u}{g}(w_{1u} + w_{2u})\ \text{mkg/kg}$$

und mit $w_{1u} = c_1 \cos\alpha_1 - u$, $w_{2u} = w_2 \cos\beta_2 = c_1 \cos\alpha_1$

$$L_u = \frac{u}{g}(2\,c_1 \cos\alpha_1 - u)\ \text{mkg/kg}. \tag{51}$$

Zur Ermittlung der Umfangsleistung bedarf es danach nicht erst der Aufzeichnung des Geschwindigkeitsplanes, da bei festliegenden c_1 und α_1 nur das gewählte u einzusetzen ist.

Durch die Ableitung $\frac{d}{du} L_u = 0$ ergibt sich, daß L_u einen *Höchstwert* hat bei $u = c_1 \cos\alpha_1$, $u/c_1 = \cos\alpha_1$ (also senkrechter Austritt $\alpha_2 = \beta_1 = 90^0$)

$$L_{u\max} = \frac{c_1^2 \cos^2\alpha_1}{g}. \tag{51a}$$

2. Der Wirkungsgrad am Radumfang.

Bei Berücksichtigung der Winkel und der Verluste ist mit Gl. (49) und (50)

$$\eta_u = \frac{L_u}{L} = \frac{h_u}{h_t} = \frac{c_1^2 - w_1^2}{\left(\frac{c_1}{\psi}\right)^2 - w_1^2}$$

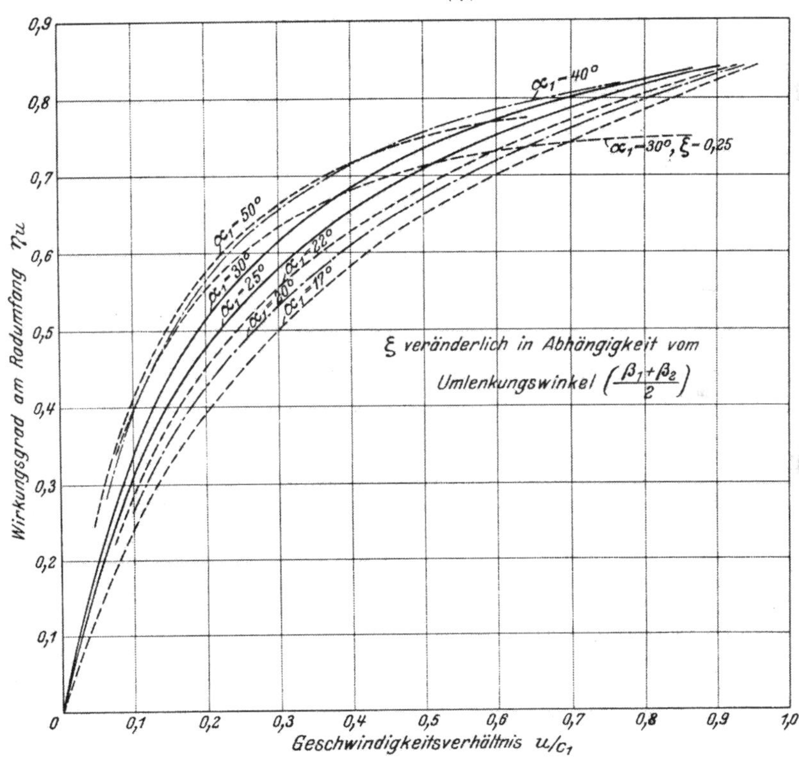

Abb. 53. Wirkungsgrade am Umfang (Überdruck).

und mit $w_1^2 = c_1^2 - 2c_1 u \cos\alpha_1 + u^2$ aus dem Geschwindigkeitsplan (Abb. 51) und $1/\psi^2 - 1 = \zeta$

$$\eta_u = \frac{\frac{u}{c_1}\left(2\cos\alpha_1 - \frac{u}{c_1}\right)}{\frac{u}{c_1}\left(2\cos\alpha_1 - \frac{u}{c_1}\right) + \zeta}. \tag{52}$$

Bei unveränderlichem Verlustkoeffizienten ζ und gleichbleibendem Winkel α_1 ist η_u nur vom Geschwindigkeitsverhältnis u/c_1 abhängig, ist bei $u = 0$, also $u/c_1 = 0$ auch Null und steigt dann bis zum Höchstwert, der, wie die Umfangsleistung, bei $u/c_1 = \cos\alpha_1$ erreicht wird mit

$$\eta_{u\max} = \frac{\cos^2\alpha_1}{\cos^2\alpha_1 + \zeta}. \tag{52a}$$

Der günstigste Wert der Umfangsgeschwindigkeit ist demnach doppelt so groß wie bei den Gleichdruckturbinen.

In Abb. 52 sind die Umfangswirkungsgrade für verschiedene Winkel α_1 eingetragen, wobei β_1 stets auf stoßfreien Eintritt in die Laufschaufel eingestellt ist und der Verlustkoeffizient unveränderlich mit $\zeta = 0{,}25$ ($\psi = 0{,}895$) angenommen wurde. Der Wirkungsgrad steigt sehr rasch und bleibt dann für einen großen Bereich von u/c_1 wenig veränderlich.

Da ψ und damit ζ offenbar vom Umlenkungswinkel abhängig ist, wie bei den Gleichdruckturbinen, so werden die Kurven der Umfangswirkungsgrade etwas anders verlaufen als in Abb. 52. Wird ψ mit $(\beta_1 + \beta_2) : 2$ veränderlich angenommen nach Abb. 80 S. 60, so ergeben sich für verschiedene Winkel α_1 die in Abb. 53 dargestellten Wirkungsgradkurven; sie sind weniger gekrümmt als bei unveränderlichem ψ bzw. ζ. Zum Vergleich ist für $\alpha_1 = 30^0$ die Wirkungsgradkurve für unveränderliches $\zeta = 0{,}25$ eingezeichnet.

Eine „Neue allgemeine Theorie der mehrstufigen axialen Turbomaschine" bringt die Dissertation vom W. Traupel [IV].

D. Radialturbinen.

Während bei den Axialturbinen für ein durch die Laufschaufel strömendes Dampfteilchen die Umfangsgeschwindigkeit unverändert bleibt (für andere Teilchen ist sie eine andre und wird für die ganze Schaufel im mittleren Stromfaden, im Teilkreise gemessen), ändert sich bei Radialturbinen die Umfangsgeschwindigkeit von einem Wert u_1 am Eintritt auf u_2 am Austritt aus der Schaufel (Abb. 54).

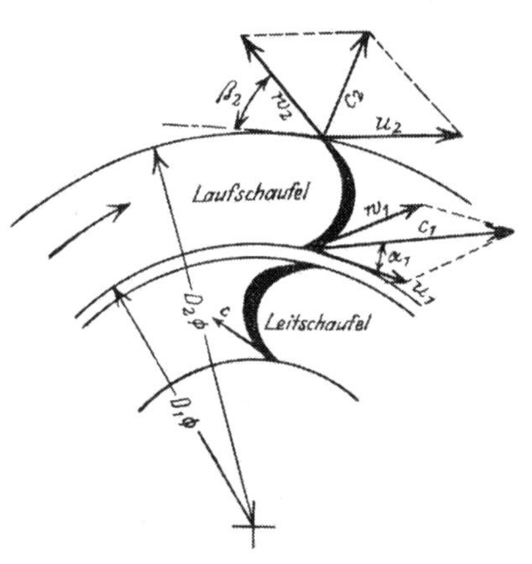

Abb. 54. Radialturbine.

Die Leistung am Radumfang kann am einfachsten nach Föppl [IIe] mit Hilfe des *Flächensatzes* ermittelt werden: „Für einen Punkt oder Punkthaufen ist das statische Moment der Kraft (Drehmoment) gleich der zeitlichen Änderung des statischen Momentes der Bewegungsgröße (Impulsmoment)."

Ein Massenteilchen dM tritt mit der absoluten Geschwindigkeit c_1 in die Laufschaufel und verläßt sie mit der absoluten Geschwindigkeit c_2; die Umfangskomponente der Geschwindigkeit ändert sich dabei von $c_1 \cos\alpha_1$ über Null auf $c_2 \cos\alpha_2$, die Bewegungsgröße um

$$dM\,[c_1 \cos\alpha_1 - (-c_2 \cos\alpha_2)] = dM\,(c_1 \cos\alpha_1 + c_2 \cos\alpha_2)$$

und das Moment der Bewegungsgröße (Impulsmoment) um

$$dM\,(r_1 c_1 \cos\alpha_1 + r_2 c_2 \cos\alpha_2),$$

wenn r_1, r_2 die Abstände der Ein- bzw. Austrittskante der Schaufeln von der Drehachse.

Ist $m = dM/dt$ die Masse des in der Zeiteinheit durch die Schaufel strömenden Dampfes, so ist das an die Schaufeln abgegebene Drehmoment (Impulsmoment)

$$\mathfrak{M} = \frac{dM}{dt}\,(r_1 c_1 \cos\alpha_1 + r_2 c_2 \cos\alpha_2) = m\,(r_1 c_1 \cos\alpha_1 + r_2 c_2 \cos\alpha_2).$$

Mit der Winkelgeschwindigkeit ω und $r_1\omega = u_1$, $r_2\omega = u_2$ ergibt sich dann die *Leistung am Radumfang für Gleichdruckturbinen*

$$L_u = \mathfrak{M}\,\omega = m\,(c_1 u_1 \cos\alpha_1 + c_2 u_2 \cos\alpha_2)$$

oder für 1 kg Dampf in der Sekunde, dessen Masse $m = 1/g$

$$L_u = \frac{1}{g}\,(u_1 c_1 \cos\alpha_1 + u_2 c_2 \cos\alpha_2)\,. \tag{53}$$

Bei der Radialturbine können nicht ohne weiteres die relativen Geschwindigkeiten statt der absoluten eingesetzt werden wie bei den Axialturbinen [vgl. Gl. (44), S. 37].

Sollen die relativen Geschwindigkeiten eingeführt werden, so ist nach Abb. 54

$$c_1 \cos\alpha_1 = w_1 \cos\beta_1 + u_1 \qquad c_2 \cos\alpha_2 = w_2 \cos\beta_2 - u_2$$

und durch Einstellen in Gl. (53)

$$L_u = \frac{1}{g}\,(u_1 w_1 \cos\beta_1 + u_1^2 + u_2 w_2 \cos\beta_2 - u_2^2)$$

oder

$$L_u = \frac{1}{g}\,[u_1 w_1 \cos\beta_1 + u_2 w_2 \cos\beta_2 - (u_2^2 - u_1^2)]\,,$$

$$L_u = \frac{1}{g}\,(u_1 w_{1u} + u_2 w_{2u}) - \frac{1}{g}\,(u_2^2 - u_1^2)\,. \tag{53a}$$

Mit $u_1 = u_2$ gehen die Gl. (53), (53a) in die Gleichungen für Axialturbinen über.

Bei den Radialturbinen unterliegen die Dampfteilchen dem Einfluß der Fliehkraft, die berücksichtigt werden muß; ist r der Abstand eines Massenteilchens m von der Drehachse bei einer Winkelgeschwindigkeit ω, so ist die Fliehkraft $m r \omega^2$ und die Arbeit auf einem Wegelement $dr\ m r \omega^2\, dr$, demnach für die ganze Schaufel

$$\int_{r_1}^{r_2} m\, r\, \omega^2\, dr = \frac{m}{2}\,(r_2^2 \omega_2^2 - r_1^2 \omega_1^2) = \frac{m}{2}\,(u_2^2 - u_1^2)$$

und für 1 kg

$$\frac{u_2^2 - u_1^2}{2\,g}\,.$$

Das zweite Glied der Gl. (53a) ist somit gleich der zweifachen Fliehkraftarbeit.

Bei Turbinen mit nur einer Stufe kann die Fliehkraftarbeit meist vernachlässigt werden, da bei geringer Schaufelbreite $r_2 - r_1$ die Umfangsgeschwindigkeiten u_1 und u_2 wenig verschieden sind. Das ist bei den bisher ausgeführten radialen Gleichdruckturbinen der Fall.

Bei den stets vielstufigen *Überdruckturbinen* ist das in der Leitschaufel umgesetzte Gefälle [vgl. Gl. (49), S. 43]

$$h_t' = \frac{A}{2\,g}\left(\frac{c_1^2}{\varphi^2} - c_2'^2\right)$$

und das im Laufrad umgesetzte Gefälle unter Berücksichtigung der Fliehkraftarbeit:

$$h_t'' = \frac{A}{2\,g}\left[\frac{w_2^2}{\psi^2} - w_1^2 - (u_2^2 - u_1^2)\right].$$

Das verfügbare Stufengefälle ist somit

$$h_t = \frac{A}{2\,g}\left[\frac{c_1^2}{\varphi^2} - c_2'^2 + \frac{w_2^2}{\psi^2} - w_1^2 - (u_2^2 - u_1^2)\right].$$

Es kann $c_2' = c_2$ angenommen werden, dann ist, da

$$c_2^2 = u_2^2 + w_2^2 - 2\,u_2\,w_2\cos\beta_2,$$

$$h_t = \frac{A}{2\,g}\left[\frac{c_1^2}{\varphi^2} + w_2^2\left(\frac{1}{\psi^2} - 1\right) - w_1^2 - 2\,u_2^2 + 2\,u_2\,w_2\cos\beta_2 + u_1^2\right].$$

Setzt man wieder

$$\varphi = \psi \quad \text{und} \quad \frac{1}{\psi^2} - 1 = \zeta\,, \quad \frac{1}{\varphi^2} = \zeta + 1\,,$$

so ist

$$h_t = \frac{A}{2\,g}\,[(1 + \zeta)\,c_1^2 + \zeta\,w_2^2 - w_1^2 + 2\,u_2\,w_2\cos\beta_2 - 2\,u_2^2 + u_1^2]. \tag{54}$$

VI. Mittel zur Verringerung der günstigsten Umfangsgeschwindigkeit.

A. Bauarten der Dampfturbinen.

Die günstigste Umfangsgeschwindigkeit u, die den höchsten Wirkungsgrad am Radumfang ergibt, ist bei den Gleichdruckturbinen $u = c_1\cos\alpha_1/2$, bei den Überdruckturbinen $u = c_1\cos\alpha_1$, also etwa halb bzw. fast ebenso groß wie die Dampfgeschwindigkeit. Letztere ist durch das Wärmegefälle nach Gl. (30), S. 18 gegeben und erreicht nicht selten eine Höhe, die beträchtlich über Geschoßgeschwindigkeit hinausgeht. So ist bei einem Wärmegefälle von $h_t = 100$ kcal/kg bei $\varphi = 0{,}95$ $c_1 = 91{,}5\,\varphi\,\sqrt{h_t} = 91{,}5 \cdot 0{,}95\,\sqrt{100} = 870$ m/sek, oder bei $h_t =$ 200 kcal/kg $c_1 = 1230$ m/sek. Die zugehörigen günstigsten Umfangsgeschwindigkeiten wären bei einem Düsenwinkel von 20° für Gleichdruckturbinen $u =$ 407 m/sek bzw. $u = 577$ m/sek, also Werte, die wegen der Materialbeanspruchung durch die Fliehkraft gar nicht zulässig sind. Abgesehen hiervon, würde bei einem praktisch brauchbaren Raddurchmesser (Teilkreisdurchmesser im mittleren Stromfaden) die Drehzahl sehr hoch, da zwischen Umfangsgeschwindigkeit, Drehzahl und Durchmesser die Beziehung besteht $u = \pi D n/60$. So ist z. B. bei $D = 1{,}2$ m für obige Umfangsgeschwindigkeiten die Drehzahl $u = 6490$ Umdr./min, bzw. $u = 9190$ Umdr./min, was meist zu hoch ist; umgekehrt müßte für eine praktisch günstige Drehzahl, z. B. $u = 3000$ der Durchmesser $D = 2{,}59$ m bzw. $D = 3{,}68$ m werden, was unförmige Turbinen, besonders für kleinere Leistungen, ergeben würde.

Für die Wahl von u ist allerdings nicht der Umfangswirkungsgrad allein maßgebend, sondern es sind noch Verluste zu berücksichtigen, die mit der Größe der Leistung veränderlich sind (stets auf 1 kg Dampf bezogen) und einen kleineren Wert für die günstigste Umfangsgeschwindigkeit erfordern.

Liegt die Umfangsgeschwindigkeit, die den besten Wirkungsgrad ergibt, innerhalb der durch die Materialfestigkeit gezogenen Grenzen, so kann der Laufraddurchmesser durch hohe Drehzahl klein gehalten werden, wobei die Drehzahl durch Zahnradvorgelege auf die gewünschte Höhe herabgesetzt werden kann, wie zuerst von DE LAVAL angewendet. Eine Änderung der Umfangsgeschwindigkeit des Laufrades tritt dadurch jedoch nicht ein. Einstufige Gleichdruckturbinen sind deshalb nur bei kleinem Wärmegefälle anwendbar, Überdruckturbinen werden wegen der noch größeren günstigsten Umfangsgeschwindigkeit überhaupt nicht einstufig ausgeführt.

Zur Herabsetzung der Umfangsgeschwindigkeit können zwei Mittel angewendet werden: 1. *die Geschwindigkeitsstufung* und 2. *die Druckstufung* (mehrstufige Turbinen).

B. Geschwindigkeitsstufung.

Es wird das ganze Gefälle in *einer* Leitvorrichtung in Geschwindigkeit c_1 umgesetzt und in die mit der gewünschten Umfangsgeschwindigkeit bewegte Laufschaufel geleitet, wo nur ein Teil der Geschwindigkeit ausgenutzt wird, so daß der Dampf noch mit einer großen Geschwindigkeit c_2' austritt; er wird nun durch eine feststehende *Umlenkschaufel* in ungefähr die ursprüngliche Richtung von c_1 umgelenkt und in einem zweiten Laufschaufelkranz weiter ausgenutzt, gegf. wieder umgelenkt in einen dritten Kranz usw., bis nur eine mäßige Austrittsgeschwindigkeit übrigbleibt (Abb. 55) (in der Abbildung sind nur zwei Geschwindigkeitsstufen dargestellt). Die Dampfgeschwindigkeit wird also in mehreren Stufen ausgenutzt, weswegen diese Maßnahme Geschwindigkeitsstufung genannt wird.

Abb. 55 zeigt neben den Schaufelschnitten auch den Druck und Geschwindigkeitsverlauf.

Da die Geschwindigkeitsstufung nur beim freien Strahl (ohne Druckänderung) möglich ist, so kann dieses Mittel bei Überdruckturbinen nicht angewendet werden.

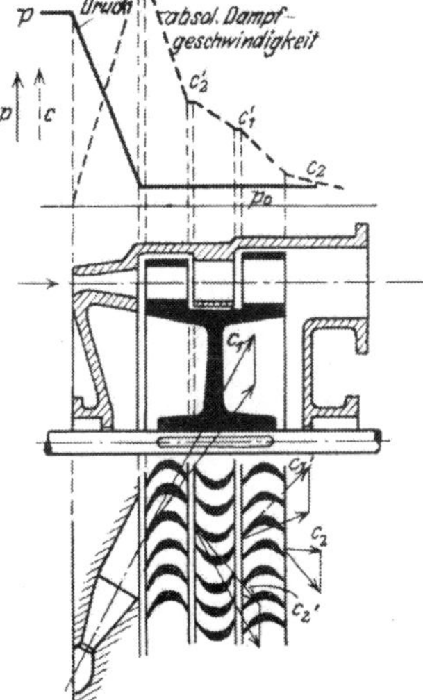

Abb. 55. Geschwindigkeitsstufung.

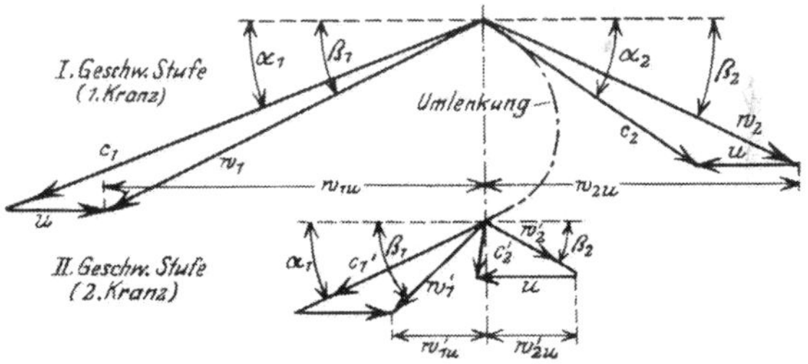

Abb. 56. Geschwindigkeitsstufung.

Meist werden die zwei oder mehr Laufschaufelkränze (zwei-, drei- usw. -fache Geschwindigkeitsstufung) auf dem Umfange ein und desselben Laufrades mit entsprechend verbreitertem Kranz angeordnet (Abb. 55), das zwei-, drei- usw. -kränziges Rad oder *Curtisrad* (nach dem Amerikaner Curtis) genannt wird. Die Umlenkschaufeln sind in geeigneter Weise im Gehäuse befestigt (vgl. Abb. 149, 152), der Eintrittswinkel muß gleich sein dem Winkel α_2 der absoluten Austrittsgeschwindigkeit aus der vorhergehenden Laufschaufel, der Austrittswinkel ist der Winkel α_1' der folgenden Laufschaufel, der gleich oder etwas größer ist als α_1 der vorhergehenden Umlenkschaufel bzw. als der Düsenwinkel. Infolge der Verluste in der Umleitschaufel sinkt die Geschwindigkeit in derselben von c_2 auf $c_1' = \psi_u c_2$, wobei ψ_u der den Winkeln α_2 und α_1' entsprechende Wert des Geschwindigkeitskoeffizienten nach Abb. 80, S. 60 ist. Den Geschwindigkeitsplan für zweifache Geschwindigkeitsstufung zeigt Abb. 56. Mit den Bezeichnungen derselben ist die *Leistung am Radumfang* als Summe der Leistungen der einzelnen Kränze

$$L_u = \frac{u}{g}\left(w_{1u} + w_{2u} + w_{1u}' + w_{2u}' + \cdots\right)$$

oder

$$h_u = \frac{A\,u}{g}\left[(w_{1u} + w_{2u}) + (w'_{1u} + w'_{2u}) + \cdots\right], \tag{54a}$$

wenn $w_{1u}, \ldots, w'_{1u}, \ldots$ die Umfangskomponenten der relativen Geschwindigkeiten in den verschiedenen Laufschaufelkränzen. Wie aus dem Geschwindigkeitsplan ersichtlich, ist die Leistung des ersten Kranzes weitaus am größten, sie nimmt in den weiteren Kränzen schnell ab; es kann der letzte Kranz möglicherweise nicht mehr lohnend sein, da die wegen der geringeren Geschwindigkeit erforderlichen längeren Schaufeln erhöhte Ventilationsverluste (s. S. 62) ergeben.

Es ist ohne weiteres klar, daß bei Geschwindigkeitsstufung größere Verluste auftreten als bei einstufiger Ausführung, da in jeder Laufschaufel- und Umlenkschaufelreihe sich die Verluste wiederholen. Der erreichbare *Wirkungsgrad am Radumfang* wird deshalb um so kleiner, je mehr die Geschwindigkeit abgestuft wird. Abb. 57 (nach STODOLA) zeigt die Umfangswirkungsgrade für ein einstufiges (ohne Geschwindigkeitsstufung), zwei- und dreistufiges Rad für je $\alpha_1 = 10^0$, 17^0 und 25^0 Düsenwinkel bei gleichem Ein- und Austrittswinkel $\beta_1 = \beta_2$ der Laufschaufeln. Bei einstufiger Ausführung ist der Umfangswirkungsgrad für $\alpha_1 = 10^0$ am höchsten, bei zwei Geschwindigkeitsstufen für $\alpha_1 = 17^0$ und für drei für $\alpha_1 = 25^0$; der Höchstwert ist bei einer Stufe $\eta_u = 0{,}78$ bei $u/c_1 = 0{,}493$, bei zwei Stufen $\eta_u \sim 0{,}61$ bei $u/c_1 = 0{,}23$ und bei drei Stufen $\eta_u \sim 0{,}49$ bei $u/c_1 = 0{,}14$. Bemerkenswert ist, daß bei kleinem Geschwindigkeitsverhältnis u/c_1 die Umfangswirkungsgrade bei mehrfacher Geschwindigkeitsstufung höher sind als ohne Stufung; deswegen ist bei einem u/c_1 bis zum Schnitt mit der η_u-Kurve für einstufige Ausführung die Abstufung der Geschwindigkeit vorteilhaft. Für praktisch anwendbare Umfangsgeschwindigkeiten ist für größere Gefälle der Wirkungsgrad der einstufigen Lavalturbine kleiner als bei Geschwindigkeitsstufung, wodurch der Anwendbarkeit der Lavalturbine eine Grenze gesetzt ist. So ist nach Abb. 57 bei $u/c_1 \sim 0{,}26$ der Wirkungsgrad bei ein- und zweistufiger Ausführung gleich; nimmt man für u als zulässigen Höchstwert 300 m/sek an, so wäre $c_1 = 300 : 0{,}26 = 1154$ m/sek, entsprechend einem Gefälle von $h_t = 176$ kcal/kg. Bei größerem Gefälle würde die Lavalturbine unwirtschaftlicher als eine Turbine mit Geschwindigkeitsstufung.

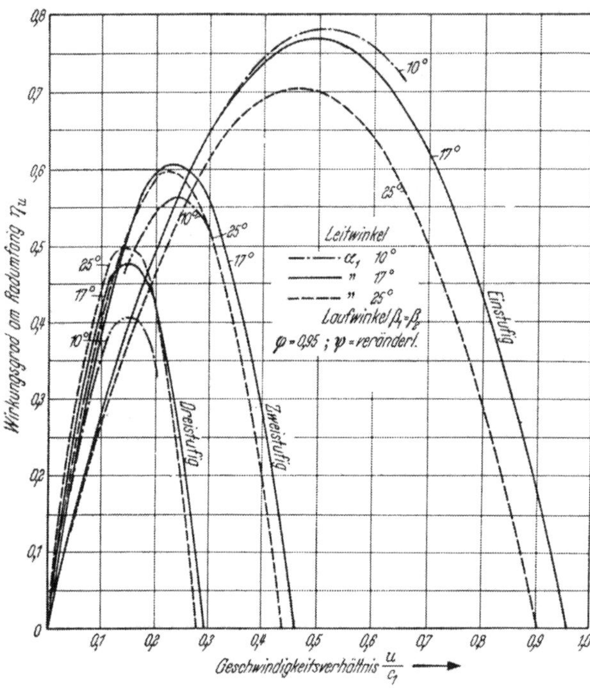

Abb. 57. Wirkungsgrad am Umfang (nach STODOLA),

Des schlechteren Wirkungsgrades wegen wird Geschwindigkeitsstufung bei nur einer Druckstufe nur für Turbinen kleinerer Leistungen angewendet, bei denen mehr Wert auf niedrige Anschaffungskosten als auf Wirtschaftlichkeit gelegt wird, sowie bei Regelstufen.

Bemerkenswert ist die zuerst von WAGNER [Ib] festgestellte wesentliche Verbesserung des Umfangswirkungsgrades, wenn die Austrittswinkel passend verkleinert werden (s. S. 114). Durch Versuche an ausgeführten Turbinen hat FORNER (ZVdI 1919, S. 78) die höheren Wirkungsgrade bestätigt.

Abb. 58. Wiederholte Beaufschlagung, radial.

Statt der Anordnung mehrerer Laufschaufelkränze kann der Dampfstrahl auch in denselben Schaufelkranz von der anderen Seite her zurückgeleitet werden — *wiederholte Beaufschlagung*. Das Laufschaufelprofil ist hierbei symmetrisch. Abb. 58 zeigt wiederholte Beaufschlagung einer Radialturbine (Elektraturbine), Abb. 59 einer Axialturbine.

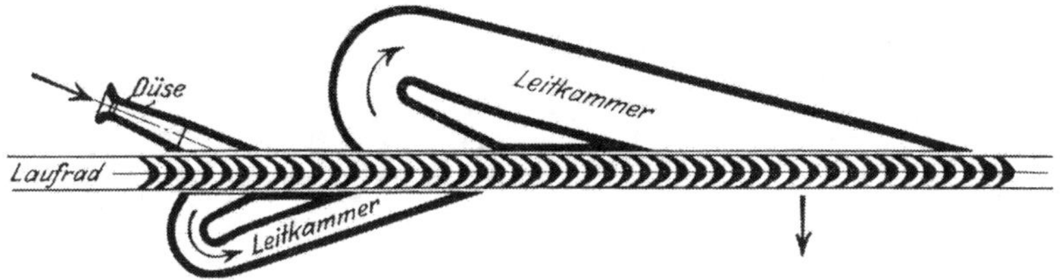

Abb. 59. Wiederholte Beaufschlagung, axial.

Infolge der viel stärkeren Umlenkung (um fast 180°) sind die Strömungsverluste natürlich viel größer als bei mehrkränziger Ausführung, jedoch wird durch die Beaufschlagung eines viel größeren Teiles des Radumfanges und durch das Fehlen weiterer Schaufelkränze die Ventilationsarbeit (s. S. 62) geringer.

C. Druckstufung.

Die Druckstufung bietet eine günstigere und deshalb meist angewendete Möglichkeit zur Herabsetzung der Umfangsgeschwindigkeit durch Unterteilung des ganzen Gefälles in mehrere Druckstufen, derart, daß für jede Stufe, bestehend aus Leitvorrichtung und Laufrad, nur ein solches Gefälle verarbeitet wird, das für eine gewünschte Umfangsgeschwindigkeit u eine dem günstigsten Verhältnis u/c_1 entsprechende Dampfgeschwindigkeit c_1 ergibt. Dieses Mittel ist für Gleichdruckturbinen wie für Überdruckturbinen anwendbar, bei letzteren ist es das einzige. Jede Stufe kann als einstufige Turbine betrachtet werden; der Anfangszustand des Dampfes in jeder Stufe ist der Endzustand der vorhergehenden. Es werden so viele Stufen angenommen, bis das ganze Gefälle aufgezehrt ist. Die Gesamtarbeit L wird in ebensoviel Teilarbeiten $L_1, L_2, \ldots$ (Abb. 60) unterteilt.

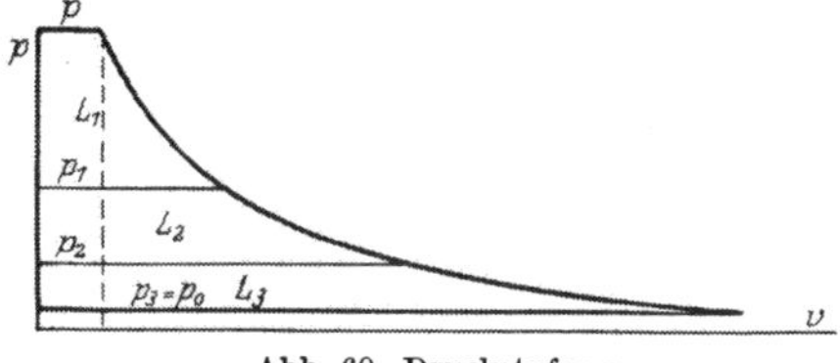

Abb. 60. Druckstufung.

1. Gleichdruckturbinen.

a) mit reiner Druckstufung sind erstmalig von ZOELLY ausgeführt worden. Die Leitvorrichtungen sind nichterweiterte Kanäle, die in den die einzelnen Stufen trennenden Zwischenböden (Abb. 61) sitzen — *Leiträder* oder *Leitapparate* genannt. An der Welle oder den Laufradnaben müssen die Leitradscheiben die benachbarten Turbinenkammern gegeneinander abdichten. Abb. 61 veranschaulicht das Schema der reinen Druckstufung sowie den Druck- und Geschwindigkeitsverlauf (der einfacheren Darstellung wegen sind nur 3 Druckstufen angenommen).

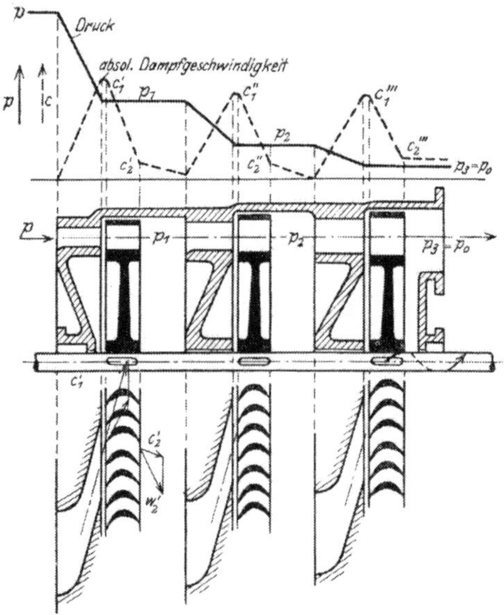

Abb. 61. Druckstufung.

Den Zustandsverlauf des Dampfes im *is*-Diagramm zeigt Abb. 62 unter Berücksichtigung der Verluste (s. S. 55). War die Beaufschlagung anfangs nicht voll, so nimmt sie allmählich bis zur vollen zu;

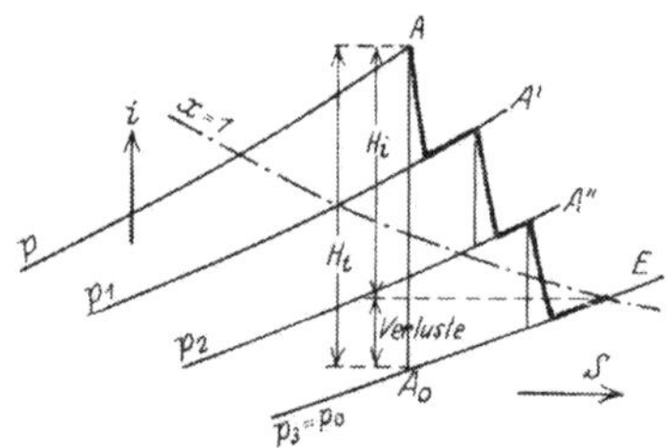

Abb. 62. Druckstufung.

weiter nimmt dann die Schaufellänge zu wegen des zunehmenden Volumens. Die Austrittsgeschwindigkeit kann in der folgenden Stufe ausgenutzt werden.

b) Vereinigung von Druck- und Geschwindigkeitsstufung bei Gleichdruckturbinen, derart, daß jede Druckstufe noch Geschwindigkeitsstufen erhält. Diese Anordnung (Abb. 63), Curtisturbine genannt, erfordert weniger Stufen, da jede Druckstufe ein größeres Gefälle verarbeiten kann, jedoch ist der Umfangswirkungsgrad kleiner als bei reiner Druckstufung. Abb. 63 zeigt neben dem Schaufelschnitt auch den Verlauf des Druckes und der absoluten Geschwindigkeit. Jede Stufe kann wie eine einstufige Turbine mit Geschwindigkeitsstufung betrachtet werden.

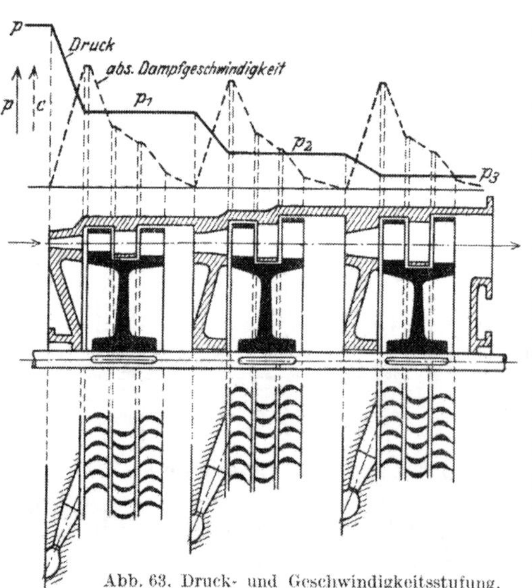

Abb. 63. Druck- und Geschwindigkeitsstufung.

Es kann aber auch Druck- und Geschwindigkeitsstufung derart vereinigt werden, daß nur die erste Druckstufe Geschwindigkeitsstufung erhält, die anderen Stufen aber reine Druckstufen sind nach Abb. 64, die auch Druck- und Geschwindigkeitsverlauf zeigt. Der Vorteil dieser viel angewendeten Bauart besteht im geringeren Druck im Gehäuse und der etwas geringeren Stufenzahl, da die erste Stufe ein größeres Gefälle verarbeitet; der Gesamtwirkungsgrad wird dadurch nicht geringer, da die größeren Schauflungsverluste der ersten Stufe durch Verringerung der Radreibungs- und der Undichtheits- (Spalt-) Verluste (s. S. 62) infolge des geringeren Druckes ausgeglichen werden können.

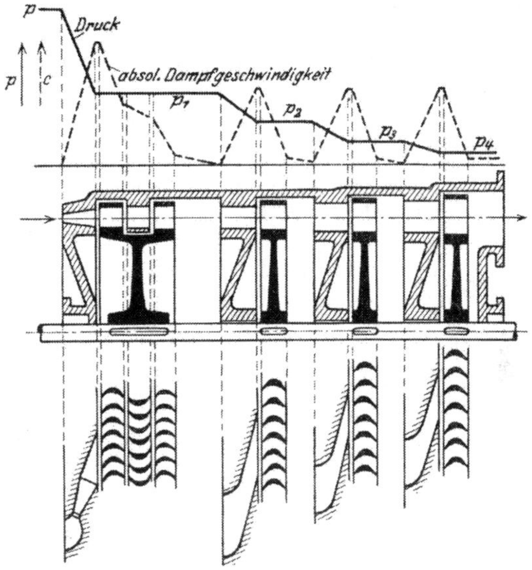

Abb. 64. Vereinigte Geschwindigkeits- und Druckstufung.

2. Überdruckturbinen.

a) Reine Druckstufung, wie sie zuerst von PARSONS (1884) angewendet wurde, erhält viele Stufen; die Gesamtarbeit wird in ebenso viele Teile geteilt (Abb. 65), durch die Zwischendrücke, p_1, p_2, ..., wobei p_s', p_s'', ... die Spaltdrücke sind. Das Schema der Anordnung und den Druck- und Geschwindigkeitsverlauf veranschaulicht Abb. 66, den Zustandsverlauf im is-Diagramm Abb. 67; die relative Geschwindigkeit nimmt in der Schaufel von w_1 auf w_2 zu (strichpunktiert), die absolute Austrittsgeschwindigkeit c_2 wird in der folgenden Stufe ausgenutzt (vgl. S. 43). Jede Stufe ist wieder wie eine einstufige Überdruckturbine zu betrachten (s. S. 42).

Die Ausführung mit reinen Überdruckstufen hat den Nachteil großer Stufenzahl, da infolge der erforderlichen vollen Beaufschlagung die Teilkreisdurchmesser und damit die Umfangsgeschwindigkeit klein werden. Bei kleinen Leistungen, also geringer Dampfmenge, würden die Schaufellängen sehr klein, weil der Durchmesser nicht unter ein bestimmtes Maß verringert werden kann und da der Spalt s zwischen

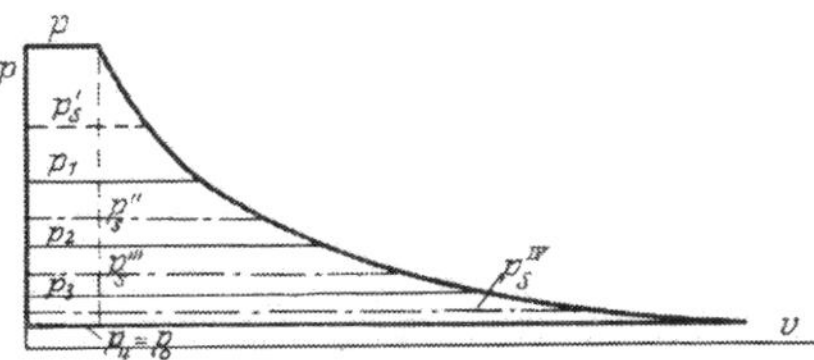

Abb. 65. Druckstufung bei Überdruck.

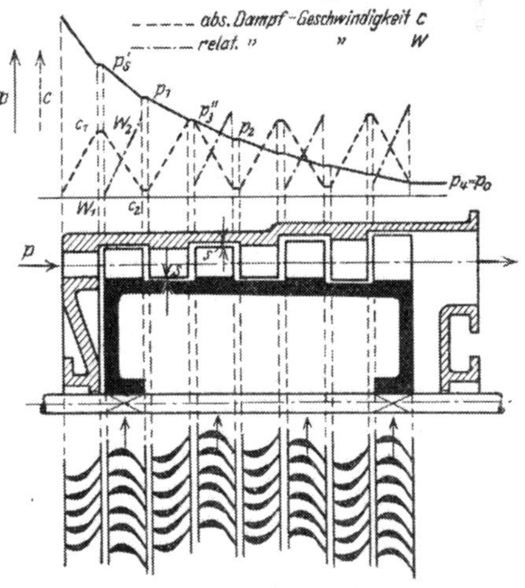

Abb. 66. Überdruckturbine.

Schaufel und Gehäuse bzw. zwischen Leitschaufel und Trommel nicht zu klein gehalten werden darf aus Gründen der Betriebssicherheit, so wird der Spaltverlust (s. S. 69) im Vergleich zur durch die Schaufeln strömenden Menge sehr groß. Als Mindestmaß der Schaufellänge nimmt man 10 mm. Reine Druckstufung kommt jetzt nur bei großen Dampfmengen und kleinem Gefälle zur Anwendung (Gegendruck- und Niederdruckturbinen). Um die Nachteile zu umgehen, wird eine

b) Vereinigung von Gleichdruck- und Überdruckwirkung angewendet, derart, daß im Hochdruckteil mehrere reine Gleichdruckstufen oder eine Gleichdruckstufe mit Geschwindigkeitsstufung, im Niederdruckteil reine Überdruckstufen ausgeführt werden (Abb. 68). Dadurch wird das Volumen vor den Überdruckstufen so groß, daß bei voller Beaufschlagung sich günstige Durchmesser und Schaufellängen anwenden lassen. Neben der wesentlichen Verringerung der Stufenzahl und damit der Baulänge erhält man geringeren Druck im Gehäuse, und es läßt sich der durch die Reaktionswirkung auftretende Axialschub besser ausgleichen (s. S. 229).

Diese Vereinigung von Gleichdruck und Überdruck wird jetzt viel angewendet, man bezeichnet solche Turbinen immer noch als Überdruckturbinen, da sie aus diesen hervorgegangen sind und der Hauptteil der Turbine mit Überdruck arbeitet. Einige Werke, die früher nur Gleichdruckturbinen bauten, verwenden neuerdings teilweise im Niederdruckgebiet Überdruckwirkung.

Zusammenfassend ergibt sich folgende *Einteilung der Turbinenbauarten:*

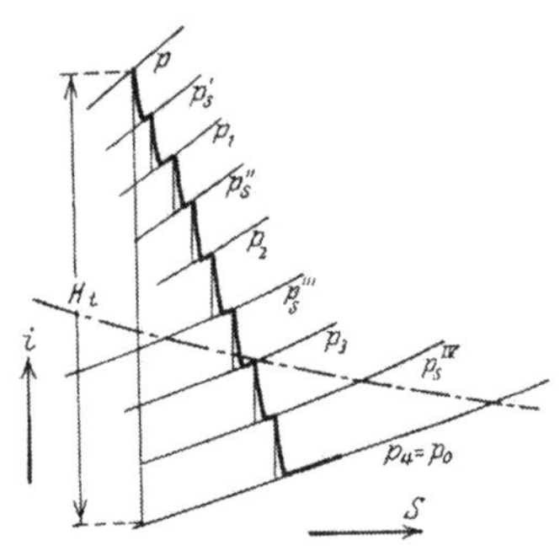

Abb. 67. Druckstufung bei Überdruck.

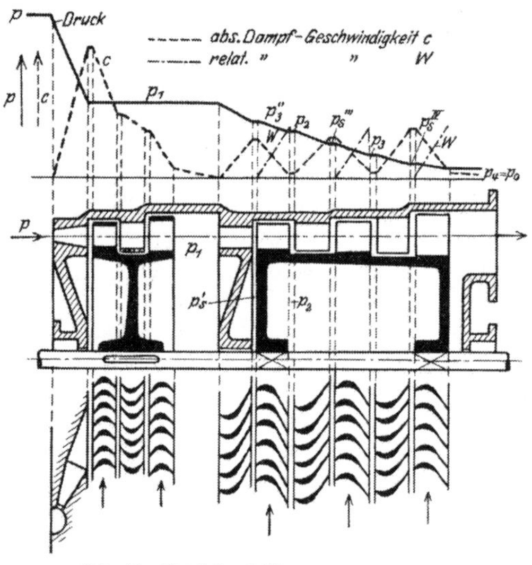

Abb. 68. Gleichdruck-Überdruckturbine.

A. Gleichdruckturbinen.

1. Einstufige (ohne Druckteilung):

a) eine reine Druckstufe (einspaltig) (Abb. 43), Turbine von DE LAVAL; nur für mäßige Gefälle (etwa bis 175 kcal/kg) geeignet;

b) eine Druckstufe mit Geschwindigkeitsstufung (mehrspaltig) (Abb. 55); alle Kleinturbinen.

2. Mehrstufige, Druckstufung:

a) reine Druckstufen (Abb. 61, S. 52), (ZOELLY, RATEAU);

b) mehrere Druckstufen je mit Geschwindigkeitsstufung (Abb. 63), S. 52); Turbine von CURTIS, Elektraturbine;

c) Hochdruckstufe mit Geschwindigkeitsstufung, die übrigen reine Druckstufen (Abb. 64, S. 53).

B. Überdruckturbinen:

a) reine Druckstufen (Abb. 66, S. 53), (PARSONS) (für große Leistungen);

b) vereinigte Gleichdruck-Überdruckturbinen (Abb. 68); Hochdruckteil: Gleichdruckstufe mit Geschwindigkeitsstufung oder reine Gleichdruckstufe (Regelstufe), Niederdruckteil reine Überdruckstufen.

VII. Die Verluste in den Dampfturbinen und die Wirkungsgrade.

Um den wirklichen Zustandsverlauf des Dampfes in der Turbine ermitteln zu können, der für die Berechnung der Querschnitte bekannt sein muß, ist es erforderlich, die einzelnen Verluste zu kennen, die eine Abweichung vom theoretischen Verlauf ergeben.

Die Verluste sind zum größten Teile Strömungsverluste durch Reibung, Stoß, Umlenkung und Wirbelung, ferner Abkühlungs- und mechanische Verluste.

Die Verluste sind *innere*, d. h. im Dampf selbst auftretende und *äußere*, die nicht im Dampf auftreten und den Zustand derselben in der Turbine nicht beeinflussen. Zu den inneren Verlusten gehören neben den Strömungsverlusten in der Schauflung (Düsen-, Schaufel- und Austrittsverlust) die Verluste durch Reibung der umlaufenden Radscheiben im umgebenden Dampf und durch die Ventilation der nicht vom strömenden Dampf ausgefüllten Laufschaufeln, ferner die Undichtheits- (Spalt-) Verluste an der Durchgangsstelle der Welle durch die Zwischenwand (Leitradscheibe) bei Gleichdruckturbinen oder durch den Spalt zwischen Laufschaufel und Gehäuse bzw. zwischen Leitschaufel und Trommel (Spalt s, Abb. 66, S. 53) bei Überdruckturbinen. Alle diese Verluste werden in Wärme rückverwandelt und erhöhen den Wärmeinhalt des Dampfes. Als äußere Verluste erscheinen die Leerlaufsverluste, die Dampfverluste durch die Stopfbüchsen nach außen und die Strahlungs- und Abkühlungsverluste.

Es sollen im folgenden die Verluste einzeln genauer betrachtet und ihr Einfluß auf die Güte der Ausnutzung der Dampfenergie, auf den Wirkungsgrad, ermittelt werden. Die Kenntnis der Ursachen der Verluste zeigt auch die Möglichkeit und den Weg zur Verringerung derselben und damit zur Erhöhung der Wirtschaftlichkeit der Turbinen.

1. Der Düsenverlust.

Der Düsenverlust (*Leitschaufelverlust*) ist bereits bei der Betrachtung des Ausflusses aus Mündungen (S. 23) eingehend behandelt worden. Es entsteht durch die Reibung des Strahles an den Kanalwandungen und hängt somit von der Beschaffenheit dserelben ab.

Ist wieder c_0 die bei verlustloser (adiabatischer) Strömung erreichbare Ausflußgeschwindigkeit, c_1 die wirklich erreichte, so ist der Düsenverlust [vgl. Gl. (38) und (39), S. 24 bzw. 27]

$$h_d = A\,\frac{c_0^2 - c_1^2}{2\,g} = i_1 - i_0 \text{ kcal/kg}\,, \tag{55}$$

wenn i_0 der Wärmeinhalt am Ende der adiabatischen, i_1 diejenige am Ende der wirklichen Ausströmung. Mit φ als *Geschwindigkeitskoeffizienten* war $c_1 = \varphi\, c_0$ und

$$h_d = A\,\frac{c_0^2 - \varphi^2\,c_0^2}{2\,g} = A\,\frac{c_0}{2\,g}\,(1 - \varphi^2) = \zeta\, h_t\,, \tag{55a}$$

wenn $\frac{A\,c_0^2}{2\,g} = h_t$ das verfügbare Wärmegefälle und $\zeta = 1 - \varphi^2$ der Verlust- (Widerstands-) Koeffizient.

Der Geschwindigkeitskoeffizient φ liegt

bei gegossenen Mündungen bei etwa	$\varphi = 0{,}93$ bis $0{,}94$
bei sauber gegossenen und nachgearbeiteten	$\varphi = 0{,}94$ bis $0{,}95$
und bei allseitig sauber gefrästen bei	$\varphi = 0{,}95$ bis $0{,}97$.

LYSHOLM [V] untersuchte die Abhängigkeit der Geschwindigkeitsbeiwerte vom Kanalhöhen-Schaufelbreitenverhältnis $a : b$ und fand für

$a : b =$	0,6	0,88	2,0
$\varphi =$	0,955	0,96	0,97

Der Geschwindigkeitskoeffizient ist von der Strömungsgeschwindigkeit wenig abhängig, wie Versuche gezeigt haben; vgl. Abb. 30, S. 27.

Trägt man den Düsenverlust h_d im is-Diagramm vom Endpunkt A_0 der abiatischen Expansion (Abb. 69) nach oben ab und zieht die Waagerechte für $i_1 = i_0 + h_d$, so erhält man auf dem Druck p_0 den Endpunkt A_1 der wirklichen Expansion und dadurch auch das spezifische Volumen v_1 am Austritt aus der Leitvorrichtung.

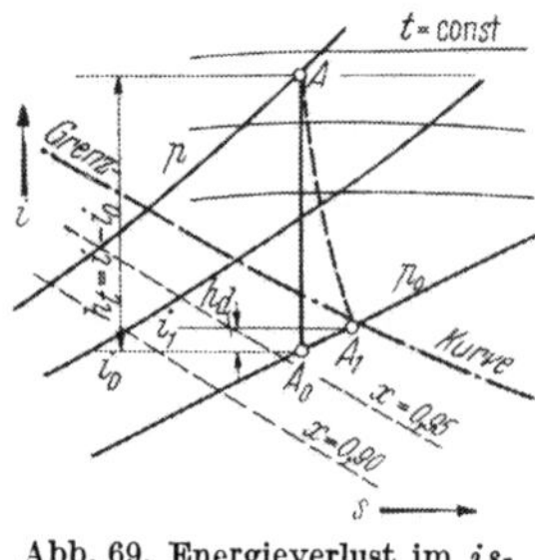

Abb. 69. Energieverlust im is-Diagramm.

Da bei der Überdruckschauflung die Leitschaufeln eine den Laufschaufeln ähnliche oder die gleiche Form haben, ist auch der Geschwindigkeitskoeffizient φ der Leitschaufel gleich dem Geschwindigkeitskoeffizienten ψ der Laufschaufel. S. a. v. FREUDENREICH [Vb]; LÖWY [Va] und W. HARTMANN [Va].

2. Der Schaufelverlust.

Der Schaufelverlust h_s ist wesentlich verwickelter als der Düsenverlust, da neben dem reinen Reibungsverlust noch eine ganze Reihe anderer Störungen auftreten. FLÜGEL [Ia] unterteilt den Schaufelverlust in eine große Anzahl einzelner Verluste (8 Eintrittsverlustarten, 2 Austrittsverluste, Spaltverluste und 6 „weitere Verluste"), die jedoch nur theoretisches Interesse haben, da Größe und Einfluß der einzelnen Verluste nicht bestimmbar sind. Praktisch werden gleichartige Verluste zusammengefaßt. Der Schaufelverlust setzt sich aus folgenden Einzelverlusten zusammen.

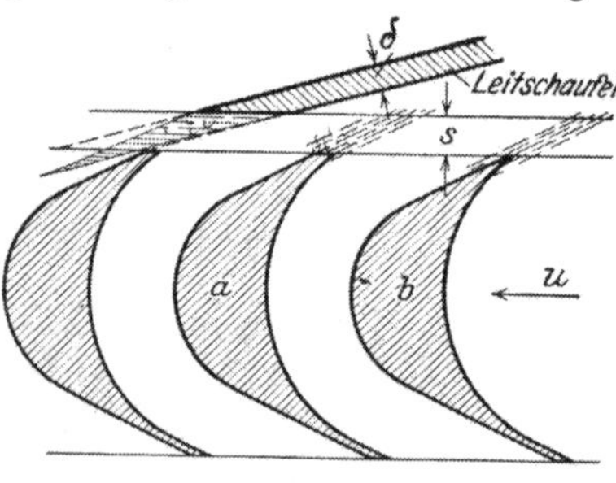

Abb. 70. Kantenstoß.

Stoßverlust durch Stoß auf die Schaufeleintrittskante, auch Kantenverlust genannt, der um so größer ist, je breiter diese Kante ist (Abb. 70, Schaufel a).

Der Verlust kann verringert werden durch Zuschärfen der Kante, wie bei Schaufel b, doch darf die Kante nicht zu scharf werden, da sie vom strömenden Dampf angegriffen wird. Weiter kann ein Stoßverlust auftreten durch Auftreffen des Strahles auf den Schaufelrücken (Abb. 71) — Rückenstoß —, wenn der Schaufelwinkel β kleiner ist als der Winkel β_1 der relativen Dampfeintrittsgeschwindigkeit w_1. Dieser Verlust kann beträchtlich sein, da die Stoßkomponente w_{st} eine der Schaufelbewegung entgegengesetzte Komponente w'_{st} ergibt, die hemmend wirkt. Der Rückenstoß muß unter normalen Arbeitsbedingungen auf jeden Fall vermieden werden durch reichlich großen Schaufelwinkel β, der sicherheitshalber einige Winkelgrade größer gewählt wird als der Winkel β_1 des Dampfstrahles (Abb. 72). Bei starker Verringerung der Dampfgeschwindigkeit (z. B. bei der Reglung) oder Zunahme der Umfangsgeschwindigkeit läßt sich jedoch der Rückenstoß nicht immer vermeiden.

In jedem Fall tritt aber ein Stoß auf die Schaufelhohlseite ein, denn durch die erforderliche zunehmende Stärke der Schaufel ist der Winkel β' (Abb. 72) der Tangente an die Schaufelkrümmung größer als der Strahlwinkel β_1, der Stoßwinkel δ ergibt eine Stoßkomponente w_{st}, die aber eine Komponente w'_{st} in der Bewegungsrichtung hat und deshalb wenig schädlich ist. Die Dampfgeschwindigkeit wird, wie aus der Abb. 72 ersichtlich, nur wenig kleiner als w_1.

Der *Reibungsverlust* durch Reibung des Strahles an der Schaufel ist an sich gering, etwa bis 2% des gesamten Verlustes, und ist abhängig von der Länge des Reibungsweges, d. h. von der Schaufelbreite b, die aber mit Rücksicht auf die Krümmung und die Festigkeit nicht zu klein werden darf.

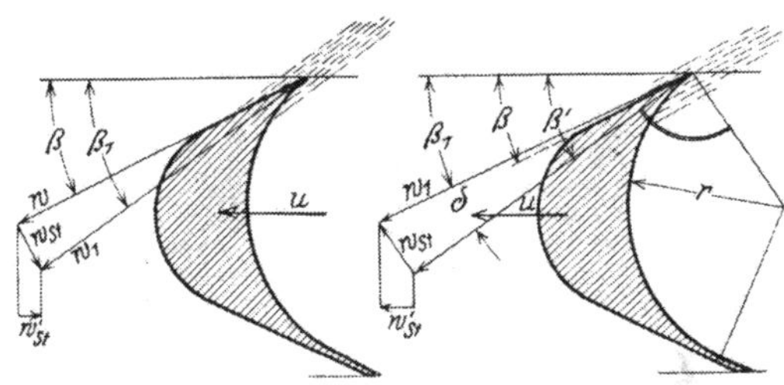
Abb. 71. Rückenstoß. Abb. 72. Stoß auf Hohlseite.

Der *Umlenkungs-* (*Krümmungs-*) *Verlust* durch die Strahlkrümmung in der Schaufel ist hingegen bedeutend; er entsteht durch innere Reibung der Stromfäden aneinander infolge der verschieden langen Wege in der Krümmung. Wie bei der Betrachtung der Strömung in krummlinigen Kanälen (S. 14) erwähnt, entstehen sekundäre Strömungen um die Stromlinien; vgl. Abb. 12, S. 15. Wie zuerst von Banki [V] durch Versuche mit Schaufeln von gleicher Länge des Dampfweges und verschiedenen Krümmungen festgestellt, ist der Verlust um so größer, je kleiner der Krümmungshalbmesser r (Abb. 73). Der Krümmungshalbmesser ist aber um so größer, je größer die Schaufelbreite, was wieder größeren Reibungsverlust ergibt; da letzterer aber klein ist, so wird die Breite nur durch die Schaufelfestigkeit bestimmt. Ferner ist der Verlust abhängig von der Größe der Umlenkung, d. h. vom Winkel γ (Abb. 73); letzterer ergibt sich aus den im Geschwindigkeitsplan festgelegten Schaufelwinkeln β_1 und β_2, da $\gamma = 180 - (\beta_1 + \beta_2)$. Mit zunehmendem Winkel γ, also abnehmenden Winkeln β_1 und β_2 nimmt der Verlust rasch zu, er ist der weitaus größte von allen Verlusten. (S. a. Nippert [III].)

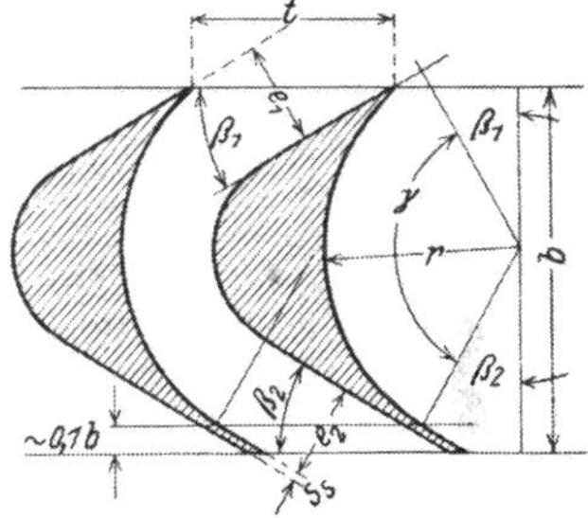
Abb. 73. Umlenkungswinkel.

Wirbelverluste entstehen zunächst im „Stromschatten" an den Austrittskanten der Leitschaufeln (Abb. 70), sie hängen auch von der Spaltweite s ab;

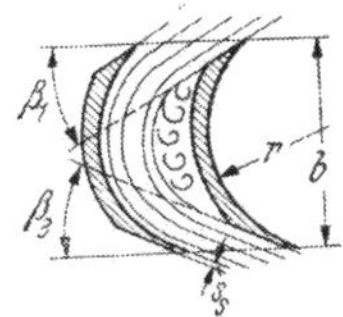
Abb. 74. Blechschaufeln.

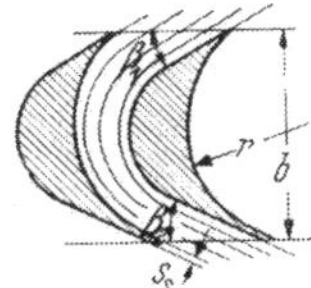
Abb. 75. Profilschaufeln.

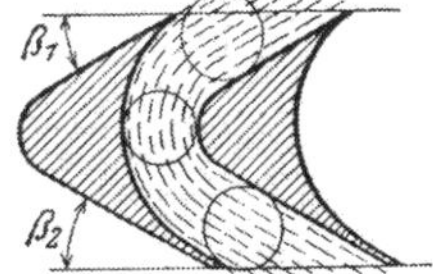
Abb. 76. Die Grenzschaufel.

ferner werden Wirbel durch den Stoß erzeugt. Auch die Schaufelform bzw. der Querschnitt des von den Schaufeln gebildeten Kanals ist von Einfluß. Bei *Blechschaufeln* (Zoellyschaufeln) ist der Kanal in der Mitte weiter als am Ein- und am Austritt (Abb. 74), so daß der Strahl den Kanal in der Mitte nicht voll ausfüllt, es entstehen hier Wirbel, die aber die Strömung wenig zu beeinflussen scheinen.

Bei *Profilschaufeln* (Rückenschaufeln) kann der Kanal mit gleichbleibendem Querschnitt ausgeführt werden (Abb. 75); da der Strahl in der Krümmung eine Verdichtung erfährt, so könnte der Kanal in der Mitte verengt werden (Abb. 76) —

Grenzschaufeln, um den Strahl vollständig einzuhüllen. Es hat sich jedoch gezeigt, daß diese letztere Form am ungünstigsten ist; die Schaufelformen nach Abb. 74 und 75 haben gleich gute Ergebnisse gezeitigt, doch wird man dort, wo der Strahl nach dem Austritt noch weiter verwertet wird (Geschwindigkeitsstufung) Profilschaufeln bevorzugen. In jedem Falle ist für gute Strahlführung am Austritt zu sorgen, um Wirbel am Austritt zu vermeiden; man versieht deshalb die Schau-

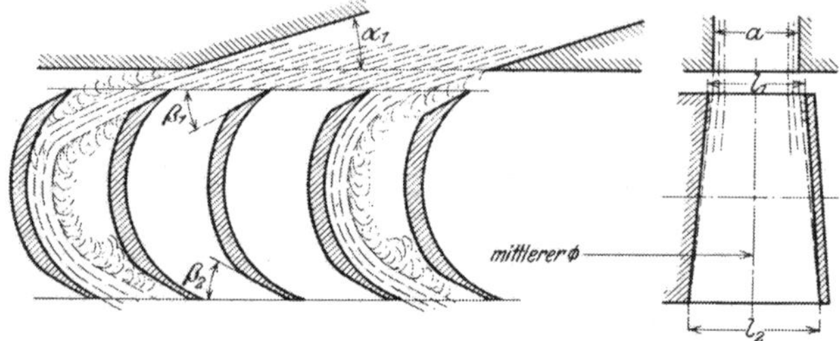

Abb. 77. Teilweise Beaufschlagung.

feln am Austrittsende mit einem unter dem Winkel β_2 stehenden geradlinigen Teil (Abb. 73), von höchstens $^1/_{10}$ der axialen Schaufelbreite b.

Bei teilweiser Beaufschlagung treten weitere Verluste durch Wirbel auf, da vor und hinter dem Leitkanal in der Drehrichtung je ein Schaufelkanal nicht ganz mit Dampf gefüllt ist (Abb. 77); die Strömung wird da durch gestört. Es ändert sich je nach der Stellung der Schaufeln zum Leitkanal die Umfangskraft, wie Banki feststellte. Messungen von Brown, Boveri & Cie. haben etwa 10% Änderung ergeben. Es geht hieraus der große Wert ununterbrochener Beaufschlagung hervor. Ferner muß beim Eintreten des Schaufelkanals in den Strahl der in der Schaufel befindliche relativ ruhende Dampf beschleunigt und verdrängt werden, was ebenfalls Verluste verursacht.

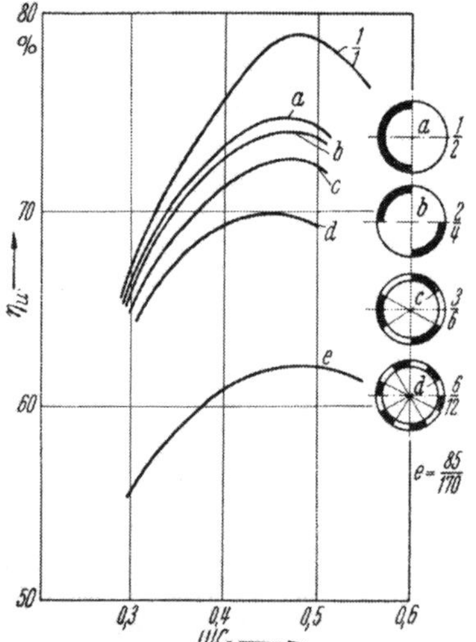

Abb. 78. Einfluß der Unterteilung der Düsengruppen.

Es ist deshalb bei gleichgroßer Teilbeaufschlagung nicht gleichgültig, wie die Verteilung der Beaufschlagung am Umfang erfolgt. Versuche von Escher Wyss mit Luftturbinen zeigen, daß der Wirkungsgrad bei starker Unterteilung sinkt, wie aus Abb. 78 für halbe Beaufschlagung und der angegebenen Unterteilung $^1/_2$, $^2/_4$, $^3/_4$, $^6/_{12}$ und $^{85}/_{170}$ ersichtlich.

Da die radiale Schaufelhöhe l_1 am Eintritt etwas größer sein muß (1÷1,5 mm) als die Leitkanalhöhe a (Abb. 77), um den Strahl mit Sicherheit in die Schaufel zu leiten und Stoß auf die äußere und innere Begrenzung des Schaufelkanals (Deckband bzw. Schaufelfuß) zu vermeiden, so wird auch hier Wirbelbildung entstehen. Bemerkenswert ist auch das Ansaugen von Dampf aus dem Spalt durch den Dampfstrahl; die hierdurch entstehenden Wirbelverluste sind bei teilweiser Beaufschlagung nicht unbedeutend.

Auch die Strahlstärke e_1 bzw. e_2 (Abb. 73) und damit die Schaufelteilung t ist von Einfluß auf die Verluste, denn bei sehr kleiner Teilung wird die reibende Wandfläche groß im Vergleich zum Kanalquerschnitt, bei sehr großer Teilung wird hingegen für eine gegebene Schaufelbreite, von der auch der Krümmungshalbmesser abhängt, die Strahlführung und Umlenkung schlecht (Abb. 79), da die einzelnen Stromfäden sehr verschiedene Krümmungen erhalten und die Strömungsstörunegn besonders stark hervortreten. Es muß demnach eine günstigste Strahldicke e bzw. Teilung t geben; hierüber sind Versuche angestellt worden von BANKI [V]; STODOLA [Ia]; BRILING [III]; CHRISTLEIN [V]; LÖLIGER [IV] und ANDERHUB [IV]. Ferner NIPPERT [III]; v. FREUDENREICH [Vb] u. [Vc].

BRILING fand bei seinem Versuche mit Zoellyschaufeln von gleichen Ein- und Ausstrittwinkeln $\beta_1 = \beta_2 = \beta$ die günstigsten Ergebnisse, wenn *die Strahldicke e gleich dem halben Krümmungshalbmesser r* gemacht wird

$$e = \frac{r}{2} \quad \text{und mit} \quad t = \frac{e}{\sin\beta} \quad \text{(Abb. 73)}$$

ist die *günstigste Teilung*

$$t = \frac{r}{2\,\text{s n}\,\beta}, \tag{56}$$

z. B. für $\beta = 30^0$ ist $t = r$.

Die Versuche von BANKI mit $t \leqq 1{,}3\,r$ und von STODOLA mit t bis $0{,}7\,r$ bei $\beta = 30^0$ zeigen, daß keine volle Übereinstimmung der Ergebnisse herrscht; man wendet aber häufig die Beziehung von BRILING an, da sie mittlere Werte gibt.

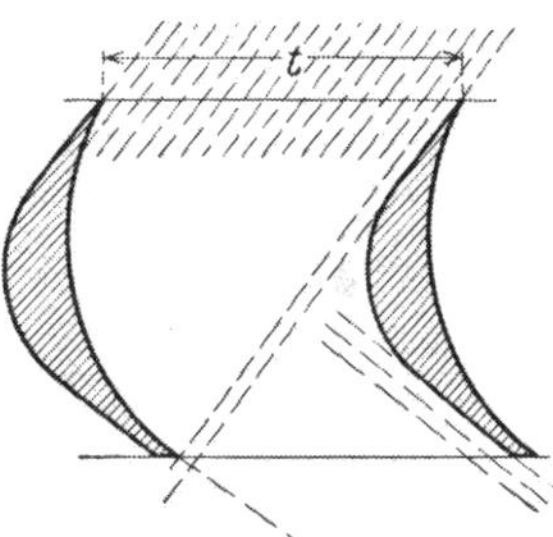

Abb. 79. Zu große Teilung.

Beachtlich ist die von FRIEDRICH [IV] auf Grund von zahlreichen Versuchen gemachte Feststellung, daß die Verluste mit kleiner werdender Teilung (also größerer Schaufelzahl) geringer werden und der Höchstwert des Wirkungsgrades erst bei einer viel kleineren Teilung als der mit beginnender Parallelführung am Austritt erreicht wird und bei größerer Teilung schnell absinkt. Besonders ausgeprägt ist der Einfluß der Schaufelzahl bei kurzen Schaufeln. FRIEDRICH weist auch darauf hin, daß bei Schaufeln mit angeschmiedeten Zwischenstücken (Klötzchenschaufeln) durch die Ausrundung am Übergang zum Schaufelfuß ein zusätzlicher Verlust durch Stoß auf die vorstehenden Flächen auftritt, der bei Blechschaufeln und solchen mit besonderen Zwischenstücken vermieden ist.

Versuche von MELDAHL [V] an Schaufelgittern haben das Vorhandensein von „Endverlusten“ an den Schaufelenden nachgewiesen, die nur zum Teil von dem Spalt abhängig sind und durch Sekundärströmungen entstehen. Diese Verluste reichen vom Schaufelende eine gewisse Strecke in die Schaufellänge hinein, bei kurzen Schaufeln können sie sich über die ganze Schaufellänge erstrecken und einen wesentlichen Teil der Verluste ausmachen (50% und mehr). Auch mit zunehmender Teilung nehmen die Endverluste stark zu. Somit zeigen auch diese Versuche, daß lange Schaufeln und kleine Teilung günstig sind. S. a. FALTIN [IV]. Ferner KELLER [Vd]; J. ACKERET [V].

Alle Teilverluste einzeln anzugeben oder zu bestimmen, ist nicht möglich, man faßt deshalb die Verluste zusammen als Schaufelverlust $h_s = A L_s$, das ist der Energieverlust in der Schaufel, wobei

$$L_s = \frac{w_1^2}{2g} - \frac{w_2^2}{2g} = \frac{w_1^2 - \psi\, w_1^2}{2g} = \frac{w_1^2}{2g}(1 - \psi^2), \tag{57}$$

wenn $w_2 = \psi w_1$ mit ψ als *Geschwindigkeitskoeffizient* oder Schaufelkoeffizient. Bei Gleichdruckturbinen kann dieser durch Messung der Umfangskraft P, welche eine Dampfmenge G kg/sek auf ein Segment aus zu untersuchenden Schaufeln ausübt, ermittelt werden. Die Umfangskraft ist nach Gl. (44), S. 37

$$P = \frac{G_{\text{sek}}}{g}(w_{1u} + w_{2u}) = \frac{G_{\text{sek}}}{g}(w_1 \cos\beta_1 + \psi\, w_1 \cos\beta_2),$$

woraus

$$\psi = \frac{g\,P}{G_{\mathrm{sek}}\, w_1 \cos\beta_2} - \frac{\cos\beta_1}{\cos\beta_2}\,.$$

Der Einfluß der Dampfgeschwindigkeit auf den Schaufelkoeffizienten ist noch nicht ganz geklärt, die Versuche von Briling, Rateau, Christlein geben keine volle Übereinstimmung. Es scheint aber, daß die Verluste anfangs mit zunehmender Geschwindigkeit abnehmen und nach Überschreitung der Schallgeschwindigkeit wieder zunehmen. Neuere Versuche von Brown, Boveri & Cie bestätigen dieses.

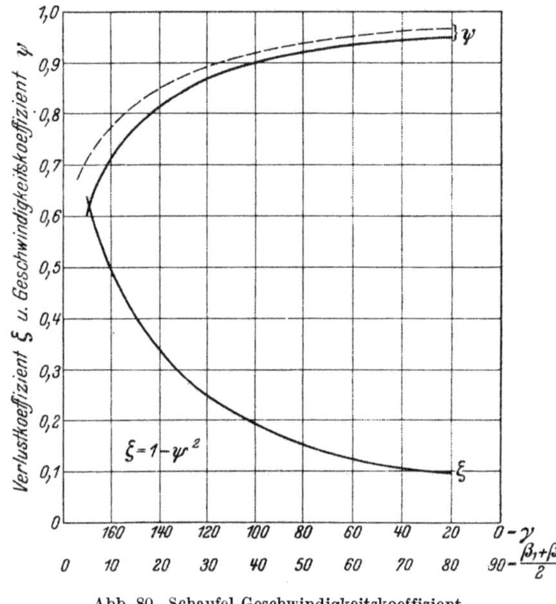

Abb. 80. Schaufel-Geschwindigkeitskoeffizient.

Da die Verluste im wesentlichen von der Umlenkung des Strahles in der Laufschaufel abhängen, werden sie in Abhängigkeit vom Umlenkungswinkel γ bzw. vom mittleren Schaufelwinkel $\frac{\beta_1 + \beta_2}{2}$ angegeben. Abb. 80 zeigt den Geschwindigkeitskoeffizienten ψ über den Winkeln aufgetragen; die gestrichelte Kurve zeigt bei sorgfältiger Ausführung erreichbare Werte. Ferner ist noch der *Verlustkoeffizient* $\zeta_s = 1 - \psi^2$ angegeben. Damit läßt sich der Schaufelverlust leicht ermitteln

$$h_s = A\,L_s = A\,\frac{w_1^2}{2\,g}\,(1 - \psi^2) = A\,\zeta_s\,\frac{w_1^2}{2\,g}\,. \tag{57a}$$

Trägt man den Schaufelverlust im is-Diagramm (Abb. 81) vom Zustand A_1 (Austritt aus der Leitvorrichtung) nach oben ab und zieht die Waagerechte $i_2 = i_1 + h_s$, so erhält man den Endzustand A_2 beim Austritt aus der Laufschaufel. Bei Geschwindigkeitsstufen treten die Schaufelverluste sowohl in den Lauf- wie in den Umlenkschaufeln auf, es sind diese Verluste zusammen (bzw. nacheinander) in das is-Diagramm einzutragen, um den Zustand beim Austritt aus dem Laufrad zu erhalten (s. Abb. 126, S. 130).

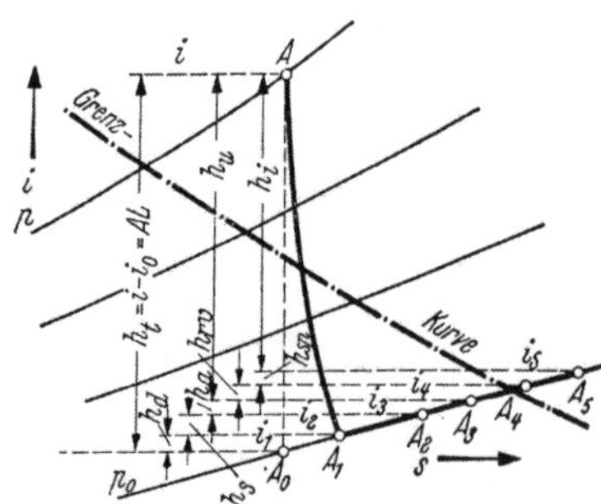

Abb. 81. Verluste im is-Diagramm.

Bei Überdruckturbinen kann für den Geschwindigkeitskoeffizienten ebenfalls die Abhängigkeit von der Umlenkung ermittelt werden; es treten ähnliche Verluste auf, doch wird kein Dampf aus dem Spalt angesaugt, dafür aber tritt Abströmen des Dampfes über die Schaufeln ein, das zugleich als Undichtheitsverlust wirkt. Es werden deswegen auch beide Verluste zusammengefaßt in dem Verlust- oder Widerstandskoeffizienten ζ, dessen Wert auch von der Spaltbreite abhängt.

Nach den Betrachtungen beim Energieumsatz (S. 45) ist

$$\zeta = \frac{1}{\psi^2} - 1 .$$

Praktische Werte von ζ liegen meist zwischen 0,2 und 0,30 entsprechend $\psi = \varphi = 0{,}915$ bzw. 0,877.

S. a. Ackeret [V]; Anderhub [IV]; Faltin [V]; Flügel [Va]; Grünagel, E. [V]; Jakob [V]; Keller [Vd]; Lysholm [V]; Röder [Vf]; Rosenlöcher [V]; Weinig [IIa]; Zolf [V]; Sörensen [Vb].

3. Der Austrittsverlust.

Der Austrittsverlust h_a entsteht dadurch, daß eine gewisse Größe der Austrittsgeschwindigkeit c_2 zugelassen werden muß, die zwar in der folgenden Stufe ausgenutzt werden kann, jedoch ist für die betrachtete Stufe die dieser Geschwindigkeit entsprechende Energie verloren. Der Austrittsverlust ist somit

$$h_a = A\,L_a = A\,\frac{c_2^2}{2g}\ \text{kcal/kg}. \qquad (58)$$

Wird die Austrittsgeschwindigkeit durch Wirbel vernichtet, so wird die Strömungsenergie h_a in Wärme rückverwandelt und erhöht den Wärmeinhalt des Dampfes. Trägt man den Austrittsverlust h_a im is-Diagramm vom Zustand A_2 mit dem Wärmeinhalt i_2 (Abb. 81) nach oben ein und zieht wieder die Waagerechte $i_3 = i_2 + h_a$, so erhält man auf dem Druck p_0 den Zustand A_3 nach dem Austritt bei Vernichtung der Austrittsgeschwindigkeit.

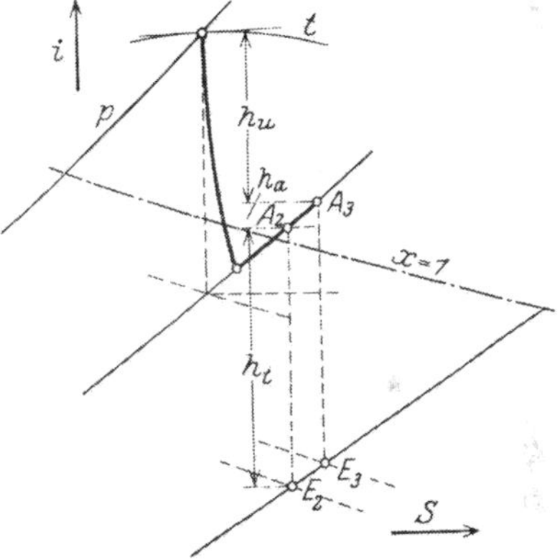

Abb. 82. Ausnutzung des Austrittsverlustes.

Würden weiter keine Verluste auftreten, so wäre A_3 der Endzustand des Dampfes und bei mehrstufigen Turbinen zugleich der Anfangszustand der folgenden Stufe; bei Ausnutzung der Austrittsgeschwindigkeit in der folgenden Stufe bliebe der Wärmeinhalt nach dem Austritt i_2, es würde aber durch die Austrittsenergie das nutzbare Gefälle der folgenden Stufe um h_a vergrößert, da nach Gl. (47), (S. 40)

$$L = \frac{c_0^2}{2g} - \frac{c_2'^2}{2g} = \frac{h_t}{A} \quad \text{oder} \quad \frac{c_0^2}{2g} = \frac{h_t}{A} + \frac{c_2'^2}{2g} = \frac{1}{A}(h_t + h_a),$$

wenn c_0 die erreichbare Geschwindigkeit und c_2' die Austrittsgeschwindigkeit der vorhergehenden Stufe. Wie aus Abb. 82 ersichtlich, ist bei Vernichtung der Auslaßenergie das verfügbare Gefälle der folgenden Stufe die Strecke A_3E_3, hingegen bei Verwertung der Auslaßenergie $A_2E_2 + h_a$, mithin in letzterem Falle größer. Obgleich also die vernichtete Auslaßenergie den Anfangswärmeinhalt der folgenden Stufe erhöht, also ihr zugute kommt, ist bei Verwertung der Anlaßenergie der Gewinn größer. Daraus folgt deutlich, daß die Verwertung der Auslaßenergie stets vorteilhaft ist, wie bereits S. 41 erwähnt und der bessere Umfangswirkungsgrad [vgl. Gl. (48) und Abb. 48] zeigt.

Bei Überdruckturbinen wird die Auslaßenergie stets ausgenutzt (bis auf die letzte Stufe), bei Gleichdruckturbinen ist dieses nur bei voller Beaufschlagung und dichter Aufeinanderfolge von Lauf- und Leitschaufel möglich, meist aber auch dann nur teilweise.

Werden Düsen-, Schaufel- und Austrittsverlust vom verfügbaren Wärmegefälle h_t in Abzug gebracht, so erhält man die Leistung am Radumfang.

$$h_u = h_t - h_d - h_s - h_a ,$$

die sich auch aus dem Geschwindigkeitsplan ergibt [Gl. (44), S. 37]. Die zweifache Ermittlung von h_u ermöglicht eine Nachprüfung der Richtigkeit der Berechnung durch Aufstellung einer „Wärmebilanz" (s. S. 132).

Der *Wirkungsgrad am Radumfang*, kurz Umfangswirkungsgrad genannt, ergibt sich nach Gl. (46) u. (52) und ferner aus dem *is*-Diagramm (Abb. 81) als Verhältnis

$$\eta_u = h_u : h_t .$$

In Wirklichkeit ist aber A_3 nicht der Endzustand der Stufe, da innerhalb der Turbine noch weitere Verluste auftreten.

4. Der Radreibungs- und Ventilationsverlust.

Dieser Verlust entsteht durch die Reibung der rotierenden Laufradscheiben und der Trommeln im umgebenden Dampf bzw. durch die Ventilation der nicht vom Dampf durchströmten Schaufeln bei teilweiser Beaufschlagung; bei Überdruckturbinen fällt demnach der Ventilationsverlust fort und da die Trommeln, in denen die Laufschaufeln sitzen, nur wenig vom Dampf berührte Flächen haben, so ist auch die Radreibungsarbeit gering und wird vernachlässigt. Bei Gleichdruckturbinen sind diese Verluste bei kleinen Leistungen, d. h. bei kleiner arbeitender Dampfmenge, relativ bedeutend.

Die Größe des Radreibungsverlustes wird offenbar von der Beschaffenheit und der Größe der reibenden Fläche, also vom Raddurchmesser, von der Geschwindigkeit der Flächenteilchen, d. h. von der jeweiligen Umfangsgeschwindigkeit und endlich vom Dampfzustand abhängig sein. Die Größe der Ventilationsarbeit wird von der Länge der Schaufeln und vom Beaufschlagungsgrad abhängen.

Die genaue Ermittlung des Einflusses jeder dieser Größen auf die Größe der Verlustarbeit ist bisher nicht gelungen, da zu viele verschiedene Umstände mitsprechen; insbesondere ist die Ventilationsarbeit schwer zu erfassen. Nach den Versuchen von STODOLA [I], ZAHM und ODELL ist die Radreibungsarbeit dem Quadrat des Radscheibendurchmessers, der dritten Potenz der Umfangsgeschwindigkeit und dem spezifischen Gewicht des umgebenden Dampfes verhältnisgleich. Mit zunehmender Überhitzung und im Vakuum nimmt die Radreibungsarbeit ab, wie die Versuche von LEWICKI [III] ergeben haben. Andere Versuche hatten in bezug auf Raddurchmesser und Umfangsgeschwindigkeit von vorstehendem abweichende Ergebnisse. Die Abhängigkeit von der Beaufschlagung hat LASCHE bei der AEG und JASINSKY [III] untersucht; der Verlust durch Ventilation nimmt dadurch mit zunehmender Beaufschlagung ab. Die Versuche von LASCHE zeigen, daß durch Umhüllen der nicht beaufschlagten Schaufeln und des Rades durch entsprechend geformte Deckringe die Verluste stark abnehmen, da die ventilierte Dampfmenge herabgesetzt und der ein- und austretende Dampf durch den wirbelnden Dampf weniger gestört wird.

Für zweikränzige Curtisräder gilt nach den von der AEG durchgeführten Versuchen für die Radreibungs- und Ventilationsarbeit für unbeaufschlagtes unumhülltes Rad im Dampf von der Wichte γ kg/m³ die Beziehung:

$$N_{rv} = 1{,}2 \cdot 10^{-6} \cdot D^3 n^{2,5} l_m \gamma \text{ kW} , \qquad (59)$$

worin D der Teilkreisdurchmesser in m, l_m das Mittel der Schaufellängen in m und n die Umlaufzahl in der Minute.

Setzt man für gleiche Drehzahl zur Vereinfachung der Rechnung

$$1{,}2 \cdot 10^{-6} \cdot n^{2,5} = a\,,$$

so kann für verschiedene Durchmesser

$$A_{rv} = a\,D^3$$

ermittelt und in einer Zahlentafel oder graphisch über den Durchmessern aufgetragen werden, so daß

$$N_{rv} = A_{rv}\,l_m\,\gamma \text{ kW} \tag{59a}$$

leicht errechnet werden kann.

Für $n = 3000$ U/min wird $a = 1{,}2 \cdot 10^{-6} \cdot 3000^{2,5} = 591{,}5$ und damit für

$D =$	0,30	0,40	0,50	0,60	0,70	0,80	0,90	1,00	1,10	1,20 m
$A_{rv} =$	15,97	37,86	73,94	127,8	202,9	302,8	431 2	591 5	787,3	1022

$D =$	1,30	1,40	1,50	1,60	1,70	1,80	1,90	2,00	2,10	2,20 m
$A_{rv} =$	1300	1623	1996	2423	2906	3450	4057	4732	5479	16300

Zum Beispiel; $D = 1{,}00$, $l_m = 30$ mm $= 0{,}03$ m, $\gamma = 2{,}0$, $N_{rv} = 591{,}5 \cdot 0{,}03 \cdot 2 = 35{,}50$ kW.

Zur Umrechnung auf andere Drehzahlen sind obige Werte für $n = 3000$ U/min mit folgenden Faktoren zu multiplizieren:

$n =$	1500	3000	4000	4500	6000	7500	9000	12000	15000	18000
Faktor	0,177	1,000	2,053	2,755	5,657	9,88	15,59	32,00	55,90	88,15

Nach Angaben von Brown, Boveri & Cie. ist die *Radreibung* allein (ohne Schaufeln) für *gut umhüllte einkränzige Räder*

$$N_r = 0{,}109\,D_m^{4,2}\left(\frac{n}{1000}\right)^{2,8}\gamma = A\,\gamma \text{ PS}\,, \tag{60a}$$

wenn

$$A = 0{,}109\,D_m^{4,2}(n:1000)^{2,8}$$

für *zweikränzige* umhüllte unbeschaufelte Räder das 1,2fache; die *Ventilationsarbeit* ist für *einkränzige* Räder mit *Ventilationsschutzring*

$$N_v = 0{,}05\,D_m^{3,5}\,l_{\text{cm}}\left(\frac{n}{1000}\right)^{2,8}\gamma = B\,l\,\gamma \text{ PS}\,, \tag{60b}$$

wenn

$$B = 0{,}05\,D_m^{3,5}(n:1000)^{2,8};$$

für ebensolche zweikränzige Räder das 2- bis 2,4fache und ohne Ventilationsschutzring für zweikränzige das 3,4fache. Die gesamte Radreibungs- und Ventilationsarbeit ist dann für einkränzige gut umhüllte Räder

$$N_{rv} = (A + B\,l_{\text{cm}})\gamma \text{ PS}\,, \tag{60c}$$

für zweikränzige gut umhüllte Räder

$$N_{rv} = (1{,}2\,A + 2 \text{ bis } 2{,}4 \cdot B\,l_{\text{cm}})\gamma \text{ PS}\,. \tag{60d}$$

Die Werte für A und B sind in Zahlentafel 1 für verschiedene Durchmesser D und Drehzahlen angegeben.

Für höhere Drehzahlen sind die obigen Werte für A und B bei $n = 3000$ U/min mit folgenden Faktoren zu multiplizieren:

$n =$	3000	4500	6000	7500	9000	12000	15000	18000
Faktor	1,00	3,11	6,96	13,0	21,7	48,5	90,6	151

Zum Beispiel: Für $D = 0{,}8$, einkränzig, $l = 3{,}0$ cm, $\gamma = 5{,}00$ kg/m³ bei $n = 4500$ wird nach Gl. (62d)

$$N_{rv} = 3{,}11\,(1{,}2 \cdot 0{,}923 + 2{,}2 \cdot 0{,}674 \cdot 3{,}0) \cdot 5{,}0 = 114{,}6 \text{ PS} = 84{,}3 \text{ kW}\,.$$

Zahlentafel 1. *Radreibungs- und Ventilationsarbeit nach BBC (umhüllte Räder).*

$D =$	0,5	0,6	0,8	0,9	1,0	1,2	1,4	1,6	1,8	2,0	2,2	2,5	3,0
$n =$	*Werte für A.*												
3000	0,128	0,275	0,923	1,514	2,36	5,08	9,19	17,0	27,8	43,4	64,7		
1500	0,019	0,040	0,133	0,218	0,34	0,73	1,39	2,44	4,00	6,22	9,29	15,9	33,9
$n =$	*Werte für B.*												
3000	0,112	0,246	0,674	1,02	1,47	2,79	4,78	7,63	11,5	16,7	23,2	36,4	69,9
1500	0,016	0,035	0,097	0,146	0,21	0,40	0,69	1,1	1,66	2,39	3,34	5,23	10,0

Nach einer älteren Beziehung von BUCKINGHAM[1] ist die Radreibungs- und Ventilationsarbeit für unumhüllte Räder

$$N_{rv} = 5{,}91\left[1 + 590\left(\frac{l}{D_1}\right)^2\right]\frac{D^5\,n^3}{10^{10}}\ \text{PS}, \qquad (61)$$

worin D_1 der Durchmesser in m an der Schaufelwurzel, l die Schaufellänge in m. Diese Formel gibt für Durchmesser von 0,6 bis 1,2 m und Schaufellängen von $\sim$ 30 mm gute Übereinstimmung mit der früheren Gleichung von STODOLA:

$$N_{rv} = \lambda\,[1{,}46\,D^2 + 0{,}83(1-\varepsilon)\,D\,l^{1,5}]\,u^3\cdot 10^{-6}\gamma\ \text{PS}, \qquad (62)$$

oder, wenn statt u der entsprechende Wert von n eingesetzt wird

$$N_{rv} = \lambda\,[8{,}60\,D + 4{,}89(1-\varepsilon)\,l^{1.5}]\,D^4 n^3\cdot 10^{-10}\gamma\ \text{PS}, \qquad (62\text{a})$$

worin D der Teilkreisdurchmesser in m, l die Schaufellänge in cm, ε der Beaufschlagungsgrad und λ der Umrechnungsfaktor der in Luft durchgeführten Versuche für Dampf, wobei nach LEWICKI

$\lambda = 1{,}0$ für Luft und hochüberhitzten Dampf,
$\lambda = 1{,}1$ bis 1,2 für überhitzten Dampf und
$\lambda = 1{,}4$ für gesättigten Dampf.

Schreibt man obige Gl. (62) in der Form

$$N_{rv} = \lambda\,[A + (1-\varepsilon)B]\,\gamma\ \text{PS}, \qquad (62\text{b})$$

worin

$$A = 1{,}46\,D^2 u^3\cdot 10^{-6} \quad \text{und} \quad B = 0{,}83\,D\,l^{1,5} u^3\cdot 10^{-6},$$

so können für verschiedene Durchmesser D, Umlaufzahlen n und Schaufellänge l die Werte für A und B errechnet und tabellarisch oder graphisch über den Durchmessern aufgetragen werden, um Zwischenwerte zu erhalten und die Berechnung der Reibungsarbeit N_{rv} zu vereinfachen. In Abb. 83 sind die Werte A und B für $n = 3000$, $l = 10$ bis 60 mm und D von 0,5 bis 2,0 m über diesen aufgetragen.

So ist z. B. für $n = 3000$, $D = 1{,}2$ m und $l = 30$ mm $A = 14{,}08$, $B = 34{,}65$ und $\lambda = 1{,}1$, $\varepsilon = 0{,}5$ (halbe Beaufschlagung) und $v = 0{,}3314$ (8 ata 300° C), $\gamma = 1/v = 3{,}02$

$$N_{rv} = 1{,}1\,(14{,}08 + 0{,}5\cdot 34{,}65)\,3{,}02 = 104\ \text{PS}$$

bei unbeaufschlagtem Rad ($\varepsilon = 0$) wird $N_{rv} = 162$ PS und bei voller Beaufschlagung ($\varepsilon = 1$) $N_{rv} = 47$ PS.

Nach neueren Forschungen ist auf die Radreibungs- und Ventilationsarbeit die Zähigkeit des Dampfes von Einfluß, die ihrerseits vom Dampfzustand abhängt. C. KELLER [V] hat für die Berechnung der Radreibung die Formel abgeleitet:

$$N_R = 12{,}9\cdot 10^{-10}\cdot\gamma\,\nu^{0,2}\,D^{4,6}\,n^{2,8}\ \text{kcal/s}, \qquad (63)$$

wobei γ in kg/m³, ν die kinematische Zähigkeit in m²/s, D in m. Für die Ventila-

[1] Bull. Bur. Stand., Wash. 1913. Statt der Umfangsgeschwindigkeit u ist in obiger Gleichung die entsprechende Drehzahl n eingesetzt.

tionsverluste erhält man nach Mitteilung von Escher Wyss nach den Erfahrungen eine gute Annäherung mit der Beziehung:

$$N_V = 0{,}775 \cdot 10^{-10} \cdot \gamma (1 - \varepsilon)\, l^{1,5} D^{3,8} n^{2,8} \text{ kcal/s}, \tag{64}$$

wobei D in m, l die Schaufellänge in cm und ε der Beaufschlagungsgrad.

Setzt man zur Vereinfachung der Berechnung in Gl. (63)

$$a_R = 12{,}9 \cdot 10^{-10} \cdot n^{2,8}$$

und errechnet den Wert von a_R für verschiedene Drehzahlen, so wird bei einer

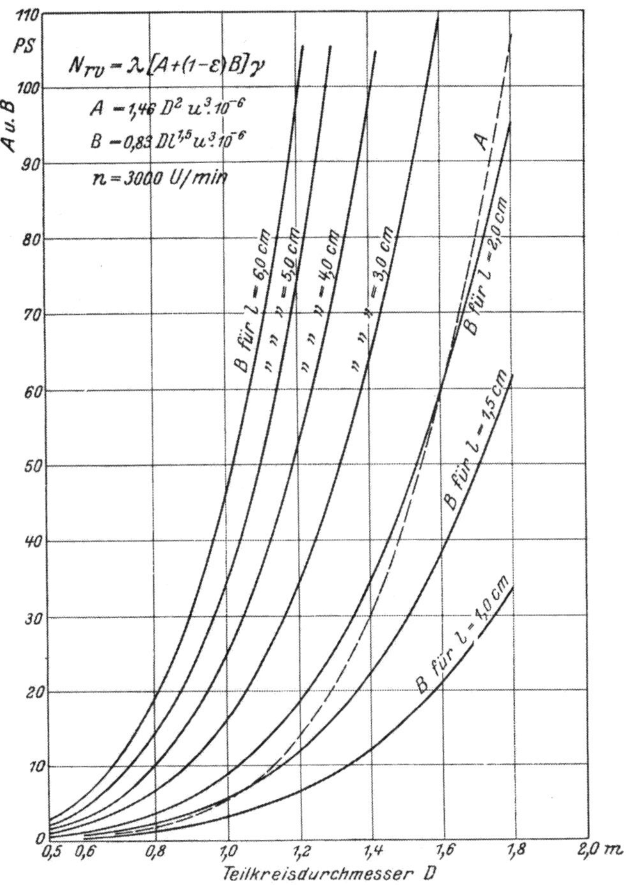

Abb. 83. Radreibungs- und Ventilationsverlust nach STODOLA.

bestimmten Drehzahl für verschiedene Durchmesser

$$A_R = a_R D^{4,6}$$

und

$$N_R = A_R \nu^{0,2} \gamma \text{ kcal/sek} \tag{63a}$$

oder

$$N_R = 4{,}19 \cdot A_R \nu^{0,2} \gamma \text{ kW} \tag{63b}$$

bzw.

$$N_R = 5{,}7 \cdot A_R \nu^{0,2} \gamma \text{ PS}. \tag{63c}$$

So ist z. B. für $n = 3000$ U/min $a_R = 12{,}9 \cdot 10^{-10} \cdot 3000^{2,8} = 7{,}023$ und $A_R = 7{,}023 \cdot D^{4,6}$.

Zur schnelleren Berechnung der Radreibungsarbeit sind die Werte von A_R in Abb. 84 für einige Drehzahlen über den Durchmessern aufgetragen. So ist z. B. für $n = 3000$ U/min und $D = 1{,}5 \cdot A_R = 45{,}28$.

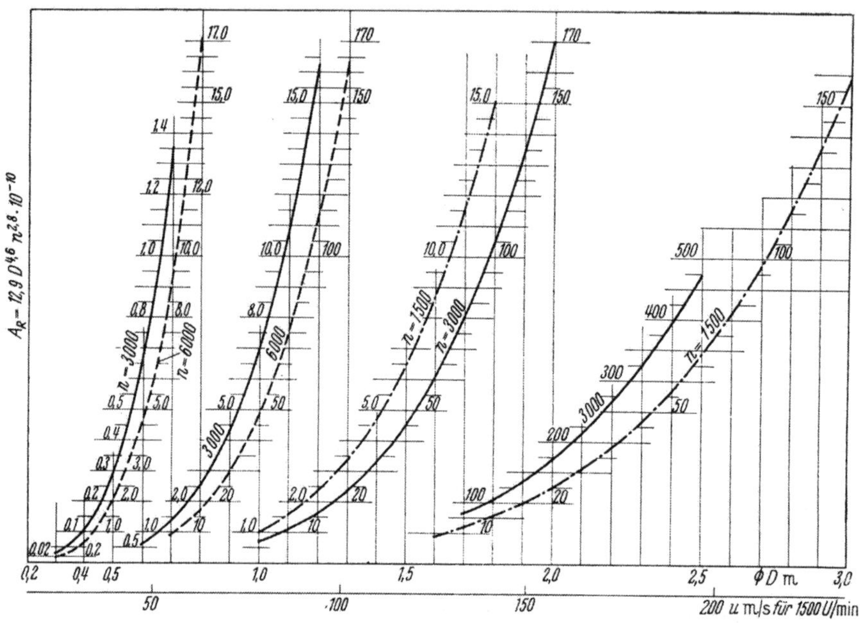

Abb. 84. Zur Berechnung der Radreibung nach Gl. (63 a/c).

Die Zähigkeit ν ist für überhitzten Dampf in Abb. 85 über dem Druck für verschiedene Temperaturen aufgetragen. Zur bequemeren Berechnung sind die Werte von $\nu^{0,2}$ über der Zähigkeit ν in Abb. 86 eingetragen und in folgender Zahlentafel angegeben.

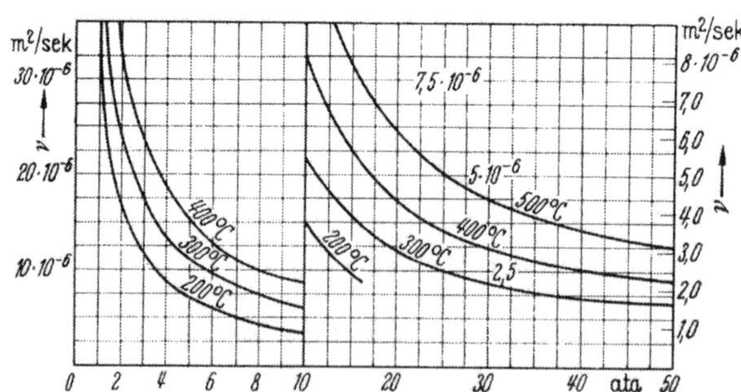

Abb. 85. Zähigkeit von überhitztem Dampf.

Zahlentafel 2.

$\nu = 1 \cdot 10^{-6}$	$2 \cdot 10^{-6}$	$2{,}5 \cdot 10^{-6}$	$3 \cdot 10^{-6}$	$4 \cdot 10^{-6}$	$5 \cdot 10^{-6}$	$6 \cdot 10^{-6}$	$7 \cdot 10^{-6}$	$8 \cdot 10^{-6}$
$\nu^{0,2} = 0{,}0631$	0,0725	0,0758	0,0785	0,0833	0,0870	0,0903	0,0931	0,0956
$\nu = 9 \cdot 10^{-6}$	$10 \cdot 10^{-6}$	$12 \cdot 10^{-6}$	$14 \cdot 10^{-6}$	$15 \cdot 10^{-6}$	$16 \cdot 10^{-6}$	$18 \cdot 10^{-6}$	$20 \cdot 10^{-6}$	$22 \cdot 10^{-6}$
$\nu^{0,2} = 0{,}0979$	0,100	0,1037	0,1069	0,108	0,1098	0,1125	0,1149	0,1171
$\nu = 24 \cdot 10^{-6}$	$26 \cdot 10^{-6}$	$28 \cdot 10^{-6}$	$30 \cdot 10^{-6}$	$32 \cdot 10^{-6}$	$34 \cdot 10^{-6}$	$36 \cdot 10^{-6}$	$38 \cdot 10^{-6}$	$40 \cdot 10^{-6}$
$\nu^{0,2} = 0{,}1191$	0,1211	0,1229	0,1246	0,1262	0,1277	0,1292	0,1306	0,1320

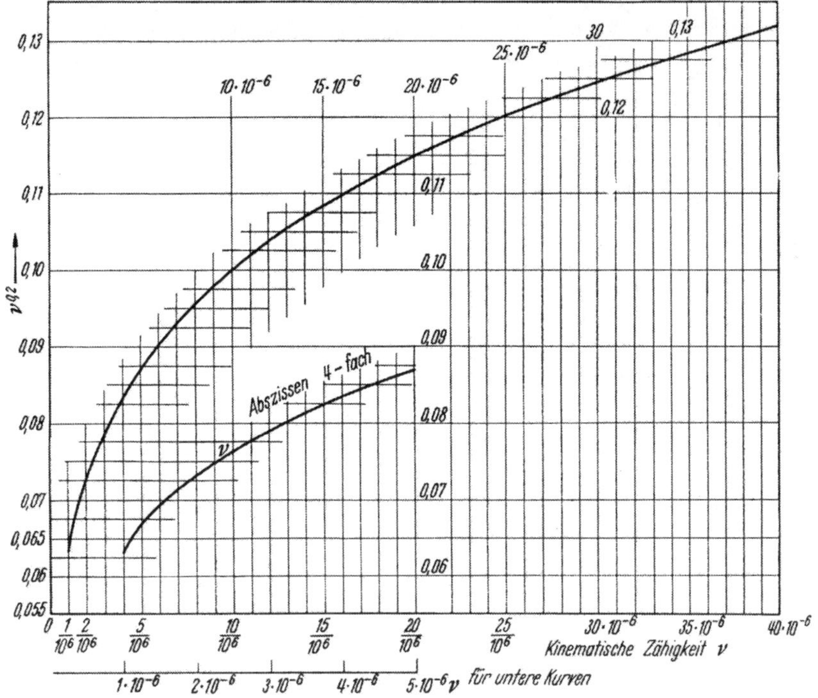

Abb. 86. Werte $\nu^{0,2}$ zur Berechnung der Radreibung nach Gl. (63 a, b, c).

In ähnlicher Weise kann man zur Vereinfachung der Berechnung des Ventilationsverlustes in Gl. (64) setzen

$$a_V = 0{,}775 \cdot 10^{-10} \cdot n^{2,8}$$

und

$$A_V = a_V D^{3,8}.$$

Dann kann a_V für eine bestimmte Drehzahl errechnet und der sich damit ergebende Wert von A_V über den Durchmessern graphisch aufgetragen werden, wie in Abb. 87. So ist z. B. für $n = 3000$ U/min, $a_V = 0{,}422$ und aus Abb. 87 für $D = 1{,}20$ m

$$A_V = 0{,}422 \cdot 1{,}2^{3,8} = 0{,}8434\,.$$

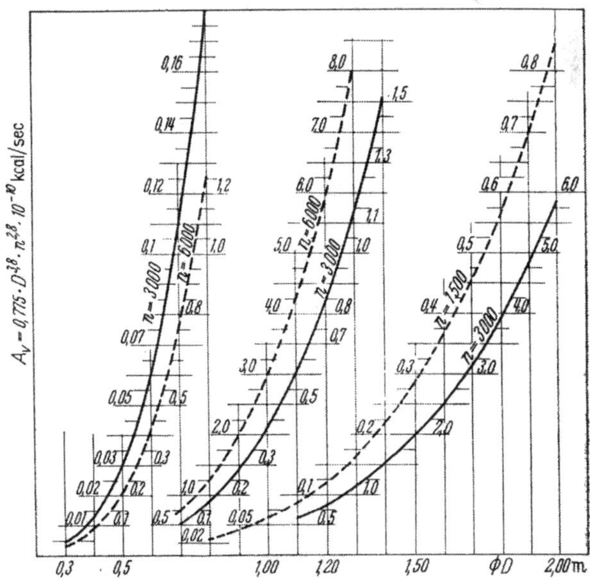

Abb. 87. Zur Berechnung der Ventilationsverluste.

Weiter sind zur bequemeren Berechnung die Werte von $l^{1,5}$ für verschiedene Schaufellängen l in folgender Zahlentafel angegeben:

$l =$	1,5	2,0	2,5	3,0	3,5	4,0	4,5	5,0	5,5	6,0	6,5	7,0 cm
$l^{1,5} =$	1,84	2,83	3,95	5,20	6,55	8,00	9,55	11,18	12,90	14,7	16,95	18,52

Der ganze Ventilationsverlust ergibt sich dann aus der Beziehung:

$$N_V = A_V(1 - \varepsilon)\, l^{1,5}\, \gamma \text{ kcal/sek} \tag{64a}$$

oder

$$N_V = 4{,}19 \cdot A_V(1 - \varepsilon)\, l^{1,5}\, \gamma \text{ kW} \tag{64b}$$

bzw.

$$N_V = 5{,}7 \cdot A_V(1 - \varepsilon)\, l^{1,5}\, \gamma \text{ PS}. \tag{64c}$$

Zum Beispiel für $n = 3000$ U/min, $D = 1{,}5$ m und $l = 3{,}0$ cm bei halber Beaufschlagung ($\varepsilon = 0{,}5$), $\gamma = 4{,}0$ kg/m³.

$$N_V = 1{,}97(1 - 0{,}5)\, 5{,}20 \cdot 4{,}0 = 20{,}5 \text{ kcal/sek} = 117 \text{ PS}.$$

Der gesamte Radreibungs- und Ventilationsverlust ist somit:

$$N_{rv} = N_R + N_V = A_R\, \nu^{0,2} \gamma + A_V(1 - \varepsilon)\, l^{1,5}\, \gamma \text{ kcal/sek}. \tag{65}$$

Für andere Umlaufzahlen sind die Werte für $n = 3000$ U/min mit folgenden Faktoren zu multiplizieren:

für $n =$ 3000	4500	6000	7500	9000	12000	15000	18000
Faktor 1,00	3,112	6,964	13,01	21,67	48,50	90,60	150,95

Die Ergebnisse der Berechnung der Radreibungs- und Ventilationsarbeit nach den verschiedenen Formeln zeigen zum Teil recht erhebliche Abweichungen, jedenfalls haben die Beziehungen nur im engeren Bereich der Durchmesser und Schaufellängen Gültigkeit. Für die später folgenden Berechnungen werden die Beziehungen von Stodola, Keller und Escher Wyss benutzt, welche als einzige den Beaufschlagungsgrad berücksichtigen.

Die Radreibungs- und Ventilationsarbeit wird in Wärme umgesetzt und erhöht den Wärmeinhalt. Die Verlustarbeit muß auf 1 kg Dampf bezogen werden, um sie in das is-Diagramm eintragen und den Dampfzustand bestimmen zu können. Ist G_{sek} die sekundliche Dampfmenge in kg/sek, so ist die Verlustarbeit im Wärmemaß

$$h_{rv} = \frac{75 \cdot N_{rv}}{427 \cdot G_{\text{sek}}} = \frac{N_{rv}}{5{,}7 \cdot G_{\text{sek}}} \text{ kcal/kg}. \tag{66}$$

Trägt man diesen Verlust in das is-Diagramm (Abb. 81) ein, so erhält man den Zustand A_4 mit dem Wärmeinhalt $i_4 = i_3 + h_{rv}$ im Raume, in welchem das Rad umläuft. Bei einstufigen Turbinen treten innerhalb der Turbine keine weiteren Verluste auf, A_4 ist somit der Zustand des austretenden Dampfes. Bei mehrstufigen Turbinen ist noch der Verlust durch Undichtheiten zwischen den einzelnen Stufen zu berücksichtigen.

Da bei kleinen Leistungseinheiten, d. h. bei geringer Dampfmenge der Radreibungsverlust relativ bedeutend ist, wird er die Wahl des Raddurchmessers bzw. der günstigsten Umfangsgeschwindigkeit beeinflussen, denn mit kleinerem Durchmesser nimmt zwar der Umfangswirkungsgrad ab, aber meist in noch höherem Maße die Radreibung- und Ventilationsarbeit. Bei großen Leistungseinheiten spielt der Verlust eine geringe Rolle und kann, besonders bei niedrigen Drücken, vielfach vernachlässigt werden.

Es könnte scheinen, als müsse die gesamte Reibungsarbeit bei vielen Stufen größer sein als bei wenigen, da der Verlust in jeder Turbinenkammer auftritt; dem ist aber nicht so, da bei vielen Stufen, also kleinen Einzelgefällen, auch u und damit der Durchmesser klein wird, von dem die Radreibungsarbeit in weit höherem Maße beeinflußt wird als von γ und von der Zahl der Stufen. Demnach sind vielstufige Turbinen auch hinsichtlich der Radreibung günstig. (S. a. Keller [V b]; Flatt [V].

5. Der Undichtheits- (Lässigkeits-) Verlust[1].

Dieser Verlust entsteht infolge Durchtretens von Dampf von einer Stufe zur folgenden durch den Spalt an der Durchführung der Welle durch die Zwischenwände (Leitradscheiben) bei Gleichdruckturbinen und durch den Spalt zwischen Leitschaufel und Trommel sowie zwischen Laufschaufel und Gehäuse bei Überdruckturbinen. Er tritt demnach nur bei mehrstufigen Turbinen auf von der zweiten Stufe ab. Ferner tritt ein Dampfverlust ein durch die Stopfbüchsen nach außen. Einstufige Turbinen und die erste Stufe der mehrstufigen Gleichdruckturbinen haben keine den arbeitenden Dampf beeinflussenden Undichtheitsverluste, da der durch die Stopfbüchse nach außen entweichende Dampf in der ersten Stufe Arbeit geleistet hat.

Da eine Berührung zwischen dem rotierenden und dem feststehenden Teil nicht stattfinden darf ,ist stets ein Spalt vorhanden, der mindestens 0,2 mm betragen muß (bei Kohlenstopfbüchsen weniger). Dieser Spalt kann glatt sein ohne wesentliche Querschnittsänderung — im folgenden kurz Spalt genannt (Abb. 88) — oder er kann abwechselnd Verengungen und Erweiterungen erhalten — *Labyrinthspalte* (Abb. 89a/b) oder *Labyrinthe* (Abb. 89c) —, so daß der Dampf gedrosselt wird und die im engen Spalt erzeugte Geschwindigkeit im erweiterten Teil durch Wirbel vernichtet wird.

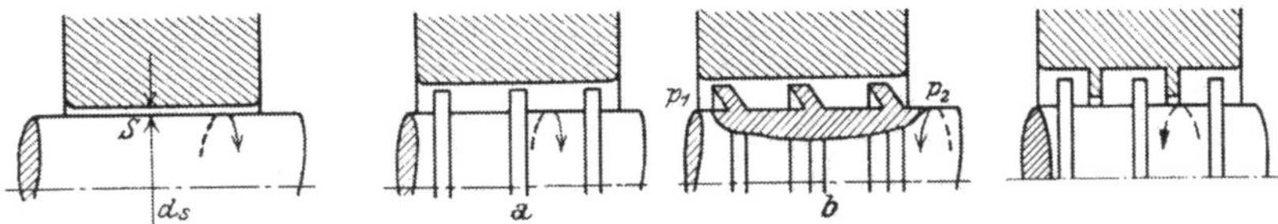

Abb. 88 und 89a, b, c. Verluste durch Spalt.

Der einfache Spalt, glatt oder mit wenigen Eindrehungen, kommt meist bei den Zwischenabdichtungen zweier Stufen zur Anwendung, Labyrinthe bei den Außenstopfbüchsen.

a) Verluste durch Spalt. Wird das kritische Druckverhältnis nicht überschritten, d. h. ist $p_1 \geqq p_k$ (s. S. 19), so wäre die ungehindert durch den Spalt vom Querschnitt $f_{sp} = \pi d_{sp}\, s$ (Abb. 88) strömende Dampfmenge

$$G_{sp} = \frac{f_{sp}\, c_1}{v_1} \text{ kg/sek},$$

worin c_1 die dem Druckgefälle von p auf p_1 entsprechende Dampfgeschwindigkeit (gleich der in der Leitvorrichtung erzeugten) und v_1 das entsprechende Endvolumen. Tatsächlich wird weniger hindurchströmen, und zwar um so weniger, je länger der Spalt und je kleiner die Spaltweite (Spiel) s; es ist

$$G_{sp} = \varphi_{sp} \frac{f_{sp}\, c_1}{v_1} \text{ kg/sek}, \tag{67}$$

wobei je nach der Länge des Spaltes bei $s = 0{,}2$ bis $0{,}5$ mm etwa $\psi_{sp} = 0{,}5$ bis $0{,}8$ betragen kann.

Bei überkritischem Druckverhältnis kann im Spalt höchstens die kritische Geschwindigkeit c_k erreicht werden, für die durchströmende Menge kann dann die Beziehung nach BENDEMANN (s. Gl. 39, S. 27) benutzt werden

$$G_{sp} = 203\, \varphi_{sp} f_{sp} \sqrt{\frac{p}{v}} \text{ kg/sek} \tag{68}$$

[1] S. a. C. KELLER [Vc]; [Vf]; M. J. GERCKE [V]; SALZMANN [V]; A. WINKHAUS [IV]; TRUTNOWSKY, K. [V]; H. FRIEDRICH [V]; RENFORDT [Vb] W. SCHUMACHER [V]; WEISSENBERGER [IV]; J. LEIN [IV].

mit φ_{sp} wie vor, f_{sp} in m², p der Druck vor dem Spalt in kg/cm², v das zugehörige spezifische Volumen in m³/kg.

Rillen in der Welle oder Radnabe (Abb. 89) verringern die durchgehende Dampfmenge, insbesondere wenn die Kämme der Strömung spitz entgegengerichtet sind (Abb. 89b), da die Erweiterungen die erzeugte Geschwindigkeit vernichten, ohne jedoch wie vollwertige Labyrinthe (Abb. 89c) zu wirken. Meist bleibt die Welle oder Nabe glatt und in der Zwischenwand sind Ringe angeordnet (Abb. 89a, b und c, S. 69).

Bei Überdruckturbinen entsteht der Dampfverlust zwischen den Stufen durch die Spalte s zwischen Laufschaufel und Gehäuse und Leitschaufel und Trommel (Abb. 90); der durch letzteren Spalt tretende Dampf wird zwar zu einem kleinen Teile in der folgenden Laufschaufel arbeiten, doch wird die Streuung mangels Strahlführung groß sein. Da in jeder Stufe 2 Spalte sind, ist der ganze Querschnitt

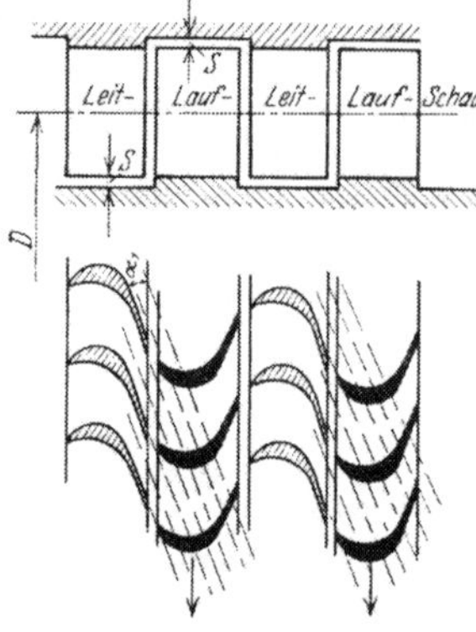

Abb. 90. Spaltverlust bei Überdruck.

$$f_{sp} = 2\pi D s \sin\alpha_1,$$

worin D der Teilkreisdurchmesser, da der Dampf auch im Spalt angenähert unter dem Schaufelwinkel α_1 strömt. Die durch diese Spalte strömende Dampfmenge kann wieder nach Gl. (64) ermittelt werden; ihr Verhältnis zur Gesamtdampfmenge ist etwa

$$\frac{G_{sp}}{G_{\text{sek}}} = \frac{2s}{l+s}$$

mit l als Schaufellänge.

Bei kleinen Schaufellängen, d. h. bei kleinen Leistungsgrößen und im Hochdruckteil wird deshalb der Verlust groß sein, da die Spaltweite s aus Gründen der Betriebssicherheit ein Mindestmaß nicht unterschreiten darf. Deshalb neuerdings Schaufeln nicht unter 20 mm Länge.

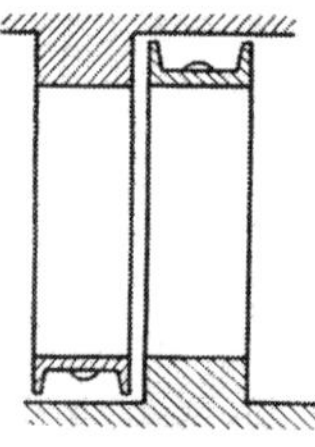
Abb. 91. Spaltabdichtung.

Um die Spaltverluste zu verringern, werden die Schaufeln mit Deckbändern versehen, die zugeschärfte Kränze erhalten (Abb. 91), die bei etwaigem Anlaufen abgeschliffen werden; man kann dadurch das Spiel s sehr klein halten, ohne Schaufelbruch befürchten zu müssen.

Der Spaltverlust, der nach ANDERHUB [IV] $\zeta_{sp} = 1{,}72\,\frac{s^{1,4}}{l}$ (s Spiel, l Schaufellängen in mm) als Teil des adiabatischen Gefälles ist, wird bei den Überdruckturbinen häufig nicht gesondert angegeben, sondern mit dem Schaufelverlust vereinigt in dem Verlustkoeffizienten ζ.

Bei *Gleichdruckturbinen* bestimmt man den Undichtheitsverlust für jede Stufe einzeln. Durch die Undichtheit wird die arbeitende Dampfmenge für die betreffende Stufe verringert, der durch den Spalt ohne Arbeitsleistung entweichende Dampf wird aber seinen vollen Wärmeinhalt der folgenden Stufe zuführen, hier den Wärmeinhalt erhöhen und kann dadurch teilweise wieder ausgenutzt werden, mit Ausnahme der letzten Stufe.

Ist G_{sek} die der Turbine zugeführte Gesamtdampfmenge, die durch die Leitvorrichtung der ersten Stufe strömt, G_{stb} kg/sek die durch die Stopfbüchse nach außen entweichende Menge, G'_{sp}, G''_{sp} die durch den Spalt in die nächste Stufe gelangende und G_{a1}, G_{a2} die in der folgenden Stufe arbeitende (durch die Leitvorrichtung gehende) Dampfmenge (Abb. 92), so ist

$$G_{\text{sek}} = G_{stb} + G_{sp} + G_a \text{ kg/sek}.$$

In der zweiten Stufe (und in den folgenden) ist nur die Menge

$$G_{\text{sek}} - G_{stb} = G'_{sp} + G'_a = G''_{sp} + G''_a$$

vorhanden. Ist der Wärmeinhalt in der ersten Kammer i_4^I (Abb. 93), in der zweiten i_4^{II} ohne den Einfluß der Undichtheit, aber nach Berücksichtigung der Radreibung [also in Punkt A_4 (Abb. 81, S. 60)], so wird durch die Mischung mit der Undichtheitsdampfmenge der Wärmeinhalt i_5^{II} und es ist

$$G'_a i_4^{II} + G'_{sp} i_4^I = (G'_a + G'_{sp}) i_5^{II},$$

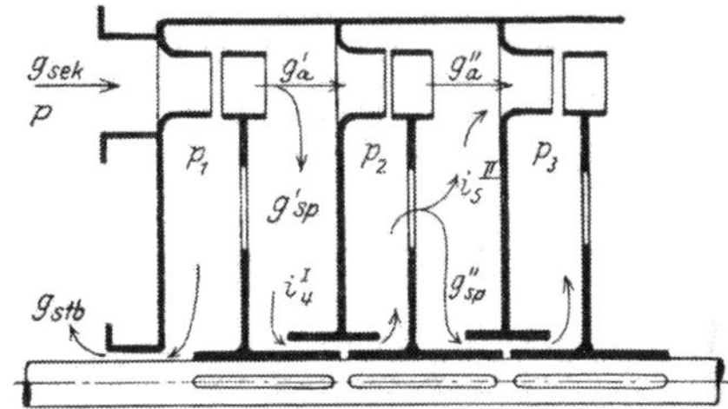

Abb. 92. Undichtheitsverluste.

woraus der Wärmeinhalt i_5^{II} in Punkt A_5 als Endzustand der zweiten Stufe, zugleich Anfangszustand der folgenden Stufe, ermittelt werden kann.

$$i_5^{II} = \frac{G'_a i_4^{II} + G'_{sp} i_4^I}{G'_a + G'_{sp}} \text{ kcal/kg}.$$

Der **Spaltverlust** durch die Zwischendichtung ist alsdann

$$h_{sp} = i_5^{II} - i_4^{II} \text{ kcal/kg}$$

und mit i_5^{II} aus der vorhergehenden Gleichung

$$h_{sp} = \frac{G'_a i_4^{II} + G'_{sp} i_4^I}{G'_a + G'_{sp}} - i_4^{II} = \frac{G'_{sp}}{G'_a + G'_{sp}} (i_4^I - i_4^{II})$$

$$= \frac{G'_{sp}}{G'_a + G'_{sp}} (h_u - h_{rv}) \text{ kcal/kg}. \tag{69}$$

Allgemein ergibt sich der Spaltverlust als Produkt des Verhältnisses der Undichtsheitsdampfmenge der betrachteten Stufe zur gesamten durch die Turbine strömenden Menge und der Differenz der Wärmeinhalte der vorhergehenden und der betrachteten Stufe nach Berücksichtigung der Radreibungsverluste.

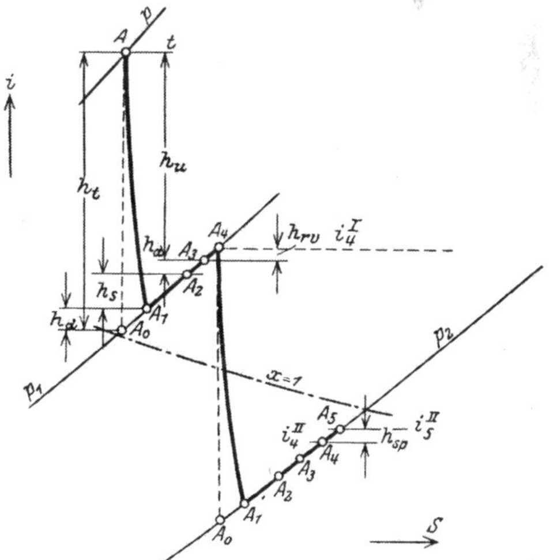

Abb. 93. Spaltverluste im is-Diagramm.

Die durch die Spalte strömende Dampfmenge wird von Stufe zu Stufe kleiner, da das spezifische Volumen zunimmt; folglich werden auch die Spaltverluste kleiner.

Da die durch den Spalt gehende Dampfmenge vom Gefälle abhängig ist, so *werden die Undichtheitsverluste um so kleiner, je mehr Stufen die Turbine* bei gleichem Gesamtgefälle hat, obgleich die Anzahl der Spalte größer ist.

Die Laufradscheiben erhalten Bohrungen — Ausgleichlöcher —, um den Druckunterschied auszugleichen, der durch die Saugwirkung des durch die Laufschaufeln strömenden Dampfes entsteht. Diese Löcher haben noch den Vorteil, daß der Undichtheitsdampf durch sie hindurch kann (s. Abb. 92) und nicht vom Arbeitsdampf durch die Laufschaufeln gesaugt zu werden braucht, was die Strömung erheblich stören würde.

b) Verluste durch Labyrinthe. Wie erwähnt entstehen Labyrinthe durch Verengungen und darauf folgende Erweiterungen der Spalte, möglichst mit Richtungsänderung des Dampfstromes. Labyrinthe finden Anwendung bei den Stopfbüchsen und bei den Entlastungskolben der Überdruckturbinen, aber auch bei den Abdichtungen zwischen den Stufen; bei diesen ist jedoch die Anzahl der Labyrinthe beschränkt durch den Raum zwischen den Laufrädern.

Bei *kleinen Druckunterschieden* oder großer Anzahl von Labyrinthkammern ist die Geschwindigkeit im Spalt zweier benachbarter Kammern angenähert

$$c = \sqrt{2\,g(P - P')\,v},$$

wenn v das mittlere (oder genau genug das zu P gehörige) spezifische Volumen m³/kg und P bzw. P' die Drücke in kg/m² in den Kammern (Abb. 94).

Ist wieder f_{sp} m² der Spaltquerschnitt, dann ist die durch die Stopfbüchse strömende Dampfmenge

$$G_{stb} = \frac{f_{sp}\,c}{v} = f_{sp}\sqrt{2\,g\,\frac{(P - P')}{v}}\ \text{kg/sek}$$

oder der Druckunterschied für eine zugelassene Dampfmenge G_{stb}

$$\frac{P - P'}{v} = \left(\frac{G_{stb}}{f_{sp}}\right)^2 \frac{1}{2\,g}.$$

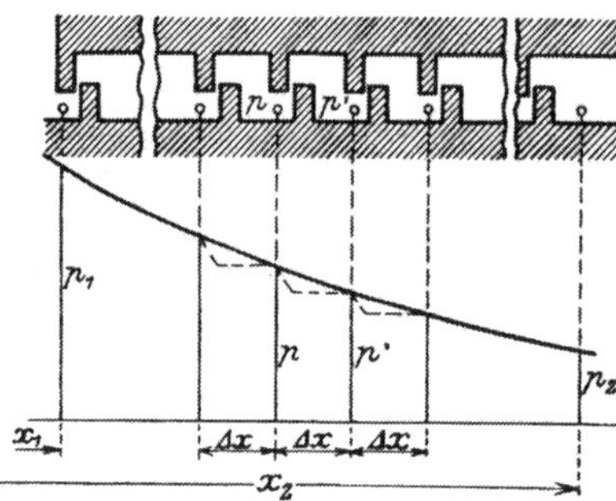

Abb. 94. Labyrinthdichtung.

Die Zustände in den aufeinander folgenden Kammern liegen auf der Drossellinie $i = \text{const}$, für die angenähert $Pv = \text{const} = 1/k$ gilt, oder $1/v = kP$, worin k ein Mittelwert. Setzt man $P - P' = \varDelta P$ und nimmt die gleichen Abstände $\varDelta_x$ auf der Längsachse, so kann obige Gleichung die Form erhalten

$$-\frac{\varDelta P}{\varDelta x}\,P = \left(\frac{G_{stb}}{f_{sp}}\right)^2 \frac{1}{2\,g\,k\,\varDelta x} = \frac{dP}{dx}\,P,$$

wenn bei kleinen Druckunterschieden $\dfrac{\varDelta P}{\varDelta x} = \dfrac{dP}{dx}$ angenommen wird. Aus vorstehender Gleichung erhält man zwischen den Grenzen P_1, P_2 und x_1, x_2

$$P_1^2 - P_2^2 = 2\left(\frac{G_{stb}}{f_{sp}}\right)^2 \frac{1}{2\,g\,k}\,\frac{x_2 - x_1}{\varDelta x};$$

nun ist aber $(x_2 - x_1) : \varDelta x = z$ die Anzahl der Labyrinthe $1/k = P_1 v_1$.

Bei z Labyrinthen, dem Zustand p_1, v_1 vor der Stopfbüchse und p_2, v_2 hinter derselben, ist

$$G_{stb} = f_{sp}\sqrt{\frac{g\,(P_1^2 - P_2^2)}{z\,P_1\,v_1}}\ \text{kg/sek}, \tag{70}$$

wenn f_{sp} in m², P_1, P_2 in kg/m² und v_1 in m³/kg.

Bei *radial hintereinander liegenden* Labyrinthen ist, wenn $f_1 = \pi\,d_1 s$ der Anfangs-, $f_2 = \pi d_2 s$ der Endquerschnitt der Spalte

$$G_{stb} = \sqrt{\frac{g\,(P_1^2 - P_2^2)}{z\,P_1\,v_1}}\,f_1\,f_2\ \text{kg/sek}. \tag{71}$$

Bei größeren Druckunterschieden vor und hinter der Stopfbüchse kann Überschallgeschwindigkeit auftreten, jedoch nur in der letzten Kammer; sie ist $c_k = \sqrt{k\,g P_2\,v_2}$. Um das Vorliegen von Überschallgeschwindigkeit festzustellen, muß nach Stodola zunächst die Geschwindigkeit in der letzten Kammer $c_2 = \dfrac{G_{stb}\,v_2}{f_{sp}}$ ermittelt werden, wobei G_{stb} das vorläufig aus Gl. (70) errechnete Gewicht und v_2 das spezifische Volumen aus der Drosselgleichung $v_2 = \dfrac{p_1 v_1}{p_2}$ ist.

Ist $c_2 > c_k$, so gilt Gl. (70) nicht mehr. Nach BENDEMANN [III] ist mit p_x und v_x vor der letzten Verengung [vgl. Gl. (68), S. 69]

$$G_{stb} = 2{,}03\, f_{sp} \sqrt{\frac{P_x}{v_x}} = 2{,}03\, f_{sp} \sqrt{k P_x^2} \text{ kg/sek;} \tag{a}$$

für die vorhergehenden $z - 1$ Labyrinthe gilt Gl. (70) genügend genau $\left(P_1 v_1 = \frac{1}{k}\right)$

$$G_{stb} = f_{sp} \sqrt{\frac{k\, g}{z-1} (P_1^2 - P_x^2)} \text{ kg/sek}. \tag{b}$$

Durch Gleichsetzen von (a) und (b) ist

$$P_x^2 = \frac{g\, P_1^2}{4{,}12\,(z-1) + g} \tag{c}$$

und in Gl. (a) eingesetzt, wird

$$G_{stb} = f_{sp} \sqrt{\frac{k\, g\, P_1^2}{(z-1) + g/4{,}12}} \text{ kg/sek}$$

oder mit $g/4{,}12 = \sim 2{,}4$ und $k = 1/P_1 v_1$

$$G_{stb} = f_{sp} \sqrt{\frac{g}{z + 1{,}4} \left(\frac{P_1}{v_1}\right)} \text{ kg/sek}. \tag{72}$$

Einfacher ist es, nach dem kritischen Druck zu rechnen, den man erhält, wenn in Gl. (c) $p_k = 0{,}54\, p_x$ für überhitzten Dampf (für gesätt. $0{,}57\, p_x$) gesetzt wird

$$p_k = p_1 \frac{0{,}85}{\sqrt{z + 1{,}4}}; \tag{73}$$

ist $p_2 < p_k$, so ist Gl. (72) anzuwenden, bei $p_2 > p_k$ hingegen gilt Gl. (70).

Soll nur eine bestimmte Dampfmenge G_{stb} als Verlust zugelassen werden, so kann aus Gl. (70) bzw. (72) die Zahl z der erforderlichen Labyrinthe ermittelt werden; es ist dann

für $p_2 > p_k$

$$z = \frac{g\,(P_1^2 - P_2^2)}{P_1 v_1} \left(\frac{f_{sp}}{G_{stb}}\right)^2$$

und für $p_2 < p_k$

$$z \cong g \frac{P_1}{v_1} \left(\frac{f_{sp}}{G_{stb}}\right)^2.$$

Zahlenbeispiele. 1. Es sei der Druck vor der Stopfbüchse (im Gehäuse) $p_1 = 6$ ata, 200^0 C, der Außendruck $p_2 = 1$ ata, die Labyrinthzahl $z = 25$, Spaltweite $s = 0{,}2$ mm, Spaltdurchmesser $d_s = 250$ mm, also

$$f_{sp} = \pi \cdot 25 \cdot 0{,}02 = 1{,}57 \text{ cm}^2 = 1{,}57 \cdot 10^{-4} \text{ m}^2,$$

und da

$$p_k = 6 \frac{0{,}85}{\sqrt{25 + 1{,}4}} = 0{,}99 \quad \text{also} \quad p_2 > p_k,$$

so ist mit $v_1 = 0{,}3598$ (nach Zahlentafel III im Anhang) nach Gl. (70)

$$G_{stb} = 1{,}57 \cdot 10^{-4} \sqrt{\frac{9{,}81 \cdot 10000^2\,(6^2 - 1^2)}{25 \cdot 60000 \cdot 0{,}3598}} = 0{,}0396 \text{ kg/sek}$$

oder 143 kg/h.

2. Als Sperrdampf für eine Vakuumstopfbüchse von 300 mm Durchmesser, einer Spaltweite von $s = 0{,}25$ mm und mit $z = 12$ Labyrinthen, werde Dampf von 15 atü 300^0 C auf $p_1 = 1{,}0$ atü gedrosselt; sein spezifisches Volumen (auf der Drossellinie $i =$ const im is-Diagramm) ist $v = 1{,}3$ m³/kg. Das Vakuum betrage 94%, also $p_2 = 0{,}06$ ata.

Da $p_k = 2 \frac{0,85}{\sqrt{13,4}} = 0,462 > p_2$, ist Gl. (72) anzuwenden, nach welcher mit $f_{sp} = \pi \cdot 30 \cdot 0,025 = 2,36\ \text{cm}^3 = 2,36 \cdot 10^{-4}\ \text{m}^2$

$$G_{stb} = 2,36 \cdot 10^{-4} \sqrt{\frac{9,81 \cdot 2 \cdot 10000}{13,4 \cdot 1,3}} = 0,025\ \text{kg/sek} = 90,0\ \text{kg/h}\,.$$

3. Der Entlastungskolben einer Überdruckturbine habe 600 mm Durchmesser, $s = 0,3$ mm Spiel und $z = 20$ Labyrinthe, dann ist

$$f_{sp} = \pi \cdot 60 \cdot 0,03 = 5,65\ \text{cm}^2 = 5,65 \cdot 10^{-4}\ \text{m}^2\,.$$

Bei $p_1 = 12$ ata, $300^0\,C$, $v_1 = 0,2189$ im Gehäuse und $p_2 = 2$ ata hinter dem Kolben, ist, da $p_k = 12 \frac{0,85}{\sqrt{21,4}} = 2,2$, also $p_2 < p_k$ nach Gl. (72) die durchtretende Dampfmenge

$$G_{stb} = 5,65 \cdot 10^{-4} \sqrt{\frac{9,81 \cdot 120\,000}{21,4 \cdot 0,2189}} = 0,283\ \text{kg/sek} = 1020\ \text{kg/h}\,.$$

6. Die mechanischen (Leerlaufs-) Verluste.

Die zur Überwindung der Lagerreibung und zum Antrieb des Reglers und der Ölpumpen erforderliche Arbeit muß von der Dampfarbeit in der Turbine in Abzug gebracht werden. Diese Leerlaufsarbeit beeinflußt jedoch nicht den Zustand des Dampfes, sie ist ein äußerer Verlust, der zwar auch in Wärme verwandelt, die aber im Lagerkörper und im Schmieröl abgeleitet wird. Bei den Turbinen mit Kohlenstopfbüchsen kommt noch etwas Stopfbüchsenreibung hinzu.

Die Lagerreibungsarbeit besteht aus der Reibung in den Traglagern und derjenigen im Drucklager. Da, wie bei jedem richtig ausgeführten Lager, keine metallische Berührung stattfinden darf, sondern zwischen Zapfen und Schale eine genügend starke Ölschicht vorhanden ist (der Zapfen „schwimmt"), muß für die Reibungsarbeit die Flüssigkeitsreibung in Betracht gezogen werden, d. h. die Reibungszahl μ zwischen Öl und Metall.

Auf Grund von Erfahrungen und Versuchen ist eine hydrodynamische Theorie der Lager entstanden, welche die verschiedenen Einflüsse einer Reihe von Faktoren klarstellt, die das Verhalten der Lager im Betriebe bestimmen. So ist die Reibungszahl μ, wie auch die zulässige Belastung bzw. der spezifische Flächendruck p, kein festliegender Wert, sondern diese Größen sind von verschiedenen Umständen abhängig, wie: Güte der gleitenden Oberflächen (Bearbeitungsfeinheit), Schmierschichtstärke, Lagerspiel (Passungsart), Ölzähigkeit, Drehzahl und Zapfendurchmesser.

Die neue Lagertheorie berücksichtigt diese Einflüsse und schafft die Möglichkeit einer wirklichkeitsgetreuen Berechnung der Lager. Die Werte müssen jeweils für den vorliegenden Fall ermittelt werden. Es sei auf die einschlägige Literatur verwiesen[1] und hier nur die für die Betrachtung der Reibungsverhältnisse erforderlichen Beziehungen angeführt unter Anlehnung an das Buch von E. Falz [IId]. Die für die Berechnung der Lager selbst maßgebenden Gesichtspunkte sind bei den Lagern S. 251 angeführt.

Der Verschiebungswiderstand W zweier dH m voneinander entfernter Flüssigkeitsschichten von der absoluten Zähigkeit[2] z kg · sek/m², und der Fläche F m², welche sich mit der Geschwindigkeit dV m/sek parallel zueinander bewegen, ist nach dem Gesetz von Newton allgemein

$$W = z\,F\,\frac{dV}{dH}\ \text{kg}. \tag{a}$$

[1] Falz [II d]; v. Freudenreich [V c]; Gümbel [V]; Hopf [IId]; Kucharski [V]; Lasche [I b]; Michell [V]; Sommerfeld [V]; Stribeck [III]; Renfordt [V a].

[2] Die absolute Zähigkeit z ist diejenige Kraft in kg, welche erforderlich ist, um eine Flüssigkeit mit 1 m/sek durch eine 1 m lange Kapillarröhre zu treiben.

In der Praxis wird die Zähigkeit meist in Englergraden (E^0)[1] angegeben, wobei für die für die in Frage kommenden Schmieröle allgemein

$$z = \frac{E^0}{1490} \text{ kgsek/m}^2$$

angenommen werden kann.

Es bezeichnen:

D den ideellen (für die Berechnung maßgebenden) Durchmesser der Lagerbohrung in m,
d desgleichen des Lagerzapfens in m,
l die Lagerlänge in m,
P die Gesamtbelastung des Lagers in kg,
$p_m = P:(dl)$ die mittlere spezifische Lagerbelastung in kg/m^2,
$\psi = (D - d):d$ das verhältnismäßige Lagerspiel,
$\omega = 0{,}1047 n$ die Winkelgeschwindigkeit des Zapfens bei der Drehzahl n U/min,
z die absolute Zähigkeit der Schmierölschicht kgsek/m^2,
s die Schmierschichtstärke im m,
e die jeweilige Exzentrizität des Zapfens im Lager $= \frac{D-d}{2} - s$,
ε die Relativexzentrizität $\left(\text{für } \frac{D-d}{2} = 1\right)$,
φ ein charakteristischer Verhältniswert, der für die praktisch in Frage kommenden Lagerlängen von $l = 0{,}5d$ bis $1{,}5d$ zu

$$\varphi = \frac{4\, p_m\, \psi^2}{z\, \omega} \tag{b}$$

angenommen werden kann.

Im Ruhezustande liegt der Zapfen unten in der Schale auf, die Exzentrizität beträgt $(D - d):2$; bei Beginn der Bewegung wäre somit trockene bzw. halbtrockene oder halbflüssige Reibung vorhanden. Im Betriebe wird sich der Zapfen in eine bestimmte Lage einstellen, mit zunehmender Drehzahl wandert der Zapfenmittelpunkt in der Drehrichtung nach einer angenähert halbkreisbogenförmigen Kurve, bis er sich bei sehr hoher Drehzahl zentrisch in der Lagermitte einstellt (vgl. Abb. 294, S. 253).

Die Lage des Wellenmittelpunktes hängt hierbei von der Lagerbelastung, vom verhältnismäßigem Lagerspiel ψ, von der Winkelgeschwindigkeit ω und der absoluten Zähigkeit z des Schmiermittels ab.

Die *Lagerreibung* ist für die Berechnung des Leistungsaufwandes zur Überwindung der Reibung wichtig (Reibungsverluste oder mechanische Verluste), aber auch für die Maßnahmen zum Abführen der entstehenden Reibungswärme, d. h. zur sicheren Beherrschung der Temperatur des Lagers bzw. des Schmiermittels.

Der Reibungswiderstand W ist, wenn μ die Reibungszahl und P die Gesamtlagerbelastung

$$W = \mu P \quad \text{oder} \quad \mu = \frac{W}{P}.$$

W ist jedoch nach Gl. (a) von den dort angegebenen Größen abhängig. Nach den Versuchen von STRIBECK [III] und GÜMBEL [III] kann als Durchschnittsreibungszahl für endliche Lagerlänge angenommen werden

$$\mu = 3{,}8 \sqrt{\frac{z\, \omega}{p_m}}, \tag{c}$$

d. h., die Reibungszahl μ nimmt mit höherer Zähigkeit und mit der Drehzahl zu und mit der spezifischen Belastung ab. Demnach wäre für die Reibungszahl

[1] Die Zähigkeit in Englergraden ist das Verhältnis der Ausflußzeit von 0,2 l Flüssigkeit zu derjenigen vom Wasser von 20° C durch ein Röhrchen von 20 mm Länge bei einem Enddurchmesser von 2,8 mm.

dünnflüssiges Öl günstig, jedoch nur, soweit die Schmierfähigkeit nicht abnimmt, d. h. die Schmierschichtstärke s das zulässige Kleinstmaß, das durch die Unebenheiten von Schale und Zapfen bedingt ist, nicht unterschreitet (s. Lager S. 253).

Da die Drehzahl und die Lagerbelastung gegeben sind und durch die kleinste erforderliche Schmierschichtstärke (bzw. das Lagerspiel) die Schmierölzähigkeit festgelegt ist (meist wird ein bestimmtes Schmieröl anzunehmen sein), so ist auch die Reibungszahl bestimmt.

Setzt man in obige Gl. (c) den Ausdruck für ω aus Gl. (3), S. 253

$$\omega = \frac{3{,}84\, p_m\, \psi\, s}{d\, z}$$

ein, dann folgt mit $\psi = \frac{D-d}{d}$

$$\mu = \frac{7{,}5}{d} \sqrt{(D-d)\, s}\,, \tag{d}$$

als Reibungszahl bei gegebenem Zapfendurchmesser d und geringster Schmierschichtstärke für $\varepsilon = 0{,}5$. Bei einem Kleinstwert von s (sauberste Bearbeitung der Gleitflächen) erhält man die geringste Reibungszahl μ; sie scheint nach obiger Gleichung unabhängig von p_m, z und der Drehzahl n, doch hängt s von diesen Größen ab.

Somit kann für jedes Lager der günstigste Wert der Reibungszahl festgestellt werden.

Die *Reibungsleistung* (der Reibungsverlust) beträgt alsdann

$$N_r = \frac{\mu\, P\, \pi\, d\, n}{60 \cdot 75}\ \text{PS}\,. \tag{74}$$

Mit μ nach Gl. (d), $p_m = P : d l = P : (l/d)\, d^2$ und $\omega = 0{,}1047\, n$ ergibt sich nach Umformung

$$N_r = \frac{d^2}{1160} \sqrt{P\, n^3\, z\, (l/d)}\ \text{PS} \tag{74a}$$

oder durch Einsetzen von μ nach Gl. (d) in Gl. (74)

$$N_r = \frac{P\, n \sqrt{(D-d)\, s}}{191}\ \text{PS} \tag{75}$$

und mit $s = 0{,}25\,(D-d)$ [Gl. (3a), S. 253]

$$N_r = \frac{P\, n\, (D-d) \cdot 0.5}{191} = \frac{P\, n\, (D-d)}{382}\ \text{PS}\,. \tag{75a}$$

Somit ist für geringste Reibungsleistung kleinstes Lagerspiel und geringste Schmierschichtstärke erforderlich.

Beispiel. Es sei für ein Dampfturbinenlager von $d = 160$ mm ⌀, $l = 200$ mm, $n = 3000$ U/min, $P = 3200$ kg, das Lagerspiel $(D-d) = 0{,}5$ mm und die Ölzähigkeit $z = 0{,}003$ ($E^0 = 4{,}50$).

Damit ist nach Gl. (c)

$$\mu = 3{,}8 \sqrt{\frac{z\, \omega}{p_m}}\,,$$

mit $\omega = 0{,}1047\, n$ und $p_m = P : l\, d = 3200 : (0{,}16 \cdot 0{,}2) = 100\,000$ kg/m²

$$\mu = 3{,}8 \sqrt{\frac{0{,}003 \cdot 0{,}1047 \cdot 3000}{100\,000}} = 0{,}0117$$

und die Reibungsleistung

$$N_r = \frac{\mu\, P\, \pi\, d\, n}{60 \cdot 75} = \frac{0{,}0117 \cdot 3200 \cdot 3{,}14 \cdot 0{,}16 \cdot 3000}{60 \cdot 75} = 12{,}6\ \text{PS}\,.$$

Oder nach Gl. (74 a)

$$N_r = \frac{d^2}{1160}\sqrt{P\,n^3\,z\,l/d} = \frac{0{,}16^2}{1160}\sqrt{3200\cdot 3000\cdot 0{,}003\cdot 1{,}25} = 12{,}6 \text{ PS}$$

oder schließlich nach Gl. (75), wobei μ und $(D - d)$ nach Gl. (d) abgestimmt sein müssen

$$N_r = \frac{P\,n\,(D-d)}{382} = \frac{3200\cdot 3000\cdot 0.0005}{382} = 12{,}5 \text{ PS}.$$

Der geringste Reibungswert wird bei einer Relativexzentrizität $\varepsilon = 0{,}5$ erreicht, doch zeigt sich bei kleineren Exzentrizitäten und sehr kleinem Spiel meist unruhiger Lauf (Vibrieren), wodurch dann auch der Leistungsverbrauch stark ansteigt; deswegen wird die Exzentrizität $\varepsilon \geqq 0{,}5$ zu empfehlen sein. Wichtig ist das Ergebnis der Versuche von BBC mit verschiedenem Lagerspiel δ, wonach die Reibungszahl mit zunehmendem Spiel erst abnimmt, dann aber wieder etwas zunimmt; Abb. 95 zeigt die ermittelten Werte von μ in Abhängigkeit vom Lagerspiel (im Verhältnis zum Zapfenradius) und von der Öleintrittstemperatur für ein Lager von $d = 125$ mm, $l = 135$ mm, $k = 7{,}7$ kg/cm², $n = 3000$, also $v = 19{,}7$ m/sek und 0,18 l/sek Ölmenge. Der günstigste Wert liegt bei $\delta/r = 0{,}012$ (δ-Spiel, $r = d/2$), also im vorliegenden Falle bei $\delta = 0{,}75$ mm; die Zunahme bei größerem Spiel ist gering. Bei kleinem Spiel ist die Reibungszahl groß, und es können starke Erschütterungen auftreten, die bei Vergrößerung des Spieles verschwinden.

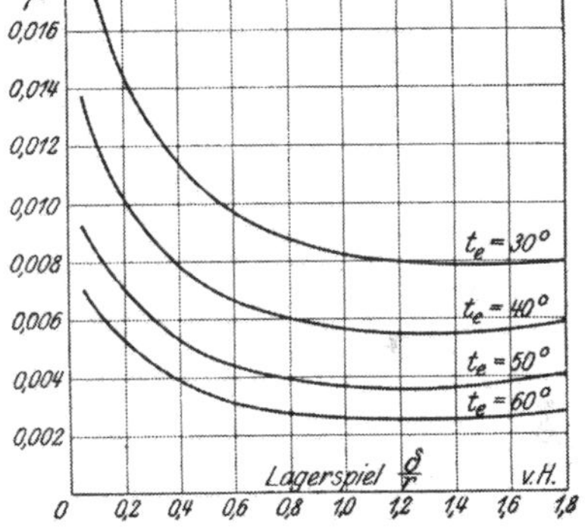

Abb. 95. Reibungszahl in Abhängigkeit vom Lagerspiel.

Lasche [Ib] stellte das Gesetz auf

$$\mu\,k\,t = 2, \tag{76}$$

(worin t die Lagertemperatur), welche für $k = 1$ bis 15 kg/cm² $t = 30 - 100°$ C und Zapfenumfangsgeschwindigkeiten $v = 5$ bis 20 m/sek gelten soll.

Die Abhängigkeit der gesamten Reibungsarbeit vom mittleren Druck p_m ($\doteq k$), von der Zapfengeschwindigkeit v und der Öltemperatur t hat Lasche [Ib] aus Versuchen ermittelt. Danach nimmt die Reibungsarbeit mit dem Druck wenig zu, hingegen bedeutend mit zunehmender Geschwindigkeit v und abnehmender Temperatur.

Die Lagerreibung allein ist klein; sie wird in geringem Maße von der Bauart abhängig sein, d. h. davon, ob Ein- oder Mehrgehäuseturbinen, dann von der Drehzahl, da mit abnehmender Drehzahl die Raddurchmesser größer, das Laufzeug schwerer wird und, trotz der geringeren Drehzahl, wegen des stärkeren Zapfens die Umfangsgeschwindigkeit meist nicht kleiner wird.

Größer ist der Arbeitsaufwand für Antrieb des Reglers und der Ölpumpen. Zuweilen kommt noch ein Übersetzungszahnradgetriebe hinzu, das aber bei der jetzt möglichen geuanen Werkstattarbeit mit hohem Wirkungsgrad arbeitet.

Bei ausgeführten Anlagen kann die gesamte Leerlaufsarbeit N_m ermittelt werden durch Auslaufversuche, indem die Zahl der Umläufe bis zum Stillstand gemessen wird und aus dieser und den Trägheitsmomenten aller rotierender Teile die Reibungsmomente errechnet werden; die Radreibungs- und Ventilationsarbeit ist hierbei mit einbegriffen. Die bei verschiedenen Drücken im Gehäuse ermittelten und über den Drücken aufgetragenen Reibungsmomente ergeben für den Druck Null (durch Extrapolieren) die Leerlaufsarbeit, da beim Druck 0 auch die Radreibungs- und Ventilationsarbeit $= 0$ sein müssen (Z. ges. Turbinenw. 1907, S. 253.)

Die Leerlaufsarbeit kann aber auch durch motorischen Antrieb der losgekuppelten Turbine in verdünnter Luft im Gehäuse bestimmt werden (Stodola [Va]). Dazu wird die Dampfzuleitung abgeschlossen und das Eindringen von Dampf sorgfältig verhindert. Durch die Stopfbüchsenablaßrohre wird die Turbine mit Luft angefüllt. Zweckmäßig beginnt man mit möglichst hoher Luftleere (die Turbine muß an eine Kondensationsanlage angeschlossen oder die Luft aus dem Abdampfstutzen abgesaugt werden können). Bei den Ablesungen muß auf gleichbleibenden Zustand im Gehäuse geachtet werden. Durch Schließen der Schieber zum Kondensator oder durch Verringerung der Absaugung wird die Luftleere verschlechtert und dabei der Arbeitsaufwand bei verschiedenen Drücken bzw. Dichten in der Turbine bestimmt und in Abhängigkeit vom Druck bzw. vom spezifischen Gewicht aufgetragen. Durch Extrapolieren auf das spezifische Gewicht 0 erhält man den Arbeitsaufwand für Leerlauf. Die Drehzahl muß natürlich unverändert gehalten, die Lager auf gleiche Temperatur gehalten und die Ölpumpen auf gleiche Leistung gebracht werden wie im Betrieb.

Ferner kann die Leerlaufsarbeit bei ausgeführten Turbinen durch Messung der Leistung an der Kupplung und Bestimmung der inneren Leistung N_i der Turbine [s. S. 81, Gl. (80)] ermittelt werden. Die Nutzleistung an der Kupplung kann durch Bremsung mittels Wasserbremse oder bei direktem Antrieb eines Generators aus dessen Klemmenleistungen N_{kW} und dem Wirkungsgrad η_{gen} desselben ermittelt werden

$$N_e = \frac{N_{\mathrm{kW}} \cdot 1{,}36}{\eta_{\mathrm{gen}}}\ \mathrm{PS}; \tag{77}$$

die Leerlaufsarbeit ist dann

$$N_m = N_i - N_e .$$

Die Leerlaufsverluste müssen für Neuentwürfe nach den an ausgeführten Anlagen ermittelten Werten geschätzt werden. Sie können aber auch nach auf Grund von Versuchen aufgestellten Formeln ermittelt werden. So gibt Forner [Vc] für die mechanischen Verluste die Gleichung

$$N_m = 30 + 0{,}01\, N_e\ \mathrm{kW},$$

die für Leistungen über $N_e = 1000$ kW gelten soll, jedoch auch dafür wohl zu hohe Werte gibt. Jaroschek [Vc] verwendet die Faustformel

$$N_m = 5 + 0{,}008\, N_e\ \mathrm{kW},$$

die wesentlich kleinere Werte gibt.

Renfordt [Va] hat für Gegendruckturbinen ein genaueres Verfahren angegeben, das aber auch nicht ohne weiteres für alle Fälle anwendbar ist.

Nach Flügel ([Ia], S. 117) können die mechanischen Verluste wie folgt angenommen werden:

1—2% bei großen Leistungen (> 15000 kW)
1,5—2,5% bei mittleren Leistungen (500 ... 15000 Wk)
2,5% und darüber bei kleinen Leistungen.

Bei hochtourigen mehrstufigen Turbinen

6—12% bei $N =$ 100 kW, $n =$ 10000 U/min
5—10% bei $N =$ 200 kW, $n =$ 8500 U/min
3—6% bei $N =$ 500 kW, $n =$ 7000 U/min
2,5—3% bei $N =$ 1000 kW, $n =$ 6000 U/min.

Statt der Verluste wird zweckmäßig der mechanische Wirkungsgrad $\eta_m = N_e : N_i$ angegeben; praktische Werte s. Abb. 98 (S. 84).

Die Leerlaufarbeit ist damit

$$N_m = \frac{N_e}{\eta_m} - N_e = N_e\left(\frac{1}{\eta_m} - 1\right).$$

Mit zunehmender Leistungsgröße werden die Verluste relativ abnehmen.

So ist z. B. für $N_e = 1000$ PS, $n = 3000$, im Mittel (aus Abb. 98) $\eta_m = 0{,}965$ und $N_m = 1000\left(\frac{1}{0{,}965} - 1\right) = 1000 \cdot 0{,}036 = 36$ PS.

Für $N_e = 5000$ PS_e, $n = 3000$, $\eta_m = 0{,}986$ ist

$$N_m = 5000\left(\frac{1}{0{,}986} - 1\right) = 5000 \cdot 0{,}014 = 70 \text{ PS}.$$

Für $N_e = 25000$ PS_e, $n = 3000$, $\eta_m = 0{,}996$ ist

$$N_m = 25000\left(\frac{1}{0{,}996} - 1\right) = 25000 \cdot 0{,}064 = 100 \text{ PS}.$$

Für $N_e = 100000$ PS_e, $n = 1500$, $\eta_m = 0{,}998$ ist

$$N_m = 100000\left(\frac{1}{0{,}968} - 1\right) = 100000 \cdot 0{,}002 = 200 \text{ PS}.$$

[Bei großem η_m kann genügend genau $N_m = N_e\,(1 - \eta_m)$ gesetzt werden.]

Bei großen Leistungen hat die Leerlaufleistung absolut genommen ansehnliche Beträge.

7. Verluste durch Abkühlung und Strahlung.

Diese Verluste sind zwar auch äußere, doch könnten sie den Dampfzustand in der Turbine beeinflussen, wenn sie nennenswerte Beträge erreichen würden. Sie sind aber sehr klein, da der Dampf mit hoher Geschwindigkeit durch die Turbine strömt und wenig Zeit zur Wärmeabgabe nach außen hat; zudem ist die Oberfläche im Verhältnis zum Inhalt klein, besonders bei großen Leistungen, und kann gut isoliert werden.

Nach Eberle [III] ist die durch Leitung und Strahlung in der Stunde abgegebene Wärme

$$Q_{str} = k\,F(t_d - t_l) \text{ kcal/h}, \tag{78}$$

worin F die äußere metallische Oberfläche in m^2, die den Dampf umschließt, t_d die Dampf-, t_l die Lufttemperatur der Umgebung und k eine Erfahrungszahl, die bei gesättigtem Dampf $k = 2{,}3$ bis 3, bei überhitztem Dampf bei 200^0 $k = 2{,}8$ und bei 400^0 $k = 3{,}5$ angenommen werden kann. Für t_d ist die mittlere Dampftemperatur im Gehäuse zu setzen.

Es sei für eine Kondensationsturbine von 2000 PS_e $n = 3000$ die stündliche Dampfmenge $G_{st} = 8000$ kg, die Gehäuseoberfläche schätzungsweise $F = 6{,}5\ m^2$, $t_d = 200^0$ und $t_l = 25^0$; dann ist mit $k = 2{,}8$ nach obiger Gleichung

$$Q_{str} = 2{,}8 \cdot 6{,}5\,(200 - 25) = 3200 \text{ kcal/h}$$

oder je kg

$$h_{str} = \frac{3200}{8000} = 0{,}4 \text{ kcal/kg},$$

ein Betrag, der im Vergleich zum ganzen Wärmegefälle (hier etwa 200 kcal/kg) nicht ins Gewicht fällt.

Diese Verluste sind schwer genau zu ermitteln, man kann sie bei mittleren und größeren Leistungen vernachlässigen, bei kleinen Leistungseinheiten werden sie im mechanischen Wirkungsgrad mit berücksichtigt.

Werden die äußeren Verluste von der inneren Leistung abgezogen, so ergibt sich die je kg Dampf an der Kupplung verfügbare effektive Leistung (Nutzleistung)

$$h_e = h_i - h_l - h_{str} = h_i\,\eta_m. \tag{79}$$

8. Zusammenfassung der Verluste; Leistungen und Wirkungsgrade.

Nach vorstehenden Betrachtungen sind die in den Turbinen auftretenden Verluste bei *Gleichdruckturbinen*:

A. Innere Verluste:

1. Düsenverlust (Leitverlust);

$$h_d = A\frac{c_0^2 - c_1^2}{2g} = (1 - \varphi^2)\,h_t \text{ kcal/kg}.$$

2. Schaufelverlust:

$$h_s = A\frac{w_1^2 - w_2^2}{2g} = A(1 - \psi^2)\frac{w_1^2}{2g} \text{ kcal/kg}.$$

3. Austrittsverlust:

$$h_a = A\frac{c_a^2}{2g} \text{ kcal/kg}.$$

4. Radreibungs- und Ventilationsverlust:

$$h_{rv} = \frac{N_{rv} \cdot 75}{427 \cdot G_{\text{sek}}} = \frac{N_{rv}}{5{,}7 \cdot G_{\text{sek}}} \text{ kcal/kg}$$

mit N_{rv} PS nach Gl. (59) bis (65).

5. Undichtheits- (Spalt-) Verlust:

$$h_{sp} = \frac{G_{sp}}{G_{\text{sek}}}(i_{4n} - i_{4(n+1)}).$$

B. Äußere Verluste:

6. Stopfbüchsenverlust, vermindert die arbeitende Dampfmenge und wird durch Zuschlag zum Dampfverbrauch berücksichtigt.

7. Leerlaufverlust (mechanischer Verlust), geschätzt nach Erfahrung durch den mechanischen Wirkungsgrad η_m.

8. Abkühlungs- und Strahlungsverlust, meist vernachlässigbar oder in η_m berücksichtigt.

Bei *Überdruckturbinen* treten dieselben Verluste auf, doch sind sie von andrer Größe und Bedeutung. Die Düsen-(Leitschaufel-)Verluste sind gleichartig und meist auch gleich den Schaufelverlusten; die Austrittsgeschwindigkeit wird stets in der folgenden Stufe verwertet; Radreibungsverluste sind bei Trommelturbinen gering, Ventilationsverluste treten wegen der stets vollen Beaufschlagung nicht auf. Hingegen sind die Undichtheitsverluste bedeutend, sie werden häufig im Schaufelkoeffizienten mit berücksichtigt, da sie die Strömung in der Schaufel nicht unwesentlich beeinflussen. Es empfiehlt sich aber, den Schaufelverlust wie bei den Gleichdruckturbinen und den Undichtheitsverlust nach S. 71 zu ermitteln. Bei Entlastungskolben (zum Ausgleich des Axialschubes) sind die Undichtheitsverluste bedeutend (s. Beispiel S. 230), doch kann man in einzelnen Fällen solche Kolben umgehen (Doppelendturbinen oder entgegengesetzte Dampfführung im Hochdruck- und im Niederdruckteil). Die äußeren Verluste sind die gleichen wie bei den Gleichdruckturbinen.

Düsen-, Schaufel- und Austrittsverlust bilden zusammen die „Schauflungsverluste" (Leit- und Laufschaufel); werden sie vom adiabatischen Gefälle h_t abgezogen, so ergibt sich die an die Schaufel abgegebene Arbeit bzw. das in **Leistung am Radumfang** umgesetzte Gefälle h_u

$$A\,L_u = h_u = h_t - (h_d + h_s + h_a) \text{ kcal/kg}$$

und der Wirkungsgrad am Radumfang

$$\eta_u = \frac{h_u}{h_t},$$

dessen Größe und Abhängigkeit bereits S. 38 näher erörtert wurde. Der Umfangswirkungsgrad η_u ist nicht von der Dampfmenge, also auch nicht von der Leistungsgröße der Turbine abhängig.

Die am Radumfang je kg Dampf abgegebene Leistung bzw. das entsprechende Gefälle muß nun noch die Radreibungs- und Ventilationsarbeit h_{rv} (s. S. 62) überwinden, außerdem wird bei mehrstufigen Turbinen von der zweiten Stufe ab ein Teil des Dampfes durch die Undichtheiten (Spalte) zwischen den Stufen ohne Arbeitsleistung hindurchströmen und verringert damit die auf 1 kg Gesamtdampfmenge bezogene an die Welle abgegebene Leistung bzw. das entsprechende Gefälle noch um die Spaltverluste h_{sp} (s. S. 71); die **innere Leistung** ist

$$A\,L_i = h_i = h_u - h_{rv} - h_{sp} \text{ kcal/kg}\,. \tag{80}$$

Da die Größe von h_{rv} und h_{sp} von der Dampfmenge abhängt [s. Gl. (66), S. 68 und Gl. (69), S. 71] und mit abnehmender Dampfmenge zunimmt, ist die an die Welle abgegebene innere Arbeit je kg unter sonst gleichen Umständen um so kleiner, je kleiner die Dampfmenge.

Mit steigendem Raddurchmesser nimmt h_u bis zu einem Höchstwert zu $\left(\text{bei Gleichdruckturbinen bis } \frac{u}{c_1} = \frac{\cos\alpha_1}{2}\right)$, aber auch h_{rv}, und zwar in weit höherem Maße; es muß deshalb einen günstigsten Wert des Raddurchmessers bzw. von u/c_1 geben (der kleiner ist als $\cos\alpha_1/2$), bei welchem h_i einen Höchstwert erhält. Für die Wahl von u bzw. D bei gegebener Drehzahl ist deshalb praktisch nicht der Höchstwert von η_u maßgebend, sondern der *innere Wirkungsgrad* der Stufe

$$\eta_i = \frac{h_i}{h_t}. \tag{81}$$

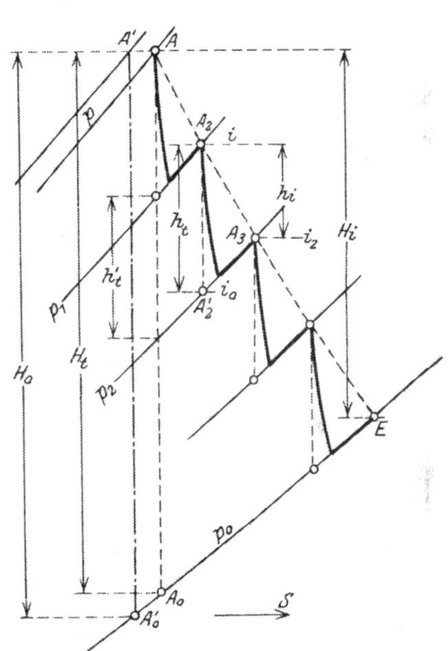

Abb. 96. Wärmerückgewinn.

Es hat somit eine Turbine kleiner Leistung zwar einen niedrigeren inneren Wirkungsgrad als eine Turbine großer Leistung, aber es ist auch der günstigste Raddurchmesser kleiner. Für den Höchstwert von η_i läßt sich keine vom Durchmesser abhängige einfache Beziehung ableiten, es muß der Wert von η_i für verschiedene Durchmesser bzw. u/c_1 ermittelt und über diesen zeichnerisch aufgetragen werden; die η_i-Kurve verläuft parabelartig, dem Scheitel entspricht der günstigste Raddurchmesser (Abb. 124, S. 127).

Bei mehrstufigen Turbinen werden die Verluste in der Turbine in der folgenden Stufe zum Teil wiedergewonnen, da sie den Wärmeinhalt erhöhen; dadurch nimmt das adiabatische Gefälle zu, denn die Kurven gleichen Druckes divergieren mit zunehmender Entropie. Die Summe der adiabatischen Einzelgefälle wird größer als das ursprüngliche adiabatische Gesamtgefälle H_t (Abb. 96). Ist h_t' das ursprüngliche adiabatische Gefälle einer Stufe und h_r der aus der Verlustwärme rückgewinnbare Gefälleteil, so ist das verfügbare adiabatische Stufengefälle $h_t = h'_t + h_r$, also das ausgenutzte innere Gefälle

$$h_i = \eta_i\,h_t = \eta_i(h_t' + h_r)\,. \tag{82}$$

Ist η_i für alle Stufen gleich, so ist das innere Gesamtgefälle

$$H_i = \Sigma h_i = \eta_i \Sigma(h_t' + h_r) = \eta_i(H_t + H_r)\,, \tag{82a}$$

worin H_r die *gesamte rückgewinnbare Wärme* (Gefällevermehrung).

Der *innere Gesamtwirkungsgrad* ist das Verhältnis des gesamten inneren Gefälles zum ursprünglichen adiabatischen Gefälle

$$\eta_{ig} = \frac{H_i}{H_t} = \eta_i\left(1 + \frac{H_r}{H_t}\right) = \eta_i(1 + \varrho) = \mu\,\eta_i\,, \tag{83}$$

wenn $\varrho = H_r/H_t$ der Anteil der rückgewinnbaren Wärme und μ der *Wärmerückgewinnungsfaktor* (s. S. 91).

Stodola weist darauf hin, daß bei Ausnutzung der Austrittsenergie der gewöhnliche innere Wirkungsgrad kein geeigneter Maßstab für die Beurteilung der Turbine ist, denn das verfügbare Stufengefälle ist $h_t' + h_a$, also um den Auslaßverlust der vorhergehenden Stufe größer, während die Austrittsenergie für die betrachtete Stufe als verloren gilt, obgleich sie in der folgenden Stufe wieder verwertet wird und nur in der letzten Stufe wirklich verloren ist. Dadurch wird der Einzelwirkungsgrad schlecht, obgleich der Gesamtwirkungsgrad gut sein kann. Stodola führt deshalb den *Schaufelwirkungsgrad* η_s ein, der sich mit den Bezeichnungen der Abb. 96 aus der Schaufelverlustzahl

$$\xi_s = \frac{i_2 - i_0}{i - i_0} \quad \text{zu} \quad \eta_s = 1 - \xi_s = \frac{i - i_0 - (i_2 - i_0)}{i - i_0} = \frac{i - i_2}{i - i_0}$$

ergibt. Es ist hierbei also nur die Schaufelreibung berücksichtigt.

Für die einzelnen Stufen ist

$$h_i' = i' - i_2' + A\frac{c^2 - c_2'^2}{2g}\,,$$

$$h_i'' = i'' - i_2'' + \frac{A\,(c_2'^2 - c_2''^2)}{2g}\,,$$

$$\cdots\cdots\cdots\cdots\cdots$$

$$h_{in} = i_n - i_{2n} = \frac{A\,(c_{2n}^2 - c_{2(n+1)})}{2g}\,,$$

wenn c die Zuströmgeschwindigkeit zur Turbine, $c_2', \ldots, c_{2(n+1)}$ die Austrittsgeschwindigkeiten der einzelnen Stufen. Durch Summation ist dann, η_s für alle Stufen gleich angenommen,

$$\Sigma\,(h_i) = H_i = \eta_s\,(H_t + H_r) + \frac{A\,(c^2 - c_{2(n+1)}^2)}{2g}\,.$$

Wird c vernachlässigt, so ist nach Division durch H_t der innere Gesamtwirkungsgrad

$$\eta_{ig} = \frac{H_i}{H_t} = \eta_s\left(1 + \frac{H_r}{H_t}\right) - \frac{h_a}{H_t}\,,$$

da $\frac{A\,c_{2(n+1)}^2}{2g} = h_a$; bezeichnet man den Anteil des Austrittsverlustes $\frac{h_a}{H_t} = \zeta_a$, dann ist mit ϱ und μ wie oben

$$\eta_{ig} = \eta_s\,(1 + \varrho) - \zeta_a = \mu\,\eta_s - \zeta_a\,. \tag{84}$$

Bei ausgeführten Turbinen kann die innere Leistung unter Umständen in einfacher Weise gemessen werden. Dazu muß durch Messung von Druck und Temperatur bzw. Dampfgehalt der Zustand p, t vor der ersten Leitvorrichtung und der Zustand p_0, t_0 bzw. x_0 am Austritt aus der Turbine bestimmt werden. Sucht man diese Zustandspunkte A bzw. E im is-Diagramm auf (Abb. 96), so ist die Differenz der Wärmeinhalte in A und E das innere Gefälle $H_i = i - i_e$. Wird noch die stündliche Dampfmenge G_{st} gemessen, was bei Oberflächenkondensation durch Wägen des Kondensates bequem möglich ist, bei Gegendruckturbinen durch Speisewassermessung unter Berücksichtigung der Leitungsverluste bis zur Turbine erfolgen kann, so ist die innere Leistung

$$N_i = \frac{H_i\,G_{st}\cdot 427}{3600\cdot 75} = \frac{H_i\,G_{st}}{632{,}3}\ \mathrm{PS_i}\,. \tag{85}$$

Liegt der Endzustand E oder auch der Anfangszustand A im Sättigungsgebiet, so muß der Dampfgehalt x bestimmt werden, was umständlich ist, besonders im Vakuum[1].

Die Bestimmung des Dampfgehaltes kann bei geringer Feuchtigkeit (höchstens 5%) mittels des *Drosselkalorimeters* erfolgen, wobei Ausströmung in die Atmosphäre stattfinden muß; dieses Verfahren ist deshalb nur für Dampfüberdruck anwendbar. Der zu messende Dampf wird vom Druck p_1 auf einen tieferen Druck p_2 gedrosselt, wodurch er überhitzt wird (Abb. 97) und die Temperatur t_2 hat. Vor dem Drosseln ist $i_1 = i_1' + x r_1$ mit i_1 und r_1 entsprechend dem Druck p_1, nach dem Drosseln ist

$$i_2 = i_2'' + c_{pm}(t_2 - t_{2s})$$

[s. Gl. (8a), S. 4] und da $i_1 = i_2$ ist, kann x errechnet werden. Bequemer kann x aus dem is-Diagramm gefunden werden, indem vom gemessenen Endzustand p_2, t_2 die Waagerechte bis auf p_1 gezogen wird (Abb. 97).

Der Dampfgehalt kann auch nach Prof. LORENZ wie folgt ermittelt werden. Der Dampf vom Druck p_1 wird in ein Messinggefäß vom Gewicht G_m kg geleitet, in welchem sich G_w kg Wasser von $t_1{}^0$ C befinden; durch den Dampf werden Wasser und Gefäß auf $t_2{}^0$ erwärmt, wobei das Gewicht des Gefäßes mit Inhalt auf G kg steigt. Der Wärmeinhalt des Dampfes ist $i = i' + xr$, und es gilt für die Mischung, wenn c_m die spezifische Wärme vom Messing

$$G_m c_m (t_2 - t_1) + G_w \cdot 1 \cdot (t_2 - t_1) = G_d (i - t_2) = G_d (i' + x r - t_2) .$$

Da $c_m = 0{,}092$ und $G_d = G - G_m - G_w$, so kann x errechnet werden. Vgl. W. STENDER [V]

Nach Berücksichtigung der mechanischen Verluste und der Abkühlungs- und Strahlungsverluste (letztere können meist vernachlässigt werden) erhält man das in *Nutzarbeit* umgesetzte Gefälle, d. h. das am Wellenstumpf bzw. an der Kupplung verfügbare *effektive Gefälle* oder die **effektive Leistung**

$$A L_e = h_e$$
$$= h_i - h_l - h_{str} = h_t - \sum(\text{Verluste}),$$

oder bequemer

$$h_e = h_i \eta_m = h_t \eta_i \eta_m = h_t \eta_e \text{ kcal/kg}. \quad (86)$$

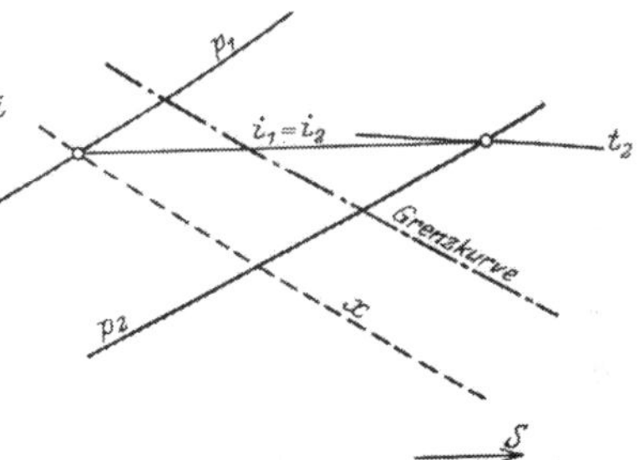

Abb. 97. Bestimmung des Dampfgehaltes.

Praktische Werte des *mechanischen Wirkungsgrades* $\eta_m = \frac{h_e}{h_i} = \frac{N_s}{N_i}$ gibt Abb. 98; für 3000 Umdr./min gelten die Werte zwischen den voll ausgezogenen Kurven, die durch senkrechte volle Schraffur verbunden sind; für $n = 1500$ Umdr./min gelten die Werte zwischen der unteren voll ausgezogenen und der gestrichelten Kurve, die durch gestrichelte Schraffur verbunden sind.

Wichtig ist der *effektive* oder *thermodynamische Wirkungsgrad*, d. i. das Verhältnis der Nutzarbeit zum theoretischen Arbeitsvermögen bzw. des effektiven Gefälles zum adiabatischen

$$\eta_e = \frac{L_e}{L} = \frac{h_e}{h_t} = \frac{h_e}{h_i}\,\frac{h_i}{h_t} = \eta_m \eta_i , \quad (87)$$

derselbe umfaßt alle Verluste und ist ein Maß für die wirkliche Ausnutzung des Dampfes in der Turbine, d. h. für die Güte derselben.

Die Nutzleistung ist nun für G_{st} kg/h

$$N_e = \frac{h_e G_{st} \cdot 427}{3600 \cdot 75} = \frac{h_t \eta_e G_{st}}{632{,}3} \text{ PS}_e \quad (88)$$

oder

$$N_e = G_{\text{sek}} \cdot 5{,}7\, h_t \eta_e \text{PS}_e , \quad (88\text{a})$$

[1] Z. ges. Turbinenw. 1907, S. 433.

woraus wieder

$$\eta_e = \frac{N_e}{5{,}7\, h_t\, G_{\text{sek}}} \tag{89}$$

ermittelt werden kann, wenn N_e und G_{st} bzw. G_{sek} gemessen und h_t aus dem

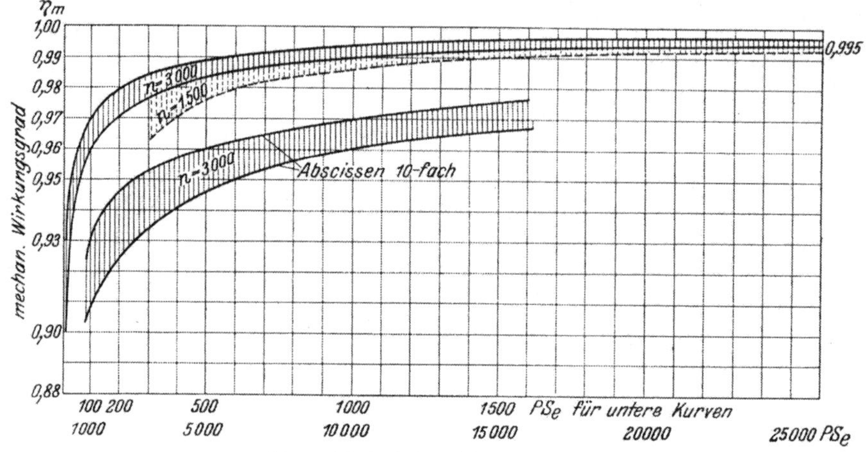

Abb. 98. Mechanische Wirkungsgrade.

is-Diagramm entnommen wird. Ist die Dampfmenge gegeben, so kann mit Hilfe von η_e und h_t die erreichbare Nutzleistung aus Gl. (86) ermittelt werden; für eine

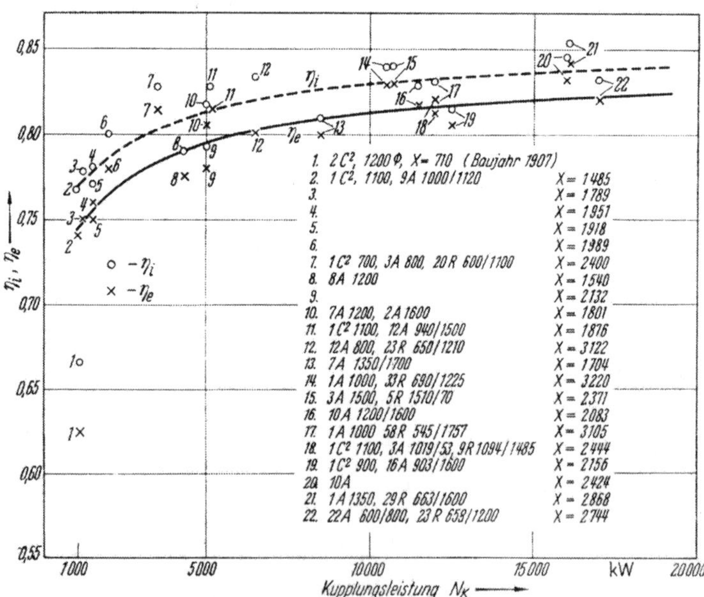

Abb. 99. Wirkungsgrade von Kondensationsturbinen nach Versuchen von FORNER.

vorgeschriebene Leistung kann daraus die dazu erforderliche Dampfmenge bestimmt werden. Bei neu zu entwerfenden Turbinen muß η_e zunächst geschätzt werden; natürlich ist η_e von der Leistungsgröße abhängig und nimmt mit zunehmender Leistung zu.

Über die thermodynamischen Wirkungsgrade sind mehrere Abhandlungen erschienen[1], denen zahlreiche Versuche zugrunde liegen. Neben der Leistung als Bezugsgröße wird die PARSONSsche Kennzahl (s. S. 89) benutzt oder die von MELAN [Va] eingeführte Volumenkennzahl ξ, s. S. 90.

Abb. 99 zeigt Wirkungsgrade von Kondensationsdampfturbinen bei Vollast in Abhängigkeit von der Leistung von Turbinen verschiedener Bauart und Größe

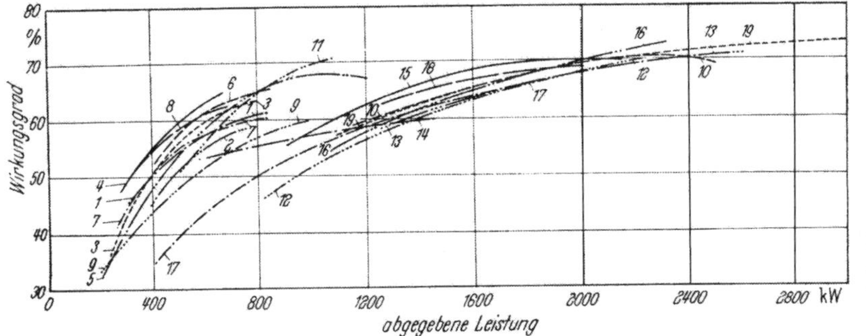

Abb. 100. Wirkungsgrad von Gegendruckturbinen, auf die Klemmleistung bezogen. Die Zahlen geben die Turbinen-Nr. an, s. Zahlentafel 3.

nach Versuchen von FORNER [Vc]. Die eingetragenen Kurven geben Mittelwerte. Abb. 100 und die zugehörigen Zahlenwerte nach Zahlentafel 3 aus verschiedenen Versuchsergebnissen nach Veröffentlichung von JAROSCHEK [Va] für Gegendruckturbinen zeigt starke Streuung der Wirkungsgrade, selbst bei gleicher Bauart.

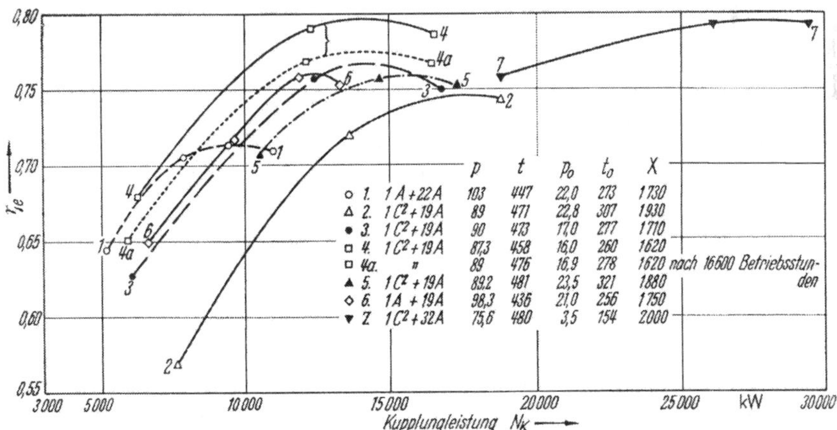

Abb. 101. Wirkungsgrade von Gleichdruckvorschaltturbinen nach WITTE.

Es läßt sich deshalb auch keine allgemeingültige Kurve durch die Versuchspunkte legen. Die abgegebene Leistung erscheint deswegen nicht als geeigneter Vergleichsmaßstab. Besser geeignet wäre das mittlere Volumen.

Hochdruckvorschaltturbinen sind von WITTE [V] untersucht worden, die Ergebnisse zeigen Abb. 101 für Gleichdruckvorschaltturbinen, Abb. 102 für Überdruckturbinen und Abb. 103 für Radialturbinen über den Leistungen, und zwar je für verschiedene Belastungen. Die Zahlen beziehen sich auf die

[1] MELAN, H. [V], [Vf]; FORNER, G., [V], [Vc], [Vg]; PAPE, W. [V]; JAROSCHEK, K. [Va/c]; WITTE, R. [V]; GRUBER, W. [V]; LEIST, K. [V]; RENFORDT, A. [Vd].

Zahlentafel 3. *Versuchsergebnisse an Gegendruckturbinen (nach* JAROSCHEK [Va] zu Abb. 100).

Nr.	Bestlast[1] kW Kupplung/Klemmen	Drehzahl n Turbine/Gener.	Druck ata u. Temper. °C vor Absperrventil	Druck ata u. Temper. °C im Abdampfstutzen	Stufen: C = Curtis, A = Gleichdruck, R = Überdruck ⌀	Adiabat. Gefälle H_t kcal/kg	PARSONS Kennzahl	Innerer Wirkungsgrad d. Turbine η_i %	Thermodynamischer Wirkungsgrad η_e % Kupplung	Thermodynamischer Wirkungsgrad η_e % Klemmen	Wärmerückgewinn μ
1	900/806	6000/1000	29,8/382°	2,97/183°	axial Dü² 1 C^2 — 500 + 10 A — 400 ⌀	123,1	1570	68,5	66,0	61,0	1,033
2	760/705	3000	21,4/331°	3,06/182°	radial einläufig Dr² 22 R 233/1033	100,0	2200	62,0	61,7	57,9	1,032
3	700/652	3000	19,0/356°	3,72/210°	radial einläufig Dr 9 R 221/467; 20 R 315/904	91,0	2510	69,5	65,1	60,7	1,025
4	685/658	5000/1500	16,8/314°	2,93/160°	radial einläufig Dü 1 A — 640 + 7 R 432 + 13 $Ü$	89,3	2920	74,1	69,0	64,3	1,023
5	1040/952	3000	23,0/339°	4,04/176°	radial einläufig Dü 1 A — 760 + 10 R + 19 R	92,5	2240	75,3	73,1	67,1	1,021
6	900/840	6000/1500	19,0/323°	3,23/162°	axial Dü 1 C^2 — 400 + 8 A — 400/412	91,8	1670	74,8	71,1	65,6	1,021
7	830/795	6000/1500	18,9/327°	312/178°,	axial Dü 3 A — 650	93,2	1340	67,5	65,2	60,5	1,021
8	690/645	7500/1500	15,0/334°	3,12/198°	axial Dü 1 C^2 — 356 + 6 A — 320	85,6	1440	69,6	67,2	61,7	1,020
9	1030/982	8000/1500	20,0/352°	3,10/194°	axial Dü 1 A — 500 + 4 A — 400	100,8	1540	67,4	64,7	59,7	1,024
10	2350/2215	3000	29,0/400°	1,70/136°	radial gegenläufig; Laufdü³ 1 A — 268/292 + 21 R — 340/904	149,6	2900	77,4	75,8	71,4	1,029
11	990/941	3000	15,0/361°	3,43/215°	radial einläufig Dr 9 R — 256/504 + 19 R 350/908	85,0	2730	76,8	72,6	69,2	1,019
12	2400/2235	3000	30,0/404°	7,36/246°	radial gegenläufig Laufdü 1 A 268/292 + 17 R — 340/774	90,4	3130	76,2	75,3	71,0	1,018
13	2600/2488	5000/1500	33,0/453°	4,53/239°	axial Dü 1 C^2 — 500 + 9 A — 450	123,9	1990	78,0	76,2	71,0	1,023
14	1450/1421	3000	19,8/331°	3,13/178°	axial Dü 1 C^2 — 860 + 18 R — 388/544	95,7	1500	68,2	63,0	60,0	1,030
15	1800/1791	3000	21,0/334°	3,23/161°	radial einläufig Dr 10 R 256/535 + 20 R — 350/939	97,0	2700	76,6	73,7	70,0	1,022
16	2400/2319	5000/1500	28,4/378°	7,11/228°	axial Dü 9 A — 500/484	81,3	1980	80,2	78,9	74,0	1,014
17	1820/1720	3000	19,8/309°	3,64/165°	radial einläufig Dr 17 R — 252/807	86,1	1450	70,8	69,1	65,4	1,022
18	2120/1990	3000	18,6/374°	3,57°/209	axial Dü 1 C^2 — 860 + 31 R — 473/514	95,1	2260	77,6	73,6	69,2	1,021
19	3100/3000	3000	18,0/375°	4,00 —	axial Dü 1 C^2 — 860 + 26 R — 472	88,1	1930	~ 79	76,5	74,0	1,022
20	2000/1882	6000/2520	60,7/431	18,4 —	axial Dü	76,3	1630	—	73,0	66,4	1,017

verschiedenen Turbinen, deren hauptsächliche Merkmale unter den Abbildungen angegeben sind.

Es ist immer wieder versucht worden, den Wirkungsgrad für neu zu konstruierende Turbinen vorauszuberechnen unter Berücksichtigung der verschie-

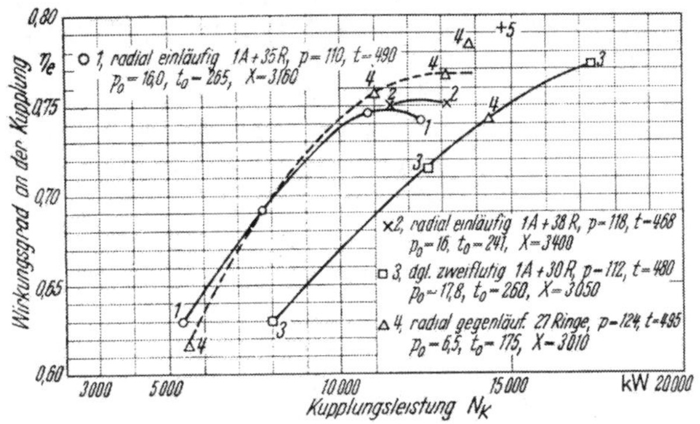

Abb. 102. Wirkungsgrade von Überdruckvorschaltturbinen nach WITTE.

denen Einflußgrößen. So hat FORNER [V] für den effektiven Wirkungsgrad eine empirische Formel aus den bisherigen Versuchen an Dampfturbinen abgeleitet.

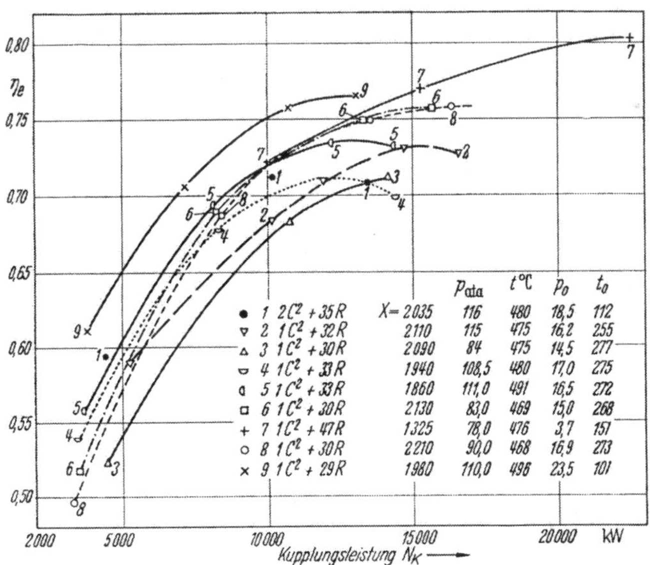

Abb. 103. Wirkungsgrade von Vorschaltradialturbinen nach WITTE.

Danach ist für Kondensationsturbinen:

$$\eta_e = 0{,}941 \frac{\left(1 + \frac{\tau_0}{1650}\right)\left[1 - \frac{(l - 90)^3}{12000}\right]}{\left(\frac{0.27}{v} + \sqrt{v}\right)\left(1 + \frac{75}{N_e}\right)}, \tag{90}$$

worin τ_0 die Überhitzung in °C (über die Sättigungstemperatur), l der Unterdruck im Abdampfstutzen in Prozent von 760 mm Barometerstand, N_e die

Nutzleistung in PS_e und $\nu = \frac{1}{91{,}5}\sqrt{\frac{\Sigma(u^2)}{H}}$, die hydraulische Kennzahl (s. S. 90) mit $\Sigma(u^2)$ als Summe der Quadrate der mittleren Umfangsgeschwindigkeiten der hintereinandergeschalteten Laufkränze in m^2/sek^2 [s. Gl. (94), S. 90] und H als adiabatisches Gefälle der ganzen Turbine.

Um ν zu erhalten, muß die Stufenzahl und der mittlere Durchmesser der Laufschaufelkränze festgelegt werden (s. Aufteilung des Gefälles S. 111); mittlere Werte von ν liegen bei ausgeführten Turbinen zwischen 0,35 und 0,6.

Die Formel soll für Kondensationsturbinen für Anfangsdrücke von 9 bis 19 ata gelten. Für Gegendruckturbinen lagen noch zu wenig Ergebnisse vor, um mit einiger Sicherheit den Einfluß dieser maßgebenden Faktoren zu bestimmen.

In Abb. 104 sind über der hydraulischen Kennzahl die Wirkungsgrade für verschiedene Leistungen bei $p_0 = 0{,}05$ ata und Überhitzung $\tau = 150^0$ C angegeben. Ferner ist die PARSONSsche Kennzahl X eingetragen, so daß aus der Abbildung auch die Wirkungsgrade in Abhängigkeit von der PARSONSschen Kennzahl entnommen werden kann (z. B. ist für $N_e = 5000$ kW $\eta_e = 0{,}798$, wobei $\nu = 0{,}4875$ ist).

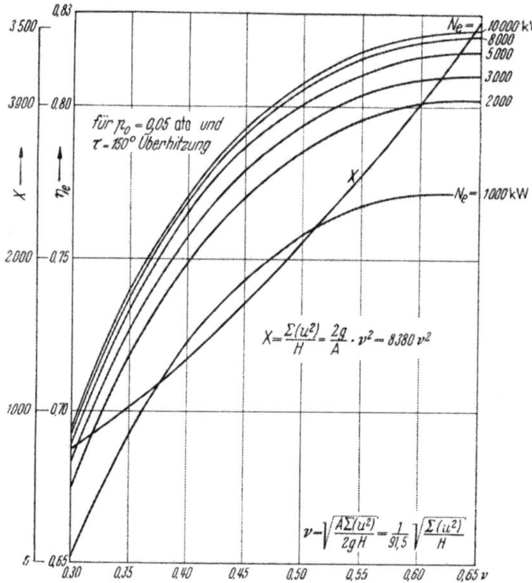

Abb. 104. Thermodynamische Wirkungsgrade [nach FORNER über der hydraulischen Kennzahl.

Um die für $N_e = 10000$ kW bei $p_0 = 0{,}05$ ata und $\tau = 150^0$ C Überhitzung in Abb. 104 angegebenen Wirkungsgrade auf andere Leistungen, Vakua und Überhitzungen leicht umrechnen zu können, sind in Abb. 105 die Umrechnungsfaktoren angegeben. Es ist der umgerechnete Wirkungsgrad

$$\eta_e' = \eta_e\, a_N\, a_\tau\, a_p\,,$$

wenn η_e der Wirkungsgrad bei 10000 kW, a_N der Umrechnungsfaktor für die Leistung, a_p derjenige für das Vakuum und a_τ für die Überhitzung, z. B. für $N_e = 20000$ kW, $\tau = 200^0$ C und $p_0 = 0{,}04$ ata ist mit $a_N = 1{,}003$, $a_\tau = 1{,}0275$ und $a_p = 0{,}9925$, wenn für 10000 kW $\eta_e = 0{,}80$ — für $\nu = 0{,}475$ oder $X = 1900$ — $\eta_e' = 0{,}8 \cdot 1{,}003,\ 1{,}0275 \cdot 0{,}9925 = 0{,}8 \cdot 1{,}022 = 0{,}818$.

Die aus zahlreichen Versuchen ermittelten effektiven Wirkungsgrade sind in Abb. 106 graphisch über den Leistungen aufgetragen. Die untere der beiden Kurven gibt normal erreichbare, die obere durch besondere Bauarten (viele Stufen, Mehrgehäuse) erreichbare Werte. Bei größeren Leistungseinheiten sind höhere Wirkungsgrade erreichbar, aber auch bei kleineren Einheiten sind z. T. wesentlich höhere Wirkungsgrade erreicht worden.

Die effektiven (thermodynamischen) Wirkungsgrade η_e werden zweckmäßig auf den Dampfzustand vor der Turbine, auf das Vakuum im Kondensator und auf die Leistung an der Kupplung bezogen, wie in obigen Angaben. Auf den Zustand vor dem ersten Leitapparat bezogen sind die Werte von η_e höher, da auf ein kleineres adiabatisches Gefälle bezogen (Abb. 96); diese Angabe hat aber nur für Beurteilung der Vorgänge innerhalb der Turbine Bedeutung, nicht für die gesamte Ausnutzung des Dampfes, da sich ein Drosseln vor der Turbine (normal etwa 10% Spannungsabfall) nicht vermeiden läßt. Für den inneren

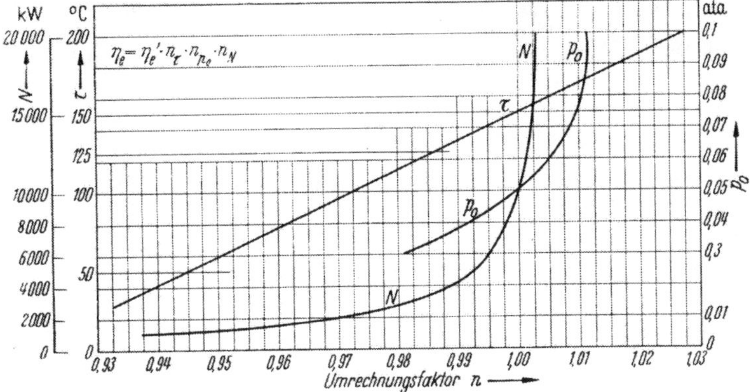

Abb. 105. Umrechnungsfaktoren für Wirkungsgrade nach Abb. 104 für $N = 10000$ kW, $= 150°$ C und $pt = 0{,}05$ ata auf andere Leistungen, Enddrücke und Überhitzungen.

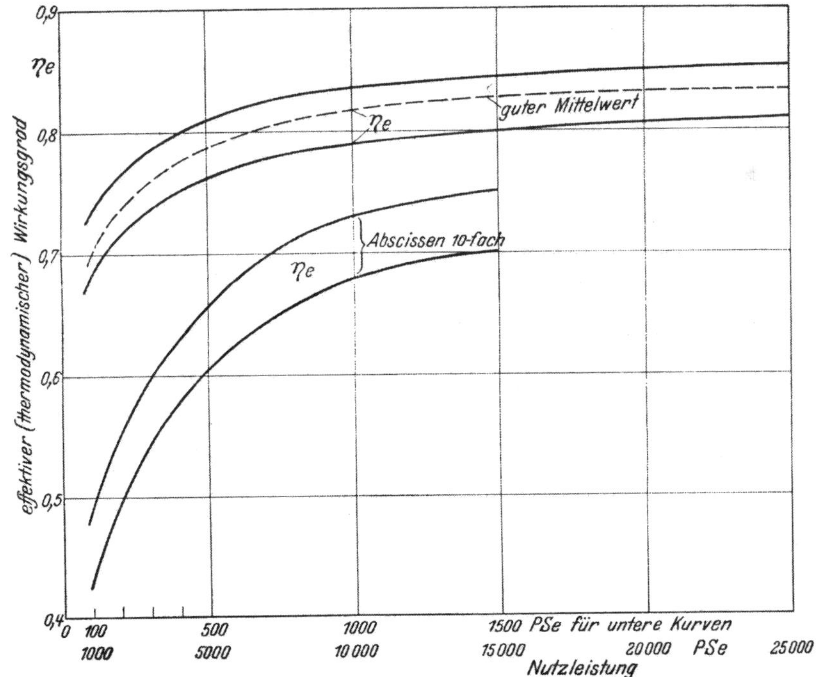

Abb. 106. Effektive (thermodynamische) Wirkungsgrade.

Wirkungsgrad und bei Aufteilung des Gefälles oder Ermittlung der Dampfgeschwindigkeit bei einstufigen Turbinen kommt jedoch das gedrosselte Gefälle H_t in Betracht.

9. Qualitätsziffern.

Zur Beurteilung der Ausnutzung des Dampfes in der Turbine wird häufig die sog. *Parsonssche Kennzahl* X, d. i. das Verhältnis der Summe der Quadrate der Umfangsgeschwindigkeiten aller Stufen zum adiabatischen Gefälle der Turbine, angegeben.

Ist $z_1, z_2, \ldots$ die Zahl der Stufen gleicher Umfangsgeschwindigkeiten $u_1, u_2, \ldots$, so ist

$$z_1 u_1^2 + z_2 u_2^2 + \cdots = \Sigma (z_n u_n^2) = z u_m^2 = K \tag{91}$$

die Summe der Umfangsgeschwindigkeitsquadrate, wenn $z = z_1 + z_2 + \cdots$ die Gesamtstufenzahl und $u_m^2 = (z_1 u_1^2 + z_2 u_2^2 + \cdots) : z$ das mittlere Geschwindigkeitsquadrat. Ist

$$H = h_t^I + h_t^{II} + \cdots = (1 + \varrho) H_t = \mu H_t \tag{92}$$

die Summe der adiabatischen Einzelgefälle mit ϱ und μ nach S. 91, so ist

$$X = \frac{K}{H} = \frac{z u_m^2}{H} \tag{93}$$

die *Parsonssche Kennzahl (Qualitätsziffer, Gütezahl)*, die besonders bei Überdruckturbinen, aber auch bei den jetzt meist vielstufigen Gleichdruckturbinen zur Kennzeichnung der Güte der Turbine angegeben wird, da sie ebenso wie der Wirkungsgrad von u/c_0 abhängt.

Denn da $h_t = \frac{A c_0^2}{2g} = A \frac{u^2}{2 g \chi^2}$, wenn $\frac{u}{c_0} = \chi$ gesetzt wird, so ist

$$H = A \frac{\Sigma z (u_m^2)}{2 g \chi^2}$$

und mit Gl. (93)

$$X = \frac{K}{H} = \frac{2g}{A} \chi^2 . \tag{93a}$$

Mit X ist also auch der Wirkungsgrad festgelegt.

X ist unabhängig von der Stufenzahl und den Durchmessern, sofern nur $z u_m^2$ eingehalten wird.

Bei den jetzt üblichen Ausführungen liegt X bei Gleichdruckturbinen zwischen 1500 und 2000, bei Überdruckturbinen zwischen 2000 und 3000.

Stodola [Ia] empfiehlt, weil anschaulicher, statt X da Verhältnis

$$\nu = \sqrt{\frac{A K}{2 g H}} = \frac{1}{91{,}5} \sqrt{\frac{\Sigma (u_m^2)}{H}} \text{ (hydraulische Kennzahl)}, \tag{94}$$

das auch Forner in seiner Formel (90) S. 87 benutzt.

Die hydraulische Kennzahl hat bei mehrstufigen Turbinen eine ähnliche Bedeutung wie u/c_1 für einstufige Turbinen.

Zerkowitz (Z. f. g. Tw. 1912, S. 117 u. [Ia]) hat den reziproken Wert von X („spezifische Quadratsumme") vorgeschlagen

$$\frac{1}{X} = \frac{H}{\Sigma (u_m^2)}$$

und nennt ihn *„spezifisches Gefälle"*, d. h. dasjenige Gefälle, welches eine Turbine bei $z = 1$, $u = 1$ und dem gewählten X aufzehren würde. Loschge (Z. f. g. Tw. 1911) hat nachgewiesen, daß die Kennzahl X für alle Turbinensysteme unveränderlich sein muß, wenn der Wirkungsgrad gleich bleiben soll.

Außer der Parsonsschen Kennzahl X und der hydraulischen Kennzahl ν wird neuerdings auch das mittlere Volumen V_m oder auch die Volumenkennzahl ξ_m als Bezugsgröße benutzt. Das *mittlere Volumen* ist nach Forner

$$V_m = \sqrt{V_1 V_2} = G \sqrt{v_1 v_2} \ldots . \tag{95}$$

Die *Volumenkennzahl* ist von Melan [V] eingeführt worden

$$\xi_m = \frac{P - P_0}{G \cdot H}, \tag{96}$$

worin P und P_0 der Anfangs bzw. der Enddruck in kg/m^2, G die Dampfmenge in t/h und H_t das adiabatische Wärmegefälle in kcal/kg. MELAN hat auch auf den Zusammenhang zwischen dem thermodynamischen Wirkungsgrad η_e, der PARSONSschen Kennzahl X und der Volumenkennzahl hingewiesen.

FORNER [V, d] hat gezeigt, daß zwischen ξ_m und V_m die Beziehung besteht

$$\xi_m V_m = 127 .$$

10. Der Wärmerückgewinn.

wird, wie erwähnt, dadurch erzielt, daß die Verluste in der Turbine den Wärmeinhalt erhöhen und das Gefälle der folgenden Stufe vergrößern, da das Gefälle zwischen gleichen Drücken um so größer wird, je höher der Anfangswärmeinhalt. Hierdurch wird die Summe der Einzelgefälle größer als das ursprüngliche adiabatische Gefälle, wie Abb. 96 zeigte. Es war nach Gl. (92)

$$h_t^I + h_t^{II} + \cdots = \Sigma h_t = H_t + H_r = H$$

oder

$$H = \left(1 + \frac{H_r}{H_t}\right) H_t = (1 + \varrho) H_t = \mu H_t \quad \text{mit} \quad \varrho = H_r/H_t .$$

Die Größe des *Wärmerückgewinnungsfaktors* μ spielt bei der Ermittlung des Gesamtwirkungsgrades und bei der Aufteilung des Gefälles eine Rolle; μ wird um so größer, je größer die Stufenzahl z und je größer die Verluste in der Turbine. Daraus darf aber nicht geschlossen werden, daß große Verluste nicht ungünstig sind, denn der Wiedergewinn ist stets nur ein Teil der Verluste der vorhergehenden Stufe.

Die Größe des Rückgewinnungsfaktors μ wird auf Grund von Erfahrungen angenommen, man kann μ aber auch berechnen aus dem Verlauf der Zustandskurve im is-Diagramm.

Nach Gl. (83), S. 82, ist der innere Gesamtwirkungsgrad

$$\eta_{ig} = \left(1 + \frac{H_r}{H_t}\right) \eta_i = \mu \eta_i ,$$

worin η_i der für alle Stufen gleich angenommene innere Wirkungsgrad der einzelnen Stufen; daraus kann

$$\mu = \frac{\eta_{ig}}{\eta_i}$$

ermittelt werden, wenn die Wirkungsgrade bekannt sind oder bestimmt werden. Der Wirkungsgrad η_{ig} kann nach den Angaben für η_e (Abb. 106) und η_m (Abb. 98) angenommen werden zu $\eta_{ig} = \frac{\eta_e}{\eta_m}$, wodurch der Endzustand E im is-Diagramm (Abb. 96) festgelegt ist und die ungefähre Zustandskurve AE gezogen werden kann (leicht nach unten durchgebogen). Ist der Zustand vor dem Einlaßventil gegeben, so sind zunächst $\sim$ 10% Spannungsabfall anzunehmen. Teilt man die Strecke AE der Stufenzahl entsprechend in z gleiche Teile und zieht die Kurven gleichen Druckes $p_2, p_3, \ldots$, so ist der innere Einzelwirkungsgrad einer Stufe, z. B. der zweiten

$$\eta_i = \frac{h_{i2}}{h_{t2}} = \frac{\overline{A_2 A_3}}{\overline{A_2 A_2'}} ,$$

den man an anderen Stufen nachprüfen kann.

Man kann μ aber auch ermitteln aus der Summe der abzugreifenden Einzelgefälle und dem adiabatischen Gefälle H_t.

ZERKOWITZ [Ia] leitet für μ die Formel ab

$$\mu = 1 + (1 - \eta_{ig}) \left[\frac{z}{\sum \left(\frac{T_k}{T_{n+1}} \right)} - 1 \right], \tag{97}$$

worin

$$\sum \frac{T_k}{T_{n+1}} = T_k \left(\frac{1}{T_2} + \frac{1}{T_3} + \cdots \frac{1}{T_k} \right),$$

wenn T_k die absolute Kondensator- (End-) Temperatur in E und T_2, T_3, ..., die absoluten Temperaturen in A_2, A_3, ... (Abb. 96).

Diese Verfahren sind aber bei viel Stufen sehr umständlich. WEWERKA [V] hat deshalb eine Näherungsformel für Hochdruckturbinen im Überhitzungsgebiet abgeleitet; unter Voraussetzung gleicher Wärmegefälle und Wirkungsgrade in den einzelnen Stufen ist danach

$$\mu = \frac{(1{,}1\,z - 1)(1 - \eta_{ig}) \left[1 - \left(\frac{p_0}{p} \right)^{\frac{k-1}{k}} \right]}{2\,z - (z - 1) \left[1 - \left(\frac{p_0}{p} \right)^{\frac{k-1}{k}} \right]} + 1, \tag{97a}$$

worin z die Stufenzahl, η_{ig} der innere Wirkungsgrad der ganzen Turbine, p der Druck vor der ersten und p_0 hinter der letzten Stufe; für überhitzten Dampf kann $k = 1{,}3$ genommen werden.

STENDER schlägt nach dem Vorgang von FLÜGEL ([Ia], S. 124) die Erfahrungsformel vor

$$\mu = 0{,}666\,(1 - \eta_i) \left(\frac{H_t}{i - i_0'} - 0{,}03 \right) \left(1 - \frac{1}{z} \right), \tag{98}$$

worin i und i_0' der Wärmeinhalt des Frischdampfes bzw. des Abdampfkondensates.

Weitere Abhandlungen über den Wärmerückgewinn s. FORNER [Ib] und [V]; MELAN [Vg]; PAPE [V]; RENFORDT [V]; H. KIRST [V]; FLÜGEL [V].

Bei allen vorgenannten Ermittlungsverfahren muß die Stufenzahl angenommen werden, die aber wieder aus dem Gesamtgefälle H durch Division durch die Stufengefälle ermittelt werden müßte. Man ist deswegen bei Neuentwürfen auf Schätzungen angewiesen.

Praktisch liegt der Wärmerückgewinnungsfaktor μ zwischen 1,02 und 1,08, d. h., der Rückgewinn beträgt 2 bis 8%.

VIII. Dampfverbrauch und Wärmeverbrauch.

Für die Beurteilung der Wirtschaftlichkeit der Turbinen wird der Dampfverbrauch angegeben, der bei der Berechnung neuer Anlagen zwecks Berechnung der Querschnitte und Angabe der garantierten Werte voraus bestimmt, bei ausgeführten Anlagen durch Versuche festgestellt wird. Es wird der spezifische Dampfverbrauch, d. h. der auf eine PSh oder eine kWh bezogene angegeben.

Der *theoretische* Dampfverbrauch der verlustlosen Turbine kann aus dem Arbeitsvermögen (adiabatisches Gefälle) ermittelt werden; da 1 PSh $75 \cdot 3600$ mkg/h oder $75 \cdot 3600 : 427 = 632{,}3$ kcal/h bzw. 1 kWh = 860 kcal/h entspricht, ein kg Dampf aber L mkg/kg oder $AL = i - i_0 = H_t$ kcal/kg leisten kann, so sind für 1 PSh erforderlich

$$D_{th} = \frac{75 \cdot 3600}{L} = \frac{632}{H_t} \text{ kg/PSh}. \tag{99}$$

Der theoretische Dampfverbrauch kann somit leicht mit Hilfe des is-Diagramms ermittelt werden; er ist umgekehrt proportional dem Wärmegefälle und hängt von denselben Größen ab (vgl. S. 10). Je höher der Anfangs-, je tiefer der Enddruck und je höher die Anfangstemperatur, um so kleiner der Dampfverbrauch. Der theoretische Dampfverbrauch ist von der Größe der Leistung unabhängig.

Der *innere Dampfverbrauch*, d. h. der auf die innere Leistung bezogene ist

$$D_i = \frac{632}{A\,L_i} = \frac{632}{H_i} = \frac{632}{H_t\,\eta_i} = \frac{D_{th}}{\eta_i}\ \text{kg/PS}_i\text{h} \tag{100}$$

und kann durch Messung der Dampfmenge und der inneren Leistung (s. S. 81) bestimmt werden. Wichtiger ist der

effektive Dampfverbrauch, d. h. der auf 1 PS_eh bezogene

$$D_e = \frac{632}{A\,L_e} = \frac{632}{H_t\,\eta_e} = \frac{D_{th}}{\eta_e}\ \text{kg/PS}_e\text{h} \tag{101}$$

oder, auf die vom Stromerzeuger abgegebene Leistung bezogen, wenn η_{gen} der Generatorwirkungsgrad

$$D_e = \frac{632}{0{,}736\,H_t\,\eta_e\,\eta_{gen}} = \frac{859{,}5}{H_t\,\eta_e\,\eta_{gen}}\ \text{kg/kWh}. \tag{101 a}$$

Da η_e für eine gegebene Leistung nach Abb. 106, S. 89 angenommen werden kann, läßt sich der Dampfverbrauch für eine zu entwerfende Turbine angeben. Bei einer vorhandenen Turbine kann man den Dampfverbrauch je PS_eh durch Kondensatmessung oder durch Speisewassermessung ermitteln und daraus den effektiven Wirkungsgrad η_e feststellen; es muß noch die Nutzleistung gemessen werden. Ist G_{st} die stündliche Dampfmenge, N_e die Nutzleistung, so ist $D_e = G_{st} : N_e$ und

$$\eta_e = \frac{D_{th}}{D_e} = \frac{632}{H_t\,D_e} \quad \text{bzw.} \quad \frac{860}{H_t\,D_e}. \tag{102}$$

Umgekehrt läßt sich für eine verfügbare stündliche Dampfmenge die erreichbare Leistung nach Schätzung von η_e ermitteln.

Bei Kondensationsturbinen kann der Dampfverbrauch auch einschließlich der für die Kondensation aufzuwendenden Arbeit angegeben werden. Wird die Kondensation durch Elektromotor angetrieben, dessen aufgewendete Leistung N_k PS_e ist, dann ist der Dampfverbrauch einschließlich Kondensation

$$D_e' = \frac{(N_e + N_k)}{N_e}\,D_e\ \text{kg/PS}_e\text{h}. \tag{103}$$

Bei dampfangetriebener Kondensationsanlage kann der Abdampf der Kondensationsantriebsturbine in die Hauptturbine oder in den Kondensator geführt werden, dann wird er bei der Kondensatmessung mitgemessen; andernfalls muß die Dampfmenge zum Kondensationsantrieb gemessen werden. Ist sie G_k kg/h, so ist der Dampfverbrauch einschließlich Kondensation

$$D_e' = \frac{D_e\,N_e + G_k}{N_e}\ \text{kg/PS}_e\text{h}. \tag{103 a}$$

Die Größe des Arbeitsaufwandes für die Kondensation hängt vom Vakuum, von der Kühlwassermenge und der Förderhöhe derselben ab und beträgt etwa 2 bis 5% der Nutzleistung.

Der *Wärmeverbrauch* für eine PS_eh kann statt des Dampfverbrauches angegeben werden, insbesondere zum Vergleich mit den Verbrennungskraftmaschinen. Ist $i - i_w$ die einem kg Dampf zugeführte Wärme (Erzeugungswärme), wenn i der Wärmeeinhalt des Dampfes und $i_w (= i_0')$ die Wärme in 1 kg des Speisewassers, dann ist der Wärmeverbrauch der Turbine für 1 PS_eh

$$Q_e = D_e(i - i_w)\ \text{kcal/PS}_e\text{h}$$

oder mit D_e nach Gl. (101) und $H_t : (i - i_w) = \eta_{th}$ [Gl. (21), S. 12]

$$Q_e = \frac{632}{H_t\,\eta_e}(i - i_w) = \frac{632}{\eta_{th}\,\eta_e}\ \text{kcal/PS}_e\text{h}. \tag{104}$$

Z. B. für $p = 20$ ata, 350^0 C, $p_0 = 0,66$ ata ist nach Tabelle II im Anhang $i = 750,2$ kcal/kg, $i_w = 35,8$ kcal/kg (entsprechend $p_0 = 0,06$) und mit $\eta_e = 0,80$

$$Q_e = \frac{632 \cdot 714,4}{238 \cdot 0,8} = 2370 \text{ kcal/PS}_e\text{h}$$

Der Wärmeverbrauch bietet an sich keinen besseren Einblick in die Güte der Maschine als der Dampfverbrauch, da er nur ein Vielfaches des Dampfverbrauches ist und ebenso vom Dampfzustand abhängt. Zum Vergleich mit den Verbrennungskraftmaschinen muß der Wärmeverbrauch im Brennstoff angegeben werden, d. h. die im Kessel je kg Dampf aufgewendete Wärme

$$Q_{br} = \frac{Q_e}{\eta_k},$$

wenn η_k der Kesselwirkungsgrad, oder mit Gl. (104)

$$Q_{br} = \frac{632}{\eta_{th}\,\eta_e\,\eta_k} = \frac{632}{\eta_w} \text{ kcal/PS}_e\text{h}, \qquad (105)$$

wenn η_w der „*wirtschaftliche Wirkungsgrad*", d. i. das Verhältnis der in Nutzarbeit umgesetzten Wärme zu der im Brennstoff zugeführten.

Z. B. ist mit $\eta_k = 0,75$ der Wärmeverbrauch der ganzen Anlage im obigen Beispiel

$$Q_{br} = \frac{2370}{0,75} = 3160 \text{ kcal/PS}_e\text{h}$$

und der wirtschaftliche Wirkungsgrad

$$\eta_w = \frac{632}{3160} = 0,20 \text{ d. s. } 20\%.$$

Die Ermittlung des Dampfverbrauches kann mit dem Gefälle H_t aus dem is-Diagramm und η_e bequem erfolgen.

Bei **Belastungsänderungen** der Turbine gegenüber Vollast (Normallast) ändert sich auch der spezifische Dampfverbrauch; er nimmt bei kleineren Belastungen zu, da die Leerlaufsarbeit dieselbe bleibt und die inneren Verluste nur wenig abnehmen. Die Zunahme des Dampfverbrauches bei Teillast hängt auch von der Art der Reglung (s. S. 282) ab. Bei Überlastung nimmt der Dampfverbrauch ebenfalls zu, zunächst allerdings nur wenig, da der Druck und damit das Gefälle und die Dampfgeschwindigkeit mit Ausnahme der ersten Stufen steigt, also u/c_1 ungünstiger wird.

Die Zunahme des spezifischen Dampfverbrauchs beträgt bei *Kondensationsturbinen mit Drosselreglung* annähernd

bei	3/4	1/2	1/4	Last
	3	9	21 %	bei gleichbleibender Kühlwassermenge
	4	11	24 %	bei gleichbleibendem Vakuum
bei Überlastung um . .	10	15	20	25 %
	0	1	2	3 %

bei Gegendruckturbinen angenähert:

bei	3/4	1/2	Last
a) Drosselreglung	8÷9	23÷26	%
b) Düsenreglung	5÷6	14÷17	

S. a. RENFORDT [V] und FLÜGEL [V].

Der stündliche Dampfverbrauch bei Leerlauf beträgt etwa 10% des Vollastverbrauches (bei Drosselreglung etwas mehr).

Bei **Änderung des Betriebszustandes** ändert sich der Dampfverbrauch und der effektive Wirkungsgrad. Das Verhalten der Turbine hierbei ist für den Betrieb wichtig, da neben den Belastungsänderungen die Änderung der Betriebsverhältnisse häufig vorkommen und die Turbine nur für bestimmte Betriebsverhältnisse berechnet und bemessen wird. Die Drehzahl sei zunächst unverändert angenommen.

Mit *steigendem Anfangsdruck* nimmt zwar das Wärmegefälle zu und der Dampfverbrauch ab, aber auch der effektive Wirkungsgrad η_e nimmt ab, da die Verluste größer werden und das Verhältnis u/c_1 ungünstiger wird (c_1 nimmt zu). Im Mittel kann angenommen werden, daß der Dampfverbrauch zwischen 10 bis 15 at für je 1 at Druckzunahme bei Sattdampf um 1,7%, bei Heißdampf von 300° C um 1,0% abnimmt. oder $\pm$ 1% Druckänderung gibt $\mp$ 0,3% Änderung des Wirkungsgrades bzw. des Gefälles um $\pm$ 1% (also des Dampfverbrauches um $\mp$ 0,7%).

Bei *steigender Temperatur* (Überhitzung) nimmt das Wärmegefälle zu, demgemäß der Dampfverbrauch ab; hierbei nimmt aber η_e zu, d. h. die Ausnutzung wird besser. Dieses liegt nicht nur an der Verringerung der inneren Verluste (Radreibung, Undichtheit) durch Abnahme des spezifischen Gewichts, sondern auch an der geringeren Feuchtigkeit des Dampfes bei Expansion in das Sättigungsgebiet.

Der Dampfverbrauch ändert sich für je $\pm$ 7° C um $\mp$ 1,0% zwischen 225° und 350° C und der Wirkungsgrad um $\mp$ 0,3%.

Bei *Änderung des Vakuums* wird ebenfalls das Wärmegefälle geändert; es nimmt bei höherem Vakuum, d. h. tieferem Druck zu, der Dampfverbrauch ab, aber auch η_e nimmt ab, wegen des ungünstigeren Verhältnisses u/c_1. Man kann annehmen, daß sich der Dampfverbrauch

für je 1% besseres Vakuum um 1,5% ermäßigt,

für je 1% schlechteres Vakuum um 1,6% erhöht

bis herab auf 85% Vakuum. Das Gesamtgefälle ändert sich bei 1% Vakuumänderung um $\sim$ 2%.

Es könnte fraglich erscheinen, ob eine Turbine ein höheres Vakuum als das der Berechnung zugrunde gelegte überhaupt ausnutzen kann, da die Leitquerschnitte zu klein sind. Lösel [V] hat nachgewiesen, daß eine Ausnutzung möglich ist. Jedoch hat Bollier [V] gezeigt, daß eine bestimmte Dampfturbine, unabhängig vom System, nur ein ganz bestimmtes höchstes Vakuum auszunutzen vermag. Eine über dieses Grenzvakuum hinausgehende Erhöhung des Vakuums bringt keine Verbesserung des Dampfverbrauches mehr, denn es nimmt zwar das Gefälle zu, aber auch der Austrittsverlust. Dieses Grenzvakuum wird erreicht, wenn die Gefällevergrößerung gleich wird der Vergrößerung des Austrittsverlustes.

Für dieses Grenzvakuum gilt die Grundgleichung

$$\frac{d h_a}{-d p_a} = \frac{d h_t}{-d p_a},$$

worin h_t das adiabatische Gefälle der letzten Stufe, p_a der absolute Druck am Austritt aus derselben und h_a der Austrittsverlust kcal/kg:

$$h_a = \left[\frac{c_a}{91,5}\right]^2, \quad \text{mit} \quad c_a = \frac{G_s v_2}{F_a},$$

worin G_s kg/sek die sekundliche Dampfmenge, v_2 das spezifische Volumen am Austritt m³/kg, F_a die axiale freie Austrittsfläche am letzten Laufrad, wobei $F_a = \pi D l_2 \tau\,\mathrm{m}^2$, mit l_2 als Länge der Schaufel am Austritt und τ der Verengungsfaktor durch die Laufschaufelstärke (0,92 bis 0,97).

Damit ist

$$h_a = \left[\frac{G_s}{F_a}\,\frac{v_2}{91,5}\right]^2 \text{ kcal/kg}.$$

Erfolgt der Austritt aus dem letzten Laufrad nicht senkrecht (axial), so muß dieses berücksichtigt werden.

Die Zunahme des adiabatischen Gefälles h_t kann aus dem Mollier- (is-) Diagramm ermittelt werden.

Trägt man nun nach Bollier die Veränderung des Gefälles $\frac{d h_t}{-d p_a}$ bzw. $\frac{d h_i}{-d p_a} = \eta \frac{d h_t}{-d p_a}$, wenn h_i das wirklich ausgenutzte Gefälle (ausschließlich Austrittsverlust) und die Vergrößerung des Austrittsverlustes $\frac{d h_a}{-d p_a}$ für verschiedene Werte von $\frac{G_s}{F_a}$ und für die entsprechenden Volumina $v_2 = x v_2''$ über dem absoluten Druck p_a nach dem letzten Laufrad in einem Diagramm auf, so kann aus demselben das Grenzvakuum ersehen werden. Abb. 107 zeigt das Diagramm nach Bollier [V] mit den Kurven (ausgezogen) der Veränderung des Austrittsverlustes für G_s/F von 1 bis 30 kg/sek, wobei die Dampfnässe angenommen wurden

bei	0,01	0,03	0,06	0,10	ata
zu	12	11	10	9	%

sowie die Kurven (gestrichelt) für die Veränderungen von $\frac{d h_t}{-d p_a}$ und $\frac{d h_i}{-d p_a}$ (für 89 % Wirkungsgrad ohne Austrittsverlust).

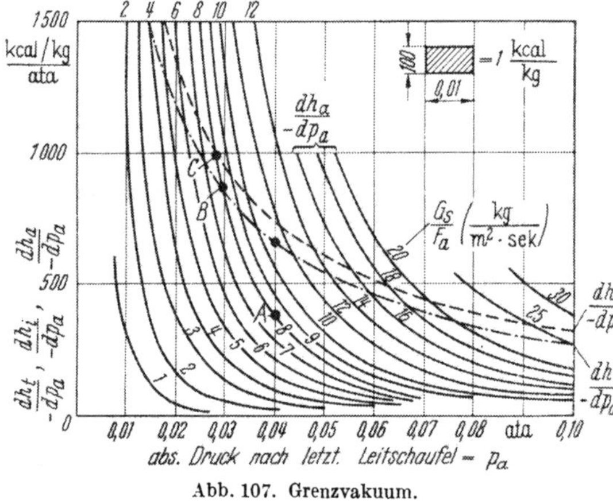

Abb. 107. Grenzvakuum.

So ist z. B. für eine Dampfturbine, deren letzte Stufe für $G_a/F_a = 8$ kg/sek·m² ausgeführt ist, bei $p_a = 0{,}04$ (Punkt A, Abb. 107), das theoretische Grenzvakuum (Punkt C) $= 0{,}0283$ ata, das tatsächliche (Punkt B) $= 0{,}0297$ ata. Ein höheres Vakuum gibt keine Verbesserung mehr, ist also zwecklos und erhöht unnütz die Kosten der Kondensationsanlage. Praktisch wählt man deshalb nicht das Grenzvakuum, sondern ein etwas niedrigeres, das keine merkliche Vergrößerung des Dampfverbrauches gibt.

Die Grenzleistung einer Turbine ist angenähert proportional dem abs. Druck p_a hinter der letzten Stufe. Die Schluckfähigkeit ist dann

$$G_{\max} = K p_a F_a \text{ kg/sek}.$$

Bollier gibt für das Grenzvakuum die Konstante K angenähert zu $K = 265$ an, für praktische Ausführungen aus wirtschaftlichen Gründen $K = 225$ oder weniger.

Wird das Vakuum schlechter, so wird bei mehrstufigen Turbinen die durchströmende Dampfmenge nicht beeinflußt, es nimmt nur das Gefälle ab, derart, daß die letzten Stufen schließlich leer mitlaufen. Wird das Vakuum ganz vernichtet, so daß die Turbine mit Auspuff arbeitet, so verringert sich das Wärmegefälle auf etwa 0,5 bis 0,6 des ursprünglichen, die Leistung nimmt angenähert in demselben Maße ab, d. h. der spezifische Dampfverbrauch steigt auf etwas mehr als das Doppelte; der effektive Wirkungsgrad η_e wird schlechter, da die Radreibungsarbeit größer wird.

Änderung der Drehzahl bewirkt Änderung der Umfangsgeschwindigkeit u und damit u/c_1. Sinkt die Drehzahl, dann nimmt die Leistung ab, wenn auch anfangs wenig; die Dampfmenge bleibt fast unverändert; der Umfangswirkungsgrad η_u nimmt ab, die Radreibungsarbeit wird kleiner, die Stoßverluste werden etwas größer. Nach unten kann die Drehzahl in weiten Grenzen geändert werden, ohne daß eine wesentliche Verschlechterung eintritt. Bei Erhöhung der Drehzahl nimmt neben der Leistung zunächst η_u zu wegen günstigeren u/c_1, doch kann leicht Stoß auf den Schaufelrücken eintreten (s. S. 56), wodurch die Drehzahlerhöhung begrenzt ist.

Drehzahländerungen werden in weiteren Grenzen nur bei Pumpen-, Gebläse- und Kompressorantrieb verlangt.

XI. Änderung der Druckverteilung und der Dampfmenge bei Belastungsänderung.

Die Druckverteilung bei Belastungsänderung einer gegebenen Turbine bei unveränderlicher Drehzahl spielt bei der Leistungsreglung eine Rolle. Da die Querschnitte nicht geändert werden (mit Ausnahme der ersten Stufe bei Düsenreglung), so werden sich entsprechend der durchströmenden Dampfmenge andere Stufendrücke einstellen.

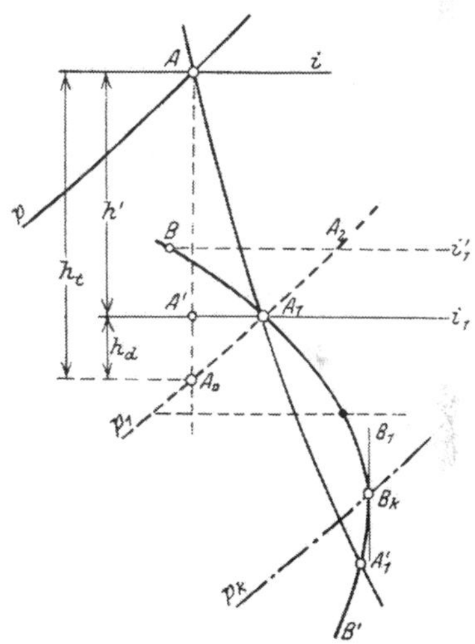

Abb. 108. Ermittlung des Druckverlaufes.

Ist der Anfangszustand vor dem Leitapparat gegeben, so kann für eine bestimmte stündliche Dampfmenge G_{st} bzw. sekundliche Menge G_{sek} der Endzustand der Expansion nach Zerkowitz [Ia] aus zwei Bedingungen bestimmt werden: aus der Stetigkeitsgleichung $G_{sek} v_1 = F_1 c_1$ und der Energiegleichung $\frac{A c_1^2}{2g} = i - i_1$, worin i der Wärmeinhalt des Anfangszustandes A und i_1 derjenige des gesuchten Endzustandes A_1 (Abb. 108). Man kann die beiden Gleichungen im is-Diagramm als geometrische Orte der Punkte darstellen, die der Energiegleichung bzw. der Stetigkeitsgleichung genügen. Der geometrische Ort der Punkte, die der Energiegleichung genügen, ist eine Kurve durch den Anfangspunkt A; die anderen Punkte werden gefunden, indem i_1 angenommen und das zugehörige adiabatische Gefälle h_t ermittelt wird, da $i - i_1 = h_t - h_d$ oder mit Gl. (55a), S. 55

$$h_d = h_t(1 - \varphi^2), \qquad h_t = \frac{i - i_1}{\varphi^2}, \qquad h' = h_t \varphi^2.$$

Damit findet man den Druck p_1 und auf ihm mit i_1 den Punkt A_1. Für andere Werte von i_1 ergeben sich weitere Punkte der Kurve $A A_1'$ (es genügen 2 oder 3 Punkte).

Der geometrische Ort der Punkte, die der Stetigkeitsgleichung genügen, wird gefunden aus der Erwägung, daß $\frac{c_1}{v_1} = \frac{G_{sek}}{F}$ einen bestimmten Wert hat, da G_{sek} und F gegeben sind. Für einen angenommenen Wert i_1 als Endwärmeinhalt ist c_1 aus dem wirklich umgesetzten Gefälle $h' = A A'$ zu ermitteln, $c_1 = 91{,}5\sqrt{h'}$ und damit $v_1 = \frac{c_1 F}{G_{sek}}$. Nun kann auf der Linie $i_1 = \text{const}$ derjenige Punkt ermittelt werden, der das Volumen v_1 hat. Für andere Werte von i_1 gefundene Punkte ergeben schließlich die Kurve $B B'$, in deren Schnittpunkt mit der Kurve $A A_1'$

der gesuchte Endpunkt A_1 auf der Linie des Druckes p_1 liegt, mit dem der Dampf aus der Leitvorrichtung tritt. Werden nun noch die übrigen Verluste (Schaufel-, Austritts-, Radreibungs- und Undichtheitsverlust) berücksichtigt, so erhält man den Anfangszustand der folgenden Stufe, für welche der Endzustand in der gleichen Weise ermittelt werden kann.

Bei Ausnutzung der Austrittsgeschwindigkeit c_2 ist zur Berechnung von c_1 als Gefälle $h' + \frac{A\,c_2^2}{2\,g}$ einzusetzen. Allgemein schneidet die Kurve BB' die Expansionslinie AA_1 in zwei Punkten: der erste (obere) A_1 entspricht vielstufigen Turbinen mit geringer Dampfgeschwindigkeit, der zweite Schnittpunkt A_1' entspricht überkritischer Geschwindigkeit. Der Berührungspunkt B_k der Kurve BB' mit der senkrechten Tangente entspricht dem kritischen Druckverhältnis.

Bei Überdruckturbinen ist für die Laufschaufel ebenfalls eine Kurve für die Stetigkeitsbedingung zu zeichnen.

Der Druckverlauf kann auch durch Rückwärtsrechnen, d. h. vom Endzustand der letzten Stufe aus ermittelt werden. Dazu muß der Endzustand schätzungsweise angenommen werden (bei Düsenreglung auf etwas tieferem Enddruck (Vakuum) und etwas mehr rechts als bei Vollast; bei Drosselreglung aus dem gedrosselten Gefälle und einem schlechteren Wirkungsgrad bei etwas tieferem Vakuum). Durch Schätzung der Verluste in der letzten Stufe nimmt man den Endpunkt der Expansion an und ermittelt c_1, da F, G_{sek} und v_1 bekannt sind; hieraus h', h_d und h_t gibt den Anfangszustand der letzten, zugleich Endzustand der vorhergehenden Stufe. In gleicher Weise fortgefahren, muß die Aufzeichnung in den Anfangspunkt führen, andernfalls ist ein anderer Endpunkt zu wählen und die Aufzeichnung nochmals durchzuführen; meist kommt man beim zweitenmal zum Ziel.

Neben anderen Verfahren zur Ermittlung des Druckverlaufes (s. BAER [V] und [III], LOSCHGE [Va], FORNER [Vh], RENFORDT [V]) dient dazu auch die von STODOLA [Ia], S. 263, angegebene

v-Quadrat-Methode.

Für den Austritt aus der Leitschaufel gelten, wenn die Zustände vor der Leitschaufel ohne Zeiger und diejenigen hinter der Leitschaufel mit dem Zeiger 1 bezeichnet werden, die Beziehungen

$$H_1 = i - i_1 = \frac{A}{2\,g}\,(c_1^2 - c^2) \tag{a}$$

und

$$G\,v_1 = F_1\,c_1 \quad \text{oder} \quad G^2\,v_1^2 = F_1^2\,c_1^2$$

bzw.

$$v_1^2 : c_1^2 = F_1^2 : G^2\,. \tag{b}$$

Die Vereinigung der Gln. (a) und (b) ergibt

$$v_1^2 : A\,(c_1^2 - c^2)/2\,g = (F_1/G)^2 : A/2\,g$$

oder

$$v_1^2 : H_1 = (F_1/G)^2 : A/2\,g\,. \tag{c}$$

Trägt man über dem Gefälle H die aus dem MOLLIER (is-) Diagramm auf der angenommenen (durch den Wirkungsgrad bestimmten) Zustandslinie ermittelten v^2-Werte auf, Abb. 109, so kann man für gegebenen Querschnitt F_1 und Dampfmenge G die zueinander gehörenden Werte von v_1 und H_1 finden. Dazu konstruiert man ein Hilfsdreieck $A'\,B'\,B_1'$ mit den Katheten F_1^2/G^2 und $A/2g$, (die man des bequemeren Maßstabs wegen mit einer beliebigen Geschwindigkeit c_x^2 multipliziert), trägt vom Anfangspunkt A des v^2-H-Diagramms die Strecke

$A_0A = Ac^2/2g$ nach links ab und zieht aus dem Punkt A_0 eine Parallele A_0B_1 zur Hypotenuse $A'B_1'$ des Hilfsdreiecks bis zum Schnitt mit der v^2-Kurve im Punkt B_1. Dann ist nach Gl. (a)

$$A_0B = i - i_1 + A\,c^2/2\,g = A\,c_1^2/2\,g\,,$$

woraus die Geschwindigkeit c_I berechnet werden kann. Mit Hilfe des Geschwindigkeitsdreiecks aus c_I und $-u$ erhält man die Eintrittsgeschwindigkeit w_I in die Laufschaufel, für welche die Gleichungen gelten

$$A\,w_2^2/2\,g = i_1 - i_2 + A\,w_1^2/2\,g$$

und

$$G^2\,v_2^2 = F_2^2\,w_2^2\,.$$

Nach Abtragen von $B_0B = A\,w_1^2/2g$ nach links von B zieht man aus dem Punkt B_0 eine Parallele B_0G zur Hypotenuse $A'c_I'$ eines neuen Hilfsdreiecks $A'B'C_1'$ mit den Katheten

$$F_2^2\,c_x^2/G^2 \quad \text{und} \quad A\,c_x^2/2\,g\,.$$

Diese Parallele schneidet die v-Quadratkurve im Punkt C_1, so daß $CC_1 = v_2^2$ und $B_0C = A\,w_2^2/2g$ die den obigen Gleichungen genügenden Lösungen darstellen.

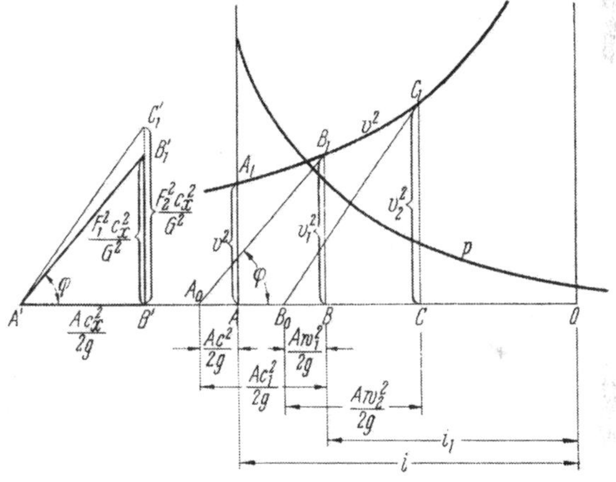

Abb. 109. v^2-Methode.

Nun wird im Geschwindigkeitsplan mit w_2 und $+\,u$ die Geschwindigkeit c_2 gefunden, mit der der Dampf in die folgende Leitschaufel eintritt. So fährt man fort bis zum Enddruck. Tangiert die Parallele unter dem Winkel die v-Quadratkurve gerade, so herrscht Schallgeschwindigkeit. Wird die v-Kurve durch die Parallele nicht mehr geschnitten, so kann die vorgesehene Dampfmenge vom Querschnitt F nicht mehr geschluckt werden.

Im v^2-H-Diagramm, Abb. 109, sind noch die Drücke aus dem is-Diagramm eingetragen, so daß auch die Druckverteilung ermittelt werden kann.

Stodola empfiehlt, die Figur nach Abb. 109 senkrecht gestellt an die Adiabate im Mollier-(is)-Diagramm zu legen (oder der Übersichtlichkeit wegen an eine Parallele zur Adiabate) da dann Berichtigungen besser angebracht werden können.

Man kann diese Methode auch rückwärts vom gegebenen Endzustand anwenden.

Stodola hat durch Versuche mit verschiedenen Anfangs- und Gegendrücken das Gesetz für die Abhängigkeit der durchströmenden Dampfmenge von den Drücken gefunden, das sich durch den

„*Kegel der Dampfgewichte*“

darstellen läßt. Trägt man in einem dreiachsigen Koordinatensystem auf der x-Achse die stündliche Dampfmenge G_{st}, auf der y-Achse den Gegendruck p_g und auf der z-Achse den Anfangsdruck p_a auf (Abb. 110), so ergeben die zusammengehörigen Werte eine Kegelfläche, deren Grundlinie in der x-z-Ebene eine ellipsenförmige Kurve ist. Wird z. B. der Anfangsdruck unverändert $p = OA$ gehalten und der Gegendruck von $p_1 = 0$ bis auf $p_0 = p = OA$ gesteigert, so nehmen die Dampfgewichte von $G_{st} = AB$ nach der elliptischen Kurve $BEDC$ ab, $\frac{G_{st}^2}{a^2} + \frac{p_g^2}{p_a^2} = 1$, worin a die kleine Achse der Ellipse. (Die elliptische Form läßt sich auch theoretisch nachweisen ([Ia], S. 266). Durch diese eine Kurve sind alle Punkte der Kegelfläche $OBEDC$ bestimmt. Bei einem kleineren aber unveränderlichen Anfangsdruck, z. B. OA_1, verläuft die Kurve nach $C_1F_1B_1$.

Bei gleichbleibendem Gegendruck, z. B. AD_1, ändert sich die stündliche Dampfmenge G_{st} mit dem Anfangsdruck nach der gleichseitigen Hyperbel C_2D als Schnitt des Kegels mit der waagrechten Ebene. Die Gleichung dieser Hyperbel lautet $z^2 - y^2 = a^2$ oder $p_a^2 - p_g^2 = \text{const} \times G_{st}^2$. Für verschiedene Anfangsdrücke gilt dann

$$\frac{p_a^2 - p_g^2}{p_{a1}^2 - p_g^2} = \frac{G_{st}^2}{G_{st1}^2}. \tag{d}$$

Je niedriger der Gegendruck, um so mehr nähert sich die Schnittkurve, z. B. C_0H_1H beim Gegendruck AH_2, einer Geraden, denn bei tiefem Druck p_g wird p_g^2 vernachlässigbar klein, und es ist

$$\frac{p_a^2}{p_{a1}^2} = \frac{G_{st}^2}{G_{st1}^2}. \tag{e}$$

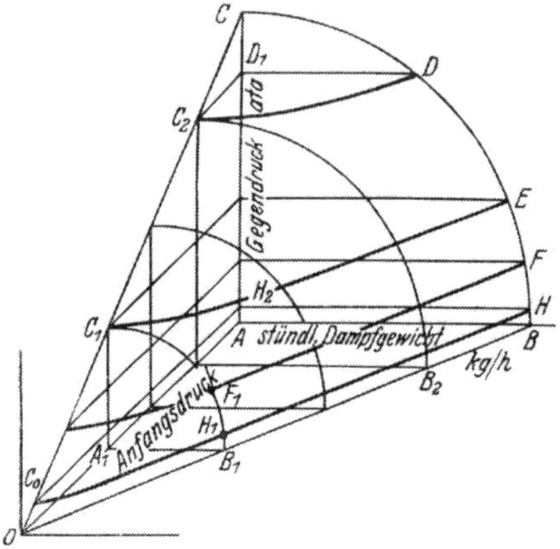

Abb. 110. Kegel der Dampfgewichte.

Man kann die Maßstäbe für G_{st} und p so wählen, daß die Strecke $G_{st} \equiv p$, dann erhält man als Grundfigur Kreise statt Ellipsen (s. Abb. 329, S. 284).

Für tiefen Gegendruck (Unterdruck) und veränderlichen (gedrosselten) Anfangsdruck ergeben sich daraus folgende, durch die Erfahrung bestätigte Sätze:

1. Das sekundliche (oder stündliche) Dampfgewicht einer gegebenen Turbine mit gleichbleibenden Querschnitten ändert sich angenähert proportional dem Anfangsdruck.
2. Die Nutzleistung nimmt mit dem Anfangsdruck linear zu.
3. Der Leerlaufsdampfverbrauch beträgt etwa 10% des Verbrauchs bei Vollast.
4. Bei tiefem Unterdruck ändern sich, mit Ausnahme der letzten Stufen, die Stufendrücke proportional dem Anfangsdruck (und der Dampfmenge).

Ändern sich die Querschnitte, so gelten die ersten drei Sätze nicht mehr. Bei hohen Gegendrücken gelten die Sätze nur bis zu einem bestimmten Anfangsdruck herunter, da der Verlauf der Schnittkurve immer mehr von einer Geraden abweicht.

Wird der Anfangsdruck heruntergedrosselt, so bleibt $i = \text{const}$ und die Drosselkurve stimmt angenähert mit der Kurve $pv = \text{const} = k$ überein. Nach Satz 1 ist $G_{sek} = Cp$, wenn C eine Konstante, oder

$$G_{sek} = \frac{C'}{v} \quad \text{und} \quad G_{sek}\, v = \text{const}.$$

Demnach ist bei Drosselung das die Turbine durchströmende sekundliche Dampfvolumen unveränderlich.

Da

$$G_{sek} = C\sqrt{p\,p} = C\sqrt{p\frac{k}{v}} = C'\sqrt{\frac{p}{v}},$$

ist

$$G_{st} = 3600\, C'\sqrt{\frac{p}{v}} = C_1\sqrt{\frac{p}{v}}. \tag{f}$$

Durch Messung der Dampfmenge kann man für jede Turbine deren Konstante C_1 ermitteln.

Diese Sätze finden bei der Berechnung und der Ausführung der Reglung Anwendung.

Die *Kurve des stündlichen Dampfverbrauches* kann auf Grund der Proportionalität von Dampfmenge und Leistung über dieser aufgetragen werden und zeigt geradlinigen Verlauf, Abb. 111, was für Kondensationsturbinen und für den Niederdruckteil von Entnahmeturbinen fast bis zum Leerlauf genau gilt, bei Gegendruckturbinen jedoch nur bis zu einer bestimmten Teillast. Danach ist der stündliche Dampfverbrauch

$$G = G_0 + D'N \text{ kg/h}, \qquad \text{(I)}$$

wenn G_0 der stündliche Leerlaufdampfverbrauch, D' kg/PSh der zusätzliche Dampfverbrauch für eine Nutz-PS und N die jeweilige Nutzleistung.

Für Vollast N_v ist dann der stündliche Dampfverbrauch

$$G_v = G_0 + D'N_v \text{ kg/h} \qquad \text{(II)}$$

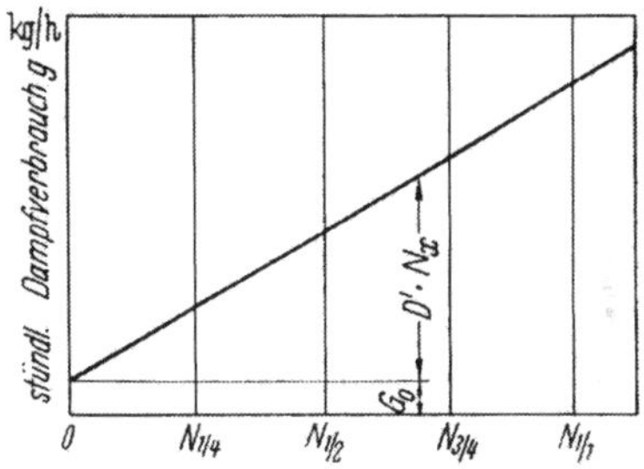

Abb. 111. Dampfverbrauch bei Teillast.

und für eine Teillast N_x

$$G_x = \frac{N_x}{N_v} G_v \frac{D_x}{D_v} = G_0 + D' N_v \frac{N_x}{N_v}, \qquad \text{(III)}$$

worin N_x/N_v der Teillastfaktor, D_x der spezifische Dampfverbrauch bei der betreffenden Teillast, wobei

$D_x/D_v = 1 + a$, wenn a der Dampfverbrauchszuschlag für Teillast.

Aus G (II) und (III) folgt durch Subtraktion

$$G_v - \frac{N_x}{N_v} G_v \frac{D_x}{D_v} = D' N_v - D' N_v \frac{N_x}{N_v} \text{ kg/h}$$

oder

$$G_v\left(1 - \frac{N_x}{N_v}\frac{D_x}{D_v}\right) = D' N_v \left(1 - \frac{N_x}{N_v}\right) \text{ kg/h},$$

woraus

$$D' = \frac{1 - \frac{N_x}{N_v}\frac{D_x}{D_v}}{1 - N_x/N_v} \frac{G_v}{N_v} \text{ kg PSh}.$$

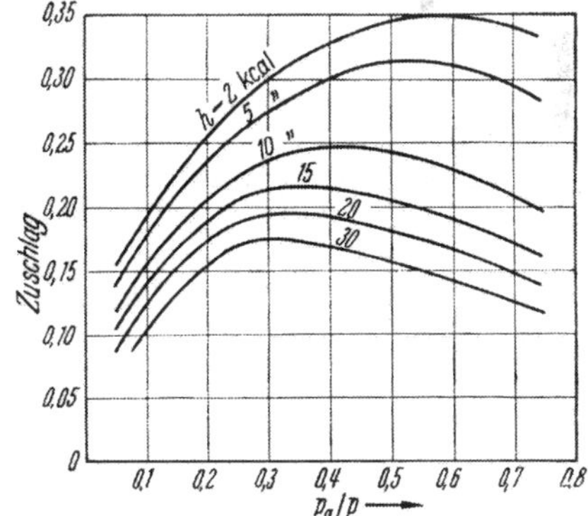

Abb. 112. Zuschläge für Halblast bei Gegendruckturbinen.

Für Halblast ist dann mit $N_x/N_v = 0{,}5$,

$$D' = \frac{1 - \frac{D_x}{D_v}}{0{,}5} \frac{G_v}{N_v} = \frac{1 - 0{,}5\,(1 + a_{1/2})}{0{,}5} \frac{G_v}{N_v} = (1 - a_{1/2}) \frac{G_v}{N_v} \text{ kg/PS}_e\text{h}.$$

In Gl. (II) eingesetzt folgt daraus der Leerlaufsdampfverbrauch:

$$G_0 = G_v - (1 - a_{1/2}) \frac{G_v}{N_v} N_v = G_v a_{1/2} \text{ kg/h}. \qquad \text{(IV)}$$

Somit ist der Leerlaufsdampfverbrauch gleich dem Produkt aus dem Vollastverbrauch und dem Halblastzuschlag. Ist letzterer bekannt, so kann aus Gl. (IV) der Leerlaufsverbrauch ermittelt werden und ebenso der Verbrauch für jede andere Belastung, da der Verlauf geradlinig ist (Abb. 111). Da der Mehrverbrauch bei Halblast gegenüber Vollast erst nach der genauen Durchrechnung der Turbine ermittelt werden kann, wird er vorher geschätzt zu

$a = 0{,}06$ bis $0{,}09$ bei Füllungsreglung und
$0{,}08$ bis $0{,}12$ bei Drosselreglung.

Für den Niederdruckteil von Zweidruck- und Entnahmeturbinen mit Füllungsreglung ist

$a = 0{,}07$ bis $0{,}10$.

Vielfach wird aber auch der Leerlaufsverbrauch angenommen

zu 6 bis 9% des Vollastverbrauches bei Füllungsreglung,
zu 8 bis 12% des Vollastverbrauches bei Drosselreglung.

Für Gegendruckturbinen und den Hochdruckteil von Entnahmeturbinen kann der Zuschlag nach RENFORDT [V] aus Abb. 112 angenommen werden, in Abhängigkeit vom Verhältnis des Enddruckes zum Anfangsdruck, aber auch vom Gefälle h_t^I der ersten Stufe (Regelstufe).

Dabei ist angenommen, daß reine Füllungsreglung entsprechend den tatsächlichen Verhältnissen nur bis zu ³/₄ ihres Wertes ausgenutzt ist.

Der *Beweis des Kegels der Dampfgewichte* kann nach FLÜGEL [Ia] wie folgt geführt werden.

Für die Änderung der Dampfmenge von G auf G' ist, wenn H das Stufengefälle aus Gl. (c), S. 98

$$\frac{H}{v^2} = G^2 \frac{A/2g}{F^2}$$

und bei unendlich vielen Stufen

$$\frac{dH}{v^2} = G^2 d\left(\frac{A/2g}{F^2}\right). \tag{g}$$

Da aber $dH = -\frac{di}{\eta} = -\frac{c_p dT}{\eta}$ (negativ, da i abnimmt, wenn H zunimmt) mit η als Stufenwirkungsgrad, oder aus Gl. (14) S. 8

$$dQ + dQ_R = di - A v dP, \quad \text{da} \quad Q = 0,$$

$$dQ_R = (1-\eta)\, dH = -\frac{1-\eta}{\eta} c_p dt - \text{der Verlust},$$

so ist

$$dH = -\frac{c_p dT}{\eta} = -A v dP.$$

Mit

$$c_p - c_v = AR = c_v(k-1) \quad \text{und} \quad v = \frac{RT}{P}$$

wird

$$\frac{ART}{P} dP = (c_p - c_v) \frac{T}{P} dP,$$

so daß

$$\frac{c_p dT}{\eta} = c_v(k-1) \frac{T}{P} dP.$$

Durch Integration dieser Gleichung erhält man

$$\frac{T}{T_1} = \left(\frac{p}{p_1}\right)^{\eta \frac{k-1}{k}} \quad \text{oder mit} \quad T = \frac{Pv}{R}, \quad T_1 = \frac{P_1 v_1}{R},$$

$$\frac{v}{v_1} = \left(\frac{p_1}{p}\right)^{1-\eta\frac{k-1}{k}}.$$

Durch Einsetzen dieser Gleichungen in Gl. (g) kann diese geschrieben werden

$$G^2\, d\,\frac{A/2\,g}{F^2} = -\frac{1}{v^2} A\, v\, dP = -\frac{A}{v_1}\left(\frac{p}{p_1}\right)^{1-\frac{k-1}{k}} dP\,.$$

Für den Druckabfall von p_1 auf p_2 ergibt die Integration dieser Gleichung

$$G^2\,\frac{A/2\,g}{F^2} = \frac{A}{n}\,\frac{p_1}{v_1}\left[1-\left(\frac{p_2}{p_1}\right)^n\right], \tag{h}$$

wenn $n = 2 - \frac{k-1}{k} = \sim 2$ gesetzt wird.

Da $A/2gF^2$ als konstant angesehen werden kann, gilt nach Gl. (e) die „Mengen-Druckgleichung" (s. auch „Reglung der Dampfturbinen")

$$\frac{G'}{G} = \sqrt{\frac{p_1\, v_1}{p_1\, v_1'}}\,\sqrt{\frac{1-(p_2'/p_1')^n}{1-(p_2/p_1)^n}}, \tag{i}$$

worin ohne Strich der normale Betriebszustand und mit Strich der geänderte Betriebszustand gekennzeichnet ist:

p_1 und p_1' der Druck vor der Stufengruppe und
p_2 und p_2' der Druck hinter der Stufengruppe.

Die Gleichung gilt nur für unveränderlichen Querschnitt, also nicht für die Regelstufen bei Mengenreglung. Wegen $Pv = RT$ wird

$$\sqrt{\frac{p_1'}{p_1}\,\frac{v_1}{v_1'}} = \frac{p_1'}{p_1}\sqrt{\frac{T_1}{T_1'}} \cong \frac{p_1'}{p_1}\,,$$

da die Temperatur geringen Einfluß hat. Mit $n = 2$ wird

$$\frac{G'}{G} = \frac{p_1'}{p_1}\sqrt{\frac{1-(p_2'/p_1')^2}{1-(p_2/p_1)^2}}\,. \tag{k}$$

Diese Gleichung entspricht dem „Kegel der Dampfgewichte" von Stodola.

Für überkritisches Druckverhältnis, also bei starker Expansion, wird $(p_2/p_1)^2$ bzw. $(p_2'/p_1')^2$ gegenüber 1 vernachlässigbar klein, so daß die Gl. (i) [vgl. auch Gl. (36a), S. 22] übergeht in die Gleichung

$$\frac{G'}{G} = \sqrt{\frac{p'}{p}\,\frac{v}{v'}}\,,$$

wenn p, v der Normalzustand, p', v' der geänderte Anfangszustand ist.

X. Die Wirkung der Dampfnässe und die Maßnahmen zu ihrer Beseitigung.

Das beim Übergang in das Sättigungsgebiet sich bildende Wasser in Tröpfchenform wirkt in zweifacher Hinsicht nachteilig. Erstens müssen die Tröpfchen, welche infolge ihrer Abbremsung an den Wandungen und infolge der Fliehkraft eine andere Richtung und eine geringere Geschwindigkeit haben als der Dampf, von letzterem wieder beschleunigt werden, was einen Verlust bedeutet, ebenso wie der infolge der geringeren Geschwindigkeit größere Eintrittwinkel einen Stoß auf den Schaufelrücken ergibt. Zweitens rufen die Tröpfchen, besonders an den Laufschaufelenden, Erosionen hervor, welche die Dampfführung beeinträchtigen und, je nach dem verwendeten Werkstoff, früher oder später zum Unbrauchbarwerden der Schaufeln führen können. Ein Teil der Tröpfchen bleibt schwebend, ein anderer Teil folgt nicht der Strömungsrichtung, sondern wird an die konkave Schaufelwand geschleudert und fließt mit stark verringerter Geschwindigkeit an der Wand entlang. Je schärfer die Umlenkung des Strahles in der Schaufel, um so mehr Tröpfchen bleiben an der Wand haften. Die Tröpfchenbahnen sind jedoch bei den Leit- und bei den Laufschaufeln verschieden.

Bei den Leitschaufeln werden sich die Tröpfchen an der Wand in axialer Richtung bewegen und an der Austrittskante wieder in den Strom gerissen. Abb. 113 zeigt den Weg der Wassertröpfchen und des Dampfes. Durch den Wirbel am Schaufelende wird die Geschwindigkeit weiter herabgesetzt.

Wesentlich anders verhalten sich die Wassertröpfchen in den Laufschaufeln. Zwar erfolgt das Niederschlagen auch an der konkaven Schaufelseite, jedoch bewegen sich die Tröpfchen nicht vorwiegend axial wie in den Leitschaufeln, sondern durch die Fliehkraft hauptsächlich radial, Abb. 114. Falls kein Deckband vorhanden ist, werden die Tröpfchen größtenteils an die Gehäusewand geschleudert, ein kleiner Rest wird in den Dampfstrom hineingerissen. Bei Vorhandensein von Deckbändern erfolgt das Abschleudern an die Gehäusewand erst im folgenden Spalt. An den Wänden bewegt sich ein Wasserfilm (falls nicht eine Entwässerung stattfindet, s. u.), ein Teil tropft nach der Mitte ab. Durch den Druckabfall verdampft ein Teil wieder in den folgenden Stufen. Der Wasserfilm

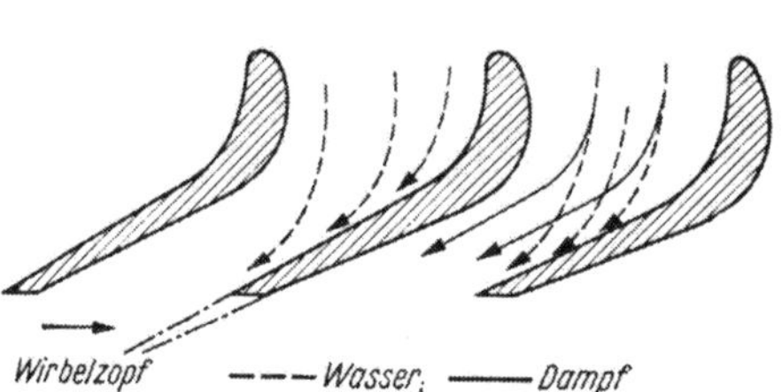

Abb. 113. Weg der Wassertröpfchen im Schaufelkanal.

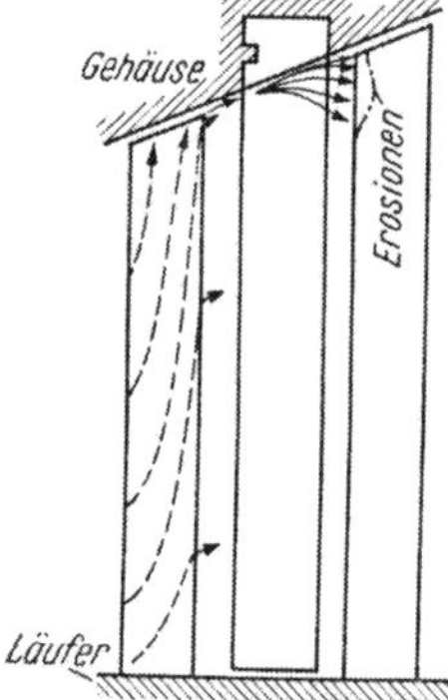

Abb. 114. Weg der Wassertropfen längs der Laufschaufeln und am Gehäuse.

teilt sich innerhalb der Leitkanäle in Einzelfilme, welche in der Breite von einigen Zentimetern an die Hohlseite der Leitschaufeln anliegen und am Schaufelende in den Dampfstrom hineingerissen werden; dadurch verringert sich die Dampfgeschwindigkeit, abhängig von der Wassermenge, es erfolgt, wie erwähnt, Stoß auf den Laufschaufelrücken bzw. auf die Eintrittskante.

Nach Beobachtungen an Gleichdruck- und an Überdruckturbinen treten Erosionen ganz überwiegend an den Eintrittskanten der Laufschaufelenden auf und nur ganz gering an den Eintrittskanten der Leitschaufeln, selbst beim empfindlichen Messing. Das ist, besonders bei Überdruckturbinen, dadurch zu erklären, daß das Wasser an der Wand abgebremst wird und nur mit geringer Geschwindigkeit in die Leitschaufel tritt. Bei Laufschaufeln sind an den Schaufelenden starke Erosionen zu bemerken, die häufig scharf abgegrenzt sind.

Versuche (s. Flatt, F. [Va]) über den Wirkungsgradabfall durch den Wassergehalt $(1-x)$ haben auch die Abhängigkeit vom Verhältnis c/u ergeben. Ferner wurde festgestellt, daß bei starker Umlenkung die Wasserteilchen sofort an die Schaufelhohlseite geschleudert werden und in steilen Bahnen durch die Fliehkraft geworfen werden, so daß ein Großteil des Wassers abgeschieden wird, was bei schwachgekrümmten Schaufeln nicht in gleichem Maße der Fall ist. Nach Senger [V] tritt bei schwachgekrümmten Schaufeln eine wirksame Abscheidung erst bei 5% Dampfnässe ein, wobei etwa die Hälfte abgeschieden werden kann. Je größer die Tropfen, um so beträchtlicher die Erosion.

Als *Maßnahmen* gegen die schädliche Wirkung des abgeschiedenen Wassers kommen, abgesehen von der nicht in allen Fällen anwendbaren Zwischenüberhitzung, nur konstruktive Mittel zur Entfernung des Wassers aus dem Dampf in Betracht, d. h. Entwässerungsvorrichtungen in den einzelnen Stufen. Abb. 115 zeigt ein Beispiel zweckmäßiger Entwässerung von Gleichdruckturbinen (EW); die Bahnen der Wassertropfen sind durch Pfeile gekennzeichnet. Das ausge-

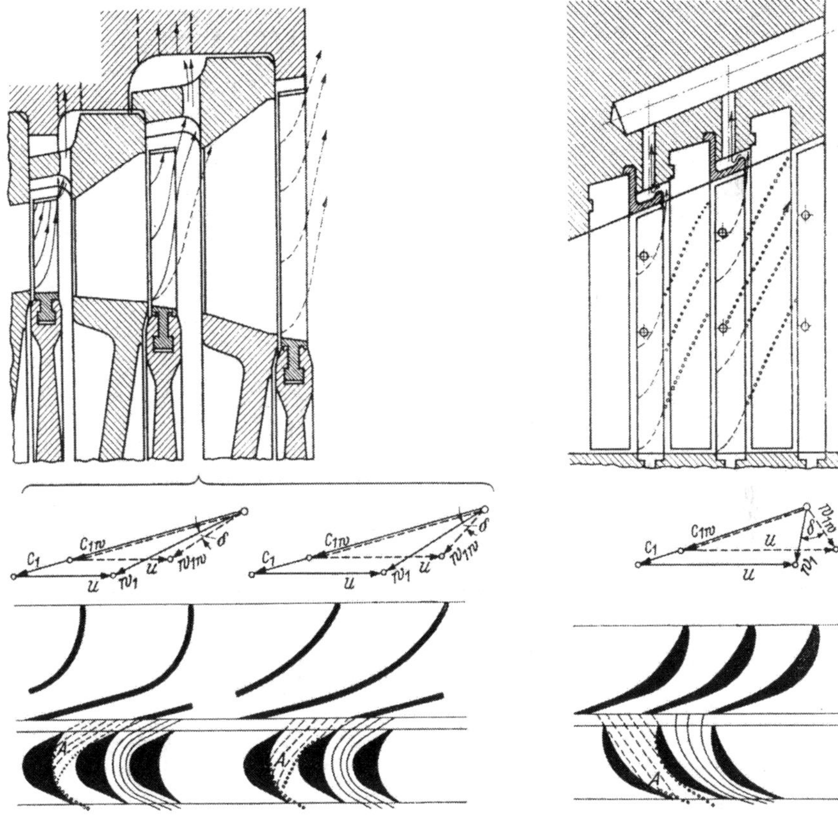

Abb. 115. Entwässerung bei Gleichdruckturbinen.

Abb. 116. Entwässerung bei Überdruckturbinen.

schleuderte Wasser kann bei genügend großem Abstand der folgenden Leitschaufel von der Laufschaufelaustrittskante zum größten Teil durch Entwässerungskanäle, die mit dem Abdampfstutzen in Verbindung stehen, abgeführt werden.

Die Entwässerung von Überdruckturbinen (BBC) zeigt Abb. 116. Das von der Laufschaufel ausgeschleuderte Wasser wird in besondere Ringkammern in den Abdampfstutzen abgesaugt. Eine neuere einfachere Ausführung der Entwässerungskanäle besteht aus gut abgerundeten in das Gehäuse eingedrehten Rillen an der Austrittsspitze der Laufschaufeln; die Rillen sind durch eine große Anzahl Bohrungen mit einer Ringkammer verbunden, die unmittelbar in den Kondensator führt.

Abb. 117 zeigt den Expansionsverlauf ohne Entwässerung *ABSDEFG* und bei Entwässerung bis auf 1% *A'B'C'D'E'F'G'*. Der Endwärmeinhalt im letzteren Falle liegt zwar höher, jedoch ist die Summe der adiabatischen Stufengefälle größer, andererseits die Menge des arbeitenden Dampfes (genauer des Dampf-Wasser-Gemisches) kleiner, aber der Wirkungsgrad höher. Praktisch kann nicht alles Wasser entfernt werden, doch haben die Entwässerungsmaßnahmen eine wesentliche Verringerung der Erosion gezeitigt; selbst nach langer Betriebszeit war nur eine leichte Aufrauhung an den Laufschaufelenden festzustellen. Es sollten deshalb solche Maßnahmen bei Expansion ins Sättigungsgebiet stets getroffen werden.

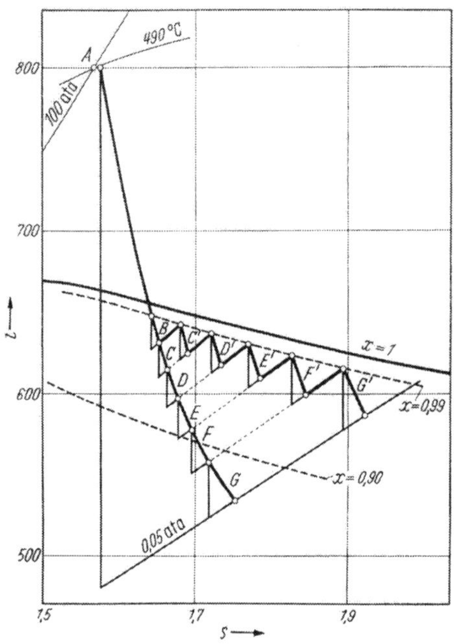

Abb. 117. Expansionsverlauf mit und ohne Entwässerung.

Die Wirkung der Dampfnässe auf die Schaufeln kann in mäßigen Grenzen gehalten werden durch geeigneten Werkstoff von hoher Verschleißfestigkeit, der aber nicht zu hart sein darf, oder durch genügend tief oberflächengehärtete Stähle. Nitrierhärtung genügt nicht, hingegen hat sich örtliche Lufthärtung der Eintrittskanten mit genügender Tiefe als zweckmäßig erwiesen, so daß der Kern zähe bleibt. Man hat auch vielfach auf die Eintrittskante Sonderstähle hoher Verschleißfestigkeit aufgelötet oder aufgeschweißt (s. Abb. 217, S. 202). Nach Angaben von Escher Wyss haben sich Schaufeln aus 5% Nickelstahl, die nach Spezialverfahren vernickelt wurden, gut bewährt (s. a. v. Freudenreich [V]; Paul, H. [V]; Stender, W. [V]; Hake, B. [V]; Liceni, F. [Va].

Zweiter Abschnitt.

Berechnung der Dampfturbinen.

I. Wahl der Ausführungsart.

Die Hauptabmessungen der Turbinen sind im allgemeinen nicht durch die Größe der Leistung in engen Grenzen festgelegt wie bei den Kolbenmaschinen, sondern sie hängen ab von der an sich in weiten Grenzen freien Wahl der Raddurchmesser bzw. der Stufenzahl und damit des Stufengefälles und der Dampfgeschwindigkeit. Für die Wahl der Ausführungsart sind folgende Gesichtspunkte maßgebend: *höchster Wirkungsgrad*, *niedrigste Herstellungskosten* und *größte Betriebssicherheit*.

Die letzte Forderung muß in jedem Falle erfüllt sein, während die erste und zweite so vereinigt werden müssen, daß die Anlage die höchste Wirtschaftlichkeit ergibt. Diese beiden Forderungen stehen einander entgegen, denn höchster Wirkungsgrad wird bei größeren Leistungen nur durch vielstufige Turbinen, also teuere Anlage, erreicht; billige Turbinen ergeben schlechtere Wärmeausnutzung. Es muß von Fall zu Fall entschieden werden, welche Ausführungsart zu wählen ist.

Es darf nun nicht angenommen werden, daß stets die vielstufige Turbine am Platze ist, es kommt vielmehr auf die Umstände und auf die Betriebsverhältnisse an, wobei nicht die Kosten der Anlage oder des Betriebsstoffes allein, sondern die geringsten Gesamtkosten für eine kW-Stunde maßgebend sind. Die Wahl der Ausführungsart hängt hauptsächlich von der Leistungsgröße ab: eine Turbine kleiner Leistung wird man möglichst einfach ausführen, da der Wirkungsgrad an sich nicht hoch sein wird und die Brennstoffkosten unbedeutend sind; hingegen werden bei großen Leistungen schon einige Prozent schlechterer Wirkungsgrad erheblich höhere Brennstoffkosten verursachen und eine teurere Anlage rechtfertigen. Kleinturbinen werden deswegen nur mit einer, höchstens zwei Druckstufen mit Geschwindigkeitsstufung und nur als Gleichdruckturbinen ausgeführt, da Überdruckturbinen volle Beaufschlagung erfordern, die bei kleinen Dampfmengen nicht ausführbar ist. Bei Leistungen von etwa 500 PS ab kann reine Druckstufung oder die erste Stufe mit Geschwindigkeitsstufung und die anderen Stufen als Gleichdruck- oder Überdruckstufen ausgeführt werden. Die erste Stufe wird als Regelstufe auch bei Überdruckturbinen mit Gleichdruckrad ausgeführt.

Um die Strömungsverluste zu verringern, wird auch bei Gleichdruckturbinen volle Beaufschlagung angestrebt, wodurch sich bei kleinen Dampfmengen kleine Durchmesser und dementsprechend große Stufenzahl ergibt, die natürlich auch vom verfügbaren Gefälle abhängt. Die Stufenzahl kann herabgesetzt werden durch hohe Drehzahl der Turbine und Herabsetzung derselben durch Zahnradvorgelege auf die gewünschte Drehzahl; durch diese Maßnahme werden auch die Durchmesser kleiner, so daß volle Beaufschlagung erreichbar ist und die Turbine billiger wird. Ferner werden die inneren Verluste, insbesondere die Radreibung, kleiner, während die mechanischen Verluste nur unwesentlich größer werden, dank der jetzt erreichbaren guten Wirkungsgrade der Zahnradübersetzung (98%). Solche Getriebe werden auch bei Hochdruckturbinen angewendet.

Bei hoher Stufenzahl werden die Turbinen mehrgehäusig mit gekuppelten Wellen, bei ganz großen Leistungen auch mehrwellig (nebeneinander liegend) ausgeführt.

Da in der Wahl der Ausführung weitgehende Freiheit gegeben ist, gehört zur Berechnung der Turbinen Übung und Erfahrung; die Berechnung kann wie folgt durchgeführt werden.

II. Gang der Berechnung.

1. *Ermittlung des verfügbaren Gefälles.* Dieses wird für den gegebenen Anfangszustand des Dampfes vor der Turbine p, t bzw. p, x und den Enddruck p_0 aus dem is-Diagramm entnommen; hierbei wird zweckmäßig beim Eintritt in die Turbine ein Spannungsabfall von etwa 10% angenommen infolge Drosseln des Dampfes im Absperr- und im Regelventil, aber auch um gewisse Druckschwankungen zu berücksichtigen. Ist bei Kondensationsturbinen nicht das Vakuum bzw. der Druck im Kondensator gegeben, sondern die Kühlwassertemperatur und die Menge, so muß danach das erreichbare Vakuum ermittelt werden.

Bei 60- bis 65facher Kühlwassermenge (je kg Dampf 60 bis 65 kg Wasser) beträgt das Vakuum bzw. der absolute Druck im Kondensator und die Dampftemperatur

bei $t_w =$	10	15	20	25	30° C Kühlwassertemperatur
Vakuum	96	95	94	92	90 %
Druck im Kondensator	0,04	0,05	0,06	0,08	0,10 ata
Dampftemperatur	28,6	32,5	35,8	41,1	45,4 ° C

Der Druck im Abdampfstutzen beim Austritt aus der letzten Laufschaufel ist etwas höher, abhängig von der Dampfgeschwindigkeit und von der Dampfführung (Druckgefälle zur Erzeugung der Strömungsgeschwindigkeit zum Kondensator). Im Mittel kann der Druck im Abdampfstutzen um 5% oder um 0,005 at höher angenommen werden als im Kondensator. Nach Forner [I] kann der Druckabfall vom Abdampfstutzen p_a zum Kondensatordruck p_0 angenommen werden zu

$$p_a - p_0 = p_0 \lambda \left(\frac{c_a}{100}\right)^2 \quad \text{oder} \quad p_a = p_0 \left[1 + \lambda \left(\frac{c_a}{100}\right)^2\right] \text{ata},$$

wenn c_a die Geschwindigkeit im Abdampfstutzen und $\lambda = 0{,}07$ bis $0{,}1$ je nach Güte der Dampfführung.

Durch strömungstechnisch richtige Form des Abdampfstutzens und genügend große Querschnitte kann der Druckunterschied wesentlich geringer gehalten werden.

2. Annahme des effektiven Wirkungsgrades η_e nach Abb. 106, S. 89. Soll die Turbine besonders wirtschaftlich arbeiten, so ist der höhere Wert von η_e, soll sie billig in der Ausführung sein, so ist der niedrigere Wert zu wählen, was später bei der Ausführung zu berücksichtigen ist.

Nimmt man nun noch den mechanischen Wirkungsgrad η_m nach Abb. 98 an (bei Verwendung eines Übersetzungsgetriebes muß noch der Wirkungsgrad desselben berücksichtigt werden), so ergibt sich der innere Wirkungsgrad η_i zu $\eta_i = \eta_e : \eta_m$, und damit kann der voraussichtliche Endzustand im Mollierdiagramm (Abb. 130) festgestellt werden, indem vom Anfangszustand A das innere Gesamtgefälle $H_i = \eta_i H_t$ abgetragen und die Waagerechte i_e bis zum Schnitt mit der Kurve des Enddruckes p_a im Abdampfstutzen gezogen wird. E ist der voraussichtliche Endzustand in der Turbine. Man kann nun den angenäherten Zustandsverlauf annehmen als fast gerade, nach oben etwas durchgekrümmte Linie AE, auf der die Zustände vor den einzelnen Stufen liegen, bzw. die Endzustände der vorhergehenden Stufen.

3. Der *Dampfverbrauch* für eine PS_eh ist dann nach Gl. (101), S. 93

$$D_e = \frac{632{,}3}{H_t \eta_e} \text{ kg/PS}_e\text{h} \quad \text{bzw.} \quad = \frac{860}{H_t \eta_e} \text{ kg/kWh}$$

und die sekundliche Dampfmenge

$$G_{sek} = \frac{D_e N_e}{3600} \text{ kg/sek}.$$

Der Dampfverbrauch ist zunächst für die Ermittlung der Radreibungs- und der Undichtheitsverluste nötig; für die Berechnung der Strömungsquerschnitte muß der sich aus der thermischen Berechnung ergebende genaue Dampfverbrauch zugrunde gelegt werden.

4. Die *Wahl* der *Ausführungsart* hängt, wie erwähnt, von verschiedenen Umständen, hauptsächlich von der Leistungsgröße ab. Die Drehzahl wird durch die anzutreibende Maschine vorgeschrieben sein; bei Generatorantrieb beträgt sie meist 3000 Umdr./min, bei großen Aggregaten 1500, bei Pumpen etwa 1500, bei Kompressoren 3000 bis 6000. Soll ein Übersetzungsgetriebe angewendet werden, so kann die Drehzahl der Turbine 5000 bis 20000 Umdr./min betragen.

Bei Kleinturbinen bis etwa 300 PS wird man einstufige Bauart wählen, ebenso bei Gegendruckturbinen mit kleinem Gefälle. Die *Lavalturbine* kommt nur für kleine Gefälle in Frage, da sonst wegen der begrenzten Umfangsgeschwindigkeit das Verhältnis u/c_1 ungünstig wird (Lavalturbinen werden stets mit Vorgelege ausgeführt); bei kleinem u/c_1 haben aber mehrkränzige Räder (Geschwindigkeitsstufung) einen besseren Wirkungsgrad (vgl. Abb. 57, S. 50). Meist wird deshalb Geschwindigkeitsstufung gewählt mit 2, 3 selten 4 Stufen je nach Gefälle, Drehzahl und Leistung (je größer das Gefälle, je kleiner die Drehzahl und je kleiner die Leistung, um so mehr Stufen).

Bei allen mehrstufigen Turbinen, besonders auch bei den Überdruckturbinen (mit Ausnahme der Ljungströmturbine) wird die erste Stufe als Regelstufe mit Gleichdruck und teilweiser Beaufschlagung ausgeführt. Dadurch kann in der Regelstufe ein größeres Gefälle verarbeitet werden, der Druck vor der Stopfbüchse wird geringer, und außerdem kann auch bei Überdruckturbinen Mengenreglung angewendet werden.

5. *Wahl der Stufendurchmesser.* Bei einstufigen Turbinen (Kleinturbinen) hängt der günstigste Durchmesser vom zu verarbeitenden Gefälle, von der Drehzahl und von der Zahl der Geschwindigkeitsstufen ab. Der Durchmesser ist für möglichst guten Wirkungsgrad zu ermitteln (s. Berechnungsbeispiel S. 125).

Bei mehrstufigen Turbinen ist man — falls nicht aus besonderen Gründen der Stufendurchmesser vorgeschrieben ist (z. B. Verwendung vorhandener Modelle) — in der Wahl des Durchmessers in weiten Grenzen frei. Dem Durchmesser entspricht bei gegebener Drehzahl ein günstigstes Stufengefälle, und damit ergibt sich die Stufenzahl. Bei der Wahl des Durchmessers sind jedoch verschiedene Gesichtspunkte zu berücksichtigen.

Bei direkter Kupplung der Turbinen mit der anzutreibenden Maschine ist die Drehzahl durch die letztere vorgeschrieben. Man kann jedoch durch Zwischenschalten eines Übersetzungsgetriebes die Drehzahl der Turbine höher wählen, so daß man den Durchmesser annehmen kann; meist wird man dann aber die Umfangsgeschwindigkeit u m/s annehmen und danach bei genügender Schaufellänge entsprechend dem erforderlichen Leitkanalquerschnitt den Durchmesser errechnen.

Von der zweiten Stufe an sollen auch Gleichdruckturbinen volle Beaufschlagung erhalten. Um einen Überblick über die zweckmäßigen Durchmesser zu erhalten, empfiehlt es sich, zuerst für das vorliegende Dampfvolumen den kleinsten möglichen Durchmesser der letzten Stufe, der nicht zu lange Schaufeln ergibt und den größten Durchmesser der ersten vollbeaufschlagten Stufe mit Rücksicht auf die kleinste zulässige Leitkanalhöhe bzw. Schaufellänge zu bestimmen.

Der Durchmesser der letzten Stufe kann ermittelt werden nach Gl. (108) für ein zulässiges Verhältnis der radialen Leitkanalhöhe a zum mittleren Teilkreisdurchmesser $\vartheta = D : a$ (bzw. zur Schaufellänge $\vartheta = D : l$), ein günstiges Geschwindigkeitsverhältnis u/c_1 (Schnellaufzahl) und ein spezifisches Volumen v, das aus dem angenommenen Zustandsverlauf (Abb. 134, S. 142) entnommen werden kann.

Nun kann noch ermittelt werden, bis zu welchem Druck hinauf dieser Durchmesser beibehalten werden kann, ohne zu kleine Schaufellängen bzw. Kanalhöhen zu erfordern. Zu diesem Zweck kann die Gl. (107), S. 117, nach v_1 aufgelöst werden, nach vorläufiger Annahme von $u/c_1 = 0{,}43$ bis $0{,}45$ bei Gleichdruckturbinen und $u/c = 0{,}60$ bis $0{,}8$ bei Überdruckturbinen, $\tau = \sim 0{,}80$ und $a = 15$ mm $= 0{,}015$ m (gegossene Kanäle) bei Gleichdruck und $l = 30$ mm bei Überdruckturbinen

$$v_1 = \frac{\pi^2 D^2 \tau \, a \, n \sin \alpha_1}{G_s \cdot 60 \cdot \chi} \quad \mathrm{m^3/kg}\,.$$

Aus der über den Drücken oder über dem Gefälle H (Abb. 136, S. 146) aufgetragenen Volumenkurve kann festgestellt werden, bei welchem Druck bzw. bei welchem Gefälle dieses Volumen erreicht wird, d. h. bis zu welchem Druck hinauf der Durchmesser der letzten Stufe beibehalten werden kann. Bei Kondensationsturbinen, besonders bei hohen Anfangsdrücken und größeren Einheiten, wird man zumeist auf einen kleineren Durchmesser im Hochdruckteil übergehen müssen.

Die erste Stufe wird als Regelstufe mit teilweiser Beaufschlagung ausgeführt und verarbeitet etwa $^1/_4$ bis $^1/_3$ des Gesamtgefälles (nur bei reiner Drosselreglung kann auch die erste Stufe voll beaufschlagt werden). Aus dem Gefälle kann dann c_1 und mit einem zunächst angenommenen Wert von $\chi = u/c_1$ und mit der Drehzahl auch D ermittelt werden (s. Berechnungsbeispiel S. 135). Es sind aber die Gesichtspunkte für die Wahl des Druckes nach der ersten Stufe zu beachten, s. unter Punkt 6).

Nach Festlegung des Gefälles der ersten Stufe kann der Durchmesser der ersten vollbeaufschlagten Stufe ermittelt werden aus Gl. (107) nach Annahme von χ, a, α_1, τ und Schätzung des Volumens beim Austritt aus der Leitvorrichtung. Stimmt nach dem errechneten Durchmesser und dem entsprechenden Gefälle das spez. Volumen nicht mit dem angenommenen überein, so muß mit neuer Annahme die Berechnung nochmals durchgeführt werden.

Nun kann wiederum festgestellt werden, bis zu welchem Druck hinunter der Durchmesser beibehalten werden kann, ohne zu große Schaufellängen zu erhalten, wozu, wie oben, das Volumen ermittelt wird aus Gl. (108) für ein Verhältnis $\vartheta = D:l = 7$ bis 4; diesem Volumen entspricht dann wieder aus Abb. 135, oder aus dem is-Diagramm ein zugehöriger Druck. Meist werden sich die auf diese Weise ermittelten Bereiche der Durchmesser der letzten und der zweiten Stufe in der Mitte überdecken, so daß man in der Wahl der Durchmesser im Mittelteil genügend Spielraum hat. Bei der Festlegung der Durchmesser muß aber die Parsonssche Kennzahl bzw. $\Sigma(u^2)$ den vorgeschriebenen Wert erreichen. Wegen der Ausnutzung der Austrittsgeschwindigkeit, läßt man, wenn möglich, den Durchmesser allmählich zunehmen. Bei Kondensationsturbinen größerer Leistung wird man jedoch kaum ohne plötzliche Zunahme des Durchmessers der Niederdruckstufen auskommen. In manchen Fällen ist die Umfangsgeschwindigkeit u vorgeschrieben oder sie kann angenommen werden. Dann kann aus der Stetigkeitsbedingung der Durchmesser und die Drehzahl ermittelt werden (s. S. 119). Wird der Durchmesser der letzten Stufen oder $D:l$ zu groß (man geht meist nicht über Umfangsgeschwindigkeiten $u = 300$ m/s und Schaufellängen $l = D:4$ bzw. Kanalhöhen $a = D:5$ bis $D:6$), dann muß der Niederdruckteil unterteilt werden — zwei- oder mehrflutige Bauart.

Die Wahl der Durchmesser steht im engen Zusammenhang mit der nun folgenden

6. *Aufteilung des Gefälles* und der Ermittlung der Stufenzahl mit Rücksicht auf den zu erreichenden inneren Wirkungsgrad bzw. auf die vorgeschriebene hydraulische Kennzahl oder die $\Sigma(u^2)$. Dem Durchmesser bzw. der diesem und der Drehzahl entsprechenden Umfangsgeschwindigkeit entspricht ein bestimmtes adiabatisches Stufengefälle, das einen günstigsten inneren Wirkungsgrad ergibt, wie bei den Berechnungsbeispielen gezeigt wird.

Wie erwähnt, wird die erste Stufe als Regelstufe fast ausnahmslos mit einem einkränzigen oder zweikränzigen (Curtisrad) Gleichdruckrad ausgeführt mit teilweiser Beaufschlagung. (Nur die als reine Überdruckturbine arbeitende Ljungströmturbine hat volle Beaufschlagung der ersten Stufe mit Drosselreglung). Dabei ist zunächst weder der Durchmesser der Regelstufe noch das in ihr verarbeitete Gefälle festgelegt. Für die Wahl dieser Größen sind folgende Gesichtspunkte maßgebend:

1. Die Radreibung, welche bei kleinen Dampfmengen (also kleiner Leistung), großem Durchmesser und hohen Drücken erhebliche Beträge erreichen kann, bei großen Dampfmengen jedoch keine bedeutende Rolle spielt [vgl. Gl. (66), S. 68]. Die Radreibung wird um so kleiner, je niedriger der Druck in der Radkammer und je kleiner der Raddurchmesser. Da kleinem Durchmesser aber ein kleines Gefälle entspricht, also höherer Druck, so stehen beide Forderungen einander entgegen.

2. Die Lässigkeitsverluste durch die Stopfbüchsen, die bei hohen Drücken erheblich sein können, sowie die Verluste durch die Zwischendichtung zur zweiten Stufe.

3. Die Art der Reglung, da diese bei Teillast auf den Druck in der ersten Stufe von Einfluß ist (s. Reglung).

Da die erste Stufe ohnehin nicht voll beaufschlagt wird, hat man in der Wahl des Druckes und damit des Raddurchmessers eine gewisse Freiheit. Man wird den Druck zweckmäßig um so niedriger wählen, je kleiner der Dampfdurchsatz der Turbine, so daß in der folgenden Stufe volle Beaufschlagung erreicht werden kann. Abb. 119 gibt einen Einblick in die Abhängigkeit des Durchmessers vom sekundlichen Volumen $G_{sek} v_1$, oder, da G_{sek} bereits nach Punkt 3, S. 100 ermittelt wurde, die Abhängigkeit vom spez. Volumen v_1, wobei die Volumina zunächst aus dem is-Diagramm auf einer mittleren Zustandslinie (Abb. 134) entnommen werden können. Aus Abb. 119 kann nun ersehen werden, ob etwa schon die erste Stufe voll beaufschlagt werden könnte bei brauchbarem Stufendurchmesser. Um der Forderung nach niedrigem Druck zu entsprechen, wird man häufig für die erste Stufe ein zweikränziges Curtisrad wählen, welches das vierfache Gefälle einer einkränzigen Stufe verarbeiten kann. Bei kleinen Turbinen kann bei Anwendung eines Übersetzungsgetriebes durch Wahl höherer Drehzahl der Durchmesser klein gehalten werden, wodurch, wie auch durch den größeren Beaufschlagungsgrad, die Radreibung verringert werden kann.

Ist das Gefälle der ersten Stufe auf diese Weise festgelegt, so kann das übrige Gefälle für den ermittelten Durchmessern der zweiten und der folgenden Stufen bis zur letzten Stufe aufgeteilt werden. Die zwischenliegenden Stufendurchmesser können ähnlich wie bei den Überdruckturbinen gewählt, dazu die Gefälle ermittelt werden, so daß das ganze Gefälle aufgeteilt ist, wozu einige Änderungen in den Durchmessern nötig werden können, damit volle Stufenzahl erreicht wird. Es ist dann nach Abb. 96

$$H = \mu H_t = h_{t1} + h_{t2} + \cdots + h_{tn}$$

bei veränderlichen Durchmessern oder

$$H = h_{t1} + z_2 h_{t2} + z_3 h_{t3} + \cdots$$

bei Stufengruppen gleichen Durchmessers.

Man kann aber auch, besonders bei Überdruckturbinen, die Qualitätsziffer (Parsonssche Kennzahl) (S. 89) der Turbine annehmen (statt η_e) und daraus die Stufenzahl berechnen. Nach Gl. (93), S. 90 ist

$$X = \frac{\Sigma u^2}{\mu H_t} = \frac{z_1 u_1^2 + z_2 u_2^2 + \cdots}{\mu H_t}$$

oder

$$z_1 u_1^2 + z_2 u_2^2 + \cdots = X \mu H_t,$$

worin

$$u_1, u_2, \ldots$$

die Umfangsgeschwindigkeiten der Stufengruppen.

Näheres s. Berechnung der Überdruckturbinen.

7. *Durchrechnung* der *Stufen*, indem die Geschwindigkeitspläne gezeichnet, die Verluste ermittelt und die Dampfzustände in das is-Diagramm eingetragen werden.

Dieses Durchrechnen der einzelnen Stufen macht bei größerer Stufenzahl einige Mühe; es sind deshalb eine Reihe verschiedener zeichnerischer und analytischer Berechnungsmethoden vorgeschlagen worden zum Zwecke der Vereinfachung der Berechnung. Für den Anfänger empfiehlt es sich aber, zunächst die Stufen einzeln zu rechnen, oder bei Überdruckturbinen in Gruppen von einigen Stufen, um die Einflüsse der verschiedenen Größen, der Verluste u. a. m. kennen und beurteilen zu lernen. Da sich der Berechnungsgang in den Stufen wiederholt, kann auch die Einzelrechnung bei einiger Übung schnell erfolgen. Die Verluste bei Überdruckturbinen sind nicht genau einzeln bestimmbar, wie bei Gleichdruckturbinen, man ist mehr auf Annahmen angewiesen.

8. Ermittlung des genauen *inneren Gesamtgefälles* H_i durch den erreichten Endzustand im is-Diagramm (s. Abb. 96, S. 81) und des inneren Gesamtwirkungsgrades $\eta_{ig} = H_i : H_t$. Nach Schätzung des mechanischen Wirkungsgrades (s. Abb. 98, S. 84) erhält man den effektiven Wirkungsgrad der Turbine $\eta_e = \eta_i \eta_m$, der mit dem ursprünglich geschätzten (s. unter 2.) möglichst gut übereinstimmen muß; kleine Abweichungen haben wenig Einfluß.

Mit dem so ermittelten Wert von η_e wird nun der genaue Dampfverbrauch bestimmt und der Berechnung der Querschnitte zugrunde gelegt. Der zu garantierende Dampfverbrauch wird meist mit einem Zuschlag zu dem rechnungsmäßigen angegeben (etwa 2% bei Kondensations- und etwa 5% bei Gegendruckturbinen), oder aber es wird der rechnungsmäßige Wert mit einer Toleranz von 2 bis 5% angegeben, um bei zufälligen Abweichungen von der Berechnung die Garantie einhalten zu können.

Nun kann noch die Größe des Wärmerückgewinnungsfaktors nachgeprüft werden als Verhältnis der Summe der adiabatischen Einzelgefälle zum ursprünglichen adiabatischen Gesamtgefälle. Diese Ermittlung ist empfehlenswert, um Unterlagen für ähnliche Berechnungen zu sammeln. Ebenso kann die Parsonssche Kennzahl bestimmt werden, um Vergleiche mit anderen Ausführungen ziehen zu können.

9. *Berechnung der Strömungsquerschnitte*, d. h. der Leit- und der Laufschaufeln. Bei Gleichdruckturbinen wird diese Berechnung stets für jede Stufe einzeln durchgeführt, bei Überdruckturbinen können gruppenweise gleiche Querschnitte, also gleiche Schaufellängen angenommen werden, doch werden auch ständig zunehmende Durchmesser und Querschnitte ausgeführt. Näheres s. S. 141 u. 155.

Da die Berechnung der Gleichdruck- und der Überdruckturbinen verschieden ist, so soll sie für beide Arten einzeln angegeben werden, obgleich sich eine strenge Grenze bei den neueren Ausführungen nicht immer ziehen läßt.

III. Berechnung der Gleichdruckturbinen.

A. Einstufige Turbinen.

1. Eine reine Druckstufe (Turbine von de Laval).

Aus dem gegebenen Anfangszustand und dem Enddruck wird das adiabatische Gefälle aus dem is-Diagramm festgestellt, wobei, wie S. 108 erwähnt, etwa 10% Spannungsabfall beim Eintritt angenommen werden können. Nach Schätzung des effektiven Wirkungsgrades η_e ergibt sich der Dampfverbrauch für eine PS_e-Stunde und der sekundliche Dampfverbrauch; aus dem Gefälle erhält man die theoretische Dampfgeschwindigkeit $c_0 = 91{,}5\sqrt{h_t}$ m/sek und die wirkliche Geschwindigkeit $c_1 = \varphi c_0$, worin φ der Geschwindigkeitskoeffizient der Düse (s. S. 55). Die Umfangsgeschwindigkeit und damit der Durchmesser des Laufrades muß nun so gewählt werden, daß der innere Wirkungsgrad den höchsten Wert erhält. Die Drehzahl der Lavalturbinen wird zwischen 6000 und 30000 Umdr./min gewählt und stets durch Räderübersetzung auf die Drehzahl der anzutreibenden Maschine herabgesetzt.

Um den günstigsten Durchmesser zu ermitteln, muß für einige Werte von u/c_1, die niedriger liegen als dem günstigsten Umfangswirkungsgrad entspricht, die innere Leistung h_i bestimmt werden. Dazu wird der Geschwindigkeitsplan gezeichnet, wobei zweckmäßig der Düsenneigungswinkel

$$\alpha_1 = 20^0$$

angenommen werden kann, und aus dem Geschwindigkeitsplan die Leistung am Radumfang

$$h_u = A\,u(w_{1u} + w_{2u}) : g \text{ kcal/kg}$$

(s. S. 44) errechnet. Der Schaufeleintrittswinkel β_1 ergibt sich aus der Richtung von w_1, wobei zur Vermeidung des Rückenstoßes (S. 56) dieser Winkel etwas größer gewählt wird (etwa 2 bis 5°) als der zeichnerische Winkel von w_1; den Schaufelaustrittswinkel β_2 wählt man meist gleich dem Eintrittswinkel β_1. Nun wird noch der Radreibungs- und Ventilationsverlust h_{rv} bestimmt, wozu die Schaufellänge und bei der Gleichung von STODOLA auch der Beaufschlagungsgrad geschätzt werden muß. Das spezifische Gewicht ergibt sich aus dem Zustand im is-Diagramm nach Eintragen der Verluste bzw. von h_u (Punkt A_3 in Abb. 81, S. 60); dann ist $h_i = h_u - h_{rv}$ und $\eta_i = h_i : h_t$. Führt man diese Berechnung für einige Werte von u/c_1 durch und trägt die gefundenen Werte über u/c_1 bzw. dem Durchmesser D auf, so liegt der günstigste Wert dort, wo die Wirkungsgradkurve einen Höchstwert hat; dieser liegt bei einem um so kleineren Wert von u/c_1, je kleiner die Leistung ist.

Berechnung der Düsen s. S. 122, der Laufschaufeln s. S. 124.

Berechnungsbeispiel s. S. 125.

2. Eine Druckstufe mit Geschwindigkeitsstufung (Curtisrad).

Die Ermittlung des Gefälles, der Dampfgeschwindigkeit und der Dampfmenge nach Schätzung des effektiven Wirkungsgrades nach Abb. 106, S. 89, erfolgt in der gleichen Weise, wie bei 1. angegeben; dann muß die Zahl der Geschwindigkeitsstufen festgelegt werden. Bei großem Gefälle werden bei Leistungen über etwa 100 PS zwei oder drei Stufen zu wählen sein, je nach der Drehzahl; bei 3000 Umdr./min werden wohl nur zwei Stufen in Frage kommen. Bei kleinen Leistungen und wo es auf billige Ausführung und kleine Abmessungen ankommt, werden drei, seltener vier Stufen angewendet.

Da der Leistungsanteil der folgenden Kränze rasch abnimmt, und zwar um so mehr, je höher u/c_1, ist manchmal der letzte Kranz nicht mehr lohnend, man wird auf ihn verzichten und besser einen etwas größeren Durchmesser wählen.

Für das Zeichnen der Geschwindigkeitspläne muß der *Düsenwinkel* α_1 angenommen werden, und zwar sind praktisch brauchbare Werte:

für *zwei*kränzige Räder . . . $\alpha_1 = 20°$, entsprechend 35 % Neigung
„ *drei*kränzige Räder . . . $\alpha_1 = 22°$, „ 40 % „
und
„ *vier*kränzige Räder. . . $\alpha_1 = 24$ bis 25° „ 45 % „

Die *Schaufeleintrittswinkel* β_1 ergeben sich aus dem Geschwindigkeitsplan entsprechend der Richtung der relativen Dampfgeschwindigkeit w_1, wobei der Schaufelwinkel zur Vermeidung des Rückenstoßes ein paar Grad größer genommen wird. Der *Schaufelaustrittswinkel* β_2 kann gleich dem Eintrittswinkel gemacht werden; man kann die Austrittswinkel aber auch nach praktisch günstigen Ergebnissen (WAGNER, P. [Ib]) wie folgt annehmen:

für *zwei*kränzige Räder

1. Laufschaufelkranz $\beta_2 = 25°$ bzw. $\mathrm{tg}\,\beta_2 = 0{,}45$, das sind 45 %
   Umleitkranz . . $\beta_2 = 33°$ „ $\mathrm{tg}\,\beta_2 = 0{,}65$
2. Laufschaufelkranz $\beta_2 = 45°$ „ $\mathrm{tg}\,\beta_2 = 1{,}00$

für *drei*kränzige Räder

1. Laufschaufelkranz $\beta_2 = 26°$ bzw. $\mathrm{tg}\,\beta_2 = 0{,}49$
   I. Umleitkranz . $\beta_2 = 30°$ „ $\mathrm{tg}\,\beta_2 = 0{,}58$
2. Laufschaufelkranz $\beta_2 = 34°$ „ $\mathrm{tg}\,\beta_2 = 0{,}68$
   II. Umleitkranz . $\beta_2 = 40°$ „ $\mathrm{tg}\,\beta_2 = 0{,}84$
3. Laufschaufelkranz $\beta_2 = 45°$ „ $\mathrm{tg}\,\beta_2 = 1{,}00$

für *vier*kränzige Räder

1. Laufschaufelkranz $\beta_2 = 26°$ bzw. $\mathrm{tg}\,\beta_2 = 0{,}49$
   I. Umleitkranz . $\beta_2 = 28°$ „ $\mathrm{tg}\,\beta_2 = 0{,}54$

2. Laufschaufelkranz $\beta_2 = 31^0$ bzw. $\operatorname{tg}\beta_2 = 0{,}59$
II. Umleitkranz . $\beta_2 = 33^0$ „ $\operatorname{tg}\beta_2 = 0{,}65$
3. Laufschaufelkranz $\beta_2 = 36^0$ „ $\operatorname{tg}\delta_2 = 0{,}72$
III. Umleitkranz . $\beta_2 = 40^0$ „ $\operatorname{tg}\beta_2 = 0{,}84$
4. Laufschaufelkranz $\beta_2 = 45^0$ „ $\operatorname{tg}\beta_2 = 1{,}00$

Die Annahme der Austrittswinkel kleiner als die Eintrittswinkel ergibt wesentlich höhere Umfangswirkungsgrade als nach Abb. 57, S. 50, allerdings werden dadurch die Schaufeln länger.

Nun muß man die Umfangsgeschwindigkeit bzw. den Raddurchmesser so wählen, daß der innere Wirkungsgrad den höchsten Wert erreicht; dazu führt man die Berechnung für einige Werte von u/c_1, die tiefer liegen als der für η_u günstigste Wert (vgl. Abb. 57, S. 50), z. B.

für *zwei*kränzige Räder . . $u/c_1 = 0{,}11$, 0,14, 0,17, 0,20
„ *drei*kränzige Räder . . $u/c_1 = 0{,}06$, 0,08, 0,10, 0,12
„ *vier*kränzige Räder . . $u/c_1 = 0{,}04$, 0,06, 0,08, 0,10

Ermittelt man für diese Werte von u/c_1 bzw. für die zugehörigen Durchmesser die Leistung am Radumfang aus dem Geschwindigkeitsplan und die Radreibungsverluste (hierfür ist die Gleichung der AEG, s. S. 62, gut geeignet), so erhält man die innere Leistung $h_i = h_u - h_{rv}$ kcal/kg und den inneren Wirkungsgrad $\eta_i = h_i : h_t$; durch Auftragen desselben über u/c_1 bzw. D wird ersichtlich, wo der Höchstwert von η_i liegt. Meist wählt man für die Ausführung einen etwas kleineren Durchmesser, da in der Nähe des Höchstwertes von η_i der Wirkungsgrad sich wenig ändert und bei abnehmender Dampfgeschwindigkeit oder zunehmender Umfangsgeschwindigkeit der Wirkungsgrad sinken würde (da die Kurve wieder abfällt).

Mit dem nunmehr festliegenden Durchmesser wird die weitere Berechnung durchgeführt; man schätzt den mechanischen Wirkungsgrad (s. S. 84) und erhält den effektiven Wirkungsgrad $\eta_e = \eta_i \eta_m$, der mit dem anfangs geschätzten brauchbar übereinstimmen muß. Damit wird der genauere Dampfverbrauch ermittelt, für den die Düsen und die Schaufeln zu berechnen sind, wie S. 122 und 124 angegeben.

Trägt man die Zustände unter Berücksichtigung der Verluste in den Schaufeln in das is-Diagramm ein, so erhält man den Endzustand beim Austritt des Dampfes aus der Turbine.

B. Mehrstufige Turbinen.

1. Reine Druckstufen (Zoelly-Turbinen).

Für den gegebenen Anfangszustand und den Enddruck wird das adiabatische Gesamtgefälle H_t aus dem is-Diagramm entnommen (mit etwa 5 bis 10% Druckabfall durch Drosseln beim Eintritt in die Turbine), der effektive Wirkungsgrad nach Abb. 106, S. 89, geschätzt und der Dampfverbrauch für 1 PS_eh und für eine Sekunde bestimmt. Mit dem mechanischen Wirkungsgrad nach Abb. 98, S. 84, erhält man den inneren $\eta_i = \eta_e : \eta_m$ und die innere Gesamtleistung H_i und kann den voraussichtlichen Endzustand im is-Diagramm sowie den ungefähren Zustandsverlauf einzeichnen (Abb. 96, S. 81) als eine etwas durchgebogene oder fast gerade Linie AE.

Durch den Wärmerückgewinn (s. S. 91) wird das aufzuteilende Gefälle H größer als das ursprüngliche adiabatische H_t, $H = \mu H_t$, worin μ der Rückgewinnungsfaktor, der je nach der Größe des Gefälles und der Zahl der Stufen zwischen 1,02 und 1,08 liegt.

Die *Aufteilung* des *Gefälles* in einzelne Stufengefälle muß nun so erfolgen, daß die Turbine einen möglichst hohen Wirkungsgrad ergibt bzw. den vorgeschriebenen Wirkungsgrad oder $\Sigma(u^2)$ erreicht.

Sind *Durchmesser* und *Drehzahl gegeben* (der Durchmesser kann für bestimmte Leistungsgrößen vorgeschrieben sein, um ähnliche Modelle verwenden zu können), so ist damit auch die Umfangsgeschwindigkeit u festgelegt, und es muß das zugehörige günstigste Wärmegefälle h_t der Stufe gefunden werden, d. h. dasjenige, welches den besten inneren Wirkungsgrad ergibt. Dieses Gefälle hängt aber von der Leistungsgröße bzw. von der Dampfmenge und vom Dampfzustand ab, die die Größe der Radreibungsverluste (S. 62) und der Undichtheitsverluste

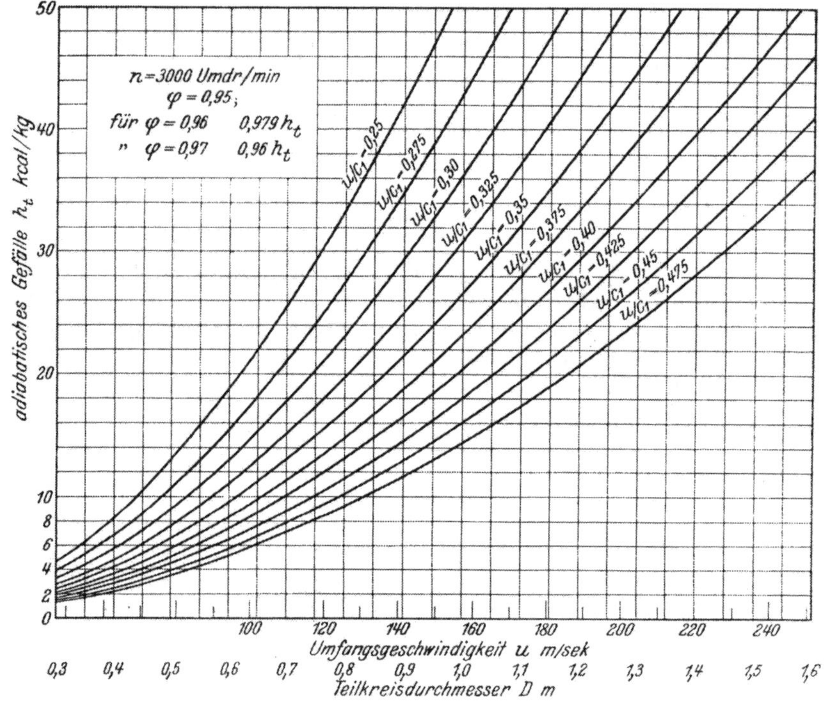

Abb. 118. Wärmegefälle für verschiedene Laufraddurchmesser.

beeinflussen; das Gefälle müßte demnach von Fall zu Fall bestimmt werden. Als vorläufiger Anhalt kann jedoch das Gefälle in Abhängigkeit von u/c_1 angenommen werden, indem für verschiedene Werte von $u/c_1 = \chi$ die dem gewählten oder gegebenen Durchmesser D entsprechende Umfangsgeschwindigkeit $u = \pi D n : 60$ m/sek, daraus $c_1 = u/\chi$, dann $c_0 = c_1/\varphi$ und endlich $h_t = A c_0^2 : 2g$ kcal/kg ermittelt wird.

In Abb. 118 sind die den Durchmessern D entsprechenden Wärmegefälle für $n = 3000$ Umdr./min und $\varphi = 0{,}95$ für verschiedene Werte von u/c_1 über den Durchmessern und u aufgetragen; daraus können die Gefälle bequem entnommen werden. Umgekehrt kann für ein vorliegendes Gefälle der einem bestimmten u/c_1 zugehörige Durchmesser festgestellt werden; für andere Drehzahlen ändern sich die Durchmesser bei gleicher Umfangsgeschwindigkeit im umgekehrten Verhältnis der Drehzahlen, für andre φ wie in der Abbildung angegeben.

Nun muß für einige Werte von u/c_1 bzw. h_t der innere Wirkungsgrad ermittelt werden durch Aufzeichnen des Geschwindigkeitsplanes, Bestimmung der Umfangsleistung h_u (s. S. 44) und der Radreibung h_{rv}, woraus $h_i = h_u - h_{rv}$ und $\eta_i = h_i : h_t$.

Wird η_i über h_t aufgetragen, so zeigt sich, bei welchem Gefälle der höchste Wirkungsgrad erreicht wird.

Sollen alle Stufen gleiche Durchmesser erhalten, was bei Gegendruckturbinen und Turbinen mittlerer Leistung, die in den letzten Stufen nicht zu große Schaufellängen erhalten, möglich ist, so ist die Stufenzahl $z = H : h_t$, wobei das Gefälle der letzten Stufen etwas größer genommen werden kann, damit z eine volle Zahl wird.

Soll volle Beaufschlagung in der ersten Stufe nach der Regelstufe erreicht werden, so muß der Durchmesser derart ermittelt werden, daß die radiale Kanalhöhe a (Abb. 121) des Leitkanals nicht zu klein wird, und zwar soll sie nach praktischen Gesichtspunkten

bei *gefrästen Kanälen* . . . . $a \geq 10$ mm
und bei *eingegossenen Leitschaufeln* . . . . $a \geq 15$ mm

nicht unterschreiten.

Aus der Stetigkeitsbedingung $F c_1 = G_{sek} v_1$, worin F m² der Leitkanalquerschnitt und v_1 m³/kg das spezifische Volumen am Austritt aus dem Leitkanal, folgt mit $F = a\delta z$ nach Abb. 121, wenn z die Zahl der Leitkanäle am Umfang, wobei $z = \pi D : t$, mit t als Teilung und $\delta = t \sin\alpha_1 - s = (t - s/\sin\alpha_1)\sin\alpha_1$

$$F c_1 = a\,\delta\, z\, c_1 = \frac{t - s/\sin\alpha_1}{t}\sin\alpha_1\, a\,\pi\, D\, c_1 = G_{sek}\, v_1 .$$

Da

$$\frac{t - s/\sin\alpha_1}{t} = \tau \tag{106}$$

der *Verengungsfaktor* durch die Schaufelstärke s, ferner $c_1 = u/\chi$ und $u = \pi D n : 60$ ist, so wird mit a in m

$$\frac{\tau\, a\,\pi\, D\,\pi\, D\, n\sin\alpha_1}{60\,\chi} = G_{sek}\, v_1 ,$$

woraus

$$D = \sqrt{\frac{G_{sek}\, v_1\, 60\,\chi}{\pi^2\,\tau\, a\, n\sin\alpha_1}}\ \text{m}. \tag{107}$$

Das Geschwindigkeitsverhältnis χ ist je nach Größe der Leistung mit dieser zunehmend $\chi = 0{,}4$ bis $0{,}45$, der Verengungsfaktor ist bei $\alpha_1 = 14^0$ (s. S. 123) und $s = 2$ mm

bei	$t =$ 35	43	50	mm
	$\tau =$ 0,764	0,81	0 835	

Wird χ und τ angenommen, dann kann der größte Durchmesser ermittelt werden, der für das vorliegende sekundliche Volumen $G_{sk} v_1$ m³/sek am Austritt aus der Leitvorrichtung bei der kleinsten zulässigen Kanalhöhe a volle Beaufschlagung ermöglicht.

In Abb. 119 sind diese Durchmesser in Abhängigkeit vom sekundlichen Volumen über diesem aufgetragen für $n = 3000$ Umdr./min für verschiedene Geschwindigkeitsverhältnisse χ und $\tau = 0{,}75$ und $0{,}84$. Um den Durchmesser zu erhalten, muß erst das sekundliche Volumen bekannt sein, d. h. das spezifische Volumen am Leitradaustritt. Um dieses zu finden, muß man den Durchmesser zunächst schätzungsweise annehmen, nach Annahme von χ und τ das zugehörige Gefälle aus Abb. 118, S. 116, entnehmen und $h_1 = h_t\,\varphi^2$ bestimmen. Trägt man nun h_1 in das is-Diagramm vom Anfangszustand ein, so kann in Punkt A_1

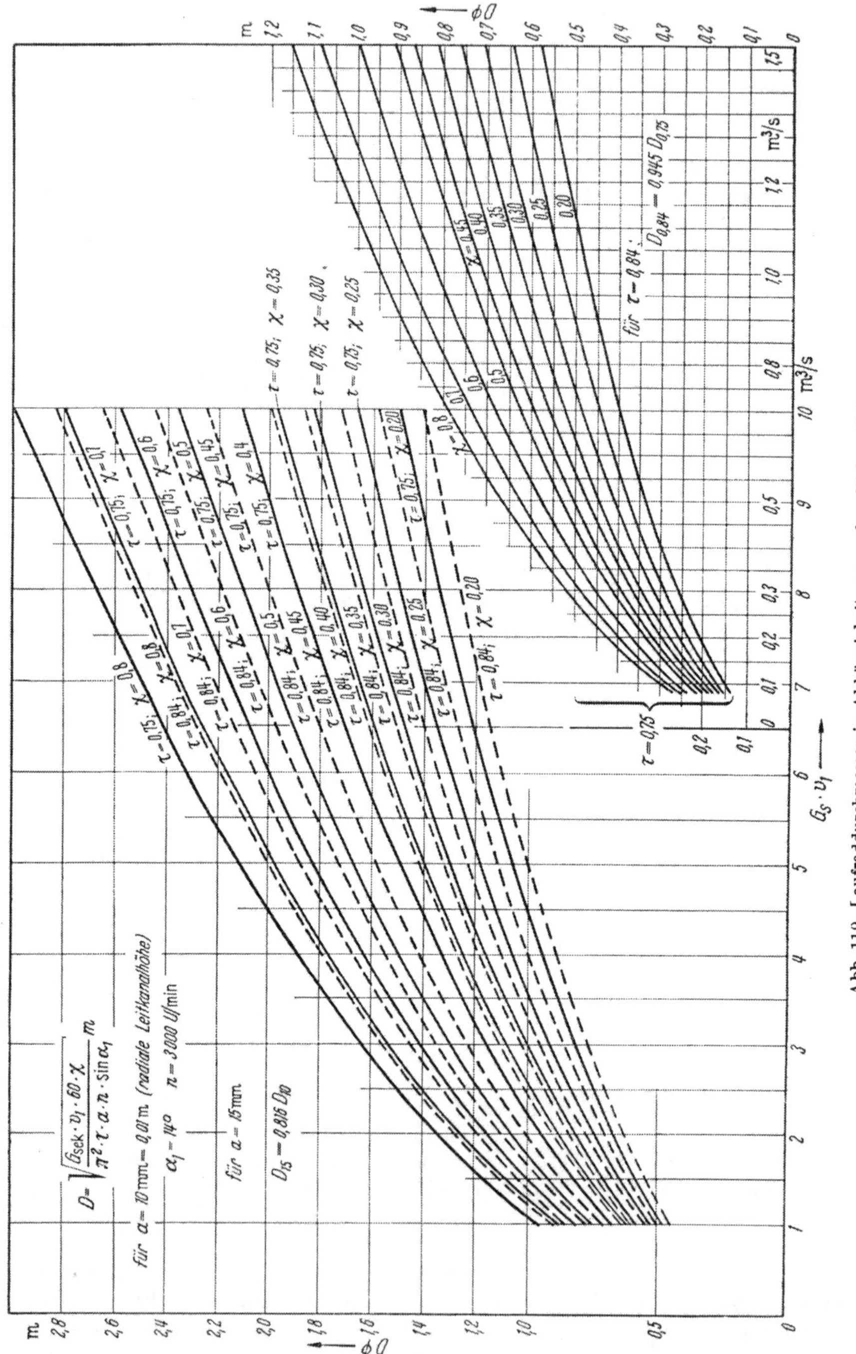

Abb. 119. Laufraddurchmesser in Abhängigkeit vom sekundlichen Volumen.

(Abb. 93) das Volumen v_1 bestimmt werden; mit dem dadurch sich ergebenden $G_{sek}\,v_1$ erhält man den Durchmesser aus Abb. 119. Stimmt er mit dem schätzungsweise angenommenen nicht genügend überein, so muß die Ermittlung nach Annahme eines anderen Durchmessers wiederholt werden.

Beispiel. $p = 20$ ata, $t = 400^0$ C, $n = 3000$, $G_{sek} = 5$ kg/sek; angenommen $\chi = 0{,}40$, $\tau = 0{,}75$, $\varphi = 0{,}95$. Geschätzt $D = 0{,}6$ m, dem entspricht nach Abb. 118 $h_t = 7{,}1$ kcal/kg; $h_1 = h_t \varphi^2 = 7{,}1 \cdot 0{,}95^2 = 6{,}5$ kcal/kg und aus dem *is*-Diagramm nach Abtragen von h_1 $v_1 = 0{,}165$ m³/kg, also $G_{sek} v_1 = 5 \cdot 0{,}165 = 0{,}82$ und damit aus Abb. 119 $D = 0{,}61$ m. Der geschätzte Wert war also annähernd richtig; würde sich ein höherer Wert ergeben, als geschätzt, so müßte mit neuer Schätzung in gleicher Weise verfahren werden.

Ist der ermittelte Durchmesser so klein, daß er mit Rücksicht auf den Wellendurchmesser nicht ausführbar ist, so muß er größer genommen werden, die Beaufschlagung kann aber nicht voll sein. Man wird in solchen Fällen, wie erwähnt, die erste Stufe mit Geschwindigkeitsstufung ausführen.

Wird hingegen die Schaufellänge zu groß (s. S. 121), so muß der Durchmesser vergrößert werden; häufig wird auch ohne zu große Schaufellänge der Durchmesser größer genommen, um weniger Stufen zu erhalten, besonders, wenn die Stufen in einem anderen Gehäuse liegen; der neue Durchmesser ergibt sich wieder aus Gl. (107), S. 117. Man läßt wohl auch den Durchmesser von Stufe zu Stufe größer werden (vgl. Abb. 137, S. 154), um kontinuierliche Querschnittserweiterung zu erhalten und dabei doch die Austrittsgeschwindigkeit in jeder Stufe ausnutzen zu können.

Ist aus bestimmten Gründen die Umfangsgeschwindigkeit u m/sek vorgeschrieben oder angenommen worden, so kann aus der Stetigkeitsbedingung der Durchmesser und damit die Drehzahl ermittelt werden. Es ist wieder (s. S. 117)

$$F_1 c_c = a\,\delta\, z\, c_1 = G_s v_1 = a \frac{t - s/\sin\alpha_1}{t} \sin\alpha_1\, \pi D c_1,$$

und mit Gl. (106) und $c_1 = u/\chi$ ist

$$G_{sek} v_1 = a\,\tau\,\pi D \sin\alpha_1\, u/\chi$$

und daraus

$$D = \frac{G_{sek}\, v_1\, \chi}{a\,\tau\,\pi \sin\alpha_1\, u} \text{ m}. \qquad (107\text{a})$$

Die Drehzahl muß dann werden:

$$n = \frac{u \cdot 60}{\pi D} \text{ m/sek}.$$

Der mindestens erforderliche Durchmesser der letzten Stufe mit Rücksicht auf nicht zu große Schaufellänge ergibt sich aus Gl. (107), wenn für $a = D : \vartheta$ (mit $\vartheta = 4$ bis 7) eingesetzt wird, zu

$$D = \sqrt[3]{\frac{G_{sek}\, v_1\, \vartheta \cdot 60\, \chi}{\tau\, \pi^2\, n \sin\alpha_1}}. \qquad (108)$$

Aus Abb. 120 können diese Durchmesser in Abhängigkeit vom sekundlichen Dampfvolumen $G_{sek} v_1$ m³/s für $n = 3000$ Umdr./min, $\tau = 0{,}75$, $\alpha_1 = 14^0$ und für verschiedene Verhältnisse $\chi = u/c_1$ entnommen werden. Ferner sind auf der Abbildung die Umrechnungsfaktoren für andere Werte ϑ, τ, α_1 und n angegeben.

Bei der Berechnung wird zweckmäßig erst der Durchmesser der letzten Stufe bestimmt und nachher der Durchmesser der ersten Stufen. Falls sich diese Durchmesser nicht sehr stark unterscheiden, kann man den Durchmesser der Stufen von der zweiten bis zur letzten allmählich zunehmen lassen. Um festzustellen, bis zu welchem Druck hinauf der Durchmesser der letzten Stufe beibehalten werden könnte, ohne zu kleine Schaufellänge, und bis zu welchem Druck hinunter der Durchmesser der zweiten Stufe beibehalten werden könnte, ohne zu große Schaufellänge zu erhalten, kann, wie S. 111 bereits erwähnt, das Volumen aus Gl. (107) oder aus Gl. (108) für die kleinste bzw. die größte zulässige Schaufellänge oder Kanalweite ermittelt werden und damit aus dem *is*-Diagramm,

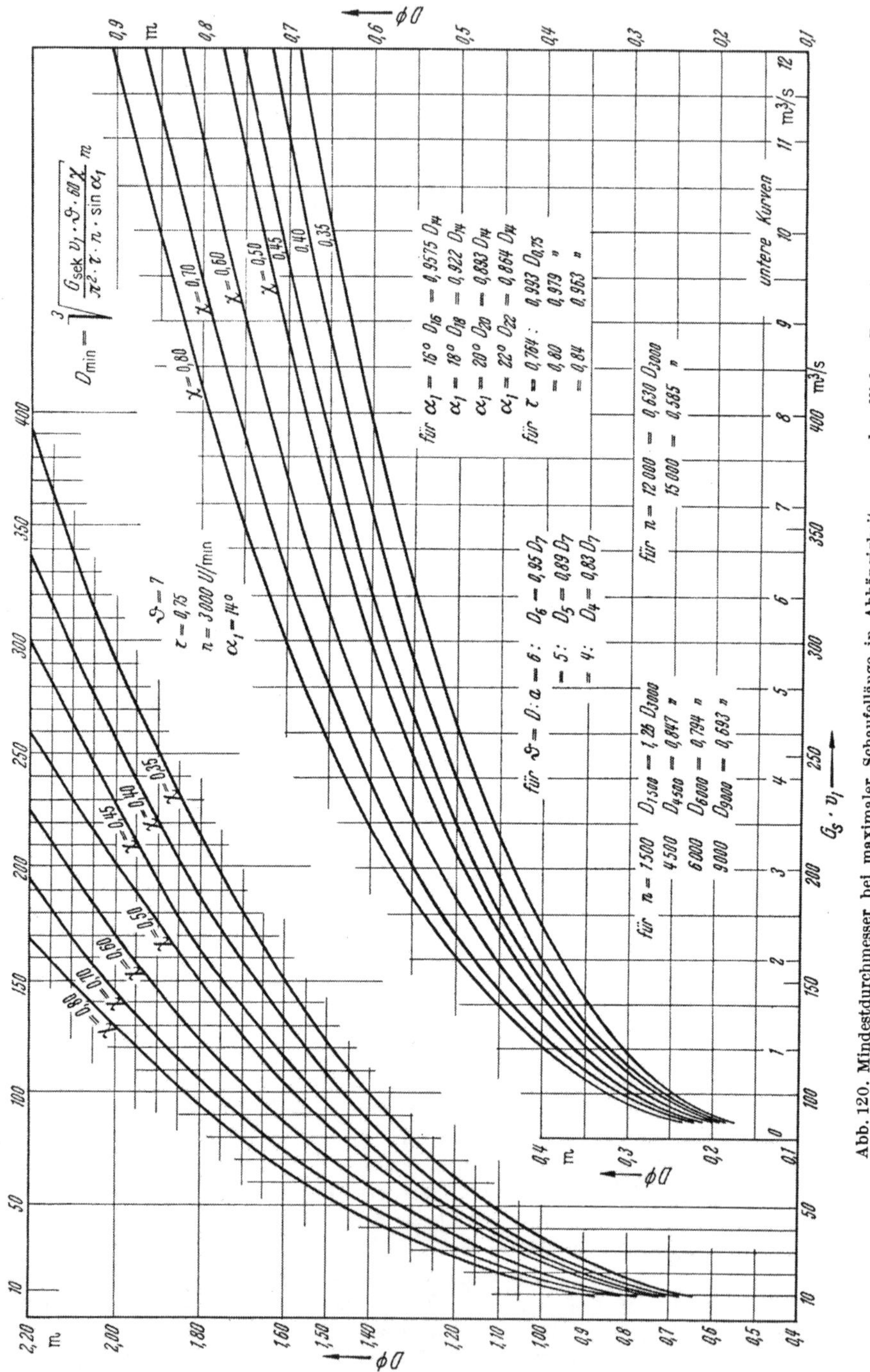

Abb. 120. Mindestdurchmesser bei maximaler Schaufellänge in Abhängigkeit vom sekundlichen Dampfvolumen.

oder bequemer aus der über den Drücken aufgetragenen Volumina, der dem errechneten Volumen entsprechende Druck ermittelt werden.

Ist der Durchmesser festgelegt, so muß mit diesem eine genauere Berechnung durchgeführt werden, um das günstigste Gefälle hinsichtlich η_i zu ermitteln, wozu wieder Aufzeichnung des Geschwindigkeitsplanes, Ermittlung von h_u und h_{rv} für verschiedene Gefälle nötig ist. Für die Ausführung nimmt man meist ein etwa größeres Gefälle als das günstigste, also u/c_1 etwas kleiner, da sich der Wirkungsgrad in der Nähe seines Höchstwertes wenig ändert. Von der zweiten Stufe an muß noch der Undichtheitsverlust h_{sp} (s. S. 71) berücksichtigt werden, wodurch das günstigste Gefälle etwas größer würde als bei der ersten Stufe. Da man aber das Gefälle größer gewählt hat als das dem günstigsten u/c_1 entsprechende, so können die Gefälle gleich groß genommen werden.

Ist das Gefälle der letzten und der beiden ersten Stufen ermittelt, so kann die Aufteilung des Gesamtgefälles $H = H_t \mu$ erfolgen und die Stufenzahl bestimmt werden. S. Berechnungsbeispiel S. 141.

Nun folgt die Durchrechnung der einzelnen Stufen in der angegebenen Weise; von der zweiten Stufe ab sind noch die Undichtheitsverluste (Spaltverluste) nach S. 71 zu ermitteln, um die innere Leistung $h_i = h_u - h_{rv} - h_{sp}$ kcal/kg zu erhalten. Trägt man die Verluste für jede Stufe entsprechend in das is-Diagramm ein, so erhält man den Anfangszustand der folgenden Stufe usw., bis der Enddruck erreicht ist. Bei Ausnutzung der Austrittsenergie, die nach Möglichkeit angestrebt werden muß, ist dieses bei der Berechnung der Stufen zu berücksichtigen (S. 40).

Ist der Endzustand erreicht, so kann der innere Gesamtwirkungsgrad $\eta_{ig} = H_i : H_t$ festgestellt werden, ebenso nach Schätzung von η_m der effektive Wirkungsgrad $\eta_e = \eta_{ig}\,\eta_m$; die Übereinstimmung mit dem ursprünglich geschätzten Wirkungsgrad muß genügend sein, doch spielt eine Abweichung um einige Prozent keine wesentliche Rolle, da ja die von der Dampfmenge abhängenden Verluste mit steigender Leistung überhaupt abnehmen und wenig Einfluß haben. Man kann auch den angenommenen Zustandsverlauf mit dem endgültigen vergleichen.

Mit dem errechneten η_e wird der genaue Dampfverbrauch bestimmt und der Berechnung der Querschnitte zugrunde gelegt, s. S. 122.

2. Druck- und Geschwindigkeitsstufen.

Die erste Stufe erhält meist zwei Geschwindigkeitsstufen, die übrigen sind reine Druckstufen.

Diese Anordnung hat den Vorteil, daß durch Verwertung eines größeren Gefälles in der 1. Stufe das Volumen größer wird und volle Beaufschlagung der folgenden Stufen ermöglicht; ferner ergeben sich weniger Stufen. Der Umfangswirkungsgrad ist bei Geschwindigkeitsstufung allerdings niedriger als bei Druckstufung, doch auch die Verluste durch Radreibung werden geringer, so daß bei kleinen Leistungen der innere Wirkungsgrad sogar höher sein kann als bei Druckstufung. Bei großen Leistungen sind die Verluste relativ gering, so daß reine Druckstufung höhere Wirkungsgrade ergeben würde, doch wird Geschwindigkeitsstufung von vielen Werken auch bei den größten Leistungen beibehalten, da bei Düsenreglung (s. S. 291) die Überlastung einfacher wird.

Die Ermittlung des Gefälles und des Dampfverbrauches erfolgt in derselben Weise wie bei reiner Druckstufung; nach Schätzung des effektiven und des mechanischen Wirkungsgrades kann wieder der voraussichtliche Zustandsverlauf in das is-Diagramm eingetragen werden.

Die Wahl des Durchmessers und damit des Gefälles der ersten Stufe ist an sich willkürlich, falls nicht ein Durchmesser für bestimmte Leistungsgrößen vorgeschrieben ist. Zuweilen ist der Druck nach der ersten Stufe gegeben (z. B. bei Entnahmeturbinen oder bei Anzapfdampfvorwärmung) und damit das Gefälle;

es ist dann der Durchmesser wie bei der einstufigen Turbine mit Geschwindigkeitsstufung zu bestimmen (S. 114). Vielfach wird die erste Stufe als Curtisstufe für $^1/_4$ bis $^1/_3$ des Gesamtgefälles bemessen. Der Durchmesser der reinen Druckstufen ergibt sich dann aus der Forderung voller Beaufschlagung, wie S. 117 ausgeführt.

Die weitere Berechnung gestaltet sich genau so wie bei reiner Druckstufung. Berechnungsbeispiel s. S. 135 und 141.

C. Berechnung der Leitvorrichtungen.

1. Düsen.

Wird das kritische Druckverhältnis (s. S. 19) überschritten, so muß die Leitvorrichtung als Düse mit zunehmendem Querschnitt ausgeführt werden.

Der engste Querschnitt ist nach Gl. (36a/b), S. 22

für *überhitzten* Dampf $$F_{\min} = \frac{100\, G_{sek}}{2{,}09\sqrt{\frac{p}{v}}}\ \mathrm{cm}^2,$$

für *trocken gesättigten* Dampf $$F_{\min} = \frac{100\, G_{sek}}{1{,}99\sqrt{\frac{p}{v}}}\ \mathrm{cm}^2,$$

mit G_{sek} in kg/sek, p in kg/cm², v in m³/kg.

Dieser Querschnitt ist in eine Anzahl z Düsen zu unterteilen, deren Querschnitt $f_{\min} = F_{\min} : z$ cm² bei *gegossenen* Düsen etwa $10 \cdot 10$ mm $\cong 1{,}0$ cm² und bei gefrästen Düsen etwa $8 \cdot 8$ mm aus Herstellungsrücksichten nicht unterschreiten soll. Bei genügend großem Querschnitt $F_{\min}$ kann volle Beaufschlagung erreicht werden, doch muß auf die erforderlichen Abschaltungen für die Reglung Rücksicht genommen werden (s. Reglung, S. 292, und Berechnungsbeispiel, S. 294).

Der *Endquerschnitt* ist aus der Stetigkeitsgleichung

$$F_1 = G_{sek}\, v_1 : c_1\ \mathrm{m}^2 = 10000\, G_{sek}\, v_1 : c_1\ \mathrm{cm}^2,$$

also für jede Düse

$$f_1 = F_1 : z\,.$$

Da geringer Überdruck beim Austritt vorteilhaft ist (s. S. 21), macht man den auszuführenden Querschnitt etwas kleiner als dem wirklichen Enddruck entspricht, gegebenenfalls wird bei geringer Überschreitung des kritischen Druckverhältnisses die Düse als Leitkanal ohne Erweiterung ausgeführt. Die Strahlablenkung (s. S. 29) muß hierbei beachtet werden, sie ist aber meist gering und kann durch etwas größere Schaufeleintrittswinkel β_1 Berücksichtigung finden.

Erweiterte Düsen kommen wohl nur bei de-Laval-Turbinen und bei Geschwindigkeitsstufung zur Anwendung.

Düsenwinkel s. S. 144.

2. Leitkanäle ohne Erweiterung.

Der aus der Stetigkeitsgleichung folgende Gesamtquerschnitt ist

$$F_1 = G_{sek}\, v_1 : c_1\ \mathrm{m}^2 = 10000\, G_{sek}\, v_1 : c_1\ \mathrm{cm}^2.$$

Da mit Ausnahme der ersten Stufe ein Teil des Dampfes durch den Spalt zwischen Leitradscheibe und Laufradnabe hindurchtritt (s. Undichtheitsverluste

S. 69), muß der Leitradquerschnitt entsprechend kleiner gemacht werden. Ist die durch den Spalt strömende Dampfmenge G_{sp} kg/sek (s. S. 69), dann wird der erforderliche Querschnitt

$$F = (G_{sek} - G_{sp})\, v_1 : c_1 \text{ m}^2,$$

oder, wenn F_{sp} der Spaltquerschnitt und φ der Kontraktionskoeffizient,

$$F = F_1 - \varphi F_{sp} \quad \text{mit} \quad \varphi = 0{,}6 - 0{,}8\,.$$

Der ganze Querschnitt muß nun in eine Anzahl z Kanäle unterteilt werden; war volle Beaufschlagung vorgesehen, so ist die Teilung t zu wählen, und die Zahl z folgt aus $\pi D = z t$; war der Durchmesser nach anderen Gesichtspunkten gewählt, so ist die Zahl der Kanäle so zu wählen, daß die Beaufschlagung möglichst groß wird, jedoch darf die radiale Kanalhöhe a (Abb. 121) bei eingegossenen Leitschaufeln nicht unter 15 mm, bei allseitig gefrästen Kanälen nicht unter 10 mm betragen.

Der Querschnitt eines Kanales ist nach Abb. 121

$$f = F : z = a\,\delta \text{ cm}^2,$$

wobei $\delta = t \sin\alpha_1 - s$, wenn t die Teilung und s die Schaufelstärke, die meist 2 mm beträgt. Die radiale Kanalhöhe ist dann

$$a = f : \delta = F : (\delta z)\,.$$

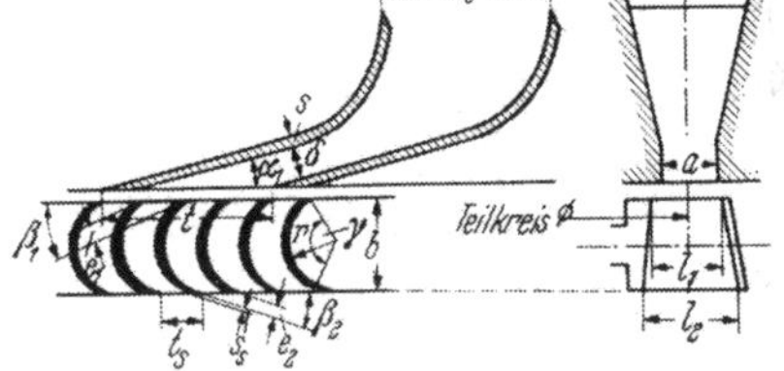

Abb. 121. Leitkanalberechnung.

Die *Teilung* t beträgt bei eingegossenen Schaufeln etwa $t \cong 42$ bis 50 mm, bei sehr großer Leistung evtl. mehr, bei gefrästen Schaufeln etwa $t = 30$ bis 40 mm. Die Teilung muß natürlich so gewählt werden, daß sie am Umfang aufgeht, wobei die Zahl der Teilungen wegen der Herstellung der Kerne mit den einzugießenden Schaufeln durch die vorhandene Vorrichtung (Kernformmaschine) festgelegt ist und wegen der Teilung in zwei Leitradhälften durch zwei teilbar sein muß, häufig aber durch 4 teilbar genommen wird; z. B. für

$D =$	500	600	800	1000	1200	1500 mm
$z =$	40	48	64	80	96	120
$t =$	39,27	39,27	39,27	39,27	39,27	39,27 mm
$z =$	36	44	56	72	84	100
$t =$	43,64	42,84	44,88	43,63	44,88	47,12 mm

Der Leitschaufelwinkel α_1 wird meist zu 14^0, seltener zu 12^0 (bei Strahlablenkung) angenommen und steigt nötigenfalls in den letzten Stufen, um zu große Kanalhöhen zu vermeiden, auf 16, 18 oder 20^0.

Ausführung der Leitvorrichtung s. S. 174.

D. Berechnung der Laufschaufellängen.

Die Schaufelwinkel β_1 und β_2 sind durch den Geschwindigkeitsplan festgelegt, wobei β_1 zur Vermeidung des Rückenstoßes etwas größer genommen wird als die Richtung der relativen Geschwindigkeit w_1; β_2 wird gleich β_1 oder etwas kleiner gewählt, oder bei Geschwindigkeitsstufung wie S. 114 angegeben.

Die Schaufelbreite b ist durch Festigkeitsrücksichten bedingt (s. S. 208), man bevorzugt jetzt allgemein größere Breiten von 25 bis 35 mm. Die Schaufelbreite beeinflußt den Krümmungshalbmesser und dieser die Teilung und die Schaufelzahl, da nach Gl. (56), S. 59 die günstigste Teilung

$$t_s = \frac{0\,5\,r}{\sin\beta_1}; \tag{56}$$

da $z = \pi D : t_s$ eine volle Zahl sein muß, so wird die genaue Teilung

$$t_s = \pi D : z .$$

Zur Bestimmung von r muß das Schaufelprofil entworfen werden, s. Konstruktion der Schaufeln S. 189.

Die *Schaufellänge* l_1 am Eintritt (Abb. 121) könnte gleich der Kanalhöhe a gemacht werden, da die Verengung durch die Laufschaufeleintrittskante, die meist noch zugeschärft ist, geringer ist als durch die Leitschaufel. Man macht jedoch die Schaufel innen und außen je etwa 0,5 bis 1 mm (bei großer Schaufellänge 2 bis 5 mm) größer als die Kanalhöhe a, um den Strahl sicher aufzufangen (Streuung!) und kleine Ungenauigkeiten und Wärmedehnung zu berücksichtigen, so daß $l_1 = a + 1$ bis 2 mm (bei langen Schaufeln mehr).

Die *Schaufelaustrittslänge* l_2 muß den erforderlichen Querschnitt ergeben unter Berücksichtigung der kleineren Dampfgeschwindigkeit w_2 und des größer gewordenen Volumens v_2; aus der Stetigkeitsbedingung ist der Querschnitt

$$F_2 = G_{sek} v_2 : w_2$$

oder mit Abb. 121, S. 123

$$e_2 l_2 z = G_{sek} v_2 : w_2 ,$$

und da $e_2 = t_s \sin\beta_2 - s_s = (t_s - s_s/\sin\beta_2) \sin\beta_2$ und $z = \pi D : t_s$,

$$l_2 = \frac{G_{sek}\, v_2}{e_2\, z\, w_2} = \frac{G_{sek}\, v_2\, t_s}{\pi\, w_2 \sin\beta_2\, D\, (t_s - s_s/\sin\beta)}$$

oder endlich

$$l_2 = \frac{G_{sek}\, v_2}{W_{2a}\, \pi\, D\, \tau_s}\ \text{m}, \tag{109}$$

worin $\tau_s = (t_s - s_s/\sin\beta_2) : t_s$ der Verengungsfaktor durch die Schaufelstege, der für ein gegebenes Schaufelprofil einen festliegenden Wert hat, und $w_{2a} = w_2 \sin\beta_2$ die axiale Komponente der relativen Austrittsgeschwindigkeit w_2, die aus dem Geschwindigkeitsplan entnommen werden kann (s. Abb. 44, S. 36).

Bei Teilbeaufschlagung muß der Beaufschlagungsgrad, d. h. das Verhältnis der Anzahl der Kanäle zur Gesamtzahl der Teilungen am Umfang, berücksichtigt werden; dieses ist unbequem, wenn die Teilung nicht im Umfang aufgeht, was bei Düsen häufig der Fall ist. Es empfiehlt sich deshalb eine andere Berechnungsart, davon ausgehend, daß die aus den Leitschaufeln austretende Dampfmenge auch durch den Austrittsquerschnitt der Laufschaufeln hindurch muß. Aus der Stetigkeitsbedingung ist nach Abb. 121, S. 123, wenn z bzw. z_s die Zahl der beaufschlagten Leitschaufel- bzw. Laufschaufelkanäle

$$G_{sek} = \frac{z\,\delta\, a\, c_1}{v_1} = \frac{z_s\, e_2\, l_2\, w_2}{v_2}, \quad \text{woraus} \quad l_2 = a \frac{z}{z_s} \frac{\delta\, c_1}{e_2\, w_2} \frac{v_2}{v_1}.$$

Der beaufschlagte Bogen muß gleich sein $z t = z_s t_s$, woraus $\frac{z}{z_s} = \frac{t_s}{t}$; ferner ist

$$\delta = t \sin\alpha_1 - s = (t - s/\sin\alpha_1) \sin\alpha_1$$

und

$$e_2 = t_s \sin\beta_2 - s_s = (t_s - s_s/\sin\beta_2) \sin\beta_2 ,$$

also

$$l_2 = a \frac{t_s}{t} \frac{(t - s/\sin\alpha_1)}{(t_s - s_s/\sin\beta_2)} \frac{c_1 \sin\alpha_1}{w_2 \sin\beta_2} \frac{v_2}{v_1}$$

oder, da $\frac{t - s/\sin\alpha_1}{t} = \tau$ der Verengungsfaktor der Leitvorrichtung [siehe Gl. (106) S. 117] und $\frac{t_s - s_s/\sin\beta_2}{t} = \tau_s$ derjenige der Laufschaufel und ferner $c_1 \sin\alpha_1 = w_1 \sin\beta_1 = w_{1a}$, $w_2 \sin\beta_2 = w_{2a}$ (vgl. Abb. 44, S. 36), so ist endlich

$$l_2 = a \frac{\tau}{\tau_s} \frac{w_{1a}}{w_{2a}} \frac{v_2}{v_1}. \tag{110}$$

Das Verhältnis w_{1a}/w_{2a} kann als Streckenverhältnis aus dem Geschwindigkeitsplan entnommen werden.

Gl. (110) kann auch bei Berechnung der Schaufellängen bei Geschwindigkeitsstufung angewendet werden, nur ist von der zweiten Schaufelreihe an statt a die Austrittslänge l_2' der vorhergehenden Schaufel und für τ deren Verengungsfaktor τ_s' zu setzen; also

$$l_2 = l_2' \frac{\tau_s'}{\tau_s} \frac{w_{1a}}{w_{2a}} \frac{v_2}{v_1}. \tag{110a}$$

Wie ersichtlich (Abb. 44) ergibt ein kleiner Winkel β_2 eine kleine Komponente w_{2a}, also großes Verhältnis $w_{1a} : w_{2a}$ und demnach starke Erweiterung, d. h. Zunahme der Schaufellänge, was besonders bei langen Schaufeln zu berücksichtigen ist; ferner muß die Zunahme der Kanalhöhen und der Schaufellängen in den aufeinanderfolgenden Stufen möglichst kontinuierlich sein (vgl. Abb. 137, S. 154), worauf bei der Annahme der Austrittswinkel β_2, aber auch der Leitschaufelwinkel α_1 zu achten ist.

Da das Volumen sich in der Schaufel wenig ändert, kann meist $v_2 : v_1 = 1$ angenommen werden.

Sind die Kanalhöhen und Schaufellängen ermittelt, so kann der Schaufelschnitt (vgl. Abb. 133, S. 141) gezeichnet werden, wobei sich auch die Zweckmäßigkeit der Annahmen prüfen läßt.

E. Berechnungsbeispiele.

1. Berechnung einer einstufigen Gleichdruckturbine.

(Lavalturbine) von 25 PS_e bei $n = 15000$ Umdr./min, übersetzt auf 3000 Umdr./min:

Dampfeintritt: 10 atü, trocken gesättigt,

Gegendruck: 2 ata.

Das adiabatische Gefälle ist, eine at Drosselung beim Eintritt angenommen, also $p = 10$ ata, 180° C aus dem is-Diagramm (Abb. 122), $h_t = i - i_0 = 665{,}2 - 597{,}2 = 68$ kcal/kg; effektiver (thermodynamischer) Wirkungsgrad geschätzt $\eta_e = 0{,}37$, damit der Dampfverbrauch

$$D_e = \frac{632}{h_t\,\eta_e} = \frac{632}{68 \cdot 0{,}37} = 25{,}1 \text{ kg/PS}_e\text{h}$$

und die Dampfmenge je Sekunde

$$G_{sek} = \frac{N_e D_e}{3600} = \frac{25 \cdot 25{,}1}{3600} = 0{,}174 \text{ kg/sek}.$$

Theoretische Ausflußgeschwindigkeit

$$c_0 = 91{,}5 \sqrt{h_t} = 91{,}5 \sqrt{68} = 754 \text{ m/sek}$$

wirkliche Geschwindigkeit mit $\varphi = 0{,}94$ (gegossene Düsen)

$$c_1 = \varphi\, c_0 = 0{,}94 \cdot 754 = 710 \text{ m/sek}.$$

Es werde der Düsenneigungswinkel $\alpha_1 = 20^0$ angenommen; der höchste Umfangswirkungsgrad liegt nach S. 39 bei

$$\frac{u}{c_1} = \frac{\cos\alpha_1}{2} = \frac{0{,}9397}{2} = 0{,}4698.$$

Für die Wahl von u bzw. des Durchmessers ist aber der innere Wirkungsgrad maßgebend, der durch die Radreibungsverluste wieder vom Durchmesser abhängig ist. Es muß deshalb für verschiedene Durchmesser bzw. u/c_1 der innere Wirkungsgrad ermittelt werden. So ist z. B. für

$$\frac{u}{c_1} = 0{,}25 \qquad u = 0{,}25 \cdot 710 = 177{,}5 \text{ m/sek};$$
$$D = 60\,u : \pi\,n = 60 \cdot 177{,}5 : \pi \cdot 15\,000 = 0{,}226 \text{ m}.$$

Aus dem Geschwindigkeitsplan (Abb. 123) (das Austrittsdreieck ist um die Senkrechte herumgeklappt), mit $\beta_1 = \beta_2$ und $\psi = 0{,}68$ (schmale Schaufel und kleiner Krümmungshalbmesser) ist die *Leistung am Radumfang*

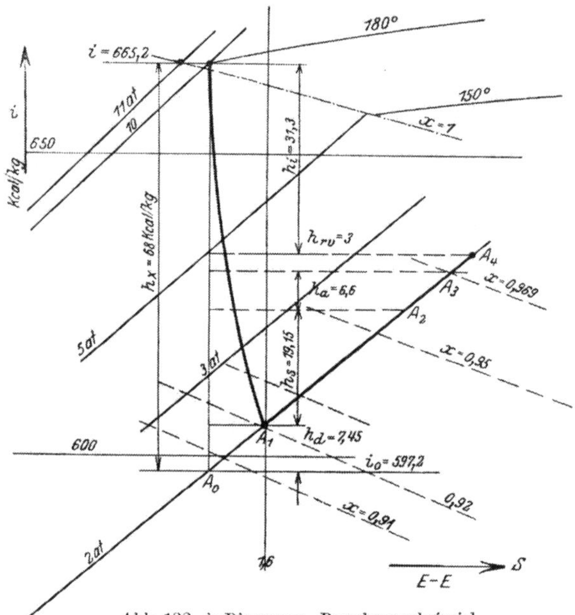

Abb. 122. *is*-Diagramm, Berechnungsbeispiel.

$$h_u = \frac{u}{g}(w_{1u} + w_{2u}) = \frac{177{,}5}{9{,}81}(490 + 330) = 34{,}3 \text{ kcal/kg},$$

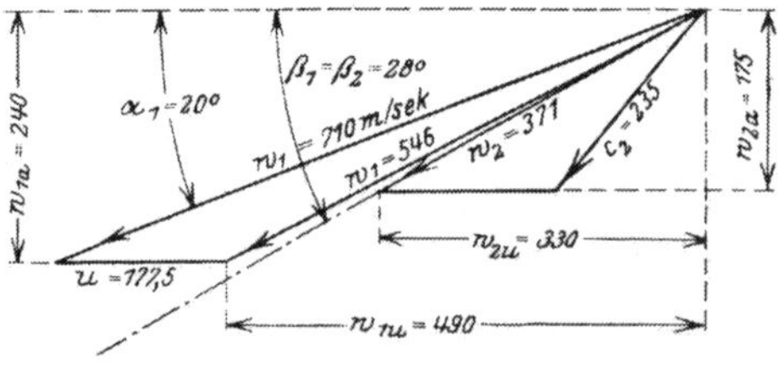

Abb. 123. Geschwindigkeitsplan.

also

$$\eta_u = \frac{h_u}{h_i} = 34{,}3 : 68 = 0{,}505.$$

h_u in das *is*-Diagramm eingetragen gibt den Zustand A_3 am Austritt aus der Schaufel mit $x = 0{,}969$ und $v = x v'' = 0{,}969 \cdot 0{,}903 = 0{,}875 \text{ m}^3\text{/kg}$ (v'' aus den Dampftabellen), $\gamma = \frac{1}{v} = 1{,}142 \text{ kg/m}^3$.

Die *Radreibungs- und Ventilationsarbeit* ist nach der Gl. (62), S. 64 von STODOLA mit $\alpha = 1{,}3$, einer geschätzten Beaufschlagung von $\varepsilon = 0{,}2$ und einer Schaufellänge von $l = 1{,}5$ cm

$$N_{rv} = \alpha\,[1{,}46 \cdot D^2 + 0{,}83\,(1 - \varepsilon)\,D\,l^{1,5}]\,u^3 \cdot 10^{-6} \cdot \gamma \text{ PS}$$
$$= 1{,}3\,[1{,}46 \cdot 0{,}226^2 + 0{,}83\,(1 - 0{,}2)\,0{,}226 \cdot 1{,}5^{1,5}]\,1{,}775^3 \cdot 1{,}142 = 2{,}94 \text{ PS},$$

damit ist [Gl. (66), S. 68]

$$h_{rv} = \frac{N_{rv}}{5{,}7\,G_{sek}} = \frac{2{,}94}{5{,}7 \cdot 0{,}174} \cong 3{,}0 \text{ kcal/kg}$$

und

$$h_i = h_u - h_{rv} = 34{,}3 - 3 = 31{,}3 \text{ kcal/kg},$$

$$\eta_i = \frac{h_i}{h_t} = \frac{31.3}{68} = 0{,}461\,, \text{ d. s. } 46{,}1\%\,.$$

Führt man diese Berechnung für andere u/c_1 durch, z. B. für $u/c_1 = 0{,}20$, 0,3, 0,35, so ergeben sich die Werte der folgenden Zahlentafel.

Zahlentafel 4.

$u/c_1 =$	0,2	0,25	0,3	0,35
u =	142	177,5	213	248,5 m/sek
D =	181	226	271	316,5 mm
h_u =	29,7	34,3	38,6	41,5 kcal/kg
η_u =	43,6	50,5	56,8	61,6 %
N_{rv} =	1,15	2,94	6,35	12,25 PS
h_{rv} =	1,16	3,0	6,4	12,3 kcal/kg
h_i =	28,1	31,3	32,2	29,2 kcal/kg
η_i =	41,3	46,1	47,3	42,9 %

Trägt man η_i über dem Verhältnis u/c_1 bzw. über D auf (Abb. 124), so hat die Kurve einen Höchstwert bei $u/c_1 = 0{,}285$ bzw. $D = 238$ mm. Würde man diesen ausführen, so würde bei Verringerung von c_1, also größerem u/c_1, der Wirkungsgrad rasch abnehmen, während vor dem Scheitel der η_i-Kurve die Änderung gering ist; aus diesem Grunde wählt man zweckmäßig einen etwas kleineren Durchmesser, in vorliegendem Falle sei $u/c = 0{,}25$ und $D = 226$ mm angenommen, wofür die Berechnung oben bereits durchgeführt wurde.

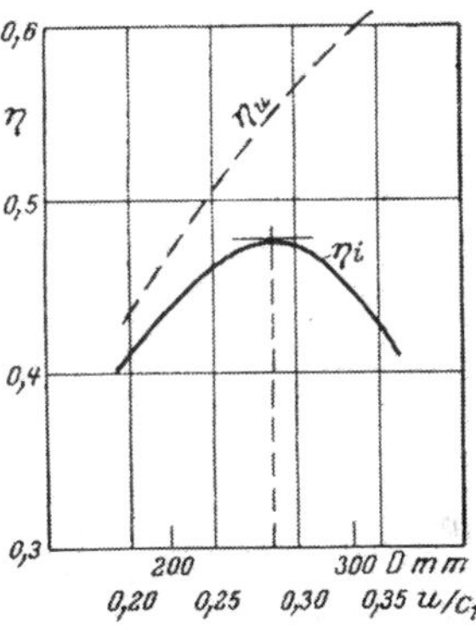

Abb. 124. Innere Wirkungsgrade.

Schätzt man den mechanischen Verlust bei der kleinen Leistung und wegen des Vorgeleges zu 15%, die Strahlungs- und Abkühlungsverluste zu 4%, zusammen 19%, also $\eta_m = 0{,}81$, so ist

$$\eta_e = \eta_i\,\eta_m = 0{,}461 \cdot 0{,}81 = 0{,}374\,,$$

stimmt also mit der Annahme gut überein.

Die Schauflungsverluste betragen im einzelnen:

Düsenverlust

$$h_d = A\,(c_0^2 - c_1^2) : 2\,g = (1 - \varphi^2)\,h_t = (1 - 0{,}94^2) \cdot 68 = 7{,}45 \text{ kcal/kg}$$

Schaufelverlust

$$h_s = (1 - \psi^2)\frac{A\,w_1^2}{2\,g} = (1 - 0{,}68^2)\frac{546^2}{427 \cdot 2 \cdot 9{,}81} \qquad = 19{,}14 \;\text{,,}$$

Austrittsverlust

$$h_a = A\,c_2^2 : 2\,g = 235^2 : 8377 \qquad = 6\,59 \;\text{,,}$$

Σ der Schauflungsverluste	33,18 kcal/kg
Radreibungsverlust . . .	3,00 ,,
innere Leistung	31,3 ,,
Zusammen	67,48 kcal/kg

Die kleine Differenz gegenüber $h_t = 68$ kcal/kg ist auf kleine Ungenauigkeiten des Geschwindigkeitsplanes und der Rechnung zurückzuführen.

Trägt man die Verluste in das is-Diagramm (Abb. 122) ein, so erhält man die Zustandspunkte A_1 bis A_4, aus denen die Volumina entnommen oder errechnet werden können.

Düsen. Da das kritische Druckverhältnis (s. S. 19) überschritten wird, müssen Düsen mit Erweiterung des Querschnitts ausgeführt werden.

Der engste Querschnitt ist (s. S. 122)

$$F_{\min} = \frac{100 \cdot G_{sek}}{1{,}99\sqrt{\frac{p}{v}}} = \frac{100 \cdot 0{,}174}{1{,}99\sqrt{\frac{10}{0{,}1985}}} = 1{,}235 \text{ cm}^2 = 123{,}5 \text{ mm}^2,$$

der Endquerschnitt

$$F_1 = \frac{G_{sek} v_1}{c_1} \text{ m}^2, \quad \text{mit} \quad v_0'' = 0{,}903 \quad \text{mit} \quad x = 0{,}921$$

in Punkt A_1, also $v_1 = 0{,}921 \cdot 0{,}903 = 0{,}832$ m³/kg

$$F_1 = \frac{0{,}174 \cdot 0{,}832}{710} \cdot 10000 = 2{,}045 \text{ cm}^2 = 204{,}5 \text{ mm}^2.$$

Da etwas Überdruck beim Austritt aus der Düse günstig ist (s. S. 21), sei der Austrittsquerschnitt etwas kleiner angenommen, und zwar

$$F_1 = 200 \text{ mm}^2.$$

Bei so kleiner Leistung wird Drosselreglung (s. S. 282) vorgesehen, jedoch evtl. einzeln von Hand abschaltbare Düsen. Wählt man *fünf Düsen*[1], so ist für jede

$$f_{\min} = F_{\min} : 5 = 123{,}5 : 5 = 24{,}7 \text{ mm}^2.$$

und bei kreisrundem Querschnitt $d_{\min} = 5{,}61$ mm ⌀

$$f_1 = F_1 : 5 = 200 : 5 = 40 \text{ mm}^2;$$

bei kreisunrdem Endquerschnitt wäre $d_1 = 7{,}14$ mm ⌀, doch ist rechteckiger Querschnitt vorzuziehen, da der Strahl die Laufschaufeln besser ausfüllt (vgl. Schaufelverluste, S. 56); es werde

$$f_1 = 5{,}8 \times 6{,}9 \text{ mm}$$

gewählt.

Beim Abschalten einzelner Düsen wird der spezifische Dampfverbrauch steigen, da die Leerlaufsverluste unverändert bleiben. Schätzt man bei Abschaltung einer Düse, also bei 4 arbeitenden Düsen den Wirkungsgrad zu $\eta_e = 0{,}35$ und bei 3 arbeitenden Düsen zu $\eta_e = 0{,}30$, so ist, da bei 4 Düsen $^4/_5$ und bei 3 Düsen $^3/_5$ der Dampfmenge durch die Turbine strömt, bei 4 Düsen

$$D_e' = \frac{632}{68 \cdot 0{,}35} = 26{,}55 \text{ kg/PS}_e\text{h}$$

und

$$N_e' = \frac{4}{5}\,\frac{(N_e D_e)}{D_e'} = \frac{4}{5} \cdot \frac{25 \cdot 25{,}1}{26{,}55} = 19 \text{ PS}_e, \text{ d. s. } \sim {}^3/_4 \text{ Last;}$$

bei 3 Düsen ist

$$D_e'' = 632 : (68 \cdot 0{,}30) = 31 \text{ kg/PS}_e\text{h} \quad \text{und} \quad N_e'' = \frac{3}{5} \cdot \frac{(25 \cdot 25{,}1)}{31} = 12{,}2 \text{ PS}_e,$$

d. s. $\sim {}^1/_2$ Last.

---

[1] Der kleine Querschnitt jeder Düse vergrößert zwar die Strömungsverluste in derselben (s. das S. 117 angegebene Mindestmaß), doch wird durch die größere Anzahl Düsen die Schaufellänge geringer, der Beaufschlagungsgrad größer, wodurch die Ventilationsverluste kleiner werden und bei so kleinen Leistungen der etwas größere Düsenverlust mindestens aufgewogen wird.

Die Düsenform zeigt Abb. 125. Die *Schaufeln* sind für $\beta_1 = \beta_2 = 28^0$ aus dem Geschwindigkeitsplan zu entwerfen; die Breite sei zu $b = 10$ mm angenommen, der Krümmungshalbmesser wird dann $r = 6$ mm (Abb. 125) und die Teilung nach Gl. (56), S. 59

$$t_s = 0{,}5\,r : \sin\beta_2 = 0{,}5 \cdot 6 : 0{,}4695 = 6{,}39 \text{ mm},$$

somit Schaufelzahl $z = \pi D : t_s = \pi \cdot 226 : 6{,}39 = \sim 111$ und die genaue Teilung $t_s = \pi D : z = 6{,}396$ mm. Der Verengungsfaktor ist nach Gl. (106), S. 117

$$\tau_s = \frac{6{,}396 - \dfrac{0.5}{0{,}4695}}{6{,}396} = 0{,}834$$

und mit den axialen Komponenten $w_{1a} = 240$ und $w_{2a} = 175$ aus dem Geschwindigkeitsplan, die Schaufellänge am Schaufelaustritt nach Gl. (110), S. 124 (unter Vernachlässigung des Düsenverengungsfaktors, $\tau = 1$ und $v_2 \sim v_1$)

$$l_2 = a \frac{\tau}{\tau_s} \frac{w_{1a}}{w_{2a}} = \frac{5{,}8}{0{,}834} \cdot \frac{240}{175} = 9{,}6 \sim 10 \text{ mm},$$

am Eintritt kann

$$l_1 = 5{,}8 + 1{,}2 = 7 \text{ mm},$$

gemacht werden, bei so schmalen Schaufeln würde man aber wohl l_1 auch 10 mm machen, wegen der Schwierigkeit der Erweiterung; die dadurch ungünstigere Strömung ist im geringeren Geschwindigkeitskoeffizienten ψ berücksichtigt. Den Schaufelschnitt zeigt Abb. 125.

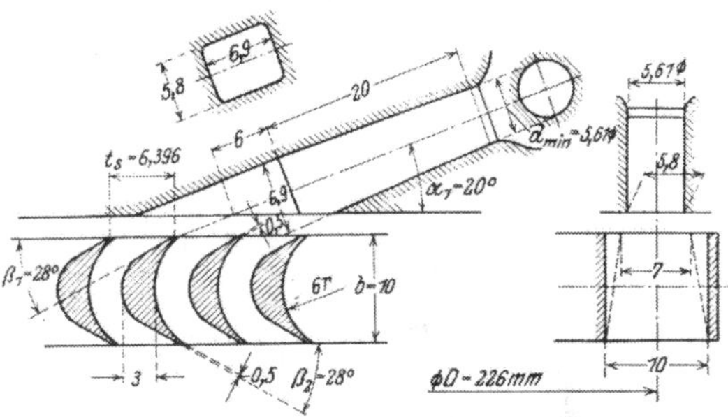

Abb. 125. Schauflungsschnitt.

2. Berechnung einer einstufigen Gleichdruckturbine mit Geschwindigkeitsstufung.

Für $N_e = 80$ PS$_e$, $n = 4000$ Umdr./min, Dampfzustand vor der Turbine $p = 12$ atü 300° C, Gegendruck $p_0 = 2$ ata.

Eine Atmosphäre Spannungsabfall durch Drosseln vor den Düsen, also 12 ata (298° C) angenommen, ist das adiabatische Gefälle aus dem is-Diagramm (Abb. 126),

$$h_t = i - i_0 = 728{,}5 - 638{,}5 = 90 \text{ kcal/kg};$$

damit ist

$$c_0 = 91{,}5 \sqrt{h_t} = 91{,}5 \sqrt{90} = 868 \text{ m/sek}$$

und mit $\varphi = 0{,}95$ (sauber gegossene und etwas nachgearbeitete Düsen)

$$c_1 = \varphi\, c_1 = 0{,}95 \cdot 868 = 825 \text{ m/sek}.$$

Der effektive Wirkungsgrad werde zu $\eta_e = 0{,}42$ geschätzt (vgl. Abb. 106, S. 89), damit ist der spezifische Dampfverbrauch

$$D_e = \frac{632}{h_t\,\eta_e} = \frac{632{,}3}{90 \cdot 0{,}42} = 16{,}75 \text{ kg/PS}_e\text{h}$$

oder

$$G_{sk} = \frac{N_e D_e}{3600} = \frac{80 \cdot 16{,}75}{3600} = 0{,}372 \text{ kg/sek}.$$

Um kleine Abmessungen zu erhalten, sei *dreifache Geschwindigkeitsstufung* (dreikränziges Rad) gewählt. Der Umfangswirkungsgrad η_u hat nach Abb. 57,

S. 56, einen Höchstwert bei $u/c_1 \sim 0{,}15$*, der beste innere Wirkungsgrad wird bei einem kleineren Wert liegen; um diesen zu ermitteln, werden die η_i für einige Werte von u/c_1 bzw. D gefunden. Z. B. für $D = 0{,}5$ m, $u = \pi D n : 60 = 104{,}6$ m/sek und $u/c_1 = 104{,}6 : 825 = 0{,}1269$ ergibt der Geschwindigkeitsplan (Abb. 127), mit einem Düsenneigungswinkel nach S. 114

$$\alpha_1 = 22^0 \quad \text{bzw.} \quad \sim 40\% \text{ Neigung}$$

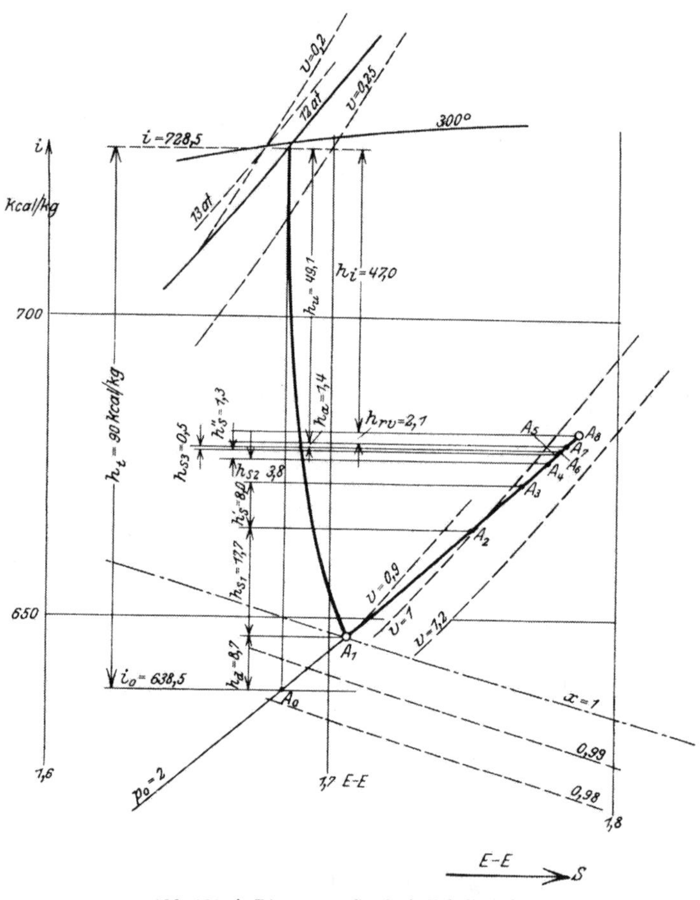

Abb. 126. *is*-Diagramm. Geschwindigkeitsstufung.

und den ebenda angegebenen Schaufelaustrittswinkeln

$$\beta_2 = 26^0,\ 30^0,\ 34^0,\ 40^0 \text{ und } 45^0$$

und den Geschwindigkeitskoeffizienten nach Abb. 80, S. 60, eine *Leistung am Radumfang*

$$h_u = A\,\frac{u}{g}\,(w_{1u} + w_{2u} + w'_{1u} + w'_{2u} + w''_{1u} + w''_{2u})$$

$$= \frac{104{,}6}{427 \cdot 9{,}81}\,(661 + 556 + 297 + 272 + 71 + 106)$$

$$= \frac{104\,6 \cdot 1963}{4189} = 49{,}1 \text{ kcal/kg}\,.$$

---

* Bei Annahme verkleinerter Austrittswinkel nach S. 114 ist ein höherer Wirkungsgrad zu erwarten.

Die Radreibungs- und Ventilationsarbeit werde nach Gl. (59) bzw. (59a), S. 62, errechnet

$$N_{rv} = 1{,}2 \cdot 10^{-6} \cdot D^3 n^{25} l_m \gamma \text{ kW} = A_{rv} l_m \gamma$$

mit $l_m = 2{,}5 = 0{,}025$ m, geschätzt, und $\gamma = \frac{1}{v} = \frac{1}{1{,}05} = 0{,}95$ aus dem is-Dia-

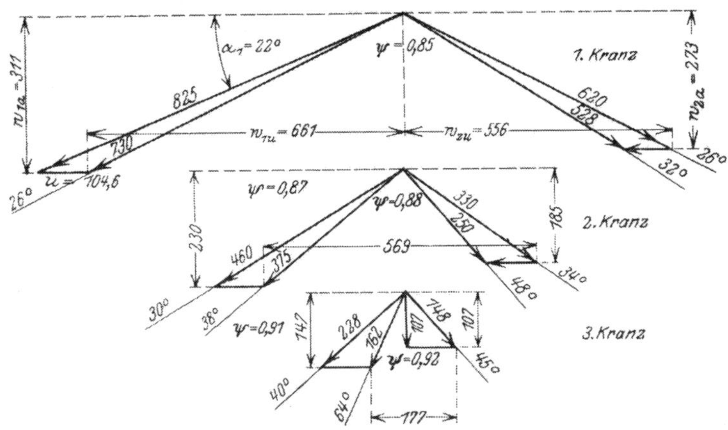

Abb. 127. Geschwindigkeitsplan.

gramm in Punkt A_7 nach Abtragen von $h_ü$, mit den Werten der Zahlentafel S. 63 $A_{rv} = 73{,}94$ und Umrechnungsfaktor 2,053

$$N_{rv} = 2{,}053 \cdot 73{,}94 \cdot 0{,}025 \cdot 0{,}95 = 3{,}6 \text{ kW} = 4{,}9 \text{ PS}.$$

Bei Berücksichtigung der Beaufschlagung sei N_{rv} zu 4,4 PS angenommen, dann ist

$$h_{rv} = \frac{N_{rv}}{5{,}7 \cdot G_{sek}} = \frac{4{,}4}{5{,}7 \cdot 0{,}372} = 2{,}1 \text{ kcal/kg}.$$

Damit ist die innere Leistung

$$h_i = h_u - h_{rv} = 49{,}1 - 2{,}1 = 47 \text{ kcal/kg}$$

und

$$\eta_i = h_i : h_t = 47 : 90 = 0{,}522.$$

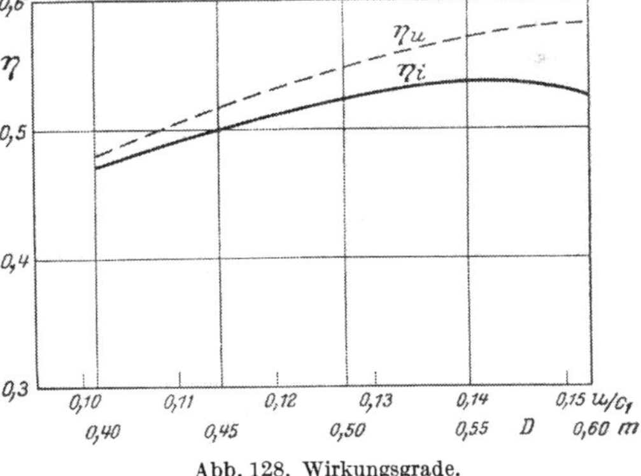

Abb. 128. Wirkungsgrade.

Die für andere Durchmesser in gleicher Weise errechneten Ergebnisse sind in folgender Zahlentafel angegeben; trägt man η_i über D auf (Abb. 128), so ist ersichtlich, daß der höchste innere Wirkungsgrad bei $D = 0{,}55$ und $u/c_1 \cong 0{,}14$ liegt.

Zahlentafel 5.

D =	0,4	0,45	0,5	0,55	0,6	m
u =	83,8	94,3	104,6	115,1	125,66	m/sek
u/c_1 =	0,1015	0,1142	0,1274	0,1396	0,152	
h_u =	43,3	46,1	49,1	51,3	52,2	kcal/kg
η_u =	0,481	0,512	0,545	0,57	0,58	
N_{rv} =	1,7	2,7	4,4	6,5	10,5	PS
h_{vr} =	0,8	1,2	2,1	3,1	4,9	kcal/kg
h_i =	42,5	44,9	47,0	48,2	47,3	kcal/kg
η_i =	0,472	0,499	0,522	0,537	0,526	

Da bei großem u/c_1 die nach S. 114 fest angenommenen Austrittswinkel wesentlich kleiner sind als die Eintrittswinkel (s. Geschwindigkeitsplan) und sich demgemäß starke Schaufelerweiterung der letzten Schaufelreihen ergeben würden, der Leistungsanteil der letzten Stufe sehr klein wird und η_i sich in der Nähe des Höchstwertes wenig ändert, zudem die Radreibungsverluste nicht genau zu bestimmen sind, so wird für die Ausführung zweckmäßig ein kleinerer Durchmesser angenommen; es sei $D = 0{,}5$ m gewählt, wofür die Berechnung oben durchgeführt ist.

Schätzt man den mechanischen Wirkungsgrad (vgl. Abb. 98, S. 84) zu $\eta_m = 0{,}9$ und die Abkühlungsverluste zu 2%, so ist

$$\eta_e = \eta_i \, \eta_m \cdot 0{,}98 = 0{,}522 \cdot 0{,}9 \cdot 0{,}98 = 0{,}455;$$

damit ist

$$D_e = \frac{632}{90 \cdot 0{,}455} \simeq 15{,}5 \text{ kg/PS}_e\text{h}$$

und

$$G_{sek} = \frac{80 \cdot 15{,}5}{3600} = 0{,}345 \text{ kg/sek}.$$

Wärmebilanz (s. *is*-Diagramm Abb. 126):

Düsenverlust	$h_d = (1 - \varphi^2)\, h_t = (1 - 0{,}95^2) \cdot 90 =$	8,7 kcal/kg,
Schaufelverluste:		
1. Kranz	$h_{s1} = A \dfrac{w_1^2 - w_2^2}{2\,g} = \dfrac{730^2 - 620^2}{8380}$	= 17,7 „
I. Umleitkranz	$h_s' = \dfrac{528^2 - 460^2}{8380}$	= 8,0 „
2. Kranz	$h_{s2} = \dfrac{375^2 - 330^2}{8380}$	= 3,8 „
II. Umleitkranz	$h_s'' = \dfrac{250^2 - 228^2}{8380}$	= 1,3 „
3. Kranz	$h_{s3} = \dfrac{162^2 - 148^2}{8380}$	= 0,5 „
Austrittsverlust	$h_a = \dfrac{107^2}{8380}$	= 1,4 „
		41,4 kcal/kg
	Radreibungsverlust	2,1 „
	innere Leistung	47,0 „
		90,5 kcal/kg

Der Leistungsanteil des 1. Kranzes ist 62,0%, des 2. 28,98% und des 3. Kranzes 9,02%.

Düsen. Nach Gl. (36a), S. 22, ist mit $v = 0{,}219$ (aus den VDI-Tabellen) der engste Querschnitt

$$F_{\min} = \frac{100\, G_{sek}}{2{,}09 \sqrt{\frac{p}{v}}} = \frac{100 \cdot 0{,}345}{2{,}09 \sqrt{\frac{12}{0{,}219}}} = 2{,}204 \text{ cm}^2 = 220{,}4 \text{ mm}^2.$$

Es seien 6 Düsen angenommen[1], also jede mit

$$f_{\min} = F_{\min} : 6 = 220{,}4 : 6 = 36{,}73 \text{ mm}$$

und bei rechteckigem Querschnitt

$$f_{\min} = 6{,}0 \times 6{,}13 \text{ mm}.$$

[1] Vgl. Fußnote auf S. 128.

Der Endquerschnitt ist

$$F_1 = \frac{G_{sek}\, v_1}{c_1}\ \mathrm{m}^2,$$

wobei v_1 das Volumen beim Austritt aus der Düse, also in Punkt A_1 (Abb. 126) ($i_1 = i_0 + h_a = 638 + 8{,}7 = 646{,}7$ kcal/kg); da der Dampf gerade trocken gesättigt, ist $v_1 = 0{,}90$ und

$$F_1 = \frac{0{,}345 \cdot 0{,}9}{825} \cdot 10000 = 3{,}26\ \mathrm{cm}^2 = 326\ \mathrm{mm}^2.$$

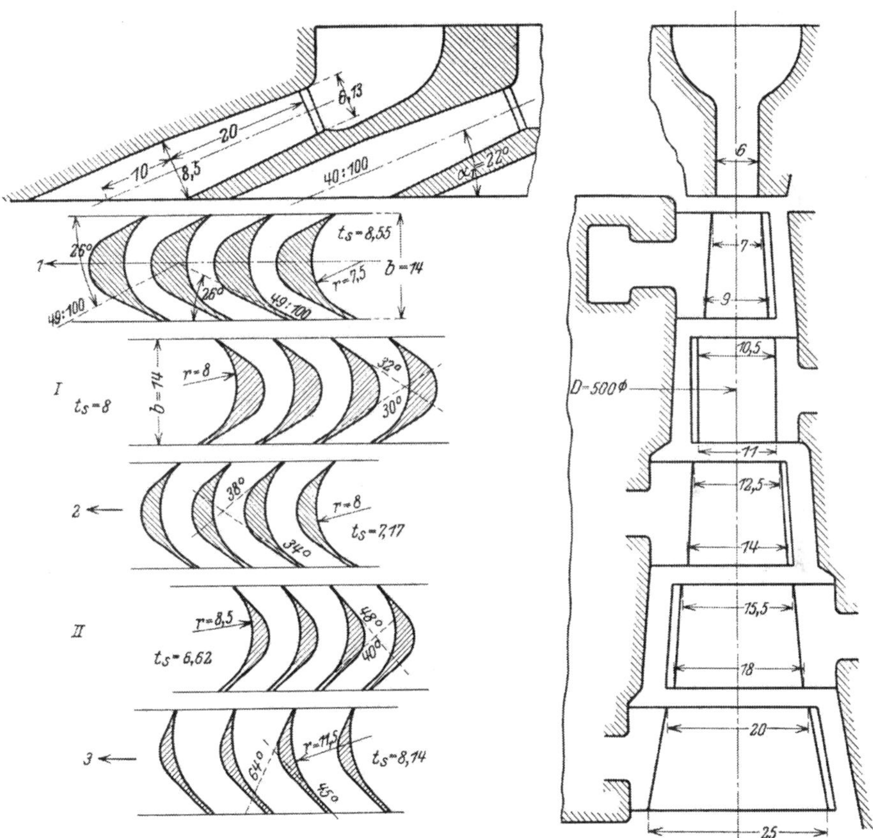

Abb. 129. Schauflungsschnitt für Geschwindigkeitsstufung.

Da etwas Überdruck beim Austritt günstig ist, werde der Endquerschnitt etwas kleiner angenommen, und zwar

$$F_1 = 306\ \mathrm{mm}^2, \qquad f_1 = 306 : 6 = 51\ \mathrm{mm}^2, \qquad f_1 = 6{,}0 \cdot 8{,}5\ \mathrm{mm}.$$

Die Düsenform zeigt Abb. 129; es könnten auch eingegossene gefräste Düsenschaufeln ausgeführt werden.

Für Überlastung seien noch zwei Düsen vorgesehen, dann ist bei Annahme desselben Wirkungsgrades, wie bei Vollast, die erreichte Leistung 4/3

$$N_{ü} = \frac{4}{3} \cdot 80 = 106{,}5\ \mathrm{PS_e}.$$

Werden für Teilbelastung Abschaltungen von Düsen vorgesehen, so wird der spezifische Dampfverbrauch zunehmen (S. 94), und zwar schätzungsweise bei 5 offenen Düsen um

$\sim 5\%$, bei 4 Düsen um $\sim 10\%$ und bei 3 Düsen $\sim 21\%$. Dann ist bei 5 offenen Düsen: $D_e' = 1{,}05 \cdot 15{,}5 = 16{,}3$ kg/PS$_e$h

$$N_e' = \frac{5}{6}\,\frac{N_e D_e}{D_e'} = \frac{5}{6}\,\frac{80 \cdot 15{,}5}{16{,}3} \cong 63{,}5 \text{ PS}_e\,,$$

bei 4 offenen Düsen: $D_e'' = 1{,}10 \cdot 15{,}5 = 17{,}1$ kg/PS$_e$h

$$N_e'' = \frac{4}{6} \cdot \frac{80 \cdot 15{,}5}{17{,}1} = \sim 48{,}3 \text{ PS}_e\,,$$

bei 3 offenen Düsen: $D_e''' = 1{,}21 \cdot 15{,}5 = 18{,}8$ kg/PS$_e$h

$$N_e''' = \frac{3}{6} \cdot \frac{80 \cdot 15{,}5}{18{,}8} = \sim 33 \text{ PS}_e\,.$$

Schaufeln. 1. Kranz: Winkel aus Geschwindigkeitsplan

$$\beta_1 = \beta_2 = 26^0\,,$$

nach Schaufelentwurf (Abb. 129) $r = 7{,}5$ mm, damit ist nach Gl. (56) (S. 59)

$$t_s = \frac{r}{2 \sin \beta} = \frac{7{,}5}{2 \cdot 0\,4384} = 8{,}55 \text{ mm}\,.$$

Schaufelzahl $z = \pi D : t_s = \pi \cdot 500 : 8{,}55 = \sim 183$ Schaufeln, damit genaue Teilung $t_s = \pi \cdot 500 : 183 = 8{,}59$ mm, Verengungsfaktor

$$\tau_s = \frac{t_s - 0{,}5/\sin\beta}{t_s} = \frac{8{,}59 - 0\,5/0{,}4384}{8{,}59} = 0{,}867$$

Schaufellänge am Eintritt

$$l_1 = a \mp 1 = 6 + 1 = 7 \text{ mm}$$

Schaufellänge am Austritt nach Gl. (110), S. 124. (Die Verengung durch die Düsenstege ist nicht berücksichtigt, $\tau = 1$, da bei so geringer Düsenzahl eine gleichmäßige Verteilung des Strahles nicht zu erwarten ist.)

$$l_2 = \frac{a}{\tau}\,\frac{w_{1a}}{w_{2a}}\,\frac{v_2}{v_1} = \frac{6}{0{,}867} \cdot \frac{311}{273} \cdot \frac{1}{0{,}9} = 6 \cdot 1{,}46 = 8{,}77 \sim 9 \text{ mm}\,.$$

(w_{1a} und w_{2a} aus Geschwindigkeitsplan, Abb. 127, v_2 und v_1 aus *is*-Diagramm, Abb. 126.)

I. Umleitkranz:

$$\beta_1 = 32^0, \quad \beta_2 = 30^0,$$

$$r = 8 \text{ mm}; \quad t_s = 8/2 \cdot \sin 30^0 = 8/2 \cdot 0{,}5 = 8 \text{ mm}\,,$$

$$\tau_s = \frac{8 - 0.5/0.5299}{8} = 0{,}883\,,$$

$$l_1 = 9 + 1{,}5 = 10{,}5 \text{ mm}; \quad l_2 = \frac{8{,}77 \cdot 0{,}867}{0{,}883} \cdot \frac{273}{230} \cdot \frac{1{,}04}{1{,}0} = 8{,}77 \cdot 1{,}21$$
$$= 10{,}6 \cong 11{,}0 \text{ mm}\,.$$

2. Kranz:

$$\beta_1 = 38^0, \quad \beta_2 = 34^0,$$

$r = 8$ mm; $t_s = 8/2 \cdot 0{,}559 = 7{,}15$ mm; $z = \pi \cdot 500 : 7{,}15 \sim 219$ Schaufeln. Genaue Teilung

$$t_s = \pi \cdot 500 : 219 = 7{,}17 \text{ mm},$$

$$\tau_s = \frac{7{,}15 - 0{,}5/0{,}61566}{7{,}15} = 0{,}887; \quad l_1 = 11 + 1{,}5 = 12{,}5 \text{ mm}\,,$$

$$l_2 = \frac{10.6 \cdot 0\,883}{0{,}887} \cdot \frac{230}{185} = 10{,}6 \cdot 1{,}236 = 13{,}6 \sim 14{,}0 \text{ mm}\,.$$

(Volumensvergrößerung, weil gering, vernachlässigt.)

II. Umleitkranz:

$$\beta_1 = 48^0,\quad \beta_2 = 40^0;\quad r = 8{,}5\ \text{mm},$$

$$t_s = 8{,}5/2\cdot 0{,}6428 = 6{,}63\ \text{mm};\qquad \tau_s = \frac{6{,}63 - 0{,}5/0{,}6428}{6{,}63} = 0{,}894,$$

$$l_1 = 14 + 1{,}5 = 15{,}5\ \text{mm};\qquad l_2 = \frac{13{,}6\cdot 0{,}887}{0{,}894}\cdot\frac{185}{147}$$

$$= 13{,}6\cdot 1{,}247 = 17{,}5 \cong 18\ \text{mm}.$$

3. Kranz:

$$\beta_1 = 64^0,\quad \beta_2 = 45^0;\quad r = 11{,}5\ \text{mm},$$

$$t_s = 11{,}5/2\cdot 0{,}707 = 8{,}13\ \text{mm};\qquad z_s = \pi\cdot 500 : 8{,}93 \sim 193\ \text{Schaufeln}.$$

Genaue Teilung

$$t_s = \pi\cdot 500 : 193 = 8{,}14\ \text{mm},$$

$$\varepsilon_s = \frac{8{,}13 - 0{,}5/0{,}707}{8{,}13} = 0{,}913;\qquad l_1 = 18 + 2 = 20\ \text{mm},$$

$$l_2 = \frac{17{,}5\cdot 0{,}894}{0{,}913}\cdot\frac{147}{107} = 17{,}5\cdot 1{,}345 = 24{,}3 \sim 25\ \text{mm}.$$

Den Schaufelschnitt zeigt Abb. 129.

3. Berechnung einer Gleichdruck-Gegendruckturbine mit Geschwindigkeits- und Druckstufung.

(Hochdruckstufe, ein 2kränziges Curtisrad, dann reine Druckstufen.)

$N_e = 2000\ \text{PS}_e$, $n = 4800$, Dampfzustand vor der Turbine 30 ata, 400° C, Gegendruck 6 ata.

Forderung: Raddurchmesser nicht über 500 mm zwecks Verwendung vorhandener Modelle.

Wäre nichts in bezug auf die Durchmesser vorgeschrieben, so könnte von der Forderung ausgegangen werden, daß volle Beaufschlagung erreicht wird. Da die erste Stufe als Regulierstufe mit abschaltbaren Düsen ausgeführt wird, weil bei Gegendruckturbinen nur Mengenreglung angebracht ist, so braucht die erste Stufe nicht voll beaufschlagt zu sein, was auch bei dem kleinen spezifischen Volumen nicht möglich wäre.

Geht man vom vorgeschriebenen Durchmesser von 500 mm aus, dem eine Umfangsgeschwindigkeit von $u = 125{,}66$ m/sek entspricht, so kann damit für die erste Stufe, die Geschwindigkeitsstufung erhalten soll, das benötigte Gefälle ermittelt werden. Das übrigbleibende Gefälle muß dann für die Druckstufen aufgeteilt werden, deren Zahl nach dem Einzelgefälle zu bestimmen ist.

Das adiabatische Gesamtgefälle ist aus dem is-Diagramm Abb. 130

$$H_t = i - i_0 = 770{,}8 - 678{,}0 = 92{,}8\ \text{kcal/kg},$$

wobei 2 at Drosselung in den Ventilen angenommen ist. Schätzt man nach Abb. 106, S. 89, den effektiven Wirkungsgrad zu $\eta_e = 0{,}73$, so ist der voraussichtliche Dampfverbrauch

$$D_e = \frac{632}{92{,}8\cdot 0{,}73} = 9{,}33\ \text{kg/PS}_e\text{h}$$

oder

$$G_{sek} = \frac{2000\cdot 9{,}33}{3600} = 5{,}19\ \text{kg/sek}.$$

Das Gefälle der ersten (Curtis-)Stufe ist aus dem günstigsten Verhältnis u/c_1 zu ermitteln; für die Leistungsgröße kommen nur 2 Geschwindigkeitstufen zur Ausführung. Dazu muß für das gegebene u für verschiedene u/c_1 (vgl. S. 115) die Geschwindigkeit c_1, daraus $c_0 = c_1/\varphi$ und $h_t = A c_0^2/2\,g$ bestimmt werden, ferner h_u und h_{rv} und η_i. Durch Auftragen von η_i über u/c_1 ist ersichtlich, wo der günstigste Wert von u/c_1 liegt. Damit ist dann das Gefälle und der Enddruck der ersten Stufe festgestellt (vgl. Berechnungsbeispiel S. 129). Im vorliegenden Falle ist nach diesen Gesichtspunkten der Enddruck mit 16 ata angenommen, womit $h_t = 770{,}8 - 733{,}6 = 37{,}2$ kcal/kg, nach Abb. 130. Damit ist $c_0 = 91{,}5\sqrt{37{,}2} = 558$ m/sek und $c_1 = \varphi c_0 = 0{,}96 \cdot 558 = 536$ m/sek. Mit $\alpha_1 = 20^0$ und den S. 114 angegebenen Austrittswinkeln der Schaufeln wird der Geschwindigkeitsplan gezeichnet (Abb. 131), mit auf stoßfreien Eintritt eingestellten Eintrittswinkeln und ψ nach Abb. 80, S. 60. Daraus ist die Umfangsleistung nach S. 50

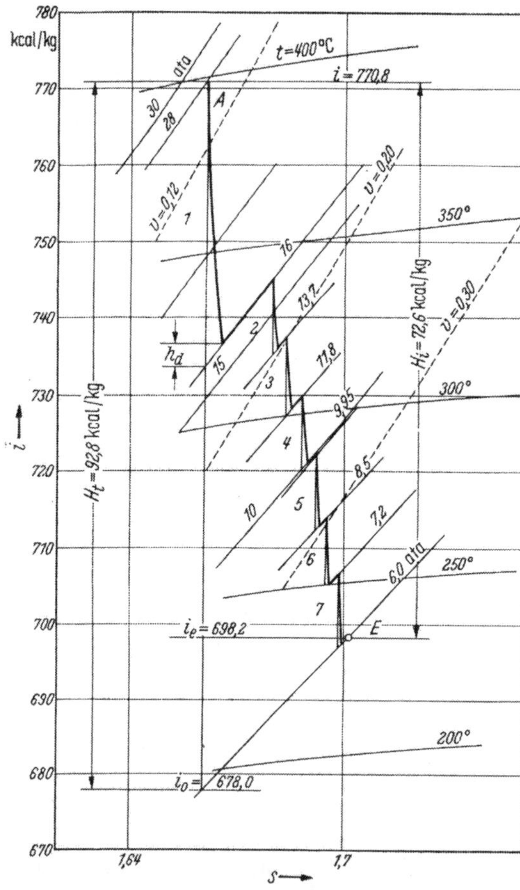

Abb. 130. is-Diagramm einer Gleichdruck-Gegendruckturbine.

$$h_u = \frac{A\,u}{g}(w_{1u} + w_{2u} + w'_{1u} + w'_{2u}) = \frac{125{,}66}{427 \cdot 9{,}81}(720 + 158) = 26{,}33 \text{ kcal/kg}.$$

Die Radreibungs- und Ventilationsarbeit werde nach der Gl. (65), S. 68, (EW) berechnet

$$N_{rv} = [A_R\,\nu^{0,2} + A_V(1 - \varepsilon) \cdot l^{1,5}]\,\gamma \text{ kcal}$$

mit den Werten für $A_R = 0{,}29$ aus Abb. 83, $\nu^{0,2} = 0{,}085$ aus Abb. 84 und 86, $A_V = 0{,}03$, dem Umrechnungsfaktor für 4800 U/min 3,73 nach der Zahlentafel S. 68, einer geschätzten Schaufellänge von $l = 2{,}5$ cm, einem geschätzten Beaufschlagungsgrad von $\varepsilon = 0{,}4$ und $\gamma = 1/v_r = 1/0{,}1740 = 5{,}7$ kg/m³.

Damit ist

$$N_{rv} = 3{,}73\,[0{,}29 \cdot 0{,}085 + 0{,}03 \cdot 0{,}6 \cdot 3{,}95]\,5{,}7 = 2{,}05 \text{ kcal}$$

und der Radreibungs- und Ventilationsverlust

$$h_{rv} = N_{rv} : G_{sek} = 2{,}05 : 5{,}14 = 0{,}41 \text{ kcal/kg}.$$

Damit ist

$$h_i = h_u - h_{rv} = 26{,}33 - 0{,}41 = 25{,}92 \text{ kcal/kg}$$

und

$$\eta_i = 25{,}92 : 37{,}2 = 0{,}697.$$

Wärmeinhalt am Ende der ersten Stufe

$$i_I = 770{,}8 - 25{,}92 = 744{,}88 \text{ kcal/kg}.$$

Das Gefälle für die reinen Druckstufen ist damit (aus dem is-Diagramm)

$$744{,}88 - 687{,}8 = 57{,}08 \text{ kcal/kg};$$

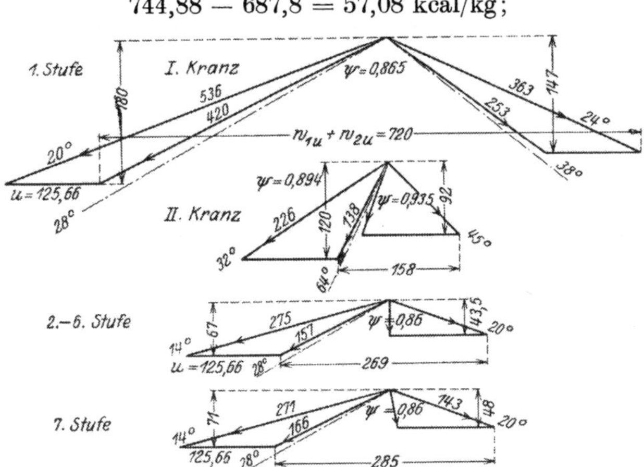

Abb. 131. Geschwindigkeitspläne.

schätzt man den Wärmerückgewinn auf $\sim 3\%$, so ist das aufzuteilende Gefälle $1{,}03 \cdot 57{,}08 = 58{,}7$ kcal/kg. Nun muß für den gegebenen Durchmesser das günstigste Gefälle ermittelt werden. Dazu muß für einige Werte von u/c_1 h_t ermittelt, der Geschwindigkeitsplan gezeichnet, h_u, h_{rv}, h_i und η_i errechnet

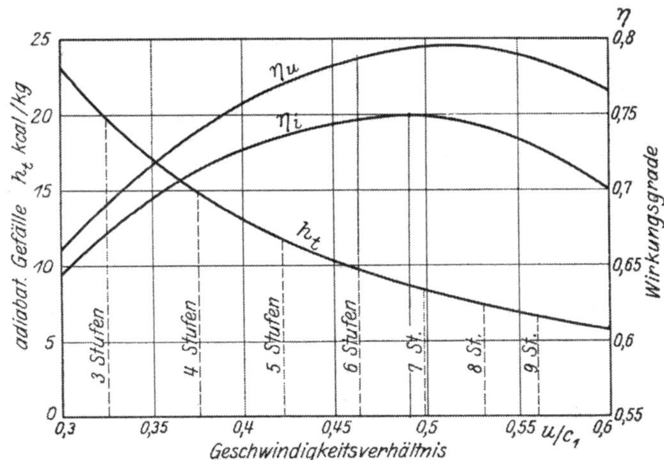

Abb. 132. Wirkungsgrade, Wahl der Stufenzahl.

werden. Da die Beaufschlagung voll ist, also $\varepsilon = 1$, so fällt in der Gl. (59a) für N_{rv} das Glied mit B fort. Der Undichtheitsverlust ist, weil klein und wenig veränderlich, vernachlässigt. Trägt man η_u, η_i und h_t über u/c_1 auf (Abb. 132), so zeigt es sich, daß η_i einen Höchstwert bei $u/c_1 = 0{,}485$ hat. Da die Aufteilung eine volle Stufenzahl ergeben muß, sind in Abb. 132 die Gefälle angegeben, welche bei 4, 5, 6, 7, 8 und 9 Stufen das ganze Gefälle aufzehren würden, woraus auch das zugehörige u/c_1 festgestellt werden kann. Wie ersichtlich, liegt der günstigste Wert von u/c_1 zwischen 6 und 7 Stufen, man wird demnach 6 Stufen wählen, zumal der Wirkungsgrad η_i zwischen beiden Stufenzahlen nur wenig veränderlich ist. Das Stufengefälle ist dann 58,7 : 6 = 9,8 kcal/kg, es ist aber nur für die 2. Stufe $h_t = 9{,}8$ kcal/kg angenommen worden, die übrigen Stufen nutzen die Austrittsgeschwindigkeit der vorhergehenden Stufen fast vollständig aus, also nach dem Geschwindigkeitsplan $c_2 = 43{,}5$ m/sek entsprechend einem Gefälle von $Ac_2^2 : 2\,g = 0{,}2$ kcal/kg, so daß das adiabatische Wärmegefälle um 0,2 kcal/kg größer wird, als aus dem *is*-Diagramm zu entnehmen. Es wird deshalb das Gefälle der 3. bis 6. Stufe nur $h_t = 9{,}6$ kcal/kg gewählt, somit insgesamt $9{,}6 + 0{,}2 = 9{,}8$ kcal/kg, die Geschwindigkeitspläne und die Umfangsleistung bleiben demnach für diese Stufen dieselben. (Abb. 131), das Gefälle der 7. Stufe ist $h_t = 10{,}2$ kcal/kg. Um das innere Gefälle h_i zu erhalten, muß noch der Undichtheits- (Spalt-) Verlust h_{sp} bestimmt werden. Schätzt man den Nabendurchmesser zu 200 mm, das Spiel zu 0,5 mm, so ist der Spaltquerschnitt $f_{sp} = 314\ \text{mm}^2$ und die durch den Spalt strömende Dampfmenge, wenn der wirksame Spalt $= \varphi_{sp} f_{sp} \simeq 1{,}80\ \text{cm}^2$ mit $\varphi_{sp} \simeq 0{,}6$, nach Gl. (67), S. 69.

$$G_{sp} = \frac{\varphi_{sp}\, f_{sp}\, c_1}{10000 \cdot v_1}\ \text{kg/sek}$$

und der Spaltverlust [Gl. (69, S. 71)] $h_{sp} = \frac{G_{sp}}{G_{sek}} \cdot (h_u - h_{rv})$, damit ist

$$h_i = h_u - h_{rv} - h_{sp}\ \text{kcal/kg}.$$

Das spezifische Volumen v_1 erhält man aus dem *is*-Diagramm nach Abtragen des Düsenverlustes h_d.

Für die 2. Stufe ist $i = 744{,}88$ kcal/kg, $h_t = 9{,}8$ kcal/kg, also $i_0 = 735{,}08$ kcal/kg und $p_0 = 13{,}70$ ata;

$$c_0 = 91{,}4\sqrt{9{,}8} = 286{,}4\ \text{m/sek}, \qquad c_1 = 0{,}96 \cdot 286{,}4 = 275\ \text{m/sek}$$

aus dem Geschwindigkeitsplan, Abb. 131, mit $\alpha_1 = 14^0$

$$h_u = A\,u(w_{1u} + w_{2u}) : g = 125{,}66 \cdot 269 : 4180 = 8{,}08\ \text{kcal/kg}.$$

Der Radreibungsverlust nach Gl. (63a), S. 65, mit demselben Wert für A_R, wie Stufe 1, $\nu^{0,2} = 0{,}085$ und $\gamma = 1/0{,}2 = 5{,}0\ \text{kg/m}^3$

$$h_r = 0{,}14\ \text{kcal/kg}.$$

Die Spaltdampfmenge nach obiger Gleichung

$$G_{sp} = \frac{f_{sp}\, c_1}{10000 \cdot v_1} = \frac{1{,}8 \cdot 275}{10000 \cdot 0{,}2} = 0{,}246\ \text{kg/sek}$$

und damit

$$h_{sp} = G_{sp}(h_u - h_r) : G_{sek} = 0{,}246\,(8{,}08 - 0{,}14) : 5{,}06 = 0{,}37\ \text{kcal/kg},$$

$$h_i = h_u - h_r - h_{sp} = 8{,}08 - 0{,}14 - 0{,}37 = 7{,}37\ \text{kcal/kg},$$

$$i_5 = 744{,}88 - 7{,}37 = 737{,}31\ \text{kcal/kg}.$$

Die Berechnung der übrigen Stufen erfolgt in der gleichen Weise.

Die ermittelten Werte sind in Zahlentafel 6, S. 140, angegeben und in das *is*-Diagramm Abb. 130 eingetragen. Das für die innere Leistung ausgenutzte Gesamtgefälle ist nun

$$H_i = 770{,}8 - 697{,}8 = 73{,}0\ \text{kcal/kg}$$

und

$$\eta_i = 73{,}0 : 92{,}8 = 0{,}787\,,\ \text{d. s.}\ 78{,}7\%.$$

Schätzt man nach Abb. 98, S. 84, den mechanischen Wirkungsgrad einschließlich 2% Stopfbüchsenverlust zu $\eta_m = 0{,}96$, so ist

$$\eta_e = \eta_i \eta_m = 0{,}753$$

und der Dampfverbrauch

$$D_e = \frac{632}{92{,}8 \cdot 0{,}753} \cong 9{,}1 \text{ kg/PS}_e\text{h}; \quad G_{sek} = \frac{2000 \cdot 9{,}1}{3600} = 5{,}06 \text{ kg/sek}.$$

Um den bei Gegendruckturbinen größeren Einfluß der Verluste zu berücksichtigen und die verlangte Leistung in jedem Falle zu erreichen, wird häufig zu dem errechneten Dampfverbrauch ein Zuschlag gemacht (Garantie). Im vorliegenden Fall sei deshalb für die Stufen 2 bis 7 der Stopfbüchsendampf nicht abgezogen und für die erste Stufe ein Zuschlag von 1,5% gemacht, also mit 5,06 kg/sek bzw. $1{,}015 \cdot 5{,}06 = 5{,}14$ kg/sek gerechnet. Mit diesen Werten erfolgt die *Berechnung der Leitquerschnitte* und *Laufschaufellängen.*

1. Stufe. Da kritisches Druckverhältnis nicht überschritten, ist keine Erweiterung erforderlich.

$$F_1 = G_{sek} \frac{v_1}{c_1} = \frac{5{,}06 \cdot 0{,}173 \cdot 10000}{536} = 16{,}59 \text{ cm}^2 = 1659 \text{ mm}^2$$

Teilung bei $z = 64$ (gewählt), $t = \frac{\pi D}{z} = 24{,}54$, lichte Kanalweite (vgl. Abb. 121) bei 2 mm Stegstärke

$$\delta = t \sin \alpha_1 - 2 = 8{,}39 - 2 = 6{,}39 \text{ mm},$$

offene Kanäle $z_1 = 32$, radiale Kanalhöhe $a = \frac{F_1}{z_1 \delta} = 8{,}11$ mm.

Schaufellängen: *1. Kranz* nach Schaufelentwurf für Schaufelwinkel aus Geschwindigkeitsplan

$$z_s = 127, \quad t_s = 12{,}37 \text{ mm}, \quad \tau_s = 0{,}900, \quad l_2 = a \frac{w_{1a}}{w_{3a}} \frac{\tau}{\tau_s}$$

nach Gl. (110); da nicht voll beaufschlagt, ist der Verengungsfaktor der Leitschaufeln nicht berücksichtigt ($\tau = 1$).

$$l_2 = 8{,}11 \frac{180}{147} \cdot \frac{1}{0{,}900} = 10{,}9 \sim 11{,}0 \text{ mm}.$$

Umleitkranz: $t_s = 10{,}92$, $\tau_s = 0{,}913$, $l_1 = 12{,}5$ mm,

$$l_2 = 10{,}9 \frac{147}{120} \cdot \frac{0{,}900}{0{,}913} = 13{,}2 = \sim 13{,}5 \text{ mm}.$$

2. Kranz: $z_s = 156$, $t_s = 10{,}06$ mm, $\tau_s = 0{,}933$, $l_1 = 15{,}0$ mm,

$$l_2 = 13{,}2 \cdot \frac{120}{92} \cdot \frac{0{,}913}{0{,}933} = 16{,}8 = \sim 17 \text{ mm}.$$

2. Stufe:

$$F_1 = \frac{G_{sek} v_1}{c_1} = \frac{5{,}06 \cdot 0.201}{275} = 3700 \text{ mm}^2;$$

wegen Spalt $F_{korr} = F_1 - \varphi_{sp} f_{sp} = 3700 - 180 = 3520 \text{ mm}^2$

Kanäle 46, $t = 35{,}70$ mm, $\delta = t \sin \alpha_1 - 2 = 8{,}64 - 2 = 6{,}64$ mm,

$$\tau = 1 - (2 : 8{,}64) = 0{,}768$$

radiale Kanalhöhe

$$a = \frac{F_1 - 180}{z \delta} \text{ mm} = \frac{3520}{46 \cdot 6{,}64} = 12{,}05 \text{ mm}.$$

Schaufellänge am Austritt mit $z_s = 105$, $t_s = 14{,}96$ mm, $\tau_s = 0{,}903$ (Stegstärke am Austritt 0,5 mm)

$$l_2 = a \frac{w_{1a}}{w_{2a}} \frac{\tau}{\tau_s} = 12{,}05 \cdot 1{,}54 \frac{0{,}768}{0{,}903} = 15{,}8 = \sim 16{,}0 \text{ mm}.$$

In gleicher Weise werden die Leitkanäle und die Schaufellängen der übrigen Druckstufen berechnet; die Ergebnisse sind in der Zahlentafel 6, enthalten.

Den Schauflungsplan (Längsschnitt und Schaufelschnitte) zeigt Abb. 133.

Zahlentafel 6.

Stufe	1	2	3	4	5	6	7
Anfangsdruck kg/cm²	28	16	13,7	11,8	9,95	8,55	7,2
Anfangswärmeinhalt i kcal/kg	770,8	744,88	737,31	729,67	721,98	714,24	706,45
Endwärmeinhalt i_0 kcal/kg	733,6	735,08	727,31	720,07	712,38	704,64	696,25
Adiab. Gefälle $h_t = i - i_0$ kcal/kg	37,2	9,8	9,6	9,6	9,6	9,6	10,2
Teilkreisdurchmesser D mm	durchweg 500 mm						
Umfangsgeschw. u m/sek	durchweg 125,66 m/sek						
Theor. Dampfgeschw. c_0 m/sek	558	286,4	286,4	286,4	286,4	286,4	295
Wirkl. Dampfgeschw. c_1 m/sek	536	275	275	275	275	275	283
Geschw.-Verhältnis u/c_1	0,234	0,457	0,457	0,457	0,457	0,457	0,451
Leistung am Umfang h_u kcal/kg	26,33	8,08	8,08	8,08	8,08	8,08	8,64
Spez. Vol. f. Radreib. m³/kg	0,174	0,20	0,228	0,26	0,299	0,342	0,395
Radreibung h_{rv} kcal/kg	0,41	0,14	0,12	0,11	0,10	0,08	0,07
Spaltdampfmenge G_{sp} kg/sek	—	0,246	0,218	0,190	0,167	0,147	0,129
Spaltverlust h_{sp} kcal/kg	—	0,37	0,32	0,28	0,24	0,21	0,20
Inneres Gefälle h_i kcal/kg	25,92	7,57	7,64	7,69	7,74	7,79	8,64
Innerer Wirkungsgrad η_i %	69,7	77,3	78,0	78,5	79,0	79,5	82,7
Stufenleistung N_i PS	746	218	221	222	223	224	238
$\Sigma h_i =$	72,6 kcal/kg		$\Sigma N_i = 2092$ PS$_i$				
Leitwinkel α_1 °	20	14	14	14	14	14	14
Düsenverlust h_d kcal/kg	2,91	0,76	0,76	0,76	0,76	0,76	0,82
Wärmeinhalt am Austritt $i_1 = i_0 + h_d$ kcal/kg	736,51	735,84	728,26	720,63	712,94	705,20	697,0
Spez.Vol. am Austritt v_1 m³/kg	0,173	0,201	0,227	0,26	0,296	0,337	0,390
Querschnitt F_1 mm²	1659	3700	4176	4785	5450	6200	7080
Querschnitt korrigiert F m³/kg	1659	3520	3996	4605	5270	6020	6900
Zahl der Kanäle z	32/64	44	44	44	44	44	44
Teilung t . . . . mm	24,54	35,70	35,70	35,70	35,70	35,70	35,70
Lichte Kanalweite δ . . mm	6,39	6,64	6,64	6,64	6,64	6,64	6,64
Verengungsfaktor τ	0,762	0,768	0,768	0,768	0,768	0,768	0,768
Radiale Kanalhöhe a . . mm	8,02	12,05	13,68	15,76	18,04	20,61	23,62
Eintrittswinkel β_1 °	28/38/64	28	28	28	28	28	28
Austrittswinkel β_2 °	24/32/45	20	20	20	20	20	20
Geschwindigk.-Koeffiz. ψ . .		0,86	0,86	0,86	0,86	0,86	0,86
Schaufelzahl z_s		105	105	105	105	105	105
Teilung t_s . . . . mm		14,96	14,96	14,96	14,96	14,96	14,96
Schaufelbreite b . . . . mm	20	25	25	25	25	25	25
Verengungsfaktor τ_s		0,903	0,903	0,903	0,903	0,903	0,903
Geschwind.-Verh. w_{1a}/w_{2a} . .		1,54	1,54	1,54	1,54	1,54	1,54
Schaufellänge am Eintritt l_1 mm		13,5	15,0	17,0	19,5	22,0	25,0
Schaufellänge am Austritt, gerechnet . . . . . . mm		15,8	17,9	20,6	23,6	26,9	30,9
Schaufellänge am Austritt, l_2 ausgeführt . . . . . mm		16,0	18,0	21,0	24,0	27,0	31,0

4. Berechnung einer vielstufigen Gleichdruckturbine.

$N_e = 6000\ \text{PS}_e$, $n = 3000$ Umdr./min.

Dampfeintritt: 22 ata, 380° C.

Enddruck: 0,05 ata (95% Vakuum) im Abdampfstutzen.

Drosselung auf 20 ata beim Eintritt angenommen. Adiabatisches Gefälle aus dem *is*-Diagramm (Abb. 134)

$$H_t = i - i_0 = 763{,}5 - 513{,}5 = 250\ \text{kcal/kg};$$

effektiver Wirkungsgrad geschätzt nach Abb. 106 (S. 89), $\eta_e = 0{,}81$, damit der Dampfverbrauch [Gl. (101), S. 93]

$$D_e = \frac{632}{H_t \eta_e} = \frac{632}{250 \cdot 0{,}81} = 3{,}13\ \text{kg/PS}_e\text{h},$$

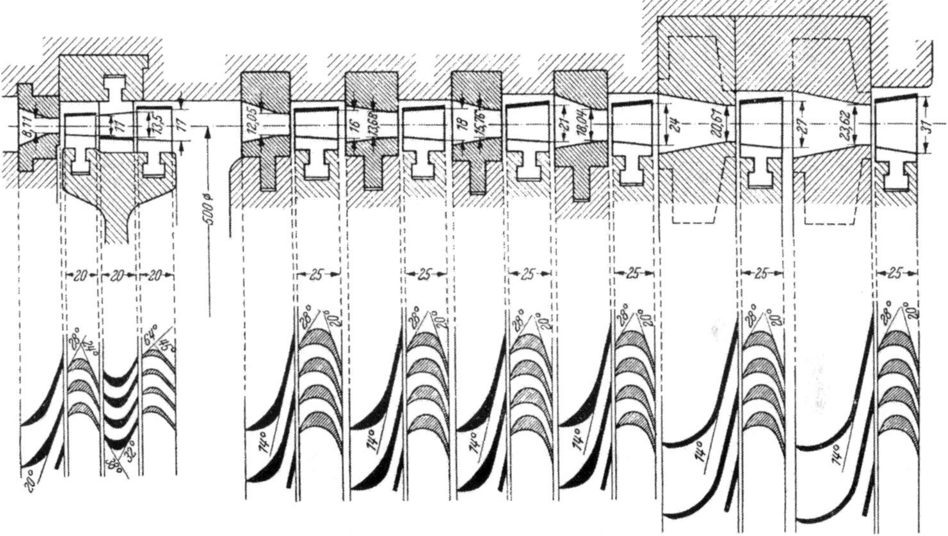

Abb. 133. Schauflungsschnitt einer Gleichdruck-Gegendruckturbine.

der stündliche Dampfverbrauch $G = 6000 \cdot 3{,}13 = 18780$ kg/h und die sekundliche Dampfmenge

$$G_{sek} = \frac{18780}{3600} = 5{,}24\ \text{kg/sek}.$$

Nach Schätzung von η_m zu 0,985 (Abb. 98) ist $\eta_i = 0{,}81 : 0{,}985 = 0{,}823$, und es kann der zu erwartende Endzustand im *is*-Diagramm gefunden werden nach Abtragen von $H_i = \eta_i H_t = 0{,}823 \cdot 250 = 206$ kcal/kg, womit $i_E = 763{,}5 - 206{,}0 = 557{,}5$ kcal/kg.

Wird der Wärmerückgewinn zu 5,5% geschätzt, also $\mu = 1{,}055$, dann ist das diabatische Gesamtgefälle aller Stufen

$$H = \mu H_t = 1{,}055 \cdot 250 = 264\ \text{kcal/kg},$$

das aufgeteilt werden muß, so daß

$$\Sigma(h_t) = H.$$

Da bei der vorliegenden Leistungsgröße volle Beaufschlagung der ersten Stufen kleine Raddurchmesser, also große Stufenzahl ergeben würde, wird die 1. Stufe als Regelstufe mit zweikränzigem Curtisrad und Teilbeaufschlagung ausgeführt und der Enddruck der Stufe zu 8,0 ata gewählt, damit die folgenden Stufen bei voller Beaufschlagung mit genügend großen radialen Kanalhöhen ($a \geqq 10$ mm bei gefrästen Kanälen) nicht wesentlich kleinere Durchmesser erhalten als die 1. Stufe. Man kann dazu wie weiter unten angegeben vorgehen.

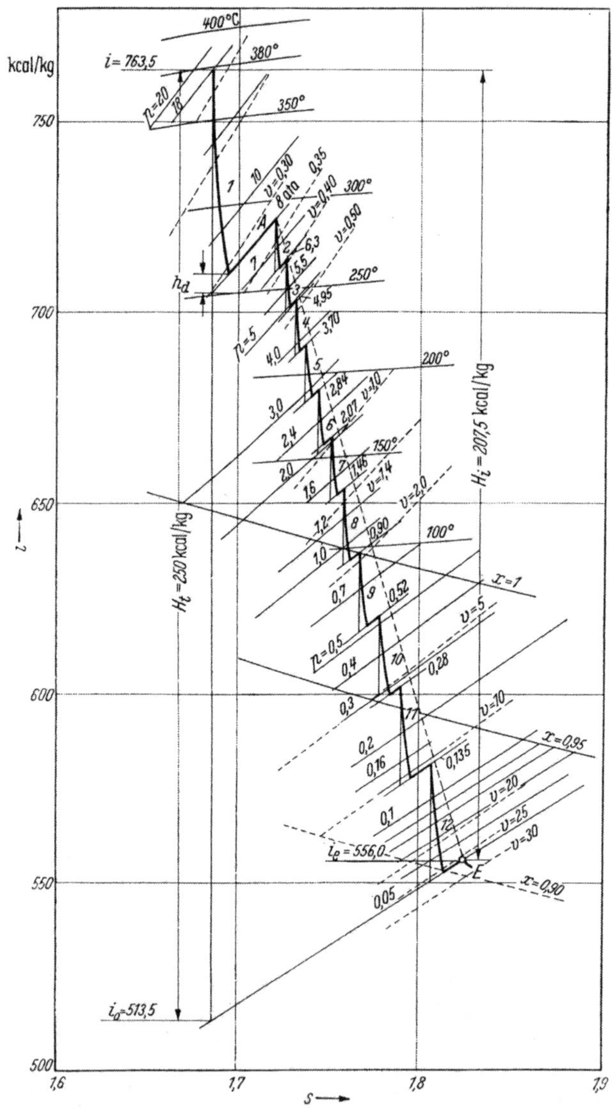

Abb. 134. *is*-Diagramm, einer vielstufigen Gleichdruckturbine.

Das Gefälle der 1. Stufe ergibt sich aus dem $i s$-Diagramm zu

$$h_t = i - i_0 = 763{,}5 - 706{,}0 = 57{,}5 \text{ kcal/kg}.$$

Damit wird

$$c_0 = 91{,}5 \sqrt{57{,}5} = 694 \text{ m/sek}$$

und

$$c_1 = \varphi\, c_0 = 0{,}96 \cdot 694 = 666 \text{ m/sek}.$$

Um den günstigsten Durchmesser zu ermitteln, kann für einige Annahmen desselben bzw. u/c_1 nach Berechnung der Umfangsleistung mit Hilfe des Geschwindigkeitsplanes und der Radreibungs- und Ventilationsverluste, die innere Leistung und der innere Wirkungsgrad η_i ermittelt werden (vgl. Beispiel S. 131). In der

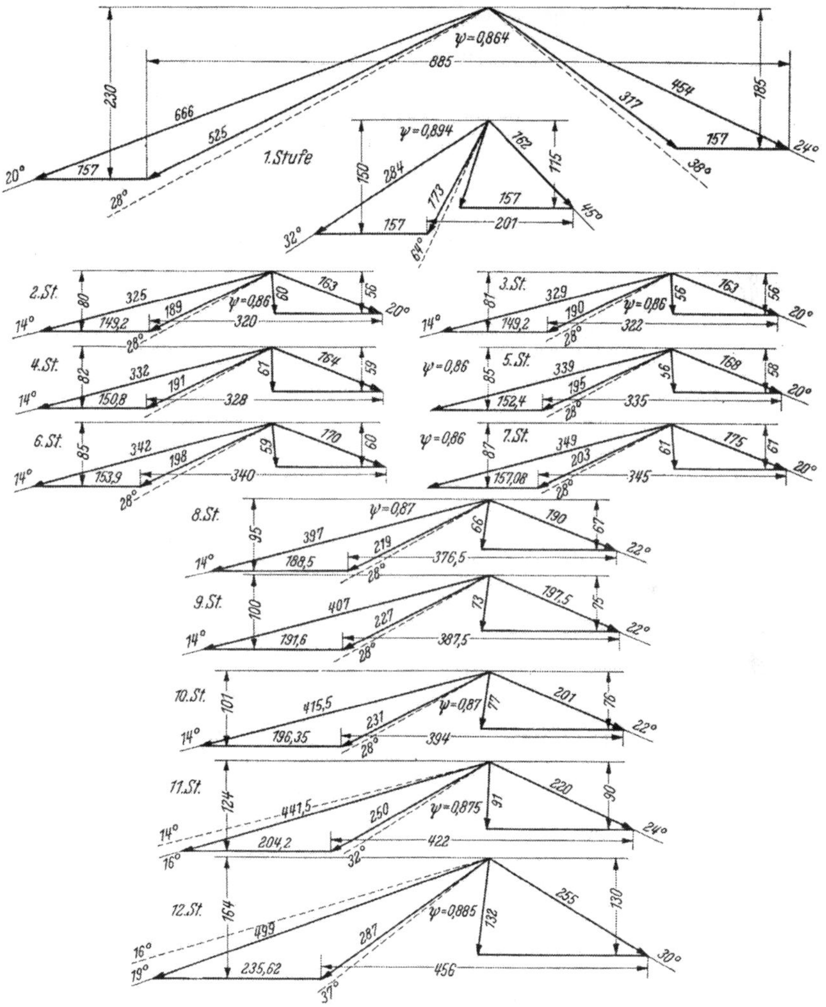

Abb. 135. Geschwindigkeitspläne.

Nähe des Höchstwertes des Wirkungsgrades am Radumfang nach Abb. 57, S. 50 ist:

für $\chi = u/c_1$ =	0,22	0,23	0,24	0,25	
$u = \chi\, c_1$ =	148	153	160	166 5	m/sek
und damit D =	0,943	0,974	1,02	1,06	m.

Die mit diesen Werten errechneten inneren Wirkungsgrade zeigen, über u/c_1 oder über D aufgetragen, einen ziemlich flachen Verlauf. Es werde $D = 1{,}00$ m mit $u = 157{,}08$ m/sek gewählt, etwa kleiner als der günstigste Wert, mit Rücksicht auf möglichen Druckabfall beim Dampfeintritt.

Mit den S. 114 angegebenen Schaufelwinkeln kann der Geschwindigkeitsplan gezeichnet werden, Abb. 135, mit den Geschwindigkeitsbeiwerten nach Abb. 80,

S. 60, die Umfangsleistung ist alsdann nach Gl. (54a), S. 50

$$h_u = \frac{A\,u}{g}\left[(w_{1u} + w_{2u}) + (w'_{1u} + w'_{2u})\right] = \frac{157{,}08}{427 \cdot 9{,}81}(885 + 201) = 40{,}7 \text{ kcal/kg}.$$

Zum Berechnen des Ventilationsverlustes muß die Beaufschlagung geschätzt oder besser gleich ermittelt werden. Da das kritische Druckverhältnis (0,5475) überschritten ist (8 : 20 = 0,4), wäre eine Lavaldüse anzuwenden. Bei der geringen Überschreitung und da etwas Überdruck beim Austritt günstig ist, kann ein Leitkanal ohne Erweiterung angewendet werden, wobei die Strahlablenkung im Schrägabschnitt berücksichtigt werden muß, nach Gl. (43), S. 34. Der Leitwinkel ist zu $\alpha = 18^0$ angenommen, dann ist der Winkel nach der Ablenkung α'_1

aus
$$\sin\alpha'_1 = \frac{v_1}{v_k}\,\frac{c_k}{c_1}\sin\alpha_1 = \frac{0{,}31}{0{,}25}\cdot\frac{577}{666}\cdot 0{,}309 = 0{,}332\,,$$

somit $\alpha'_1 = 19^0\,25'$, also rund 20^0.

Der engste Querschnitt muß nach Gl. (36a), S. 22, sein (in cm²)

$$F_{\min} = \frac{G_{sek}\cdot 100}{2{,}09\cdot\sqrt{p/v}} = \frac{5.2\cdot 100}{2{,}09\cdot\sqrt{20/0{,}15}} = 21{,}6 \text{ cm}^2 = 2160 \text{ mm}^2\,.$$

Der Endquerschnitt der Leitvorrichtung müßte werden

$$F_1 = \frac{G_{sek}\,v_1\cdot 10000}{c_1} = \frac{5{,}2\cdot 0{,}31\cdot 10000}{666} = 24{,}2 \text{ cm}^2 = 2420 \text{ mm}^2,$$

wobei v_1 für den Druck $p_1 = 8$ ata und den Wärmeinhalt am Leitkanalaustritt $i_1 = i_0 + h_d = 706 + 3{,}73 = 709{,}73$ $(h_d = (1 - \varphi^2)h_t = (1 - 0{,}96^2)\cdot 57{,}5 = 3{,}73)$, aus dem is-Diagramm zu ermitteln ist (oder aus der Zahlentafel im Anhang für den Druck 8 ata und 260° C).

Wählt man die radiale Austrittshöhe $a = 8$ mm (um möglichst großen Beaufschlagungsgrad zu erhalten, der bei der vorliegenden Leistungsgröße die geringe Erhöhung der Strömungsverluste mehr als ausgleicht) und die Kanalbreite $\delta = 9$ mm (wieder mit Rücksicht auf größere Beaufschlagung), so ist der Querschnitt eines Kanals $f_{\min} = 8 \cdot 9 = 72$ mm² und die Anzahl der Leitkanäle bei Vollast

$$z = 2160 : 72 = 30 \text{ Kanäle}.$$

Bei einem Leitwinkel von $\alpha_1 = 18^0$ und 2 mm Schaufelstärke am Austritt ist die Teilung

$$t = (9 + 2) : \sin 18^\circ = 35{,}55 \text{ mm}$$

und der beaufschlagte Umfang $t\,z = 30 \cdot 35{,}55 = 1068$ mm.

Der ganze Umfang ist $\pi D = \pi \cdot 1000 = 3140$ mm, somit der Beaufschlagungsgrad $\varepsilon = 1068 : 3140 = 0{,}34$.

Der Radreibungs- und Ventilationsverlust werde nach Gl. (65), S. 68, ermittelt.

$$H_{rv} = A_R\,\nu^{0,2}\gamma + A_V(1 - \varepsilon)\,l^{1,5}\gamma \text{ kcal}.$$

Mit der geschätzten Schaufellänge $l = 25$ mm, $l^{1,5} = 3{,}95$ und den Werten für $A_R = 7{,}0$, $A_V = 0{,}42$, $\nu = 7\cdot 10^{-6}$, $\nu^{0,2} = 0{,}095$ aus den Abb. 84, 87, 85 und 86 bzw. Zahlentafel 2, S. 66 und $\gamma = 1/v_1 = 1/0{,}31 = 3{,}23$ wird

$$H_{rv} = 7{,}0\cdot 0{,}095\cdot 3{,}23 + 0{,}42(1 - 0{,}34)\cdot 3{,}95\cdot 3{,}23 = 2{,}15 + 3{,}54 = 5{,}69 \text{ kcal}$$

und für 1 kg Dampf

$$h_{rv} = H_{rv} : G_{sek} = 5{,}69 : 5{,}2 = 1{,}1 \text{ kcal/kg}.$$

Das innere Gefälle ist alsdann

$$h_i = h_u - h_{rv} = 40{,}7 - 1{,}1 = 39{,}6 \text{ kcal/kg}$$

und
$$\eta_i = 39{,}6 : 57{,}5 = 0{,}688, \text{ d. s. } 68{,}8\% .$$

Der Endzustand der ersten Stufe, zugleich Anfangszustand der folgenden Stufe, ist, nach Abtragen der Verluste auf der Drucklinie 8 ata, bzw. des inneren Gefälles
$$i_4 = i - h_i = 763{,}5 - 39{,}6 = 723{,}9 \text{ kcal/kg}.$$

Verbindet man nun diesen Endzustand der ersten Stufe mit dem durch den angenommenen inneren Wirkungsgrad der Turbine ermittelten Endzustand der letzten Stufe (i_e) durch eine fast gerade Linie AE, so erhält man die „obere“ Zustandslinie, auf welcher die Anfangszustände der Stufen bzw. die Endzustände der vorhergehenden Stufen voraussichtlich liegen werden, Abb. 134.

Vor der Aufteilung des Gefälles muß noch der größte Durchmesser der 2. Stufe für volle Beaufschlagung mit mindestens $a = 10$ mm radialer Leitkanalhöhe, und der kleinste Durchmesser der letzten Stufe für noch zulässige größte Schaufellänge ermittelt werden.

Der Durchmesser der 2. Stufe werde zu $D = 0{,}95$ m geschätzt, dem entspricht nach Abb. 118 für $\chi = u/c_1 = 0{,}45$ ein Gefälle $h_t = 14{,}0$ kcal/kg bei $\varphi = 0{,}95$, oder, da gefräste Kanäle ausgeführt werden sollen, bei $\varphi = 0{,}96$, $h_t = 0{,}979 \cdot 14 = 13{,}7$ kcal/kg.

Durch Abtragen dieses Gefälles im is-Diagramm erhält man den Enddruck $p_0 = 6{,}30$, $t = 260^0$ C und $v_1 = 0{,}4$, also $G_{sek} \cdot v_1 = 5{,}2 \cdot 0{,}4 = 2{,}08$ m³/sek. Dafür ist nach Abb. 119 für τ zwischen 0,75 und 0,84 und $\chi = 0{,}45$ bei $a = 10$ mm der Durchmesser $D = 1{,}0$ m, so daß die Annahme $D = 0{,}95$ m mit Sicherheit wenigstens $a = 10$ mm ergeben wird, auch bei etwas kleinerem v_1. Die Annahme kann also beibehalten werden.

Der Durchmesser der letzten Stufe ergibt sich bei Annahme von $D : a = \vartheta \geqq 7$, $\chi = u/c_1 = 0{,}475$, $\tau = 0{,}85$, $\alpha_1 = 18^0$ und v_1 aus dem is-Diagramm etwas unter dem durch η_i gegebenen Endpunkt zu $v_1 = 26$ m³/kg, aus Gl. (108), S. 119, zu
$$D = \sqrt[3]{\frac{G_{sek}\, v_1\, \vartheta \cdot 60 \cdot \chi}{\tau\, \pi^2\, n \sin \alpha_1}} = \sqrt[3]{\frac{5{,}25 \cdot 26 \cdot 7 \cdot 60 \cdot 0.475}{0{,}85 \cdot 9{,}86 \cdot 3000 \cdot 0{,}309}} = 1{,}525 \text{ m}.$$

Der Durchmesser werde zu 1,5 m angenommen, dem entspricht nach Abb. 120 ein Gefälle $h_t = 31$ kcal/kg.

Dieses Gefälle im is-Diagramm, Abb. 134, senkrecht zwischen dem Enddruck 0,05 ata und der vom Endzustand der ersten Stufe bis Endpunkt E der letzten Stufe gezogenen oberen Zustandslinie gibt den Anfangsdruck der letzten Stufe mit 0,134 ata. Wird der Düsenverlust der 2. Stufe $h_d = (1 - \varphi^2)\, h_t = (1 - 0{,}96^2) \times 13{,}7 = 1{,}09$ kcal/kg, und der letzten Stufe $h_d = (1 - 0{,}96^2) \cdot 31{,}6 = 2{,}5$ kcal/kg in das is-Diagramm eingetragen (in Abb. 134 nicht angegeben), so erhält man die Zustände beim Austritt aus der Leitvorrichtung dieser Stufen und die Verbindungslinie dieser beiden Endzustände als eine fast Gerade ergibt die „untere Zustandslinie“, auf der die Zustände beim Austritt aus den Leitvorrichtungen der zwischenliegenden Stufen liegen werden. Damit hat man dann auch die Volumina v_1 zur überschläglichen Ermittlung der Leitquerschnitte und der Kanalhöhen.

Um nun die Aufteilung des Gefälles von der 3. bis zur vorletzten Stufe möglichst genau und ohne viel zeitraubendes Probieren vornehmen zu können und einen guten Überblick über die einzelnen Größen zu erhalten, empfiehlt es sich, wie S. 110 erwähnt, über dem inneren Gesamtgefälle $H_i = 206$ kcal/kg die Werte für die Drücke und Volumina, wie sie sich aus dem is-Diagramm auf der angenommenen oberen Zustandslinie A_1E entnehmen lassen, aufzutragen, Abb. 136;

ferner das adiabatische Gefälle der 1. Stufe als Gerade $OA = h_t$ vom Koordinatenanfang O über dem inneren Gefälle $h_i = OA_1$ (also einen Bogen aus O mit dem Radius $= h_t$ schlagen, bis zum Schnitt mit der Ordinate aus A_1), zweckmäßig im selben Maßstab, wie das innere Gefälle. Vom Endpunkt A des adiabatischen Gefälles der 1. Stufe in gleicher Weise das restliche adiabatische Gefälle $H - h_{t1} = 264{,}0 - 57{,}5 = 206{,}5$ kcal/kg als Gerade AB bis zur Endordinate des inneren Gefälles. (Falls kein C-Rad oder kein mit schlechterem Wirkungsgrad arbeitendes Rad vorhanden, kann das adiabatische Gesamtgefälle gleich vom Koordinatenanfang bis zur Endordinate gezogen werden). Wird nun noch das adiabatische Gefälle der letzten Stufe von B nach links auf AB abgetragen, so

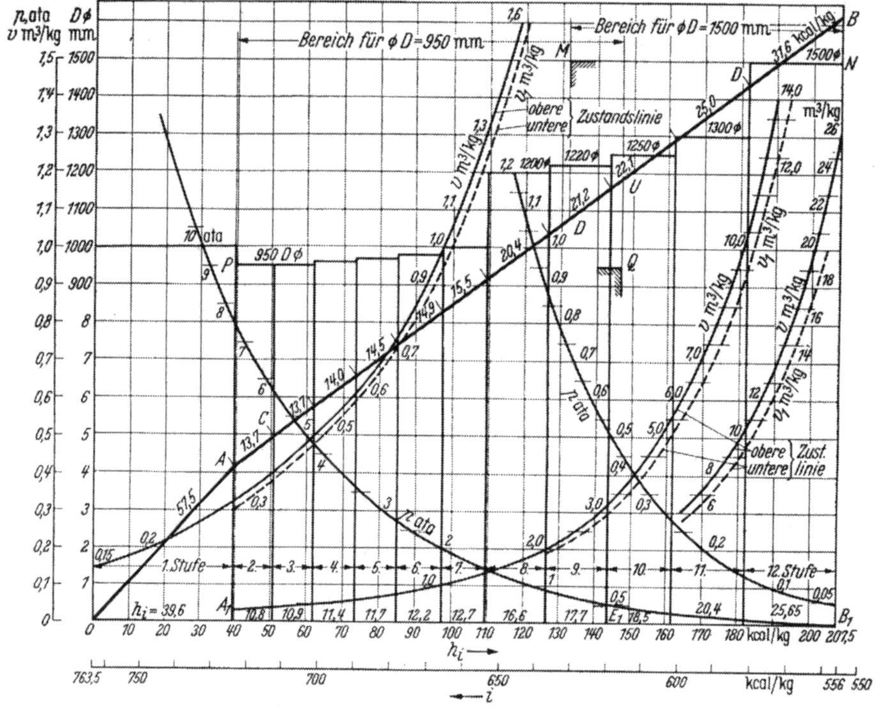

Abb. 136. Aufteilung des Gefälles.

ist das zwischen der ersten und der letzten Stufe gelegene Gefälle für die Zwischenstufen aufzuteilen.

Es kann nun noch festgestellt werden, bis zu welchem Druck hinunter der Durchmesser der 2. Stufe (0,95 m) beibehalten werden kann, ohne zu große Schaufellänge zu erhalten. Dazu muß aus Gl. (108), S. 119, wie S. 110 erwähnt, das spezifische Volumen v_1 ermittelt werden

$$v_1 = \frac{D^3 \pi^2 \tau n \sin \alpha_1}{G_{sek} \vartheta \cdot 60 \cdot \chi} \text{ m}^3/\text{kg},$$

wobei $\tau = 0{,}76$, $\alpha_1 = 14^0$, $\vartheta = 10$ und $\chi = 0{,}46$ angenommen werden kann. Damit wird

$$v_1 = \frac{0{,}95^3 \cdot 9{,}87 \cdot 0{,}76 \cdot 3000 \cdot 0{,}2419}{5{,}2 \cdot 10 \cdot 60 \cdot 0{,}46} = 3{,}25 \text{ m}^3/\text{kg}.$$

Dem entspricht auf der oberen Zustandslinie des is-Diagramms oder im Diagramm Abb. 136 ein Druck von 0,5 ata. Trägt man noch die Durchmesser in dieses Diagramm ein, so ist A_1E_1 bzw. PQ der Bereich der Ausführbarkeit des Durchmessers 0,95 m oder auf der Linie der adiabatischen Gefälle die Strecke AU.

In gleicher Weise kann festgestellt werden, bis zu welchem Druck hinauf der Durchmesser der letzten Stufe (1,5 m) ausgeführt werden kann, ohne zu kleine Kanalhöhe $a \geqq 15$ mm bei eingegossenen Schaufeln. Dazu kann das spezifische Volumen v_1 aus Gl. (107) ermittelt werden mit denselben Werten, wie für die Hochdruckstufen und $a = 20$ mm

$$v_1 = \frac{(\pi D)^2 \tau\, a\, n \sin\alpha_1}{G_{sek} \cdot 60 \cdot \chi} = \frac{(\pi \cdot 1{,}5)^2 \cdot 0{,}76 \cdot 0{,}02 \cdot 3000 \cdot 0{,}309}{5{,}2 \cdot 60 \cdot 0{,}46} = 2{,}2 \text{ m}^3/\text{kg}.$$

Dem entspricht aus Abb. 136 ein Druck von 0,76 ata. Somit könnten zwischen den Drücken 0,76 und 0,5 ata beide Durchmesser ausgeführt werden. Bei dem großen Unterschied der Durchmesser der ersten und der letzten Stufen ist ein größerer Sprung im Durchmesser nicht zu umgehen.

Nun kann die Aufteilung des Gefälles auf der Geraden AB, Abb. 136, vorgenommen werden. Es bestehen dafür verschiedene Möglichkeiten. 1. könnte man den Durchmesser 950 mm beibehalten bis zum dafür zulässigen Druck 0,5 ata, dem entspricht ein Gefälle von A bis U, Abb. 136, von 127 kcal/kg, also bei einem Stufengefälle von 13,7 kcal/kg (wie für Stufe 2 ermittelt) 127 : 13,7 = 9,3, also rund 9 Stufen = 123 kcal/kg. Das restliche Gefälle von 206 — 123 = 83 kcal/kg ergäbe 83 : 31,6 = 2,63 Stufen, also drei Stufen, wenn der Durchmesser der zwei vorletzten Stufen entsprechend kleiner angenommen wird. Oder 2. man führte die Stufen mit 950 mm Durchmesser nur bis zum Druck von 0,70 ata aus, das sind aus Abb. 136 111 kcal/kg, also 111 : 13,7 = 8,1, rund 8 Stufen und der Rest von 206 — 110 = 96 kcal/kg erforderte 95 : 31,6 = 3,04, rund 3 Stufen. Diese Aufteilungen sind zwar für die Berechnung einfach, da die Geschwindigkeitspläne für eine größere Anzahl Stufen gleich sind und damit die Umfangsleistung h_u; sie ist aber konstruktiv ungünstig wegen der plötzlichen starken Vergrößerung der Raddurchmesser. Es werde deshalb 3. von der 3. Stufe ab Zunahme der Durchmesser angenommen, bei den kleinen Durchmessern anfangs nur wenig, um bei den kleinen Schaufellängen eine kontinuierliche Zunahme derselben und günstige Strömungsverhältnisse zu erhalten. Die Gefälle der ersten und der letzten Stufe liegen bereits fest, die zwischenliegenden Stufen haben somit ein Gefälle von C bis D, Abb. 136, zu verarbeiten, also 206 — (13,7 + 31,6) = 160,2 kcal/kg. Man könnte nun auf der Geraden CD die Gefälle von 13,7 bis 31,6 steigend annehmen, so daß es aufgeht, dann mit Hilfe der Abb. 119, S. 118, die Durchmesser bestimmen. Bei dem großen Unterschied in den Durchmessern wäre dieses konstruktiv und auch strömungstechnisch nicht günstig, man muß eine plötzliche Zunahme des Durchmessers mit Verlust der Austrittsenergie an dieser Stelle in den Kauf nehmen. Daraus ergibt sich dann ein Hoch- und Mitteldruckteil mit kleinerem Durchmesser und ein Niederdruckteil mit großen Durchmessern. Im vorliegenden Falle wurde das Gefälle zwischen der zweiten und der letzten Stufe, die Strecke CD in Abb. 136 wie folgt aufgeteilt:

Stufe	2	3	4	5	6	7
Ø	= 950	950	960	970	980	1000 mm
h_t	= 13,7	13,7	14,0	14,5	14,9	15,5 kcal/kg = 86,3

Stufe	8	9	10	11	12
Ø	= 1200	1220	1250	1300	1500 mm
h_t	= 20,4	21,0	22,0	25,0	31,6 kcal/kg = 120,6

also insgesamt H = 57,5 86.3 120.6 = 264,4 kcal/kg.

Es ist natürlich auch eine andere Aufteilung möglich. Kleine Abweichungen müssen bei der nun vorzunehmenden genauen Durchrechnung ausgeglichen werden. Es werden dafür die Geschwindigkeitspläne für die einzelnen Stufen gezeichnet, der Düsenverlust $h_d = (1 - \varphi^2)\,h_t$, h_u, h_r und h_{sp} ermittelt und in das is-Diagramm eingetragen.

Es empfiehlt sich im Anschluß an die thermische Berechnung gleich die Leitquerschnitte, die Kanalhöhen a und die Schaufellängen zu ermitteln und den Schauflungsschnitt (Abb. 137) zu zeichnen, um gleich die Zweckmäßigkeit der Wahl der Winkel zu prüfen. Sollte sich nach Ausführung der thermischen Berechnung eine andere Dampfmenge ergeben als angenommen, so müssen die Querschnitte mit der genau errechneten Dampfmenge ermittelt werden. Im vorliegenden Falle ist die Berechnung der Querschnitte gleich mit der endgültig ermittelten Dampfmenge durchgeführt, die erste Stufe jedoch mit der angenommenen Menge $G_{sek} = 5{,}2$ kg/sek, um auch bei etwas stärkerer Drosselung beim Eintritt, als angenommen, die Leistung zu erreichen. Von der zweiten Stufe ab ist die Dampfmenge des Stopfbüchsenverlustes (1%) in Abzug gebracht, also mit $0{,}99 \cdot 5{,}17 = 5{,}12$ kg/sek gerechnet worden. Die Berechnung sei für einige Stufen einzeln angegeben.

Die *1. Stufe* wurde bereits berechnet; es war $h_t = 57{,}5$ kcal/kg, der Enddruck $p_0 = 8$ ata, $t = 260^0$ C damit $i_0 = i - h_t = 763{,}5 - 57{,}5 = 706$ kcal/kg, der Durchmesser $D = 1{,}0$ m, $u = 157{,}08$ m/sek, $c_0 = 694$ m/sek, $c_1 = 666$ m/sek, $u/c_1 = 0{,}236$ und aus dem Geschwindigkeitsplan, Abb. 135, $h_u = 40{,}7$ kcal/kg, also $\eta_u = 40{,}7 : 57{,}5 = 0{,}708$. Ferner $h_{rv} = 1{,}1$ kcal/kg und $h_i = 40{,}7 - 1{,}1 = 39{,}6$ kcal/kg, $\eta_i = 0{,}689$.

Der Endzustand, zugleich Anfangszustand der 2. Stufe, war $i_e = 763{,}5 - 39{,}6 = 723{,}9$ kcal/kg.

Leitvorrichtung. Es war $F_{\min} = 2160\ \text{mm}^2$ und $F_1 = 2420\ \text{mm}^2$. Bei der geringen Zunahme des Querschnittes ist von der Erweiterung abgesehen und der Querschnitt mit 2160 mm² ausgeführt, wodurch im Schrägabschnitt eine Strahlablenkung eintritt. Diese ergab (S. 144) bei 18⁰ Leitwinkel einen Strahlwinkel von rund 20⁰. Wählt man die radiale Kanalhöhe zu $a = 8{,}0$ mm und die Kanalweite $\delta = 9{,}0$ mm, so ergaben sich bei Vollast 30 offene Kanäle, mit einer Teilung $t = 35{,}55$ mm. Der Verengungsfaktor ist $\tau = \delta : t \sin\alpha_1 = 9 : (35{,}55 \cdot 0{,}309) = 0{,}82$.

Laufschaufeln. Mit den Winkeln aus dem Geschwindigkeitsplan Abb. 135 werden die Schaufelprofile entworfen (dieselben, wie im Beispiel der Gegendruckturbine S. 137) mit dem Krümmungshalbmesser die Teilung nach Gl. (56), S. 59, ermittelt und damit die Schaufelzahl am Umfang.

Schaufellängen: 1. *Kranz* mit $z_s = 254$ Schaufeln, Teilung $t_s = \pi D : z_s = 3141 : 254 = 12{,}37$ mm, Verengungsfaktor $\tau_s = 1 - s_s : (t_s \sin\beta_2) = 1 - 0{,}5 : (12{,}37 \cdot 0{,}4067) = 0{,}897$.

Schaufelwinkel $\beta_1 = 28^0$ (aus Geschwindigkeitsplan), $\beta_2 = 24^0$ (angenommen nach S. 114).

Schaufellänge am Eintritt $l_1 = a + 1{,}5 = 8 + 1{,}5 = 9{,}5$ mm, am Austritt $l_2 = a\,\frac{w_{1a}}{w_{2a}}\,\frac{1}{\tau_s} = 8\,\frac{230}{185}\cdot\frac{1}{0{,}897} = 11{,}1$, ausgeführt $l_2 = 11{,}5$ mm. Da nicht voll beaufschlagt, ist der Verengungsfaktor der Leitvorrichtung $= 1$ angenommen.

Umleitkranz:

$$t_s = 10{,}92\ \text{mm}\,, \quad \tau_s = 0{,}913\,, \quad l_1 = 11{,}5 + 1{,}5 = 13{,}5\ \text{mm}\,,$$

$$l_2 = 11{,}1 \cdot \frac{195}{150} \cdot \frac{0{,}897}{0{,}913} = 13{,}5\ \text{mm}\,.$$

2. *Kranz:*

$$t_s = 10{,}06\text{ mm}, \quad z_s = 312, \quad s = 0{,}932;$$

$$l_1 = 13{,}5 + 1{,}5 = 15\text{ mm}, \quad l_2 = 13{,}5 \cdot \frac{150}{115} \cdot \frac{0\,913}{0\,932} = 17{,}2\text{ mm},$$

$$\text{ausgeführt } l_2 = 17{,}5\text{ mm}.$$

2. *Stufe.* Anfangsdruck $p = 8$ ata, Enddruck $p_0 = 6{,}35$ ata, Gefälle $h_t = 13{,}7$ kcal/kg, $i_0 = 710{,}2$ kcal/kg, $c_0 = 91{,}5\sqrt{h_t} = 338{,}5$ m/sek, $c_1 = 0{,}96 \cdot c_0 = 325$ m/sek, $D = 950$ mm, $u = 149{,}2$ m/sek, $u/c_1 = 0{,}459$. Da die 1. Stufe teilweise beaufschlagt ist, kann deren Austrittsgeschwindigkeit nicht ausgenutzt werden. Aus dem Geschwindigkeitsplan ist

$$h_u = \frac{A\,u}{g}(w_{1u} + w_{2u}) = \frac{149{,}2}{427 \cdot 9{,}81} \cdot 320 = 11{,}41\text{ kcal/kg}, \quad \eta_u = 11{,}41 : 13{,}7 = 0{,}832.$$

Für die Radreibung ist v_r für 6,35 ata und $i = 723{,}98 - 11{,}4 = 712{,}5$ bzw. $t = 265^0$ C, $v_r = 0{,}39$ m³/kg und die Radreibung nach Gl. (63a), S. 65, $\gamma = 1/v_r = 2{,}57$ kg/m³.

$h_r = A_R \nu^{0,2} \gamma : G_{sek}$ mit $A_R = 5{,}5$ aus Abb. 87, S. 67, $\nu = 8 \cdot 10^6$ und $\nu^{0,2} = 0{,}095$ aus Abb. 86 und

$$h_r = 5{,}5 \cdot 0{,}095 \cdot 2{,}57 : 5{,}12 = 0{,}26\text{ kcal/kg}.$$

Wird der Nabendurchmesser zu 200 mm geschätzt und der Nabenspalt zu 0,5 mm angenommen, dann ist der Spaltquerschnitt

$$F_{sp} = \pi\, d_n\, s = \pi \cdot 200 \cdot 0{,}5 = 314\text{ mm}^2$$

und der wirksame Spalt $\varphi F_{sp} = 0{,}65 \cdot 314 \simeq 200$ mm². Die durch den Spalt strömende Dampfmenge ist damit

$$G_{sp} = \frac{F_{sp}^{(\text{cm}^2)}\, c_1}{10000 \cdot v_1} = \frac{2 \cdot 325}{10000 \cdot 0{,}39} = 0{,}17\text{ kg/sek}$$

und der *Spaltverlust* nach Gl. (69), S. 71

$$h_{sp} = \frac{G_{sp}}{G_{sek}}(h_u - h_r) = \frac{0{,}17}{5{,}12}(11{,}41 - 0{,}26) = 0{,}37\text{ kcal/kg},$$

die innere Leistung ist dann $h_i = h_u - h_r - h_{sp} = 11{,}41 - 0{,}26 - 0{,}37 = 10{,}78$ kcal/kg und $\eta_i = 10{,}78 : 13{,}7 = 0{,}787$.

Der Endzustand der Stufe, zugleich Anfangszustand der dritten, ist

$$i_e = i - h_i = 723{,}9 - 10{,}8 = 713{,}1\text{ kcal/kg}.$$

Leitapparate: $\alpha_1 = 14^0$, Düsenverlust $h_d = (1 - \varphi^2)\,h_t = (1 - 0{,}96^2) \cdot 13{,}7 = 1{,}07$ kcal/kg, damit $i_1 = i_0 + h_d = 710{,}2 + 1{,}07 = 711{,}27$ kcal/kg, und $v_1 = 0{,}385$ m³/kg.

Der Leitquerschnitt muß sein

$$F_1 = \frac{G_{sek}\, v_1 \cdot 10000}{c_1} = \frac{5{,}12 \cdot 0{,}385 \cdot 10000}{325} = 6100\text{ mm}^2.$$

Da der wirksame Spaltquerschnitt zu $\varphi F_{sp} = 200$ mm² angenommen wurde, wird nach S. 123 der erforderliche Leitquerschnitt

$$F = F_1 - \varphi F_{sp} = 6100 - 200 = 5900\text{ mm}^2.$$

Bei gefrästen Leitkanälen wird die Teilung zwischen 30 und 40 mm gewählt, sie wird bei $z = 76$ Kanälen

$$t = \pi D : 76 = \pi \cdot 950 : 76 = 39{,}27\text{ mm}.$$

Nach Abb. 121, S. 123 ist bei $s = 2$ mm Stegstärke

$$\delta = t \sin\alpha_1 - s = 39{,}27 \cdot 0{,}2419 - 2 = 9{,}50 - 2 = 7{,}50 \text{ mm}$$

und der Verengungsfaktor

$$\tau = \delta : t \sin\alpha_1 = 0{,}79\,.$$

Die *radiale Kanalhöhe* ist

$$a = \frac{F_1}{z\,\delta} = \frac{5900}{76 \cdot 7{,}5} = 10{,}35 \text{ mm}\,.$$

Laufschaufeln: $\beta_1 = 28^0$ (aus Geschwindigkeitsplan), $\beta_2 = 20^0$ (gewählt), Breite 25 mm; aus dem Entwurf des Profils (Abb. 137) ist der Krümmungshalbmesser $r = 14$ mm und nach Gl. (56) S. 59 die Teilung $t_s = r : 2 \sin\beta_1 = 14{,}90$ mm und die *Schaufelzahl* $z_s = \pi D : t_s = 200$, damit die genaue *Teilung* $t_s = \pi \cdot 950 : 200 = 14{,}92$ mm, und der Verengungsfaktor bei $0{,}5 = s_s$ Stegstärke am Austritt

$$\tau_s = \frac{t_s - 0.5/\sin\beta_2}{t_s} = 0{,}892\,.$$

Die Schaufellänge am Eintritt ist

$$l_1 = a + \sim 1{,}5 = 10{,}35 + 1{,}15 = 11{,}5 \text{ mm}$$

und mit $w_{1a} : w_{2a} = 1{,}43$ aus dem Geschwindigkeitsplan und Vernachlässigung des geringen Volumenunterschiedes die

Schaufellänge am Austritt nach Gl. (110), S. 124

$$l_2 = a \frac{\tau}{\tau_s} \frac{w_{1a}}{w_{2a}} \frac{v_2}{v_1} = 10{,}35 \cdot \frac{0{,}79}{0{,}892} \cdot 1{,}43 = 13{,}1 \text{ mm}$$

ausgeführt $l_2 = 13{,}5$ mm.

Bei den folgenden Stufen — mit Ausnahme der Stufe 8 — wird die Austrittsgeschwindigkeit in der folgenden Stufe fast vollständig ausgenutzt, so daß nach Gl. (47), S. 40

$$c_0 = 91{,}5 \sqrt{h_t + \frac{A\,c_2^2}{2\,g}} \text{ m/sek};$$

der Gang der Berechnung bleibt im übrigen derselbe.

Die beiden letzten Stufen arbeiten mit überkritischem Druckverhältnis, die Leitvorrichtung haben keine Erweiterung, so daß Strahlablenkung eintritt. Der Leitwinkel ist bei der vorletzten (elften) Stufe noch zu 14^0 angenommen, die Strahlablenkung auf 16^0. Die letzte Stufe hat 16^0 Leitwinkel, die Strahlablenkung nach Gl. (43), S. 34, ergibt einen Strahlwinkel

$$\sin\alpha_1' = \sin\alpha_1 \frac{c_k}{c_1} \frac{v_1}{v_k} = 0{,}2756 \cdot \frac{26}{17} \cdot \frac{384}{499} = 0{,}324$$

oder $\alpha_1' = 19^0$.

Für die Berechnung der Leitradquerschnitte kommt die kritische Geschwindigkeit, der entsprechende Druck (in Zahlentafel 7 in Klammern gesetzt) und das zugehörige Volumen in Frage; deshalb mußten auch die Schaufellängen unabhängig von a berechnet werden, wozu Gl. (109), S. 124, dient, wobei v_2 aus dem is-Diagramm entnommen wurde.

Der Leitradquerschnitt beträgt nach Bendemann (s. S. 27)

$$F_{\min} = \frac{G_{sek}}{203\sqrt{p/v}} = \frac{5{,}12}{203\sqrt{0{,}135/10{,}5}} = 2290 \text{ cm}^2,$$

$F = 229000 - 200 = 228800 \text{ mm}^2$.

Bei 104 Kanälen wird dann die radiale Kanalhöhe $a = 210$ mm, wie in der Zahlentafel 7 angegeben.

Die Schaufellänge am Austritt wird

$$l_2 = \frac{G_{sek}\, v_2}{w_{2a}\, \pi\, D\, \tau_s} = \frac{5{,}12 \cdot 26 \cdot 1000}{132 \cdot \pi \cdot 1{,}5 \cdot 0{,}932} = 230 \text{ mm}.$$

Man könnte die letzten beiden Stufen auch mit Überdruckwirkung ausführen, derart, daß in der Leitvorrichtung bis zum kritischen Druck expandiert und in der Laufschaufel das übrige Gefälle in Geschwindigkeit umgesetzt wird, oder auch mit halber Reaktion in Leit- und Laufschaufeln, wie bei der Berechnung der Überdruckturbinen erläutert.

Den Schaufelschnitt zeigt Abb. 137.

Ist die ganze Berechnung durchgeführt, so erhält man den Endzustand E im is-Diagramm mit $i_e = 556{,}0$ kcal/kg, damit $H_i = 763{,}5 - 556 = 207{,}5$ kcal/kg (denselben Betrag muß die Summe aller h_i ergeben) und

$$\eta_{ig} = \frac{2075}{250} = 0{,}83.$$

Die Summe der adiabatischen Einzelgefälle ergibt $\Sigma(h_t) = 264{,}1$ kcal/kg, so daß der Wärmerückgewinnungsfaktor

$$\mu = \frac{\Sigma(h_t)}{H_t} = \frac{264{,}1}{250} = 1{,}057$$

ist.

Die Summe der Quadrate der Umfangsgeschwindigkeit ist

$$\Sigma(u^2) = 396000$$

und die Qualitätsziffer (Parsonssche Kennzahl)

$$X = \frac{\Sigma(u^2)}{H_t} = \frac{396000}{250} = 1565.$$

Mit dem geschätzten mechanischen Wirkungsgrad $\eta_m = 0{,}985$ ist der effektiv Wirkungsgrad

$$\eta_e = \eta_i\, \eta_m = 0{,}883 \cdot 0{,}985 = 0{,}817,$$

also fast wie ursprünglich angenommen.

Damit ist der spezifische Dampfverbrauch

$$D_e = \frac{632}{250 \cdot 0{,}817} = 3{,}10 \text{ kg/PS}_e\text{h}$$

und die sekundliche Dampfmenge

$$G_{sek} = \frac{6000 \cdot 3{,}1}{3600} = 5{,}17 \text{ kg/sek}.$$

Mit dem genaueren Wert, unter Berücksichtigung von 1% Stopfbüchsenverlust (also $G_{sek} = 5{,}12$ kg/sek), sind die Querschnitte berechnet. Ferner sind in Zahlentafel 8 die inneren Leistungen der einzelnen Stufen angegeben

$$N_i = \frac{h_i\, G_{sek} \cdot 427}{75} = 5{,}7 \cdot 5{,}12\, h_i = 29{,}18\, h_i.$$

Die Summe ergibt

$$N_i = 6100 \text{ PS}_i \quad \text{und} \quad N_e = 0{,}985 \cdot 6100 = 6000 \text{ PS}_e,$$

demnach genau die erforderliche Leistung.

Zahlen-

	Stufe	1	2	3	4	5	6	7
1	Anfangsdruck p kg/cm²	20	8	6,30	4,95	3,70	2,84	2,07
2	Anfangswärmeinhalt i kcal/kg	763,5	723,9	713,1	702,2	690,8	679,0	666,8
3	Endwärmeinhalt d. adiab. Exp. i_0	706,0	710,2	699,4	688,2	676,3	664,1	651,3
4	Adiab. Gefälle $h_t = i - i_0$	57,5	13,7	13,7	14,0	14,5	14,9	15,5
5	Teilkreisdurchmesser D mm	1000	950	950	960	970	980	1000
6	Umfangsgeschwind. u m/s	157,08	149,2	149,2	150,8	152,4	153,9	157,08
7	Theor. Dampfgeschw. c_0 m/s	694	338,5	343	346	353	356,5	363
8	Wirkl. Dampfgeschw. $c_1 = \varphi\, c_0$ m/s	666	325	329	332	339	342	349
9	Geschwind.-Verhältn. u/c_1	0,236	0,459	0,454	0,454	0,450	0,450	0,433
10	Leistung am Umfang h_u kcal/kg	40,7	11,40	11,46	11,82	12,20	12,50	12,94
11	Spez. Vol. für Radreib. v_r m³/kg	0,31	0,39	0,475	0,61	0,75	0,96	1,32
12	Radreibungverl. h_{rv} kcal/kg	1,10	0,26	0,21	0,2	0,18	0,14	0,11
13	Spaltdampfmenge G_{sp} kg/s	—	0,17	0,14	0,12	0,11	0,07	0,05
14	Spaltverlust h_{sp} kcal/kg	—	0,37	0,30	0,26	0,23	0,17	0,13
15	Inneres Gefälle h_i kcal/kg	39,6	10,8	10,9	11,4	11,7	12,2	12,7
16	Innerer Wirkungsgr. η_i %	68,8	78,7	79,9	81,5	81,5	81,9	82,0
17	Stufenleistung N_i PSi	1173	317	321	335	344	363	372
	$\Sigma\,(h_i) =$		217,4 kcal/kg		$\Sigma\,N_i = 6105$		PSi	
18	Leitwinkel α_1 ⁰	18	14	14	14	14	14	14
19	Düsenverlust h_d kcal/kg	3,73	1,07	1,10	1,12	1,17	1,19	1,23
20	Wärmeinhalt am Austritt	709,7	711,2	700,5	689,32	672,5	665,4	652,5
21	Spez. Vol. am Austritt v_1 m³/kg	0,31	0,385	0,472	0,590	0,750	0,960	1,30
22	Leitquerschnitt F_1 mm²	2160	6100	7350	9060	11330	14480	19070
23	Leitquerschn. korr. F mm²	2160	5900	7150	8860	11130	14280	18870
24	Zahl der Kanäle z	30	76	76	76	76	76	78
25	Teilung $t = \pi D : z$ mm	35,55	39,27	39,27	39,68	40,10	40,51	40,24
26	Lichte Kanalweite δ mm	9,00	7,50	7,50	7,60	7,70	7,80	7,73
27	Verengungsfaktor τ		0,79	0,79	0,792	0,794	0,796	0,794
28	Radiale Kanalhöhe $a = F : : z\,\delta$ mm	8	10,35	12,58	15,34	19,02	24,09	31,30
	Laufschaufeln							
29	Eintrittswinkel β_1 ⁰	28/38/64	28	28	28	28	28	28
30	Austrittswinkel β_2 ⁰	24/32/45	20	20	20	20	20	20
31	Geschwindigk.-Koeffiz. ψ		0,865	0,865	0,865	0,865	0,865	0,865
32	Schaufelzahl z_s		200	200	203	205	208	212
33	Teilung t_s mm		14,92	14,92	14,85	14,86	14,80	14,82
34	Schaufelbreite b mm	20	25	25	25	25	25	25
35	Verengungsfaktor τ_s		0,892	0,892	0,902	0,903	0,901	0,902
36	Geschwind.-Verhältnis w_{1a}/w_{2a}		1,43	1,49	1,39	1,46	1,42	1,43
37	Schaufellänge am Eintritt l_1 mm		11,5	14,0	16,5	20,5	25,5	32,5
38	Schaufellänge am Austritt gerechnet mm		13,1	16,6	18,75	23,0	30,2	39,5
39	Dgl. ausgeführt mm		13,5	17,0	19,0	23,0	30,5	39,5

[1] Nach der Gleichung von BENDEMANN, S. 27.

afel 7.

8	9	10	11	12		
1,46	0,9	0,52	0,28	0,135	1	
654,1	637,5	620,1	601,9	581,6	2	
633,7	616,3	598,0	576,9	550,0	3	
20,4	21,2	22,1	25,0	31,6	4	
1200	1220	1250	1300	1500	5	
188,5	191,64	196,35	204,2	235,6	6	$u = \pi D n : 60$ m/sek. D in m
413,4	424	433	400/460	386/516	7	$c_0 = 91{,}5\sqrt{h_t + c_2^2/8379}$, bzw. $= 91{,}5\sqrt{h_t}$
397,0	407	415,5	441,5/389	375/499	8	$c_1 = \varphi\, c_0$ m/sek
0,475	0,471	0,470	0,473	0,472	9	
16,6	17,72	18,45	20,40	25,65	10	nach Gl. (44), S. 37
1,95	3,20	5,40	10,4	26,0	11	aus *is*-Diagramm
0,3	0,25	0,16	0,12	0,07	12	nach Gl. (65), S. 68
0,043	0,027	0,016	0,008	0,003	13	nach Gl. (67), S. 69
0,13	0,01	0,06	0,03	0,01	14	nach Gl. (69), S. 71
16,63	17,37	18,23	20,30	25,56	15	$h_i = h_u - h_{rv} - h_{sp}$ kcal/kg
82,0	82,0	82,5	81,6	81,0	16	$\eta_i = h_i : h_t$
487	510	535	597	751	17	$N_i = 5{,}7\, G_{sek}\, h_i$
14	14	14	14/16	16/19	18	gewählt
1,56	1,68	1,75	1,98	2,2	19	$h_d = A \dfrac{c_0^2 - c_1^2}{2g}$ kcal/kg
635,2	618,0	599,8	578,4	—	20	$i_1 = i_0 + h_d$
1,90	3,19	5,40	8,8	17,0	21	aus *is*-Diagramm
25020	40130	66540	112400 [1]	229000 [1]	22	$F_0 = G_{sek}\, v_1 \cdot 10^6 : c_1$ mm²
24820	39930	66340	112200	228800	23	$F_{kor} = F_1 - \varphi\, F_{sp}$ (S. 123)
84	84	86	90	104	24	gewählt
44,88	45,63	45,66	45,38	45,31	25	
8,86	9,04	9,04	8,98	10,47	26	$\delta = t \sin \alpha_1 - s$, Abb. 121
0,816	0,817	0,817	0,82	0,84	27	$\tau = 1 - s/t \sin \alpha_1$
33,35	52,58	85,33	139,5	210,0	28	$a = F_{kor} : z\,\delta$ mm
28	28	28	32	36	29	aus dem Geschwindigkeits-Plan
22	22	22	24	30	30	gewählt
0,870	0,870	0,870	0,875	0,885	31	nach Abb. 79, S. 59
252	256	264	274	308	32	gewählt nach t_s
14,98	14,97	14,88	14,92	14,79	33	t_s nach Gl. (56), S. 59
30	30	30	30	35	34	gewählt
0,911	0,911	0,910	0,917	0,932	35	$\tau_s = 1 - s_s/t_s \sin \beta_2$
1,42	1,33	1,34	1,38	1,30	36	aus Geschwindigkeitsplan
34,5	54,0	88,0	144,5	218	37	$l_1 = a + \sim 1{,}5$ mm
42,3	63,0	102,4	155,0	230	38	nach Gl. (110) bzw. (109), S. 124
42,5	63,0	102,5	155	230	39	abgerundet auf halbe mm

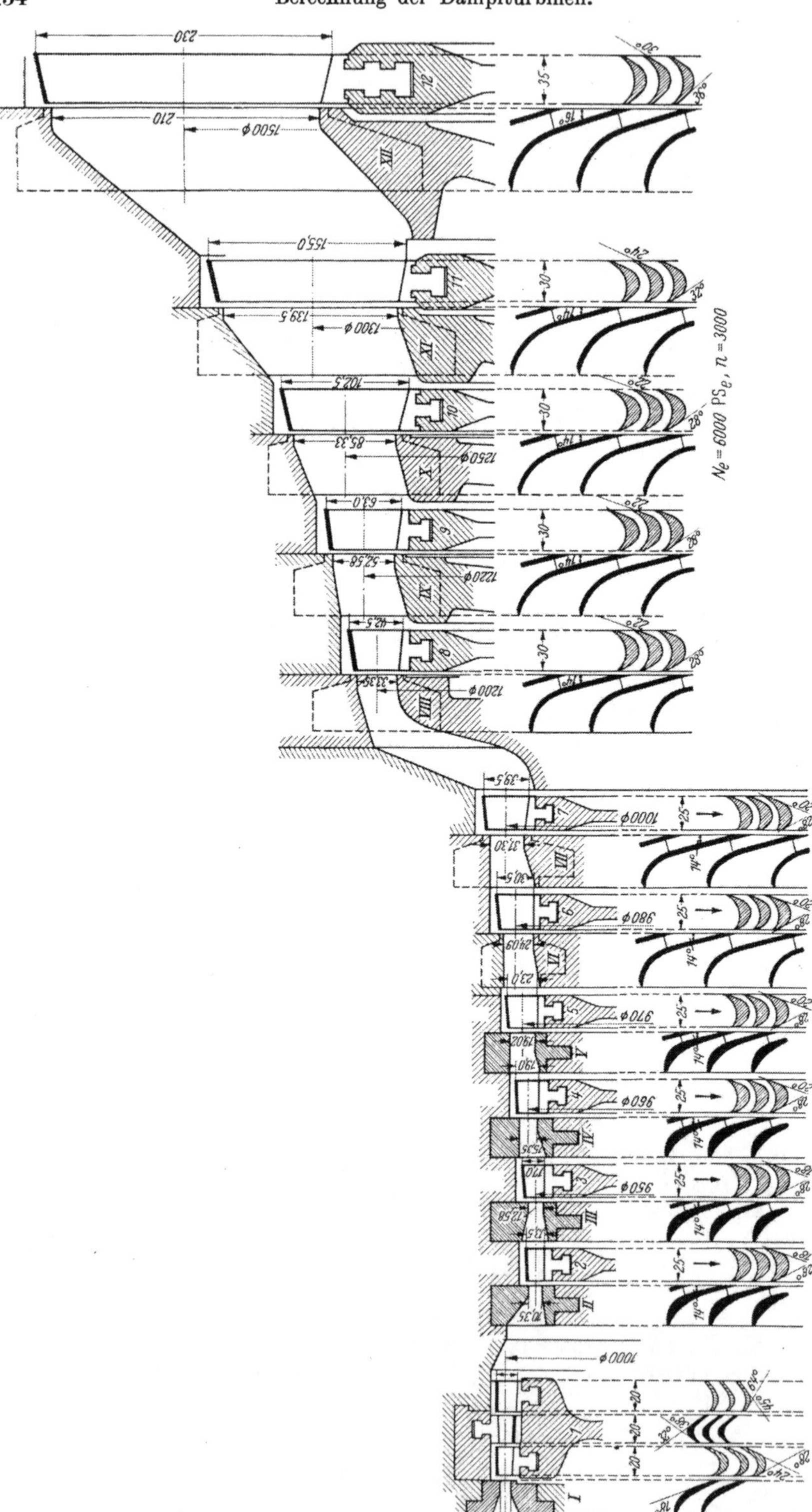

Abb. 137. Schauflungsschnitt einer Gleichdruck-Kondensationsturbine 6000 PSe, n = 3000 Umdr./min.

IV. Berechnung der Überdruckturbinen.

A. Gefälleaufteilung. Wahl der Durchmesser.

Da der günstigste Umfangswirkungsgrad bei $u = c_1 \cos \alpha_1$ liegt (s. S. 45), also hohe Umfangsgeschwindigkeit erfordert, werden Überdruckturbinen nur vielstufig ausgeführt. Wegen der erforderlichen vollen Beaufschlagung kommen reine Überdruckturbinen nur für große Dampfmengen in Frage, in den meisten Fällen wird eine oder mehrere Gleichdruckstufen vorgeschaltet, wenn auch nur als Regulierstufe bei Düsen-(Mengen-)Reglung. Die häufigste Ausführungsart ist die mit einem zweikränzigen Gleichdruckrad im Hochdruckteil, Überdruck im Niederdruckteil.

Die Wirkungsgrade η_e und η_m sind dieselben wie bei Gleichdruckturbinen (s. Abb. 106, S. 89, und Abb. 98, S. 84), also auch der innere Wirkungsgrad η_i. Eine Überlegenheit eines der Systeme ist demnach allgemein nicht festzustellen. Der innere Wirkungsgrad ist bei Überdruckturbinen in den einzelnen Stufen stärker veränderlich, da er hauptsächlich vom Schaufelverlust und von dem bei kleinen Schaufellängen bedeutenden Undichtsheitsverlust abhängt. Man ist bei letzterem mehr auf Annahmen angewiesen als bei Gleichdruck, die Berechnung erfordert daher mehr Übung und Erfahrung. Infolge der großen Stufenzahl ist die Einzelberechnung der Stufen umständlich; es gibt vereinfachende Verfahren, jedoch empfiehlt es sich für den Anfänger, in kleinen Gruppen oder die einzelnen Stufen durchzurechnen, was bei den letzten Stufen ohnehin nötig ist.

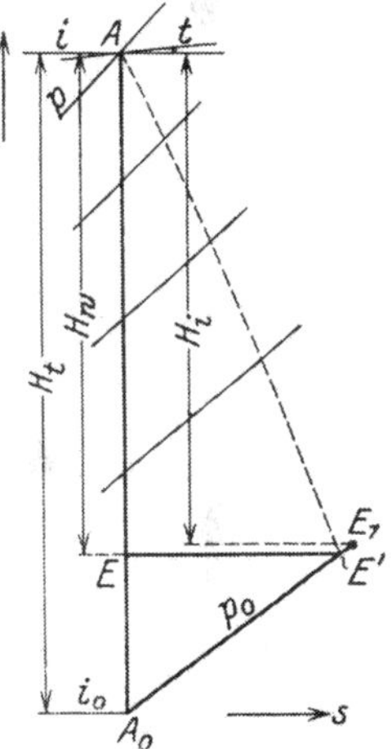

Abb. 138. Wirksames Gefälle.

Der Einfluß der Undichtheitsverluste ist bereits S. 70 erwähnt; die Radreibungsarbeit an den Trommelabsätzen (Stirnseiten) und einem Teil des Trommelumfanges (zwischen den Schaufeln) und an den Deckbändern ist verhältnismäßig gering und kann meist vernachlässigt werden, zumal wenn nur Mitteldruck- und Niederdruckteil als Überdruckturbine ausgeführt werden.

Für die Berechnung muß zunächst das adiabatische Gesamtgefälle H_t aus dem is-Diagramm ermittelt werden, womit nach Schätzung des effektiven Wirkungsgrades nach Abb. 106, S. 89, der Dampfverbrauch bestimmt werden kann. Wird weiter der mechanische Wirkungsgrad nach Abb. 98, S. 84, angenommen, so kann der innere Wirkungsgrad $\eta_i = \eta_e : \eta_m$ ermittelt werden, womit das innere Gefälle $H_i = H_t \eta_i$ bestimmt ist. Um das *wirksame Gefälle*, d. h. das in Geschwindigkeit umgesetzte, zu finden, muß der Austrittsverlust der letzten Stufe geschätzt und zu H_i hinzugefügt werden, da $H_w = H_i + \frac{A c_2^2}{2g}$ ist.

Um gleich das wirksame Gefälle zu erhalten, schätzt man den Schaufelverlust ζ einschließlich der Undichtheitsverluste im Mittel zu $\zeta = 0{,}2$ bis $0{,}3$ (steigend mit abnehmender Leistung) und erhält

$$H_w = (1 - \zeta) H_t .$$

Nach Abtragen von H_w im is-Diagramm (Abb. 138) kann man den ungefähren Zustandsverlauf AE' einzeichnen, zweckmäßig anfangs als etwas nach rechts durchgebogene, weiter unten als fast gerade Linie; danach kann das Volumen für die vorläufige Ermittlung des Durchmessers bzw. der Schaufellängen bestimmt werden.

Für die genaue Berechnung muß die Veränderlichkeit der Schaufelverluste in den Stufen berücksichtigt werden.

Zur besseren Übersicht und zur Gefälleaufteilung kann man nach dem Vorgehen von STODOLA die Zustandsgrößen, hauptsächlich das Volumen aus dem *is*-Diagramm auf der angenommenen Zustandskurve AE' und die Geschwindigkeiten als Abhängige des Gefälles H_w über diesem auftragen (Abb. 139 u. 140), dann muß u bzw. D festgelegt werden, entweder in einer Gruppe von Stufen gleich und absatzweise zunehmend oder von Stufe zu Stufe allmählich zunehmend. Im ersteren Falle wählt man das Gefälle einer Gruppe von Stufen so, daß die Volumensvergrößerung in einer Gruppe etwa 1,3 bis 1,5 und von einem Volumen über 6 m³/kg an etwa 1,6 bis 1,8 beträgt, um gleich lange Schaufeln ausführen zu können. Danach ergeben sich die Gruppengefälle H_{iI}, $H_{iII}\ldots$, durch Abtragen der Gruppengefälle im *is*-Diagramm erhält man auf der Zustandskurve den Druck und auf diesem das adiabatische Gefälle H_{tI}, H_{tII}, ... (Abb. 142).

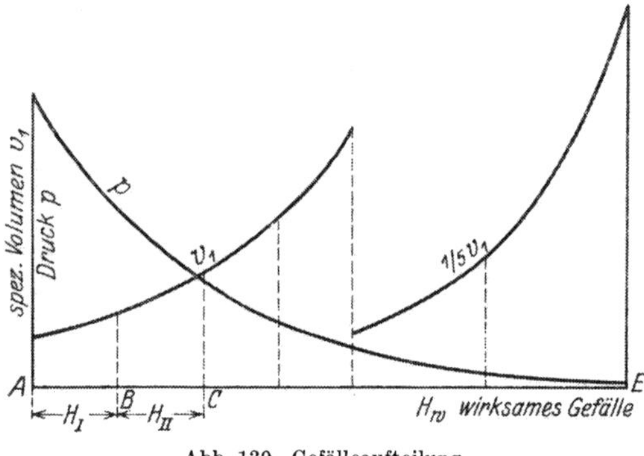

Abb. 139. Gefälleaufteilung.

Der *Durchmesser der ersten Überdruckstufe* ist mit Rücksicht auf die kleinste zulässige Schaufellänge zu ermitteln, die möglichst nicht unter 25 mm betragen sollte und nur bei kleinen Leistungen geringer ausfällt, doch kann zu kleine Schaufellänge durch Vorschalten eines Gleichdruckrades vermieden werden.

Setzt man in Gl. (107), S. 117 für a die zugelassene Schaufellänge l in m ein, so ist

$$D = \sqrt{\frac{G'_{sek}\, v_1\, 60 \cdot \chi}{\tau\, \pi^2\, n\, l \sin \alpha_1}}\ \text{m}, \tag{107}$$

wenn G'_{sek} die arbeitende Dampfmenge, d. h. die um den durch den Spalt und die Stopfbüchse (bzw. den Ausgleichkolben) strömenden Dampf verringerte Menge $G'_{sek} = G_{sek} - G_{sp}$ (s. u.).

Der *größte Durchmesser* (der letzten Stufe) ist mit Rücksicht auf die größte zulässige Schaufellänge, die $^1/_7$ bis $^1/_4$ des Durchmessers betragen darf, zu bestimmen, d. h., es soll das Verhältnis

$$\vartheta = \frac{D}{l} = 4 \text{ bis } 7$$

nicht unterschreiten. Nach Gl. (108), S. 119, ist dann der Durchmesser der letzten Stufe

$$D = \sqrt[3]{\frac{G'_{sek}\, v_1\, 60 \cdot \vartheta\, \chi}{\tau\, \pi^2\, n \sin \alpha_1}}\ \text{m} \tag{108}$$

mit G'_{sek} wie oben; der Dampfverlust durch den Spalt kann nach Gleichung S. 70 ermittelt werden $G_{sp} = \zeta_{sp} G_{sek}$, oder es kann $\zeta_{sp} = 2\, s/l$ angenommen werden mit s als Spaltweite und l als Schaufellänge. Da diese erst geschätzt werden müßten, kann man zunächst in den ersten Stufen $\zeta_{sp} = 0{,}065$ bis 0,1, abnehmend bis $\zeta_{sp} = 0{,}012$ bis 0,025 in den Niederdruckstufen (Vakuum) annehmen.

Das *Volumen* v_1 wird aus dem is-Diagramm (oder aus dem Verlauf über H_w) entnommen für die erste Stufe etwas unterhalb A (Abb. 138), für die letzte in E'.

Das *Geschwindigkeitsverhältnis* $\chi = u/c_1$ wird praktisch 0,45 bis 0,8 angenommen, selten höher, da sonst die Stufenzahl zu groß wird.

Der *Verengungsfaktor* $\tau = (t - s/\sin\alpha_1) : t$ [s. Gl. (106), S. 117] ist je nach der Teilung $\tau = 0{,}85$ bis 0,95.

Der *Schaufelwinkel* α_1 wird in den ersten Stufen $\alpha_1 = 20^0$ bis 25^0, in den letzten zur Vermeidung zu großer Schaufellängen wachsend bis $\alpha_1 = 40^0$ bis 50^0 angenommen.

Der Durchmesser der ersten Stufe kann kleiner sein, als sich aus Gl. (107) ergibt und derjenige der letzten Stufe kann größer sein als nach Gl. (108). Sind diese beiden Durchmesser festgelegt, so können die Durchmesser der zwischenliegenden Stufe bzw. die zugehörigen Umfangsgeschwindigkeiten entweder sprungweise wachsend oder besser allmählich zunehmend gewählt werden (s. unten); den Verlauf trägt man über H_w auf.

Für die Durchmesser bzw. u ermittelt man nun nach dem Geschwindigkeitsverhältnis u/c_1 (s. weiter unten) die Dampfgeschwindigkeit c_1; das umgesetzte Einzelgefälle einer Stufe ist dann aus dem Geschwindigkeitsplan zu ermitteln oder aus

$$h_i = h_u - h_{sp} = \frac{A\,u}{g}(2\,c_1\cos\alpha_1 - u) - h_{sp}\,.$$

Man kann aber auch das adiabatische Teilgefälle ermitteln nach Gl. (49c), S. 44.

$$h_t = A\left(\frac{c_1^2}{\varphi^2} - w_1^2\right) : g$$

oder mit $\zeta_s = 1/\varphi^2 - 1$

$$h_t = \frac{A}{g}\left[(1 + \zeta_s)\,c_1^2 - w_1^2\right],$$

wobei für $\varphi = \psi$ die Werte nach Abb. 80, S. 60, genommen werden können, und w_2 sich aus dem Geschwindigkeitsplan ergibt.

Nun muß die **Aufteilung des Gefälles** vorgenommen werden, daß sich eine volle Stufenzahl ergibt. Die Aufteilung kann nach folgenden Gesichtspunkten erfolgen.

1. u = const.

a) u/c_1 = const in jeder Gruppe, demnach auch $c_1 =$ const und $h_i =$ const unter Vernachlässigung der Verschiedenheit des Spaltverlustes. Die Einteilung in die Gruppengefälle erfolgt aus der Volumenkurve wie S. 156 erwähnt. Aus dem ganzen Gruppengefälle H_{iI} ergibt sich damit die Stufenzahl $z_1 = H_{iI} : h_{iI}$; nötigenfalls muß das Ende der Gruppe etwas verschoben werden, damit z eine ganze Zahl wird.

Sollen die Schaufeln einer Gruppe gleiche Länge erhalten, so müssen die Winkel α_1 und β_2 entsprechend größer werden, was weder in bezug auf Herstellung noch auf die Ausnutzung der Dampfenergie von Vorteil ist. Diese Art der Einteilung und Berechnung ist deshalb nicht mehr in Anwendung.

b) u/c_1 veränderlich innerhalb einer Gruppe von Stufen, also bei gleichbleibendem Durchmesser veränderliche Dampfgeschwindigkeit c_1, die so gewählt werden kann, daß in einer Gruppe die Schaufellängen und die Winkel gleich bleiben. Die Dampfgeschwindigkeit muß dann im gleichen Verhältnis zunehmen wie das Volumen; deshalb wird das Gefälle jeder Gruppe entsprechend einer 1,4- bis 1,8fachen Volumenzunahme gewählt (Abb. 139).

Der Durchmesser der ersten Gruppe ist nach Gl. (107) mit Rücksicht auf die kleinste zulässige Schaufellänge und der Durchmesser der letzten Stufen (die nicht mehr in Gruppen vereinigt werden) nach Gl. (108), S. 119 für ein zulässiges Verhältnis $D/l = \vartheta$ zu ermitteln. Die Durchmesser der zwischenliegenden Gruppen müssen nach dem Volumen mit Rücksicht auf die Schaufellänge und das Verhältnis u/c_1 gewählt werden, das meist von 0,5 bis 0,3 abnimmt. Man kann die Durchmesser mehrerer aufeinanderfolgender Gruppen auch nur so viel größer werdend wählen, daß die Trommel den gleichen Durchmesser behalten kann (vgl. Abb. 464, S. 389) und derselbe in 2 bis 3 größeren Absätzen zunimmt. Der letzte Absatz mit dem größten Durchmesser umfaßt dann ungefähr $^1/_3$ des ganzen Gefälles, die Schaufeln werden mit zunehmender Länge und zunehmenden Winkeln ausgeführt, um der schnellen Volumenzunahme Rechnung zu tragen.

Aus der c_1-Kurve der Gruppen kann man das Gefälle h_i einer Stufe berechnen, der Spaltverlust kann zunächst nach den Angaben S. 157 geschätzt werden. Die

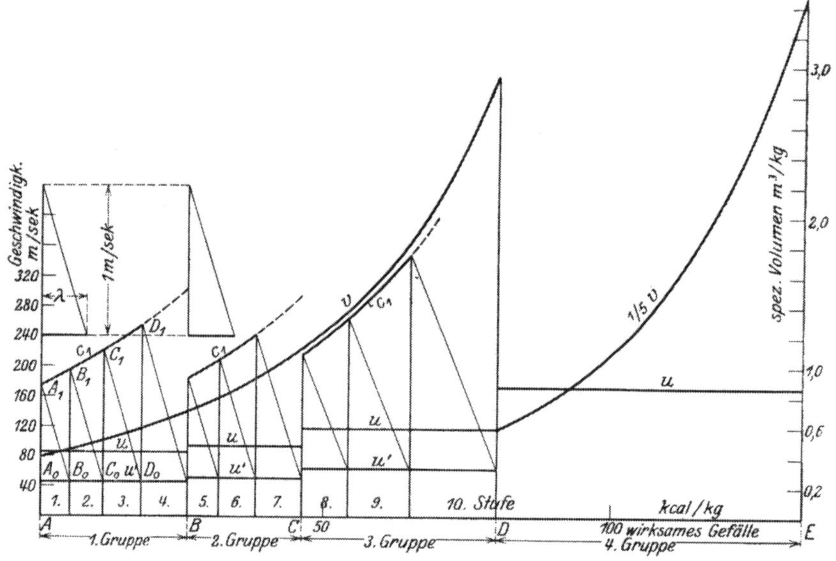

Abb. 140. Gefälleaufteilung.

einzelnen Gefälle zusammen müssen natürlich im Gruppengefälle aufgehen. nötigenfalls müssen kleine Änderungen in der Einteilung vorgenommen werden.

Anstatt die einzelnen Stufengefälle rechnerisch zu ermitteln und aneinander zu reihen, kann man nach Stodola folgendes praktische Verfahren anwenden.

Das ausgenutzte Stufengefälle war nach Gl. (51), S. 44

$$h_i = A\frac{u}{g}(2\,c_1\cos\alpha_1 - u) = \left(c_1 - \frac{u}{2\cdot\cos\alpha_1}\right)\frac{A\,u\,2\cdot\cos\alpha_1}{g}$$

oder mit

$$u' = \frac{u}{2\cdot\cos\alpha_1} \quad \text{und} \quad \lambda = A\,u\,2\,\cos\alpha_1 : g$$

$$h_i = (c_1 - u')\,\lambda.$$

Zeichnet man in Abb. 140 ein rechtwinkliges Dreieck im wesentlich vergrößerten Maßstab (hundert- oder zweihundertfach) der Geschwindigkeiten c_1 und u der Abbildung mit der senkrechten Kathete 1 m/sek und der waagerechten Kathete λ, so ist $\frac{h_i}{c_1 - u'} = \frac{\lambda\ (\text{kcal})}{1\ \text{m/sek}}$ und h_i kann aus ähnlichen Dreiecken ermittelt werden, wenn in Abb. 140 u' eingetragen und von A_1 der c_1-Kurve eine Parallele zur Hypotenuse des Hilfsdreieckes gezogen wird bis zum Schnitt mit der u'-Linie; dann ist $A_0B_0 = h_i$*. Von B_1 in gleicher Weise fortgefahren, erhält man die Gefälle der anderen Stufen, bis das ganze Stufengefälle aufgezehrt ist. Stimmt der Endpunkt nicht mit der ursprünglichen Einteilung überein, so wird er entsprechend verlegt. Für die anderen Gruppen wird mit anderem u, c_1 (wieder entsprechend $u/c_1 = 0{,}5 - 0{,}8$) und nötigenfalls anderem α_1 ebenso verfahren. Bei größerem Teilgefälle (im Niederdruckteil) muß das Gefälle in die Anteile für Leit- und für Laufschaufel getrennt werden $h_1 = (c_1 - u')\lambda'$ und $h_2 = (c_1 - u')\lambda'$ mit $\lambda' = \lambda/2$ und durch Ziehen der Parallelen zur Hypotenuse für 1 m/sek und λ'.

In Abb. 140 ist diese Konstruktion durchgeführt und ergibt 3 Gruppen gleicher Schaufellängen bei gleichen Schaufelwinkeln. Der übrigbleibende Gefälleteil kann in 4 Stufen mit fast gleichem Gefälle aufgeteilt werden, die Schaufeln können infolge der schnellen Volumenzunahme nicht mehr gleich lang werden und gleiche Winkel erhalten, sondern beide zunehmend. Der Längsschnitt würde wie in Abb. 141 gezeigt aussehen.

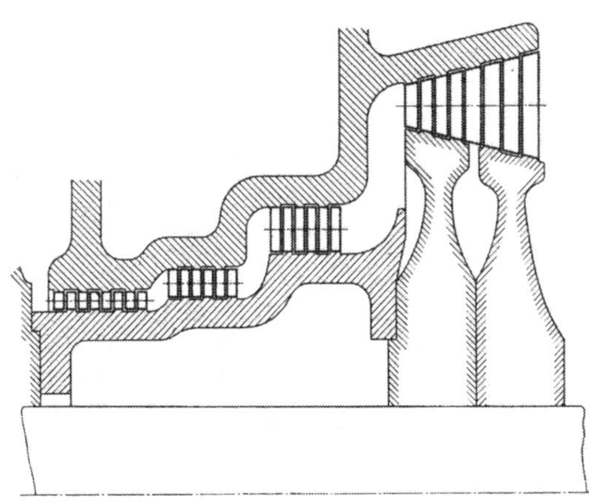
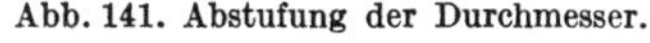

Abb. 141. Abstufung der Durchmesser.

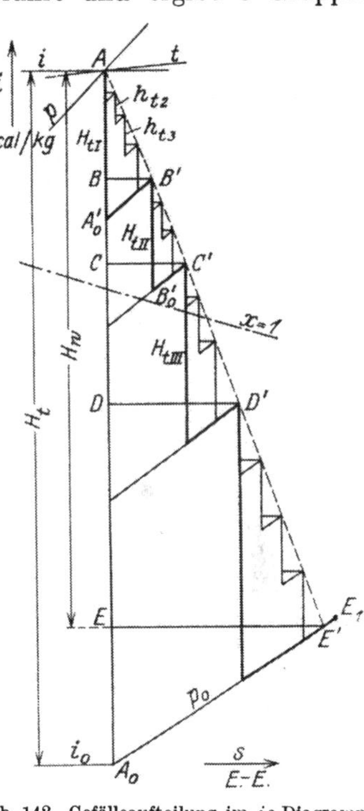

Abb. 142. Gefälleaufteilung im is-Diagramm.

Nach erfolgter Gefälleaufteilung kann dieselbe in das is-Diagramm übertragen werden (Abb. 142), wodurch sich auf der angenommenen Zustandslinie AE' die Gruppenanfangspunkte B', C', ... und die zugehörigen Drücke ergeben. Ebenso können die Stufengefälle eingetragen und die Stufendrücke bestimmt werden. Ferner können die adiabatischen Gruppengefälle H_{tI}, H_{tII}, ... als senkrechte Strecken AA_0', $B'B_0'$ ... bzw. die adiabatischen Stufengefälle h_{t1}, h_{t2}, ... gefunden werden. Durch Vernichten der Austrittsgeschwindigkeit an den Trommelabsätzen steigt der Wärmeinhalt um den Betrag $h_a = Ac_2^2 : 2\,g$, so daß sich in der Zustandskurve kleine Sprünge ergeben, was aber beim Vorentwurf vernachlässigt werden kann.

* Stodola führt die Konstruktion mit um die Senkrechte herumgeklapptem Dreieck durch, es ist dann von A_0 aus die Parallele zur Hypotenuse zu ziehen bis zum Schnitt mit der c_1-Linie; dadurch ergeben sich etwas größere Gefälle. Es wird dabei aber die Geschwindigkeit c_1 der ersten Stufe gleich der Ordinate durch B_1 gesetzt, während sie gleich AA_1 vorgesehen war; ferner kann es bei stärkerem Ansteigen von c_1 (in den Niederdruckstufen) vorkommen, daß der Schnitt der Parallelen mit c_1 unsicher wird.

Nun kann die genaue Durchrechnung erfolgen auf Grund der ermittelten adiabatischen Gefälle. Dazu zeichnet man für eine mittlere Stufe einer Gruppe den Geschwindigkeitsplan, aus dem die Schaufelwinkel entnommen werden, mit denen die Schaufellänge für das mittlere Volumen bestimmt wird, wie S. 162 angegeben. Aus dem Stufengefälle h_t ermittelt man c_1 nach Gl. (49c), S. 44, wobei $\varphi = \psi$ nach Abb. 80, S. 60 angenommen werden kann bzw. $\zeta = 1/\psi^2 - 1$ errechnet wird. Die Verluste in den Schaufeln sind $h_s = \zeta A c_1^2/g$ und der Spaltverlust nach ANDERHUB, S. 70

$$h_{sp} = 1{,}72 \frac{s^{1,4}}{l} h_t ,$$

wofür die Schaufellänge l überschläglich bestimmt werden kann.

Nach Durchrechnung der Stufen werden die inneren Gefäße in das is-Diagramm eingetragen und ergeben den genaueren Verlauf der Zustandskurve und die Volumina, den wirklichen Endzustand, und mit dem Austrittsverlust der letzten Stufe den Zustand beim Austritt aus der Turbine, damit H_i der ganzen Turbine und den Dampfverbrauch, mit dem, unter Berücksichtigung der Spaltdampfmenge, die Schaufellängen nach S. 182 zu berechnen sind.

2. *u* veränderlich von Stufe zu Stufe.

Diese Ausführung wird neuerdings bevorzugt, sie hat den Vorteil, daß die Austrittsenergie aller Stufen, bis auf die letzte, ausgenutzt wird, da keine Absätze vorhanden sind; ferner kann für alle Stufen das günstige Verhältnis u/c_1 eingehalten werden. Der Vorteil gleich langer Schaufeln ist für die Herstellung nicht so groß, wie häufig angegeben wird, und wiegt die vorerwähnten Vorteile nicht auf.

Der Durchmesser der aufeinanderfolgenden Stufen kann allmählich derart zunehmen, daß der Trommeldurchmesser für eine größere Anzahl Stufen gleich groß bleiben kann (vgl. Abb. 448, S. 375) oder er kann stärker zunehmen, was besonders im Vakuum erforderlich sein wird. Bei den letzten Stufen kommt man sehr häufig nicht ohne plötzliche Vergrößerung des Durchmessers aus. Die Berechnung kann nun nicht mehr für mehrere Stufen gemeinsam, also in Gruppen erfolgen, wie bei der vorhergehenden Berechnungsart, sondern muß für die Stufen einzeln durchgeführt werden; bei einiger Übung kann allerdings die Berechnung für einige Stufen gemeinsam erfolgen, indem die erste und die letzte Stufe einer solchen Gruppe berechnet wird und daraus durch kontinuierlichen Verlauf die mittleren Stufen.

Für die Berechnung wird, wie S. 155 erwähnt, das wirksame Gefälle H_w bestimmt (bei vorgeschaltetem Gleichdruckteil nur für den Überdruckteil) und damit im is-Diagramm der voraussichtliche Zustandsverlauf (vgl. Abb. 142 oder Abb. 144, S. 165) eingetragen und aus diesem die Volumina über H_w aufgetragen (Abb. 140 oder 145). Nun muß der größte mögliche Durchmesser der ersten Stufe mit Rücksicht auf die kleinste zulässige Schaufellänge nach Gl. (107), S. 117, und der kleinste Durchmesser der letzten Stufe mit Rücksicht auf die größte zulässige Schaufellänge bzw. auf $\vartheta = D/l$ nach Gl. (108), S. 156, berechnet werden nach Annahme des Winkels α_1. Man muß dabei versuchen, mit kleinerem Winkel α_1 auszukommen — 35^0 — und nur wenn der Durchmesser hinsichtlich Festigkeit durch die Fliehkräfte oder auch konstruktiv zu groß wird, müssen größere Winkel (40 bis 50^0) gewählt werden.

Beträgt der Durchmesser der letzten Stufe mehr als das 1,6- bis 1,7fache des Durchmessers der ersten Stufe, so wird man ohne plötzliche Zunahme des Durchmessers für die letzten Stufen nicht auskommen.

Nun müssen die Durchmesser der zwischenliegenden Stufen gewählt werden, zweckmäßig so, daß sie erst ganz allmählich ansteigen, dann schneller zunehmen, wobei für den Verlauf der über H_w aufgetragenen Durchmesser die Volumenkurve einigen Anhalt bietet. Mit den sich ergebenden Umfangsgeschwindigkeiten u und dem anzunehmenden Verhältnis u/c_1 (= 0,45 bis 0,8) erhält man die Dampfgeschwindigkeiten c_1. Es empfiehlt sich, für einige Zwischenwerte von u die Schaufellängen nach S. 162 probeweise zu ermitteln, um kontinuierliche Zunahme der Schaufellängen zu erhalten; dazu entnimmt man aus der Gefälleaufteilung (Abb. 146, S. 167) für einige Gefälle H_x die Werte für u und v und berechnet l aus Gl. (107), S. 156.

Ferner bestimmt man aus c_1 das wirksame Stufengefälle

$$h_i = A\,(2\,c_1 \cos\alpha_1 - u)\,\frac{u}{g} - h_{sp}$$

mit dem Spaltverlust h_{sp} nach S. 69 oder $h_i = h_t - h_s$ mit h_t nach Gl. (49c), S. 44, und dem Verlust $h_s = A\,\zeta\,c_1^2 : g$, wobei in ζ auch der Spaltverlust inbegriffen ist ($\zeta = 0{,}3$ für die ersten, abnehmend bis 0,2 für die letzten Stufen); für h_t muß der Geschwindigkeitsplan gezeichnet werden, um w_1 zu erhalten. Sind einige Werte von h_i ermittelt, so trägt man sie über H_w beim zugehörigen c_1 auf, zweckmäßig in größerem Maßstabe als die Abszissen, und verbindet die erhaltenen Punkte durch eine schlank verlaufende Linie, die h_i-Kurve. Diese bzw. die zunehmenden Durchmesser kann man so weit führen, bis die Schaufellängen anfangen unzulässig stark zuzunehmen, oder man kann, falls plötzlich Zunahme des Durchmessers nötig ist, feststellen, nach Gl. (108), bis zu welchem Volumen v der größte Durchmesser (der letzten Stufe) ausgeführt werden kann bei $\vartheta = D/l = 9$ bis 10 (Punkt D in Abb. 146, S. 167).

Mit Hilfe der h_i-Kurve kann nun die Aufteilung des Gefälles bequem zeichnerisch vorgenommen werden. Trägt man das errechnete Gefälle h_{i1} der ersten Stufe auf der Abszissenachse ab, Strecke $A A_1$ (Abb. 146, S. 167), so ist auch die zugehörige Ordinate $A_1 A'$ gleich h_{i1}; verbindet man A mit A' und zieht aus A_1 eine Parallele zu $A A'$, so erhält man durch den Schnitt mit der h_i-Kurve das Gefälle der zweiten Stufe auf der Abszissenachse als Strecke $A_1 A_2$ und reiht durch Fortführung dieser Konstruktion die Gefälle aneinander, bis das mit zunehmendem Durchmesser zu verwertende Gefälle AD aufgezehrt ist; erforderlichenfalls verlegt man das Ende des Gefälles etwas oder ändert die h_i-Kurve ein wenig. Das übrige Gefälle DE für gleichbleibenden Durchmesser teilt man in ungefähr gleiche Teile, die letzte Stufe vielleicht mit etwas größerem Gefälle, wobei h_i dem c_1 aus dem gewählten Verhältnis u/c_1 (in den Niederdruckstufen $= 0{,}6$ oder etwas mehr) entspricht.

Die Gefälle werden nun in das is-Diagramm übertragen (Abb. 144, S. 165), auf der Zustandskurve ergeben sich die zugehörigen Drücke und zwischen den Drücken die adiabatischen Einzelgefälle h_t.

Mit diesen Stufengefällen erfolgt nun die genauere Berechnung der einzelnen Stufen, indem aus h_t die Dampfgeschwindigkeit c_1 nach Gl. (49c), S. 44 bestimmt wird, wobei die Veränderlichkeit von $\zeta = 1/\psi^2 - 1$ (mit ψ nach Abb. 80, S. 60) nach den Schaufelwinkeln (aus dem Geschwindigkeitsplan) zu berücksichtigen ist. Mit dem Schaufelverlust

$$h_s = \zeta\,A\,\frac{c_1^2}{g}$$

und dem Spaltverlust h_{sp} nach S. 69 erhält man den genaueren Wert von h_i, der in das is-Diagramm eingetragen, den genauen Verlauf der Zustandskurve und die Werte von v ergibt. Wird vom Endpunkt noch der Austrittsverlust der letzten Stufe abgetragen, so erhält man das innere Gefälle H_i der ganzen Turbine und damit den genaueren Dampfverbrauch nach Annahme des mechanischen Wirkungsgrades, in welchem auch die Stopfbüchsenverluste inbegriffen sind oder als Zuschlag berücksichtigt werden können. Mit dem genauen Dampfverbrauch wird die Berechnung der Schaufellängen vorgenommen. Der ermittelte Zustandsverlauf im is-Diagramm muß mit dem angenommenen brauchbar übereinstimmen, kleinere Abweichungen spielen keine Rolle.

Neben den vorerwähnten Berechnungsarten gibt es eine Anzahl Vorschläge für die bequemere Berechnung, Bestimmung der Stufenzahl ohne genauere Durchrechnung und Vermeidung der umständlichen Berechnung der einzelnen Stufen. Es sei hier auf die diesbezüglichen Abhandlungen[1] hingewiesen, sie erfordern im allgemeinen eine mehr oder weniger eingehende Kenntnis der möglichen Berechnungsarten und der Zusammenhänge.

Ein Berechnungsbeispiel für eine Überdruckturbine S. 163.

B. Berechnung der Schaufellängen.

Leit- und Laufschaufeln erhalten bei halbem Reaktionsgrad gleiche Profile; nur in den Niederdruckstufen müssen mit Rücksicht auf die Schaufellänge die Winkel und damit die Profile für Leit- und Laufschaufel verschieden werden. Die Austrittswinkel α_1 und β_2 werden angenommen, die Eintrittswinkel ergeben sich aus dem Geschwindigkeitsplan, damit werden die Schaufelprofile entworfen (s. S. 190). Aus dem entworfenen Profil erhält man die Teilung [Gl. (56)] und den Verengungsfaktor τ [Gl. (106) S. 117].

Der erforderliche freie Querschnitt folgt aus der Stetigkeitsbedingung zu

$$F = G\,v_1 : c_1 \quad \text{bzw.} \quad F = G\,v_2 : w_2$$

für die Leit- bzw. Laufschaufel, wobei $G = G_{sek} - G_{sp}$ die durch die Schaufeln strömende Dampfmenge, wenn die durch den Spalt gehende Menge G_{sp} ist, die entweder nach S. 69 ermittelt oder zu

$$G_{sp} = 2\,\frac{s}{l}\,G_{sek} \text{ kg/sek}$$

angenommen werden kann für den Spalt s und die Schaufellänge l, die zunächst überschläglich aus Gl. (107) ohne Berücksichtigung des Spaltverlustes bestimmt werden kann.

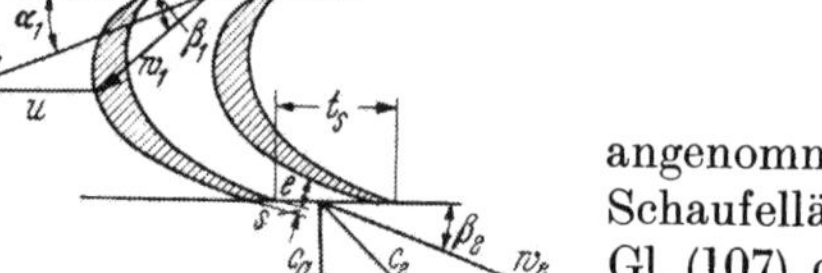

Abb. 143. Querschnittsberechnung.

Die Schaufellänge folgt dann mit Abb. 143 aus

$$F = G\,v : w_2 = e\,l\,\pi\,D : t_s$$

mit

$$e = t_s \sin\beta_2 - s_s = (t_s - s_s/\sin\beta_2)\sin\beta_2 \quad \text{und} \quad w_2 \sin\beta_2 = w_{2a} = c_a$$

zu

$$l = \frac{G\,v\,t_s}{w_{2a}\,e\,\pi\,D} = \frac{G\,v}{\pi\,D\,c_a}\,\frac{t_s}{t_s - s_s/\sin\beta_2} = \frac{G\,v}{\pi\,D\,c_a\,\tau}\ \text{m}, \tag{111}$$

wenn $\tau_s = (t_s - s_s/\sin\beta_s) : t_s$ der Verengungsfaktor aus dem Schaufelprofil, c_a die axiale Komponente der Dampfgeschwindigkeit, die aus dem Geschwindigkeitsplan entnommen werden kann und v das spezifische Volumen am Austritt aus der Leit- bzw. aus der Laufschaufel.

Die Spaltweite s kann durch zugeschärfte Kämme an den Deckringen der Schaufeln wesentlich verringert werden; man kann mit etwa 0,5 mm rechnen (vgl. Spaltdichtungen S. 187).

[1] ZERKOWITZ, G.: [Ia]. HENNE, E.: [III]. FICHTNER, R.: [V]. OPPITZ, A.: [V].

C. Berechnungsbeispiel.

Überdruckturbine mit vorgeschalteter Gleichdruckstufe.

Berechnung einer *Überdruckturbine* für $N_e = 5000$ PS$_e$ bei $n = 3000$ Umdr./min mit vorgeschalteter Gleichdruckstufe mit Geschwindigkeitsstufung, für Dampf von 16 ata, 320° C und 94% Vakuum im Abdampfstutzen, also $p_0 = 0{,}06$ ata. Aus dem *is*-Diagramm (Abb. 144) findet man:

ungedrosselte Gefälle

$$H_t = i - i'_0 = 734{,}8 - 511{,}5 = 223{,}3 \text{ kcal/kg},$$

mit 1 at Drosselung

$$H_t = i - i_0 = 734{,}8 - 513{,}7 = 221{,}1 \text{ kcal/kg},$$

effektiver Wirkungsgrad nach Abb. 106, S. 89, $\eta_e = 0{,}77$,
mechanischer Wirkungsgrad nach Abb. 98, S. 84, $\eta_m = 0{,}98$,
Dampfverbrauch

$$D_e = \frac{632}{H_t\,\eta_e} = 3{,}72 \text{ kg/PS}_e\text{h} \quad \text{und} \quad G_{sek} = \frac{N_e D_e}{3600} = 5{,}20 \text{ kg/sek}.$$

Gleichdruckstufe. Um nicht zu viele Überdruckstufen zu erhalten, sei der Druck in Gleichdruckteil zu 6 ata gewählt (etwa 1/4 des Gesamtgefälles), wofür

$$h_t = 734{,}8 - 682{,}1 = 52{,}6 \text{ kcal/kg}, \quad c_0 = 91{,}5\sqrt{h_t} = 655 \text{ m/sek}$$

und mit $\varphi = 0{,}96$ $c_1 = 634$ m/sek.

Man kann nun in derselben Weise, wie im Berechnungsbeispiel S. 131, den günstigsten Durchmesser ermitteln, der den besten inneren Wirkungsgrad ergibt, indem für einige Durchmesser bzw. u/c_1 die Leistung am Umfang und die Radreibungsverluste bestimmt werden, wofür die Gl. (59a) nach Stodola zugrunde gelegt sei, so daß die Berechnung mit Hilfe der Abb. 83, S. 65 leicht durchzuführen ist.

Der günstigste Durchmesser liegt bei $\sim D = 1{,}0$ m, der für die Ausführung angenommen sei. Aus dem Geschwindigkeitsplan (Abb. 145) mit den Schaufelaustrittswinkeln nach S. 114 ist die Leistung am Umfang

$$h_u = \frac{A\,u}{g}\left[(w_{1u} + w_{2u}) + (w'_{1u} + w'_{2u})\right] = 37{,}1 \text{ kcal/kg},$$

$$\eta_u = 37{,}1 : 52{,}7 = 0{,}704$$

und die Radreibungs- und Ventilationsarbeit nach Gl. (62b) mit $\lambda = 1$, $\varepsilon = 0{,}35$ Beaufschlagungsgrad und einer geschätzten Schaufellänge $l = 25$ mm, $A = 5{,}66$ und $B = 13$ nach Abb. 83 und v_r aus dem *is*-Diagramm

$$N_{rv} = 1\,(5{,}66 + 0{,}65 \cdot 13)\frac{1}{0{,}39} = 36 \text{ PS},$$

womit

$$h_{rv} = 36 : (5{,}7 \cdot 5{,}2) = 1{,}2 \text{ kcal/kg}$$

und

$$h_i = h_u - h_{rv} = 37{,}1 - 1{,}2 = 35{,}9 \text{ kcal/kg},$$

$$\eta_i = 35{,}9 : 52{,}7 = 0{,}681.$$

Der Endwärmeinhalt der Gleichdruckstufe ist somit

$$i_e = 734{,}8 - 35{,}9 = 698{,}9 \text{ kcal/kg}.$$

Überdruckteil. Adiabatische Gefälle aus dem is-Diagramm

$$H_t = 698{,}9 - 524{,}3 = 174{,}6 \text{ kcal/kg}.$$

Es werde für den ganzen Überdruckteil $\zeta = 0{,}20$ geschätzt, dann ist das wirksame Gefälle

$$H_w = (1 - \zeta)\, H_t = 0{,}8 \cdot 174{,}6 = 139{,}6 \text{ kcal/kg}.$$

Damit erhält man den Endpunkt E' im is-Diagramm (Abb. 144) und kann die Zustandskurve AE' annehmen, die im vorliegenden Falle als fast gerade Linie gezogen wurde. Nun können die Volumina aus dem is-Diagramm für die verschiedenen Gefälle entnommen und über H_w aufgetragen werden (Abb. 146); auch der Druckverlauf kann eingetragen werden (Abb. 147).

Der größte Durchmesser, mit dem die erste Stufe ausgeführt werden kann bei einer Mindestlänge der Schaufel von $l = 25$ mm, ist nach Gl. (107), S. 156, ohne Berücksichtigung der Spaltdampfmenge

$$D = \sqrt{\frac{G_{sek}\, v_1 \cdot 60 \cdot \chi}{\tau\, \pi^2\, n\, l \sin \alpha_1}} = \sqrt{\frac{5{,}1 \cdot 0{,}4 \cdot 60 \cdot 0{,}45}{0{,}8 \cdot \pi^2 \cdot 3000 \cdot 0{,}025 \cdot 0{,}342}} = 0{,}521 \text{ m},$$

wobei $v_1 \cong 0{,}4$ m³/kg aus dem is-Diagramm etwas unterhalb A, $\chi = u/c_1 = 0{,}45$ angenommen, $\tau = 0{,}8$ geschätzt und $\alpha_1 = 20^0$ gewählt ist.

Für die Ausführung sei $\boldsymbol{D = 0{,}5}$ **m = 500 mm** gewählt, mit $u = 78{,}54$ m/sek.

Für die letzte Stufe ist $v = 22$ m³/kg (in Punkt E', Abb. 144), ferner werde $\chi = 0{,}65$ angenommen, $\vartheta = D/l = 6$ zugelassen und $\alpha_1 = 35^0$ vorläufig gewählt; der Verengungsfaktor kann zu $\tau = 0{,}9$ angenommen werden (wegen der großen Winkel). Dann ist nach Gl. (108)

$$D = \sqrt[3]{\frac{G_{sek}\, v_1 \cdot 60 \cdot \vartheta\, \chi}{\tau\, \pi^2\, n \sin \alpha_1}} = \sqrt[3]{\frac{5{,}2 \cdot 22 \cdot 60 \cdot 6 \cdot 0{,}65}{0{,}9 \cdot 9{,}86 \cdot 3000 \cdot 0{,}5736}} = 1{,}194 \text{ m}$$

ein gut brauchbarer Wert, es können die Annahmen beibehalten werden. Für die Ausführung sei $D = 1200$ mm gewählt, $u = 188{,}5$ m/sek.

Da dieser Durchmesser 2,4mal so groß ist, wie der Durchmesser der ersten Stufe, so kann der Übergang nicht durchgehend allmählich erfolgen, der Durchmesser der letzten Stufen wird durch größeren Absatz erreicht. Der Umfangsgeschwindigkeit von 188,5 m/sek entspricht bei $u/c_1 = 0{,}65$ und $\alpha_1 \cong 35^0$ ein h_i von etwa 14,3 kcal/kg. Schätzt man dafür 4 Stufen, so würde deren Gefälle etwa in Punkt D (Abb. 146) anfangen, die überschläglich nach Gl. (111), S. 162, errechnete Schaufellänge (mit $\alpha_1 \cong 25^0$) ist ~ 85 mm, also noch günstig. Nimmt man für die letzte Stufe der mit allmählich ansteigenden Durchmessern ausgeführten Reihe $D/l \sim 8{,}5$ als Wert, der nicht zu schnelle Zunahme der Schaufellänge ergibt (diese ist etwa 95 mm bei $\alpha_1 \cong 24^0$), so erhält man nach Gl. (108) $D \cong 0{,}85$ m. Zwischen dem Durchmesser der ersten Überdruckstufe mit $D = 500$ mm und dem Durchmesser von 850 mm muß der Verlauf der Durchmesser angenommen werden (Abb. 146), womit auch er festgelegt ist. Das Verhältnis u/c_1 ist von $\sim 0{,}45$ bis 0,65 steigend angenommen und dafür c_1 und h_i errechnet und ebenfalls über H_w in Abb. 146 eingetragen; dadurch ist die h_i-Kurve im Vorentwurf festgelegt. Mit der S. 158 erläuterten Konstruktion kann die Aufteilung des Gefälles vorgenommen werden, wodurch der Endpunkt D des für wachsenden Durchmesser verwerteten Gefälles bestimmt ist. Weicht er erheblich von der ersten Annahme ab, so kann die h_i-Kurve etwas geändert werden. Diese Aufteilung wird in das is-Diagramm (Abb. 144) auf der Senkrechten AD eingetragen, wodurch man die Endpunkte der Stufen auf der angenommenen Zu-

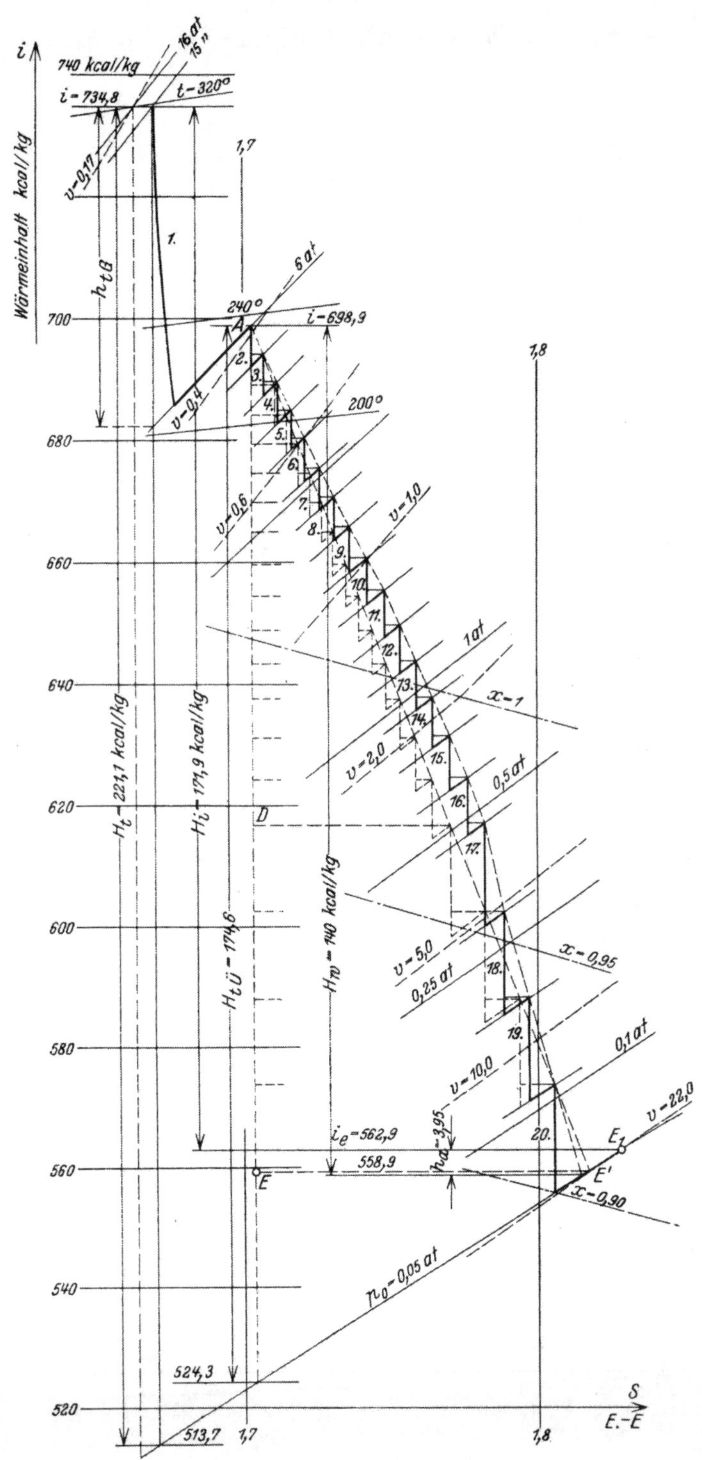

Abb. 144. *is*-Diagramm, Berechnung einer Überdruckturbine.

standskurve und dadurch die Drücke erhält. Zwischen diesen hat man die adiabatischen Stufengefälle h_t.

Nun kann die genauere Durchrechnung vorgenommen werden, sie sei im folgenden für einige Stufen angegeben. Die ermittelten Größen trägt man wieder über den ausgenutzten Gefällen auf (Abb. 147), wobei sich jetzt Abweichungen

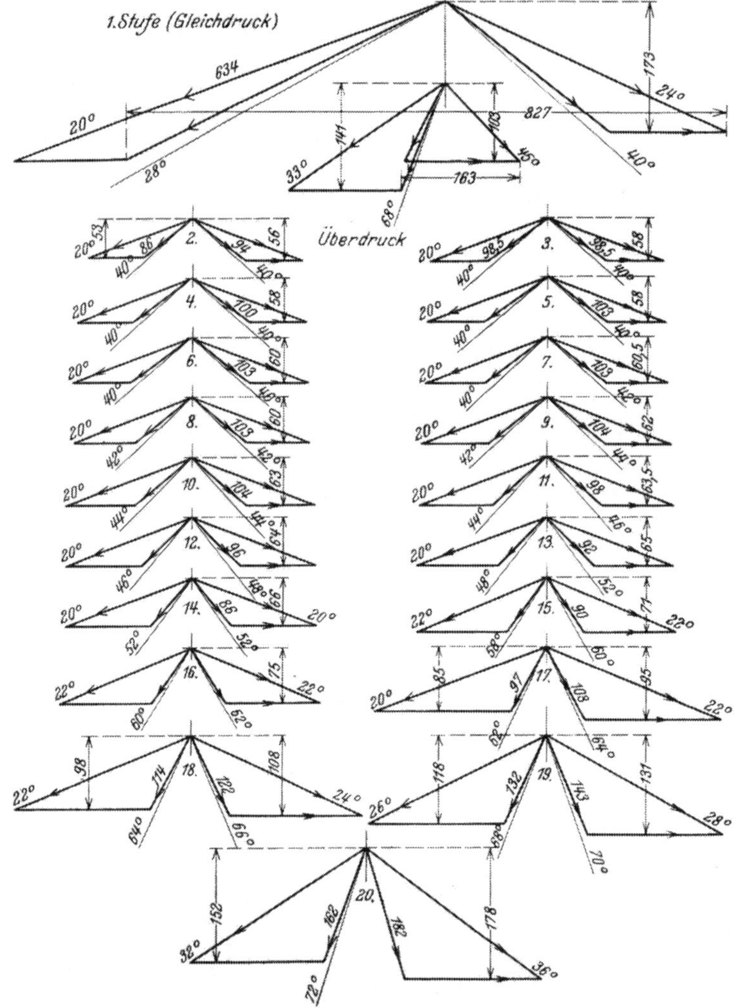

Abb. 145. Geschwindigkeitspläne.

von den ursprünglichen Annahmen ergeben, da die Verluste u. a. genauer angenommen werden.

2. Stufe (1. Überdruckstufe).

$h_t = 6{,}75$ kcal/kg, $D = 0{,}5$ m, $u = 78{,}54$ m/sek; $\psi = 0{,}88$ (nach Abb. 80) oder $\zeta = 0{,}29$, $\alpha_1 = 20^0$.

Wird die Zuströmgeschwindigkeit zur Leitschaufel zu $c = 50$ m/sek geschätzt, so ist nach Gl. (49c), S. 44 ($w_1 = c$)

$$c_1 = \psi \sqrt{\frac{g}{A} h_t + c^2} = 0{,}88 \sqrt{6{,}75 \cdot 4189 + 50^2} = 154{,}3 \text{ m/sek}.$$

Damit wird das Eintrittsdreieck (Abb. 145) gezeichnet, daraus $w_1 = 86$ m/sek und

$$w_2 = \psi \sqrt{h_t g / A + w_1^2} = 166{,}6 \text{ m/sek},$$

womit das Austrittsdreieck zu zeichnen ist.

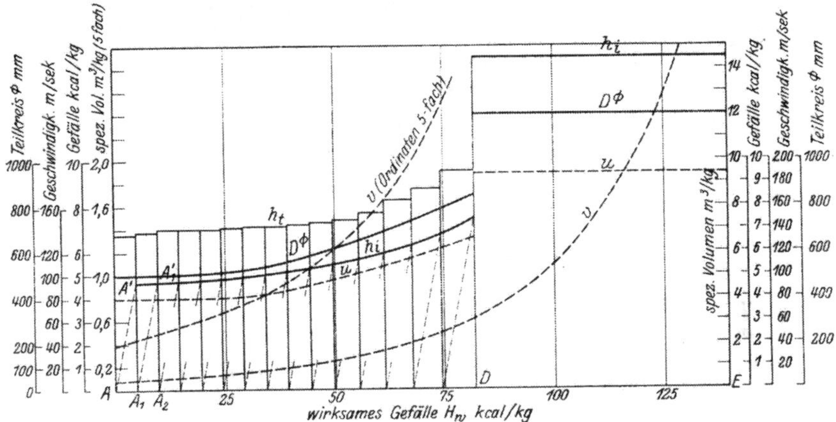

Abb. 146. Gefälleaufteilung, Entwurf.

Der Schaufelverlust für Leit- und Laufschaufel mit einem Mittelwert von c_2 und w_2 ist

$$h_s = \frac{A\, c_1^2}{g} \zeta = \frac{160^2}{4{,}89} \cdot 0{,}29 = 1{,}78 \text{ kcal/kg};$$

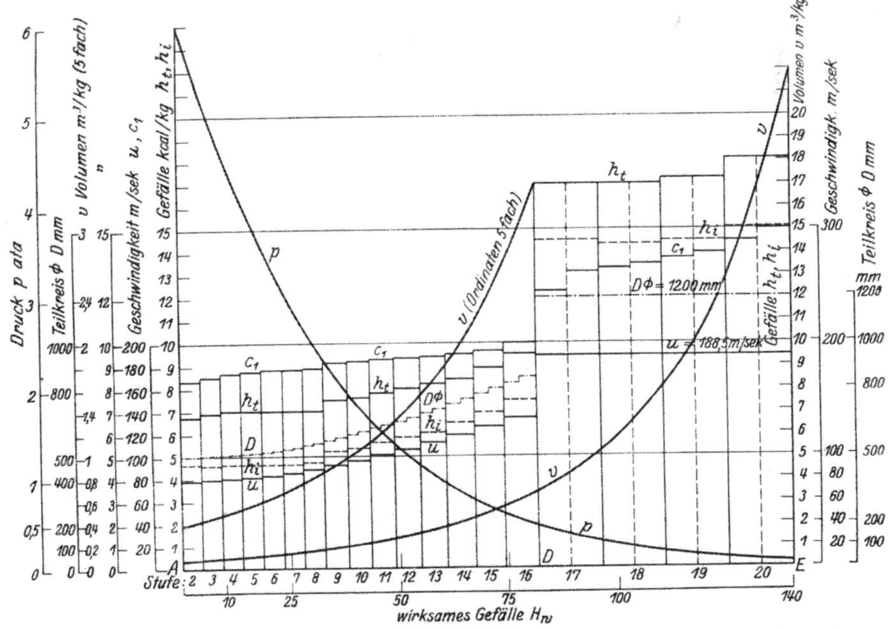

Abb. 147. Gefälleaufteilung, Ausführung.

der Spaltverlust nach ANDERHUB (s. S. 160) mit $\zeta_{sp} = 1{,}72 \dfrac{s^{1,4}}{l}$, wobei das Spiel s durch Kämme an den Deckringen klein gehalten sei, $s = 0{,}75$ mm und die Schaufellänge l nach Gl. (111), S. 162, überschläglich (für die ganze Dampfmenge

G_{sek}) zu $l = 28$ mm ermittelt wurde, ist

$$h_{sp} = \zeta_{sp} h_t = \frac{1{,}72 \cdot 0{,}751{,}4}{28} \cdot 6{,}75 = 0{,}32 \text{ kcal/kg}.$$

Damit ist

$$h_i = h_t - h_s - h_{sp} = 6{,}75 - 2{,}1 = \mathbf{4{,}65} \text{ kcal/kg}$$

und der genaue Endzustand der Stufe

$$i_e = i - h_i = 698{,}9 - 4{,}65 = 694{,}25 \text{ kcal/kg},$$

womit auch das Volumen genauer festgestellt werden kann, das in Abb. 147 eingetragen wird (am Ende des Gefälles h_i).

3. Stufe.

$$h_t = 6{,}9 \text{ kcal/kg}, \quad D = 505 \text{ mm}, \quad u = 79{,}3 \text{ m/sek}, \quad \alpha_1 = 20^0,$$
$$\psi = 0{,}88, \quad \zeta = 0{,}29.$$

Der geringe Unterschied der Eintrittsgeschwindigkeiten in Leit- und Laufschaufel ist vernachlässigt, daher $c_1 = w_2$ und gleiche Geschwindigkeitsdreiecke. Im übrigen ist die Berechnung die gleiche wie bei der 2. Stufe.

4. bis 16. Stufe. Berechnungsgang wie vor. Stufe 15 und 16 müssen $\alpha_1 = 22^0$ erhalten, um zu plötzliche Zunahme der Schaufellängen zu vermeiden. Die Zahlenwerte sind in Zahlentafel 8 (S. 169) angegeben. Die Verlustkoeffizienten ζ sind entsprechend den aus den Geschwindigkeitsplänen zu entnehmenden Winkeln mit ψ nach Abb. 80, S. 60. ermittelt worden.

17. bis 20. Stufe. $D = 1200$ mm; die Winkel α_1 und β_2 mußten von Stufe zu Stufe steigend, auch bei Leit- und Laufschaufeln, angenommen werden, um der starken Volumenzunahme Rechnung zu tragen. Um noch gute Wirkungsgrade zu erreichen, ist u/c_1 höher gewählt, in den letzten beiden Stufen wieder etwas abnehmend, wegen größerer erforderlicher Geschwindigkeit c_1 und w_2. Die Werte enthält Zahlentafel 8.

Nach durchgeführter Berechnung erhält man das ganze im Überdruckteil umgesetzte Gefälle $H_w = 140$ kcal/kg in guter Übereinstimmung mit dem angenommenen Wert. Mit dem Austrittsverlust der letzten Stufe $h_a = \frac{A\,c_2^2}{2\,g} = \frac{182^2}{8378}$ $= 3{,}95$ kcal/kg ist der Endwärmeinhalt $i_e = 562{,}88$ kcal/kg und das ganze innere Gefälle der Turbine

$$H_i = 734{,}8 - 562{,}88 = 171{,}9 \text{ kcal/kg},$$

also

$$\eta_i = 171{,}9 : 221{,}1 = 0{,}779$$

und mit $\eta_m = 0{,}96$ (einschließlich 2% Stopfbüchsen- bzw .Ausgleichskolbenverlust)

$$\eta_e = 0{,}779 \cdot 0{,}96 = 0{,}748 = 74{,}8\%.$$

Damit ist der Dampfverbrauch

$$D_e = \frac{632}{221{,}1 \cdot 0{,}748} = \mathbf{3{,}82} \text{ kg/PS}_e\text{h}$$

und

$$G'_{sek} = 5000 \cdot 3{,}82 : 3600 = \mathbf{5{,}30} \text{ kg/sek}.$$

Mit dieser Dampfmenge sind die Schaufellängen der 1. Stufe berechnet, s. unten, die Überdruckstufen nach Abzug des Ausgleichskolbenverlustes von 2% mit $G_{sek} = 0{,}98 \cdot 5{,}3 = 5{,}21$ kg/sek.

Die Summe Umfangsgeschwindigkeitsquadrate ist für den Überdruckteil

$$\sum (u^2) = 288\,318 \text{ (m/sek)}^2$$

Zahlentafel 8.

Stufe	Druck	Wärmeinhalt kcal/kg		Gefälle h_t	Teilkreis-$\varnothing D$	Umfgs.-Geschw. u	Dampfgeschwindigkeit m/sek				ζ	Schaufelverlust kcal/kg		Spaltverlust h_{sp}	Σ-Verluste	h_i	η_i	i_e	u/c_1
	ata	i	i_0	kcal je kg	mm	m/sek	c'_2	c_1	w_1	w_2		h'_s	h''_s	kcal je kg	kcal je kg	kcal je kg	%	kcal je kg	
Gl. 1	16/15	734,8	682,1	52,6	1000	157,08	—	634		—			$h_{rv}=1,2$	—		35,9	68,1	698,9	0,248
Ü. 2	6	698,9	692,15	6,75	500	78,54	50	154,3	86	166,6	0,29	1,78		0,32	2,10	4,65	68,9	$i_e = i$ der folgenden Stufe	0,51
3	5,30	694,25	687,35	6,9	505	79,3	94	170,6	98,5	170,6	0,29	2,02		0,29	2,31	4,59	66,5		0,465
4	4,62	689,66	682,66	7,0	510	80,1	98,5	174,0	99	174	0,29	2,1		0,27	2,37	4,63	66,2		0,46
5	4,07	685,03	678,03	7,0	515	80,9	100	174,9	101	174,9	0,29	2,1		0,26	2,36	4,64	66,3		0,462
6	3,60	680,39	673,39	7,0	520/525	82,5	103	176,8	103	176,8	0,28	2,1		0,24	2,34	4,66	66,6		0,466
7	3,10	675,73	668,73	7,0	530/540	84,82	103	176,8	103	176,8	0,28	2,1		0,24	2,34	4,66	66,6		0,48
8	2,69	671,07	664,07	7,0	550/560	87,96	103	177,6	103	177,6	0,26	1,96		0,22	2,18	4,72	67,4		0,495
9	2,33	666,35	658,85	7,5	575/585	91,85	103	183,5	103	183,5	0,25	2,0		0,23	2,23	5,27	70,3		0,50
10	1,965	661,10	653,50	7,6	600/610	95,82	104	185	104	185	0,25	2,0		0,23	2,23	5,37	70,7		0,517
11	1,65	655,73	647,93	7,8	625/640	100,53	104	186,5	104	186,5	0,235	1,96		0,22	2,18	5,62	72,1		0,529
12	1,38	650,1	642,1	8,0	655/670	105,24	104	187	98	187	0,235	1,97		0,2	2,17	5,83	72,9		0,563
13	1,15	644,27	636,07	8,2	690/710	111,53	98	188	96	188	0,235	1,97		0,18	2,16	6,04	73,7		0,592
14	0,928	638,22	629,82	8,4	734/756	118,75	92	190	92	190	0,21	1,75		0,16	1,91	6,49	77,3		0,632
15	0,760	631,73	622,83	8,9	780/800	125,66	86	192,9	86	192,5	0.2	1,78		0,18	1,96	6,94	78,0		0,652
16	0,600	624,79	615,29	9,5	825/850	133,52	90	201	90	201	0,19	1,83		0,19	2,02	7,48	78,8		0,665
17	0,468	617,31	600,31	17,0	1200	188,5	50	250	97	262,3	0,18	0,881	0,969	0,64	2,49	14,51	85,4		0,754
18	0,293	602,80	585,80	17,0	1200	188,5	108	265	114	268,6	0,17	0,981	1,01	0,7	2,7	14,3	84,2		0,754
19	0,181	588,5	571,25	17,25	1200	188,5	122	274,3	132	278,4	0,16	1,04	1,15	0,59	2,78	14,47	84,0		0,687
20	0,108	574,03	555,93	18,1	1200	188,5	143	289	162	300	0,15/0,14	1,14	1,22	0,64	3,0	15,1	83,5		0,653
	0,06	558,93 + 3,95 = 562,88					182												

und die Summe der adiabatischen Einzelgefälle

$$\Sigma(h_t) = 183{,}9 \text{ kcal/kg}.$$

Die Qualitätsziffer (Parsonssche Kennzahl, s. S. 89) ist

$$X = \frac{288\,318}{183{,}9} = 1567,$$

(auf das adiabatische Gesamtgefälle $H_{tü} = 174{,}6$ bezogen 1650) und der Wärmerückgewinnungsfaktor des Überdruckteils

$$\mu = \frac{183{,}9}{174{,}6} = 1{,}0525, \text{ d. s. } 5{,}25\,\%.$$

Berechnung der Schaufellängen.

1. Stufe (Gleichdruck). Da das kritische Druckverhältnis überschritten ist, müßte eine Düse mit Erweiterung angewendet werden. Der engste Querschnitt wird nach Gl. (39), S. 27,

$$F_{\min} = \frac{G_{sek} \cdot 10\,000}{203\sqrt{p/v}} = \frac{5{,}30 \cdot 10\,000}{203\sqrt{15/0{,}18}} = 28{,}65 \text{ cm}^2 = 2865 \text{ mm}^2.$$

Der Endquerschnitt müßte aus der Stetigkeitsbedingung werden

$$F_1 = G_{sek} v_1 : c_1 = 5{,}3 \cdot 0{,}365 \cdot 10000 : 634 = 30{,}50 \text{ cm}^2 = 3050 \text{ mm}^2,$$

(v_1 aus dem *is*-Diagramm nach Abtragen des Düsenverlustes $h_d = (1 - \varphi^2) h_t = 4{,}2$ kcal/kg), doch werde die Leitvorrichtung ohne Erweiterung ausgeführt, so daß mit der Strahlablenkung zu rechnen ist. Bei $\alpha_1 = 18^0$ Düsenwinkel wird nach Gl. (43), S. 34 der Strahlwinkel

$$\sin\alpha_1' = \sin\alpha_1 \frac{v_1}{v_k} \frac{c_k}{c_1} = 0{,}309 \cdot \frac{0{,}365}{0{,}290} \cdot \frac{546}{634} = 0{,}335,$$

also $\alpha_1' = 19^0 30'$, angenommen $= 20^0$. [c_k nach Gl. (35a), v_k auf $p_k = 0{,}5457 \cdot 15 = 8{,}16$ ata).]

Leitkanäle: Bei $z = 96$ Kanälen am Umfang ist die Teilung $t = \pi D : z = \pi\, 1000 : 96 = 32{,}72$ mm, die lichte Kanalweite $\delta = t \sin\alpha_1 - 2 = 32{,}72 \cdot 0{,}309 - 2 = 10{,}11 - 2 = 8{,}11$ mm (Stegstärke 2 mm) und damit die radiale Kanalhöhe bei $= 42$ offenen Kanälen

$$a = \frac{F_1}{z\,\delta} = \frac{2865}{42 \cdot 8{,}11} = 8{,}41 \text{ mm}.$$

Der Beaufschlagungsgrad beträgt alsdann $\varepsilon = z\,t : \pi D = 42 \cdot 32{,}73 : 3141 = 1373 \text{ mm} : 3141 = 0{,}435$ (geschätzt war 0,35, so daß der Radreibungs- und Ventilationsverlust etwas geringer wird.

1. Kranz: $\beta_1 = 28^0$ aus dem Geschwindigkeitsplan, $\beta_2 = 24^0$ (gewählt nach S. 114), Teilung $t_s = 12{,}37$ mm (nach Entwurf des Schaufelprofils, vgl. S. 191), $z_s = 254$, $\tau_s = 0{,}897$. Schaufellänge am Eintritt $l_1 = a + 1{,}59 = 10{,}0$ mm, am Austritt nach Gl. (110), S. 124,

$$l_2 = a \frac{w_{2a}}{w_{1a}} \frac{1}{\tau_s} = 8{,}41 \frac{210}{173} \cdot \frac{1}{0{,}897} = 11{,}4 \text{ mm},$$

ausgeführt $l_2 = 11{,}5$ mm.

Umleitkranz:

$$t_s = 10{,}92 \text{ mm}, \qquad \tau_s = 0{,}913;$$

$$l_1 = 11{,}5 + 1{,}5 = 13{,}0 \text{ mm},$$

$$l_2 = 11{,}4 \cdot \frac{173}{141} \cdot \frac{0{,}897}{0{,}913} = 13{,}8 \text{ mm},$$

ausgeführt $l_2 = 14$ mm.

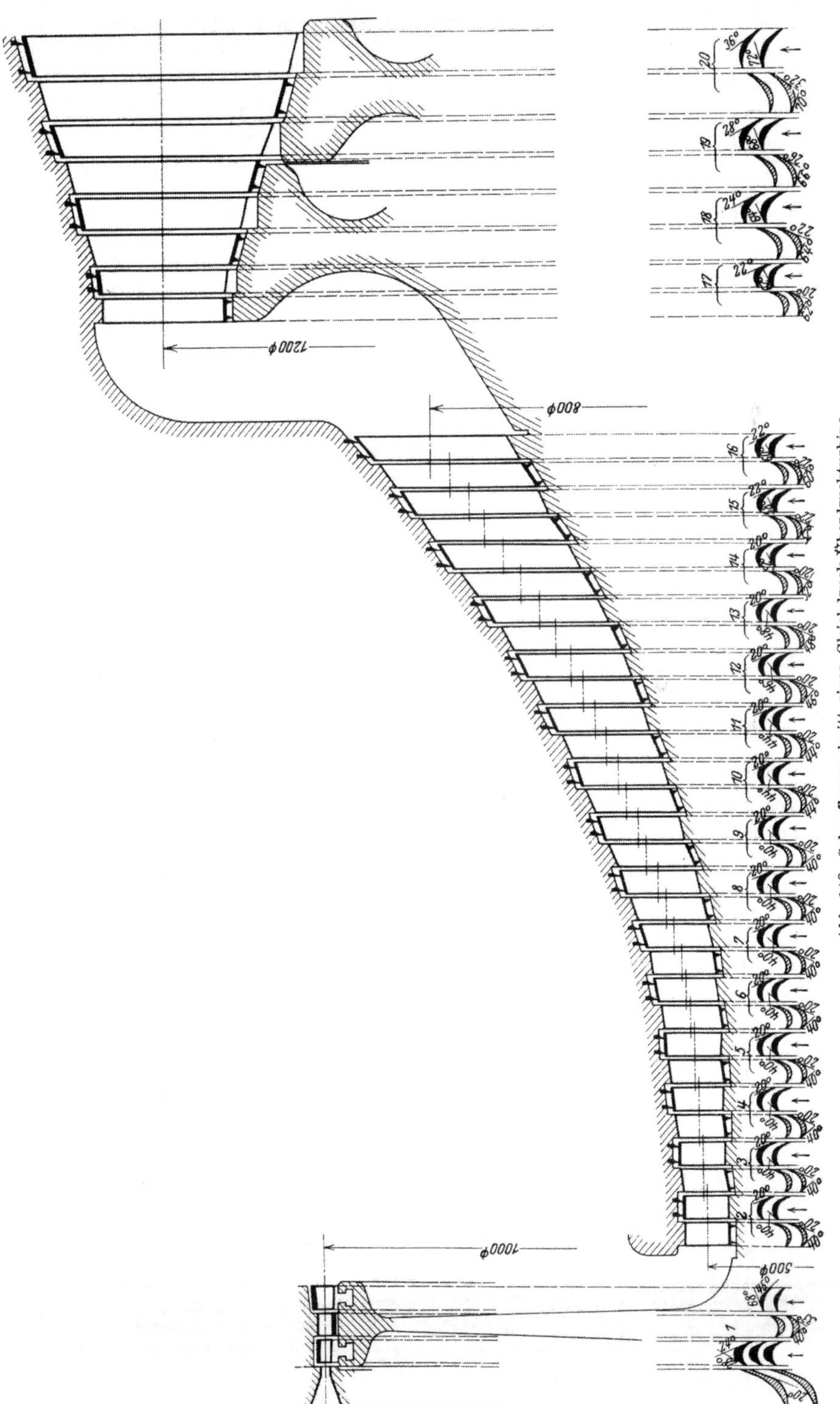

Abb. 148. Schauflungsschnitt einer Gleichdruck-Überdruckturbine.

Zahlentafel 9.

Stufe	Dampfmenge		Leitschaufeln								Laufschaufeln							
	Spalt G_{sp}	Schaufel	Teilkreis-Ø D_1	Schaufel- zahl z_1	Schaufel- teilung t_1	Verengungs-Faktor τ_1	Winkel-Eintritt/Austr. α_2/α_1	Spez. Vol. v_1	Axiale Geschwindigkeit w_{1a}	Schaufellänge l_1	Teilkreis-Ø D	Schaufel- zahl z_2	Schaufel- teilung t_2	Verengungs-Faktor τ_2	Winkel-Eintritt/Austr. β_1/β_2	Spez. Vol. v_2	Axiale Geschwindigkeit w_{2a}	Schaufellänge l_2
	kg/sek	kg/sek	mm		mm		°	m³/kg	m/sek	mm	mm				°	m³/kg	m/sek	mm
1																		
2	0,29	4,92	500	157	10,0	0,854	40/20	0,41	53	28,4	500	157	10,0	0,854	40/20	0,43	56	28,4
3	0,26	4,95	505	159	9,99	0,854	40/20	0,45	58	28,4	505	159	9,99	0,854	40/20	0,48	58	30,0
4	0,24	4,97	510	160	10,01	0,854	40/20	0,50	58	31,3	510	161	10,01	0,854	40/20	0,53	58	33,2
5	0,24	4,97	515	162	9,99	0,854	40/20	0,56	58	34,7	515	162	9,99	0,854	40/20	0,595	58	36,9
6	0,23	4,98	520	163	10,01	0,854	40/20	0,63	60	37,5	525	165	9,99	0,854	40/20	0,675	60	39,8
7	0,22	4,99	530	167	9,97	0,853	40/20	0,715	60,5	41,5	540	170	9,99	0,854	40/20	0,76	60,5	43,3
8	0,17	5,04	550	173	9,99	0,854	42/20	0,81	60	46,1	560	176	9,99	0,854	42/20	0,86	60	48,1
9	0,16	5,05	575	180	10,02	0,854	42/20	0,91	62	49,0	585	184	9,99	0,854	42/20	0,995	62	51,7
10	0,15	5,06	600	189	9,98	0,854	44/20	1,06	63	52,9	610	192	9,99	0,854	44/20	1,13	63	55,5
11	0,15	5,06	625	194	9,99	0,854	44/20	1,21	63,5	57,5	640	201	10,00	0,854	44/20	1,31	63,5	60,8
12	0,15	5,06	655	206	9,99	0,854	46/20	1,42	64	63,9	670	211	9,99	0,854	46/20	1,54	64	67,7
13	0,14	5,07	690	217	9,99	0,854	48/20	1,66	65	70,0	710	223	10,00	0,854	48/20	1,80	65	73,7
14	0,14	5,07	734	231	9,99	0,854	52/20	1,98	66	77,3	756	238	9,99	0,854	52/20	2,175	66	82,4
15	0,13	5,08	780	245	10,0	0,866	52/22	2,45	71	82,5	800	251	10,01	0,866	58/22	2,70	71	88,8
16	0,12	5,09	825	260	9,99	0,866	60/22	3,05	75	92,3	850	267	10,00	0,866	60/22	3,40	75	99,9
17	0,17	5,04	1200	377	10,00	0,854	62/20	4,20	85	77,4	1200	377	10,00	0,866	62/22	5,20	95	84,5
18	0,16	5,05	1200	290	12,97	0,898	64/22	6,50	98	98,9	1200	290	12,97	0,907	64/24	8,10	108	110,6
19	0,15	5,06	1200	290	12,97	0,913	66/26	10,05	118	125,1	1200	290	12,97	0,919	68/28	12,9	131	143,6
20	0,12	5,09	1200	252	14,96	0,939	70/32	17,0	152	161,6	1200	270	14,96	0,940	72/36	22,0	178	177,4

2. Kranz:

$$t_s = 10{,}06 \text{ mm}, \quad z_s = 312, \quad \tau_s = 0{,}932,$$

$$l_1 = 14 + 1{,}5 = 15{,}5 \text{ mm}, \quad l_2 = 13{,}8 \cdot \frac{141}{103} \cdot \frac{0{,}913}{0{,}932} = 18{,}5 \text{ mm},$$

ausgeführt $l_2 = 19$ mm.

2. Stufe. Nach Gl. (111), S. 162, ist

$$l = \frac{G\, v_1}{\pi\, D\, c_a \tau},$$

wobei $G = G_{sek} - G_{sp}$ die durch die Schaufel strömende Menge mit $G_{sp} = 2s/l G_{sek}$; als l wird die auch für den Spaltverlust überschläglich ermittelte Schaufellänge $l = 28$ mm angenommen

$$G_{sp} = 2 \cdot 0{,}75/28 \cdot 5{,}21 = 0{,}28 \text{ kg/sek},$$

$$G = 5{,}21 - 0{,}28 = 4{,}93.$$

c_a aus dem Geschwindigkeitsplan, τ aus dem entworfenen Schaufelprofil (Abb. 148).

Leitschaufel

$$l_1 = \frac{4{,}93 \cdot 0{,}41}{\pi \cdot 0{,}5 \cdot 53 \cdot 0{,}854} = 28{,}4 \text{ mm}.$$

Laufschaufel

$$l_2 = \frac{4{,}93 \cdot 0{,}43}{\pi \cdot 0{,}5 \cdot 56 \cdot 0{,}854} = 0{,}0284 = 28{,}4 \text{ mm}.$$

3. bis 20. Stufe. Die Zahlenwerte sind in Zahlentafel 9, S. 172, enthalten. Die Spiele sind mit der Schaufellänge zunehmend angenommen.

Die letzten vier Stufen erhalten nicht mehr gleiche Winkel für die Leit- und Laufschaufeln, wegen kontinuierlicher Zunahme der Schaufellängen.

Mit den errechneten Schaufellängen und den entworfenen Profilen ist der Längs- und Schaufelschnitt (Abb. 148) gezeichnet, der den kontinuierlichen Verlauf der Querschnitte und Schaufellängen zeigt, worauf bei der Wahl der Schaufelwinkel, der Durchmesser und der Dampfgeschwindigkeiten Rücksicht zu nehmen war. Näheres über den Entwurf der Schaufelprofile s. S. 191.

Dritter Abschnitt.

Konstruktion und Berechnung der Einzelteile.

I. Die Leitvorrichtungen.

Die Ausführung der Leitvorrichtungen kann recht verschieden sein; zunächst hängt sie davon ab, ob eine Energieumsetzung oder nur eine Richtungsänderung erreicht werden soll. Bei Energieumsetzung werden, je nachdem, ob das kritische Druckverhältnis (s. S. 19) überschritten wird oder nicht, *Düsen* mit engstem Querschnitt und Erweiterung oder Leitkanäle mit gleichbleibendem Querschnitt angewendet. Bei Überdruckturbinen besteht die Leitvorrichtung aus den ganzen Umfang ausfüllenden Schaufeln, gleich oder ähnlich den Laufschaufeln, sie sollen bei diesen mit behandelt werden.

Soll keine Energieumsetzung stattfinden, sondern nur eine Änderung der Strömungsrichtung zwecks weiterer Verwertung der Strömungsgeschwindigkeit bei Geschwindigkeitsstufung, so werden die *Umleitvorrichtungen* als Umleitschaufeln oder, bei wiederholter Beaufschlagung, als Umleitkanäle ausgeführt.

Allgemein herrscht das Bestreben, die Verluste in den Leitvorrichtungen herabzusetzen; durch geeignete Form, welche Krümmung des Strahles im energieumsetzenden Teil vermeiden soll und durch sorgfältige Ausführung zur Erzielung glatter Wandungen ist es gelungen, den Geschwindigkeitskoeffizienten zu erhöhen, man kann im Mittel mit $\varphi = 0{,}94$ bis 0,95 rechnen, bei besonders sauberer Ausführung und kleinen Geschwindigkeiten ist aber schon 0,96 bis 0,97 erreicht worden, was einer Verringerung des Düsenverlustes von 11,64 bzw. 9,75% auf 7,84 bzw. 5,01% entspricht. Es werden immer mehr gefräste Leitvorrichtungen angewendet, die auch den Vorteil haben, daß man mit der Kanalhöhe bis $a = 10$ mm heruntergehen kann, also auch bei kleineren Leistungen volle Beaufschlagung erreicht werden kann.

A. Düsen mit Querschnittserweiterung.

Berechnung der Querschnitte s. S. 122.

Die Form der Düse soll keine zu scharfe Querschnittserweiterung (Strahlablösung!) ergeben; der Erweiterungskegel soll 10 bis 15° nicht überschreiten. Der engste Querschnitt kann kreisrund sein oder rechteckig, der Endquerschnitt ist stets rechteckig; die Begrenzung in Achsenrichtung wird meist geradlinig ausgeführt, obgleich Krümmung entsprechend den Stromlinien (s. S. 29) theoretisch richtig wäre. Die Düsen werden zu Segmenten vereinigt und sind so nahe aneinander zu reihen, als es die Ausführung der Wandstärke zuläßt, um Wirbel durch Stromschatten (S. 56) zu vermeiden; bei gegossenen Düsen können

2 bis 3 mm als Kleinstmaß gelten. Einzelne Düsen oder Gruppen von mehreren Düsen werden bei Mengenreglung (S. 291) abschaltbar angeordnet, wobei sich größere Abstände zwischen den Gruppen nicht immer vermeiden lassen.

1. *Gegossene Düsensegmente* ermöglichen bequeme Herstellung, besonders bei einer größeren Anzahl von Segmenten, man kann dabei den Düsen jede gewünschte Form geben, runden engsten Querschnitt, der auf genaues Maß nach-

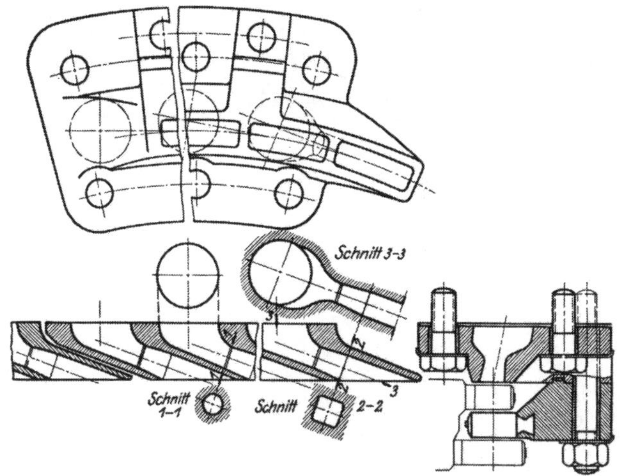

Abb. 149. Gegossene Düsen (AEG).

gerieben werden kann, und sanften Übergang in den Endquerschnitt. Die Achse der Düsen kann ohne Schwierigkeit geradlinig ausgeführt werden, sie sollte tangential an den Teilkreis (mittleren Beaufschlagungskreis) gerichtet stehen und die Stege zwischen den Düsen nicht radial gerichtet, sondern einen Kreis berührend vom Halbmesser $r = s : \operatorname{tg}\alpha_1$, wenn s das Spiel zwischen Düse und Laufschaufel und α_1 der Düsenleitwinkel, damit der Strahl nicht schräg auf die Schaufelkante trifft, wie S. 179 erläutert.

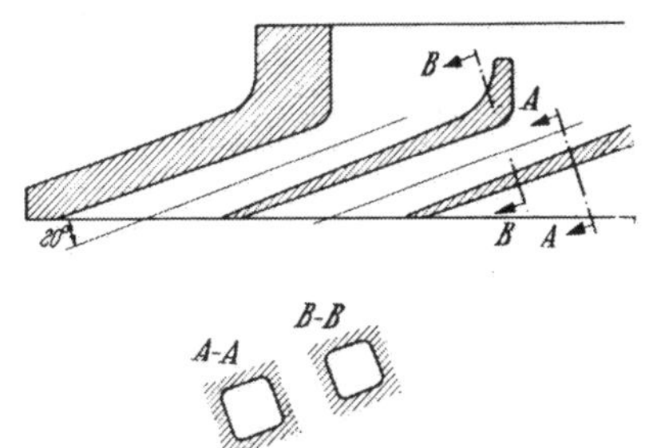

Abb. 150. Gegossene Düsen.

Für das Einformen der Düsensegmente fertigt man ein Modell des Düsenkernes an, formt dieses in Gips und benutzt die Form als Kernkasten; die Kerne müssen möglichst glatte Oberfläche haben und sich genau in die Form des Segmentes einsetzen lassen. Das Material ist zähes dichtes Gußeisen (Heißdampfeisen) oder legierter Stahl.

Abb. 149 zeigt ein gegossenes Düsensegment der AEG mit geradliniger Achse; die Wandungen können nachgeschabt und geglättet werden. Eine einfachere Form mit rechteckigen Querschnitten ist in Abb. 150 dargestellt. Auch eingegossene profilierte Düsenschaufeln werden angewendet, jedoch nur für kleine billige Turbinen.

2. *Gefräste Düsen* ergeben die beste Ausführung; sie bestehen entweder aus gefrästen und zusammengesetzten Schaufelkanälen, wie bei den Leitschaufeln (S. 176) erwähnt, oder sie werden in einem Ni-Stahlring eingefräst, Abb. 151 (BBC), und mit einem äußeren Deckring abgeschlossen, der angedrückt wird (Abb. 152).

3. Die *Befestigung* der Düsensegmente am Düsenkasten oder am Dampfkanal im Gehäuse erfolgt meist durch Anschrauben (Abb. 149). Eine einfache

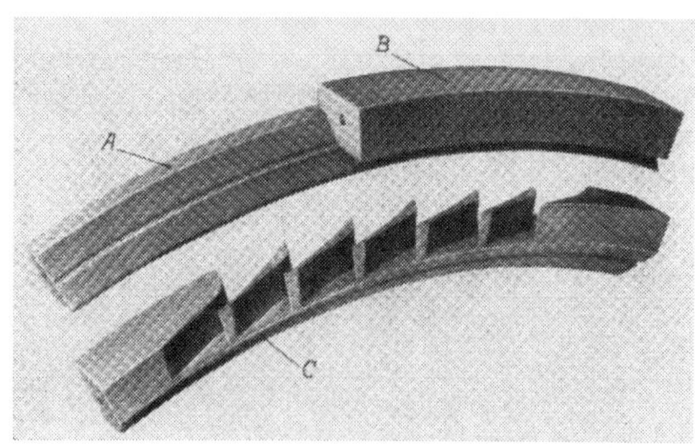

Abb. 151. Gefräste Düsen (BBC).

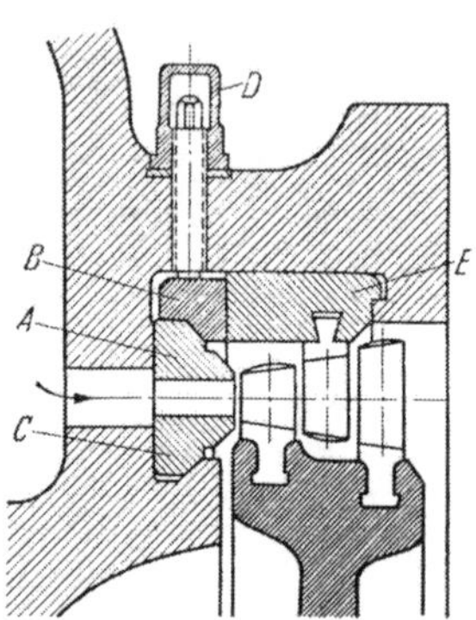

Abb. 152. Befestigung der Düsen.

Befestigungsart der BBC zeigen Abb. 152 und 324; das in Abb. 151 dargestellte Düsensegment C und der Deckring A werden durch das Druckstück B mittels der Schrauben D durch die kegeligen Flächen angepreßt, zugleich wird der Ring mit den Umleitschaufeln gehalten. In ähnlicher Art erfolgt die Befestigung der Düsen bei einigen Kleinturbinen (s. Abb. 425, S. 354, und Abb. 426, S. 355).

Abb. 153. Düsensegment aus dem Vollen.

Bei hohen Temperaturen werden die Düsen aus dem Vollen herausgearbeitet, Abb. 153 (BBC).

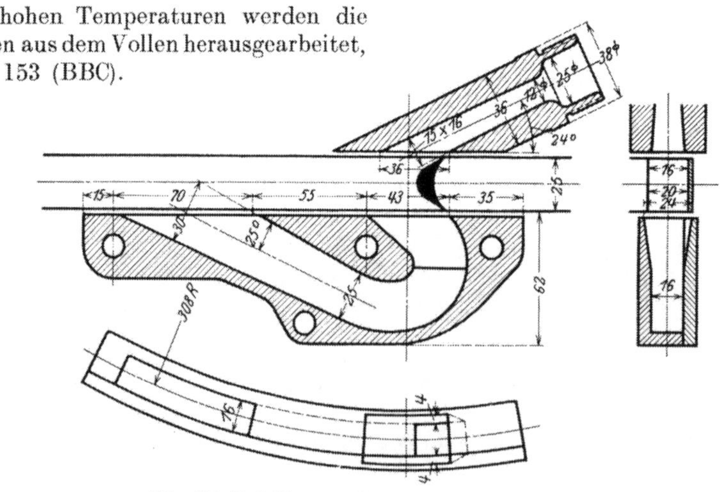

Abb. 154. Umleitkammer für wiederholte Beaufschlagung.

4. *Die Umleitvorrichtungen* sind bei mehrkränzigen Rädern den Laufschaufeln ähnliche Schaufeln, deren Winkel durch den Geschwindigkeitsplan festgelegt sind; sie werden in gleicher Weise wie die Laufschaufeln, oder, da sie

keine Fliehkräfte aufzunehmen haben, in einfacherer Weise durch Füße in einem Ring gehalten oder direkt in das Gehäuse gesetzt; die Ringe werden auf verschiedene Art befestigt (vgl. Abb. 149 und Abb. 152), Ausführung der Schaufeln s. unter Laufschaufeln.

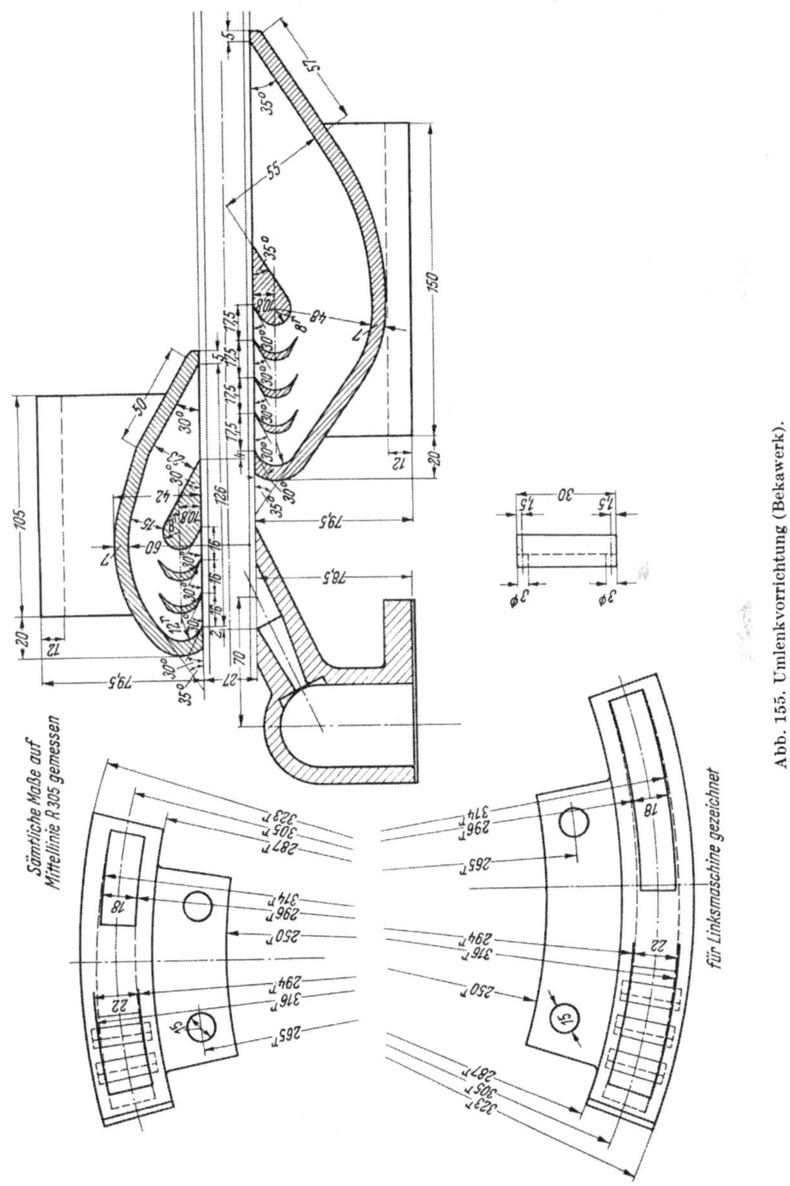

Abb. 155. Umlenkvorrichtung (Bekawerk).

Bei wiederholter Beaufschlagung desselben Kranzes, wie sie bei Kleinturbinen angewendet wird, muß der Dampf um fast 180° umgelenkt werden, wodurch natürlich recht große Energieverluste entstehen; diese Art hat aber den Vorteil, daß nur ein Schaufelkranz nötig ist und die Beaufschlagung wesentlich größer, also der Ventilationsverlust kleiner wird, was bei kleinen Leistungen den Energieverlust aufwiegt. Die Umleitkammern werden entweder gegossen (dichtes Gußeisen) und nachgeschabt oder gefräst. Abb. 154 zeigt eine Umleitkammer einer axialen Kleinturbine, Bauart *Kienast* (vgl. auch Abb. 423, S. 253).

Die neue Ausführung einer zweifachen Umlenkvorrichtung des Bekawerkes, Abb. 155, hat zwecks besserer Strahlführung eingegossene Schaufeln. Der Hauptteil der Umlenkung (Strahlkrümmung) erfolgt dadurch an den glatten Oberflächen der Schaufeln. Siehe auch Abb. 427 bis 429, S, 356.

B. Leitkanäle.

Leitkanäle ohne Erweiterung werden bei größeren radialen Kanalhöhen wie bisher mit beiderseitig eingegossenen Blechschaufeln ausgeführt; bei kleineren Höhen werden nach dem Vorbild der Ersten Brünner Maschinenfabriks-Gesellschaft die Kanäle aus allseitig gefrästen Schaufeln gebildet, die geringere Verluste haben. Man kann dabei auf 8 mm radialer Höhe heruntergehen, wodurch volle Beaufschlagung leichter zu erreichen ist; bei eingegossenen Schaufeln geht man nicht unter 15 mm.

Wenn auch der Spalt zwischen Leit- und Laufrad bei den Gleichdruckturbinen nicht die Rolle spielt wie bei den Überdruckturbinen, so ist doch wegen der Wirbelbildung und der Saugwirkung des Dampfes im Spalt ein möglichst kleiner Spalt angebracht; man ist auf 2 mm, bei kleinen Durchmessern sogar auf 1 mm Spaltweite gegangen, was aber eine genaue Fixierung der gegenseitigen Lage von Leit- und Laufrad erfordert. Bei langen Schaufeln muß der Spalt entsprechend größer werden, 5 mm und mehr. Einige Werke ordnen besondere Einstellvorrichtungen an, die das Spiel von außen erkennen und im Betriebe einstellen lassen.

Neben diesen Gesichtspunkten wird eine Verbesserung des Wirkungsgrades noch durch die konstruktive Ausbildung der Kanäle und richtige Strahlführung in die Laufschaufel erreicht. Würde man die Leitschaufeln mit radial gerichteter Austrittskante ausführen, wie es früher geschah (Abb. 156), so würde die Schnittfigur $abcd$ der Austrittsebene sich tangential bewegen und als Schnittfigur $a'b'c'd'$ auf die Laufschaufeleintrittsebene treffen, die Strahlkante $b'c'$ also durch die radial stehende Schaufelkante schräg geschnitten werden, wodurch Wirbel entstehen müssen. Ferner würde bei kreisförmiger (zylindrischer) äußerer und innerer Begrenzung der Kanäle eine wenn auch geringe Stahlkrümmung eintreten (s. Strömung in krummlinigen Kanälen, S. 14). Endlich hat diese Ausführung noch den Nachteil, daß infolge der tangentialen Verschiebung der Schnittfigur, die Laufschaufeln so lang gemacht werden müssen, daß die äußersten Punkte b' und d' noch in die Laufschaufel eintreten können; die übrigen Schaufeln werden aber nicht voll ausgefüllt, was

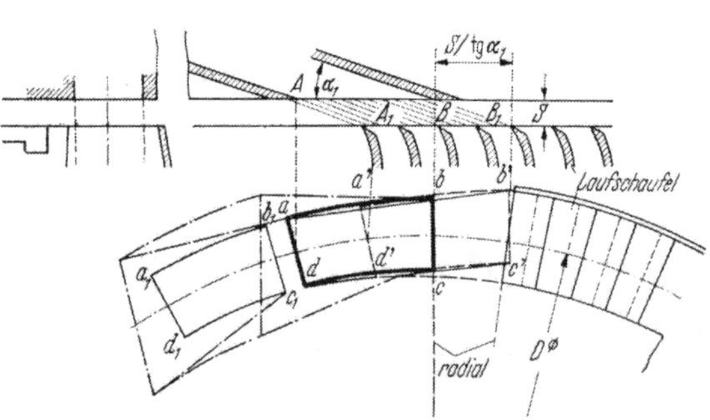

Abb. 156. Alte Leitkanalform.

wieder Wirbel verursacht. Diese Nachteile sind offenbar um so größer, je weiter der Spalt ist.

Um diese Nachteile zu vermeiden, muß nach dem Zoelly-Patent D.R.P. 235753 die Austrittskante der Leitschaufeln nicht radial gerichtet sein, sondern parallel zur Laufschaufelkante, auf welche der Strahl nach Durchströmen des Spaltes auftrifft, d. h. parallel zur Radialen durch B_1 bzw. A_1 oder tangential an einen Kreis vom Halbmesser $r = s/\mathrm{tg}\alpha_1$ (Abb. 157), wenn s das Spiel zwischen Leit- und Laufschaufel.

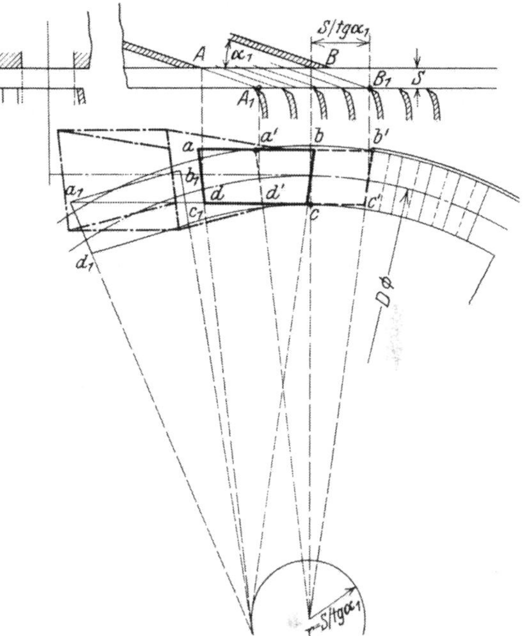

Abb. 157. Kanalform nach Zoelly.

Ferner muß, wenigstens am Ende des Leitkanals, wo Energieumsetzung stattfindet, die Achse des Kanals geradlinig sein und so gerichtet, daß sie in der Verlängerung bis auf die Laufschaufeleintrittsebene den mittleren Teilkreis tangiert. Dadurch wird erreicht, daß der Strahl mit den Begrenzungskreisen der Laufschaufeln gut übereinstimmt und die Schaufeln viel kürzer gehalten werden können, wie die Abb. 157 zeigt, und die Wirbelverluste geringer werden. Die äußere und die innere Begrenzung des Leitkanals wird nicht zylindrisch, sondern geradlinig ausgeführt, damit sie bequem bearbeitet werden kann, was auch bei eingegossenen Leitschaufeln durch kleine Spezialstoßmaschinen möglich ist. Es sehen die Kanäle eines Leitrades am Austritt dann so aus, wie Abb. 158 zeigt.

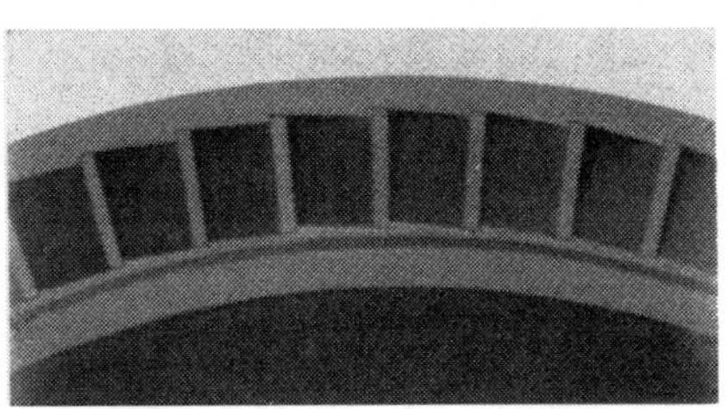
Abb. 158. Ansicht der Austrittsseite.

Um die Austrittsenergie in der folgenden Leitvorrichtung auszunutzen, muß die Leitschaufeleintrittskante so nahe an die vorhergehende Laufschaufel herangeführt werden, als dies konstruktiv möglich ist; da hier wegen des größeren Abstandes der Strahl noch schräger auf die Leitschaufelkante trifft, als oben bei der Laufschaufel erwähnt, so gilt für die Richtung der Leitschaufeleintrittskante dasselbe, will man den Schrägschnitt vermeiden. Mit Rücksicht auf die Schwierigkeit der Herstellung wird meist auf die volle Anpassung verzichtet, zumal der Strahl aus den Laufschaufeln wegen der kleineren Schaufelstärke viel geschlossener austritt als bei den Leitschaufeln. Jedenfalls wird man den Leitschaufeleintrittswinkel α_0 (Abb. 159) dem Austrittswinkel des Strahles aus der Laufschaufel (s. Abb. 47, S. 40) anpassen. Um gute Strahlführung zu erhalten, muß die parallelwandige Strecke c (Abb. 159) so gewählt werden, daß an der äußeren Seite mindestens $c = 2$ mm beträgt.

Zwecks Verringerung der Wirbelverluste werden die Leitschaufeln zuweilen zum Austritt hin etwas zugeschärft, bis auf 1 mm Stärke (vgl. Abb. 164); eine Querschnittserweiterung wird vermieden durch seitliche Verengung oder dadurch, daß die Zuschärfung außerhalb des allseitig umschlossenen Kanalteils liegt.

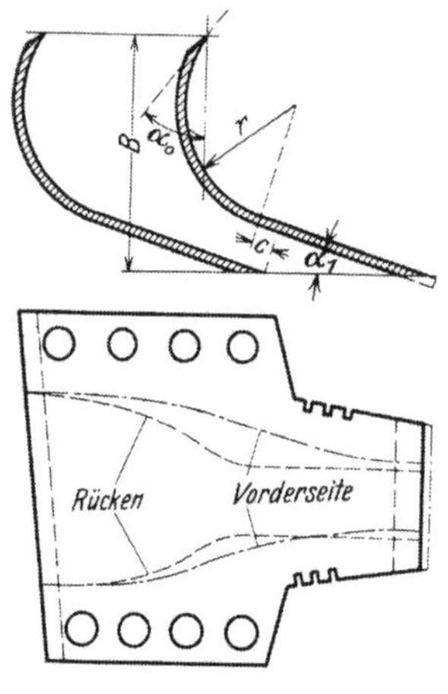

Abb. 159. Leitschaufel.

Für höhere Druckunterschiede vor und hinter den Leitapparaten werden Leitschaufeln größerer Stärke angewendet. Eine solche Leitschaufel zeigt Abb. 160 (Görl. M.-Bau), mit 6,5 mm Stärke am Eintritt und 2,5 mm am Austritt.

Der Leitwinkel α_1 wird meist nicht unter 14^0 genommen, es sind aber auch kleinere Winkel ausgeführt (EW 12^0), was bei Strahlablenkung vorteilhaft sein kann. Im Niederdruckteil muß α_1 nötigenfalls größer werden.

1. Eingegossene Leitschaufeln.

werden aus gewalzten 5%-Ni-Stahlbändern von entsprechender Stärke hergestellt; sie werden auf die erforderliche Form geschnitten, an den einzugießenden Enden mit den gestanzten Löchern versehen zwecks besseren Haltes im Guß und dann auf der Presse gebogen. Die Enden werden mit Säure gereinigt und verzinnt, um beim Gießen saubere Oberflächen und gutes Vereinigen mit dem Gußeisen zu erzielen. Abb. 159 und 160 zeigen solche Schaufeln in Schnitt und Abwicklung; die gestrichelte bzw. strichpunktierte Linie ist die Begrenzung des Kanals auf der Vorder- bzw. Rückenseite der Schaufel. Die axiale Breite B solcher Schaufeln ist 40 bis 100 mm, die Stärke meist 2 mm, bei sehr großer Länge mehr.

Die Leitradscheiben (Zwischenwände) sind in der Mittelebene geteilt, um die obere Hälfte des Gehäuses mit den Leitapparaten abheben zu können. Einen solchen Leitapparat zeigt Abb. 161 (MAN) in der Draufsicht auf die Teilfuge, Schnitte durch dieselbe mit der Abdichtung durch Feder und Nut und den Schnitt durch die Leitschaufeln; in der Teilfuge wird eine Schaufel geschnitten, was aber belanglos ist.

Die Wumag führt bei nicht zu großen Kanalhöhen die Blechschaufeln an den Austrittsenden mit Verstärkungen aus Stahl aus, um an der Stelle hoher Dampfgeschwindigkeit die Strömung an einer Gußwand zu vermeiden; die Verstärkungen werden durch Spezialmaschinen sauber bearbeitet. Diese Konstruktion (D.R.P. 398325) hat den Vorteil, daß das Ausbrechen der gußeisernen, spitz zulaufenden Keile, die durch die Schaufelneigung entstehen, vermieden wird.

Das Herstellen des Kernes mit den eingesetzten Leitschaufeln kann auf besonderen Formmaschinen erfolgen, die große Genauigkeit der Teilung ermöglichen. Abb. 162 zeigt eine solche Maschine.

Der schwenkbare Arm wird durch Einschnappen in die am äußeren Winkelring angebrachten Löcher genau auf eine Teilung eingestellt, die einzuformende Schaufel wird auf den Schaufelklotz gelegt, durch Herumlegen des oben links sichtbaren Gewichtshebels werden die seitlichen Backen mit genauer seitlicher Kanalform herangeführt und die Kernmasse in den so gebildeten Raum, der der Kanalform entspricht, eingestampft, dann werden die Backen gelöst, der Apparat um eine Teilung verschoben und der Arbeitsvorgang wiederholt.

2. Gefräste Leitkanäle.

werden bei kleineren Kanalhöhen und dort, wo es auf große Wirtschaftlichkeit ankommt, auch bis zu 50 mm radialer Höhe jetzt vorwiegend ausgeführt. In die einzelnen Schaufelstücke aus Ni- oder nichtrostendem Stahl werden die Kanäle mit der Kopierfräsmaschine eingefräst, durch Aneinanderreihen entstehen sauber bearbeitete Kanäle. Die Schaufelstücke werden in die meist aus Stahlformguß gefertigten Leitradscheiben eingesetzt und durch Stifte, Nieten

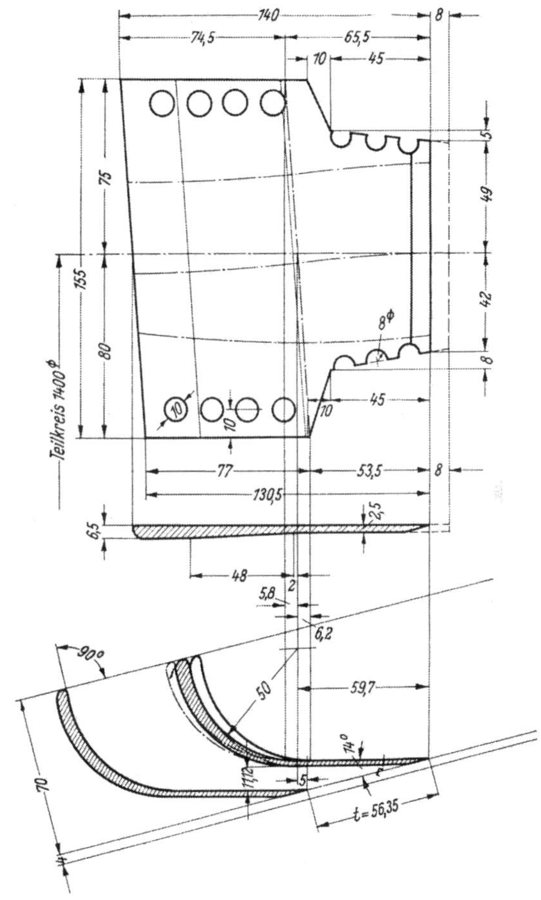

Abb. 160. Leitschaufel.

oder geeignete Nuten gehalten. Abb. 163 zeigt aus nichtrostendem Stahl hergestellte Leitschaufeln. Die Schaufelstücke sind mit ihrem etwas konischen Fuß in die Leitradscheiben eingesetzt und vernietet; auch L-förmige Füße, die weiter keiner Befestigung bedürfen, werden angewendet (Abb. 164). Die axiale Breite *B* ist 20 bis 30 mm. Man ordnet in den Leitschaufelstücken der entsprechenden Stufe wohl auch gleich die Überlastkanäle (in Abb. 163 strichpunktiert) an. Einen Schnitt durch die Leitvorrichtungen zeigt Abb. 169.

Bei größeren Raddurchmessern kommt man mit der angegebenen Breite nicht aus und muß größere Breiten anwenden, wodurch die Schaufeln allerdings teurer werden.

Eine gefräste Leitschaufel zeigt Abb. 164, die nach dem Zoelly-Patent ausgeführt ist; um nicht zu große Länge der Schaufeln zu erhalten, sind sie in der dargestellten Form geschnitten, wodurch auch Vernietung der benachbarten Schaufeln möglich ist, um Dichthalten zu erreichen, zudem werden die Fugen verschweißt. An den Teilfugen der Leitapparathälften erfolgt die Dichtung durch Feder und Nut in den Schaufeln. Die Schaufeln sind am Austritt von 2 mm auf 1 mm zugeschärft, jedoch erst im Schrägabschnitt.

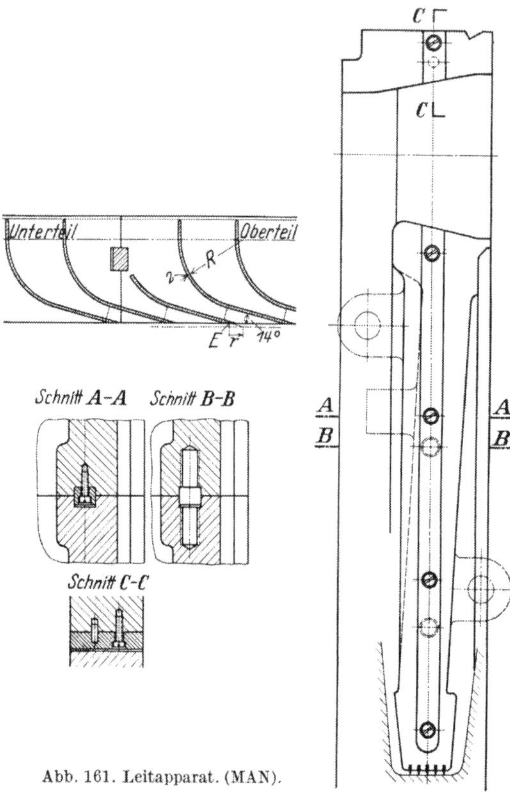

Abb. 161. Leitapparat. (MAN).

Abb. 165 zeigt gefräste Leitschaufeln in etwas anderer Form (Görl. M.-Bau) und die Abwicklung des Oberteiles des Leitapparates.

Eine andere Ausführungsform der Leitkanäle wendet die AEG an: die Leitkanäle werden durch gewöhnliche Schaufeln aus geeignetem Material ähnlich den Überdruckschaufeln und durch Zwischen- oder Füllstücke gebildet und mit schwalben-

Abb. 162. Leitapparat-Formmaschine.

schwanzförmigen Füßen direkt in den Düsenträger gesetzt oder in Ringe, die mit den Leitradscheiben verschraubt werden. Abb. 166 zeigt diese Ausführungen. Die Schaufeln können mit den Füllstücken verschweißt oder verlötet werden.

Durch die große Zahl der Kanäle mit dünnen Stegen (0,5 mm) wird die Verengung gering und der Strahl tritt geschlossen aus; die Verbindung des äußeren Leitradringes mit der inneren Leitradscheibe erfolgt durch Stege, die Schaufeln haben keine Kräfte aufzunehmen. Bei vielstufigen Turbinen mit Ausnutzung der Austrittsgeschwindigkeit werden die Leitschaufeln breiter ausgeführt und reichen bis etwa 4 mm an die vorhergehende Laufschaufel.

In ähnlicher Weise werden die gefrästen Leitschaufeln von EW eingesetzt (Abb. 167). Die Gußstege zur Verbindung des äußeren Ringes des Leitapparates mit der inneren Scheibe haben Tropfenform.

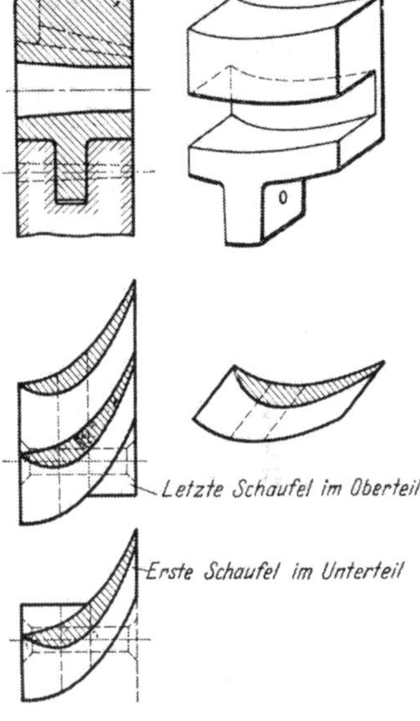

Abb. 163. Gefräste Leitschaufeln.

3. Befestigung der Leitapparate.

Die Befestigung der Leitapparate im Gehäuse ist sehr wichtig; einerseits muß wegen der kleinen radialen Überstände und des geringen Spaltes der Leitschaufel gegenüber der Laufschaufel der Leitapparat genau fixiert sein und im Gehäuse dampfdicht abschließen, andererseits muß er sich frei ausdehnen können, ohne sich im Gehäuse zu verschieben oder zu spannen.

Für die Befestigung gibt es verschiedene Lösungen, die für die radiale Befestigung im allgemeinen darin besteht, daß die einzelnen Leitapparate oder

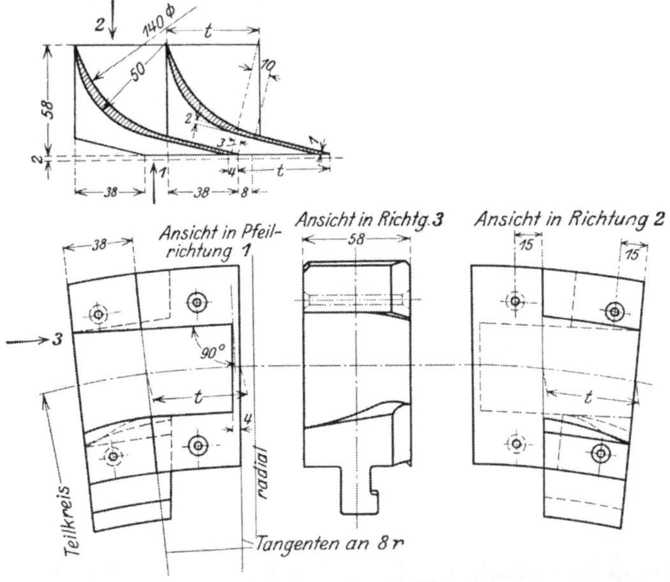

Abb. 164. Gefräste Leitschaufeln (WUMAG).

die Einsätze, in denen mehrere Leitapparate gehalten werden, in dem Gehäuse mit reichlichem Spiel durch Federkeile gehalten werden, wie Abb. 168 ver-

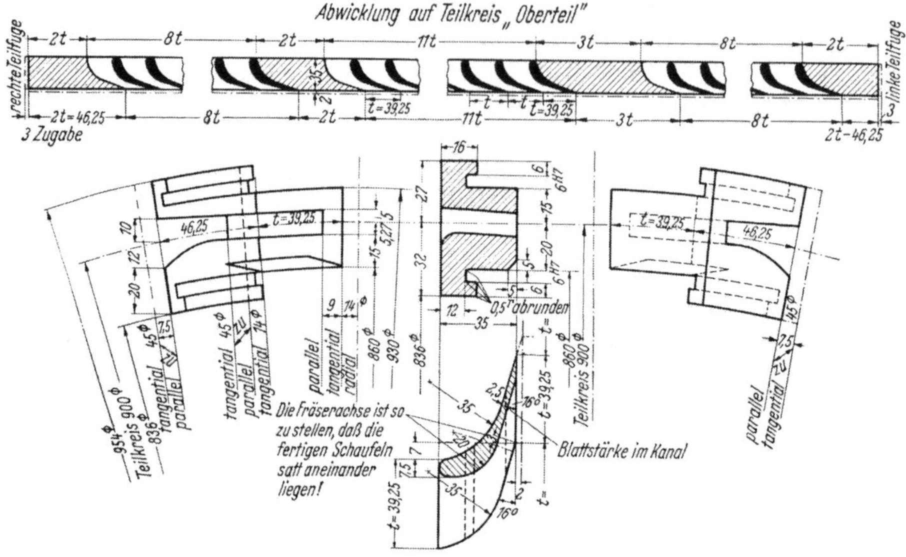

Abb. 165. Gefräste Leitschaufeln.

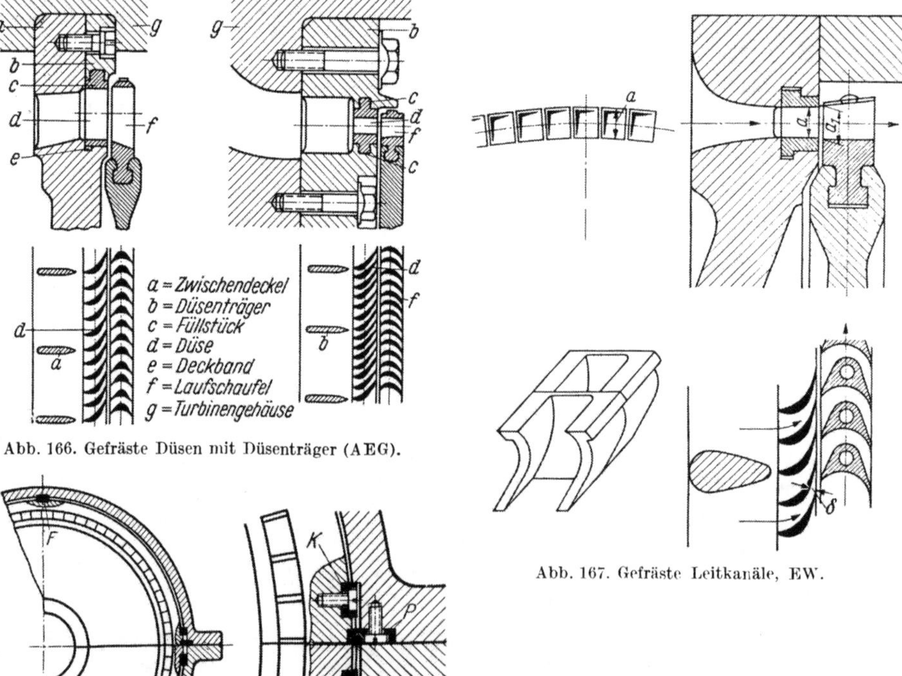

Abb. 166. Gefräste Düsen mit Düsenträger (AEG).

Abb. 167. Gefräste Leitkanäle, EW.

Abb. 168. Leitapparatbefestigung.

anschaulicht. Die Federkeile *K* halten die Leitradhälften, den Oberteil noch durch die Platte *P*, während die seitliche Verschiebung durch die Keile *F* oben und unten verhindert wird.

Das Abdichten erfolgt meist durch Asbestschnur, die in eingedrehte Rillen um die Leitapparate herumgelegt und zusammengedrückt wird.

Bei der Brünner Turbine werden mehrere Leitapparate in einem zweiteiligen Einsatz befestigt (Abb. 169), dessen äußerer Bund in eine Eindrehung im Gehäuse eingesetzt und durch Paßbleche axial gehalten wird. Dichtung durch

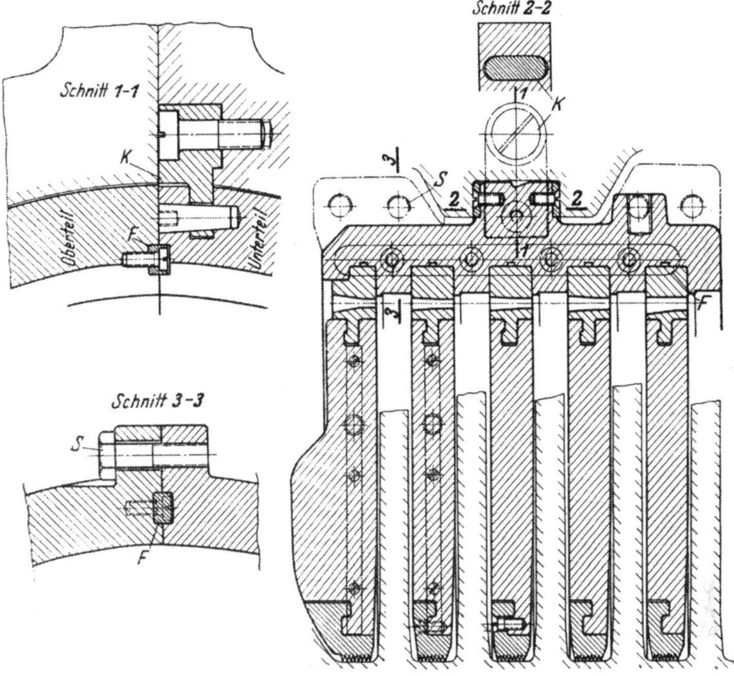

Abb. 169. Leitapparatbefestigung der ČSR.

Asbestschnüre. Der Einsatzunterteil ist durch besonders ausgebildete Federkeile K im Gehäuse gehalten, der Oberteil ist mit dem Unterteil durch Schrauben S zusammengehalten und durch Federkeile F, die auch die Leitschaufeln des Oberteiles halten, in ihrer gegenseitigen Lage gesichert. Da der Einsatz nur an einem schmalen Bund im Gehäuse gehalten wird und gleichmäßig von Dampf umspült wird, kann er sich frei ausdehnen.

C. Zwischendichtungen.

1. Leitapparatdichtungen (Nabenbüchsen).

Sie sollen die Undichtheits-(Spalt-)Verluste möglichst klein halten, sie wirken meist durch Labyrinthe (S. 69); der Spalt muß klein, die Zahl der Labyrinthe möglichst groß sein, andererseits muß die Dichtung etwas nachgeben können, damit bei Auftreten unvorherzusehender Erschütterungen die Büchsen nicht ausgeschlagen werden und dadurch große Spalte entstehen. Bei den vielstufigen Turbinen ist der Zwischenraum zwischen den Laufrädern mit Rücksicht auf die Baulänge klein, aber auch die Druckunterschiede; man kann nur wenig Dichtung geben und muß eine gewisse Spaltdampfmenge in den Kauf nehmen. Die durchströmende Menge kann nach den Angaben S. 69 errechnet werden.

Meist werden besondere Dichtringe aus Patronenmessing, weil elastisch, verwendet; Nickelbronze soll aber besser sein, da sie sich glatt abnutzt, während Messing schmiert. Die Ringe werden entweder direkt in die Leitradscheiben eingestemmt (Abb. 170) oder aber in besondere Büchsen, Abb. 171, 172 und 173; auch in die Gußeisenbüchse direkt eingedrehte Kämme, Abb. 174, werden angewendet. Die Radnaben können glatt bleiben oder mit Kämmen versehen sein (Abb. 173); Abb. 172 hat besondere Kammringe, deren Kämme an der Büchse dichten und so die Zahl der Labyrinthe vergrößern.

Um den Spalt auch bei Erschütterungen unverändert zu erhalten, werden die Dichtungen auch

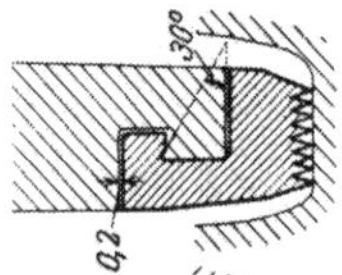

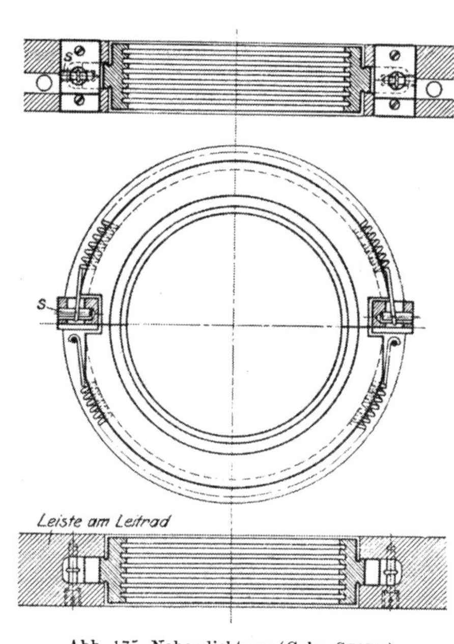

Abb. 175. Nabendichtung (Gebr. Stork).

Abb. 174. 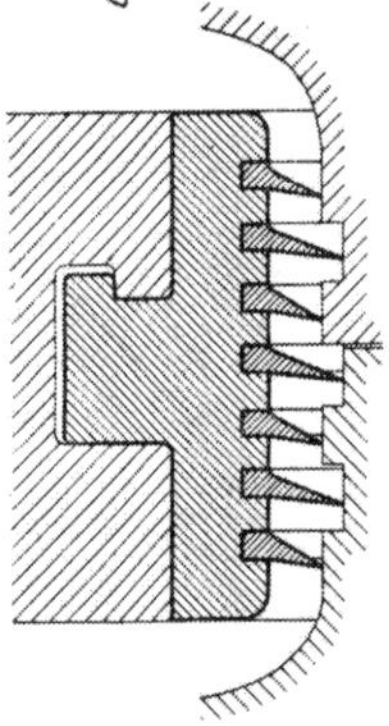 Abb. 173. 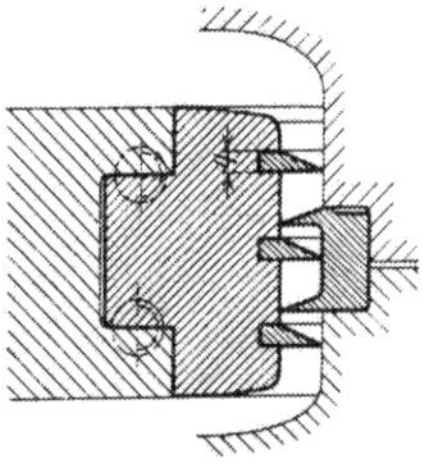 Abb. 172. 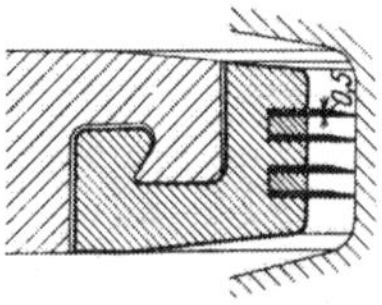 Abb. 171. 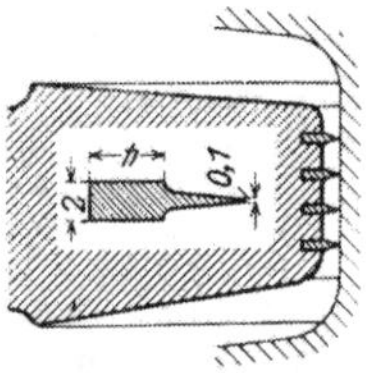 Abb. 170.

Abb. 170—174. Nabendichtungen.

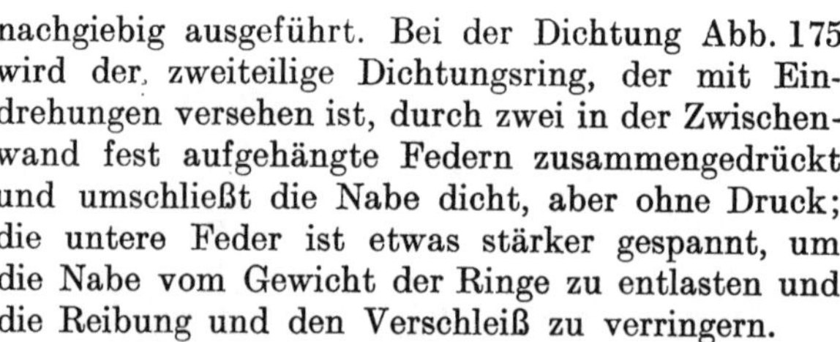

nachgiebig ausgeführt. Bei der Dichtung Abb. 175 wird der zweiteilige Dichtungsring, der mit Eindrehungen versehen ist, durch zwei in der Zwischenwand fest aufgehängte Federn zusammengedrückt und umschließt die Nabe dicht, aber ohne Druck; die untere Feder ist etwas stärker gespannt, um die Nabe vom Gewicht der Ringe zu entlasten und die Reibung und den Verschleiß zu verringern.

Bei größerem Zwischenraum zwischen den Laufrädern und nicht zu hohen Temperaturen wendet Escher Wyss Kohleringe wie bei den Stopfbüchsen (s. diese) an, Abb. 176, welche sehr kleine Spiele erhalten können, da die Kämme auf den Radnaben (oder auf besonderen Ringen, die über die Naben geschoben werden) in die Kohleringe eindringen können, wobei der Durchgangsquerschnitt nur wenig vergrößert wird (vgl. Stopfbüchse, Abb. 283, S. 246).

2. Schaufeldichtungen (Überdruckturbinen).

Überdruckturbinen haben keine Leitradscheiben, die Abdichtung von Stufe zu Stufe muß deshalb durch die Leitschaufeln an der Trommel, aber wegen des Spaltüberdruckes auch an den Schaufelenden gegen das Gehäuse erfolgen. Aus Sicherheitsgründen kann der radiale Spalt nicht zu klein gewählt werden, selbst dann, wenn die Schaufeln mit Deckbändern und zugeschärften Kämmen am Umfang versehen werden (wie im Schauflungsschnitt Abb. 148, S 171 angedeutet). Beim Anstreifen schleifen sich die Kämme ab und der vorgesehene geringe Spalt wird illusorisch. Besonders groß ist die Gefahr des Anstreifens und damit von Schaufelbrüchen beim Anfahren aus dem kalten Zustande (weshalb längere Anwärmzeiten vorgeschrieben werden), aber auch bei durch plötzlichen starken Lastwechsel auftretenden Temperaturänderungen. Die Größe des Spaltes ist maßgebend für die Lässigkeitsverluste, besonders bei kleinen Schaufellängen. Nimmt man den Spalt zu 1 bis 1,5$^0/_{00}$ an, so beträgt der Spalt bei einem Stufendurchmesser von z. B. 500 mm und 100/00 0,5 mm, 0,75 mm bei 1,50$^0/_{00}$ und der Spaltverlust 2 bzw. 3%; bei 1 mm Spalt, wie es sich praktisch ergeben wird, 4%, bei größerem Stufendurchmesser bei gleicher Schaufellänge entsprechend mehr.

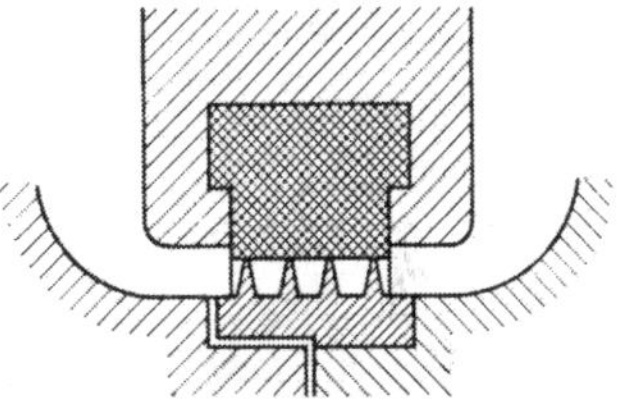

Abb. 176. Kohledichtung von EW.

Vor dem Anfahren läßt man etwas Dampf zum Anwärmen in die Turbine, wobei der Rotor in langsame Drehung (Törnen) versetzt wird (durch den einströmenden Dampf oder durch einen Elektromotor mittels Schnecke und Schneckenzähnen am Umfang der Kupplung). Nun erwärmt sich aber der vom Dampf umspülte Rotor und besonders die Schaufeln wesentlich schneller als

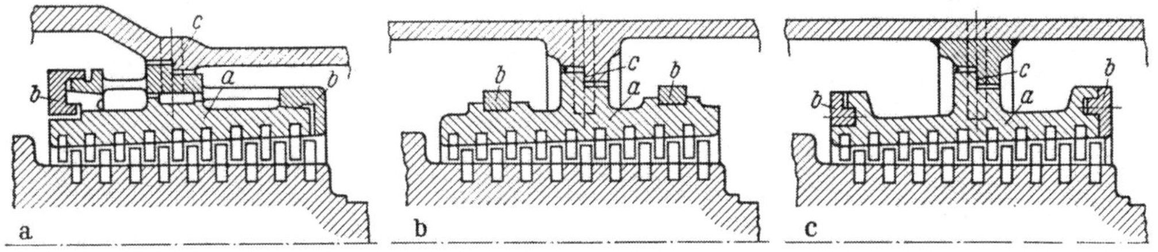

Abb. 177 a, b, c. Einbau von Leitschaufelträgern in axiale Überdruckturbinen nach RÖDER.

die große Masse des nur von innen sich erwärmenden Gehäuses, wodurch sich die radialen Spalte verringern und erst nach vollständiger Durchwärmung des Gehäuses wieder die normale Größe annehmen, die aber bei anfangs sehr kleinem Spalt durch Anstreifen zugenommen hat und für die Verluste maßgebend wird.

Eine beachtliche Verbesserung bedeuten die von Professor RÖDER konstruierten „atmenden Einbauten". Bei dieser Bauart werden die Leitschaufeln in einen zweiteiligen zylindrischen Einsatz angeordnet, dessen Hälften durch aufgeschobene Ringe zusammengehalten werden und dadurch ihre zylindrische Form bewahren. Diese Leitschaufelträger werden mit ihrem Bund in das Gehäuse gesetzt und durch radiale Schrauben in ihrer Lage gehalten. Der eintretende Dampf umspült die Einsätze sofort allseitig, so daß sie sich schneller erwärmen als der Rotor, wodurch die Spalte vergrößert werden und jede Gefahr des Anstreifens ausgeschlossen wird. Somit können die Spalte klein gehalten werden und behalten ihre ursprüngliche Größe, wodurch die Undichtheitsverluste verringert werden und der Wirkungsgrad bei kleinen Turbinen und im Hochdruckteil großer Turbinen verbessert wird, wie Versuche bewiesen haben. Abb. 177a bis c zeigen die Ausführung solcher Einbauten und Abb. 496, S. 416, den Schnitt durch eine Gegendruckturbine, Bauart RÖDER.

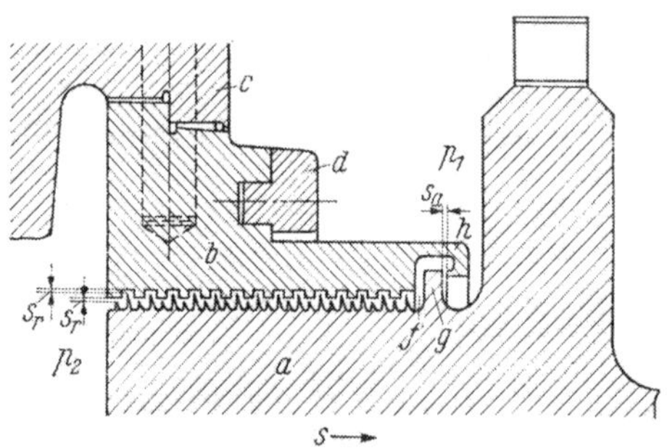

Abb. 178. Ausgleichkolbendichtung nach RÖDER.

In gleicher Weise sind auch die äußeren Büchsen bei den Ausgleichkolben ausgeführt, so daß auch die Dampfverluste an dieser Stelle verringert werden, Abb. 178.

3. Zwischendichtungen bei Radialturbinen.

Bei den nur als Überdruckturbinen (gegebenenfalls unter Vorschaltung einer Gleichdruckregelstufe) ausgeführten Radialturbinen erfolgt die Abdichtung zwischen den Leit- und Laufschaufelträgern durch Nickel-Dichtungsbleche, die in die Schaufelringe eingestemmt sind, s. Laufschaufeln Abb. 210, S. 200.

D. Baustoff und Festigkeit der Leitradscheiben.

Bei Ausführung der Leitvorrichtungen mit gefrästen Leitschaufeln werden die Leitradscheiben meist aus Stahlformguß, bei eingegossenen Schaufeln, also im Mittel- und Niederdruckteil hingegen aus Gußeisen hergestellt.

Stahlformguß hat den Vorteil, nicht zu wachsen, doch treten starke Gußspannungen auf, weshalb mehrfaches Ausglühen erforderlich ist (s. unter Gehäuse).

Gewöhnliches Gußeisen zeigt unter Einwirkung des Dampfes, besonders bei hohen Temperaturen, Neigung zum Wachsen, d. h. zur bleibenden Ausdehnung (Treiben). Deshalb muß besonders für den Zweck geeignetes Gußeisen verwendet werden; man bevorzugt Spezialeisen mit niedrigem Kohlenstoff- und Siliziumgehalt, da hoher Si-Gehalt Zementit in Ferrit und Graphit spaltet; in die Adern des letzteren dringt der Dampf und verursacht das Wachsen; es soll aber Gußeisen mit Si und nur 0,2% C nicht wachsen. Mangan gibt dichten Guß; wertvoll ist Nickel- und Chromzusatz, Näheres s. Gehäuse (S. 270).

Mehrmaliges Ausglühen bei 400°, aber nur über wenige Stunden, löst das Wachsen vor der Bearbeitung aus, sofern es infolge Zementitzerfall auftritt. Weiteres Wachsen tritt durch Oxydation des aufgelockerten Gefüges auf. Das Ausglühen ist auch bei Gußeisen zweckmäßig, um Gußspannungen zu vermeiden.

Bei Hochdruckturbinen findet man ungeteilte Scheiben, es müssen dann die Laufräder zugleich mit den Leiträdern zusammengebaut werden, d. h. Leit- und Laufräder werden bei senkrecht gehaltener Welle nacheinander aufgebracht und das Ganze in das Gehäuse geschoben.

Bei großen Abmessungen und geringeren Drücken wird man wegen des bequemeren Zusammenbaues die Leitradscheiben waagerecht geteilt ausführen.

Die *Berechnung* der ungeteilten Scheiben kann wie für frei aufliegende Platten erfolgen; ist δ die gleichmäßige Stärke der Scheibe, d_a der äußere Durchmesser und p kg/cm² der Überdruck, so ist nach der Theorie für eine ebene kreisrunde

Platte (vgl. FÖPPL: Technische Mechanik Bd. 3) die Spannung

$$\sigma_{\max} = \frac{3}{8}(3+\nu)\frac{(d_a/2)^2}{\delta^2}\,p\ \mathrm{kg/cm^2} \qquad (1)$$

und die Durchbiegung in der Mitte

$$y_{\max} = \frac{3}{16}(1-\nu)(5+\nu)\frac{(d_a\,2)^4}{\delta^3 E}\,p\ \mathrm{cm} \qquad (2)$$

oder mit $\nu = 0{,}3$

$$\sigma_{\max} = 1{,}24\frac{d_a^2}{4\,\delta^2}\,p\,, \qquad (1\mathrm{a})$$

$$y_{\max} = 0{,}7\frac{(d_a\,2)^4}{\delta^3}\,\frac{p}{E}\ \mathrm{m}\,. \qquad (2\mathrm{a})$$

Bei Scheiben mit einem Loch in der Mitte, wie sie für Leiträder stets in Frage kommen, soll bei kleiner Bohrung die Spannung bis auf das Doppelte steigen können.

Für ungeteilte kegelige Scheiben ist nach RATEAU die Durchbiegung in der Mitte

$$y = \frac{d_a - d_i}{2}\,\frac{d_a + 2\,d_i}{E\,(\delta^2 + f^2)\ln(d_a/d_i)}\,p\ \mathrm{cm}\,, \qquad (2\mathrm{b})$$

wenn d_i der innere (Loch-) Durchmesser und f die Pfeilhöhe der Wölbung oder des Kegels und der Mitte.

Für geteilte Scheiben ist bisher keine Gleichung gefunden worden, selbst neuere Versuche (vgl. HUGGENBERGER [III] u. [V]) geben keinen vollen Aufschluß, da alle Einflüsse, so auch derjenige der eingegossenen Schaufeln, schwer erfaßt werden können; scheinbare Genauigkeit hat keinen praktischen Wert. Es spielt bei der Größe der Durchbiegung auch die zur Abdichtung in der Teilfuge angebrachte Feder und Nut eine Rolle.

Nach den Versuchen von STODOLA [Ia] kann aber angenommen werden, daß für geteilte Scheiben im Vergleich zur vollen Scheibe Spannung und Durchbiegung betragen:

$$\sigma_{\mathrm{halb}} = 1{,}6\,\sigma_{\mathrm{voll}} \quad \text{bzw.} \quad y_{\mathrm{halb}} = 2{,}4\,y_{\mathrm{voll}}\,. \qquad (2\mathrm{c})$$

Im übrigen ist man auf Erfahrungen angewiesen und wird gut tun, das Spiel in axialer Richtung zwischen Laufrad und Leitrad genügend groß zu machen (s. auch W. SIEGFRIED [V]).

II. Laufschaufeln.

Die Laufschaufeln sind eines der wichtigsten Teile der Dampfturbine, von ihrer Haltbarkeit und strömungstechnisch richtiger Ausführung hängt die Betriebssicherheit und die Wirtschaftlichkeit in hohem Maße ab.

Für die Ausführungsform sind zunächst die Winkel β_1, β_2 maßgebend, die durch den Geschwindigkeitsplan festgelegt sind. Bei den Gleichdruckturbinen sind die Winkel entweder gleich, $\beta_1 = \beta_2$, oder β_2 etwas kleiner als β_1; bei den Überdruckturbinen ist stets β_2 viel kleiner als β_1, wobei bei halbem Reaktionsgrad (s. S. 44) Leit- und Laufschaufeln gleiche Profile erhalten.

1. Gleichdruckschaufeln.

Sie können entweder als Blechschaufeln (ZOELLY-Schaufeln) mit gleichbleibender Stärke im Querschnitt bis auf die Eintritts- und Austrittskante oder als *Profil-* (Stock-) Schaufeln ausgeführt werden (vgl. Abb. 74 u. 75, S. 57).

Erstere sind leichter und lassen eine kleine Änderung des Eintrittswinkels β_1 zu, Abb. 179, man kommt deshalb mit weniger Profilen aus, d. h. mit weniger Werkzeugen, sie bedürfen aber bei gleicher Festigkeit gegen Biegung eine etwas größere Breite als Profilschaufeln. Bei Geschwindigkeitsstufung kommen nur Profilschaufeln zur Anwendung, da sie bei der Umlenkung bessere Strahlführung ermöglichen.

Die *Schaufelbreite* b ist recht verschieden, man findet Schaufeln von 10 mm bei kleinen Längen und solche von 35 mm, bei besonders langen Schaufeln noch mehr; je größer die Breite, um so größer kann der Krümmungsradius ausgeführt werden, was günstig hinsichtlich der Strömungsverluste ist (s. S. 59), es wird dabei aber der Reibungsweg größer. Man wählt die Breite in einer gewissen Abhängigkeit von der Länge, sie soll nicht unter $^1/_{12}$ der Länge betragen, mit Rücksicht auf Schaufelschwingungen. Meist führen die Werke nur einige Breiten aus, z. B. 10, 20, 25 und 30 mm und mehr. Im allgemeinen werden in neuerer Zeit größere Breiten bevorzugt, sofern man nicht bei viel Stufen im Hochdruckteil an Baulänge sparen will.

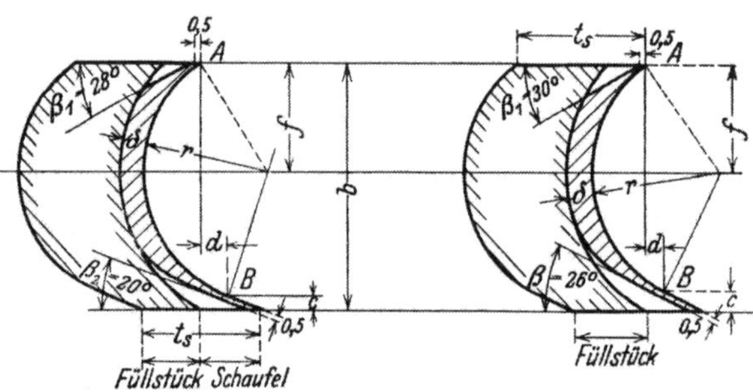

Abb. 179. ZOELLY-Schaufeln.

Die Schaufel*teilung* t_s kann nach BRILING [Gl. (56), S. 59] zu

$$t_s = \frac{r}{2 \sin \beta} \text{ mm}$$

angenommen werden, wenn r der Krümmungsradius und $\beta = \frac{\beta_1 + \beta_2}{2}$ ist; man findet aber auch davon abweichende Werte, etwa $t_s = r$ bis $1{,}3\,r$. Es ist aber darauf zu achten, daß am Schaufelende die Teilung nicht zu groß wird (vgl. Abb. 79, S. 59, und die Ausführungen dazu).

Der Entwurf der *Schaufelform* muß nun nach der angenommenen Breite und den durch den Geschwindigkeitsplan festgelegten Winkeln erfolgen. Um dem Dampfstrahl mit Sicherheit am Austritt die dem Winkel β_2 entsprechende Richtung zu geben, führt man die Schaufel an der Austrittsseite auf etwa $c = 0{,}1\,b$ der Breite (bei kleinen Winkeln von 18 bis 20° etwas weniger) geradlinig aus (Abb. 179 und 180) mit 0,5 mm Stärke. Neuerdings wird c kleiner gewählt (fast $= 0$), um größere Krümmungsradien zu erhalten. Der Mittelpunkt der anschließenden Krümmung liegt alsdann auf der Lotrechten im Punkt B (Abb. 179).

Bei ZOELLY-Schaufeln (Abb. 179), bei denen stets $\beta_2 < \beta_1$ ist, ist der Mittelpunkt der Krümmung so zu wählen, daß der Anfangspunkt A um ein kleines Maß d (etwa 1 bis 3 mm) in der Laufrichtung vor B liegt, wobei die Tangente in A keinesfalls einen kleineren Winkel als β_1 bilden darf (er kann gleich oder wenig größer sein) um nicht eine zu lange dünne Kante zu erhalten; damit ist dann der Krümmungsradius konstruktiv festgelegt. Die Schaufelstärke δ kann etwa $0{,}1\,b$ betragen; beim Übergang in die Stegstärke am Austritt ist gute Abrundung zu geben. Bei langen Schaufeln läßt man die Stärke vom äußeren Ende nach dem Fuß hin zunehmen, um größere Festigkeit zu erhalten, wodurch sich die Stärke am Fuß ergibt, das Profil der Füllstücke ist durch das Schaufelprofil am Fuß festgelegt entsprechend der Teilung. Bei großen Fliehkräften wird die Schaufel mit dem Füllstück aus einem Stück hergestellt (Abb. 183).

Bei *Profilschaufeln* mit gleichen Winkeln $\beta_1 = \beta_2$ (Abb. 180) ist $d = 0$, woraus $r = (b - c) : 2 \cos\beta$; soll die Schaufel wiederholt beaufschlagt werden (s. Abb. 154, S. 176), so erhält sie symmetrisches Profil, wobei c beim Eintritt und Austritt gleich, aber wesentlich kleiner als 0,1 b wird. Das Rückenprofil, d. h. r' und die Stärke in der Mitte, ergibt sich nach Einzeichnen der hohlen Seite der Nachbarschaufel (zugleich Rücken des Füllstückes) dadurch, daß die Strahlstärke e unverändert bleiben soll.

Bei ungleichen Winkeln ist die innere (hohle) Schaufelform (Abb. 180) in gleicher Weise zu entwerfen wie bei den Blechschaufeln; die Form des Schaufelrückens soll so gewählt werden, daß die Strahlstärke e_1 allmählich auf e_2 abnimmt.

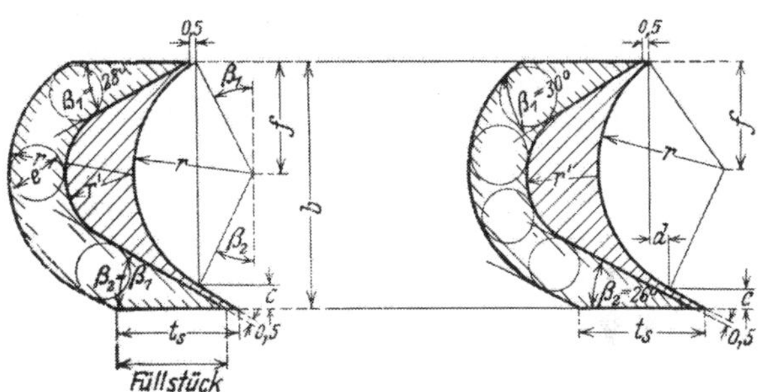

Abb. 180. Profilschaufeln.

Lange Schaufeln werden nach dem äußeren Ende hin verjüngt ausgeführt, mit dem Füllstück als Ganzes. Die Eintrittskanten werden neuerdings etwas abgerundet, besonders an den Niederdruckschaufeln, die im Gebiet des feuchten Dampfes liegen.

2. Überdruck-Leit- und Laufschaufeln.

Sie haben wegen der sehr verschiedenen Ein- und Austrittswinkel die spezifische gestreckte Form (Abb. 181); bezüglich der Breite und der Teilung gilt allgemein dasselbe wie bei den Gleichdruckschaufeln. Da in den Schaufeln Energieumsetzung stattfindet, muß am Ende des Profils gute Strahlführung vorhanden sein; bisweilen wird die Schaufel an der Austrittsseite verjüngt ausgeführt (nach PARSONS), die Winkel sind dann das Mittel aus den Winkeln der Begrenzungsflächen. Der Vorteil soll darin liegen, daß die Stegdicke am Austritt kleiner wird, doch kann diese auch bei parallellinigem Austritt klein gehalten werden (0,5 mm). Wie bei den Leitvorrichtungen der Gleichdruckturbinen ist es vorteilhaft, die Energieumsetzung erst im letzten Teil des Schaufelkanals vor sich gehen zu lassen, also den Querschnitt vor dem Kanalende groß und den Übergang in die Verengung möglichst kurz auszuführen. Bei kleinen Austrittswinkeln wird die Schaufelkrümmung aus zwei Kreisbogen bestehen müssen, um nicht zu lange Ausdehnung der geringen Schaufelstärke zu erhalten (Abb. 181), bei großen Winkeln (Abb. 181) kommt man mit einem Kreisbogen aus. Das gerade Stück a soll 2 mm betragen, man geht aber auch bis auf $a = 0$ herunter. Die Rückenkrümmung r' ergibt sich aus der Teilung und der erforderlichen parallelen Strahlführung (s. a. FLÜGEL [V, a]).

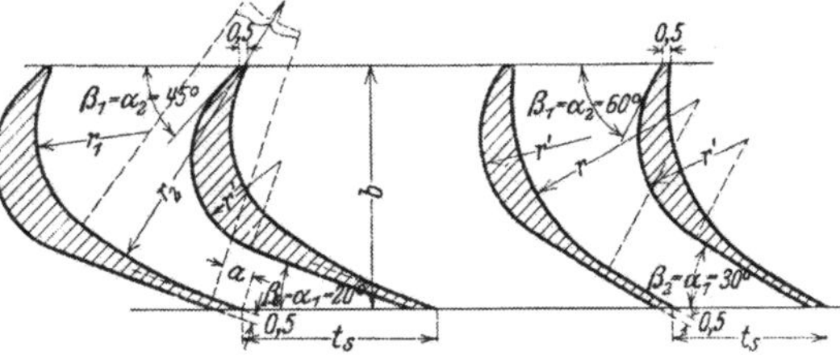

Abb. 181. Überdruckschaufeln.

3. Herstellung und Ausführungsformen der Schaufeln.

*Blech*schaufeln werden bei kleinen Längen aus gewalzten Bändern hergestellt. Vom Band wird die nötige Länge geschnitten, die Zäpfchen gefräst (unten zum Halten während der Bearbeitung, oben zum Annieten des Deckbandes), dann die Schaufel warm auf die Profilform gebogen, die Nuten des Fußes und die Winkel gefräst und die Abrundung (s. Abb. 179) gefeilt; endlich wird das untere Zäpfchen weggestanzt und die Schaufel geschliffen. Die Zwischenstücke werden von der rechteckigen Stange geschnitten, nach dem Fräsen der Nuten für den Fuß durch Hohlfräser und der Rücken durch Formfräser bearbeitet, wobei gleichzeitig die Neigung entsprechend der radialen Verjüngung hergestellt wird.

Bei nach außen abnehmender Schaufelstärke (Abb. 182) werden die Schaufelstücke, die schon mit Neigung im Gesenk geschmiedet oder gepreßt sein können, zunächst auf die richtige Stärke beiderseitig gefräst, dann warm gebogen und in gleicher Weise bearbeitet, wie oben angegeben.

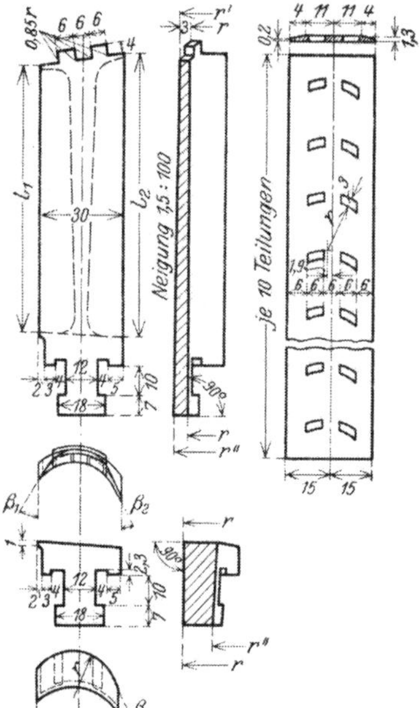

Abb. 182. Laufschaufeln der WUMAG.

Wird bei großen Fliehkräften die Schaufel mit dem Füllstück als Ganzes hergestellt, so wird entweder das im Gesenk in entsprechender Form vorgeschmiedete flache Stück nach dem Fräsen der Verjüngung warm gebogen und wie oben behandelt, Abb. 183 (Görl. Masch.-Bau), oder die Schaufel wird aus dem Vollen mit dem Füllstück zusammen gefräst, Abb. 184 (EW). Den Herstellungsgang dieser Schaufel zeigt Abb. 185.

1. Abschneiden auf richtige Länge und Fräsen des prismatischen Stückes. 2. Fräsen der hohlen Schaufelfläche. 3. Anfräsen der schrägen Schaufelschulter. 4. Fräsen des Schaufelrückens mit abnehmender Schaufelstärke. 5. Fräsen der Eintrittskante. 6. Desgl. der Austrittskante. 7. Anfräsen des Nietzapfens. 8. Kegeligfräsen des Fußes. 9. Fräsen der Nuten im Fuß. 10. Fräsen der Ausrundung der Schaufelschulter am Rücken. 11. Polieren mit Schmirgelscheiben.

Der Schaufelfuß ist rechteckig, was für die Befestigung und das Schaufelschloß (Abb. 194) günstig ist.

Profil- (Stock-) Schaufeln werden bei kleinen Längen von gezogenen Profilstangen geschnitten, die Nuten der Füße und die Nietzapfen gefräst; auch die Füllstücke werden von Profilstangen geschnitten, die Füße, die Kanalbegrenzung und die Neigung gefräst.

Häufig wird aber die Schaufel vollständig aus einem Vorprofil gefräst. Abb. 186 zeigt eine Schaufel von DE LAVAL, bei der auch gleich das Deckband angefräst ist. BBC fräsen alle Gleichdruckschaufeln aus dem Vollen (Abb. 193), ebenso die AEG (Abb. 187) und die BEW (Abb. 205), die bei kleinen Längen auch das Deckband anfräsen, wie dieses auch bei den Schaufeln der Curtisräder der tschechoslowakischen Turbinen ausgeführt wird (Abb. 188).

Bei längeren Schaufeln werden dieselben nach außen verjüngt. Abb. 189 zeigt eine Ausführung der AEG mit beiderseitig verstärktem Fuß zwecks Verringerung des Auflagedruckes.

Zur Vermeidung exzentrischen Zuges ist die Schaufel so ausgeführt, daß die Verbindungslinie der Schwerpunkte der Schaufel- und Fußquerschnitte eine senkrecht zur Welle stehende Gerade ist und die Verbindungslinie der Schwerpunkte der Auflageflächen am Fuß schneidet, um kein Kippmoment zu ergeben.

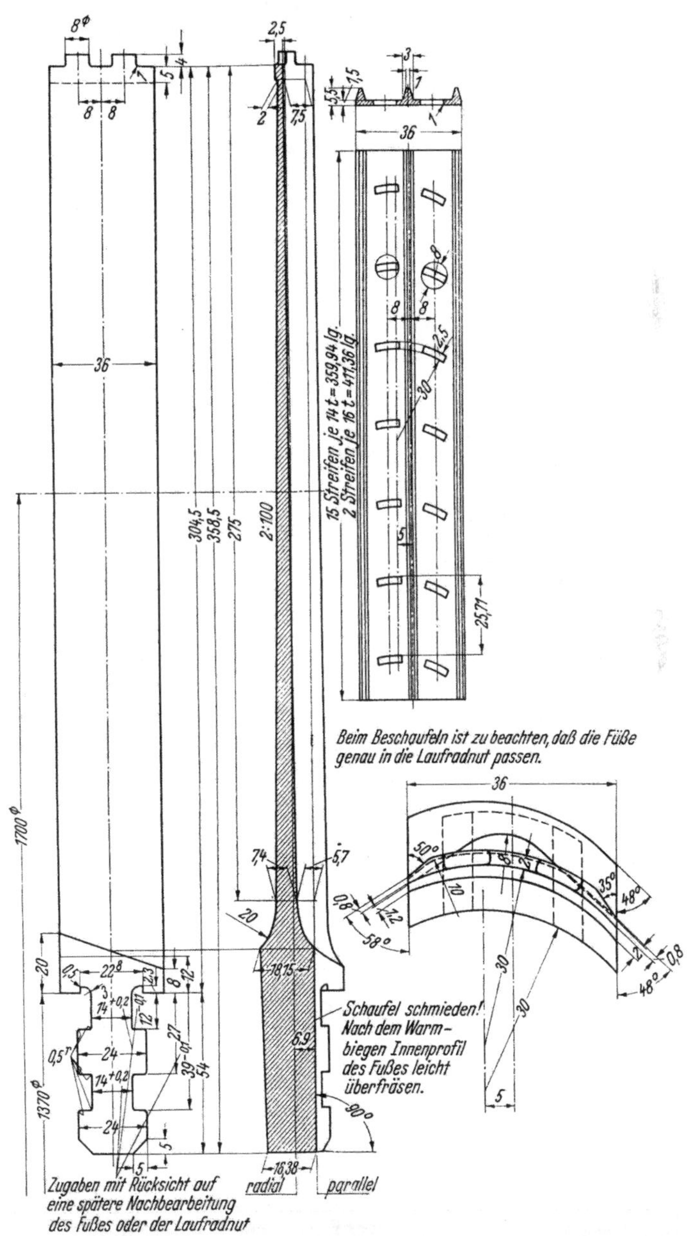

Abb. 183. Laufschaufeln (Görl, Masch.-Bau).

4. Schaufelbefestigung und Schaufelschloß.

Die Befestigung der Schaufeln im Rad oder in der Trommel, d. h. der Schaufelfuß, muß mit Rücksicht auf sicheren Halt und bequemes Einbringen der Schaufeln ausgebildet werden; ferner muß ein einfaches Schaufelschloß, das ist die Sicherung der letzten einzubringenden Schaufel, möglich sein. Je nach der Größe der Fliehkraft kann die Befestigung verschieden ausgeführt werden. Bei kleinen Umfangsgeschwindigkeiten genügt manchmal ein Verstemmen der Schaufeln, bei großen Geschwindigkeiten und langen Schaufeln macht die Befestigung Schwierigkeiten und verlangt besondere Maßnahmen.

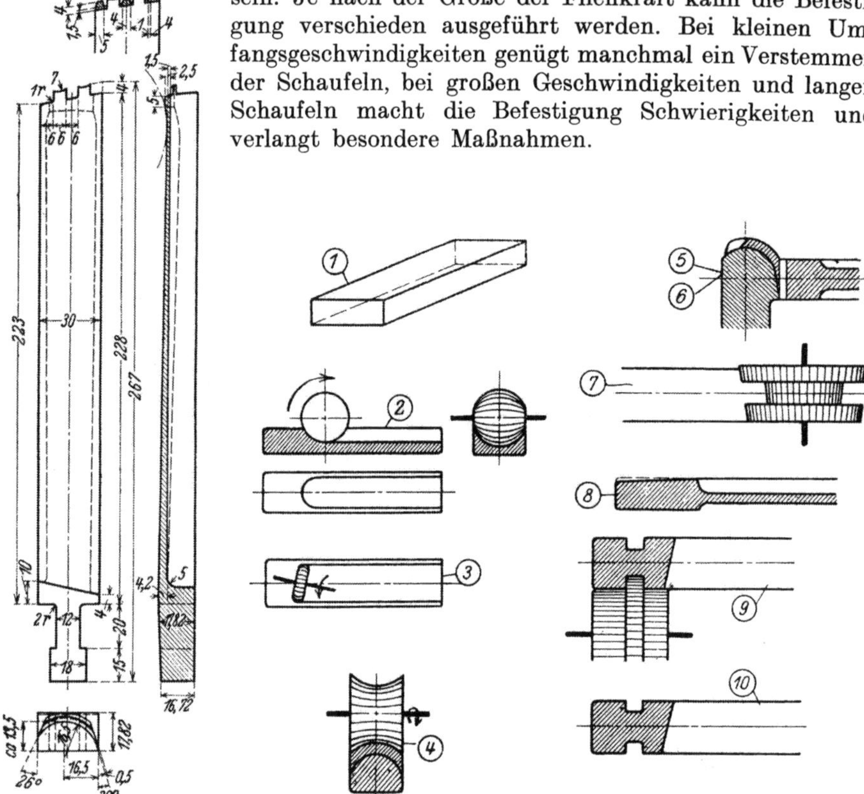

Abb. 184. Laufschaufel von EW.

Abb. 185. Bearbeitung der Schaufeln (EW).

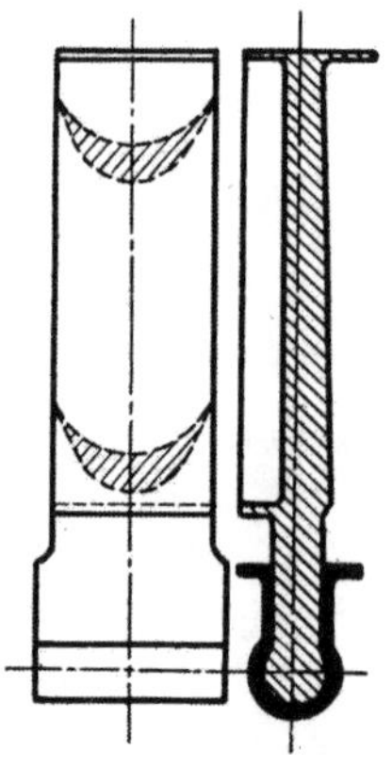

Abb. 186. Laval-Schaufel.

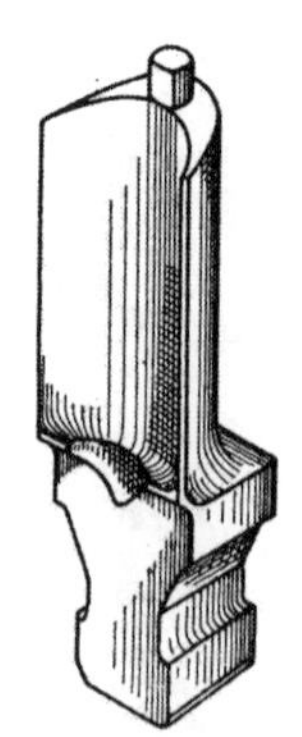

Abb. 187. Schaufel der AEG.

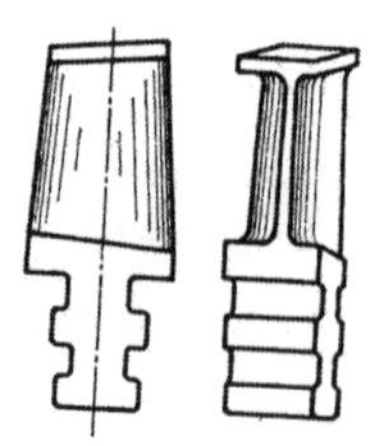

Abb. 188. Gefräste Laufschaufeln für Curtisräder der ČSR.

Die Form des Schaufelfußes kann recht verschieden sein. Abb. 190 zeigt die bisher am häufigsten ausgeführten Fußformen.

Die Fußform nach Abb. 190a und b ist für mäßig beanspruchte Überdruckschaufeln angewendet worden. Die Schwalbenschwanzform, Abb. 190c, kommt ebenfalls nur für geringe Umfangsgeschwindigkeit und für Leit- und Umleitschaufeln in Betracht. Besser ist die Fußform nach Abb. 190d, die auch bei höheren Geschwindigkeiten angewendet werden kann. Die einfache Form nach Abb. 190e für gefräste Schaufeln mit angeschmiedetem Zwischenstück und Befestigung durch konischen Stift ist auch nur für mäßige Umfangsgeschwindigkeiten geeignet, für hohe Geschwindigkeit s. Abb. 202 u. 203.

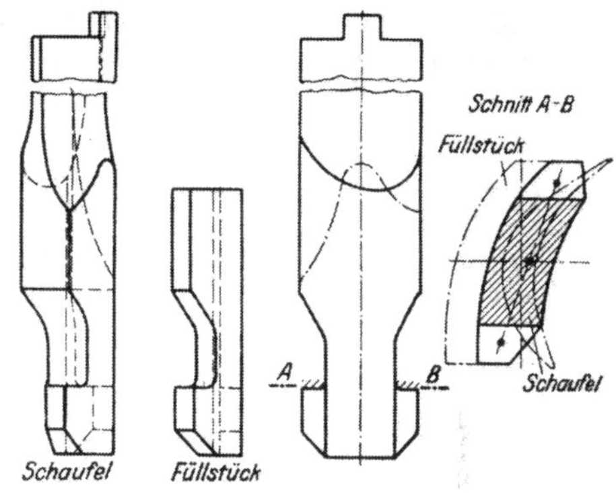

Abb. 189. Schaufel der AEG.

Abb. 186 zeigt den Schaufelfuß der Lavalturbine, bei der nur kleine Geschwindigkeiten vorkommen; die Schaufeln werden mit ihrem verdickten Fuß in entsprechende Schlitze des Radkranzes geschoben und seitlich verstemmt.

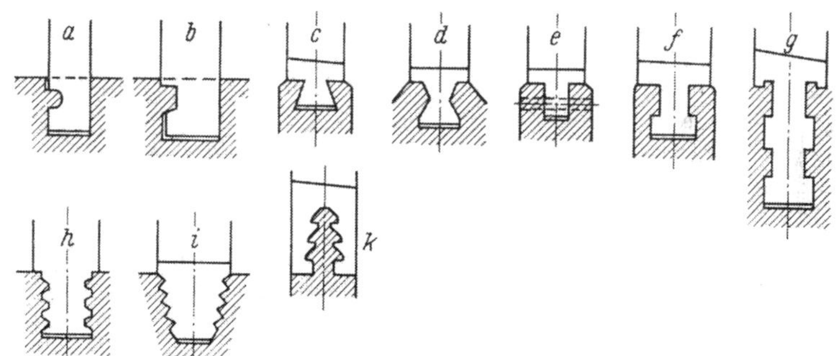

Abb. 190. Schaufelfußformen.

Die Befestigung der Laufschaufeln der Radialturbine von Kühnle, Kopp & Kausch erfolgt nach Abb. 191.

Die Schaufeln und Füllstücke, welche durch einen Bund am Radkranz und entsprechende Einschnitte axial gehalten sind, werden durch einen aufgeschrumpften Deckring befestigt; zur Vermeidung von Biegungsbeanspruchungen durch die Fliehkräfte sind die Schaufelfüße auf der anderen Seite so verlängert, daß der Schwerpunkt in der Mittelebene der Radscheibe liegt.

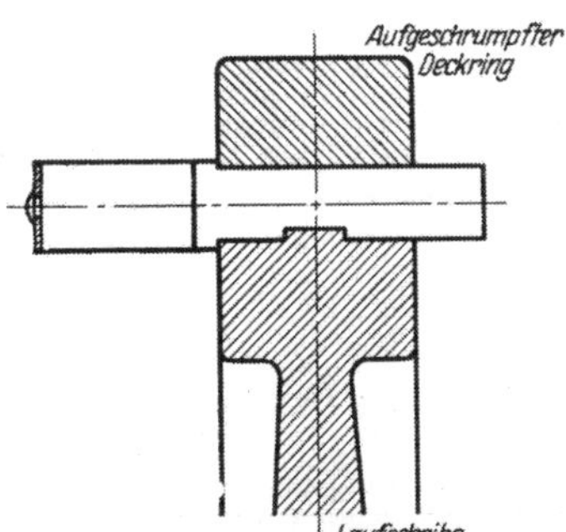

Abb. 191. Schaufelbefestigung der Radialturbine (KKK).

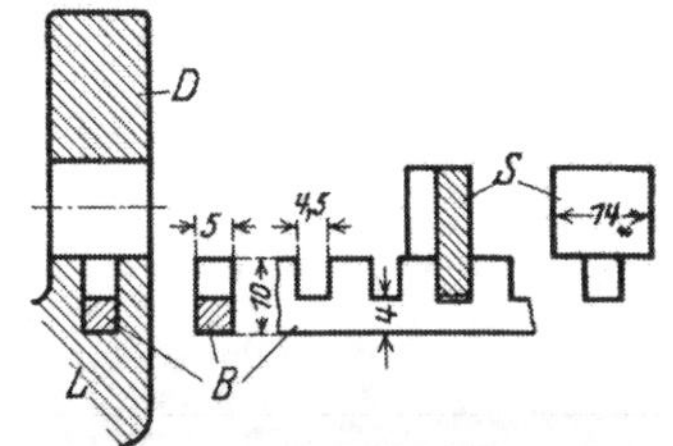

Abb. 192. Schaufelbefestigung der Nema.

Auch bei Axialturbinen ist die Befestigung durch Schrumpfring ausgeführt worden, wie Abb. 192 zeigt.

Die Profilschaufeln S werden mit einem geraden Fuß versehen, in ein mit Einschnitten versehenes Schaufelband B eingepaßt und nach dem Einsetzen in die Eindrehung des Laufrades L gut verstemmt. Nach dem Überdrehen der Schaufelenden wird der Deckring D aufgeschrumpft.

Natürlich sind solche Schrumpfverbindungen nur bei mäßigen Umfangsgeschwindigkeiten möglich, da der Schrumpfring sich selbst und die Schaufeln und Füllstücke als freier Ring tragen muß.

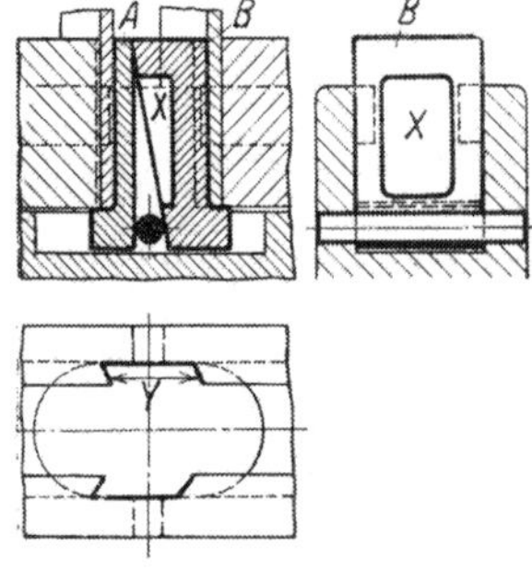

Abb. 193. Schaufelschloß (WUMAG).

Die am meisten angewendete Befestigungsart ist diejenige durch Hammerkopf (s. Abb. 182, 183, 184). Um Kerbwirkung zu vermeiden, sind die Ecken gut abzurunden. Bei großen Fliehkräften führt man doppelten Hammerkopf aus (Abb. 183), um die Flächenpressung an den Auflagestellen in mäßigen Grenzen zu halten. Zum Schutz des Laufradkranzes gegen das seitliche Abbiegen sind die Schaufeln mit Falzen versehen, in welche die angedrehten Ringe des Radkranzes greifen; dadurch sind geringere Kranzbreiten möglich und die Radscheibe wird weniger beansprucht. Um beim Anlaufen des rotierenden Teiles an den feststehenden das Schleifen des Radkranzes mit seinen Folgen zu vermeiden, sind die Schaufelfüße, die Füllstücke und der Radkranz 1 bis 2 mm unterschnitten (Abb. 183), d. h. die Schaufelkanten stehen vor und streifen zuerst an.

Das *Schaufelschloß* der WUMAG zeigt Abb. 193.

An der Einbringstelle der Schaufeln ist der Radkranz auf die Länge Y ausgespart, darunter ist eine Vertiefung eingefräst. Das eine Schlußstück A wird eingeführt und mit dem unteren Vorsprung unter die benachbarte Schaufel geschoben (evtl. bis unter das Füllstück), darauf wird das andere keilförmige Schlußstück B eingebracht und ebenfalls unter die Nachbarschaufel geschoben. Durch einen Stift, der an den Enden verstemmt wird, werden die Schlußstücke in ihrer Lage gehalten. Die Aussparung X dient zur Gewichtsverminderung.

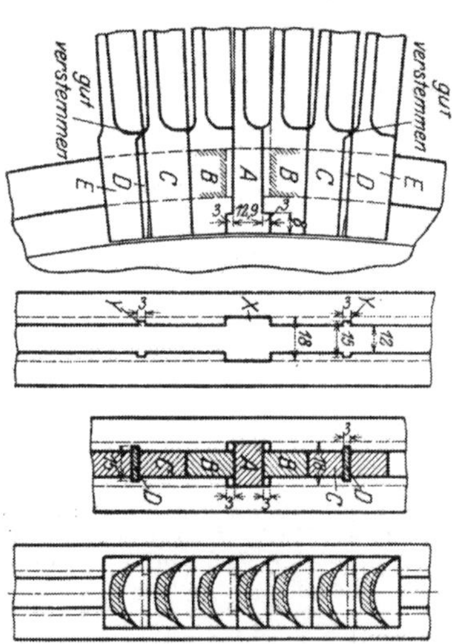

Abb. 194. Schaufelschloß (EW).

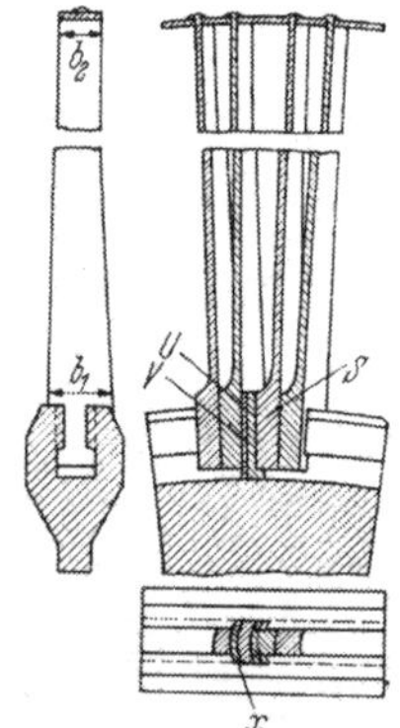

Abb. 195. Schaufelschloß (MAN).

Das Schaufelschloß von EW ist in Abb. 194 dargestellt.

Die Schaufeln werden durch den Ausschnitt X eingebracht, die Schlußschaufel A hat T-förmigen Fuß und kann damit in Ausschnitte an den Füßen der Nachbarschaufeln B greifen, die etwas stärker, während die Füße der Schaufeln C etwas dünner sind als die übrigen. Nach dem Einsetzen der Schaufel A werden durch die Einschnitte Y im Kranz Keile D eingeschlagen und die Kanten der Schaufelfüße C und E darüber verstemmt.

Beim Schaufelschloß der MAN (Abb. 195) wird an der Aussparung x di letzte Schaufel so verschoben, daß sie mit dem Fuß noch unter den nicht ausgesparten Kranzteil greift; dann wird die L-förmige Beilage U mit dem Ansatz unter diese Schaufel geschoben, der Keil V eingeschlagen und U darüber verstemmt. Die letzte Teilung ist dabei etwas größer, was aber belanglos ist und ausgeglichen werden kann.

Die Sägezahnform wenden BBC bei den Gleichdruckschaufeln an (Abb. 190h); die Schaufelfüße und angeschmiedete Füllstücke erhalten dreieckige Nuten. Das Schloß ist nach Abb. 196 ausgebildet.

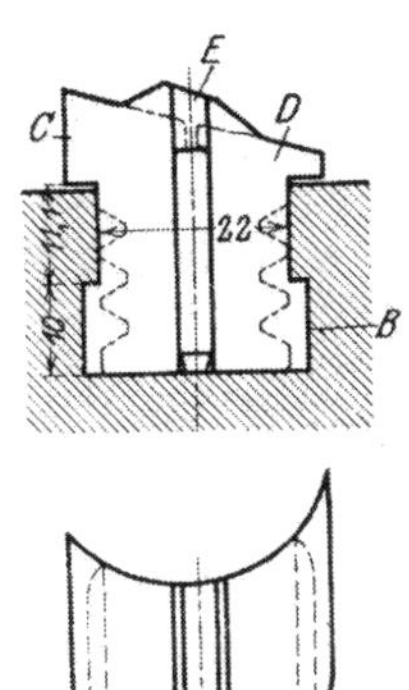

Im Kranz ist die Aussparung von der Breite des Fußes angebracht und unten die Erweiterung B eingefräst; nach Einsetzen der letzten Schaufel werden die Füllstücke C und D

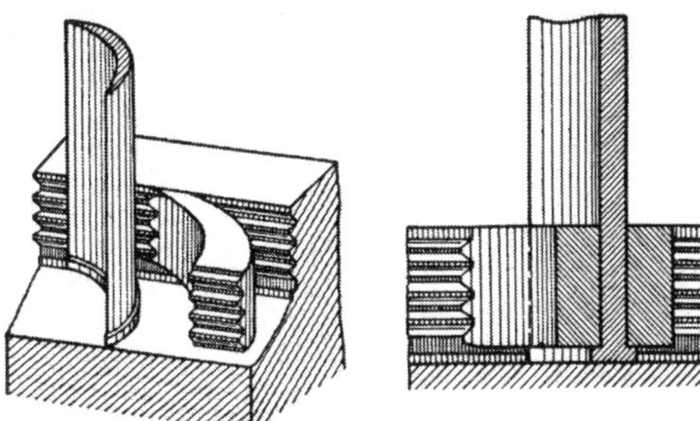

Abb. 196. Schaufelschloß (BBC).

Abb. 197. Schaufelbefestigung durch T-Fuß (BBC)

eingebracht, die durch Vorsprünge in die Einfräsungen B greifen. Darauf wird der Keil E eingetrieben und durch Umnieten der Nasen an C und D gehalten.

Die Befestigung der Überdruckschaufeln führt dieselbe Firma bei hohen Beanspruchungen nach Abb. 197 aus. Der Schaufelfuß wird T-förmig angestaucht und greift unter die Füllstücke, die mit dreieckigen Nuten im Laufrad oder in der Trommel gehalten werden; dadurch bleiben

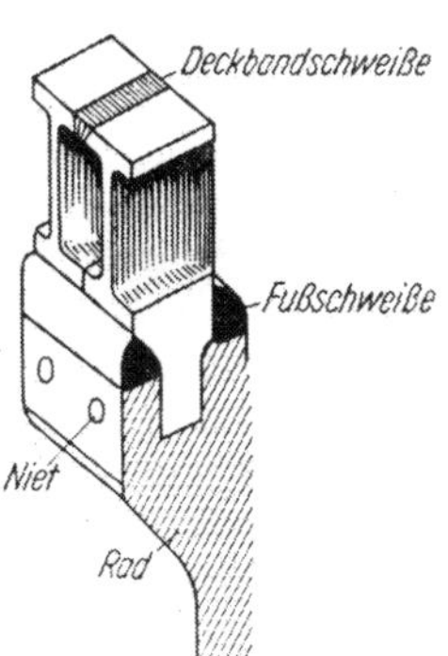

Abb. 198. Schaufelbefestigung (BBC).

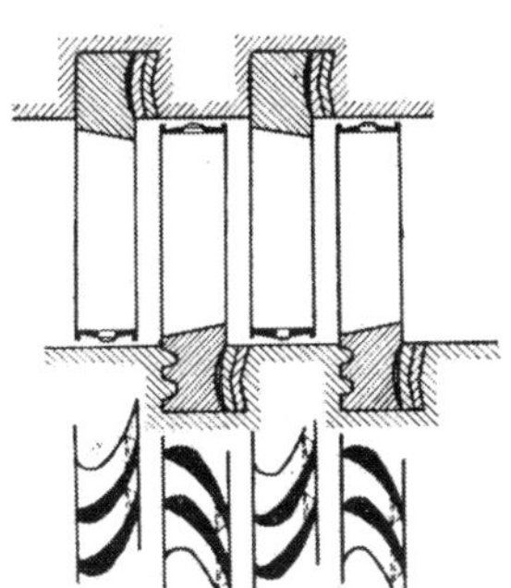

Abb. 199. Schaufelbefestigung (SSW-Röder).

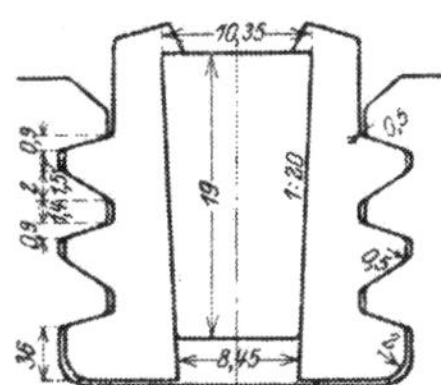

Abb. 200. Schaufelschloß (SSW).

die Schaufeln ungeschwächt und lassen den ganzen Kanalquerschnitt frei ohne Abrundungen beim Übergang in den Fuß.

Für hohe Temperaturen (über 450° C) und höchste Beanspruchungen führen BBC die Gleichdruckbeschauflung nach Abb. 198 aus. Die mit dem Deckband aus einem Stück gefrästen Schaufeln werden im Deckband paarweise verschweißt, die Füße mit dem Rad vernietet und verschweißt, Einfüllöffnung und Schlußstück sind nicht erforderlich.

Den Sägezahnfuß verwenden auch SSW bei Gleichdruck- und hochbeanspruchten Überdruckschaufeln, Abb. 199, das Schaufelschloß für beidseitige Dreiecknuten zeigt Abb. 200.

Eine Aussparung im Kranz ist nicht erforderlich wegen der Schaufelneigung, die ein Hineinbringen durch Drehen der Schaufel ermöglicht; das letzte Füllstück ist dreiteilig, der keilförmige Mittelteil wird durch Umnieten der Seitenteile gehalten.

Das Schaufelschloß der AEG zeigt Abb. 201; im Laufradkranz a ist zwischen zwei Schaufeln b eine keilförmige Aussparung eingefräst, in die der Stahlkeil d eingesetzt wird, über welchen der Kupferreiter c gehämmert wird, so daß er die ganze Aussparung ausfüllt.

Neuerdings führt die AEG das Schaufelschloß nach Abb. 202 aus. Zwischen die zwei seitlichen Schlußstücke, die unter die benachbarten Schaufeln greifen, wird ein Mittelstück d eingeschlagen und die beiden Seitenstücke darüber ver-

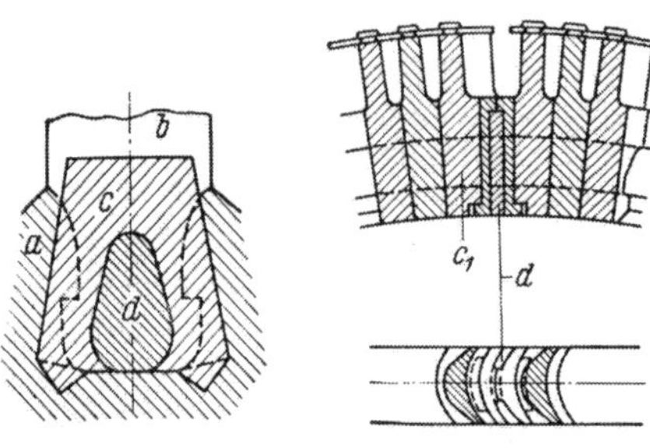

Abb. 201. Abb. 202.
Schaufelschloß der AEG.

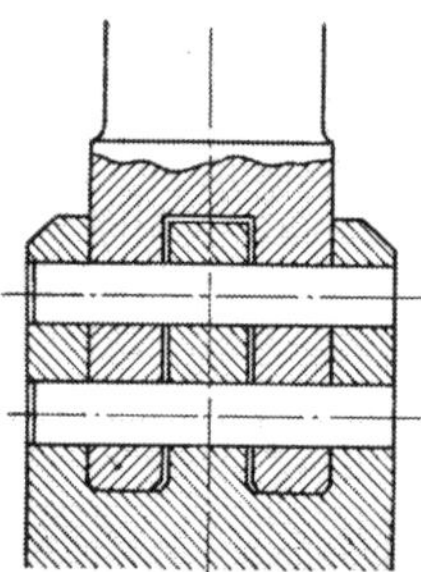

Abb. 203. Steckfußschaufel. (AEG).

stemmt. Bei langen Schaufeln (500 mm) und 2000 mm Teilkreisdurchmesser bei 3000 Umdr./min verwendet die AEG den Tannenzapfenfuß ähnlich Abb. 190i.

Eine neue Fußform und Schaufelbefestigung hat die Steckfußschaufel der AEG, Abb. 203, für Schaufelbreiten über 30 mm.

Die Füße der aus dem Vollen gefrästen Schaufel haben rechteckigen Querschnitt und sind gabelförmig. Sie werden in die Rillen des Laufrades gesetzt und durch je zwei leicht konische Stifte gehalten, die an ihrem dünneren Ende mit der Laufradfläche abschneiden, am anderen Ende etwas zurückstehen und durch leichtes Verstemmen der Bohrung gesichert werden. Die durch ihre Stärke schwingungssicheren Schaufeln erhalten kein Deckband.

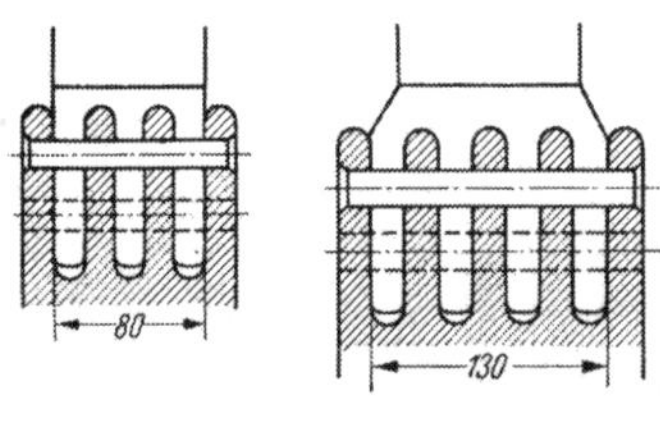

Abb. 204. Schaufelfußformen der UdSSR.

Der Vorteil dieser Ausführung liegt im Fehlen eines Schaufelschlosses, in der einfachen Herstellung der Nuten im Laufrad und der Möglichkeit, einzelne Schaufeln nach Herausschlagen der Stifte auswechseln zu können.

Dieselbe Fußform wird in der UdSSR verwendet für hohe Umfangsgeschwindigkeiten bei den Niederdruckschaufeln, jedoch mit mehr Zungen, Abb. 204 (vgl. Abb. 234). Auch Görl. M.-Bau wendet diese Art an, s. Abb. 455, S. 381.

Reitend aufgesetzte Schaufeln verwenden die BEW (Abb. 205 u. 206); sie sind aus dem Vollen gefräst und eignen sich für hohe Beanspruchung.

Der Falz X verhindert das Aufbiegen des gabelförmigen Fußes; Ausschnitte Y im Radkranz dienen zum Einbringen der Schaufeln. Die Schlußschaufel hat nur rechteckigen Ausschnitt, entsprechend der Kranzform am Ausschnitt Y und wird durch Schrauben S gehalten, deren Gewinde auch bei Z trägt.

Ein Werk der Tschechoslowakei biegt die Füße der Überdruckschaufeln in S-Form ohne Schwächung (Abb. 207) und hält sie durch die der Form angepaßte Füllstücke b, welche durch die seitlichen Ansätze in den Nuten der

Trommel sitzen; die Leitschaufeln c werden in einfacherer Weise durch Einkerbungen im Fuß und in den Gehäusenuten gehalten.

Eine ältere Befestigungsart für Überdruckschaufeln zeigt Abb. 208 und für Gleichdruckschaufeln Abb. 209.

Bei den Radialturbinen, System LJUNGSTRÖM, werden die Schaufeln in Schaufelringe eingeschweißt oder mit Schwalbenschwanz eingewalzt, wie in Abb. 210 angedeutet; die Schaufelringe sind durch Dehnungsringe mit den gegenläufigen Radscheiben mittels Befestigungsringen verbunden, so daß freie Ausdehnung gesichert ist.

Die Befestigung der Schaufeln bei der Radialturbine der SSW zeigt Abb. 211.

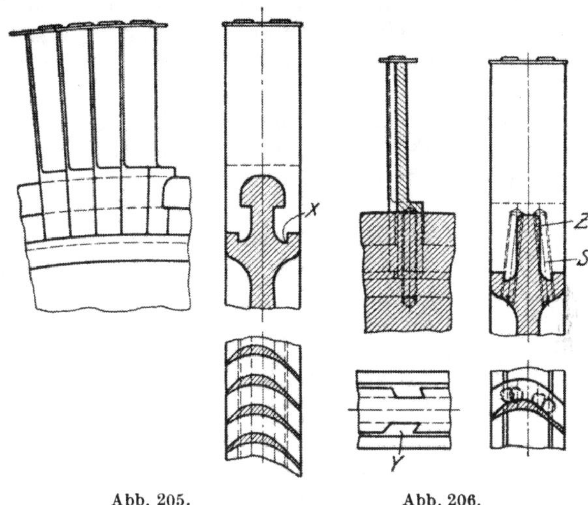

Abb. 205. Abb. 206.
Abb. 205 u. 206. Schaufeln und Schaufelschloß der BEW.

5. Die Abdichtung und Versteifung der Schaufeln.

Obwohl bei Gleichdruckturbinen eine Abdichtung am äußeren Umfang zur Vermeidung von Spaltverlusten (s. S. 70) nicht nötig wäre, werden meist Deckringe angebracht, um das Hinausschleudern des Dampfes zu verhindern, Wirbel im Spalt zu vermeiden und eine bessere Strahlwirkung zu erhalten sowie als Mittel gegen Schwingung

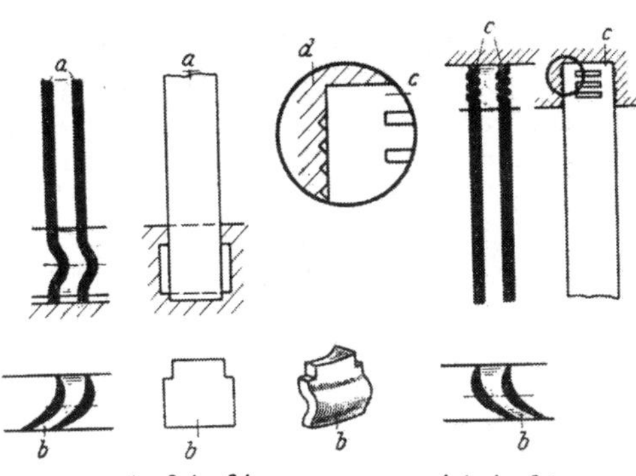

Abb. 207. Überdruckschaufelbefestigung (ČSR).

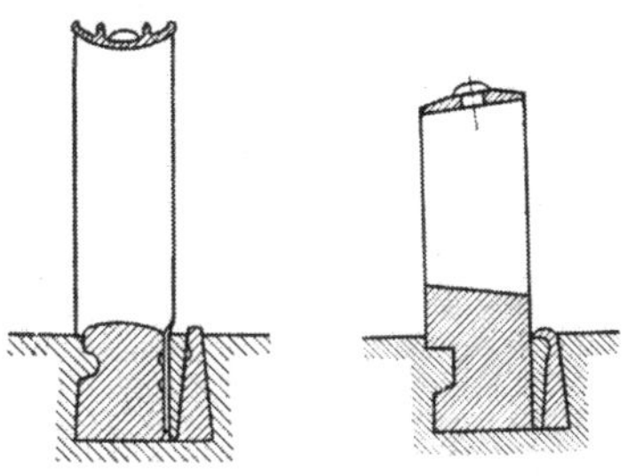

Abb. 208. Überdruckschaufelbefestigung.

Abb 209. Gleichdruckschaufelbefestigung.

der Schaufeln. Die Deckbänder sind Streifen von rechteckigem oder nach den Seiten verjüngtem Querschnitt (Abb. 182). Sie werden bei Blechschaufeln durch zwei, bei Profilschaufeln durch einen Nietzapfen an den Schaufeln gehalten, was sorgfältige Herstellung und Nietung erfordert, um Risse und Abreißen der Zapfen zu verhüten. Da die Zapfen meist senkrecht zur oberen Schaufelkante stehen, mit Rücksicht auf die Herstellung, besonders der Lochung der Deckbänder, so darf die Schrägung der Kante (durch verschiedene Länge am Ein-

und Austritt) nicht zu groß werden, um die Biegungsbeanspruchung in den Zapfen in mäßigen Grenzen zu halten. EW setzen die Zapfen auch bei schräger Kante radial an (Abb. 184, S. 194) und vermeiden die Biegungsbeanspruchung.

Bei den Überdruckturbinen dienen die Deckbänder auch zur Abdichtung am Schaufelumfang; bisweilen werden die Bänder mit Kämmen versehen (Abb. 208, S. 199), welche ein kleines radiales Spiel zulassen, da beim Anlaufen nur die Spitzen der Kämme abgeschliffen werden und die Schaufeln unbeschädigt bleiben.

Zwecks radialer Dichtung sind auch die Seiten der Deckbänder mit vorstehenden zugeschärften Kanten angewendet worden.

Werden keine Deckbänder angewendet, so werden, um geringe Spiele zulassen zu können, die Schaufeln an den Enden durch Abfräsen am Rücken, zugeschärft (BBC); laufen die Schaufeln an, so schleift sich die Kante ab oder biegt sich schlimmstenfalls um, ohne Schaufelbruch zu verursachen.

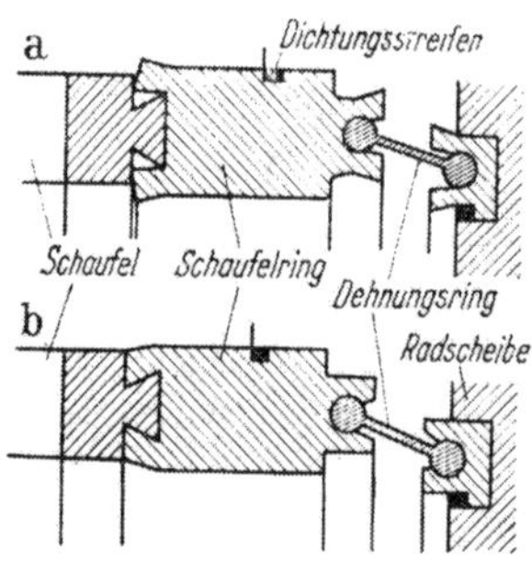

Abb. 210. Schaufelbefestigung der Ljungström-Turbine (MAN).

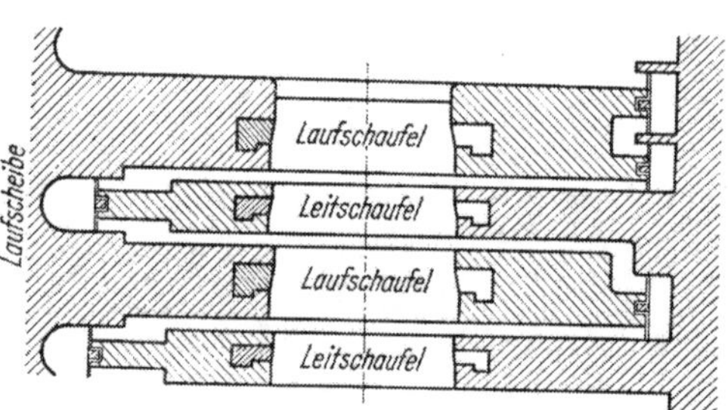

Abb. 211. Schaufelbefestigung und Spaltdichtung der Radialstufen der SSW.

Die Versteifung der Schaufeln, besonders gegen Schwingungen (s. Festigkeit der Schaufel) bei langen Schaufeln, wird ebenfalls durch die Deckbänder bewirkt. Wo diese nicht vorhanden sind, werden ein oder mehrere Bindedrähte durch die Schaufeln gezogen und mit ihnen hart verlötet, was sorgfältige Arbeit erfordert; die einzelnen Drähte sollten an den Stoßstellen gut miteinander verbunden werden.

Gegen Schaufelschwingungen werden auch reine Dämpfungsdrähte durch die Schaufeln gezogen, sie werden nicht verlötet, sondern durch die Fliehkraft in ihrer Lage gehalten.

Bei den Radialturbinen erfolgt die Abdichtung der Schaufelreihen gegeneinander durch eingestemmten Nickelbandstreifen, Abb. 210 und 211.

6. Besondere Schaufelformen.

Sie machen sich bei sehr langen Schaufeln notwendig. Außer der bereits erwähnten Verjüngung der Schaufeln zum äußeren Ende hin (Abb. 182, 183, 184) werden lange Schaufeln mit nach außen abnehmender Breite ausgeführt, entweder nur einseitig (Abb. 195 und 212) oder beiderseitig Abb. 215 (CSR) und 216 (SSW), wobei auch die Leitschaufeln zum Ende hin schmäler werden, um den Spalt gleich groß zu halten.

Da bei langen Schaufeln der für den mittleren Beaufschlagungsdurchmesser aus dem Geschwindigkeitsplan ermittelte Eintrittswinkel am Schaufelfuß und am Schaufelende wegen der abweichenden Umfangsgeschwindigkeit und der gleichbleibenden Dampfgeschwindigkeit c_1, nicht mehr mit der Strahlrichtung übereinstimmt, so kann am Schaufelende ein bedeutender Stoß auf den Schaufelrücken eintreten. Besonders bei feuchtem Dampf macht sich dieses bemerkbar, da die Wassertröpfchen eine kleinere Geschwindigkeit annehmen als der Dampf (s. S. 103).

Um diese Nachteile zu vermeiden und überall günstige Verhältnisse zu haben, führt man die Schaufeln mit nach außen zunehmendem Eintrittswinkel aus,

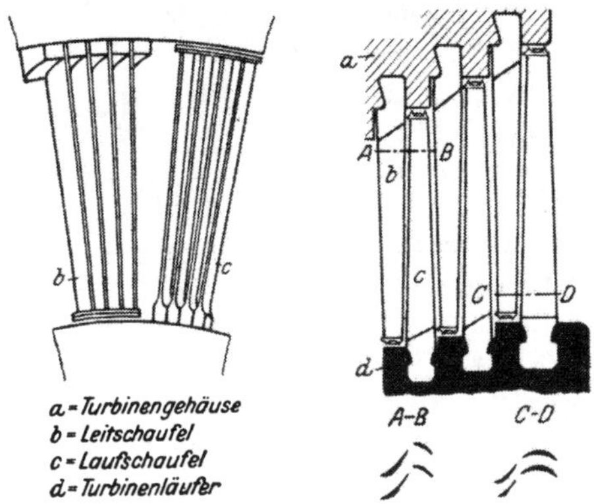

Abb. 212. *ND*-Schaufeln.

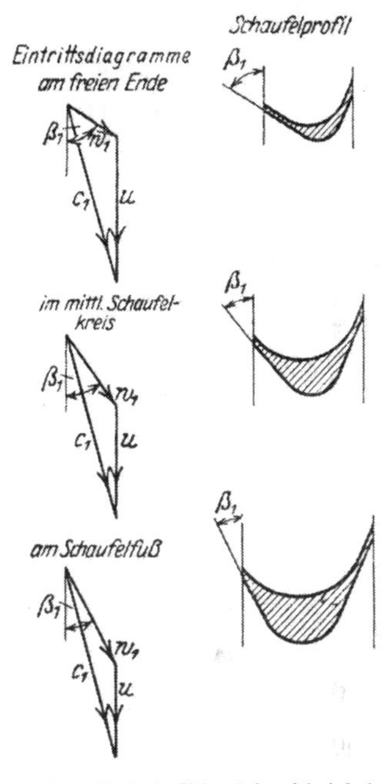

Abb. 213. Veränderliche Schaufelwinkel.

Abb. 212 und 213 (KARRASS [Ib]), wobei zu beachten ist, daß die Schwerpunkte der Querschnitte auf einer zur Turbinenachse senkrechten Geraden liegen müssen. Die veränderlichen Winkel sind auch in Abb. 210 und 211 sichtbar.

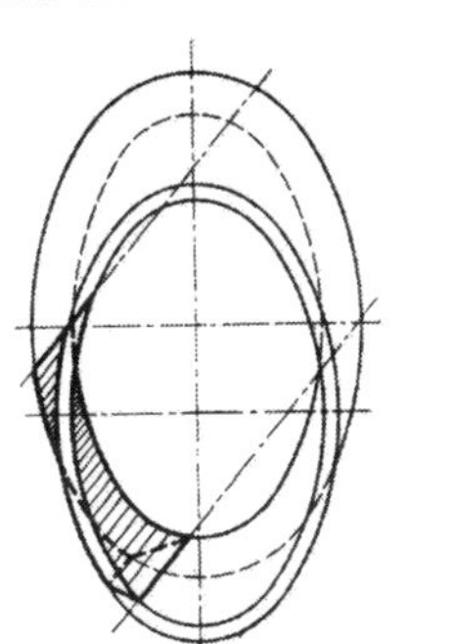

Abb. 214. Winkeländerung.

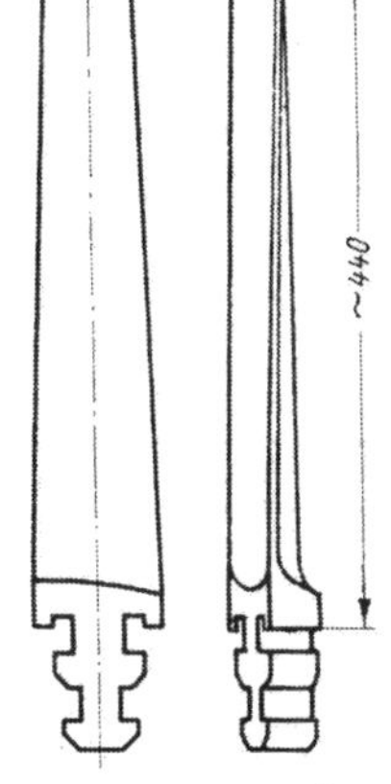

Abb. 215. Schaufeln der ČSR.

Ein Verfahren zur Winkeländerung nach D.R.P. 300829 (BBC und CHRISTLEIN) zeigt Abb. 214. Man kann sich die Schaufel als Teil eines Hohlkörpers denken, dessen innere Fläche ein elliptischer Zylinder, die äußere ein elliptischer Kegel ist, so daß die Stärke nach unten zunimmt (die Abbildung zeigt die Ansicht von oben). Dadurch werden die Eintrittswinkel nach oben und die Austrittswinkel nach unten vergrößert, die Querschnittsverengung am Fuße wird kleiner.

Ein anderes Verfahren ist das nach D.R.P. 296456.

Solche Schaufeln mit zunehmendem Winkel schmiedet man im Gesenk mit geringer Zugabe und schleift sie dann auf Maß. Sie können aber auch gefräst werden, so nach D.R.P 300829.

Abb. 215 zeigt die Schaufeln der tschechoslowakischen Turbinen.

Bemerkenswert sind die Niederdruckschaufeln für die 40000- bis 50000-kW-Turbinen der SSW für 3000 Umdr./min, die infolge der hohen Fliehkräfte eine sehr sorgfältige Befestigung der letzten Schaufeln verlangen, Abb. 216.

Niederdruckschaufeln für Turbinen großer Leistung (100000 kW) der UdSSR für hohe Umfangsgeschwindigkeiten zeigt Abb. 217.

Die Schaufeln haben Gabelfuß (vgl. Abb. 204), die freie Länge der letzten Schaufel beträgt 665 mm, die Breite am Fuß 109,5 mm, am Kopf 40 mm; die Umfangsgeschwindigkeit an der Schaufelspitze bei 2000 mm mittleren Durchmesser und $n = 3000$ Umdr./min beträgt 421 m/sek, das Gewicht einer Schaufel 5,25 kg, die Fliehkraft einer Schaufel mit Versteifungsdrähten erreicht 42 t. Die maximale Beanspruchung bei $n = 3000$ Umdr./min in der Schaufel beträgt 2300 kg/cm², die Scherspannung in den Befestigungsstiften 1755 kg/cm². Zur Vermeidung der Erosion infolge der Dampfnässe (12 bis 14%) wird neben der Oberflächenhärtung auch am äußeren Ende der Eintrittskanten wirksamer Schutz durch Auflöten von sehr harten Stellitplättchen erreicht, wie in Abb. 217 angegeben (aus: KIRILLOW [I a]).

Die Schaufelprofile der gegenläufigen radialen Ljungström-Turbine (MAN) weichen von den üblichen Formen ab, um wegen der Biegungsbeanspruchungen höhere Widerstandsmomente zu erhalten, Abb. 218. Sie haben verdickte Eintrittskanten, die Breite nimmt in den weiter außen liegenden Schaufelreihen zu. Die Schaufeln wer-

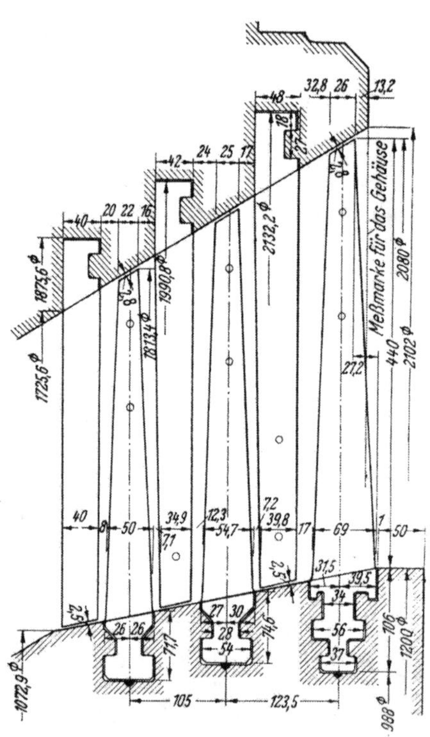

Abb. 216. Niederdruckschaufeln der SSW.

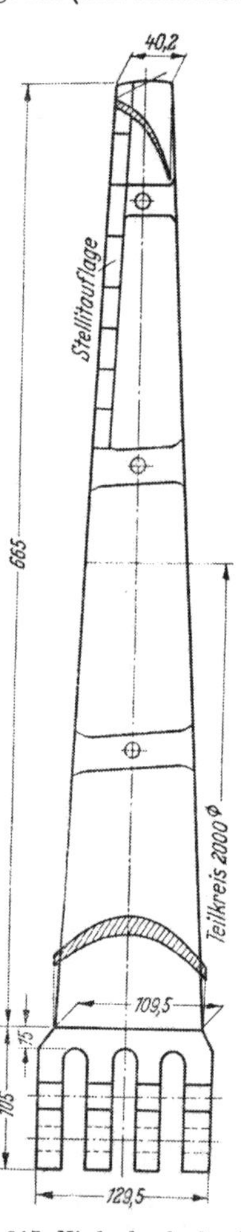

Abb. 217. Niederdruckschaufeln der UdSSR.

den in die Schaufelringe eingeschweißt, bei großem Durchmesser mit Schwalbenschwanz in die Schaufelringe eingedrückt, und die Schaufelringe unter Zwischenschaltung eines Dehnungsringes in die Laufscheibe gesetzt.

Um für große Einheiten in einflutiger Ausführung die Schluckfähigkeit der letzten Stufen ohne zu große Schaufellänge zu erhöhen, wird bei einigen Großturbinen der UdSSR die Laufschaufel der vorletzten Stufe nach dem Vorbild von BAUMANN in der Längsrichtung zweistufig mit verschiedenen Winkeln ausgebildet und der Dampfstrom in der Leitschaufel unterteilt in zwei konzentrische Ströme, Abb. 219 (vgl. Abb. 467, S. 392): in einen äußeren Strom A, welcher in dieser Stufe bis auf den Kondensatordruck entspannt wird, und in einen inneren B, der nur auf einen Zwischendruck entspannt wird, und in der letzten Stufe weiter bis auf Kondensatordruck. Da der mittlere Durchmesser und damit die Umfangsgeschwindigkeit groß ist, kann dieser Teil trotz des großen Wärmegefälles einen günstigen Wert u/c_1 haben. Im inneren Teil B müssen die Schaufeln wegen des kleinen Gefälles große Winkel erhalten, die Austrittsgeschwindigkeit wird groß, doch wird sie in der letzten Stufe ausgenutzt.

7. Die Werkstoffe der Laufschaufeln.

Die Verwendung zweckentsprechenden Materials für die Laufschaufeln ist von grundlegender Wichtigkeit für den Dampfturbinenbau; für die Wahl des Werkstoffes ist nicht nur die Festigkeit gegenüber den normalen Beanspruchungen durch die Fliehkraft und den Schaufeldruck maßgebend, sondern auch das Verhalten bei Schwingungen und die Widerstandsfähigkeit gegen die Einwirkungen des Dampfes, einerseits bei hoher Temperatur, andrerseits bei Feuchtigkeit sowie gegen chemische Einflüsse durch unreinen Dampf und Säuren. Bei hohen Temperaturen ist die Abnahme der Festigkeit zu beachten, im Sättigungsgebiet kann Rosten eintreten und Auswaschungen durch vom Dampf mitgerissene Wassertröpfchen; diese haben geringere Geschwindigkeit als der Dampf und werden zudem durch die Fliehkraft nach außen geschleudert, wo sie die Rückseite der Schaufeln angreifen (s. S. 104).

Abb. 218. Schaufelprofile der Ljungström-Turbine (MAN).

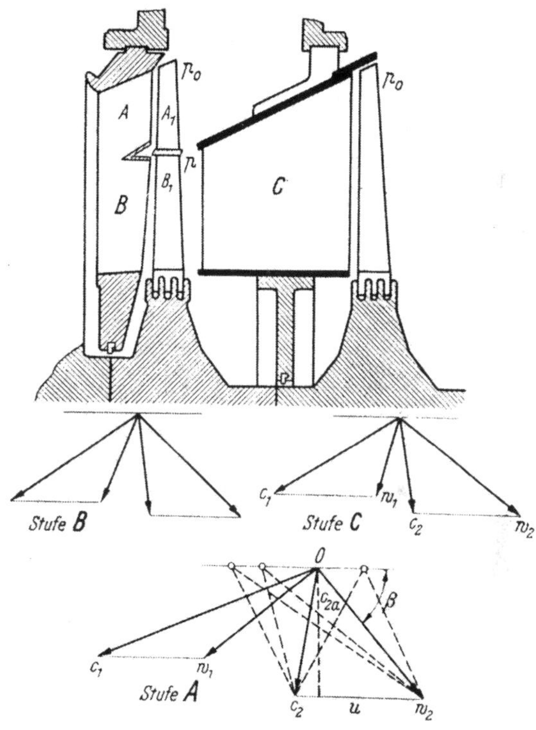

Abb. 219. Niederdruckstufen großer Turbinen nach BAUMANN

Als Werkstoffe kommen verschiedene Legierungen hauptsächlich mit Kupfer und mit Stahl in Frage, deren Eigenschaften bei der Wahl zu berücksichtigen sind, entsprechend den vorliegenden Betriebsverhältnissen. Wertvolle Aufschlüsse über das Verhalten der Baustoffe hat die Veröffentlichung von LASCHE [Ib] gegeben.

Bronze, eine Kupfer-Zinn-Legierung, kommt für Turbinenschaufeln nicht in Frage; auch Aluminiumbronze mit 88% Cu, 9% Al und 3% Fe hat sich trotz hoher Festigkeit nicht bewährt, da sie schon bei mäßigen Temperaturen empfindlich gegen chemische Einflüsse ist.

Messing, eine Kupfer-Zink-Legierung, ist ein sehr häufig angewendeter Baustoff, meist als *Patronen*messing mit 72% Cu und 28% Zn, seltener als Messing mit 63% Cu und 37% Zn (für Füllstücke). Bleigehalt macht spröde, er darf deshalb 0,1% nicht überschreiten.

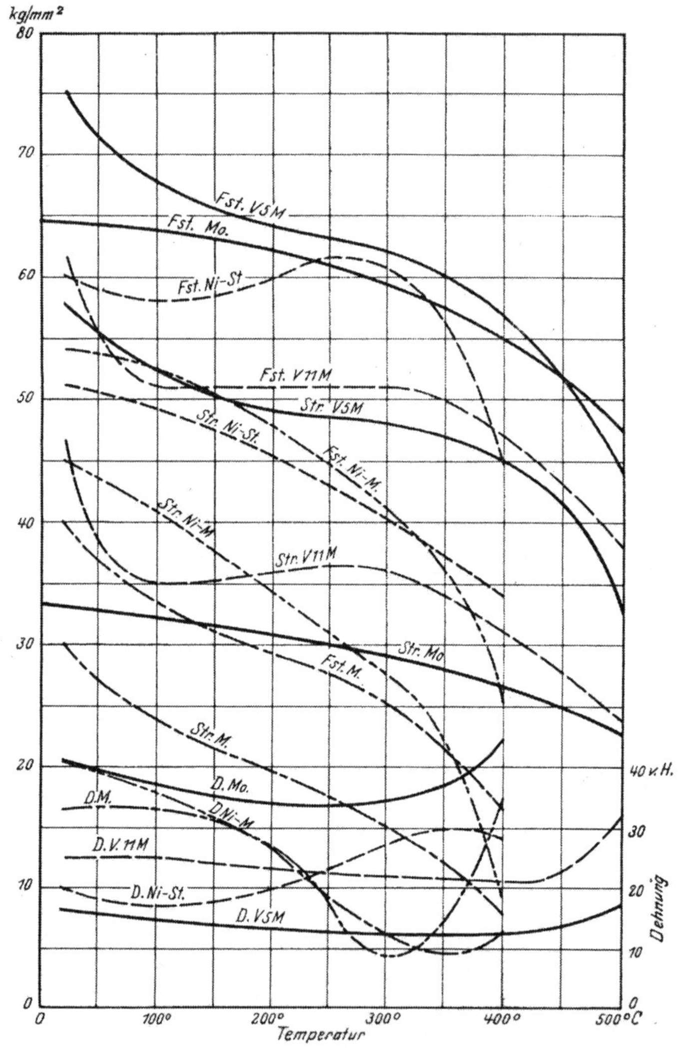

Fst. Festigkeit kg/mm², *Str.* Streckgrenze kg/mm², *D.* Dehnung %, *M.* Messing, *Ni-M.* Nickelmessing, *Ni-St.* Nickelstahl, *Mo.* Monelmetall, *V5M* u. *V11M* Krupp-Stahle.

Abb. 220. Festigkeitseigenschaften der Schaufelwerkstoffe.

Messing kann kalt gezogen werden und hat den Vorteil, rostbeständig zu sein und sich leicht bearbeiten zu lassen; es ist auch gegen chemische Einflüsse widerstandsfähig. Messing besitzt aber geringe Festigkeit — gezogen etwa 36 kg/mm², gegossen 33 kg/mm² — die mit steigender Temperatur noch abnimmt (Abb. 220) und Messing über 200° C unverwendbar macht; für Füllstücke wird es bis 250° C angewendet. Auch für lange Schaufeln ist Messing nicht zu empfehlen wegen der Abnahme der Festigkeit bei Erschütterungen; es tritt bei längerer Belastung auch bei mäßiger Temperatur Fließen ein, wodurch die Bruchfestigkeit stark herabgesetzt wird.

Nickelmessing mit 50% Cu, etwa 40% Zn, 10% Ni, evtl. 0,1% Pb hat wesentlich höhere Festigkeit als Messing — 54 kg/mm² Festigkeit, 45 kg/mm² Streckgrenze, 40% Dehnung — ist demnach auch für lange Schaufeln mit höherer Beanspruchung anwendbar, jedoch auch nur bei Temperaturen bis 200° C (s. Abb. 220).

Nickelkupfer mit 79% Cu, 14% Ni, 4% Fe und 2% Mn hat 44 kg/mm² Festigkeit, 32 kg/mm² Streckgrenze und 30% Dehnung, ist widerstandsfähig gegen chemische Einflüsse und behält die Festigkeit bis zu hohen Temperaturen, ist deshalb noch dort anwendbar, wo Messing ausscheidet. Die Bearbeitung auf Fertigprofil muß durch Fräsen erfolgen.

Monelmetall ist eine in Amerika vorkommende natürliche Legierung und wird in der Zusammensetzung von ungefähr 67% Ni, 28% Cu und 5% anderer Metalle aus den Erzen gewonnen, enthält kein Zn, Sn oder Antimon. Warm gewalztes Monelmetall hat eine Festigkeit von 55 bis 65 kg/mm², eine Streckgrenze von 34 kg/mm² und etwa 40% Dehnung; die Härte (normal 150 bis 190 Brinell) und die Festigkeit können durch Kaltbearbeitung gesteigert werden. Da die Festigkeit bis über 400° C sich wenig ändert (s. Abb. 220), ist Monelmetall für hohe Temperaturen geeignet, es widersteht sehr gut chemischen Einflüssen und oxydiert nicht; doch erodiert es im Dampf. Ein Nachteil ist sein hoher Preis (etwa viermal so teuer wie 5% Ni-Stahl).

Stahl kommt mit Beimengungen von Nickel, Chrom und Mangan zur Verwendung; SM-Stahl und Kohlenstoffstahl wird für Schaufeln nicht mehr verwendet, höchstens für Füllstücke.

Nickelstahl mit hohem Ni-Gehalt hat sich als ungeeignet im strömenden Dampf erwiesen; hingegen hat Ni-Stahl mit höchstens 5% Ni-Gehalt, aus Tiegeln oder Elektroöfen, gute Festigkeitseigenschaften — 60 kg/mm² Festigkeit, 45 bis 55 kg/mm² Streckgrenze und etwa 20% Dehnung; das Material wird gewalzt, vor dem Walzen überdreht, um Risse feststellen zu können. Ist für hohe Temperaturen geeignet (s. Abb. 220), rostet aber im feuchten Dampf; in neuerer Zeit kaum mehr angewendet.

Wärmebehandlung des Ni-Stahles nach Vorschrift der WUMAG: Schmieden bei 950 bis 1000°, danach Glühen bei 630 bis 650°, Warmbiegen der gefrästen Stücke bei 630 bis 650°, letztes Glühen zwecks Beseitigung etwaiger Spannungen bei 600 bis 630° mit nachfolgendem Erkalten an der Luft.

Für weniger hoch beanspruchte Schaufeln wird auch niedrig legierter Manganstahl MSt 70 verwendet.

Nichtrostender Stahl; für Turbinenschaufeln kommt hauptsächlich der Kruppsche V5M-Stahl in Frage mit etwa 0,2% C, 1% Ni, 0,5% Mn und 12 bis 13% Cr von 75 kg/mm² Festigkeit, 57 kg/mm² Streckgrenze und 16% Dehnung ($10 \cdot d$). Dieser Stahl ist sehr gut für hohe Temperaturen geeignet, da sich die Festigkeit bis 400° C sehr wenig ändert (s. Abb. 220 V5M-Kurven); er ist nur etwa halb so teuer wie Monelmetall, aber nicht so säurefest, soll sich aber nicht bewährt haben (bei saurem Wasser käme evtl. der V2A-Stahl in Frage).

Die Stahlwerke stellen solche Spezialstähle her, so KW 10 (Böhler Stahlwerke), Wironit (Ruhrstahl A.G., Witten), Remanit 1220 (Deutsche Edelstahlwerke).

Die Wärmebehandlung ist nach Angaben von Krupp bzw. WUMAG: Schmieden: langsam auf 800° vorwärmen, dann rasch auf Schmiedeanfangstemperatur von 1110 bis 1150° bringen, während des Schmiedens nicht unter 900° abkühlen lassen. Glühen zwecks mechanischer Bearbeitung (Fräsen): langsam und gleichmäßig auf etwa 750 bis 780° erhitzen, in Luft oder Ofen erkalten lassen. Warmbiegen bei 850 bis 900°; Hartwerden wird vermieden durch nachfolgendes Glühen bei 670 bis 700°; Glühen zwecks mechanischer Fertigbearbeitung bei 650 bis 680°, weitere Wärmebehandlung nicht notwendig.

Neben dem V5M-Stahl stellt Krupp noch einen etwas weicheren nichtrostenden Chromstahl Marke V11M her, der zur Herstellung weniger beanspruchter Schaufeln und für Leitschaufeln geeignet ist und auch in Gußeisen eingegossen werden kann. Er hat etwa 60 kg/mm² Festigkeit, 45 kg/mm² Streckgrenze und 25% Dehnung ($5 \cdot d$) und zeigt geringe Änderungen dieser Eigenschaften bis etwa 350°, s. Abb. 220 (nach Angaben der Friedr. Krupp A.-G.).

Bi-Metall — Stahlseele von Messing umgeben — kommt wegen der Schwierigkeit der Herstellung für Schaufeln nicht zur Anwendung, sondern nur als Bindedraht zur Versteifung.

Bei den jetzt angewendeten hohen Temperaturen spielt das Verhalten der Werkstoffe eine ausschlaggebende Rolle. Bei Temperaturen über 400° C verformen sich viele Stähle mit der Zeit (Kriechen des Werkstoffes) unterhalb der Streckgrenze. Es ist deshalb die Dauerstandfestigkeit (Kriechfestigkeit) maßgebend, bei der die Verformung noch eben meßbar klein ist. Abb. 221 (nach H. Mayer [V, a]) zeigt die Dauerstandfestigkeit verschiedener Stähle zwischen 300 und 600° C. Der hochlegierte Stahl 1 (V2AED 50) kommt aus Rohstoffgründen kaum in Betracht; niedriglegierte Stähle 2 und 3 (Cr-Mo- und Cr-V-Stähle sind auch für Schaufeln verwendete Schraubenstähle mit genügender Dauerstand- und Biegewechselfestigkeit im Bereich trockenen Dampfes.

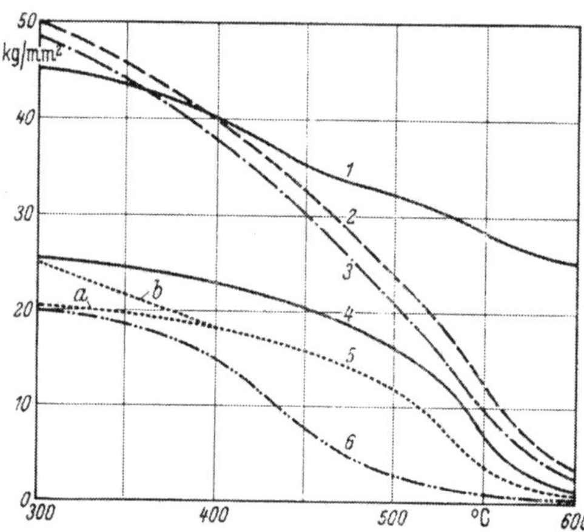

Abb. 221. Dauerstandfestigkeit von Turbinenbaustählen.

Die Stähle 4, 5a und 5b werden für Gehäuse und Leitapparatscheiben verwendet. Unlegierte Stähle (6) haben bei höheren Temperaturen geringe Dauerstandfestigkeit.

An Stelle des früheren V5M-Stahles werden gleichwertige Werkstoffe RR 10.13, RR 15.13, RR 20.13 und RR 15.13 Mo, die von den Stahlwerken *Bochum A.G.* und anderen deutschen Stahlwerken erschmolzen werden, verwendet.

Diese Stähle haben folgende Zusammensetzung und Eigenschaften[1]:

Marke	I RR 10.13 Mo	II RR 15.13 Mo	III RR 20.13 Mo	IV RR 15.13 Mo
C %	max. 12	0,12— 0,16	0,17— 0,22	0,12— 0,16
Si %	0,3— 0,5	0,3 — 0,5	0,3 — 0,5	0,3 — 0,5
Mn %.	0,2— 0,5	0,2 — 0,5	0,2 — 0,5	0,2 — 0,5
Cr %	12,5—14,0	12,5 —14,0	12,5 —14,0	12,5 —14,0
Mo %	—	—	—	1,0 — 1,3

Verformungstemperatur = 1150° bis 750° C, Abkühlung in Luft oder Asche.

[1] Nach frdl. Mitteilung der Maschinenfabrik Paul Leistritz, Nürnberg.

Warmbehandlung:

	I	II	III	IV
Glühen	750 bis 800° C, Abkühlungsart: Ofen			
Vergüten:				
Härten in Öl . .	950—1000	960—1010	960—1000	975—1025° C
Anlassen etwa .	700—750	700— 750	a) 700— 750 b) 650— 700	700— 750° C

Festigkeitseigenschaften:

	RR 10.13 Mo	RR 15.13 Mo	RR 20.13 Mo	RR 15.13 Mo
Härte HB	170—210	190—240	a) 180—225 b) 210—250	190—240
Streckgrenze kg/mm^2 . .	mind. 45	mind. 50	a) mind. 45 b) mind. 55	mind. 50
Festigkeit kg/mm^2 . . .	60—75	70—85	a) 65—80 b) 75—90	70—85
Dehnung % ($l = 5\,d$) . .	mind. 22	mind. 16	a) mind. 16 b) mind. 14	mind. 16
Kerbzähigkeit mkg/cm^2 .	mind. 10	mind. 8	a) mind. 8 b) mind. 5	mind. 8

Warmfestigkeitseigenschaften:

	Streckgrenze in kg/mm^2 bei °C							DVM-Dauerstandfestigkeit in kg/mm^2 bei °C			
	100	150	200	250	300	350	400	450	500	550	600
I	43	42	41	39	38	36	34	12	6	—	—
II	47	45	43	41	40	39	38	12	6	4,5	3
IIIa	43	42	41	39	39	37	35	12	6	4,5	3
IIIb	52	49	47	46	45	44	42	—	—	—	—
IV	48	47	46	45	44,5	44	43,5	24	17	7	4

In letzter Zeit sind in anderen Ländern hochwarmfeste Werkstoffe für Wärmekraftmaschinen herausgebracht worden. Nach Angaben von SIEGFRIED [V, a] werden folgende neuen legierten Stähle hergestellt:

Stahl „16/25/6“ vom Timken, mit 0,06 C, 16 Cr, 25 Ni, 6 Mo, 0,1 bis 0,2 N]

Stahl „16/13/3“ mit 0,06 C, 16 Cr, 13 Ni, 3 Mo.

Die Festigkeit soll nach 1000 Stunden bei 870° C $\sigma_B = 5{,}5$ bis 9,0 kg/mm^2 betragen.

Durch Ausscheidungseffekte bedingende Legierungen ist die Festigkeit noch gesteigert worden, so bei der englischen Legierung „G 18B“ mit 0,4 C, 1 Si, 13 Ni, 13 Cr, 2,5 W, 2 Mo, 10 Co und 3 Nb, und die amerikanische Legierung „S 590“ mit 0,5 C, 20 Cr, 20 Ni, 20 Co, 4 Mo, 4 W und 4 Cb. Sie zeigen bei 870° C nach 1000 Stunden eine Festigkeit $\sigma_B = 10$ bis 14 kg/mm^2.

Ferner ist es gelungen, Turbinenschaufeln zu gießen ohne weitere Bearbeitung, dabei wird bei 870° C $\sigma_B = 12{,}3$ bis 14 kg/mm^2 und bei 980° C noch $\sigma_B = 8{,}7$ bis 12,2 kg/mm^2 erreicht. Dazu gehört auch „Vitallium“ mit rd. 0,4 C, 60 Co, 30 Cr und 6 Mo, verwendet in amerikanischen Abgasturbinen.

Abhandlungen über Schaufelwerkstoffe s. a.: BANDEL und WIESTER [V]: LICENI [Va]; H. MELAN [Vc]; E. SIEBEL und N. LUDWIG [V].

Über Oberflächenschutz gegen Erosion s. S. 106.

8. Die Festigkeitsberechnung der Laufschaufeln.

Die Beanspruchungen, denen die Schaufeln im Betriebe ausgesetzt sind, sind statische, durch die Fliehkraft, den Dampfdruck und den Reibungsdruck, und dynamische durch Schwingungen der Schaufeln infolge Erschütterungen, Erzittern des Rotors und Flattern der Radscheiben sowie durch periodische Dampfstöße beim Vorbeilauf an den Leitschaufelstegen und besonders bei Teilbeaufschlagung.

Der auf Biegung wirkende Dampfdruck ist die Resultierende aus dem Ablenkungsdruck und dem Reibungsdruck (s. Abb. 14, S. 16) und bei Überdruckturbinen der Überdruck in axialer Richtung (Axialschub). Die Resultierende P kann in zwei Komponenten zerlegt werden (Abb. 222), den Umfangsdruck P_u und den Axialdruck P_a, deren Größe aus dem Geschwindigkeitsplan (Abb. 44) ermittelt werden kann. Daneben kann noch der Überdruck $P_ü$ wirken.

Ist z die Zahl der beaufschlagten Schaufeln bei z_s Schaufeln am Umfang, L_u mkg/kg die Leistung am Umfang, G_{sek} die sekundliche Dampfmenge und u m/sek die Umfangsgeschwindigkeit, so ist die ganze Umfangsleistung

$$L_u G_{sek} = P_u u z \text{ m/kg},$$

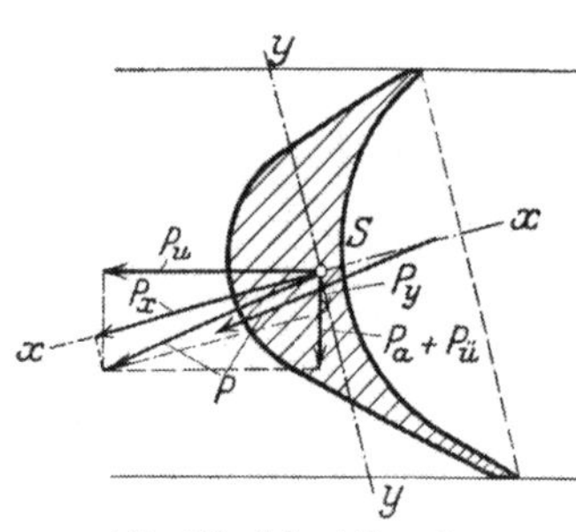

Abb. 222. Schaufelberechnung.

woraus

$$P_u = \frac{L_u G_{sek}}{u z} \text{ kg}$$

oder mit L_s nach Gl. (44), S. 37

$$P_u = \frac{u (w_{1u} + w_{2u}) G_{sek}}{g u z} = \frac{G_{sek}}{g z} (w_{1u} + w_{2u}) \text{ kg}. \tag{3}$$

Statt z kann auch der beaufschlagte Bogen l_b eingeführt werden, da $z t_u = l_b$ oder $z = l_b : t_s$, wenn t_s die Teilung; bei voller Beaufschlagung ist $z = z_s = \pi D : t_s$.

Der Axialdruck P_a kann analog ermittelt werden, es ist nur statt $(w_{1u} + w_{2u})$ die Differenz $(w_{1a} - w_{2a})$ zu setzen, da beide Geschwindigkeiten gleichgerichtet sind (s. Ableitung von L_u aus dem Satz vom Antrieb, S. 37). Dann ist

$$P_a = \frac{G_{sek}}{z g} (w_{1a} - w_{2a}) \text{ kg}. \tag{3a}$$

Bei Überdruckturbinen ist meist $w_{1a} = w_{2a}$, also $P_a = 0$, dafür ist der Überdruck $P_ü$ wirksam; ist der Druckunterschied zu beiden Seiten der Schaufeln $p_1 - p_2$ und l die freie Schaufellänge, so ist

$$P_ü = l t_s (p_1 - p_2) \text{ kg}. \tag{3b}$$

Der resultierende Schaufeldruck ist dann

$$P = \sqrt{P_u^2 + (P_a + P_ü)^2} \text{ kg}, \tag{4}$$

wobei P_a oder $P_ü$ gleich 0 sein kann.

Um die Biegungsmomente zu ermitteln, muß P in Komponenten P_x und P_y in Richtung der Hauptträgheitsachsen $X - X$ und $Y - Y$ zerlegt werden. Die genaue Bestimmung der Hauptträgheitsachsen ist sehr umständlich, man nimmt zur Vereinfachung an, daß die Y-Achse für das kleinste Trägheitsmoment parallel zur Verbindungslinie der Schaufelkanten liegt (Abb. 222), die X-Achse ist natürlich senkrecht dazu und beide gehen durch den Schwerpunkt S des Profils. Da die Richtung von P meist nicht durch den Schwerpunkt geht, so entsteht ein Drehmoment, das aber vernachlässigbar ist, zumal die Schaufeln durch das

Deckband oder die Bindedrähte gehalten werden; man nimmt die Kraft P durch S gehend an. Ferner ist die Biegungsbeanspruchung um die X-Achse klein im Vergleich zu derjenigen der Y-Achse, man kann deshalb die erstere vernachlässigen und ferner $P_x = P$ setzen. Dann ist das Biegungsmoment

$$M_b = P\frac{l}{2} = W_y \sigma_b$$

und die Spannung

$$\sigma_b = \frac{P\,l}{2\,W_y}\ \text{kg/cm}^2, \tag{5}$$

wenn l die Schaufellänge.

Das Widerstandsmoment W_y ist für jedes Profil ein für allemal zu bestimmen, wozu man sich des zeichnerischen Verfahrens nach MOHR[1] bedienen kann. Ein anderes Verfahren mittels des „Integrator" ermöglicht eine einfache Bestimmung[2].

Die *Zugbeanspruchungen* erfolgen durch die Fliehkraft

$$C = C_b + C_s = f\sigma_z\ \text{kg},$$

wenn f der beanspruchte Querschnitt, $C_b = G_b\,\omega^2\,R_b : g$ kg die Fliehkraft des Deckbandes vom Gewicht G_b je Schaufel, R_b der Schwerpunktsabstand von der Drehachse, $C_s = G_s\,\omega^2\,R_s : g$ kg die Fliehkraft der Schaufel vom Gewicht G_s, über dem kleinsten Querschnitt am Fuß, R_s der Schwerpunktsabstand, der bei gleichbleibendem Schaufelquerschnitt etwas kleiner ist als der Teilkreishalbmesser und bei veränderlichem Querschnitt durch Auswiegen ermittelt werden kann. Für die Winkelgeschwindigkeit muß die höchste auftretende Drehzahl eingesetzt werden, $\omega = n_{\max} : 30$, die um 10 bis 15% höher ist als die Betriebsdrehzahl (s. Sicherheitsregler, S. 344).

Nun ist die Zugspannung $\sigma_z = C : f$ kg/cm² und es muß $\sigma_b + \sigma_z \leqq \sigma_{zul}$ sein, wobei

$\sigma_{zul} = 500$ kg/cm² für Messing,
$\sigma_{zul} = 800$ kg/cm² „ Ni-Messing,
$\sigma_{zul} = 1200$ kg/cm² „ Ni-Stahl,
$\sigma_{zul} = 1500$ kg/cm² „ nichtrostenden Stahl und Monelmetall.

Ferner muß die Flächenpressung an den Auflageflächen geprüft werden, wobei die Fliehkraft der ganzen Schaufel einzusetzen ist. Die zulässige Flächenpressung k darf betragen

bei Messing $k = 800$ bis 1000 kg/cm²,
„ Ni-Messing $k = 1500$ kg/cm²,
„ Ni-Stahl, nichtrostendem Stahl und Monelmetall $k = 2000$ kg/m².

Die Beanspruchungen bzw. die Flächenpressung kann herabgesetzt werden durch Anwendung nach außen verjüngter Schaufeln, Herstellung von Schaufel und Füllstück aus einem Stück, abnehmende Schaufelbreite und mehrfache Auflage am Fuß (Abb. 190g bis k).

Einen Vergleich der Fliehkräfte und der Beanspruchungen bei verjüngter Schaufel mit angeschmiedetem Füllstück und einer Schaufel mit gleichbleibendem Querschnitt und besonderem Füllstück zeigt Abb. 223.

Die *dynamischen* Beanspruchungen durch Schwingungen sind schwer zu übersehen, da diese von verschiedenen Umständen abhängen. Es muß unbedingt vermieden werden, daß die Schwingungszahl der Schaufel mit der Impulszahl übereinstimmt. Die tiefste theoretische sekundliche Schwingungszahl der einseitig eingespannten Schaufel von der Masse $m = G_s : g$, der freien Länge l und

[1] Siehe BACH-BAUMANN: Elastizität und Festigkeit, 9. Aufl., S. 241.
[2] Siehe JOHOW-FÖRSTER: Hilfsbuch für den Schiffsbau, 4. Aufl., S. 227.

dem Trägheitsmoment J ist

$$n_{sek} = 0{,}560 \sqrt{\frac{J\,E}{m\,l^3}}. \qquad (6)$$

Die tatsächliche Schwingungszahl kann genau nur durch Versuche ermittelt werden, was auf verschiedene Weise erfolgen kann. Entsprechend der Bedeutung

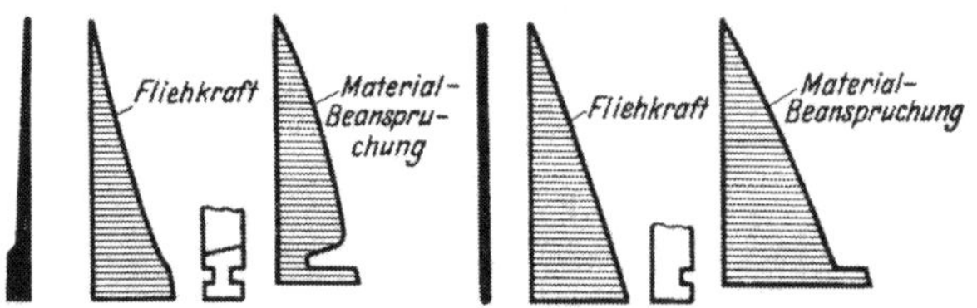

Abb. 223. Fliehkräfte und Beanspruchungen der Schaufeln.

der Schaufelschwingungen für die Betriebssicherheit, sind die Schwingungsfragen vielfach in der Literatur behandelt. Neben den die Schwingung allgemein behandelnden Büchern[1], ist die Schwingung der Schaufeln und der Laufräder in zahlreichen Aufsätzen in den Zeitschriften[2] behandelt.

Die Schwingungen werden gedämpft durch die Deckbänder und Bindedrähte.

III. Laufräder.

Neben den Schaufeln sind die Laufräder die am höchsten beanspruchten Teile der Turbinen und erfordern deshalb eine genaue Ermittlung der auftretenden Spannungen, ausreichende Bemessung, Wahl geeigneten Baustoffes und sorgfältige Herstellung. Die Laufräder haben drei zu unterscheidende Teile: den Kranz, die Scheibe und die Nabe. Da der Kranz nur bei kleinen Umfangsgeschwindigkeiten seine eigene Fliehkraft und die der in ihm befestigten Schaufeln aufzunehmen vermag, so muß die Scheibe einen Teil der Beanspruchungen übernehmen und auf die Nabe übertragen. Es ist Aufgabe der Konstruktion und der Berechnung, die Abmessungen so zu ermitteln, daß bei ausreichender Festigkeit eine günstige Materialausnutzung vorhanden ist, wobei aber auch Schwingungen (Flattern) der Radscheiben vermieden werden müssen, da anderenfalls Anlaufen an die Leiträder oder die gefährlichen Schaufelschwingungen zu befürchten sind.

A. Die Berechnung der Laufräder.

1. Der Radkranz.

Zur Aufnahme der Schaufeln muß der Kranz eine entsprechend der Schaufelfußform ausgebildete Eindrehung oder, bei reitend aufgesetzten Schaufeln (vgl. Abb. 205) eine entsprechende Kranzform erhalten. Durch die Fliehkraft der Schauflungsteile und durch die eigene Fliehkraft treten Zug- und Biegungsbeanspruchungen auf. Meist wird man die Kranzform entwerfen und dann die Beanspruchungen ermitteln. Bei hammerkopfförmigem Schaufelfuß (Abb. 224) treten in den Querschnitten *1—1* Zug und Biegungsbeanspruchungen (durch

[1] Stodola, A. [Ia], S. 296; Schneider, E. [IIb]; Steuding, H. [IIb].

[2] Bernhard, H. [V]; Dubs, W. [V]; Föppl, O. [V]; Fritz, W. & Koch, P. [V]; Kirchberg [V]; Lysholm [V]; Melan, H. [Vb]; Schwerin [V]; Sörensen, E. [V]; v. Sanden [V]; Siegfried, W. [V]; Hort, W. [V]; Wagner, K. [IV].

exzentrischen Zug) und im Querschnitt *2—2* Biegungs- und Scherbeanspruchung auf. Bei andrer Fußform ist die Richtung der Kraftkomponenten zu beachten, so beim schwalbenschwanzförmigen Fuß (Abb. 225), die Komponente $N = C : 2 \sin\alpha$ der Schaufelfliehkraft, die die Querschnitte *1—2*, *1—3*, *1—4* auf Biegung und den Querschnitt *1—3* durch $C/2$ noch auf Zug beansprucht.

Man kann zur Vereinfachung der Rechnung die gesamte Fliehkraft der Schaufeln mit Deckband und Zwischenstücken auf 1 cm Umfang am betrachteten Querschnitt beziehen, d. h. annehmen, es sei der Kranz durch radiale Einschnitte geteilt, so daß nur radiale Spannungen auftreten, während die sich daraus ergebenden tangentialen Spannungen zunächst nicht beachtet werden.

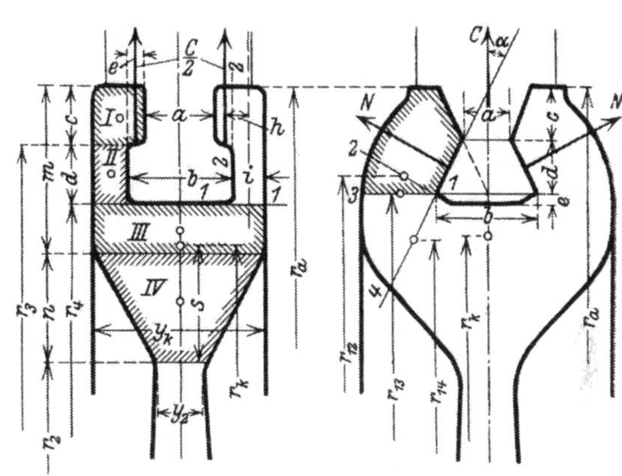

Abb. 224 und 225. Berechnung des Radkranzes.

Ist C die Fliehkraft der Schaufeln, Füllstücke und des Deckbandes auf 1 cm Umfang im Schnitt *1—1* (Abb. 224) bezogen, so ist

$$C = \frac{G_s z_s r_s \omega^2}{g\, 2\pi r_4} \text{ kg},$$

wenn G_s das Gewicht einer Schaufel mit Füllstück und Deckband, z_s die Zahl der Schaufeln, r_s der Schwerpunktsabstand dieser Teile und r_4 der Radius des Schnittes *1—1*; dazu kommt die Fliehkraft C_2 durch den Kranzteil links von *2—2*, $(\mu = \gamma/g)$

$$C_2 = e\, c\, l\, \mu\, (r_a - 0{,}5\, c)\, \omega^2 \text{ kg}.$$

Das Biegungsmoment ist nun

$$M_b = [C/2 + C_2]\, h = W \sigma_b = i^2 \cdot 1/6,$$

woraus die Biegungsspannung σ_b zu ermitteln ist. Auf Zug wirkt noch die Fliehkraft des Querschnittes $i\,(c + d)$

$$C_1 = i\,(c + d) \cdot l\, \mu\, [r_a - 0{,}5\,(c + d)]\, \omega^2 \text{ kg},$$

so daß die Zugbeanspruchung aus dem Gleichgewicht der Kräfte und Spannungen

$$\sigma_z f = (0{,}5\, C + C_1 + C_2) \quad \text{mit} \quad f = i \cdot 1 \text{ cm}^2$$

zu ermitteln ist. Nun muß $\sigma_{zul} \geq \sigma_b + \sigma_z$ sein, wobei

$$\sigma_{zul} = 1000 \text{ kg/cm}^2 \text{ bei S-M-Stahl},$$

$$\sigma_{zul} = 1500 \text{ kg/cm}^2 \text{ bei N-Stahl}$$

betragen kann.

Die Biegungsbeanspruchung im Querschnitt *2—2* kann in gleicher Weise ermittelt werden, die Scherbeanspruchung ist meist gering.

Die Biegungsbeanspruchung im Querschnitt *1—1* kann fast ganz vermieden werden, wenn die Schaufeln und Füllstücke eine Abbiegung der Flanken verhindern (vgl. Abb. 182, 183, 215).

In ähnlicher Weise kann die Berechnung des Kranzes nach Abb. 225 erfolgen.

Durch die Schaufeln wird ein Druck auf die Auflagefläche ausgeübt, der den zulässigen Wert nicht überschreiten darf; ist 0,5 C die Fliehkraft der Schaufeln, so ist der Flächendruck $p_s = 0{,}5\, C : f_a$, wenn f_a die Auflagefläche am Schaufelfuß. Diese ist, besonders bei Blechschaufeln, meist klein, so daß bei größeren Kräften die Schaufeln mit dem Füllstück als Ganzes ausgeführt werden müssen, wodurch die Auflagefläche wesentlich größer wird (es ist aber noch die Fliehkraft des Füllstückes zu berücksichtigen) oder es muß mehrfache Auflage (vgl. Abb. 190g bis k, S. 195) angewendet werden. Der zulässige Flächendruck kann betragen

1200—1500 kg/cm² bei S-M-Stahl,

1800—2000 kg/cm² bei Ni-Stahl.

Beispiel 1. Es sei nach Abb. 224 $a = 10$ mm, $b = 15$ mm, $c = d = 7$ mm, $y_k = 28$ mm bei einem Teilkreisdurchmesser $D = 0{,}98$ m und $n = 3000$ Umdr./min; $z_s = 250$, das Gewicht einer Schaufel mit Füllstück und Deckband sei $G_s = 55$ g, der Schwerpunktsabstand von Fußunterkante 26 mm, $r_a = 46$ cm. Dann ist $r_s = 46 + 1{,}3 = 47{,}3$ cm (im Grunde der Eindrehung 1 mm Spiel zwischen Fuß und Kranz angenommen) und bei 15% Drehzahlerhöhung, also $n_{\max} = 1{,}15 \cdot 3000 = 3450$, ist $\omega = 3450 \cdot \pi/30 = 361$ und $\omega^2 = 130321$. Somit ist die Fliehkraft einer Schaufel

$$C_s = 0{,}055 \cdot 130321 \cdot 0{,}473 : 9{,}81 = 345 \text{ kg};$$

auf 1 cm Umfang des Querschnittes *1—1* bezogen ($r_4 = 44{,}6$ cm)

$$C = 0{,}5\, C_s\, 250 : 2\,\pi\, 44{,}6 = 155 \text{ kg}.$$

Auf Biegung wirkend kommt dazu noch Teil links von *2—2* vom Gewicht $G_1 = 0{,}7 \times \times 0{,}25 \cdot 1 \cdot 8{,}4 = 1{,}48$ g $= 0{,}00148$ kg, wenn $\gamma = 8{,}4$ g/cm³, mit der Fliehkraft $C_2 = 0{,}00148 \times \times 130321 \cdot 0{,}4565 : 9{,}81 = 9$ kg.

Damit ist die Biegungsbeanspruchung aus dem Biegungsmoment

$$M_b = (155 + 9) \cdot 0{,}45 = W \sigma_b \qquad (h = 0{,}45 \text{ cm})$$

mit

$$W = 0{,}65^2 \cdot 1 : 6 = 0{,}0705 \text{ cm}^3,$$

$$\sigma_b = 164 \cdot 0{,}45 : 0{,}0705 = 1050 \text{ kg/cm}^2.$$

Auf Zug wirkt neben den Kräften C und C_2 noch das Gewicht der Flanke $0{,}65 \cdot 1{,}4 \cdot 1 \cdot 8{,}4 = 7{,}63$ g $= 0{,}0076$ kg mit der Fliehkraft $C_1 = 0{,}0076 \cdot 130321 \cdot 0{,}453 : 9{,}81 = 45$ kg und die Zugbeanspruchung ist, da der Querschnitt $0{,}45 \cdot 1 = 0{,}45$ cm² ist

$\sigma_z = 155 + 9 + 45 : 0{,}65 = 322$ kg/cm². Somit die Gesamtbeanspruchung $\sigma_b + \sigma_z = 1050 + 322 = 1372$ kg/cm².

Der Auflagedruck ist, wenn Schaufel und Füllstück als Ganzes ausgeführt sind, mit $r_3 = r_a - c = 46 - 0{,}7 = 45{,}3$ cm

$$p_s = C_s z_s : 2\, e\, \pi\, 2\, r_3 = 345 \cdot 250 : 2 \cdot 0{,}25 \cdot 2\,\pi \cdot 45{,}3 = 297 \text{ kg/cm}^2.$$

Wäre die Schaufel als Blechschaufel von $\delta = 3$ mm Stärke am Fuß mit gesondertem Füllstück ausgeführt, so wäre bei einem Gewicht von Schaufel und Deckband $G_s' = 40$ g, der Schwerpunkt im Teilkreis angenommen, die Fliehkraft

$$C_s' = \frac{G_s'}{g}\, r\, \omega^2 = \frac{0{,}040}{9{,}81} \cdot 0{,}49 \cdot 130321 = \sim 230 \text{ kg}$$

und

$$p_s = C_s' : 2 \cdot e\, \delta = 230 : 2 \cdot 0{,}25 \cdot 0{,}3 = 1530 \text{ kg/cm}^2.$$

Beispiel 2. Es sei nach Abb. 225 $a = 7$ mm, $b = 14$, $c = 6$, $d = 7$ mm, der Teilkreisdurchmesser $D = 1{,}2$ m, $n = 3000$ mit 15% Erhöhung, Schaufelzahl 315, Gewicht mit Deckband und Füllstück $G_s = 42$ g, Schwerpunktsabstand vom Teilkreis 11 mm, also $r_s = 58{,}9$ cm; ferner $r_a = 58{,}6$ cm, $r_{12} = 57{,}6$ cm, $r_{13} = 57{,}35$ cm und $r_{14} = 56{,}65$ cm, Kranzstärke *1—2* 12 mm, *1—3* 13 mm und *1—4* 15,5 mm, $\alpha = 26^0 30'$. Dann ist die Fliehkraft der Schaufelung für eine Schaufel ($\omega = 1{,}15 \cdot 3000 \cdot \pi/30 = 361$, $\omega^2 = 130321$)

$$C_s = 0{,}042 \cdot 130321 \cdot 0{,}589 : 9{,}81 = 325 \text{ kg}$$

und die Normalkraft $N_s = C_s : 2 \sin\alpha = 364$ kg. Damit sind die Beanspruchungen in Schnitt *1—2*:

$$N = \frac{364 \cdot 315}{2\,\pi \cdot 57{,}6} = 317 \text{ kg auf 1 cm Umfang},$$

$$M_b = 317 \cdot 0{,}5 = W \sigma_b \quad \text{und mit} \quad W = 1 \cdot 1{,}2^2 : 6 = 0{,}24 \text{ cm}^3,$$

$$\sigma_b = 317 \cdot 0{,}5 : 0{,}24 = 628 \text{ kg/cm}^2.$$

Schnitt *1—3*:

$$N = \frac{364 \cdot 315}{2\pi \cdot 57{,}35} = 318 \text{ kg}, \qquad \text{Hebelarm} = 0{,}8 \text{ cm},$$

$$W = 1 \cdot 1{,}3^2 : 6 = 0{,}282 \text{ cm}^3$$

und

$$\sigma_b = 318 \cdot 0{,}8 : 0{,}282 = 900 \text{ kg/cm}^2,$$

Schnitt *1—4*:

$$N = \frac{364 \cdot 315}{2 \cdot \pi\, 56{,}65} = 323 \text{ kg}, \qquad \text{Hebelarm} = 1{,}25,$$

$$W = 1 \cdot 1{,}55^2 : 6 = 0{,}40 \text{ cm}^3$$

und

$$\sigma_b = 323 \cdot 1{,}25 : 0{,}4 = 1000 \text{ kg/cm}^2.$$

Dazu käme noch die geringe Biegungsbeanspruchung durch exzentrischen Zug und die Zugbeanspruchung durch den schraffierten Kranzteil.

Sind die oberen Kranzabmessungen festgelegt, so wird die weitere Kranzform mit schlankem Übergang in die Scheibe ausgeführt. Zur Ermittlung der Beanspruchungen im Kranzquerschnitt muß dessen Größe und die Lage des Schwerpunktes ermittelt werden. Letzterer kann aus den Flächenmomenten leicht bestimmt werden.

Bezeichnen f_I, f_{II} ... die Inhalte der Flächen I, II ... in Abb. 224 und s_I, s_{II} die Abstände der Schwerpunkte dieser Flächen von einer Bezuglinie, z. B. vom inneren Rand des Kranzes mit dem Halbmesser r_2, so ist, wenn $f_k = 2\,f_I + 2\,f_{II} + \cdots$ der Kranzquerschnitt und s der gesamte Schwerpunktsabstand von r_2

$$2\,f_I\,s_I + 2\,f_{II}\,s_{II} + \cdots = f_k\,s,$$

woraus

$$s = (2\,f_I\,s_I + 2\,f_{II}\,s_{II} + \cdots) : f_k \tag{7}$$

und

$$r_k = r_2 + s.$$

Beispiel 3. Es sei mit den Bezeichnungen nach Abb. 224 $a = 10$, $b = 15$, $c = d = 7$ $m = 20$, $n = 25$ mm, $y_2 = 10$ mm, $y_k = 28$ mm, $r_2 = 41{,}5$ cm.

Der Kranzquerschnitt ist

$$f_k = 2\,f_I + 2\,f_{II} + f_{III} + f_{IV} = 2 \cdot 7 \cdot 9 + 2 \cdot 7 \cdot 6{,}5$$
$$+ 6 \cdot 28 + 25 \cdot (28 + 10) : 2 = 126 + 91 + 168 + 475 = 860 \text{ mm}^2 = 8{,}6 \text{ cm}^2$$

und

$$s = \frac{126 \cdot 41{,}5 + 91 \cdot 34{,}5 + 168 \cdot 28 + 475 \cdot 14{,}6}{860} \simeq 23{,}2 \text{ mm} = 2{,}32 \text{ cm},$$

somit

$$r_s = r_2 + s = 41{,}5 + 2{,}32 \simeq 43{,}8 \text{ cm}.$$

Wäre der Kranz ein frei rotierender Ring ohne Zusammenhang mit der Scheibe, so wäre durch seine eigene Fliehkraft die Umfangsspannung (Tangentialspannung) bei Annahme gleichmäßiger Verteilung (s. Berechnung der Trommeln, S. 225)

$$\sigma_u = \mu\,\omega^2\,r_k^2 = \mu\,u^2 \text{ kg/cm}^2;$$

dazu käme die Beanspruchung durch die Schaufeln auf den Schwerpunktskreis bezogen

$$\sigma_{rs} = C_s z_s : 2\pi\,r_k\,y_k \text{ kg/cm}^2 \tag{8}$$

Über den halben Umfang verteilt ist die in 2 diametral gegenüberliegenden Querschnitten wirkende Kraft (vgl. Abb. 244, S. 225)

$$\int_0^{180^\circ} \sigma_{rs}\,r_k \sin\varphi\,y_k\,d\varphi = 2\,\sigma_{rs}\,y_k\,r_k = 2\,f_k\,\sigma_{ts}$$

und die Tangentialspannung

$$\sigma_{ts} = \sigma_{rs}(y_k/f_k)\,r_k \text{ kg/cm}^2; \tag{9}$$

die Gesamtbeanspruchung ist dann

$$\sigma_t = \sigma_u + \sigma_{ts}.$$

Für das Beispiel 1, S. 212, und 3, S. 213 wäre

$$\sigma_u = \mu\,\omega^2 r^2 = \frac{0{,}0084}{981} \cdot 130321 \cdot 43{,}8^2 = 2136 \text{ kg/cm}^2,$$

$$\sigma_{rs} = \frac{345 \cdot 250}{2\,\pi \cdot 43{,}8 \cdot 2{,}8} = 224 \text{ kg/cm}^2$$

und

$$\sigma_{ts} = 224 \cdot \frac{2{,}8}{8{,}6} \cdot 43{,}8 = 3193 \text{ kg/cm}^2.$$

Man sieht daraus, daß der Kranz sich nicht selbst tragen könnte.

2. Die Radscheibe.

Die Radscheibe wird durch die im Kranz auftretende Radialkraft R und durch die eigene Fliehkraft F radial, und durch die Kräfte T als Komponenten tangential beansprucht.

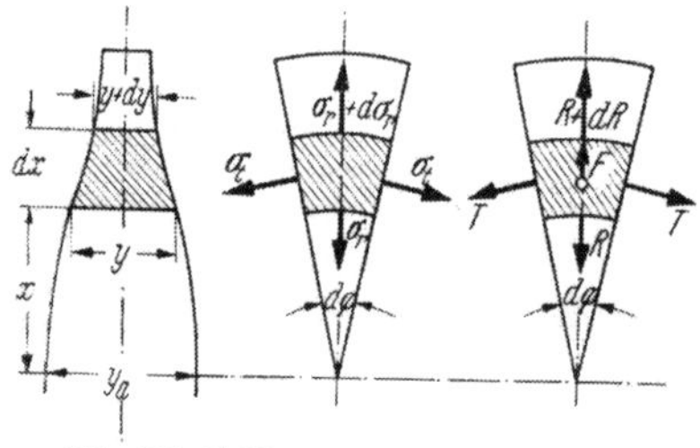

Abb. 226. Kräfte am Scheibenelement.

Ist $\mu = \gamma/g$ die spezifische Masse, d. h. die Masse der Raumeinheit (1 cm³) mit γ in kg/cm³ und $g = 981$ cm/sek², ω die Winkelgeschwindigkeit, so wirken an einem Scheibenelement (Abb. 226) die radialen Spannungen σ_r und die tangentialen Spannungen σ_t, somit die Kräfte $R = \sigma_r\, y\, x\, d\varphi$ innen, $R + dR = (\sigma_r + d\sigma_r)\,(y + dy) \times (x + dx)\, d\varphi$ außen, $T = \sigma_t \cdot y\, dx$ und die Fliehkraft $F = \mu\, y\, x\, d\varphi\, dx\, \omega^2\, x$ *.

Unter Vernachlässigung der unendlich kleinen Glieder höherer Ordnung ist

$$R + dR = (\sigma_r\, y\, x + \sigma_r\, dy\, x + \sigma_r\, y\, dx + d\sigma_r\, y\, x)\, d\varphi.$$

Aus dem Gleichgewicht der Kräfte am Scheibenelement folgt

$$R + dR - R - T\, d\varphi + F = 0,$$

worin $2\,T \sin d\varphi/2 = 2\,T\, d\varphi/2 = T\, d\varphi$ die Summe der radialen Komponenten von T; nach Einsetzen und Streichung von $d\varphi$ ist

$$\sigma_r\, y\, x + \sigma_r\, dy\, x + \sigma_r\, y\, dx + d\sigma_r\, y\, x - \sigma_r\, y\, x - \sigma_t\, y\, dx + \mu\, y\, dx\, \omega^2\, x^2 = 0$$

oder

$$\sigma_r\, x \frac{dy}{dx} + \sigma_r\, y + y\, x \frac{d\sigma_r}{dx} - \sigma_t\, y + \mu\, y\, \omega^2\, x^2 = 0,$$

$$\frac{d}{dx}(x\, y\, \sigma_r) - \sigma_t\, y + \mu\, y\, \omega^2\, x^2 = 0. \tag{10}$$

Durch die Spannungen werden *Dehnungen* ε hervorgerufen, welche nach der Elastizitätstheorie senkrecht dazu Zusammenziehungen $\nu\varepsilon$ ($\nu = 0{,}3$) verursachen. Die radiale Ausdehnung durch die Spannung σ_r ist $\alpha\sigma_r$, wenn α die Dehnungszahl ($\alpha = 1/E$, E Elastizitätsmodul), und die Tangentialspannung ruft gleichzeitig eine Querverkürzung $\nu\,\sigma_t\,\alpha$ hervor. Dann ist die spezifische Dehnung

$$\text{radial } \varepsilon_r = \alpha\,(\sigma_r - \nu\,\sigma_t), \tag{11a}$$

$$\text{tangential } \varepsilon_t = \alpha\,(\sigma_t - \nu\,\sigma_r). \tag{11b}$$

---

* Allgemein ist $F = m r \omega^2 = \frac{\gamma\, V}{g}\, r\, \omega^2$, wobei $V = y \cdot x d\varphi \cdot dx$, da $x d\varphi$ die innere Bogenlänge.

Ist ξ die durch die Dehnung entstehende Verschiebung, so wächst der innere Umfang eines sehr dünnen Ringes vom Halbmesser x von $2\pi x$ auf $2\pi(x+\xi)$, und die spezifische Dehnung im Umfange ist

$$\varepsilon_t = \frac{2\pi(x+\xi) - 2\pi x}{2\pi x} = \frac{\xi}{x}. \tag{12}$$

Durch die außen am Ring wirkende größere Spannung $\sigma_r + d\sigma_r$ wird der äußere Halbmesser $x + dx$ eine Verschiebung $\xi + d\xi$ erfahren, d. h. die Ringstärke dx wird $dx + d\xi$, so daß ihre Dehnung

$$\varepsilon_r = \frac{dx + d\xi - dx}{dx} = \frac{d\xi}{dx} \tag{13}$$

ist. Nach Einsetzen in Gl. (11a/b) wird ($E = 1/\alpha$)

$$\sigma_r = \frac{E}{1-\nu^2}(\varepsilon_r + \nu\varepsilon_t) = \frac{E}{1-\nu^2}\left(\frac{d\xi}{dx} + \nu\frac{\xi}{x}\right), \tag{14a}$$

$$\sigma_t = \frac{E}{1-\nu^2}(\varepsilon_t + \nu\varepsilon_r) = \frac{E}{1-\nu^2}\left(\nu\frac{d\xi}{dx} + \frac{\xi}{x}\right). \tag{14b}$$

Durch Einsetzen in Gl. (10) erhält man

$$\frac{d^2\xi}{dx^2} + \left[\frac{d(\ln y)}{dx} + \frac{1}{x}\right]\frac{d\xi}{dx} + \left[\frac{\nu}{x}\frac{d(\ln y)}{dx} - \frac{1}{x^2}\right]\xi + \frac{\mu\omega^2 x(1-\nu^2)}{E} = 0. \tag{15}$$

Die Gl. (14a/b) und (15) dienen zur Ermittlung der unbekannten Größen, wenn die Bedingungen für die Spannungen eingeführt werden. Es können entweder die Scheibenabmessungen angenommen und die Spannungen ermittelt werden, oder man schreibt die Spannungen und die Scheibenstärke an einer Stelle vor und ermittelt die Scheibenform.

Nach Gl. (14a/b) sind die Spannungen durch die Funktion von ξ voneinander abhängig; aus Gl. (11b) und (12) ist $\xi = (\sigma_t - \nu\sigma_r)x\alpha$, und die Ableitung davon dem Werte aus Gl. (13) gleichgesetzt, gibt

$$\frac{d\sigma_t}{dx} - \nu\frac{d\sigma_r}{dx} = (1+\nu)\frac{\sigma_r - \sigma_t}{x}, \tag{16}$$

woraus bei Annahme einer Spannung in Abhängigkeit von x die andere bestimmt ist.

a) Scheibe gleicher Festigkeit. Hierbei sollen die radialen und tangentialen Spannungen überall denselben Wert haben, also $\sigma_r = \sigma_t = \sigma$ sein; Gl. (10) geht dann wegen $\frac{d\sigma}{dx} = 0$ über in

$$\sigma x\frac{dy}{dx} + \sigma y + yx\frac{d\sigma}{dx} - \sigma y + \mu y\omega^2 x^2 = 0,$$

$$\frac{dy}{dx} + \frac{\mu\omega^2}{\sigma}xy = 0, \tag{10a}$$

mit der allgemeinen Lösung

$$y = y_a e^{-\frac{\mu\omega^2}{2\sigma}x^2}, \tag{17}$$

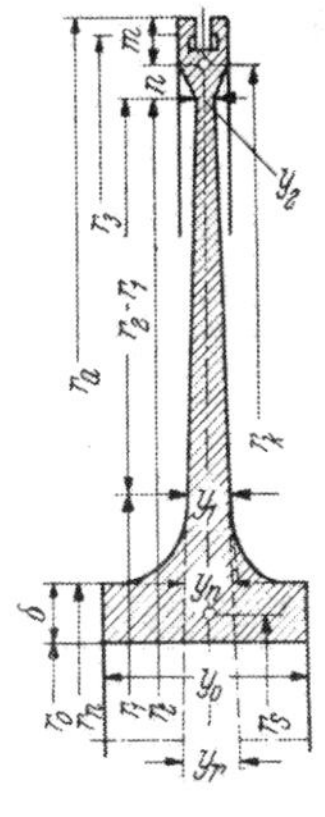

Abb. 227. Laufradberechnung.

wenn y_a die Scheibenstärke in Wellenmitte, Abb. 227 ($x = 0$). Ist die Scheibenstärke y_2 in $x = r_2$ vorgeschrieben, so ist

$$y_a = y_2 e^{\frac{\mu\omega^2}{2\sigma}r_2^2} \tag{17a}$$

und im Abstand $x = r_1$

$$y_1 = y_2 e^{\frac{\mu\omega^2}{2\sigma}(r_2^2 - r_1^2)} \tag{17b}$$

oder
$$\lg \frac{y_1}{y_2} = 0{,}434 \frac{\mu\,\omega^2}{2\,\sigma} (r_2^2 - r_1^2). \tag{17c}$$

Ebenso muß die spezifische Dehnung in allen Richtungen gleich sein, und die lineare Ausdehnung beträgt [aus Gl. (11a/b) und (12)]
$$\xi = (1 - \nu)\,\alpha\,\sigma\,x\,. \tag{18}$$

Um die Scheibe zu berechnen, müssen die Randbedingungen, d. h. die Spannung vom Kranz und von den Schaufeln berücksichtigt werden.

Ist σ_{rs} die spezifische Spannung nach Gl. (8) auf den Schwerpunktkreis des Kranzes bezogen, so ist für 1 cm Umfang dieses Kreises die Spannung $\sigma_{rs}\,y_k$; die Fliehkraftspannung durch den Kranz ist $\mu\,f_k \cdot 1 \cdot r_k\,\omega^2$ und die im Anschluß an die Scheibe wirkende Spannkraft, auf den Schwerpunktkreis bezogen $\sigma\,y_2 r_2/r_k$, wenn y_2 die Scheibenstärke in r_2. Dann wirkt auf 1 cm Umfang radial nach außen die Kraft
$$q_1 = \sigma_{rs}\,y_k + \mu\,f_k\,r_k\,\omega^2 - \sigma\,y_2\,r_2/r_k\,. \tag{19}$$

Aus dem Gleichgewicht der Kräfte und Spannungen im halben Kranz folgt
$$2\,f_k\,\sigma_t = \int_0^{180^0} q_1\,r_k \sin\varphi\,d\varphi = q_1\,2\,r_k \quad \text{oder} \quad \sigma_t = \frac{q_1\,r_k}{f_k}\,. \tag{20}$$

Außer der Tangentialspannung herrscht von den Schaufeln noch eine radiale Spannung, die in den Flanken des Kranzes $\sigma_{r4} = \sigma_{rs}\,y_k/2\,i$ (Abb. 224) beträgt und allmählich in σ in r_2 übergeht; ist der Mittelwert dieser Spannungen σ_{rm}, so ist die Umfangsdehnung des Kranzes
$$\varepsilon_t = (\sigma_t - \nu\,\sigma_{rm})\,\alpha = \xi_k/r_k\,.$$

Die radiale Verschiebung ξ_2 in r_2 kann $= \xi_k$ in r_k gesetzt werden, dann ist
$$\xi_2 = (\sigma_t - \nu\,\sigma_{rm})\,r_k\,\alpha\,. \tag{21}$$

Die Verschiebung des Scheibenrandes ist aber nach Gl. (18)
$$\xi_2' = (1 - \nu)\,r_2\,\sigma\,\alpha\,,$$

und da wegen des Zusammenhanges von Kranz und Scheibe $\xi_2 = \xi_2'$ sein muß, so folgt aus Gl. (19), (20) und (21) die Spannung
$$\sigma = \frac{\sigma_{rs}\,y_k\,r_k^2 + \mu\,r_k^3\,f_k\,\omega^2 - \nu\,\sigma_{rm}\,r_k\,f_k}{(1 - \nu)\,r_2\,f_k + y_2\,r_2\,r_k}\,.$$

Man kann das letzte Glied im Zähler fortlassen, also die Radialspannung durch die Schaufeln im Kranz vernachlässigen, dann ist
$$\sigma = \frac{\sigma_{rs}\,y_k\,r_k^2 + \mu\,r_k^3\,f_k\,\omega^2}{(1 - \nu)\,r_2\,f_k + y_2\,r_2\,f_k} \tag{22}$$

mit $\nu = 0{,}3$; zur weiteren Vereinfachung kann $r_2 = r_k$ gesetzt und Zähler und Nenner durch r_k dividiert werden.

War in r_2 die Scheibenstärke y_2 angenommen, so kann mit σ aus Gl. (22) die Stärke der Scheibe an jeder Stelle nach Gl. (17b) oder (17c) ermittelt werden.

Beispiel 4. Für dieselben Verhältnisse wie im Beispiel 1, S. 212, und 3, S. 214, sei ferner nach Abb. 224 und 227 $m = 20$, $n = 25$, $y_2 = 10$ mm, $r_2 = 41{,}5$, also $r_k = 43{,}8$, $r_1 = 20{,}0$ mm (Beginn des Übergangs in die Nabe), nach S. 214 war $\sigma_{rs} = 224$ kg/cm², $\mu\,\omega^2 = 1{,}116$, damit wird
$$\sigma = \frac{224 \cdot 2{,}8 \cdot 43{,}8^2 + 1{,}116 \cdot 43{,}8^3 \cdot 8{,}6}{0{,}7 \cdot 41{,}5 \cdot 8{,}6 + 1 \cdot 41{,}5 \cdot 43{,}8} = 972 \text{ kg/cm}^2.$$

Bei gleicher Festigkeit muß die Stärke in r_1 nach Gl. (17b) bzw. (17c)

$$\lg \frac{y_1}{y_2} = \frac{0{,}434 \cdot 1{,}116}{2 \cdot 972} (41{,}52 - 20^2) = 0{,}32937\,,$$

$$\frac{y_1}{y_2} = 2{,}135\,, \qquad y_1 = 10 \cdot 2{,}14 \simeq 21{,}4 \text{ mm sein,}$$

an der Nabe von $r_n = 120$ mm

$$\lg \frac{y_n}{y_2} = \frac{0{,}434 \cdot 1{,}116 \cdot (41{,}5^2 - 12^2)}{2 \cdot 972} = 0{,}3726$$

$$\frac{y_n}{y_2} = 2{,}36\,, \qquad y_n = 10 \cdot 2{,}36 = 23{,}6 \cong 24 \text{ mm}\,,$$

und in Wellenmitte

$$\lg \frac{y_a}{y_2} = \frac{0{,}434 \cdot 1{,}116 \cdot 415^2}{1944} = 0{,}4288\,,$$

$$\frac{y_a}{y_2} = 2{,}69; \qquad y_a = 10 \cdot 2{,}69 = 26{,}9 = 27 \text{ mm}\,,$$

Ausdehnung in r_2 nach Gl. (18)

$$\xi_2 = \frac{(1-\nu)\,\sigma\, r_2}{E} = \frac{0{,}7 \cdot 972 \cdot 41{,}5}{2\,200\,000} = 0{,}0128 \text{ cm} = 0{,}128 \text{ mm}\,.$$

Meist führt man die seitliche Begrenzung des Scheibenquerschnittes geradlinig aus, dann ist die Spannung nicht mehr überall gleich; weicht die Stärke wenig von der für gleiche Spannung ermittelten ab, so kann die Spannung angenähert aus Gl. (17b) für einen Abstand r_1 zu

$$\sigma_1 = 0{,}434 \frac{\mu\,\omega^2\,(r_2^2 - r_1^2)}{2 \lg (y_1/y_2)} \text{ kg/cm}^2$$

ermittelt werden.

b) Scheibe gleicher Stärke. Solche Scheiben kommen im Hochdruck- und Mitteldruckteil vor, wenn sie aus dem Vollen (s. S. 236) hergestellt werden; sie haben dann keine einzelne Nabe und keine innere Bohrung. Da die Beanspruchungen in der Scheibe gleicher Stärke nach der Nabe hin zunehmen, sind solche Scheiben nur für geringe Umfangsgeschwindigkeit geeignet. Bei größeren Geschwindigkeiten wird höchstens ein Teil in der Nähe des Kranzes mit gleicher Stärke ausgeführt (vgl. Abb. 232, S. 222).

Da $y = \text{const}$, geht Gl. (15), S. 215, über in

$$\frac{d^2\xi}{dx^2} + \frac{1}{x}\frac{d\xi}{dx} - \frac{\xi}{x} + (1-\nu^2)\frac{\mu\,\omega^2}{E} = 0\,.$$

Durch Integration wird

$$\frac{1}{x}\frac{d}{dx}(\xi\, x) = -(1-\nu^2)\frac{\mu\,\omega^2\,x^2}{2\,E} + 2\,b_1$$

und endlich

$$\xi = -\frac{(1-\nu^2)\,\mu\,\omega^2}{8\,E}\,x^3 + b_1\,x + \frac{b_2}{x}, \tag{23}$$

oder mit der Abkürzung $A = \frac{(1-\nu^2)\,\mu\,\omega^2}{E}$

$$\xi = -\frac{A}{8}\,x^3 + b_1\,x + \frac{b_2}{x}. \tag{23a}$$

Die Spannungen werden dann aus Gl. (14a/b)

$$\sigma_r = \frac{E}{1-\nu^2}\left[-(3+\nu)\frac{A}{8}\,x^2 + (1+\nu)\,b_1 - (1-\nu)\frac{b^2}{x^2}\right], \tag{24a}$$

$$\sigma_t = \frac{E}{1-\nu^2}\left[-(1+3\nu)\frac{A}{8}\,x^2 + (1+\nu)\,b_1 + (1-\nu)\frac{b_2}{x^2}\right]. \tag{24b}$$

Die Konstanten b_1 und b_2 ergeben sich aus den Randbedingungen.

Es sei hier nur die volle Scheibe, d. h. ohne Bohrung für die Welle, betrachtet.

Bei *freiem* Rand, d. h. ohne Spannung, ist für den Rand mit $x = r_2$, $\sigma_r = 0$ und für $x = 0$ ist $\xi = 0$; nach Gl. (23) ist allgemein auch $b_2 = 0$ und auch $b_2/x^2 = 0$, weil im Mittelpunkt $\sigma_r = \sigma_t$ sein muß. Für b_1 ergibt sich aus Gl. (24a/b)

$$b_1 = \frac{3+\nu}{1+\nu}\,\frac{A}{8}\,r_2^2 = \frac{(3+\nu)}{8}\,\frac{(1-\nu^2)\,\mu\,\omega^2}{E}\,r_2^2 \tag{25}$$

und die Spannungen

$$\text{für } x = 0 \qquad \sigma_r = \sigma_t = \frac{3+\nu}{8}\,\mu\,\omega^2 r_2^2\,, \tag{26a}$$

$$\text{für } x = r_2 \qquad \sigma_r = 0, \quad \sigma_t = \frac{1-\nu}{4}\,\mu\,\omega^2 r_2^2\,. \tag{26b}$$

Für die *ruhende* Scheibe mit der Radialspannung σ_{rs} am Rand (durch die Schaufel) ist $b_2 = 0$ und $b_1 = (1-\nu)\,\alpha\,\sigma_{rs}$. Daraus folgt nach Gl. (24a/b), daß überall

$$\sigma_r = \sigma_t = \sigma_{rs}\,.$$

Für die umlaufende Scheibe mit der Randspannung σ_{rs} ist die Beanspruchung die algebraische Summe der Spannungen, somit

$$\text{für } x = 0 \qquad \sigma_r = \sigma_t = \frac{3+\nu}{8}\,\mu\,\omega^2 r_2^2 + \sigma_{rs}\,, \tag{27a}$$

$$\text{für } x = r_2 \qquad \sigma_r = \sigma_{rs}; \qquad \sigma_t = \frac{1-\nu}{4}\,\mu\,\omega^2 r_2^2 + \sigma_{rs}\,. \tag{27b}$$

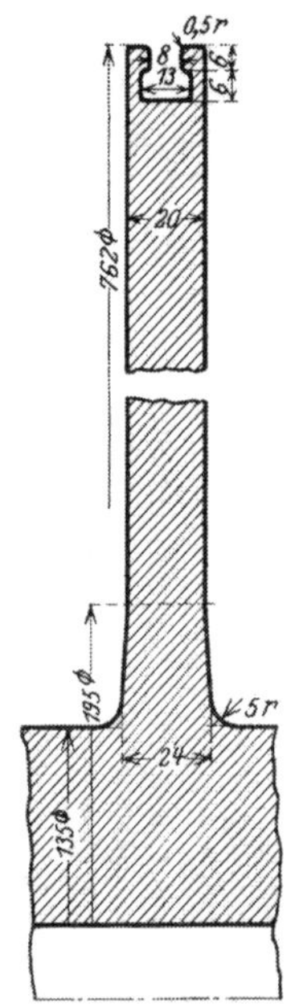

Abb. 228. Scheibe gleicher Stärke.

Da die Scheiben mit der Welle aus dem Vollen hergestellt sind, so ist die Scheibendicke beim Übergang in die Welle gleich dem Abstand der Scheibenmitten. Dadurch wird die Spannung in der Wellenmitte wesentlich geringer als Gl. (27a) ergibt.

Die Ausdehnung wird

$$\xi = (1-\nu)\,\alpha\,\sigma\,x\,. \tag{28}$$

Beispiel 5. Für eine Scheibe gleicher Stärke $y = 20$ mm nach Abb. 228 sei das Schaufelgewicht einschließlich Deckband und Füllstück $G_s = 25$ g, Schaufelzahl $z_s = 230$, $n = 3000$; bei 15% Überschreitung ist

$$\omega = \frac{1{,}15 \cdot 3000\,\pi}{30} = 361{,}22\,, \qquad \omega^2 = 130520\,.$$

Die Fliehkraft einer Schaufel ist mit $r_s = r_a = 381$ mm

$$C_s = \frac{G_s}{g}\,r_s\,\omega^2 = \frac{0{,}025}{9{,}81} \cdot 0{,}381 \cdot 130520 \simeq 127 \text{ kg}\,,$$

und die Spannung in $r_4 = 381 - 12 = 369$ mm auf die ganze Stärke verteilt angenommen

$$\sigma'_{rs} = \frac{C_s z_s}{2\,\pi\,r_4\,y} = \frac{127 \cdot 230}{2\,\pi \cdot 36{,}9 \cdot 2} \simeq 63 \text{ kg/cm}^2.$$

Vom Eigengewicht des Kranzes bis r_4 ist die Fliehkraft, auf die ganze Stärke verteilt ($a\,b, \ldots$ s. Abb. 228)

$$\sigma_{ru} = \frac{(y-b)\,(c+d)\,2\,\pi\,r_3\,\gamma\,r_3\,\omega^2}{g \cdot 2\,\pi\,r_4\,y} + \frac{(b-a)\,c\,2\,\pi\,(r_a - 0{,}5\,c)^2\,\omega^2}{g \cdot 2\,\pi\,r_4\,y}$$

$$= \frac{\gamma\,\omega^2}{g\,r_4\,y}\left[(y-b)\,(c+d)\,r_3^2 + (b-a)\,c\,(r_a - 0{,}5\,c)^2\right]$$

$$= \frac{0{,}0082 \cdot 130520}{981 \cdot 36{,}9 \cdot 2}\,(0{,}7 \cdot 1{,}2 \cdot 37{,}5^2 + 0{,}5 \cdot 0{,}6 \cdot 37{,}8^2) \simeq 24 \text{ kg/cm}^2$$

$$\sigma_{rs} = \sigma'_{rs} + \sigma_{ru} = 63 + 24 = 87 \text{ kg/cm}^2.$$

Nach Gl. (27b) ist die Spannung in $r_4 = 36{,}9$ cm

$$\sigma_r = \sigma_{rs} = 87 \text{ kg/cm}^2; \qquad \sigma_t = \frac{0{,}7}{4} \mu \omega^2 r_4^2 + \sigma_{rs}$$

$$= \frac{0{,}7}{4} \cdot 1{,}09 \cdot 36{,}9^2 + 87 = 260 + 87 = 347 \text{ kg/cm}^2.$$

In Wellenmitte wäre nach Gl. (27a)

$$\sigma_r = \sigma_t = \frac{3{,}3}{8} \cdot 1{,}09 \cdot 36{,}9^2 + 87 = 615 \text{ kg/cm}^2.$$

3. Die Radnabe.

Sie dient zur Befestigung des Laufrades auf der Welle, wo sie mit einer gewissen Montagespannung (Schrumpfungsdruck) p_0 kg/cm² aufgesetzt wird; diese Spannung muß im Ruhezustande so bemessen sein, daß sich im Betriebe das Laufrad bei Dehnung durch die Fliehkraft nicht lockert, sondern noch ein Anpressungsdruck σ_0 (= 50 kg/cm²) übrigbleibt. Betrachtet man die Nabe zunächst als Ring von geringer radialer Dicke δ (Abb. 227), der außen durch die radiale Scheibenspannung σ_{rn}, welche auf der Scheibenstärke y_n angreift, innen durch die über die Nabenbreite verteilte Spannung σ_0 und ferner durch die eigene Fliehkraftspannung $\mu \omega^2 r_s^2$ belastet ist, dann ist für die als gleichmäßig angenommene Tangentialspannung in der Nabe σ_{t0}

$$\sigma_{t0} 2 y_0 \delta = \sigma_{rn} y_n 2 r_n + \sigma_0 y_0 2 r_0 + \mu \omega^2 r_s^2 2 \delta y_0$$

und

$$\sigma_{t0} = (\sigma_{rn} y_n r_n + \sigma_0 y_0 r_0 + \mu \omega^2 r_s^2 y_0 \delta) \frac{1}{y_0 \delta}. \tag{29}$$

Die radiale Ausdehnung der Nabe ist dann

$$\xi_n = \sigma_{t0} r_s \alpha \tag{30}$$

und muß gleich sein der Ausdehnung der Scheibe im Anschluß an die Nabe, welche bei der Scheibe gleicher Festigkeit $\sigma = \sigma_{rn}$

$$\xi'_n = (1 - \nu) \alpha \sigma r_n = \xi_n \tag{30a}$$

ist. Aus Gl. (29), (30) und (30a) kann σ_{t0} und y_0 bestimmt werden, wenn δ angenommen wird; meist ergibt sich y_0 konstruktiv, dann kann aus Gl. (29) die Spannung σ_{t0} ermittelt werden. Wird σ_{t0} zu groß, so muß δ vergrößert werden.

Beispiel 6. Es sei für das Rad nach Beispiel 4 S. 216 $y_n = 2{,}4$ cm, $r_n = 12$ cm, $r_0 = 7{,}5$ cm, $\delta = 4{,}5$ cm, $y_0 = 10$ cm und $\sigma_0 = 50$ kg/cm²; $\sigma = \sigma_{rn} = 972$ kg/cm². Dann ist nach Gl. (29) ($\mu \omega^2 = 1{,}116$).

$$\sigma_{t0} = (972 \cdot 2{,}4 \cdot 12 + 50 \cdot 10 \cdot 7{,}5 + 1{,}116 \cdot 9{,}75^2 \cdot 4{,}5 \cdot 10) \frac{1}{4{,}5 \cdot 10} = 812 \text{ kg/cm}^2.$$

Gl. (29) gilt jedoch nur bei kleiner Dicke δ im Vergleich zum Nabendurchmesser; ist δ groß, wie im obigen Beispiel, so kann die Spannung nicht mehr als gleichmäßig im Querschnitt angesehen werden, sondern die Nabe ist als Scheibe gleicher Dicke zu berechnen.

Für die Ausdehnung der Scheibe in r_n, die aus Gl. (30) bekannt ist, gilt Gl. (23), S. 217

$$\xi_n = -\frac{(1 - \nu^2) \mu \omega^2}{8 E} r_n^3 + b_1 r_n + \frac{b_2}{r_n}, \tag{23}$$

ferner ist am inneren Umfang r_0 der Nabe die Spannung $\sigma_r = -\sigma_0$ (als Druck nach außen) wirksam, für welche Gl. (24a) gilt:

$$-\sigma_0 = \frac{E}{1 - \nu^2} \left[-\frac{3 + \nu}{8} \frac{\mu \omega^2 (1 - \nu^2)}{E} r_0^2 + (1 + \nu) b_1 - (1 - \nu) \frac{b_2}{r^2} \right]. \tag{24a}$$

Aus diesen Gleichungen können b_1 und b_2 ermittelt werden und damit nach Gl. (24a), S. 217

$$\sigma_{rn} = \frac{E}{1-\nu^2}\left[-\frac{3+\nu}{8} A\, r_n^2 + (1+\nu)\, b_1 - (1-\nu)\frac{b_2}{r_n^2}\right]. \tag{31}$$

Diese Spannung verteilt sich auf die Breite y_0 (Abb. 227), wobei bei gleichmäßiger Verteilung die auf 1 cm Umfang wirkende Kraft $\sigma_{rn}\, y_0 \cdot 1$ gleich der von der Scheibe tatsächlich auf die Nabe übertragenen Kraft $\sigma\, y_n$ angenommen sei, d. h.

$$\sigma_{rn}\, y_0 = \sigma\, y_n\,, \tag{32}$$

was jedoch nur bei wenig abweichenden Breiten y_0 und y_n zulässig ist.

Aus Gl. (32) kann die Nabenlänge angenähert bestimmt werden.

Es empfiehlt sich, die Scheibe mit schlanker Abrundung in die Nabe übergehen zu lassen, wie in Abb. 227 angegeben. Die größte auftretende Spannung ist die Tangentialspannung in r_0, die nach Gl. (24b), S. 217 berechnet werden kann.

Im allgemeinen wird man die Nabe, wie auch die Scheibe, symmetrisch nach den Seiten ausführen; unsymmetrische Naben haben natürlich abweichende Spannungsverteilung, die Spannungen werden in dem Teil mit größerer Nabenlänge kleiner ausfallen, ebenso die Dehnungen, so daß die Scheibe durch die Nabe nicht gleichmäßig beeinflußt wird. Durch die Verschiedenheit der Nabendehnung kann sich die Scheibe verwölben (s. v. FREUDENREICH [Va]).

Beispiel 7. Für dieselbe Nabe nach Beispiel 6 S. 219 mit $r_n = 12$ cm, $r_9 = 7{,}5$ cm, $\delta = 4{,}5$ cm, $\sigma_0 = 50$ kg/cm² und $\sigma = 972$ kg/cm² ist die radiale Ausdehnung nach Gl. (30a)

$$\xi_n = (1-\nu)\,\sigma\, r_n\, \alpha = \frac{0{,}7 \cdot 972 \cdot 12}{E} = \frac{8165}{E}$$

und damit aus Gl. (23) und (24a) S. 217, mit

$$A = \frac{(1-\nu^2)\,\mu\,\omega^2}{E} = \frac{1{,}0156}{E}, \quad \text{wird} \quad b_1 = \frac{14{,}12}{E} \quad \text{und} \quad b_2 = \frac{98\,543}{E}$$

und die radiale Spannung an der Nabe außen nach Gl. (31)

$$\sigma_{rn} = \frac{E}{1-\nu^2}\left[-\frac{3+\nu}{8}\,\frac{1{,}0156}{E}\cdot 144 + 1{,}3\cdot\frac{14{,}12}{E} - 0{,}7\cdot\frac{98\,543}{E\cdot 144}\right] = 580 \text{ kg/cm}^2.$$

Die Berechnung der Scheiben kann auch *graphisch* erfolgen, indem die Formänderung vorgeschrieben wird und daraus die Spannungen und die Scheibenabmessungen bestimmt werden. Ein graphisches Verfahren wendet HOLZER [V, Va] an, wobei σ_r graphisch angenommen wird.

Bei gegebenen Scheiben kann auf verschiedene Art der Spannungsverlauf ermittelt werden. Es sei auf die Verfahren von GRÜBLER [V], H. KELLER [V], DONATH [IIb] und PÖSCHL [V] hingewiesen. DONATH nimmt statt des wirklichen Profils ein Näherungsprofil an, das aus einer Anzahl von Ringen gleicher Stärke besteht, für welche die Gl. (24a/b) gelten; es wird die Summe S und die Differenz D der Tangential- und Radialspannungen gebildet und der Unterschied ΔS bzw. ΔD dieser Werte in den aufeinanderfolgenden Ringen für die Berechnung benutzt, wobei die Konstanten aus errechneten Kurvenscharen entnommen werden. Für die Scheibe gleicher Dicke ist das Verfahren ganz genau, bei veränderlicher Dicke genügend genau, wenn die Ringe so gewählt werden, daß das Stärkenverhältnis in den aufeinanderfolgenden Ringen nahe an 1 ist.

Neuere Berechnungen s. H. BAER [Va], C. KELLER [V, Va], O. FÖPPL [V].

4. Werkstoffe der Laufräder.

Martinstahl wird nur unter $u = 200$ m/sek Umfangsgeschwindigkeit zu verwenden sein; bei höheren Beanspruchungen kommen Sonderstähle in Frage. Die Festigkeitseigenschaften der einzelnen Stahlarten sind folgende:

	Festigkeit kg/mm²	Streckgrenze kg/mm²	Dehnung %
Martinstahl	52—60	30	18
Spezialmartinstahl . . .	60—70	35	18
Nickelstahl	62—70	38	18
Chromnickelstahl . . .	75	60	13
Spez.-Manganstahl . . .	70	45	15

Weitere Werkstoffe s. S. 206.

Die Beanspruchung der Laufräder ist am größten in der Innenfaser der Nabenbohrung. Für normale Geschwindigkeit wird sie zu 0,25 bis 0,4 der Streckgrenze zugelassen. Die Laufräder werden zwecks Prüfung mit bis zu 50% höherer Drehzahl geschleudert, wobei man sogar bis über die Streckgrenze gekommen ist. Die Laufräder erfordern sorgfältige Herstellung, die Spannungen müssen durch Glühen nach dem Schruppen und nach weiteren Bearbeitungsgängen ausgeglichen werden. Um die Eigenschaften des Baustoffes nachprüfen zu können, werden Probestäbe von der Nabe entnommen, die mit entsprechender Zugabe hergestellt werden muß.

B. Ausführung und Befestigung der Laufräder.

Bei einstufigen Turbinen hat DE LAVAL das Laufrad ohne Bohrung als Scheibe gleicher Festigkeit ausgeführt.

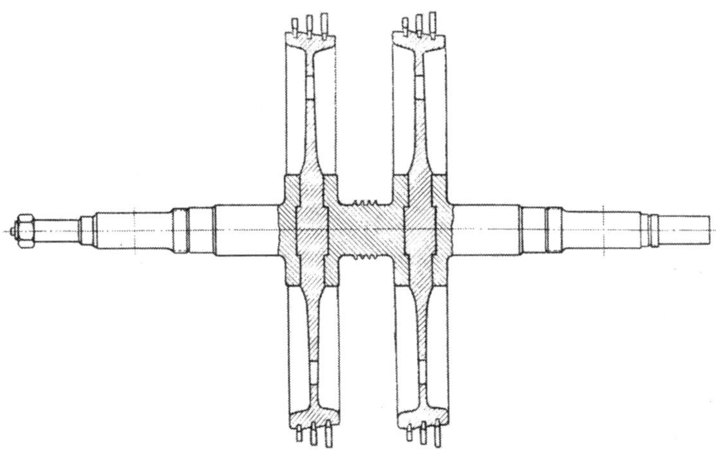

Abb. 229. Laufradbefestigung (SSW).

Auch bei zwei Laufrädern läßt sich die Bohrung in der Mitte vermeiden, wie Abb. 229 (SSW) zeigt, die Laufräder sind durch Bolzen mit den Flanschen der Welle verschraubt.

Können die Laufräder nicht ohne Bohrung ausgeführt werden, so müssen sie mit Spannung aufgezogen werden, die so groß sein muß, daß im Betriebe, trotz der Dehnung durch die Fliehkraft, noch ein Restbetrag σ_0 an Anpressungsdruck vorhanden ist, um Lockerwerden zu verhüten. Ist die Tangentialspannung in der Nabe nach Gl. (24b), S. 217 oder Gl. (29), S. 219 berechnet, so ist die radiale Ausdehnung nach Gl. (23) oder (30) zu bestimmen; um diesen Betrag muß der Halbmesser der Nabenbohrung kleiner sein als der Durchmesser der Welle bzw. der Tragringe. Die Laufräder werden gleichmäßig angewärmt und auf die Welle oder die Ringe geschoben; um Verziehen bei ungleicher Erwärmung oder beim Erkalten zu vermeiden, werden die Räder häufig hydraulisch auf die Welle gepreßt. Zum Übertragen des Drehmomentes dienen Federkeile, die für den auftretenden Flächendruck zu bemessen sind; bei größeren Durchmessern werden je zwei Keile diametral gegenüber angeordnet.

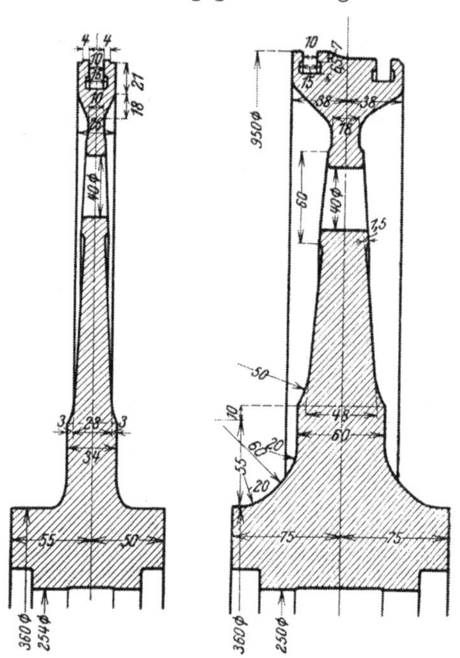

Abb. 230 u. 231. Laufräder (WUMAG).

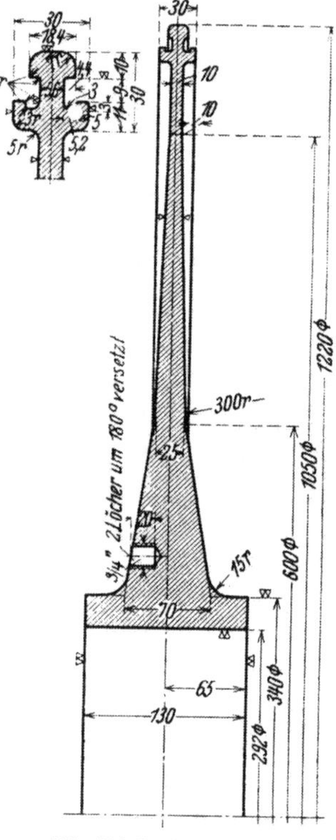

Abb. 232. Laufrad der BEW

Abb. 230 zeigt ein Laufrad der WUMAG mit Verstärkung der Scheibe an der Nabe, um Verspannen beim Aufpressen zu vermeiden; Abb. 231 stellt ein Geschwindigkeits- (Curtis-) Rad derselben Firma dar. Die Ausgleichlöcher erhöhen die Spannung am Lochrand, weswegen diese Löcher an den weniger beanspruchten Stellen der Scheibe angebracht werden müssen.

Ein Laufrad der Bergmann E.-W. zeigt Abb. 232 für reitend aufgesetzte Schaufeln nach Abb. 205, S. 199 und Abb. 233 ein Laufrad der AEG für Steckfußbeschauflung (Abb. 203, S. 198).

Abb. 234 ist das letzte Rad einer 100000-kW-Turbine, $n = 3000$, der UdSSR.

Daß Aufziehen der Laufräder direkt auf die Welle (Abb. 235) ist zwar die einfachste Art, hat aber den Nachteil, daß bei etwa zu groß ausgefallener Nabenbohrung das Rad nicht verwendbar ist, während bei Tragringen (Abb. 236) diese angepaßt werden können; ferner ist das beim Auswechseln eines Rades erforderliche Abziehen der Räder schwieriger und ein nochmaliges Aufziehen derselben ergibt vielleicht nicht mehr die nötige Montagespannung. Da die Naben sich früher erwärmen als die Welle, muß für axiale Ausdehnungsmöglichkeit gesorgt werden, was nach Abb. 235 durch eine starke Asbestscheibe *a* geschehen kann, deren Herausschleudern durch den übergreifenden Ring *b* vermieden wird; dann wird die Mutter nicht zu fest angezogen und durch Schraubenstifte (Madenschrauben) gesichert.

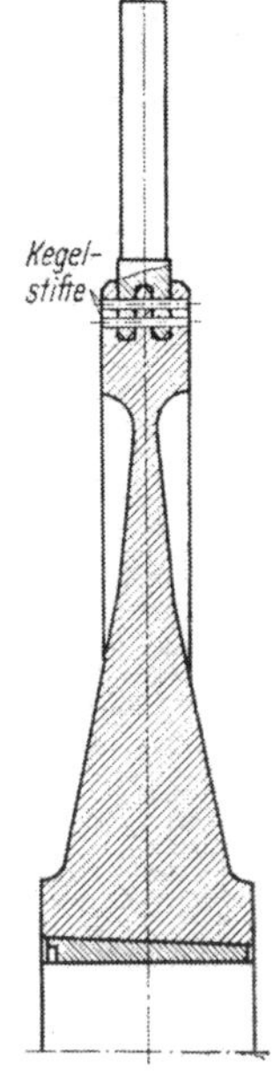

Abb. 233. Radscheibe für Steckfußschaufeln (AEG).

Vorzuziehen ist die Befestigung durch Tragringe; die Welle kann hierbei überall gleichen Durchmesser erhalten oder mit Absätzen versehen sein (Abb. 236), gegen welche sich die Tragringe stützen und das Verschieben in der einen Richtung verhindern, während axiales Spiel zwischen Nabe und Ring bzw. zwischen den benachbarten Naben Ausdehnung zuläßt. Die Ringe sind geschlitzt, um sie leichter über die Welle streifen zu können und sind genau auf Wellenbohrung ausgedreht. Eine andere Befestigungsart mittels Tragringen zeigt Abb. 237; jedes Rad sitzt auf zwei besonderen Ringen, die geschlitzt sind, der eine greift kolbenringartig in eine Eindrehung in der Welle ein und hat so axialen Halt.

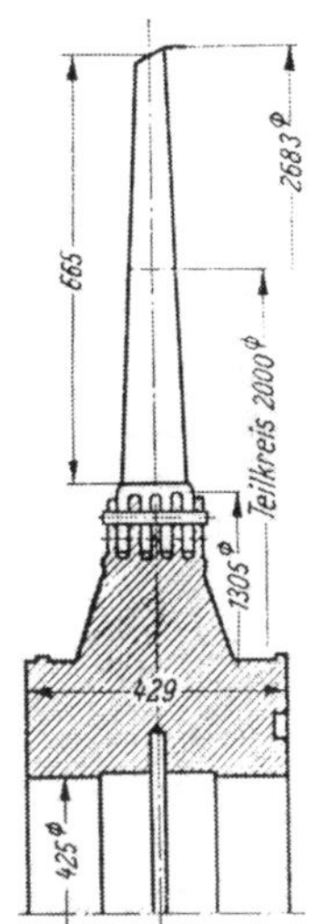

Abb. 234. Laufrad der letzten Stufe für 100000 kW $u = 3000$ der UdSSR.

Gut bewährt hat sich die Befestigung mittels Konus; die Laufräder werden mit gewünschter Spannung aufgepreßt und können leicht wieder abgezogen werden. Bei nur einem Laufrad kann der Konus gleich auf der Welle angebracht sein (vgl. Abb. 434, S. 363) oder es wird eine geschlitzte kegelige Büchse angewendet (Abb. 238). Bei mehreren Rädern wendet die AEG die Konstruk-

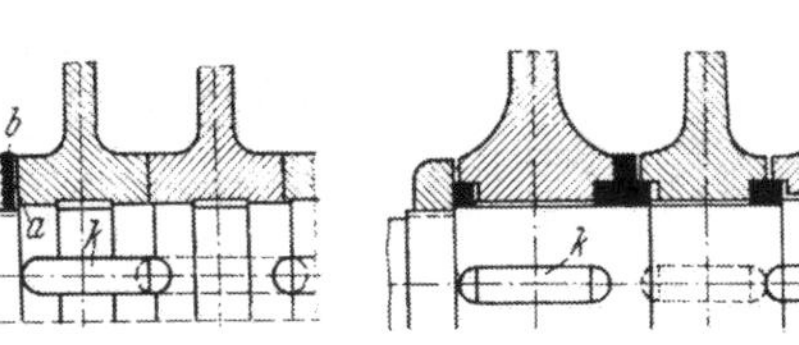

Abb. 235. Laufradbefestigung.

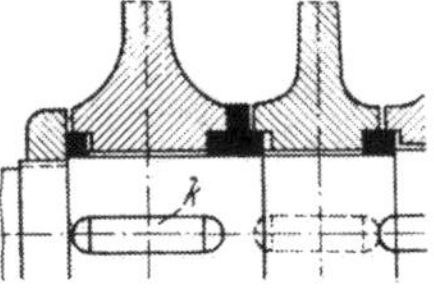

Abb. 236. Laufradbefestigung.

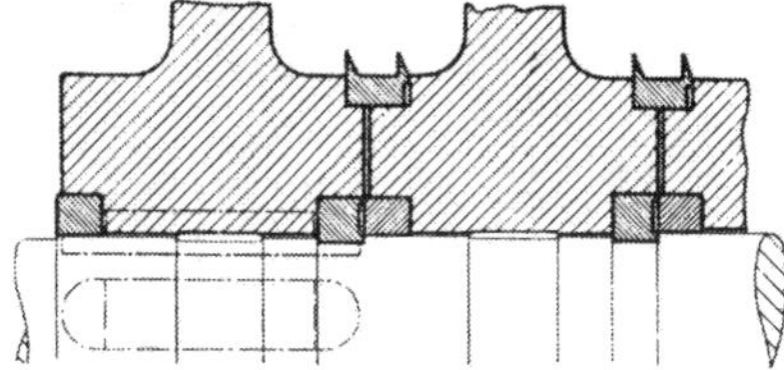

Abb. 237. Laufradbefestigung.

tion nach Abb. 239 an; die Räder werden auf die geschlitzten Büchsen gepreßt und gemeinsam durch eine Mutter gehalten. Das Abziehen der Laufräder wird erleichtert durch das in die Aussparungen der Büchsen gedrückte starre Fett, das durch Füllringe am Abfließen gehindert wird; eine Abziehvorrichtung dazu zeigt Abb. 240.

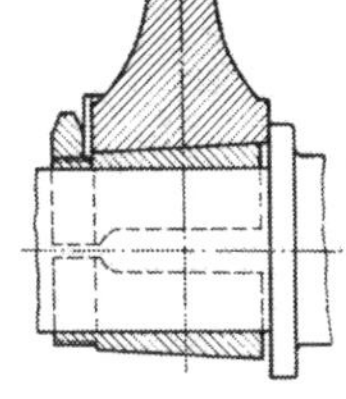

Abb. 238. Laufradbefestigung.

Für hohe Temperaturen und große Umfangsgeschwindigkeiten befestigt die AEG die Laufräder durch eine größere Anzahl radialer Bolzen, Abb. 241, welche das Laufrad mit einer Büchse verbinden, die ihrerseits durch Keile mit der Welle verbunden ist.Rad und Büchse werden leicht auf die Welle geschrumpft. Durch die Bolzen ist ein Verschieben des Laufrades selbst beim Aufhören der Schrumpfspannung ausgeschlossen.

Eine andere Befestigungsart, durch elastische U-förmige Ringe, wenden BBC an (Abb. 242); zu starke Beanspruchung durch Schrumpfspannungen wird vermieden, die Ringe sind radial federnd, aber steif gegen exzentrische Kräfte.

Neuerdings befestigen BBC die Laufräder auf der Welle oder der Trommel durch Lippenschweißung (D.R.P.), Abb. 243. Durch die Hinterdrehung ist die Schweißstelle elastisch, Wärmespannungen im Laufteil treten nicht auf.

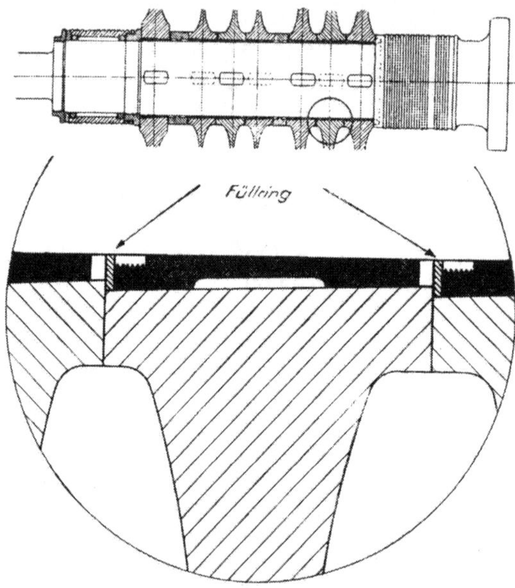

Abb. 239. Laufradbefestigung der AEG.

Bei kombinierten Gleichdruck-Überdruckturbinen werden die Radscheiben auf die Trommel geschrumpft oder mit der Trommel axial verschraubt, wobei sie ohne Bohrung ausgeführt werden können (vgl. Abb. 464, S. 389).

Die sicherste Ausführung hinsichtlich Befestigung ist die Herstellung der Laufräder mit der Welle aus dem Vollen; diese Art hat noch den Vorteil, daß die Baulänge kleiner werden kann, da der Radabstand geringer wird als durch die bei Einzelrädern erforderliche Nabenlänge möglich ist. Der Nachteil dieser Ausführung ist die schwierige Herstellung des Schmiedestückes, das keine Fehler aufweisen darf, die sich aber erst bei der Bearbeitung zeigen und bei einem Fehler an nur einer Scheibe das ganze Stück unbrauchbar wird. Der ganze Läufer muß durch mehrfaches Glühen nach dem Vordrehen und nach weiterer Bearbeitung spannungsfrei gemacht werden. Einen solchen Läufer zeigt Abb. 254, S. 236.

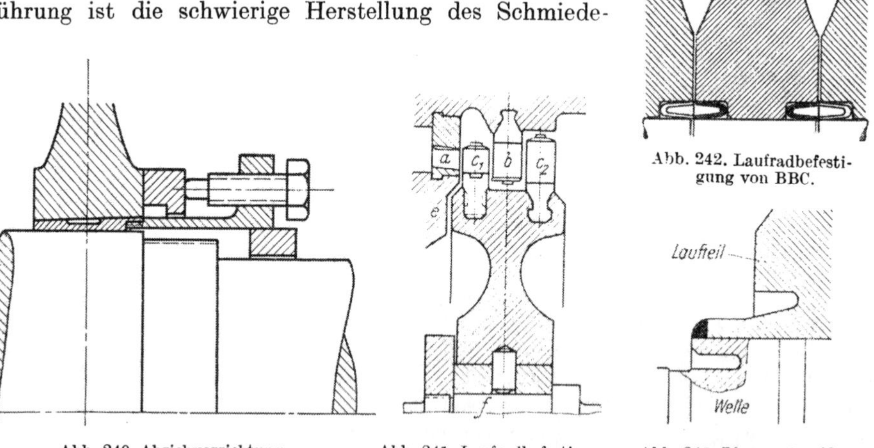

Abb. 242. Laufradbefestigung von BBC.

Abb. 240. Abziehvorrichtung.

Abb. 241. Laufradbefestigung (AEG).

Abb. 243. Lippenschweißung (BBC).

IV. Trommeln.

Die Anordnung der Schaufeln auf Trommeln wird bei Überdruckschauflung angewendet, da die Schaufelreihen dicht nebeneinander sitzen müssen und Zwischenböden nicht möglich sind. Trommeln sind jedoch nur für mäßige Umfangsgeschwindigkeiten geeignet (etwa bis 120 m/sek), bei größeren Geschwindigkeiten werden die Schaufeln in Radscheiben gesetzt.

A. Berechnung.

Die Festigkeitsberechnung der Trommeln ist einfacher als diejenige der Laufräder, da man die Trommel als frei rotierenden Ring von geringer radialer Stärke δ auffassen kann. Durch die eigene Fliehkraft tritt nur eine Tangentialspannung σ_u auf, welche den Ring in zwei Hälften zerreißen würde; greift man einen Ring von der Breite b heraus, wobei b z. B. gleich dem Abstand von Mitte zu Mitte Schaufelreihe ist, so wirkt die Spannung auf zwei Querschnitte $f = b\,\delta$.

Die Fliehkraft des halben Ringes ist (Abb. 244)

$$F = m\,r_s\,\omega^2 \quad \text{und mit} \quad m = f\frac{\pi\,r\,\gamma}{g}, \quad r_s = \frac{2\,r}{\pi},$$

$$F = f\frac{\pi\,r}{g}\,\gamma\,\frac{2\,r}{\pi}\,\omega^2 = 2\,f\,r^2\,\omega^2\,\frac{\gamma}{g}.$$

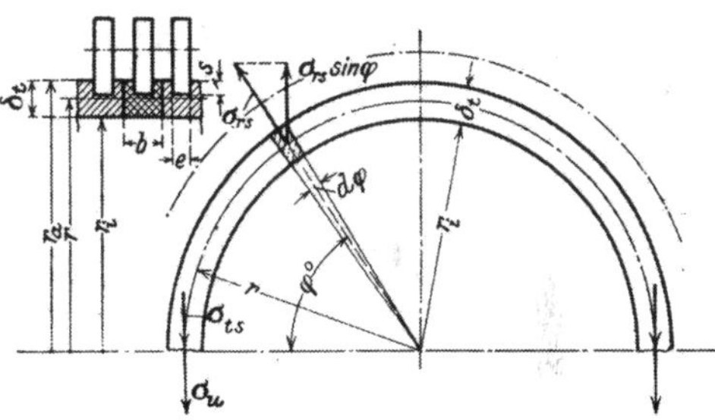

Abb. 244. Trommelberechnung.

Aus dem Gleichgewicht der Kräfte und Spannungen folgt

$$2\,f\,\sigma_u = F = 2\,f\,r^2\,\omega^2\,\frac{\gamma}{g},$$

$$\sigma_u = \frac{\gamma}{g}\,r^2\,\omega^2 = \mu\,u^2, \qquad (33)$$

wenn $\mu = \frac{\gamma}{g}$ die spezifische Masse und u die Umfangsgeschwindigkeit.

Die Spannung ist demnach nur von der Umfangsgeschwindigkeit abhängig und beträgt für $\gamma = 0{,}00785$, $g = 981$ cm/sek²

bei $u =$	25	50	75	100	125	150	200 m/sek,
$\sigma_u =$	50	200	450	800	1250	1800	3200 kg/cm².

Daraus ist ersichtlich, daß selbst ohne Beanspruchung durch die Schaufeln die Umfangsgeschwindigkeit 120 m/sek nicht überschreiten sollte.

Die Spannung wird noch erhöht durch die Radialspannung infolge der Fliehkraft der Schaufeln. Nimmt man diese gleichmäßig verteilt über den Umfang an als Radialspannung σ_{rs}, so ist die in der Richtung von F wirkende Komponente für ein Element von der Länge $r\,d\varphi$ (Abb. 244)

$$\sigma_{rs}\,b\,r\,d\varphi\,\sin\varphi\,,$$

wenn als Breite der Abstand der Schaufelreihenmitten gesetzt wird; die dazu senkrechten Komponenten heben sich gegenseitig auf. Für die Ringhälfte ergibt sich durch Integration die Resultierende

$$C_s = \int_0^{180} \sigma_{rs}\,b\,r\,\sin d\varphi = 2\,\sigma_{rs}\,b\,r\,,$$

die in den zwei Querschnitten von je $b\,\delta$ die Spannung σ_{ts} hervorruft, die aus dem Gleichgewicht der Kräfte und Spannungen

$$\sigma_{ts} 2 \delta b = C_s = 2 \sigma_{rs} b r$$

sich zu

$$\sigma_{ts} = \sigma_{rs} \frac{r}{\delta} \tag{34}$$

ergibt.

Hierbei ist δ die reduzierte Trommelstärke unter Berücksichtigung der Nuten für die Schaufeln; ist δ_t die wirkliche Trommelstärke, s die Tiefe und e die Breite der Nuten, so ist aus $\delta b = b \delta_t - e s$

$$\delta = \delta_t - \frac{e_s}{b} \quad \text{und} \quad \sigma_{rs} = \frac{C z_s}{b r} = \frac{G_s}{g},$$

wenn C die Fliehkraft einer Schaufel mit Deckband und Füllstück, z_s die Schaufelzahl.

Somit ist die Gesamtspannung

$$\sigma + \sigma_u = \sigma_{rs} \frac{r}{\delta}. \tag{35}$$

Hinzu kommen noch die Spannungen durch die Befestigung der Trommel und durch etwaiges Verstemmen der Schaufeln. Auch Biegungsspannungen durch das Eigengewicht treten auf, die allerdings meist sehr klein sind.

Als *Werkstoff* für die Trommel wird meist Martin-Flußstahl von 40 bis 47 kg/mm² Festigkeit, 22 kg/mm² Streckgrenze und 22% Dehnung oder Spezial-Martinstahl von 52 bis 60 kg/mm² Festigkeit, 32 kg/mm² Streckgrenze und 18% Dehnung verwendet. Bei besonders hoher Beanspruchung (bis $u = 150$ m/sek) wird Ni-Stahl gewählt.

B. Ausführung und Befestigung der Trommeln.

Das Aufschrumpfen der Trommel wird immer noch viel angewendet, jedoch darf die Spannung nicht zu groß sein wegen der zusätzlichen Beanspruchung der Trommel; meist wird das Übermaß der Welle über die Trommelbohrung ein Tausendstel des Innendurchmessers derselben genommen, was sich praktisch bewährt hat und auch rechnerisch nachgewiesen werden kann (Stodola [Ia]).

Die ursprüngliche Ausführung von Parsons mit beiderseitig eingeschrumpfter Welle hat man verlassen zugunsten der Ausführung der Welle am Hochdruckende mit der Trommel aus einem Stück und Aufschrumpfen am Niederdruckende; dadurch wird die gerade im Hochdruckteil bestehende Gefahr des Lockerwerdens beseitigt und Spannungen werden vermieden.

Die einfachste Trommelbauart ist der Einstückläufer, Abb. 245, der aber nur für Durchmesser bis höchstens 1 m anwendbar ist, wegen der Schwierigkeit, große Durchmesser homogen herzustellen. Bei kleinen Durchmessern im Hochdruckgebiet verwenden BBC auf die Welle aufgezogene zylindrische Trommelteile, die mit der Welle durch Lippenschweißung (vgl. Abb. 243) verbunden werden, so daß Keilverbindungen mit den die Welle schwächenden Nuten wegfällt. Eine solche Ausführung zeigt Abb. 490, S. 412. Bei größeren Durchmessern mit nicht zu hoher Umfangsgeschwindigkeit (etwa 120 m/sek) wird der hintere Wellenstumpf in die Trommel mit geringer Schrumpfspannung eingesetzt und durch Lippenschweißung verbunden (vgl. Abb. 243, S. 224). Bei den größten Durchmessern, welche eine Hohltrommel nicht mehr zulassen, wird der Läufer aus Radscheiben ohne Bohrung gebildet, die Scheiben werden miteinander verschweißt und durch Lippenschweißung mit dem Hochdruckteil verbunden, s. Abb. 450, S. 377 (BBC), Abb. 463, S. 388 (Steinwerder Ind.-AG).

Um die Schrumpfspannungen zu vermeiden, werden die Trommeln auch mit den Wellen axial verschraubt. Abb. 246 (SSW-Röder) zeigt eine solche Ausführung, bei welcher die Laufradscheiben ohne Bohrung ausgeführt und die letzten Überdruckstufen als Scheiben ausgebildet werden können.

Einen Läufer für eine Zweifach-Entnahmeturbine der GHH zeigt Abb. 247. Die Nuten für die Laufschaufeln werden nach Nutenlehren eingestochen. Die Bolzen *W* dienen zum Auswuchten des Läufers.

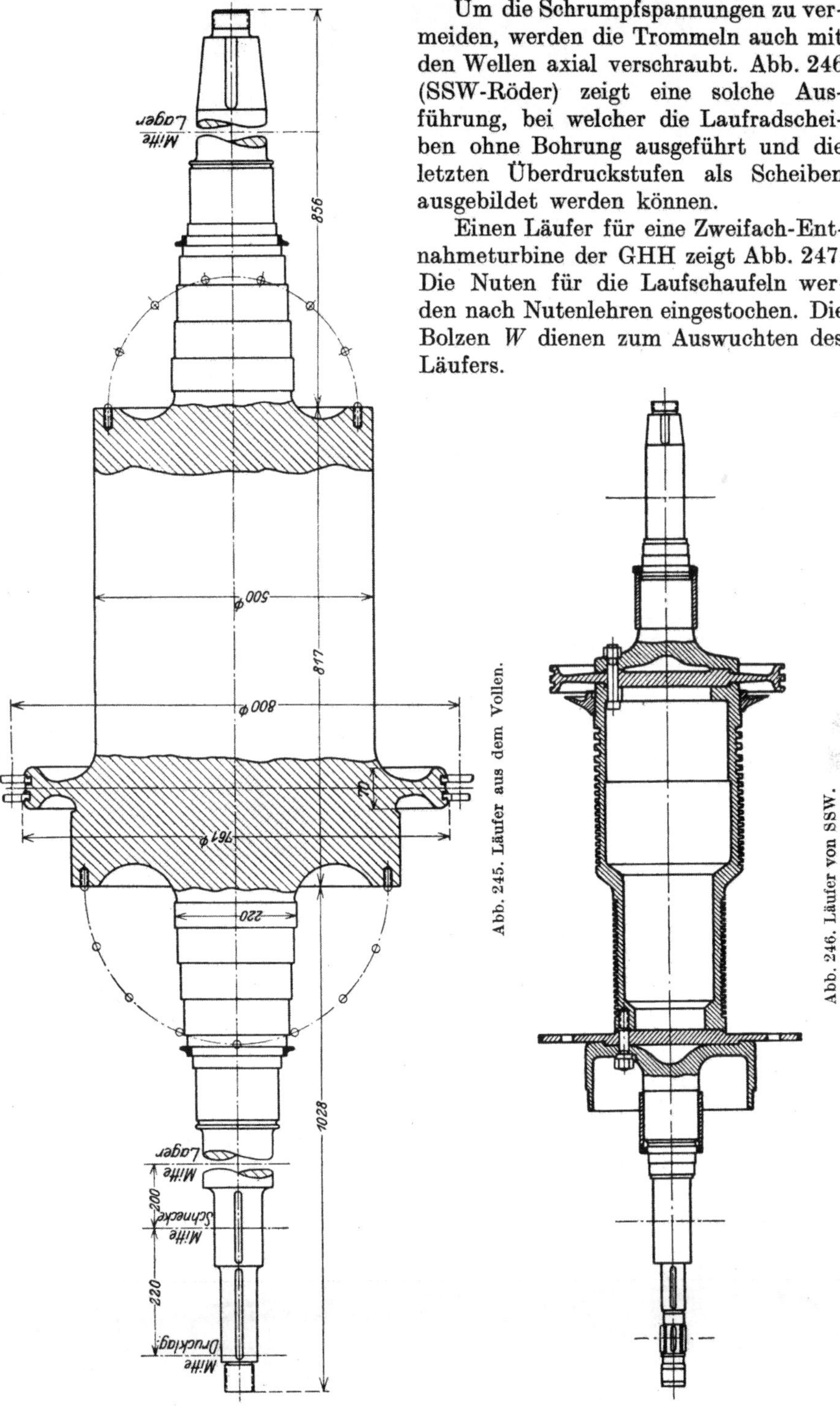

Abb. 245. Läufer aus dem Vollen.

Abb. 246. Läufer von SSW.

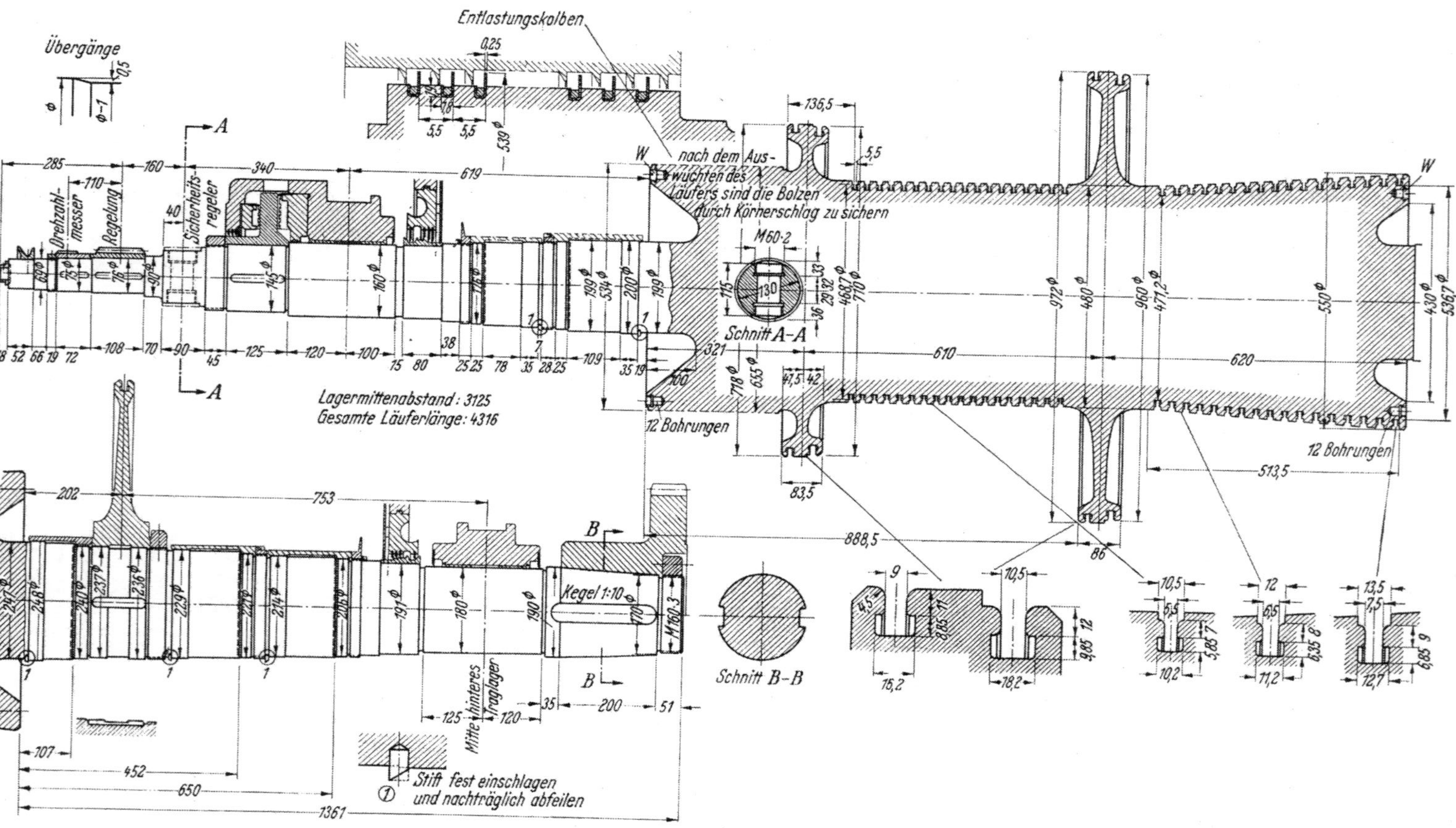

Abb. 247. Läufer der GHH.

C. Ausgleich des Axialschubes.

Bei *Gleichdruckturbinen* entsteht ein Axialschub nur durch die Saugwirkung des strömenden Dampfes und durch den Druckunterschied an den Wellenabsätzen vor der ersten und nach der letzten Stufe. Die Saugwirkung verursacht eine geringe Drucksenkung vor den Laufradscheiben, wodurch ein Schub zur Hochdruckseite hin entsteht, der nicht genau zu berechnen ist. Durch Ausgleichlöcher in den Radscheiben (s. Abb. 230, 231, S. 222) kann der Druckunterschied und damit der Schub aufgehoben werden.

Der Axialschub durch den Druckunterschied an den Wellenabsätzen beträgt, wenn p_1 der Druck in der ersten Stufe, p_0 derjenige in der letzten Stufe, d_{nH} bzw d_{nN} die Durchmesser der Radnaben, d_{Hst} bzw. d_{Nst} die Durchmesser der Hochdruck- bzw. Niederdruckstopfbüchse,

$$S = \frac{\pi}{4}(d_{nH}^2 - d_{nN}^2)\,p_1 - \frac{\pi}{4}(d_{Hst}^2 - d_{Nst}^2)\ \text{kg}\,.$$

Meist sind die Nabendurchmesser der Stufen gleich, und auch die Stopfbüchsendurchmesser, dann ist der Axialschub

$$S = \frac{\pi}{4}(d_n^2 - d_{st}^2)\,(p_1 - p_0)\ \text{kg}\,,$$

er ist nicht groß und kann durch das Drucklager aufgenommen werden.

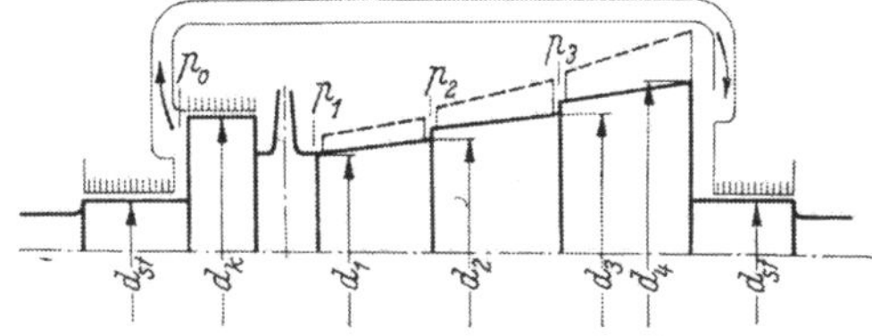

Abb. 248. Axialschubausgleich.

Bei *Überdruckturbinen* tritt eine in der Achsenrichtung wirkende Kraft auf durch den Dampfüberdruck auf die Schaufeln und auf die Stirnseiten der Trommelabsätze. Diese Kraft muß durch geeignete Maßnahmen, Ausgleich- oder Entlastungskolben, ausgeglichen werden, da sie von den Drucklagern nicht aufgenommen werden kann.

Ist p_1 der Druck vor, p_2 derjenige hinter dem Schaufelkranz und f_s die Stirnfläche desselben [wobei bei halber Reaktion $(p_1 - p_2)$ = dem halben Druckgefälle der Stufe und $f_s = \pi\, D\, l$, mit dem Stufendurchmesser D und der Schaufellänge l], so ist unter Vernachlässigung des Reibungsdruckes und des geringen Unterschiedes der Axialkomponenten der Dampfein- und -austrittsgeschwindigkeiten der Axialschub einer Schaufelreihe

$$f_s(p_1 - p_2)\,;$$

wäre f_s für alle Schaufelreihen gleich, so wäre der Axialschub aller Schaufelreihen zusammen $f_s(p_1 - p_0)$, wenn p_1 der Anfangs- und p_0 der Enddruck des Überdruckteils. Da f_s aber veränderlich ist, so kann mit einem Mittelwert f_{sm} gerechnet werden, dann ist der Axialschub aller z Schaufelreihen

$$f_{sm}(p_1 - p_0)\,z = S_1\,.$$

Der Schub durch den Druck auf die Stirnflächen der Trommelabsätze ist, wenn F_1, F_2, F_3 $\left[F_1 = \frac{\pi}{4}(d_2^2 - d_1^2),\ F_2 = \frac{\pi}{4}(d_3^2 - d_2^2)\text{ usw., Abb. 248}\right]$, die Ringflächen, p_1, p_2, p_3 die Drücke in den Räumen vor den Absätzen und p_0 der Austrittsdruck

$$S_2 = F_1(p_1 - p_0) + F_2(p_2 - p_0) + F_3(p_3 - p_0)$$

und somit der gesamte Axialschub $S = S_1 + S_2$.

Um diesen Axialschub nach Möglichkeit auszugleichen, wurden früher so viel Entlastungskolben an der Hochdruckseite angeordnet, als Trommelabsätze vorhanden waren; jetzt wird meist nur ein Entlastungskolben ausgeführt, dessen Durchmesser so bemessen ist, daß der Druck auf denselben den ganzen Axialschub ausgleicht; die andere Seite des Kolbens wird mit dem Vakuum oder mit einer Zwischenstufe verbunden bzw. mit dem Außendruck bei Gegendruckturbinen. Dann ist für p_0 der entsprechende Raumdruck zu setzen.

Ist d_k der Durchmesser des Entlastungskolbens, d_1 der Durchmesser der Trommel am Entlastungskolben (Abb. 248), dann muß zum Ausgleich des Axialschubes

$$\frac{\pi}{4}(d_k^2 - d_1^2) = S$$

sein, woraus der Durchmesser des Ausgleichkolbens berechnet werden kann.

Beispiel. Für die Überdruckturbine, die S. 163ff. berechnet worden ist, soll der Durchmesser des Ausgleichkolbens ermittelt werden.

Der Axialdruck auf die Schaufeln beträgt mit den Werten der Zahlentafeln S. 169 u. 172 $\pi D l (p_1 - p_2)$:

2. Stufe: $\pi \cdot 50 \cdot 2{,}84\ (6{,}0 - 5{,}3) : 2 = 156$ kg
3. Stufe: $\pi \cdot 50{,}5 \cdot 3{,}0\ (5{,}3 - 4{,}63) : 2 = 162$ kg
4. Stufe: $\pi \cdot 51{,}0 \cdot 3{,}32\ (4{,}62 - 4{,}07) : 2 = 147$ kg
usw.
17. Stufe: $\pi \cdot 120 \cdot 8{,}45\ (0{,}468 - 0{,}293) : 2 = 277$ kg
20. Stufe: $\pi \cdot 120 \cdot 17{,}74\ (0{,}108 - 0{,}06) : 2 = 160$ kg
Summe aller Überdruckstufen $S_1 = 3313$ kg

Axialschub der Trommelabsätze

$$\left(\frac{\pi \cdot 75{,}0^2}{4} - \frac{\pi \cdot 47{,}2^2}{4}\right)(6{,}0 - 0{,}468) = 14300 \text{ kg}$$

$$\left(\frac{\pi \cdot 111^2}{4} - \frac{\pi \cdot 75^2}{4}\right)(0{,}468 - 0{,}06) = 2110 \text{ kg}$$

Zusammen $S_2 = 16410$ kg

Der ganze Schub somit $3313 + 16410 = 19723$ kg.

Der Durchmesser des Ausgleichkolbens folgt dann aus

$$\frac{\pi d_k^2}{4} - \frac{\pi \cdot 47{,}2^2}{4} \cdot (6{,}00 - 0{,}06) = 19723 \text{ kg},$$

woraus

$$\frac{\pi d_k^2}{4} = 5090 \text{ cm}^2 \quad \text{und} \quad d_k = 80{,}5 \text{ cm} = 805 \text{ mm } \varnothing.$$

Da der Axialschub mit der Belastung veränderlich ist, kann er nicht immer voll ausgeglichen werden, der übrigbleibende Teil muß vom Drucklager aufgenommen werden.

Der beste Ausgleich ist derjenige durch entgegengesetzte Stromführung, wie er bei Mehrgehäuseturbinen möglich ist (vgl. Abb. 450, S. 377); der Axialschub des Hochdruckteils wird durch den entgegengesetzt gerichteten Schub des Mitteldruckteils aufgehoben. Auch bei den Doppelend- (Zweifluß-) Turbinen ist vollständiger Ausgleich erreicht (Abb. 466, S. 391 u. Abb. 559/60, S. 476).

Die Ausgleichkolben werden zum besseren Abdichten mit Labyrinthen versehen, wie sie auch bei den Stopfbüchsen angewendet werden, s. Abb. 247 (GHH) u. 178, S. 188 (s. M. J. Gercke [V]).

V. Wellen.

A. Berechnung.

Die Wellen sind Biegungs- und Drehungsbeanspruchungen ausgesetzt und wären demzufolge wie belastete Wellen mit dem ideellen Biegungsmoment

$$M_i = 0{,}35\, M_b + 0{,}65 \sqrt{M_b^2 + (\alpha_0\, M_d)^2} = W\, \sigma_b$$

zu berechnen. Bei der hohen Drehzahl ist aber das Drehmoment meist sehr klein und die Biegungsbeanspruchung erreicht auch nur mäßige Höhe; wichtiger ist die Durchbiegung der Welle und ihr Verhalten bei hoher Drehzahl.

Die **kritische Drehzahl** der Wellen.

Ist bei einer gewichtslosen Welle der Schwerpunkt der Laufradscheibe vom Gewicht G kg um e aus der Wellenmitte verschoben (Abb. 249) und biegt sich die Welle um y cm durch, so ist die Fliehkraft

$$C = m\,(y + e)\,\omega^2 = \frac{G}{g}\,(y + e)\,\omega^2\,.$$

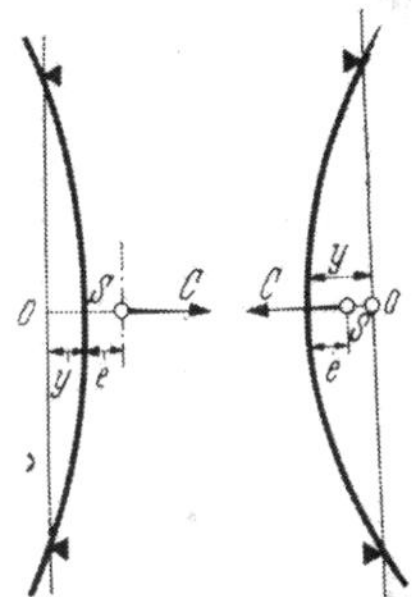

Abb. 249 u. 250. Kritische Drehzahl.

Dieser Fliehkraft hält die elastische Spannung der Welle das Gleichgewicht; ist P diese Gegenkraft für 1 cm Durchbiegung, so ist $P\,y$ die ganze Kraft, und es ist

$$C = P\,y = m\,(y + e)\,\omega^2\,,$$

woraus

$$y = \frac{m\,e\,\omega^2}{P - m\,\omega^2}\,. \tag{36}$$

Die Durchbiegung nimmt demnach mit wachsender Winkelgeschwindigkeit schnell zu und wird unendlich groß, wenn der Nenner Null wird, d. h. wenn $P = m\,\omega^2$ wird. Die zugehörige *kritische Winkelgeschwindigkeit* ist alsdann

$$\omega_k = \sqrt{P : m} = \sqrt{\frac{P}{G}\,g}\,. \tag{37}$$

In Wirklichkeit wird die Durchbiegung durch die Lagerung begrenzt oder die Geschwindigkeit wird so rasch gesteigert, daß sich die Durchbiegung nicht ausbilden kann; dann kann ω über ω_k gesteigert werden, die Durchbiegung wird negativ, sie kommt auf dieselbe Seite wie e (Abb. 250), d. h. die Exzentrizität verschwindet bei überkritischer Winkelgeschwindigkeit. Bei $\omega = \infty$ wäre $y = e$.

Die der kritischen Winkelgeschwindigkeit entsprechende *kritische Drehzahl* ist

$$n_k = \frac{30\,\omega_k}{\pi} = \frac{30}{\pi}\sqrt{\frac{P}{G}\,g} \cong 300\sqrt{\frac{P}{G}}\,,$$

da $g = 981$ cm/sek². Die zur Durchbiegung y erforderliche Kraft war $P\,y$, d. h. für ein cm P kg; es ist demnach die Durchbiegung im Ruhezustande durch das Gewicht G $f = G : P$ cm und damit die kritische Drehzahl

$$n_k = 300\sqrt{1/f}\,. \tag{38}$$

Somit ist die kritische Drehzahl abhängig von der Durchbiegung im Ruhezustande und aus dieser zu ermitteln.

Bei einer beiderseitig frei gelagerten Welle mit Belastung in der Mitte ist bei einer Lagermittenentfernung l die Durchbiegung $f = \frac{G\,l^3}{E\,J\,48}$ cm; bei Belastung außer der Mitte im Abstande a bzw. b von den Auflagern, wobei $a + b = l$, ist $f = \frac{G\,a^2\,b^2}{E\,J\,3\,l}$ und bei fliegend angeordnetem Rad $f = \frac{G\,l^3}{3\,E\,J}$ cm.

Wird das Eigengewicht der Welle berücksichtigt, so kann man bei glatter Welle die Durchbiegung bei gleichmäßig verteilter Last ermitteln und als gesamte Durchbiegung für n_k die Summe der Durchbiegungen durch Rad- und Wellengewicht einsetzen. (Bei frei aufliegender gleichmäßig belasteter Welle ist $f_w = 0{,}01302\,\frac{G_w\,l^3}{E\,J}$ und bei einseitig eingespannter Welle $f_w = \frac{G_w\,l^3}{E\,J}$ cm.)

Bei mehreren Laufrädern gilt für die kritische Winkelgeschwindigkeit ω_k die empirische Gleichung von Dunkerley

$$\frac{1}{\omega_k^2} = \frac{1}{\omega^2} + \frac{1}{\omega_1^2} + \frac{1}{\omega_2^2} + \cdots,$$

wenn ω die kritische Winkelgeschwindigkeit der Welle ohne Scheiben, $\omega_1, \omega_2, \ldots$ die kritischen Winkelgeschwindigkeiten der gewichtslosen Welle nur mit der Scheibe *1* bzw. nur mit der Scheibe *2* usw. belastet. Man kann das Gewicht der Welle in einzelne Teile geteilt zu den Gewichten der Laufscheiben hinzuschlagen, dann fällt $1/\omega^2$ fort.

Nach Gl. (37) ist mit $G : P = f$

$$\omega_1 = \sqrt{g/f_1}, \quad \omega_2 = \sqrt{g/f_2}, \quad \ldots$$

und

$$1/\omega^2 = f_1/g + f_2/g + \cdots = \sum(f) : g,$$

somit

$$\omega_k = \sqrt{\frac{g}{\Sigma(f)}} \quad \text{und} \quad n_k = 300\sqrt{\frac{1}{\Sigma(f)}}.$$

Auf dieser Beziehung beruht das Verfahren von M. Krause [V] zur Ermittlung der kritischen Drehzahl mehrfach belasteter Wellen, indem die einzelnen Durchbiegungen graphisch bestimmt werden; es ergibt jedoch bei frei aufliegenden Wellen um etwa 4,5% und für fliegende Anordnung etwa 1% zu niedrige Werte.

Genauer ist das Verfahren von G. Kull [V], bei welchem mit der reduzierten Duchbiegung gerechnet wird. Siehe auch Karas [IIb u. V], Dresden [V], Dubbers [V].

Das einfachste und sicherste Verfahren ist jedoch die *graphische Ermittlung* der Durchbiegung nach dem Mohrschen Verfahren, wie es in Abb. 251 an einem Beispiel durchgeführt ist. Der Einfachheit halber sind nur 5 Räder angenommen (für eine Gegendruck-Entnahmeturbine).

Man zeichnet die Welle im Maßstabe $1 : n$, ermittelt für die Wellenteile das Eigengewicht und das Gewicht der darauf befindlichen Laufräder, Büchsen u. dgl. und trägt diese Belastungen in einem Kräfteplan a im beliebigen Maßstab 1 mm $= p$ kg auf. Dann wählt man einen beliebigen Polabstand $H = a$ mm $= p\,a$ kg und zieht das Seileck b, das die Momentenflächen bildet. Nun werden für die verschiedenen Wellendurchmesser die Trägheitsmomente $J_1, J_2, \ldots$ ermittelt und die Ordinaten des Seilecks b auf eins von diesen Trägheitsmomenten oder ein beliebiges mittleres J_m bezogen, um für alle Teile dasselbe Trägheitsmoment einsetzen zu können; dazu sind die Ordinaten im Verhältnis $J_1 : J_m$, $J_2 : J_m, \ldots$ zu ändern, wodurch sich die gebrochene strichpunktierte Linie ergibt und die Momentenflächen auf das Trägheitsmoment J_m reduziert erscheinen.

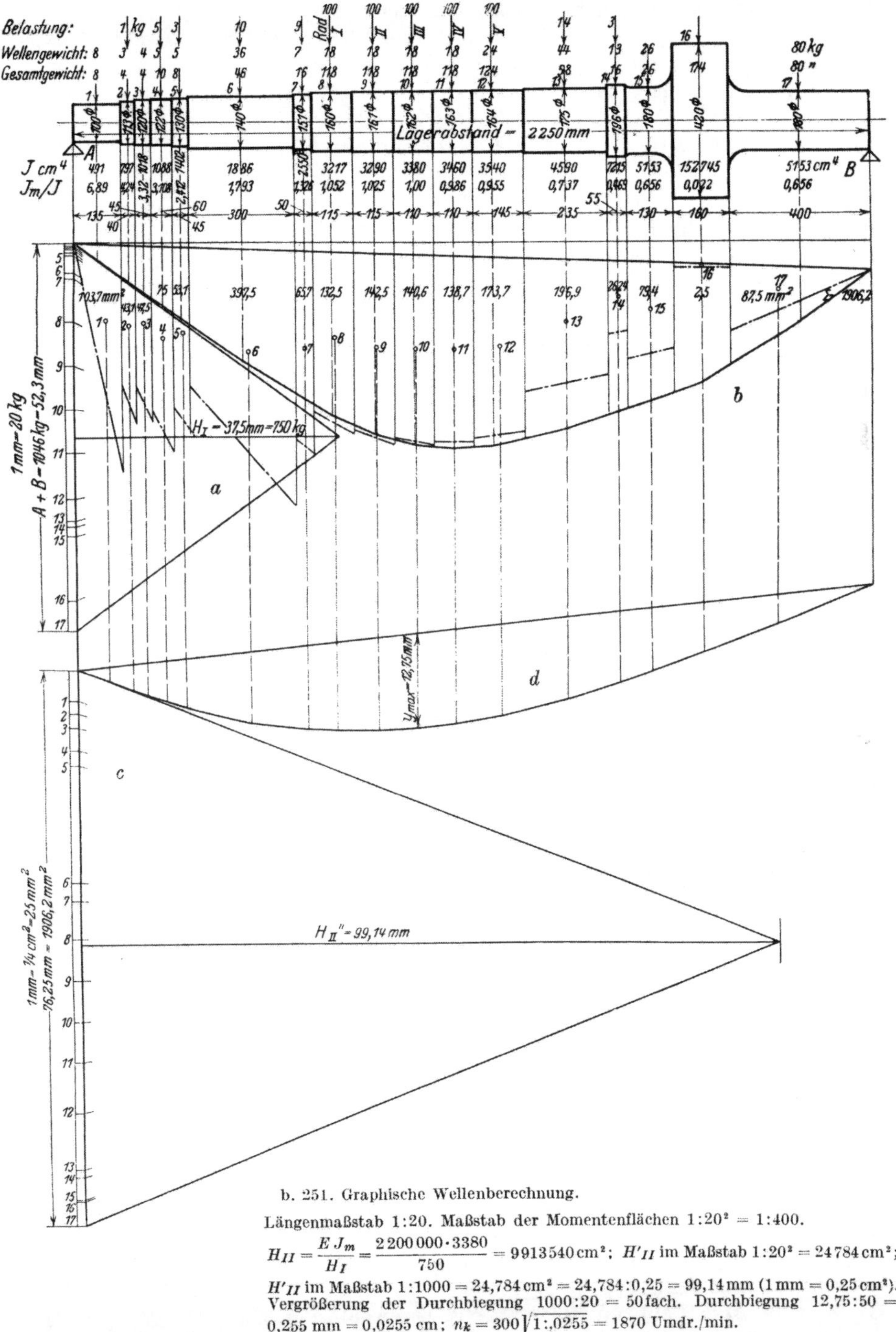

b. 251. Graphische Wellenberechnung.

Längenmaßstab 1:20. Maßstab der Momentenflächen $1:20^2 = 1:400$.

$H_{II} = \frac{E\,J_m}{H_I} = \frac{2\,200\,000 \cdot 3380}{750} = 9913540\,\text{cm}^2$; H'_{II} im Maßstab $1:20^2 = 24784\,\text{cm}^2$;

H'_{II} im Maßstab $1:1000 = 24,784\,\text{cm}^2 = 24,784:0,25 = 99,14\,\text{mm}$ ($1\,\text{mm} = 0,25\,\text{cm}^2$). Vergrößerung der Durchbiegung $1000:20 = 50$ fach. Durchbiegung $12,75:50 = 0,255\,\text{mm} = 0,0255\,\text{cm}$; $n_k = 300\sqrt{1:,0255} = 1870$ Umdr./min.

Dann werden die einzelnen Flächeninhalte dieser Momentenflächen in cm² bestimmt und als in den Schwerpunkten der Flächen angreifende Kräfte aufgefaßt, die in einem neuen Kräfteplan c aufgetragen werden. Da 1 cm² $= n^2$ cm² in Wirklichkeit ist, so müßten die ermittelten Flächen mit n^2 multipliziert werden, man wird aber zweckmäßig statt dessen den Polabstand des Kräfteplanes c n^2mal kleiner machen. Dieser Polabstand ist nun nicht mehr beliebig, sondern er muß

$$H_{II} = \frac{J_m}{H_I}\frac{E}{n^2}\,(\mathrm{cm}^2) \text{ werden mit } H_I = p\,a\,\mathrm{kg}.$$

Den Kräftemaßstab für den Kräfteplan c wählt man beliebig 1 mm $= q$ cm², dann wird der zugehörige Polabstand $H'_{II} = H_{II} : q = r$ mm. Da dieser Wert meist nicht auf die Zeichnung paßt, so nimmt man ihn $r : m$, $H''_{II} = H_{II} : q\,m$ und zeichnet das Seileck d, dessen Ordinaten sich dann in $m$facher Vergrößerung ergeben, andererseits aber wegen des Zeichnungsmaßstabes $n$mal zu klein, so daß, wenn $y_{\max}$ die gemessene größte Ordinate in cm, die wirkliche Durchbiegung

$$f = y_{\max}\frac{n}{m}\,\mathrm{cm}$$

wird. Alsdann ist die kritische Umlaufzahl

$$n_k = 300\sqrt{1/f} \text{ mit } f \text{ in cm}.$$

Im Beispiel Abb. 251 ist der Zeichnungsmaßstab $1 : n = 1 : 20$, ferner 1 mm $= p$ kg $= 20$ kg, 1 mm $= q = 0{,}25$ cm², $H_I = 37{,}5$ mm $= 750$ kg und $m = 1000$, damit $y = 12{,}75$ mm und die Durchbiegung

$$f = 1{,}275 \cdot \frac{20}{1000} = 0{,}0255 \text{ cm und } n_k = 300\sqrt{\frac{1}{0{,}0255}} = 1870 \text{ Umdr./min}.$$

Die wirkliche kritische Drehzahl wird höher liegen, da die Radnaben, Büchsen und Trommeln versteifend wirken. Die Größe dieser Versteifung ist im voraus nicht zu bestimmen, nach praktischen Erfahrungen beträgt sie etwa 15 bis 30%, das heißt, die kritische Drehzahl liegt um diesen Betrag höher als die Berechnung ergibt.

Man kann auch die Durchbiegungen vorschreiben und daraus den Durchmesser der Welle ermitteln.

Liegt die kritische Drehzahl über der Betriebsdrehzahl, so wird sie nicht erreicht, man bezeichnet eine solche Welle häufig als *starre* Welle. Die kritische Drehzahl muß aber genügend weit von der Betriebszahl liegen, um auch bei erhöhter Drehzahl nicht in den Bereich der kritischen zu kommen; ist n die Betriebsdrehzahl, so soll

$$n_k = n + 500 \text{ bis } n + 800$$

betragen.

Solche starren Wellen erfordern aber meist große Durchmesser, besonders bei hoher Drehzahl, was bei Gleichdruckturbinen große Undichtheitsverluste nach sich zieht. Deshalb werden vielfach sogenannte *elastische Wellen* angewendet, deren kritische Drehzahl unter der Betriebsdrehzahl liegt, so daß beim Anfahren die kritische Drehzahl durchlaufen werden muß. Dieses ist aber praktisch belanglos, da wegen der Lagerung die kritische Drehzahl sich nur durch leichte Vibrationen bemerkbar macht und man schnell durch diese Drehzahl hindurchgehen kann. Man muß nur die kritische Drehzahl genügend weit vor die Betriebsdrehzahl legen, meist liegt sie bei $^1/_2$ bis $^2/_3$ der letzteren. Es ist noch zu beachten, daß es noch weitere kritische Drehzahlen gibt; die zweite liegt etwa bei dem 2,8fachen der ersten.

B. Werkstoff und Ausführung der Wellen.

Als Werkstoff der Wellen wird bester homogener SM-Stahl von mindestens 60 kg/mm² Festigkeit, 30 kg/mm² Streckgrenze und 20% Dehnung verwendet, sofern nicht für die Herstellung des Läufers aus dem Vollen ein legierter Stahl nach S. 206 verwendet werden muß. Nach dem Schmieden und Vordrehen wird die Welle mehrfach geglüht, um sie spannungsfrei zu machen, da ein Verziehen derselben im Betriebe zu schweren Schäden führen kann.

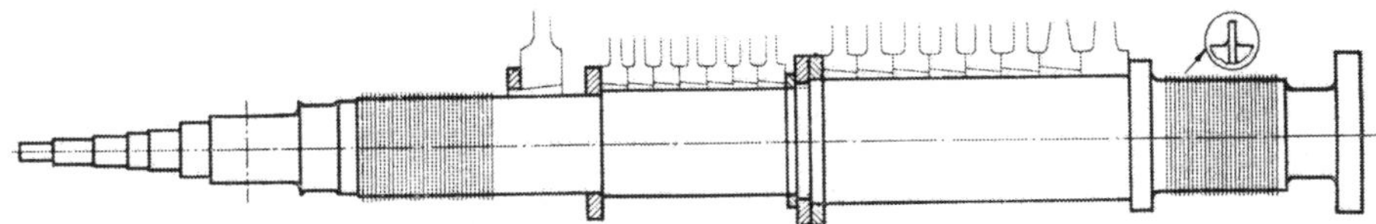

Abb. 252. Welle für Dreilageranordnung (AEG).

Nach dem Fertigdrehen werden die Nuten für die Federkeile eingefräst, wobei scharfe Ecken wegen der Gefahr der Rißbildungen zu vermeiden sind; die Kanten der Keile sind ebenfalls abzurunden. Auch an den Wellenabsätzen sind scharfe Übergänge zu vermeiden durch konische Verjüngung oder gute Hohlkehle. An den Lagerzapfen und an den Sitzstellen der Laufräder und Stopfbüchsen werden die Wellen sauber geschliffen (s. Lager, S. 251).

Abb. 253. Niederdruckläufer einer MAN Kondensationsturbine.

Abb. 252 zeigt eine Welle der AEG mit angeschmiedetem Kupplungsflansch für Dreilageranordnung. Abb. 253 einen zweiflutigen Niederdruckläufer einer Frischdampf-Kondensationsturbine (MAN) für 31000 kW, $n = 3000$ U/min.

Einen Läufer aus dem Vollen zeigt Abb. 254.

Den Läufer einer Turbine der UdSSR für 50000 kW mit $n = 3000$ U/min veranschaulicht Abb. 255 für 90 ata, 480 bis 500° C. Der Hochdruckteil ist aus dem Vollen, die weiteren Räder aufgezogen. Die letzte Stufe hat 2000 mm Teilkreisdurchmesser (s. Abb. 234, S. 223), die Schaufel zeigt Abb. 217, S. 202. Das Gesamtgewicht des Läufers beträgt 16,7 t. Läufer einer 100000-kW-Turbine s. Abb. 467, S. 392.

Weitere Wellenausführungen, auch für Kleinturbinen, s. Ausführungen der Turbinen.

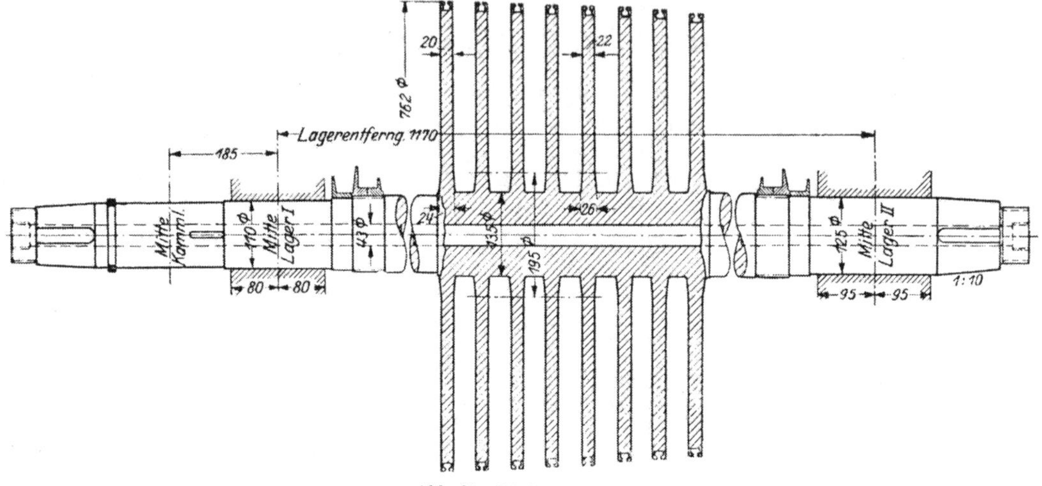

Abb. 254. Läufer aus dem Vollen.

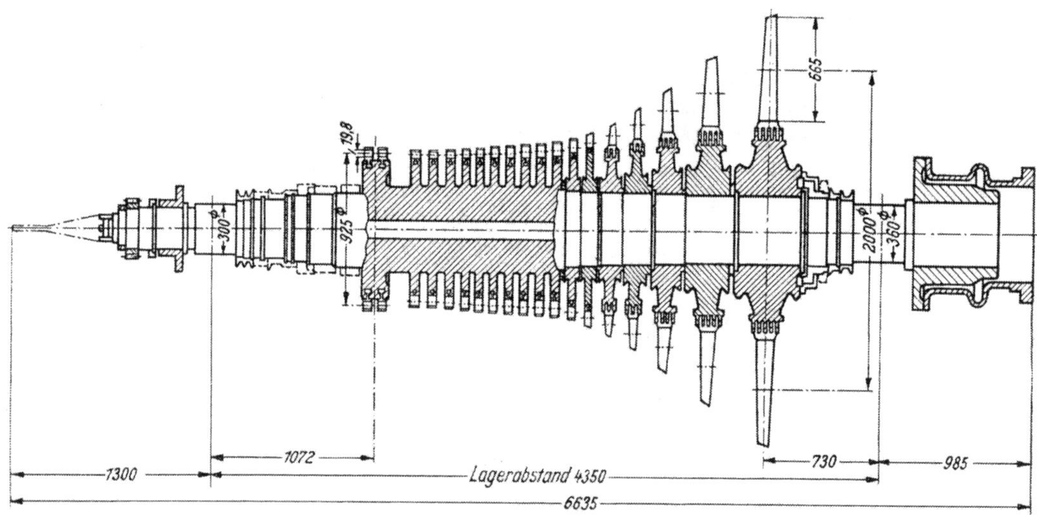

Abb. 255. Räder einer 50000-kW-Turbine, 3000 Umdr./min. der UdSSR.

VI. Kupplungen.

Die Kupplungen zur Verbindung der Turbinenwelle mit der Welle der anzutreibenden Maschinen oder mit dem Rädervorgelege werden entweder als starre oder als nachgiebige Kupplungen ausgeführt, je nach der Lagerung. Bei Dreilageranordnung wird stets eine starre Kupplung verwendet, die an der Welle angeschmiedet sein kann (Abb. 252), oder aber als besonderer Teil aufgesetzt wird (Abb. 256, WUMAG); der Wellenstumpf wird im letzteren Falle konisch ausgeführt, der Kupplungsflansch durch die Mutter fest aufgepreßt und durch zwei Keile gegen Drehen gesichert. Die Kupplungsbolzen werden mit Paßsitz eingesetzt, die Löcher der beiden Kupplungsflanschen werden gemeinsam aufgerieben; die Schrauben sollen so fest angezogen werden, daß der Gleitwiderstand das Drehmoment übertragen kann und die Bolzen nicht auf Abscherung beansprucht werden.

Auch bei Doppellagern können starre Kupplungen angewendet werden, doch muß dann wenigstens das eine Lager nachgiebig, d. h. kugelig gelagert sein (s. Lager, S. 251); meist werden aber in solchen Fällen nachgiebige Kupplungen angewendet. Man findet viel die von PARSONS eingeführte Doppelklauenkupplung, wie sie Abb. 257 in der Ausführung von BBC wiedergibt; die Teilung des äußeren Teiles ermöglicht bequemen Ein- und Ausbau der Kupplung, der äußere Zahnkranz dient zum Eingriff der Wellenschaltvorrichtung für die Montage oder zum Drehen (Törnen) der Welle beim Anwärmen der Turbine. Eine ähnliche Ausführung zeigt Abb. 258, aus der auch die Einzelheiten ersichtlich sind; wesentlich ist gute Schmierung der Klauen (s. die Schmiernuten im Kupplungsstern S), damit eine elastische Ölschicht zum Ausgleich kleiner Verschiebungen vorhanden ist. Die seitlichen Ringe R dienen zur Begrenzung der axialen Verschiebung der äußeren Hülse.

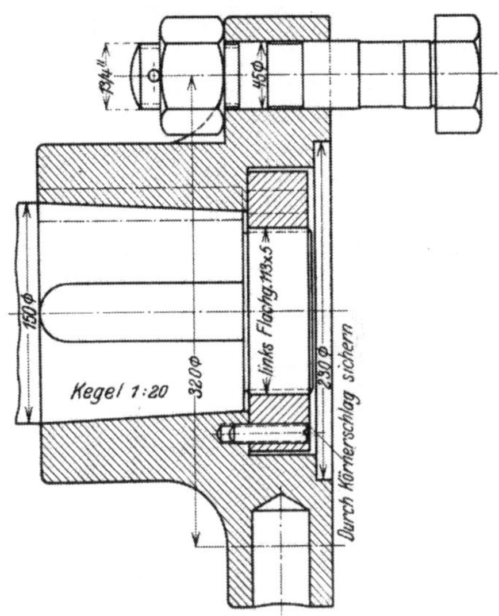

Abb. 256. Starre Kupplung der WUMAG.

Zum Drehen des Läufers ist der äußere Umfang häufig mit einem Zahnkranz versehen.

Die AEG verwendet vorwiegend Dreilageranordnung mit starrer Kupplung (vgl. Abb. 252), bei Kondensationsturbinen bis 13000 kW (bei Gegendruck noch

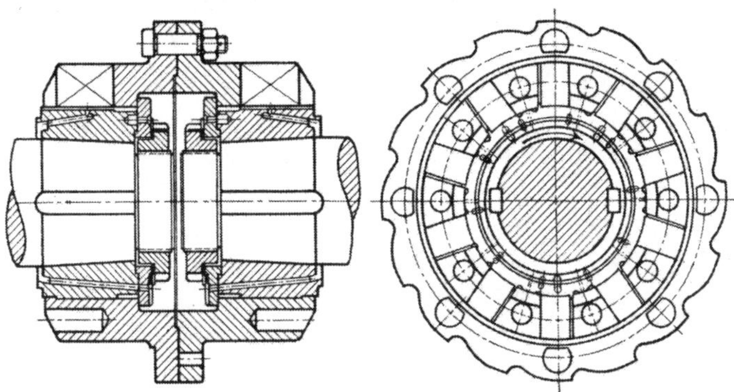
Abb. 257. Doppelklauenkupplung von BBC.

höher), aber auch bei Vierlageranordnung mit großem axialen Abstand der Mittellager bei entsprechender axialer Länge des Abdampfstutzens, da hierbei die Nachgiebigkeit der Welle genügend groß ist.

Bei starker axialer Wärmedehnung verwendet die AEG als elastische Kupplung die Doppelverzahnungskupplung nach Abb. 259. Die auf der Welle mit Konus aufgekeilten Innenteile der Kupplung greifen mit ihrer Außenverzahnung in die Innenverzahnung der Kupplungshülsen. Die axiale Verschiebung der

Hülsen, die miteinander verschraubt sind, ist durch in diese eingeschraubte Deckel b begrenzt. Die Wellenmuttern sind durch unter diese gelegte Sicherungsbleche gesichert, welche an der Mutter hochgebogen und in Bohrungen c im

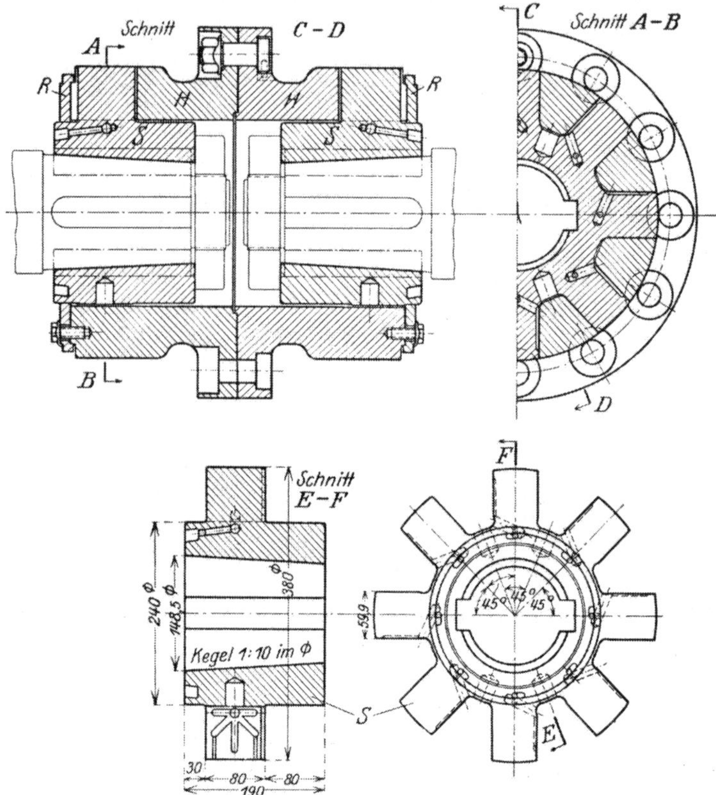

Abb. 258. Doppelklauenkupplung (MAN).

inneren Kupplungsteil eingedrückt sind. Die Zähne werden durch das aus den Röhrchen a eingeführte Öl geschmiert, das durch die Bohrungen d der Hülsen abläuft.

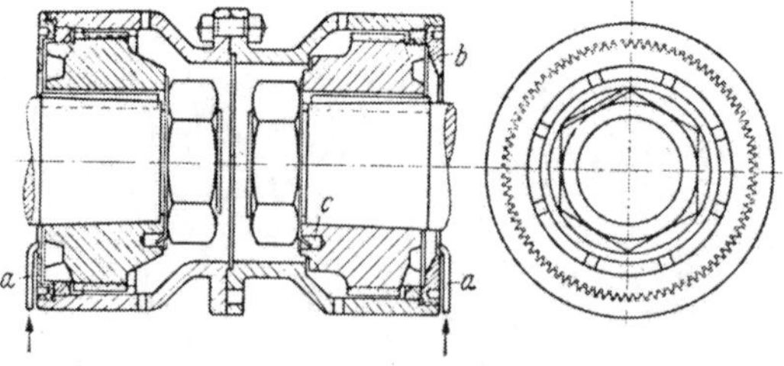

Abb. 259. Doppelverzahnungskupplung der AEG.

BBC verwenden ebenfalls eine Zahnkupplung nach Abb. 260 (in gelöstem Zustande gezeigt), die nur eine mit zwei Paar Innenzähnen versehene Hülse hat, die, nach rechts verschoben, in die Außenverzahnung der Scheiben A eingreifen; durch die seitlichen Deckel, die mit der Hülse fest verschraubt wird. ist die seitliche Verschiebung begrenzt.

Die GHH wendet eine Bolzenkupplung an (Abb. 261), die ebenfalls nachgiebig ist; die Bolzen sind mit kegeligem Sitz in der turbinenseitigen Kupplungshälfte gehalten, in der anderen sind Bronze- oder Novotextbüchsen, die gegen die Bolzen und die Kupplung etwas Spiel haben, welches durch Bohrungen mit Schmieröl ausgefüllt wird.

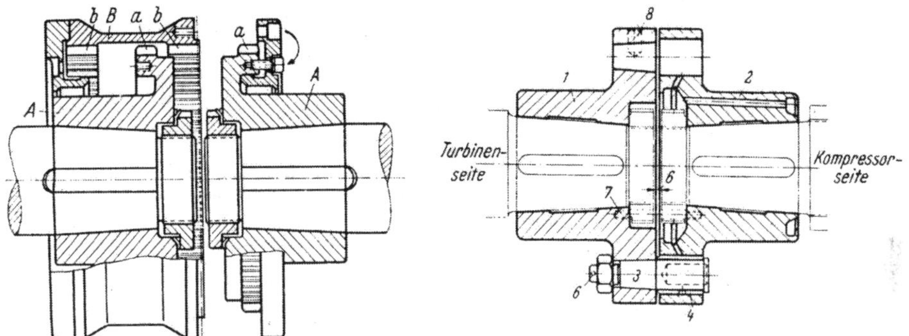

Abb. 260. Verzahnungskupplung von BBC. Abb. 261. Bolzenkupplung der GHH.

Bei Kleinturbinen werden als nachgiebige Kupplungen meist Bolzenkupplungen einfacherer Art angewendet, wobei die Bolzen mit Kautschuk oder mit Lederriemen umkleidet sind; Bolzenkupplungen mit Kautschukeinsatz zeigen

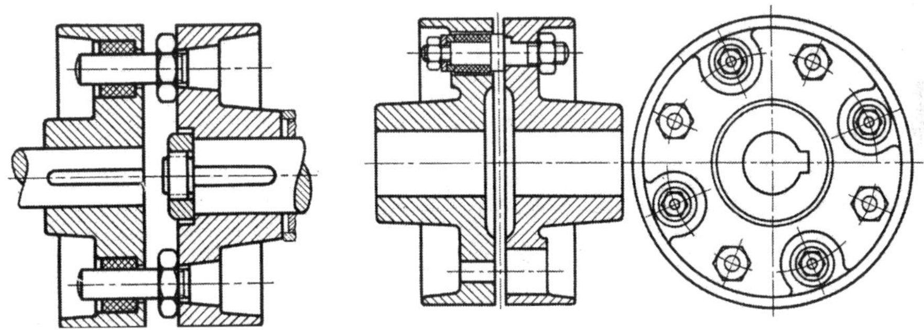

Abb. 262. Bolzenkupplung. Abb. 263. Bolzenkupplung.

Abb. 262 und Abb. 263. Auch gewöhnliche Lederscheibenkupplungen finden Anwendung. Bei den Kupplungen ist die Beanspruchung der Bolzen auf Biegung durch die Fliehkraft zu beachten, da diese größer ist als die Beanspruchung durch das zu übertragende Drehmoment.

VII. Das Auswuchten der Läufer.

Um Erschütterungen im Betriebe zu vermeiden, müssen die Läufer sorgfältig von jeder Unbalance befreit werden. Bei einzelnen Laufrädern wird man zunächst die Unbalance durch das *statische* Auswuchten feststellen, indem die Laufradscheiben auf Büchsen zentriert werden, deren Achsen man auf genau waagerecht ausgerichtete, sauber geschliffene Lineale setzt (Abb. 264), wobei die Scheibe, sich selbst überlassen, pendelt und endlich, mit dem Schwerpunkt nach unten, zur Ruhe kommt. Durch ein oben mit Wachs angeklebtes Gegengewicht wird die Größe des Übergewichtes festgestellt und dementsprechend an der entgegengesetzten Seite (unten, an der Seite des Übergewichtes) etwas vom Kranz weggeschabt, bis nach mehrfachem Ausgleichen indifferentes Gleichgewicht erreicht ist. Nach dem Beschaufeln wird nochmals ausbalanciert durch Wegschaben an den Füllstücken.

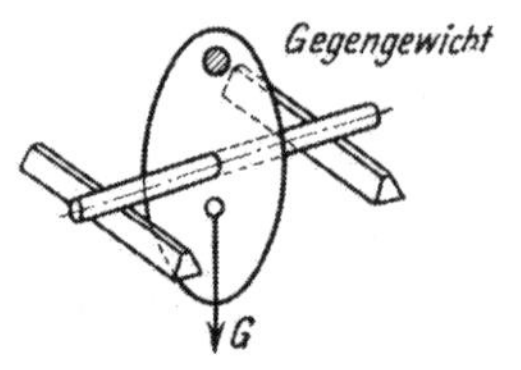

Abb. 264. Statisches Auswuchten.

Der fertige Läufer wird nun *dynamisch* ausgewuchtet; bei aufgesetzten, vorher statisch ausbalancierten Laufrädern wird die beim Rotieren auftretende Unbalance nur gering sein; sie kann aber bei Trommeln erheblich sein. Es genügt nicht, daß der Schwerpunkt aller Massen in die Drehachse fällt, denn die Unbalance kann in verschiedenen zur Achse senkrechten Ebenen so entgegengesetzt sein, daß die Resultierende der Fliehkraft Null wird (Abb. 265), also keine freie Kraft ergibt; es bleiben dann aber immer noch Momente der Fliehkräfte übrig, deren Gegenkräfte auf die Lager wirken und in dem Läufer Deformationen hervorrufen können, denn 1 g im Abstande von 0,5 m ergibt bei 3000 Umdr./min schon eine Fliehkraft von 5 kg, also das 5000fache des Übergewichtes.

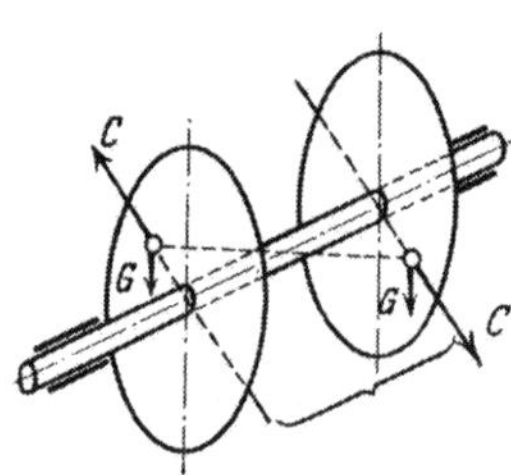

Abb. 265. Dynamisches Auswuchten.

Das Auswuchten erfolgt durch Anbringen zusätzlicher Massen in beliebigen Ebenen; ist z. B. die unausgeglichene Masse m (Abb. 266), so bringt man dieser Masse entgegengesetzt in zwei Ebenen die Massen m_1 und m_2 im Abstande r_1 und r_2 an, so daß r, r_1 und r_2 in einer Ebene liegen und die Fliehkräfte sich das Gleichgewicht halten, d. h., es muß

$$m\, r\, \omega^2 = m_1\, r_1\, \omega^2 + m_2\, r_2\, \omega^2$$

sein, und ferner

$$m_1\, r_1\, \omega^2\, a_1 = m_2\, r_2\, \omega^2\, a_2\,,$$

damit die Momente ausgeglichen sind. Macht man die Massen gleich groß $m = m_1 = m_2$, so wird $r = r_1 + r_2$ und $r_1 a_1 = r_2 a_2$, d. h., die Abstände der Massen von der Achse sind umgekehrt verhältnisgleich den Abständen a_1, a_2 der Ebenen von der Ebene der auszugleichenden Masse. Es ist demnach vollständiger Ausgleich möglich; jedoch muß dazu die Lage und die Größe der auszugleichenden Masse bekannt sein. Diese könnte z. B. durch Pendelversuche ermittelt werden, doch wären die Ergebnisse bei den großen Gewichten der Läufer zu ungenau. Man verfährt nun praktisch so, daß man den Läufer in verschiebbare Lager legt und in Drehung versetzt, wobei die Lager in Schwingungen geraten; erreicht die Drehzahl die Eigenschwingungszahl der ganzen Einrichtung, so tritt Resonanz ein, d. h., die Schwingungen werden vergrößert, und es läßt sich selbst eine kleine Unbalance leicht feststellen. Durch Ankreiden kann die Seite der Unbalance ermittelt werden, worauf durch versuchsweise an den Stirnseiten der Trommel angebrachte Auswuchtbolzen N (Abb. 247, S. 228) der Ausgleich der freien Kräfte und der Momente erreicht werden kann.

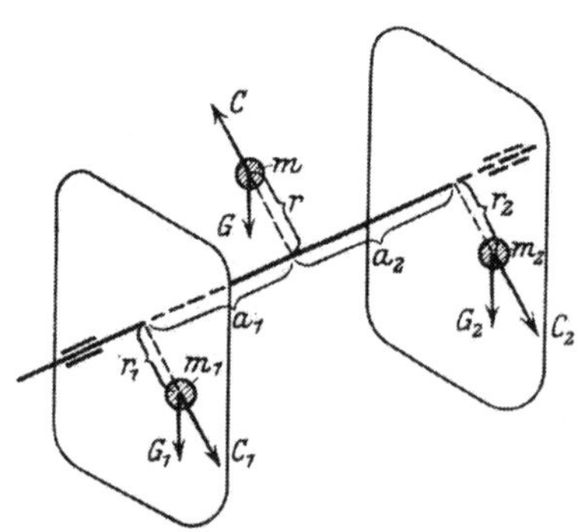

Abb. 266. Dynamisches Auswuchten.

Zur Vornahme des Ausgleichs dienen Auswuchtmaschinen, von denen die nach dem System LAWACZEK-HEYMANN[1] häufig angewendet werden. Bei dieser Vorrichtung sind die Lager beide federnd aufgehängt, zunächst wird das eine festgestellt und das Auswuchten vorgenommen; dabei ist die durch das feststehende Lager gehende Kraft noch nicht ausgeglichen, man läßt dieses nun

Abb. 267. Auswuchtmaschine von C. SCHENK.

frei und stellt das andere fest, worauf wieder ausgewuchtet wird. Eine elektrodynamische Auswuchtmaschine von C. SCHENK für Rotoren bis 30 t Gewicht ist in Abb. 267 wiedergegeben.

Ein anderes Verfahren ist das von AKIMOFF, bei welchem der Rahmen der Vorrichtung um eine waagerechte Achse drehbar schwingen kann, während eines der auf ihm befindlichen Lager für den zu prüfenden Läufer in der senkrechten Ebene federnd geführt wird. (S. OSCHATZ [V], BLAESS [V].)

VIII. Stopfbüchsen.

Das Abdichten der Wellen beim Durchtritt derselben durch das Gehäuse ist ein schwieriges Problem, wodurch sich auch die Mannigfaltigkeit der Ausführungen erklärt.

Die Hochdruckstopfbüchse hat gegen den Dampfdruck im Gehäuse und nur bei geringer Belastung bei Kondensationsturbinen, wenn das Vakuum in die ganze Turbine dringt, gegen Lufteintritt zu dichten; die Niederdruckstopfbüchse hat hingegen bei Kondensationsturbinen stets gegen Lufteintritt und nur bei Gegendruckturbinen gegen Dampfdruck zu dichten. Da der durchtretende Dampf für die Arbeit verloren ist, muß von einer guten Dichtung verlangt werden, daß die durchströmende Menge möglichst gering ist und Lufteintritt vollständig vermieden wird, da das Vakuum verschlechtert würde. Dabei darf aber keine metallische Berührung des rotierenden Teils mit dem feststehenden eintreten. Der durchtretende Dampf darf nicht in das Lager blasen und auch nicht in das Maschinenhaus entweichen; deshalb führt man den Undichtheitsdampf aus einer Kammer der Stopfbüchse ab (s. Dampfführung in den Stopfbüchsen).

Die Abdichtung kann durch Labyrinthwirkung erfolgen oder durch nichtmetallische Liderung; dementsprechend werden zwei Hauptarten von Stopfbüchsen ausgeführt: Labyrinthstopfbüchsen und Liderungs- (Kohle-) Stopfbüchsen.

[1] Ausgeführt von C. SCHENK: Eisengießerei und Maschinenfabrik Darmstadt.

A. Labyrinthstopfbüchsen.

Wie bereits bei der Betrachtung der Verluste durch Labyrinthe (S. 69) erwähnt, bestehen die Labyrinthe aus einer Reihe aufeinanderfolgender Verengungen und Erweiterungen, so daß der Dampf im engen Spalt gedrosselt und seine Geschwindigkeit durch Richtungsänderung und die Erweiterung vernichtet

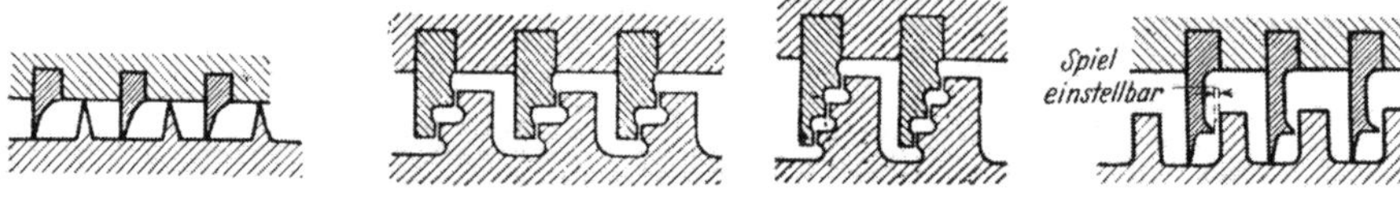

Abb. 268. Dichtungen. Abb. 269 u. Abb. 270. Dichtungen.

wird. Die durchströmende Menge war nach Gl. (67), S. 69

$$G_{stb} = f_{sp} \sqrt{\frac{g\,(P_1^2 - P_2^2)}{z \cdot P_1 v_1}}\ \text{kg/sek}, \tag{39}$$

wenn der Enddruck p_2 größer als der kritische Druck und nach Gl. (69)

$$G_{stb} = f_{sp} \sqrt{\frac{g}{z + 1{,}4}\left(\frac{P_1}{v_1}\right)}\ \text{kg/sek}, \tag{40}$$

wenn der Enddruck kleiner als der kritische Druck p_k ist; die Menge ist also außer von der Druckdifferenz vor und hinter der Stopfbüchse, die durch die Gefällsaufteilung, d. h. vom Druck in der ersten Stufe festgelegt ist, von der Zahl z der Labyrinthe und vom Spaltquerschnitt f_{sp} abhängig. Der Verlust kann demnach durch große Zahl von Labyrinthen herabgesetzt werden, da man den Spalt ohnehin so klein als praktisch zulässig machen wird. Dadurch werden jedoch die Stopfbüchsen sehr lang, was neben der großen Baulänge größeren Lagerabstand und dadurch stärkere Wellen erfordert, und diese wieder Vergrößerung des Spaltquerschnittes nach sich zieht. Man muß somit eine gewisse Verlustdampfmenge in den Kauf nehmen.

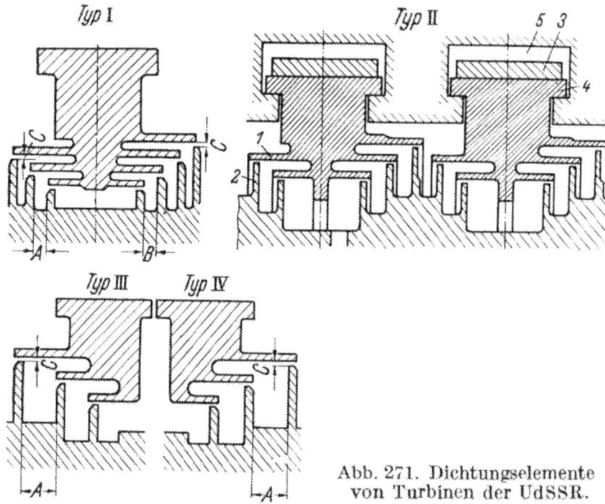

Abb. 271. Dichtungselemente von Turbinen der UdSSR.

Die häufigste Ausführung besteht in einer Anzahl von Kämmen auf der Welle oder auf einer auf die Welle geschobenen Kammbüchse und Dichtringen aus Messing oder Nickellegierung, die in das Stopfbüchsengehäuse eingestemmt werden. Die Dichtung erfolgt hierbei entweder nur radial (Abb. 268) oder nur axial (Abb. 269) (Mehrfachlabyrinthe, Dichtung der Entlastungskolben), oder aber radial und axial (Abb. 270). Die Zuschärfung verhindert bei etwaigem Anlaufen Bruch der Ringe.

Die Abdichtungselemente sind weiter in den verschiedensten Formen ausgeführt worden. So zeigt Abb. 271 Dichtungselemente sowjetischer Turbinen in verschiedenen Variationen.

Abb. 272 zeigt eine ältere Labyrinthstopfbüchse, bei der neben radialer Dichtung auch etwas axiale Verengung vorhanden ist; die Stopfbüchsenhälften werden durch das Gehäuse zusammengehalten.

Die neueren Stopfbüchsen einiger Werke sind nach der Bauart der atmenden Einbauten von Prof. RÖDER ausgebildet, Abb. 273.

Abb. 274 zeigt eine Stopfbüchse von BBC; die Dichtringe sind etwas geneigt, damit sie bei Vibrationen des Läufers besser nachgeben können. Aus dem Ringraum wird der Dampf durch L_1 abgeführt oder Sperrdampf eingeführt.

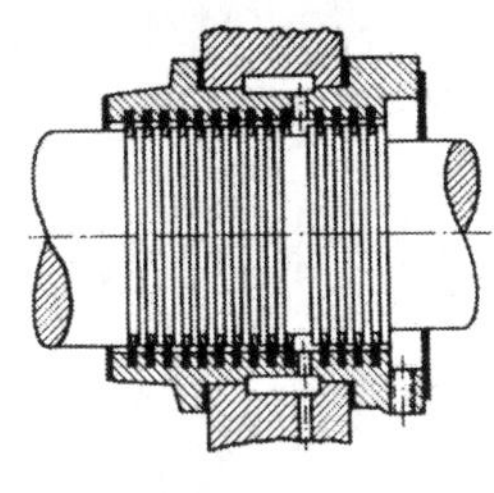

Abb. 272. Stopfbüchse.

Die neueren Stopfbüchsen von BBC werden mit Eindrehungen im Stopfbüchsenkörper und mit in Nuten der Welle mittels Stemmdrähten eingesetzten dünnen Blechringen nach Abb. 275 ausgeführt, die bei etwaigem Berühren mit dem Stopfbüchsengehäuse nur geringe Wärme erzeugen, so daß keine Verformung des Läufers eintreten kann.

In ähnlicher Weise sind die Dichtringe bei den Labyrinthen der Gutehoffnungshütte ausgeführt. Für hohe Drücke wird eine Vorstopfbüchse und eine Außenstopfbüchse angeordnet, Abb. 276. Auch die hintere Stopfbüchse wird in gleicher Weise ausgeführt.

Nachgiebigkeit in radialer Richtung wird erreicht durch besondere Einsätze; Abb. 277 zeigt eine Ausführung der AEG, die Einsätze aus Nickelbronze sind

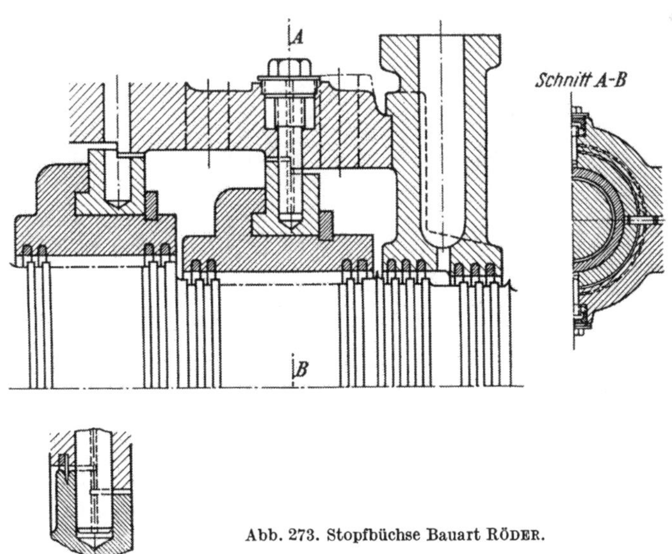

Abb. 273. Stopfbüchse Bauart RÖDER.

mit schmalen zugeschärften Dichtringen versehen, die zwischen und auf den Kämmen der Kammbüchse dichten (s. Abb. 274). Die Einsatzhälften sind verschraubt, die untere greift durch Ansätze in Eindrehungen des Stopfbüchsengehäuses mit geringem radialen Spiel, die obere stützt sich durch Vorsprünge am Flansch auf einen Vorsprung unter der Teilfuge der unteren Gehäusehälfte; durch das Spiel ist die Nachgiebigkeit gegeben.

16*

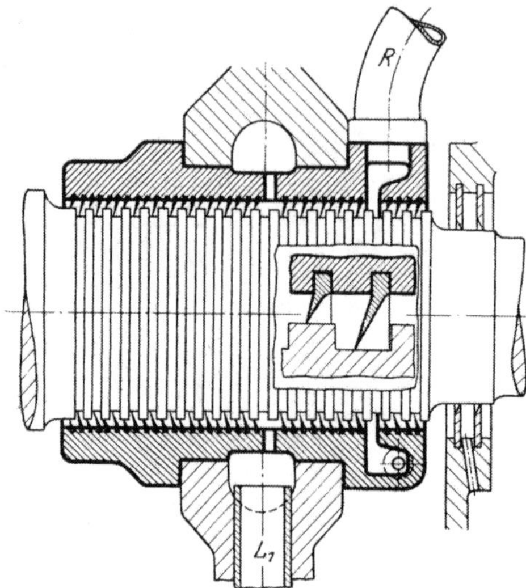

Abb. 274. Stopfbüchse von BBC.

Eine Hochdruckstopfbüchse der AEG ist in Abb. 278 wiedergegeben. Die AEG vermeidet eingestemmte Dichtringe und führt die Dichtung durch Kämme auf der Welle und zugeschärfte Kämme im Stopfbüchsengehäuse aus, Abb. 278, rechts. Der Spalt

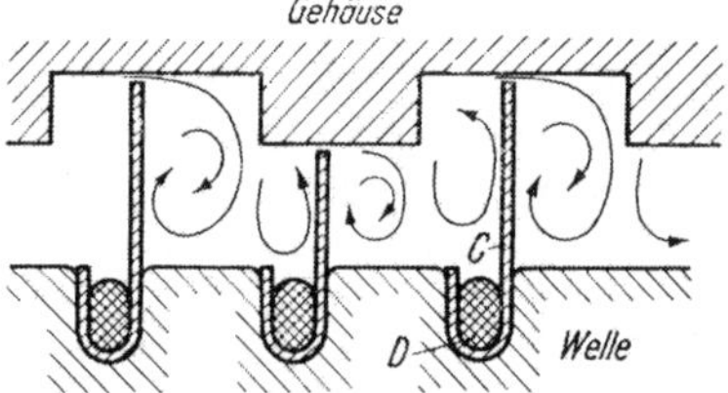

Abb. 275. Dichtungszunge der Labyrinthstopfbüchse (BBC).

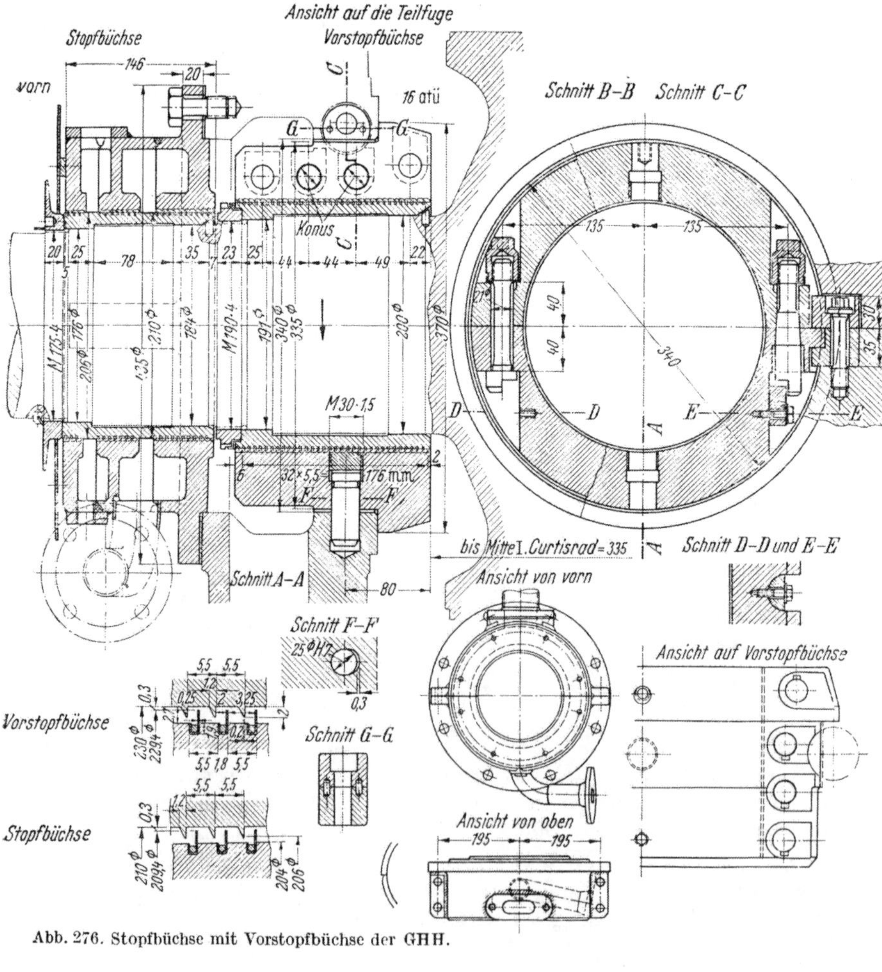

Abb. 276. Stopfbüchse mit Vorstopfbüchse der GHH.

im Grunde der Läufernut wird größer gehalten als auf der Mantelfläche der Laufkämme.

Eine Stopfbüchse der Turbinen der Tschechoslowakei zeigt Abb. 279. Die äußeren Stopfbüchsenringe werden durch beiderseitige Falze in den Eindrehungen

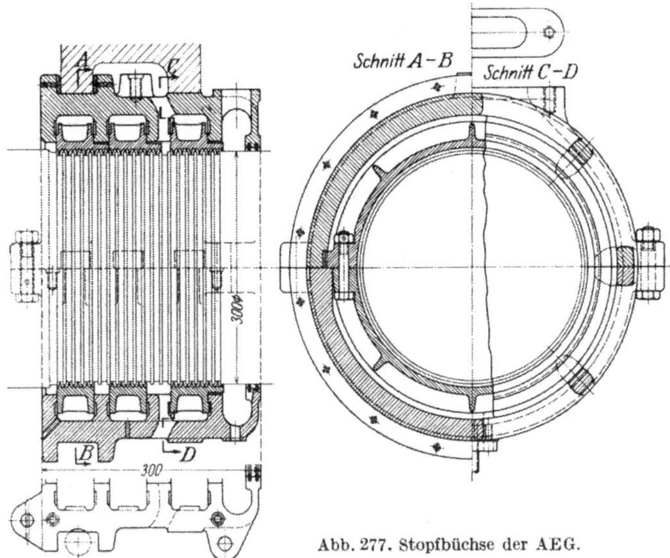

Abb. 277. Stopfbüchse der AEG.

im Turbinengehäuse gehalten und durch die langen Stifte in ihrer Lage gehalten. Auf die Welle sind mit Kämmen versehene Büchsen gezogen.

Die Stopfbüchsen der Radialturbinen System Ljungström (MAN) bestehen aus einer großen Anzahl radial aufeinanderfolgender Labyrinthe, die durch axial ineinandergeschobene Elemente mit Dichtringen gebildet werden, Abb. 280. Die MAN führt auch die Stopf-

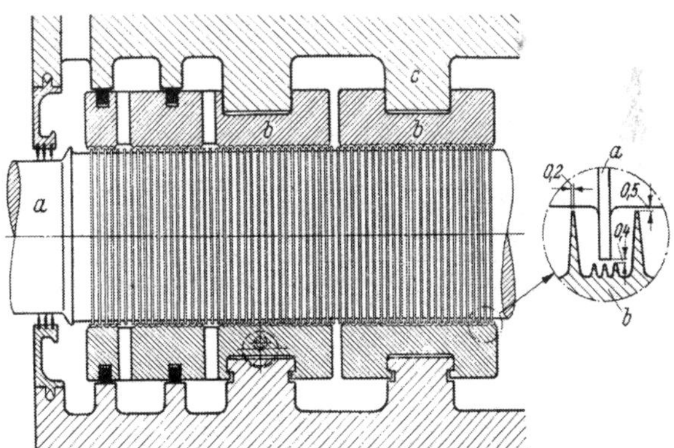

Abb. 278. Hochdruckstopfbüchse der AEG.

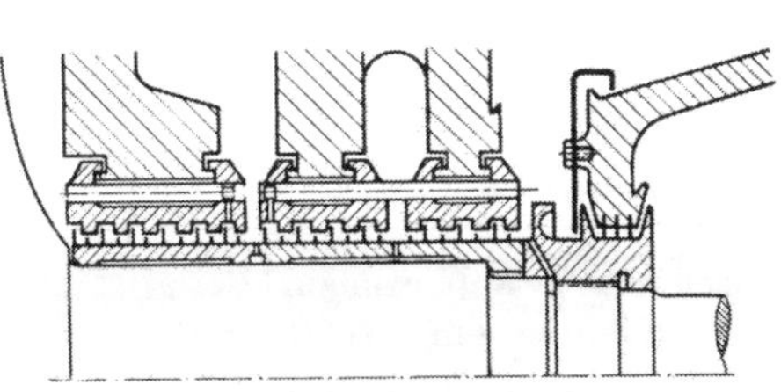

Abb. 279. Stopfbüchse tschechoslowakischer Turbinen.

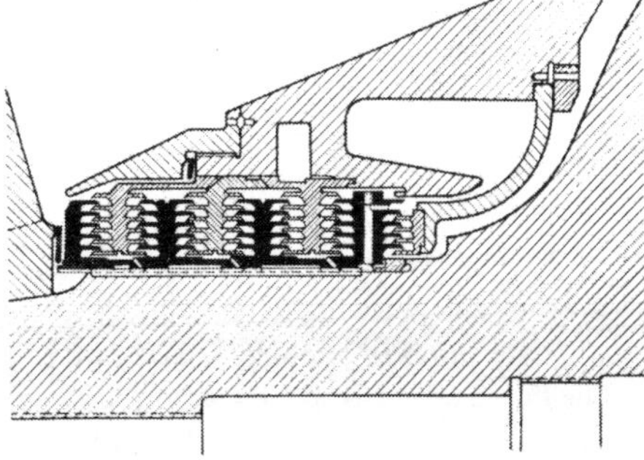

Abb. 280. Stopfbüchse der Ljungström-Turbinen (MAN).

büchsen der Axialturbinen mit ähnlichen Dichtungselementen aus. Die zugeschärften Kämme sind federnd nachgiebig.

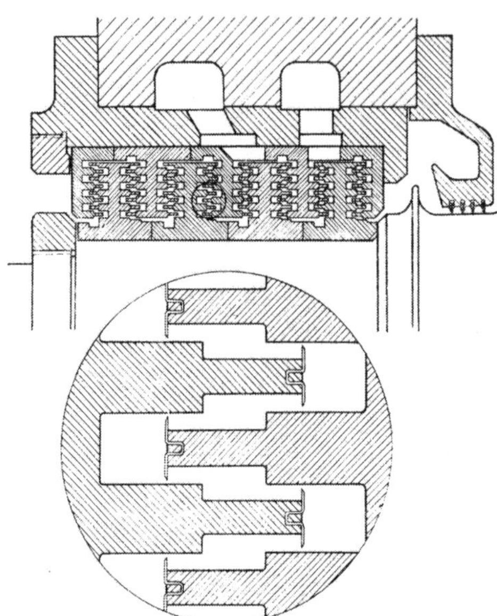

Abb. 281. Stopfbüchse der SSW.

Die Stopfbüchsen der Radialturbinen der SSW hat ähnliche Abdichtung wie die Ausgleichscheiben. Abb. 281 zeigt eine solche Stopfbüchse; die einzelnen Teile werden axial ineinandergeschoben.

Eine besondere Form der Abdichtung hat die Kohle-Labyrinth-Stopfbüchse von Escher Wyss, Abb. 282 und 283. Sie besteht aus fest eingebauten Kohlesegmenten

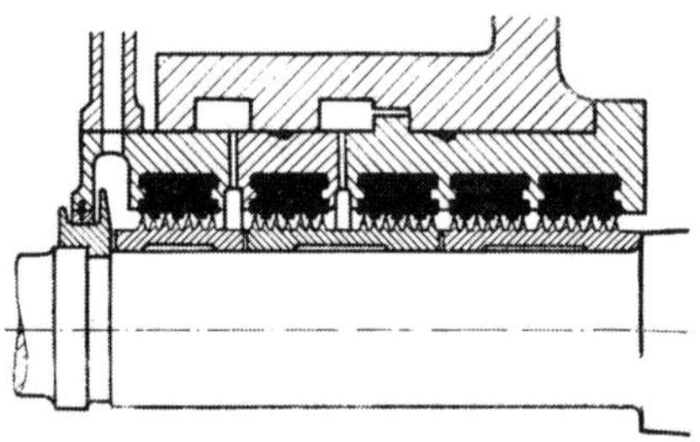

Abb. 282. Kohle-Labyrinth-Stopfbüchse von EW.

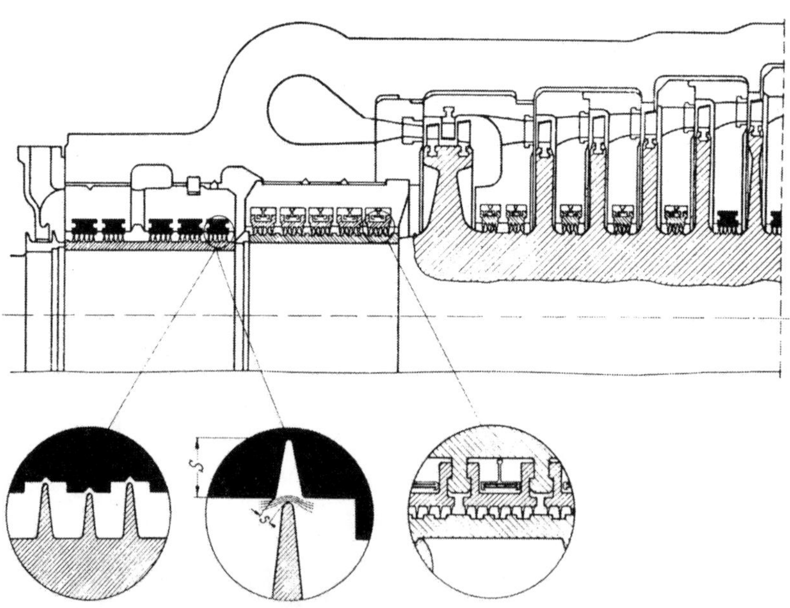

Abb. 283. Heißdampfstopfbüchse von EW.

und auf der Welle aufgeschrumpften Büchsen mit Stahlkämmen. Bei etwaiger Berührung ist die Reibung nur gering, da die Kämme feine Rillen in die Kohle einschneiden, wie in Abb. 283 unten links angedeutet, dabei tritt keine örtliche Erhitzung ein, und gefährliche Erschütterungen, die zu Schaufelbrüchen führen, werden vermieden. Gute Abdichtung bleibt selbst bei tiefer Rille S erhalten, da nur die geringe Spaltweite s als Undichtheit wirksam ist.

Für höchste Temperaturen wird der innere Teil der Stopfbüchse mit Metall-Labyrinthdichtungen nach Abb. 283 (rechts) ausgeführt. Blattfedern hoher Dauerstandfestigkeit gestatten Ausweichen der Segmente beim Anstreifen, so daß hier ebenfalls die Reibungswärme nur gering bleibt.

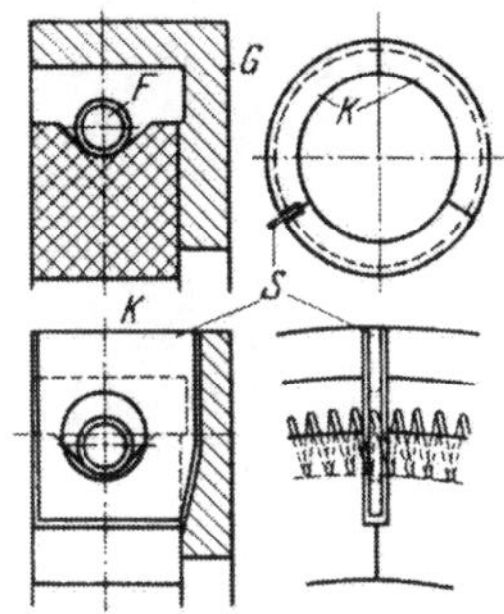

Abb. 284. Kohle-Liderungsring.

B. Liderungsstopfbüchsen.

Die Wirkung dieser Stopfbüchsen beruht auf dem besonders engen Spalt, da eine Berührung zwischen Dichtung und Welle ungefährlich ist; dadurch sind weniger Labyrinthkammern erforderlich, allerdings von größerer Breite. Die Liderungsringe bestehen aus gepreßter graphitreicher Kohle (K, Abb. 284) von fast quadratischem Querschnitt mit einer außen herumgehenden Rille für die Schlauchfeder F, welche die drei oder bei großen Durchmessern vier Segmente der Kohlenringe zusammenhalten, so daß diese die Welle mit ganz geringem Spiel umschließen. Die Kohlenringe sitzen in Grundringen G von winkelförmigem Querschnitt, in welchen sie durch Sicherungsbleche S oder andere Vorrichtungen (U-Bügel oder dergleichen) gegen das Mitdrehen gesichert sind, im übrigen sind sie in den Grundringen frei beweglich (das seitliche Spiel beträgt etwa 0,2 mm), so daß sie den Bewegungen der Welle nachgeben können, aber durch den Dampfdruck seitlich angedrückt werden und dicht halten. Die Grundringe werden durch den Stopfbüchsendeckel im Stopfbüchsengehäuse oder direkt im Turbinengehäuse zusammengedrückt, so daß der Dampf nicht um die Grundringe herum abströmen kann.

Häufig wird auf die Welle eine besondere gußeiserne Laufbüchse gesetzt, da diese sich durch den Kohlenstaub besser spiegelglatt schleift als Stahl; die Laufbüchse wird durch eine Mutter an einem Ende gegen einen Absatz der Welle gedrückt und kann sich nach der anderen Seite frei ausdehnen. Damit die Kohlenringe nicht durch ihr Gewicht aufliegen und schnell einseitig ausgeschliffen werden, werden sie durch Blattfedern F (Abb. 285) in der Schwebe gehalten.

Die durchtretende Dampfmenge läßt sich nicht rechnerisch ermitteln, die Zahl der Dichtungsringe muß nach Erfahrungen oder nach ausgeführten Versuchen angenommen werden. Ist Verschleiß und erhöhter Dampfverlust eingetreten, so können die Kohlenringe in den Teilfugen nachgeschabt werden, wodurch sich das Spiel wieder einstellen läßt.

Abb. 285 zeigt eine Stopfbüchse der beschriebenen Art mit direktem Einbau in das Turbinengehäuse; die Sicherung gegen Mitdrehen der Kohleringe erfolgt durch den U-förmigen Bügel S, in welchem auch die Schlauchfedern befestigt sind. Der durchtretende nicht abgesaugte Dampf kann durch das Abführrohr D nach oben entweichen, das Hineinblasen ins Lager verhindern die Abstreichbleche C und der Spritzring R.

Bei Wellen, deren kritische Drehzahl unterhalb der Betriebsdrehzahl liegt (biegsame Welle), haben Kohlestopfbüchsen eine größere Nachgiebigkeit.

Eine andere Art der Kohlestopfbüchsen ist die Patent-Kohle-Wellfederstopfbüchse von Huhn[1], die sich auch bei hohen Drücken und Temperaturen und hohen Umfangsgeschwindigkeiten gut bewährt hat. Sie unterscheidet sich von

[1] Ausgeführt von Gustav Huhn, Berlin NW 87, Levetzowstr.

den Kohlestopfbüchsen der oben beschriebenen Art dadurch, daß sie zwei dreiteilige Ringe K in einer Kammer hat, die außen kegelig sind (Abb. 286) und durch einen äußeren keilförmigen Druckring R aus Bronze, nichtrostendem Stahl oder Aluminium seitlich an die Wände der Grundringe G gedrückt werden, wo sie sich elastisch klebend halten, ohne die Welle zu belasten.

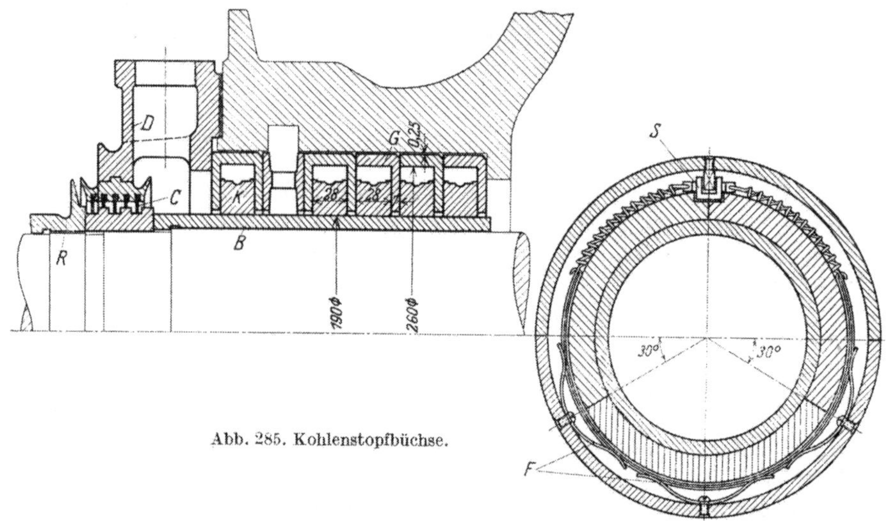

Abb. 285. Kohlenstopfbüchse.

Die Druckringe R sind zur Verringerung des Gewichtes trapezartig gedreht, wie der vordere Ring zeigt, und mit Durchbohrungen versehen; sie sind von einem Spanndraht D umgeben. Zwischen dessen Enden und zwischen zwei Druckringstücken ist eine Wellfeder N eingeschaltet, welche ihre Spannung auf den Druckring überträgt, wodurch wiederum die Kohleringe K an die Kammerwände und an ihre Teilfugen, die Welle umschließend, gedrückt werden. Die Spannung kann durch die Mutter M eingestellt werden. Die Stopfbüchse, Abb. 286, ist für Kleinturbinen mit 6000 Umdr./min bestimmt.

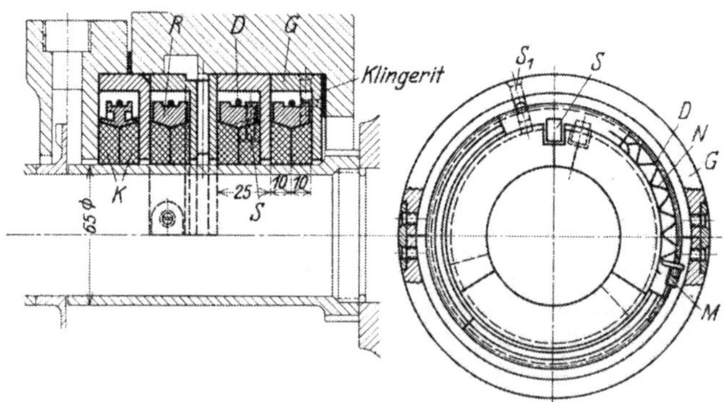

Abb. 286. HUHN-Stopfbüchse.

Eine HUHNsche Stopfbüchse für 3000 Umdr./min ($u = 22$ m/sek) und Dichtung gegen 15 at 375° C zeigt Abb. 287; die Dichtung sitzt in einem besonderen Stopfbüchsengehäuse A und B, das leichten Ausbau ermöglicht.

Die Niederdruckstopfbüchsen sind in gleicher Weise durchgebildet, erhalten nur weniger Dichtungsringe.

Kleinturbinen haben meist Liderungsstopfbüchsen mit Dichtungen der beschriebenen Arten. Eine etwas andere Art zeigt Abb. 288 von E. NACKE; neben dem eigentlichen Dichtungsring ist noch ein zweiter Ring vorhanden, der die seitliche Abdichtung bewirkt.

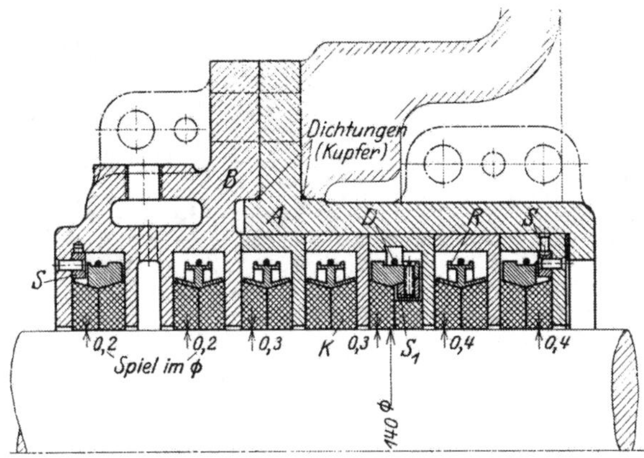

Abb. 287. HUHN-Stopfbüchse.

Eine Kohleringstopfbüchse der Kleinturbinen der Tschechoslowakei zeigt Abb. 289, bei welcher die Schlauchfeder die Kohleringe sowohl radial wie auch axial angedrückt werden, wodurch ein Nachschleifen der Grundringe bei axialem Verschleiß der Kohleringe nicht erforderlich ist und keine doppelten Kohleringe, wie in Abb. 288, nötig sind.

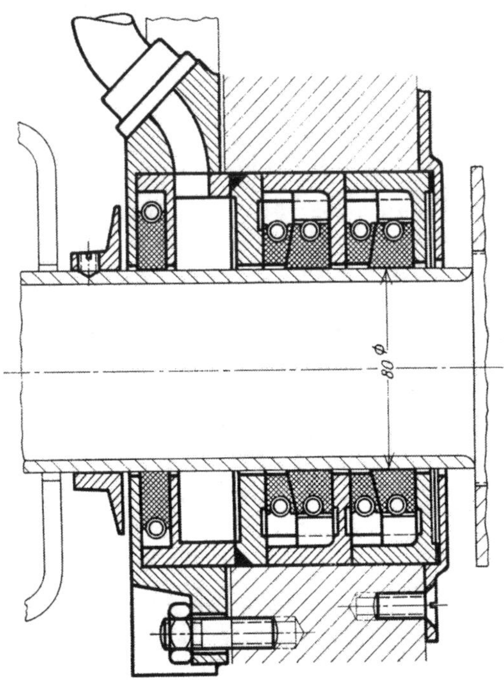

Abb. 288. Stopfbüchse von E. NACKE.

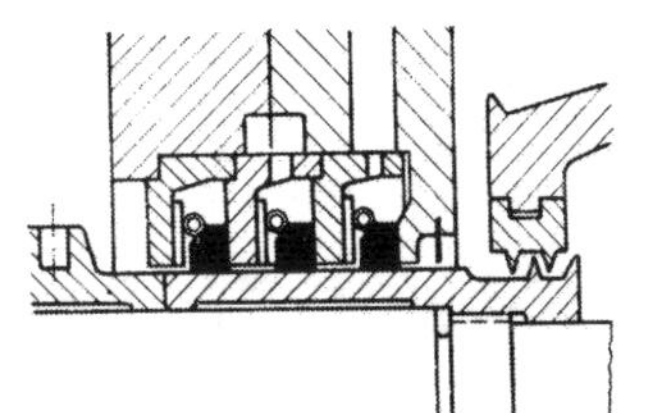

Abb. 289. Kohleringstopfbüchse der ČSR.

C. Stopfbüchsen mit Wasserabschluß.

Sie werden seltener angewendet, da sie verhältnismäßig hohen Kraftverbrauch haben und das Wasser, bei etwaigem Eindringen in das Innere der Stopfbüchse und in das Turbinengehäuse durch die plötzliche Abkühlung schädlich wirken kann. Solche Stopfbüchsen geben aber ziemlich vollkommene Abdichtung, besonders auch gegen Vakuum.

Das Prinzip des Wasserringabschlusses zeigt Abb. 290, der Läufer ist seitlich mit Schaufeln versehen, wodurch ein dynamischer Druck erzeugt wird, der dem Innendruck entgegenwirkt.

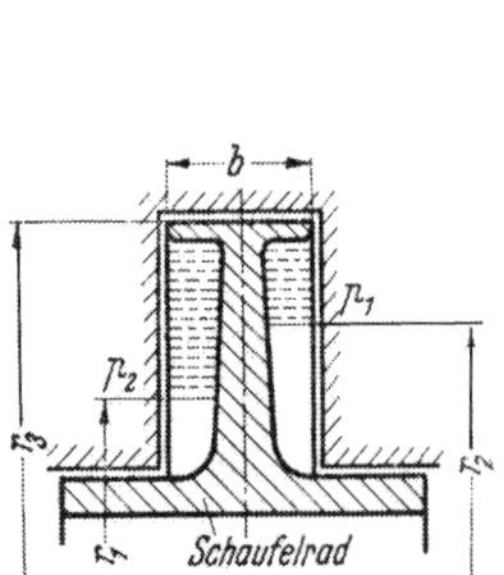

Abb. 290. Wasserring-Stopfbüchse.

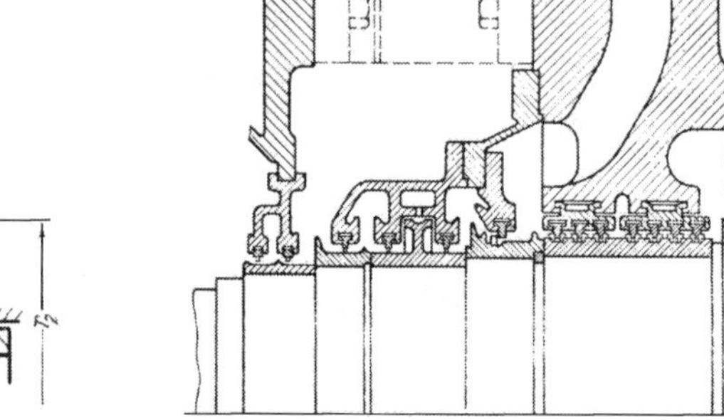

Abb. 291. Hochdruckstopfbüchse mit Wasserabschluß (UdSSR).

Die Ausführung einer Hochdruck-Labyrinth- und Wasserring-Stopfbüchse, wie sie in der UdSSR angewendet wird, ist in Abb. 291 wiedergegeben. Der Dampf aus dem inneren Raum wird einer Turbinenstufe, aus dem zweiten Raum einem Speisewasservorwärmer zugeführt, weiter außen ist die Wasserabschlußkammer.

D. Dampfführung der Stopfbüchsen.

Wie bereits erwähnt, muß die Hochdruckstopfbüchse gegen einen Überdruck p und die Niederdruckstopfbüchse bei Kondensationsturbinen gegen das Eindringen von Luft dichten. Damit das Eindringen von Luft in jedem Falle vermieden wird, führt man der Niederdruckstopfbüchse Sperrdampf zu; als solchen benutzt man zweckmäßig den Abdampf der Hochdruckstopfbüchse, der durch die Leitung L_1 (Abb. 292) geführt wird. Der überschüssige Dampf wird durch entsprechendes Öffnen des Ventils A durch die Leitung L_2 in den Abdampfstutzen gesaugt, und zwar in dem Maße, daß die Abführrohre R_1, R_2 ganz leicht dampfen. Reicht die Abdampfmenge der Hochdruckstopfbüchse nicht zum Sperren der Niederdruckstopfbüchse aus, so wird durch Öffnen des Ventils B Frischdampf zugesetzt.

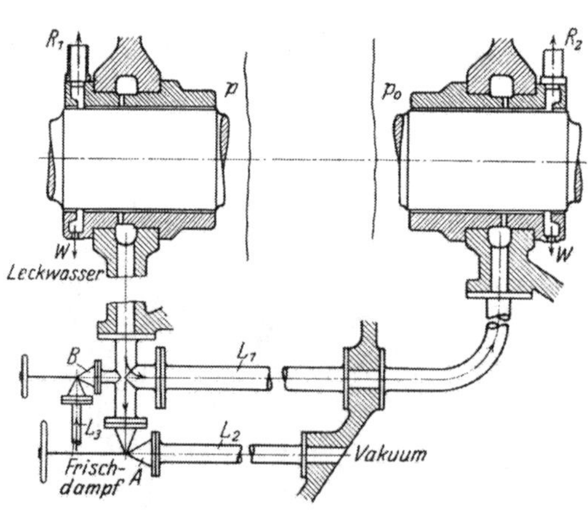

Abb. 292. Dampfführung der Stopfbüchsen.

Ursprünglich wurde der überschüssige Abdampf der Hochdruckstopfbüchse in eine Mittelstufe der Turbine geführt, um in derselben ausgenutzt zu werden; man ist jedoch davon abgekommen, da der feuchte Stopfbüchsendampf den Feuchtigkeitsgehalt in der Turbine erhöht, was wegen der Wirkung auf die Schaufeln (s. d.) nachteilig ist.

Bei Gegendruckturbinen ist Sperrdampf nicht erforderlich, und da kein Vakuum vorhanden, muß der Abdampf durch einen Strahlapparat abgesaugt werden, wobei die Dampfwärme ausgenutzt werden kann, oder man kann den Dampf durch das abfließende Kühlwasser des Ölkühlers absaugen lassen. (S. a. GUILHAUMANN [Va].)

IX. Lager.

Die Lager halten den Läufer in radialer Richtung — *Traglager* — oder in axialer Richtung — *Drucklager*.

A. Traglager.

1. Anordnung der Lager.

Die Anordnung der Lagerung erfolgt in verschiedener Weise; bei *Kleinturbinen* genügt bei fliegendem Laufrad ein Lager (Abb. 293, *1*), wobei die anzutreibende Maschine (Pumpe oder dergleichen) ebenfalls fliegend angeordnet ist, oder durch Kupplung K (Abb. 293, *1a*) angetrieben wird. Bei etwas größeren Leistungen werden meist zwei Lager ausgeführt, und zwar kann die anzutreibende Maschine zwischen den Lagern bei fliegendem Turbinenlaufrad T (Abb. 293, *2*), fliegend (*2a*), oder Turbine und Maschine zwischen den Lagern (*2b*) sitzen oder es kann der Antrieb durch Kupplung K erfolgen (*2c*), wobei die anzutreibende Maschine ihre eigenen Lager hat.

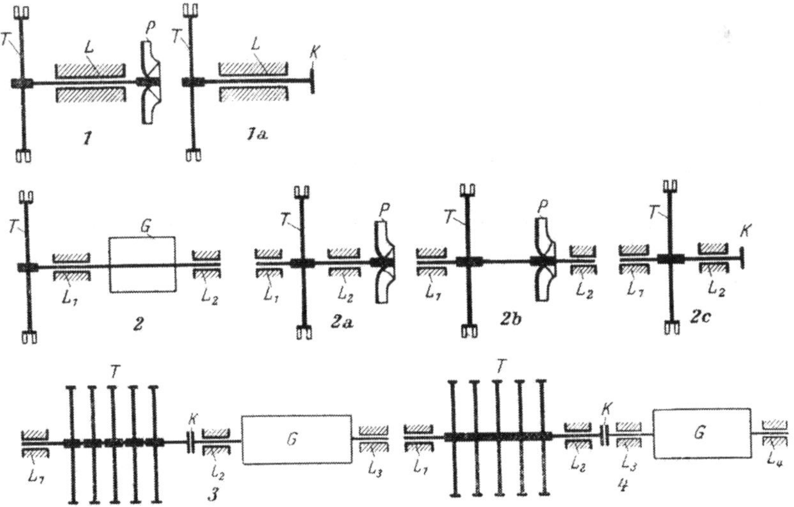

Abb. 293. Anordnung der Lagerung.

Turbinen *mittlerer* und *großer* Leistung führt man entweder in *Dreilageranordnung* aus (Abb. 293, *3*), wobei die Turbine starr mit dem Generator G gekuppelt ist und mit diesem ein gemeinsames Mittellager hat, oder in *Vierlageranordnung 4*, wobei das Mittellager als Doppellager ausgebildet ist und die Wellen zwischen den Lagern starr oder meist nachgiebig gekuppelt sind.

Bei leichtem Läufer von Kleinturbinen genügt vielfach *Ringschmierung*, wenn die Flächenpressung am Lagerzapfen unter $k = 3$ bis $5\ \mathrm{kg/cm^2}$ gehalten werden kann; daraus kann die für die Wärmeabführung erforderliche Zapfenlänge ermittelt werden. *Kugellager* haben sich nur bei ganz kleinen Turbinen eingeführt, da bei der hohen Drehzahl nur kleine Belastungen zugelassen werden können.

Infolge der hohen Umfangsgeschwindigkeit der Zapfen und der Belastung der Lager durch den Läufer sind die Dampfturbinenlager hochbeansprucht. Die Anforderungen an die Lager sind: geringer Leistungsaufwand für die Überwindung der Reibung, geringer Verschleiß durch Sicherung reiner Flüssigkeitsreibung, ruhiger Lauf, genügende Wärmeabfuhr. Mit Rücksicht auf die geringen Spiele zwischen dem Läufer und den feststehenden Teilen innerhalb der Turbine dürfen weder axiale noch radiale Verlagerungen des Läufers eintreten, d. h., der Verschleiß muß so gering wie möglich sein, weshalb reine Flüssigkeitsreibung ohne jede metallische Berührung im Lager gesichert sein muß.

Wie bereits bei der Betrachtung der mechanischen Verluste, S. 74, erwähnt, ist die Lagerberechnung auf Grund der hydrodynamischen Lagertheorie vorzunehmen, welche durch zahlreiche und eingehende Versuche entwickelt worden ist, die Ursachen vieler früherer Mißerfolge aufklärt und die Konstruktion der Lager auf eine sichere Grundlage stellt. So ist die früher übliche Annahme des Produktes von spezifischem Lagerflächendruck und Umfangsgeschwindigkeit $p\,v$ überholt und durch die neue Erkenntnis ersetzt, daß die zulässige Belastung des Lagers von vielen Faktoren abhängt und jeweils für die vorliegenden Betriebsverhältnisse bestimmt werden muß.

Die Ergebnisse der Versuche und die neuen Anschauungen, wie sie im Werk von E. Falz [IId] zusammenfassend niedergeschrieben sind, sind den folgenden Ausführungen zugrunde gelegt, ohne auf Einzelheiten näher einzugehen. Es sei auf die zahlreiche Literatur verwiesen (E. Falz [IId]; v. Freudenreich [V]; Gümbel [V]; O. Lasche [Z. VDI 1902 S. 1381]).

2. Berechnung der Lager.

Für die Berechnung der Lager sind maßgebend: der zulässige Flächendruck p_m kg/m², die geringste Schmierschichtstärke s, das Lagerspiel $(D-d)$, die Lagerreibung, die entstehende Reibungswärme und deren Ableitung, die Eigenschaften des Schmiermittels (Zähigkeit) und die Festigkeit des Zapfens. Im Zusammenhang hiermit steht die Güte der Oberflächenbearbeitung und die verhältnismäßige Lagerlänge.

Mit den auf S. 75 angegebenen Bezeichnungen ist das verhältnismäßige Lagerspiel ψ je nach der Relativexzentrizität δ $\left(\text{für } \frac{D-d}{2} = 1, \text{ praktisch } \varepsilon = 0{,}5 \text{ bis } 0{,}95\right)$ aus Gl. (b), S. 75, mit dem Wert von $\varphi = 4{,}1$ bis $39{,}2$

$$\psi = 1{,}0\sqrt{\frac{z\,\omega}{p_m}} \quad \text{bis} \quad 3{,}14\sqrt{\frac{z\,\omega}{p_m}}. \tag{1}$$

Die *geringste Schmierschichtstärke* s ist maßgebend für die Lagerberechnung, da von ihr die zulässige Lagerbelastung abhängt. Nach Abb. 294 ist die Schmierschichtstärke

$$s = \frac{D-d}{2} - e = \left(1 - \frac{2\,e}{D-d}\right)\frac{D-d}{2},$$

wenn e die jeweilige Exzentrizität $\left(\text{wobei } e + s = \frac{D-d}{2}\right)$.

Mit der Relativexzentrizität ε für $\frac{D-d}{2} = 1$, also $\varepsilon = \frac{2\,e}{D-d}$ ist

$$s = (1-\varepsilon)\frac{D-d}{2} = (1-\varepsilon)\frac{D-d}{d}\,\frac{d}{2} = (1-\varepsilon)\,\psi\,\frac{d}{2} \cdots \tag{2}$$

$\left(\psi = \frac{D-d}{d} \text{ verhältnismäßiges Lagerspiel}\right)$.

Für den praktisch in Frage kommenden Bereich von $\varepsilon = 0{,}95$ bis $0{,}5$ bzw. $1 - \varepsilon = 0{,}05$ bis $0{,}5$ gilt genügend genau die empirische Beziehung

$$1 - \varepsilon = 2{,}08\,\psi\,.$$

Durch Einsetzen in Gl. (2) und mit Gl. (b), S. 75, für ψ ergibt sich die allgemeingültige Formel

$$s = \frac{d\,z\,\omega}{3{,}84\,p_m\,\psi}\ \mathrm{m}\,. \tag{3}$$

Diese Gleichung gilt somit für Exzentrizitäten $> 0{,}5$, d. h., wenn die Welle um 0,5 des radialen Lagerspieles verlagert ist, wobei die geringste Schmierschichtstärke ebenfalls 0,5 des radialen Lagerspieles oder 0,25 des ganzen Lagerspieles beträgt.

$$s_{\min} = 0{,}25\,(D - d)\,. \tag{3a}$$

Nach Gl. (3) wird die Schmierschichtstärke ungünstig klein (Gefahr metallischer Berührung der Laufflächen), bei hohem Flächendruck, niedriger Drehzahl und dünnflüssigem Schmiermittel.

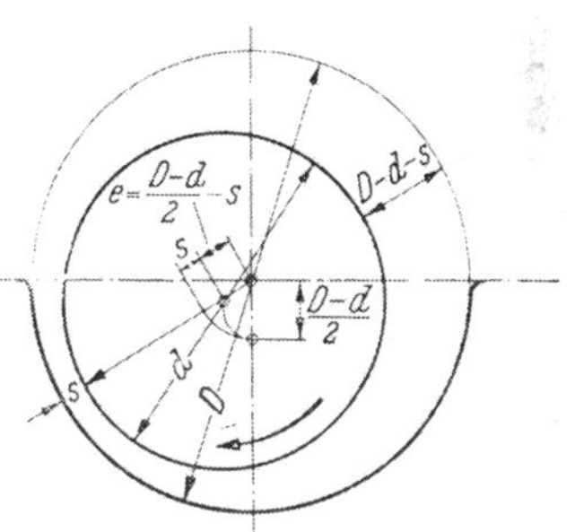

Abb. 294. Zapfeneinstellung im Lager.

Die geringste zulässige Schmierschichtstärke hängt aber von den Unebenheiten des Zapfens und der Schale ab. Sind diese Unebenheiten δ_1 bzw. δ_2, dann ist, wenn D und d die ideellen (rechnungsmäßigen) Durchmesser und D_w bzw. d_w die wirklichen Durchmesser

$$D_w = D - 2\,\delta_1\,, \quad d_w = d + 2\,\delta_2$$

und das wirkliche Lagerspiel

$$D_w - d_w = D - d - 2\,(\delta_1 + \delta_2)\ \mathrm{m}\,.$$

Dementsprechend ist auch die wirkliche Schmierschichtstärke s_w um die Summe der Unebenheiten kleiner als die ideelle s,

$$s_w = s - (\delta_1 + \delta_2)\,,$$

und es muß deshalb stets

$$s > \delta_1 + \delta_2$$

sein.

Die Unebenheiten hängen von der Güte der Oberflächenbehandlung ab und können für Dampfturbinenlager bei SM-Stahl wie folgt angenommen werden

Geschlichtet und mit Schmirgelleinen Nr. 1 abgezogen	0,006—0,007 mm
Mit Schmirgelscheibe geschliffen	0,004—0,005 mm
Geschlichtet, mit Schmirgelleinen Nr. 00 abgezogen (oder gehärtet und geschliffen)	0,003—0,004 mm

Unter normalen Verhältnissen kann $\delta_1 = \delta_2 = 0{,}005$ mm angenommen werden, so daß die geringste Schmierschichtstärke

$$s \geqq 0{,}01\ \mathrm{mm} \quad \text{oder} \quad \geqq 0{,}00001\ \mathrm{m}$$

betragen muß.

Wichtig ist auch genaue Zylinderform des Zapfens.

Der zulässige Flächendruck p_m ergibt sich aus Gl. (3) für Exzentrizitäten $\varepsilon \geqq 0{,}5$ zu

$$p_m = \frac{d\,z\,\omega}{3{,}84 \cdot s\,\psi} = \frac{d\,z\,\omega\,d}{3{,}84 \cdot s\,(D - d)}\,, \tag{4}$$

wobei

$$\psi = \frac{D - d}{d} = \frac{D_w - d_w + 2\,(\delta_1 + \delta_2)}{d}$$

zu setzen ist.

Dann ist im Mittel mit $s = 0{,}00001$ m, $\omega = 0{,}1047\, n$ und $z = 0{,}003$ kg/sek/m²

$$p_m = \frac{0{,}84 \cdot d\, n\, d}{D - d} = \frac{0{,}84 \cdot d\, n}{\psi} \text{ kg/m}^2. \tag{4a}$$

Demnach ist der zulässige Flächendruck um so größer, je stärker der Zapfen, je höher die Drehzahl und je kleiner das verhältnismäßige Lagerspiel. Letzteres kann aber absolut um so größer sein, je stärker der Zapfen, wodurch auch ruhiger Lauf erzielt wird, wie Versuche von BBC (s. S. 77) gezeigt haben.

Aus der Gesamtbelastung P kg des Lagers kann bei gegebenem Zapfendurchmesser die erforderliche Lagerlänge l ermittelt werden aus

$$P = l\, d p_m \quad \text{zu} \quad l = P : (d p_m)\,,$$

wobei jedoch das Verhältnis $l : d$ in den normalen Grenzen von 0,5 bis 1,5 liegen muß, um unzulässige Zapfendurchbiegungen und damit ungleichmäßige Druckverteilung zu vermeiden (da dann nicht der mittlere Flächendruck maßgebend ist, sondern der unkontrollierbar hohe Druck an den Lagerenden).

Ferner muß der Zapfen den Festigkeitsanforderungen genügen. Für Stirnzapfen gilt

$$P\, l/2 = W\, \sigma_{zul} = 0{,}1\, d^3 \sigma_{zul}\,,$$

oder mit $P = l\, d\, p$ (p der wirklich auftretende Druck)

$$\frac{p\, d\, l^2}{2} = 0{,}1\, d^3 \sigma_{zul}\,,$$

woraus

$$p = \frac{0{,}2 \cdot \sigma_{zul}\, d^2}{l^2} = \frac{0{,}2 \cdot \sigma_{zul}}{(l : d)^2} \text{ kg/cm}^2.$$

Somit ist wiederum geringe Zapfenlänge günstig. Der Wert von p muß natürlich kleiner sein als p_m (oder höchstens gleich groß).

Auch für die geringste Schmierschichtstärke s sind kurze Lager, also kleines l/d zweckmäßig, denn setzt man in Gl. (3) $p_m = \frac{P}{d^2 (l : d)}$, $\omega = 0{,}1047\, n$ und $\psi = (D - d) : d$ ein, so ergibt sich

$$s = \frac{d^4\, (l : d)\, n\, z}{36{,}5\, P\, (D - d)} \text{ m}. \tag{5}$$

(vgl. auch E. Falz [IId]).

Der zulässige Flächendruck steigt mit Verringerung der Lagerlänge bis zu einem Maximum an und nimmt dann bei weiterer Abnahme, etwa von $l : d = 0{,}2$, schnell bis auf 0 ab (bei $l : d = 0$), da das Schmieröl nach den Seiten abläuft. Daraus folgt, daß die Lagerlänge nicht unter $l = 0{,}5\, d$ und nicht über 1,2 bis 1,5 d ausgeführt werden sollte. Ferner ist Anpassung der Lagerschale an die Wellendurchbiegung zweckmäßig, was durch kugelige Lagerung der Schale oder durch geringe Kippmöglichkeit erreicht wird.

Die *Reibungswärme* des Lagers muß laufend abgeführt werden. Dieses kann erfolgen a) durch natürliche Kühlung, d. h., Wärmeabfuhr durch den Lagerkörper, und die Welle, oder b) durch künstliche Kühlung, d. h. durch Kühlung des Schmieröles, entweder durch Kühlrohre im Ölraum des Lagerkörpers, oder meist durch Hindurchleiten des von einer Pumpe geförderten Schmierölstromes durch einen Ölkühler, wobei auch Reinigung des Öles erfolgen kann. Maßgebend für die Anwendung der einen oder anderen Art der Wärmeabfuhr ist die erreichte Temperatur des Öles.

Die im Lager entwickelte Wärme beträgt

$$Q = \frac{\mu\, P\, v \cdot 3600}{427} \text{ kcal/h}\,, \tag{6}$$

wenn v die Zapfenumfangsgeschwindigkeit in m/sek und μ die Reibungszahl ist.

Nach Gl. (c), S. 75 ist mit

$$p_m = P : d^2 (l : d)\,, \quad \omega = 0{,}1047\, n \quad \text{und} \quad v = \pi\, d\, n : 60\ \text{m/sek}\,,$$

$$\mu = 1{,}23\, d \sqrt{\frac{z\, n\, (l : d)}{P}}$$

und

$$Q = 0{,}174\, d^2 \pi \sqrt{z\, n^3 (l : d)\, P}\ \text{kcal/h} \tag{6a}$$

oder je 1 m²

$$q = \frac{Q}{\pi\, d\, l} = 0{,}174 \sqrt{\frac{P\, n^3\, z}{l/d}}\ \text{kcal/h, m}^2. \tag{6b}$$

Daraus kann auch die *Reibungsleistung* ermittelt werden:

$$N_r = \frac{q\, \pi\, d\, l \cdot 427}{3600 \cdot 75} = \frac{Q}{632} = \sim \frac{q\, d\, l}{200}\ \text{PS}. \tag{7}$$

Die abgeführte Wärme A kcal/h bzw. α je m² kann aus der Beziehung

$$\alpha = A : (\pi\, d\, l) = 17\, (\Theta - \Theta_0)^{1,3}\ \text{kcal/h, m}^2 \tag{8}$$

ermittelt werden, welche auf Grund von Versuchen von Lasche [Ib] aufgestellt worden ist, wobei Θ die Lagertemperatur und Θ_0 die Temperatur der Umgebung ist.

Da im Beharrungszustande die abgeführte Wärme der erzeugten gleich sein muß, ist mit Gl. (6b)

$$0{,}174 \sqrt{\frac{P\, n^3\, z}{l/d}} = 17\, (\Theta - \Theta_0)^{1,3},$$

woraus

$$\Theta - \Theta_0 = \sqrt[2,6]{\frac{P\, n^3\, z}{9600 \cdot l/d}}$$

oder

$$\Theta - \Theta_0 + \sqrt[2,6]{\frac{P\, n^3\, z}{9600 \cdot l/d}}\ {}^0\text{C}, \tag{9}$$

wenn die Ölzähigkeit richtig eingesetzt wird.

Für eine vorgeschriebene Ölsorte muß z als Funktion der Temperatur in Gl. (9) eingesetzt werden; für diese Abhängigkeit kann die Näherungsgleichung

$$z = \frac{i}{(0{,}1 \cdot \Theta)^{2,6}}\ \text{kgsek/m}^2\ * \tag{10}$$

zugrunde gelegt werden, mit einer von der Viskosität abhängigen Ölkennziffer i. Diese Näherungsgleichung gilt allgemein für die Zähigkeiten von Schmierölen, wobei die Kennziffer i beträgt:

bei ⁰ E	= 2	4	6	8	12	16	24
	i = 0,0694	0,167	0,259	0,350	0,535	0,706	1,06
damit bei 50⁰ C	z = 0,00105	0,00253	0,00393	0,0053	0,0081	0,0107	0,016.

Durch Einsetzen von Gl. (10) in Gl. (9) erhält man

$$\Theta = \Theta_0 + \sqrt[2,6]{\frac{P\, n^3\, i}{71{,}6\, (l/d)}\, \frac{1}{\Theta}},$$

woraus sich die Schmierschichttemperatur als brauchbare Wurzel der quadratischen Gleichung ergibt

$$\Theta = \frac{\Theta_0}{2} + \sqrt{\left(\frac{\Theta_0}{2}\right)^2 + \sqrt[2,6]{\frac{P\, n^3\, i}{24\, (l/d)}}}\ {}^0\text{C}. \tag{11}$$

* Diese Gleichung gibt kleinere Werte für z als die S. 75 erwähnte einfache Gleichung $Z = E : 1490$.

Ergibt sich nach dieser Gleichung eine höhere Temperatur als rd. 80° C, dann muß künstliche Kühlung angewendet werden, was bei Dampfturbinenlagern, mit Ausnahme kleiner Einheiten, wohl stets der Fall sein wird. Es brauchte an sich nur derjenige Teil α_k der Reibungswärme q abgeführt zu werden, der über den durch natürliche Kühlung abgeführten Betrag α_n hinausgeht, also $\alpha_k = q - \alpha_n$. Dazu muß die durch natürliche Kühlung abgeführte Wärmemenge α_n bestimmt werden, indem man für die Schmierschichttemperatur einen zulässigen Wert (z. B. $\Theta = 70^0$ C) annimmt und mit dem damit nach Gl. (10) sich ergebenden Wert für z die für diese Temperatur erzeugte Reibungswärme q je m^2 aus Gl. (6b) ermittelt. Darauf wird die vom Lager selbst aufgenommene Wärme α_n (also die natürliche Kühlung) bei den Temperaturen Θ und Θ_0 (Umgebungstemperatur) bestimmt, wodurch dann auch die durch künstliche Kühlung abzuführende Wärmemenge α_k sich ergibt.

Bei Dampfturbinenlagern wird die durch künstliche Kühlung abzuführende Wärmemenge meist stark überwiegen, so daß die erforderliche umlaufende Ölmenge aus der gesamten erzeugten Wärmemenge q errechnet wird, zumal noch die vom Dampf durch die Welle ins Lager geleitete Wärme hinzukommt, welche rechnerisch nicht bestimmt werden kann.

Die erzeugte Wärmemenge war nach Gl. (6a)

$$Q = 0{,}174\, d^2 \pi \sqrt{z\, n^3 P\, l/d} \text{ kcal/h}$$

und muß durch die Ölmenge $\ddot{O}$ kg/h abgeführt werden. Tritt das Öl mit $t_e{}^0$ C ins Lager und mit $t_a{}^0$ ($= \sim$ Lagertemperatur Θ) aus, so ist mit der spezifischen Wärme $c_{\ddot{o}}$ kcal/kg des Öles, da die vom Öl aufgenommene Wärme gleich sein muß der erzeugten,

$$Q = \ddot{O}\, c_{\ddot{o}} (t_a - t_e) \text{ kcal/h},$$

woraus die stündlich erforderliche zirkulierende Ölmenge

$$\ddot{O} = \frac{Q}{c_{\ddot{o}} (t_a - t_e)} \text{ kg/h}. \qquad (12)$$

Mit Q nach Gl. (6a), einem spezifischen Gewicht des Öles von 0,9 kg/l, einer spezifischen Wärme $c_{\ddot{o}} = 0{,}4$ kcal/kg und einem die Ölverluste, Pumpenwirkungsgrad und -abnutzung berücksichtigenden Faktor ξ ($= 1{,}4$ bis $1{,}8$), ist die für ein Dampfturbinenlager (Querlager) erforderliche Ölmenge

$$\ddot{O} = \frac{d^2 \xi}{39{,}6\,(t_a - t_e)} \sqrt{P\, n^3 z\, l/d} \text{ l/min}. \qquad (12a)$$

Zusammenfassung. Ist der Zapfendurchmesser durch die Konstruktion festgelegt und eine bestimmte Ölsorte vorgeschrieben (also i nach Zahlentafel S. 255 gegeben), dann ist die absolute Zähigkeit nach Gl. (10), S. 255

$$z = \frac{i}{(0{,}1\,\Theta)} \text{ kgsek/m}^2$$

mit der Schmierschichttemperatur Θ nach Gl. (11) bei natürlicher Kühlung oder mit zunehmendem Wert bei künstlicher Kühlung.

Der Mittelwert des ideellen Lagerspiels bei Laufsitzpassung ist nach Falz in mm:

$$\delta_m = D - d = \frac{\sqrt[2{,}3]{d}}{45} \text{ mm}. \qquad (13)$$

Das reibungstechnisch günstigste Lagerspiel ist nach Gl. (1), S. 252, mit $\psi = (D - d) : d$ bei einer relativen Exzentrizität $\varepsilon = 0{,}5$ in mm:

$$\delta = D - d = \frac{d}{309} \sqrt{\frac{z\, n}{p}} \text{ mm}.$$

Das wirkliche (auszuführende) Lagerspiel δ_w ist bei normaler Bearbeitung um 0,02 mm kleiner

$$\delta_w = \delta_m - 0{,}02 \text{ mm}.$$

Das maximale Lagerspiel kann $\delta_{\max} = 1{,}5\,\delta_w$ mm betragen.

Ferner ist die Reibungszahl im Mittel [Gl. (c) oder (d), S. 75]

$$\mu = 3{,}8\sqrt{\frac{z\,\omega}{p_m}} = \frac{7{,}5}{d}\sqrt{(D-d)\,s}$$

[z nach Gl. (10)].

Damit ist die Reibungsleistung [Gl. (74) bzw. (74a), S. 76]

$$N_r = \frac{\mu\,P\,d\,n}{1430} = \frac{d^2}{1160}\sqrt{P\,n^3\,z\,(l/d)} = \frac{P\,n\sqrt{(D-d)\,s}}{191}\ \text{PS}.$$

Bei gegebenem Lagerspiel $\delta_w = D_w - d_w$ kann nachgeprüft werden, ob flüssige Reibung überhaupt zu erwarten ist, nach Gl. (3) mit

$$p_m = P : d^2\,(l/d)\,, \quad \omega = 0{,}1047\,n$$

und

$$\psi = (D_w - d_w) : d_w\,,$$

$$s = \frac{d^4\,(l/d)\,n\,z}{36{,}6\,P\,(D-d)}\ \text{m}. \tag{14}$$

Die sich hieraus ergebende Schmierschichtstärke muß

$$s \geqq 0{,}01 \text{ mm}$$

sein.

Der zulässige Flächendruck ist aus Gl. (4a) zu ermitteln.

Die Zapfenbeanspruchung bei Stirnzapfen beträgt

$$\sigma_b = 5 \cdot p\,(13\,d)^2 \text{ kg/cm}^2,$$

und die Zapfendurchbiegung mit d in mm

$$f = \frac{p\,d\,(l/d)^4}{5\,500\,000}\ \text{mm}, \tag{15}$$

die bei selbsteinstellenden Lagern, den üblichen Schmierschichtstärken und mittleren Zapfendurchmessern bis zu $f \leqq 0{,}01$ mm betragen darf.

Die Lagertemperatur ist nach Gl. (11) zu berechnen; bei über 80° C sich ergebenden Temperaturen ist künstliche Kühlung anzuwenden, wobei dann die Öltemperatur angenommen werden kann, und damit der Ölbedarf für das betrachtete Lager nach Gl. (12a), S. 256, zu errechnen ist.

Beispiel. Ein Dampfturbinen-Querlager von $d = 150$ mm ⌀, $l/d = 1{,}2$ ist bei $n = 3000$ Umdr./min mit $P = 2000$ kg belastet und wird mit einem mittleren Maschinenöl geschmiert. Das Lagerspiel beträgt $\delta_w = D - d = 0{,}2$ mm, die Umgebungstemperatur $\Theta_0 = 20°$ C.

Der mittlere Flächendruck ist

$$p = \frac{P}{(l/d)\,d^2} = \frac{2000}{1{,}2 \cdot 15^2} = 7{,}42 \text{ kg/cm}^2.$$

Der zulässige Flächendruck ist nach Gl. (4a) bei $= 0{,}5$

$$p_m = \frac{0{,}84 \cdot d^2\,n}{D-d} = \frac{0{,}84 \cdot 0{,}15^2 \cdot 3000 \cdot 1000}{0{,}15} = 378\,000 \text{ kg/m}^2 = 37{,}8 \text{ kg/cm}^2.$$

Der Mittelwert des ideellen Lagerspiels ist bei Laufsitzpassung nach Gl. (13), S. 256,

$$\delta = \frac{\sqrt[3{,}3]{d}}{45} = \frac{\sqrt[3{,}3]{150}}{45} = 0{,}148 = 0{,}15 \text{ mm}.$$

Damit ist die geringste Schmierschichtstärke

$$s = 0{,}25\,(D - d) = 0{,}25 \cdot 0{,}15 = 0{,}0375 \text{ mm}\,.$$

Das wirklich auszuführende Lagerspiel ist dann

$$\delta_w = 0{,}15 - 0{,}02 = 0{,}13 \text{ mm}$$

(das maximale Lagerspiel ist $\delta_{max} = 1{,}5 \cdot 0{,}13 = 0{,}195 \sim 0{,}2$ mm).

Die Ölzähigkeit ist bei einer angenommenen Öltemperatur von $\Theta = 70^0$ C mit i für ein mittleres Maschinenöl von 4^0 E ($i = 0{,}167$ nach Zahlentafel S. 255).

$$z = \frac{0{,}167}{(0{,}1 \cdot 70)^{2{,}6}} = 0{,}00106 \text{ kgsek/m}^2\,.$$

Die Nachprüfung nach Gl. (14), ob flüssige Reibung zu erwarten ist, ergibt ein Spiel größer als 0,01 mm.

Die Reibungszahl ist nach Gl. (c), S. 75,

$$\mu = 3{,}8\sqrt{\frac{z\,\omega}{p}} = 3{,}8\sqrt{\frac{0{,}001 \cdot 0{,}1047 \cdot 3000}{7{,}42 \cdot 10000}} = 0{,}009\,.$$

Die Reibungsleistung ist

$$N_r = \frac{\mu\,P\,d\,n}{1430} = 6{,}4 \text{ PS}\,.$$

Die Zapfendurchbiegung nach Gl. (15) (s. o.)

$$f = \frac{7{,}42 \cdot 150 \cdot 1{,}2^4}{5000000} = 0{,}0004 \text{ mm}\,.$$

Die Schmierschichttemperatur ist nach Gl. (11), S. 255,

$$\Theta = \frac{\Theta_0}{2} + \sqrt{\left(\frac{\Theta_0}{2}\right)^2 + \sqrt[2{,}6]{\frac{P\,n^3\,i}{24 \cdot l/d}}} = 10 + \sqrt{10^2 + \sqrt[2{,}6]{\frac{2000 \cdot 3000^3 \cdot 0{,}167}{24 \cdot 1{,}2}}} = 173^0 \text{ C}$$

(also künstliche Kühlung erforderlich).

Der Ölbedarf nach Gl. (13) mit $\xi = 1{,}6$, $t_a = 70^0$ C, $t_e = 20^0$ C,

$$\ddot{O} = \frac{d^2\xi}{39{,}6\,(t_a - t_e)}\sqrt{P\,n^3\,z\,l/d} = \frac{0{,}15^2 \cdot 1{,}6}{39{,}6 \cdot 40}\sqrt{2000 \cdot 3000^3 \cdot 0{,}001 \cdot 1{,}2} = 5{,}8 \text{ l/min}\,.$$

3. Ausführungen der Traglager.

Die Schmierung muß mit möglichst geringem Druck erfolgen und die Ölschicht darf keine Unterbrechung erleiden; die untere Schale erhält keine Nuten oder nur Längsnuten zur Ölverteilung fast über die ganze Zapfenlänge in der Nähe der Schalenteilfuge; die obere Schale wird so ausgespart, daß das Öl frei ablaufen kann und keinen Druck von oben ausübt.

Die Lagerschalen aus Gußeisen werden mit Lagermetall ausgegossen; sie sitzen entweder fest im Lagergehäuse oder sind kugelig gelagert.

Bei mäßigen Drücken kann als Lagermetall perlitisches Gußeisen angewendet werden, d. h., die Lagerschale wird vollständig aus diesem Werkstoff hergestellt. Auch Sintereisen aus formgepreßtem gesintertem Feinsteisen, das nach dem Sintern mit heißem Öl getränkt wird, hat sich als Austauschstoff bewährt.

Als Lagerweißmetall wird jetzt anstatt des früheren hochzinnhaltigen Metalls (Babbitt u. a.) solches auf Bleibasis angewendet (graphithaltiges Gittermetall, Bahnmetall, Lurgimetall u. a. m. nach DIN 1738). Solche Weißmetalle lassen sich auch gut mit der Spritzgußmaschine verarbeiten, wodurch neben geringerem Aufwand an Metall und Kosten auch eine Verbesserung des Gefüges erreicht wird.

Hohe Verschleißfestigkeit hat die kaltgezogene Carobronze in Verbindung mit gehärteter Zapfenoberfläche, die von der Carobronze nicht angegriffen wird.

Abb. 295 und 296 zeigen ältere bewährte Lagerschalenausführungen mit großen Schalenlängen. Neuerdings werden, wie S. 254 ausgeführt, Schalenlängen von $l = 0{,}5\,d$ bis $1{,}5\,d$ angewendet. Das Lagerspiel muß eingehalten werden und für zweckmäßige Ölzuführung und -abführung gesorgt sein.

Der Lagerkörper wird mit dem Turbinengehäuse zusammengegossen oder mit ihm verschraubt, häufig derart, daß das Turbinengehäuse in den Lagern hängt und dadurch stets zentrisch bleibt; um der axialen Wärmedehnung nachgeben zu können, ist das vordere Lager, welches das Drucklager enthält, nicht mit dem Grundrahmen fest verschraubt, sondern axial verschiebbar geführt, wodurch der axiale Schaufelspalt fast unverändert erhalten wird.

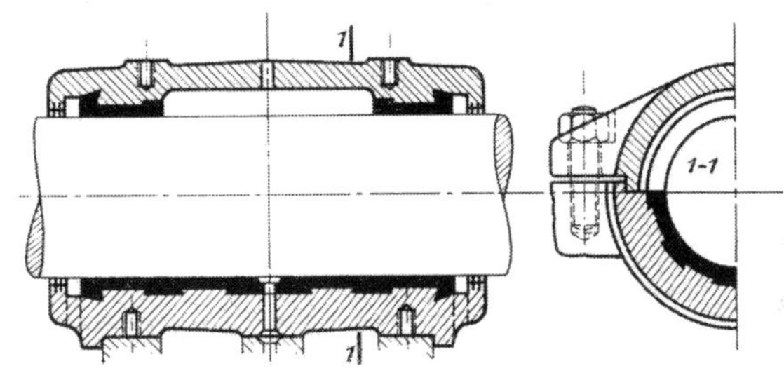

Abb. 295. Feste Lagerschalen.

Zur Messung der Lagertemperatur sind in den Schalen Bohrungen für Thermometer vorgesehen, in welche diese durch den Lagerdeckel eingeführt werden können. Auch am Öleintritts- und am Ölaustrittsstutzen werden Thermometer angeordnet.

Die Lager von Kleinturbinen sind aus den Längsschnitten ausgeführter Turbinen (S. 252) ersichtlich. Man findet in einigen Fällen Kugellager, sonst meist Ringschmierlager, aber auch Lager mit Druckölschmierung, wie Abb. 297 in der

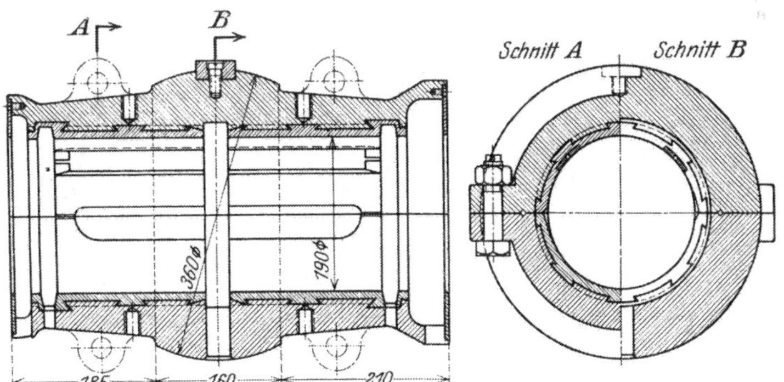

Abb. 296. Lagerschalen mit Kugelbewegung.

Ausführung des BEKA-Werkes und Abb. 298 der Turbinenfabrik Dresden zeigen. Häufig wird das Drucklager durch Wellenbunde im vorderen Traglager gebildet,

Kugelig gelagerte Schalen der AEG zeigt Abb. 299, den zugehörigen Lagerbock für Dreilageranordnung Abb. 300; das Öl tritt seitlich in den Lagerkörper durch die Bohrung in die Aussparung an der Teilfuge der Lagerschalen, und wird durch den Zapfen unter denselben gesaugt.

Die AEG führt die Lagerbohrung derart aus, daß, nach dem Drehen des äußeren Schalenumfanges, in den Teilfugen eine Beilage von 0,4% des Durchmessers zwischen die Schalen gelegt und die Schale innen auf 0,5% größeren Durchmesser als der Zapfen ausgebohrt wird; nach dem Entfernen der Beilagen und Einsetzen in den Lagerkörper ist dann ein radiales Spiel in der waagerechten Achse von 0,5% und in der senkrechten Mittelebene von 0,1% vorhanden.

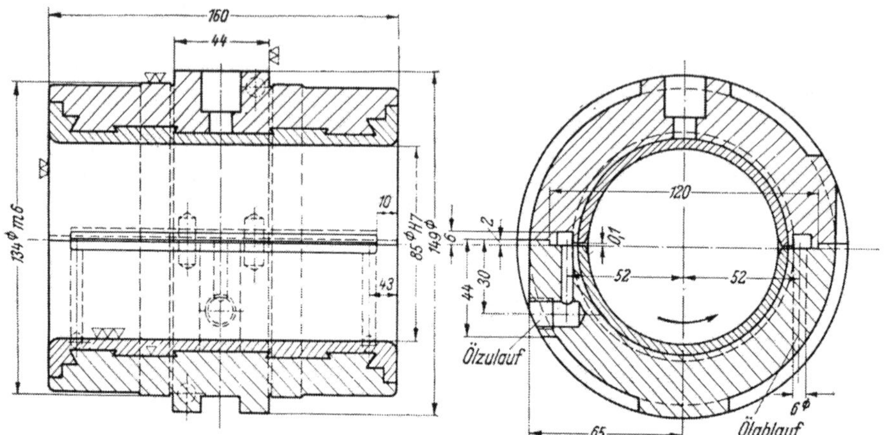

Abb. 297. Lagerschalen einer Kleinturbine (Bekawerk).

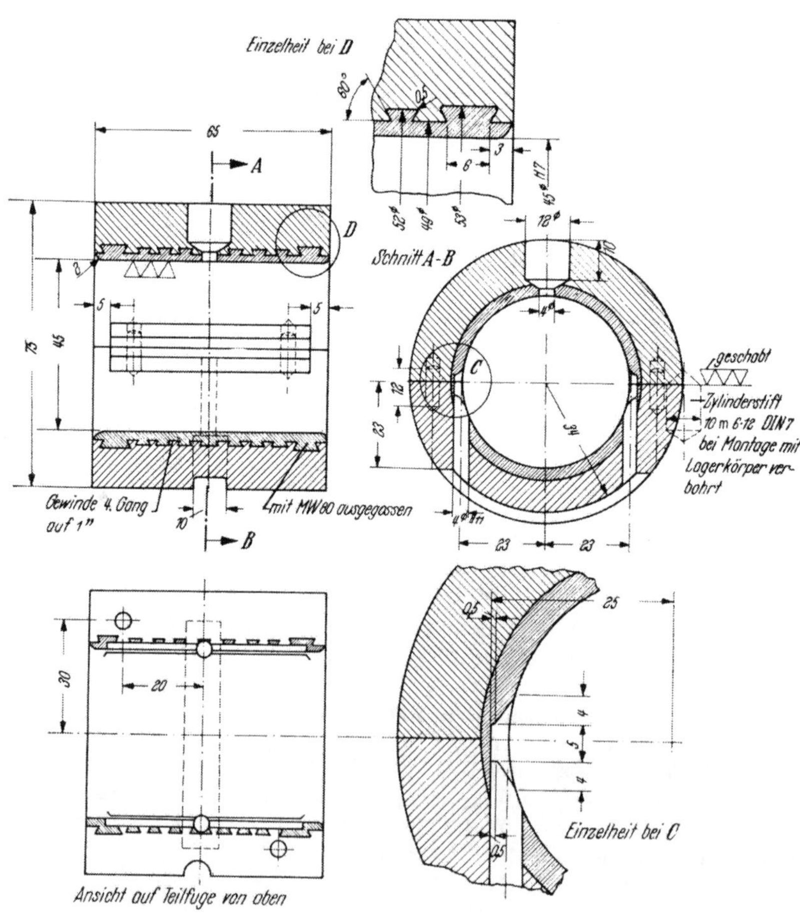

Abb. 298. Traglagerschale der TFb Dresden für eine Kleinturbine.

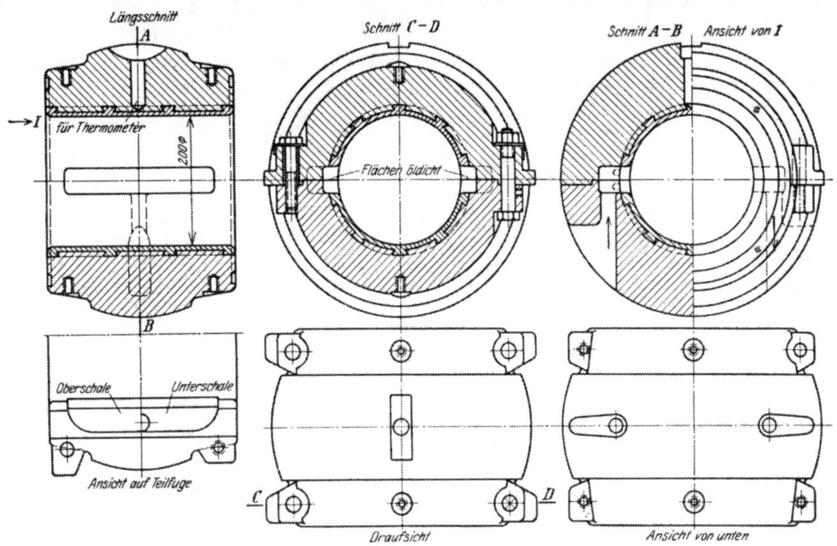

Abb. 299. Lagerschalen der AEG.

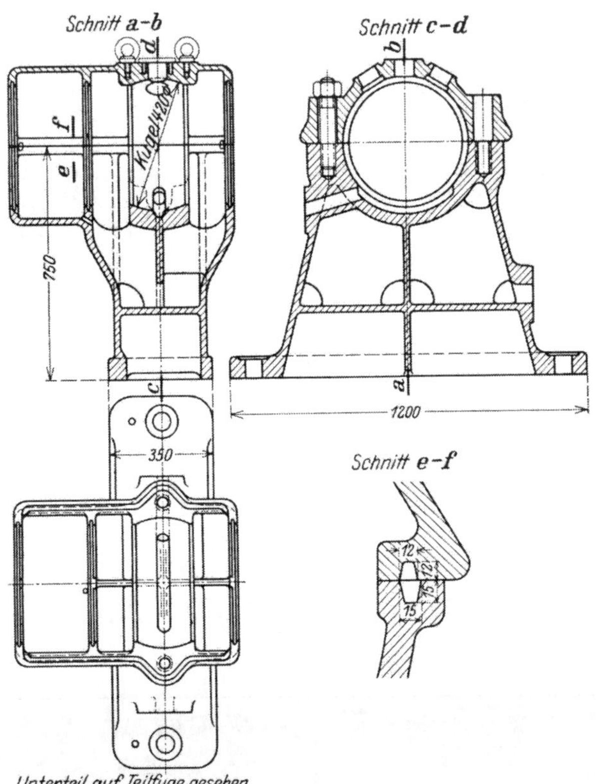

Abb. 300. Lagerbock der AEG.

Die Lagerschalen von BBC (Abb. 301) haben zylindrische Lagerung durch den Wulst W, jedoch auf einer schmäleren Auflage, so daß die Lagerschalen etwas kippen können und den Bewegungen der Welle nachgeben. Das Schmieröl tritt bei E ein in den Raum B, verteilt sich durch die Nuten C und D über den Zapfen, wird durch die Drehung unter denselben gesaugt und läuft bei A ab;

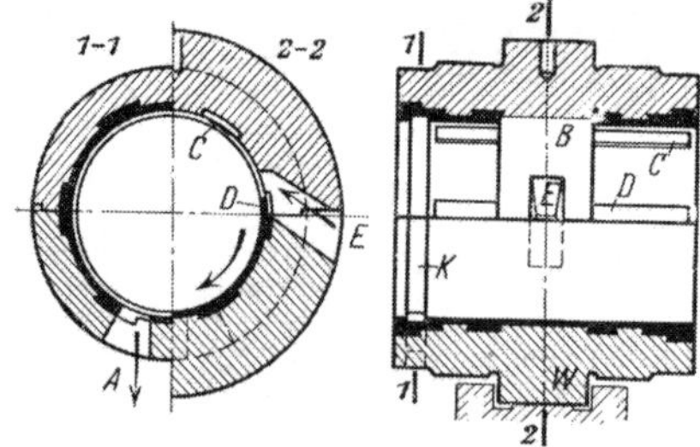

Abb. 301. Lagerschalen von BBC.

der Ringraum K (bei einfachem Lager auf beiden Seiten) verhindert das seitliche Spritzen des Öles aus dem Lager.

Beim Traglager von Escher Wyss, Abb. 302, sind Tragfläche und Schmierung geteilt, was sichere Anwendung biegsamer Wellen gestattet und niedrige Lagertemperaturen gibt, bei höchsten Dampftemperaturen.

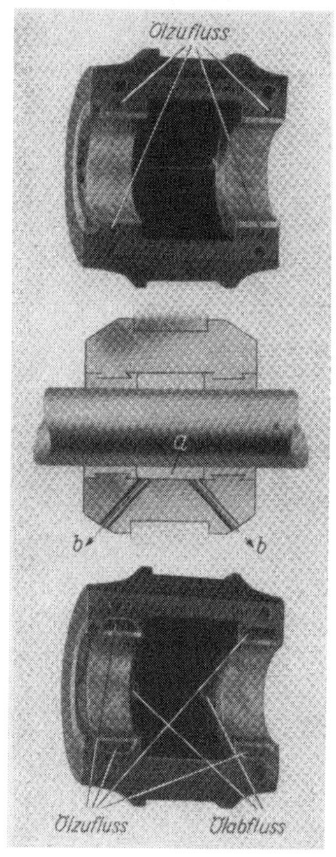

Abb. 302. Traglager von Escher Wyss.

B. Drucklager.

1. Berechnung.

Für Drucklager mit ebenen Gleitflächen ist die Reibungszahl

$$\mu = 3 \sqrt{\frac{z V}{p_m L}}, \qquad (16)$$

worin

$$p_m = P_a : B L,$$

B die Breite und L die Länge der Fläche in m, V m/sek die Gleitgeschwindigkeit.

Die Reibungsleistung ist

$$N_r = \frac{P_a \mu V}{75} = \frac{P_a V \cdot 3}{75} \sqrt{\frac{z V B L}{P_a L}} = 0{,}04 \sqrt{P_a V^3 B z} \text{ PS}. \qquad (17)$$

Die Wärmeentwicklung beträgt somit

$$R = \frac{0{,}04 \cdot 3600 \cdot 75}{427} \sqrt{P_a V^3 B z} = 25{,}3 \sqrt{P_a V^3 B z} \text{ kcal/h} \qquad (18)$$

oder je 1 m² Lauffläche

$$r = \frac{25{,}3}{L} \sqrt{\frac{P_a V^3 z}{B}} \text{ kcal/h, m}^2. \qquad (18\text{a})$$

Die natürliche Wärmeableitung des Lagers beträgt [s. Gl. (8)]

$$\lambda = 17\,(\Theta - \Theta_0)^{1,3} \text{ kcal/h, m}^2,$$

wobei Θ und Θ_0 die Temperatur der Schmierschicht bzw. der Umgebung, und aus $\lambda = r$ folgt

$$\Theta = \Theta_0 + \sqrt[2,6]{\frac{223 \cdot P\, V^3\, z}{B\, L^2}}\ {}^0\mathrm{C},$$

oder mit z nach Gl. (10) nach Umformung als brauchbare Wurzel der quadratischen Gleichung

$$\Theta = \frac{\Theta_0}{2} + \sqrt{\left(\frac{\Theta_0}{2}\right)^2 + \sqrt[2,6]{\frac{892 \cdot P_a\, V^3\, i}{L^2\, B}}}\ {}^0\mathrm{C}, \tag{19}$$

mit i nach Tabelle auf S. 255.

Ergibt sich eine Temperatur höher als 80^0 C, so ist künstliche Kühlung erforderlich. Bei gegebenem Schmiermittel kann mit dessen Zähigkeit auch die Wärmeentwicklung nach Gl. (16a) ermittelt werden, bei Wahl des Schmiermittels ist die Zähigkeit zu bestimmen. Die erforderliche Ölmenge kann analog wie für Querlager mit dem Zuschlagfaktor $\xi = 1{,}4$ bis $1{,}8$ bestimmt werden aus

$$\ddot{O} = \frac{\xi}{21{,}6\,(t_a - t_e)} \sqrt{640 \cdot P_a\, V^3\, B\, z}\ \mathrm{l/min}. \tag{20}$$

Bei kombinierten Trag- und Drucklagern ist die Ölmenge

$$\ddot{O} = \frac{\xi}{21{,}6\,(t_a - t_e)} \left(\sqrt{0{,}3 \cdot P\, n^3\, d^4\, (l/d)\, z} + \sqrt{640 \cdot P_a\, V^3\, B\, z}\right)\ (\mathrm{l/min}) \tag{21}$$

Die Ölpumpe ist für die Summe aller auf vorstehende Art ermittelten Ölmengen zu bemessen (s. S. 279).

2. Ausführungen der Drucklager.

Bei Kleinturbinen werden die Drucklager als Kammlager mit zwei oder drei Kämmen oder mit seitlich an dem Traglager anliegenden Bunden ausgeführt. Der spezifische Flächendruck soll bei Druckschmierung 7 kg/cm² und bei Ringschmierung 2 kg/cm² nicht überschreiten.

Bei Turbinen mittlerer und großer Leistung werden die Drucklager jetzt stets als Einscheiben- (Segment-) Lager — Michell-Lager — ausgeführt.

Bei Gleichdruckturbinen sind die axialen Kräfte gering, das Drucklager hat nur die Welle zu halten zwecks Sicherung des axialen Schaufelspiels und zufällige geringe Kräfte aufzunehmen (auch den Druck durch die Druckdifferenz infolge der Saugwirkung des Dampfes bei Fehlen der Ausgleichlöcher in den Radscheiben). Bei Überdruckturbinen kann der Axialschub bedeutend sein, s. Berechnung desselben S. 229. Der Axialschub wird, soweit er nicht durch den Ausgleichkolben ausgeglichen werden kann, durch die Drucklager aufgenommen. Diese bestehen aus einer Anzahl segmentförmiger Tragklötze, die um eine radiale Kante etwas kippen können, wodurch das Öl in einer keilförmigen Schicht zwischen den Druckring und die Klötze gedrückt wird und metallische Berührung verhindert. Der zulässige Flächendruck ist durch die Druckwirkung des Öles wesentlich größer als bei den Kammlagern, er kann bis 30 kg/cm² und die Geschwindigkeit in Klotzmitte bis 60 m/sek betragen.

Das Einscheibendrucklager der AEG zeigt Abb. 303. Es besteht aus dem auf die Welle gesetzten Druckring *1*, 12 um radiale Kanten kippbaren Klötzen *2*, welche auf dem zweiteiligen Haltering *3* durch Kopfschrauben *4* beweglich im gleichen Abstand gehalten werden, den Auflageplatten *5* und aus den Gehäusehälften *6* und *7*, die durch Kopfschrauben *8* mit den kugelig gelagerten Traglagerschalen verschraubt sind, so daß sich das Lager den Wellenbiegungen anpaßt. Die genaue axiale Einstellung erfolgt durch Beilagen *9* zwischen dem

Drucklagergehäuse *6*, *7* und der Traglagerschale. Um gelegentlich auftretenden, nach links gerichteten Schub aufnehmen zu können, ist links vom Drucklager ein Hilfsdrucklager angeordnet.

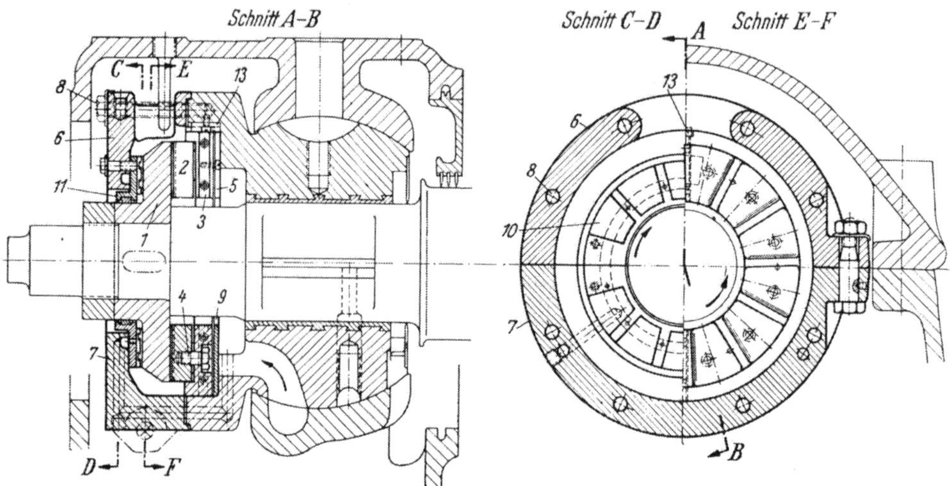

Abb. 303. Einscheibendrucklager der AEG.

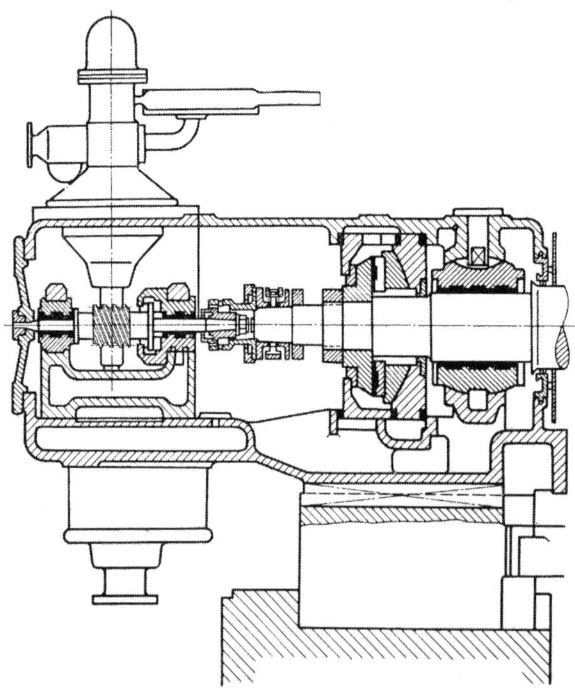

Abb. 304. Drucklager der AEG für große Einheiten.

Bei großen Leistungseinheiten wird das Drucklager getrennt vom Traglager im Lagerbock befestigt und die Anpassung an Wellenbiegungen durch kugelige Auflageplatte erreicht, Abb. 304. Bei Turbinen über 20000 kW wird die Antriebsschnecke für Regler und Ölpumpe nicht mehr fliegend auf dem Wellenende befestigt, sondern mit eigener Welle in zwei eigenen Traglagern und einem Drucklager gehalten und die Welle durch Verzahnungskupplung von der Hauptwelle angetrieben,

Ein vereinigtes Trag- und Drucklager von BBC ist in Abb. 305 dargestellt.

Die Traglagerhälften *1*, *2* mit Lagermetall *13* sind durch die Paßschrauben *3* zusammengehalten und durch Stifte *9* gegen Drehung gesichert. Durch den schmalen Wulst der unteren Schale ist das Lager kippbar nachgiebig gelagert und durch die Beilagen *21*, *22* axial fixiert. Die je sechs Tragklötze *4* und *5* zu beiden Lagerseiten werden in den Ringsegmenten *6*, *7* durch die Stifte *8* in ihrem Abstand gehalten und können sich um die Kippkante neigen, so daß beim Drehen der Wellenbunde *B* sich der Ölkeil bildet. Die Ringsegmente sind durch Federn *12* gegen das Mitdrehen gesichert. Das Schmieröl wird vom Traglager aus zugeführt und gelangt durch die Fliehkraft zu den Gleitflächen.

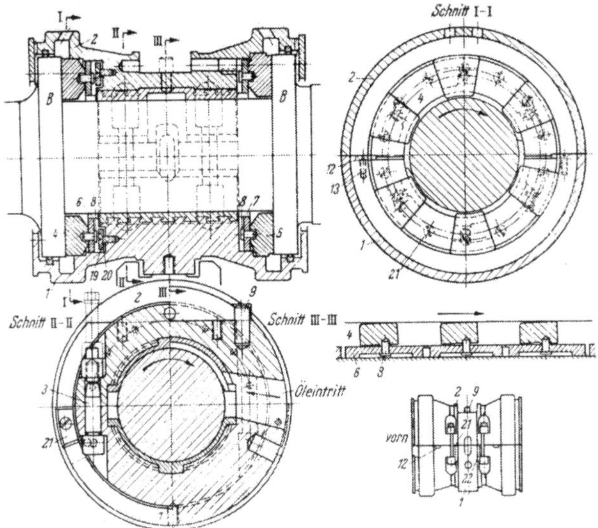

Abb. 305. Vereinigtes Trag- und Drucklager von BBC.

Ein Blocklager der MAN zeigt Abb. 306.

Der Druckring *1* stützt sich an den Druckklötzen *2*, die mit einer Kippkante *a* versehen sind und durch Stifte *3* im gleichen Abstand gehalten werden; *4* Traglagerschalen. Das

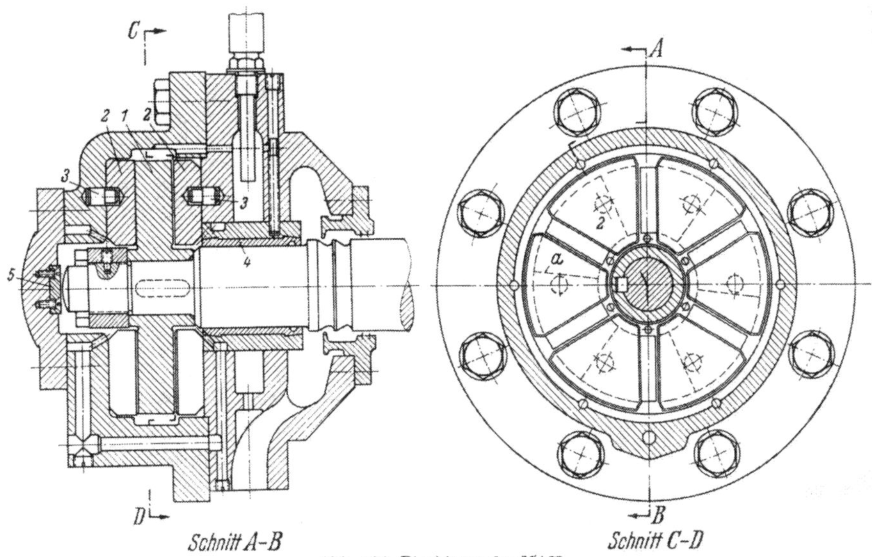

Abb. 306. Blocklager der MAN.

Schmieröl tritt unten bei *X* ein, gelangt durch die Bohrung *b* zu den Druckklötzen und läuft durch die Bohrung *c* in den Raum *d* mit Thermometer *T*, und von dort ab. Um bei Überlastung des Drucklagers und dadurch mögliches Nachgeben des Weißmetalls den Läufer aufzufangen, ist eine Fangscheibe *5* angeordnet, gegen welche sich das Wellenende stützt, so daß Schäden durch Verschieben des Läufers verhütet werden.

Ein Einscheibendrucklager der Gutehoffnungshütte zeigt Abb. 307.

1, *2* Traglagerschalen mit Drucklagergehäuse; *3* Druckring; *4* Auflageplatte; *5* Segmentdruckklötze mit Kippkante; *6* Haltestifte; *7* Hilfs-Segmentdruckklötze; *8* Haltekegelstift; *9* Bolzen; *10*, *11* außen kugelige Zentrierstücke; *12*, *13* Paßbeilagen; *14* Hilfsauflageplatte für gelegentlichen nach links gerichteten Schub.

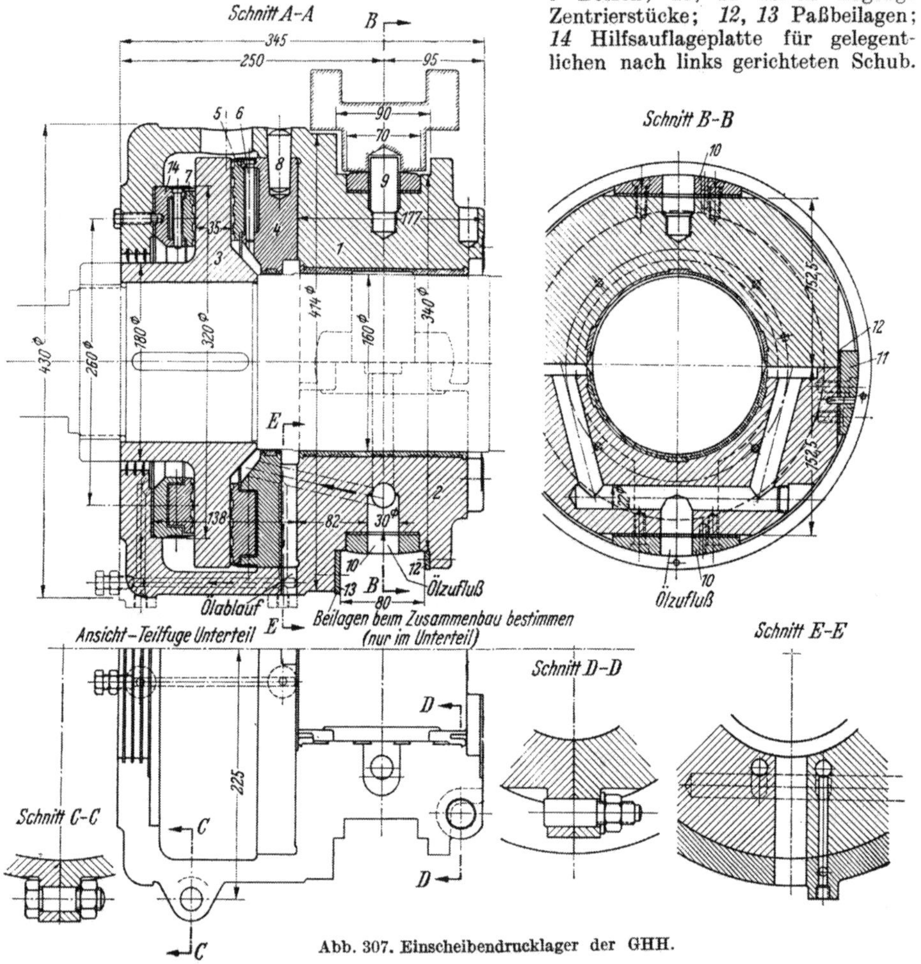

Abb. 307. Einscheibendrucklager der GHH.

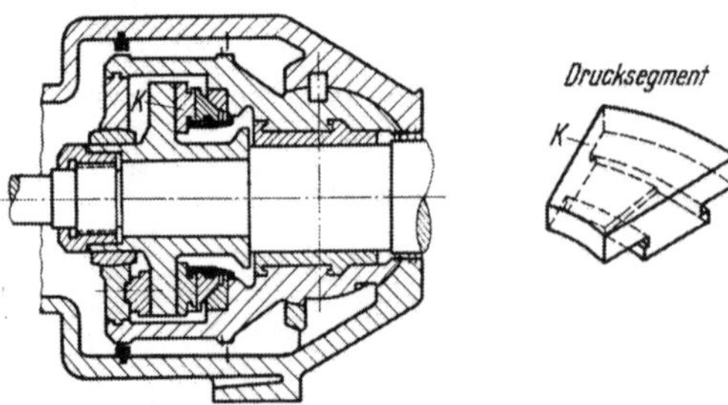

Drucksegment

K

Abb. 308. Trag- u. Drucklager von Turbinen der ČSR.

Das Schmieröl tritt bei *I* ein und gelangt durch die Bohrungen *II* in die Aussparungen an der Teilfuge der Traglagerschalen und läuft durch die Schlitze an den Lagerschalenenden ab. Ferner gelangt Öl durch die Bohrungen *III* unter die Segmentdruckklötze *5* und durch die Bohrungen *IV* und *V* zu den Hilfsdruckklötzen *7*, von wo es durch das obere Loch ablaufen kann. Die Lagerschalen mit dem Drucklagergehäuse werden durch konische Stifte *15* bzw. Paßschrauben *16* verbunden.

Ein Trag- und Drucklager tschechoslowakischer Turbinen zeigt Abb. 308 mit kugeliger Lagerung, die Form der Segmentklötze ist rechts dargestellt.

X. Turbinengehäuse.

1. Die Formgebung.

Die Formgebung des Turbinengehäuses muß nach den Leitvorrichtungen und der Dampfführung erfolgen, wobei neben genügender Festigkeit auch eine einfache und gußtechnisch einwandfreie Form gewählt werden muß, die bequeme Bearbeitung gestattet. Um Guß- und Wärmespannungen zu vermeiden, muß gleichmäßige Baustoffverteilung angestrebt werden, Längsrippen sind möglichst zu vermeiden, Querrippen sind mit Vorsicht anzuordnen; besser ist es, Steifigkeit gegen Ovalziehen durch innere Ringrippen und durch die Stirnwände zu erzielen.

Die Gehäuse werden, bis auf wenige Ausnahmen bei Kleinturbinen und bei sehr hohen Drücken, in der waagerechten Mittelebene geteilt, um die Turbine aufdecken und den Läufer bequem einlegen zu können; meist wird der Abdampfstutzen angeschraubt, bisweilen auch der Hochdruckteil des Gehäuses gesondert hergestellt und mit dem übrigen Gehäuse verschraubt. Bei sehr großen Gehäusen ist Transportmöglichkeit und Bahnprofil zu beachten. Zum Heben des Gehäuses bzw. der Teile desselben sind Hebeösen oder Knaggen vorzusehen. Um Beschädigungen der Schaufeln beim Aufsetzen und Abheben des Gehäuseoberteiles zu vermeiden, sind Führungsbolzen im Flansch anzuordnen, die länger sein müssen als der größte Schaufelkranzhalbmesser. Ferner muß bequeme Verkleidung des Gehäuses und Befestigung der Wärmeschutzmasse möglich sein. Die Führung des Gehäuses in der Achsenrichtung erfolgt durch Anhängen an die Lager oder durch Führungskeile im Grundrahmen (vgl. Abb. 314, S. 272); bei ersterer Art werden Gehäusefüße entbehrlich, es ist stets zentrische Lage des Gehäuses gewährleistet, und das Gehäuse kann sich in allen Richtungen frei ausdehnen, da das vordere Lager axial verschiebbar ist.

Um jedes Verlagern der Gehäuseachse nach oben durch die Wärmedehnung von Gehäusefüßen zu vermeiden, wird das Gehäuse in der waagerechten Mittelebene (Teilfuge) mittels außerhalb der Gehäuseisolierung liegender Pratzen auf Böcke gestützt, so daß die Achse des Gehäuses mit den Leitschaufelträgern stets mit der Läuferachse zusammenfällt.

Nach den von Prof. Röder aufgestellten Bauregeln für Hochdruckgehäuse sollen die Gehäuse in genauer Drehform achsensymmetrisch ausgebildet sein und die Regelstufen sollten bei allen Belastungen vom Heißdampf achsensymmetrisch beaufschlagt werden.

Das vielfach übliche Anwärmen der kalten Turbine vor der Inbetriebnahme durch geringes Öffnen des Hauptabsperrventiles, wobei der Läufer in langsame Drehung versetzt wird — Törnen —, hat den Nachteil, daß der Oberteil des Gehäuses mit den Leitvorrichtungen durch den nach oben steigenden heißen Dampf früher und stärker erwärmt wird als die untere Hälfte, in welche der sich abkühlende und kondensierende Dampf gelangt. Die Folge ist ein Verkrümmen des Gehäuses, dessen Achse aus ihrer natürlichen, nach unten durchgebogenen in die entgegengesetzte Form übergeht. Die Spalte zwischen den feststehenden und den rotierenden Teilen werden dadurch unkontrollierbar verändert. Diese Nachteile werden vermieden durch die Anordnung der Anwärmvorrichtung nach Prof. Röder, Abb. 309, bei welcher vor dem Öffnen des Hauptventiles, das dem Arbeitsdampf den Weg zur Turbine frei gibt, durch gedrosselten Frischdampf, der über Ejektoren in die Turbine gelangt, die Turbinenteile in Ebenen senkrecht zur Turbinenachse gleichmäßig erwärmt werden. Er tritt von unten durch Leitungen B_1 in das Gehäuse ein und wird oben durch die

Leitungen B_2 von einem Ejektor abgesaugt, also im Kreislauf durch die Turbine bewegt; das sich bildende Kondensat tritt durch Ventile C aus. Der nach dieser kurzen Anwärmperiode durch das Hauptabsperrventil eintretende Arbeitsdampf setzt dann die Turbine bei unverkrümmter Achsenform von Welle und Gehäuse in Betrieb, ohne Spaltbegrenzer von innen verformend aufzuwärmen. Dadurch ist vibrationsfreier Lauf ohne Streifvorgänge stets gewährleistet.

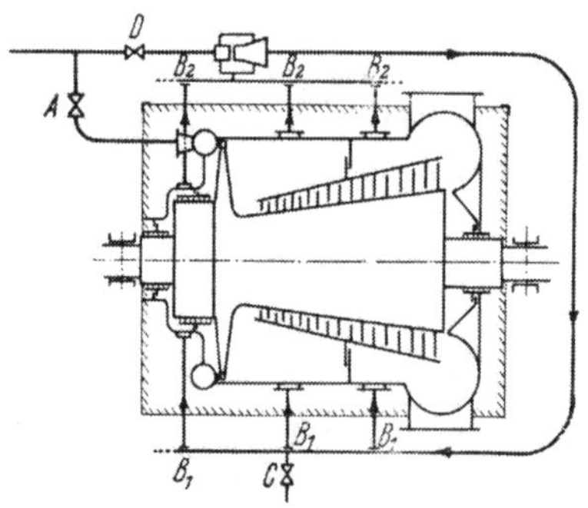

Abb. 309. Anwärmvorrichtung für Turbinengehäuse.

Die starken Gehäuseflanschen erwärmen sich wesentlich langsamer als der Gehäusekörper, wodurch Spannungen hervorgerufen werden. Zwecks gleichmäßiger der Gehäuseschale und der Flanschen werden letztere durch gedrosselten Frischdampf beheizt. Dazu werden Heizkanäle angeordnet, die entweder aus aufgeschweißten Rohrhälften gebildet werden, Abb. 310 (BBC) oder die Flanschen erhalten Aussparungen, die durch eingeschweißte Platten geschlossen werden, Abb. 311 (EW). Die Flanschen werden durch Dehnschrauben verbunden, welche wegen der besseren Wärmeübertragung als Stiftschrauben ausgeführt werden, Abb. 310 und 311.

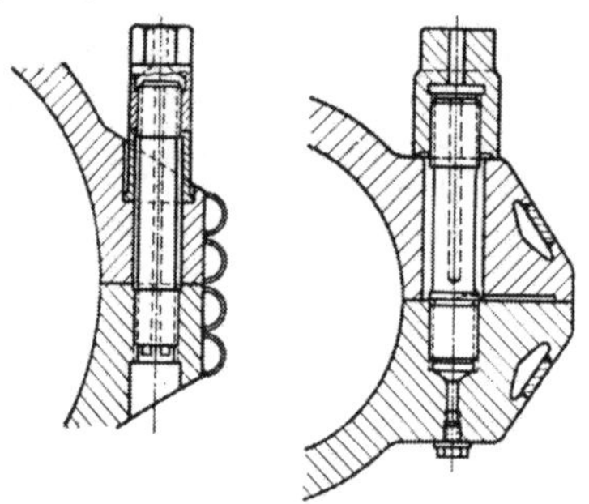
Abb. 310 (BBC). Abb. 311 (EW). Flanschheizung und Dehnschrauben.

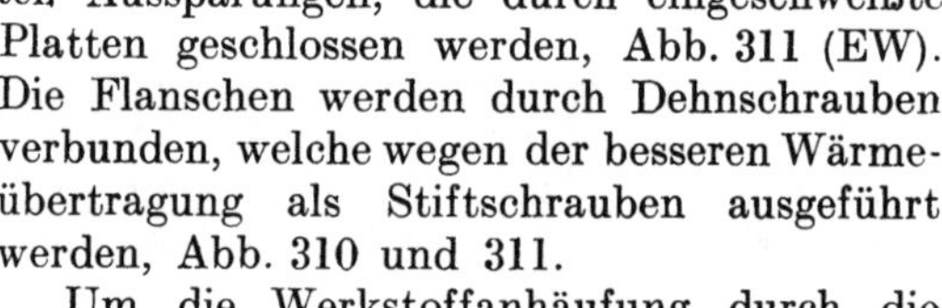

Um die Werkstoffanhäufung durch die Gehäuseflanschen zu vermeiden, verwendet Parsons & Co. Klammern nach Abb. 312, die schwach geneigte Anzugsflächen erhalten und durch wenig beanspruchte Schrauben angepreßt werden.

Das Anschrauben des Abdampfstutzens hat den Vorteil der bequemeren Bearbeitung und Messung, da Ober- und Unterteil zusammen bearbeitet werden können. Bei zusammengegossenem Gehäuse und Abdampfstutzen bei Überdruckturbinen werden die Nuten für die Leitschaufeln nach mit Nutenmarken versehenen Schablonen in die zusammengeschraubten Hälften geschnitten.

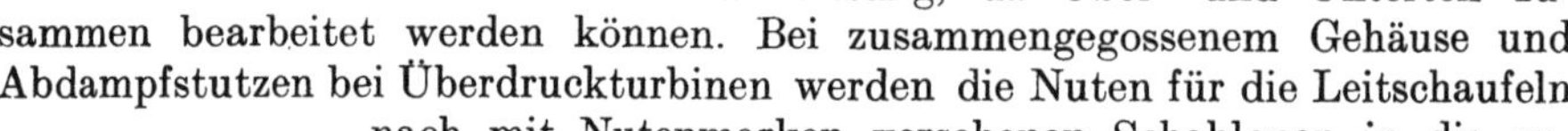

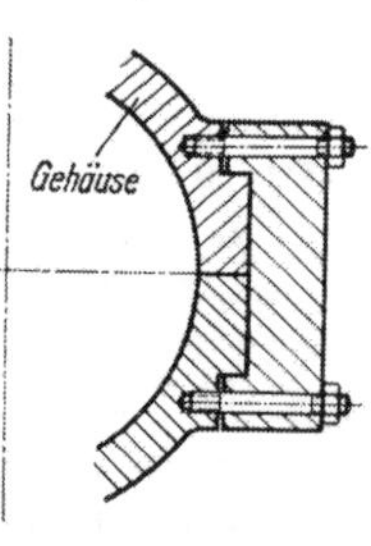

Abb. 312. Flanschverbindung nach Parsons & Co.

Die Gehäusestirnwand ist gewölbt oder kegelig auszuführen und erhält einen Stopfbüchsenhals entsprechend der Stopfbüchse (s. d.); die Flanschenschrauben sind hierbei so nahe wie möglich in die Mitte zu rücken, um Dichthalten am Stopfbüchsenhals zu erreichen.

Bei der Formgebung des Gehäuses sind Vertiefungen, in denen sich Wasser ansammeln kann, zu vermeiden, nötigenfalls sind Entwässerungen vorzusehen, wenn kein natürlicher Abfluß durch die Leitkanäle möglich ist. Zur Messung des Druckes sind Meßstellen am Gehäuse vorzusehen.

Der Frischdampfstutzen soll mäßige Dampfgeschwindigkeit zulassen (40 bis 60 m/sek); die Dampfzuführung erfolgt entweder in einen Ringkanal im Gehäuse von möglichst kreisförmigem Querschnitt, von wo aus der Dampf in die Leitvorrichtung tritt, oder in Düsenkästen, die in das Gehäuse eingesetzt werden, um hohe Temperaturen und ungleichmäßige Erwärmung im Gehäuse zu vermeiden. Zu diesem Zweck wird der Dampf den einzelnen Düsenkästen nötigenfalls getrennt zugeführt.

Der Abdampfstutzen muß bei Vakuum und größeren Leistungen sehr großen Querschnitt erhalten, da das spezifische Volumen des Dampfes groß ist; die Dampfgeschwindigkeit wird deshalb groß gewählt, $w = 100$ bis 150 m/sek. Es ist auf günstige Dampfführung zu achten, um möglichst die Austrittsgeschwindigkeit aus der letzten Stufe auszunutzen und den Druck im Abdampfstutzen gleich dem Druck im Kondensator zu erhalten. Aus diesem Grunde wird Diffusorwirkung im Stutzen angestrebt.

Bei großem Abdampfvolumen werden zwei Abdampfstutzen und zwei Kondensatoren angeordnet, oder die Turbine als „Doppelend"turbine ausgeführt (s. Abb. 471, S. 395, und Abb. 453 u. 466, S. 379 u. 391).

Zwischen Turbinenstutzen und Kondensator wird ein Ausdehnungsstück eingebaut, entweder eine Stopfbüchse mit Wasserdichtung oder ein elastischer Kompensator, bei welchem der Abdampfstutzen von oben durch den Atmosphärendruck belastet wird, was bei der Ausführung der Füße bzw. bei der Aufhängung am Lager zu beachten ist (Kondensatorzug).

2. Die Berechnung der Wandstärken.

Die Berechnung der Wandstärken des Gehäuses, das durch den Dampfüberdruck p beansprucht ist, kann unter Vernachlässigung der Versteifungen als zylindrische Trommel vom inneren Durchmesser D und der Länge l erfolgen nach der Beziehung

$$D l p = 2 l \delta \sigma_Z,$$

woraus für konstruktiv angenommene Wandstärke δ die Zugbeanspruchung wie bei Kesselwandungen

$$\sigma_Z = \frac{D p}{2 \delta} \text{ kg/cm}^2.$$

Die Wandstärke kann nach dem Niederdruckteil hin abnehmen, doch müssen die Übergänge in kleinere Stärken allmählich erfolgen. Die Böden und Deckel sind wie die Leitradscheiben nach S. 189 zu berechnen.

Die Wandstärke der Abdampfstutzen ist bei Gegendruckturbinen für inneren Überdruck, bei Kondensationsturbinen für äußeren Überdruck zu bemessen, wobei die Wandstärke aus gußtechnischen Rücksichten zu wählen ist.

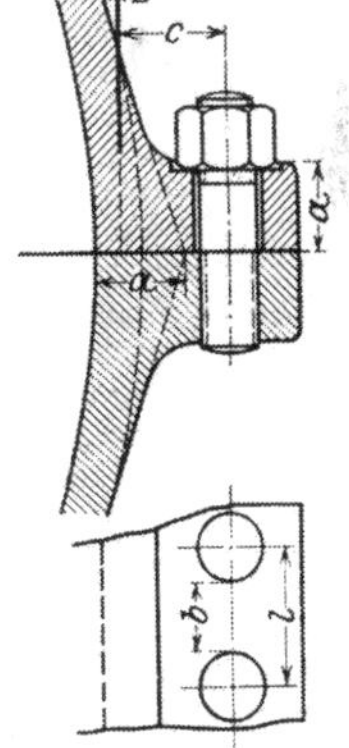

Abb. 313. Flanschberechnung.

Die *Gehäuseflanschen* werden auf Biegung beansprucht und müssen so stark wie möglich ausgeführt werden, um Verziehen derselben und Ovaldrücken des Gehäuses zu vermeiden. Ist l der Abstand zweier Flanschenschrauben (Teilung) und die wirkende Kraft $2 Z = D l p$, so beansprucht Z den Flanschenquerschnitt zwischen den Schraubenlöchern (Abb. 313) auf Biegung mit dem Moment

$$Z c = W \sigma_{zul}, \text{ wobei } W = a^2 b . 6;$$

die Flanschstärke wird dann

$$a = \sqrt{\frac{6 Z c}{\sigma_{zul} b}} = \sqrt{\frac{D l p c 3}{\sigma_{zul} b}} \text{ cm}.$$

Der Übergang vom Gehäusemantel in den Flansch muß schlank und mit guter Hohlkehle erfolgen (s. Abb. 313).

Die Flanschenschrauben sollen nicht nur fest sein, sondern auch dichten; dazu müssen sie mit größerer Kraft als der Dampfdruck ergibt, angezogen werden, da andernfalls im Betriebe der Anpressungsdruck (als Differenzdruck) aufhören würde und die Dichtung ungenügend wäre, denn durch den Zug Z nimmt der Dichtungsdruck um diesen Betrag ab. Es kommt aber noch die Beanspruchung der Schrauben durch das Moment $Z\,c$ hinzu, welches den Flansch schief stellt und innen den Druck um Z vermindert, an der Außenkante des Flansches aber um Z vermehrt, wobei der Druck innen höchstens bis auf 0 abnehmen darf. Die Schrauben können demnach mit $4\,Z$ beansprucht werden. Die Schrauben werden aus Stahl hergestellt, das Gewinde ist auf der Drehbank zu schneiden oder zu fräsen; der Schraubenabstand (Teilung) soll wegen guter Dichtung so klein gewählt werden, als es bequemes Anziehen der Schrauben zuläßt. Bei hohen Drücken werden zwei Reihen Schrauben ausgeführt. Als Werkstoff für die Flanschenschrauben wird in der Sowjetunion eine Stahlmarke EJ 10 folgender Zusammensetzung verwendet (in %): 0,22 bis 0,3 C, 0,4 bis 0,7 Mn, 0,2 bis 0,4 Si, 1,6 bis 1,8 Cr, 0,25 bis 0,35 Mo, 0,2 bis 0,3 Va, die bei 430° C eine Beanspruchung von etwa 1500 kg/cm² zuläßt. Ein anderer Stahl für hohe Temperaturen Marke „Vibrac" hat die Zusammensetzung: 0,28 bis 0,35 C, 2,3 bis 2,8 Ni, 0,5 bis 0,7 Cr, 0,6 bis 0,8 Mo, 0,5 bis 0,8 Mn, max. 0,25 Si max. je 0,03 S und P.

Die *Dichtung* in der Teilfuge erfolgt meist ohne Dichtungsmaterial durch saubere Flächen, eventuell mit etwas Schellack; aber auch dünne Asbestschnur wird als Dichtung benutzt. Um leichtes Abheben des Gehäuseoberteiles zu ermöglichen, sind im Flansch Abdrückschrauben vorzusehen.

3. Werkstoff der Gehäuse.

Der Werkstoff für die Gehäuse muß zweckentsprechend sorgfältig gewählt werden, da sich bei ungeeignetem Werkstoff Anstände ergeben. *Gußeisen* in gewöhnlicher Zusammensetzung zeigt, wie bei den Leitradscheiben erwähnt, Neigung zum Wachsen, d. h. zu bleibender Volumenvergrößerung durch den Einfluß des Dampfes, besonders bei hohem Siliziumgehalt; Silizium spaltet unter Einwirkung des Dampfes Zementit in Ferrit und Graphit und bewirkt das Wachsen; man hat deswegen den Si-Gehalt herabgesetzt, bei nur 0,2% Si wächst Gußeisen nicht; Manganzusatz ergibt eine Besserung. Es ist gelungen, Gußeisen von rein perlitischem Gefüge ohne Ferrit herzustellen, bei dem Graphit in Form von Streifen oder Punkten enthalten ist und das eine Festigkeit von 30 kg/mm² hat (gegenüber nur 18 kg/mm² bei gewöhnlichem Gußeisen), jedoch erfordert es eine höhere Gießtemperatur.

Die AEG gibt als Gußeisen für Turbinen an: 3,2 bis 3,4% C, 1,2 bis 1,5% Si, 0,8 bis 1% Mn, 0,13 bis 0,14% P und 0,08 bis 0,1% S. Von anderer Seite[1] wird vorgeschlagen 3,2 bis 4% C, 1,2% Si, bis 0,25% P und bis 0,1% S. Untersuchungen von SCHÜTZ[2] haben gezeigt, daß auch Gußeisen mit hohem Si-Gehalt gute Eigenschaften haben kann; bei 3 bis 3,5% Si wurde eine Festigkeit von 36 kg/mm² erreicht, nach dem Glühen auf 800 bis 850° wies das Material große Hitzebeständigkeit und gute Bearbeitbarkeit auf.

Über Gußeisen sind verschiedentlich Abhandlungen erschienen[3].

[1] Schiffbau 1927, Nr. 20, S. 441.
[2] Stahleisen 1925, H. 19, S. 144.
[3] BAUER: Stahleisen 1926, S. 1022. PIWOWARSKI: Gieß.-Z. 1926, S. 481. KARPELY: Desgl. S. 435. MAURER: Desgl. S. 805. HANEMANN: VDI-Nachr. 1926, Nr. 12; BBC-Nachr. 1925, H. 10; desgl. 1926, H. 2, S. 58; AEG-Mitt. 1924, H. 6, S. 182; desgl. 1928, H. 1. Nickel-Informationsbüro G.m.b.H. Frankfurt a. M.

Wichtig ist die Veredelung des Gußeisens durch Nickel und Chromgehalt, wie sie in den USA nach dem Bericht von PIWOWARSKI[1] angewendet wird. Nickelzusatz erhöht die Festigkeit und die Zähigkeit des Gußeisens und macht das Gefüge gleichmäßig, besonders bei verschiedenen Wandstärken; der Guß wird dichter und neigt weniger zur Bildung poröser Stellen, Gußspannungen werden vermieden. Dabei ist Ni-haltiges Gußeisen bei einer Brinellhärte von 250 sehr gut bearbeitbar, während gewöhnliches Gußeisen bei 210 Brinellhärte schon Schwierigkeiten macht. Chromzusatz erhöht die Festigkeit noch weiter; PIWOWARSKI fand, daß auch hochwertiges Gußeisen durch Ni und Cr weiter veredelt wird und 10 bis 30% höhere Festigkeit erhält. Bei einer Biegefestigkeit von 80 bis 130 kg/mm², einer Zugfestigkeit von 75 kg/mm² und 200 bis 300 Brinellhärte war das Material mit gewöhnlichem Stahl so gut bearbeitbar wie Grauguß.

Durch diese Eigenschaften kann Gußeisen auch dort noch angewendet werden, wo man bisher zu Stahlformguß übergehen mußte. Gußeisen wird nur bis zu Temperaturen von höchstens 300° C und für den Niederdruckteil der Gehäuse verwendet.

Bei hohen Beanspruchungen und Temperaturen über 350° C wird man aber dem Stahlguß den Vorzug geben, der ein gleichmäßigeres Gefüge (Perlit) und höhere Festigkeit besitzt; Wachsen tritt nicht ein. Bei Temperaturen über 420° C wird mit Molybdän legierter Stahlguß verwendet. In den USA wird eine Legierung mit 0,21% C, 0,51% Mo, 0,62% Mn und 0,30% Si angewendet.

Ein Nachteil des Stahlformgusses sind die Gußspannungen, die durch mehrmaliges Ausglühen bis 800° beseitigt werden müssen; besonders nach dem Vorschruppen (Entfernung der Gußhaut) zeigen sich Spannungen und Neigung zum Verziehen, deshalb muß man nachher noch mehrmals ausglühen auf 650° („Totglühen") und dann langsam abkühlen lassen — bis 10° je Stunde —, wodurch höhere Kosten entstehen.

In der Sowjetunion wird ein Werkstoff folgender Zusammensetzung verwendet (in %): 0,28 bis 0,35 C, 0,20 bis 0,40 Si, 0,5 bis 0,80 Mn, 0,5 bis 0,8 Mo, 0,05 P, 0,04 S; Streckgrenze 27 kg/mm², Festigkeit 50 kg/mm², Dehnung (5 *d*) 15%.

Bei sehr hohen Drücken (über 100 at) hat man die Gehäuse aus Schmiedestahl oder SM-Stahl ohne Teilung hergestellt.

Vor dem Fertigdrehen oder nach demselben werden die zusammengeschraubten Gehäuseteile einer längeren Dampfdruckprobe unterworfen, bis 10 at Betriebsdruck mit dem 1,5fachen Druck, mindestens aber 1 at Überdruck, über 10 at mit 5 at höherem als der Betriebsdruck. Kommen verschiedene Drücke im Gehäuse vor, so sind die betreffenden Räume durch eingesetzte Deckel zu trennen. Der Abdampfstutzen wird bei Kondensationsmaschinen mit 1 at innerem Überdruck geprüft.

4. Ausführungen von Turbinengehäusen.

Kleinturbinen erhalten entweder ungeteilte Gehäuse, die mit einem Deckel versehen sind, oder auch in der waagerechten Ebene geteilte Gehäuse (vgl. Abb. 425ff., S. 354). Der Abdampfstutzen ist je nach der örtlichen Anordnung der Turbine nach unten oder nach oben gerichtet. Wegen achsensymmetrischer Form werden auch zwei Abdampfstutzen angeordnet, der eine nach oben, der andere nach unten gerichtet, von denen jeweils einer blind verflanscht wird.

Bei kleineren Abmessungen und Gegendruckturbinen werden Gehäuse und Abdampfstutzen häufig einstückig ausgeführt.

[1] Gieß.-Z. 1927, S. 585.

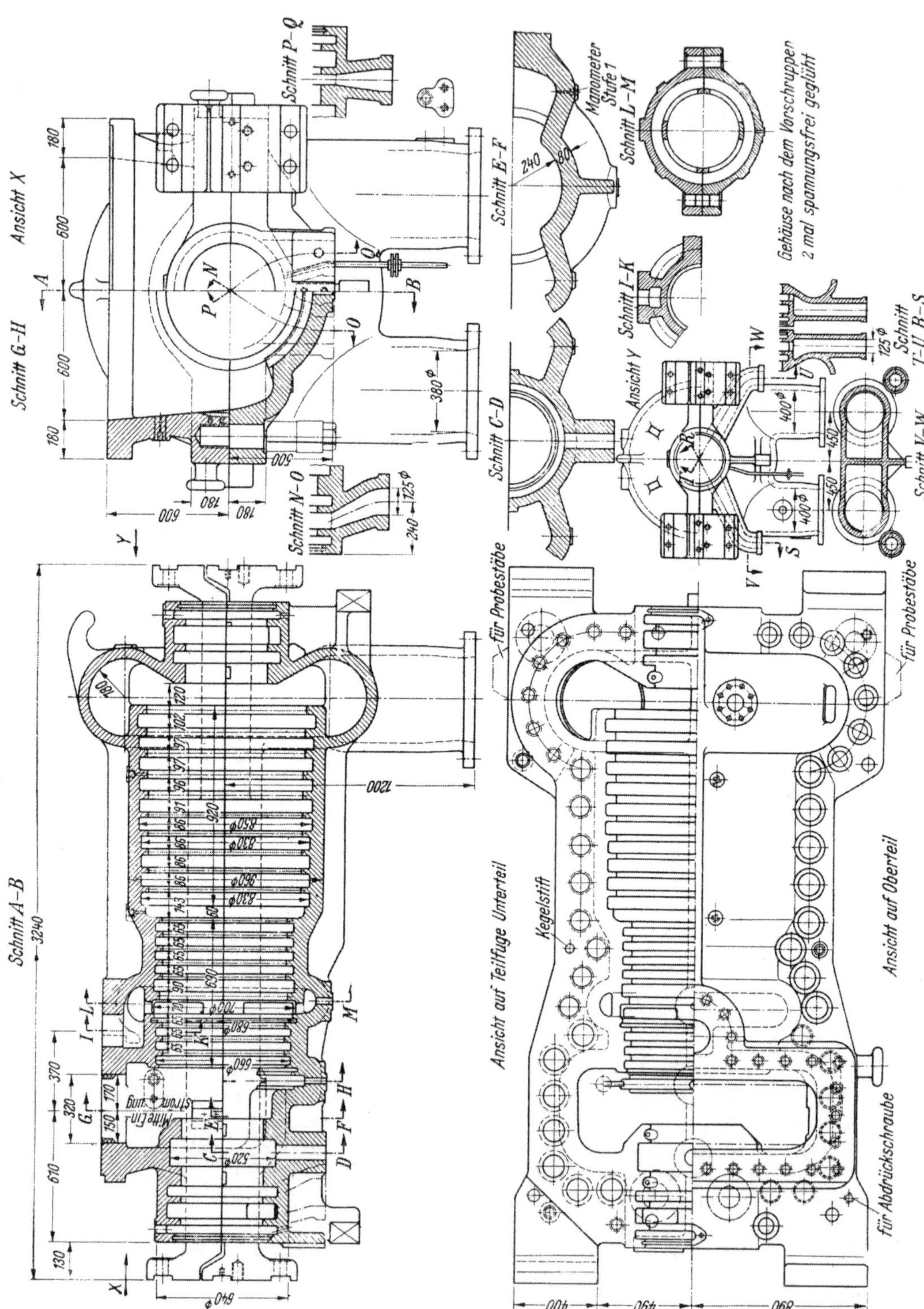
Schnitt A-B
Schnitt G-H
Ansicht X
Schnitt P-Q
Schnitt E-F
Manometer Stufe 1
Schnitt L-M
Gehäuse nach dem Vorschruppen 2 mal spannungsfrei geglüht
Schnitt I-K
Schnitt N-O
Schnitt C-D
Ansicht Y
Schnitt T-U R-S
Schnitt V-W
für Probestäbe
Kegelstift
Ansicht auf Teilfuge Unterteil
Ansicht auf Oberteil
für Abdrückschraube
Mitte Einströmung

Abb. 314 zeigt ein solches Gehäuse einer Hochdruck-Gegendruckturbine der AEG mit zwei Abdampfstutzen. Die Düsenkasten werden in das Gehäuse eingesetzt.

Ein Gehäuse einer Gegendruckturbine von Borsig in kugeliger Form zeigt Abb. 315. Die Leitapparate werden mittels sich frei ausdehnender reiner Drehkörper im Gehäuse gehalten.

Eine neuere Gehäuseausführung von Borsig mit Abstützung in der Teilfuge für Hochdruck-Gegendruckturbinen ist in Abb. 316 wiedergegeben.

Gehäuse der tschechoslowakischen Werke sind in Abb. 317 und 318 wiedergegeben, und zwar erstere ein Hochdruck-Gegendruckgehäuse in achsensymmetrischer Ausführung für 15000 Umdrehungen, letztere ein Gehäuse für eine Hochdruck-Gegendruckturbine von 20000 kW mit vier Frischdampfstutzen und zwei Abdampfstutzen.

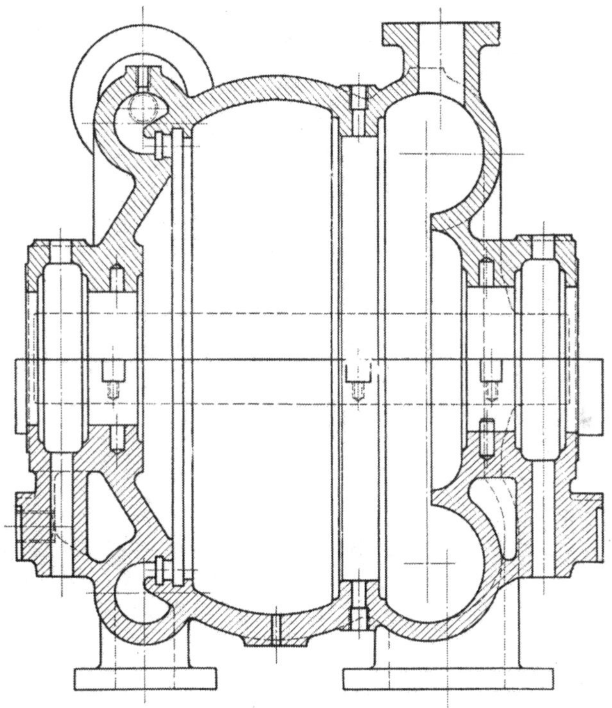

Abb. 315. Gehäuse einer Gegendruckturbine von Borsig.

Abb. 319 zeigt den Schnitt durch den Einströmteil einer Hochdruckturbine der UdSSR mit eingeschweißten Düsenkästen und angeschweißten Ventilgehäusen. Es sind dadurch nur die Düsenkästen und die Schweißstellen der hohen Temperatur und dem hohen Druck ausgesetzt. Die Gehäuseflanschen sind durch Dehnschrauben verbunden (s. auch Abb. 451, S. 377 (BBC) u. Abb. 551, S. 469).

Einen Abdampfstutzen einer Kondensationsturbine der AEG mit 1400 mm Lichtweite zeigt Abb. 320.

Ein Abdampfstutzen einer tschechoslowakischen Turbine ist in Abb. 321 wiedergegeben, Stutzenquerschnitt 5 m² mit angegossenen zwei hinteren Lagern, zwischen denen die Kupplung liegt.

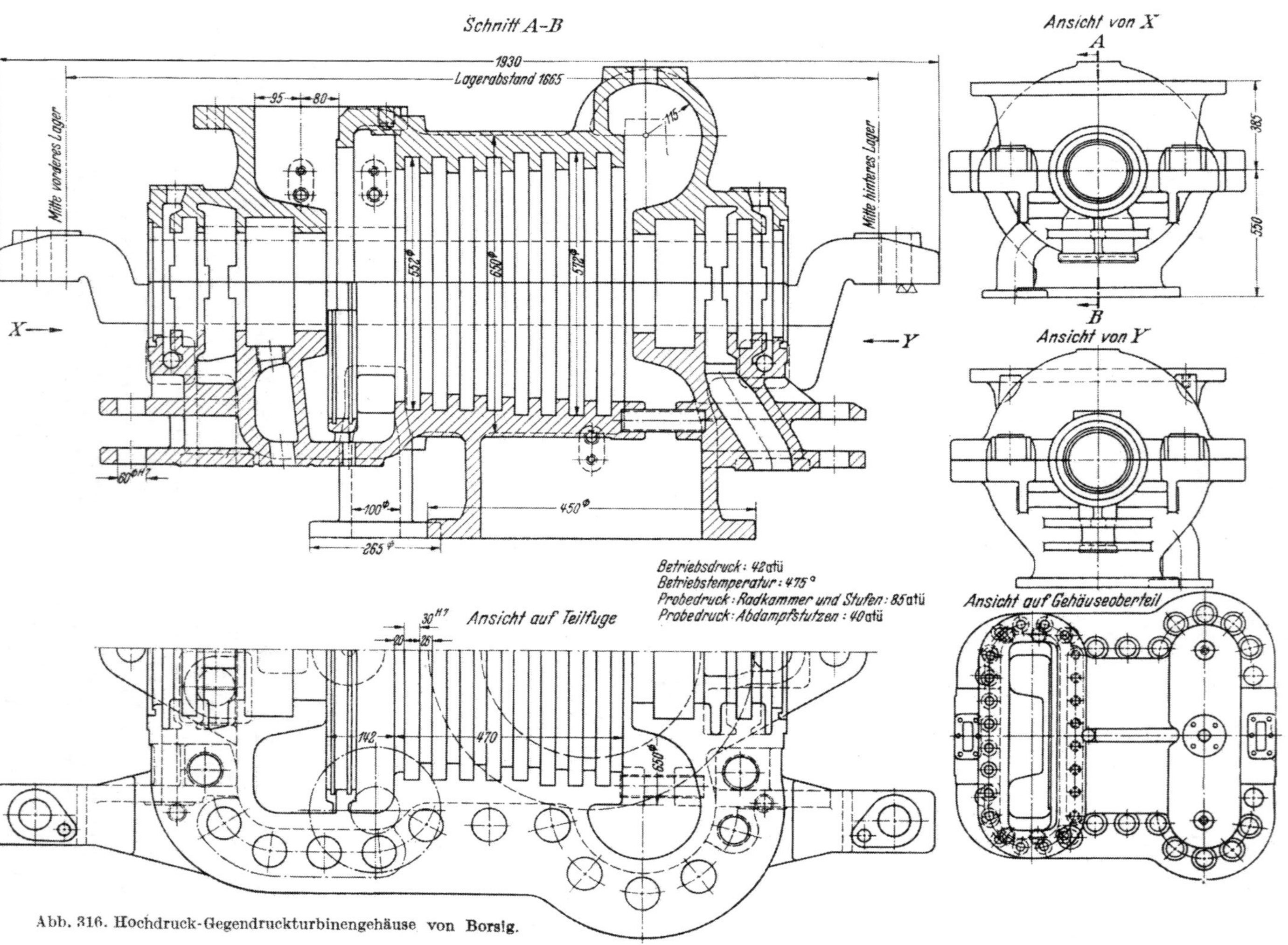

Abb. 316. Hochdruck-Gegendruckturbinengehäuse von Borsig.

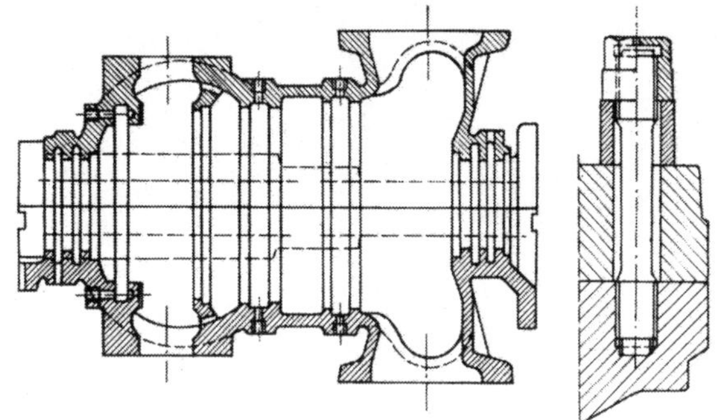

Abb. 317.

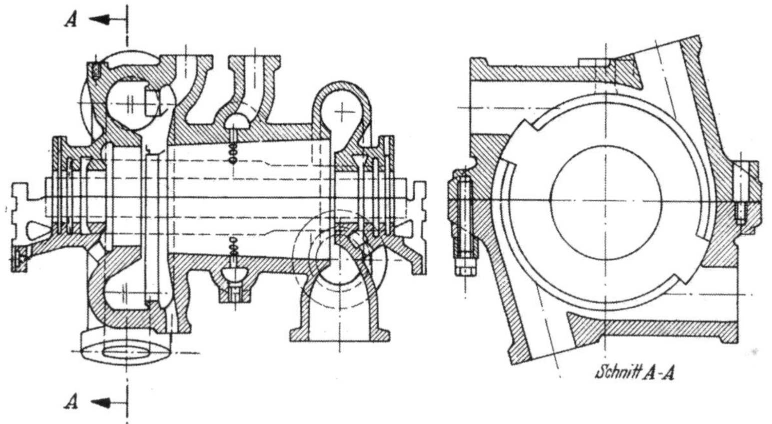

Abb. 318.

Abb. 317 u. 318. Hochdruck-Gegendruckturbinengehäuse der Tschechoslowakei.

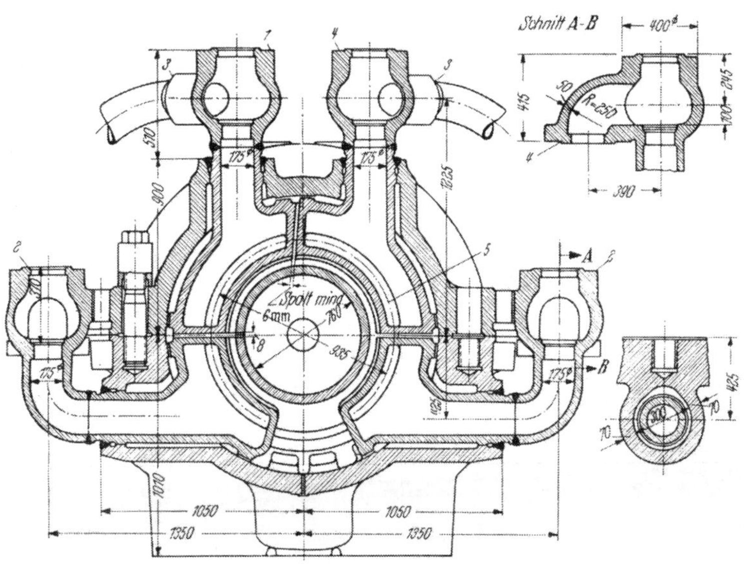

Abb. 319. Schnitt durch das Hochdruckgehäuse (UdSSR).

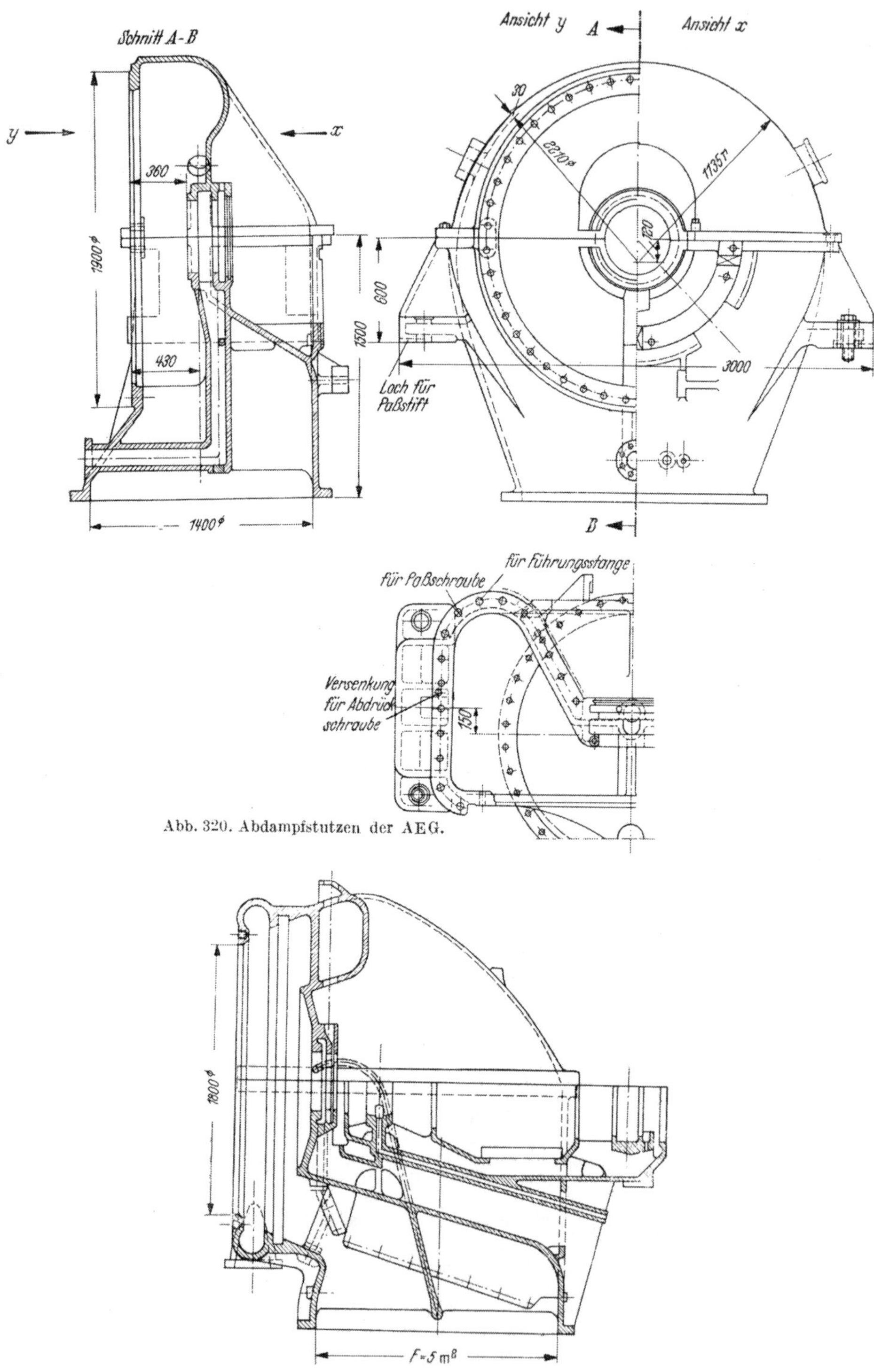

Abb. 320. Abdampfstutzen der AEG.

Abb. 321. Abdampfstutzen (ČSR).

Bei großen Turbinen verwendet die UdSSR vollständig geschweißte Abdampfstutzen, Abb. 322! Lediglich der Lagerkörper ist gegossen und an den

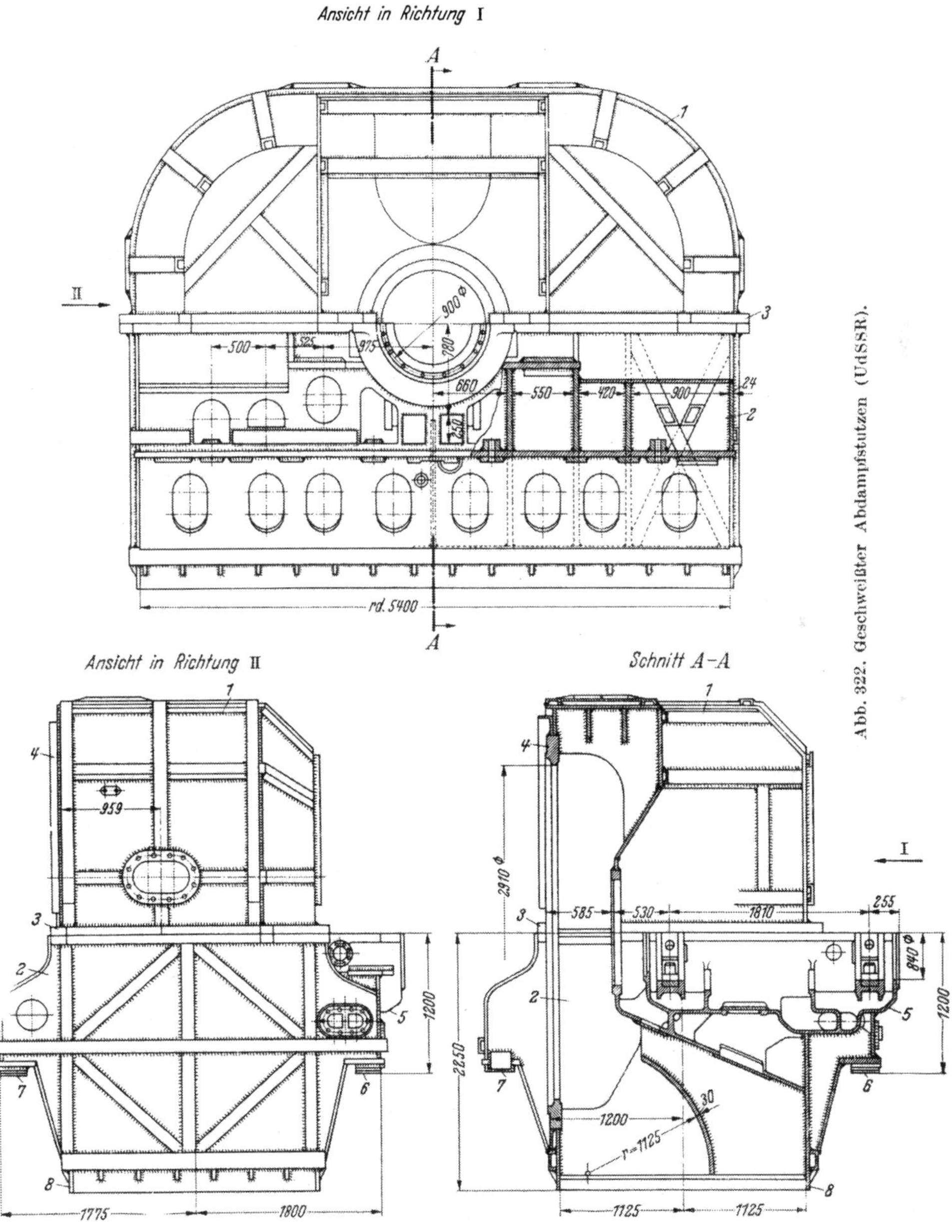

Abb. 322. Geschweißter Abdampfstutzen (UdSSR).

Stutzen angeschweißt. Das Gewicht des Oberteiles beträgt etwa 12,5 t, des Unterteiles etwa 25 t; Gewichtsersparnis gegenüber Gußstutzen 30%.

Weitere Gehäuseausführungen s. ausgeführte Turbinen, S. 353ff.

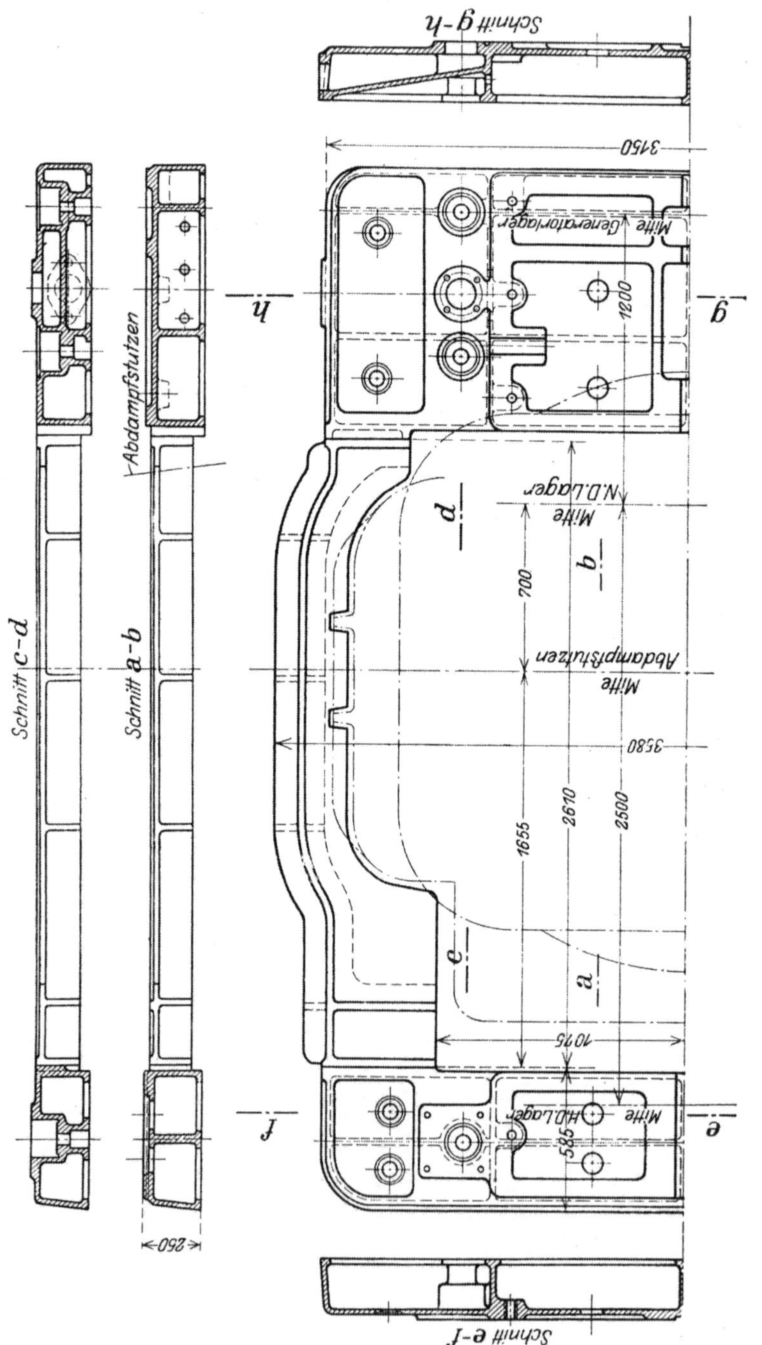

Abb. 323. Grundrahmen von EW.

XI. Fundamentrahmen (Grundplatten).

Diese sollen das Gehäuse und die Lager so abstützen, daß keine Durchbiegungen und Verlagerungen eintreten können. Die früher ausgeführten schweren Rahmen, deren Hohlräume häufig als Ölbehälter dienten, hat man mehr und mehr verlassen und wendet leichtere verschraubte Rahmen an, die mit dem Fundament durch Vergießen mit Beton fest verbunden werden. Die Form des Rahmens muß sich dem Gehäuse, insbesondere dem Abdampfstutzen und den Lagern, anpassen. Der Fundamentrahmen wird mit dem Rahmen der anzutreibenden Maschine verschraubt oder einstückig gegossen; Fundamentanker sind nicht erforderlich, da verschiebende Kräfte nicht auftreten.

Einen Grundrahmen von EW zeigt Abb. 323, bestehend aus vier Teilen.

XII. Ölpumpen.

Bei den Turbinen mit Druckölschmierung muß das Schmieröl und bei Servomotorreglung (s. S. 295) auch das Steueröl durch Pumpen gefördert werden. Hierzu verwendet man ausschließlich Zahnradpumpen, welche entweder das Lager- und das Steueröl getrennt fördern, d. h. durch zwei gesonderte Zahnradpaare, wobei das Lageröl auf etwa 0,3 bis 0,5 atü, das Steueröl auf etwa 5 bis 6 atü gedrückt wird, oder aber nur eine Pumpe fördert das Öl auf den Steueröldruck von etwa 2 bis 3 atü und der zur Schmierung benötigte Teil wird durch Drosselventile auf den Lageröldruck herabgesetzt. Bei gleichen Zahnradprofilen kann die gewünschte Ölmenge durch entsprechende Zahnradbreiten erreicht werden.

Die je Umdrehung der Pumpe geförderte Ölmenge ist gleich dem Lückenvolumen, d. h. 2 × Lückenquerschnitt × Zähnezahl × Zahnbreite unter Berücksichtigung des Lieferungsgrades, der zunehmend mit der Pumpengröße etwa $\eta_l = 0{,}9$ bis 0,95 angenommen werden kann; oder man rechnet die Ölmenge je Minute bei n Umdr./min, z Zähnen, Zahnbreite b cm, Zahnquerschnitt f_z cm² zu

$$Q = f_z\, 2\, z\, b\, n : 1000\ \text{l/min}\,.$$

Die Zähne erhalten kein Spiel, d. h. die Zahnstärke ist 0,5 Teilung; bei großer Zahnradbreite b wird das getriebene Rad in der Breite geteilt, um Klemmungen zu vermeiden. Das im Lückengrund eingeschlossene Öl muß durch eine Nut in der Stirnwand des Pumpengehäuses in den Druckraum entweichen können, da andernfalls das zusammengedrückte Öl Zahnbruch herbeiführen kann.

Um den gewünschten Öldruck gleichbleibend zu erhalten und zu hohe Drucksteigerung zu vermeiden, wird in die Druckleitung ein Sicherheitsüberströmventil (Überbordventil) eingebaut.

Der Antrieb der Ölpumpen erfolgt zweckmäßig von der Reglerwelle aus, da deren Drehzahl niedriger ist als die Turbinendrehzahl und ferner der Regler bei Drehzahlabnahme nicht voreilen kann, wodurch Zucken der Reglung vermieden wird.

Die verschiedenen Anordnungen der Ölpumpen sind aus den Längsschnitten der Turbinen (s. ausgeführte Turbinen, S. 369ff) und aus den Ausführungen der Reglung ersichtlich.

Eine Zahnradölpumpe für 75 l/min bei $n = 700$ Umdr./min zeigt Abb. 324. Eine größere Pumpe für getrennte Lieferung von Lager- und Steueröl zeigt Abb. 325 für 70 l/min Steueröl und 390 l/min Lageröl bei $n = 350$ Umdr./min

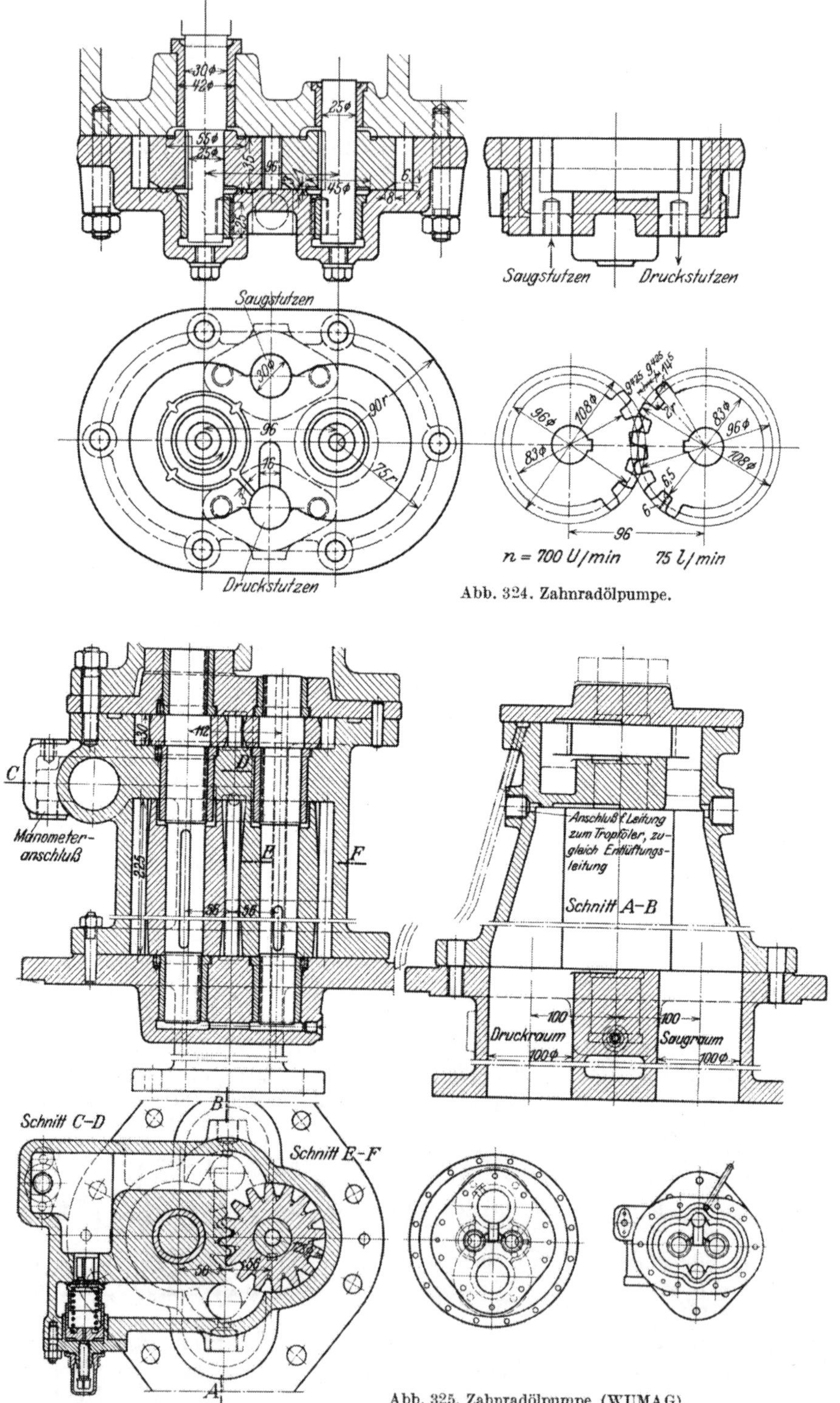

Abb. 324. Zahnradölpumpe.

Abb. 325. Zahnradölpumpe (WUMAG).

der Pumpe; in den Druckraum für das Steueröl ist das Überbordventil eingebaut, durch Spannen der Feder kann der Öldruck eingestellt werden.

Hilfsölpumpen. Da die Zahnradölpumpen bei Anfahren der Turbine noch kein Öl fördern und die Lager vorher mit Öl versehen werden müssen, muß solches vor Inbetriebsetzung der Turbine gefördert werden. Dieses erfolgt durch Hilfsölpumpen, die bei kleinen Aggregaten handangetriebene Zahnradpumpen sein können, meist aber, wie bei allen größeren Turbinen, durch kleine Dampfturbinen angetriebene Kreiselpumpen sind; sie werden in den Ölbehälter eingesetzt, so daß die Kreiselpumpe in das Öl taucht und sofort ansaugt. Die Hilfsölpumpe muß alle Leitungen mit Öl füllen und wird erst abgestellt, wenn die Turbine die volle Drehzahl erreicht hat.

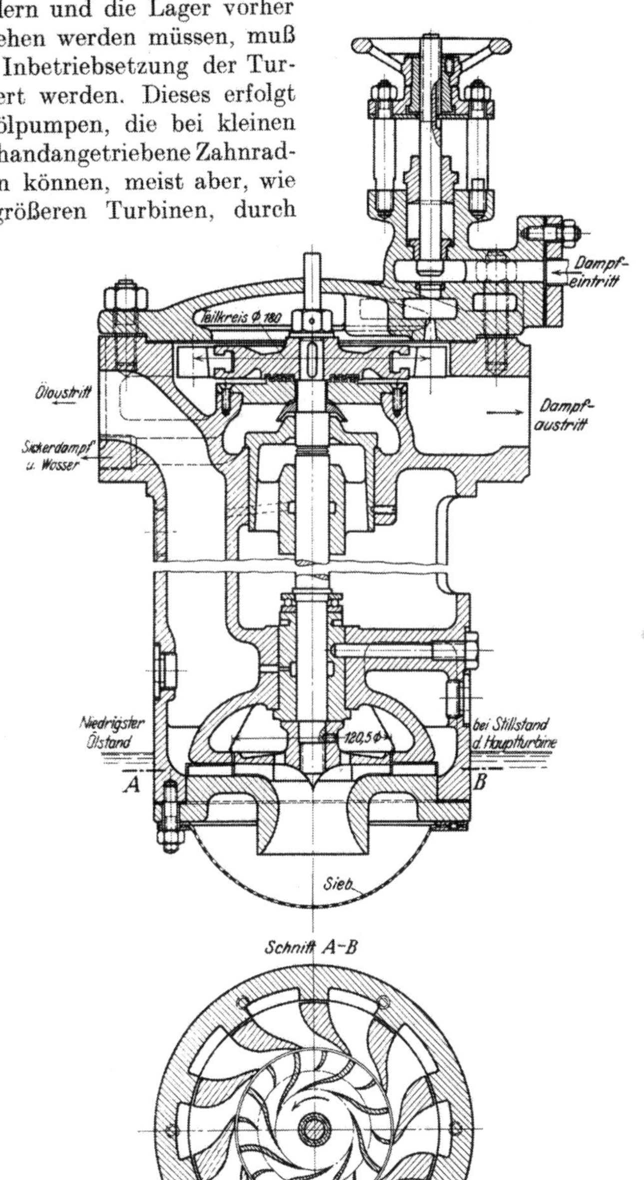

Abb. 326. Hilfsölturbopumpe (WUMAG).

Die Ausführung einer Hilfsölpumpe der Wumag zeigt Abb. 326.

Vierter Abschnitt.

Die Reglung der Dampfturbinen.

I. Die Arten der Reglung.

Die Reglung der Leistung, d. h. die Anpassung derselben an die Belastung ist für den Betrieb und für die Wirtschaftlichkeit von größter Wichtigkeit. Die Einstellung der Leistung soll möglichst schnell erfolgen und dabei die Drehzahl möglichst wenig ändern (Drehzahlreglung) oder aber den Druck des geförderten Mittels (bei Pumpen und Kompressoren) konstant halten (Druckreglung); bei Gegendruckturbinen und bei Entnahmeturbinen wird auch der Druck des austretenden Dampfes konstant gehalten. Die Einwirkung der Reglung auf die Turbinen ist in allen Fällen die gleiche.

Aus der Gleichung für die Leistung [Gl. (88a), S. 83].

$$N_e = h_t G_{st}\,\eta_e : 632 = h_t G_{sek}\,5{,}7\,\eta_e\,\mathrm{PS_e}$$

ist ersichtlich, daß dieselbe vom Gefälle h_t und von der arbeitenden Dampfmenge G_{st} kg/h bzw. G_{sek} kg/sek abhängt und demnach geändert werden kann durch Änderung des Gefälles durch Drosseln — *Drosselreglung*, wobei allerdings auch die Menge geändert wird, oder durch Ändern der arbeitenden Dampfmenge durch Abschalten von Leitquerschnitten — *Mengenreglung* (Düsen- oder Füllungsreglung). Endlich können beide Arten angewendet werden — *vereinigte Drossel-* und *Mengenreglung*, derart, daß bei kleinen Belastungen Drosselreglung, bei größeren im Bereiche der meist vorkommenden Belastungen Mengenreglung angewendet wird.

Reine Überdruckturbinen können wegen der erforderlichen vollen Beaufschlagung nur durch Drosseln geregelt werden; um auch Überdruckturbinen mit Mengenreglung ausführen zu können, wird die erste Stufe als Regulierstufe mit Gleichdruck und Teilbeaufschlagung ausgeführt.

A. Drosselreglung.

1. Allgemeines.

Drosseln des Dampfes bewirkt Verringerung des Gefälles, aber auch der Dampfmenge durch Druckminderung im Regelventil, wobei der Wärmeinhalt unverändert bleibt. Da das Drosseln ein nicht umkehrbarer Prozeß mit Entropievermehrung (s. S. 9) ist, so scheint diese Reglungsart zunächst sehr unwirtschaftlich zu sein, denn der spezifische Dampfverbrauch nimmt bei Teilbelastung stark zu, $D_e = 632 : (h_t \eta_e)$, denn sowohl h_t wie auch η_e nimmt ab. Die Drosselreglung hat aber neben dem Vorteil großer Einfachheit eine Verringerung der Verluste zur Folge; der Verlust an Gefälle (Abb. 327) wird um so kleiner, je höher die Überhitzung und je besser das Vakuum, außerdem wird der Gefällsverlust durch die Verringerung der durchströmenden Dampfmenge beschränkt. Ferner wird infolge der kleineren Dampfgeschwindigkeiten das Verhältnis u/c_1 (s. S. 39) günstiger (da man meist unter dem günstigsten bleibt) und durch Verringerung des spezifischen Gewichts nehmen die Radreibungs- und Ventilationsverluste und die Spaltverluste ab; bei zu kleiner Geschwindigkeit c_1 kann allerdings Stoß auf den Schaufelrücken eintreten. Endlich wird auch das Vakuum bei der kleineren Dampfmenge besser.

Die Zunahme des spezifischen Dampfverbrauches wird bedeutend bei kleiner Belastung und bei an sich kleinem verfügbaren Gefälle (Gegendruckturbinen) (vgl. Abb. 338).

Soll die Turbine längere Zeit mit geringer Belastung fahren, so kann Abschaltung von Leitquerschnitten in der ersten Stufe von Hand vorgesehen werden, wodurch bei der entsprechenden Belastung der volle Dampfdruck wirkt und erst bei weiterer Belastung wieder gedrosselt wird (s. vereinigte Reglung).

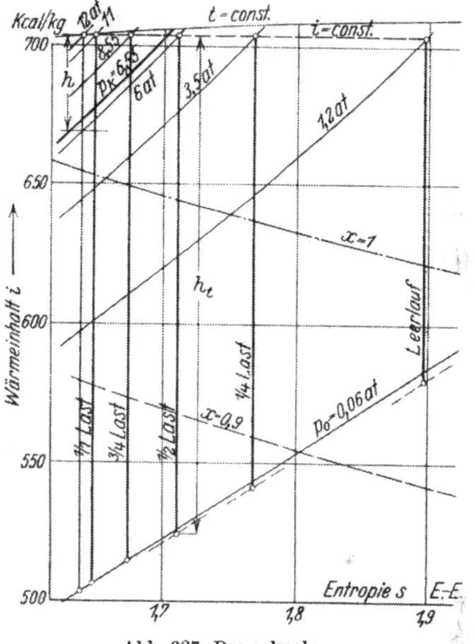

Abb. 327. Drosselreglung.

2. Druckverlauf, Gefälle und Dampfmenge bei Teillast.

Durch den „*Kegel der Dampfgewichte*" (vgl. S. 100) ist das Gesetz für die Abhängigkeit der durchströmenden Menge von den Drücken vor der Turbine (nach dem Drosseln) gegeben; danach nähert sich der Verlauf der Kurve für die Dampfmenge um so mehr einer Geraden, je tiefer der Gegendruck ist (vgl. Abb. 110, S. 100, und Abb. 329).

Für genügend *tiefen Gegendruck* (Vakuum) ergeben sich daraus die vier Beziehungen nach S. 100.

Nach Satz 4, ändern sich bei Drosselreglung die Stufendrucke bei Teillast proportional der Dampfmenge bzw. der Belastung; also ist für eine Änderung der Dampfmenge von G auf G' der Druck in der n-ten Stufe von p_n auf p'_n, und in der $(n+1)$ von p_{n+1} auf p'_{n+1} gesunken, und es ist

$$\frac{G}{G'} = \frac{p_n}{p'_n} = \frac{p_{n+1}}{p'_{n+1}} \quad \text{oder} \quad \frac{p_{n+1}}{p_n} = \frac{p'_{n+1}}{p'_n}.$$

Mit Ausnahme der letzten Stufen bleibt somit das Druckverhältnis gleich; Versuchsergebnisse haben dieses bestätigt (s. Baer [III]).

Bei Verringerung der Belastung konzentriert sich die Leistung in den ersten Stufen; deren Gefälle bleibt fast ungeändert, das der letzten Stufe wird klein. Ferner ist (vgl. S. 100) das sekundlich durch die Turbine strömende Dampfvolumen bei allen Belastungen gleich, $G_{sek} v = \text{const}$ und

$$G_{sek} = C' \sqrt{\frac{p}{v}} \text{ kg/sek}. \tag{103}$$

Da nach Satz 2. die Nutzleistung dem (gedrosselten) Druck vor dem I. Leitapparat proportional ist, so wird, wenn bei Vollast beim Druck p die Dampfmenge G_{st} ist, bei einer anderen Leistung mit der Dampfmenge G'_{st} der Druck

$p' = p\frac{G'_{st}}{G_{st}}$ sein. Ist der Dampfverbrauch außer für Vollast noch für eine andere Belastung bekannt, z. B. für $^1/_2$ Last oder wird er für Leerlauf mit 10% des Vollastverbrauches angenommen, so kann die stündliche (oder sekundliche) Dampfmenge über N_e angenähert als Gerade aufgetragen werden (Abb. 328). Damit ist dann auch der Druck vor dem I. Leitapparat, auf den gedrosselt werden muß, für jede Belastung gegeben, und es kann das verfügbare Gefälle h_t und das im Ventil vernichtete Gefälle h (Abb. 327) aus dem is-Diagramm entnommen werden, woraus die im Ventil erzeugte Dampfgeschwindigkeit c und das Volumen v zu ermitteln sind.

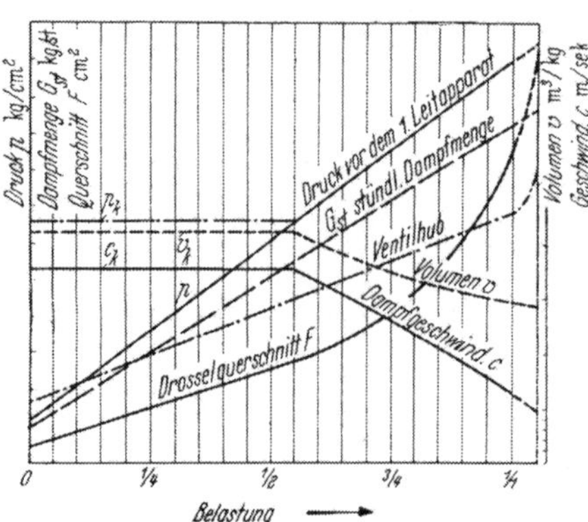

Abb. 328. Berechnung der Regelventile.

Bei den letzten Stufen muß der Verlauf probeweise angenommen werden durch Annahme des Gefälles, so daß der Stetigkeitsbedingung genügt wird; wird der Gegendruck konstant gehalten, so liegt der Endzustand bei allen Belastungen auf diesem (bei höherem Gegendruck gelten die obigen Verhältnisse nicht mehr), bei Kondensationsturbinen wird der Enddruck bei Teillast tiefer liegen, infolge der geringeren Dampfmenge bei gleicher Kühlwassermenge und kann aus dem Verhältnis der Kühlwassermenge zur Dampfmenge ermittelt werden.

Der Druckverlauf im is-Diagramm kann nach S. 292 in den einzelnen Stufen ermittelt werden; der Anfangszustand vor dem I. Leitapparat liegt stets auf der Linie $i = \text{const}$ (Abb. 327 u. 341).

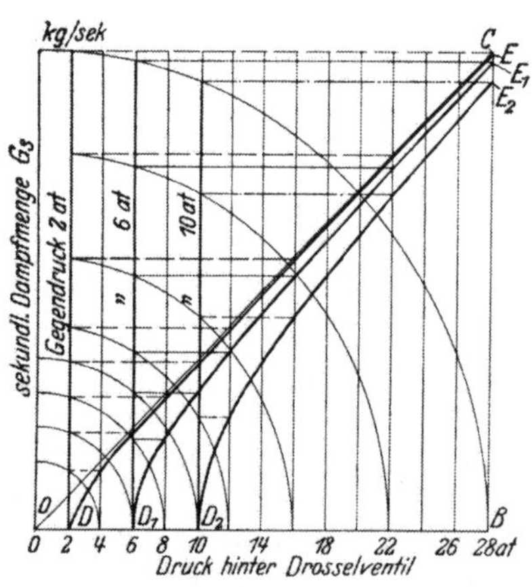

Abb. 329. Kegel der Dampfgewichte.

Man kommt häufig schneller zum Ziele, wenn man den Verlauf rückwärts bestimmt; dazu nimmt man den Endzustand der letzten Stufe entsprechend dem Wirkungsgrad im is-Diagramm an, er liegt etwas höher als bei Vollast und bei Kondensationsturbinen auf einem etwas tieferen Enddruck. Man schätzt die Verluste und erhält dadurch den Austrittszustand aus der Leitvorrichtung, mit welchem die dem Leitquerschnitt entsprechende Geschwindigkeit c_1 bzw. c_0 und daraus h_t ermittelt werden kann; durch Abtragen in das is-Diagramm ergibt sich der Anfangszustand der letzten Stufe, zugleich Endzustand der vorhergehenden, von dem aus in gleicher Weise verfahren wird. Die Leistung wird durch Zeichnen der Geschwindigkeitspläne bestimmt. Bei niedrigem Gegendruck (Vakuum) hilft die Proportionalität der Drücke, bei hohem Gegendruck kann der jeweilige Druck wie beschrieben ermittelt werden. Die Rechnung muß in den gedrosselten Zustand vor dem I. Leitapparat führen, andernfalls ist die Berechnung nach neuer Annahme des Endzustandes zu wiederholen.

Bei *hohem Gegendruck* besteht die Proportionalität von p, G und N_e nicht mehr bei stärkerem Drosseln (vgl. Abb. 110, S. 100), und es muß die genauere Abhängigkeit aus dem Kegel der Dampfgewichte ermittelt werden. Zur Vereinfachung wählt man die Maßstäbe so, daß die Basis des Kegels ein Kreis ist (Abb. 329), d. h. beim Gegendruck 0 die Strecke $G_{sek} = p$ wird; bei einem anderen

Gegendruck, z. B. $p_0 = OD$ ergibt sich die Abhängigkeit durch die Kurve DE aus der in Abb. 329 angegebenen Konstruktion, ebenso die Kurve D_1E_1 und D_2E_2 für den Gegendruck OD_1 bzw. OD_2. Diese Kurven entsprechen den Schnitten des Kegels der Dampfgewichte durch zu den pG-Achsen parallele Ebenen (s. Abb. 110). Um den Maßstab für die Dampfmenge zu erhalten, ist die Strecke BE bzw. BE_1 oder BE_2 dem sekundlichen Gewicht bei Vollast gleichzusetzen.

Um auch die Abhängigkeit zwischen der Leistung p und G_{sek} zu erhalten und letztere beiden Größen über N_e auftragen zu können, können noch die gedrosselten Gefälle h_t aus dem is-Diagramm (vgl. Abb. 327) abgegriffen und über p aufgetragen werden (Abb. 336, S. 289), ebenso das Produkt $G_{sek} h_t$. Aus der Beziehung

$$N_e = G_{sek}\, h_t\, \eta_e\, 5{,}7 \text{ PS}_e \qquad \text{(Gl. 88a, S. 83)}$$

wobei η_e auf das jeweilige gedrosselte Gefälle h_t bezogen ist, folgt

$$G_{sek}\, h_t = \frac{N_e}{5{,}7\, \eta_e}. \tag{a}$$

Es kann nun η_e in Abhängigkeit von N_e ermittelt werden, wenn der Wirkungsgrad oder der Dampfverbrauch für zwei Belastungen bekannt ist, da man alsdann N_e und N_{th} über N_e als Gerade auftragen kann, wobei N_e natürlich durch den Koordinatenanfang gehen muß (vgl. Abb. 337, S. 289). Für Vollast ist D_e und η_e bekannt und damit $N_{th} = N_e : \eta_e$; ist weiter der Dampfverbrauch für eine andere Belastung gegeben, z. B. für $^1/_2$ Last D_e' (s. Zuschläge für Teillast S. 94), dann kann aus der zugehörigen sekundlichen Dampfmenge G_{sek} das gedrosselte Gefälle h_t' (Abb. 336) entnommen und aus $D_e' = \frac{632}{h_t'\, \eta_e'}$ der Wirkungsgrad η_e' bestimmt werden, womit N_{th}' ermittelt werden kann. Die durch N_{th} und N_{th}' festgelegte Gerade ermöglicht die Bestimmung von $\eta_e = N_e/N_{th}$ für jede Belastung (s. Abb. 337); damit läßt sich $N_e : 5{,}7\, \eta_e$ errechnen und ebenfalls über N_e auftragen[1]. Dadurch kann für jede Belastung $N_e : 5{,}7\, \eta_e$ entnommen und mit dem nach Gl. (a) gleich großen Wert $G_{sk} h_t$ der Druck bestimmt werden (Abb. 336), auf den gedrosselt werden muß, zugleich kann die zugehörige Dampfmenge für diesen Druck abgegriffen und über N_e aufgetragen werden. Aus dem is-Diagramm wird das im Ventil vernichtete Gefälle h (Abb. 327) entnommen und daraus die im Ventil erzeugte Geschwindigkeit c und das Volumen v bestimmt, worauf der erforderliche Ventildurchgangsquerschnitt F — im folgenden Abschnitt 3 angegeben — ermittelt werden kann.

Nach Hiedl [II b] kann aus der Gleichung der Hyperbel für Vollast

$$\frac{p^2}{p_0^2} - \frac{G_{\text{sek}}^2}{a^2} = 1$$

und derjenigen für Teillast

$$\frac{p'^2}{p_0^2} - \frac{G'^2_{\text{sek}}}{a^2} = 1$$

nach Vereinigung und Umformung das Verhältnis gefunden werden:

$$\frac{p'}{p} = \sqrt{\left(\frac{G'_{\text{sek}}}{G_{\text{sek}}}\right)^2 \frac{p^2 - p_0^2}{p^2} + \frac{p_0^2}{p}}, \tag{a}$$

woraus die Abhängigkeit von Dampfmenge und Drosseldruck ermittelt und für verschiedene Verhältnisse p_0/p graphisch über G'/G aufgetragen werden kann, Abb. 330, welche der Abb. 329 entspricht.

[1] Da $N_e : 5{,}7\, \eta_e$ eine Gerade ist, so genügte die Bestimmung zweier Werte, ohne daß η_e für andere Belastung nötig wäre.

Weiter kann aus dem adiabatischen Gefälle für Vollast

$$H = A\frac{k}{k-1}(Pv - P_0 v_0)$$

und demjenigen für Teillast

$$H' = A\frac{k}{k-1}(Pv' - P_0 v_0')$$

die verhältnismäßige Verringerung des Gefälles bei Teillast gebildet werden

$$H' = \frac{P'v' - P_0 v_0}{Pv - P_0 v_0} = \frac{p'v' - p_0 v_0}{pv - p_0 v_0}.$$

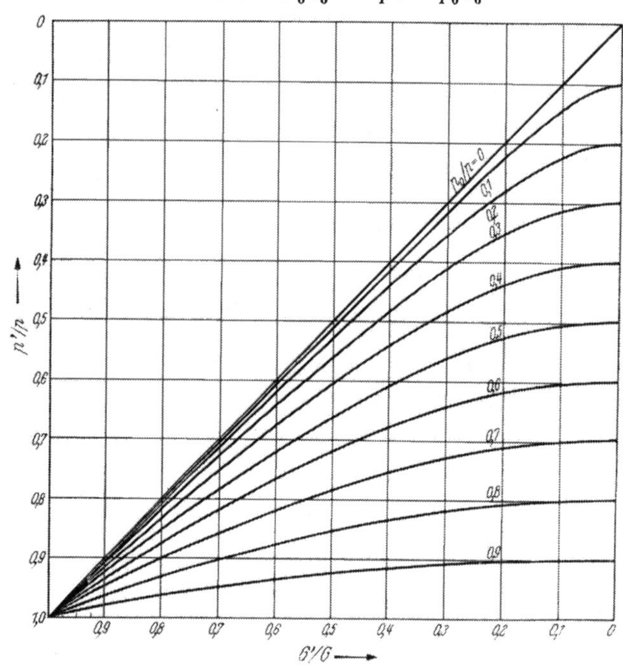

Abb. 330. Drosseldruck-Dampfmengen-Diagramm.

Da bei Drosselung $pv = p'v'$ und bei adiabatischer Expansion $pv^k = p_0 v_0^k$ und $p'v'^k = p_0 v_0^k$ ist, so wird nach Umformung

$$\frac{H'}{H} = \frac{1 - \left(\frac{p_0}{p}\right)^{\frac{k-1}{k}}\left(\frac{p_0}{p'}\right)^{\frac{k-1}{k}}}{1 - \left(\frac{p_0}{p}\right)^{\frac{k-1}{k}}} \quad \text{oder daraus} \quad \frac{p'}{p} = \frac{\left(\frac{p_0}{p}\right)^{\frac{k-1}{k}}}{1 - \frac{H'}{H}\left[1 - \left(\frac{p_0}{p}\right)^{\frac{k-1}{k}}\right]}. \tag{b}$$

Für überhitzten Dampf ist $k = 1{,}3$ und $\frac{k-1}{k} = 0{,}23$.

Diese Abhängigkeit nach (b) ist für verschiedene Werte von p_0/p in Abb. 331 aufgetragen. Werden noch die verschiedenen Werte von G'/G nach Abb. 330 eingetragen, dann gibt Abb. 331 die gegenseitige Abhängigkeit von p'/p, G'/G und H'/H.

Zum Beispiel ist bei $p = 10$ ata, für $p_0/p = 0{,}1$ und $p'/p = 0{,}2$, also $p' = 0{,}2 \cdot 10 = 2$ ata, $G'/G = 0{,}175$ und $H'/H = 0{,}6$, demnach bei $G_{\text{sek}} = 1$ kg/sek und $H = 200$ kcal/kg, $G' = 0{,}175$ kg/sek und $H' = 72$ kcal/kg, oder für $p_0 = 0{,}1$ ata, $p' = 5$ ata, also $p_0/p = 0{,}01$ und $p'/p = 0{,}5$ ist $G'/G = 0{,}5$ und $H'/H = 0{,}91$, demnach $G' = 0{,}5$ kg/sek und $H' =$ i 182 kcal/kg.

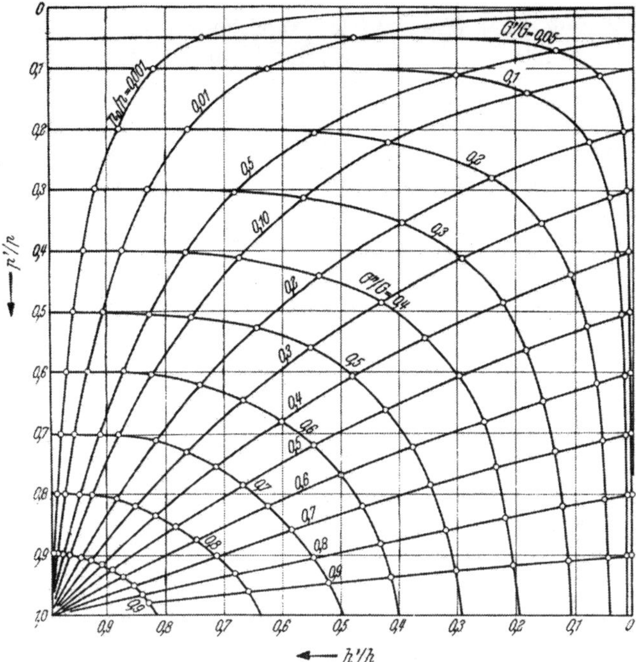

Abb. 331. Drosseldruck-Dampfmengen-Gefälle-Diagramm.

Werden die mechanischen und die Undichtheitsverluste bei der Leistung und der Dampfmenge berücksichtigt, so ergibt sich aus der Umfangsleistung die effektive Leistung und der tatsächliche Dampfverbrauch nach Abb. 332. Die Undichtheitsverluste sind dabei nach der Formel von RENFORDT [V, (a)] ermittelt worden. Wie aus dem Diagramm Abb. 332 ersichtlich, ist der Verlauf des Dampfverbrauches von Vollast bis Halblast selbst bei $p_0/p = 0{,}7$ fast geradlinig und erreicht bei Viertellast eine Abweichung von der Geraden von etwa 5%, wie sie bei Garantien für Gegendruckturbinen als Toleranz angegeben werden.

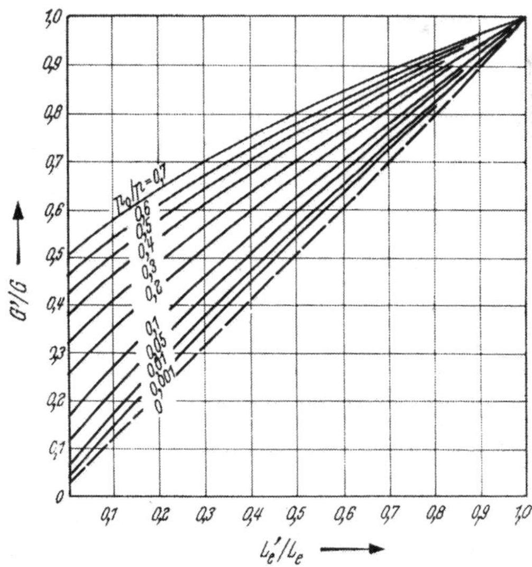

Abb. 332. Dampfverbrauch für verschiedene Gegendrücke in Abhängigkeit von der Belastung.

3. Berechnung der Drosselventile.

Die Hauptabmessungen der Regelventile, die stets als Doppelsitzventile mit möglichst voller Entlastung ausgeführt werden, d. h. mit gleichen Sitzdurchmessern, ergeben sich aus dem erforderlichen Durchgangsquerschnitt für die größte Dampfmenge. Zunächst berechnet man überschläglich den Sitzdurchmesser, wobei die Verengung durch die Arme, die Nabe, und den Ventilkörper geschätzt werden muß (etwa 20% bei großen, 40% bei kleinen Ventilen), aus der Stetigkeitsbedingung

$$G_{sek}\,v = 0{,}8\frac{\pi\,d^2}{4}w \quad \text{bis} \quad 0{,}6\frac{\pi\,d^2}{4}w\,,$$

mit einer Dampfgeschwindigkeit $w = 25$ bis 30 m/sek (bei großen Ventilen bis 60 m/sek). Nach dem ermittelten Durchmesser d wird der Spindeldurchmesser d_s konstruktiv angenommen, $d_s = 10$ bis 40 mm für $d = 50$ bis 400 mm und durch die Nabenstärke erhält man den Nabendurchmesser d_n (Abb. 333 und 334).

Ist i (= 3 bis 5) die Zahl der Arme, δ_r (= 5 bis 12 mm) die Stärke derselben, so folgt der innere Durchmesser d_i in der Annahme, daß durch jeden Sitz die Hälfte der Dampfmenge strömt, aus der Beziehung

$$\frac{d_i^2\pi}{4} - \frac{d_n^2\pi}{4} - i\,\frac{d_i - d_n}{2} = G_{sk}\frac{v}{2\,w} = \frac{F}{2}\,.$$

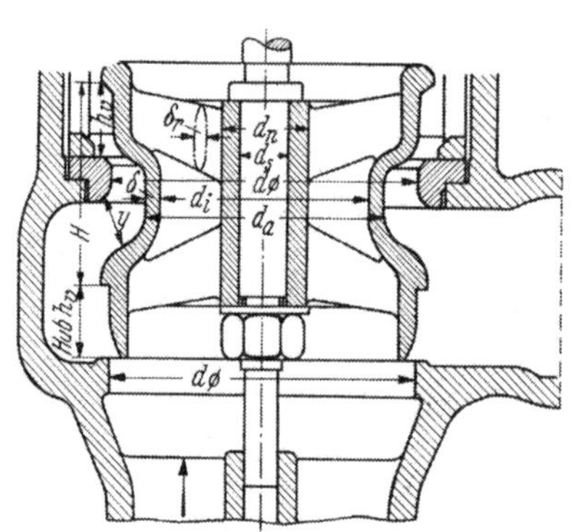

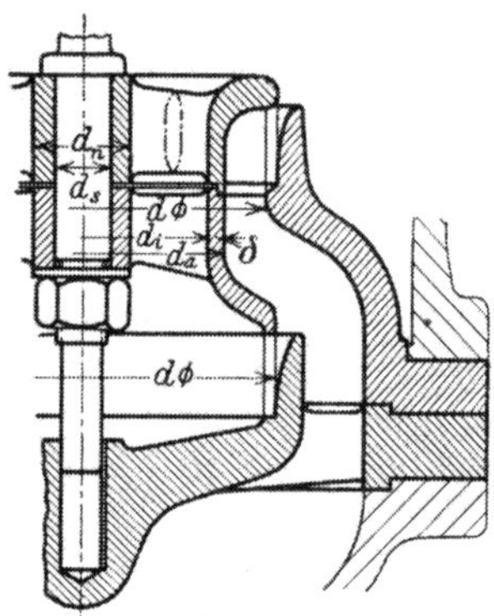

Abb. 333 u. 334. Drosselventile.

Zur Vermeidung der quadratischen Gleichung kann $(d_i - d_n)$ geschätzt werden. Mit der konstruktiv sich ergebenden Wandstärke δ (= 5 bis 12 mm) ist $d_a = d_i + 2\,\delta$ und endlich

$$\frac{d^2\pi}{4} - \frac{d_a^2\pi}{4} = \frac{F}{2}\,,$$

woraus d zu ermitteln ist. Der Querschnitt im Ventil sollte etwa 25% größer sein als der Querschnitt der Dampfzuleitung, um Drosseln infolge der starken Richtungsänderung im Ventil zu vermeiden.

Die Ventilhöhe H erhält man aus dem Ventilhub (s. unten) h_v und der Forderung, daß bei größtem Ventilhub die Durchgangshöhe y (Abb. 333) den reichlichen Durchgangsquerschnitt $F/2$ ergeben muß.

Der *Ventilhub* h_v muß wesentlich größer gewählt werden, als dem Querschnitt für die größte Dampfmenge entspricht, da die Ventile am Sitz einen Drosselkegel erhalten müssen, um den für die Drosselung auf den erforderlichen Druck benötigten Querschnitt zu ergeben.

Der *Drosselkegel* kann am Ventil (Abb. 333) oder am festen Sitz (Abb. 334) angebracht sein; er wird so ausgebildet, daß der Hub der Belastung verhältnisgleich ist. Der Drosselquerschnitt, aus dem sich die Form des Kegels ergibt, kann aus der Stetigkeitsbedingung zu $F = G_{sek}v : c$ bestimmt werden, mit c und v aus dem Gefälle h (Abb. 327). Zweckmäßig wird F über N_e aufgetragen (Abb. 328). Da im Drosselquerschnitt höchstens die kritische Geschwindigkeit c_k auftreten kann, so kommt beim Drosseln unter das kritische Druckverhältnis für die Berechnung des Querschnittes der kritische Zustand in Frage, wie in Abb. 328 und 337 angegeben.

Der *größte Ventilhub* h_v wird bei Kleinturbinen 20 bis 40 mm, bei mittleren Leistungen 40 bis 60 mm und bei großen Leistungen 60 bis 100 mm, gegebenenfalls darüber, angenommen. Der Ventilhub kann bis Vollast (oder, wenn Drosselreglung nur bis zu einer vorgeschriebenen Belastung hinauf erfolgen soll, (s. vereinigte Reglung, bis zu dieser Belastung) linear mit derselben zunehmend angenommen werden, obgleich die Querschnitte nur anfangs angenähert linear und dann rascher zunehmen; man kann dann aus der Stellung des Ventils auf die Belastung schließen. Über Vollast hinaus soll das Ventil noch weiter öffnen können, um etwas Überlast zu ermöglichen und bei etwa sinkendem Druck noch mit Sicherheit die volle Belastung zu ermöglichen. Bei Leerlauf hat das Ventil etwa 5 bis 8 mm Hub.

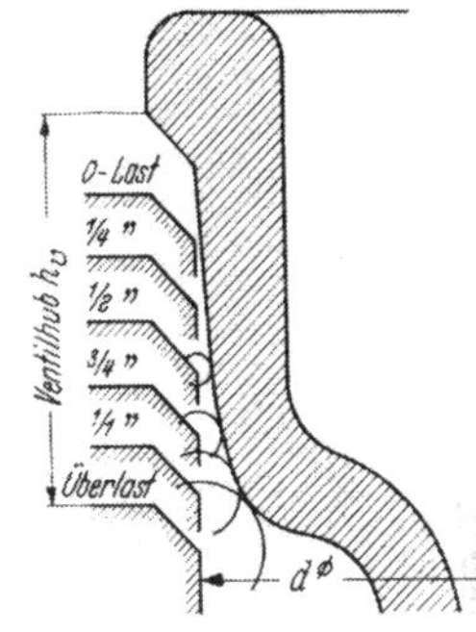

Abb. 335. Drosselkegel.

Die Form des Drosselkegels erhält man nach Einteilung des Hubes zwischen Leerlauf und Vollast in gleiche Teile durch Bemessung des Ringspaltes zwischen Kegel und Sitz entsprechend dem erforderlichen Querschnitt $F/2$ für jeden Sitz. Dabei ist es bei der Ausführung nach Abb. 333 (Kegel am Ventil) zweckmäßig, das Ventil feststehend und den Sitz bewegt anzunehmen (Abb. 335); bei größerem Hub, wenn die Abrundung des Kegels beginnt, muß die Neigung des Kegelmantels für den Querschnitt berücksichtigt werden.

4. Beispiel.

Berechnung einer Drosselreglung für eine Gegendruckturbine[1] von $N_e = 2000$ PS$_e$, $n = 4800$, Eintrittszustand vor dem Absperrventil $p = 30$ ata, 400° C, Gegendruck $p_0 = 6$ ata (s. Berechnung dieser Turbine S. 139).

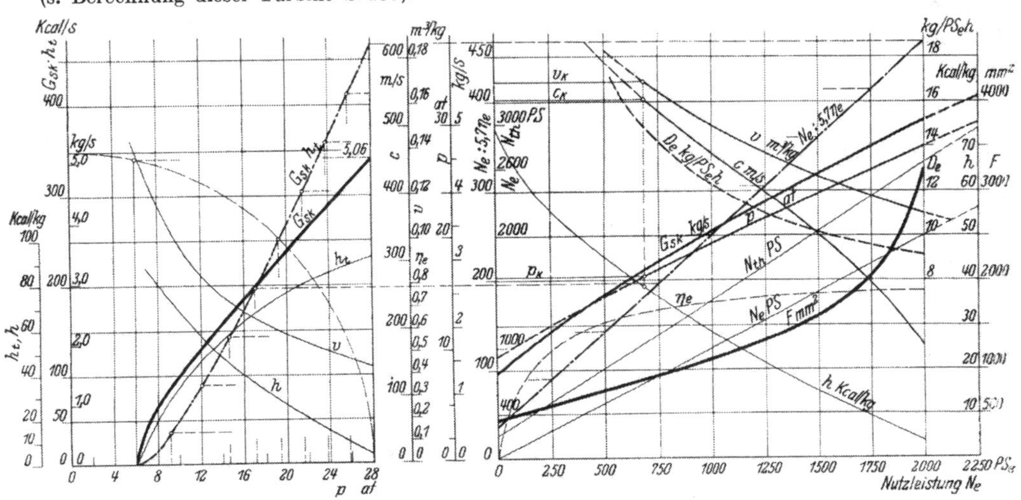

Abb. 336 u. 337. Berechnung einer Drosselreglung.

Bei Vollast war $D_e = 9{,}1$ kg/PS$_e$h, $G_{sek} = 5{,}06$ kg/sek und $\eta_e = 0{,}753$; damit kann der Verlauf der sekundlichen Dampfgewichte in Abhängigkeit vom Druck nach dem Drosseln ermittelt werden, Abb. 336 (nach dem Kegel der Dampfgewichte, vgl. Abb. 329, S. 284), wobei für Vollast eine Drosselung auf 28 at angenommen sei, $G_{sek} = 5{,}06$ kg/sek ist und sich

[1] Gegendruckturbinen werden wohl meist mit Mengenreglung versehen, es sei hier des Vergleiches wegen Drosselreglung angenommen (s. Beispiel S. 293).

Zahlentafel 10. *Drosselreglung.*

N_e . . . . =	0	250	500	750	1000	1250	1500	1750	2000	2250 PS_e
η_e	0	0,49	0,61	0,67	0,70	0.725	0.74	0,75	0,754	0,76
$N_e/5{,}7\ \eta_e$	37	89,6	143,5	196,3	251	303	356	409	466	519
p . . . . at	9,2	12	14,6	17,05	19,2	21,6	23,7	25,8	28	29,8
G_{sk} . . . . kg/sek	1,27	1,93	2,46	2,95	3,41	3,82	4,25	4.65	5,06	5,4
h . . . . kcal/kg	39	39	39	36,5	28,0	21,5	15,0	9,6	3,9	0,5
v . . . . m³/kg	0,1686	0,1686	0,1686	0,165	0,1495	0,1365	0,1265	0,1175	0,110	0,104
c_0 . . . . m/sek	572	572	572	553	484	425	355	283	181	65
c . . . . m/sek	537	537	537	521	455	399	333	267	170	61
F . . . . mm²	398	605	772	936	1120	1306	1615	2050	3270	9200
D_e . . . . kg/PS$_e$ h	∞	27,8	17,7	14,15	12,28	11,00	10,20	9,58	9,12	8,9
Ventilhub . . . . mm	8	12	16	20	24	28	32	36	40	50

daraus der angegebene Maßstab für die sekundliche Dampfmenge ergibt, wenn als Basis des Kegels ein Kreis angenommen wird. Ferner kann das gedrosselte Gefälle h_t aus dem *is*-Diagramm (Abb. 130, S. 136 oder Abb. 336) entnommen und über p aufgetragen werden, worauf $G_{sek} h_t$ ermittelt und ebenfalls über p verzeichnet wird. Nun kann noch (Abb. 336) das Gefälle h (vgl. Abb. 327), das zur Geschwindigkeitserzeugung im Drosselventil verwendbar ist (und nachher vernichtet wird) aus dem *is*-Diagramm entnommen werden, ebenso das Volumen am Ende der Expansion im Ventil, und über p aufgetragen werden.

Bei $^1/_2$ Last sei $\eta_e = 0{,}7$, auf das gedrosselte Gefälle bezogen, geschätzt (dieser Wert kann durch Berechnung der Turbine bei $^1/_2$ Last nachgeprüft werden), dann kann für Vollast

$$N_{th} = N_e : \eta_e = 2000 : 0{,}754 = 2650 \text{ PS}$$

und für Halblast

$$N_{th} = 1000 : 0{,}7 = 1430 \text{ PS}$$

ermittelt und dadurch N_{th} als Gerade über N_e (Abb. 337) aufgetragen werden. Aus N_e, ebenfalls über N_e aufgetragen, und N_{th} kann für jede Belastung $\eta_e = N_e : N_{th}$ ermittelt und eingetragen werden und daraus $N_e : 5{,}7\ \eta_e$ bestimmt werden, wofür derselbe Maßstab zu wählen ist, wie für $G_{sek} h_t$ in Abb. 336. Für jede Belastung kann nun durch Übertragen der Werte $N_e : 5{,}6\ \eta_e = G_{sek} h_t$ in das Diagramm Abb. 336 der Druck gefunden werden, auf den bei dieser Belastung gedrosselt werden muß, ferner die Dampfmenge G_{sek} sowie h und v, welche in Abb. 337 übertragen werden. Damit kann die im Drosselventil erzeugte Geschwindigkeit $c' = 91{,}5 \sqrt{h}$ und mit $\varphi = 0{,}94$ (angenommen) $c = 0{,}94\, c'$ ermittelt werden. Hierauf wird der erforderliche Drosselquerschnitt $F = G_{sek} v/c$ errechnet, wobei jedoch c nur den kritischen Wert $c_k = 537$ m/sek erreichen kann mit dem zugehörigen $v_k = 0{,}1686$ m³/kg (s. Abb. 337).

Nebenstehende Zahlentafel enthält die Werte für verschiedene Belastungen.

Der ganze Ventilhub sei zu 50 mm angenommen, davon 8 mm für Leerlauf und 10 mm für Überlastung.

Die Hauptabmessungen werden nach S. 288 ermittelt, es sei eine Dampfgeschwindigkeit $w = 40$ m/sek zugelassen und die Verengung zu 0,3 geschätzt; dann ist mit den Bezeichnungen nach Abb. 333 aus

$$w\, 0{,}7\, d^2 \frac{\pi}{4} = G_{sek}\, v$$

mit $G_{sek} = 5{,}06$ kg/sek
und $v = 0{,}1024$ m/sek,

$$d^2 \frac{\pi}{4} = 185{,}0 \text{ cm}^2 \quad \text{und} \quad d = 150 \text{ mm}.$$

Dafür $d_s = 20$ mm, $d_n = 32$ mm, $\delta_r = 8$ mm, $i = 4$ und nach S. 288

$$d_i^2 \frac{\pi}{4} - d_n^2 \frac{\pi}{4} - i\, \delta_r\, 0{,}5\, (d_i - d_n) = G_{sek}\, v : 2\, w = 65 \text{ cm}^2;$$

wird $0{,}5\, (d_i - d_n) = 3{,}5$ cm geschätzt, so ist

$$d_i^2 \frac{\pi}{4} = 65 + 8{,}04 + 4 \cdot 0{,}8 \cdot 3{,}5 = 85 \text{ cm}^2, \qquad d_i = 104 \text{ mm},$$

$$d_a = d_i + 2\,\delta = 104 + 16 = 120 \text{ mm}$$

und endlich

$$d^2 \frac{\pi}{4} - d_a^2 \frac{\pi}{4} = 65, \quad d^2 \frac{\pi}{4} = 65 - 113 = 178 \text{ cm}^2,$$

woraus $d = 150$ mm in Übereinstimmung mit der angenäherten Berechnung.

Aus dem Drosselquerschnitt und dem Hub kann der Ventilkegel bemessen werden (vgl. Abb. 335).

Der Druckverlauf für Halblast ist im *is*-Diagramm, Abb. 341, S. 294 eingetragen.

B. Mengenreglung (Düsen-, Füllungsreglung).

1. Allgemeines.

Bei dieser Reglungsart wird der Dampfzustand vor dem I. Leitapparat nicht geändert, es bleibt folglich auch das verfügbare Wärmegefälle dasselbe (bei Sinken des Kondensatordruckes kann es etwas größer werden); es werden Leitquerschnitte abgeschlossen, wodurch die Dampfmenge geändert wird.

Würden die Querschnitte in allen Stufen im selben Verhältnis und ganz kontinuierlich geändert, so würde der spezifische Dampfverbrauch nur durch die bei kleinerer Leistung relativ größeren Verluste etwas zunehmen; die Druckverteilung bliebe bei allen Belastungen dieselbe (die mechanischen Verluste bleiben dieselben, die Ventilationsverluste nehmen zu wegen abnehmender Beaufschlagung, die Radreibungsverluste bleiben absolut genommen dieselben). Den Dampfverbrauch einer solchen idealen Mengenreglung zeigt die untere gestrichelte Kurve der Abb. 338.

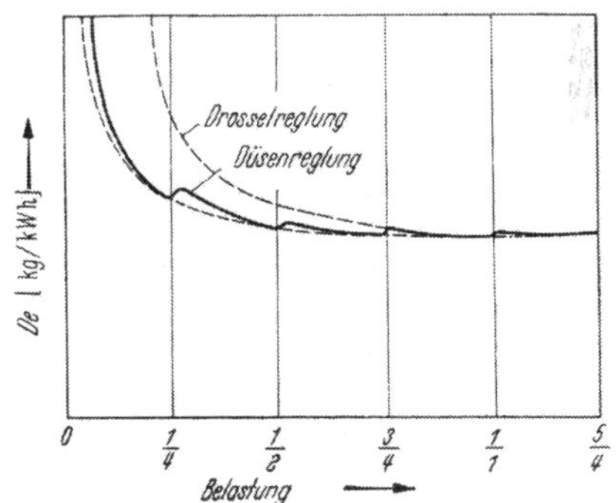

Abb. 338. Dampfverbrauch bei Mengen- und Drosselreglung.

Die Abschaltungen können aber nicht ganz kontinuierlich erfolgen, sondern es werden natürlich ganze Düsen oder, bei größeren Aggregaten, ganze Düsengruppen zu- oder abgeschaltet, da die Zahl der Abschaltvorrichtungen praktisch begrenzt ist; es wird deshalb zwischen den Abschaltungen doch Drosseln eintreten, um die Leistung ununterbrochen einstellen zu können, dadurch steigt der Dampfverbrauch zwischen den Abschaltungen gegenüber der idealen Mengenreglung an, durch das Abschalten sinkt der Verbrauch wieder, und in diesen Punkten ergeben sich zwei Dampfverbrauchswerte. Die Kurve des Dampfverbrauches verläuft deshalb sägeförmig (Abb. 338).

Aus konstruktiven Gründen läßt sich die Veränderung der Leitquerschnitte nur in der ersten Stufe durchführen, die andern Stufen arbeiten mit unveränderlichem Querschnitt, wodurch sich die Druckverteilung in den einzelnen Stufen wesentlich ändert und damit auch die Wirkungsgrade.

Das Gesetz des Kegels der Dampfgewichte hat von der zweiten Stufe (der ersten vollbeaufschlagten) auch für die Düsenreglung Geltung, da vor dieser Stufe der Druck durch die Regelstufe ebenso geändert wird wie bei der Drosselreglung, allerdings nicht bei $i = \text{const}$, sondern der Expansionsbeginn liegt auf einer Polytrope $pv^n = p_1 v_1^n$. Man kann für den Drosselteil (zweite bis letzte Stufe) das Produkt $p_1 v_1 = \text{const}$ annehmen.

Bei Verringerung der Leistung nimmt das adiabatische Gefälle der ersten Stufe stark zu, in den mittleren ändert es sich wenig, in den letzten Stufen nimmt es stark ab; es konzentriert sich deshalb die Leistung im Hochdruckteil, besonders in der ersten Stufe, mehr als bei Drosselreglung, weshalb Mengenreglung unempfindlicher gegen Änderung des Vakuums ist.

2. Druckverlauf bei Teilbelastung.

Dieser wird ein wesentlich anderer als bei Vollast, da die Leitquerschnitte der Stufen außer der ersten unverändert bleiben. Wenn auch das spezifische Volumen in den Stufen zunimmt (infolge des größeren Gefälles der ersten Stufe), so wird doch die Dampfgeschwindigkeit bei der kleineren Dampfmenge kleiner werden, demnach auch das erforderliche Gefälle. Da das Gesamtgefälle sich nicht ändert, muß die erste Stufe ein größeres Gefälle verzehren; dieses kann angenähert aus dem veränderten Druckgefälle ermittelt werden, denn es ist für Vollast, wenn p_1, v_1 der Zustand am Ende der ersten Leitvorrichtung [vgl. Gl. (f), S. 100] und F_1 der Querschnitt der zweiten Stufe

$$G_{sek} = F C \sqrt{\frac{p}{v}} = F_1 C \sqrt{\frac{p_1}{v_1}}$$

oder

$$F \frac{p}{\sqrt{pv}} = F_1 \frac{p_1}{\sqrt{p_1 v_1}}$$

und für Teillast, wenn $\varepsilon = z'/z$ der Beaufschlagungsgrad gegenüber Vollast und p_1', v_1' der Austrittszustand aus der ersten Leitvorrichtung

$$G'_{sek} = \varepsilon F \frac{p}{\sqrt{pv}} = F_1 \frac{p_1'}{\sqrt{p_1' v_1'}},$$

woraus

$$\frac{p_1'}{p} = \varepsilon \frac{p_1}{p} \frac{\sqrt{p_1' v_1'}}{\sqrt{p_1 v_1}}.$$

Da $p_1' v_1'$ nicht viel von $p_1 v_1$ verschieden ist, so ist angenähert

$$p_1'/p \sim= \varepsilon\, p_1/p \quad \text{oder} \quad p_1' \sim= \varepsilon\, p_1,$$

woraus man angenähert feststellen kann, ob der kritische Druck in der ersten Stufe bei Teillast überschritten wird, sofern dieses nicht schon bei Vollast der Fall war.

Genauer ist die Ermittlung des Druckverlaufes[1] nach S. 97. Man kommt bei nicht zu großer Stufenzahl auch hier durch Rückwärtsrechnen von der letzten Stufe vielfach schnell zum Ziel, wobei die Rechnung in den Anfangszustand A (s. Abb. 341) führen muß.

3. Berechnung der Abschaltungen bei Mengenreglung.

Ist F der Querschnitt der Leitvorrichtung der ersten Stufe bei Vollast mit z offenen Kanälen, und ist bei einer anderen Belastung N_e' mit dem spezifischen

[1] S. a. A. Renfordt: [Va].

Dampfverbrauch D'_e kg die sekundliche Dampfmenge $G'_{sek} = D'_e N'_e : 3600$ kg/sek und der erforderliche Leitquerschnitt

$$F' = G'_{sek} \frac{v'}{c'},$$

so ist die Zahl der erforderlichen Düsen oder Kanäle $z' = z \frac{F'}{F}$ und muß natürlich auf eine volle Zahl abgerundet werden, so daß bei geringer Kanalzahl die gewünschte Belastung nicht genau geschaltet werden kann.

Da bei Mengenreglung das Gefälle der ersten Stufe zunimmt, so wird die Dampfgeschwindigkeit ebenfalls zunehmen und erreicht bald den kritischen Wert c_k, was bei der Ermittlung von F' zu beachten ist.

Auf diese Weise wird die Anzahl der erforderlichen Leitkanäle für die gewünschten Belastungsabschnitte bestimmt und danach die Zuschaltventile bemessen, die den Zutritt zu den jeweils zu- oder abzuschaltenden Düsen beherrschen.

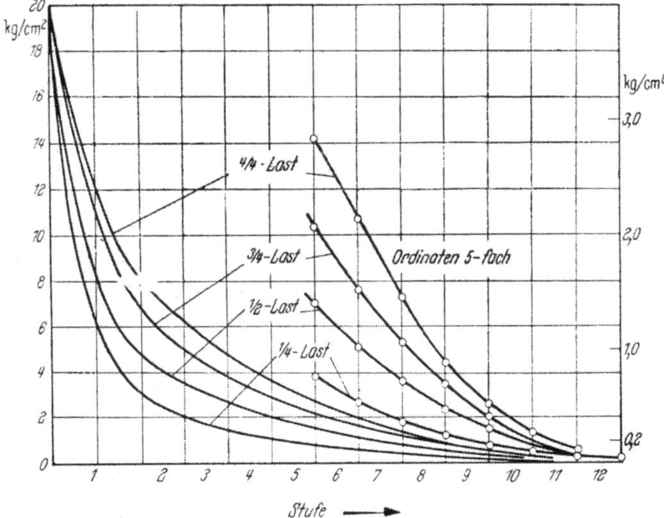

Abb. 339. Druckverlauf bei Teillast (Düsenreglung).

Die Berechnung der Zuschaltventile erfolgt in der gleichen Weise wie die der Drosselventile, nur werden sie ohne oder mit kleinem Drosselkegel ausgeführt; bei kleinen Abmessungen werden auch Tellerventile statt der Doppelsitzventile angewendet, gegebenenfalls mit Vorhub. Den Druckverlauf für eine zwölfstufige Turbine mit Düsenreglung für verschiedene Teillasten zeigt Abb. 339.

4. Beispiel.

Berechnung einer Mengenreglung für die S. 135 berechnete Gegendruckturbine von $N_e = 2000$ PS$_e$, $n = 4800$, $p = 30$ ata, 400° C vor dem Absperrventil, 28 ata vor der I. Leitvorrichtung; Gegendruck $p_0 = 6$ ata. Es sei Mengenreglung bis Halblast herunter verlangt (darunter Drosselreglung, s. Vereinigte Reglung).

Es ist für Vollast (S. 139) $D_e = 9{,}1$ kg/PS$_e$h, $G_{sek} = 5{,}06$ kg/sek, $\eta_e = 0{,}754$ und die Anzahl der Leitkanäle $z = 32$ mit $F = 1659$ mm² Querschnitt. Es sei nach S. 94 die Zunahme des Dampfverbrauches bei ¾ Last 7% und bei Halblast 21%. Da der Enddruck der ersten Stufe bei Vollast 16 ata ist und der kritische Druck $28 \cdot 0{,}5457 = 15{,}3$ ata, so wird bei Teillast der kritische Zustand mit

$$c_k = 333\,\varphi\sqrt{p\,v} = 0{,}96 \cdot 333\sqrt{28 \cdot 0{,}102} = 540 \text{ m/sek}$$

und $v_k = 0{,}171$ m³/kg erreicht.

Dann ist für ¾ Last $D_e' = 1{,}07 \cdot 9{,}1 = 9{,}74$ kg/PS$_e$h

$$G_{sk}' = 9{,}74 \cdot 1500 : 3600 = 4{,}06 \text{ kg/sek} \quad \text{und} \quad F' = G_{sek}' \, v_k : c_k$$
$$= 4{,}06 \cdot 0{,}171 : 540 = 1285 \text{ mm}^2$$

und

$$z' = z \frac{F'}{F} = 32 \cdot \frac{1285}{1659} = 24{,}8 = 25 \text{ Kanäle}.$$

Für Halblast wird

$$D_e'' = 1{,}21 \cdot 9{,}1 = 11{,}02 \text{ kg/PS}_e\text{h}, \quad G_{sek}'' = 3{,}06 \text{ kg/sek}$$

und

$$F'' = 3{,}06 \cdot 0{,}171 : 540 = 970 \text{ mm}^2$$

und die Kanalzahl

$$z'' = 32 \frac{970}{1659} = 18{,}7 = 19 \text{ Kanäle}.$$

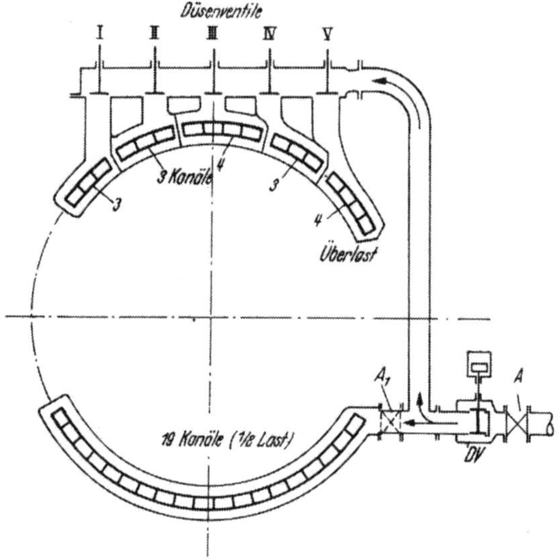

Abb. 340. Abschaltungen bei Mengenreglung.

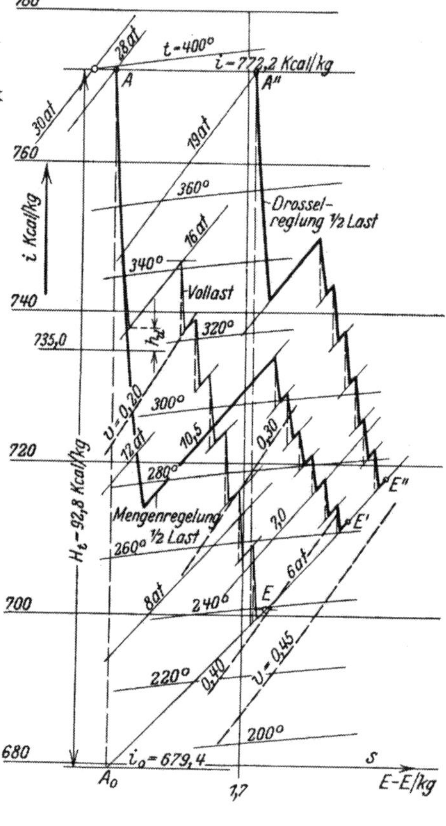

Abb. 341. Zustandsverlauf bei Teillast.

Danach würden 19 Kanäle dauernd offen und die übrigen 13 Kanäle abschaltbar anzuordnen sein. Wird noch je eine Abschaltung zwischen $^1/_1$ und $^3/_4$ ($^7/_8$ Last) sowie zwischen $^3/_4$ und $^1/_2$ Last ($^5/_8$), ferner für Überlastung 4 Kanäle vorgesehen (etwa $^9/_8$ Last), so sind folgende Schaltungen möglich (Abb. 340):

$^1/_2$ Last	= 1000 PS$_e$	: 19 Kanäle (dauernd offen),	
$^5/_8$ „	= 1250 „	: 19 + 3	= 22 Kanäle, Ventil *I* offen,
$^3/_4$ „	= 1500 „	: 19 + 3 + 3	= 25 Kanäle, Ventil *I*, *II* offen,
$^7/_8$ „	= 1750 „	: 19 + 3 + 3 + 4	= 29 Kanäle, Ventil *I*, *II*, *III* offen,
$^1/_1$ „	= 2000 „	: 19 + 3 + 3 + 4 + 3	= 32 Kanäle, Ventil *I* ÷ *IV* offen,
$^9/_8$ „	= 2250 „	: 19 + 3 + 3 + 4 + 3 + 4	= 36 Kanäle, Ventil *I* ÷ *V* offen.

Den Verlauf des spezifischen Dampfverbrauchs zeigt im Vergleich mit der Drosselreglung Abb. 338.

Den Zustandsverlauf im *is*-Diagramm für Halblast zeigt Abb. 341, in der auch der Verlauf bei Vollast (vgl. Abb. 130, S. 136) und für Drosselreglung bei Halblast eingetragen ist.

Wird vor den Kanälen für Halblast noch ein Absperrventil von Hand angeordnet, A_1 in Abb. 340, dann kann Düsenreglung auch bei kleinerer Belastung als Halblast erreicht werden.

C. Vereinigte Drossel- und Mengenreglung.

Da bei der vorstehend erwähnten Mengenreglung praktisch zwischen den einzelnen Abschaltungen infolge der allmählich öffnenden Ventile eine Drosselung eintritt, so ist reine Mengenreglung nicht ausführbar, und die geschilderte Art könnte als Vereinigung beider Reglungsarten angesprochen werden. Man bezeichnet jedoch damit die Anwendung beider Arten nacheinander, derart, daß in der Nähe der Normallast (meist $^3/_4$ der Vollast) Mengenreglung und im Gebiete kleiner Belastungen, die selten vorkommen, etwa von $^1/_2$ Last abwärts, die einfachere reine Drosselreglung ausgeführt wird. Dieses kann dadurch erreicht werden, daß bei kleinen Belastungen die Turbine unter Einfluß des Drosselventils steht, welches den Dampfzutritt zu einer entsprechenden Anzahl ständig offener Leitvorrichtungen regelt, bei größerer Belastung aber den Querschnitt so weit vergrößert, daß der Dampf ungedrosselt hindurchströmt und die weitere Reglung durch Zuschalten von Düsen oder Düsengruppen mittels der Düsenventile erfolgt, die automatisch wirken; Betätigung der Ventile von Hand wird nur in Ausnahmefällen vorkommen.

Bei dem S. 293 durchgeführten Berechnungsbeispiel ist vereinigte Reglung vorgesehen, die Berechnung bis $^1/_2$ Last würde genau dieselbe sein; von Halblast abwärts wäre die Berechnung in gleicher Weise durchzuführen, wie S. 289 beim Beispiel der Drosselreglung, nur wäre in Abb. 336 beim Druck $p = 28$ at der Dampfverbrauch für Halblast $G_{sek} =$ 3,06 kg/sek zu setzen, woraus sich der Maßstab für die Dampfgewichte ergibt, mit denen dann zu rechnen ist. In Abb. 337 würde Drosselreglung bis 1000 PS_e mit den entsprechenden Werten den erforderlichen Drosselquerschnitt ergeben. Der Drosselkegel könnte kürzer werden als bei der Reglung bis Vollast, der übrige Ventilhub könnte zur Betätigung der Düsenventile ausgenutzt werden (vgl. Abb. 357, S. 307).

II. Anordnung der Reglung.

Die *Anforderungen*, denen die Reglung genügen muß, sind stetige Wirkung, Erreichung des neuen Beharrungszustandes in kürzester Zeit, geringer Ungleichförmigkeitsgrad, Empfindlichkeit (geringe Drehzahländerung zur Einleitung der Verstellung), Vermeidung des Überregulierens (Pendeln) und die Möglichkeit, die Drehzahl während des Betriebes in gewissen Grenzen (meist $\pm 5\%$) ändern zu können. Selbstverständlich muß jeder Belastung eine etwas andere Drehzahl entsprechen, nur darf diese Änderung nicht zu groß sein; im allgemeinen beträgt die für die Leistungsänderung erforderliche Drehzahländerung bei plötzlicher Be- oder Entlastung um 25% nicht mehr als $\pm$ 1,5% vorübergehend und nicht mehr als 0,5% im Beharrungszustand; bei plötzlicher Entlastung von Vollast auf Leerlauf (oder umgekehrt) ist die Drehzahländerung vorübergehend etwa 5% und die bleibende Änderung 3,5 bis 4%. Das Einstellen der neuen Drehzahl dauert meist nicht länger als eine Sekunde. Wird gleichbleibende Drehzahl (konstante Frequenz) bei allen Belastungen verlangt, dann werden Isodromregler angewendet (s. Abb. 352, S. 303 u. Abb. 373, S. 317).

Die Beeinflussung des Regelventils durch den Drehzahlregler oder durch einen Druckregler (s. S. 338) kann unmittelbar durch die Kraft des Reglers erfolgen — *direkte Reglung*, wie sie nur bei Kleinturbinen angewendet wird, da der Regler die Reibungswiderstände zu überwinden hat; bei großen Turbinen würde die Kraft des Reglers nicht ausreichen, um gleichmäßige Verstellung zu gewährleisten, man läßt deshalb den Regler ein *Kraftgetriebe* einschalten, das mittels Drucköl betätigt wird — *indirekte* oder *Servomotorreglung*. Der Regler verstellt hierbei nur einen Steuerschieber (Hilfsschieber), der das Drucköl dem Kraftgetriebe (Servomotor) zuführt, welches das Drosselventil oder die Düsenventile betätigt.

A. Direkte Reglung.

Das Schema dieser für Kleinturbinen anwendbaren Reglung zeigt Abb. 342; die Drehzahlverstellung kann durch Federwaage oder durch Verstellen des Drehpunktes des Reglerhebels erfolgen.

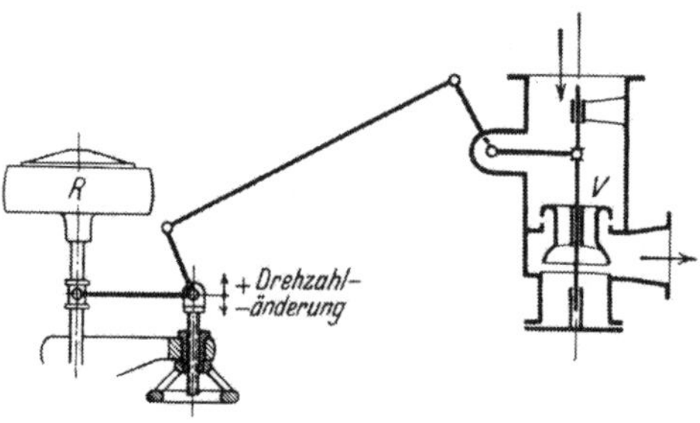

Abb. 342. Direkte Reglung.

Die Ausführung der direkten Reglung der Kleinturbinen entspricht dem Schema. Zum Beispiel verstellt in Abb. 423, S. 353, der auf der Turbinenwelle sitzende Regler R mittels des Winkelhebels und der Stange T das Regelventil V. Weitere Ausführungen von direkten Reglungen sind auf den Abbildungen S. 355ff ersichtlich. Soll die Reglung gleichbleibenden Druck des Abdampfes bei Gegendruckturbinen oder des geförderten Stoffes bei Antrieb von Pumpen oder Verdichtern einhalten, so tritt an die Stelle des Drehzahlreglers oder neben diesen ein Druckregler (Abb. 425a, S. 354).

B. Servomotorreglung.

1. Prinzip.

Als Impulsgeber (Führungsorgan) dient ein Drehzahlregler, ein Druckregler oder beide Regler, je nachdem, ob als Regelgröße die Leistung, bei Gegendruckturbinen der Abdampfdruck oder bei Entnahmeturbinen beide Größen geregelt werden sollen, wobei in allen Fällen die Drehzahl gleichbleiben muß.

Die Regelprobleme sind, außer in dem grundlegenden Werk von Tolle [IIc], vielfach in der Literatur behandelt worden, auf die verwiesen sei[1].

Man unterscheidet, je nach der Art der Betätigung der Regelventile, die mechanische oder *Gestängereglung* und die hydraulische oder *Öldruckreglung*, es wird aber auch eine Kombination beider Arten angewendet.

Bei der *Gestängereglung* wird das Drosselventil bzw. die Düsenventile von einem durch Drucköl betätigten Kraftkolben (Servomotor) verstellt; der Regler verschiebt (gegebenenfalls mit Hilfe eines Kraftverstärkers) nur den Steuerschieber, der das Drucköl auf die eine oder die andere Seite des Kraftkolbens treten läßt. Die Anordnung muß aber derart sein, daß durch die Bewegung des Regulierventils der Steuerschieber in seine die Ölzufuhr abschließende Mittellage (neutrale Stellung) zurückgeführt wird; ohne diese *Rückführung* wäre die Reglung unbrauchbar, da der Kolben sich stets in seine Endlage bewegen würde und die Einstellung der Leistung gar nicht möglich wäre.

Das Prinzip einer solchen Reglung veranschaulicht Abb. 343. Steigt z. B. die Muffe des Reglers R bei Entlastung, so verstellt der Hebel H, der an der Ventilspindel angreift und hier zunächst einen festen Drehpunkt hat, den Steuerschieber S nach oben, und dieser läßt das bei l eintretende Drucköl durch die Leitung l_1 (s. Stellung a) über den Kolben K des Servomotors treten, wodurch der Kolben nach unten bewegt wird und das Regelventil V so weit schließt, bis durch den Hebel H, der nun an der Reglermuffe seinen Drehpunkt hat, der

[1] [IIc]; Bammert [V]; Danninger [V, b]; Ernst, H. [V]; Guilhaumann [V]; Jaroschek [V]; Lüthi [V]; Appelt [V].

Steuerschieber S in seine Mittellage kommt und die Leitung l_1 abschließt. Während das Drucköl durch l_1 eintrat, konnte das Öl unter dem Kolben durch l_2 und den vom Steuerschieber freigegebenen Schlitz ablaufen. Bei Sinken der Drehzahl (Belastung) sinkt die Reglermuffe, der Steuerschieber gibt l_2 für das Drucköl frei, das unter den Kolben K tritt, während es oben durch l_1 ablaufen kann, und öffnet das Ventil V so weit, bis wieder Rückführung des Steuerschiebers eingetreten ist.

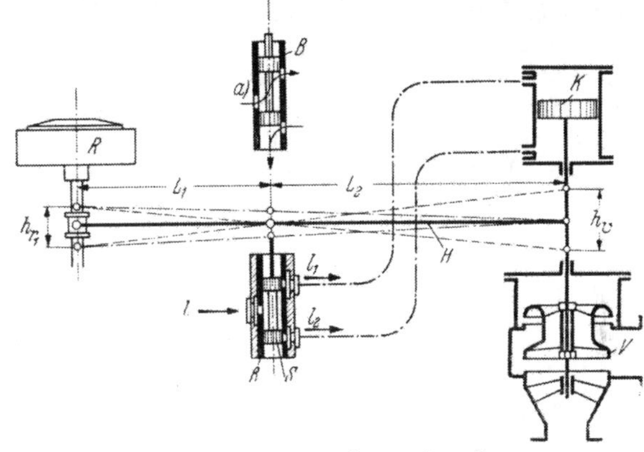

Abb. 343. Prinzip der Servomotorreglung.

Die Bewegung des Kolbens kann auch zur Betätigung der Düsenventile bei selbsttätiger Mengenreglung benutzt werden.

Dem ganzen Ventilhub h_v muß ein möglichst kleiner Hub h_{r1} der Reglermuffe entsprechen, um geringe Ungleichförmigkeit, d. h. kleine Drehzahländerung zu erhalten. Das Hebelverhältnis $L_1 : L_2$ ist so zu wählen, daß $L_1 : L_2 = h_{r1} : h_v$ ist.

Bei der *Öldruckreglung* wird durch Ändern des Öldruckes unter dem Kraftkolben, der durch eine Feder belastet ist oder unter den mit verschieden starken Federn belasteten Kolben der Düsenventile wird, entsprechend dem Druck, das Drosselventil oder eine entsprechende Anzahl von Düsenventilen geöffnet. Das Prinzip zeigt Abb. 344 (BBC, neuere Ausführung s. Abb. 384, S. 326).

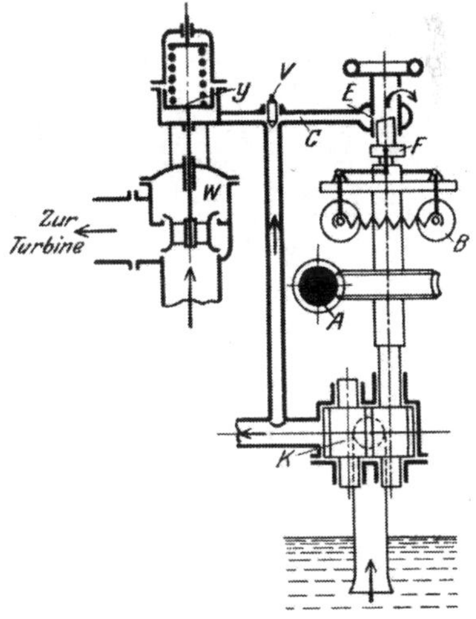

Abb. 344. Schema der Öldrucksteuerung.

Die Menge des von der Ölpumpe K geförderten, durch die Reglung fließenden Drucköls wird durch das Ventil V eingestellt; das Öl tritt einerseits unter den Kolben Y des Regelventils W und kann andererseits durch die Leitung C, den Ringraum O und den von der Hülse an der Muffe des Reglers B verstellbaren Schlitz in der Büchse E ablaufen. Sinkt die Drehzahl, so steigt die Muffe F des Reglers B und verengt den Schlitz, der Druck in der Leitung C und unter dem Kolben Y steigt und hebt diesen so weit, bis die Spannung der Feder über dem Kolben das Gleichgewicht herstellt; das Ventil W wird mehr geöffnet, wodurch die Leistung und die Drehzahl wieder steigt. Beim Entlasten und Steigen der Drehzahl findet der umgekehrte Vorgang statt.

Die Drehzahlverstellung wird in einfacher Weise durch Verschieben der Büchse E mit den Schlitzen bewirkt, indem die Büchse durch Drehen einer Mutter verschraubt wird, was durch Elektromotor oder von Hand erfolgen kann; dementsprechend muß sich die Reglermuffe einstellen, was jeweils einer anderen Drehzahl entspricht.

Eine einfache sinnreiche Drosselreglung für Kleinturbinen ist die Öldrucksteuerung mittels Stabfederdrehzahlregler von Kühnle, Kopp u. Kausch (KKK), wie sie Abb. 345 im Prinzip zeigt (D.R.P.).

Die Stabfeder *1* mit dem exzentrisch angeordneten Stabfederkopf *2* ist in der Turbinenwelle einseitig durch Schrauben (vgl. Abb. 434, S. 363) fest eingespannt. Der Steuerzapfen *3*, der durch Öldruck belastet ist, stützt sich auf der Turbinenwelle über das Spurlager *7* ab. Der Spalt *a* zwischen dem Stabfederkopf und der Steuerschnauze des Steuerzapfens *3* wird dadurch konstant gehalten. Über die Leitung *d* ist der Raum *b* am Steuerzapfen mit dem Raum *c* des Regelventils verbunden. Mittels der Düsennadel *4* kann der Durchflußquerschnitt der Drosselbohrung *e* des Steuerzapfens *3* verstellt werden.

Die Wirkungsweise ist folgende:

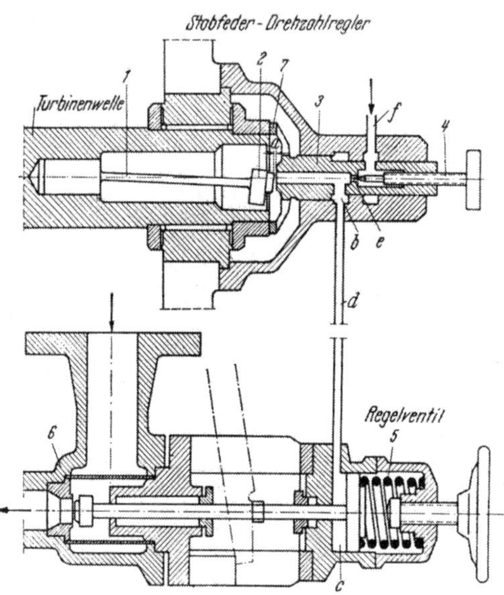

Abb. 345. Stabfederdrehzahlreglung von KKK.

Dem Steuerzapfen *3* wird über die Leitung *f* Drucköl zugeführt. Durch die Drosselbohrung *e* gelangt das Öl einerseits zur Steuerschnauze des Steuerzapfens *3*, wo es aber nur entsprechend dem geringen Spalt *a* zwischen Steuerschnauze und Stabfederkopf abströmen kann, andrerseits über die Leitung *d* in den Raum *c* des Regelventils, wodurch dasselbe geöffnet wird und die Turbine anläuft.

Durch die Fliehkraft des Stabfederkopfes wird nun die Stabfeder durchgebogen. An der Steuerschnauze fließt durch den sich bildenden Sichelspalt mehr Öl ab, wodurch sich der Druck im Raum *c* vor dem Regelkolben erniedrigt, und zwar so weit, bis sich Gleichgewicht zwischen der Kraft der Ventilfeder *5*, den Dampfkräften am Ventilkegel *6* und der Öldruckkraft einstellt.

Fällt z. B. die Belastung der angetriebenen Maschine, so steigt damit die Drehzahl der Turbine. Dadurch vergrößert sich die Auslenkung des Stabfederkopfes und damit der Sichelspalt. Es fließt mehr Öl ab, der Druck im Raum *c* fällt, und das Ventil schließt so weit, bis wieder Gleichgewichtszustand erreicht ist. Die Ungleichförmigkeit, d. h. der zu stabiler Reglung notwendige Drehzahlunterschied zwischen voller Be- und Entlastung beträgt beim Stabfederregler 8 bis 10%.

Durch Verändern des Durchflußquerschnittes der Drosselbohrung *e* mittels der Düsennadel *4* kann die Drehzahl verstellt werden.

Durch Ziehen am Handrad *4* kann die Turbine stillgesetzt werden. Zum Anfahren der Turbine kann das Regelventil *6* mittels eines Hebels *h* angehoben werden, bis es durch den Öldruck der Zahnradölpumpe offen bleibt und unter den Einfluß des Stabfederreglers gelangt, oder es kann durch eine von Hand angetriebene Pumpe der zum Öffnen des Ventils erforderliche Öldruck erzeugt werden. Das Regelventil *6* kann durch das Handrad *8* geschlossen werden und dient somit als zusätzliches Absperrventil, das auch bei ungenügendem oder ausbleibendem Öldruck durch die Feder *5* geschlossen wird. Das Ventil dient somit als Regel-, Anfahr- und Absperrventil.

Da die Reglung reibungsfrei arbeitet, kann auf einen besonderen Sicherheitsregler verzichtet werden. Die konstruktive Ausbildung der Reglung zeigt Abb. 350, diejenige des Regelventils Abb. 351, S. 302.

2. Die Änderung der Drehzahl der Turbine.

Sie muß sich während des Betriebes leicht ermöglichen lassen, um die Turbine mit anderen Turbogeneratoren parallel schalten oder die Förderhöhe bzw. Menge bei direktem Antrieb von Pumpen, Kompressoren oder dergleichen ändern zu können; im ersteren Falle beträgt die verlangte Drehzahländerung meist $\pm 5\%$.

Die Drehzahländerung kann außer durch Federwaage (Erhöhung der Muffenbelastung) auf folgende Weise erfolgen:

1. durch Verlegen des Regulierhebelangriffspunktes an der Ventilspindel;
2. durch Verschieben der Büchse des Steuerschiebers;
3. durch Verschieben des Regulierhebelangriffspunktes an der Muffe bzw. des Drehpunktes eines Zwischenhebels.

In allen Fällen entspricht die neutrale Lage des Steuerschiebers einer anderen Muffenstellung, also einer anderen Drehzahl. Der Reglerhub muß demnach um den Gesamtbetrag der Muffenverschiebung für die Drehzahländerung größer sein als h_{r1}.

Ist a der Ungleichförmigkeitsgrad des Reglers (normal 4%), $\pm b\%$ die gewünschte Drehzahländerung (normal $\pm 5\%$) und h_r der hierzu erforderliche rechnungsmäßige Muffenhub, so ist

$$h_r = \frac{a + 2b}{a} \frac{L_1}{L_2} h_v .$$

Der dem Ventilhub h_v entsprechende Reglerhub ohne Drehzahlverstellung ist

$$h_{r1} = \frac{a}{a + 2b} h_v .$$

Die Verschiebung der Muffe zur Drehzahlverstellung um $b\%$ ist

$$h_2 = \frac{b}{a + 2b} h_r .$$

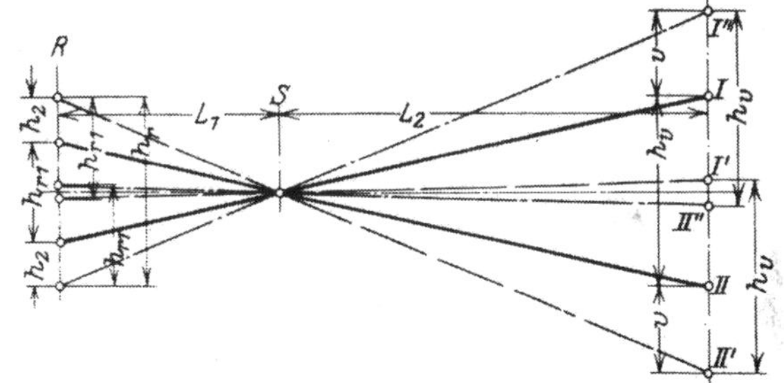

Abb. 346. Drehzahländerung.

Der gesamte Reglerhub wird nach oben und nach unten um je etwa 2 mm größer genommen als der rechnungsmäßige Hub, um auch bei kleinen Ungenauigkeiten mit Sicherheit Schließen des Ventils zu gewährleisten,

$$h = h_r + 4\,\text{mm}.$$

Der gesamte Ungleichförmigkeitsgrad des Reglers ist dann

$$\delta_r = (a + 2b) \frac{h}{h_r} \%.$$

Die Drehzahlverstellung kann von Hand oder durch Elektromotor, der von der Schalttafel aus gesteuert wird, erfolgen.

1. Bei Verstellung der Drehzahl durch Verschieben des Hebelangriffspunktes an der Ventilspindel entspricht bei normaler Drehzahl der Ventilspindelbewegung I—II (Abb. 346) die Muffenbewegung h_{r1} (Hebelgrenzlagen voll ausgezogen); bei $+ b\%$ Verstellung der Drehzahl muß der Hebelangriffspunkt an der Spindel um $v = h_2 L_2/L_1$ nach unten verschoben werden, so daß dem Ventilhub h_v die Bewegung des Hebelendes I'—II' entspricht (Hebelgrenzlagen gestrichelt) und bei $-b\%$ Verstellung um denselben Betrag v nach oben, I''—II'' (Hebelgrenzlagen strichpunktiert).

2. Bei Verstellung der Drehzahl durch Verschieben der Büchse des Steuerschiebers (Abb. 347) wird auch die neutrale Lage desselben verschoben; es entspricht bei $+b\%$ Drehzahländerung der um h_2 höheren Muffenstellung (Hebelgrenzlagen gestrichelt) eine Verschiebung der Steuerschieberbüchse nach oben um

$$s = h_2 \frac{L_2}{L_1 + L_2}$$

und bei $-b\%$ Veränderung eine Verschiebung der Büchse um denselben Betrag s nach unten (Hebelgrenzlagen strichpunktiert).

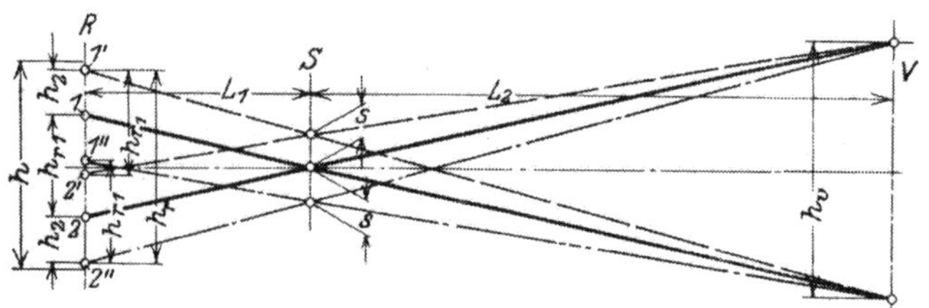

Abb. 347. Drehzahländerung.

3. Bei Verstellung der Drehzahl wird aus konstruktiven Gründen nicht der Hebelpunkt an der Reglermuffe, sondern der Drehpunkt A eines Zwischenhebels (Abb. 348) verschoben; dem Ventilhub h_v entspricht ein Reglerhub

$$h_{r1} = h_v \frac{L_1}{L_2} \frac{l_1}{l} = \frac{a}{a + 2b} h_r$$

und der rechnungsmäßige Reglerhub ist

$$h_r = \frac{a + 2b}{a} \frac{L_1}{L_2} \frac{l_1}{l} h_v .$$

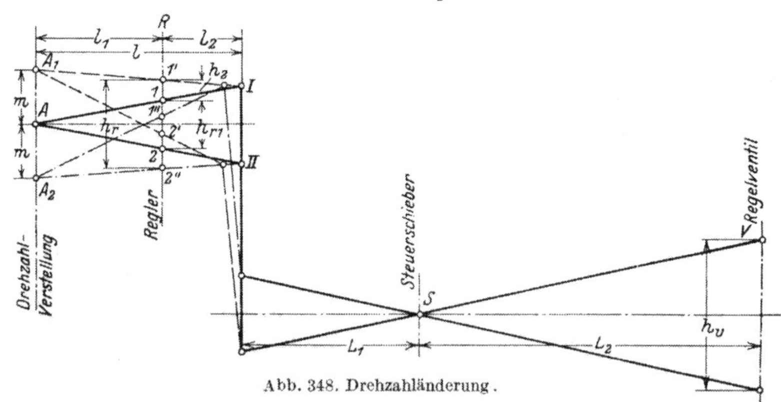

Abb. 348. Drehzahländerung.

Für die Verstellung der Reglermuffe um $h_2 = h_r b : (a + 2b)$ entsprechend der Drehzahländerung um $b\%$ muß die Verschiebung des Drehpunktes A

$$m = h_2 \frac{l}{l_2}$$

betragen.

Bei normaler Drehzahl ist $1-2$ die Muffenbewegung, die dem ganzen Ventilhub h_v entspricht (Hebelgrenzlagen voll ausgezogen); bei Erhöhung der Drehzahl um $b\%$ wird Punkt A nach A_1 verschoben, die Muffe bewegt sich dem Ventilhub entsprechend zwischen $1'-2'$ (Hebelgrenzlagen gestrichelt). Bei Verminderung der Drehzahl um $b\%$ wird A nach A_2 verstellt, die Muffe bewegt sich zwischen $1''-2''$ (Hebelgrenzlagen strichpunktiert).

Die Hübe des Regelventils und die Hebellängenverhältnisse müssen genau darauf nachgeprüft werden, ob sie in allen Lagen richtig wirken und besonders in den Endlagen nicht unnütze Belastungen der Reglermuffe oder der Steuerschieber auftreten. Je weniger Hebel und Gelenke, um so weniger totes Spiel und um so genauer die Reglung. Ermittlung der Hebellängen s. DANNINGER [IIc].

III. Ausführungen der Reglungen.

Direkte Reglungen s. Ausführungen der Kleinturbinen S. 352.

A. Drosselreglungen.

Bei Kleinturbinen wenden BBC die sinnreiche und sehr einfache *Ölringsteuerung* an (Abb. 349), bei welcher der Druck ausgenutzt wird, der sich in einem rotierenden Ölring einstellt, in unmittelbarer Abhängigkeit von der Drehzahl. Der Regler besteht aus einem rotierenden Ölgefäß A auf der Turbinenwelle, das durch ein Rohr L dauernd mit Öl gefüllt wird; durch die Fliehkraft wird das Öl einen Ring bilden, in dessen Querschnitt der Druck in radialer Richtung wächst

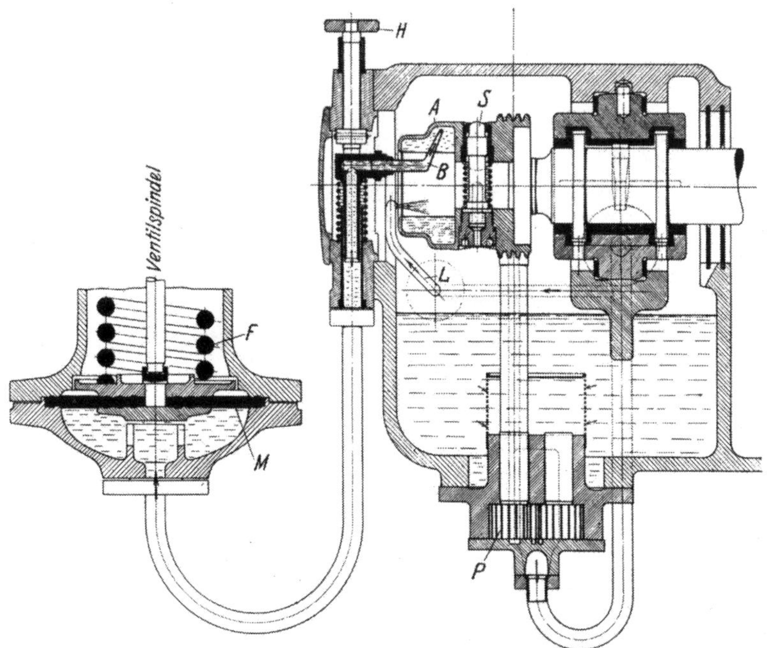

Abb. 349. Ölringsteuerung von BBC.

und für jede Drehzahl bestimmte Werte annimmt. Dieser Druck wird zur Reglung benutzt, indem ein Tauchrohr B seitlich in das Öl geführt ist und den Druck unter die federbelastete Membran M überträgt, die unmittelbar auf die Spindel des Regulierventils wirkt. Ändert sich die Drehzahl, so ändert sich der Druck unter der Membran, und es erfolgt Öffnen des Ventils durch den Federdruck oder Schließen durch den Öldruck. Die Drehzahlverstellung erfolgt einfach durch Änderung der Eintauchtiefe des Rohres B mittels der Stellschraube H. Der Sicherheitsregler S wirkt auf das Absperrventil, wie aus Abb. 425a, S. 354 ersichtlich.

Die Ausführung der S. 298 (Abb. 345) beschriebenen Stabfederreglung von Kühnle, Kopp und Kausch zeigt Abb. 350 und des Regel-, Anfahr- und Absperrventils Abb. 351.

Abb. 352 stellt das Schema eines KKK-Isodromreglers für eine Dampfturbine dar. Aufbau und Wirkungsweise seien durch die Beschreibung eines Regelvorganges dargestellt.

Im Beharrungszustand besteht Gleichgewicht zwischen den am Regelschieber angreifenden, in senkrechter Richtung wirkenden Kräften. Nach unten wirken zwei Kräfte: Das Gewicht von Regelschieber S und Muffe M und die Geradrichtekraft des Flachfederpendels P, dessen Federn im spannungslosen Zustand gestreckt sind. Auch nach oben wirken zwei Kräfte: Die Fliehkraft der schnellumlaufenden Pendelfeder F erzeugt bei der sich einstellenden Form der elastischen Linie eine nach oben gerichtete Kraft, ebenso je nach eingestellter Spannung die als Zugfeder ausgebildete Drehzahlfeder D. Da die Belastung der zu regelnden Kraftmaschine konstant ist, muß der Kraftkolben in Ruhe bleiben. Es darf somit kein Drucköl zu der Kraftkolben-Ober- bzw. -Unterseite zu- und abströmen. Der Regelschieber S steht daher so, daß seine Kanten den Öldurchtritt nach beiden Seiten gleichmäßig verschließen. Diese Mittelstellung des Regelschiebers ist für alle Stellungen des Kraftkolbens und somit auch für alle Belastungen der Kraftmaschine die gleiche. Der Regelschieber ist durch ein Kugellager mit der

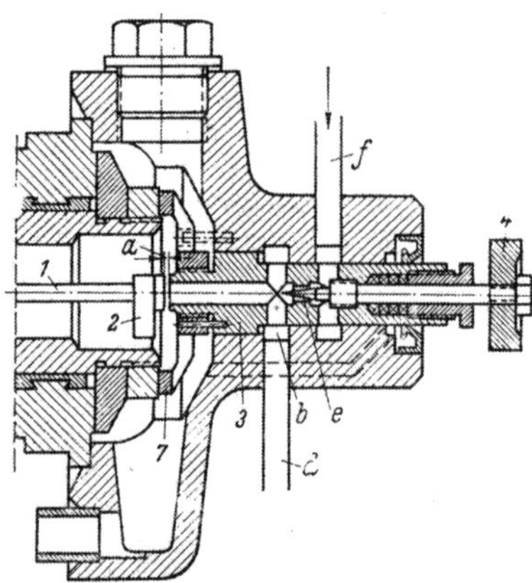

Abb. 350. Stabfederdrehzahlregler (KKK).

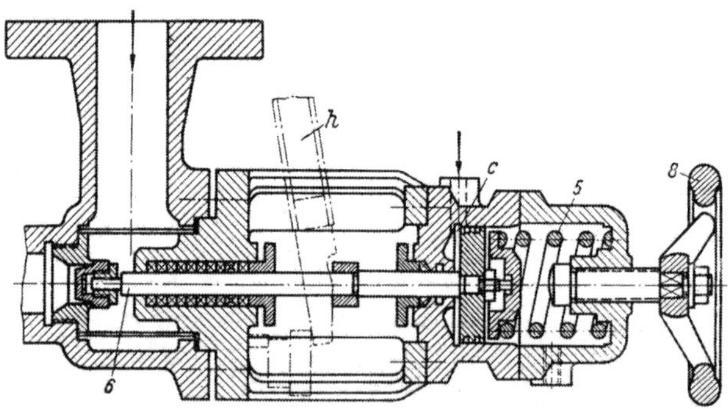

Abb. 351. Regel-, Anfahr- und Absperrventil (KKK).

Muffe des Flachfederpendels verbunden und zwingt dadurch auch diesem eine bestimmte Mittelstellung auf, welche unabhängig von der Belastung der Kraftmaschine und von der mittels der Drehzahlfeder eingestellten Drehzahl ist. Die elastische Linie der Flachfedern hat daher bei allen Beharrungszuständen die gleiche Form.

Der Übergang von einem Beharrungszustand in einen anderen erfolgt somit unter außerordentlich kleinen Bewegungen von Muffe und Regelschieber. Die Massen dieser Teile können infolgedessen den Regelvorgang nicht merklich verzögern.

Zwecks Beseitigung der Reibung des Regelschiebers in der Regelbüchse wird diese durch einen nicht gezeichneten Antrieb langsam gedreht. Gegen Verdrehung ist der Regelschieber S durch die verdrehungssteif ausgeführte Drehzahlfeder D vollkommen reibungsfrei abgestützt. Da weder Massenwirkung noch Reibung die Bewegungen des Reglers hemmen, spricht er auf die kleinsten Drehzahländerungen augenblicklich an. Bei einer Entlastung der Kraftmaschine steigt die Drehzahl. Mit wachsender Drehzahl nimmt die Fliehkraft des Pendels und somit auch ihre auf die Muffe wirkende Axialkomponente zu und stört den Gleichgewichtszustand. Der Regelschieber bewegt sich aufwärts, so daß das Drucköl über die Leitung *II* zur Unterseite des Kraftkolbens K fließen muß. Der Öldruck hebt den Kraftkolben, schließt das Regelventil V um einen dem Drehzahlanstieg entsprechenden Betrag und drückt das über dem Kolben befindliche Öl über die Leitung *I* in den Ablauf. Gleichzeitig folgt der Rückführkolben R des Reglers durch Vermittlung der Leitung *III* der Bewegung des Rückführkolbens Rv im Regelventil und spannt die Rückführfeder Rf, deren Kraft nunmehr mit der Geraderichtekraft des Pendels zusammenwirkt. Die Drehzahl steigt soweit, bis die zusätzliche Fliehkraftkomponente gleich ist der Rückführfederkraft. Wenn dieser Zustand erreicht ist, herrscht für den Augenblick Gleichgewicht. Durch die Isodrombohrung wird nunmehr die vom Rückführkolben RK im Regelventil verdrängte Ölmenge unter der Wirkung der Rückführfeder langsam entweichen, bis die Feder wieder spannungslos ist.

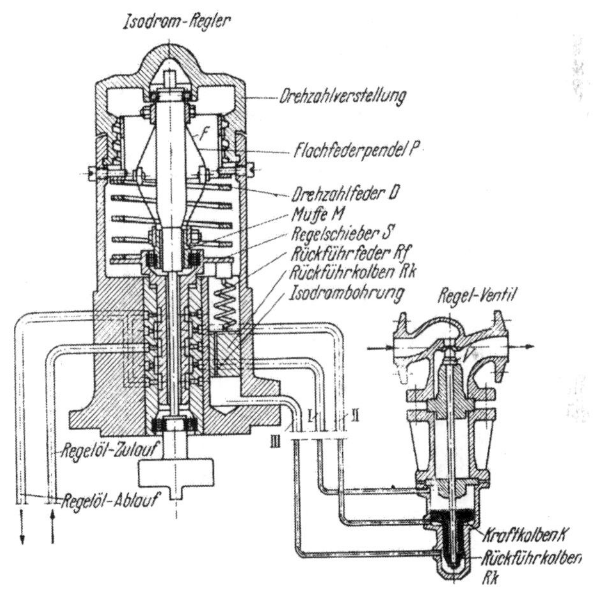

Abb. 352. Isodromreglung von KKK.

Hiermit ist der ursprüngliche Beharrungszustand wieder genau hergestellt. Der Regelschieber befindet sich wieder in seiner Mittellage, das Regelventil ist in Ruhe und so weit geöffnet, als es dem neuen Kraftbedarf entspricht. Durch geeignete Dimensionierung der Rückführfeder lassen sich die Drehzahlschwankungen bei Belastungsänderung vollkommen beherrschen. Isodromreglung der AEG s. Abb. 373, S. 317.

Die Drosselreglung (WUMAG) Abb. 353 wirkt nach dem in Abb. 343 schematisch dargestellten und dort erläuterten Prinzip durch Verstellung des Hilfsschiebers S_1 durch den Regler R mittels Hebels H und Rückführung durch das Regelventil V. Die Drehzahlverstellung erfolgt durch Verschieben der Büchse B des Steuerschiebers S_1, Abb. 354 (s. 2., S. 300, Abb. 347), mittels des Gewindes an der Büchse und der als Schneckenrad ausgebildeten Mutter M, die durch die Schnecke D (Abb. 354) von Hand oder durch einen vorgeschalteten weiteren Schneckentrieb unter Zwischenschaltung einer Rutschkupplung durch Elektromotor betätigt wird.

Neben dem Steuerschieber befindet sich der Umschaltschieber S_2, der nach

Ausschlagen des Sicherheitsreglers (s. S. 344) und dadurch bewirkter Auslösung der Klinke O durch die Feder F, Abb. 353, nach oben gezogen wird und das Drucköl über den Servomotorkolben K treten läßt, während es unter demselben ablaufen kann (s. Abb. 354 Stellung rechts), so daß das Ventil V geschlossen und die Turbine stillgesetzt wird. Die Ausführung des Hilfs- und des Umschaltschiebers zeigt Abb. 354.

Die Wirkung des zweiten, mechanischen Schnellschlusses s. S. 350.

Die Reglung von Escher Wyss (Abb. 355) wirkt ähnlich, jedoch mit einer Vorsteuerung; sie ist demnach eine Kombination von Gestänge- und Öldrucksteuerung.

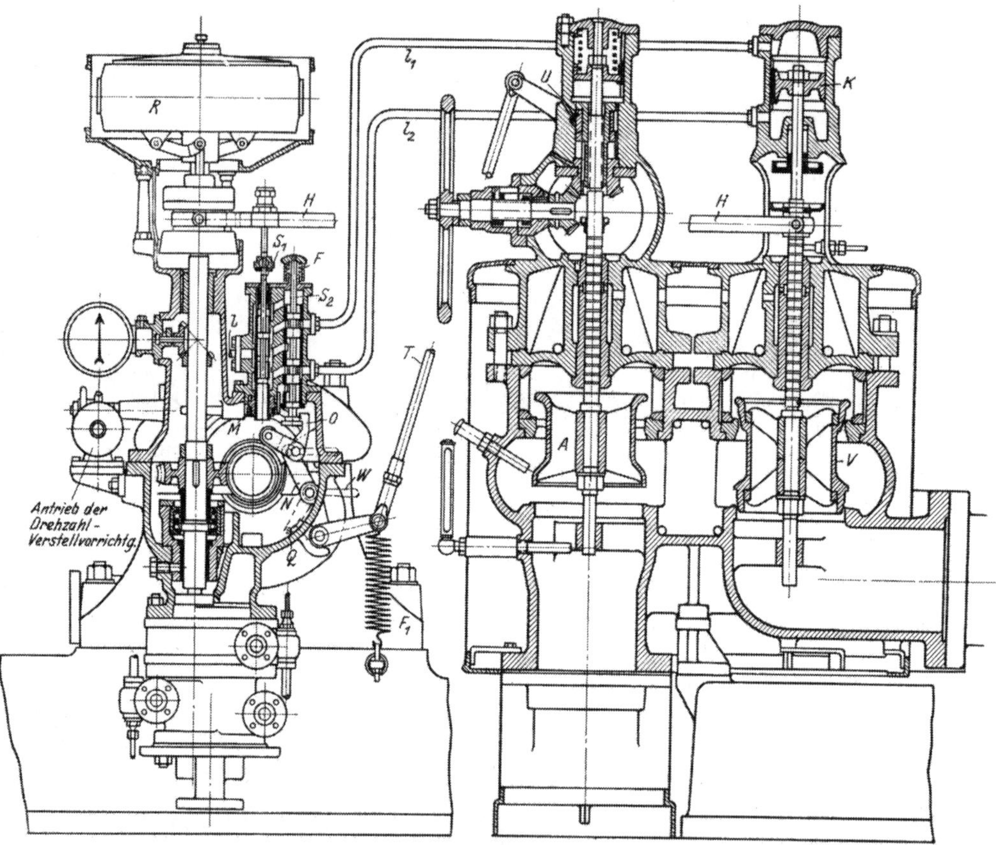

Abb. 353. Drosselreglung (ältere Ausführung).

steuerung. Das Drucköl von der Ölpumpe *3* gelangt durch die Ölleitung und die Öffnungen in den Gehäusen des Umschaltschiebers *10* und des Steuerschiebers *5* über den federbelasteten Differentialkolben *3*, weiter durch eine kleine Bohrung, welche den Öldruck drosselt, auch unter den Kolben und kann durch eine weitere Bohrung durch das Innere der Kolbenspindel und die Steuerdüse *2* ablaufen. Durch die Druckdifferenz auf beiden Kolbenseiten und den Federdruck wird der Kolben so weit bewegt, daß die Bohrung *2* sich der Reglerspindel *1* nähert, bis durch Drosseln des Abflusses durch *2* der Druck unter dem Kolben sich so einstellt, daß Gleichgewicht der Kräfte über und unter dem Kolben herrscht. Diese Steuerdüse *2* wird jedoch auch beim Aufwärtsbewegen der Reglerspindel, also Steigen der Drehzahl (Entlastung), verengt, der Druck unter dem Differentialkolben steigt und schiebt denselben nach oben, beim Sinken der Drehzahl findet der umgekehrte Vorgang statt, so daß der Kolben *3* stets den Bewegungen der Reglerspindel folgt. Der Kolben verstellt nun mittels des Hebels *4* den Steuerschieber *5* und bewirkt durch Ölzufuhr über oder unter den Servomotorkolben *6* die Verstellung des Regelventils *8* und Rückführung des Steuerschiebers in der bekannten Weise.

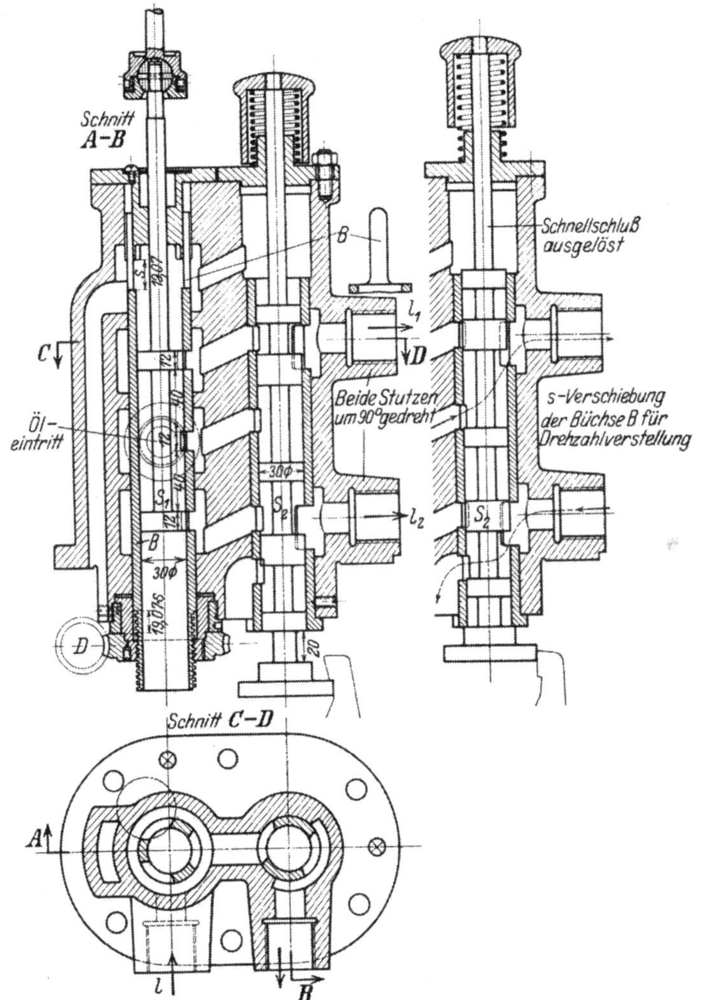

Abb. 354. Steuer- und Umschaltschieber.

Die Drehzahländerung erfolgt durch Verstellen des Steuerschiebers *5* von Hand mittels Handrad *17* oder durch den auf dem Hebel *4* sitzenden Motor *18* mittels Schneckentrieb und Rutschkupplung.

Das Regelventil ist gleichzeitig als Schnellschlußorgan ausgebildet. Bei Überschreitung der zulässigen Drehzahl schlägt der Sicherheitsregler *9* (S. 345) aus und läßt den Hebel am Umschaltschieber *10* ausklinken, wodurch derselbe durch die Feder *12* nach oben gezogen wird und das Drucköl über den Servomotorkolben treten läßt, während es unter demselben ablaufen kann; bei ungenügendem Öldruck bewirkt die Feder über dem Kolben *6* das Schließen des Ventils. Der Knopf *11* dient zum Auslösen der Vorrichtung von Hand.

Außer dem hydraulischen Schnellschluß wird noch davon unabhängig eine hydraulisch-mechanische Schnellschlußvorrichtung betätigt, die das Absperrventil schließt. Nach dem

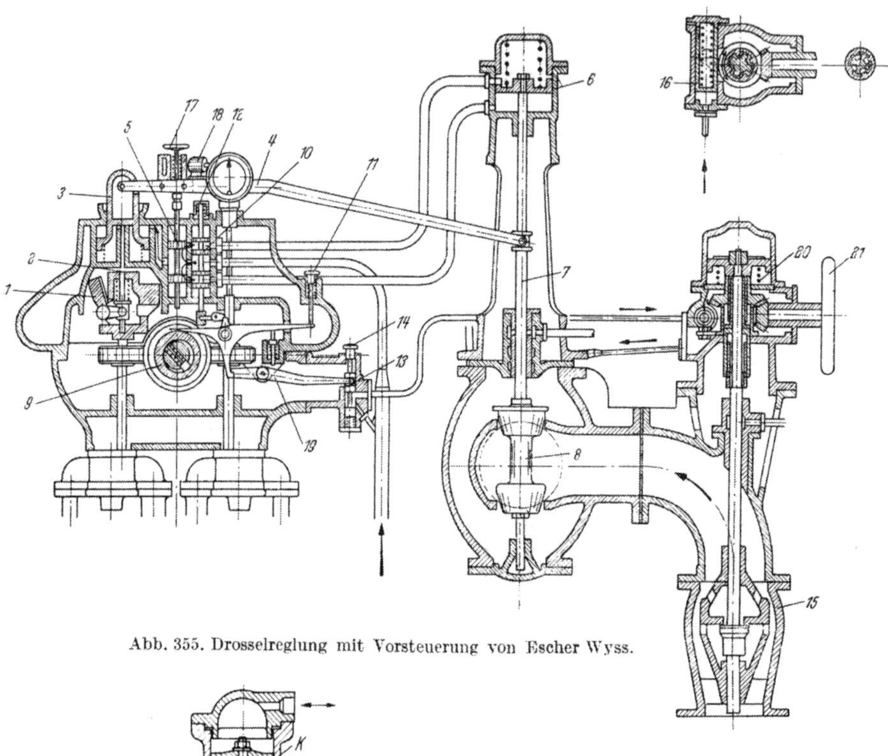

Abb. 355. Drosselreglung mit Vorsteuerung von Escher Wyss.

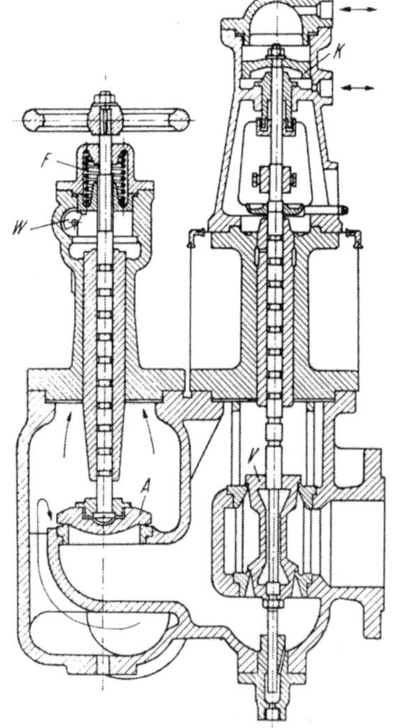

Abb. 356. Regulier- und Absperrventil der ČSR.

Ausschlagen des Schnellschlußreglers *9* klinkt der Hebel *19* aus, so daß der Schnellschlußschieber *13* frei wird und durch eine Feder nach oben verschoben wird; dadurch kann das auf den Ausklinkkolben *16* wirkende Drucköl ins Lager ablaufen, die Feder im Ausklinkkolben *16* verstellt die äußere Muffe, auf welche sich die Knaggen der inneren Muffe auf der Ventilspindel stützen, derart, daß die Knaggen an der inneren Muffe sich in die äußere hineinschieben können und das Absperrventil *15* durch die Feder *20* nach oben geschoben und geschlossen wird. Durch das Handrad *21* kann die Feder *20* wieder zusammengedrückt und die Knaggen auseinandergeschoben werden, was nur bei genügendem Öldruck möglich ist, ohne dem nicht angefahren werden kann.

In einem gemeinsamen Gehäuse untergebrachtes Drosselregelventil *V* und Schnellschluß-Absperrventil *A* tschechoslowakischer Turbinen zeigt Abb. 356. Das Regelventil wird in üblicher Weise entsprechend Abb. 353, S. 304, betätigt, das Absperrventil durch Drehen der Klinkenwelle *W* ausgelöst.

B. Vereinigte Drossel- und Mengenreglungen.

Vereinigte Drossel- und Mengenreglungen, wie sie im Abschnitt C, S. 295, gekennzeichnet wurden, bei denen den Düsenventilen ein Hauptventil als Drosselventil vorgeschaltet ist, durch welches die ganze Dampfmenge hindurchströmt, werden nur vereinzelt ausgeführt, wenn kleine Belastungen selten vorkommen. Dadurch lassen sich für die größeren Belastungen mehr Düsenventile anordnen, so daß in diesem Belastungsbereich eine bessere Annäherung an die ideale Düsenreglung erreicht werden kann. Die Anordnung einer solchen Reglung kann in verschiedener Weise erfolgen. Bei einer älteren vereinigten Reglung, deren Schema

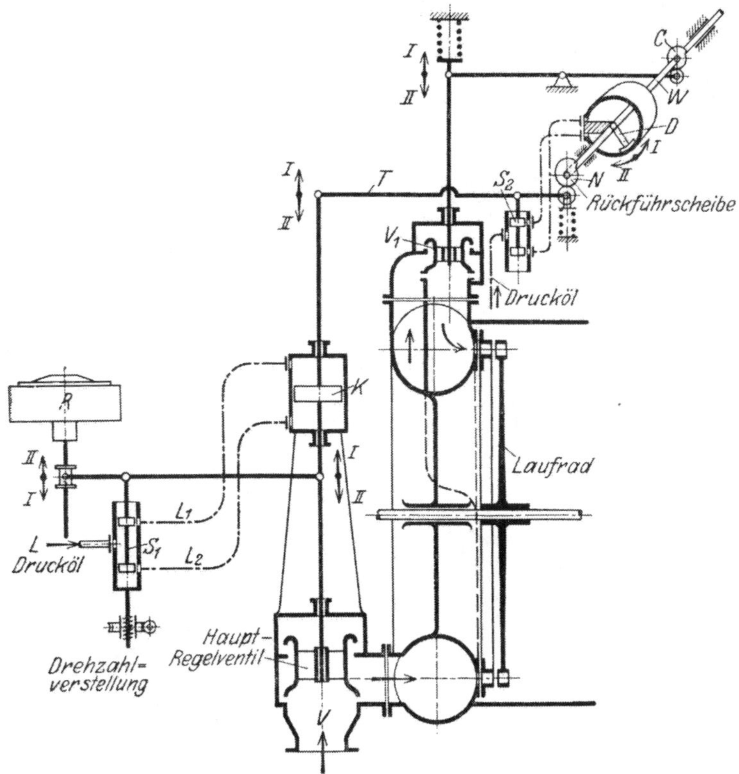

Abb. 357. Schema der vereinigten Drossel- und Mengenreglung (WUMAG).

Abb. 357 (WUMAG) zeigt, regelt das Hauptventil V durch Drosseln bis $^1/_4$ oder $^1/_2$ Last in der S. 303 beschriebenen Weise, während die Düsenreglung nur leer etwas mitgeht. Bei größerer Belastung öffnet das Hauptventil so weit, daß der Dampf ungedrosselt hindurch kann; der Servomotorkolben K verstellt nun mittels des Hebels T den Hilfsschieber S_2 der Düsenreglung und steuert das Drucköl auf die eine oder die andere Seite des Drehkolbens D vom Drehservomotor der Düsenventile, der Kolben dreht die Steuerwelle W mit den gegeneinander versetzten Nockenscheiben C, die durch Hebel die Düsenventile V_1 nacheinander öffnen oder sie durch den Federdruck schließen lassen (es sitzen 3 bis 5 solcher Ventile nebeneinander).

Die Rückführung wird durch Heben bzw. Senken des mit einer Rolle versehenen Endes des Hebels T mittels spiraliger Scheibe N bewirkt, an welche die

Rolle durch eine Feder angedrückt wird. Den Drehservomotor zeigt Abb. 358, die Nockenscheiben und die Rückführscheibe Abb. 359. Bei Platzmangel wird die

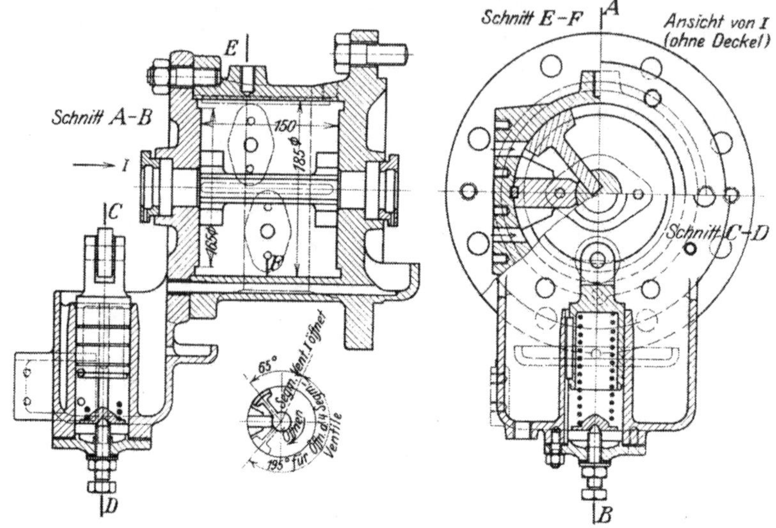

Abb. 358. Drehservomotor (WUMAG).

Nockenwelle unter Wegfall der Hebel in die Hauben verlegt, so daß die Nocken direkt auf die Ventile wirken (Abb. 360).

Die Schnellschlußvorrichtung ist S. 304 und 344 beschrieben.

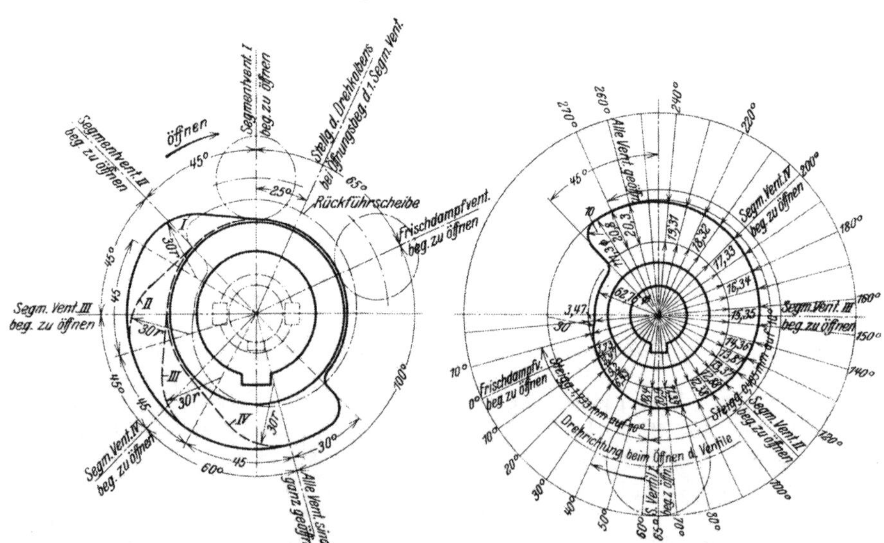

Abb. 359. Nockenscheiben und Rückführscheibe (WUMAG).

Eine neuere Ausführung einer vereinigten Drossel-Mengenreglung der MAN, bei welcher das Hauptdrosselventil neben den Düsenventilen auf dem Turbinengehäuse angeordnet ist, zeigt Abb. 361. Das Hauptventil wird von demselben Servomotor betätigt wie die Düsenventile, wodurch sich der ganze Aufbau vereinfacht. Das Schema der Reglung zeigt Abb. 362. Der Regler R verstellt den Steuerschieber S, der das Drucköl zum Drehservomotor D steuert, welcher

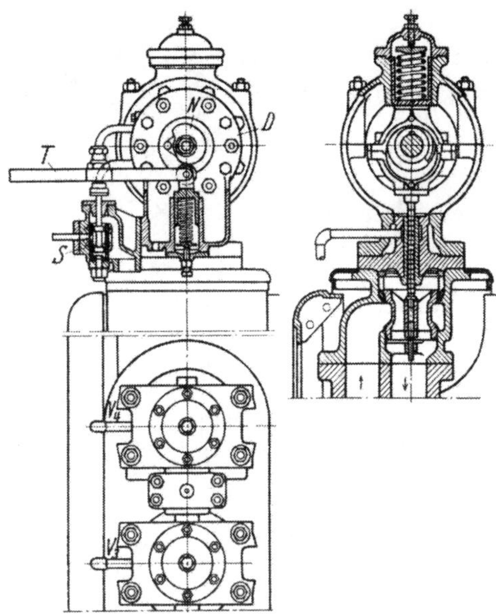

Abb. 360. Düsenventile mit innenliegender Nockenwelle (WUMAG).

seinerseits durch die Welle W die Ventile, nötigenfalls unter Zwischenschaltung eines Kraftverstärkers, betätigt. Die Rückführung erfolgt durch die Rückführ-

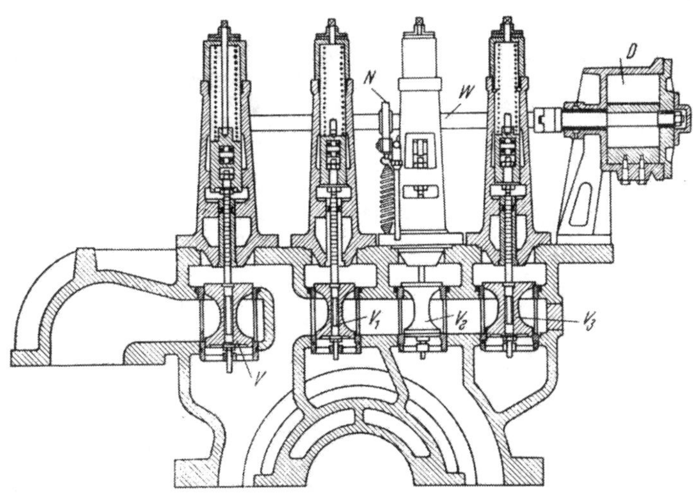

Abb. 361. Regelventile der MAN.

nocke N, welche durch den Hebel T die Büchse des Steuerschiebers so verstellt, daß die Nullstellung des Schiebers wieder erreicht wird. Die Drehzahländerung erfolgt durch Verschieben des Hebelpunktes A von Hand oder durch Elektromotor M.

Die vereinigte Reglung der vormals Germaniawerft entspricht im Prinzip der Reglung der Abb. 357, jedoch werden die Düsenventile vom Servomotor des

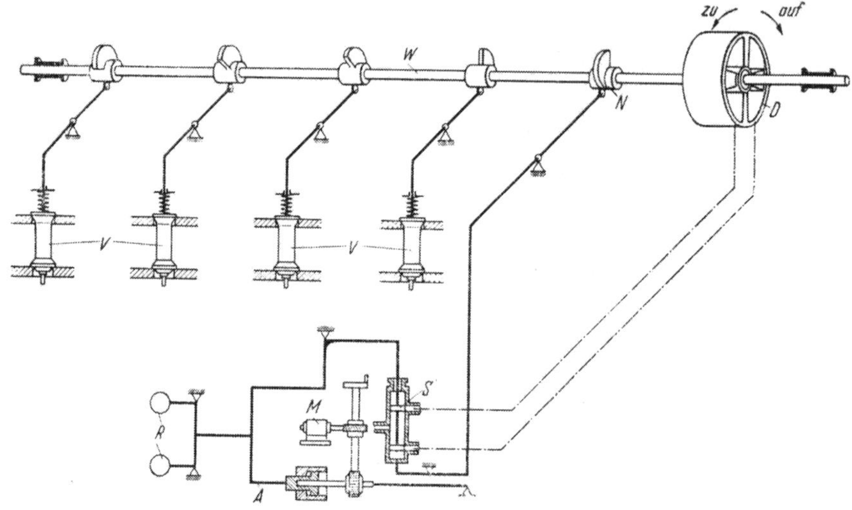

Abb. 362. Steuerschema der MAN-Reglung.

Hauptventils betätigt. Die Ausführung einer Reglung für eine 450-kW-Gegendruckturbine für 34 ata, 400° C und 14,5 ata Gegendruck zeigt Abb. 363 und den Steuer- und Umschaltschieber Abb. 364.

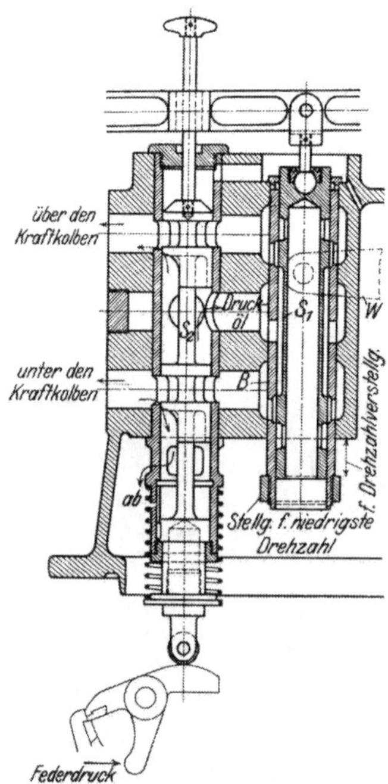

Abb. 364. Steuer- und Umschaltschieber (Germaniawerft).

Von der Spindel des Hauptregelventils V wird mittels zweier Hebel N_1, N_2 und der Stange O die Welle Q gedreht und durch die auf derselben versetzt aufgekeilten Ventilhebel die federbelasteten Ventile I und II betätigt; das Schema der Ventilbewegungen zeigt Abb. 365. Das Hauptregelventil regelt durch Drosseln die beiden Düsengruppen I (Abb. 363), denen der Dampf durch die vordere Ringleitung zugeführt wird; das Düsenventil I regelt den Zutritt aus derselben Ringleitung zu den Düsengruppen II und Düsenventil II zu den Düsengruppen III. Von dem Hauptregelventil führt eine Leitung nach dem Handventil R, das die beiden IV-Gruppen durch die hintere Ringleitung beaufschlagt, während das andere Handventil T zwecks Überlastung den Dampf aus der vorderen Ringleitung in die 9. Stufe der Turbine führt (s. Überlastung S. 334). Den über dem Servomotorhub aufgetragenen Druckverlauf, die Dampfmengen, den erforderlichen Querschnitt der Ventile zeigt Abb. 366.

Die Drehzahlverstellung erfolgt durch Verschieben der Büchse des Steuerschiebers S_1 (vgl. 2, S. 300) mittels Winkelhebels W (Abb. 364), der durch Verschrauben der Spindel von Hand oder durch Elektromotor M (Abb. 363) verstellt wird. Der hydraulische Schnellschluß bewirkt nach Ausschlagen des Sicherheitsreglers Freigabe des Umschaltschiebers und Aufwärtsbewegung desselben unter Einfluß einer Feder am Ausklinkhebel, Zutritt des Drucköls über den Servomotorkolben K durch Leitung L_1, während das Öl unter dem Kolben ablaufen kann. Der mechanische Schnellschluß bewirkt Schließen des Absperrventils.

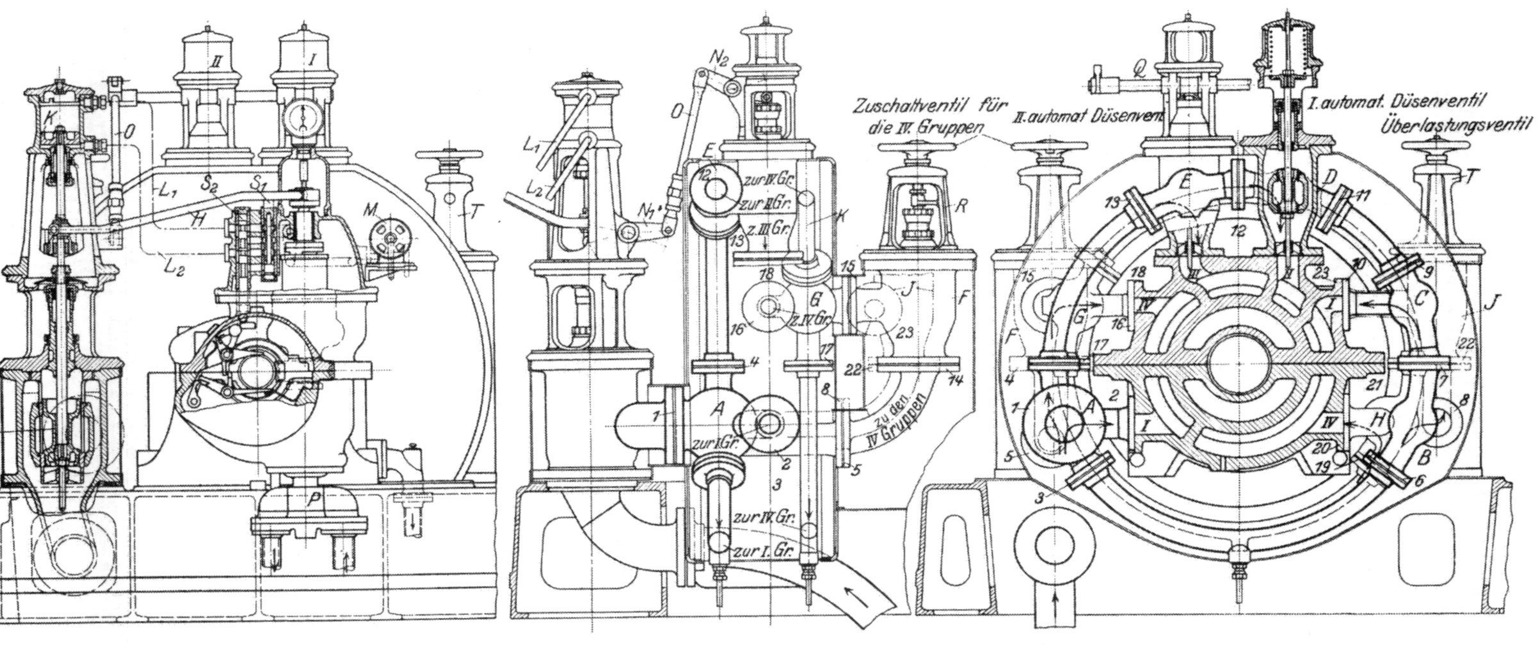

Abb. 363. Vereinigte Drossel- und Mengenreglung der Germaniawerft.

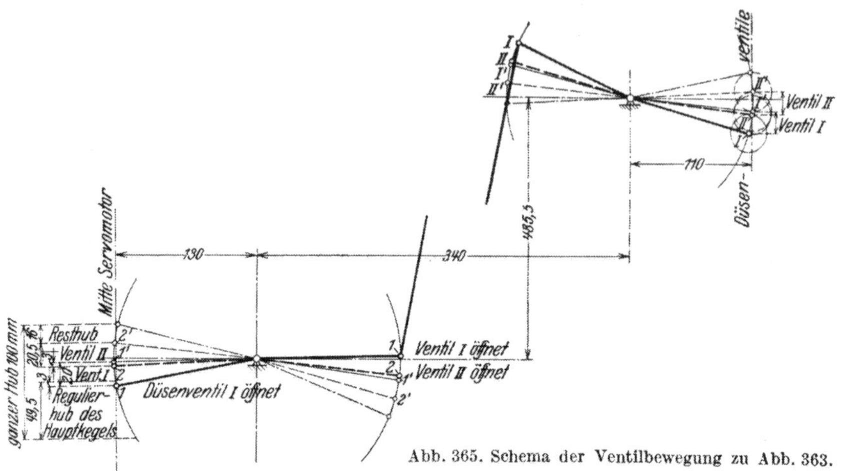

Abb. 365. Schema der Ventilbewegung zu Abb. 363.

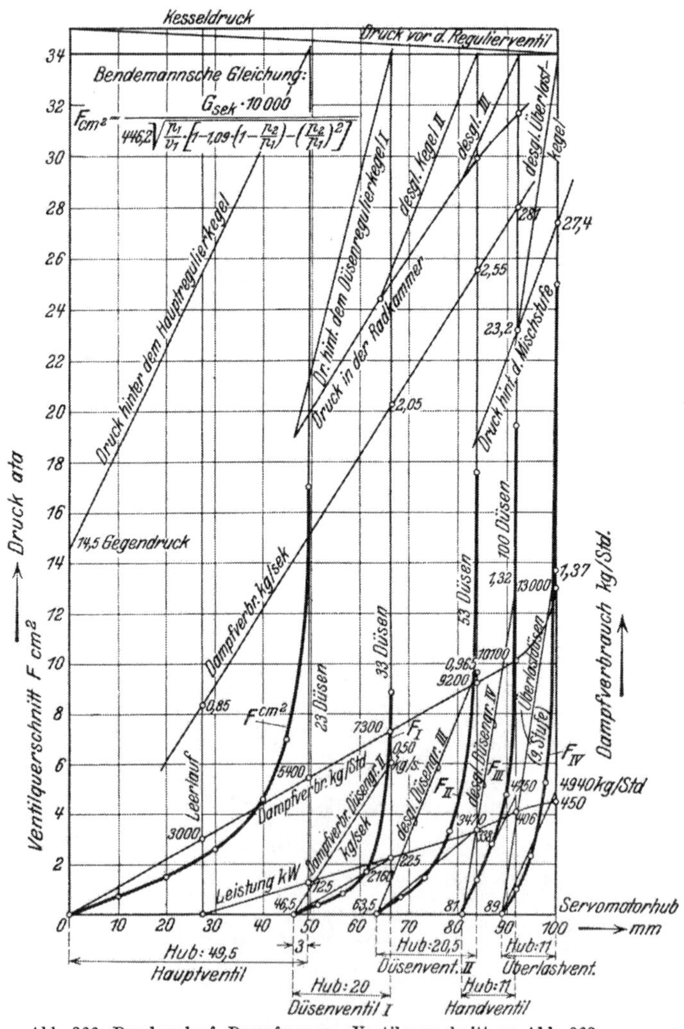

Abb. 366. Druckverlauf, Dampfmengen. Ventilquerschnitt zu Abb. 363.

C. Mengenreglung.

1. Gestängesteuerungen.

Eine Nockensteuerung für Kleinturbinen der BBC ist in Abb. 367 gezeigt.

Der mittels Schneckengetriebe von der Turbinenwelle *a* angetriebene Regler *b* betätigt durch den Reglerstift *d* den durch die Feder *f* belasteten Steuerschieber *e*, der das Drucköl von der Ölpumpe über oder unter den Kraftkolben *g* steuert. Letzterer betätigt mittels Hebel *r* und Stange *t* durch Drehen der Nockenwelle *q* nacheinander die durch Federn belasteten Düsenventile. Der seitlich am Hebel *r* angelenkte Hebel *h* verstellt die Büchse *i* des Steuer-

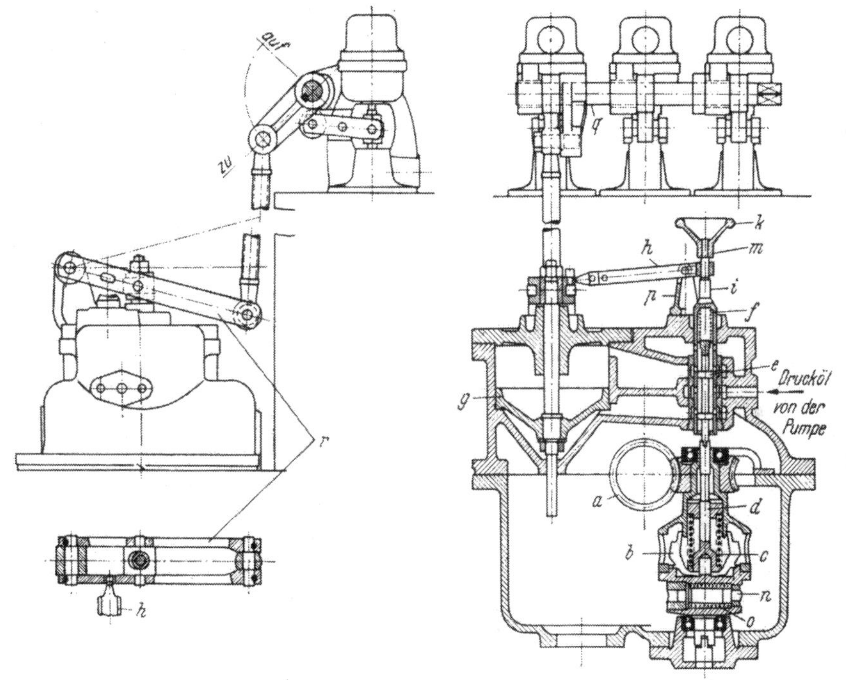

Abb. 367. Nockensteuerung für Kleinturbinen von BBC.

schiebers *e*, wodurch die Rückführung der Steuerung in die Nullage erreicht wird. Drehzahlverstellung durch Verschieben der Büchse *i*. Bei Druckreglung (s. diese) kann der Drehpunkt des Hebels *h* als Angriffspunkt für den Druckregler dienen.

Eine Düsenreglung für Kleinturbinen der Tf. Dresden zeigt Abb. 368.

Die Muffe *M* des von der Turbinenwelle *Tw* mittels Schneckengetriebe angetriebenen Reglers *R* verstellt den Steuerschieber *S* mittels Hebel H_1, so daß das bei *a* eintretende Drucköl durch die Räume *b* oder *c* über bzw. unter den Servomotorkolben, wodurch die an der verlängerten Kolbenstange sitzenden Ventile *V* mehr geschlossen oder geöffnet werden. Rückführung des Steuerschiebers erfolgt von der Ventilspindel aus durch den Daumenhebel *D* über die Welle *W*, den Hebel H_1 und die Stange *Z* durch Verstellen des Gabelpunktes *C*.

Drehzahlverstellung durch Änderung der Muffenbelastung des Reglers durch die Feder *F* mittels Elektromotor *E* oder Handrad *B*.

Eine andere Ausführung einer Gestängereglung desselben Werkes für größere Turbinen ist auf Abb. 369 ersichtlich.

Der Regler R verstellt mittels Hebel H_1 den Steuerschieber S, so daß z. B. bei Belastungszunahme der Schieber nach rechts (Richtung *1*) verstellt wird und das bei a eintretende Drucköl durch den Kanal u unter den Servomotorkolben K gelangt (während das Öl über dem Kolben durch o ablaufen kann) und ihn entgegen der Kraft der Feder F so weit nach oben verschiebt, bis durch den zweiarmigen Hebel H_3 die Rückführstange Z und den Winkelhebel H_2 wieder in seine Mittellage zurückgeführt wird. Der Kolben K verstellt das mittlere

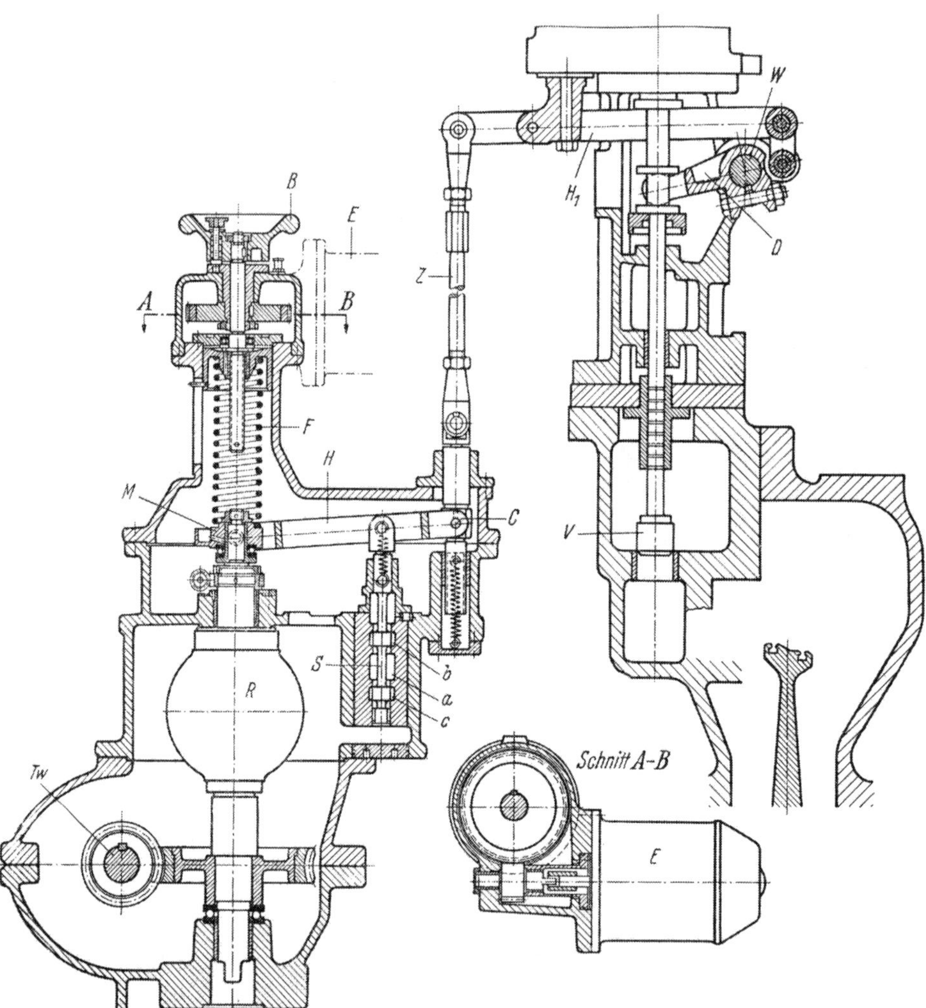

Abb. 368. Düsenreglung für Turbinen mittlerer Größe der Tf. Dresden.

Düsenventil V_1—V_5 durch die auf der Welle aufgekeilten Ventilhebel und die gegeneinander versetzten Anschläge an den Ventilspindeln nacheinander geöffnet und bei Entlastung in umgekehrter Reihenfolge geschlossen.

Die Drehzahlverstellung erfolgt wieder durch Ändern der Muffenbelastung durch die Feder F_1 über Hebel H_4.

Die Mengenreglung der AEG zeigt in axonometrischer Darstellung Abb. 370.

Der durch das Absperrventil A und das Dampfsieb B in den Düsenkasten C strömende Dampf gelangt durch die Düsenventile V zu den einzelnen Düsengruppen. Diese Düsenventile werden durch die auf der Nockenwelle N sitzenden Nocken mittels Winkelhebel geöffnet

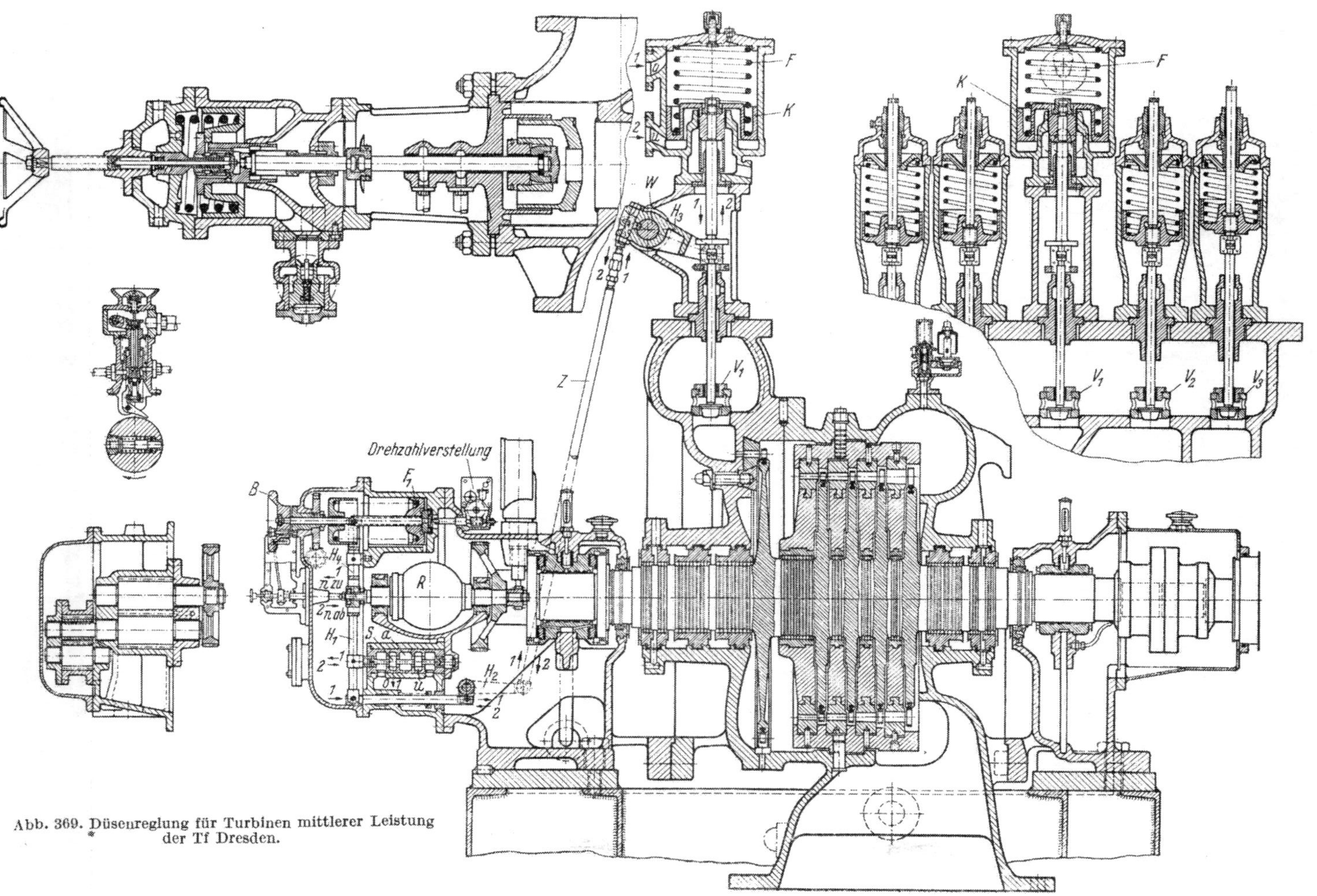

Abb. 369. Düsenreglung für Turbinen mittlerer Leistung der Tf Dresden.

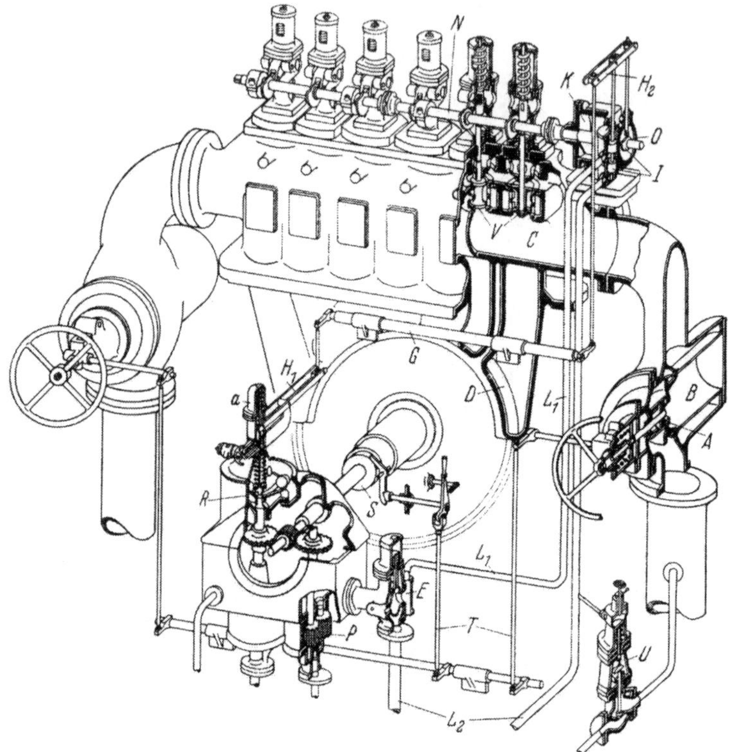

Abb. 370. Reglung und Sicherheitsvorrichtungen von Kondensationsturbinen der AEG.

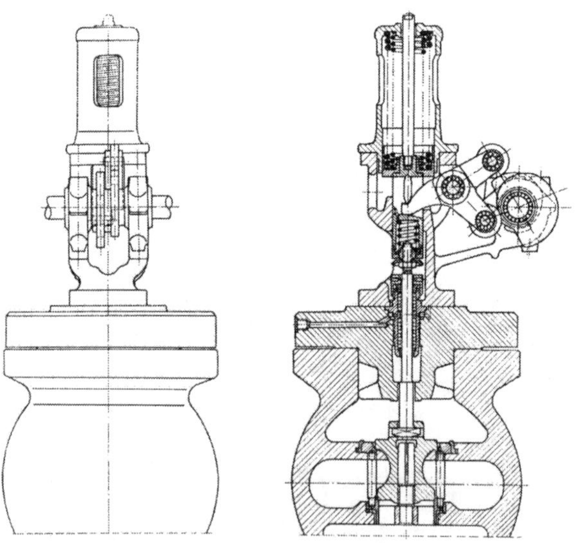

Abb. 371. Regelventil für Hochdruckturbinen (AEG).

und durch Federdruck geschlossen. Um Hängenbleiben der Ventile bei Hochdruckdampf zu verhüten, wird bei Hochdruckturbinen außerdem Zwangsschluß der Ventile nach Abb. 371 vorgesehen. Die Nockenwelle N wird durch den Flügelkolben des Kraftzylinders K (Servomotor) in der einen oder anderen Richtung gedreht, je nachdem auf welche Seite des Flügelkolbens das Drucköl aus der Leitung L_1 vom Steuerschieber J gesteuert wird (wie bei Abb. 357 erläutert). Das Drucköl wird von Zahnradpumpen P geliefert und gelangt durch das Ölverteilungsventil E mit 5 ata in die Steuerölleitung L_1 und mit etwa 1,5 ata in die Lagerölleitung L_2. Der Steuerschieber J wird mittels der Hebel H_1 und H_2 und der Welle G in der bei Abb. 357 beschriebenen Weise durch den Drehzahlregler R betätigt und durch die Rückführnocke O zurückgeführt. Bei Turbinen kleiner Leistung erfolgt die Betätigung des Steuerschiebers direkt durch das Gestänge, bei großen Einheiten jedoch unter Zwischenschaltung eines Kraftverstärkers a, der auf dem Reglergehäuse angeordnet ist. Abb. 372 zeigt den Aufbau: die Reglerspindel f wirkt über Stelzen auf den unteren Federteller und damit auf den Drosselstift des Kraftverstärkers a, welcher aus einem federbelasteten Kraftkolben besteht, dessen Stange mit dem Reglerhebel g durch eine Muffe verbunden ist. Bei Drehzahlerhöhung bewegt sich der Federteller des Reglers aufwärts, mit ihm der Drosselstift, wodurch der Steuerquerschnitt im Kraftverstärker vergrößert wird, so daß der Öldruck über dem Kolben sinkt und dieser durch seine Feder nach oben bewegt wird und den Hebel g mitnimmt. Dadurch wird mittels der Hebel H_1—H_2 (Abb. 370) im Sinne des Schließens der Düsenventile verstellt.

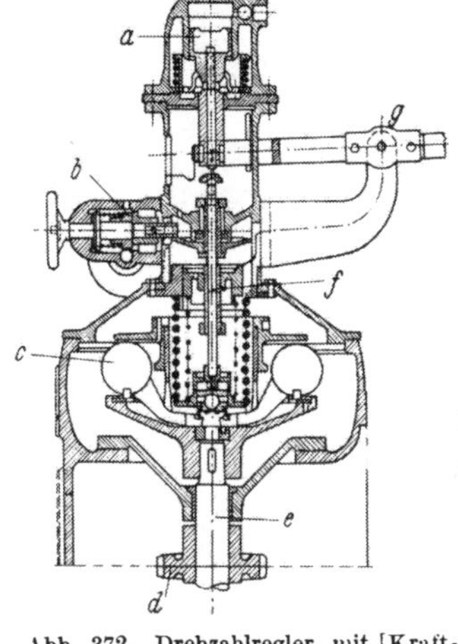

Abb. 372. Drehzahlregler mit Kraftverstärker.
a Kraftverstärker, *b* Drehzahlverstellvorrichtung, *c* Schwunggewicht, *d* Reglerantrieb, *e* Reglerwelle mit Schwunggewichtträger, *f* Reglerspindel, *g* Reglerhebel mit Muffe.

Die Verstellung der Drehzahl erfolgt durch Veränderung der Spannung der Reglerfeder durch die Drehzahlverstellvorrichtung b (Abb. 372) von Hand oder mittels Elektromotor.

Beim Sinken des Öldruckes in der Lagerölleitung L_2 (z. B. beim Abstellen der Turbine), öffnet das selbsttätige Anfahrventil U (Abb. 370) der turboangetriebenen Hilfsölpumpe, welche die Versorgung der Lager mit Öl übernimmt. Bei Überschreiten der zulässigen Höchstdrehzahl schlägt der Schnellschlußregler S aus, durch das Gestänge T wird die Feder des Absperrventils A ausgelöst und schließt dasselbe.

Um Frequenzschwankungen im Netz nicht aufkommen zu lassen, verwendet die AEG eine Isodromvorrichtung, die in die Rückführung oder in den Drehzahlregler eingeschaltet werden kann. In Abb. 373 ist oben eine einfache Turbinenreglung und unten die gleiche Reglung mit Isodromvorrichtung dargestellt, die aus einer Ölbremse h und einer Rückführfeder g besteht und als nachgiebige Rückführung wirkt.

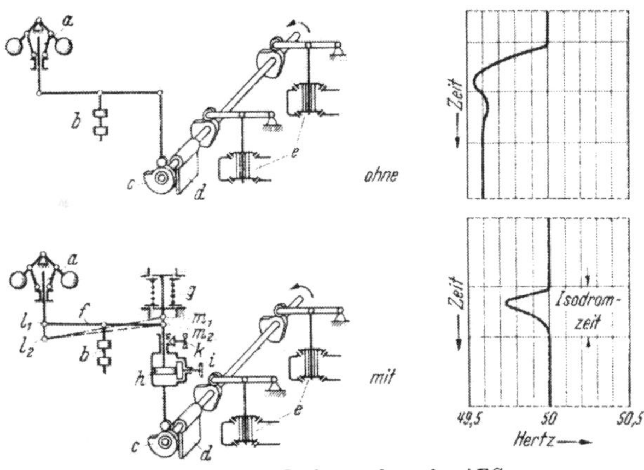

Abb. 373. Isodromreglung der AEG.

Ein Regelvorgang spielt sich wie folgt ab:

Sinkt infolge einer Belastungszunahme die Frequenz etwas ab, so bewegt der Drehzahlregler sein Gestänge von l_1 nach l_2, der Hebel f wird um den Punkt m_2 geschwenkt und bewegt den Kraftschalter b abwärts. Das Kraftgetriebe verstellt nun die Regelventile e im öffnenden Sinne. Durch die Drehung des Kraftkolbens d und der Rückführscheibe c wird das Gehäuse der Ölbremse h aufwärts bewegt. Wäre nun dieses Gehäuse mit der Bremskolbenstange durch die Ausschaltvorrichtung k fest verbunden, so würde der Kraftschalter b sofort wieder in seine Mittelstellung gebracht werden, und der Regelvorgang wäre somit beendet. Gibt aber die Ausschaltvorrichtung die Bremskolbenstange frei, so wird die Rückführfeder g der Aufwärtsbewegung des Kolbens entgegenarbeiten. Durch die Federspannung entsteht unterhalb des Bremskolbens ein Druck, der sich nun über die Drosselstelle i der Umführungsleitung auszugleichen versucht, so daß die Aufwärtsbewegung des Bremskolbens verzögert wird. Der Hebel f gelangt vorerst in die Lage $l_2 m_1$. Die Folge davon ist, da der Kraftschalter noch nicht in seine Mittelstellung gebracht worden ist, ein weiteres Öffnen der Regelventile, so daß die Drehzahl wieder ansteigt. Die Reglermuffe bewegt sich hierbei wieder nach oben; sobald sie ihre Ausgangsstellung l_1 wieder erreicht hat, ist der Kraftschalter und mit ihm die Rückführfeder wieder in ihrer Mittelstellung angelangt. Die Drehzahl hat nun den Sollwert wieder erreicht; der Regelvorgang ist somit beendet.

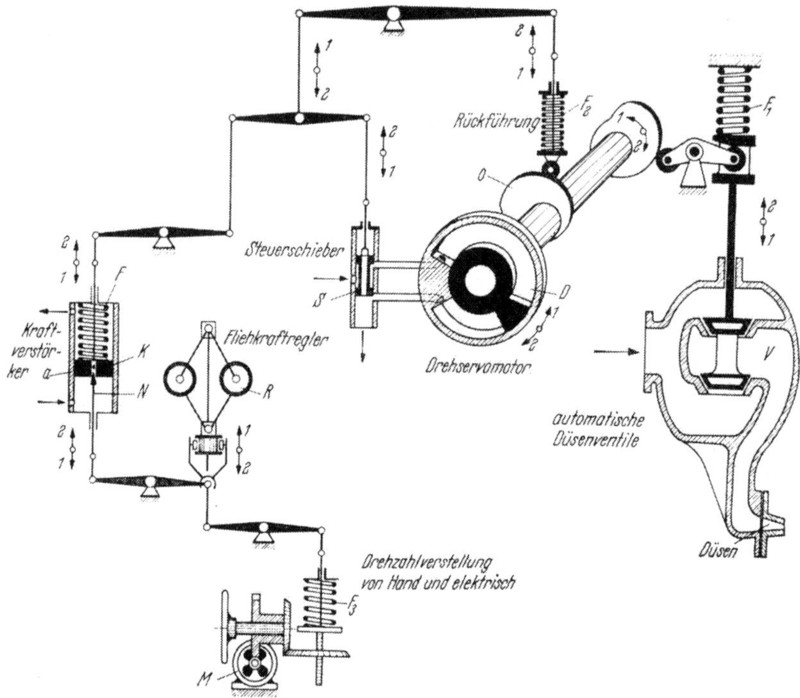

Abb. 374. Schema der Düsenreglung von Borsig.

Die obere Kurve in dem Frequenzstreifen in Abb. 373 gibt den Frequenzverlauf bei statischer Reglung an. Die Abweichung der Frequenz von der Sollfrequenz richtet sich nach der Ungleichförmigkeit der Turbinenreglung. Die untere Kurve zeigt den Frequenzverlauf bei eingeschalteter Isodromvorrichtung. Da bei diesen Vorrichtungen der Drehzahlregler der eigentliche Frequenzmesser ist, so ist die Gleichhaltung der Frequenz auch von der Güte des Reglers abhängig. Bisher sind Frequenzgenauigkeiten von $\pm$ 0,1% erreicht worden. Diese Vorrichtung kann bei jeder Belastung des Stromerzeugers ohne Last- und Frequenzstoß eingeschaltet werden.

Die Düsenreglung von Borsig ist ebenfalls eine Gestängereglung mit Kraftverstärker, deren Schema Abb. 374 zeigt.

Der Kraftverstärker besteht aus einem Zylinder und einem mit einer Steuerdüse a versehenen Kolben K und einer Steuernadel N. Der Kolben ist einerseits durch eine Feder, andrerseits durch den Druck des Steueröles belastet, das durch die Steuerdüse je nach dem durch die Steuernadel eingestellte Querschnitt der Steuerdüse ablaufen kann, bis Gleichgewicht der Federkraft mit dem Öldruck eingetreten ist.

Verstellt nun bei Belastungsänderungen der Fliehkraftregler R (z. B. bei Entlastung durch Steigen der Reglermuffe) die Düsennadel nach unten, so kann mehr Steueröl durch die Düse abfließen, wodurch der Druck unter dem Kolben K sinkt, worauf die Feder den Kolben nach unten drückt, bis wieder Gleichgewicht der Kräfte erreicht ist. Durch die Abwärtsbewegung des Steuerkolbens K wird der Steuerschieber S mittels des Gestänges gesenkt, das Drucköl tritt durch die untere Leitung in den Drehservomotor D, der Flügelkolben bewegt sich entgegen dem Uhrzeiger, die Steuernocken geben die Hebel der Düsenventile V frei, so daß diese durch die Feder mehr geschlossen werden und die Leistung der Turbine entsprechend sinkt. Bei steigender Belastung der Turbine ist der Vorgang sinngemäß umgekehrt. Die Rückführung des Steuerschiebers erfolgt von der Rückführnocke O aus. Drehzahländerung durch Verstellen der Belastung der Reglermuffe mittels der Feder F_3 von Hand oder durch Elektromotor M.

Die Turbinen der Tschechoslowakei werden sowohl mit Gestängereglung als auch mit hydraulischer Reglung (s. S. 327) ausgerüstet. Größere Leistungseinheiten mit Gestängereglung sind mit Kraftverstärker versehen. Bei kleineren Ventilkräften werden die Ventile direkt durch Nocken N (Abb. 375) betätigt, welche auf der vom Servomotorkolben mittels Hebels gedrehten Welle W sitzen und sowohl das Öffnen als auch das Schließen der Ventile durch die Hebel H_1 bzw. H_2, wobei die Feder F beim Aufsetzen der Ventile unzulässigen Druck auf den Ventilsitz verhindert.

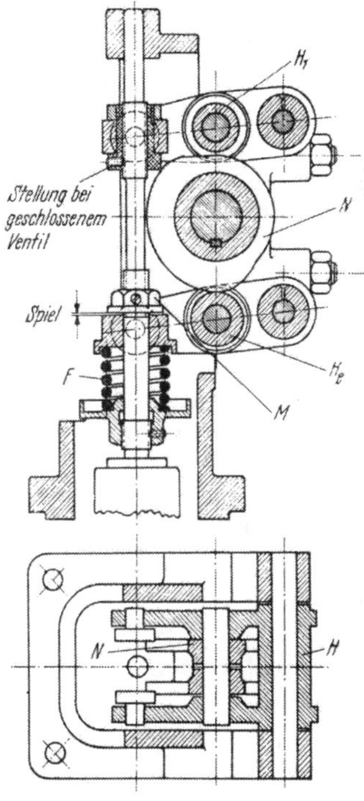

Abb. 375. Nockensteuerung von Turbinen der ČSR.

Eine Gestängereglung mit Kraftverstärker der CSR zeigt in axonometrischer Darstellung Abb. 376.

Die Muffe M des Drehzahlreglers R verstellt den Hilfsschieber S_1 des Kraftverstärkers C, wodurch das Drucköl über oder unter den Kolben desselben gelangt, welcher mittels der Hebel H_1, H_2, H_3, H_4, der Hebelwellen W und der Stangen T_1, T_2 die Steuerschieber S_2 der Düsenventile V verstellt, so daß Drucköl über oder unter die Servomotorkolben K_2 gelangt und die Düsenventile V betätigt, wobei die Rückführung durch die nach oben durchgeführte Kolbenspindeln mittels der Hebel G erfolgt, Abb. 377.

Die Drehzahl kann durch Verändern der Belastung der Reglermuffe M durch Spannen oder Entspannen der Feder F von Hand oder vom Elektromotor E aus erfolgen. Beim Auslösen des Sicherheitsreglers wird der Umschaltschieber U so verstellt, daß das Steueröl über den Kolben K_1 des Kraftverstärkers gelangt, wodurch die Steuerschieber S_2 der Düsenventile das Drucköl über die Kolben K_2 steuern und die Ventile geschlossen werden.

Die Gestängesteuerung für Düsenreglung von Escher Wyss ist aus einfachen Elementen aufgebaut (Abb. 378).

Der vom Drehzahlregler beeinflußte Steuerschieber steuert bei zunehmender Belastung das Drucköl in den Servomotorzylinder über den Kolben, dessen Kolbenstange die Stellkraft mittels Zugstange und Hebel auf die in Kugellagern laufende Drehwelle *1* (Abb. 378) an den Düsenventilen überträgt. Die Drehwelle hebt über Schwingschneiden *2* und Stempel *3* die Einlaßventile nacheinander an, sobald der Stempel an der Schraube *4* zum Anliegen kommt. Der Hubbeginn der Ventile ist durch die Schraube *4* einstellbar. Der Abnutzung unterworfene Nocken sind vermieden.

Bei sinkender Belastung gibt der Steuerschieber den Abfluß des Drucköles über dem Servomotorkolben frei und steuert es unter den Kolben, unter welchem sich noch eine Feder befindet, wodurch schnellerer Schluß der Düsenventile durch deren Federn *5* möglich ist.

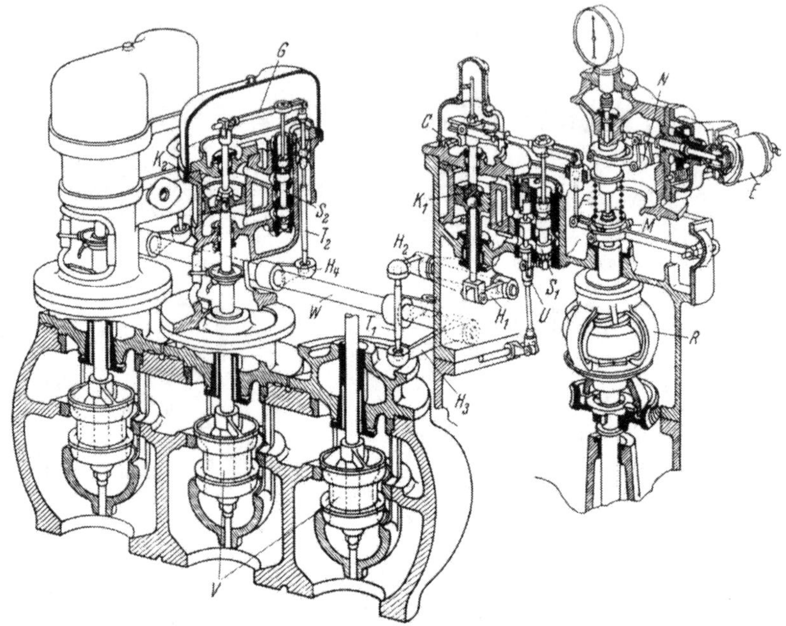

Abb. 376. Gestängereglung der Turbinen der ČSR.

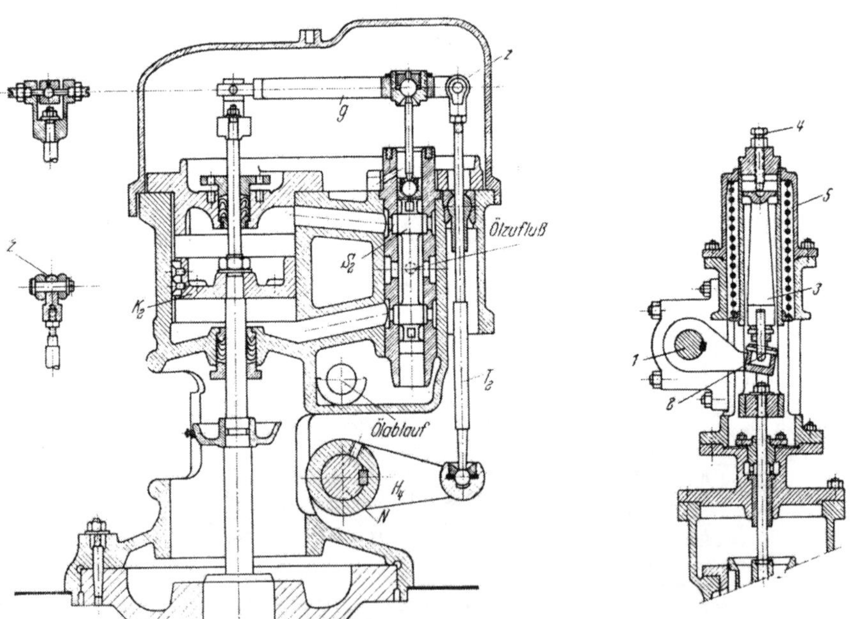

Abb. 377. Servomotor zu Abb. 376. ČSR.

Abb. 378. Wellenantrieb der Düsenventile (EW).

Die frühere Düsenreglung der Siemens-Schuckert-Werke (SSW) hatte ebenfalls Betätigung der Düsenventile durch Drehkolben, jedoch ohne Ventilhebel. Das Schema der Reglung und der Sicherheit-Schnellschlußvorrichtung zeigt Abb. 379.

Beim Einspielen des Geschwindigkeitsreglers *GR* verstellt der Hebel H_1 den Steuerschieber *HS*, der das von der Zahnradölpumpe *Z* (*P* Hilfsölpumpe) kommende, durch die Leitung L_3, die Büchse B_2 und die *Bohrung 1* in den Innenraum K_2 der Büchse B_1 strömende

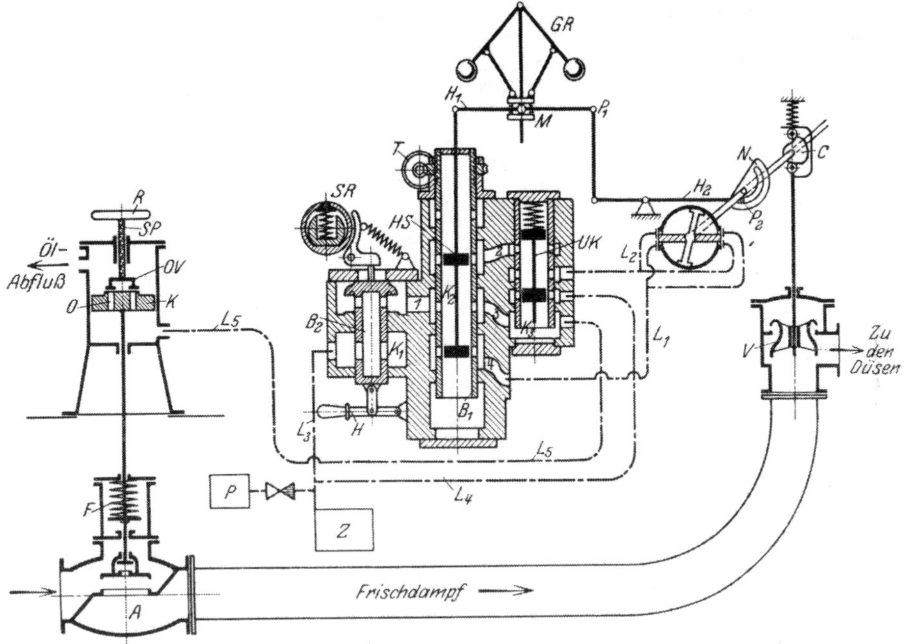

Abb. 379. Düsenreglung und Schnellschluß von SSW-Röder.

Drucköl durch die Bohrungen *2* bzw. *4* und die Leitungen L_2 bzw. L_1 auf die eine oder die andere Seite des Drehkolbens im Servomotor führt. Durch Drehen der Steuerwelle werden die Düsenventile *V* durch die Kurvenscheiben *C* geöffnet oder durch die Federn geschlossen. Die Rückführung erfolgt durch die spiralige Nut der Rückführscheibe *N*, in welcher der Endpunkt P_2 des Hebels H_2 gleitet und auf- und abwärts verstellt wird, so daß der Hilfsschieber *HS* die Öffnungen der Büchse abschließt.

Die Drehzahlverstellung erfolgt durch Verschieben der Hilfsschieberbüchse B_1 mittels Gewinde, Mutter mit Schneckenrad und Schnecke *T* von Hand oder durch Elektromotor.

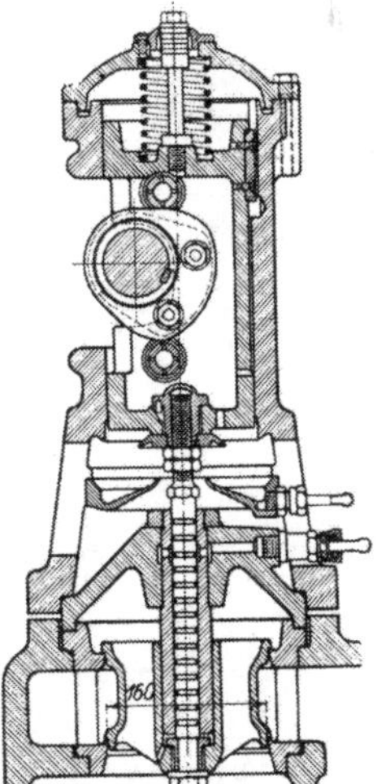

Abb. 380. Antrieb der Düsenventile (SSW).

Die Ausführung und den Antrieb der Düsenventile zeigt Abb. 380. Die neue Düsenreglung ist als Öldruckreglung ausgeführt, s. S. 330.

Eine andere Düsenreglung der SSW, Abb. 381, benutzt eine Traverse für die Betätigung der fünf Düsenventile, wodurch Nocken oder Hebelwellen und Ventilfedern vermieden sind, so daß sich ein einfacher Aufbau ergibt.

Dem Servomotor *S* wird Drucköl von einem vom Regler verstellten Hilfsschieber, bei Zunahme der Belastung über und bei Entlastung unter den Kolben *K* des Servomotors zugeführt, dessen Kolbenstange über ein Kugelgelenk *G* und Stange *Z* die Bewegung mittels Hebel *H* auf die obere Traverse T_1 überträgt, die in der Mitte durch einen kräftigen Bolzen *B* senkrecht geführt ist und an deren Enden die Führungsstangen *F* angelenkt sind, die ihrerseits mit der unteren Traverse T_2 verbunden sind und diese heben oder senken. Diese Traverse ist mit Bohrungen versehen, in denen die Spindeln der Düsenventile V_1 bis V_5 gleiten. Die Spindeln sind in verschiedener Höhe mit Anschlagmuttern M versehen, so daß sie beim Heben der Traverse nacheinander öffnen und beim Senken in umgekehrter Reihenfolge schließen. Sie werden durch den Druck des Dampfes niedergedrückt.

Der vom Schnellschlußabsperrventil A über ein Dampfsieb D durch die Leitung L strömende Dampf wird dem Ventilkasten von unten durch die achsensymmetrisch angeordneten Kanäle N zugeführt, so daß der vordere Teil des Turbinengehäuses gleichmäßig erwärmt wird. Das Absperrventil A wird durch Drucköl, das unter den Kolben K_2 geführt wird entgegen der Kraft der Feder P geöffnet, was erst bei genügendem Öldruck möglich ist. Bei

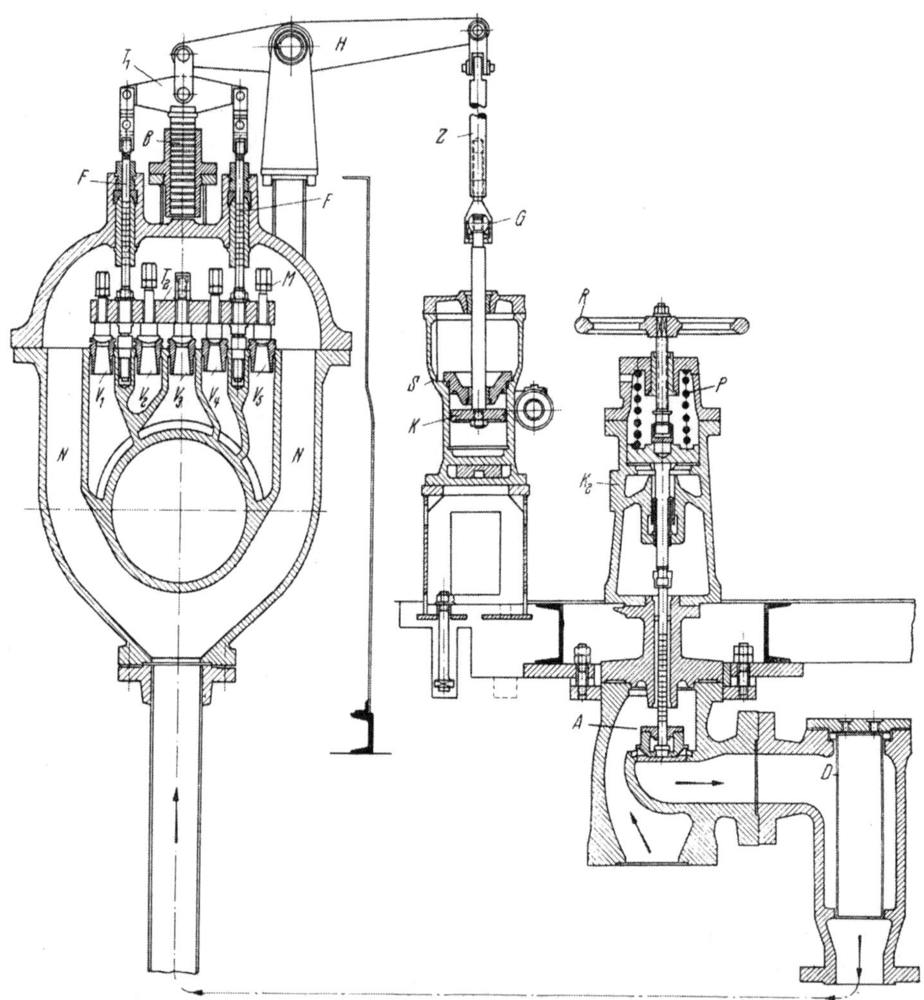

Abb. 381. Düsengruppensteuerung der SSW.

ausbleibendem Öldruck oder beim Öffnen des Ölablaufes durch den Sicherheitsregler wird das Absperrventil durch die Feder P geschlossen. Die Turbine kann aber auch mittels des Handrades R durch Niederschrauben der Gewindespindel abgestellt werden.

Die Bergmann-Elektrizitäts-Werke führen die Mengenreglung nach Abb. 382 aus; eine Reihe doppelsitziger Ventile wird von einer gemeinsamen Spindel, die am Servomotorkolben hängt, betätigt; jedes Ventil regelt die Dampfzufuhr zu je einer Düse oder Düsengruppe. Die infolge ungleicher Sitze nicht ganz entlasteten Ventile werden durch den Dampfdruck dicht auf die Spitze gepreßt, das

Anheben erfolgt durch je einen konischen Bund an der Spindel, der in eine passende konische Bohrung der Ventile eingreift, wobei die Bunde an der Spindel so gegeneinander angeordnet sind, daß sie nacheinander zum Anliegen kommen und dementsprechend die Ventile nacheinander öffnen bzw. schließen. Die Drehzahlverstellung erfolgt durch Verschieben des Drehpunktes des Regulierhebels mittels Handrad (s. 3., S. 300).

Das Werk NSL der UdSSR führt eine Öldruck-Gestängereglung aus, wie sie für Turbinen von 9000 bis 12000 kW im Schema in Abb. 383 dargestellt ist.

Das von der Ölpumpe *7* geförderte Drucköl gelangt durch die Drossel *12* und *13* in das Rohrsystem *A* bzw. in das System *B*. Der Drehzahlregler *1* verstellt mittels des über ihm angeordneten Schiebers *S* den Ablaufquerschnitt aus dem Ölsystem *A*, wodurch der Druck über dem Kolben *K* des durch die Feder *F* belasteten Steuerschiebers *2* geändert wird. Dieser Steuerschieber leitet das aus der Druckleitung der Ölpumpe *7* zugeführte Drucköl auf die eine oder die andere Seite des Drehservomotorkolbens *3*, welcher durch Drehen der Nockenwelle *W* die Düsenventile V_1 bis V_4 betätigt. Der obere Kolben *K* des Hilfsschiebers *2* dient gleichzeitig als Ölablaufschieber für den Drehservomotor *3*. Das Auslösen des Ablaufschiebers erfolgt durch eine originelle hebellose Konstruktion, die aus einem Durchflußschieber *4* besteht, der ebenfalls an das Ölsystem *A* angeschlossen ist und durch eine besondere Nocke *20* auf der Drehservomotorwelle betätigt wird. Beim Ändern des Öldruckes im System *A* durch den Regler *1* wird, wie erwähnt, die Welle *W* gedreht, dadurch verstellt die kleine Nocke *20* den Schieber *4* derart, daß der Druck im Ölleitungssystem *A* wiederhergestellt und dadurch der Steuerschieber *2* wieder in seine Mittellage zurückgeführt wird.

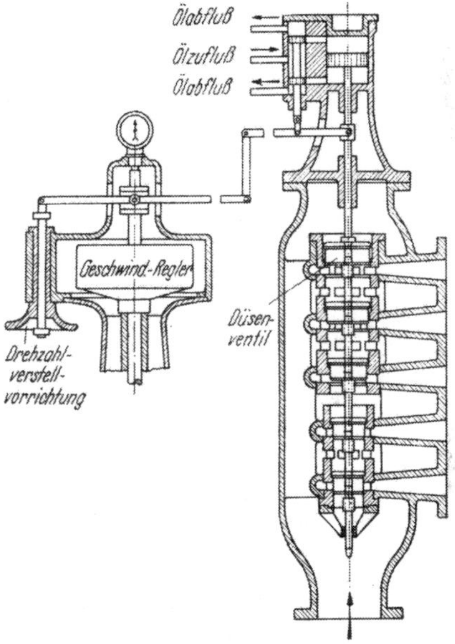

Abb. 382. Mengenreglung der BEW.

Das Regelsystem ermöglicht eine doppelte Sicherheit gegen unzulässige Drehzahlsteigerung der Turbine. Erstens wird das Stillsetzen der Turbine durch den Sicherheitsregler *14* gewährleistet, der beim Auslösen den Ölablaufkolben *5* mittels der Hebel so verstellt, daß das Öl aus dem System *B* ablaufen kann und der Druck in diesem plötzlich sinkt. Zweitens verstellt beim Überschreiten der zulässigen Drehzahl der Drehzahlregler *1* den Kolben *15* des über dem Regler angeordneten Schiebers und öffnet den reichlichen Ablauf des Öles aus der Leitung *B*. Das Öl aus dieser Leitung wirkt auf die untere Fläche des Stufenkolben *10*. Der mittlere Hohlraum dieses Kolbens ist durch die Queröffnungen *16* direkt mit der Druckleitung der Ölpumpe *7* verbunden; der Raum über dem Kolben ist einerseits mit dem Raum unter dem mit der Feder *19* belasteten Kolben *18* an der Spindel des Absperrventils *17*, andrerseits durch die große Öffnung über dem Stufenkolben *10* mit dem Ölablauf verbunden. Wenn der Druck im System *B* niedrig ist, befindet sich der Stufenkolben *10* durch den Druck der Feder in seiner unteren Lage (wie im Schema gezeigt) und das Öl kann aus dem oberen Raum durch die Öffnung ablaufen, so daß das Absperrventil *17* durch die Feder *19* geschlossen ist. Sobald in der Leitung *B* Druck entsteht (durch die Hilfsölpumpe) wird der Stufenkolben *10* gehoben und schließt die obere Abflußöffnung ab. Dabei werden gleichzeitig die Queröffnungen *16* im Stufenkolben so verschoben, daß das Drucköl aus der Pumpenleitung unter den Kolben *18* des Absperrventils treten kann und dieses entgegen dem Druck der Feder *19* geöffnet wird.

Endlich ist noch eine Anlaßvorrichtung *6* vorgesehen, sie besteht aus einem kleinen Kolben *21* mit Längsbohrung, der durch eine Feder nach unten gedrückt wird, sowie aus einem Handventil, welches die innere Bohrung des kleinen Kolbens abschließen kann. Im Schema ist dieser Kolben in seine untere Lage gedrückt, seine Bohrung ist offen, so daß das Öl aus dem System *B* ablaufen kann. Gleichzeitig kann auch das durch den mittleren Raum der Anlaßvorrichtung zugeführte Öl aus der Leitung *A* ablaufen. Dadurch sind Hauptabsperrventil und die Düsenventile ganz geschlossen. Zum Anfahren der Turbine muß die

Längsbohrung des kleinen Kolbens durch das Handventil abgeschlossen werden, der Ölablauf aus dem System *B* hört auf, der Stufenkolben *10* wird gehoben, das Absperrventil *17* wird voll

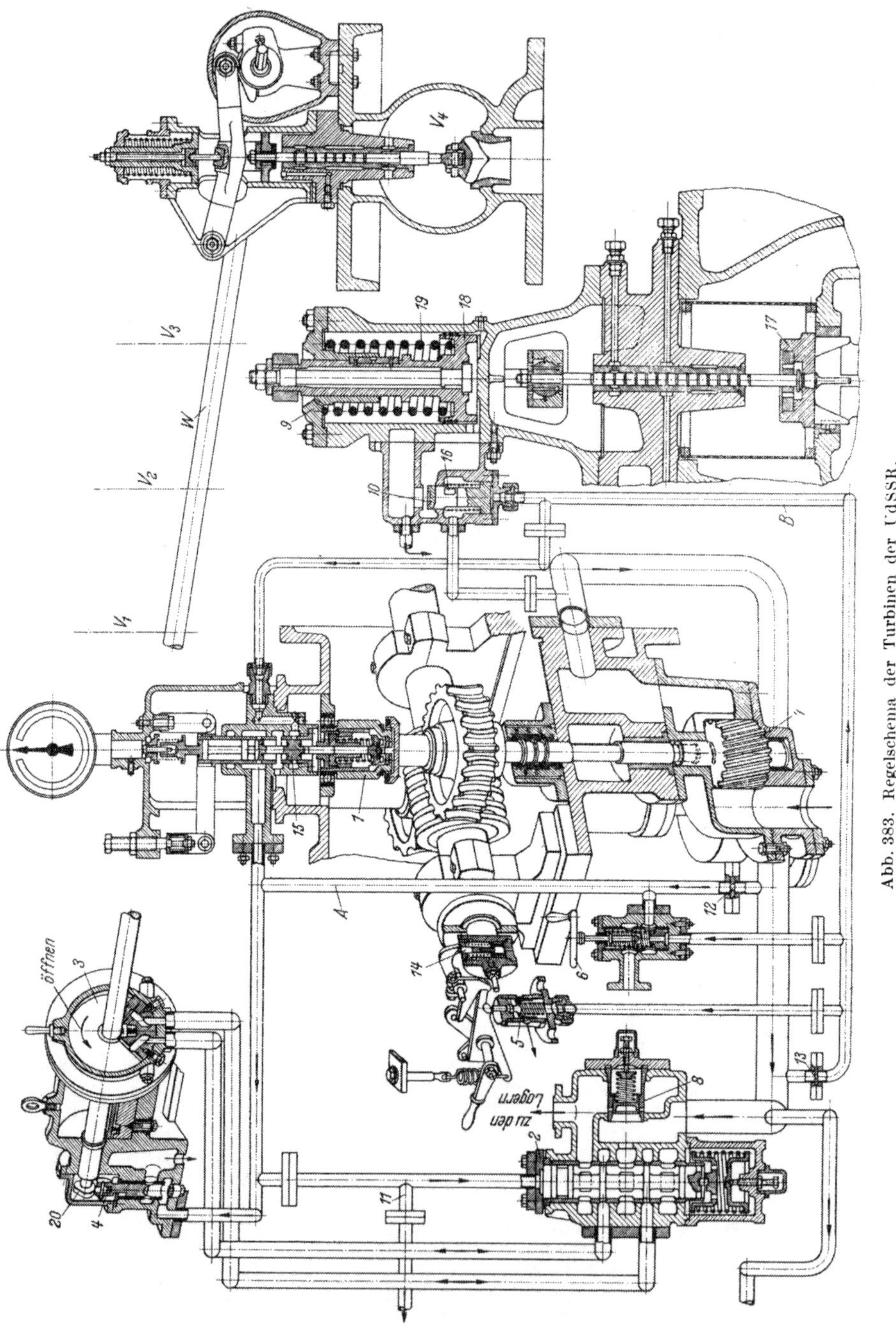

Abb. 383. Regelschema der Turbinen der UdSSR.

geöffnet. Die Düsenventile bleiben noch geschlossen, da das Öl aus dem System *A* noch weiter ablaufen kann. Zum Öffnen der Regelventile muß das Handventil *6* angehoben werdend, durch den Druck im System *B* folgt der Kolben der Ventilbewegung und schließt allmählich den

Ablauf aus dem System *A* ab, wodurch das Öffnen der Regelventile erfolgen kann. Während des Betriebes bleibt der kleine Kolben oben, es erfolgt kein Ölablauf, die Turbine steht unter dem Einfluß des Drehzahlreglers *1*. Beim Auslösen des Schnellschlusses sinkt zuerst der Druck im System *B*, das Absperrventil wird geschlossen, zugleich sinkt der Kolben der Anlaßvorrichtung und gibt den Ablauf aus dem System *A* frei.

2. Hydraulische (Öldruck-) Reglung.

Die gestängelose Düsenreglung von Brown, Boveri & Cie. veranschaulicht im Schema Abb. 384; die Wirkungsweise des Reglers und der Drehzahlverstellung ist auf S. 297 beschrieben. Die Zahnradhauptölpumpe *16* liefert Drucköl für die Lagerschmierung und die Steuerung. Die Steuerung hat zwei getrennte Ölsysteme:

1. *das Schnellschlußölsystem* der Hauptabschließung *1*, *2*, *3* erhält von der Zahnradölpumpe *16* über die Einstellschraube *25* und die Leitung *24* Drucköl;
2. *das Steuerölsystem*, in das die Zahnradölpumpe *16* über den Hauptregler *11* und die Leitung *27* das Öl zu den Düsenventilen *4* liefert.

Beide Systeme sind mit der Anlaß- und Schnellschlußvorrichtung *23* verbunden. Von der Hauptölpumpe wird Öl über eine Blende *28* zu den Lagerstellen geleitet. Zu der Steuerung gehört noch die Dampfölpumpe *20*, die beim Anlassen und Auslaufen der Turbine das Drucköl liefert. Die Turbine kann nicht angelassen werden, bevor die Hilfsölpumpe läuft, da diese das Öl zum erstmaligen Öffnen der Hauptabschließung und der Düsenventile liefern muß. Auf diese Weise werden die Lager zwangsläufig mit Öl versorgt, bevor die Turbine in Gang kommt.

Die Öldrucksteuerung vermeidet jedes Gestänge.

An Stelle des früher verwendeten Schneckengetriebes, das bei großen Leistungen gelegentlich zu Schwierigkeiten Anlaß gab, werden die Zahnradölpumpe *16* und der Hauptregler *11* durch Stirnräder vom Turbinenwellenende aus angetrieben. Je nach Druckölbedarf wird die Ölpumpe mit zwei oder drei Zahnrädern ausgeführt.

Der *Regler 11* wirkt unmittelbar auf eine Reglermuffe *12*, die durch Hin- und Hergleiten einen Schlitz in der Regelbüchse *13* mehr oder weniger freigibt und somit den Ölabfluß des Steuerölsystems beeinflußt. Bei zunehmender Drehzahl z. B. wird der Regelschlitz in der Büchse mehr geöffnet, wodurch der Ölabfluß erhöht wird. Der Öldruck sinkt und die Düsenventile schließen sich. Die Steuerkante der Muffe ist leicht abgeschrägt. Dadurch entsteht bei jeder Umdrehung eine geringe Veränderung der Öffnung des Ölabflußschlitzes und damit des Öldruckes, was zur Folge hat, daß die Düsenventile dauernd leicht schwingen. Auf diese Weise wird die Reibung der Ruhe und das Hängenbleiben der Düsenventile vermieden, auch dann, wenn die Turbine lange mit gleicher Belastung gearbeitet hat.

Die Drehzahlverstellbüchse *13* kann durch das Handrad *14* oder durch elektromotorische Fernsteuerung vom Schaltpult aus verschoben werden, wodurch die Betriebsdrehzahl zum Parallelschalten usw. verändert werden kann. Bei Parallelbetrieb kann damit die Belastung geändert werden.

Das *Hauptabschlußventil 1* ist federbelastet. Es ist als Tellerventil ausgebildet und enthält ein ganz kleines Entlastungsventil. Der angebaute Kraftkolben öffnet beim Anlassen der Turbine zuerst dieses Entlastungsventil, und sobald Druckausgleich herrscht, wird durch das Drucköl auch das Hauptabschlußventil ohne großen Kraftaufwand geöffnet.

Die öldruckgesteuerte Hauptabschließung benötigt eine besondere Anlaßvorrichtung (Patent), die mit der Sicherheitsvorrichtung verbunden wird (s. Abb. 421, S. 349).

Die *Düsenventile 4* werden durch Öldruck eines nach dem andern geöffnet und durch abgestufte Federn geschlossen. Gestänge, Hebel und Schieber, die durch besondere Kraftkolben betätigt werden müßten, sind durch einfache Rohrleitungen ersetzt, die gegen äußere Einflüsse vollständig unempfindlich sind und vollständig übersichtlich bleiben.

Bei großen Turbinen, bei denen zur Ventilverstellung erhebliche Kräfte aufzuwenden sind, wird ein Vorsteuerventil angewendet. Das Steueröl betätigt dabei nur einen Hilfskolben, während das Ventil selbst durch Öl gesteuert wird, das unter dem vollen Pumpendruck steht (Abb. 385).

Das Steueröl tritt bei A ein, es hebt den federbelasteten Hilfskolben B und verstellt damit den Steuerschieber C so weit, daß dem bei D eintretenden Drucköl der Weg durch die Kanäle a und b freigegeben wird und es auf den Kolben E wirken kann. E wird entgegen der Federkraft gehoben und das Ventil G an der Spindel F geöffnet.

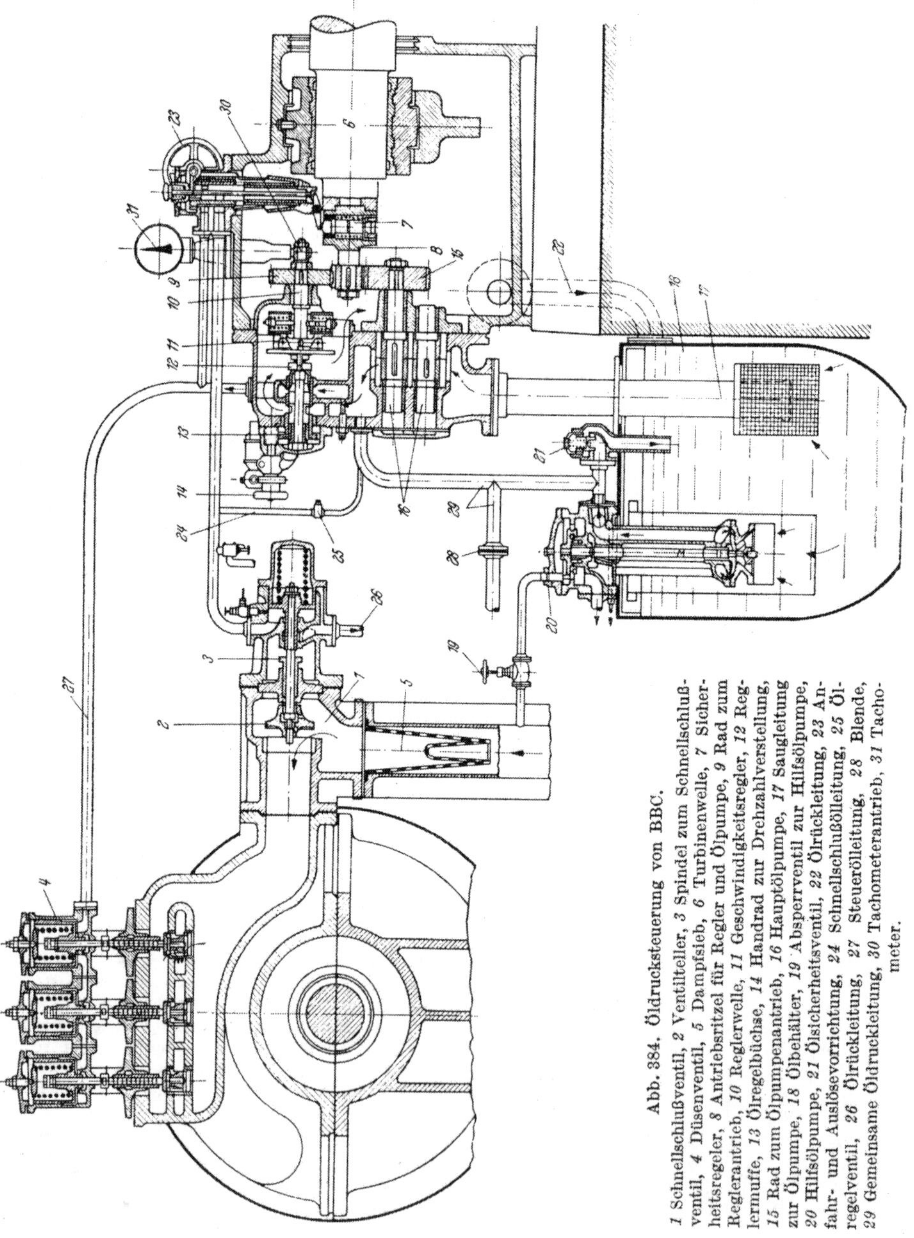

Abb. 384. Öldrucksteuerung von BBC.

1 Schnellschlußventil, *2* Ventilteller, *3* Spindel zum Schnellschlußventil, *4* Düsenventil, *5* Dampfsieb, *6* Turbinenwelle, *7* Sicherheitsregeler, *8* Antriebsritzel für Regler und Ölpumpe, *9* Rad zum Reglerantrieb, *10* Reglerwelle, *11* Geschwindigkeitsregler, *12* Reglermuffe, *13* Ölregelbüchse, *14* Handrad zur Drehzahlverstellung, *15* Rad zum Ölpumpenantrieb, *16* Hauptölpumpe, *17* Saugleitung zur Ölpumpe, *18* Ölbehälter, *19* Absperrventil zur Hilfsölpumpe, *20* Hilfsölpumpe, *21* Ölsicherheitsventil, *22* Ölrückleitung, *23* Anfahr- und Auslösevorrichtung, *24* Schnellschlußölleitung, *25* Ölregelventil, *26* Ölrückleitung, *27* Steuerölleitung, *28* Blende, *29* Gemeinsame Öldruckleitung, *30* Tachometerantrieb, *31* Tachometer.

Bei sinkendem Druck des Steueröles, wenn also das Ventil geschlossen werden soll, wird b durch den Steuerschieber C abgesperrt, das Öl unter dem Kolben E tritt durch c über den Kolben, und die Kraft der Feder I schließt das Ventil.

Bei den Turbinen der Tschechoslowakei wird außer der Gestängereglung eine Öldrucksteuerung angewendet, die mit einer Vorsteuerung versehen ist, welche durch einen vom Drehzahlregler beeinflußten Geber das Steueröl in die Vorsteuerung leitet. Abb. 386 zeigt den axonometrischen Schnitt durch eine solche Steuerung, Abb. 387 die zugehörige Vorsteuerung im Schnitt.

Die Muffe *M* des Drehzahlreglers *R* (Abb. 386) verstellt bei Drehzahländerungen infolge Belastungsänderung mittels Hebel *H* den Schieber des Impulsgebers *J*, wodurch der Abflußquerschnitt des durch eine Drosselscheibe *a* in der Zuflußleitung *L* strömenden Regelöles geändert wird, somit auch der Druck desselben. Andrerseits tritt das Öl bei *II* in die Vorsteuerung (Abb. 387) unter den Kolben *A*, der durch die Feder F_1 belastet ist (die zweite obere Feder F_2 wirkt im Sinne des Öldruckes und dient zum schnelleren Ansprechen des Kolbens *A* bei kleinen Änderungen des Steueröldruckes). Dieser Kolben bewegt sich, bis wieder Gleichgewicht zwischen Öldruckkraft und Federspannung eintritt und verstellt den mit ihm verbundenen Schieber *S*, so daß das bei *I* in den Raum *b* tretende Drucköl entweder durch die Bohrungen *c* unter den Kolben *K* oder durch die Bohrungen *d* über den Kolben gelangt, wodurch dieser den Bewegungen des Schiebers *S* folgt, bis der Ölzutritt zu den Bohrungen *c* oder *d* abgeschlossen wird und der Regelvorgang beendet ist. Der Kolben *K* betätigt durch die Spindel *N* das auf dieser sitzende Düsenventil *V* (Abb. 386). Die Federn F_1 sind so abgestimmt (Einstellung durch Muttern *D*), daß die Düsenventile nacheinander öffnen oder in umgekehrter Reihenfolge schließen.

Die Drehzahlverstellung erfolgt durch Änderung der Muffenbelastung durch die Feder F_3 (Abb. 386), deren Spannung durch Änderung des auf den Kolben *C* wirkenden Öldruckes mittels Elektromotor *E* oder von Hand mittels Handrad *B*.

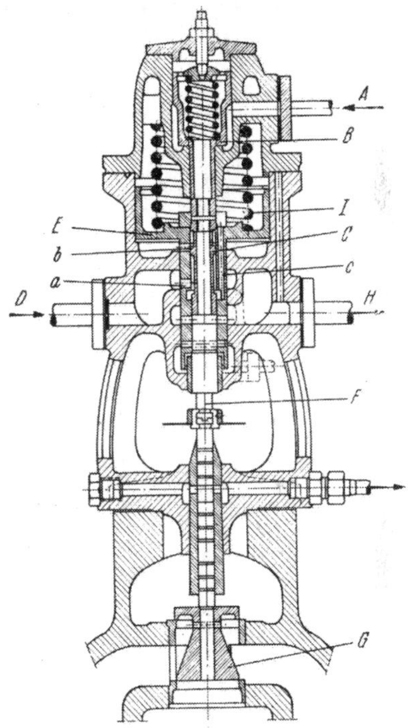

Abb. 385. Düsenventil mit Vorsteuerung von BBC.
A Steueröleintritt, *B* Hilfskolben, *C* Steuerschieber, *D* Drucköleintritt, *E* Ventilkolben, *F* Ventilspindel, *G* Ventil, *H* Druckölaustritt, *I* Ventilfeder. *a*, *b*, *c* Ölkanäle.

Eine einfache hydraulische Steuerung von Escher Wyss ohne Gestänge für Ventile mit geringen Reaktionskräften des Dampfes zeigt im Prinzip Abb. 388. Da die kleinen Pendel des Reglers *1* nur kleine Muffenhübe ergeben, jedoch große Hübe des Steuerschiebers *5* erwünscht sind, wird der Hub des letzteren durch den ungleicharmigen Hebel *4* auf die senkrecht verschiebbare Steuerdüse *2* übertragen.

Tritt z. B. eine Entlastung der Turbine ein, so steigt die Drehzahl und der Ölablauf aus der Düse *2* wird gedrosselt; dadurch steigt der Öldruck über dem Stufenkolben *5*, so daß der Druck unter dem Kolben wegen der kleineren ringförmigen Fläche nach unten verschoben wird und die Öffnung für den Ablauf des Öles unter dem Servomotorkolben *10* mehr frei gibt, so daß das Ventil *11* durch die Feder über dem Kolben mehr geschlossen wird. Gleichzeitig wird mittels des Hebels *4* die Steuerdüse nach oben bewegt, bis Gleichgewicht der Öldruckkräfte über und unter dem Steuerkolben *5* eingetreten ist.

Eine andere Ausführung mit mechanischer Rückführung von EW zeigt Abb. 389.

Auch hier überträgt der Stufenkolben *5*, der als Steuerhülse für den Steuerschieber *6* ausgebildet ist, die Bewegung auf die Steuerdüse *2* mittels Hebel *4*. Der Punkt *14* kann verschiebbar angeordnet werden, falls im Betrieb die Ungleichförmigkeit geändert werden soll. Die Rückführung erfolgt durch den Hebel *9* von der Ventilspindel aus durch Verstellen des Steuerschiebers *6*.

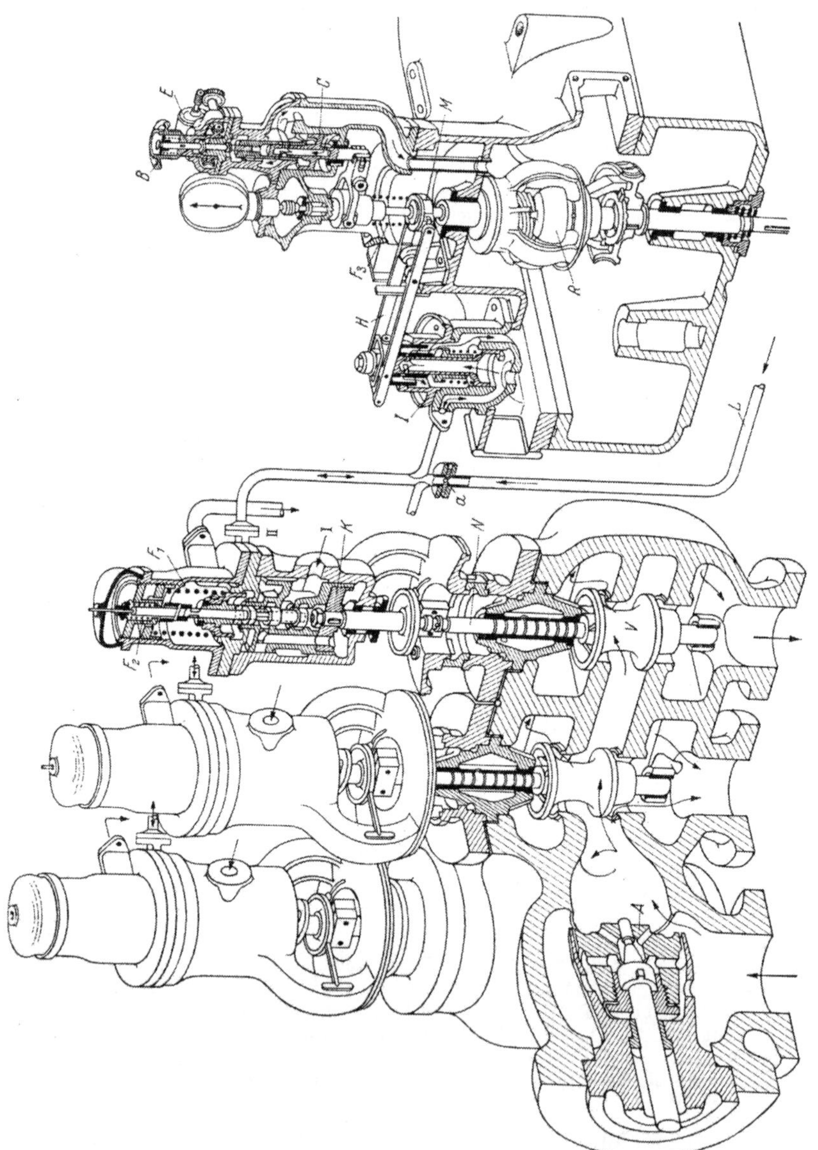

Abb. 386. Axonometrischer Schnitt der hydraul. Reglung der ČSR.

Ändert sich die Belastung, so wird z. B. bei Entlastung die Steuerdüse *2* durch die Drosselplatte *3* verengt, der Druck über dem Stufenkolben *5* steigt, der Kolben geht nach unten, der zunächst feststehende Steuerschieber *6* gibt den Ölabfluß unter dem Servomotorkolben *10* frei, die Feder über ihm schließt das Ventil *12* mehr, bis der Hebel *9* den Steuerschieber *6* dem Steuerkolben *5* folgen läßt und den Ölablauf wieder schließt. Durch die Bewegung des Steuerkolbens *5* wird gleichzeitig die Steuerdüse *2* nach oben gezogen, der Druck über dem Stufenkolben sinkt, bis wieder Gleichgewicht der Kräfte zu beiden Kolbenseiten erreicht ist.

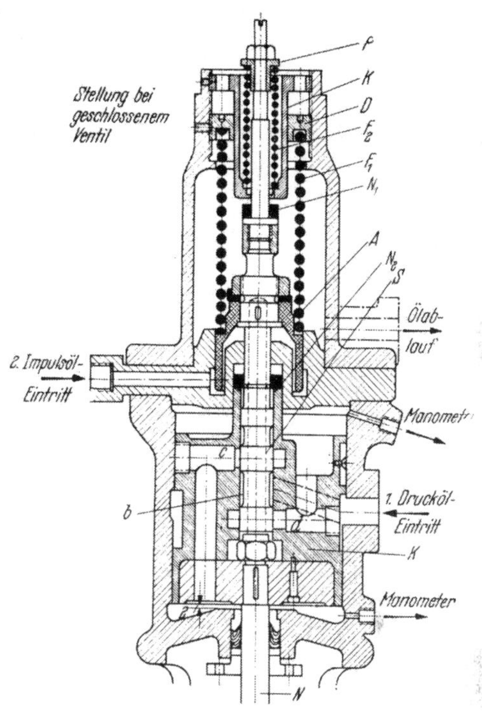

Abb. 387. Vorsteuerung der ČSR.

Bei großen Reaktionskräften des Dampfes wird die Steuerung mit einem Vorsteuerkolben nach Abb. 390 ausgerüstet.

Das von Regler im Druck beeinflußte Steueröl tritt bei *I* über den Vorsteuerkolben *1* und verstellt ihn, z. B. bei Druckzunahme (Zunahme der Belastung), nach unten, so daß das bei *II* eintretenden Drucköl durch den seitlichen Kanal unter den Kraftkolben *2* treten kann und ihn anhebt, also das unten an seiner Spindel befindliche Düsenventil mehr öffnet. Durch die Erhöhung der Spannung der Rückführfeder *3* infolge der Kraftkolbenbewegung wird der Steuerschieber wieder nach oben bewegt, bis der Kanal in der Büchse des Steuerschiebers wieder abgeschlossen ist. Bei Entlastung steigt der Steuerkolben, das Drucköl kann durch die Schlitze in der Büchse und durch den Stutzen *III* ablaufen, die Spannung der Rückführfeder nimmt ab, der Kanal in der Büchse wird geschlossen.

Die Öldrucksteuerung der Gutehoffnungshütte benutzt ebenfalls die Wirkung des veränderlichen Öldruckes auf verschieden gespannte Federn, jedoch unter Zwischenschaltung eines Kraftgetriebes für jedes Düsenventil. Die Anordnung zeigt Abb. 391.

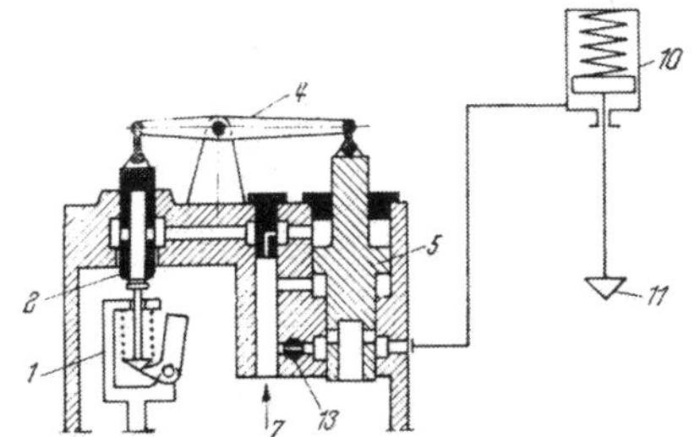

Abb. 388. Einfache hydraulische Steuerung von EW.

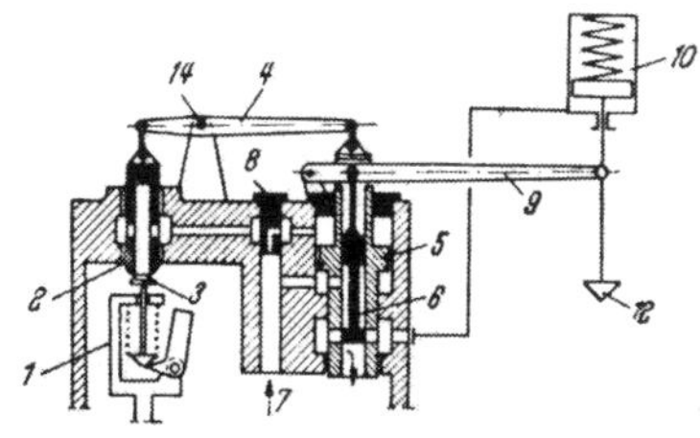

Abb. 389. Hydraulische Steuerung mit mechanischer Rückführung von EW.

Das von der Zahnradpumpe *1* geförderte Drucköl gelangt durch Leitung *2* nach Abdrosseln in einer Drosselschraube in den Druckraum *5* und läuft von hier durch einen mittels Schiebers *3* veränderlichen Schlitz ab, während es durch die Leitung *9* unter die mit Federn *11* verschiedener Spannung belasteten Kolben *10* treten kann, welche die Hilfsschieber *12* verstellen und Drucköl aus der Leitung *13* über bzw. unter die Kraftkolben *14* steuern, wobei

bei zunehmendem Druck in der Leitung *9* die Ventile geöffnet, bei abnehmendem geschlossen werden. Die Federn sind so abgestimmt, daß die Ventile nacheinander öffnen. Die Rückführung der Hilfsschieber *12* erfolgt durch die Bewegung der Ventile (vgl. Abb. 343, S. 297). Die Änderung des Öldruckes in dem Druckraum *5*, also auch in Leitung *9*, erfolgt durch Änderung der Weite des Abflußschlitzes durch den von der Reglermuffe *4* mittels Winkelhebels *17* verstellten Schieber *3*; steigt die Drehzahl (Entlastung), so wird die Abflußöffnung vergrößert, der Druck sinkt und bewirkt Schließen der Ventile *6*, *7* oder *8*. Um die Reibung der Ruhe auszuschalten, wird der Öldruck durch den Verdrängerkolben *15* pulsierend kleinen Schwankungen unterworfen, wodurch die Steuerungsteile kleine schwingende Bewegungen ausführen.

Bei ausbleibender Ölförderung, zu geringem Öldruck oder bei Auslösen des Schnellschlusses (Verstellung des Ölausschalters *22* durch den Sicherheitsregler oder von Hand) schließt das Schnellschlußventil und außerdem schließen auch die Regelventile und stellen die Turbine ab (Abb. 544, S. 456).

Die Drehzahlverstellung erfolgt mittels Handrades *18* oder Elektromotors *19* durch Verstellen des Winkelhebels *17*, der den Regulierschieber *3* so verstellt, daß die Abflußöffnung verringert wird — Drucksteigerung, Erhöhung der Drehzahl, oder vergrößert wird — Drucksenkung, Ermäßigung der Drehzahl.

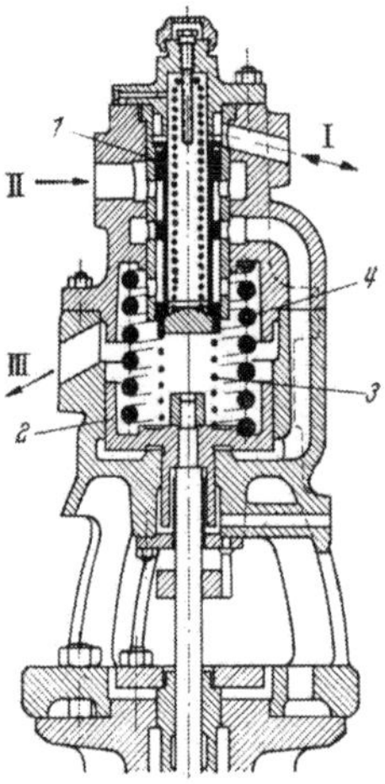

Abb. 390. Servomotor mit Vorsteuerung von EW.

Eine andere Frischdampfsteuerung der GHH nach Abb. 392 hat im Gegensatz zur vorerwähnten ein gemeinsames Servomotor-Steuerwerk, das die Düsenventile über einen Hebel nacheinander betätigt.

Die verschiedene Reihenfolge der Ventilbewegungen wird dabei durch die unterschiedliche Länge der Pendelstützen *P* bewirkt. Das Impulsöl gelangt durch die Leitung *9* (vgl. Abb. 391) in den Raum über den Membrankolben *T*, der sich auf den Hebel *U* abstützt. Bei Druckanstieg über dem Membrankolben *T* wird der Hebel *U* mit dem daran hängenden Steuerkolben *V* nach unten bewegt. Dieser gibt dem Drucköl aus der Leitung von der Ölpumpe den Weg unter den Kraftkolben *W* frei und öffnet damit die Düsenventile. Die Rückführung des Steuerkolbens *V* erfolgt von der Kolbenstange des Kraftkolbens aus, über die Zugfeder *X* (vgl. die Zweidrucksteuerung S. 453).

Die neue ölhydraulische Steuerung der SSW veranschaulicht Abb. 393 und das Schema Abb. 394.

Die SSW rüsten die Dampfturbinen an Stelle der allgemein üblichen mechanischen Geschwindigkeitsregler mit einem hydraulischen Geschwindigkeitsregler aus, bei welchem der Impuls durch die Fördermenge und Druckhöhenänderung einer Zahnradölpumpe ausgelöst wird.

Die Hauptölpumpe *7* (Abb. 393) der Turbine, welche Steuer- und Lageröl gemeinsam fördert, ist als Schleuderpumpe ausgebildet und unabhängig vom Reglerantrieb *8* unmittelbar auf eine mit der Turbinenhauptwelle gekuppelte Reglerwelle aufgesetzt.

Durch diese Anordnung ergibt sich die Möglichkeit, den Regler über einen leichten Stirnradtrieb von der Turbinenhauptwelle anzutreiben und damit das sonst übliche Schneckengetriebe zu vermeiden.

Der gesamte Regler ist in einem geschlossenen gußeisernen Gehäuse untergebracht, welches gleichzeitig als Regelölbehälter dient. Es wird durch einen Zulauf von der Hauptölpumpe und eine Überlaufleitung stets mit Öl gefüllt gehalten.

Der impulsgebende Teil des Reglers ist eine Zahnradölpumpe, Abb. 394, die von den Zahnrädern a_1 a_2 gebildet und von dem Zahnrad p angetrieben wird. Aus dem Reglergehäuse wird Öl durch die Öffnung e angesaugt und entsprechend der Drehzahl der Turbine und damit der Zahnradpumpe a_1 a_2 mit größerer der kleinerer Menge durch die hohle Achsspindel des Zahnrades a_2 in die Steuerhülse b gefördert, aus welcher es durch die Öffnung i wieder in das Gehäuse abströmen kann (Abb. 394). Die Größe der Öffnung i ist durch Verschiebung der

Hülse b mit Hilfe des Keils d einstellbar, welcher die Drehzahlverstellvorrichtung darstellt, die über den Antrieb n von Hand oder elektrisch von der Schalttafel betätigt werden kann. Gegeben durch die so eingestellte Größe der Öffnung i und die von der Pumpe $a_1\,a_2$ geförderte und bei i ausfließende Ölmenge, stellt sich ein bestimmter von der Pumpendrehzahl abhängiger

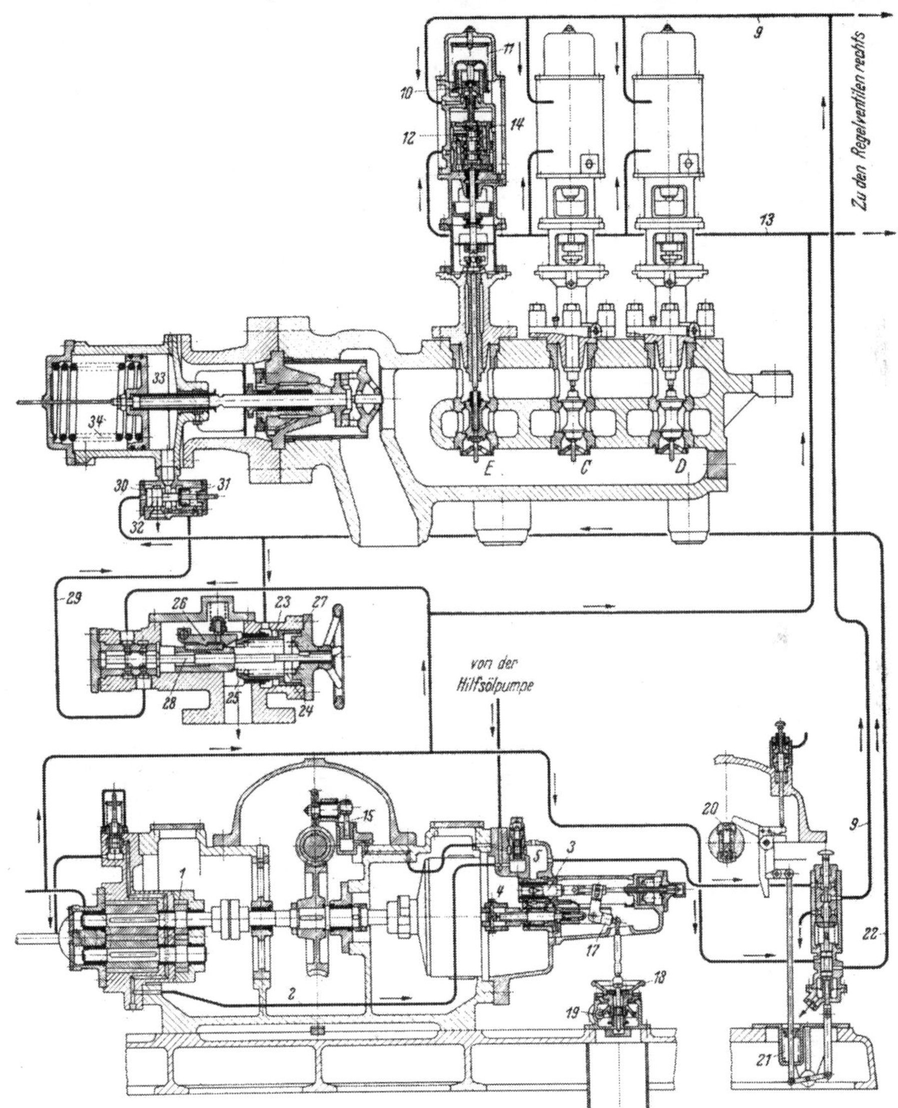

Abb. 391. Öldrucksteuerung der GHH.

Öldruck ein, der sich durch die abgezweigte Ölleitung I und durch die hohle Achsspindel des Zahnrades a_3 bis in die geschlossene Regelimpulsbüchse c fortpflanzt und mit der Feder f im Gleichgewicht steht.

Die Regelimpulshülse c des hydraulischen Reglers entspricht der Reglermuffe eines Fliehkraftreglers. Sie wird von dem Drucköl in Abhängigkeit von der Turbinendrehzahl nach oben oder unten verstellt. Der hydraulische Regler hat gegenüber dem Fliehkraftregler größere Empfindlichkeit, die einerseits durch die geringeren beweglichen Massen, andererseits dadurch gegeben ist, daß die „Steuerkolben" durch die dauernd sich drehenden

Achsspindeln der Zahnräder $a_2 a_3$ gebildet werden. Damit fallen die Reibungsmomente der Ruhe fort. Die Hülse c ist an einen Hebel g angelenkt.

Da seine Verstellkraft für die Bewegung der Ventile zu klein ist, muß eine Verstärkung dazwischengeschaltet werden.

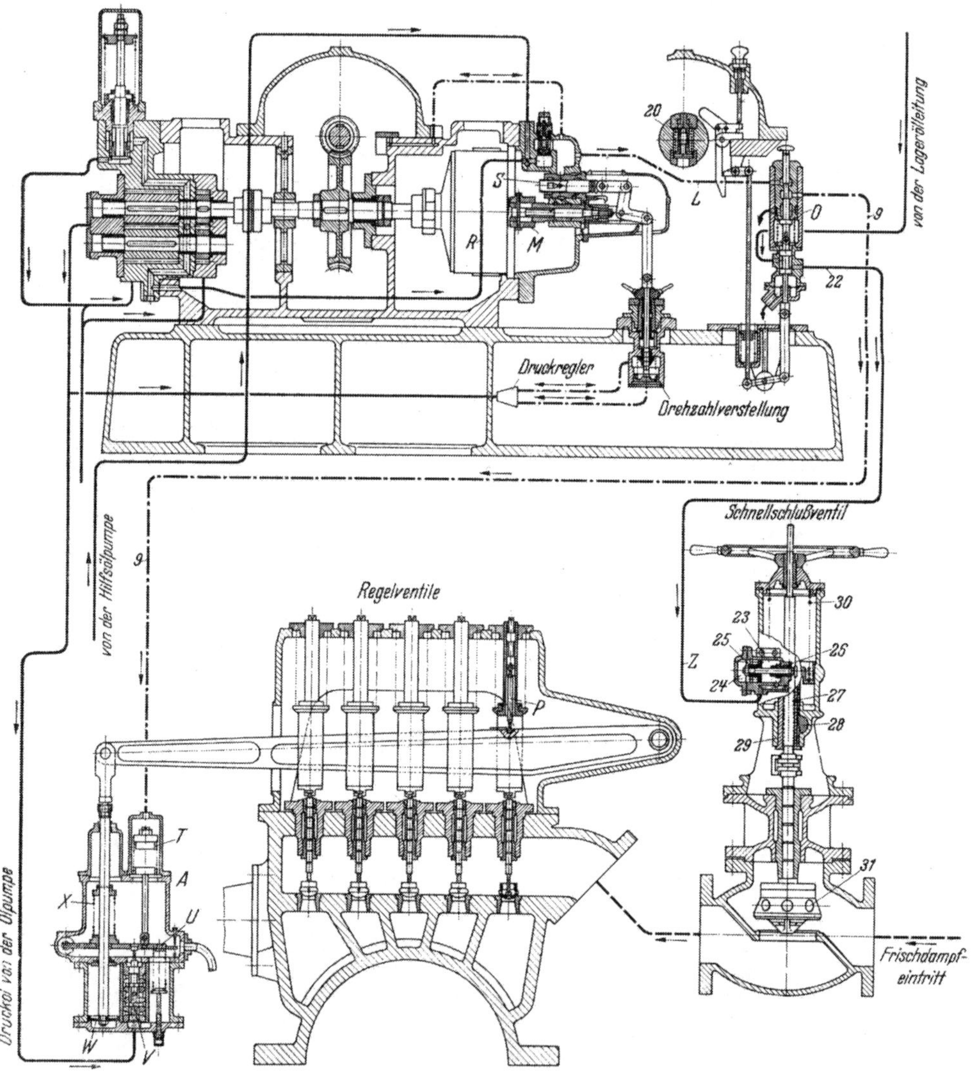

Abb. 392. Öldruck-Hebelsteuerung der GHH.

Der kraftverstärkende Teil des Reglers besitzt einen eigenen Ölkreislauf *II*, der durch die zweite Zahnradölpumpe, gebildet aus den Rädern $a_1 a_3$, in Umlauf versetzt wird und dazu dient, den Steuerschieber s zu verstellen. Der Steuerschieber s wiederum regelt den Zu- und Abfluß des Kraftöls zum Umschaltschieber t und weiter zum Kraftkolben k. (Das Kraftöl bildet einen dritten Ölkreislauf und wird nicht vom Regler, sondern von der Turbinenhauptölpumpe gefördert.)

Das von den Pumpen $a_1 a_3$ geförderte kraftverstärkende Steueröl *II* durchfließt die hohle Achsspindel des sich drehenden Steuerschiebers s und tritt aus der Öffnung i der Hülse h

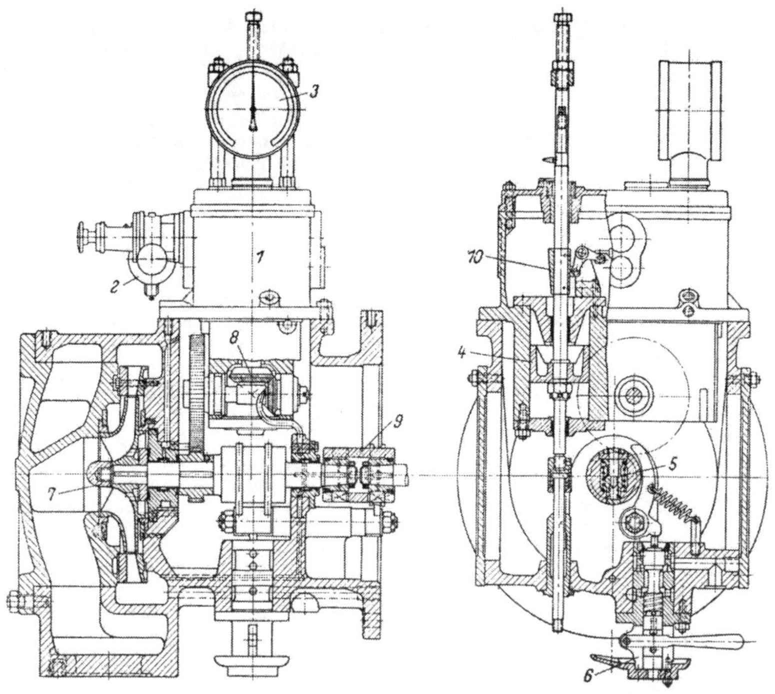

Abb. 393. Steuerbock der ölhydraulischen Steuerung der SSW.
1 Reglergehäuse, *2* Elektrische Drehzahlverstellvorrichtung, *3* Drehzahlmesser, *4* Kraftkolben, *5* Schnellschlußregler, *6* Schnellschlußauslösung von Hand, *7* Hauptölpumpe, *8* Regleranbrieb, *9* Kupplung, *10* Rückführkonus.

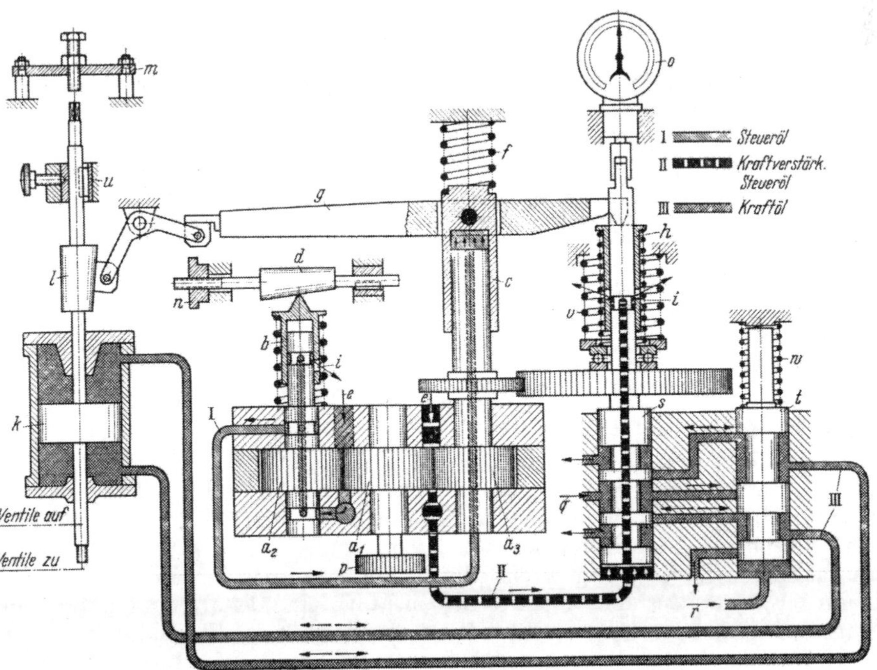

Abb. 394. Schema der hydraulischen Geschwindigkeitsreglung der SSW.

wieder aus. Die Größe der Öffnung *i* ist erstens gegeben durch die Stellung der Steuerimpulsbüchse *c*, welche über den zweiarmigen Hebel *g* der Büchse *h* eine bestimmte Stellung zum Schieber *s* gibt. Die Größe der Öffnung *i* wird zweitens bestimmt durch die absolute Lage des Steuerschiebers *s*, die sich einstellt nach der Größe des Förderdruckes der Kraftverstärkerölpumpe $a_1 a_3$. Dieser Förderdruck ergibt sich als Gegendruck zu den Federn *v* und der Abstützfeder unter der Hülse *h* in Abhängigkeit von der von der Drehzahl bestimmten Fördermenge einerseits und der Größe der Abflußöffnung *i* andererseits.

Der Steuerschieber *s* wird in seiner Spindelverlängerung gleichzeitig als Antrieb für den Drehzahlmesser *o* verwendet.

Hinter dem Steuerschieber tritt das Kraftöl des Ölkreislaufes *III* in einen Umschaltschieber *t*.

Der Umschaltschieber *t* hat die Aufgabe, die Auslösung des Schnellschlußreglers sowie die Sicherung gegen einen unzulässig niedrigen Kraft- und Lageröldruck in den Steuervorgang hineinzubringen. In seiner Ruhelage wird der Umschaltschieber *t* durch die Feder *w* so eingestellt, daß das Kraftöl auf die Schließseite des Kraftkolbens *k* wirkt und alle Ventile geschlossen hält bzw. schließt. Im Betriebszustand der Turbine wird der Umschaltschieber *t* entgegen der Kraft der Feder *w* durch Drucköl aus der Schnellschlußleitung *r* in die in Abb. 394 dargestellte Stellung gedrückt.

Die Verstellung des Ungleichförmigkeitsgrades erfolgt durch Drehung der Spindel des Kraftkolbens *k* und damit des auf der Spindel sitzenden Rückführkonus *1*. Der Konuskörper ist auf die Kolbenspindel aufgesetzt, so daß sich bei Drehung um die Achse des Kraftkolbens eine mehr oder weniger geneigte Gleitbahn für den Führungsstein des Hebels *g* ergibt. Verhältnisgleich dem Rückfuhrhub der Feder *f* kann somit der Ungleichförmigkeitsgrad des Reglers während des Betriebes durch Einstellung des Konus auf starke Steigung groß und auf geringe Steigung klein eingestellt werden.

Um die Kraftkolbenspindel bei eingestelltem Ungleichförmigkeitsgrad axial verschiebbar in gleicher Drehwinkelstellung feststellen zu können, ist bei *u* ein Gleitkeil in die Spindel eingelassen, der in der axialen Nut einer Spindelbuchse gleitet. Diese kann durch eine Stellschraube in jeder Winkelstellung festgestellt werden, die die jeweilige Einstellung des Ungleichförmigkeitsgrades erfordert.

Durch die Begrenzungsschraube *m* kann in einfacher Weise eine Begrenzung des Kraftkolbenhubes und damit, bei gegebenem Frischdampfzustand, der in die Turbine strömenden Dampfmenge herbeigeführt werden.

Die Wirkungsweise des Reglers ist folgende:

Bei allein fahrender Maschine hält der Regler die Drehzahl der Turbine bei allen Belastungen in den Grenzen des eingestellten Ungleichförmigkeitsgrades konstant. Durch Betätigung der Drehzahlverstellvorrichtung *n*, d. h. Verschieben des Keiles *d*, wird die Ölabflußöffnung *i* der Steuerhülse *b* auf eine bestimmte Drehzahl eingestellt. Bei der geringsten Drehzahlsenkung infolge Belastung der Turbine sinkt die Fördermenge der Impulsölpumpe $a_1 a_2$ und damit der Förderdruck. Die Steuerimpulsbüchse *c* wird durch die Feder *f* nach unten verschoben, und der Steuerschieber *s* gibt Drucköl auf die Öffnungsseite des Kraftkolbens *k*. Dieser bewegt sich nach oben, vergrößert die Dampfzufuhr zur Turbine und stellt durch seine Anfwärtsbewegung die Steuerdüse *h* über den Rückführkonus *1* und den Hebel *g* wieder in ihre neutrale Lage. Damit ist der neue Beharrungszustand erreicht.

Bei steigender Drehzahl infolge Entlastung der Turbine ist der Vorgang sinngemäß umgekehrt.

Der normale Drehzahlverstellbereich ist auf etwa + 10 bis — 15% der normalen Turbinendrehzahl bei geschlossenen Regelventilen eingestellt, bei einem Ungleichförmigkeitsgrad von normal 5%.

IV. Überlastung.

Da die Turbinen bei der Normalleistung den besten Wirkungsgrad haben sollen, so werden sie für diese Leistung bemessen; soll zeitweilig größere Leistung erreicht werden, so nimmt man einen etwas ungünstigeren Wirkungsgrad in den Kauf. Bei einstufigen Turbinen kann die Überlastung in einfachster Weise durch Zuschalten von Düsen erfolgen, die Überlastung ist in beliebiger Höhe möglich, eine Änderung des Zustandsverlaufes tritt nicht ein, und der Wirkungsgrad kann sogar etwas zunehmen. Bei mehrstufigen Turbinen kann Zuschaltung in der ersten Stufe nur bei Mengenreglung erfolgen, wenn die Beaufschlagung bei Volllast nicht voll ist; bei Drosselreglung und bei voller Beaufschlagung der 1. Stufe auch bei Mengenreglung kann Überlastung nur durch Zufuhr von gedrosseltem Frischdampf in eine spätere Stufe erreicht werden. Bei Mehrstufenturbinen wird deshalb bei Überlast stets eine andre Druckverteilung eintreten.

Die Zuschläge zum Dampfverbrauch bei Überlastung betragen

bei	10	15	20	25% Überlastung
etwa	0	1	2	3%

Bei Kondensationsturbinen wird das Vakuum entsprechend der größeren Dampfmenge schlechter werden.

A. Überlastung durch Zuschaltung in der 1. Stufe.

Sie ist in um so kleinerem Maße möglich, je kleiner das Gefälle der ersten Stufe; diese Art kommt deswegen wohl nur bei Geschwindigkeitsstufung zur Anwendung. Da der Querschnitt der folgenden Stufen unverändert bleibt, so muß infolge der größeren Dampfmenge der Druck in der 1. Stufe steigen, deren Gefälle kleiner wird, während es bei den anderen Stufen zunimmt.

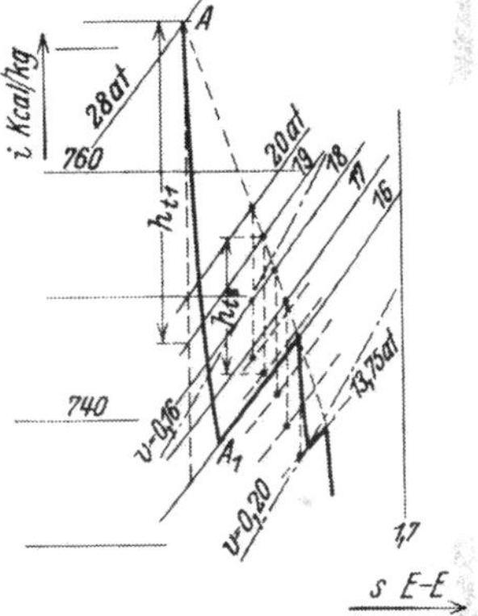

Abb. 395. Ermittlung des Druckverlaufs bei Überlastung.

Die Bestimmung des Druckverlaufes für eine gegebene Dampfmenge ist nicht ohne weiteres möglich, es müßte eine vollständige Durchrechnung vorgenommen werden, wozu Annahmen und Schätzungen nötig wären; es ist auch hier häufig bequemer, „rückwärts" zu rechnen, d. h. mit der letzten Stufe anzufangen, da deren Endzustand nach Schätzung des Wirkungsgrades leichter festgelegt werden kann. Man kann aber die Überlastung wie folgt verfolgen.

Für die erste Stufe sei der gesamte Leitquerschnitt bei Überlast F_1; man errechnet nun für verschiedene Enddrücke p_1 dieser Stufe die durchströmende Dampfmenge G'_{sek}, indem für diese Drücke aus dem is-Diagramm (Abb. 395)[1], das Gefälle h_{t1}, daraus die Dampfgeschwindigkeiten c_0 und c_1 und ferner das spezifische Volumen v_1 beim Austritt aus der Leitvorrichtung festgestellt werden kann. Dann ist $G'_{sek} = F_1\, c_1/v_1$, abnehmend mit zunehmendem Enddruck. Verzeichnet man den Druckverlauf für Vollast über den Stufen (Abb. 396)[1] und trägt für die verschiedenen Drücke p_1 die wie oben ermittelten sekundlichen Dampfmengen ein, so ergibt sich die ellipsenförmige Kurve G_{s1} (rechts). Um die wirklich durchströmende Dampfmenge zu finden, zeichnet man für die verschiedenen Drücke p_1 den voraussichtlichen Druckverlauf in den übrigen Stufen ein (Abb. 396) und erhält damit die entsprechenden angenäherten Druckgefälle der zweiten Stufe, für welche man aus dem is-Diagramm (Abb. 395), nach Annahme des Endzustandes der 1. Stufe nach dem Zustandsverlauf bei Vollast (oder nach Durchrechnung der ersten Stufe), das Gefälle h_{t2}, damit c_1 und v_1 feststellen kann; nun kann die jeweils durch den gegebenen Querschnitt F_2 der zweiten Stufe strömende Dampfmenge G_{s2} ermittelt und ebenfalls zu den Drücken in Abb. 396 eingetragen werden (gestrichelte Kurve). Da die Dampfmengen gleich sein müssen, so erhält man die wirkliche Menge im Schnitt der Kurven G_{s1} und G_{s2} und damit auch den Druck p_1. Mit dieser Dampfmenge kann die Überlastleistung $N = 5{,}7\, h_t G_{sek} \eta_e$ bestimmt werden.

[1] Die Abb. 395 und 396 entsprechen der S. 135 berechneten Gegendruckturbine 2000 PS_e für 28 ata 400° und 6 ata Gegendruck mit $G_s = 5{,}06$ kg/sek für Vollast bei 32 Düsen und 4 Düsen für Überlastung (s. Abb. 340, S. 294).

Soll eine bestimmte Überlastung erreicht werden, so kann die dazu erforderliche Dampfmenge G_{sek} kg/sek ermittelt werden (s. Zuschläge S. 335); dann ermittelt man für verschiedene Enddrücke der 1. Stufe die für diese und für die Menge G_{sek} erforderlichen Querschnitte der 2. Stufe $F'_2 = G_{sek}\, v_1/c_1$ mit dem aus dem is-Diagramm wie oben festgestellten Werten nach Annahme des Druckverlaufs in den Stufen, und trägt diese F'_2 zu den Drücken in Abb. 396[1] auf. Dem wirklichen Querschnitt F_2 ($=$ 3700 mm²) entspricht dann ein bestimmter Druck p_1 ($=$ 18,5 ata) als sich einstellender Enddruck der 1. und Anfangsdruck der 2. Stufe. Damit ist das Gefälle der 1. Stufe festgelegt, und es kann der erforderliche Querschnitt für Überlastung bestimmt werden.

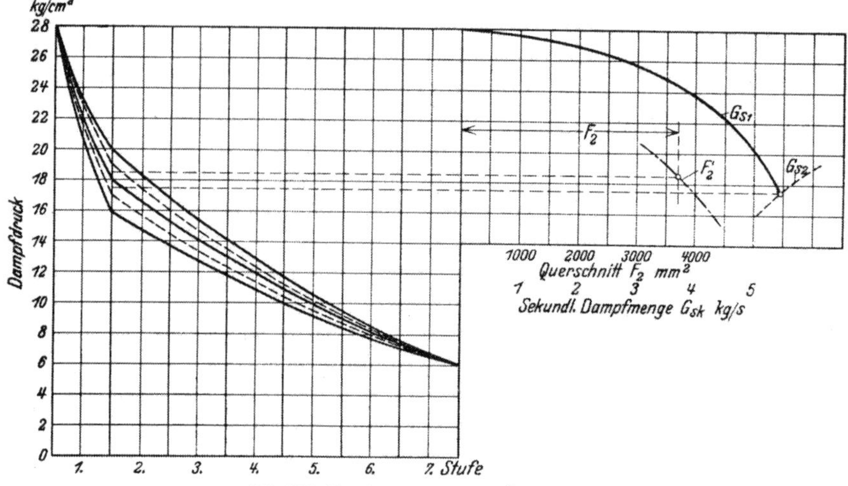

Abb. 396. Druckermittlung bei Überlastung.

Wie leicht einzusehen, kann bei großer Überlastung der Druck in der 1. Stufe so hoch steigen, daß der Dampf evtl. nur „durchgepumpt" wird ohne Leistung und der erforderliche Querschnitt wegen der geringen Geschwindigkeit unausführbar würde; dadurch ist der Überlastbarkeit durch Zuschalten in der 1. Stufe eine Grenze gezogen. Weitere Leistungssteigerung ist möglich durch

B. Überlastung durch Frischdampfzufuhr in eine Zwischenstufe.

Je weiter die Stufe liegt, in welche die Zuführung des Dampfes erfolgt, d. h. je mehr Stufen übersprungen werden, um so höher kann überlastet werden, wobei jedoch die vorhergehenden Stufen um so ungünstiger arbeiten, je höher der Druck steigt. Der sich in der Überlastungsstufe einstellende Druck ist von der Dampfmenge abhängig, und der Wärmeinhalt ergibt sich aus der Mischung des arbeitenden Dampfes der Hochdruckstufen mit dem Überlastungsdampf.

Ist G_1 die sekundliche Dampfmenge im Hochdruckteil mit dem Wärmeinhalt i_1 und $G_ü$ die durch das Überlastungsventil zugeführte Dampfmenge mit dem beim Drosseln gleichbleibendem Anfangswärmeinhalt i, so ist, wenn $G_s = G_1 + G_ü$ die Gesamtdampfmenge und i_2 der Wärmeinhalt nach der Mischung

$$G_1\, i_1 + G_ü\, i = G_s\, i_2 . \qquad \text{(a)}$$

[1] Für das oben erwähnte Beispiel ist eine Überlastung um 15% angenommen mit $G_{sek} = 5{,}85$ kg/sek.

Zeichnet man den Druckverlauf für Vollast über den Stufen (Abb. 397, untere Kurve)[1], so kann für verschiedene Drücke in der Überlastungsstufe der angenäherte Druckverlauf bei Überlastung eingezeichnet werden und damit wie unter A. aus dem is-Diagramm für die erste Stufe (und zur Kontrolle für eine

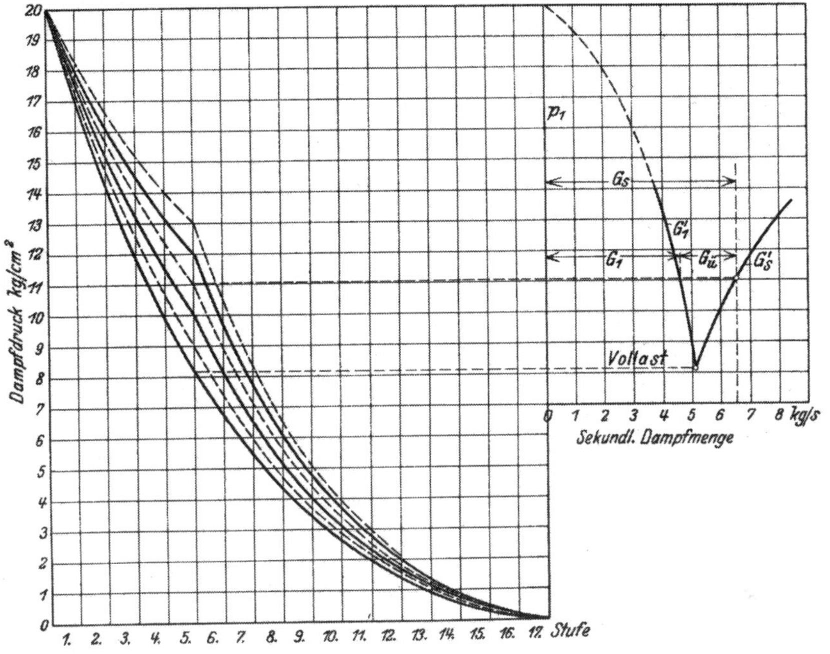

Abb. 397. Druckverlauf bei Überlastung.

andre) jeweils die durch die Hochdruckstufen strömende Dampfmenge G_1' ermittelt und zu den zugehörigen Drücken in Abb. 397 aufgetragen werden. Für die gewünschte Überlastung ermittelt man die Dampfmenge G_s kg/sek nach Schätzung des Wirkungsgrades η_e oder des Zuschlages nach S. 355 und kann die durch das Überlastungsventil zuzuführende Menge $G_ü$ für verschiedene Drücke p_1 der Überlastungsstufe ermitteln, da $G_ü = G_s - G_1$, so daß auch der Wärmeinhalt aus Gl. (a) bestimmt werden kann, womit der Anfangszustand für die erste Stufe nach der Überlastung im is-Diagramm (Abb. 398)[1] festgelegt ist. Zeichnet man nun noch den voraussichtlichen Druckverlauf im Niederdruckteil in Abb. 397 ein, so kann das Gefälle aus dem is-Diagramm (Abb. 398) entnommen werden, damit c_0, c_1 und v_1 bestimmt und für jeden Druck p_1 die

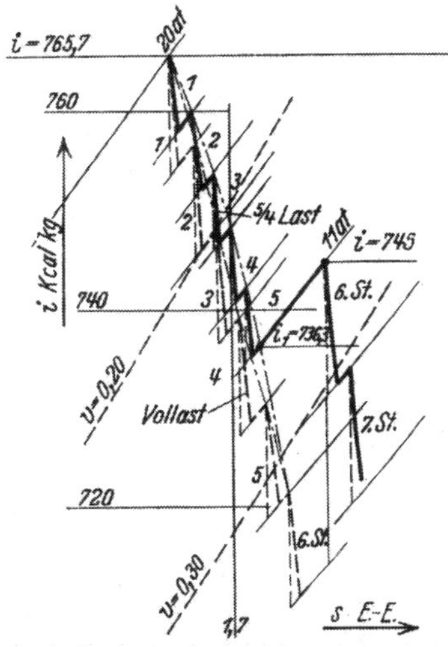

Abb. 398. Zustandsverlauf bei Überlastung.

[1] Die Werte der Abb. 397 und 398 sind für eine Kondensationsturbine 5000 kW, 17 reine Druckstufen, ermittelt, der Überlastungsdampf wird vor die 6. Stufe geführt; bei 25% Überlastung ist die Dampfmenge bei 3% Zuschlag $G_s = 6{,}54$ kg/sek.

Menge $G_s' = F_2 \cdot c_1/v_1$ mit dem Querschnitt F_2 der Stufe, in welche der Dampf zugeführt wird, ermittelt werden. Trägt man diese G_s' zu den zugehörigen Drücken in Abb. 397 ein, so ist für $G_s' = G_s$ der sich einstellende Druck p_1 gefunden. Nach Durchrechnung der Stufen läßt sich die Richtigkeit nachprüfen.

Schneidet die G_s'-Kurve die G_s-Gerade nicht im Bereiche der möglichen Drücke p_1, so ist die gewünschte Überlastung nicht erreichbar, der Dampf müßte in eine spätere Stufe geführt werden.

Überlastungsventile werden entweder von Hand bedient (vgl. Abb. 363, S. 311) oder automatisch nach vollem Öffnen der Ventile für Vollast.

V. Druckreglung.

Soll der Druck des geförderten Stoffes bei Pumpen, Gebläsen und Kompressoren oder der Druck des austretenden Dampfes bei Gegendruckturbinen bzw. des entnommenen Dampfes bei Entnahmeturbinen auf gleicher Höhe gehalten werden, so wird die Turbine unter Einfluß eines Druckreglers gestellt. Natürlich sind auch hier, wie bei der Drehzahlreglung, kleine Druckänderungen nötig, um eine Verstellung der Reglung zu bewirken, doch dürfen die Schwankungen die zugelassenen Grenzen nicht überschreiten. Der Druckregler beeinflußt die Reglung in der gleichen Weise wie der Drehzahlregler, direkt oder mittels Kraftgetriebe.

Im Prinzip besteht der Druckregler aus einem Zylinder mit federbelastetem Kolben (oder federbelasteter Membran), auf dessen andre Seite der konstant zu haltende Druck wirkt, durch die Bewegungen des Kolbens bzw. der Membran wird das Drosselventil oder der Steuerschieber des Kraftgetriebes betätigt.

Bei Turbokompressoren nimmt bei gleichbleibender Drehzahl der Luftdruck bei steigender Förderung ab, es muß deshalb zur Konstanthaltung des Druckes die Drehzahl erhöht werden; der Druckregler muß die Drehzahl verstellen. Bei Reglung des Dampfdruckes bei Gegendruck- und Entnahmeturbinen für Generatorantrieb muß hingegen die Drehzahl unverändert bleiben. Es wird deshalb in den meisten Fällen außer der Druckreglung auch eine Drehzahlreglung angeordnet, beide Regler wirken auf die Dampfzufuhr ein, wobei jedoch der Drehzahlregler den überwiegenden Einfluß haben muß.

Bei Antrieb von Kesselspeisepumpen wäre es unzweckmäßig, bei sinkendem Kesseldruck das Speisewasser stets mit dem gleich hohen Druck in den Kessel zu führen, da, abgesehen von dem unnützen Leistungsaufwand, eine Überlastung der Wasserstandsregler eintreten kann und der Betrieb erschwert wird; man regelt deshalb nicht auf konstanten Förderdruck, sondern auf konstanten Pumpenüberdruck durch *Differenzdruckregler*, die meist auf die Drehzahlverstellung der Hauptreglung einwirken, wobei die Drehzahländerung bis 35% der normalen betragen kann. Bei hohen Anforderungen an die Konstanthaltung des Druckes werden besondere *Differenzdrucksteuerwerke* vorgeschaltet, von denen die Askania-, Ava-, Arca- und Dabeg-Regler[1] die bekanntesten sind.

Die Ausführung einer Differenzdruckreglung für eine Turbokesselspeisepumpe (Krauss-Maffei) zeigt Abb. 399.

Der vom Kessel kommende Dampf gelangt durch das Absperrventil A zum Regelventil B und durch die Räume C zum Düsenkasten; die Betätigung des Regelventils B erfolgt durch die Membran E, die einerseits durch den Druck des Speisewassers, andrerseits durch den Dampfdruck im Kessel und die Feder H belastet ist, deren Spannung während des Betriebes zwecks Änderung des Druckes durch Verstellen der Schraube K geändert werden kann.

[1] Beschreibung dieser Regler: Arch. Wärmewirtsch. 1928, H. 12, S. 399.

Der Raum N unter der Membran ist durch das Rohr O mit dem Druckstutzen der Pumpe verbunden, der Raum P über dem Kolben ist durch Bohrungen Q mit der Frischdampfleitung, also auch mit dem Kessel verbunden. Da die wirksame Druckfläche auf beiden Seiten der Membran gleich ist, hält die Feder H dem Differenzdruck das Gleichgewicht, so daß der Druck der Pumpe immer um einen bestimmten einstellbaren Betrag — ungefähr 1,5 bis 3 at — höher ist als der Kesseldruck. Schnellschlußvorrichtung ähnlich Abb. 353, durch Auslösen der Klinke W, wodurch die Büchse X unter Einwirkung der Feder J das Ventil A zuschlägt.

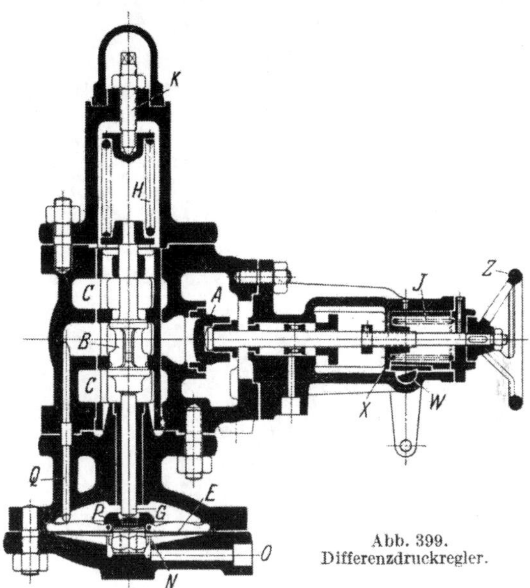

Abb. 399. Differenzdruckregler.

Der Druckregler von BBC, der in Verbindung mit der Druckölsteuerung wirkt, ist als Balgmembranregler, Abb. 400, ausgeführt und wird für normale Ansprüche an Regelempfindlichkeit und Ungleichförmigkeit (etwa $\pm$ 3%) als Gegendruck- und Frischdampfdruckregler angewendet. Er besteht aus einer durch Feder F belasteten Metallbalgmembran M, welche durch den Stift S auf den Steuerkolben K wirkt, der den Durchflußquerschnitt für das Steueröl verstellt, wie bei der Drehzahlreglung (vgl. Abb. 384, S. 326). Die Druckeinstellung kann durch Änderung der Federspannung mittels Handrad H über Schnecke und Schneckenrad erfolgen.

Für große Genauigkeit, als Frischdampfdruckregler für Vorschaltturbinen und als Differenzdruckregler für Höchstdruckspeisepumpen werden auch Strahlrohrregler angewendet, deren Ungleichförmigkeit unter 1% liegt.

Der Druckregler der tschechoslowakischen Turbinen, Abb. 401, besitzt einen Kolben K, auf den der Dampfdruck wirkt, dem andrerseits die Feder F das Gleichgewicht hält. Die Bewegung des Kolbens wird mittels Kugelgelenk auf den Steuerschieber S übertragen, der in bekannter Weise das Drucköl zum Servomotor steuert; Rückführung des Steuerschiebers vom Servomotor über den Hebel H. Druckeinstellung durch Ändern der Federspannung mittels Handrad R, B Ölbremse.

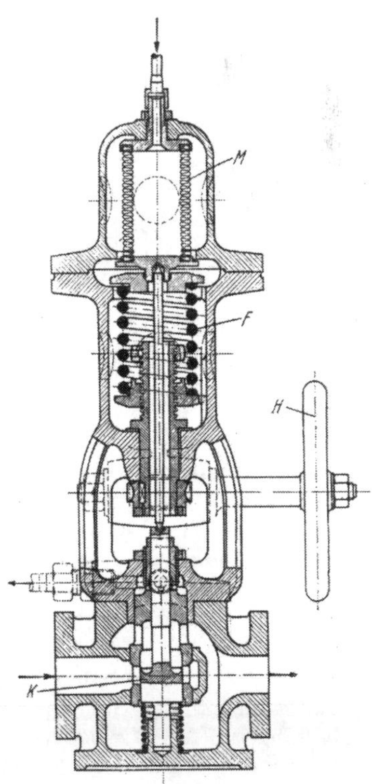

Abb. 400. Metallbalgdruckregler von BBC.

Einen Druckregler von Kühnle, Kopp & Kausch zeigt Abb. 402.

In dem Membranraum a wird der Pumpendruck geleitet. Der Steuerhebel 2 überträgt praktisch reibungsfrei die Bewegung der Membran 1. Belastet ist der Hebel mit der Feder 3 entsprechend dem gewünschten Pumpendruck. An seinem freien Ende verschließt der Hebel die Steuerschnauze *b*, die über die Leitung *d* mit dem Raum *c* des Regelventils verbunden ist. Mittels der Einstellschraube *4* kann die Vorspannfeder *3* und damit der Druck verstellt werden.

Die Wirkungsweise ist folgende:

In dem Raum *c* wird über eine Drossel *e* Drucköl zugeführt, wodurch das Ventil geöffnet wird und die Turbine anläuft. Durch den Pumpendruck der Arbeitsmaschine biegt sich nun die Membran durch. Der Hebel folgt der Bewegung und läßt an der Steuerschnauze Öl abströmen, dadurch erniedrigt sich der Druck im Raum *c* des Regelventils, und dasselbe schließt so weit, bis sich Gleichgewicht zwischen der Kraft der Ventilfeder *5*, den Dampfkräften am Ventilkegel *6* und der Ölkraft eingestellt hat.

Fällt nun z. B. die Belastung der Arbeitsmaschine, so steigt die Drehzahl und damit der Öldruck, die Membran biegt sich weiter durch, der Spalt an der Steuerschnauze vergrößert sich, dadurch fließt mehr Öl ab und das Regelventil schließt so weit, bis wieder Gleichgewichts-

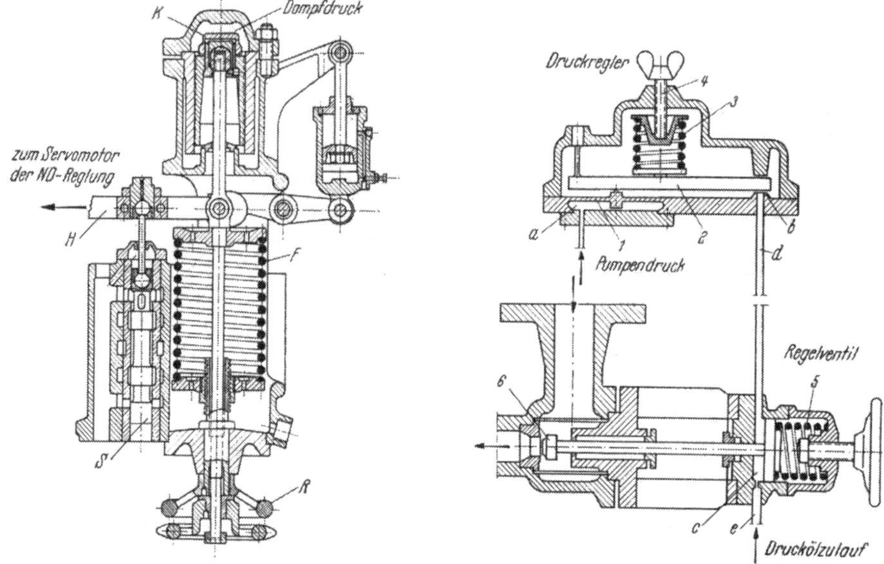

Abb. 401. Druckregler für Niederdruck der ČSR. Abb. 402. Druckregler von KÜHNLE, KOPP u. KAUSCH.

zustand erreicht ist. Bei steigender Belastung spielt sich der Vorgang in umgekehrter Weise ab. Die Ungleichförmigkeit, d. h. der zu stabiler Reglung notwendige Druckunterschied zwischen voller Be- und Entlastung beträgt beim Druckregler etwa 10%.

Für genauere Druckreglung verwendet KKK einen Druckregler mit Rückführung nach Abb. 403 oder einen Differenzdruckregler (Abb. 403a).

Eine Stahlmembran, auf die der zu regelnde Druck wirkt, überträgt ihre Bewegung über einen praktisch reibungsfrei gelagerten Hebel *1* auf den Steuerschieber *2*. Der Hebel *1* ist mit einer Feder *3* belastet, deren Kraft, dem gewünschten Druck entsprechend, durch die Druckschraube *8* eingestellt werden kann. An der unteren Seite des Hebels *1* ist der Rückführkolben *4* mit der Rückführfeder angebracht. Über den Kugelbolzen *5* erhält der Steuerschieber vom Treibkolben *6* des Steuerschieberantriebs eine oszillierende Bewegung, um die Reibungskräfte aufzuheben.

Der Ringraum *a* des Steuerschiebers *2* ist mit der Öffnungsseite des Regelkolbens, der Ringraum *b* mit der Schließseite, der Ringraum *c* und *d* ist mit dem Ablauf verbunden (Abb. 403).

Der Differenzdruckregler (Abb. 403a) hat zwei Stahlmembranen, in die einerseits der Kesseldruck, andererseits der Pumpendruck geleitet wird, sie sind so miteinander verbunden, daß ihre Bewegung, wie oben erwähnt, auf den Steuerschieber übertragen wird.

Wirkungsweise:

Dem Regler wird Drucköl über die Leitung *e* zugeführt. Diese gelangt einerseits über die Bohrung *f* zum Treibkolben *6* des Steuerschieberantriebes und setzt diesen in Bewegung, andererseits über die Bohrung *g* in die Ringnut *h* der Steuerbüchse *7*. Von dort aus wird Drucköl über die Bohrungen *i* in den Raum *K* und über die Drosselbohrung *l* in den Raum *m* geleitet. Die Steuerschnauze des Regelschiebers *2* ist aus dem Raum *m* herausgeführt und verbindet diesen über den Spalt *n* mit dem Ablaufraum. An der Steuerschnauze stellt sich nun ein konstanter Spalt, entsprechend der Ölmenge, die durch die Drosselbohrung *l* strömt, ein. Verringert sich nun z. B. der Spalt durch eine Bewegung der Membran und damit des Hebels *1*, so erhöht sich in dem Raum *m* der Druck. Der Steuerschieber bewegt sich nach oben, bis der ursprüngliche Zustand wiederhergestellt ist. Der Steuerschieber folgt somit zwangsläufig jeder Bewegung des Hebels *1* und damit der Membran. Steigt nun z. B. der Wasserbedarf des Kessels, dann öffnet der Wasserstandsregler, was ein Absinken des Pumpendruckes zur Folge hat. Die Membran biegt sich nach unten durch, und der Steuerschieber folgt dieser Bewegung. Es strömt von der Ringnut *h* Öl über die Ringnut *a* zur Öffnungsseite des Regelventils und öffnet dieses. Gleichzeitig wird über die Ringnuten *b* und *d* das Öl der Schließseite in den Ablauf geführt. Durch die Bewegung des Regelventils wird gleichzeitig über den Rückführkolben des Reglers die Rückfeder gespannt. Der Druck der Speisepumpe fällt so weit ab, bis der Abfall des Pumpendruckes der Rückführfeder entspricht. In diesem Zustand herrscht für den Augenblick Gleichgewicht. Durch die Bohrung *o* strömt nun unter der Wirkung der Rückführfeder das Öl langsam aus dem Rückführraum ab, bis die Rückführfeder spannungslos geworden ist. Damit ist der ursprüngliche Beharrungszustand wiederhergestellt, das Regelventil ist in Ruhe und so weit geöffnet, als es dem neuen Kraftbedarf entspricht.

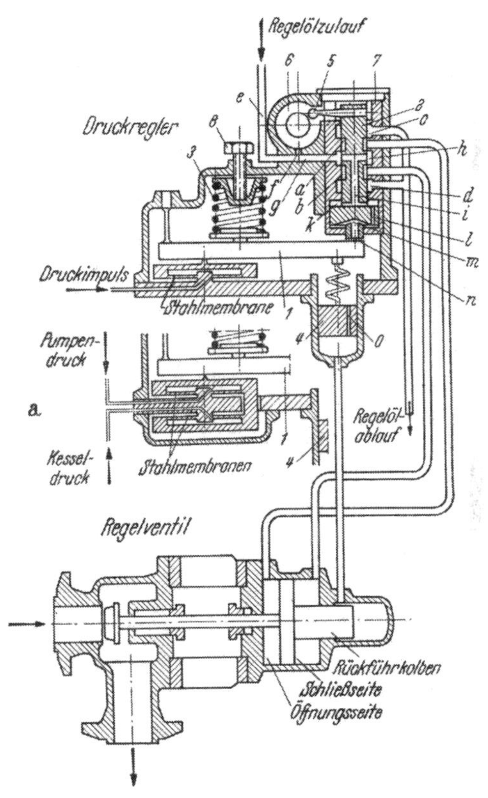

Abb. 403 u. 403a. Druck- und Differenzdruckregler von KÜHNLE, KOPP u. KAUSCH.

Abb. 404 zeigt einen Balgmembranregler der AEG, der in diesem Fall über einen Kraftverstärker in das Turbinenregelgestänge eingreift. Der Druckregler besteht in der Hauptsache aus einer mit dem Dampfnetz verbundenen Balgmembran *b*, einer sich mit dieser das Gleichgewicht haltenden Feder *d* mit Druckverstelleinrichtung *n* und einem Kraftverstärker *l* sowie einer Vorrichtung *o* zum Verstellen der Ungleichförmigkeit. Kraftverstärker und Verstellvorrichtung für die Ungleichförmigkeit werden bisher nur in Sonderfällen vorgesehen; die meisten Druckregler wirken unmittelbar und mit fester Ungleichförmigkeit auf die Reglung.

Die Membran besteht aus einzelnen ineinandergesteckten schwachwandigen Rohren, deren Anzahl sich nach dem Regeldruck richtet, und ist durch Drücken zu einem Federungskörper geformt. Der untere Deckel des Federungskörpers trägt die Hubbegrenzungsschraube *c*. Ein Zeiger *h* am unteren Teller der Hauptfeder zeigt die Vorspannung und damit den eingestellten Regeldruck an. Die Bewegung der Membran wird durch eine Spindel *f*, die durch eine Stützfeder *e* gegen den unteren Membrandeckel gepreßt wird, über den Übersetzungshebel *i* auf den Drosselstift des Kraftverstärkers übertragen, dessen Wirkungsweise schon in Verbindung mit dem Drehzahlregler erläutert wurde. Der Verstärker überträgt die Regelbewegung auf das Reglergestänge.

Der Übersetzungshebel hat einen durch die Verstellvorrichtung *o* verschiebbaren Drehpunkt *p*. Durch Verschieben dieses Drehpunktes wird der ausgenutzte Membranhub und damit die Ungleichförmigkeit geändert. Diese Einrichtung hat den Zweck, bei dampfseitigem Parallelbetrieb mehrere Verbraucherdampf liefernde Turbinen eine derartige Abstimmung der Regler zueinander zu ermöglichen, daß Schwankungen der Verbraucherdampfmengen in gewollter Weise auf die Turbinen verteilt werden können.

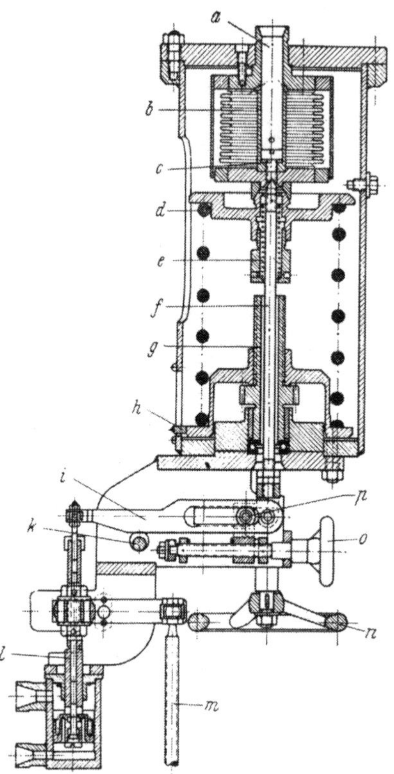

Abb. 404. Membran-Druckregler der AEG.

Die Druckverstellung *n* wird bei diesem Regler nur von Hand betätigt. Häufig ist aber außer der Handverstellung eine elektrische Fernverstellung ähnlich der Drehzahlverstellung des Drehzahlreglers vorgesehen. Durch den Ausschalthebel *k* kann der Druckregler durch einen einzigen Handgriff außer Tätigkeit gesetzt werden.

Soll für besonders empfindliche Dampfverbraucher, wie z. B. Papierfabriken, die Ungleichförmigkeit des Druckreglers auf Null zurückgeführt werden, so wird dem Kraftverstärker als Isobarvorrichtung eine nachgiebige Rückführung zugefügt.

Die Drucksteuerungen der MAN werden, gleich ob es sich um Entnahme-, Gegendruck- oder andere Drucksteuerungen handelt, nach dem gleichen Grundsatz gebaut. Die Steuerung, Abb. 405, besteht jeweils aus einem oder mehreren Regelventilen *C*, dem Steuergestänge *G*, dem Hilfsmotor *M* und der Regelzelle *Z* mit Regelzylinder *R*. Diese hat die Aufgabe, kleine Druckschwankungen in der Dampfleitung, in der der Druck praktisch auf gleicher Höhe gehalten werden soll, in Öldruckschwankungen umzusetzen, die ihrerseits zur Betätigung des Steuergestänges und damit der Regelventile verwendet werden.

Die Regelzelle enthält eine Plattenfeder *1*, auf deren oberer Seite der auf gleicher Höhe zu haltende Dampfdruck lastet. Die infolge der kleinen Druckschwankungen eintretenden Formänderungen werden mittels eines Fühlstiftes *2* auf den Regelhebel *3* übertragen. Dieser ist in seinem unteren Ende als Gabel ausgebildet und überdeckt mehr oder weniger zwei einander gegenüberliegende Schlitze *4* im Regelrohr, durch die das Öl von der Unterseite des Regelzylinders *R* aus der Leitung *8* abfließt. Im Regelzylinder arbeitet ein Kolben *K*, der durch ein Gestänge mit dem Steuerschieber *S* oder der Spindel des Hilfsmotors *M* verbunden ist. Die Zuflußschraube *5* regelt den vom Hauptölsystem kommenden Druckölzufluß *6* über dem Kolben, die Umlaufschraube *7* die Ölumleitung unter dem Kolben. Im Beharrungszustand ist der Öldruck über dem Kolben und der Öldruck unter dem Kolben zuzüglich der Federkraft im Gleichgewicht. Durch ein Überdruckventil (in der Abb. nicht gezeigt) wird der Druck über dem Kolben nahezu gleichgehalten. Sinkt der Dampfdruck über der Plattenfeder *1* der Regelzelle *Z*, so schwingt der Regelhebel *3* durch sein Gewicht nach rechts, so daß die überdeckten Ausflußschlitzöffnungen sich vergrößern und eine größere Regelölmenge abfließen kann. Dadurch sinkt unter dem Regelkolben *K* der Öldruck, und der auf dem Kolben lastende, gleichbleibende Öldruck bewegt ihn unter gleichzeitiger Spannung der Feder nach abwärts, bis wieder Gleichgewicht zwischen dem Öldruck einschließlich Federspannung auf der unteren Seite eingetreten ist. Der Regelkolben *K* schwebt also in einer bestimmten, dem jeweils freigegebenen Ausflußquerschnitt entsprechenden Lage. Jede noch so kleine Änderung des Öldruckes unter dem Regelkolben ruft eine neue Lage hervor. Die Bewegung des Regelkolbens wird auf die Steuerung übertragen. Jeder Höhenlage entspricht somit eine bestimmte Stellung der Regelventile *V* und damit eine bestimmte Durchsatzmenge.

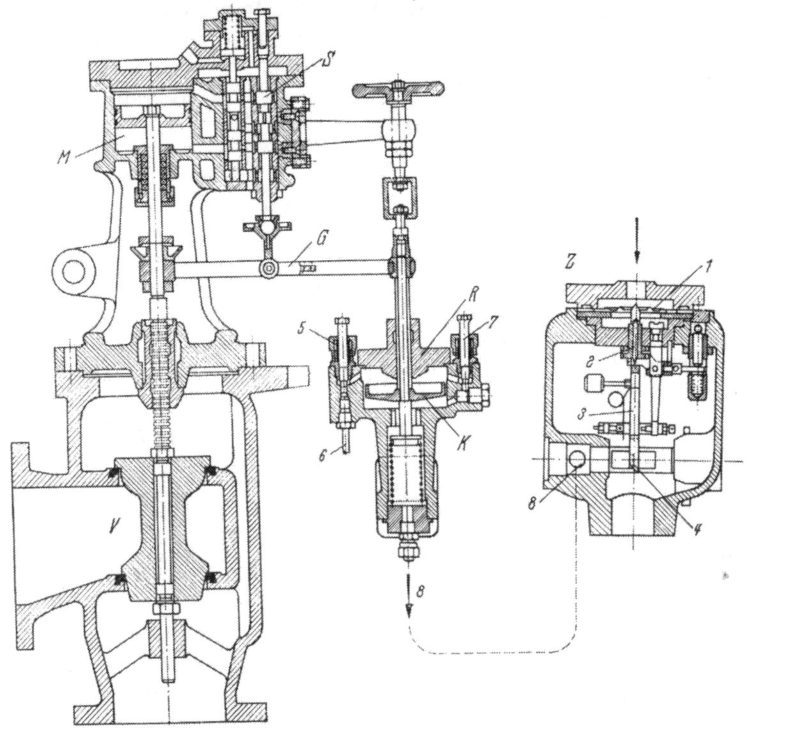

Abb. 405. Drucksteuerung und Regelzelle der MAN-Turbinen.

Ist eine Verstellung des zu regelnden Druckes in weiteren Grenzen notwendig, so wird zusätzlich zur Plattenfeder noch eine Schraubenfeder angeordnet, deren Vorspannung mittels Handrad verändert werden kann. Die übrige Ausführung der Regelzelle ist unverändert.

Weitere Ausführungen von Druckreglungen s. Turbinen für Sonderzwecke

VI. Sicherheitsvorrichtungen.

Um beim Versagen der normalerweise die Drehzahl vollständig beherrschenden Reglung infolge irgendwelcher Störungen (z. B. Hängenbleiben des Regelventils) ein Überschreiten der zulässigen Drehzahl, das „Durchgehen" der Turbine, zu verhindern, muß stets noch eine besondere Sicherheitsvorrichtung angeordnet werden, welche die Turbine bei Überschreitung der Höchstdrehzahl, meist 10 bis 15% über Betriebszahl, sofort abstellt. Zu diesem Zweck ist ein Sicherheitsregler vorgesehen, der erst bei Überschreitung der Höchstdrehzahl ausschlägt und durch geeignete Vorrichtungen entweder das Steueröl so schaltet, daß das Regelventil geschlossen wird — *hydraulischer Schnellschluß*, oder aber das Absperrventil auslöst, daß es durch eine Feder schließt — *mechanischer Schnellschluß*.

A. Der Sicherheitsregler.

Er ist ein astatischer oder labiler Regler, bestehend aus einem auf der Welle sitzenden exzentrischen Schwungring oder nur aus einem Bolzen in einer Bohrung der Welle senkrecht zur Achse oder aus zwei Schwungkörpern sowie aus einer Feder, deren Spannung größer ist als die Fliehkraft bei normaler Drehzahl und bei der Höchstdrehzahl ihr gerade gleich ist. Steigt die Drehzahl weiter, so überwiegt die Fliehkraft (Abb. 406), der Schwerpunkt entfernt sich mehr von der Drehachse, so daß die Fliehkraft wesentlich schneller zunimmt, als die Federspannung und der Regler plötzlich in seine Endlage schnellt, gegen einen Klinkenhebel stößt und diesen zum Auslösen bringt.

Ist G das Gewicht der Schwungmasse (Ring, Bolzen od. dgl. nebst Zubehör), s der Abstand des Schwerpunktes von der Drehachse im Betriebe und $s_a = s + a$ der Abstand nach dem Ausschlagen, wenn a der Ausschlag, $n_{\max}$ die höchstzulässige Drehzahl und F die Federspannung im Betriebe (Vorspannung), so muß die Fliehkraft C sein

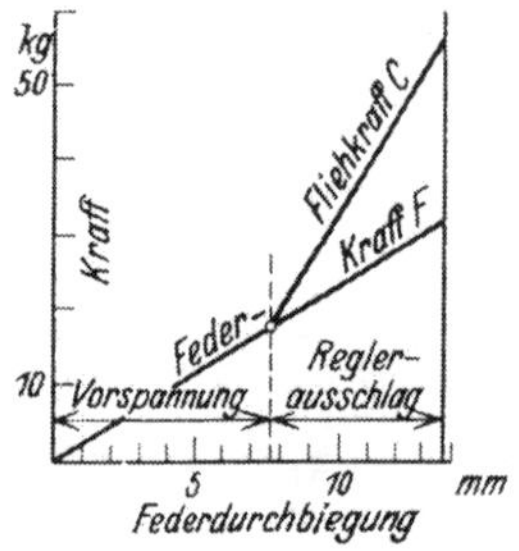

$$C = \frac{G}{g} s \omega^2 = \frac{G}{g} s \frac{\pi^2 n_{\max}^2}{30^2} = F$$

und nach dem Auslösen

$$C_{\max} = \frac{G}{g} s_a \frac{\pi^2 n_{\max}^2}{30^2} \text{ kg},$$

während die Federspannung

$$F_{\max} = F(f + a) : f$$

wird, wenn f die Vorspannung (Durchbiegung) vor dem Ausschlagen.

Abb. 406. Kräfte am Sicherheitsregler.

Nach dem Abstellen der Turbine geht der Regler bei derjenigen Drehzahl n_z in seine normale Lage zurück, bei der die Fliehkraft $C_z = F_{\max}$ ist, es kann also die Turbine nicht eher wieder auf Touren gebracht werden, ehe die Drehzahl nicht unter n_z heruntergegangen ist.

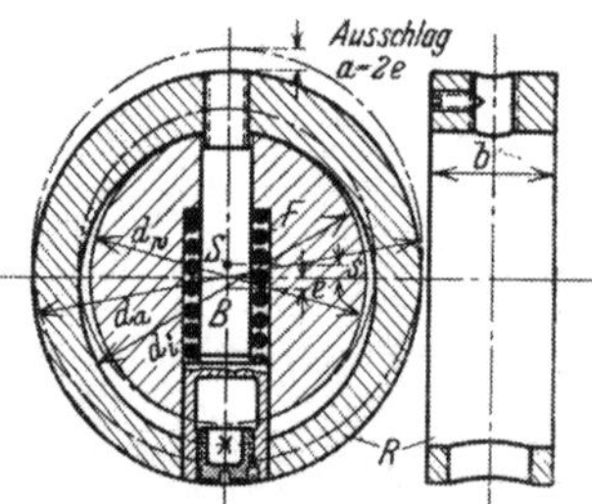

Abb. 407. Sicherheitsregler (WUMAG).

Bei der Ausführung der Regler ist darauf zu achten, daß die Reibung möglichst gering wird, um die Widerstände beim Ausschlagen auf das kleinste Maß zu beschränken, da dadurch die sichere Wirkung des Reglers beeinflußt werden kann. Aus diesem Grunde darf auch kein Öl im Regler eintrocknen können; der Regler ist ab und zu im Betriebe einer Prüfung auf sicheres Wirken zu unterziehen, z. B. durch Abstellen der Turbine durch den Schnellschluß.

Die *Ausführung* eines Sicherheitsreglers mit exzentrischem Ring zeigt Abb. 407 (WUMAG); die Exzentrität ist e, der Ausschlag $a = 2e$, der Schwerpunktsabstand kann aus den Flächenmomenten leicht gefunden werden.

Bezieht man die Momente z. B. auf die Schwerpunktsachse, so ist mit Abb. 407, da das Moment der Differenzfläche gleich Null ist,

$$\frac{\pi}{4} d_a^2 s - \frac{\pi}{4} d_i^2 (s + e) = 0 \quad \text{woraus} \quad s = \frac{d_i^2 e}{d_a^2 - d_i^2}.$$

Bei der Gesamtfliehkraft ist auch die Fliehkraft des Bolzens zu berücksichtigen. Der Hohlraum X der Verschlußschraube kann zwecks genauer Einstellung mit Blei ausgegossen werden.

Eine andere Ausführung zeigt Abb. 408 (EW) und Abb. 409 (Gebr. Stork, Hengelo); beim Einstellen des Reglers wird nur der leichte Federteller verschoben.

Der Schnellschlußregler Abb. 410 hat große Breite, um eine Feder von großem Windungsdurchmesser unterbringen zu können; Führung durch die seitlichen

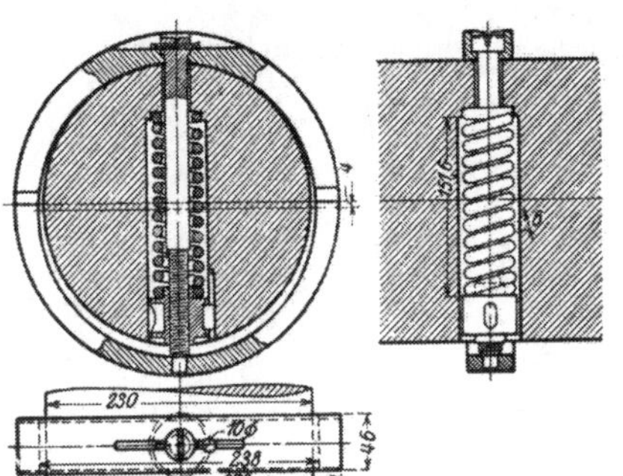

Abb. 408. Sicherheitsregler (EW).

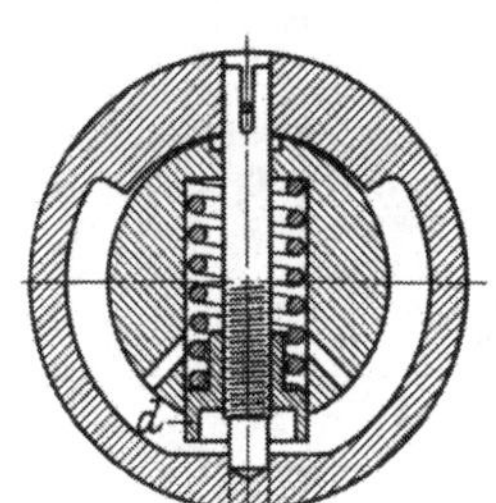

Abb. 409. Sicherheitsregler (STORK).

Keile. Zur Verminderung des Gewichtes hat der Ring eine zentrische Eindrehung; die Bohrungen im aufgekeilten Innenring dienen zum Massenausgleich. Eine

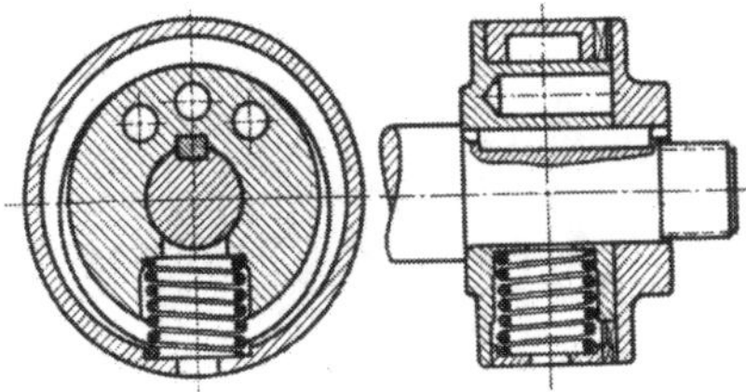
Abb. 410.

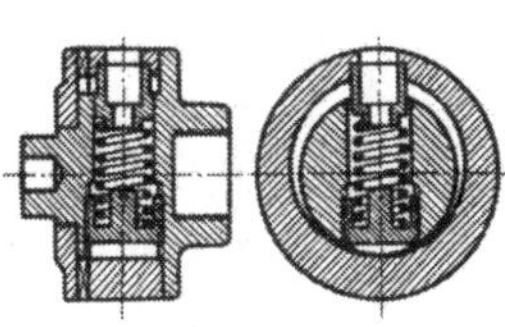
Abb. 411.

Abb. 410 u. 411. Sicherheitsregler.

verbesserte Ausführung zeigt Abb. 411 mit Einstellung, wobei nur der feststehende Federteller verschraubt wird, so daß eine Änderung der Schwerpunktslage nicht eintritt.

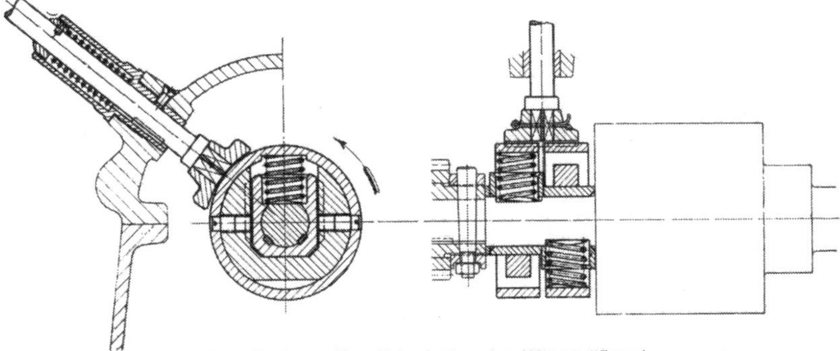
Abb. 412. Doppelter Sicherheitsregler (WEISE SÖHNE).

Bei dem doppelten Sicherheitsregler Abb. 412 (Weise Söhne) mit entgegengesetzt angeordneten Schwunggewichten ist neben doppelter Sicherheit Massenausgleich erreicht; zur Verringerung der reibenden Flächen erfolgt die radiale Führung durch die seitlichen Bolzen in Nuten.

Um die Empfindlichkeit kurzer Federn gegen kleine Änderungen der Federabmessungen zu vermeiden, ist der Sicherheitsregler Abb. **413** mit einer langen Zugfeder ausgerüstet, die um die Welle herumgelegt ist. Die Einstellung erfolgt durch ein verstellbares Zusatzgewicht, das mittels einer Stellschraube verschoben werden kann; Fixierung durch Sperrfeder. Beim Sicherheitsregler der AEG, Abb. **414**, ist auf der Turbinenwelle *W* der Teil *A* aufgekeilt; durch seinen Bund und den Teil *B* ist der Schwungring *C* an seinen breiten Stellen gefährdet. Der übrige Teil des

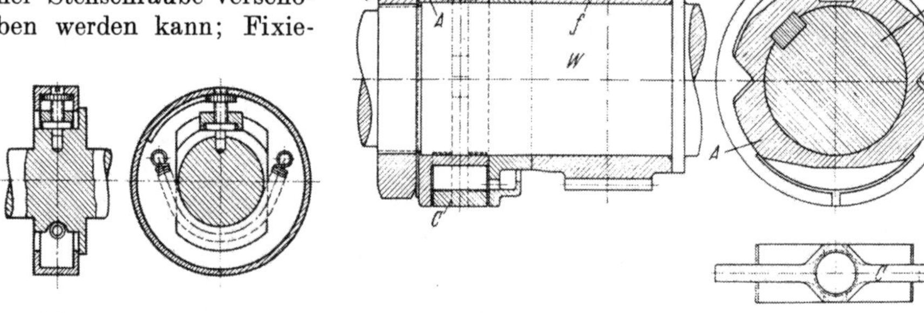

Abb. 413. Sicherheitsregler. Abb. 414. Sicherheitsregler der AEG.

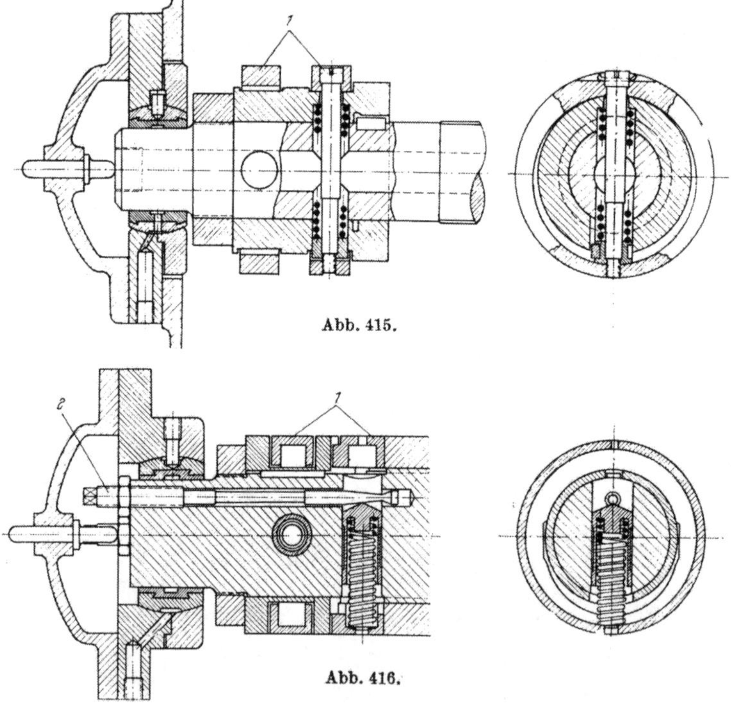

Abb. 415.

Abb. 416.

Abb. 415 u. 416. Sicherheitsregler der MAN.

Schwungringes ist schmal gehalten. Hubbegrenzung durch die seitlichen eckigen Vorsprünge.

Die Sicherheitsregler der MAN werden mit einem oder mit zwei Schwungringen ausgeführt, entweder in einfacher Form, Abb. **415**, oder mit Einstellbarkeit nach Abb. 416, mit Einstellbarkeit der Auslösedrehzahl über die Schraubspindeln mit konischen Anschlägen.

Einen Sicherheitsregler von BBC für Kleinturbinen zeigt Abb. 417. Für Turbinen großer Leistung werden sie in ähnlicher Form mit entsprechend größeren Abmessungen ausgeführt.

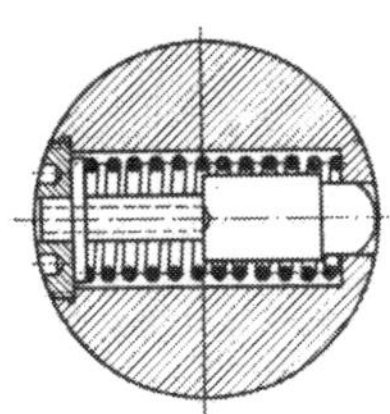

Abb. 417 (BBC).

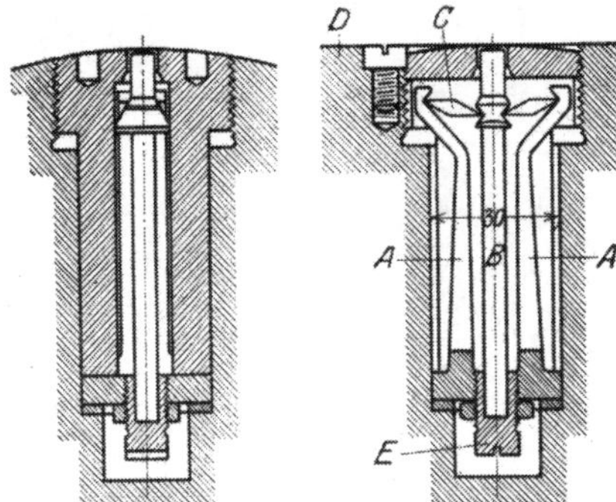

Abb. 418 (LJUNGSTRÖM).

Abb. 417 u. 418. Sicherheitsregler.

Eine eigenartige Ausführung zeigt Abb. 418 (LJUNGSTRÖM); das Schwunggewicht ist ein Bolzen B, der mittels der Stelzen C von den Blattfedern A gehalten wird, die Einstellung erfolgt mittels einer Schraube E durch Verschieben des Bolzens; das Ganze sitzt in einer Bohrung des Kupplungsflansches.

B. Die hydraulische Schnellschlußvorrichtung.

Sie ist jeweils bei der betreffenden Reglung beschrieben; der Regler bewirkt die Verstellung eines Umschaltschiebers, der das Drucköl über den Kolben des Kraftgetriebes steuert, wodurch das Regelventil geschlossen wird, während das Öl unter dem Kolben ablaufen kann (s. Abb. 353/354, S. 304, Abb. 335 und die Beschreibungen zu denselben).

Die Schnellschlußvorrichtung der SSW, deren Schema Abb. 379, S. 321, veranschaulicht, bewirkt außer dem Abschließen der Regelventile auch Schließen des Absperrventils A, welches nur bei genügend hohem Öldruck, der beim Anfahren von der Hilfsölpumpe P erzeugt wird, geöffnet und offengehalten werden kann.

Das Hauptabsperrventil A trägt am oberen Ende seiner Spindel den Kolben K, der mit Ventilöffnungen O versehen ist; am unteren Ende der Handradspindel SP sitzt das Ölventil OV. Bei zu niedrigem Öldruck würde der Druck der Feder F nicht überwunden werden, das Ventil A also gar nicht öffnen. Ferner kann das Ventil beim Anfahren nur langsam mittels des Handrades R geöffnet werden, da andernfalls der Kolben K nicht gleich folgt, wodurch das Ölventil den Abfluß durch O öffnet und der Öldruck sinken würde, so daß die Feder F das Ventil schließt. Dadurch ist zu rasches Anfahren unmöglich gemacht.

Das Drucköl gelangt von der Zahnradpumpe Z durch Leitung L_3, Kammer K_1, Büchse B_2, Kanal *1* und *3* nach Kammer K_3 unter den federbelasteten Umschaltschieber UK und durch Leitung L_5 unter den Kolben K des Absperrventils A. Im Betriebe liegt die Ventilbüchse B_2 wie gezeichnet oben an und der Umschaltkolben UK wird durch den Öldruck in K_3 in gezeichneter Lage gegen den Federdruck gehalten, wobei er die Druckleitung L_4 abschließt. Nach dem Ausschlagen des Sicherheitsreglers SR wird die Büchse B_2 den Ablauf öffnen, der Öldruck sinkt und die Büchse gelangt durch das Eigengewicht und die seitliche Zugfeder in die untere Endlage. Dadurch ist dem Öl unter dem Kolben K des Absperrventils A durch Leitung L_5, Kammer K_3, Kanal *3*, Kammer K_2 und Kanal *1* der Ablauf freigegeben, das Ventil A schließt. Infolge des sinkenden Öldruckes in K_3 wird gleichzeitig der Umschaltkolben UK durch die Feder nach unten bewegt, das Drucköl aus der Leitung L_4 gelangt durch L_2 zum Servomotor und bewirkt Schließen der Düsenventile V, während das Öl von der anderen Seite des Drehkolbens durch L_1, Kanal *4* und Kanal *1* ablaufen kann, da durch die

Bewegung des Drehkolbens der Hilfsschieber *HS* nach unten verschoben wird. Bei sinkendem Öldruck werden beide Vorrichtungen betätigt, da dann *UK* auch nach unten geht. Hebel *H* dient zur Handauslösung.

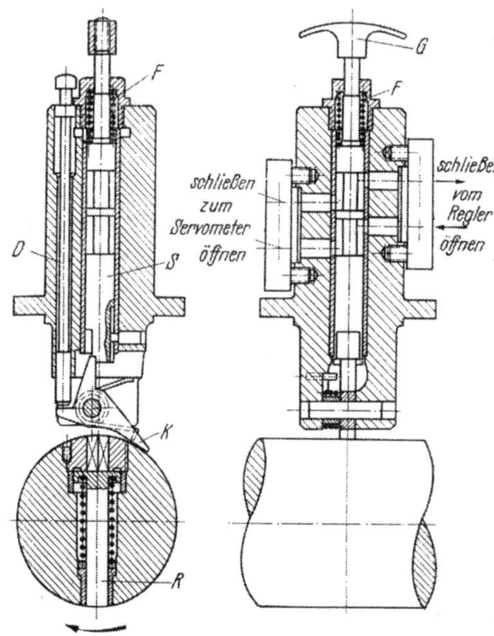

Abb. 419. Schnellschuß von KÜHNLE, KOPP u. KAUSCH.

Den Sicherheitsregler und die Umschaltvorrichtung von KKK zeigt Abb. 419.

Das vom Drehzahlregler kommende Öl wird durch die unteren Bohrungen der Vorrichtung unter den federbelasteten Servomotorkolben (Abb. 351, S. 302) geführt, während das Öl über dem Kolben durch die oberen Bohrungen ablaufen kann. Beim Ausschlagen des Schnellschlußreglers *R* wird die Klinke *K* ausgelöst und der Schieber *S* durch die Feder *F* nach unten gedrückt. Dadurch läuft das Öl unter dem Kolben ab, gleichzeitig wird das Impulsöl des Drehzahlreglers auf die Schließseite des Servomotorkolbens geschaltet, so daß das Absperrventil außer durch die Federkraft noch zusätzlich durch die Ölkraft geschlossen wird, da ja der Drehzahlregler beim Absinken der Drehzahl automatisch auf Öffnen steuert. Handauslösung durch leichten Schlag auf den Kopf der Spindel *D*. Wiedereinklinken durch Ziehen am Griff *G*.

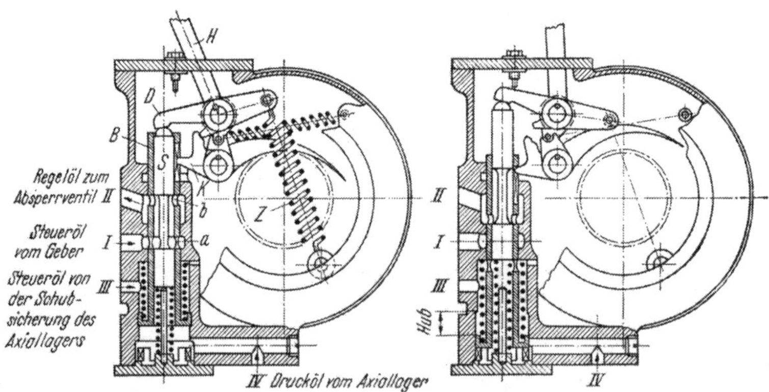

Abb. 420. Hydraulischer Schnellschluß (Ölausschalter der ČSR).

Die hydraulische Schnellschlußvorrichtung der Turbinen der Tschechoslowakei, Abb. 420, besteht aus einem federbelasteten Schieber *S* und einer ihn umgebenden federbelasteten Kolbenbüchse *B*.

In der Betriebsstellung (linke Abbildung) gelangt das vom Geber (vgl. Abb. 386, S. 328) bei *I* eintretende Steueröl durch die Bohrungen *a* und *b* und den Kanal *II* als Regelöl zum Einlaß- (Absperr-) Ventil. Bei *III* tritt das Öl von der Schubsicherung des Drucklagers ein, bei *IV* das Drucköl vom Drucklager. Sinkt der Druck des Öles im Drucklager, dann drückt die Feder F_1 die Büchse B nach unten, wodurch der Steuerölzufluß in I aufhört. Gleichzeitig löst die Büchse B die in ihren oberen Ausschnitt hineinragende Klinke K aus, worauf der Daumenhebel D mittels der Zugfeder Z den Schieber S frei gibt, der nun durch die unter ihm befindliche Feder F_2 nach oben bewegt wird (Abbildung rechts) und den Ölabfluß vom Absperrventil frei gibt, so daß dieses durch Federdruck geschlossen wird.

Die Schnellschlußvorrichtung von BBC ist mit einer Anlaßvorrichtung verbunden, da die öldruckgesteuerte Hauptabschließung (s. Abb. 384, S. 326) einer solchen bedarf.

Diese Vorrichtung besteht in der Hauptsache aus zwei konzentrisch in einem Gehäuse gelagerten Drehschiebern, Abb. 421. Der äußere Schieber *7* (Steruerölschieber) kann mit dem Handrad *6* durch ein Schneckengetriebe verdreht werden. Dieser Schieber hat einen Schlitz *7a*, Abb. 421a, in dem ein Mitnehmerstift des inneren Schnellschlußschiebers *18* gleitet, der normalerweise durch einen Hebel festgehalten wird und sich nur beim Ausschlagen des Sicherheitsreglers *17* verdreht.

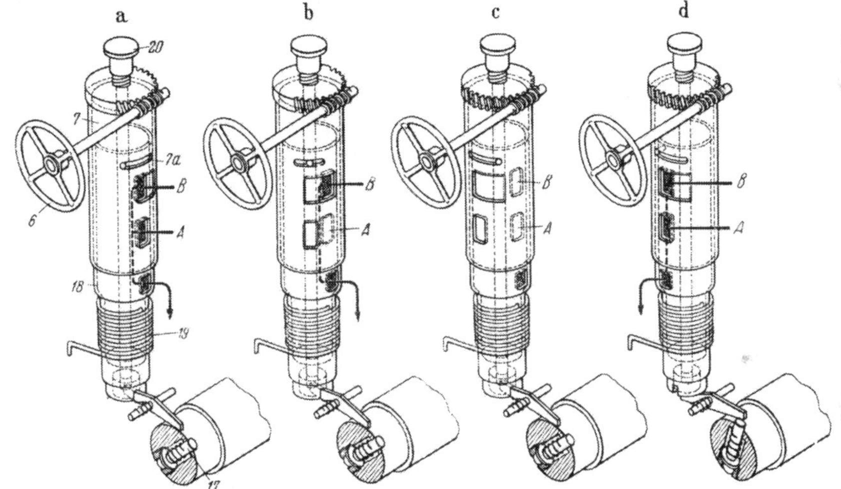

Abb. 421. Anlaß- u. Schnellschlußvorrichtung von BBC.
a Stillstand, b Anlassen, c Betrieb, d Schnellschluß.

Beide Drehschieber haben zwei Schlitze A und B in Abb. 421. Falls sich diese Schlitze überdecken, fließt das Öl der Schnellschlußversorgung und der Steuerversorgung durch sie ab, wobei sämtliche Ventile geschlossen bleiben. Bei dieser Schieberstellung, Abb. 421a, ist die Turbine in Ruhe.

Das *Anlassen* geschieht dadurch, daß mit dem Handventil *19*, Abb. 384, die Dampfölpumpe *20* angelassen wird, wodurch die Lager der Turbogruppe über die Leitung *29* mit Öl versorgt werden. Desgleichen werden die Leitungen *24* zur Hauptabschließung *1, 2, 3* und *27* zu den Düsenventilen *4* durch das Gehäuse des Hauptreglers *11* angefüllt. Diese beiden Leitungen sind jedoch noch nicht unter Druck, da das Öl bei der Anlaßvorrichtung ins Lagergehäuse der Turbine entweichen kann, Schieberstellung 421a. Wird das Handrad *6*, Abb. 421, der Anlaßvorrichtung im Sinne des Anlassens, d. h. entgegen dem Uhrzeigersinn gedreht, so bewegt sich der äußere Schieber derart, daß zuerst der Ablaufschlitz A für das Öl der Hauptabschließung verdeckt wird, Stellung Abb. 421b. Dadurch wird die Leitung zum Hauptabschluß *1*, Abb. 384, unter Druck gesetzt und dessen Kraftkolben so weit verschoben, daß das Entlastungsventil geöffnet wird. Nach erfolgtem Druckausgleich wird der Kolben weiter angehoben und das Hauptabschlußventil vollständig geöffnet. Durch Zurückdrehen der Anlaßvorrichtung aus dieser Stellung kann die Hauptabschließung jederzeit wieder geschlossen werden. Wird nun die Anlaßvorrichtung im Sinne des Anlassens weitergedreht, so schließt der äußere Drehschieber auch die Abflußöffnung des Steuerölsystems, Stellung Abb. 421c. Dadurch wird dieses unter Druck gesetzt, und das Düsenventil mit der schwächsten Feder beginnt sich zu öffnen. Der Dampf kann somit zur ersten Düsengruppe strömen und setzt die Turbine in Gang. Bei angenähert halber Betriebsdrehzahl beginnt die Zahnradölpumpe *16* (Abb. 384) zu fördern, und bei Annäherung an die normale Drehzahl übernimmt der Hauptregler *11* die Steuerung der Düsenventile, so daß die Turbinendrehzahl bei jeder Belastung richtig eingehalten wird. Die Dampfölpumpe *20* kann nun abgestellt werden.

Das *Abstellen* der Turbine geschieht durch Zurückdrehen des Handrades der Anlaßvorrichtung in die Stellung für Stillstand, Abb. 421a. Dabei werden zuerst die Düsenventile und dann die Hauptabschließung geschlossen.

Der Sicherheitsregler *7*, Abb. 384, schlägt aus, sobald die normale Drehzahl der Turbine um rund 10% überschritten wird. Er betätigt einen Auslösehebel, der normalerweise durch eine Feder in einem Schlitz des Schnellschlußschiebers *18* der Anlaßvorrichtung gehalten wird, Abb. 421a. Die Torsionsfeder *19* dreht nach dem Auslösen nun diesen Schieber bis zum Anschlag am Steuerölschieber zurück, also gerade so weit, als der Steuerölschieber von Hand verdreht wurde. In dieser Stellung überdecken sich die beiden Schlitze *A* und *B*, und das Öl der beiden Ölversorgungen kann ungehindert abfließen, Stellung Abb. 421d, so daß sämtliche Düsenventile und das Hauptabschlußventil sofort durch den Federdruck geschlossen werden. Es wird somit eine doppelte Absperrung des Dampfzutritts zu der Turbine erreicht.

C. Die mechanische Schnellschlußvorrichtung.

Sie wirkt meist in der Weise, daß der ausschlagende Sicherheitsregler eine durch Feder gespannte Klinke auslöst und diese Feder durch Gestänge die Sperrung des Absperrventils auslöst, worauf eine die Ventilspindel belastende Feder das Absperrventil zuschlägt. Eine direkte Auslösung der Sperrung am Ventil durch den Sicherheitsregler wird nur bei Kleinturbinen (s. d.) angewendet.

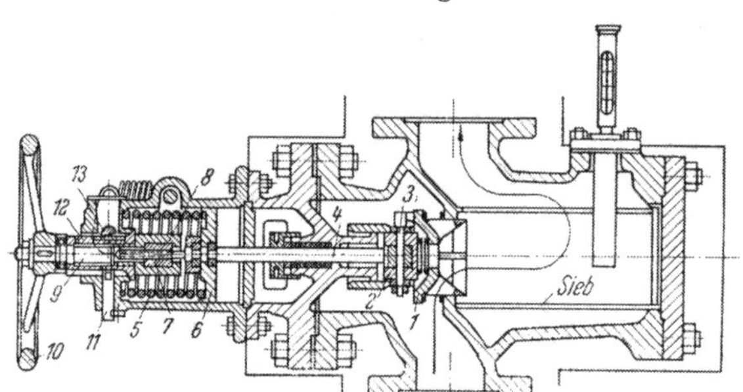

Abb. 422. Schnellschlußabsperrventil der AEG.

Die doppelte Schnellschlußvorrichtung der WUMAG (Abb. 353, S. 304) hat 2 Sicherheitsregler, der eine betätigt die hydraulische Vorrichtung (s. S. 304), der andere die mechanische, indem er gegen den Hebel *N*, Abb. 353, schlägt, die Klinke *Q* auslöst, worauf die Feder F_1 durch die Stange *T* die Sperrklinke so dreht, daß die Büchse *U* freigegeben wird und die Feder über dem Kolben die Büchse *U* mit der Spindel nach unten bewegt und das Absperrventil *A* zudrückt. Durch Drehen des Handrades (Schließbewegung) bei geschlossenem Ventil kann die Büchse wieder hochgeschraubt werden, bis die Klinke einschnappt; darauf kann das Ventil wieder geöffnet werden. Durch den Hebel *W* kann Auslösung von Hand bewirkt werden.

Ein Schnellschlußabsperrventil der AEG zeigt Abb. 422, aus der die Einzelheiten zu ersehen sind.

Der Ventilteller *1* hat eine Führungsbüchse, in der auch das Voröffnungsventil *2* geführt wird. Letzteres ist mittels eines durchgehenden Bolzens *3* auf der Ventilspindel *4* befestigt, die mit dem durch die Feder *5* belasteten Kolben *6* verschraubt und am Ende mit Gewinde versehen ist. Die Mutter *7* dieses Gewindes ist in einen entsprechend ausgebildeten verdichteten Teil *8* der Spindel *9* des Handrades *10* eingeschoben, so daß durch Drehen des letzteren das Ventil *1* geöffnet und geschlossen werden kann. Die Handradspindel *9* sitzt in der durch den Bolzen *11* am Mitdrehen gehinderten Klinkenbüchse *12*, in deren gehärtetem Einschnitt die Sperrklinke *13* eingreift und die Büchse *12* festhält. Durch den Sicherheitsregler wird über ein Gestänge (vgl. Abb. 370, S. 316) die Sperrklinke *13* gedreht und gibt die Büchse *12* frei, so daß das Absperrventil durch die Kraft der Feder *5* zuschlägt. Zum Wiederöffnen des Ventils muß die Mutter *7* erst hochgeschraubt werden (Schließbewegung des Handrades) bis die Klinke *13* wieder einschnappt, und dann kann das Öffnen durch Drehen des Handrades in der anderen Richtung erfolgen.

Ein Schnellschlußventil der tschechoslowakischen Turbinen zeigt Abb. 356, S. 306, das ebenfalls durch Drehen der Klinkenwelle *W* ausgelöst wird.

Die hydraulisch-mechanische Schnellschlußvorrichtung von Escher Wyß ist bei Abb. 355, S. 306 beschrieben.

Die heute bei der Gutehoffnungshütte übliche Schnellschlußvorrichtung, Abb. 392, S. 332, wird vom Sicherheitsregler *20* ausgelöst, indem nach dessen Ausschlagen der Ölausschalter *22* betätigt wird und dieser die Leitung *Z* und den Raum *23* drucklos werden läßt. Dadurch kann die Feder *24* den Kolben *25* und dessen Stange *26* in Bewegung setzen und über den Hebel *27* die Sperrklinke *28* aus der Gewindebüchse *29* hinausdrehen. Diese ist damit für eine Bewegung in axialer Richtung freigegeben, und die Feder *30* kann das Ventil *31* zudrücken; Pufferwirkung durch den federbelasteten Kolben *32*.

Eine Sonderausführung einer Schnellschlußvorrichtung zeigt Abb. 391, S. 331.

Bei den Kleinturbinen wird die Auslösung der das Absperrventil schließenden Feder direkt durch den Regler bewirkt, ohne Zwischenschaltung einer weiteren Ausklinkvorrichtung mit Feder.

Schnellschlußvorrichtungen für Kleinturbinen s. unter ausgeführten Turbinen.

Fünfter Abschnitt.

Ausführungen von Dampfturbinen.

Dampfturbinen werden von den kleinsten Leistungen an gebaut und haben in vielen Fällen die Kolbenmaschine verdrängt, trotzdem sie derselben in der Wirtschaftlichkeit erst von etwa 300 PS an überlegen sind; jedoch werden sie wegen ihrer Einfachheit, des geringen Raumbedarfs und des bequemen Zusammenbaues mit rotierenden Maschinen bevorzugt, besonders wenn der vollständig ölfreie Abdampf für irgendwelche Zwecke verwendet werden kann. Als *Kleinturbinen* können solche bis etwa 500 PS bezeichnet werden, Turbinen mittlerer Leistung bis etwa 10000 PS, darüber *Großturbinen.* In bezug auf Größe der erreichbaren Einzelleistung steht die Dampfturbine unerreicht da. Um auch bei kleineren und mittleren Leistungen billige und kleine Turbinen guter Wirtschaftlichkeit zu erhalten, werden sie mit hoher Drehzahl, über 10000 Umdr./min, ausgeführt und diese durch Zahnradgetriebe auf die gewünschte Drehzahl herabgesetzt — *Getriebeturbinen*; aber auch ohne Übersetzung ist die Leistung für die meist angewendete Drehzahl von 3000 Umdr./min immer weiter erhöht worden, man hat bei solchen *Grenzleistungsturbinen* 100000 kW erreicht. Darüber werden 1500 Umdr./min angewendet. (In USA 3600 Umdr./min.)

Mit der Erhöhung des Dampfdruckes zwecks Verbesserung der Wirtschaftlichkeit hat die Ausführung von *Hochdruckturbinen* Schritt gehalten, wobei man bestehende Niederdruckanlagen durch *Vorschaltturbinen* für hohen Dampfdruck umbauen kann.

I. Kleinturbinen.

Kleinturbinen werden nur als Gleichdruckturbinen ausgeführt, mit einer oder einigen Druckstufen, je nach Drehzahl und Leistung, und mit Geschwindigkeitsstufung entweder mit mehrkränzigem Rad nach Curtis oder mit wiederholter Beaufschlagung desselben Kranzes radial oder axial nach Kienast. Letztere Ausführung wird bei kleinsten Leistungen viel angewendet, da zwar der Umlenkungsverlust größer ist, aber neben billigerer Ausführung die Ventilationsverluste kleiner werden, die bei kleinen Leistungen eine wesentliche Rolle spielen. Kleinturbinen ermöglichen Serienfabrikation, da nur die Leitvorrichtungen und Schaufeln dem Dampfzustand anzupassen sind und durch Änderung der Beaufschlagung die gewünschte Leistung erreicht werden kann.

Die Reglung erfolgt meist direkt, aber auch durch Kraftgetriebe; bei Antrieb von Kesselspeisepumpen wird Druckreglung angewendet. Die Turbinen können eng mit der anzutreibenden Maschine zusammengebaut werden, so daß sie fertig montiert versandt werden können.

Abb. 423 zeigt eine Kleinturbine von E. Nacke.

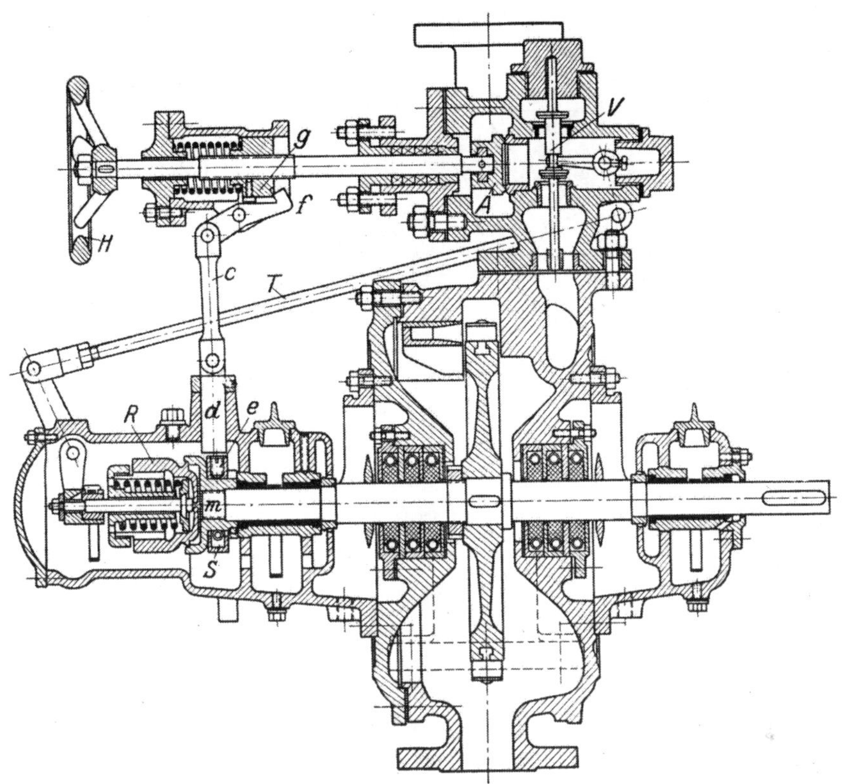

Abb. 423. Kleinturbine von E. NACKE.

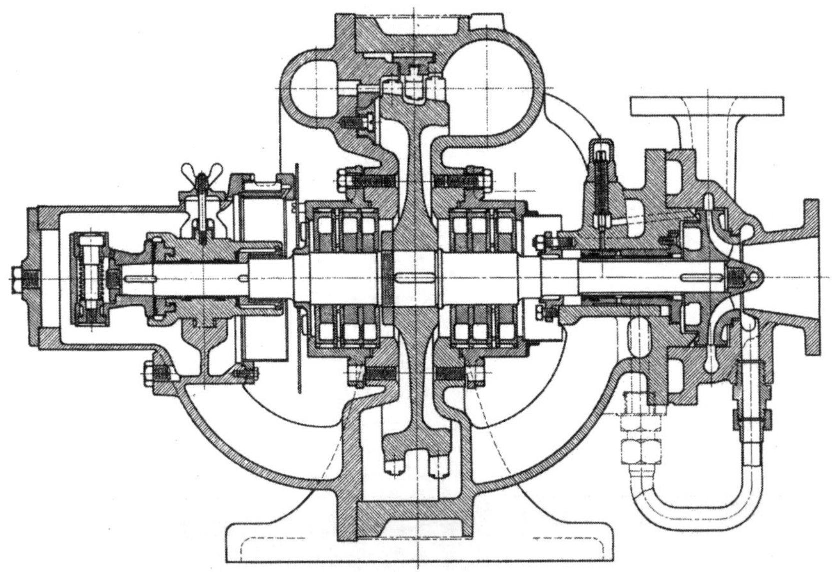

Abb. 424. Turbokesselspeisepumpe von BBC.

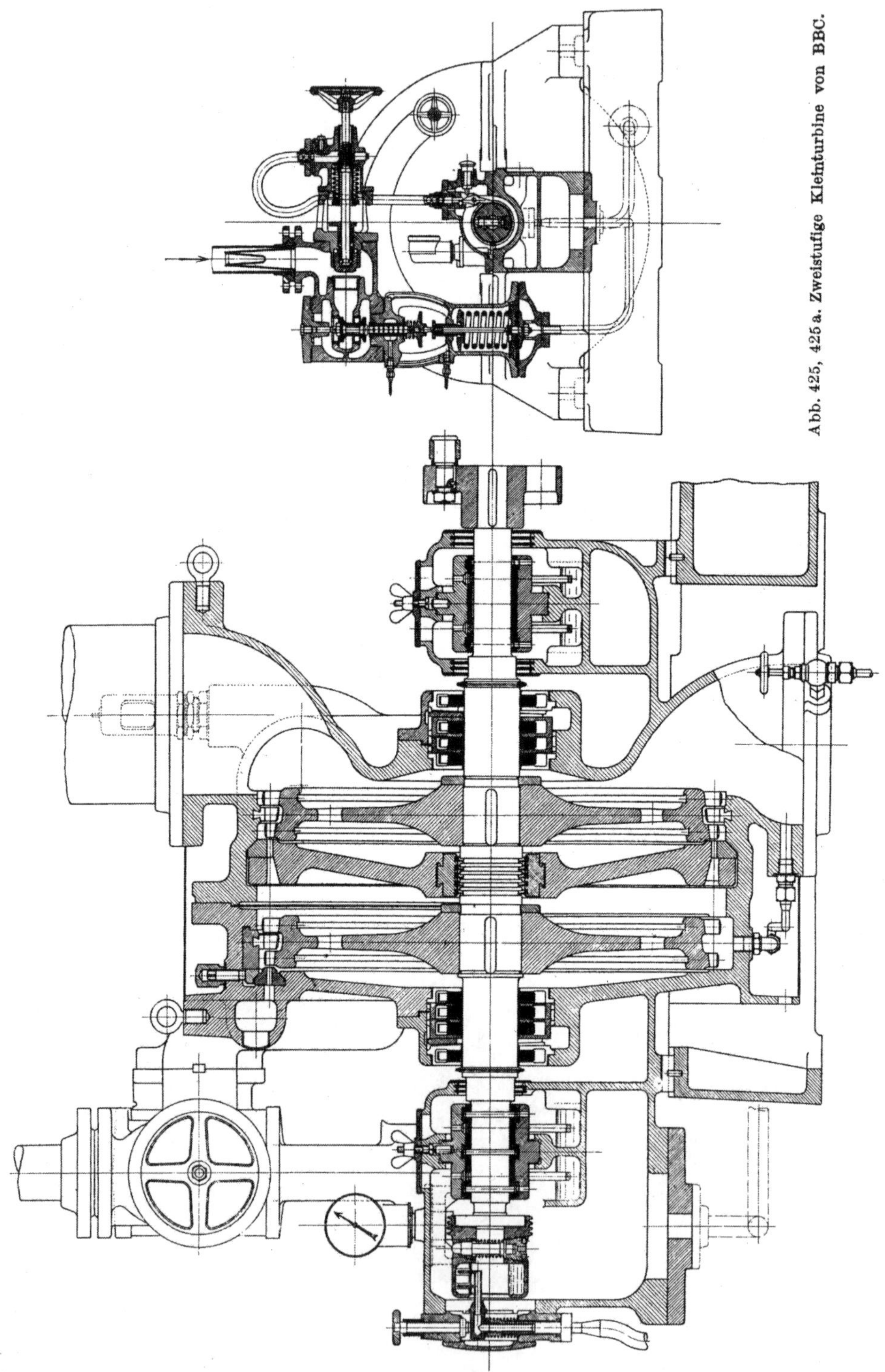

Abb. 425, 425 a. Zweistufige Kleinturbine von BBC.

Das Gehäuse ist ungeteilt, mit einem vorderen Deckel versehen. Das Laufrad ist einkränzig mit wiederholter Beaufschlagung durch Umleitkammern. Der Regler *R* verstellt über Hebel und Stange *T* das Regelventil *V*. Der Schnellschlußregler löst über dem Führungsbolzen *d* mittels der Stange *c* den Klinkenhebel *f* aus, der die Spindelmutter *g* freigibt, so daß die Feder über der Mutter das Absperrventil *A* schließt.

Ein Turbokesselspeiseaggregat von Brown, Boveri & Cie. (BBC) zeigt Abb. 424; das Gehäuse von Turbine und Pumpe ist zusammengegossen, das Turbinenlaufrad wird nach Abziehen des Pumpenkreisels mit dem vorderen Deckel herausgezogen. Reglung durch Druckregler (ähnlich Abb. 425a).

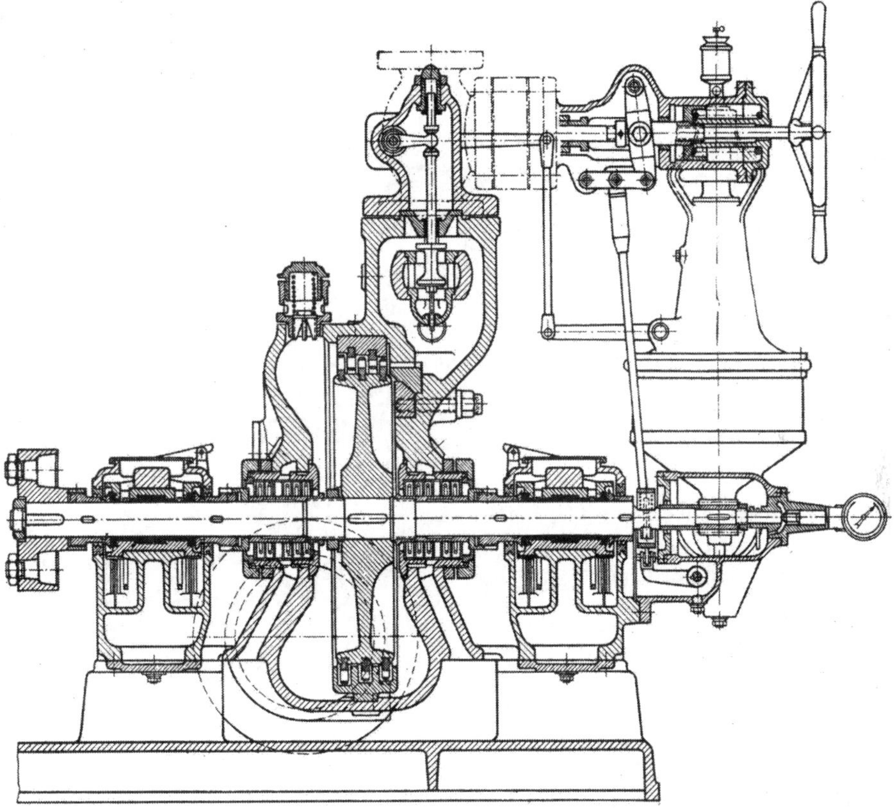

Abb. 426. Hochdruckkleinturbine von WEISE SÖHNE.

Eine größere Turbine älterer Ausführung mit zwei Druckstufen je mit zwei Geschwindigkeitsstufen von BBC veranschaulicht Abb. 425, 425a mit Ölringsteuerung (Abb. 349, S. 301); Gehäuseunterteil mit den Lagern einstückig, Oberteil axial geteilt.

Der Aufbau der Kleinturbinen für Hochdruckheißdampf mit direkter Reglung von Weise Söhne, ist aus Abb. 426 ersichtlich. Das Schnellschlußventil wird durch den Sicherheitsregler auf der Turbinenwelle ausgelöst, indem der Kniehebel durchgedrückt wird.

Die Turbinen zum Antrieb von Kesselspeisepumpen größerer Leistung haben Servomotorenreglung; die Turbinen des Bekawerkes, Taucha b. Leipzig, werden als Gegendruckturbinen mit nur einem einkränzigen Laufrad und wiederholter

Beaufschlagung für Leistungen bis 750 PS mit Drehzahlen von 3500 bis 4000 Umdr./min ausgeführt. Kleine Einheiten erhalten direkte Reglung, größere werden mit Drehservomotor ausgerüstet; bis 20 PS mit fliegendem Laufrad erhalten sie Ringschmierung, darüber Druckölschmierung. Eine Lagerschale s. Abb. 297, S. 260.

Abb. 427 zeigt eine Turbine des Bekawerkes von 100 PS, Abb. 428 eine solche von 200 PS.

Der durch Schneckentrieb angetriebene Regler R verstellt über Hebel und Stange T das Regelventil V. Die Umlenkvorrichtung ist in Abb. 155, S. 177, wiedergegeben. Der Schnellschlußregler der 100-PS-Turbine, Abb. 427, ist oben auf der Spindel des Drehzahlreglers R angeordnet, bei der 200-PS-Turbine, Abb. 428, sitzt er vorn in der Turbinenwelle. Beim Ausschlagen löst er mittels

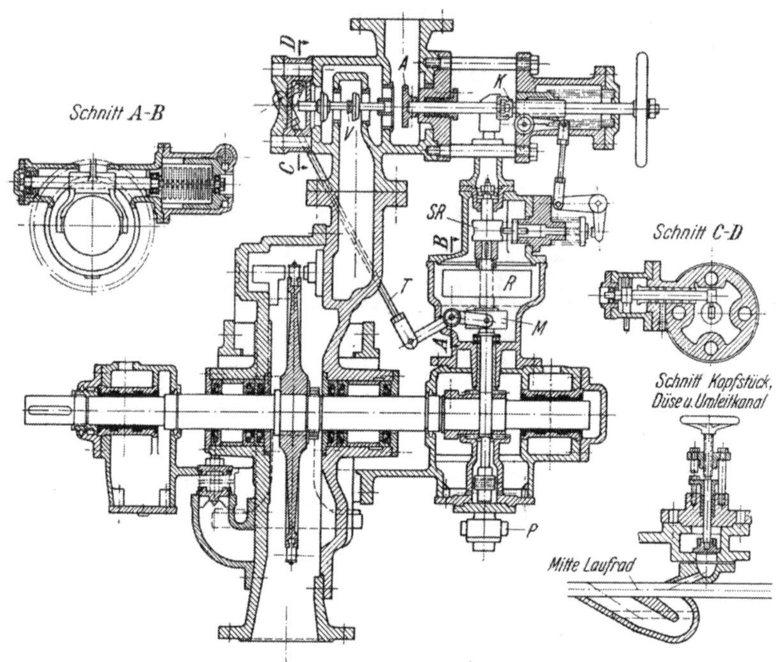

Abb. 427. Kleinturbine des Bekawerkes für 100 PS.

der Hebel und Stange T die Sperrklinke K aus, worauf das Absperrventil durch den Druck der Feder geschlossen wird.

Eine Turbine vertikaler Bauart des Bekawerkes zeigt Abb. 429 für eine Leistung von 20 PS.

Das einkränzige Laufrad L auf der Welle W hat wiederholte Beaufschlagung, Düse D Umlenkkammer U. Der Drehzahlregler sitzt oben auf der Turbinenwelle und betätigt das Regelventil V über die Heben H_1, H_2 und Stange T. Der Schnellschließregler S ist unten an der Welle angeordnet und wirkt in der bekannten Weise auf sas im gleichen Gehäuse mit dem Regelventil untergebrachte Absperrventil A. Eine Kreiselpumpe P fördert das Schmieröl nach oben.

Eine Kleinturbine der Hamburger Turbinenfabrik GmbH, Nürnberg, für 40 PS (dieselbe Type wird für 15 bis 150 PS ausgeführt) mit fliegendem einkränzigem Laufrad mit wiederholter Beaufschlagung zum Antrieb von Speisepumpen, Gebläsen, Kleingeneratoren, evtl. mit Übersetzungsgetriebe ist in

Abb. 430 dargestellt. Laufraddurchmesser im vorliegenden Fall 400 mm (320 bis 500 mm).

Im Lagerstuhlgehäuse, das als Ölbehälter mit Kühlschlange dient, ist der Drehzahlregler *R* untergebracht, der als Bolzenregler ausgeführte Schnellschlußregler *S* sitzt in der Turbinenwelle. Der Gabelhebel *G* überträgt die Bewegung der Reglermuffe über die Welle *W* und den Gabelhebel *g* auf das Druckstück *C* der Ventilspindel des Regelventils *V*, auf die andrerseits die Feder F_1 wirkt. Das Regelventil dient zugleich als Schnellschlußventil. Bei Überschreitung der zulässigen Drehzahl schlägt der Schnellschlußregler *S*, Abb. 431, gegen den Klinkenhebel *E*, der im Ausschnitt des Bolzens *B* drehbar gelagert ist, wodurch die Klinke *K* den Bolzen freigibt, so daß die Feder F_2 den Bolzen vordrückt und dieser mittels des schrägen Einschnittes

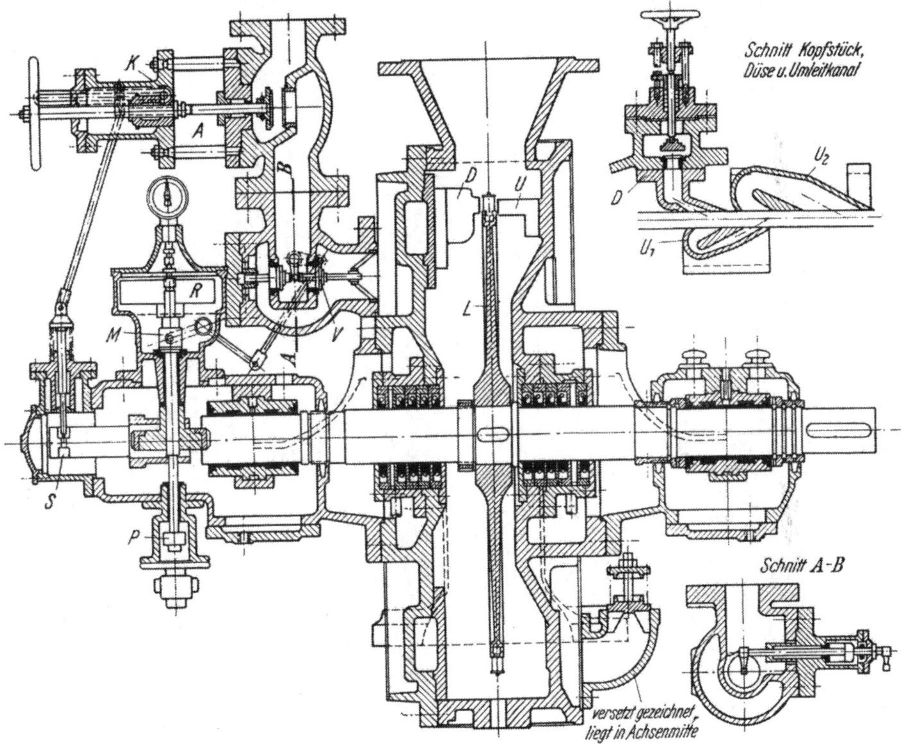

Abb. 428. Kleinturbine 200 PS des Bekawerkes.

den Stift *N* entgegen der schwachen Feder gegen das Druckstück *C* (Abb. 430) drückt, wodurch das Ventil *V* unabhängig von der Stellung der Drehzahlreglermuffe geschlossen wird. Das Ausklinken der Klinke *K* kann auch mittels des Handhebels *Q* durch den Daumenhebel *T* erfolgen.

Durch das Schneckengetriebe *P* wird die Lagerölpumpe angetrieben.

Eine weitere Typenreihe der Hamburger Turbinenfabrik für Leistungen von 60 bis 2500 PS mit zwei- oder dreikränzigem Curtisrad von 400, 500, 630 und 800 mm Teilkreisdurchmesser zeigt Abb. 432. Diese Turbinen haben bei den kleineren Leistungseinheiten nur ein von der Muffe *M* des Drehzahlreglers *R* über die Hebel *H* betätigtes Drosselventil *V*; außerdem kann von Hand durch das Zusatzventil *Z* eine weitere Düsengruppe beaufschlagt werden. Drehzahlverstellung durch Ändern der Spannung der Feder F_1. Schnellschlußregler *S* in der Welle, löst die Sperrklinke *K* des Absperrventils *A* aus. Lagerölpumpe unten an der Reglerspindel.

Dieselbe Type kann bei größeren Leistungen mit indirekter Düsenreglung versehen werden, wie sie in Abb. 433 wiedergegeben ist, verbunden mit Druckreglung.

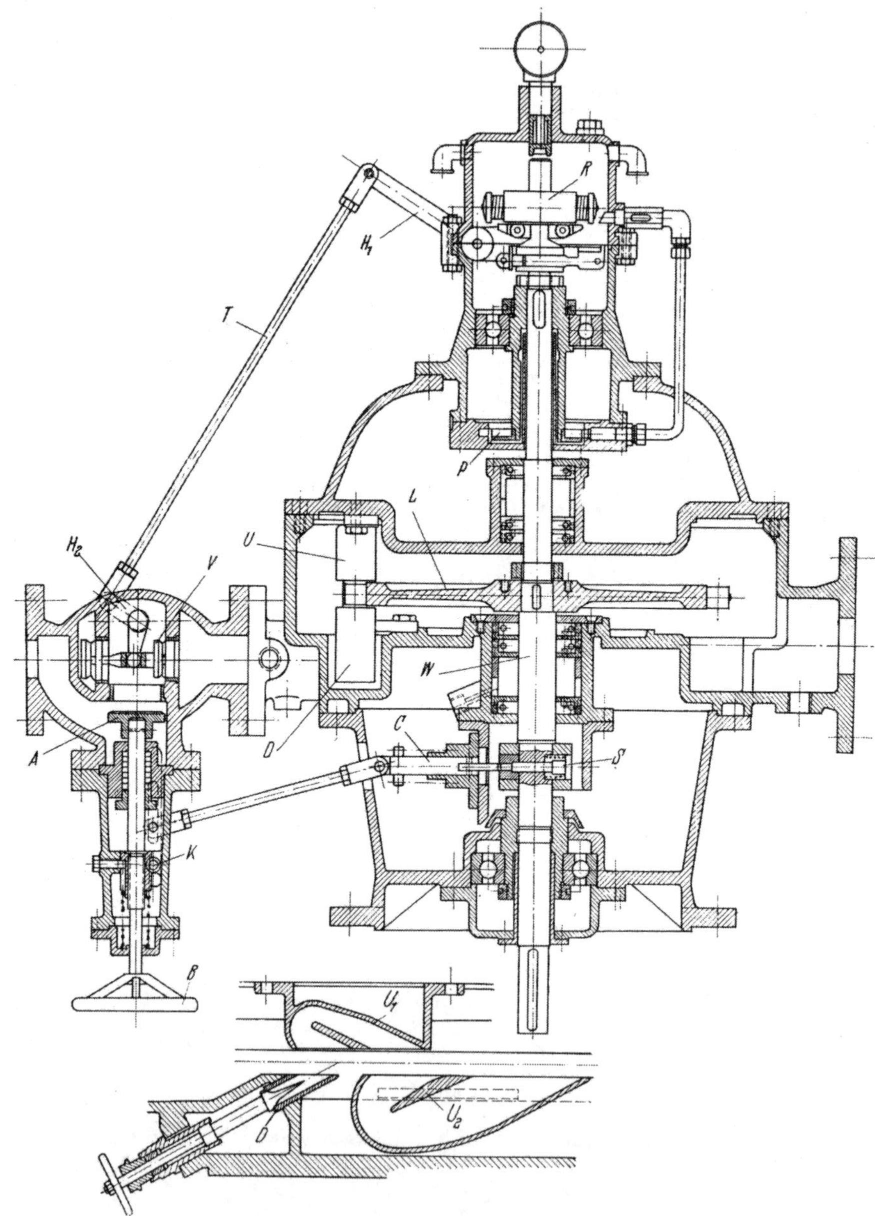

Abb. 429. Vertikale Turbine 20 PS (Bekawerk).

Der Drehzahlregler R verstellt den Steuerschieber S, welcher das bei O eintretende Drucköl durch die Leitungen a und b über bzw. unter den Servomotorkolben K steuert, dessen Stange den Hebel H nach unten bzw. nach oben bewegt und durch Drehen der Hebelwelle W die Düsenventile V_1, V_2 und V_3 nacheinander geöffnet bzw. geschlossen werden. Die Rückführung erfolgt durch den exzentrisch auf der Welle W sitzenden Ring M über den Stift und Hebel T.

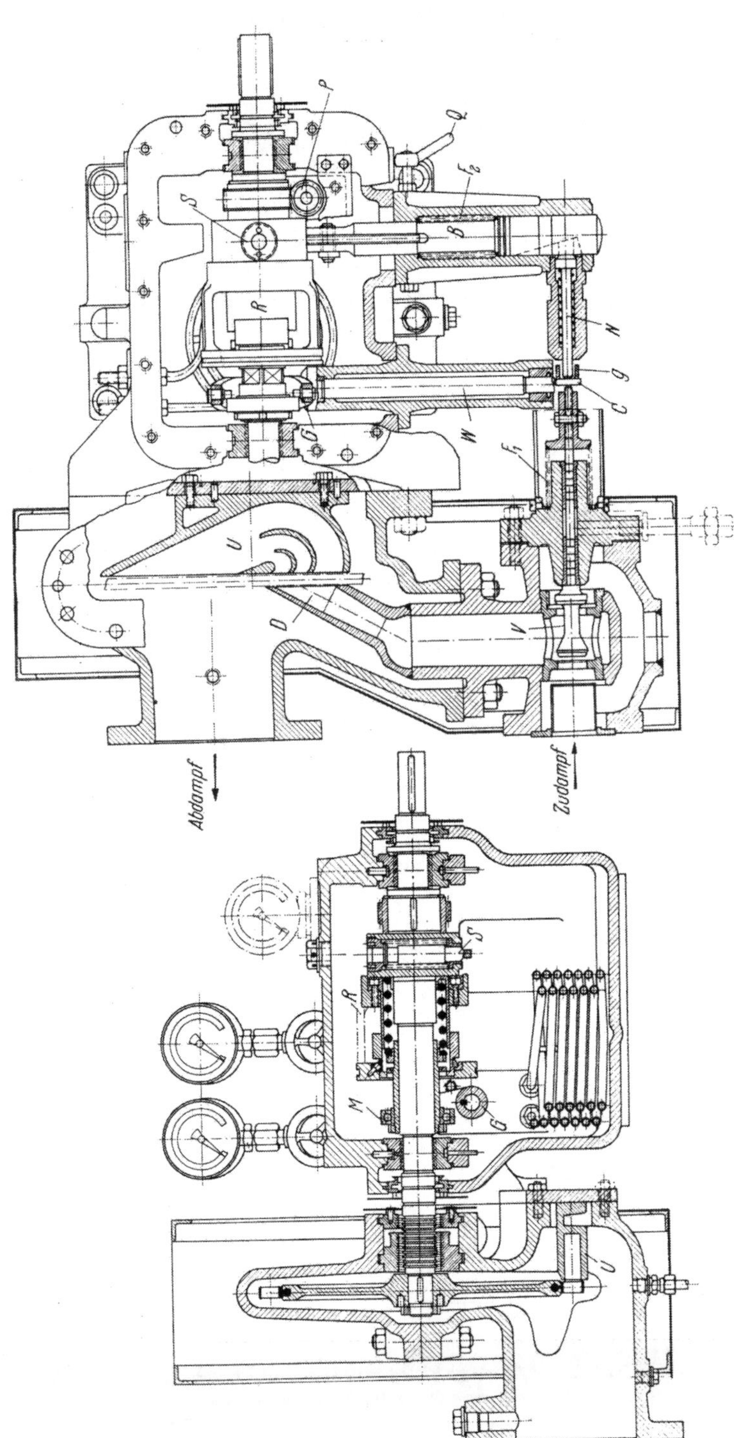

Abb. 430. Kleinturbine 40 PS der Hamburger Turbinenfabrik.

der die Steuerschiebebüchse *B* verstellt, bis die Kanäle in derselben wieder abgeschlossen sind.

Bei der Steuerung ist noch eine Druckreglung vorgesehen. Ein Druckregler (Askania) steuert das Drucköl über oder unter den Kolben des Kraftzylinders *D*, der über den Hebel *Q* die Steuerschieberbüchse *B* verstellt, wodurch das Drucköl, wie oben erwähnt, in die Leitung *a* oder *b* gelangt und die Ventile V_1, V_2, V_3 betätigt werden.

Die Turbine wird zunächst bei ausgeschaltetem Druckregler bis zur Erreichung der Netzfrequenz hochgefahren und dann mit dem Netz parallel geschaltet. Der Steuerschieber *S* ist der Festpunkt, der Kolben des Stellzylinders *D* verstellt die Schieberbüchse *B*.

Die Kleinturbinen von Kühnle, Kopp & Kausch werden grundsätzlich mit fliegendem Laufrad ausgeführt, entweder einkränzig mit Umlenkkammer für wiederholte Beaufschlagung oder mit zweikränzigem Curtisrad. Abb. 434 zeigt eine solche Turbine mit wiederholter Beaufschlagung, aus der die Einzelheiten zu ersehen sind. Düsen *D*, Umlenkkammer *U*, Stabfederregler *R* (Beschreibung

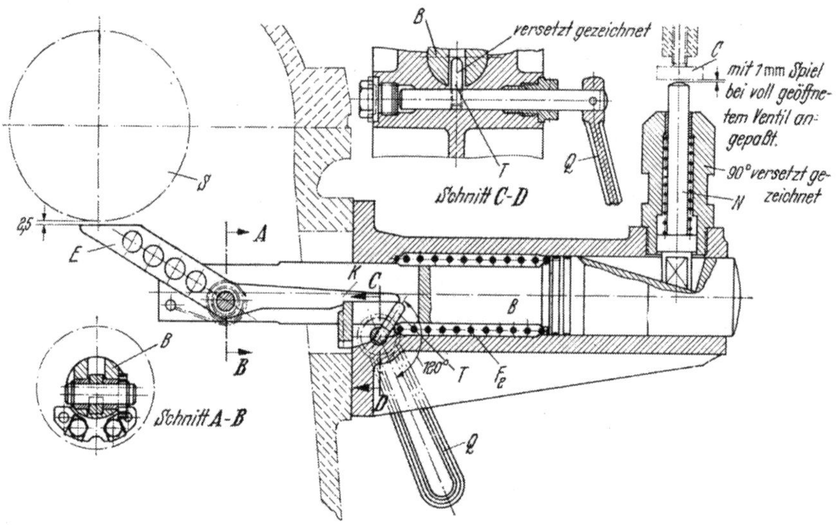

Abb. 431. Schnellschlußvorrichtung zu Abb. 430.

desselben s. Abb. 345, S. 298), Regelventil *V*, Zusatzventil *Z*, Übersetzungsgetriebe. Eine Turbine mit Curtisrad zeigt Abb. 435. Außer dem Regelventil V_1, das vom Drehzahlregler über den Servomotorkolben K_1 beeinflußt wird, ist noch ein zweites Regelventil V_2 vorhanden, das von einem Druckregler *D* über den Kraftkolben K_2 gesteuert wird. Der Sicherheitsregler *S* löst den Schieber *C* aus, der in Abb. 419, S. 348, dargestellt ist. *Z* ist ein Zusatzventil. Die Ölpumpe wird durch Stirnräder angetrieben, die Handölpumpe *Ö* dient als Hilfsölpumpe zum Anfahren und beim Stillsetzen.

Das Kleinlichtaggregat der AEG (Abb. 436) mit axial zweimal beaufschlagtem Laufrad hat einfachen Aufbau.

Leistung 0,5 kW bei 3600 Umdr./min und 5 bis 16 at Dampfdruck; Dampfverbrauch bei Vollast 57 kg/h, bei Leerlauf 26 kg/h. Die Reglung ist in einfachster Weise durchgebildet.

Der Regler ist ein unmittelbar wirkender Fliehkraftregler mit Federbelastung und zwei um Schneiden *4* drehbar gelagerten Schwunggewichten *1*, denen die Feder *3* das Gleichgewicht hält. Anschläge *2* dienen zur Ausschlagbegrenzung; der Regler verstellt den vom Dampfdruck entlasteten in der Verlängerung der Turbinenwelle angeordneten Regulierschieber *10* aus nichtrostendem Stahl, der in der Büchse *11* aus Monelmetall gleitet, durch

Stift *14* am Drehen verhindert ist, den durch Öffnung *13* eintretenden Dampf drosselt und ihn durch den Kanal im Gehäuse dem Laufrad zuführt. *6* ist eine Sperrscheibe, *7* eine Kohlenscheibe, *8* das Spurlagergehäuse und *12* eine Zusatzfeder.

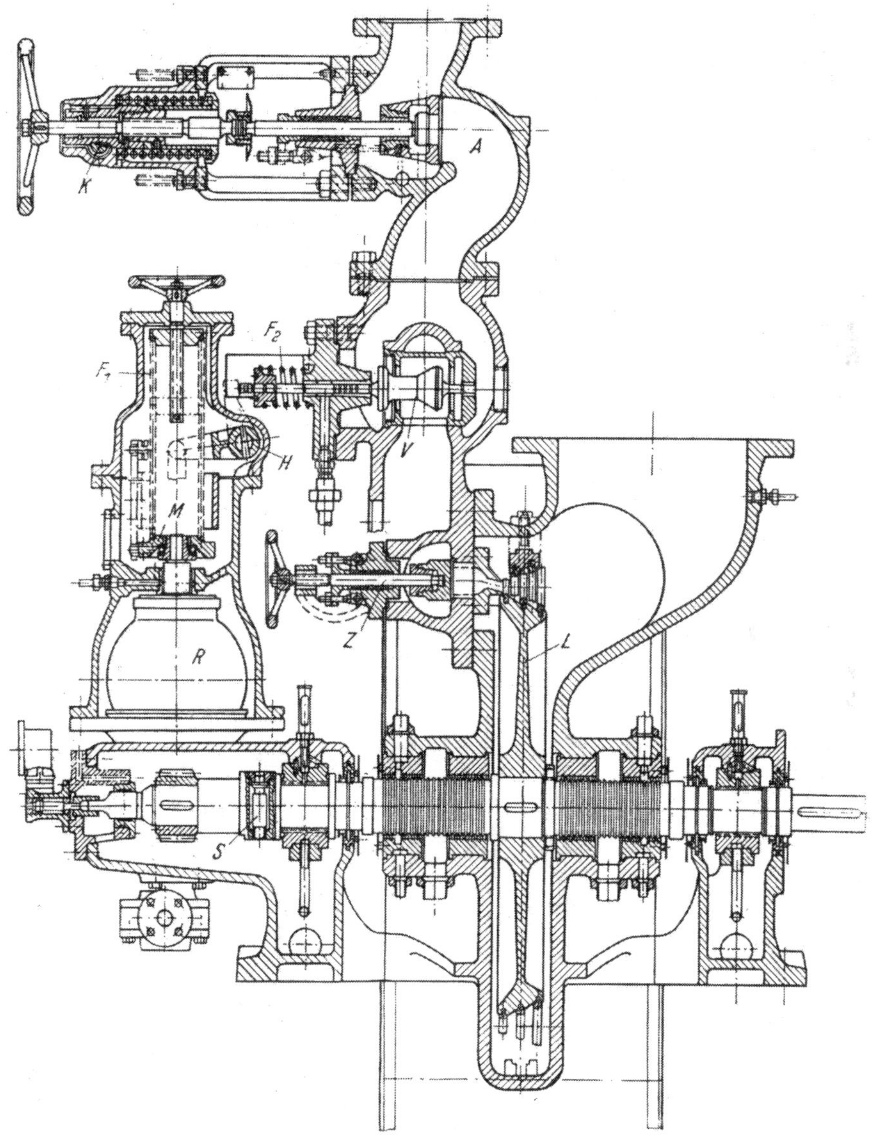

Abb. 432. Turbine der Hamburger Turbinenfabrik.

Die Kleinturbinen der Turbinenfabrik Dresden werden entweder mit einkränzigem Laufrad und wiederholter radialer (wie die frühere Elektraturbine) oder axialer Beaufschlagung oder mit Curtisrad ausgeführt.

Eine Ausführung mit radialer Beaufschlagung zeigt Abb. 437.

D Düse, *L* Laufschaufeln, *U* Umlenkkammer. Der auf der Turbinenwelle angeordnete Drehzahlregler *R* verstellt durch seine auf Schneiden gelagerten Schwungkörper *Q* die Muffe *M*,

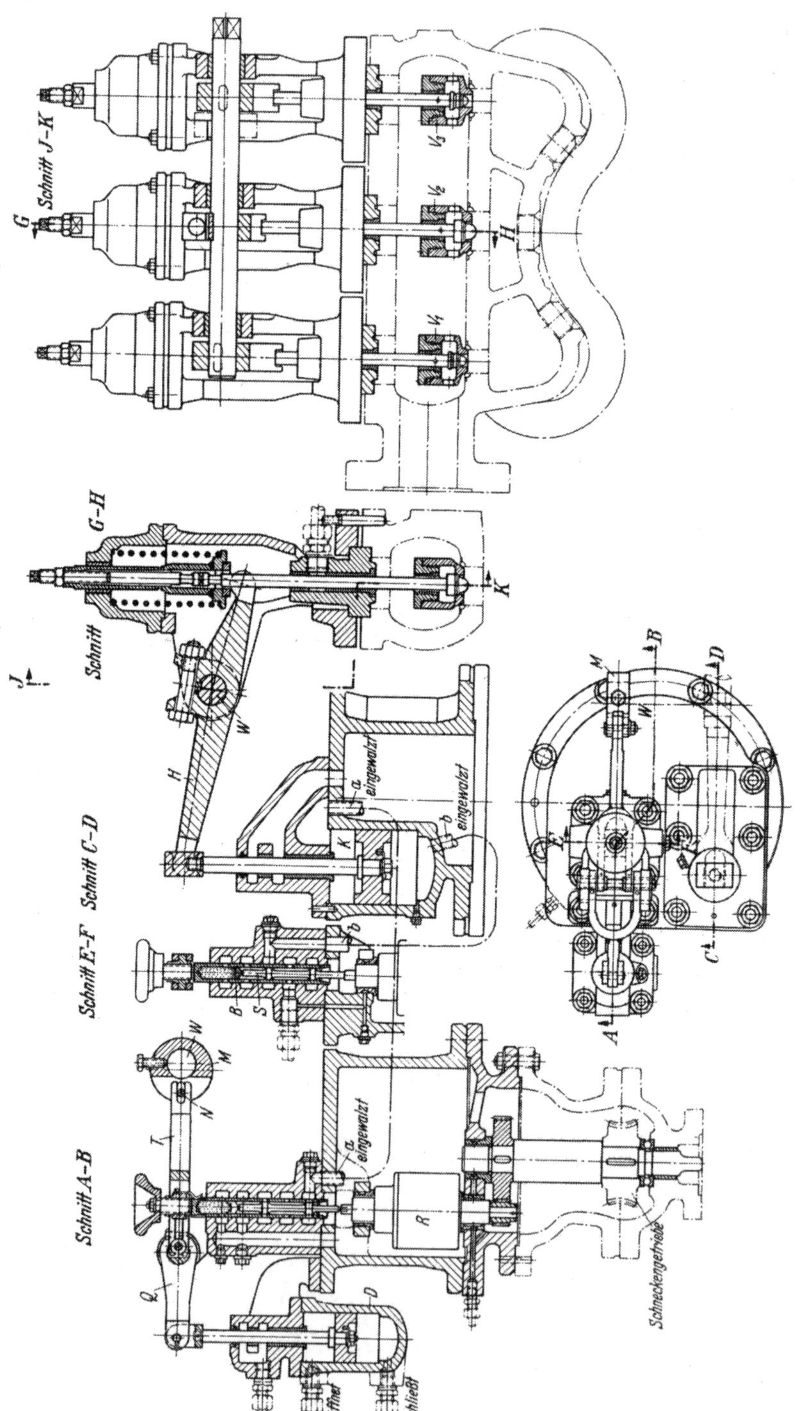

Abb. 433. Düsenreglung der Hamburger Turbinenfabrik.

welche mittels des Stiftes und des Hebels H das Regelventil V betätigt. Nach dem Regelventil durchströmt der Dampf das Schnellschlußabsperrventil A, das vom Sicherheitsregler S ausgelöst wird, indem der Regler beim Ausschlagen den Bolzen E freigibt, so daß dieser durch die Feder F nach links verschoben wird und über den Gabelhebel G, den Hebel N und die Stange T die Sperrklinke K auslöst und die Feder das Absperrventil schließt.

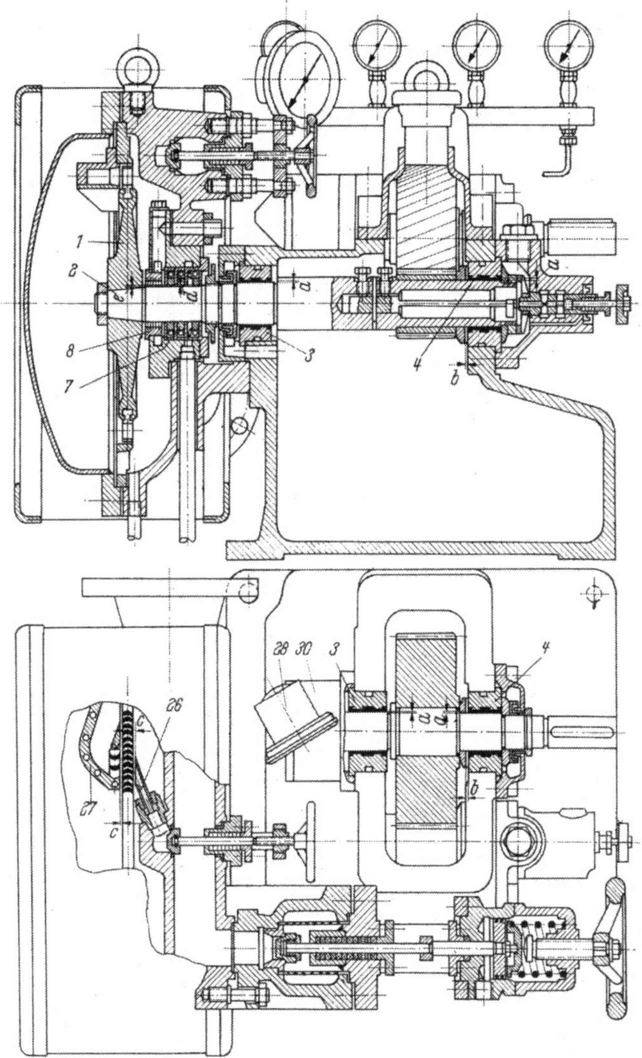

Abb. 434. Kleinturbine von KÜHNLE, KOPP u. KAUSCH.

Die axial wiederholt beaufschlagte Turbine der Turbinenfabrik Dresden ist in Abb. 438 wiedergegeben, aus der auch der Schnitt durch die aus dem Vollen gefrästen Düsen D und die Umlenkkammer U ersichtlich sind.

Der durch Schneckentrieb angetriebene Drehzahlregler R verstellt über die Spindel die als Federteller ausgebildete Muffe M, die ihrerseits über den Gabelhebel H und die Stange T das Regelventil V betätigt. Z ist ein Zuschaltventil. Der auf der Turbinenwelle sitzende Sicherheitsregler S wirkt in bekannter Weise auf das Schnellschlußabsperrventil A.

Dieselbe Turbinentype mit Curtisrad wird für größere Leistungen auch mit zusätzlichem Druckregler ausgeführt. Eine Gegendruckturbine mittlerer Leistung s. Abb. 369, S. 315.

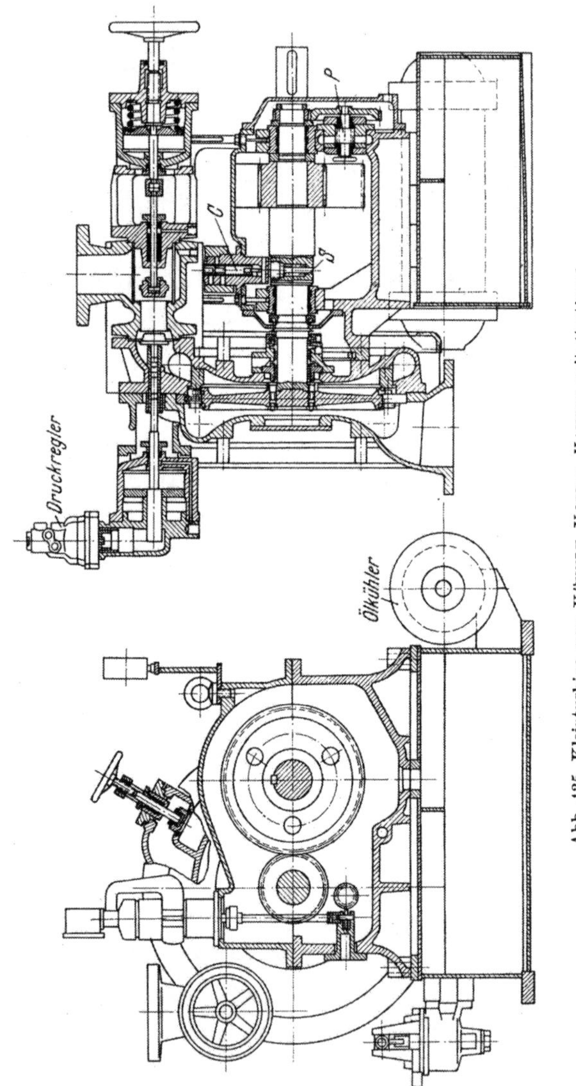

Abb. 435. Kleinturbine von KÜHNLE, KOPP u. KAUSCH mit Curtisrad.

Die Kleinturbine von 290 PS bei $n = 1450$ Umdr./min zum direkten Antrieb einer Pumpe für 12 atü, 280° C und 0,5 atü Gegendruck der Gutehoffnungshütte, Abb. 439, hat dreikränziges Curtisrad mit Ventilationsschutz, Düsensatz unten, wegen der Entwässerung, Ölpumpe vorn im Lagerbock, Regler- und Tachometerantrieb durch die Stirnräder, vorderes Lager als Trag- und Drucklager ausgebildet. Der vordere Lagerbock ist verschiebbar mit Führungsschiene

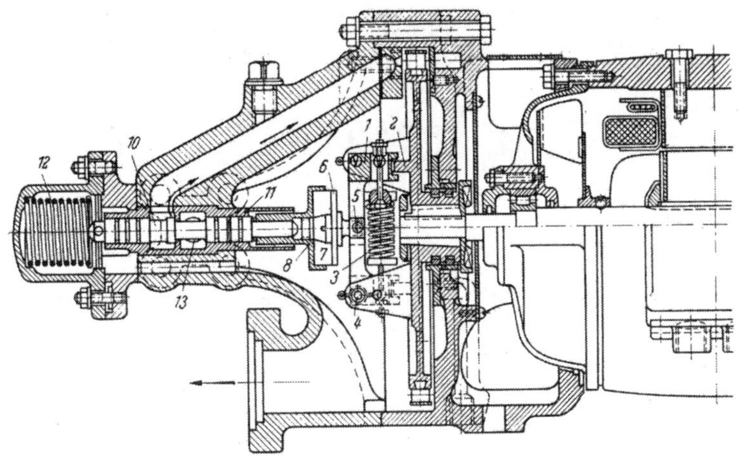

Abb. 436. Kleinlichtaggregat der AEG.

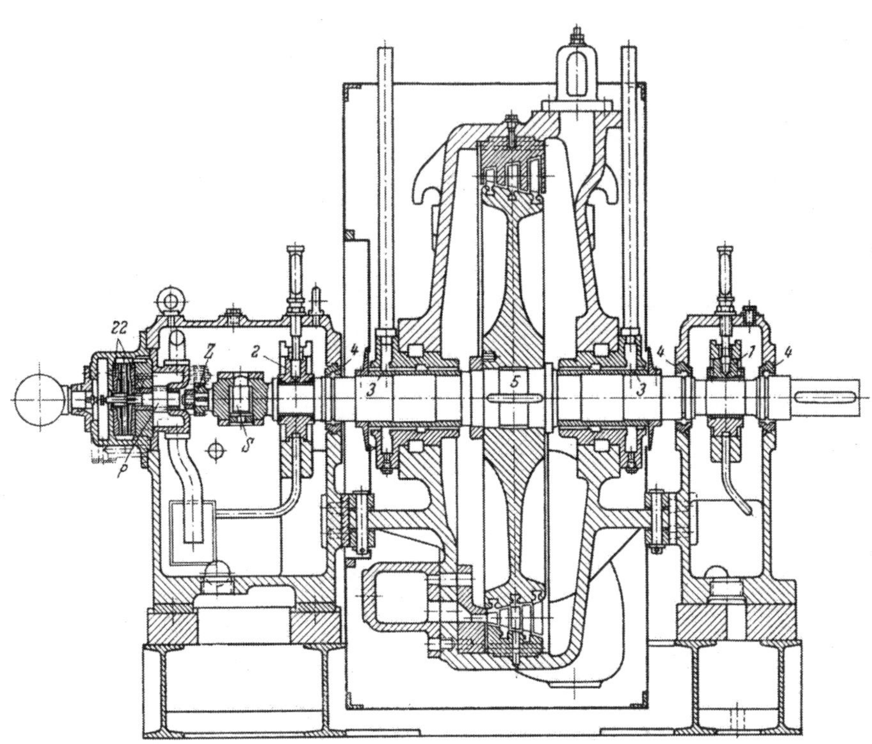

Abb. 439. Kleinturbine 290 PS der GHH.

Kleinturbinen sind auch für hohe Drücke ausgeführt worden. Abb. 440 zeigt eine Turbine der Tschechoslowakei von 500 kW, $n = 10000/1000$ für 90 ata, 535° C als Kondensationsturbine ($p_0 = 0{,}065$ ata) oder als Gegendruckturbine ($p_0 = 1{,}2$ ata). Das vordere Lager ist als Trag- und Drucklager ausgebildet.

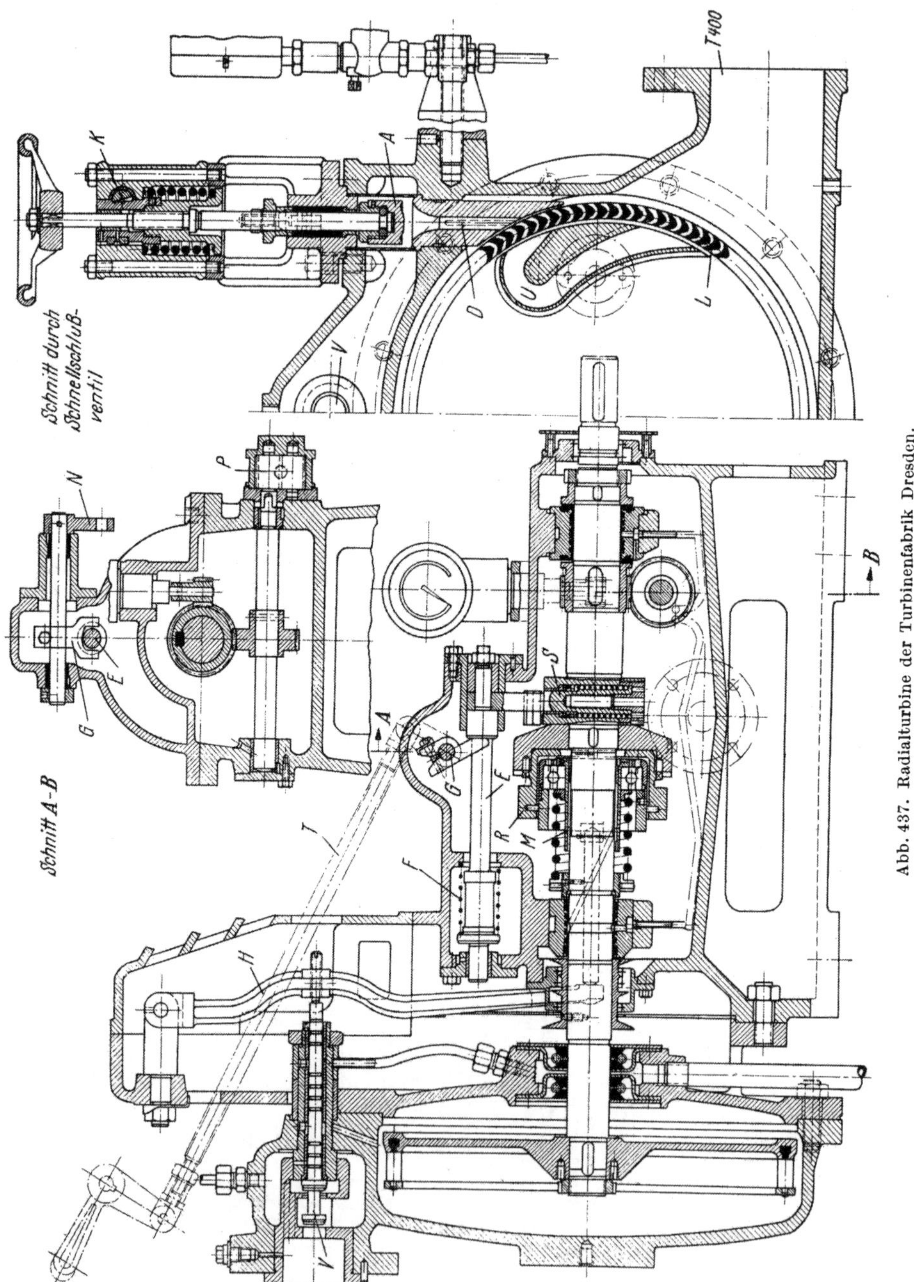

Abb. 437. Radialturbine der Turbinenfabrik Dresden.

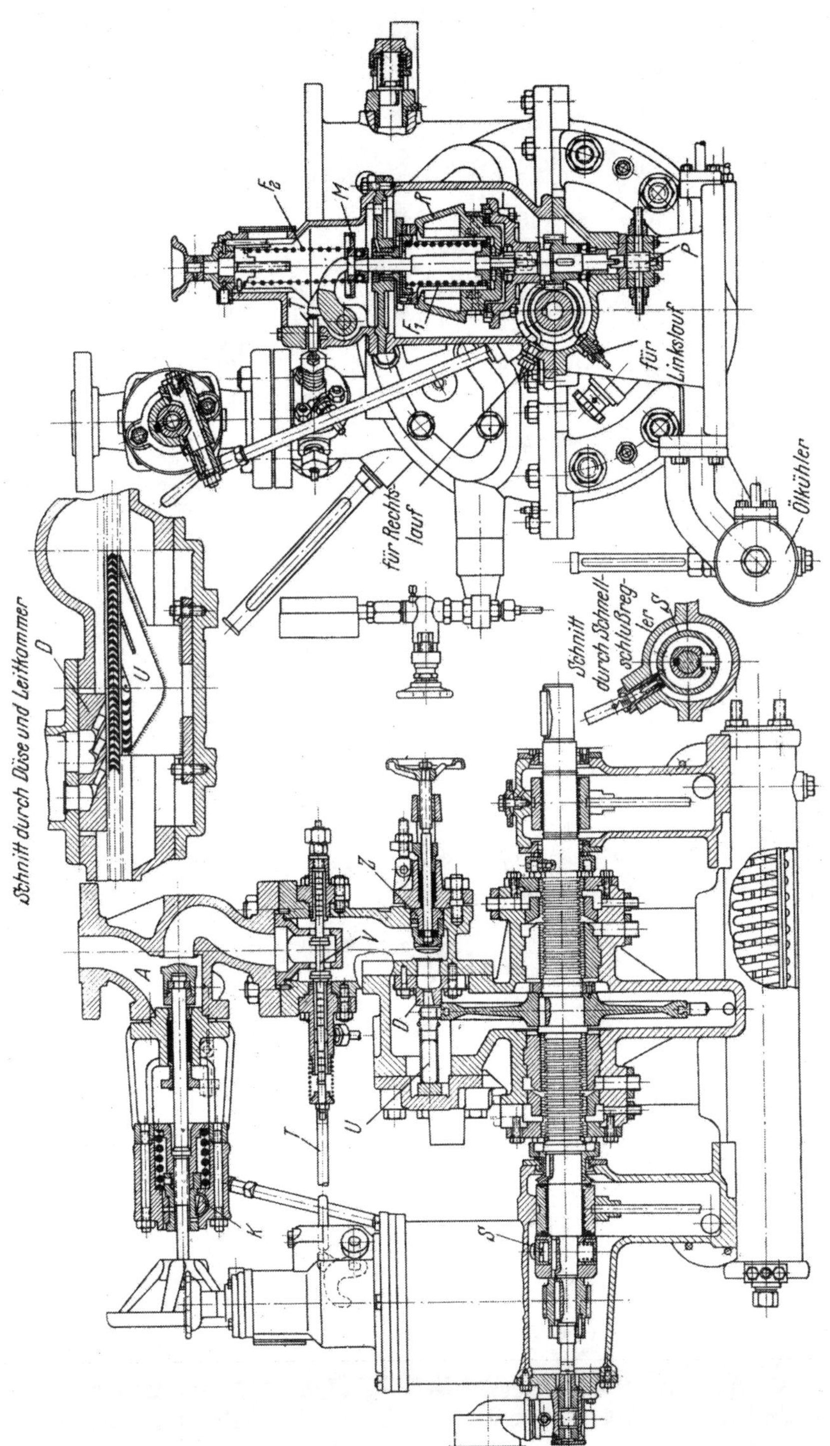

Abb. 438. Kleinturbine der Turbinenfabrik Dresden.

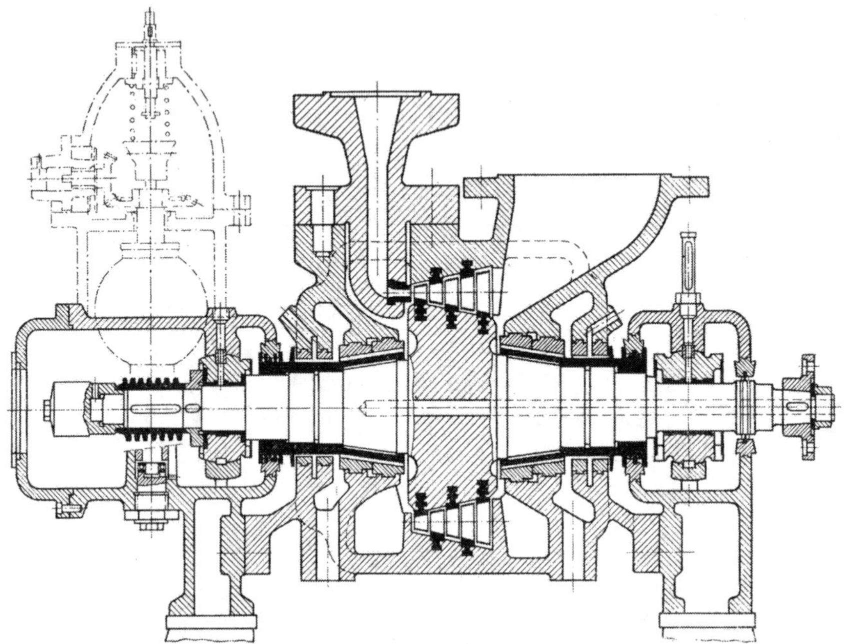

Abb. 440. Hochdruckturbine der ČSR, 500 kW, $n = 10000$ Umdr./min.

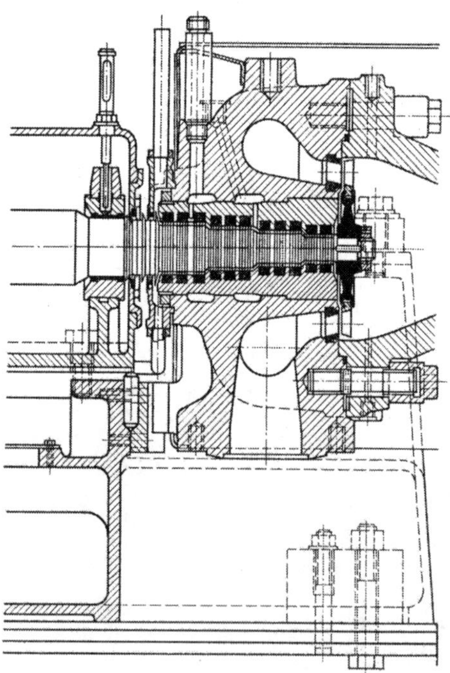

Abb. 441. Hochdruckkleinturbine von EW.

Die Spezialturbine von Escher Wyss zum Antrieb von Saugzugventilatoren für Hochdruckkessel, Abb. 441, hat Kohlelabyrinthstopfbüchse, die gegen 110 atü bei 490° C abzudichten hat.

II. Turbinen mittlerer Leistung, Großturbinen und Hochdruckturbinen.

Die Turbinen mittlerer und großer Leistung werden als Gleichdruckturbinen oder als Überdruckturbinen mit Gleichdruckregelstufe oder auch mit mehreren Gleichdruckstufen im Hochdruckteil ausgeführt. Die normale Drehzahl der Stromerzeuger ist in Europa 3000 Umdr./min. Um auch bei hohem Wärmegefälle für mittlere Leistungen geringe Stufenzahl (also großes Stufengefälle) zu erhalten, werden sie häufig hochtourig ausgeführt mit Drehzahlen von 4500, 6000, 7500,

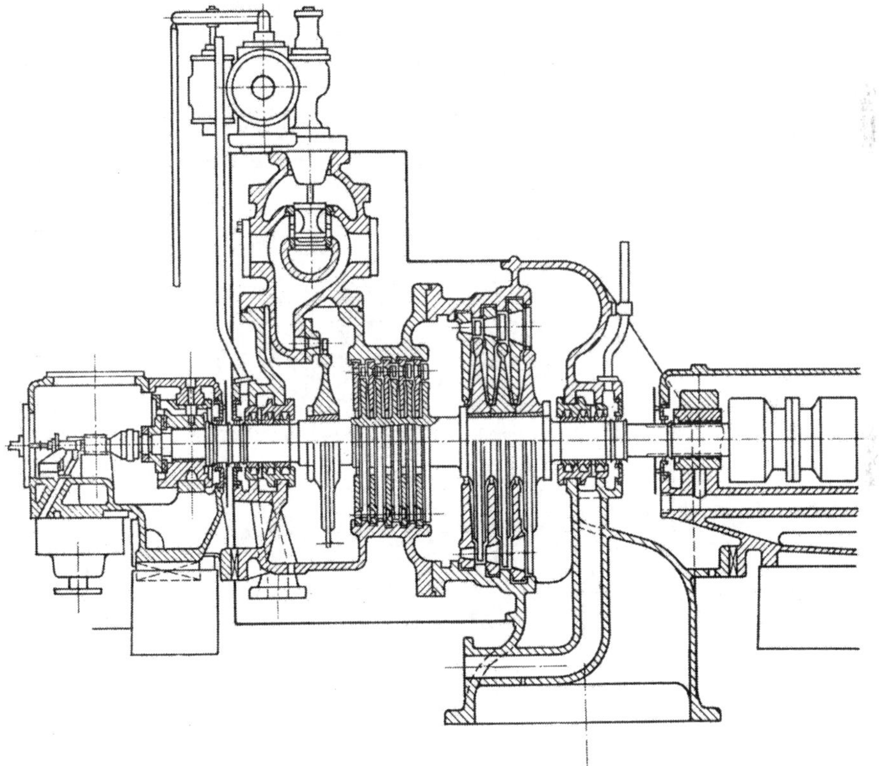

Abb. 442. Kondensationsturbine der AEG bis 2000 kW.

9000, 12000 bis zu 20000 Umdr./min, damit volle Beaufschlagung bei genügender Schaufellänge möglich wird. Die Drehzahl wird dann durch Getriebe auf die gewünschte Drehzahl der anzutreibenden Maschinen herabgesetzt. Die Wahl der Durchmesser der letzten Stufen hängt hauptsächlich von der Schluckfähigkeit ab, wobei die Schaufellänge im Verhältnis zum Teilkreisdurchmesser ($l = D$) nicht zu groß werden darf. Andrerseits wird die Drehzahl von 3000 Umdr./min bis zu den größtmöglichen Leistungen beibehalten. Bis zu 50000 kW sind Turbinen bei nicht zu hohem Vakuum (Rückkühlung des Kühlwassers) noch eingehäusig ausgeführt worden. Bei tiefer Kühlwassertemperatur und Leistungen über 40000 kW sowie mäßigen Anfangsdrücken (höherer Dampfverbrauch) werden Zweigehäusebauarten und mit Unterteilung der Niederdruckstufen als zwei- bis vierflutige Turbinen ausgeführt. Dabei sind bereits Leistungen von 145000 kW bei $n = 3000$ Umdr./min erreicht worden.

Um ältere Kraftanlagen mit niedrigen Dampfdrücken auf Hochdruckbetrieb umzustellen, werden Hochdruckkessel und sogenannte *Vorschaltturbinen* angewendet, in denen der Dampf bis auf den Druck der alten Anlage entspannt wird

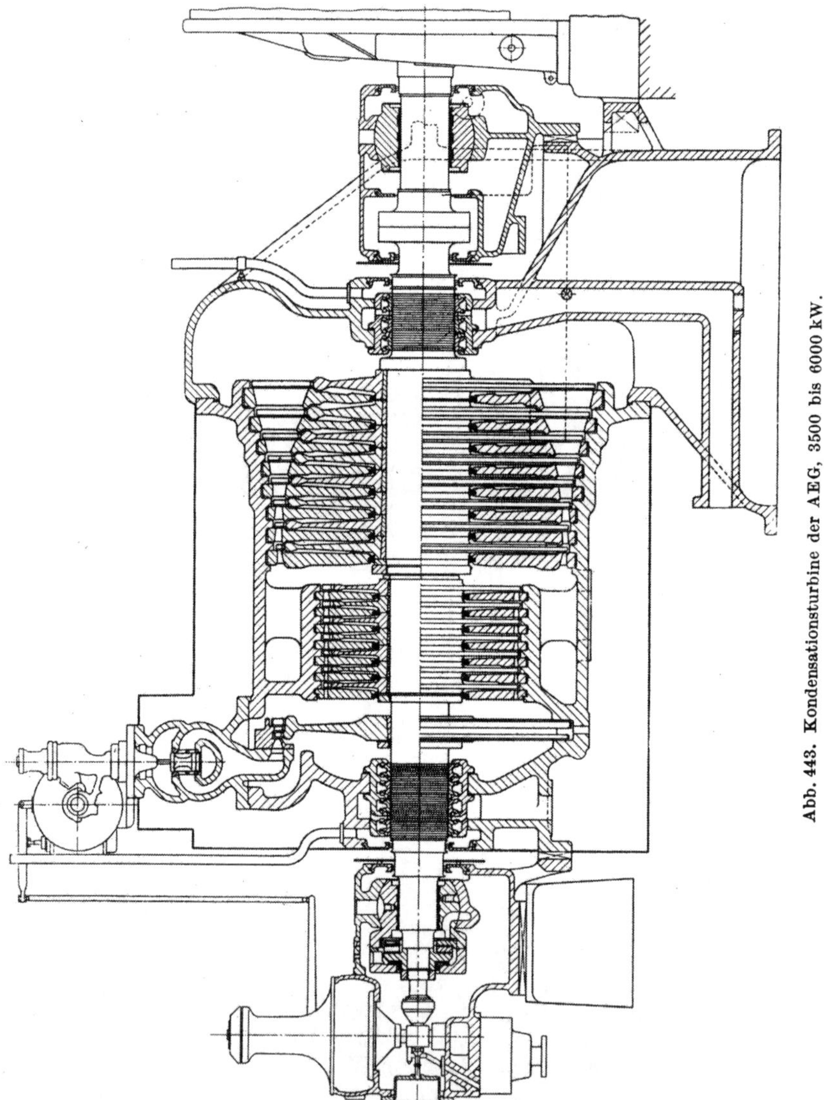

Abb. 443. Kondensationsturbine der AEG, 3500 bis 6000 kW.

und dann in den bestehenden Turbinen weiter ausgenutzt werden kann. Vorschaltturbinen sind unter den Gegendruckturbinen S. 410 erwähnt.

Die AEG baut ihre Turbinen als vielstufige Gleichdruckturbinen, mit 3000 Umdr./min bis zu 2 m Teilkreisdurchmesser der Niederdruckstufen bei 500 mm Schaufellänge. Die Turbinen werden eingehäusig bis zu 70 atü und Leistungen bis 40000 kW ausgeführt. Eine Kondensationsturbine bis 2000 kW für

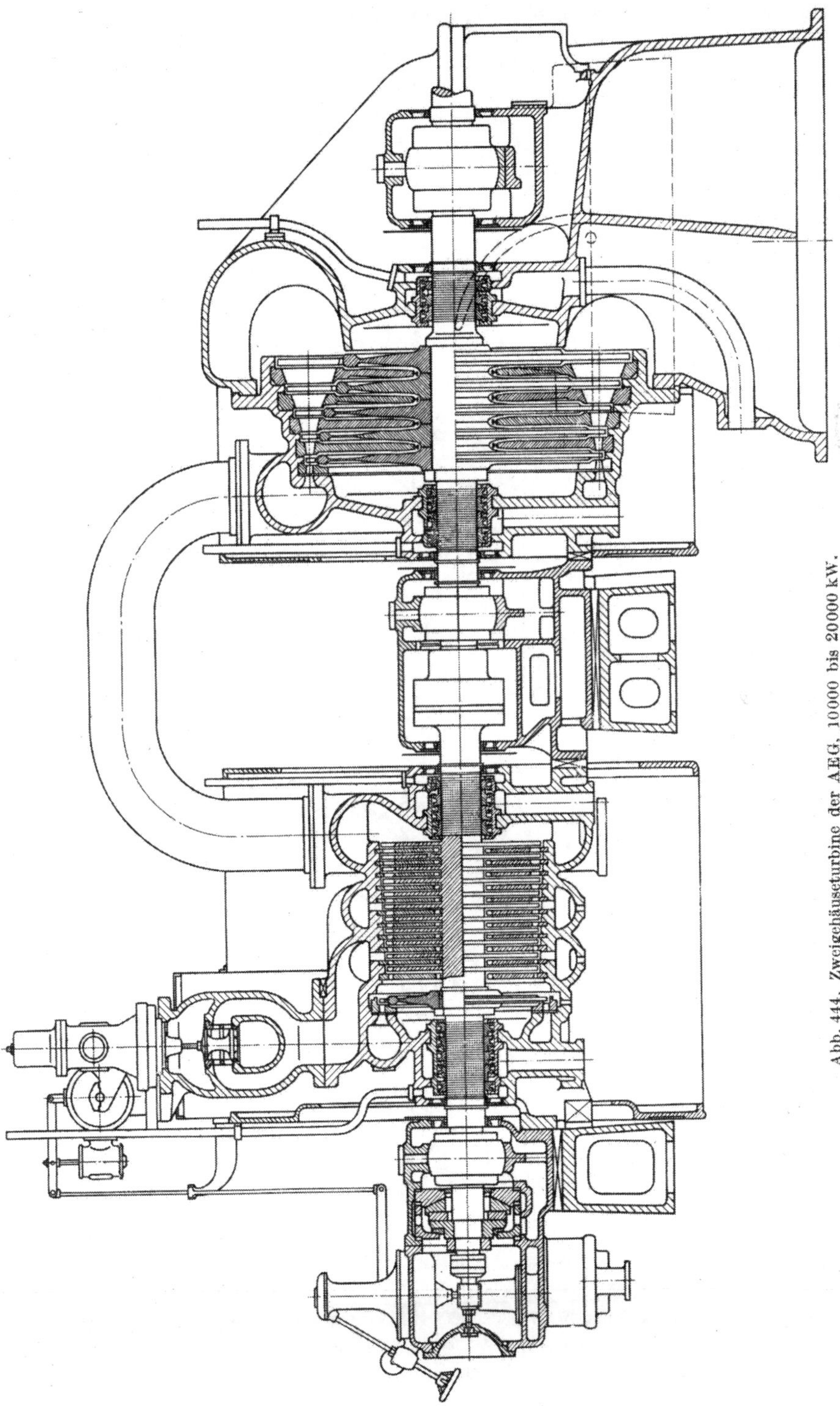

Abb. 444. Zweigehäuseturbine der AEG, 10000 bis 20000 kW.

mittlere Drücke zeigt Abb. 442, die Regelstufe und die Niederdruckstufen mit aufgezogenen Rädern, die Mittelstufen als Einstückläufer. Zahnkupplung nach Abb. 259, S. 238, Festpunkt im Mittellager. Stopfbüchsenausführung s. Abb. 277, S. 245.

In Abb. 443 ist eine Turbine der AEG in Dreilageranordnung wiedergegeben, Leistung 3500, max. 6000 kW, $n = 3000$ Umdr./min für 36 atü, 380° C und

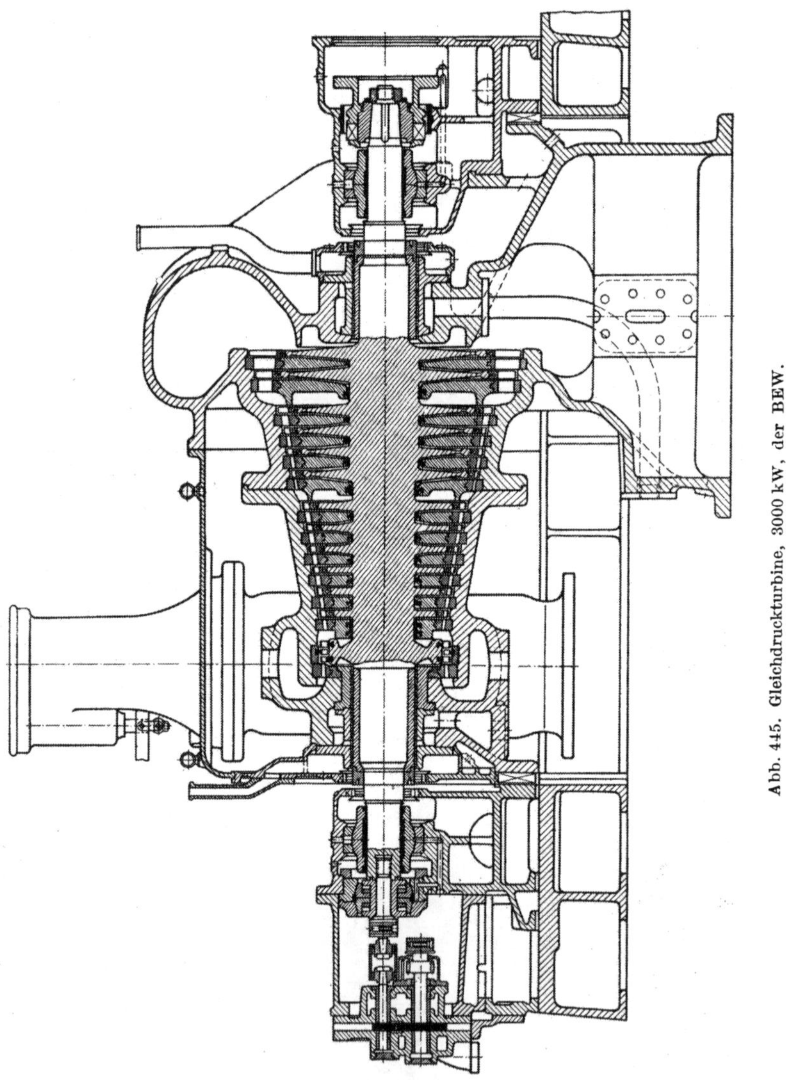

Abb. 445. Gleichdruckturbine, 3000 kW, der BEW.

15° C Kühlwassertemperatur, Laufräder mit kegeligen Büchsen aufgezogen. Düsenreglung s. Abb. 370, S. 316, vereinigtes Trag- und Drucklager s. Abb. 303.

Bei der Zweigehäuseturbine der AEG für Leistungen von 10000 bis 20000 kW, Abb. 444, ist der Hochdruckläufer als Einstückläufer, bis auf das Regelstufenrad, ausgeführt und mit dem Niederdruckläufer starr gekuppelt, so daß die Turbine drei Lager hat. Die Abbildung zeigt den Schnitt durch ein Überlastungsventil mit Zufuhr des Dampfes in die dritte Stufe, eine weitere Überlastung führt Frischdampf vor die siebente Stufe. Traglager und Einscheibendrucklager getrennt.

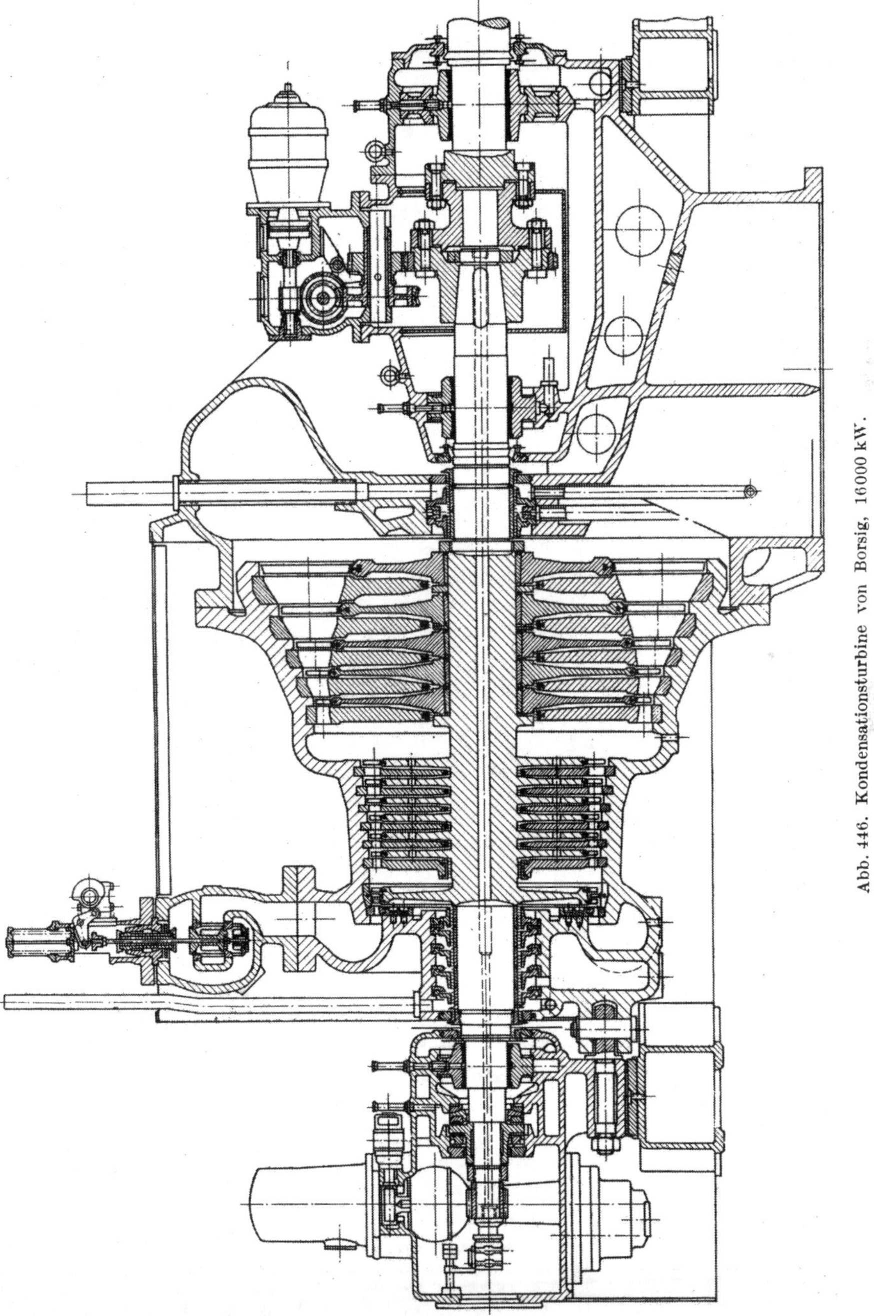

Abb. 446. Kondensationsturbine von Borsig, 16000 kW.

Festpunkt am Abdampfstutzen, Mittellager und vorderes Lager wärmebeweglich verschiebbar entsprechend der gleichgerichteten Ausdehnung der Gehäuse.

Die Gleichdruckturbine der Bergmann-EW (Abb. 445) für 3000 kW, $n = 3000$ Umdr./min hat einzeln in das Gehäuse eingesetzte Leitapparate, Einstückläufer; Reglung s. Abb. 382, S. 323.

Die Kondensationsturbine von Borsig von 16000 kW, $n = 3000$ Umdr./min, Abb. 446, für mittlere Drücke hat Einstückhochdruckläufer von 900 mm Durchmesser und auf Kegelbüchsen aufgezogene Niederdruck-Laufradscheiben, die letzte von 1450 mm Teilkreisdurchmesser bei 360 mm freier Schaufellänge. Reglung s. Abb. 374, S. 318.

Brown, Boveri & Cie. (BBC) baut Überdruckturbinen mit ein- oder zweikränziger Gleichdruckregelstufe als Kondensationsturbinen bis zu 40 atü, 450° C eingehäusig, bei größeren Einheiten mit zweiflutigem Niederdruckteil, über 80 atü, 500° C zweigehäusig, nötigenfalls zweiflutig. Bei kleineren Leistungen wird der Läufer als Trommel mit durch Lippenschweißung (s. Abb. 243, S. 224) befestigtem eingeschrumpftem Wellenstumpf auf der Niederdruckseite ausgeführt.

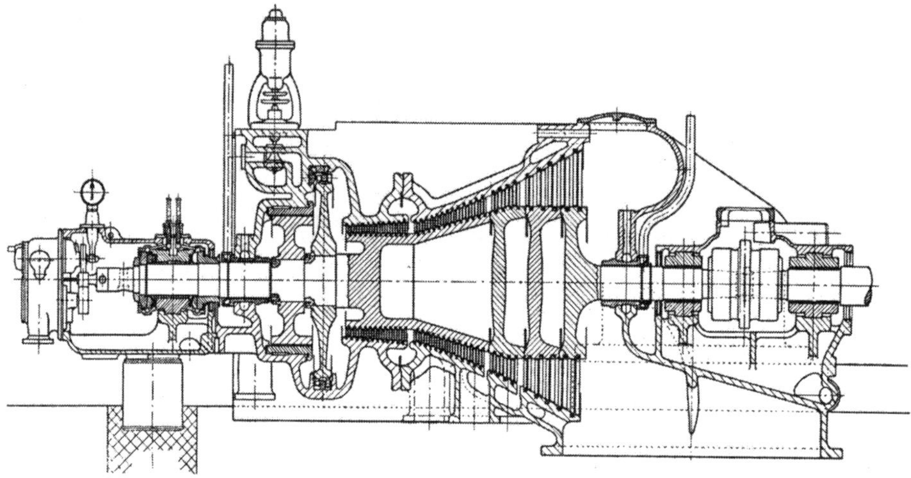

Abb. 447. Kondensationsturbine von BBC, 8000 kW, 3000 Umdr./min.

Bei größeren Einheiten werden an dem Hochdrucktrommelläufer die vollen Niederdruckscheiben durch Lippenschweißung befestigt, die Endscheiben tragen den Wellenzapfen (Abb. 447 u. 450).

Abb. 447 zeigt die Bauart als Eingehäuse-Kondensationsturbine für Leistungen bis 8000 kW, $n = 3000$ Umdr./min, Abb. 448, für Leistungen von 12500 bis 25000 kW, 3000 Umdr./min für Drücke bis 40 ata, 450° C.

Eingehäusige zweiflutige Turbinen sind von BBC bis 50000 kW, $n = 3000$ Umdr./min ausgeführt worden, Abb. 449, die selbst bei kaltem Kühlwasser angewendet werden können.

Die Zweigehäusebauart mit zweiflutigem Niederdruckteil, Abb. 450, hat das Drucklager zwischen den Gehäusen, was hinsichtlich der Wärmedehnung günstig ist; auch der Axialschub kann bei entgegengesetzter Führung des Dampfstromes in beiden Gehäusen größtenteils ausgeglichen werden, so daß auf den Ausgleichkolben verzichtet werden kann.

Bei hohen Drücken und Temperaturen werden die Düsenkästen in das Gehäuse eingeschweißt und die Regelventile an die ersteren angeschweißt, Abb. 451.

Bei vierflutigem Niederdruckteil ist bei kaltem Kühlwasser auch eine Leistung von 100000 kW bei 3000 Umdr./min in einem Einwellenturbosatz ausführbar.

Die Turbinen von Escher Wyß (EW) werden von jeher als Gleichdruckturbinen (Zoelly) ausgeführt. Neben Turbosätzen von kleiner und mittlerer Leistung sind verschiedentlich Turbosätze von 50000 bis max 60000 kW als Hochdruckturbinen ausgeführt worden, bei einem Vakuum von 96,5 bis 97% ($p_0 = 0{,}035$ bzw. 0,03 ata, d. h. Kühlwassertemperaturen von 12 bis 15° C). Bei Kühlwassertemperaturen von 25 bis 27° C (Rückkühlung) können bei zweigehäusiger zweiflutiger Bauart Leistungen von 100000 kW erreicht werden. Für diese Leistung müßte bei kälterem Kühlwasser und Hochdruckheißdampf die Turbine zweigehäusig und drei- oder vierflutig ausgeführt werden.

Die in Abb. 452 wiedergegebene Kondensationsturbine von EW hat eine Leistung von 5000 kW bei $n = 3000$ Umdr./min. Festpunkt am Abdampf-

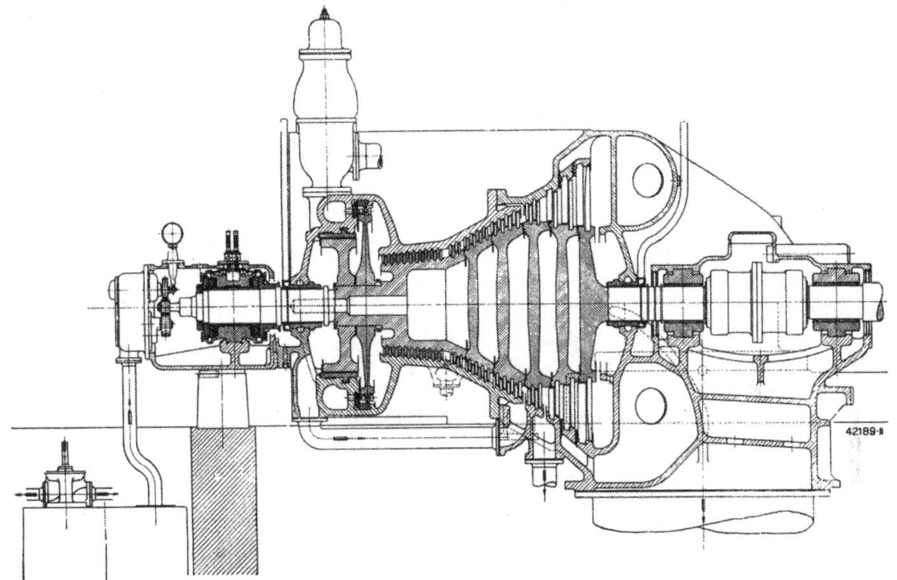

Abb. 448. Kondensationsturbine von BBC, 12500 bis 25000 kW.

stutzen, vorderes Trag- und Drucklager durch die Wärmedehnung des Gehäuses verschiebbar. Stopfbüchsen mit Kohlelabyrinthen nach Abb. 283, S. 246.

Abb. 453 zeigt eine Zweigehäuse-Kondensationsturbine mit zweiflutigem Niederdruckteil von 50000 kW, $n = 3000$ Umdr./min für Hochdruckdampf von 80 atü, 510° C. Durch die Anordnung des Drucklagers (Festpunkt F) am inneren Abdampfstutzen und der Einströmseite des Hochdruckgehäuses an diesem Lager wird erreicht, daß selbst bei schnellem Anfahren und dementsprechend voreilender Wärmedehnung des Läufers gegenüber dem Gehäuse eine Vergrößerung des axialen Spaltes zwischen Leitrad- und Hochdrucklaufschaufel und im Niederdruckteil nur eine unwesentliche Verringerung bzw. Vergrößerung des Axialspaltes eintritt, wodurch ein Abstreifen des Läufers an die Leitradscheiben mit Sicherheit vermieden wird.

Bei Industrieturbinen kleiner und mittlerer Leistung, insbesondere auch bei Entnahmeturbinen, bei denen nur ein Teil des Dampfes im Kondensator niedergeschlagen wird, baut Escher Wyß vielfach die sogenannten Rectafluxturbinen, bei welchen der Kondensator quergestellt unmittelbar mit dem Abdampfstutzen zusammengegossen oder kurz angeflanscht wird. Dadurch wird kurzer

Weg und günstige Strömung des Dampfes zum Kondensator erreicht, außerdem braucht man keinen Maschinenhauskeller, sondern nur eine Grube für die Pumpen-

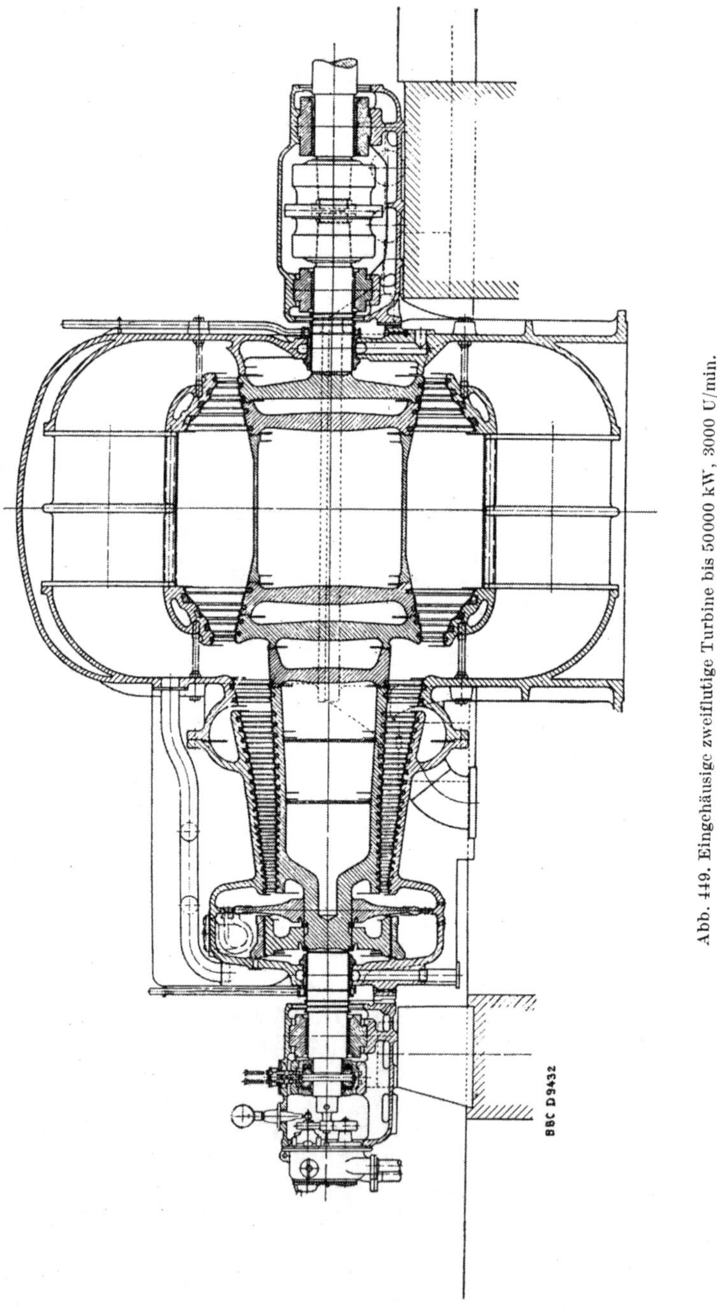

Abb. 449. Eingehäusige zweiflutige Turbine bis 50000 kW, 3000 U/min.

gruppe. Abb. 454 zeigt diese Anordnung im Bilde zum Antrieb eines Verdichters (vgl. auch Abb. 521, S. 439). (Eine ähnliche Anordnung wird auch in der Sowjetunion angewendet.)

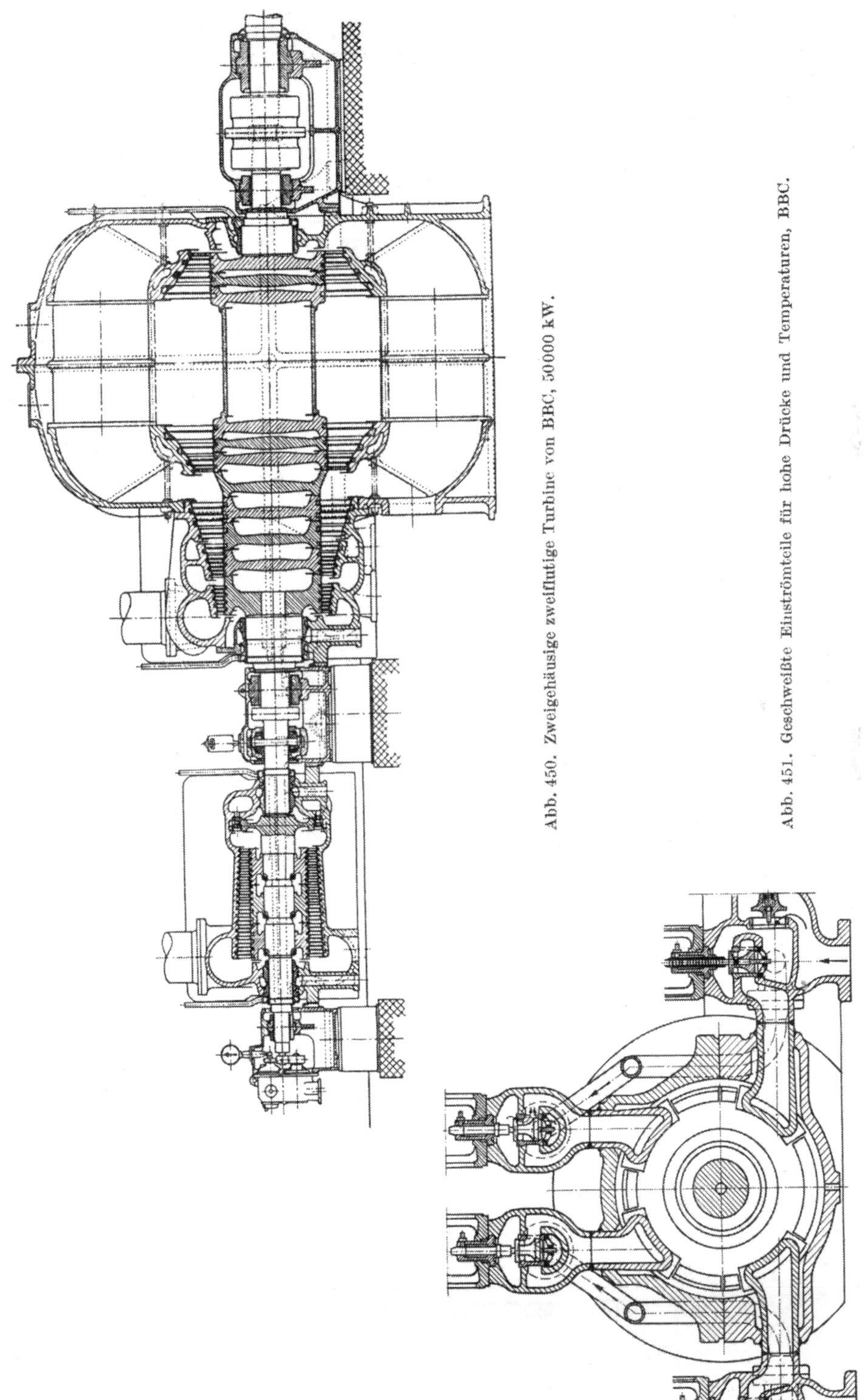

Abb. 450. Zweigehäusige zweiflutige Turbine von BBC, 50000 kW.

Abb. 451. Geschweißte Einströmteile für hohe Drücke und Temperaturen, BBC.

Eine Turbine von 50000 kW, $n = 3000$ Umdr./min für 65 atü, 485^{0} C un 25^{0} C Kühlwassertemperatur des Görlitzer Maschinenbaus (vormals WUMAC zeigt Abb. 455. Sie ist für mehrfache ungesteuerte Entnahme zur Speisewasse

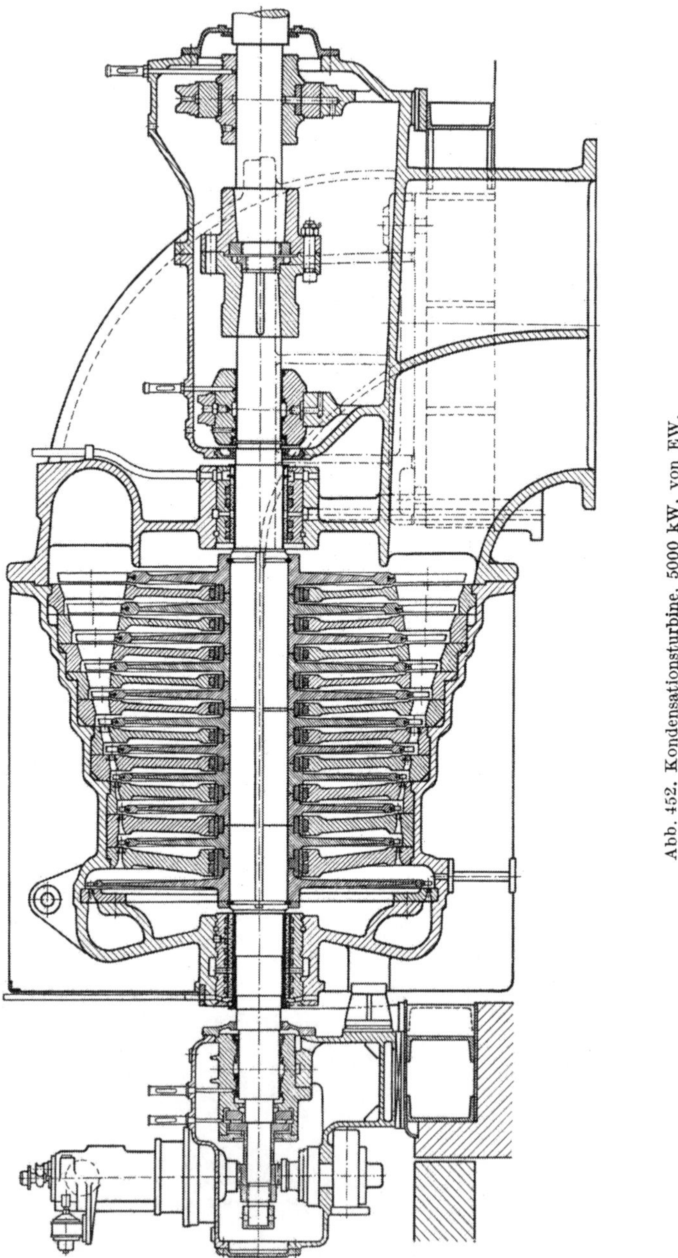

Abb. 452. Kondensationsturbine, 5000 kW, von EW.

vorwärmung eingerichtet, nach der ersten Stufe 0 bis 40 t/h, drei weitere Entnahmen nach der vierten, der achten und der zwölften Stufe. Durchmesser der letzten Stufe 1900 mm bei 420 mm Schaufellänge.

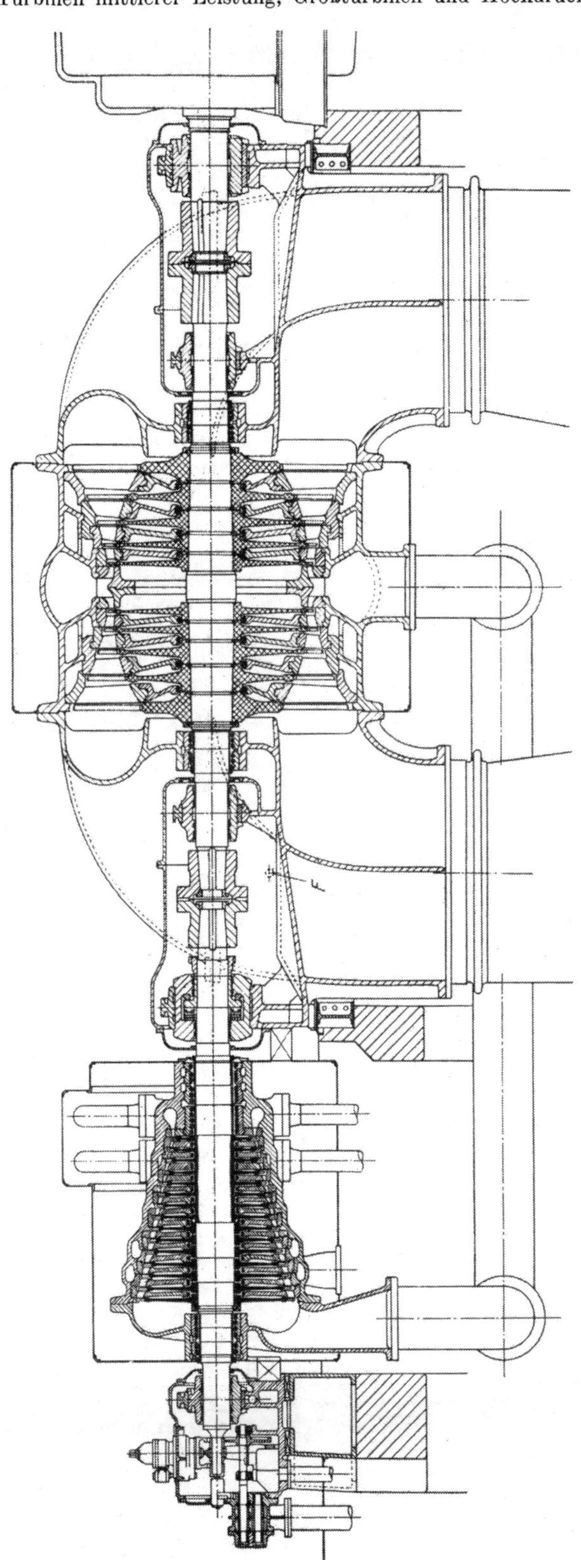

Abb. 453. Hochdruck-Kondensationsturbine von EW, 50000 kW, 3000 Umdr./min.

Eine ältere Ausführung einer Turbine der WUMAG von 50000 bis 60000 kW, $n = 3000$ Umdr./min für 32 atü, 420° C und hohes Vakuum als Zweigehäuseturbine mit vierflutigem Niederdruckteil für drei Kondensatoren (quergestellt) zeigt Abb. 456. Statt der Kammlager werden Einscheibendrucklager ausgeführt. Bei hohem Frischdampfdruck und niedrigem Vakuum können mit dem Modell 80000 kW bei 3000 Umdr./min erreicht werden.

Die Kondensationsturbine der Gutehoffnungshütte (GHH) von 5700 kW bei $n = 3500$ Umdr./min zum Antrieb eines Turbokompressors, Abb. 457, für 16 atü, 315° C und 93% Vakuum hat dreifache ungesteuerte Entnahme mit 4, 1,5 und 0,5 ata. Steuerung s. Abb. 392, S. 332. Für hohe Drücke und hohe Temperaturen wird die Bauart Röder angewendet (s. Gegendruckturbinen, Abb. 495ff, S. 416.).

Die Turbinen der MAN sind axiale Gleichdruckturbinen mit geringer Überdruckwirkung, die gerade nur so groß ist, daß der durch die Saugwirkung des strömenden Dampfes entstehende geringe Druckunterschied zu beiden Seiten der Laufradscheiben ausgeglichen ist.

Abb. 454. Rectafluxturbine von EW.

Eine Kondensationsturbine mit zweiflutigem Niederdruckteil mit einer Leistung von 31000 kW, $n = 3000$ Umdr./min bei 57/65 ata, 490/510° C und 15° C Kühlwassertemperatur ist in Abb. 458 wiedergegeben.

Der Hochdruckteil hat ein Curtisrad als Regelstufe und 16 Druckstufen, der Niederdruckteil in Doppelendausführung hat zweimal vier Druckstufen und zwei Abdampfstutzen. Festpunkt ist das mittlere Blocklager, das Hochdruckgehäuse stützt sich axial gegen das Mittellager und verschiebt bei seiner Ausdehnung den vorderen Lagerstuhl mit dem Blocklager des Hochdruckläufers in der gleichen Richtung, so daß die axialen Spalte unverändert bleiben.

Die MAN führt außer den axialen Gleichdruckturbinen auch gegenläufige Radialturbinen, System Ljungström, aus. Abb. 459 zeigt den Schnitt durch eine 2400/3200-kW-Ljungström-Kondensationsturbine, $n = 3000$ Umdr./min für 16 ata 400° C, $p_0 = 0{,}04$ ata (15° C Kühlwassertemperatur mit ungesteuerter Entnahme.

Auf den beiden Wellenzapfen *1* sitzen die Laufradscheiben *2*, in welche die Schaufelkränze *3* eingesetzt sind, derart, daß die Laufschaufeln der einen Scheibe die Leitschaufeln

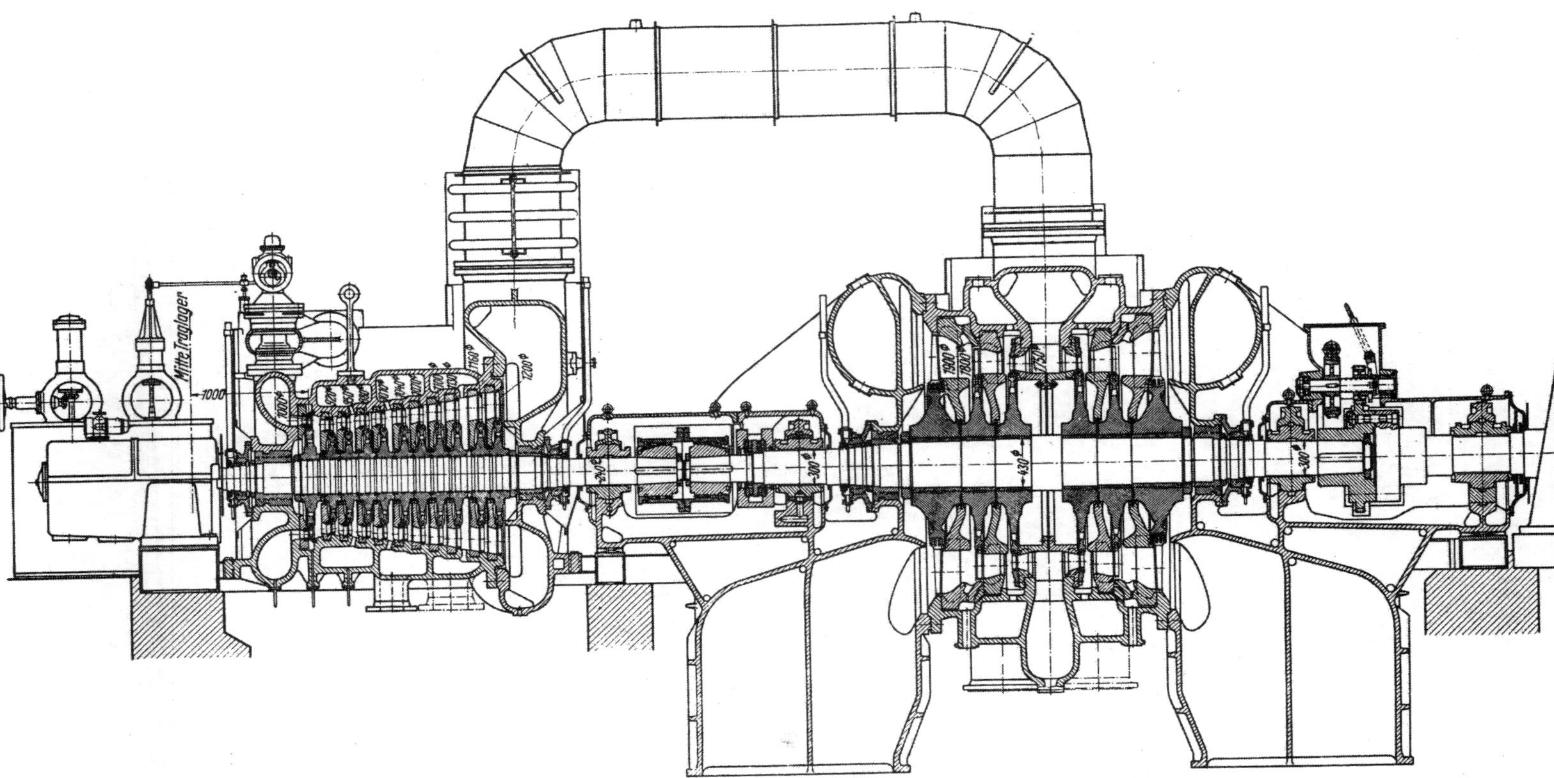

Abb. 455. Zweigehäuse-Zweiflußturbine, 50000 kW, 3000 Umdr./min. Görlitzer Maschinenbau.

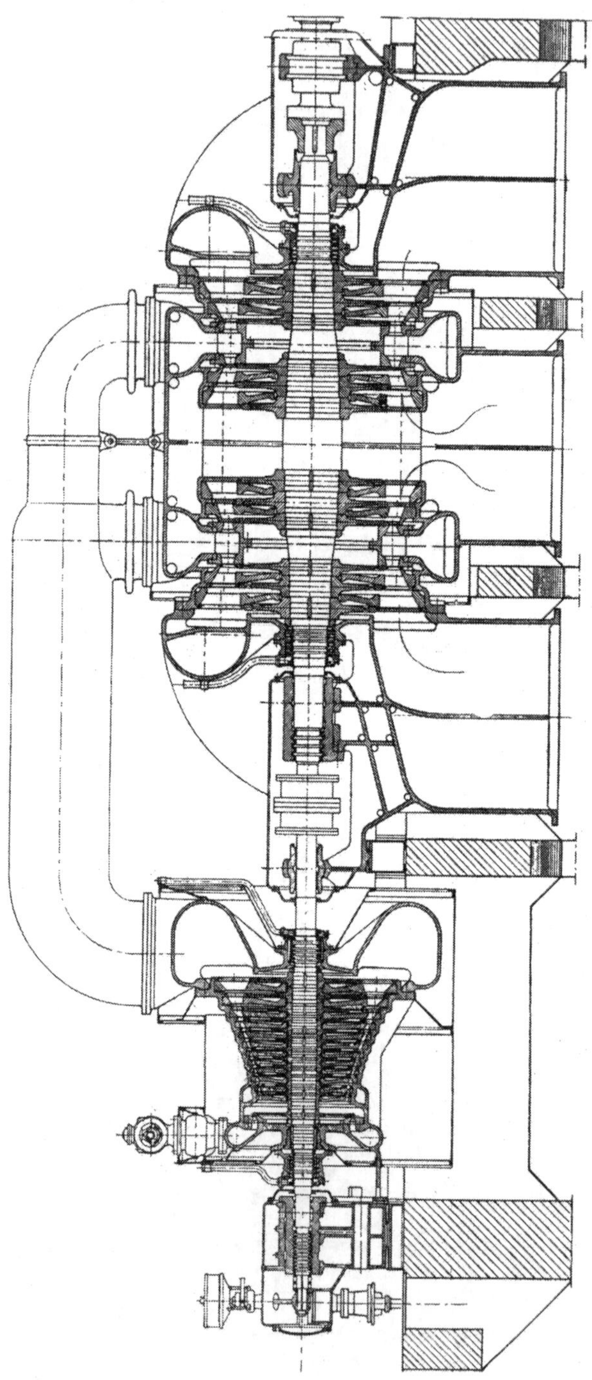

Abb. 456. Zweigehäusige vierflutige Turbine der WUMAG.

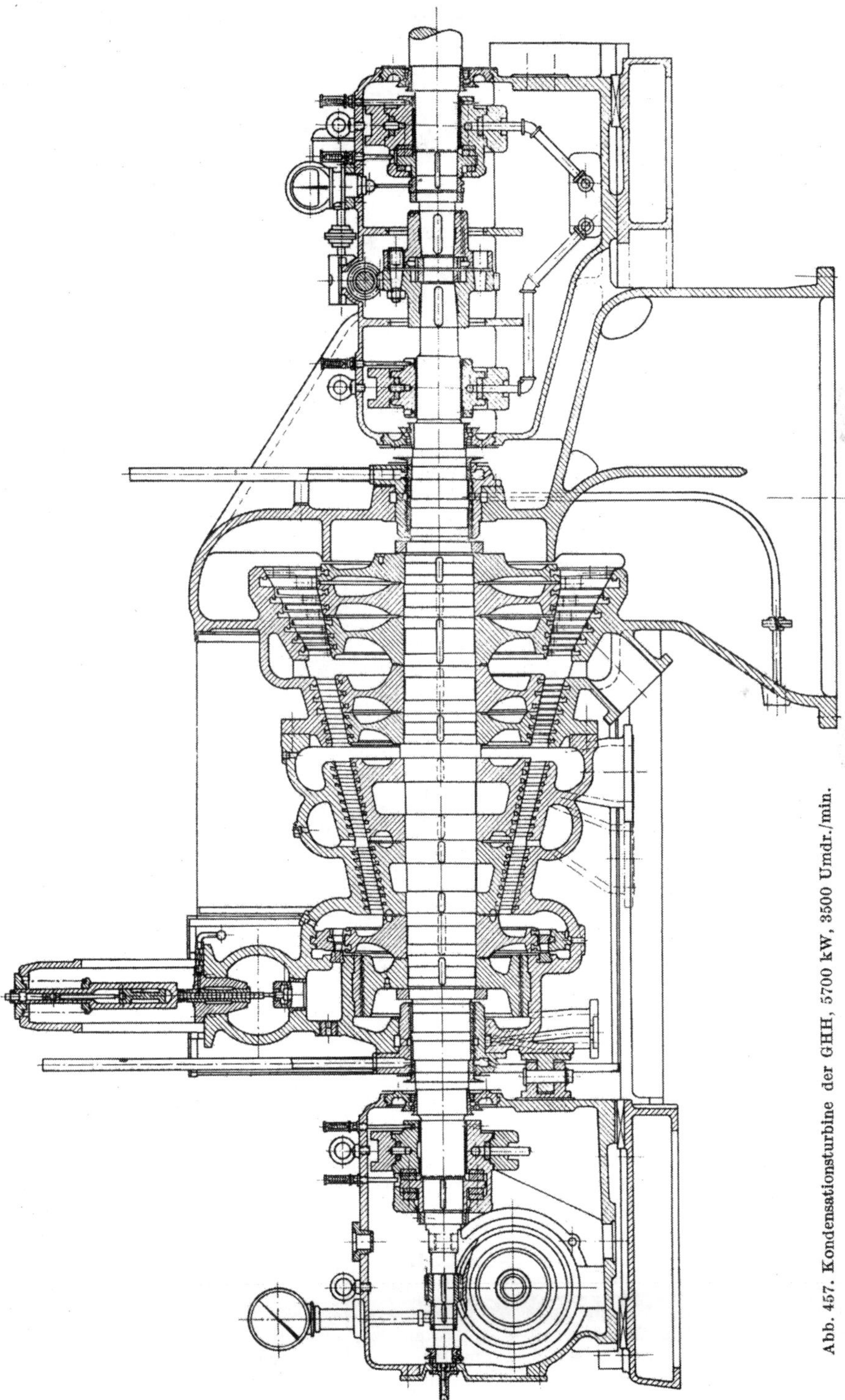

Abb. 457. Kondensationsturbine der GHH, 5700 kW, 3500 Umdr./min.

für die nächstfolgende, in der entgegengesetzten Richtung umlaufende Schaufelreihe bilden. Jedes der beiden Läufersysteme treibt je einen Stromerzeuger von der halben Gesamtleistung an.

Die relative Umfangsgeschwindigkeit ist demnach doppelt so groß wie die der Drehzahl entsprechende Umfangsgeschwindigkeit. Der Dampf tritt, von dem Absperr- und dem Regel-

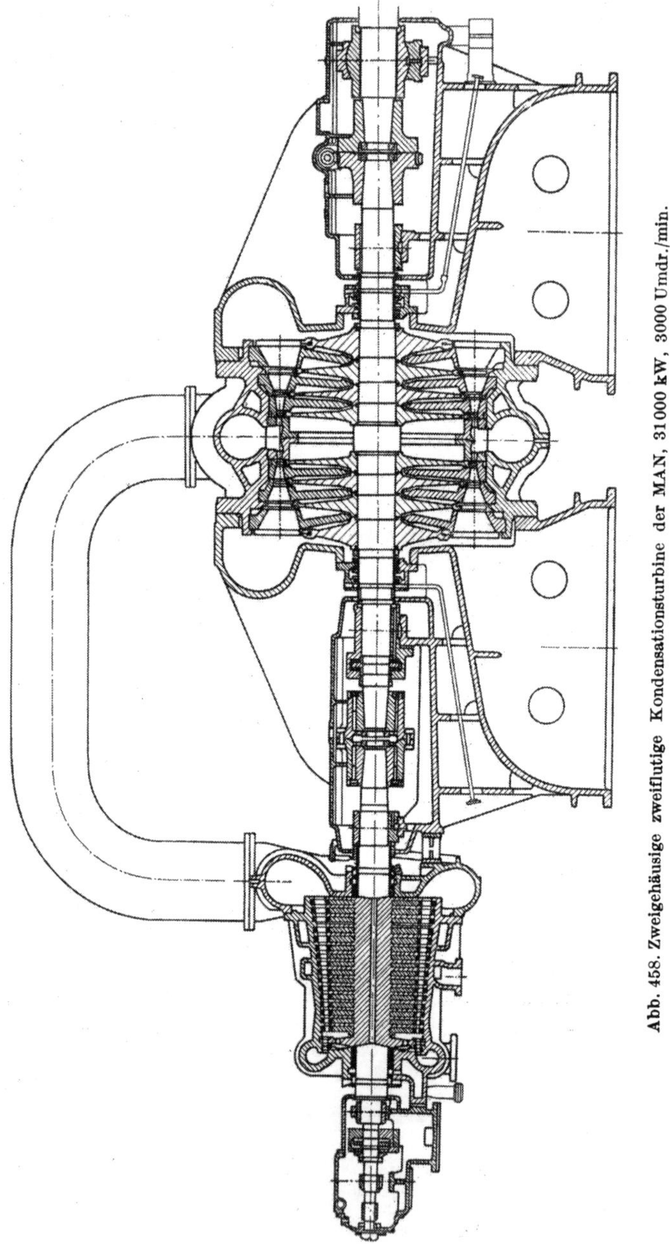

Abb. 458. Zweigehäusige zweiflutige Kondensationsturbine der MAN, 31000 kW, 3000 Umdr./min.

ventil kommend, durch die Rohre *4* in die innenliegende Dampfkammer *5* und durch die Bohrungen *a* in den Laufradscheiben zum inneren Schaufelring, von wo aus er radial nach außen strömt in das umgebende Gehäuse und in den Abdampfstutzen. Das Gehäuse ist gleichzeitig Träger für die Stromerzeuger.

Die Laufscheiben *2* sind mit den Druckausgleichscheiben *6* verbunden, die außen mit Labyrinthen versehen sind, welche in die Gegenlabyrinthe der feststehenden Ausgleichscheiben *7* hineinragen. Kondensationsturbinen werden grundsätzlich durch Drosselung des Dampfes geregelt. In besonderen Fällen, bei denen gute Teillastwirkungsgerade verlangt werden, und bei Gegendruckturbinen werden die ersten Radialstufen als gegenläufige Gleichdruckstufena usgeführt, evtl. mit Geschwindigkeitsstufung, mit teilweiser Beaufschlagung.

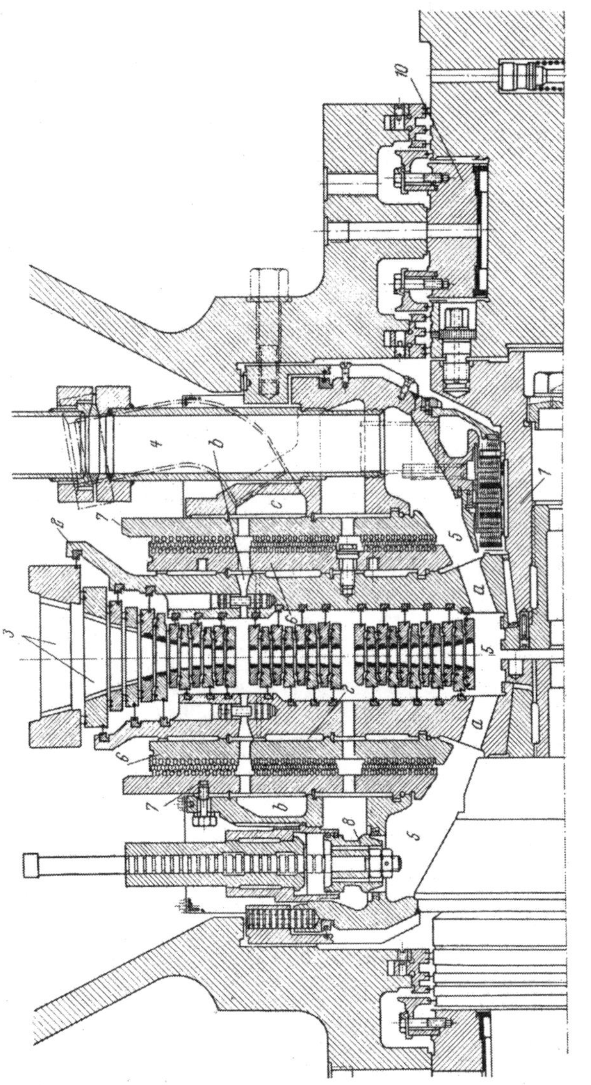

Abb. 459. LJUNGSTRÖMturbine, 2400/3200 kW, 3000 Umdr./min (MAN).

Überlastung durch Zusatzventile *8*, durch welche Frischdampf in eine spätere Stufe geleitet wird. Die Regelventile werden durch Drucköl gesteuert. In der Abbildung ist ungesteuerte Entnahme durch die Bohrungen *b* und den Raum *c* vorgesehen. Zwei Sicherheitsregler *9* sitzen in den Wellen der Stromerzeuger, welche in den Lagern *10* gehalten werden. Die Ölpumpe ist mit der Reglerwelle gekuppelt. Wellendichtung s. Abb. 280, S. 245, Schaufelbefestigung Abb. 210, S. 200.

Bei großem Temperaturunterschied werden die Laufscheiben konzentrisch geteilt und die Ringe unter sich sowie mit den bei Kondensationsturbinen großer Leistung erforderlichen Axialrädern (s. Abb. 460) durch Dehnungsringe oder radiale Bolzen verbunden.

Abb. 460 zeigt eine LJUNGSTRÖM-Kondensationsturbine von 28000 bis 40000 kW, $n = 3000$ Umdr./min für 15 ata, 350° C und 12° C Kühlwassertemperatur mit Niederdruck-Axialstufen, deren Laufradscheiben in die inneren Laufteile eingesetzt und durch radiale Bolzen befestigt sind. Der Leitschaufelträger der Axialstufen wird wärmebeweglich in Gehäuse durch radiale Bolzen gehalten. Dampfeintritt durch den Rohrstutzen rechts, links das Überlastungsventil.

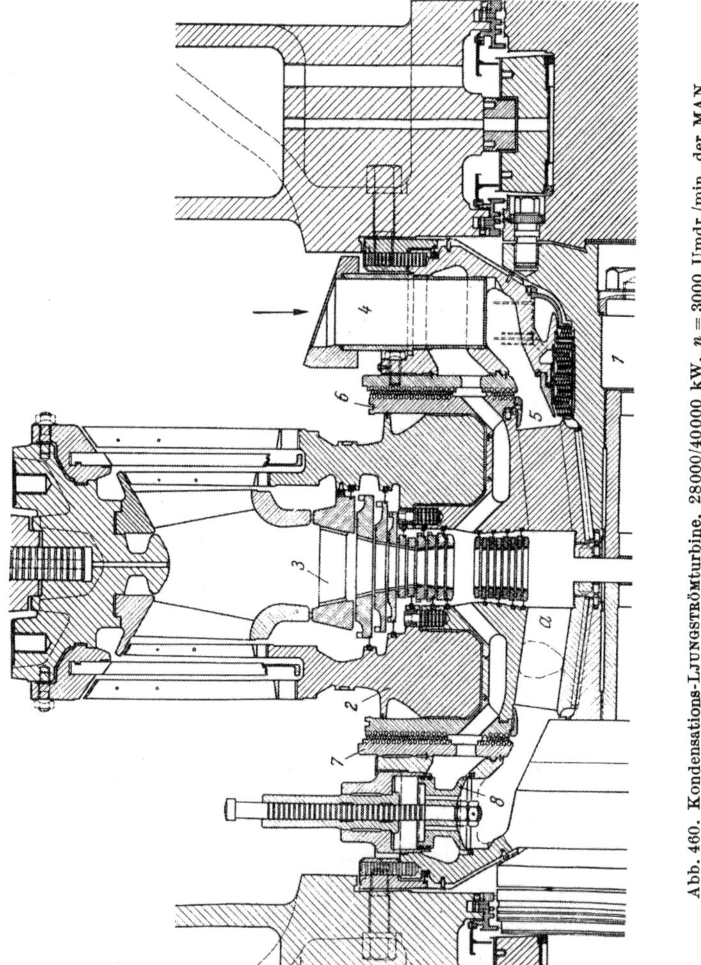

Abb. 460. Kondensations-LJUNGSTRÖMturbine, 28000/40000 kW, $n = 3000$ Umdr./min. der MAN.

Die Siemens-Schuckert-Werke (SSW) bauen die Turbinen als axiale Überdruckturbinen, bei hohen Drücken vielfach den Hochdruckteil als einläufige Radialturbinen, mit ein- oder zweikränziger Gleichdruckstufe, die übrigen Stufen Überdruck. Eine axiale Kondensationsturbine von 35000 kW, $n = 3000$ Umdr./min zeigt Abb. 461 mit Entwässerungskammern in den Niederdruckstufen (s. Abb. 116, S. 105) und Anbau der hydraulischen Steuerung nach Abb. 394, S. 333.

Radialturbinen werden als Vorschaltturbinen mit nachfolgenden Axialstufen oder als selbständige Gegendruckturbinen angewendet. Der Dampf

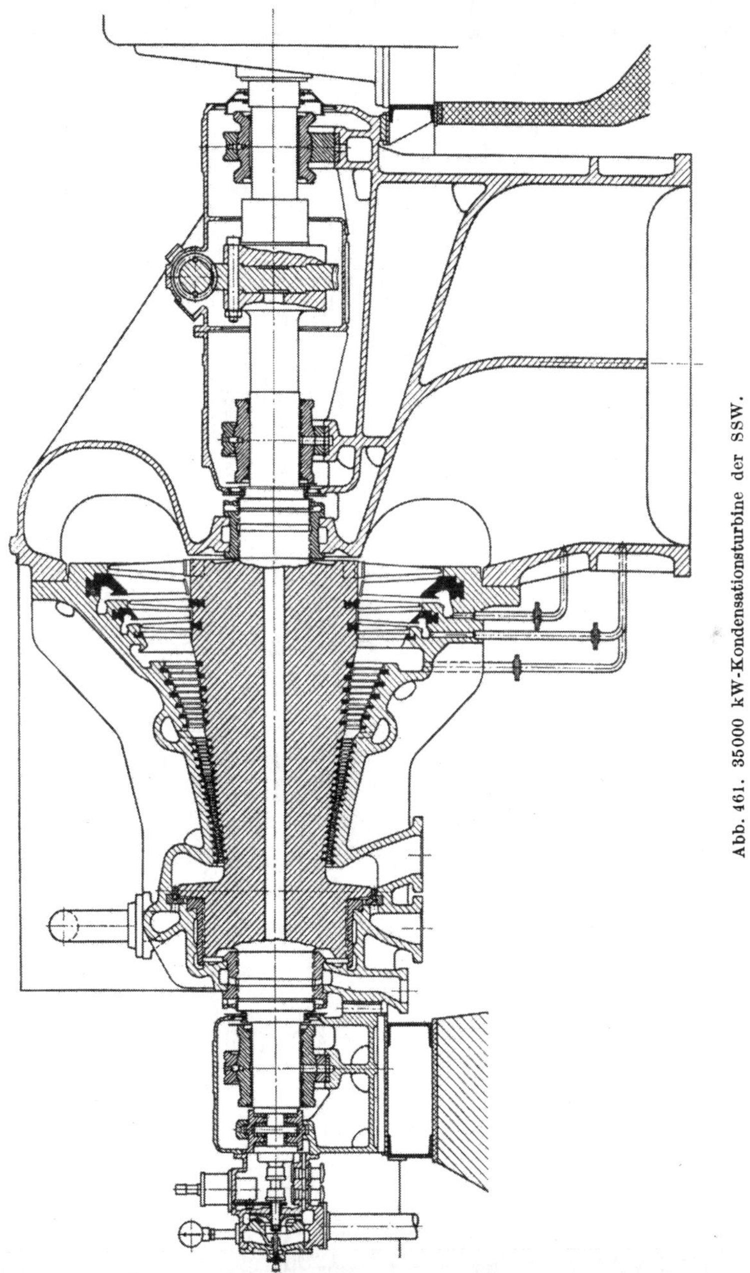

Abb. 461. 35000 kW-Kondensationsturbine der SSW.

strömt erst von außen nach innen (Abb. 461) durch die Schaufelkränze der einen Radscheibe, dann von innen nach außen durch die Schaufelreihen der zweiten Radscheibe. Wird diese beiderseits beschaufelt, so kann der Dampf nochmals nach innen und durch die Schaufelreihen einer dritten Scheibe wieder nach außen geführt werden, also in vier Ebenen. Dadurch wird auch der Ausgleich des Axialschubes erreicht. Abb. 462 zeigt eine Vorschalt- bzw. Gegendruckturbine der SSW für hohe Drücke und Temperaturen für Leistungen von 5000 bis 20000 kW, $n = 3000$ Umdr./min.

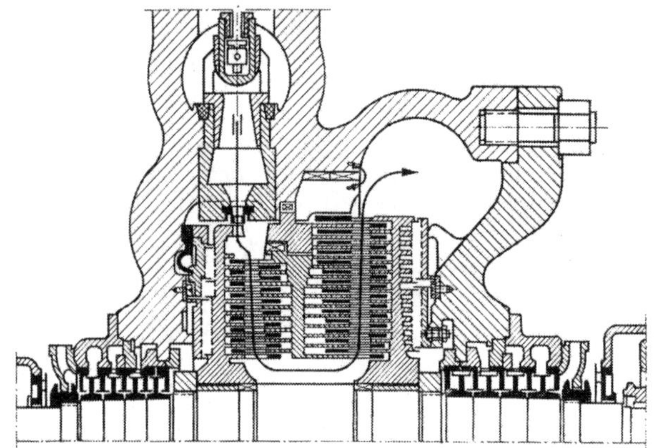

Abb. 462. Radialturbine vom SSW, 5000 bis 20000 kW.

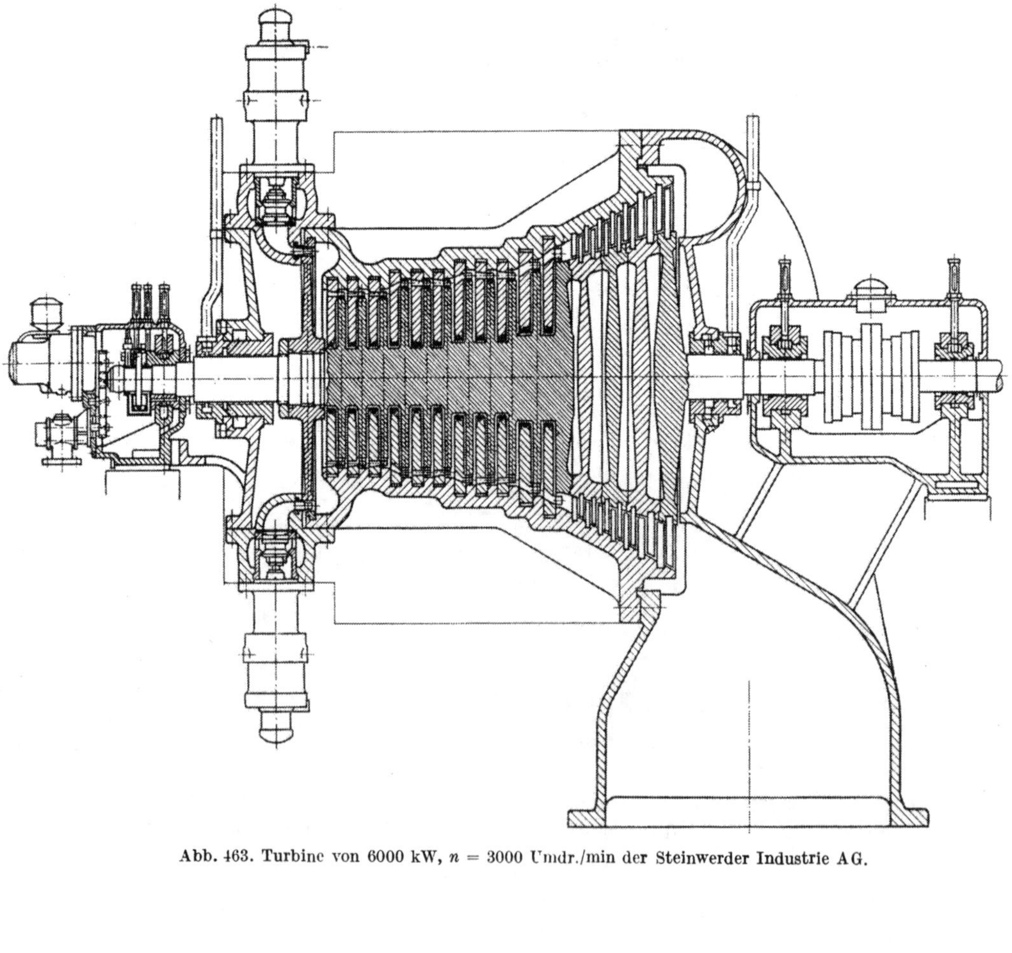

Abb. 463. Turbine von 6000 kW, $n = 3000$ Umdr./min der Steinwerder Industrie AG.

Die Schaufelbefestigung und die Abdichtung der Scheiben s. Abb. 211, S. 200.

Die Turbine der Steinwerder Industrie AG, Abb. 463, leistet 6000 kW bei $n = 3000$ Umdr./min bei mittleren Drücken und Temperaturen. Gehäuse und Einströmkästen achsensymmetrisch. 12 Gleichdruck- und 7 Überdruckstufen, die letzte 1500 mm Durchmesser im Teilkreis.

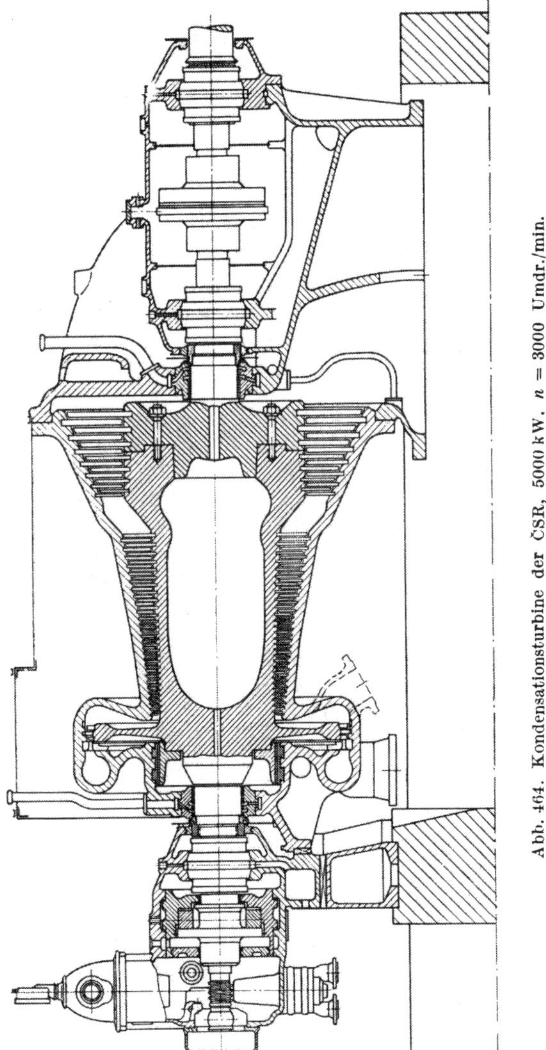

Abb. 464. Kondensationsturbine der ČSR, 5000 kW. $n = 3000$ Umdr./min.

Bei hohen Drücken und Temperaturen führt die Steinwerder Industrie AG den Hochdruckteil mit atmenden Einsätzen nach Prof. RÖDER aus, s. Abb. 496, S. 416.

Die Turbinen der tschechoslowakischen Werke werden als Überdruckturbinen mit Gleichdruck-Regelstufe oder als kombinierte Gleichdruck-Überdruckturbinen ausgeführt.

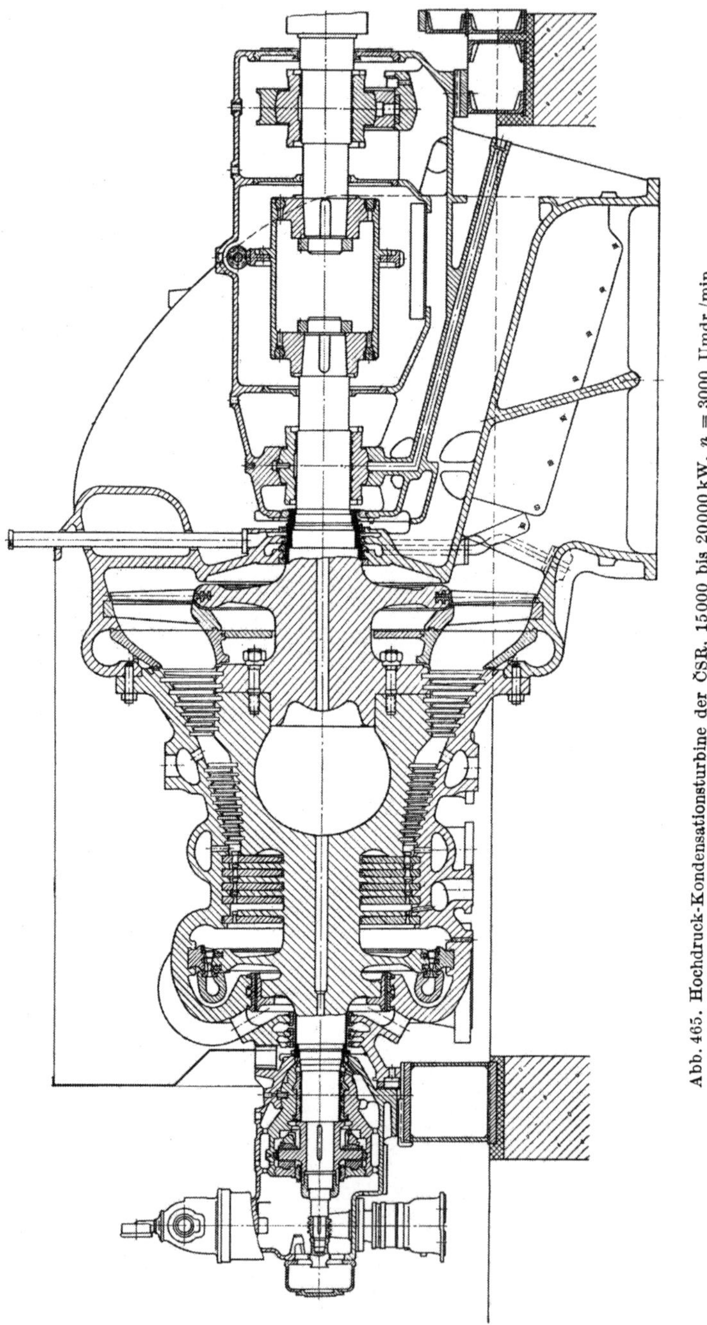

Abb. 465. Hochdruck-Kondensationsturbine der ČSR, 15000 bis 20000 kW, $n = 3000$ Umdr./min.

Die Turbine von 5000 kW, $n = 3000$ Umdr./min, Abb. 464, für 16 ata, 350° C und $p_0 = 0{,}065$ ata hat eine Curtis-Regelstufe und 37 Überdruckstufen, einen Stutzen für ungesteuerte Entnahme nach der Regelstufe.

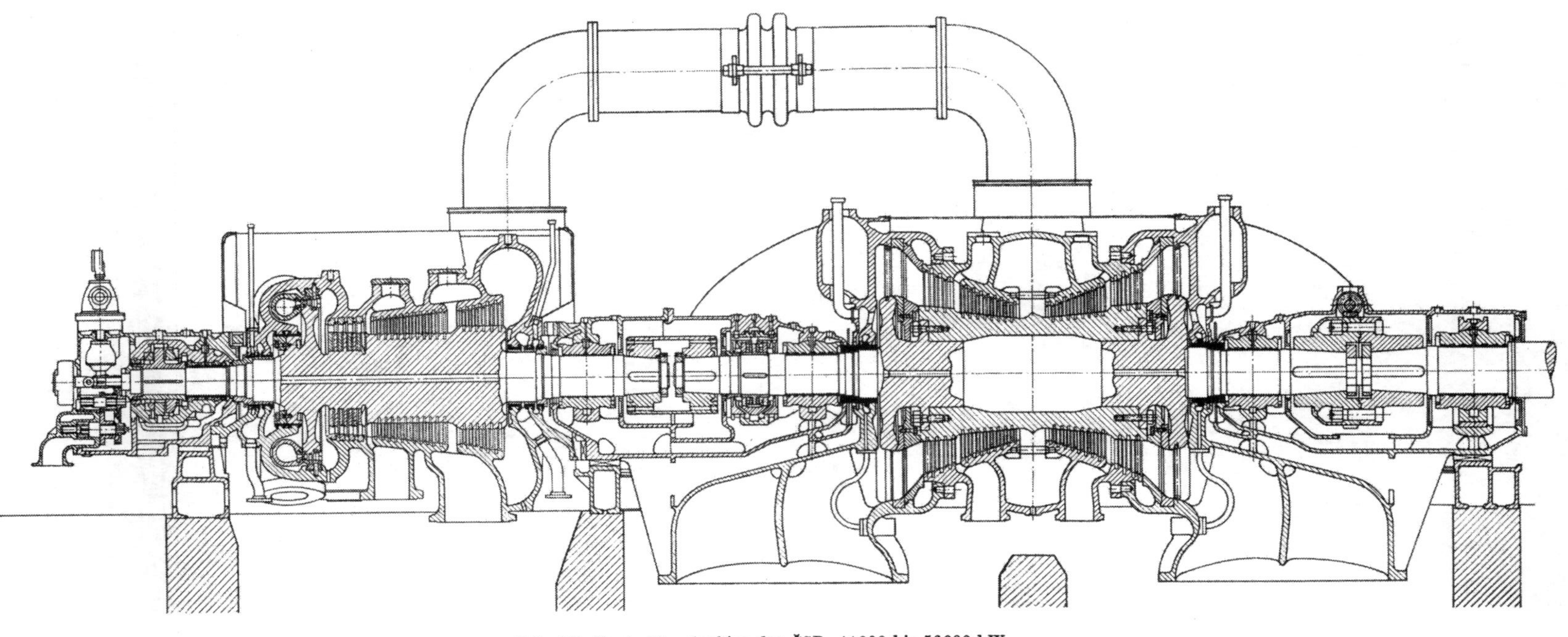

Abb. 466. Zweigehäuseturbine der ČSR, 44000 bis 56000 kW.

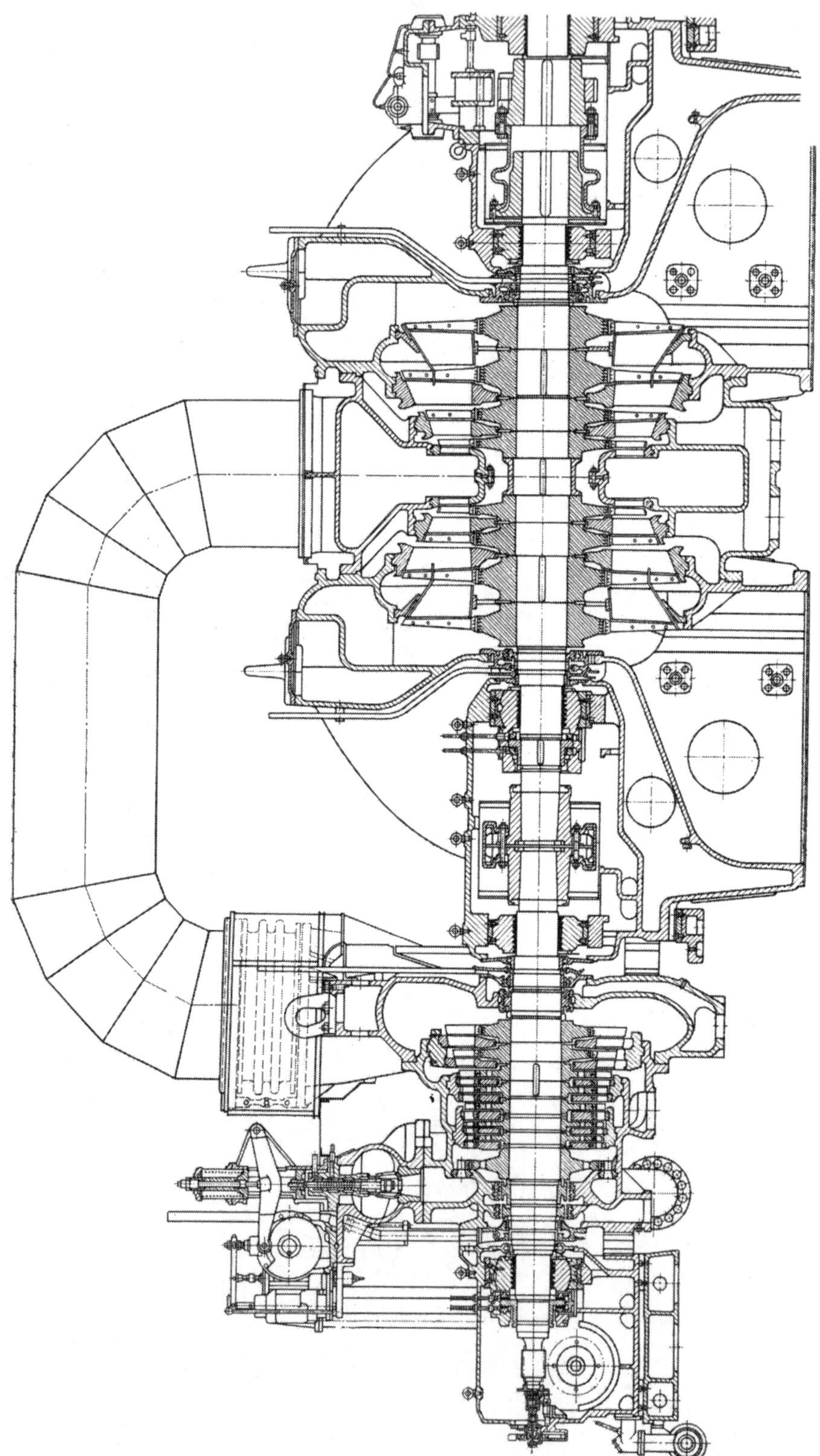

Abb. 467. Zweigehäuse-Kondensationsturbine, 100000 kW, 3000 Umdr./min der UdSSR.

Eine Hochdruck-Kondensationsturbine der CSR von 15000 bis 20000 kW, $n = 3000$ Umdr./min ist im Schnitt in Abb. 465 wiedergegeben für 60 ata, 480° C, $p_0 = 0{,}04$ ata und vierfache ungesteuerte Entnahme: mit 17,2 ata max 5 t, max. 7 t mit 7,0 ata, max 3 t mit 1,9 ata und max · 1,3 t mit 0,25 ata.

Bei 80 ata, 500° C Frischdampfzustand könnten mit demselben Modell 32000 kW erreicht werden. Vorderes Trag- und Drucklager nach Abb. 308, S. 266. Eingesetzte Düsenkästen, eine Curtis-Regelstufe, 4 Gleichdruck- und 16 Überdruckstufen.

Die Zweigehäuse-Doppelendturbine der CSR von 44000 bis 56000 kW, $n = 3000$ Umdr./min, Abb. 466, ist für 70 ata, 485° C bzw. 81 ata, 500° C, $p_0 = 0{,}065$ ata gebaut für ungesteuerte Entnahme von max 100 t Schluckfähigkeit mit 27,7 ata, max 20 t mit 17 ata, 49 t mit 6,9 ata, 5,8 t mit 0,81 ata und 5,5 t mit 0,29 ata. Düsenkästen in das Gehäuse eingesetzt, Festpunkt der Turbine im Mittellager.

In der Sowjetunion sind mehrfach Turbinen von 100000 kW bei $n = 3000$ Umdr./min ausgeführt worden. Ein Zweigehäuseturbine mit Doppelend-Niederdruckteil für mittlere Drücke und mäßiges Vakuum zeigt Abb. 467 in der Ausführung des Werkes LMS, mit vierfacher ungesteuerter Entnahme (Stutzen *1*, *2*, *3*, *4*). Die letzten Stufen als Baumann-Stufen (s. Abb. 219, S. 203), Steuerung s. Abb. 383, S. 324.

III. Dampfturbinenanlagen.

Die Gesamtanordnung der Anlage muß den Betriebsanforderungen und den örtlichen Verhältnissen (Lage des Kesselhauses, des Kühlwasserzu- und -abflusses u. a. m.) angepaßt sein. Für gute Übersichtlichkeit, bequeme Zugänglichkeit und Bedienung, zweckmäßige Verlegung der Rohrleitungen ist Sorge zu tragen.

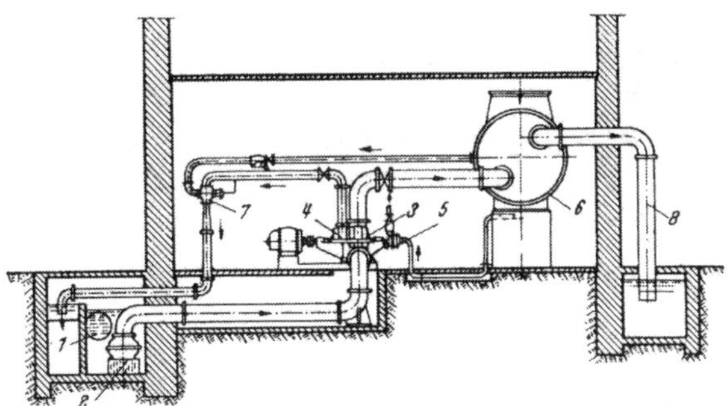

Abb. 468. Kondensationsanlage (MAN) im Kraftschluß mit Wasserstrahlluftpumpe.
1 Frischwasserzulauf, *2* Saugkorb mit Fußventil, *3* Kühlwasserpumpe, *4* Hochdruckstufe für Strahlluftpumpe, *5* Kondensator, *6* Kondensatpumpe, *7* Wasserstrahlluftpumpe, *8* Kühlwasserablauf

Die Fundamente werden neuerdings meist in Eisenbeton ausgeführt, wobei zu der Deckenbelastung noch ein Zuschlag von 300% zu machen ist, um die Erschütterungen zu berücksichtigen; solche Fundamente werden viel leichter als die gemauerten und gestatten viel größere Durchbrüche, wodurch die Zugänglichkeit und Übersichtlichkeit der Kondensationsanlage wesentlich erhöht wird. Im Maschinenhaus muß so viel Raum vorgesehen werden, daß bei Demontage der Gehäuseoberteil abgesetzt werden kann, wobei die Deckenbelastung zu beachten ist. Der Frischdampf aus der Kesselanlage strömt durch ein Absperrventil und den Wasserabscheider zur Turbine und gegebenenfalls zur Hilfsturbine

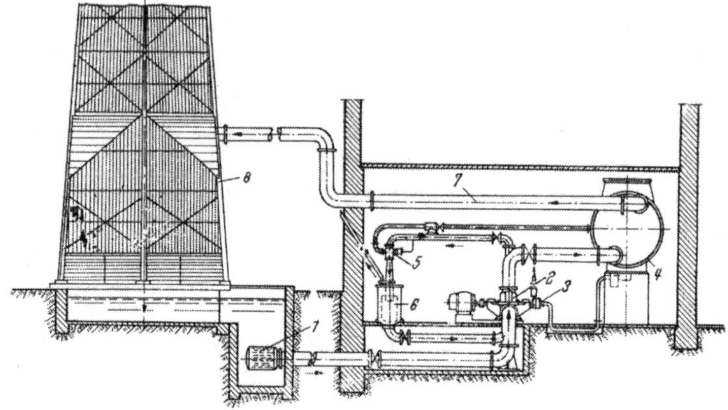

Abb. 469. Kondensationsanlage (MAN) mit Rückkühlung und Wasserstrahlluftpumpe.
1 Kühlwasserzulauf, *2* Kühl- und Strahlwasserpumpe, *3* Kondensatpumpe, *4* Kondensator, *5* Wasserstrahlluftpumpe, *6* Luftabscheider, *7* Kühlwasserrücklauf, *8* Kühlturm

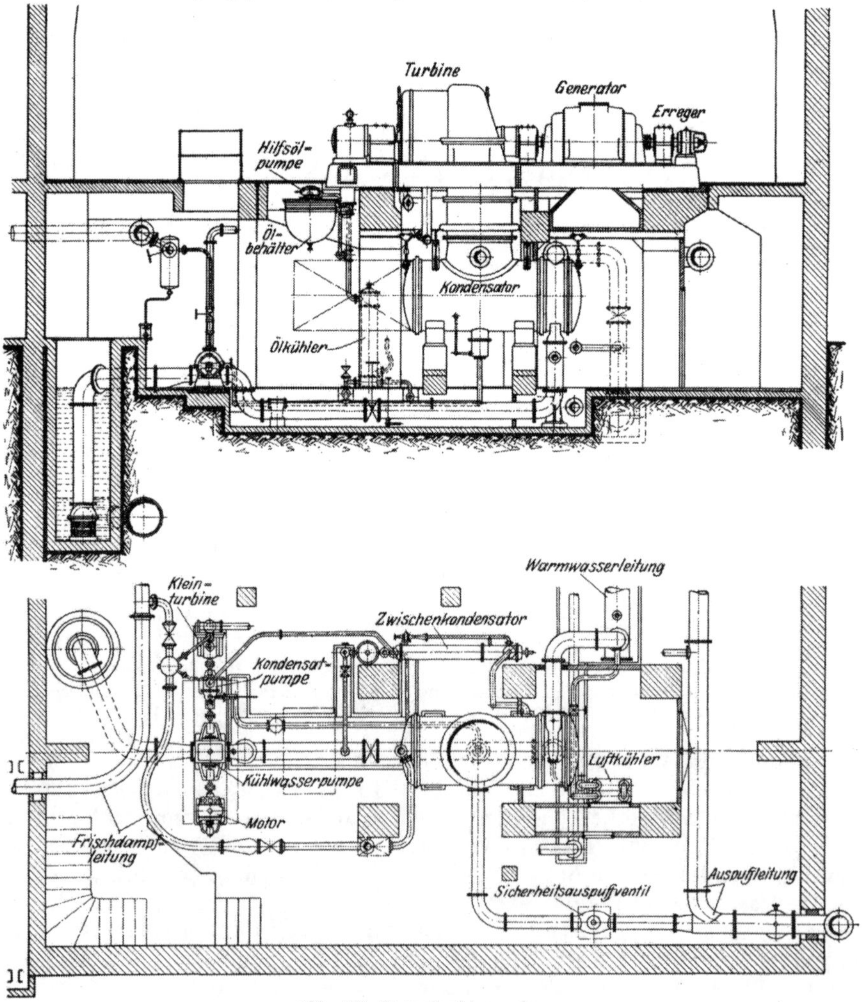

Abb. 470. Dampfturbinenanlage.

zum Antrieb der Kondensationspumpen, falls kein Strom vorhanden ist. Gleichzeitig wird die Hilfsölpumpe angelassen, um die Lager vor dem Anfahren der Hauptturbine mit Öl zu versehen. Wenn im Kondensator Vakuum erreicht ist und der Generator Strom liefert, wird der Antrieb der Kondensationspumpen häufig auf Elektromotor umgestellt und die Hilfsturbine stillgesetzt. Wenn die

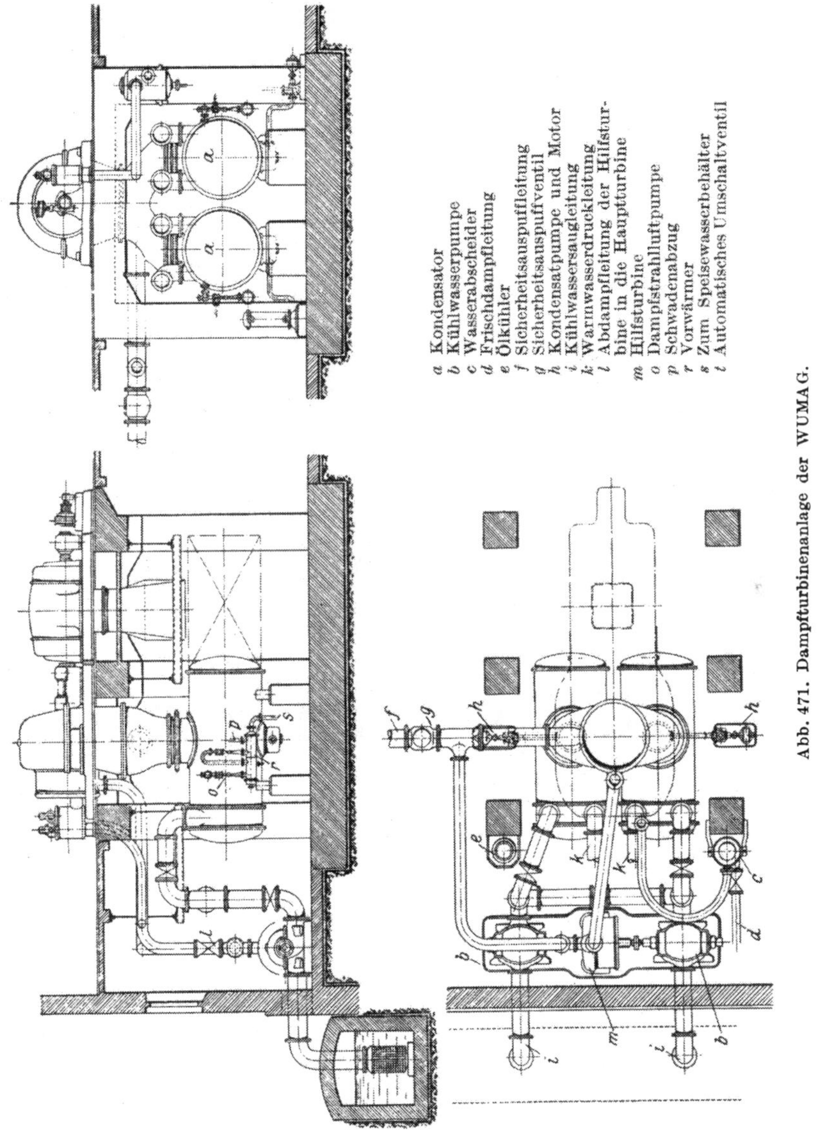

Abb. 471. Dampfturbinenanlage der WUMAG.

Kondensationspumpen nur durch die Hilfsturbine angetrieben werden, kann der Abdampf derselben in eine Stufe der Hauptturbine geleitet und weiter ausgenutzt oder in den Kondensator geführt werden.

Die Luft aus dem Kondensator wird meist durch eine Dampfstrahl- oder Wasserstrahlluftpumpe (Ejektor) abgesaugt. Die Kondensatpumpe wird entweder mit der Kühlwasserpumpe gekuppelt oder durch einen besonderen Elektromotor angetrieben.

Steht genügend Frischwasser für den Kondensator zur Verfügung (gleich der 50- bis 70fachen Dampfmenge), dann läßt man die Kühlwasserpumpen im Kraftschluß fördern (Heberwirkung), Abb. 468, wodurch der Energieaufwand für die Kühlwasserpumpe verringert wird. Muß rückgekühltes Kühlwasser verwendet werden, dann muß das erwärmte Kühlwasser in den Kühlturm gefördert werden, was entsprechend höheren Energieaufwand erfordert, Abb. 469.

Damit beim Versagen der Kondensationsanlage der Druck im Abdampfstutzen und im Kondensator nicht über den Atmosphärendruck ansteigen kann, wird zwischen dem Abdampfstutzen und dem Kondensator ein Sicherheitsauspuffventil angeordnet, das bei geringem Überdruck öffnet und den Dampf in die Auspuffleitung treten läßt.

Abb. 472. Gesamtaufbau eines Gegenlauf-Turbosatzes Bauart LJUNGSTRÖM der MAN.

Einen Anlageplan für einen Dampfturbosatz von 5000 kW zeigt Abb. 470 mit Dampfstrahlluftpumpe und mittels Dampfturbine und Elektromotor angetriebenem Kondensat- und Kühlwasserpumpensatz.

Der Turbosatz der WUMAG, Abb. 471, von 20000 kW hat zwei Kondensatoren und zwei gleiche mittels Hilfsturbine angetriebene Kühlwasserpumpen, die umschichtig abgeschaltet werden können, um die Kondensatoren nach dem HÜLSMEYER-Verfahren spülen zu können. Der Abdampf der Hilfsturbine wird nach Inbetriebsetzung der Hauptturbine in eine Stufe der letzteren geleitet. Zwei Dampfstrahlluftpumpen, zweistufig, Ausnutzung der Abwärme zur Vorwärmung des Speisewassers, zwei motorangetriebene Kondensatpumpen.

Den Gesamtaufbau eines Gegenlaufturbosatzes, Bauart LJUNGSTRÖM der MAN, zeigt Abb. 472, aus welcher die Abstützung des Turbosatzes auf den Kondensator ersichtlich ist, ohne besondere Fundamente; nur die Stromerzeuger sind durch Federpuffer auf dem Kondensatorfundament abgestützt zur Entlastung des Verbindungsflansches mit der Turbine. Vorn im Bild die motorangetriebene Kühlwasserpumpe und Kondensatpumpe. Vor dem Kondensatorsockel links die Strahlluftpumpe, oben vor dem Abdampfstutzen das Absperr- und das Drosselventil.

Sechster Abschnitt.

Turbinen für Sonderzwecke.

Für die Krafterzeugung ist mit Rücksicht auf hohen thermischen Wirkungsgrad die Ausnutzung eines möglichst großen Gefälles günstig. Wie aus Abb. 10, S. 11 ersichtlich, ist der thermische Wirkungsgrad auch bei großem Gefälle und hohem Vakuum klein, der größte Teil der aufgewendeten Wärme wird abgeführt, wie auch das is-Diagramm Abb. 9, S. 10 deutlich zeigt. Diese abgeführte Wärme kann zwar nicht für die Turbine nutzbar gemacht werden, da kein Temperatur- und Wärmegefälle mehr vorhanden ist, wohl aber besteht die Möglichkeit, diese Wärme für andre Zwecke — Heizung, Verdampfen, Kochen, Trocknen u. a. m. zu verwerten, wodurch die Gesamtausnutzung der Wärme eine wesentlich günstigere wird, theoretisch sogar bis zu 100% möglich ist, wenn die ganze Verdampfungswärme ausgenutzt und das Kondensat in den Kessel gespeist wird.

Da der Abdampf bei Vakuum meist eine für die erwähnten Zwecke zu tiefe Temperatur hat und auch das große Volumen hinderlich ist, läßt man den Dampf mit höherem *Gegendruck* austreten, wodurch zwar die Ausnutzung in der Turbine vermindert, aber die Ausnutzung der ganzen Abwärme, also Verbesserung der Wirtschaftlichkeit erzielt wird.

Die Höhe des Gegendruckes hängt im wesentlichen vom Verwendungszweck ab; an sich wird man den Gegendruck so tief wie möglich wählen.

Eine solche Vereinigung von *Kraft-* und *Heizbetrieb* mit Gegendruckturbinen ist viel wirtschaftlicher als getrennte Erzeugung der Kraft in einer Kondensationsturbine und des Heizdampfes in besonderen Kesseln oder durch Drosseln des Arbeitsdampfes auf den gewünschten Druck. Eine Gegendruckturbine ist jedoch nur dann am Platze, wenn die Heizwärmemenge mit dem Kraftbedarf übereinstimmt, oder wenn überschüssige Kraft oder Heizwärme an andre Betriebe abgegeben werden kann. Ist die Heizdampfmenge kleiner als die der Leistung entsprechende oder schwankt der Bedarf stark, so muß der nicht für Heizzwecke verwertete Dampf in weiteren Stufen der Turbine ausgenutzt werden bis auf Kondensatordruck. Bei solchen *Entnahme-* oder *Anzapfturbinen* wird nur die benötigte Heizdampfmenge aus einer Stufe mit entsprechendem Druck entnommen, der übrige Dampf arbeitet wie in einer Kondensationsturbine. Wird gar nichts entnommen, so arbeitet die Turbine als reine Kondensationsturbine, wird die ganze im Hochdruckteil arbeitende Menge entnommen, so arbeitet die Turbine als reine Gegendruckturbine mit im Vakuum leer mitlaufendem Niederdruckteil.

In neuerer Zeit wird der Turbine Dampf entnommen, um damit das Kesselspeisewasser vorzuwärmen — *Anzapfvorwärmung*, wodurch eine Verbesserung des Kreisprozesses durch Annäherung an den Carnot-Prozeß erreicht werden kann.

Die Möglichkeit, in der Turbine hohes Vakuum auszunutzen, gestattet andrerseits die Verwertung des Abdampfes von Auspuffkolbenmaschinen (Dampfhämmer- und -pressen, Walzenzugs- und Fördermaschinen) von etwas über Atmosphärenspannung in *Abdampfturbinen*, wobei der periodisch oder mit längeren Unterbrechungen auspuffende Dampf in *Abdampf-* oder *Wärmespeichern* gesammelt und der Turbine in gleichmäßigem Strom zugeführt wird. Um die Leistung der Turbine von der Abdampfmenge unabhängig zu machen, kann der Abdampfturbine ein Hochdruckteil vorgeschaltet werden, dem Frischdampf in einer solchen Menge zugeführt wird, daß die gewünschte Leistung gehalten werden kann; der Abdampf der Hochdruckstufe mischt sich mit dem Abdampf aus dem Speicher und arbeitet im Niederdruckteil der Turbine weiter; man bezeichnet solche Ausführungen als *Frischdampf-Abdampf-*, *Zweidruck-* oder *Mischdruckturbinen*. Ist genügend Abdampf vorhanden, so arbeitet die Turbine als reine Abdampfturbine mit leerlaufendem Hochdruckteil, ist gar kein Abdampf vorhanden, so arbeitet die Turbine als reine Kondensationsturbine.

I. Gegendruckturbinen.

A. Die Wirtschaftlichkeit.

Die Wirtschaftlichkeit des Gegendruckverfahrens gegenüber getrennter Kraft- und Wärmeerzeugung läßt sich leicht nachweisen[1].

Ist p der Druck, i der Wärmeinhalt des Frischdampfes, p_e der Gegendruck, i_e der Wärmeinhalt des aus der Turbine tretenden Dampfes — Punkt B in Abb. 473 —, i_0 der Wärmeinhalt am Ende adiabatischer Expansion, η_i der innere Wirkungsgrad der Turbine und G_e die arbeitende Dampfmenge, so ist die innere Leistung

$$N_i = \frac{G_e\,(i - i_e)}{632} = \frac{G_e\,(i - i_0)\,\eta_i}{632}\,\text{PS}_\text{i}\,. \qquad (1)$$

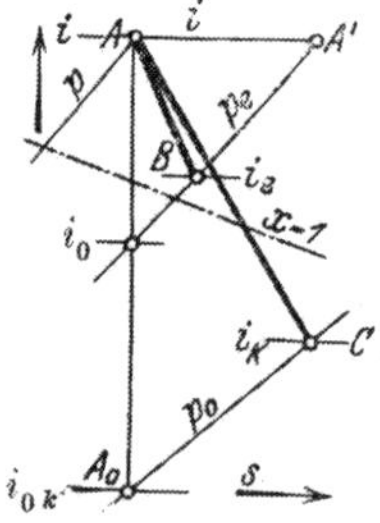

Der austretende Dampf hat eine Wärmemenge $G_e \cdot i_e$ kcal/h.

Bei *getrenntem Betrieb* ist die in einer Kondensationsturbine mit dem Kondensatordruck p_0 (Abb. 473) erzeugte Leistung mit der Arbeitsdampfmenge G_k und dem inneren Wirkungsgrad n_{ik} (wegen der geringeren Dampfmenge ist der Wirkungsgrad im Hochdruckteil etwas schlechter als bei Gegendruckbetrieb), dem Endwärmeinhalt i_k beim Austritt aus der Turbine, i_{0k} bei adiabatischer Expansion

$$N_i = \frac{G_k\,(i - i_k)}{632} = \frac{G_k\,(i - i_{0k})\,\eta_{ik}}{623}\,\text{PS}_i\,. \qquad (2)$$

Abb. 473.

Da die Leistung in beiden Fällen gleich sein muß, so folgt aus (1) und (2)

$$G_e\,(i - i_e) = G_k\,(i - i_k)$$

und daraus

$$G_k = G_e \frac{i - i_e}{i - i_k} = G_e \frac{(i - i_0)\,\eta_i}{(i - i_{0k})\,\eta_{ik}}\,. \qquad (3)$$

Zur Heizung ist noch eine Dampfmenge G_h erforderlich mit dem Wärmeinhalt i ($i = \text{const}$ beim Drosseln) und da die Wärmemengen in beiden Fällen gleich sein müssen, $G_e i_e = G_h i$, so ist

$$G_h = G_e \frac{i_e}{i}\,\text{kg/h}\,. \qquad (4)$$

[1] Vgl. Zerkowitz: [V]. — Pauer: [IIe].

Bei getrenntem Betrieb ist somit eine Gesamtdampfmenge $G_k + G_h$ erforderlich, bei vereinigtem Betrieb G_e kg/h.

Der Wärmeaufwand ist bei vereinigtem Betrieb

$$Q_1 = G_e i \text{ kcal/h}$$

und bei getrenntem Betrieb

$$Q_2 = (G_k + G_h)\, i = G_k i + G_h i = G_k i + G_e i_e .$$

Die Ersparnis ist demnach mit G_k nach Gl. (3)

$$E = G_k i + G_e i_e - G_e i = G_e \frac{i - i_e}{i - i_k} i + G_e i_e - G_e i$$

oder

$$E = G_e \frac{i - i_e}{i - i_k} i_k = G_e \frac{i - i_0}{i - i_{0k}} \frac{\eta_i}{\eta_{ik}} i_k \text{ kcal/h}. \quad (5)$$

Wie hieraus ersichtlich, ist die Ersparnis um so größer, je kleiner i_0, d. h. je tiefer der Gegendruck und je besser η_i; es ist nicht gleichgültig, welchen Wirkungsgrad die Turbine hat, obgleich der Abdampf verwertet wird, sondern es muß vom wärmewirtschaftlichen Standpunkt eine möglichst große Leistung aus dem Dampf erzielt werden. Die größte Ersparnis wird bei $i_0 = i_{0k}$ erreicht, also bei Vakuumheizung, die aber infolge der tiefen Temperatur praktisch meist nicht in Frage kommt.

Ferner geht aus Gl. (5) hervor, daß bei gegebenem Heizdruck das Gefälle $i - i_0$, also Anfangsdruck und Temperatur möglichst hoch sein müssen; es nimmt dann zwar auch $i - i_{0k}$ zu. aber in geringerem Maße.

Zum Vergleich zwischen Gegendruckbetrieb und getrenntem Betrieb kann das Verhältnis Q_1/Q_2 des Wämeaufwandes in beiden Fällen dienen

$$\lambda = \frac{Q_1}{Q_2} = \frac{G_e i}{G_k i + G_e i_e} = \frac{i^2 - i\, i_k}{i^2 - i_e i_k}. \quad (6)$$

Einfacher wird die Beziehung, wenn man zunächst die „spezifische“ Ersparnis bildet, das ist

$$\varepsilon = \frac{E}{Q_1} = \frac{i - i_e}{i - i_k} \frac{i_k}{i} = \frac{Q_2 - Q_1}{Q_1} = \frac{Q_2}{Q_1} - 1,$$

womit

$$\lambda = \frac{Q_1}{Q_2} = \frac{1}{\varepsilon + 1}. \quad (7)$$

Abb. 474 zeigt die Ersparnisse E je kg Dampf nach Gl. (5) für verschiedene Anfangszustände und Gegendrücke p_e für $p_0 = 0{,}05$ ata, wobei durchweg $\eta_i = 0{,}78$ und $\eta_{ik} = 0{,}82$ angenommen wurde: die Einflüsse von p, t, und p_e sind daraus klar ersichtlich. Es zeigt sich dabei auch der Vorteil des Hochdruckdampfes, da die Ersparnis im allgemeinen bei höheren Drücken zunimmt. Für die Ausnutzung in der Turbine ist Hochdruckdampf stets vorteilhaft, wie Abb. 475 zeigt, in welcher die Gefälle und die thermischen Wirkungsgrade für verschiedene Temperaturen und Gegendrücke über den Anfangsdrücken ausgetragen sind; die Zunahme des Wirkungsgrades ist viel größer als bei Kondensationsbetrieb (vgl. Abb. 10, S. 11).

Mit zunehmendem Anfangsdruck nimmt bei gleicher Temperatur die Heizfähigkeit des Dampfes allerdings etwas ab, ferner wird der Dampf feuchter, Abb. 476 (für 400° Anfangstemperatur und 3 ata Gegendruck, nach Anderhub), jedoch nimmt die erreichbare Leistung (Kurve *c*) mit dem Druck zu (angenommen ist eine Heizfähigkeit von 5,43 Millionen kcal/h); zum Vergleich ist noch die Leistung für 10000 kg/h Dampf eingetragen (*d*).

Wird mehr Dampf gebraucht als dem Leistungsbedarf entspricht, so müßte, falls Überschußenergie nicht abgesetzt werden kann, gedrosselter Frischdampf

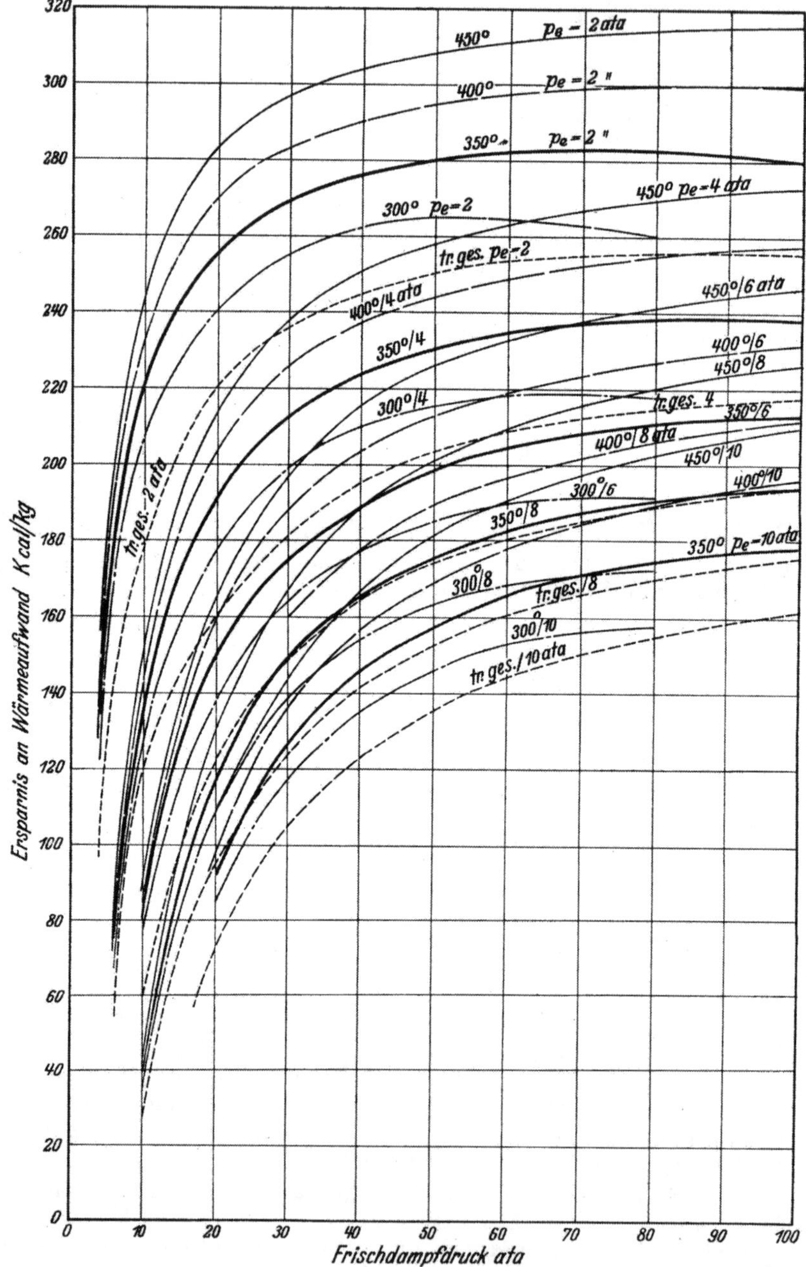

Abb. 474. Wärmeersparnis je kg Dampf bei Kraft-Heizbetrieb gegenüber gesondert erzeugter Heizwärme, abhängig vom Anfangs- und Gegendruck p_e.

zugesetzt werden, was natürlich um so unwirtschaftlicher ist, je größer die erforderliche Dampfmenge. Noch ungünstiger liegen die Verhältnisse, wenn weniger

Heizdampf gebraucht wird als der Leistung entspricht; in solchem Falle würde man die Gegendruckturbine mit einer Kondensationsturbine parallel arbeiten lassen und erstere nur der Heizdampfmenge entsprechend belasten, oder aber eine Entnahmeturbine aufstellen.

Durch Wahl des Anfangsdruckes läßt sich jedoch, wie aus Abb. 475 ersichtlich, die erforderliche Leistung dem Heizdampfbedarf in recht weiten Grenzen

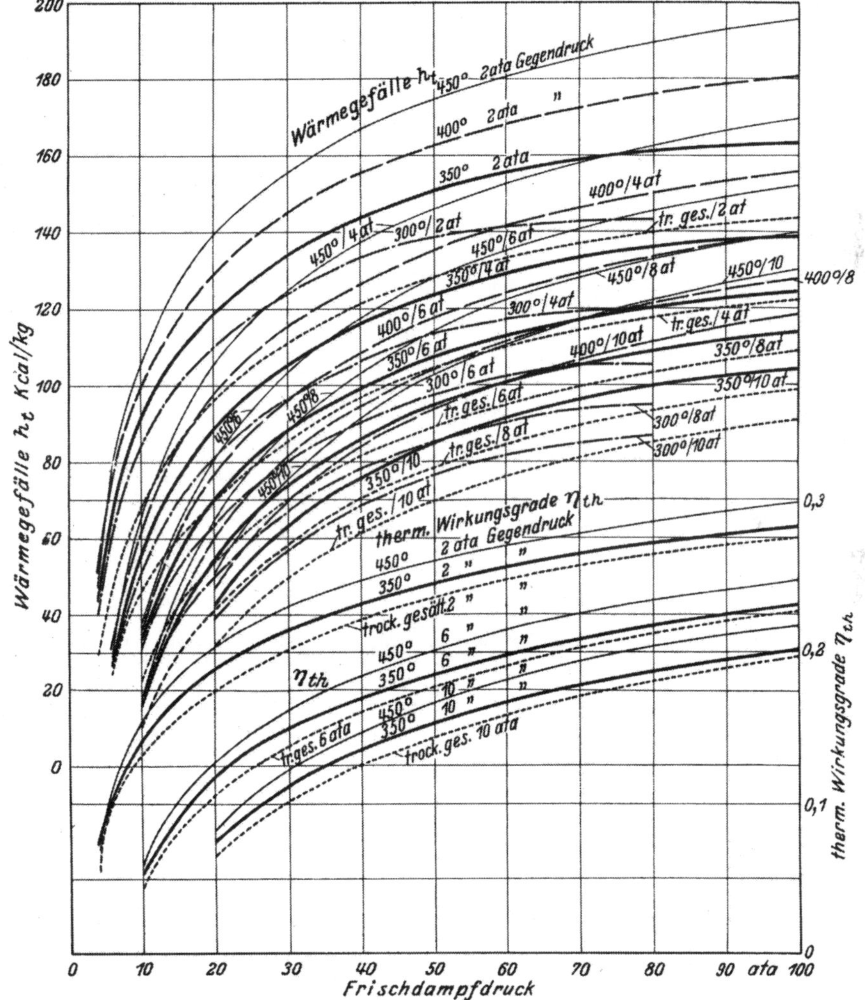

Abb. 475. Wärmegefälle und thermische Wirkungsgrade bei verschiedenem Gegendruck, abhängig vom Anfangsdruck.

anpassen. In noch höherem Maße läßt sich die Anpassung durch Wahl geeigneten Anfangsdruckes erreichen bei Vorwärmung des Speisewassers durch Anzapfdampf, wie Kurve *e* veranschaulicht, wobei eine Vorwärmung bis 90% der Sattdampftemperatur (133° C) angenommen wurde, gegenüber 80° Speisewassertemperatur ohne Vorwärmung. Zwar nimmt der Wärmeaufwand (*g* und *f*) bei Vorwärmung etwas zu, jedoch viel weniger als die Leistungsfähigkeit.

Eine Anpassung ist aber nur dann möglich, wenn Heizwärme- und Kraftbedarf sich angenähert im selben Verhältnis ändern; stimmen Heizwärme und Kraftbedarf nur zeitlich nicht überein und gleichen sich im Laufe einiger Zeit

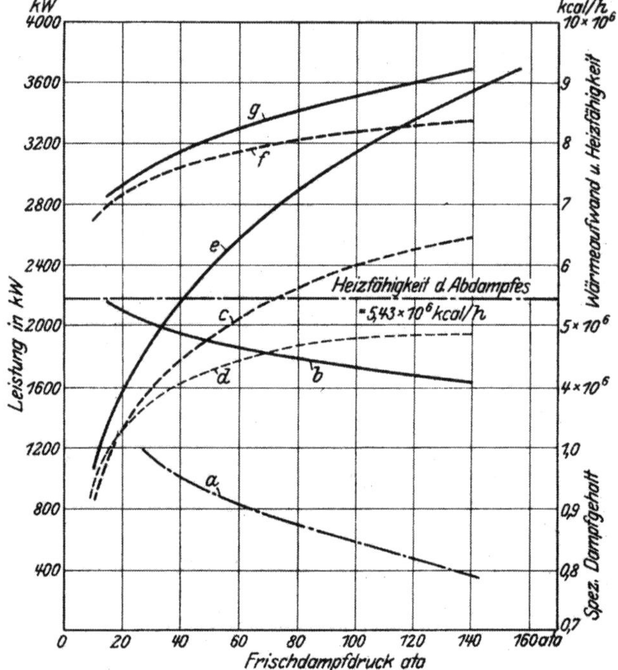

Abb. 476. Leistung und Heizfähigkeit in Abhängigkeit vom Druck.
a spezifischer Dampfgehalt des Heizdampfes, *b* Heizfähigkeit je kg Dampf, *d* Leistung je 10000 kg Dampf, *c* Leistung ohne Vorwärmung, *e* Leistung mit Vorwärmung, *f* Wärmeaufwand ohne Vorwärmung, *g* Wärmeaufwand mit Vorwärmung. (*c*, *e*, *f* u. *g* für gleiche Heizfähigkeit 5,43·10⁶ kcal/h.)

aus, so kann man auch bei Gegendruckbetrieb wirtschaftlich arbeiten, wenn der überschüssige Abdampf in einen RUTHS-Speicher geleitet und von dort bei größerem Heizdampfbedarf entnommen wird[1].

B. Reglung der Gegendruckturbinen.

Bei der Reglung sind zwei Fälle möglich: 1. die Gegendruckturbine arbeitet als einzige Kraftmaschine, dann wird sie mit normaler Drehzahlreglung versehen und gibt nur die der Leistung entsprechende Dampfmenge ab; ist dieselbe zu klein, so muß gedrosselter Frischdampf zugesetzt werden, ist sie zu groß, so muß sie anderweit ausgenutzt werden. Der Heizdampfdruck wird durch Frischdampfzusatzventil mit automatischer Betätigung durch einen Druckregler oder durch ein Sicherheitsventil konstant gehalten.

2. Die Gegendruckturbine arbeitet mit anderen Kraftmaschinen parallel, dann übernimmt sie nur die der erforderlichen Heizdampfmenge entsprechende Leistung, der Mehrbedarf an Leistung wird von den anderen Kraftmaschinen gedeckt. Da der Heizdampfdruck unverändert bleiben muß, so wird die Turbine außer der Drehzahlreglung unter Einfluß eines Druckreglers gestellt, der in der

[1] Vgl. ZVdI 1924, S. 150. PAUER: Die Wärme 1923, S. 355. STODOLA: [Ia], S. 15. PRAETORIUS: Die Wärme 1929, Nr. 17, S. 341.

gleichen Weise auf die Frischdampfreglung einwirkt wie der Drehzahlregler. In solchen Fällen wird die Drehzahl- und die Druckreglung vereinigt, wobei jedoch bei abnehmender Belastung der Drehzahlregler den überwiegenden Einfluß haben muß. Beim Parallelfahren aufs Netz ist der Geschwindigkeitsregler ausgeschaltet, da die Drehzahl vom Netz konstant gehalten wird.

Die Druckreglerbauarten sind S. 338 beschrieben. Bei erforderlicher Feinreglung kommen Askania-, Arca- oder Ava-Regler zur Anwendung.

Da das Gefälle der Gegendruckturbinen viel kleiner ist als bei Kondensationsturbinen, so sind erstere viel empfindlicher gegen Änderungen des Gefälles, also des Anfangsdruckes; die reine Drosselreglung wird aus diesem Grunde zu unwirtschaftlich, es wird Düsenreglung auch bei kleinen Leistungseinheiten angewendet.

Die Reglung einer Gegendruckturbine der AEG zeigt Abb. 477. Das Frischdampfventil steht unter Einfluß sowohl des Drehzahl- als auch des Druckreglers.

Arbeitet der Druckregler allein, dann ist die Muffe des Drehzahlreglers *a* durch die Drehzahlverstellung *b* in die tiefste Lage gebracht. In diesem Zustande ist also der Drehpunkt *i* als fest anzusehen, und der Druckregler arbeitet allein auf die Frischdampfreglung *g*. Da bei dieser Betriebsweise der Dampfdurchsatz der Turbine nicht unter den Leerlaufdampfverbrauch absinken darf, weil sonst der Stromerzeuger Rückstrom aus dem Netz bekäme, ist eine Hubbegrenzung *h* vorgesehen, mit der man während des Betriebes die kleinste Füllung, die der Druckregler zulassen darf, einstellen kann. Der Druckregler wird durch Anspannen seiner Feder und gleichzeitiges Anspannen der Zusatzfeder des Drehzahlreglers ausgeschaltet. Hierdurch werden sprunghafte Belastungsänderungen der Turbine beim Umschalten von der einen auf die andere Betriebsweise vermieden.

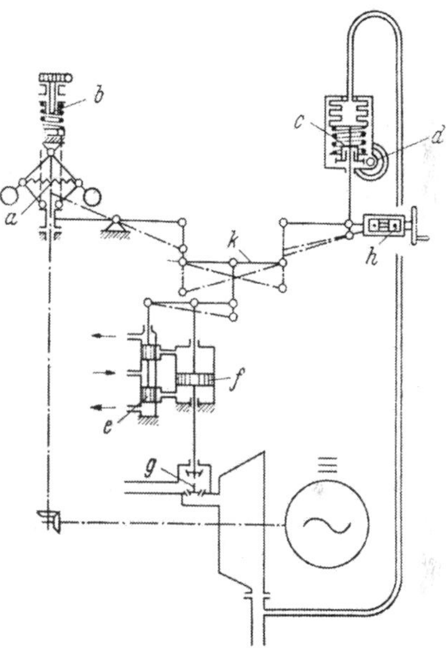

Abb. 477. Reglung einer Gegendruckturbine der AEG.

Eine Gegendruckreglung mit Öldrucksteuerung von BBC zeigt Abb. 478 (vgl. Abb. 384, S. 326); außer der Beeinflussung des Regelventils *F* in bekannter Weise durch Ändern des von der Pumpe *B* erzeugten Öldruckes durch Ändern des Durchflußquerschnittes in der Regulierbüchse *D*, steht der Öldruck unter Einfluß des Membrandruckreglers *JH*, der mittels des Ölventils einen weiteren Abfluß bei *6* verstellt.

Die Gegendruckreglung von Escher Wyss zeigt im Schema Abb. 479.

Bei derselben besteht der Drehzahlregler aus einem winkelhebelartigen Fliehgewicht *2*. Dieses ist mittels einer Drehachse *3* auf einem umlaufenden Körper *1* gelagert. Ein Kugellager im horizontalen Schenkel des Fliehgewichts trägt einen Reiterstempel *4*, welcher durch eine Druckfeder *5* nach unten gepreßt wird. Oben stößt der Reiterstempel gegen die Ausflußdüse eines Stufenkolbens *6*, welcher vom Öl angehoben wird und eine Stütze *7* in die Pfanne eines Hebels *13* preßt. Dieser schwingt um den Zapfen *14* einer Kurbel, welche von Hand oder mit dem Drehzahlverstellmotor geschwenkt werden kann, und berührt mittels einer verstellbaren Taste *22* einen Balken *10*. Letzterer ist durch einen Bolzen *9* mit der Schubstange eines federbelasteten Kolbens *55* und durch einen anderen Bolzen *24* mit einem Stufenkolben *27* verbunden. In der zentralen Bohrung dieses Stufenkolbens gleitet ein Steuerschieber *28*, welcher an einem einarmigen Hebel *23* aufgehängt ist. Dieser Hebel schwingt um einen festen Bolzen *20* und ist rechts an der Spindel des Frischdampfventiles *36* angelenkt, das durch einen federbelasteten Kolben *35* angehoben wird. Der ganze Mechanismus erhält aus einem Raume *25* Drucköl. Ein Teil davon fließt durch eine Blendenbohrung *26*

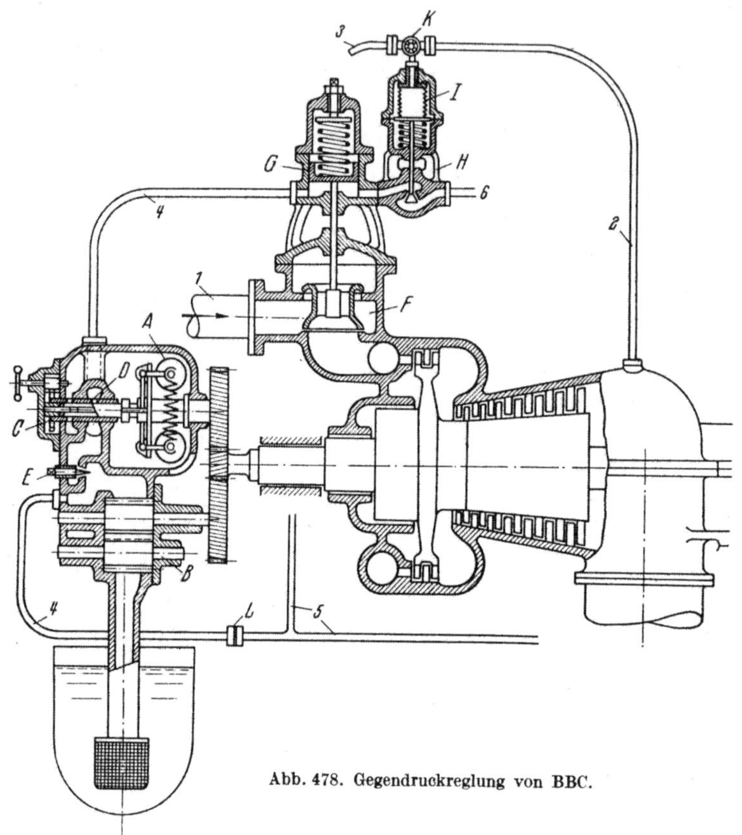

Abb. 478. Gegendruckreglung von BBC.

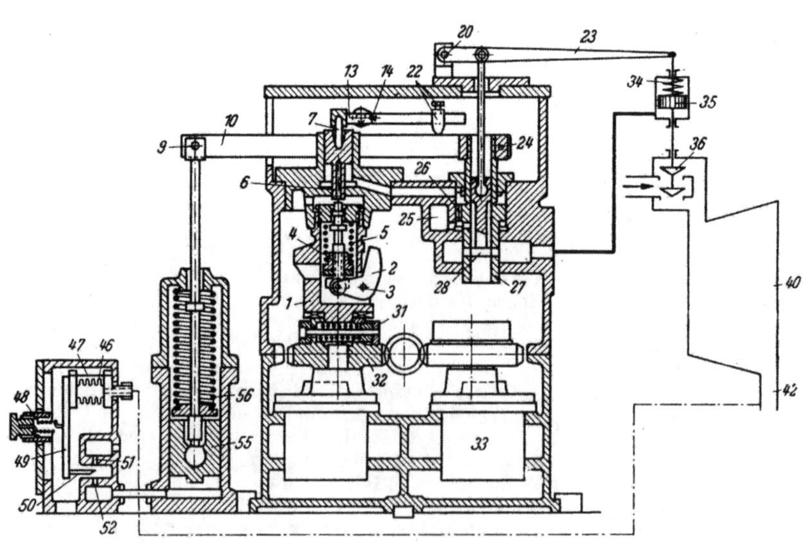

Abb. 479. Die Gegendruckreglung von Escher Wyss zeigt das Schema.

in der großen Stufe des Kolbens *27* nach oben und durch eine Bohrung unter den Kolben *6*, von hier in die zentrale Bohrung des Kolbens *6* und tritt durch einen engen Spalt zwischen Kolben und Reiterstempel *4* aus dem System aus. Ein anderer Teil des Öles gelangt ins Innere des Kolbens *27* und tritt, sobald die obere Steuerkante des Schiebers *28* die Fenster im Kolben *27* frei gibt, unter den Kolben *35*, und hebt ihn an.

Die Lage des Bolzens *9* ist durch die Stellung des Kolbens *55* gegeben, welcher seinerseits durch den Druckregler *46* bis *52* beherrscht wird. Er besteht aus einem elastischen Metallbalg 46, welcher einerseits mit einer festen Fassung, andererseits mit einem beweglichen Joch verlötet ist. Dieses wird oben durch eine Blattfeder *47* gehalten und trägt einen Hebel *49* mit Ablenker *50* für den Ölstrahl, der aus Sendedüse *51* austritt und auf Empfangsdüse *52* auftrifft. Das Innere eines Balges *46* ist mit der an die Turbine anschließenden Gegendruckleitung verbunden. Eine einstellbare Druckfeder *48* wirkt dem im Balge *47* wirksamen Druck entgegen.

Bei ausgeschaltetem Gegendruckregler ist der Kolben *55* in seiner Tiefstlage und der Regler arbeitet als Drehzahlregler. Steigt die Drehzahl, so steigt der Stempel *4* und drosselt den Abfluß aus dem Kolben *6* stärker. Dadurch steigt der Druck unter diesem Kolben und über der großen Stufe des Folgekolbens *27*, der nach unten ausweicht. Er schwenkt dabei den Balken *10* um den Fixpunkt *9*. Die Taste *22* des Hebels *13* folgt dieser Bewegung, so daß der Kolben *6* nach oben ausweicht, bis der Druck unter ihm wieder seinen normalen Wert erreicht hat. Die Steuerung verhält sich daher so, wie wenn dort, wo die Taste *22* den Balken *10* berührt, ein sehr starker Pendelregler angreifen würde, denn die Lage dieses Punktes ist lediglich von der Drehzahl abhängig.

Da der Kolben *27* nach unten ausgewichen ist, gibt die unterste Kante des Schiebers *28* den Ölabfluß aus seinen Fenstern frei. Der Kolben *35* sinkt und schiebt das Frischdampfventil *36* gegen seinen Sitz. Gleichzeitig schwenkt er den Hebel *23*, bis der Steuerschieber *28* die Fenster wieder schließt.

Im synchronen Betrieb steht der Pendelstift fest. Sinkt nun beispielsweise der Gegendruck, so drängt die Feder *48* den Hebel *49* nach rechts und der Ablenker taucht tiefer in den Strahl. Der in der Düse *52* erzeugte Empfangsdruck nimmt ab und der Kolben *55* sinkt. Er schwenkt zunächst den Balken *10* um den Drehpunkt *24*. Die Taste *22* sinkt und läßt so den Kolben *6* steigen. Dadurch sinkt der Druck in der Düse dieses Kolbens und über der großen Stufe des Kolbens *27*. Letzterer steigt, worauf der Schieber *28* Öl aus dem Raume *25* unter den Kolben *35* treten läßt, der das Ventil stärker anhebt und mittels des Hebels *23* den Steuerschieber *28* dem Stufenkolben *27* nachführt.

Bei der Gegendruckreglung der MAN, deren Schema Abb. 480 veranschaulicht, werden die Regelventile *1* wie bei der Frischdampfreglung der Kondensationsturbinen von einem Drehservomotor betätigt, dem das Drucköl vom Hilfsschieber *5* zugeführt wird, jedoch wird der Steuerschieber *5* nicht nur vom Drehzahlregler *7*, sondern auch noch vom Regelzylinder *9* verstellt, der seinerseits unter dem Einfluß der unter dem Gegendruck stehenden Regelzelle *8* steht, deren Wirkungsweise S. 343, Abb. 405, beschrieben wurde. Drehzahlverstellung von Hand oder Elektromotor *10*.

Das Schema der Gegendruckreglung von SSW zeigt Abb. 481; der Drehzahlregler verstellt den Steuerschieber *HS* (vgl. Abb. 379, S 321.), der Druckregler die Büchse *B* des Steuerschiebers.

Der Druckregler *DR* verstellt mittels Hebels H_3 die Büchse *B* des Steuerschiebers *HS*, wodurch das in die Kammer *K* geführte Drucköl durch die Leitungen L_1 oder L_2 auf die eine oder andere Seite des Servomotordrehkolbens treten bzw. ablaufen kann. Rückführung durch Scheibe *N*; Drehzahländerung durch Drehen des Schneckenrades *R* von Hand oder durch Elektromotor, wodurch die Schieberbüchse *B* durch eine verschiebbare Paßfeder *P* mitgedreht und mittels Gewinde am Kolben *G* verschraubt wird. *F* ist ein Feststellhebel zum Ausschalten des Druckreglers. Der Gegendruck kann durch Verstellen der Feder des Druckreglers eingestellt werden. In Wirklichkeit wird meist Feinreglung durch Askaniaregler angewendet.

Die Gegendruckreglung der WUMAG ist im Schema in Abb. 482 dargestellt. Der Drehzahlregler *R* wirkt in bekannter Weise auf das Hauptregelventil *V* ein (vgl. Abb. 353, S. 304) und beherrscht damit die Gesamtmenge; der Druckregler (*DR*) (bei höheren Anforderungen Feinregler) betätigt den Drehservomotor *D* und dieser die Düsenventile V_1, die nacheinander öffnen, wie Abb. 357 S. 307 beschrieben.

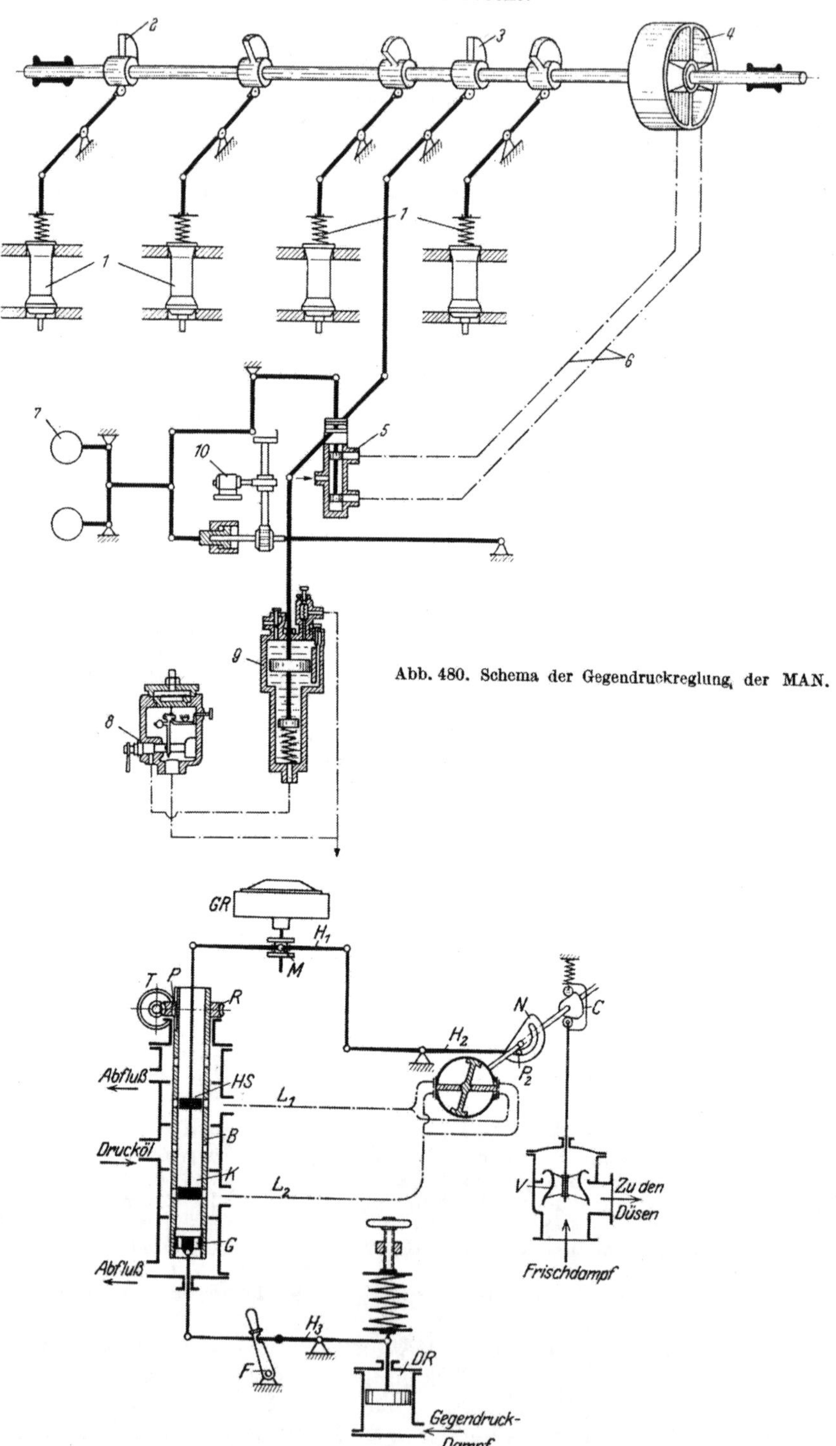

Abb. 480. Schema der Gegendruckreglung der MAN.

Abb. 481. Gegendruckreglung von SSW.

Unter den Kolben K_1 des Druckreglers DR tritt der Abdampfdruck, dem die Zugfeder F das Gleichgewicht hält; mittels des Handrades H kann der Druck durch Verstellen der Federspannung geändert werden. Handrad H_1 dient zum Ausschalten des Druckreglers durch Niederschrauben.

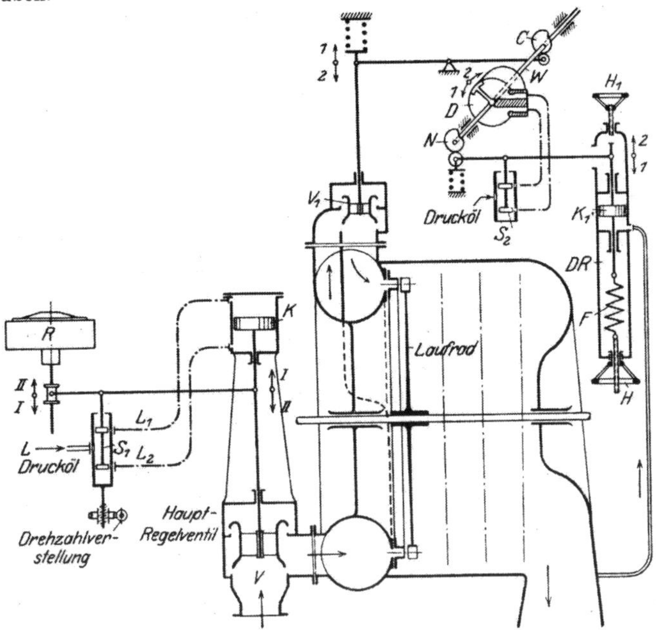

Abb. 482. Gegendruckreglung der WUMAG.

Heizkraft- und Vorschaltturbinen mit flacher Wirkungsgradkurve.

Bei Kondensationsturbinen mit Regelstufe erhöht sich der spezifische Dampfverbrauch bei Lastverminderung nur wenig; die Wirkungsgradkurve verläuft flach, weil der im Kondensator erzielbare absolute Druck bei Verringerung der niederzuschlagenden Dampfmenge absinkt, so daß das verfügbare Gefälle größer wird. Dadurch werden die Nachteile der Gefälleverschiebung nach der Regelstufe beim Übergang auf Teillast und die zusätzlichen Drosselverluste teilweise ausgeglichen. Auch nimmt der bei voll belasteten Kondensationsturbinen meist relativ große Anlaßverlust trotz des höheren Vakuums bei Teillast ab und wirkt ebenfalls auf einen Ausgleich der spezifischen Verbräuche zwischen Vollast und Teillast. Je höher der Frischdampfdruck und die Frischdampftemperatur liegen und je kälteres Kühlwasser verfügbar ist, desto günstiger werden diese Verhältnisse wegen des kleinen Anteiles der Regelstufe am ansteigenden Gesamtgefälle. So entsteht bei Hochdruck-Kondensationsturbinen mit Regelstufe gewissermaßen von selbst eine Wirkungsgradkurve, die von ihrem Scheitel — bei der ausgelegten Bestlast — nach den Teillasten hin flach verläuft.

Diese für einen wirtschaftlichen Betrieb mit veränderlicher Last vorteilhaften und stets anzustrebenden Verhältnisse sind bei Gegendruck- und Vorschaltturbinen und auch bei den Hochdruckteilen von Anzapfturbinen mit den obengenannten Mitteln nicht zu erreichen. Bei diesen Turbinen handelt es sich um Teilgefälle, auch sinkt der Enddruck der Entspannung bei Lastabnahme nicht ab, sondern wird meist durch einen Druckregler aufrechterhalten, so daß auch die ausgleichende Wirkung des veränderlichen Enddruckes der Kondensationsturbine hier in Wegfall kommt; der Auslaßverlust ist auch schon bei Bestlast gering.

Der Gefälleanteil der Regelstufe am relativ kleinen Turbinengefälle ist auch im Hinblick auf die Über- oder Höchstlastbedingungen erheblich größer. Infolgedessen wirkt sich der nachteilige Einfluß der Gefälleverschiebung nach der ungünstig arbeitenden Regelstufe beim Übergang auf Teillast stärker aus. Der

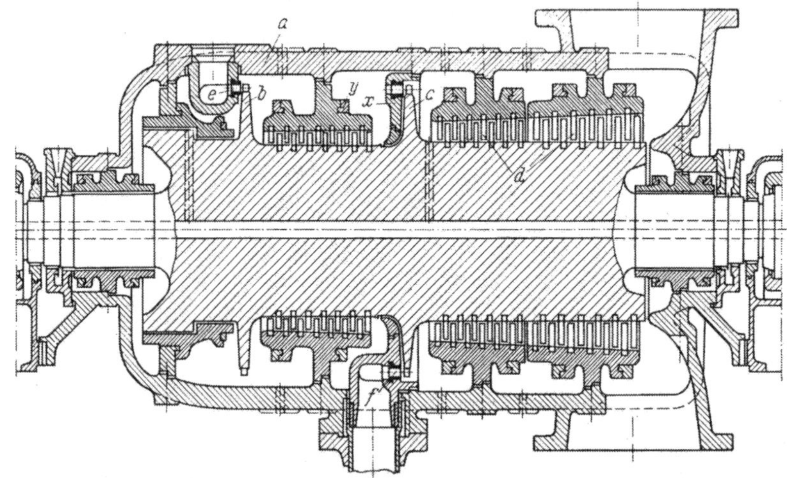

Abb. 483. Zweistufenreglung.

Wirkungsgrad dieser Turbinenarten fällt also stark ab beim Übergang von Best- auf Teillast. Da gerade sie häufig oder meist mit Rücksicht auf den schwankenden Bedarf an Wärme mit Teillast betrieben werden, arbeiten sie mit einem spezifischen Dampfverbrauch, der im Jahresdurchschnitt erheblich höher liegt als derjenige bei Bestlast. Die normale Ausführung der Dampfturbinen mit nur einer Regelstufe ist aus all diesen Gründen zur Erzielung eines wirtschaftlichen Betriebes bei Teillast nicht geeignet.

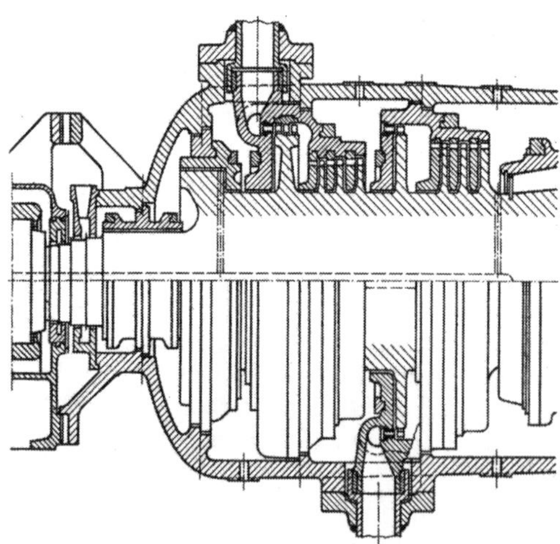
Abb. 484. Zweistufenreglung.

Um einen günstigen Wirkungsgradverlauf zu erzielen, wird von Professor Röder vorgeschlagen, die Frischdampfdüsensätze nicht, wie üblich, auf ein einziges Regelrad arbeiten zu lassen, sondern sie auf mindestens zwei Regelräder zu verteilen (Abb. 483, 484). Dadurch entstehen mindestens zwei Frischdampfregelstufen, von denen z. B. die erste nur $^2/_3$ der größten Frischdampfmenge aufnimmt, während durch die Frischdampfdüsen der zweiten Regelstufe der Rest von $^1/_3$ der Schluckfähigkeit in die Turbine eintritt. Meist weist die zweite Regelstufe außer den Frischdampfdüsen für $^1/_3$ der Dampfmenge auch noch Düsensätze auf, die den in der ersten Regelstufe schon teilweise entspannten Dampf weiter verarbeiten, so daß diese zweite Regelstufe bei allen Belastungen mitarbeitet. Einen Vergleich des Wirkungsgradverlaufes von großen Vorschalt- und Gegendruckturbinen bei verschiedenen Reglungsarten gibt Abb. 485.

Die Verwendung mehrerer Regelstufen ist bei allen Bauarten möglich, sowohl bei Trommelturbinen als auch bei Kammerturbinen. Die Stufen können in einem einzigen Gehäuse oder in mehreren Gehäusen untergebracht werden. Sie können unmittelbar mit der angetriebenen Maschine gekuppelt oder als Getriebeturbinen ausgebildet sein. Es kann auch der Hochdruckteil über ein Getriebe mit dem Niederdruckteil verbunden sein. Bei Radialturbinen kann mindestens die erste Regelstufe — evtl. mit Getriebe — vorgeschaltet und dadurch die unmittelbar mit dem Stromerzeuger gekuppelte Turbine vor der hohen Frischdampftemperatur geschützt werden. Die LJUNGSTRÖM-Turbine kann mit zwei derart vorgeschalteten Regelstufen von dem Nachteil des unwirtschaftlichen Teillastbetriebes befreit werden.

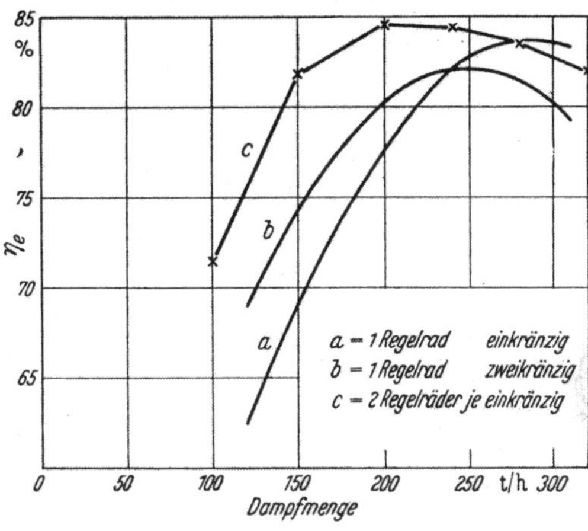

Abb. 485. Wirkungsgrade bei ein- und zweistufiger Reglung.

Die Regelstufen werden, wenn angängig, einkränzig ausgeführt; die zweikränzige Ausführung, insbesondere der ersten Regelstufe (Abb. 486), beschränkt sich auf Turbinen relativ kleiner Leistung bei Verwendung hoher Dampfdrücke und Temperaturen. Die Regeleinrichtungen der Turbinen weichen von der üblichen Düsenreglung nicht ab. Der gleiche Antrieb kann für die Frischdampfventile verwendet werden, die auf mindestens zwei Regelstufen verteilt werden. Die Auslegung der Turbinen erfolgt derart für die Teildampfmenge der ersten Regelstufe, daß auch bei Zuströmen der Restdampfmenge günstige Geschwindigkeitsverhältnisse mit nahezu dem Höchstwirkungsgrad in allen Stufen auftreten, da sich in diesem Bereich die Schaufelwirkungsgrade nur wenig ändern.

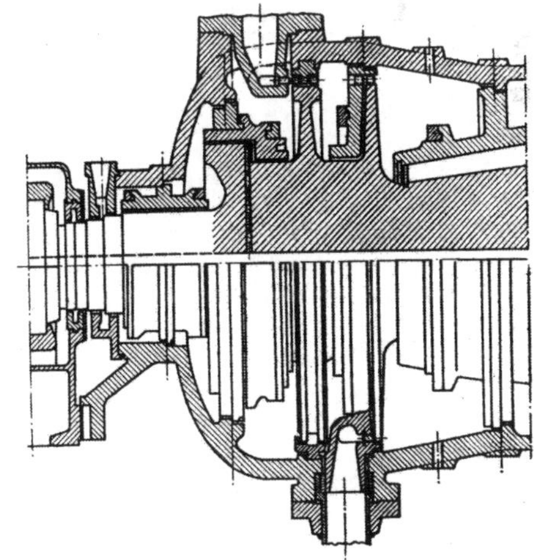

Abb. 486. Zweistufige Reglung.

In dem häufig vorkommenden Fall, daß eine Turbine zuerst oder zeitweise mit verminderter Dampfmenge oder Leistung betrieben, jedoch für die später zu erwartende höhere Leistung und Dampfmenge bemessen wird, ist ein wirtschaftlicher Betrieb schon in der ersten Betriebszeit gewährleistet. Diese Vorteile der Turbinen mit mindestens zwei Frischdampfregelstufen ergeben sich eben daraus, daß sie nicht für eine, sondern für mindestens zwei verschiedene Belastungen ausgelegt werden, und daß das Gefälle auf die Stufen derart verteilt wird, daß auch bei den an diese anschließenden Belastungen noch günstige Strömungsverhältnisse auftreten. Kommen hohe Frischdampfdrücke bei Turbinen für mäßige

Leistungen zur Verwendung, so kann es sich als zweckmäßig erweisen, beide Regelstufen unmittelbar aufeinander folgen zu lassen, also auf die zusätzlichen Stufen zwischen ihnen zu verzichten (Abb. 486). Auch kann die erste Regelstufe mit den anschließenden Stufen raschlaufend und mit kleinen Durchmessern ausgebildet und durch ein Getriebe mit den übrigen Stufen verbunden werden. Die Beherrschung der hohen Drücke und Temperaturen kann auch dadurch erleichtert werden, daß der nur wenige Stufen enthaltende Hochdruckteil ohne Horizontalfugen ausgeführt wird. Die Verwendung höchster Drücke und Temperaturen ist dann kein Problem mehr. Bequeme und rasche Zugänglichkeit der inneren Teile bleibt dabei aufrechterhalten, und der Übergang auf höhere Prozeßwirkungsgrade durch größere Wärmegefälle ist dadurch erleichtert.

C. Bauarten der Gegendruckturbinen und Vorschaltturbinen.

Baulich unterscheidet sich die Gegendruckturbine nur durch den fehlenden Niederdruckteil von der Kondensationsturbine. Gegendruckturbinen werden bei kleinen Leistungen und kleinem Gefälle mit nur einer Stufe ausgeführt, bei größeren Leistungen mit wenigen Stufen oder vielstufig, je nach den vorliegenden Verhältnissen. Durch vielstufige Bauart mit gefrästen Kanälen ist eine wesentliche Verbesserung des Wirkungsgrades erreicht worden. Andrerseits wird aber die Turbine um so empfindlicher gegen abweichende Betriebszustände, je kleiner das Stufengefälle, also je größer die Stufenzahl; der spezifische Dampfverbrauch bei Teilbelastungen steigt und auch die Überlastbarkeit nimmt mit zunehmender Stufenzahl rasch ab. Abb. 487 zeigt Kurven für die Änderung des Dampfverbrauches für eine einstufige, eine mehrstufige und eine vielstufige Turbine gleicher Leistung bei gleichen Betriebsbedingungen; es ist danach unter Halblast die einstufige Turbine günstiger. Bei der Wahl der Bauart müssen deshalb die Betriebsverhältnisse möglichst genau bekannt sein und beachtet werden.

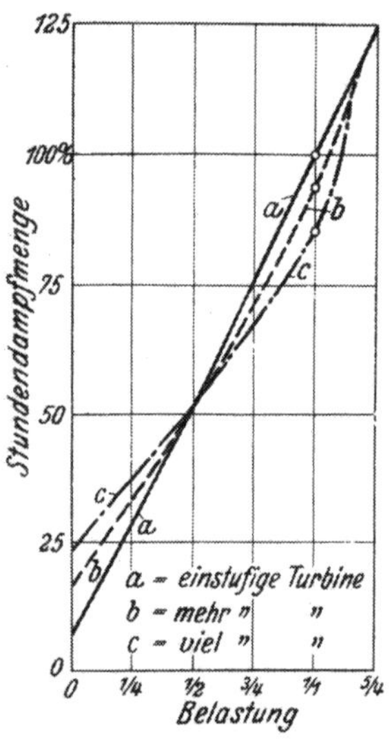

Abb. 487. Änderung des Dampfverbrauches ein- und vielstufiger Turbinen.

Eine Hochdruck-Gegendruckturbine von 13500 kW, 3000 Umdr./min der AEG für 105 atü, 500° C, Gegendruck 20 atü in Dreilageranordnung zeigt Abb. 488. Einstückläufer mit aufgezogenem Regelrad. Hochdruckstopfbüchse nach Abb. 278, S. 245, vorderes Trag- und Drucklager Abb. 303, S. 264.

Die Gegendruckturbine von 1000 kW, $n = 10000$ Umdr./min von Borsig für mittlere Drücke, Abb. 489, hat Einstückläufer, C-Regelstufe, 560 mm Durchmesser, weiter Gleichdruckstufen. Besondere Leitradträger, die im Gehäuse wärmebeweglich eingesetzt sind (vgl. Bauart Röder).

Eine Gegendruck- und Vorschaltturbine für hohe Drücke und größere Leistungen bei $n = 3000$ Umdr./min von BBC zeigt Abb. 490. Einströmseite, Drucklager und Kupplung generatorseitig, freie Ausdehnung von Gehäuse und Läufer in der gleichen Richtung. Eingeschweißte Düsenkästen, auf die Welle aufgeschrumpfte und mit ihr und untereinander durch Lippenschweißung (s. Abb. 243, S. 224) verbundene Trommelteile.

Die Gegendruckturbine von Escher Wyss für 2200 kW, $n = 3000$ Umdr./min, Abb. 491, bei 36 atü, 430° C und 10 atü Gegendruck (Dampfdurchsatz 8,5 kg/sek), hat die übliche Bauart; Durchmesser der ersten und der letzten Stufe etwa 800 mm, Kohlelabyrinthstopfbüchsen und Nabenbüchsen nach Abb. 282, S. 246.

Escher Wyss hat als eine der ersten Werke Hochdruck-Vorschaltturbinen ausgeführt. Abb. 492 zeigt eine der ersten für 1000 kW, $n = 10000$ Umdr./min auf

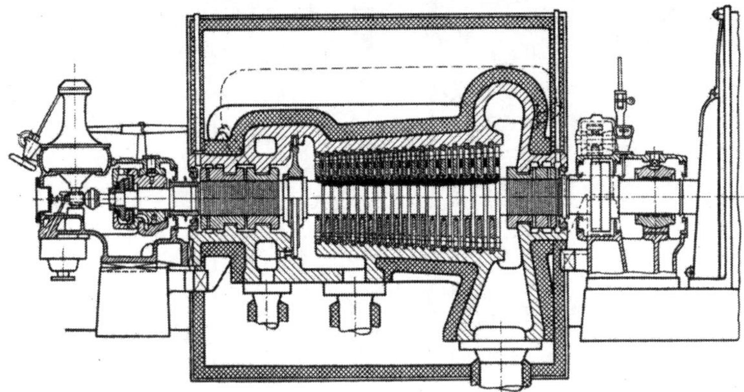

Abb. 488. Hochdruck-Gegendruckturbine der AEG, 13500 kW.

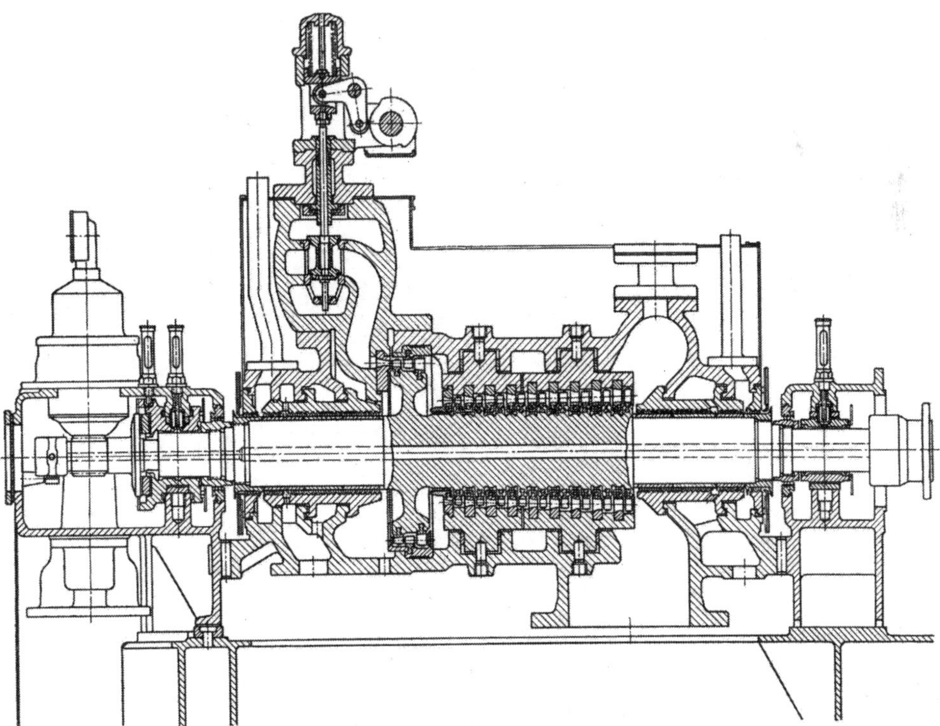

Abb. 489. Gleichdruck-Gegendruckturbine von Borsig.

3000 U/min untersetzt) für 100 ata, 400° C und 15 ata Gegendruck, 10000 kg/h Dampfdurchsatz. Gehäuse aus Schmiedestahl ohne axiale Teilfuge, mit hinterem Deckel mit Abdampfstutzen. Die Dampfführung entspricht einem Rotationshyperboloid, Rotor aus dem Vollen.

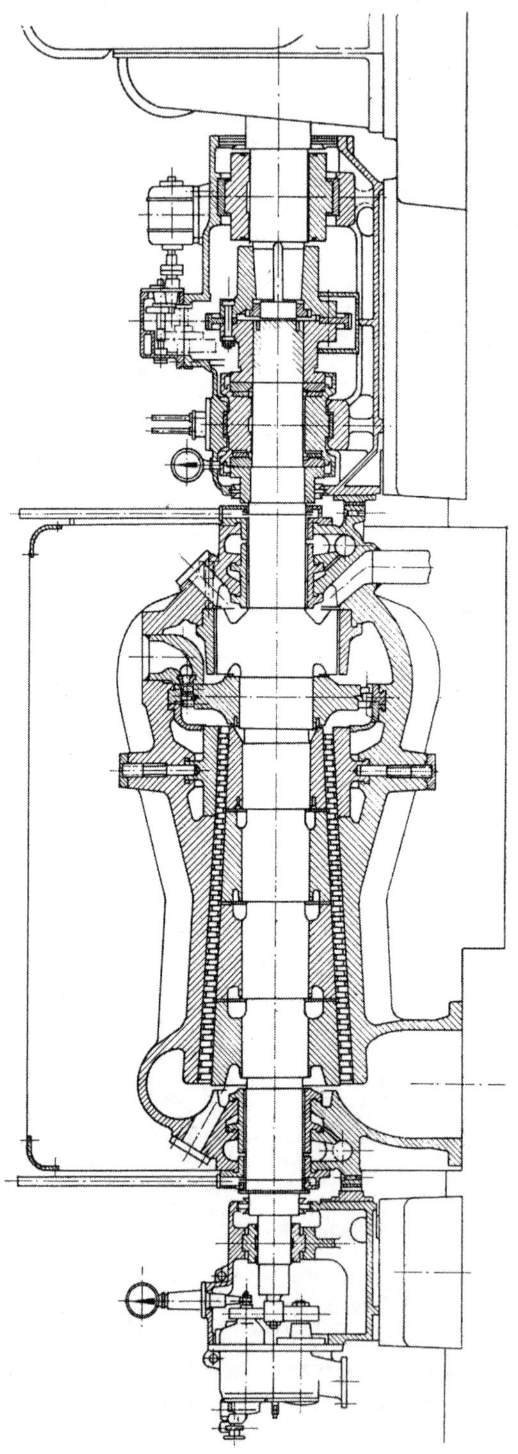

Abb. 490. Hochdruck-Vorschaltturbine von BBC.

Eine Turbine für 180 at, 425° C von EW ist in Abb. 493 dargestellt; sie ist wegen Zwischendampfentnahme bei 34 at (4000 kg/h) zweigehäusig, vor Ein-

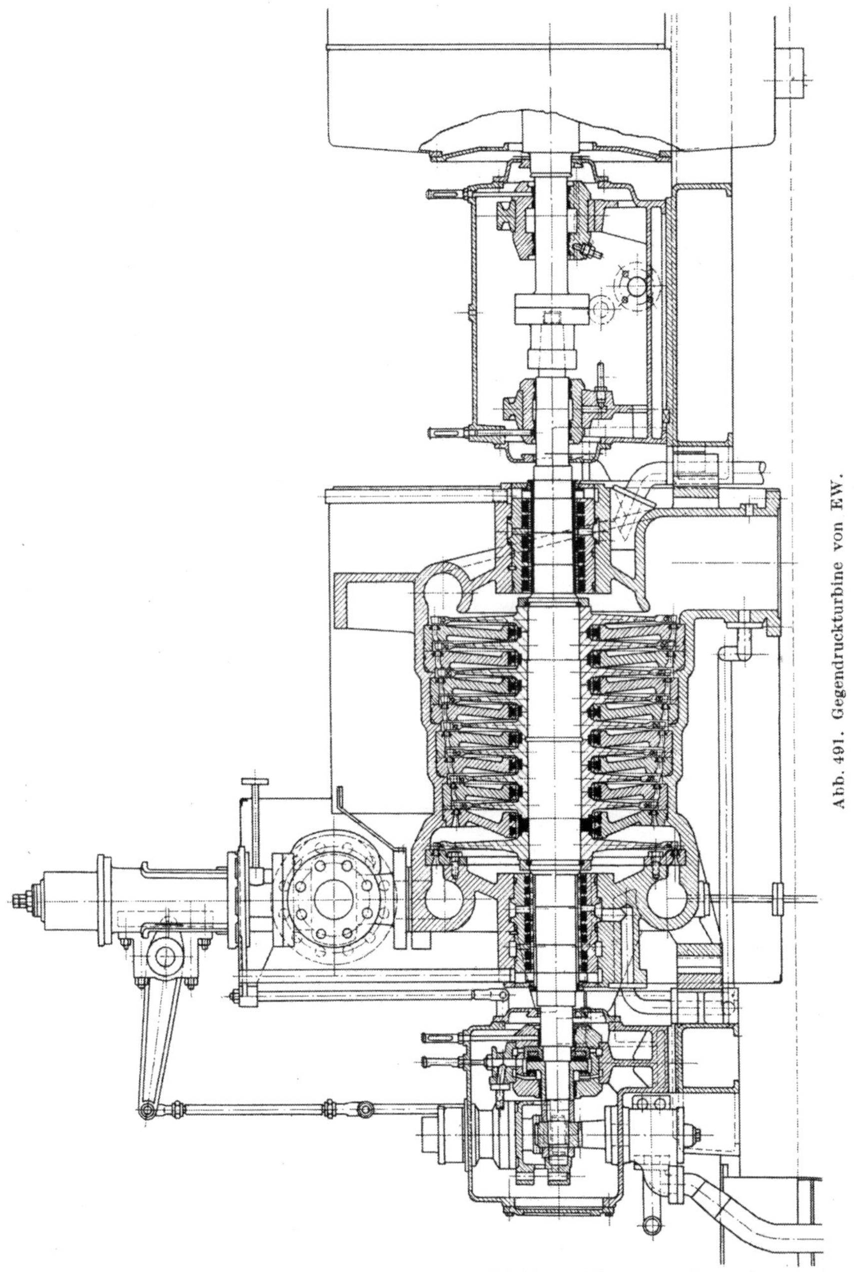

Abb. 491. Gegendruckturbine von EW.

tritt in das zweite Gehäuse erfolgt Zwischenüberhitzung auf 400°. Zweite Entnahme von 8000 kg/h bei 10 ata, während der Restdampf auf 6,5 ata expandiert. Diese Turbinen haben sich gut bewährt.

Eine Vorschalt- bzw. Gegendruckturbine der MAN, Bauart LJUNGSTRÖM von 13000 bis 14000 kW, $n = 3000$ Umdr./min für 124 ata, 490° C und 6,5 ata Gegendruck zeigt Abb. 494 in der S. 380 beschriebenen Ausführung.

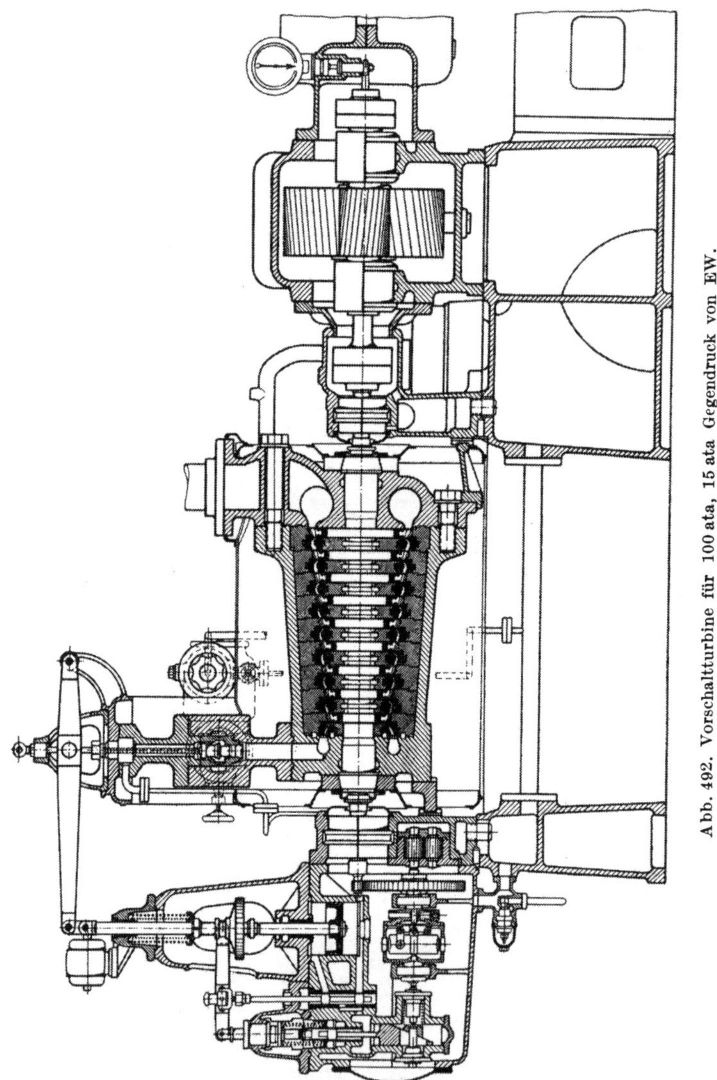

Abb. 492. Vorschaltturbine für 100 ata, 15 ata Gegendruck von EW.

Die Gegendruckturbine der Gutehoffnungshütte von 1600 kW, $n = 15000/1500$ Umdr./min für 100 atü, 500° C und 19 ata Gegendruck, Bauart RÖDER, Abb. 495, zeigt die typischen Merkmale dieser Bauart: atmende Einbauten sowohl für die Leitschaufelträger (s. Abb. 177/78, S. 187) als auch für die Abdichtungselemente des Ausgleichkolbens und der Stopfbüchsen, achsensymmetrische Ausführung des Gehäuses, symmetrische Dampfführung in den Düsenkästen.

Auch die Gegendruckturbine der Steinwerder Industrie AG von 2000 kW, $n = 9500/1500$ Umdr./min, Abb. 496, zeigt die obenerwähnten Merkmale der Bauart RÖDER.

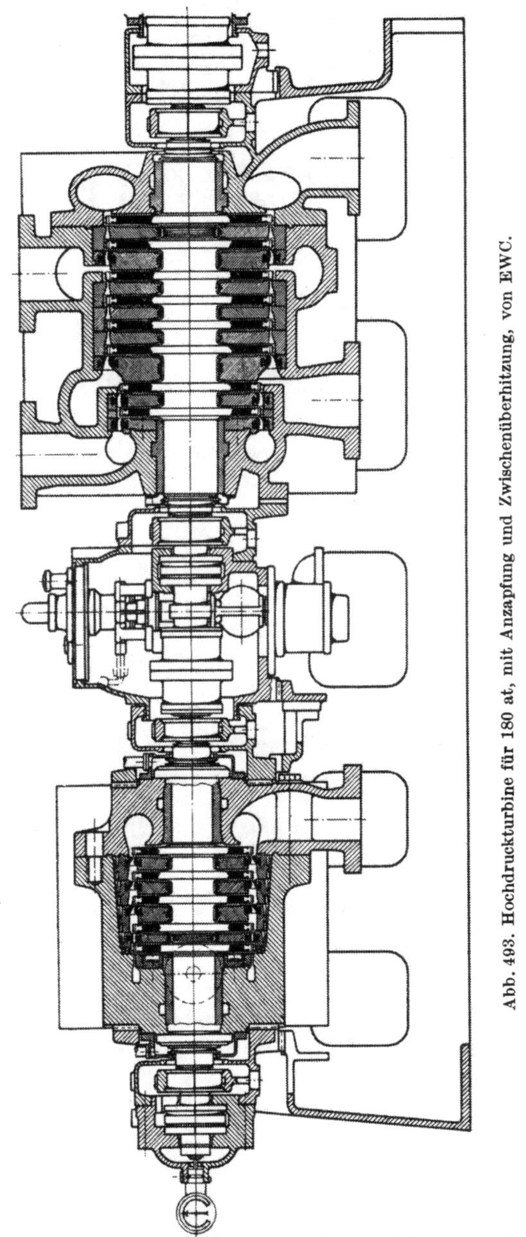

Abb. 493. Hochdruckturbine für 180 at, mit Anzapfung und Zwischenüberhitzung, von EWC.

Die Gegendruckturbine der SSW von 1000 kW, $n = 14000$ Umdr./min, Abb. 497, hat ebenfalls die atmenden Einbauten und die Abdichtungselemente nach Prof. RÖDER. Das Gehäuse ist waagerecht ungeteilt, ohne Füße, es wird

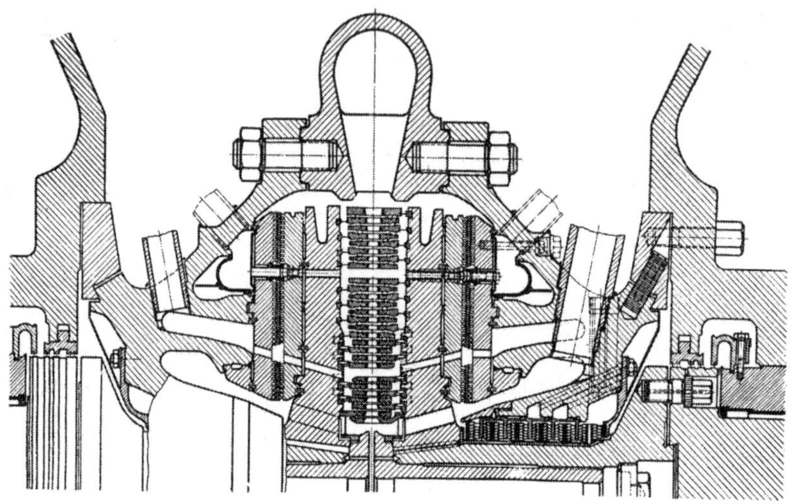

Abb. 494. Vorschaltturbine System LJUNGSTRÖM der MAN 13000 kW, $n = 3000$ Umdr./min, 124 ata, 490°C, $p_0 = 6,5$ ata.

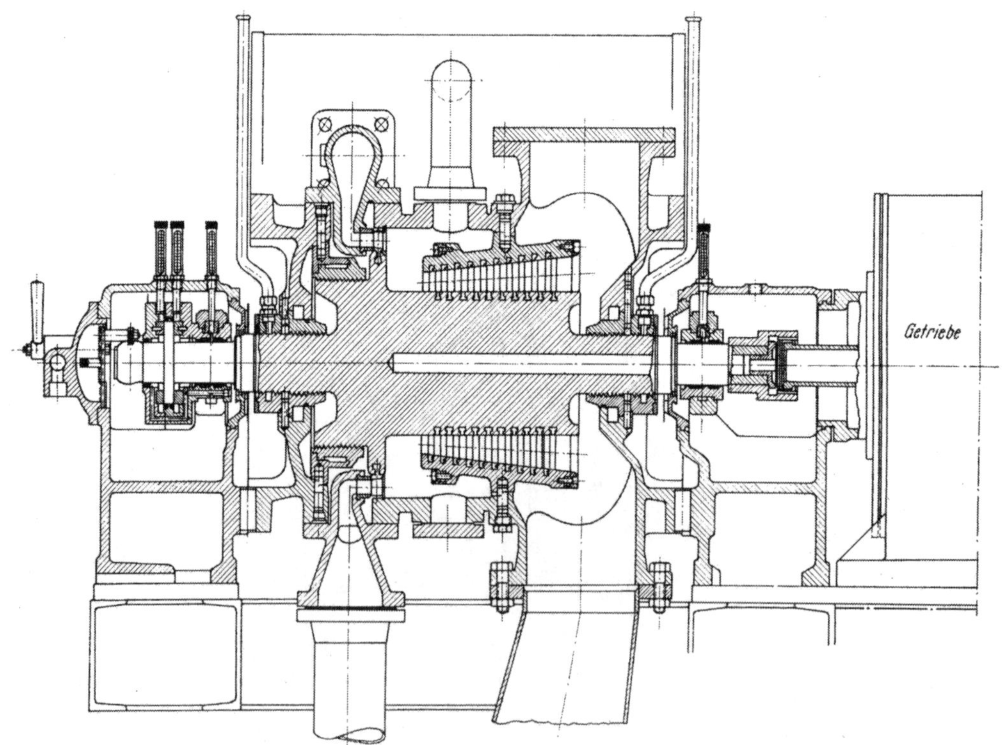

Abb. 496. Gegendruckturbine der Steinwerder Industrie AG, Bauart RÖDER, 2000 kW, $n = 9500$ Umdr./min.

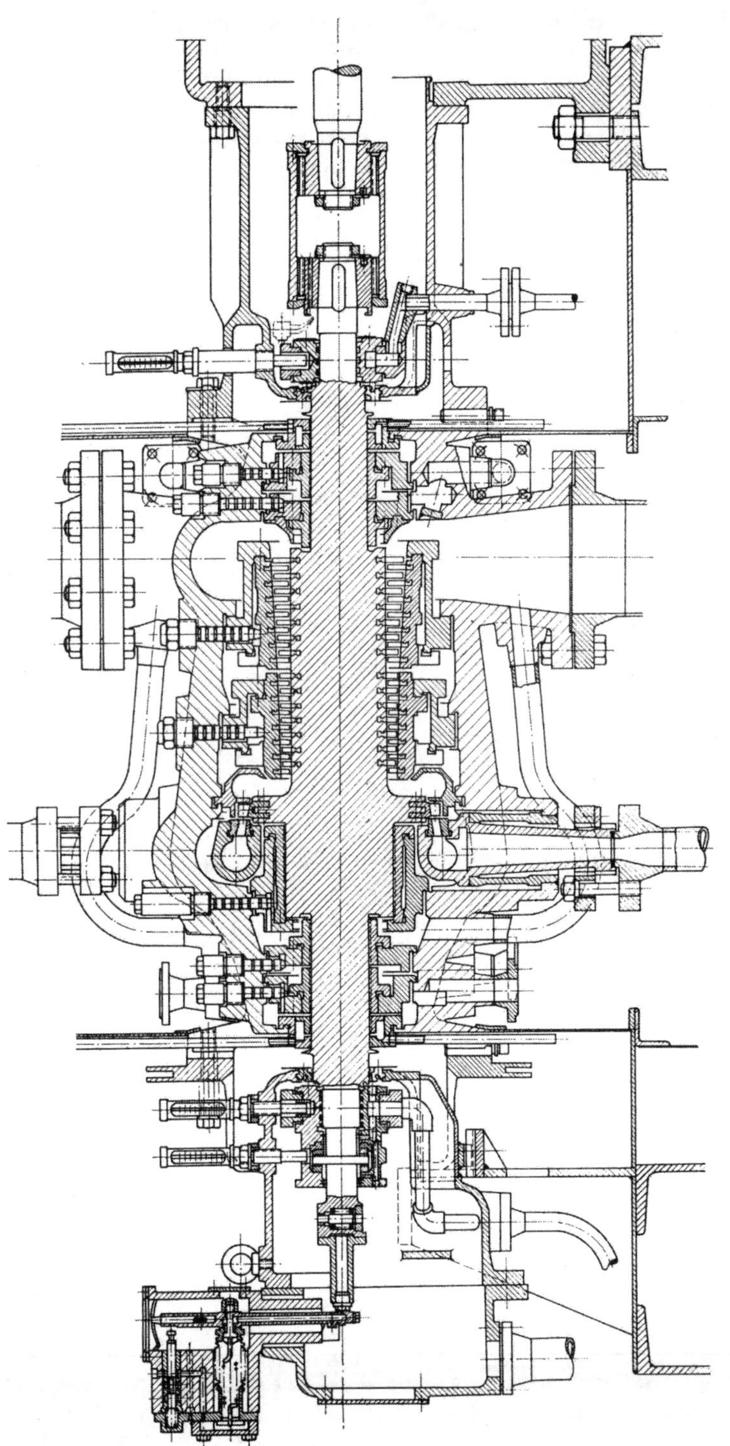

Abb. 495. Gegendruckturbine der GHH, Bauart RÖDER, 1600 kW, n = 15000 Umdr./min.

mittels des vorderen an das Gehäuse angeschraubten Trag- und Drucklagers zentrisch gehalten, dessen Stirndeckel durch den kräftigen Hohlzapfen in dem vorderen Stützbock ruht. In ähnlicher Weise ist der hintere Gehäuseteil zentrisch in der Laterne des hinteren Lagers gehalten, das seinerseits mit dem Getriebekasten verschraubt ist. Dadurch ist die genaue zentrische Lage von Gehäuse und Rotor gewährleistet, so daß zusammen mit den atmenden Einbauten kleinste radiale Spalte ausgeführ' werden können.

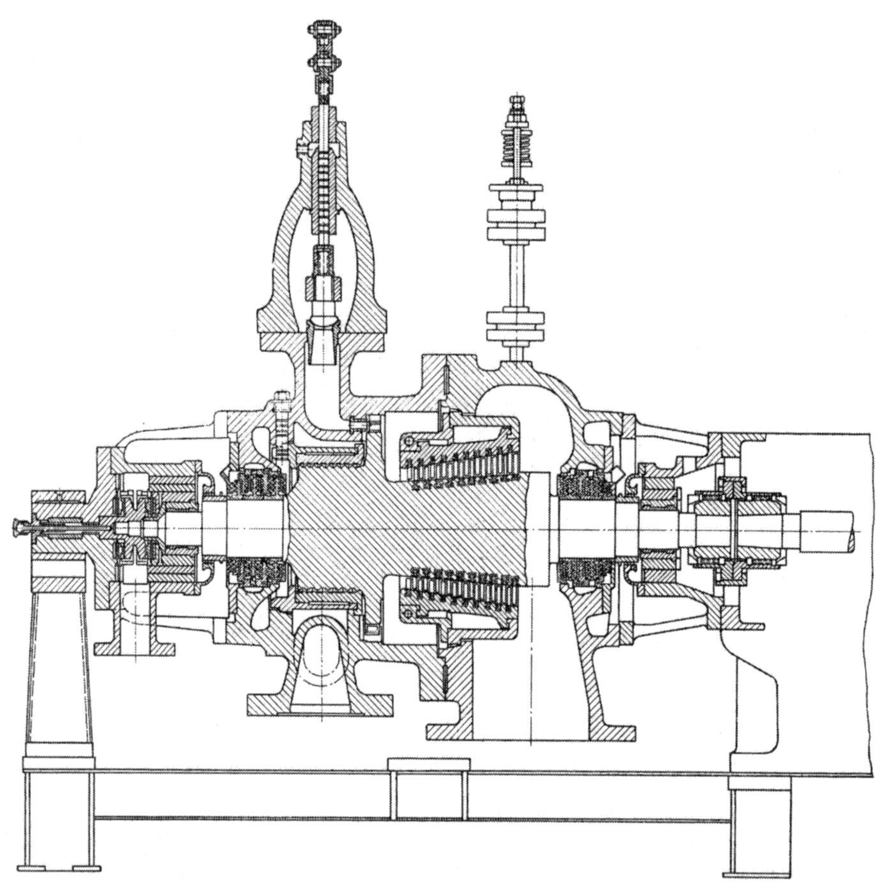

Abb. 497. Gegendruckturbine der SSW, Bauart RÖDER, 1000 kW, $n = 14000$ Umdr./min.

Ganz ähnlich ist der Aufbau der Gegendruckturbine der Tschechoslowakei, Abb. 498, von max. 4000 kW, $n = 10000$ Umdr./min für 64 ata, 450 bis 480° C und 13 ata Gegendruck (Dampfverbrauch $D_e = 11{,}5$ kg/kWh) in der Bauart RÖDER. Das waagerecht ungeteilte Gehäuse wird mittels des an dasselbe angeflanschten vorderen Lagerkörpers und dessen zentrischen Hohlzapfen in dem Stützbock zentrisch gehalten und an der Austrittsseite ebenso mittels der Laterne, welche das Gehäuse mit dem Getriebekasten verbindet und das mittlere Lager trägt.

Dieselben Merkmale zeigt auch die KANIS-RÖDER-Gegendruckturbine der Hamburger Turbinenfabrik, Abb. 499, sowie die MAN-RÖDER-Gegendruckturbine, Abb. 500, für 2040 bis 2730 PS_e, $n = 10000$ Umdr./min bei 56 ata, 490° C und 13,5 ata Gegendruck.

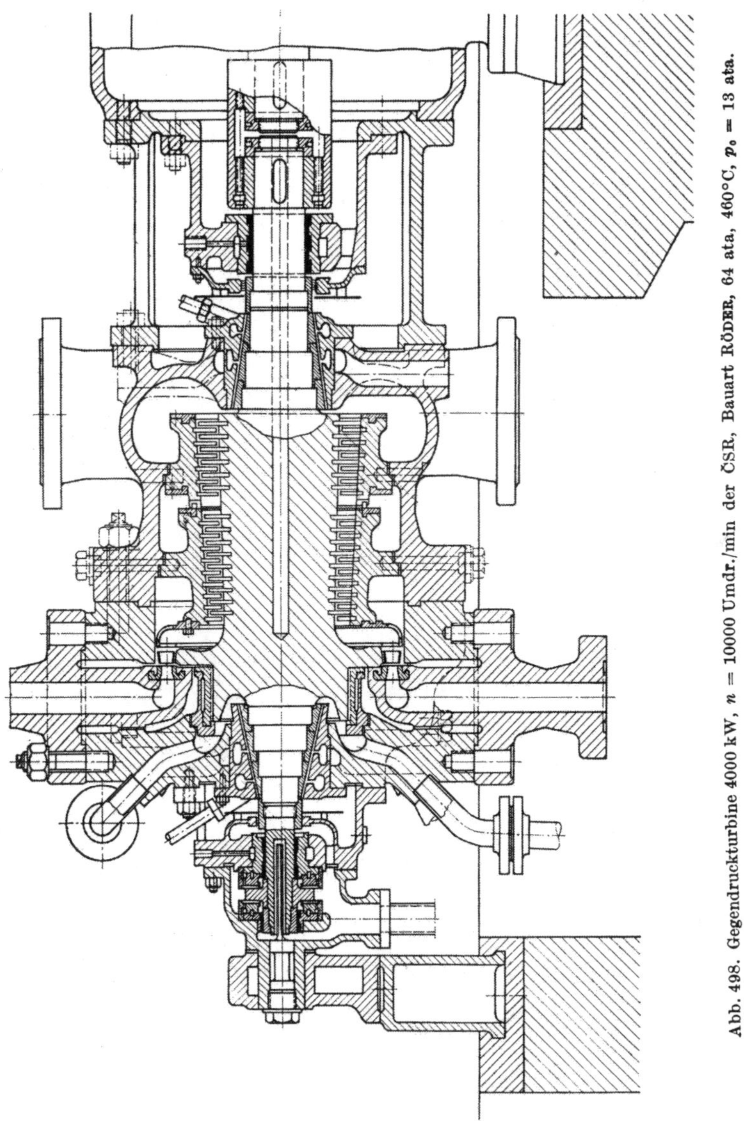

Abb. 498. Gegendruckturbine 4000 kW, $n = 10000$ Umdr./min der ČSR, Bauart **RÖDER**, 64 ata, 460°C, $p_0 = 13$ ata.

Die Siemens-Schuckert-Werke (SSW) haben für I. G. Farben eine Radial-Gegendruckturbine von 11400 kW für 160 ata, 600° C, geliefert mit vierfacher radialer Strömung des Dampfes.

27*

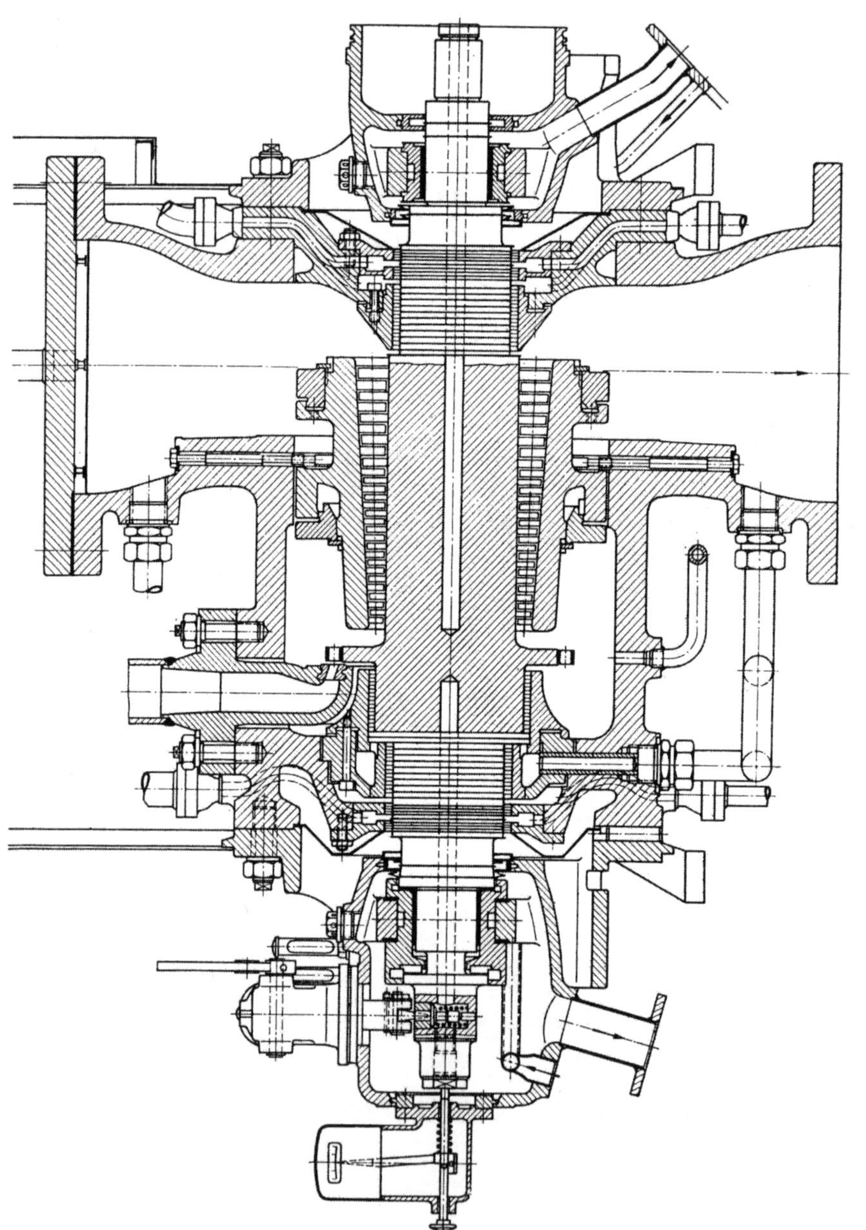

Abb. 499. Gegendruckturbine KANIS-RÖDER.

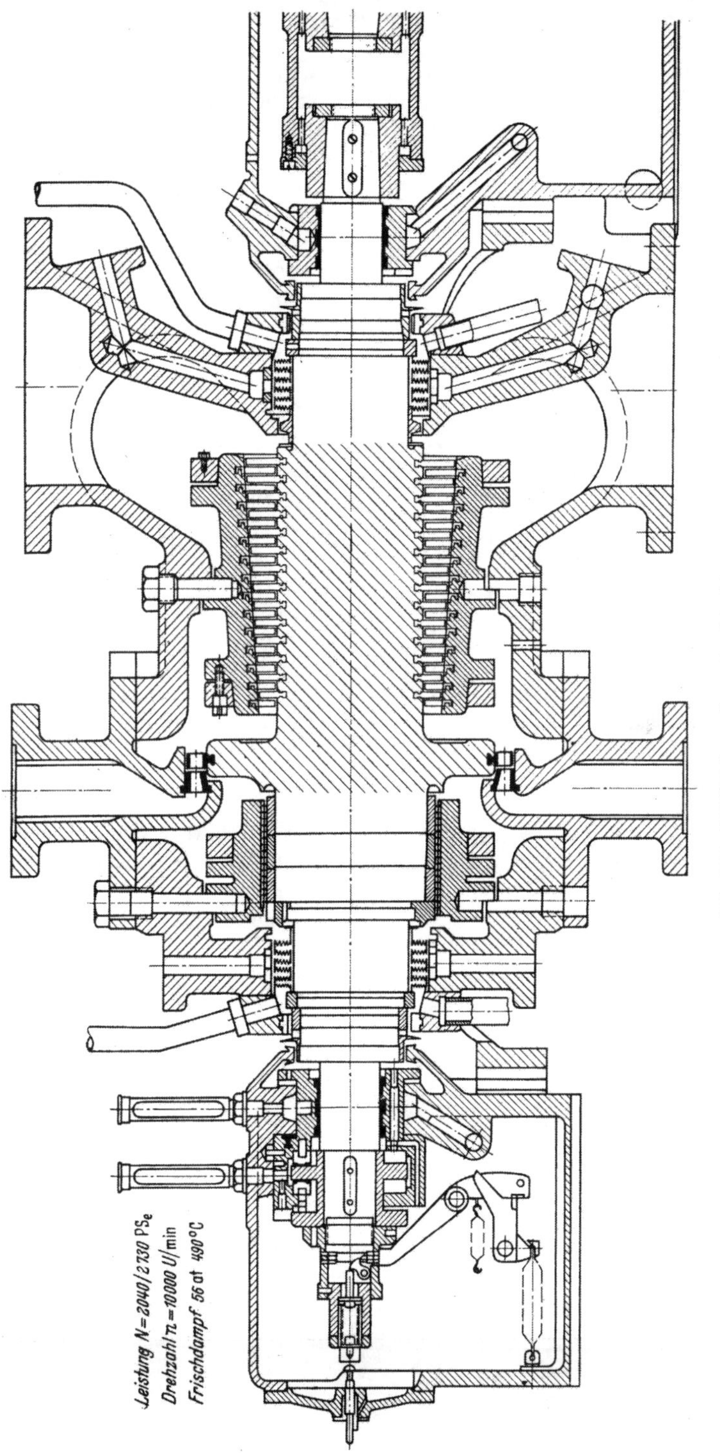

Abb. 500. MAN-RÖDER-Gegendruckturbine.

II. Entnahme- (Anzapf-) Turbinen.

Falls keine Übereinstimmung zwischen Kraft- und Wärmebedarf vorhanden ist, wird zweckmäßig statt einer Gegendruckturbine eine Turbine mit Zwischendampfentnahme aufgestellt, da der zur Heizung nicht benötigte Dampf im Niederdruckteil der Turbine weiter verwertet werden kann. Die Entnahmeturbine besteht aus zwei getrennten Teilen, dem Hochdruck- und dem Niederdruckteil, zwischen denen sich die Entnahmestelle befindet und die durch ein *Überströmventil* verbunden werden können (Abb. 501). Der Hochdruckteil wirkt wie eine Gegendruckturbine, die mit der Gesamtdampfmenge G kg/h arbeitet, am Ende derselben werden G_e kg/h vom gewünschten Druck entnommen, und der übrige Teil von G_n kg/h arbeitet im ND-Teil bis zur Kondensatorspannung. Der Entnahmedruck muß durch einen Druckregler konstant gehalten werden.

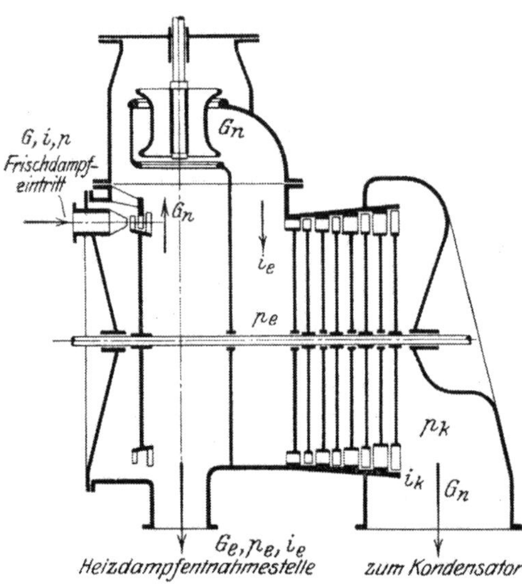

Abb. 501. Entnahmeturbine, Schema.

A. Wirtschaftlichkeit.

Die Wirtschaftlichkeit des Entnahmebetriebes gegenüber getrennter Kraft- und Wärmeerzeugung in einer Kondensationsturbine und Drosselung des Frischdampfes für die Heizung läßt sich wie folgt nachweisen.

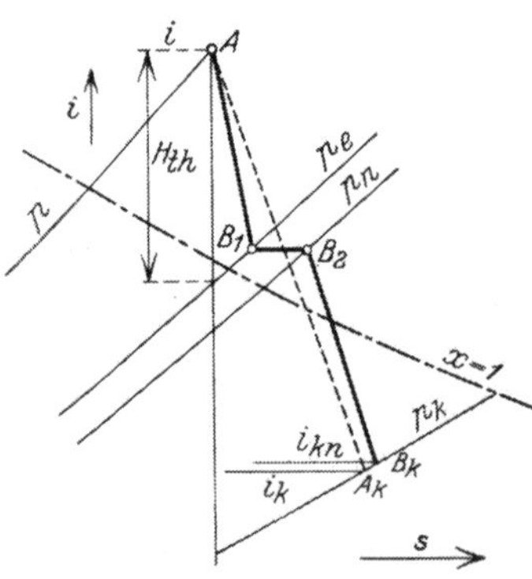

Abb. 502. Zustandsverlauf.

Mit den Bezeichnungen des is-Diagramms (Abb. 502), wobei $A - A_k$ den Zustandsverlauf bei der Kondensationsturbine, $AB_1B_2B_k$ denjenigen der Entnahmeturbine darstellt (Drosselung im Überströmventil, besserer Wirkungsgrad im HD-Teil wegen größerer Dampfmenge), ist bei getrenntem Betrieb der Gesamtwärmeaufwand (wie bei der Gegendruckturbine S. 399 erwähnt)

$$Q_1 = G_k i + G_e i_e \text{ kcal/h}$$

und bei Entnahmebetrieb

$$Q_2 = G i = (G_e + G_n) i \text{ kcal/h}$$

Da die Leistung bei Entnahmebetrieb

$$632 N_i = G_e (i - i_e) + G_n (i - i_{kn})$$

ist und derjenigen bei getrenntem Betrieb

$$632 N_i = G_k (i - i_k)$$

gleich sein muß, so folgt aus dem Gleichsetzen

$$G_k = \frac{G_e (i - i_e) + G_n (i - i_{kn})}{i - i_k} \text{ kg/h}.$$

Die *Ersparnis* ist

$$E = Q_1 - Q_2 = G_k i + G_e i_e - G i$$

und mit G_k aus obiger Gleichung nach Umstellung

$$E = G \frac{i - i_e}{i - i_k} i_k - G_n \frac{i_{kn} - i_k}{i - i_k} i \text{ kcal/h}.$$

Das erste Glied hat denselben Wert wie bei der Gegendruckturbine, die Ersparnis bei Entnahmebetrieb ist somit um den Betrag des zweiten Gliedes kleiner; dieses Glied wird $= 0$, wenn $G_n = 0$ wird, also bei reinem Gegendruckbetrieb und leerlaufendem *ND*-Teil, oder wenn $i_{kn} = i_k$ ist, was meist nicht der Fall sein wird, da infolge der ungünstigeren Gefälleverteilung bei Entnahmebetrieb der Wirkungsgrad etwas schlechter wird. Bei Düsenreglung für die Überströmung, wie sie jetzt meist angewendet wird, ist der Drosselverlust beim Überströmen sehr gering.

Wären die Wirkungsgrade unabhängig von der Entnahmemenge, d. h. wenn $A - A_k$ der Zustandsverlauf in Abb. 502 bliebe, so wäre für die gleiche Leistung bei reinem Kondensationsbetrieb (ohne Entnahme, G_k kg/h, $G_e = 0$), reinem Gegendruckbetrieb ($G_e = G_g$, $G_n = 0$) und bei Entnahmebetrieb ($G = G_e + G_n$)

$$632\, N_i = G_k (i - i_k) = G_g (i - i_e) = G_e (i - i_e) + G_n (i - i_k).$$

Dividiert man das erste Glied der rechten Seite durch $G_g (i - i_e)$ und das zweite durch den gleich großen Wert $G_k (i - i_k)$, so ist

$$\frac{G_e}{G_g} + \frac{G_n}{G_k} = 1,$$

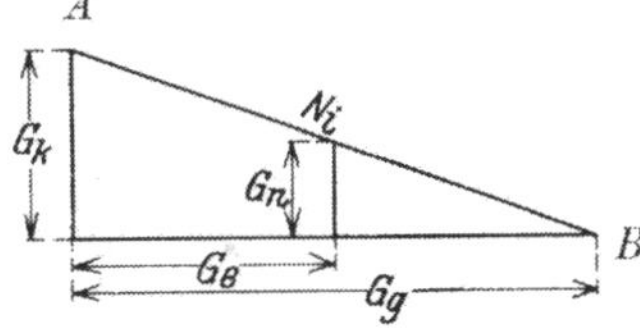

Abb. 503. Dampfverbrauch.

also die Gleichung einer Geraden, woraus sich die Dampfverbrauchswerte für gleiche Leistung nach Abb. 503 ergeben, worin die Abszissen die Entnahmemenge, die Ordinaten die durch den *ND*-Teil strömende Menge darstellen; die Gesamtdampfmenge ist stets die Summe der Koordinaten $G_e + G_n$.

Da die Wirkungsgrade nicht unabhängig von der Entnahmemenge sind, gilt das geradlinige Gesetz nicht genau, es kann aber zur Orientierung dienen, zumal die Abweichungen erst bei kleinen Belastungen wesentlich werden.

Die Gerade AB (Abb. 503) gilt für die der größten Entnahme $G_{e\max} = G_g$ entsprechende Leistung $N_i = G_g (i - i_e) : 632$ PS., die als reine Kondensationsturbine mit der Dampfmenge G_k erreicht werden kann. Bei größerem Leistungsbedarf N_i' ist eine Gesamtdampfmenge $G_g + G_{n1}$ erforderlich, das Gesetz ist durch eine zu AB parallele, um G_{n1} höher liegende Gerade dargestellt.

B. Leistung und Dampfverbrauch.

Für die Ermittlung des Zusammenhangs zwischen Leistung und Dampfverbrauch bei verschiedenen Entnahmemengen ist es zweckmäßig, von der Dampfmenge auszugehen, also für eine Dampfmenge $G = G_e + G_n$ die Leistung zu ermitteln und über dieser die Dampfmenge aufzutragen. Man geht dabei vorteilhaft vom reinen Kondensationsbetrieb aus, für den man den Dampfverbrauch wie bei den Kondensationsturbinen ermitteln kann. Dadurch ergibt sich die Gerade $A'B'$ (Abb. 405) für abgestellte Entnahmesteuerung, also bei vollständig offenem Überströmventil; bei eingeschalteter Entnahmesteuerung wird der Druck hinter dem *HD*-Teil konstant gehalten, es tritt deshalb Drosseln im Überströmventil ein, das um so größer ist, je kleiner die Dampfmenge G_n ist, wodurch der Dampfverbrauch größer wird und etwa nach AB verläuft. Der Schnittpunkt der Geraden AB und $A'B'$ entspricht einer Überlastung, bei der das Überströmventil voll offen ist. Für eine Leistung N_i (Abb. 504) ist der Dampfverbrauch bei reinem Kondensationsbetrieb G_k; für eine Dampfmenge $G_k + G_e$ ist die Leistung um $N_i' = G_e H_{th} \eta_u : 632$ größer (H_{th} adiabatische Gefälle des Hochdruckteils), da die Radreibungsverluste bereits in N_i berücksichtigt sind (sie nehmen wegen der größeren Dampfmenge sogar etwas ab), die Gesamtleistung wird also $N_i' + N_i$ PS$_i$, und durch Abtragen von G_e und N_i' erhält man Punkt C. Die Leistungszunahme wird demnach nur von G_e abhängig sein, nicht von der Gesamtdampfmenge und von der Leistung, sie ist somit für alle Leistungen gleich bei gleichem G_e, und die Dampfverbrauchsgerade verläuft parallel AB. Für die Leistung N_i wäre bei G_e kg/h Entnahme eine Gesamtdampfmenge G (Abb. 504) erforderlich.

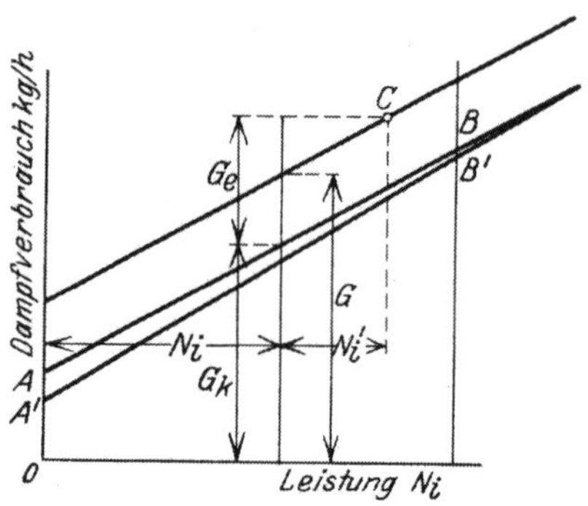

Abb. 504. Dampfverbrauch.

Für andere Entnahmemengen G_e ergeben sich andere Gerade, wobei $N_i' : N_n = G_e : G_k$ ist, wenn N_u die Umfangsleistung bei reinem Kondensationsbetrieb.

Für die Ermittlung der Leitquerschnitte und der genaueren Dampfverbrauchswerte muß der Zustandsverlauf festgestellt werden. Die Ermittlung des Zustandsverlaufes muß sich auf zwei Hauptfälle erstrecken: 1. Höchstleistung bei maximaler Entnahme und 2. Höchstleistung bei Null Entnahme.

Für den Hochdruckteil wird wohl stets Mengenreglung anzunehmen sein, der Druckverlauf wird also immer durch denselben Anfangspunkt A gehen, vgl. Düsenreglung (S. 313).

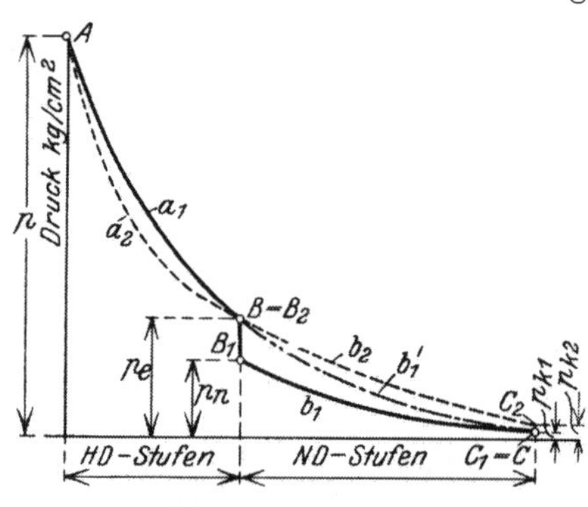

Abb. 505. Druckverlauf.

1. Bei Höchstleistung und maximaler Entnahme würde der Druck, über der Stufenzahl aufgetragen, nach Kurve a_1 (Abb. 505) verlaufen bis auf den Entnahmedruck p_e, der konstant gehalten wird. Da durch den Niederdruckteil weniger Dampf strömt als bei Null Entnahme (s. unten), für welchen Fall der *ND*-Teil zu bemessen ist, so wird der Dampf durch das Überströmventil auf einen Druck p_n vor dem *ND*-Teil gedrosselt mit dem Verlauf nach b_1 oder bei Düsen-Überströmreglung gleich p_e bleiben und nach Kurve b_1' verlaufen (vgl. Druckverlauf bei Teillast, S. 291). Im *is*-Diagramm (Abb. 506) ist ABB_1C_1 der Zustandsverlauf entsprechend dem gleichlautenden Linienzug in Abb. 505 mit Drosselung vor dem *ND*-Teil und ABC der Verlauf bei Düsenreglung der Überströmung, bis auf den Kondensatordruck p_{k1}.

2. Höchstleistung ohne Entnahme (reiner Kondensationsbetrieb) ergibt im *HD*-Teil den Druckverlauf nach Kurve a_2, wegen der geringeren Dampfmenge mit etwas schlechterem Wirkungsgrad und stärkerem Spannungsabfall in der

ersten Stufe (s. Düsenreglung S. 313) auf den Druck p_e, aber nach Punkt B_2 im *is*-Diagramm (Abb. 505). Ist der *ND*-Teil für diesen Fall bemessen und tritt kein Spannungsabfall beim Überströmen ein (Entnahmesteuerung abgestellt), so wird der Druck nach Kurve b_2 bzw. B_2C_2 verlaufen (wegen der größeren Dampfmenge etwas geringeres Vakuum).

Mit den Gefällen nach Abb. 506 und den Dampfmengen nach Abb. 501 ist für Fall 1 mit $G_1 = G_{e\max} + G_{n1}$

$$632\,N_i = G_1 H_h + G_{n1} H_n = G_{e\max} H_h + G_{n1} H_1 \tag{a}$$

und für den Fall 2

$$632\,N_i = G_2 H_2. \tag{b}$$

Bei Überström-Drosselreglung gilt ferner (s. Satz 1 S. 100)

$$\frac{p_n}{G_{n1}} = \frac{p_e}{G_2}. \tag{c}$$

Bei Vollast ohne Entnahme, also reinem Kondensationsbetrieb und abgestellter Entnahmesteuerung, kann der Wirkungsgrad $\eta_i = \eta_e : \eta_m$ (η_e nach S. 89, η_m nach S. 84) geschätzt werden, womit sich H_2 ergibt und G_2 aus Gl. (b) ermittelt werden kann, für welche Dampfmenge der *ND*-Teil zu bemessen ist. Mit H_2 ist auch der Endpunkt C_2 im *is*-Diagramm festgelegt, und es kann der Verlauf AB_2C_2 eingetragen werden, wobei der η_i des Hochdruckteils wegen der kleineren Dampfmenge kleiner sein muß als bei voller Entnahme. Ist die Turbine durchgerechnet, so kann der Verlauf nachgeprüft werden (s. auch Renfordt [V]).

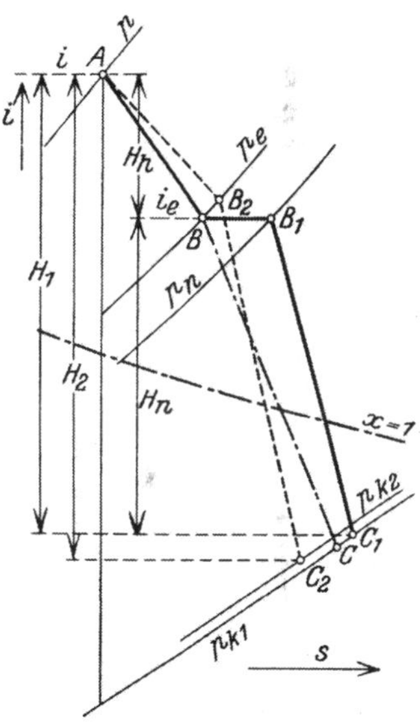

Abb. 506. Zustandsverlauf.

Die maximale Entnahme $G_{e\max}$ ist vorgeschrieben, ihr entspricht eine Leistung $G_{e\max}\,H_h : 632$, und es ist noch eine weitere Dampfmenge G_{n1} erforderlich, um die ganze Leistung zu erhalten. Schätzt man den η_i des *HD*-Teils bei Vollast mit maximaler Entnahme (etwas höher als ohne Entnahme) und den des *ND*-Teils, oder nimmt den Zustandsverlauf im *is*-Diagramm (Abb. 506) an, so ergibt sich für Überström-Düsenreglung der Endpunkt C bei etwas besserem Vakuum (wegen kleinerer Dampfmenge). Daraus erhält man die Gefälle H_h und H_1, und es kann aus Gl. (a) G_{n1} ermittelt werden; für Vollast und maximale Entnahme ist dann $G_1 = G_{e\max} + G_{n1}$ kg/h. Ebenso kann für andre Entnahmemengen der Dampfverbrauch ermittelt werden.

Für Überström-Drosselreglung muß der Druck p_n ermittelt werden, auf den vor dem *ND*-Teil gedrosselt wird. Da p_n und G_{n1} unbekannt sind, muß probeweise für einige anzunehmende Werte von p_n im *is*-Diagramm H_1 und H_n ermittelt und aus Gl. (a) G_{n1} bestimmt werden; alsdann trägt man p_n/G_{n1} über den zugehörigen p_n auf und ermittelt den Wert von p_n, bei dem $p_n/G_{n1} = p_e/G_2$ ist. Auf diesem Druck erhält man im *is*-Diagramm Punkt B_1. Wegen des schlechteren Wirkungsgrades wird G_{n1} bei Drosselreglung größer sein als bei Düsenreglung und der Endpunkt C_1 höher liegen als C.

Die Bestimmung von G_1 kann nun in gleicher Weise für verschiedene Leistungen aus Gl. (a) und für verschiedene Entnahmemengen durchgeführt werden.

Die Dampfverbrauchswerte können nun über den Leistungen für verschiedene Entnahmemengen aufgetragen werden (Abb. 507)[1], woraus dann jeder gewünschte Wert entnommen werden kann. Aus dieser Darstellung läßt sich auch leicht die Ersparnis bei vereinigtem Kraftheizbetrieb (Entnahmebetrieb) gegenüber getrennter Erzeugung von Kraft und Heizwärme feststellen. Bei vereinigtem Betrieb ist der Gesamtdampfverbrauch aus Abb. 507 direkt zu entnehmen, für getrennten Betrieb ist der zur Krafterzeugung erforderliche Verbrauch durch die untere Kurve (reiner Kondensationsbetrieb) gegeben, dazu kommt noch die zur Heizung benötigte Dampfmenge $G_h = G_e i_e : i$ (s. S. 398), wobei i_e der Wärmeinhalt des Heizdampfes bei Entnahmebetrieb und i der Wärmeinhalt des Frischdampfes bzw. des in besonderen Heizkesseln erzeugten Dampfes.

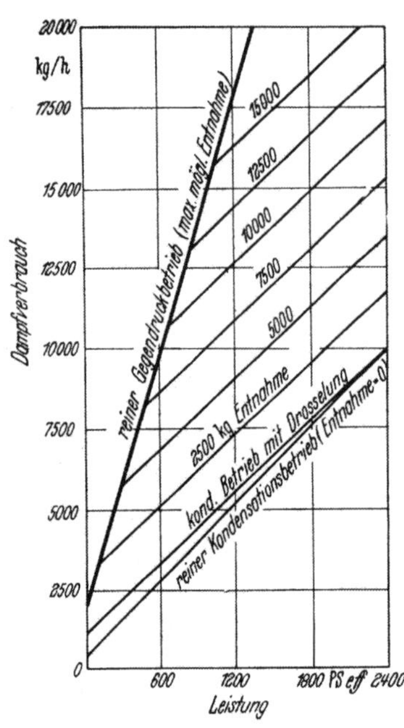

Abb. 507. Dampfverbrauch.

Zum Beispiel ist bei Vollast und 10000 kg/h Entnahme der Gesamtdampfverbrauch 17200 kg/h, während bei getrenntem Betrieb die Kondensationsturbine 10000 kg/h braucht und für Heizwerke noch $10000 \cdot 694{,}5 : 741{,}5 = 9320$, zusammen also 19320 kg/h benötigt werden; Ersparnis 2120 kg/h.

C. Reglung der Entnahmeturbinen.

1. Anforderungen.

Die Reglung soll sowohl die Leistung der Belastung anpassen durch einen Drehzahlregler (wie bei jeder Leistungsreglung) als auch die Entnahmemenge dem jeweiligen Bedarf entsprechend einstellen unter Einhaltung des Heizdampfdruckes durch einen Druckregler, der den Zutritt des Dampfes zum *ND*-Teil steuert.

Da die Leistung durch die Entnahmemenge beeinflußt wird, so muß die Reglung so erfolgen, daß die Summe der Leistungen des *HD*- und des *ND*-Teils die erforderliche Leistung ergibt, unabhängig von der Entnahmemenge. Es ergeben sich dadurch folgende *Anforderungen* an die Reglung.

1. Bei Änderung der Belastung bei gleichbleibender Entnahme muß das Frischdampf- und das Überströmventil im gleichen Sinne betätigt werden, also bei Leistungszunahme mehr öffnen, bei Abnahme mehr schließen. Dieses bewirkt der Drehzahlregler, der wie bei den Kondensationsturbinen die Frischdampfreglung betätigt, außerdem aber auch auf die Überströmreglung einwirken kann.

Da der benötigten Heizdampfmenge eine bestimmte Leistung des *HD*-Teils entspricht, bei welcher der *ND*-Teil leer mitläuft, so wird bei kleinerem Leistungsbedarf die benötigte Heizdampfmenge nicht mehr hergegeben werden können. In solchen Fällen muß durch ein Reduzierventil oder durch ein automatisches Frischdampfzusatzventil gedrosselter Frischdampf in die Heizleitung geführt werden. Hierbei muß aber durch ein Rückschlagventil das Rückströmen von Heizdampf zum *ND*-Teil verhindert werden, um Durchgehen der Turbine zu verhüten.

---

[1] Gezeichnet für eine 2400-PS_e-Turbine für 12,5 atü 325° C mit 15000 kg maximaler Entnahme bei 2 atü.

2. Bei gleichbleibender Belastung und Änderung der Heizdampfmenge muß der Druckregler das Überströmventil bei geringerem Bedarf mehr öffnen, bei zunehmendem Bedarf mehr schließen, während das Frischdampfventil umgekehrt mehr schließen bzw. mehr öffnen muß, damit die Leistung nicht verändert wird. Beide Reglungen müssen demnach im umgekehrten Sinne betätigt werden.

Die Frischdampf- und die Überströmreglung kann unabhängig voneinander ausgeführt werden, dann wird bei Leistungsänderung das Frischdampfventil vom Drehzahlregler betätigt, die Verstellung des Überströmventils erfolgt durch den Druckregler erst durch eine geringe Änderung des Heizdampfdruckes und bei Änderung der Entnahmemenge verstellt der Druckregler das Überströmventil, die Betätigung des Frischdampfventils erfolgt erst durch die geringe Drehzahländerung infolge veränderter Dampfmenge im *ND*-Teil.

Um diese Schwankungen des Entnahmedruckes bei Leistungsänderungen und die Drehzahländerung bei geänderter Entnahmemenge zu vermeiden, werden beide Reglungen derart miteinander verbunden, daß bei Leistungsänderungen durch den Drehzahlregler gleichzeitig die Überströmreglung im selben Sinne wie die Frischdampfreglung, hingegen bei Änderungen der Entnahmemenge gleichzeitig durch den Druckregler das Frischdampfventil im entgegengesetzten Sinne verstellt wird. Zuweilen wird die Überströmreglung von der Drehzahlreglung mit betätigt, während der Druckregler das Frischdampfventil nicht direkt beeinflußt.

Bei Parallelbetrieb mit anderen Kraftmaschinen auf dasselbe Netz wird die Drehzahl vom Netz konstant gehalten, der Drehzahlregler greift nur bei Trennung vom Netz ein; der Druckregler beeinflußt dann das Frischdampf- und das Überströmventil.

Bei besonderen Betriebsverhältnissen können noch andre Anforderungen an die Reglung gestellt werden, die dann entsprechende Ausführung verlangt.

In Betrieben, in welchen Dampf von verschiedenen Drücken benötigt wird, kommen in neuerer Zeit häufig Entnahme-Gegendruck- oder Mehrfachentnahme-Turbinen zur Anwendung. Erstere sind bei Alleinbetrieb nur dort am Platze, wo die Dampfbedarfschwankungen in den beiden Verbrauchernetzen den Leistungsschwankungen entsprechen. Dann wird nur der Entnahmedruck gleichbleibend gehalten und die Leistung vom Drehzahlregler eingestellt. Läuft der Stromerzeuger der Entnahme-Gegendruckturbine mit anderen Stromerzeugern parallel, so können beide Drücke gleichbleibend gehalten werden. Der Entnahmedruckregler wirkt dann nur auf die Frischdampfreglung ein, während der Gegendruckregler sowohl die Frischdampf- als auch die Entnahmereglung beeinflußt.

Bei Zweifachentnahme-Kondensationsturbinen können nicht nur die Drücke beide gleichbleibend gehalten werden, sondern die Turbine kann auch unabhängig von den gerade benötigten Dampfmengen mit Hilfe des Kondensationsteiles die jeweils erforderliche Leistung erzeugen.

Die Druckregler sind dieselben wie S. 338 beschrieben.

Anzapf-Speisewasservorwärmung wird bei neueren Anlagen in zunehmendem Maße angewendet. Die Vorwärmung erfolgt dabei nicht durch die Heizgase der Kesselanlage, sondern durch in ungeregelter Menge aus verschiedenen Turbinenstufen entnommenen Dampf, der in ebensoviel Vorwärmern das Speisewasser auf eine möglichst hohe Temperatur erwärmt. Die dadurch erreichte Annäherung an den Carnot-Prozeß bringt eine wesentliche Wärmeersparnis, welche mit der Anzahl der Vorwärmstufen zunimmt. Die zweckmäßige Anzahl der Vorwärmstufen hängt von dem Betriebsdruck und der Temperatur ab. Die Wärmeersparnis kann bei zweistufiger Anzapfvorwärmung 5% und bis zu 10 bis 12% bei acht

Vorwärmstufen, der bisher ausgeführten Höchstzahl, betragen, gegenüber dem Betrieb ohne Anzapfvorwärmung.

Genauere Berechnung s. H. BOLLIER [Vb].

2. Ausgeführte Entnahmereglungen.

Die Überströmreglung kann als Drosselreglung oder bei höheren Ansprüchen an die Wirtschaftlichkeit als Düsenreglung ausgeführt werden; die Größe der Ventile ist wie bei den gewöhnlichen Reglungen (S. 287 und 292) zu bemessen. (Gestängeausmittlung s. DANNINGER [IIc].)

Muß der Entnahmedruck sehr genau eingehalten werden, so kommen Feinreglungen (Askania, Arca, Ava) zur Anwendung.

Die Anzapfsteuerung der AEG, deren Schema Abb. 508 veranschaulicht, in Wirklichkeit haben die Kraftgetriebe Drehservomotoren (vgl. Abb. 370, S. 316). Verstellt bei Druckschwankungen in der Entnahmeleitung die Frischdampfreglung entgegengesetzt der Entnahmereglung, so daß bei Parallelbetrieb Lei-

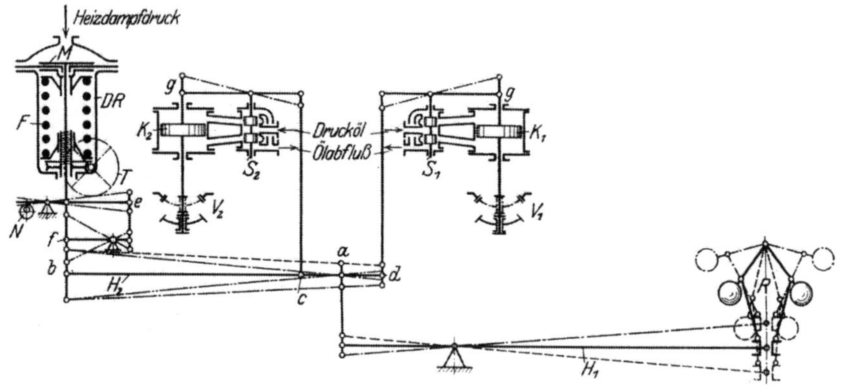

Abb. 508. Schema der Anzapfreglung der AEG.

stungsschwankungen und bei Einzelbetrieb Drehzahlschwankungen nicht auftreten. Ebenso werden bei Leistungs- oder Drehzahländerungen durch den Drehzahlregler beide Reglungen im gleichen Sinne verstellt, derart, daß keine Schwankungen des Anzapfdruckes eintreten.

Steigt bei gleichbleibender Entnahme die Belastung, so sinkt die Muffe des Drehzahlreglers R, Punkt a wird gehoben, und da Hebel H_2 in b einen Festpunkt hat, werden die Steuerschieber S_1 und S_2 nach oben verstellt und bewirken in bekannter Weise Öffnungsbewegung des Frischdampfventils V_1 und der Überströmventile V_2 (Bewegung im Schema nach unten).

Bei gleichbleibender Belastung und zunehmender Entnahme sinkt der Druck über der Membran M des Druckreglers DR, die Feder F verstellt die Membran und Punkt e nach oben, Punkt f und b nach unten, und da a Festpunkt ist, so wird c gesenkt, d gehoben, die Überströmventile V_2 schließen mehr, die Frischdampfventile V_1 öffnen mehr, so daß die Leistung unverändert bleibt ohne Drehzahländerung.

Der Entnahmedruck kann durch Änderung der Federspannung F mittels Handrades T mit Schneckentrieb eingestellt werden. Nocke N dient zum Ausschalten der Druckreglung bei Kondensationsbetrieb.

Eine Entnahme-Gegendrucksteuerung der AEG stellt im Schema Abb. 509 dar. Bei Parallelbetrieb wirkt der Entnahmedruckregler b nur auf die Frischdampfreglung g, h, i ein, während der Gegendruckregler c gleichzeitig auf Frischdampf- und Entnahmereglung im gleichen Sinne einwirkt. Sind beide Druckregler in Betrieb, so ist der Drehzahlregler ausgeschaltet, d. h., seine Muffe ist durch die Drehzahlverstellung in die tiefste Lage gebracht. Die Leistung richtet sich dann nach den benötigten Dampfmengen. Ist der Drehzahlregler in Betrieb,

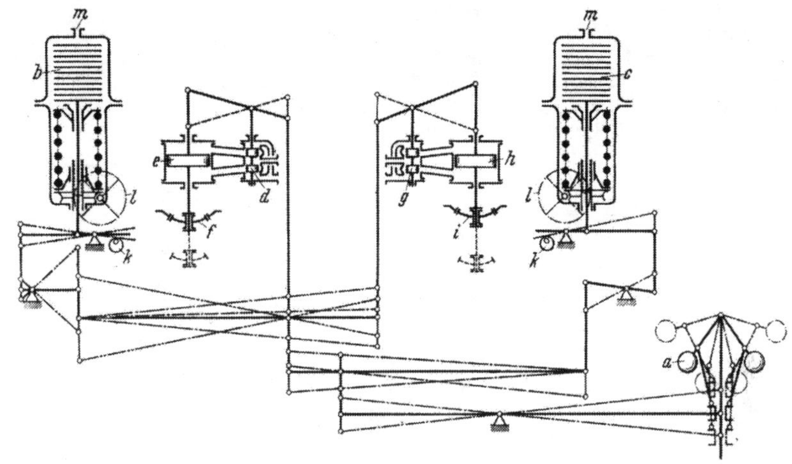

Abb. 509. Entnahme-Gegendrucksteuerung der AEG.

so muß der Gegendruckregler ausgeschaltet sein; der Drehzahlregler betätigt dann wie bei der Gegendruckreglung beide Reglungen gleichzeitig und im gleichen Sinne.

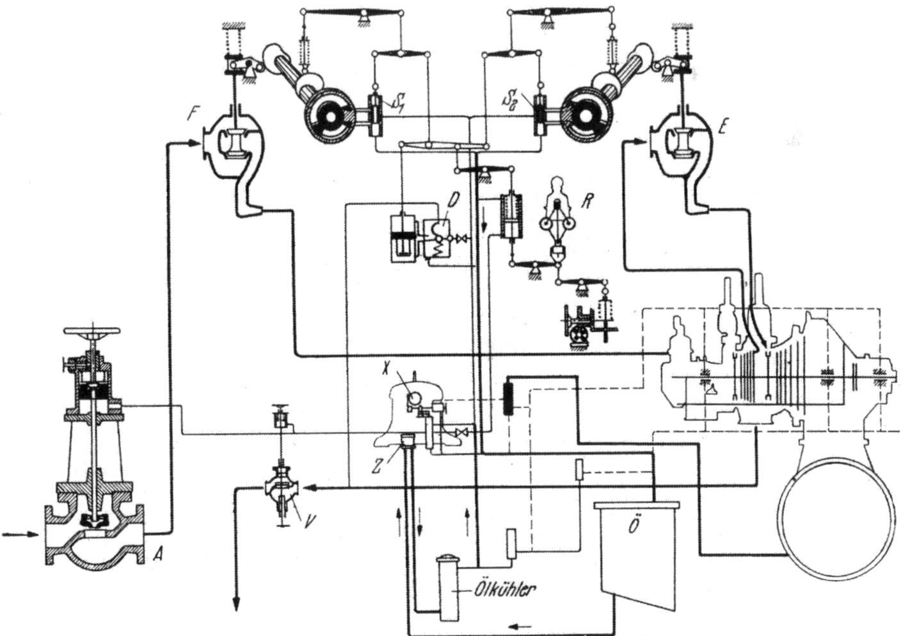

Abb. 510. Steuerungsschema einer Borsig-Entnahme-Kondensationsturbine.

Bei Doppelanzapfturbinen verwendet die AEG eine besondere Verbundsteuerung.

Das Steuerschema für eine Entnahme-Kondensationsturbine von Borsig ist in Abb. 510 wiedergegeben (vgl. Abb. 374, S. 318).

Die Frischdampfventile F und die Überströmventile E werden in der bekannten Weise durch Drehservomotoren betätigt, deren Steuerschieber S_1 und S_2 über Gestänge vom Drehzahlregler R und vom Druckregler D verstellt werden. Der Steuervorgang erfolgt in der S. 318 beschriebenen Weise durch Einwirkung des Drehzahlreglers auf die Ventile im gleichen und des Druckreglers im entgegengesetzten Sinne.

Das Drucköl von der Zahnradpumpe Z gelangt zu den Steuerschiebern S_1 und S_2, zum Druckregler und unter die Kolben des Frischdampfabsperrventils A und des Absperrventils V in der Entnahmeleitung. Bei Ausbleiben des Öldruckes oder Auslösen des Sicherheitsreglers X werden diese beiden Ventile durch Federdruck geschlossen.

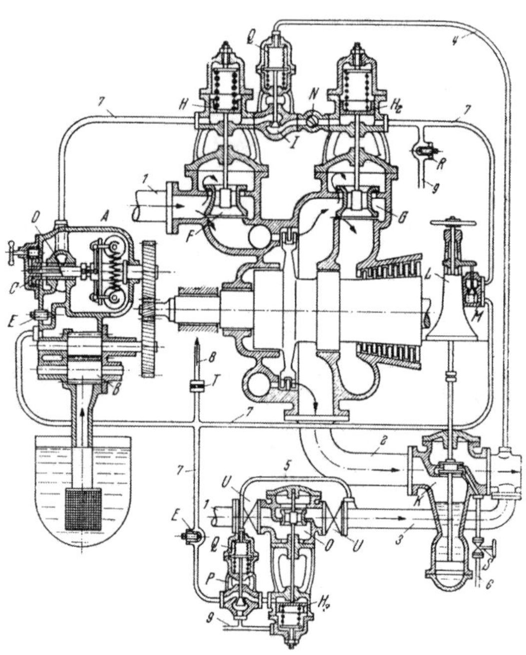

Abb. 511. Entnahmereglung von BBC mit Frischdampf-Zusatzventil.

A Hauptregulator, *B* Zahnradölpumpe, *C* Ölregulierbüchse, *D* Ölregulierschlitz, *E* Einstellschraube, *F* Frischdampfeinlaßventil, *G* Überströmventil, *H* Kraftkolben zu *F* und *G*, *J* Entnahmedruckregler, *K* Rückschlag und Absperrventil, *L* Ständer zu *R*, *M* Ölumschaltventil, *N* Rückschlagklappe, *O* Frischdampfzusatzventil, *P* Druckregler zu *O*, *Q* Membrane zu *J* und *P*, *R* Ölablaufregulierventil, *S* Entdämpfungsventil, *T* Blende, *U* Schieber.

1 Frischdampfleitung, *2* Entnahmeleitung, *3* Frischdampfzusatzleitung, *4* Impulsleitung zu *J*, *5* Impulsleitung zu *P*, *6* Entdämpfungsleitung, *7* Druckölleitungen, *8* Zu den Lagern, *9* Ölablauf.

Die Entnahmereglungen von BBC werden wie die normale Drehzahlreglung als Öldruckreglung durch Ändern des Öldruckes betätigt, der das Frischdampf- und das Überströmventil beeinflußt; das Schema der Reglung zeigt Abb. 511. Der Drehzahlregler bewirkt die Verstellung des Frischdampfventils F und des Überströmventils G im gleichen Sinne, während der Membrandruckregler Q die Verstellung im entgegengesetzten Sinne vornimmt. Die Feder über dem Kolben des Frischdampfventils ist stärker gespannt als die des Überströmventils. N ist ein Sicherheitsventil, M ein Rückschlagventil in der Heizleitung; letzteres kann automatisch betätigt werden.

Das von der Ölpumpe B geförderte Öl gelangt in mittels Ölregelventil E einstellbarer Menge in die Regelölleitung, unter die Kolben H und H_2 der Regelventile F und G. Der Drehzahlregler A verändert durch Verstellen der Weite des Abflußschlitzes D in der Regulierbüchse C den Druck des Öles unter beiden Kolben, wodurch sich beide im gleichen Sinne bewegen; der Druckregler verstellt unter Einfluß des Entnahmedruckes, der durch die Leitung *4* über der Membran Q wirkt, das Ölventil J und läßt mehr oder weniger Öl unter den Kolben H_2 des Überströmventils G treten, wodurch sich der Druck entsprechend ändert, da der Abfluß durch Ölregelventil R eingestellt ist. Steigt z. B. der Entnahmedruck (verringerte Entnahme), so öffnet J mehr, der Druck unter H_2 muß steigen, da die Abflußöffnung bei R unverändert bleibt, und Ventil G wird mehr geöffnet. Gleichzeitig sinkt aber der Druck unter H infolge erhöhten Abflusses durch J, Frischdampfventil F schließt mehr, so daß die erhöhte Leistung des *ND*-Teils durch verminderte Leistung des *HD*-Teils ausgeglichen wird, ohne daß die Drehzahlreglung einzugreifen braucht.

Um bei zeitweiliger sehr geringer Belastung große Heizdampfmengen abgeben zu können, kann ein selbsttätiges Frischdampfzusatzventil O angeordnet werden, welches bei sinkendem Heizdampfdruck automatisch gedrosselten Frischdampf in die Heizleitung führt.

Das Zusatzventil wird ebenfalls durch einen Druckregler Q betätigt, über dessen Membran durch Leitung *5* der Heizdampf gelangt und der ein Ölventil P verstellt, wodurch der Druck über dem federbelasteten Kolben H_3 des Zusatzventils geändert wird; durch Leitung *4* gelangt Öl in durch Ölregelventil *E* eingestellter Menge in das Ölventil *P* und läuft durch dasselbe und Leitung *9* ab; normalerweise ist *P* offen, die Feder hält das Zusatzventil geschlossen. Sinkt der Druck in der Heizleitung unter das zur Betätigung des Überströmdruckreglers erforderliche Maß, so schließt die Feder des Druckreglers *Q* das Ölventil *P* und der Öldruck über H_3 öffnet das Zusatzventil so weit, daß der Heizdruck erreicht wird.

Bei zwei Entnahmestellen wird für die zweite Entnahme eine weitere gleichartige Überströmreglung angeordnet (Abb. 512). Etwas anders liegen die Verhältnisse bei einer *Entnahme-Gegendruckturbine*, d. h. wenn der Abdampf über Atmosphärendruck ebenfalls zu Heizzwecken verwendet werden soll mit einem

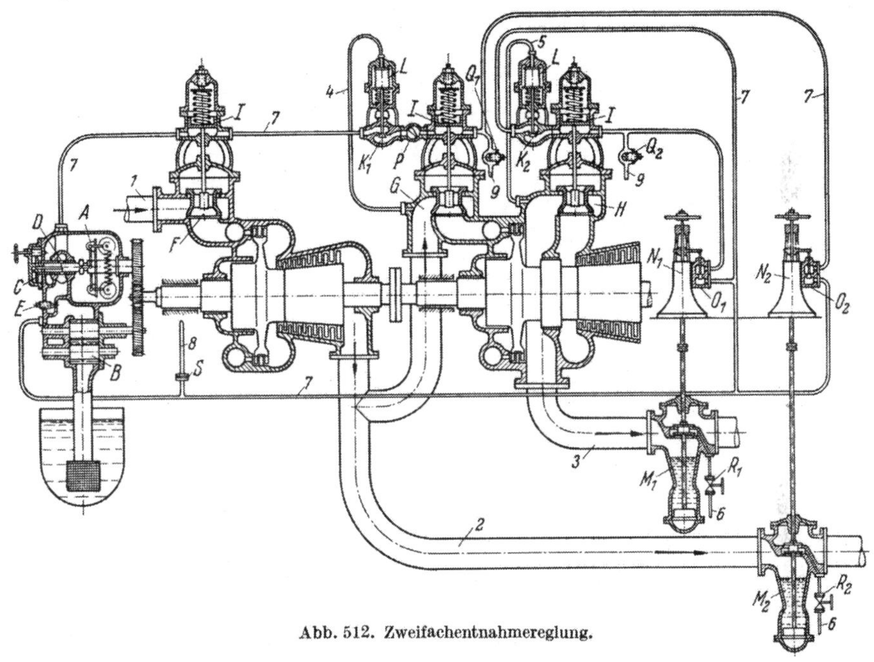

Abb. 512. Zweifachentnahmereglung.

A Hauptregler, *B* Zahnradölpumpe, *C* Ölregelbüchse, *D* Ölregelschlitz, *E* Einstellschraube, *F* Frischdampfeinlaßventil, *G* erstes Überströmventil, *H* zweites Überströmventil, *J* Kraftkolben zu *F*, *G*, *H*, $K_{1,2}$ Entnahmedruckregler, *L* Membrane zu $K_{1,2}$, $M_{1,2}$ Rückschlag und Absperrventil, $N_{1,2}$ Ständer für $M_{1,2}$, $O_{1,2}$ Ölumschaltventile, *P* Rückschlagklappe, $Q_{1,2}$ Ölablaufregelventile, $R_{1,2}$ Entdämpfungsventile, *S* Blende.

1 Frischdampfleitung, *2* erste Entnahmeleitung, *3* zweite Entnahmeleitung, *4* Impulsleitung zu K_1, *5* Impulsleitung zu K_2, *6* Entdämpfungsleitungen, *7* Druckölleitungen, Ölleitung zu den Lagern, *9* Ölablauf.

tieferen Druck, der ebenfalls konstant gehalten werden muß. Dieses ist nur bei Parallelbetrieb mit einer Kondensationsturbine möglich, da die Abdampfmenge wie bei der Gegendruckturbine mit der Leistung im Zusammenhang steht. Das Schema einer solchen Reglung von BBC zeigt Abb. 513. Der Gegendruck beeinflußt durch den Druckregler *K* das Frischdampf- und das Überströmventil, wirkt also in derselben Weise wie der Drehzahlregler (wie bei den Gegendruckturbinen), während der Entnahmedruckregler *J* in der oben beschriebenen Weise regelt.

Sinkt z. B. der Gegendruck (oder die Leitung) infolge größeren Abdampfbedarfs, so sinkt der Druck über der Membran L_2 des Abdampfdruckreglers *K*, die Feder öffnet das Ölregelventil mehr, so daß mehr Öl unter die Kolben H_1, H_2 gelangt, wodurch bei gleicher Abflußöffnung des Ventils *Q* der Druck steigt und beide Ventile *F* und *G* mehr öffnet; dadurch steigt die Abdampfmenge bzw. die Leistung der Turbine, ohne die Entnahmemenge zu beeinflussen.

Das *Verbundsteuerwerk* für Entnahmeturbinen von Escher Wyss, Abb. 514, ist ähnlich aufgebaut wie die Gegendruckreglung (vgl. Abb. 479, S. 404). Als neues Element erscheint das Überströmventil *39* mit seinem Servomotor *37*, *38*, zu welchem ein Steuerschieber *29* und eine Steuerhülse *30* gehört, die am Balken *10* (*15*) mittels eines Bolzens *18* angelenkt ist.

Wird die Maschine bei gleichbleibender Entnahme um einen gewissen Betrag mehr belastet, so sinkt mit abnehmender Drehzahl der Stift *4*. Der Folgekolben *27* steigt zufolge des kleinern Ölstaues und dreht den Balken *10* (*15*) um den Punkt *9*. Die Taste *22* folgt, der Hebel *13* schwingt um den Stützpunkt *14* und der Kolben *6* gleitet dem Stift *4* nach. Die Hülse *30* gleitet nach oben, so daß außer dem Kolben *35* auch dem Kolben *38* Öl zufließt. Die Ventile *36*, *39* entfernen sich von ihren Sitzen, bis die Hebel *23* und *19* die Schieber *28* und *29* in Deckstellung nachgeführt haben. Hierdurch wird der Dampfdurchsatz durch den Hochdruck- und den Niederdruckteil gleichzeitig um nahezu den gleichen Betrag erhöht. Der Entnahmeregler greift daher sozusagen nicht in den Reguliervorgang ein.

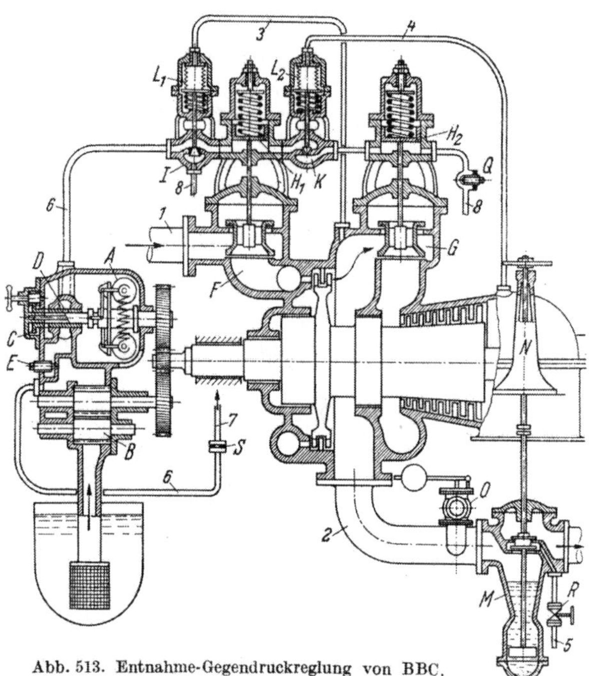

Abb. 513. Entnahme-Gegendruckreglung von BBC.

A Hauptregler, *B* Zahnradölpumpe, *C* Ölregelbüchse, *D* Ölregelschlitz, *E* Einstellschraube, *F* Frischdampfeinlaßventil, *G* Überströmventil, *H* Kraftkolben zu *F* und *G*, *J* Entnahmedruckregler, *K* Gegendruckregler, *L* Membrane für *J* und *K*, *M* Rückschlag- und Absperrventil, *N* Ständer zu *M*, *O* Sicherheitsventil, *Q* Ölablaufregelventil, *R* Entdämpfungsventil, *S* Blende.

1 Frischdampfleitung, *2* Entnahmeleitung, *3* Impulsleitung zu *J*, *4* Impulsleitung zu *K*, *5* Entdämpfungsleitung, *6* Druckölleitungen, *7* Ölleitung zu den Lagern, *8* Ölablauf.

Ändert bei gleichbleibender Leistung die Entnahme, d. h. wird sie beispielsweise vergrößert, so sinkt zunächst der Entnahmedruck, und der Ablenker *50* taucht tiefer in den Strahl. Der Kolben *55* sinkt und dreht den Balken *10* um den Bolzen *24*, die Büchse *30* sinkt und das Ventil *39* macht eine Schließbewegung. Mit dem Balken *10* sinkt aber auch die Taste *22*, so daß der Kolben *27* steigt und das Einlaßventil *36* des Hochdruckteiles weiter öffnet. Nach Beendigung des Reguliervorganges steht die Taste *22* wieder in ihrer Ausgangsstellung, das Einlaßventil hat um einen gewissen Betrag geöffnet und das Überströmventil um einen gewissen Betrag geschlossen. Die Turbinenleistung bleibt gleich, ohne daß eine nennenswerte Drehzahländerung eintritt. Der Drehzahlregler muß daher nicht in den Reguliervorgang eingreifen.

Die Hebelverhältnisse können durch Verschieben des Reiters *22* bei der ersten Inbetriebsetzung abgestimmt werden.

Eine besondere Beachtung ist beim Entwurf dieser Regulierung den Betriebszuständen geschenkt worden, welche bei Leerlauf bzw. Vollast des Niederdruckteiles entstehen. Sind Hochdruck- und Niederdruckteil beide teilweise beaufschlagt, so ist die einer bleibenden Drehzahländerung entsprechende Leistungsänderung gleich der Summe der Leistungsänderung der beiden Teile. In den obigen Grenzfällen fällt die Änderung der Niederdruckteilleistung aus. Es wären daher auf gegebene Leistungsschwankungen größere Pendelstifthübe und folglich größere Drehzahlabweichungen als bei Niederdruck-Teillastbetrieb nötig. Um dies zu vermeiden und so auch eine bessere Ausnützung des Pendelhubes im eigentlichen Teillastregulierbereiche zu ermöglichen, wird das Hubverhältnis zwischen Kolben *6* und Folgekolben *27*, kurz nachdem das Überströmventil *39* eine Extremlage einnimmt, geändert. Dies wird erreicht, indem der Schieber *30* bei Niederdruckleerlauf gegen einen Anschlag *21* und bei Niederdruckvollast gegen einen Anschlag *17* stößt. Der Balken *10* (*15*), dessen beide Teile *10*, *15* durch eine Druckfeder *11* zusammengepreßt werden, knickt unter dieser Feder aus und der Teil *15* des Balkens schwingt um den Bolzen *18*, wodurch den Pendel-

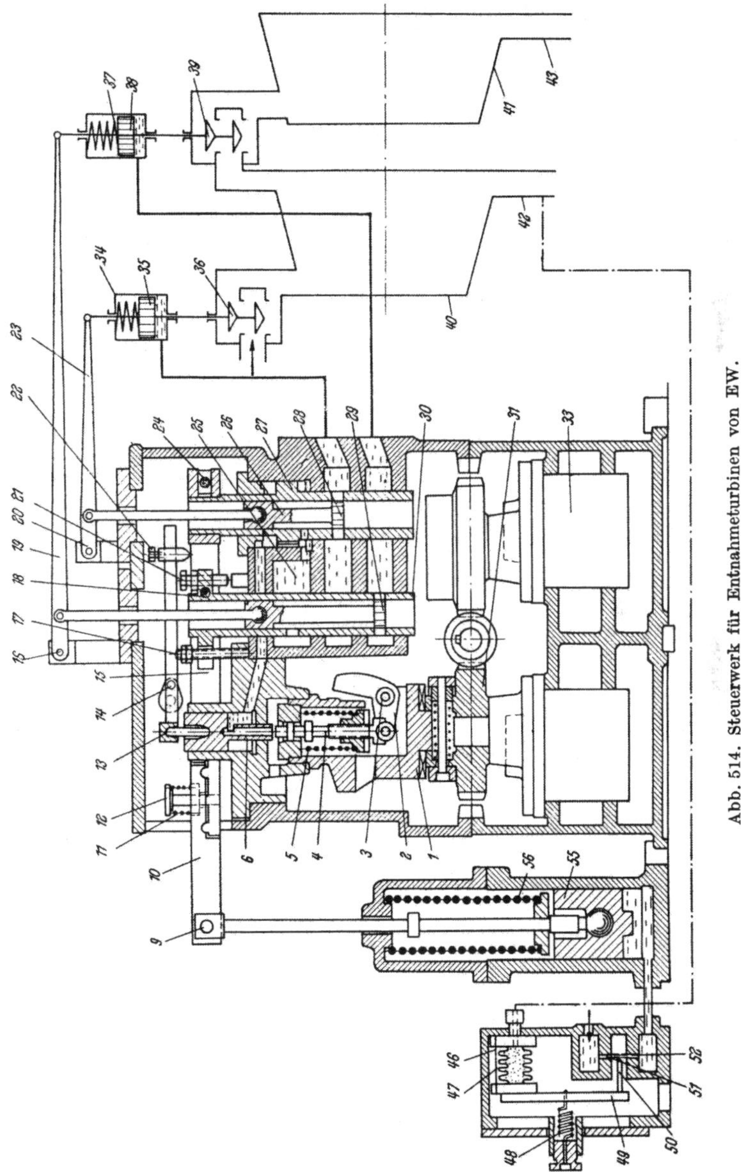

Abb. 514. Steuerwerk für Entnahmeturbinen von EW.

stiftbewegungen größere Bewegungen des Folgekolbens *27* und des Einlaßventils *36* zugeordnet werden. Der Drehzahlabfall je Leistungseinheit bleibt daher auch bei ausgesteuertem Überströmventil nahezu unverändert.

Das Schema der älteren Entnahmereglung der WUMAG zeigt Abb. 515 mit Beeinflussung der Überströmreglung durch den Drehzahlregler. Die Frischdampfreglung ist dieselbe wie bei der vereinigten Drossel- und Düsenreglung der Kondensationsturbinen (vgl. Abb. 357, S. 307).

Durch eine Steuernocke O auf der Welle W_1 des Drehservomotors D_1 wird gleichzeitig mit der Betätigung der Frischdampfdüsenventile V_1 die Überströmreglung im gleichen Sinne betätigt, indem die Büchse B_2 des Überströmsteuerschiebers S_2 verstellt wird, wodurch Drucköl durch die Leitungen l_1, l_2 zum Drehservomotor D_2 gelangt und die Düsenventile V_2 in bekannter Weise betätigt werden. Diese Ventile werden auch durch den Druckregler DR gesteuert, indem der Kolben K_1 desselben den Steuerschieber S_2 verstellt und durch l_1, l_2 Drucköl zum Drehservomotor D_2 führt. Der Druckreglerkolben ist unten durch den Heizdampfdruck belastet, dem die Zugfeder F das Gleichgewicht hält; mittels Handrades H kann der Druck eingestellt werden. Durch Hochschrauben des Handrades H_1 wird die Entnahmereglung ausgeschaltet.

Bei Änderung der Heizdampfmenge (Druckänderung) durch den Druckregler ändert sich die Leistung und muß durch den Drehzahlregler einreguliert werden.

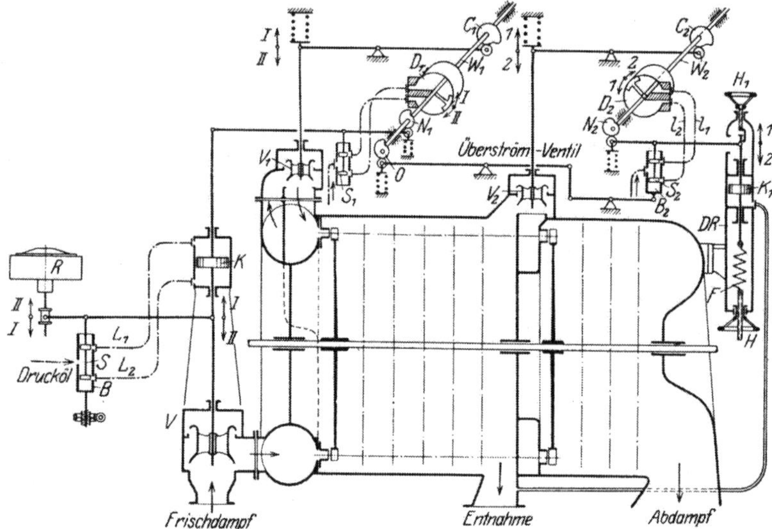

Abb. 515. Schema der Entnahmereglung der WUMAG.

Das Schema einer Zweifachentnahme-Kondensationsturbine des VEB Görlitzer Maschinenbau (vorm. WUMAG) ist in Abb. 516 wiedergegeben. Die Steuerung erfüllt folgende Regelbedingungen:

1. Wird die Turbine entlastet, so werden alle Ventilreihen gleichzeitig und im gleichen Sinne betätigt.

2. Wird bei gleicher Belastung der Turbine die Entnahmedampfmenge der ersten Entnahmestelle geändert, so bewegen sich die Hochdruckventile gegenüber den Mitteldruck- und Niederdruckventilen gleichzeitig im entgegengesetzten Sinne.

3. Wird bei gleicher Belastung der Turbine die Entnahmedampfmenge der zweiten Entnahmestelle geändert, so bewegen sich die Hoch- und Mitteldruckventile gegenüber den Niederdruckventilen gleichzeitig, aber im entgegengesetzten Sinne.

4. Bei einer plötzlichen Entlastung der Turbine schließt der Drehzahlregler alle Ventile unabhängig von der Stellung der Druckregler.

Die Turbine hat drei Segmentventilreihen. Eine davon, H, dient zur Reglung der Frischdampfmenge, die übrigen, $E\ 1$ und $E\ 2$, zur Reglung der Entnahmedampfmengen.

Die **Lastwelle** L wird über den Haupthilfsschieber vom Drehzahlregler gesteuert. Die Lastwelle L hat drei linksgewundene Nocken als Impulsgeber für die Segmentventilreihen. Die Entnahmewellen W_{E_1} und W_{E_2} werden von zwei Strahlrohrreglern S_{E_1} und S_{E_2} abhängig von den Entnahmedrücken gesteuert. Die Welle W_{E_1} hat eine rechts- und zwei linksgewundene Nocken. Die Welle W_{E_2} für die zweite Entnahme hat zwei rechts- und eine linksgewundene Nocke. Die Pfeile zeigen die Bewegungen O öffnen und S schließen der Ventile an. Die Reglungsvorgänge sind folgende:

Wird die Turbine höher belastet, so wird vom Drehzahlregler über den Haupthilfsschieber der Drehkolben der Lastwelle L betätigt und damit alle drei Segmentventilreihen entsprechend dem Dampfbedarf, mehr geöffnet. Wird an der ersten Entnahmestelle $E\,1$ mehr Dampf entnommen, so sinkt der Entnahmedruck. Das Strahlrohr vom Regler $E\,1$ verschiebt sich nach rechts und betätigt den Drehkolben der Welle $E\,1$ im Uhrzeigersinn.

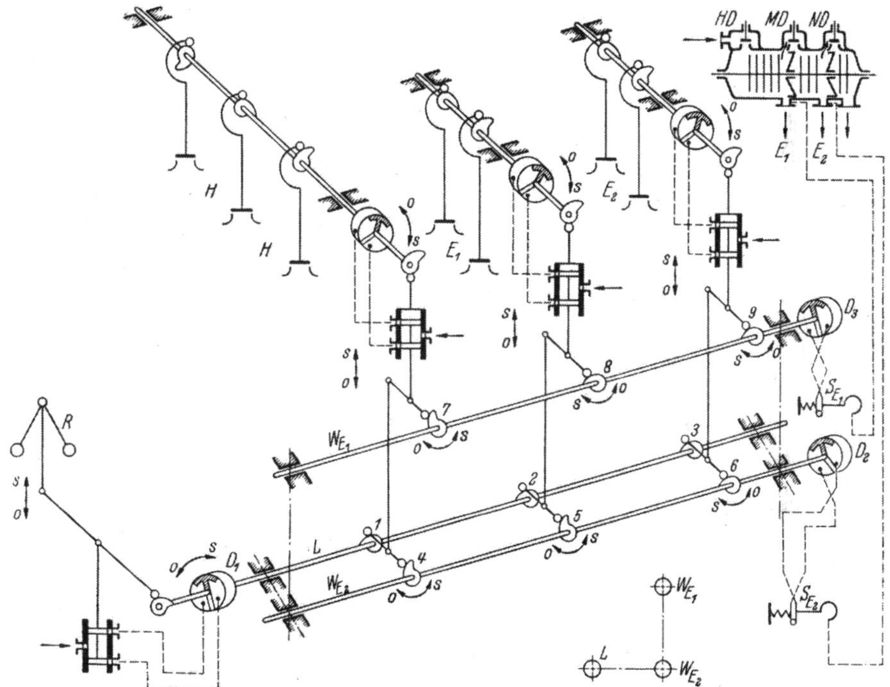

Abb. 516. Schema einer Zweifachentnahmesteuerung des Görlitzer Maschinenbau (WUMAG).

Dadurch werden die Hochdruckventile H mehr geöffnet und die Niederdruckventile $E\,1$ und $E\,2$ entsprechend geschlossen. Die Zu- und Abschaltdampfmengen werden von der Steuerung so eingestellt, daß bei diesem Reglungsvorgang die Belastung der Turbine, ebenso wie die Dampfmengen an der zweiten Entnahmestelle, gleichbleiben.

Wird z. B. die Entnahmemenge an der Entnahmestelle $E\,2$ verringert, dann steigt der Druck an dieser Stelle. Das Strahlrohr des Reglers S_{E_1} verschiebt sich nach links und bewegt den Drehkolben der Welle W_{E_2} entgegengesetzt dem Uhrzeigersinn. Dadurch wird bewirkt, daß die Ventilreihen H und $E\,1$ entsprechend schließen, während die Niederdruckventile $E\,2$ öffnen. Es ergibt sich somit die Regel, daß bei einer Laständerung alle drei Ventilreihen im gleichen Sinne, jedoch bei einer Änderung des Entnahmedampfes, die Ventilreihen vor und hinter der Entnahmestelle entgegengesetzt bewegt werden.

Die Reglung der Entnahmeturbinen von SSW zeigt im Schema Abb. 517 mit Beeinflussung der Frischdampf- und der Überströmreglung sowohl durch den Drehzahl- als auch durch den Druckregler; der einfacheren Darstellung wegen sind statt der Drehservomotoren einfache Kolben K_1, K_2 und der Druckregler als federbelasteter Kolben dargestellt, in Wirklichkeit wird als Druckregler ein Askania-Feinregler angewendet.

Nimmt bei unveränderter Entnahmemenge die Belastung zu, so senkt infolge abfallender Drehzahl der Geschwindigkeitsregler *GR* die beiden Hebel H_2 und H_3 um die Festpunkte P_2, P_3; beide Steuerschieber S_1 und S_2 bewegen sich nach unten und lassen Drucköl unter die Servomotorkolben K_1, K_2 treten, zugleich über den Kolben den Ablauf freigebend. Die Kolben heben die Frischdampfventile V_1 und die Überströmventile V_2, der Dampfdurchsatz durch die *HD*- und die *ND*-Stufen nimmt zu, bis die Leistung eingestellt ist. Durch die Hebel H_2, H_3 werden mit P_1 als Festpunkt die Steuerschieber in die neutrale Lage zurückgebracht (Rückführung). Bei abnehmender Belastung findet der Vorgang in umgekehrter Richtung statt, beide Ventile werden mehr geschlossen.

Steigt bei unveränderlicher Belastung der Heizdampfbedarf, so fällt der Druck vor den *ND*-Stufen, der Kolben des Druckreglers *DR* sinkt und verschiebt die Büchse B_1 des Frischdampfsteuerschiebers S_1 nach oben, die Büchse B_2 des Überströmsteuerschiebers S_2 nach unten. Das Drucköl öffnet das Frischdampfventil V_1 mehr und schließt das Überströmventil V_2; durch die beiden Hebel H_2, H_3 mit P_1 als Festpunkt erfolgt Rückführung der Steuerschieber. Fällt die benötigte Heizdampfmenge, so findet der Vorgang entgegengesetzt statt.

Zum Parallelschalten kann die Drehzahl mit Hilfe der Drehzahlverstellung *T* um $\pm$ 5% verstellt werden.

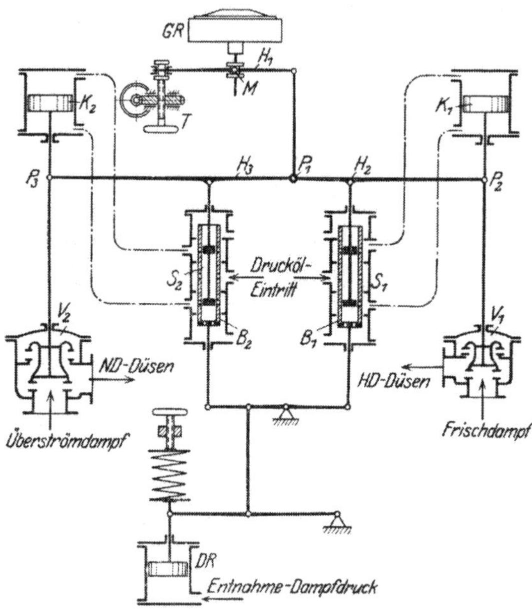

Abb. 517. Schema der Entnahmereglung von SSW.

Die Entnahmereglung der Turbinen der Tschechoslowakei, Abb. 518, hat ebenfalls zwei Impulse: den Drehzahlregler *R* und den Druckregler *DR* für den Entnahmedampf.

Das von der Ölpumpe *P* geförderte Drucköl strömt zu den Vorsteuerungen der Hochdruckventile *HV* sowie der Niederdruckventile *NV*, ferner zum Druckregler und zum Absperrventil *A*; durch Drosselscheiben gelangt es zu den Gebern G_1 und G_2 und läuft von dort entsprechend der Stellung der Schieber ab. Dieser Ölablauf aus den Gebern und damit die Bewegung der Steuerventile *HV* und *NV* wird über Hebel durch den Drehzahlregler und durch den Druckregler *DR* beeinflußt, derart, daß der Drehzahlregler die Ventile in gleichem Sinne, der Druckregler aber im entgegengesetzten Sinne verstellt, letzterer über den Servomotor *S*. Ausführung der Vorsteuerventile und der Geber s. Abb. 376/377, S. 320.

Eine eigenartige Steuerung der Niederdruckventile von Entnahmeturbinen wird in der Sowjetunion angewendet, Abb. 519. Die Abschaltung von Leitkanälen im Niederdruckteil erfolgt durch einen auf dem Nabenhals des Leitrades *2* drehbar gelagerten Ring *1*, der mit Schlitzen entsprechenden Leitkanalgruppen versehen ist, so daß beim Drehen des Ringes nacheinander Leitkanäle abgeschlossen oder geöffnet werden. Die Drehung des Ringes wird von einem Kraftkolben *5* bewirkt, der vom Drehzahlregler und vom Druckregler über einen Steuerschieber mit Drucköl betätigt wird.

D. Ausführungsarten von Entnahmeturbinen.

Eine Entnahmeturbine der AEG von 10000 kW, $n = 3000$ Umdr./min, zeigt Abb. 520. Das Gehäuse besteht aus einem Hochdruckteil, einem Niederdruckteil und dem Abdampfstutzen, Entnahmesteuerung s. Abb. 508.

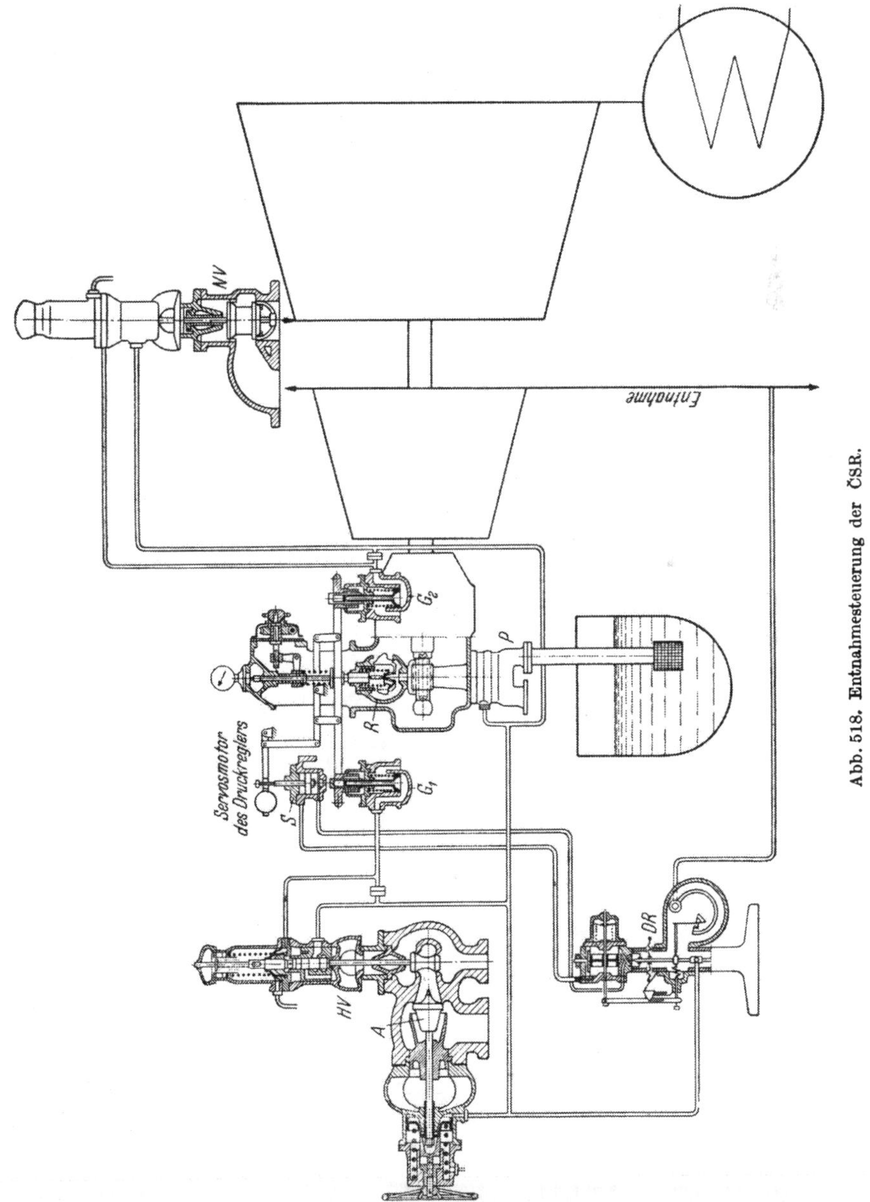

Abb. 518. Entnahmesteuerung der ČSR.

Eine Entnahmeturbine von EW in Rectaflux-Anordnung für 1200 kW zeigt Abb. 521. Eine Unterkellerung erübrigt sich (vgl. Abb. 454, S. 380)

Die Entnahmeturbine der GHH für 18000 kW, $n = 3000$ Umdr./min, für 65 ata, 500° C, 94% Vakuum und 13 ata Entnahmedruck, Abb. 522, ist in der Bauart RÖDER ausgeführt mit atmenden Einbauten im Hochdruckteil und

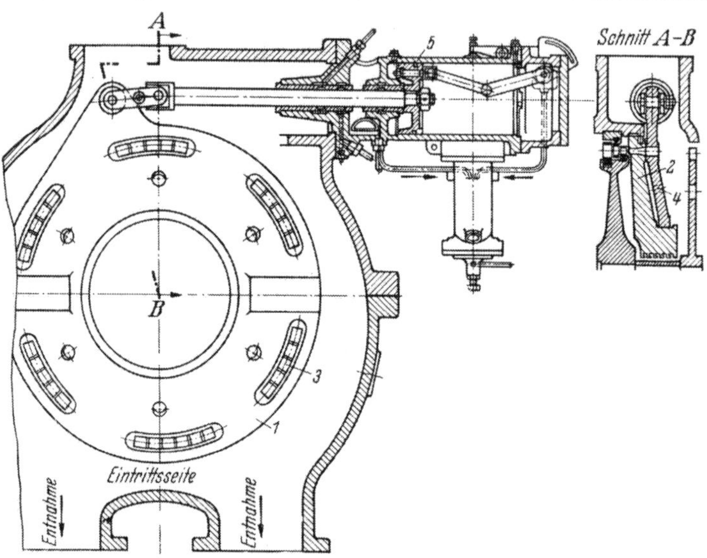

Abb. 519. Drehringsteuerung des *ND*-Teils von Entnahmeturbinen der UdSSR. *1* Drehring, *2* Leitapparat, *3* Leitkanüle, *4* Entlastungslöcher, *5* Servomotor.

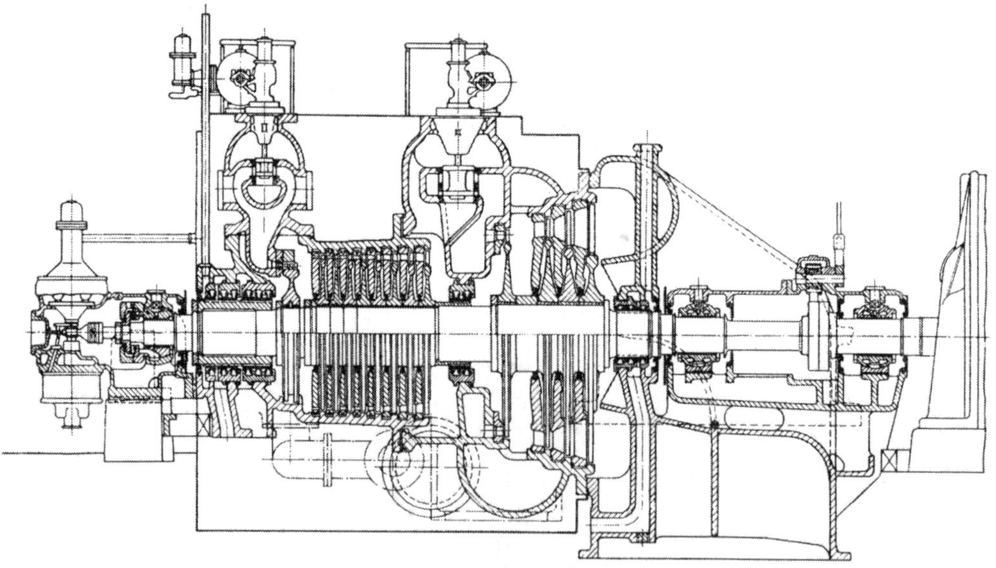

Abb. 520. Entnahmeturbine der AEG (10000 kW/3000).

achsensymmetrischer Ausbildung des Gehäuses, Düsenkästen wärmebeweglich im Gehäuse eingesetzt.

Eine Entnahme-Gegendruckturbine der GHH, Bauart RÖDER, 18000 kW für 71 atü, 500° C, Entnahmedruck 17 ata, Gegendruck 13 ata, $n = 3000$ Umdr./min mit Stufenreglung nach RÖDER (s. Abb. 483, S. 405) zeigt Abb. 523.

Den Längsschnitt durch eine Entnahme-Kondensationsturbine von 2000 bis 2500 kW, Frischdampfzustand 33 atü, 425° C, Entnahmedruck 25 atü, 245° C des VEB Görlitzer Maschinenbau zeigt Abb. 524. Steuerung der Frischdampf- und der Überströmventile durch im Ventilaufsatz gelagerte Nockenwelle, Steuerung ähnlich Abb. 360, S. 309.

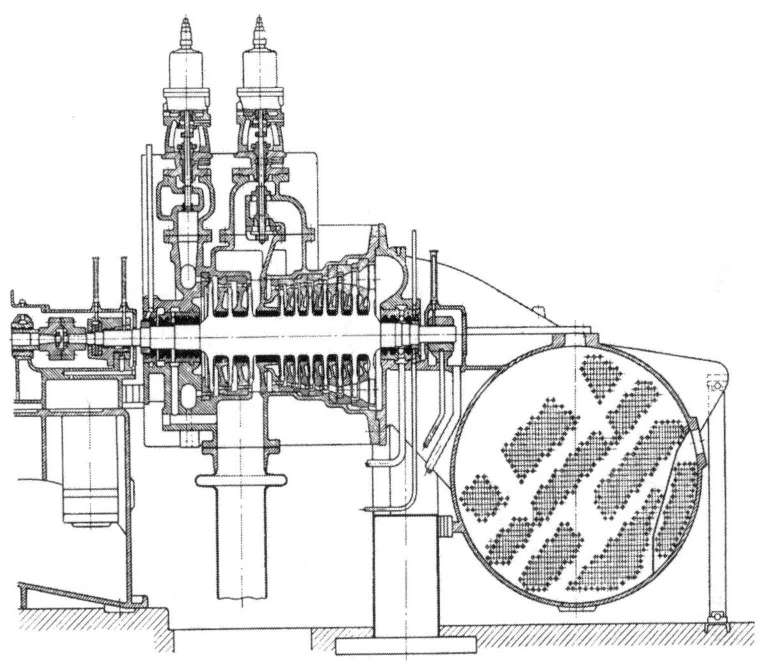

Abb. 521. Rectaflux-Entnahmeturbine von EW für 1200 kW.

III. Turbinen für Abdampfverwertung.

A. Reine Abdampfturbinen.

Wie S. 398 erwähnt, kann der Abdampf von Auspuffkolbenmaschinen in Dampfturbinen verwertet werden dank der Eigenschaft dieser, hohes Vakuum gut auszunutzen. Da die in Frage kommenden Kolbenmaschinen (Dampfhämmer, Förder- und Walzenzugmaschinen) meist mit großer Füllung arbeiten, nutzen sie den Dampf schlecht aus (Abb. 525); selbst wenn man sie mit Kondensation betreiben würde, wäre die Ausnutzung nur wenig besser, zumal das Vakuum nicht so hoch sein kann wie bei Dampfturbinen. Man sammelt deshalb den in wechselnder Menge anfallenden Abdampf nach dem Vorschlage von Rateau in *Abdampf-* oder *Wärmespeichern* und führt ihn von dort im gleichmäßigen Strom der Turbine zu, die ihn bis zum erreichbar tiefsten Druck ausnutzt. Den möglichen Gewinn zeigt die Fläche $fghi$ in Abb. 525; tritt der Dampf z. B. mit 1,1 ata trocken gesättigt mit $i'' = 640{,}1$ kcal/kg aus, so ist bei 95% Vakuum in der Turbine ein Gefälle von 106,6 kcal/kg verfügbar. Der effektive Wirkungsgrad η_e ist etwas höher als bei Frischdampfturbinen, da der Hochdruckteil der letzteren einen schlechteren Wirkungsgrad hat infolge der höheren Verluste bei hohem

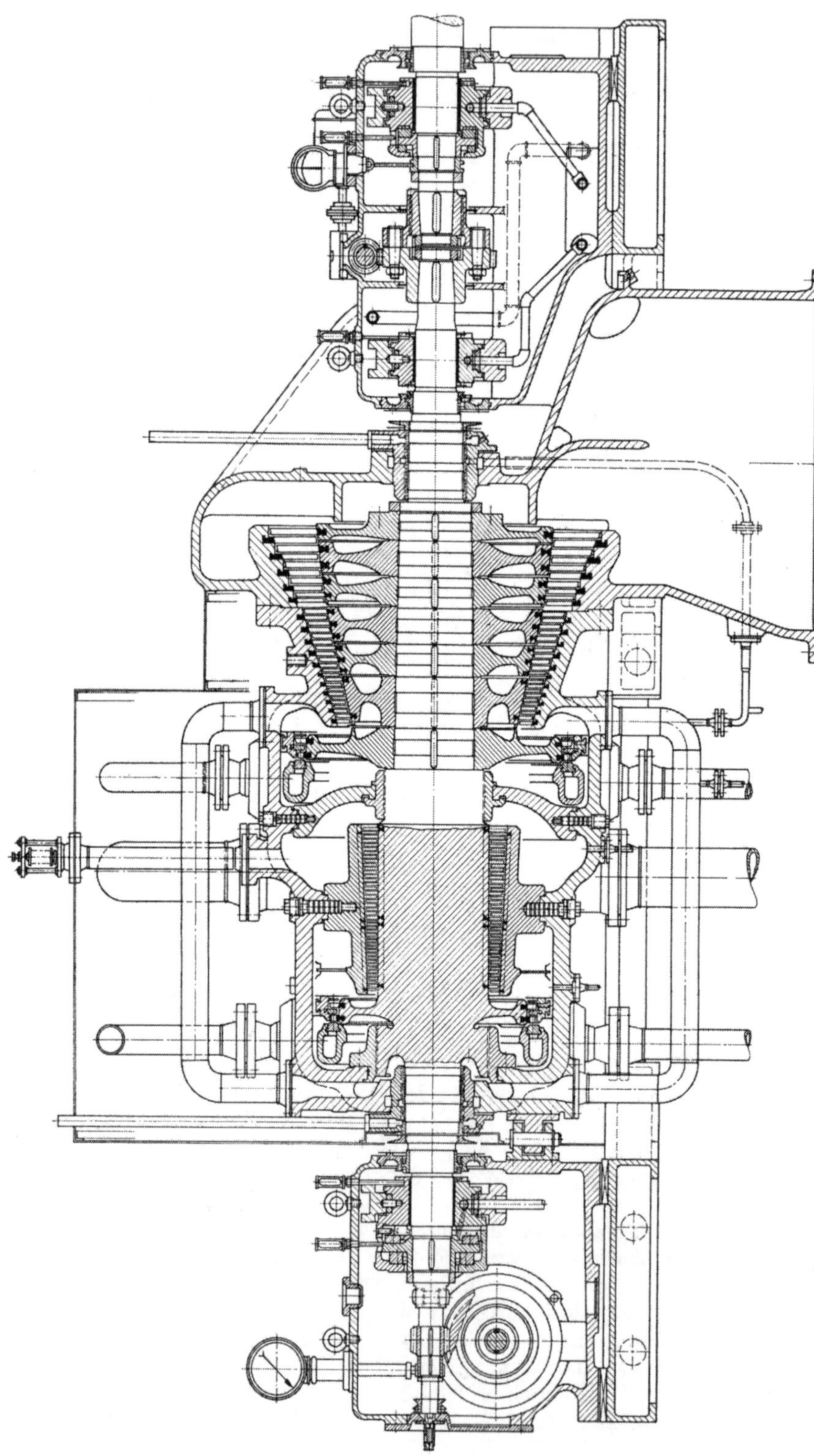

Abb. 522. Entnahme-Kondensationsturbine der GHH 18000 kW, 65 ata, 500° C. Gegendruck 13 ata.

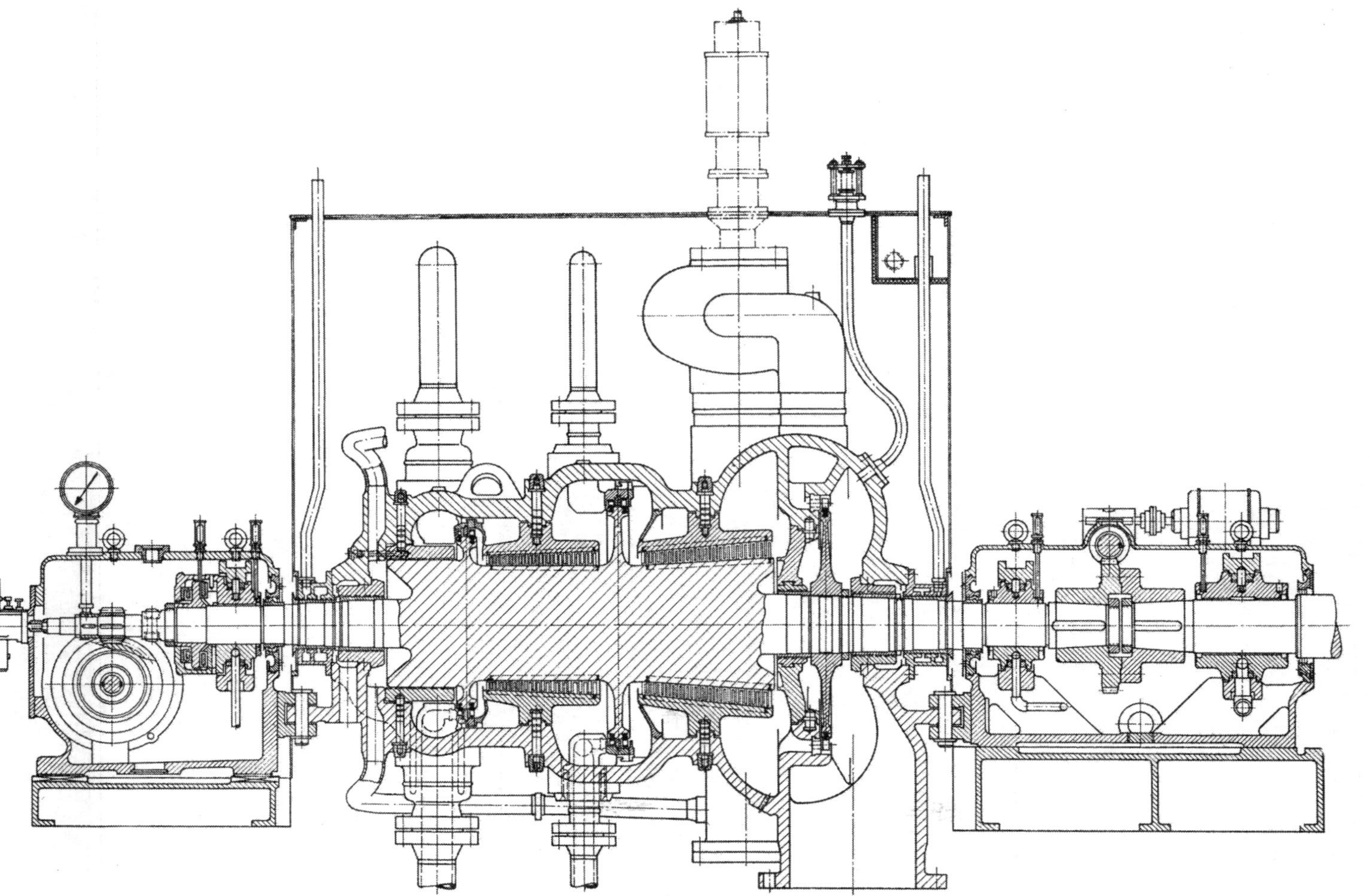

Abb. 523. Entnahme-Gegendruckturbine 18000 kW, $n = 3000$ Umdr./min. GHH Bauart Röder mit Stufenreglung.

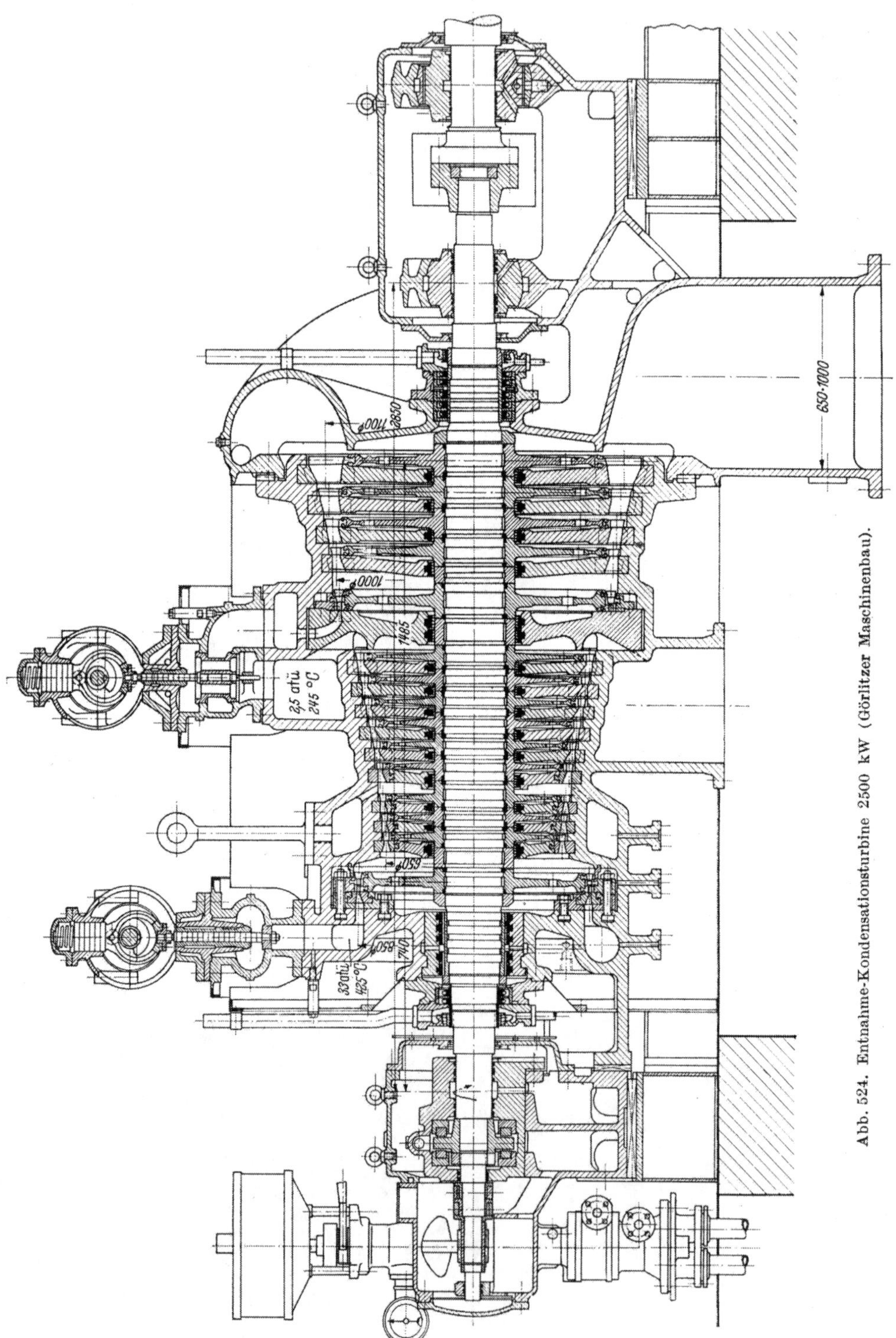

Abb. 524. Entnahme-Kondensationsturbine 2500 kW (Görlitzer Maschinenbau).

Druck. Diese günstige Ausnutzungsmöglichkeit hat auch dazu geführt, daß bei Schiffsantrieb der Dampf erst in Kolbenmaschinen und dann in Abdampfturbinen ausgenutzt wird (System BAUER-WACH[1]).

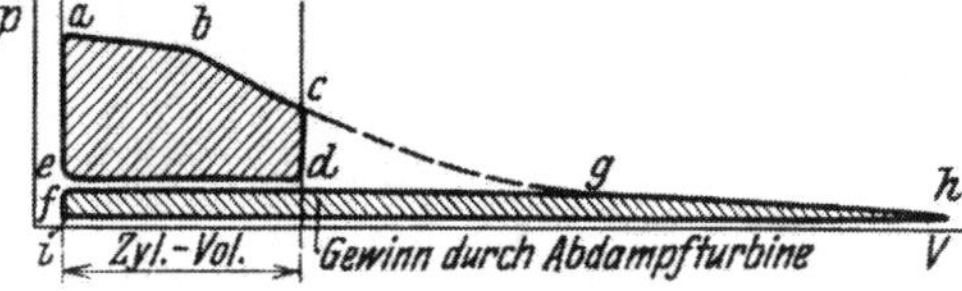

Abb. 525. Gewinn durch Abdampfturbine.

Baulich unterscheiden sich die Abdampfturbinen von den Frischdampfturbinen nur durch den fehlenden Hochdruckteil, im übrigen haben sie dieselbe Reglung und sind in gleicher Weise zu berechnen. Reine Abdampfturbinen werden aber nur angewendet, wenn stets genügend Abdampf verfügbar ist, was selten zutreffen wird.

B. Frischdampf-Abdampfturbinen (Zweidruck- oder Mischdruckturbinen).

1. Anordnung der Dampfführung.

Um nicht mit der Krafterzeugung von der schwankenden Abdampfmenge abhängig zu sein und auch bei vollständigem Ausbleiben des Abdampfes die Leistung zu erreichen, schaltet man der Abdampfturbine einen mit Frischdampf arbeitenden Hochdruckteil vor, so daß bei Ausbleiben des Abdampfes die ganze Leistung mit Frischdampf allein erreicht werden kann — reiner *Frischdampfbetrieb* —, bei genügend Abdampf aber der *HD*-Teil leer mitläuft — reiner *Abdampfbetrieb*. Meist wird aber ein Zwischenzustand vorliegen, die Abdampfmenge reicht nicht aus, es muß eine entsprechende Menge Frischdampf zugeführt werden — *Mischbetrieb* —; hierbei können folgende Anordnungen gewählt werden.

a) Der Dampf aus dem *HD*-Teil mischt sich mit dem Abdampf vor dem *ND*-Teil;

b) die erste *ND*-Stufe wird getrennt vom Frischdampf und vom Abdampf beaufschlagt;

c) die erste *ND*-Stufe wird nur vom Abdampf beaufschlagt, während der Dampf aus dem *HD*-Teil die erste Stufe umgeht und vor der zweiten Stufe mit dem Abdampf zusammentrifft;

d) ganz getrennte Führung des Frisch- und des Abdampfes in sogenannten Doppelendturbinen.

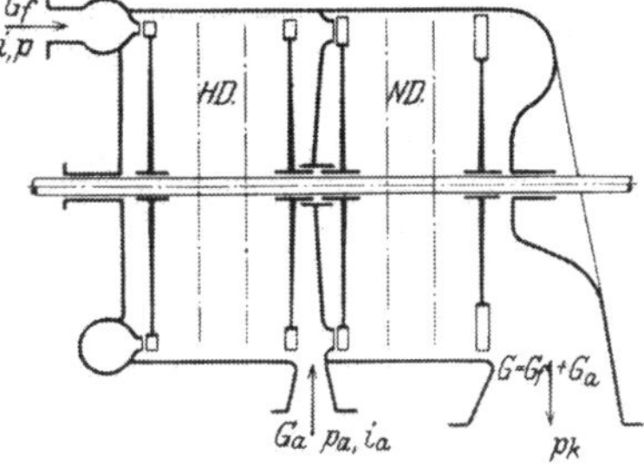

Abb. 526. Schema einer Zweidruckturbine.

In allen Fällen kann der *ND*-Teil mit Drossel- oder mit Mengenreglung ausgeführt werden.

a) Mischung des Dampfes aus dem *HD*-Teil mit dem Abdampf vor dem *ND*-Teil.

1. *Hochdruckteil mit Mengenreglung.* Es herrscht hierbei stets derselbe Anfangszustand vor dem *HD*-Teil; das Schema zeigt Abb. 526.

Der Hochdruckteil ist für die größte Leistung und reinen Frischdampfbetrieb mit der größten Frischdampfmenge $G_{f\,\max}$ zu berechnen, der Niederdruckteil

[1] Siehe Festschrift zum 70. Geburtstag von Prof. A. STODOLA (Auszug s. „Die Wärme" 1929, N. 38, S. 737).

für die größte Leistung mit der großen Abdampfmenge $G_{a\max}$ kg/h und, wenn diese nicht ausreicht, noch für eine zusätzliche Frischdampfmenge G_{fm} kg/h zu berechnen.

Die Leistung ist bei *reinem Frischdampfbetrieb*

$$632\, N_i = G_{f\max} H_f \tag{a}$$

und allgemein bei Mischbetrieb

$$632\, N_i = G_f H_{fm} + G_a H_a, \tag{b}$$

wenn H_f bzw. H_{fm} das ausgenutzte Gefälle des Frischdampfes und H_a dasjenige des Abdampfes. Für reinen Abdampfbetrieb würde $G_a = G_{a\max}$ und, wenn derselbe für die maximale Leistung ausreicht, $G_f = 0$ werden.

Um die Gefälle festzustellen, muß man sich den Zustandsverlauf vergegenwärtigen.

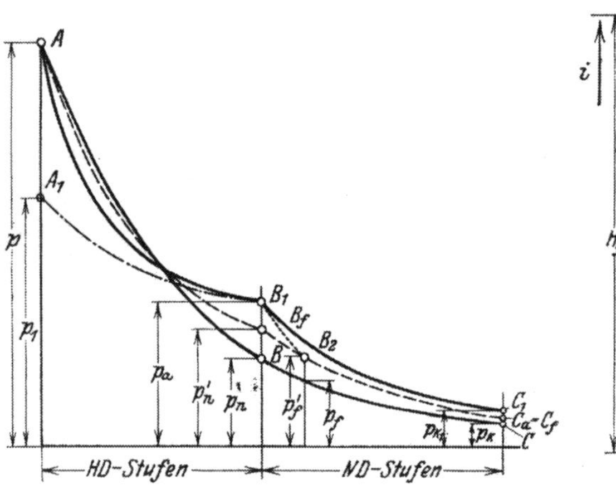

Abb. 527. Druckverlauf.

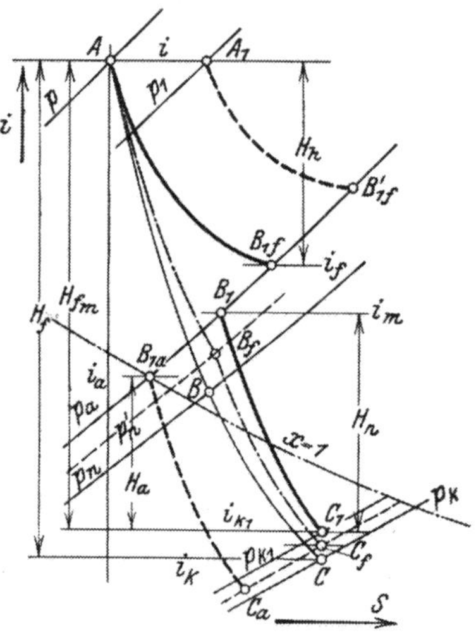

Abb. 528. Zustandsverlauf.

Trägt man den Druckverlauf über der Stufenzahl auf (Abb. 527), so ist A stets der Anfangspunkt und der Verlauf bei *reinem Frischdampfbetrieb* etwa nach ABC, vor dem *ND*-Teil mit dem noch unbekannten Druck p_n in B (der wegen der kleineren Dampfmenge im *ND*-Teil gegenüber Abdampfbetrieb kleiner sein wird als der Abdampfdruck p_a) und dem Kondensatordruck p_k. Im is-Diagramm (Abb. 528) ist ABC der entsprechende Zustandsverlauf und H_f das ausgenutzte Gefälle.

Bei *Mischbetrieb* mit der maximalen Abdampfmenge $G_{a\max}$ und der zusätzlichen Frischdampfmenge G_{fm} wird der Verlauf in Abb. 527 AB_1C_1 sein mit Ausnutzung des Abdampfdruckes p_a und auf den Kondensatordruck p_{k1} in C_1 führen, der wegen der größeren Dampfmenge etwas höher liegen wird als p_k bei Frischdampfbetrieb. Im is-Diagramm (Abb. 528) ist AB_{1f} der Verlauf im Hochdruckteil mit dem Endzustand in B_{1f} (infolge des schlechteren η_e wegen geringerer Dampfmenge höher als bei Frischdampfbetrieb). Ist B_{1a} der gegebene Anfangszustand des Abdampfes, so gilt für die Mischung die Wärmegleichung, mit den Bezeichungen der Abb. 528

$$G_{fm} i_f + G_{a\max} i_a = (G_{fm} + G_{a\max})\, i_m, \tag{c}$$

woraus i_m und der Zustand B_1 vor dem *ND*-Teil zu ermitteln ist[1]. Der Verlauf im *ND*-Teil ist dann B_1C_1.

Mit dem angeführten Gefällen und Dampfmengen im *HD*- und *ND*-Teil ist die Leistung

$$632\,N_i = G_{fm} H_h + (G_{fm} + G_{a\max}) H_n \tag{d}$$

oder nach Gl. (b)

$$632\,N_i = G_{fm} \cdot H_{fm} + G_{a\max} H_a. \tag{e}$$

Hierin ist $G_{a\max}$ gegeben, und auch H_a kann nach Schätzung von η_i (wegen des leerlaufenden *HD*-Teils schlechter als bei reinen Abdampfturbinen) ziemlich genau bestimmt werden. Um G_{fm} zu ermitteln, muß der Verlauf probeweise angenommen oder η_i geschätzt werden, was auf Grund von Erfahrungen gut möglich ist.

Wären die Wirkungsgrade und die Gefälle unabhängig von der Dampfmenge ($H_{fm} = H_f$), so wäre, da die Leistung sowohl durch reinen Frischdampf- als auch durch Abdampf- oder Mischbetrieb erreicht werden kann,

$$632\,N_i = G_{f\max} H_f = G_{a\max} H_a = G_f H_{fm} + G_a H_a.$$

Durch Division der Glieder der rechten Seite je durch die linke Seite bzw. Mitte der Gleichung folgt als Gesetz der Abhängigkeit der Dampfmengen

$$\frac{G_f}{G_{f\max}} + \frac{G_a}{G_{a\max}} = 1,$$

also die Gleichung einer Geraden, wie bei den Entnahmeturbinen, wenn man die Abdampfmengen als Abszissen, die Frischdampfmengen als Ordinaten aufträgt (Abb. 529). Es ist die Gesamtdampfmenge stets die Summe der Koordinaten $G = G_f + G_a$ für eine bestimmte Leistung; für andere Leistungen erhält man andre Gerade. Bei Veränderlichem η_i gilt die Geradlinigkeit nicht mehr genau, jedoch kann sie zur Orientierung angenommen werden.

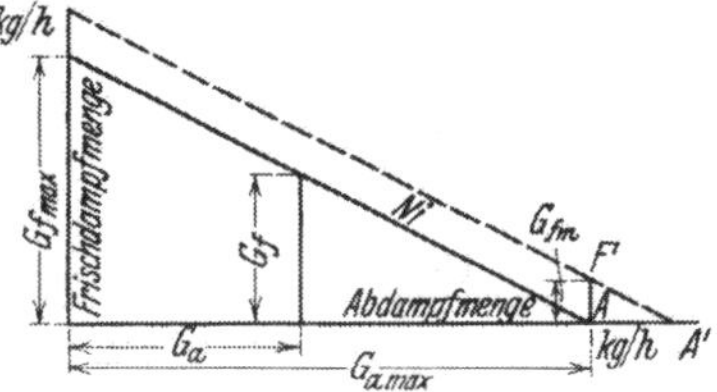

Abb. 529. Dampfmengen.

Diese Beziehung kann auch dazu dienen, bei Vollast und nicht ausreichendem Abdampf die noch erforderliche Frischdampfmenge G_{fm} zu ermitteln. Dazu bestimmt man diejenige Abdampfmenge, welche die volle Leistung ergeben würde (A', Abb. 528), und ferner die Dampfmenge $G_{f\max}$ bei reinem Frischdampfbetrieb und Vollast (in der Abbildung ist für diesen Fall $G_{f\max}$ größer angenommen, gestrichelte Linie), wofür der η_i in engen Grenzen geschätzt werden kann (etwas niedriger als bei Kondensationsturbinen wegen ungünstiger Gefälleverteilung im *ND*-Teil); nun hat man die Gerade $A'F'$ (Abb. 529) und für $G_{a\max}$ als Ordinate die gesuchte Dampfmenge G_{fm}.

Für die Gesamtdampfmenge $G_{a\max} + G_{fm}$ sind die Querschnitte des Niederdruckteils zu bemessen, s. unten.

Zunächst ist der *HD*-Teil zu berechnen, wozu der Druck p_n ermittelt werden muß; für diesen gilt nach Satz 1 S. 100

$$\frac{p_n}{p_a} = \frac{G_{f\max}}{G_{fm} + G_{a\max}}. \tag{f}$$

Mit dem hieraus bestimmten p_n kann aus dem *is*-Diagramm das adiabatische Gefälle des *HD*-Teils entnommen und derselbe durchgerechnet werden. Nun muß

[1] Reicht der Abdampf allein aus, so ist $G_{fm} = 0$, und der Verlauf ist einfach von B_{1a} wie bei einer reinen Abdampfturbine nach C_a.

der Zustandsverlauf im HD-Teil für G_{fm} kg/h (bei maximaler Abdampfmenge) bis auf den Druck p_a ermittelt werden, wodurch man den Zustand B_{1f} findet. Daraus kann nach Gl. (c) der Zustand B_1 gefunden werden und mit diesem als Anfangszustand ist der ND-Teil für die Dampfmenge $G_{fm} + G_{a\max}$ durchzurechnen und die Querschnitte zu bestimmen. Dabei muß Gl. (d) oder (e) erfüllt sein. Nunmehr kann auch der Verlauf BC im ND-Teil bei reinem Frischdampfbetrieb ermittelt werden, wobei Gl. (a) erfüllt sein muß.

2. *Drosselreglung* des Frischdampfes. Bei reinem Frischdampfbetrieb ändert sich der Verlauf gegenüber Mengenreglung bei maximaler Leistung nicht; bei Mischbetrieb sind die Vorgänge dieselben, wie bei der Drosselreglung (S. 282) erwähnt. Der gedrosselte Druck p_1 (Abb. 527 und 528) hängt von der Frischdampfmenge ab; nach Satz 1 S. 100 ist $p_1 : G_{f1} = p : G_{f\max}$ oder genauer nach dem Kegel der Dampfgewichte (S. 283). Da G_{f1} zunächst nicht bekannt ist, muß graphisch interpoliert werden, indem für einige Drücke p_1 (auf $i = \text{const}$) das Gefälle von p_1 auf p_a, der Zustand B_{1f} und aus Gl. (c) i_m' und aus Gl. (d) G_{f1} ermittelt wird; trägt man p_1/G_{f1} über p_1 auf, so kann man im Schnitt der gefundenen Kurve mit der Ordinate $p/G_{f\max}$ den zugehörigen Druck p_1 finden.

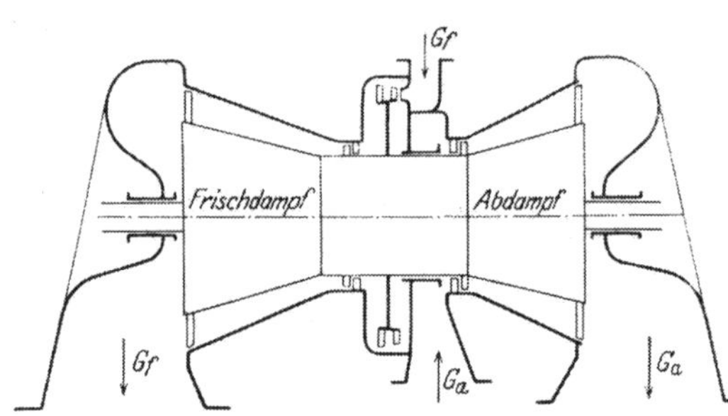

Abb. 530. Frischdampf-Abdampfturbine in Zweiflußanordnung.

b) Bei getrennter Beaufschlagung der I. *ND*-Stufe für Abdampf und Dampf aus dem HD-Teil wird wohl stets Mengenreglung des Abdampfes ausgeführt, wodurch der Druck $= p_a$ bleibt. Die beiden Dampfmengen werden sich auch nach der II. Stufe wenig mischen, jedoch müssen die Drücke gleich sein, während sie vor der 1. Stufe verschieden sein können, z. B. p_a in B_{1a} des Abdampfes und p_n in B_f (Abb. 527 und 528). Vor der II. ND-Stufe muß genügend Raum sein, damit bei reinem Frischdampf- oder Abdampfbetrieb der Dampf sich über die ganze Stufe verteilen kann. Der Verlauf für Frischdampf ist AB_fC_f und für Abdampf $B_{1a}C_a$. Daraus erhält man die Gefälle für Gl. (e); in Gl. (f) sind für p_n und p_a die Drücke p_f und p_f' (Abb. 527) zu setzen.

c) Bei Beaufschlagung der I. *ND*-Stufe nur durch Abdampf und Mischung vor der II. Stufe mit dem Druck p_m gilt hinter der I. Stufe dasselbe wie unter a) vor derselben; der Frischdampf expandiert im HD-Teil bis auf p_m, der Abdampf in der I. ND-Stufe von p_a auf p_m.

d) Vollständige Trennung von Frischdampf und Abdampf in Zweiflußanordnung (Abb. 530) gibt eine gute Lösung bei großen Dampfmengen, bei denen an sich geteilter ND-Teil in Frage käme. Da überhaupt keine Mischung eintritt, so ist die Berechnung wie für eine reine Abdampf- und eine reine Kondensationsturbine durchzuführen; es lassen sich die Dampfmengen G_f und G_a leicht ermitteln, da die Wirkungsgrade nur wenig kleiner sind als bei Abdampf- bzw. Kondensationsturbinen, denn bei reinem Frischdampfbetrieb läuft der Abdampfteil und bei reinem Abdampfbetrieb der Frischdampfteil im *Vakuum* leer mit (geringe Verluste durch Radreibung). Hierdurch entsteht wesentlich weniger Reibungswärme, wobei auch noch Kühlung durch den Undichtigkeitsdampf eintritt, während bei den anderen Ausführungen die Temperaturen im HD-Teil gefährlich hoch werden können.

2. Dampfverbrauch.

Der Dampfverbrauch für verschiedene Leistungen und Abdampfmengen läßt sich auf Grund des Gesetzes nach Abb. 529 wie folgt angeben. Nach Gl. (d)

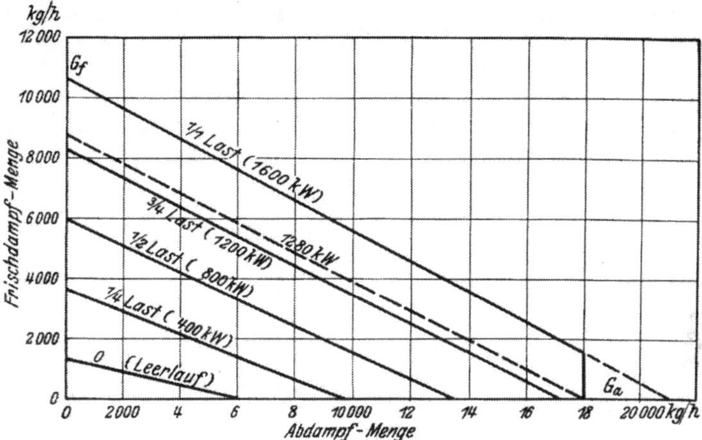

Abb. 531. Dampfverbrauch einer Zweidruckturbine.

ist für eine Leistung N_i allgemein (Abb. 528)

$$G_f H_h + (G_f + G_a) H_n = 632\, N_i$$

oder

$$G_f (H_h + H_n) + G_a H_n = 632\, N_i. \tag{g}$$

Hieraus ist die Frischdampfmenge bei gegebener Leistung als Abhängige der Abdampfmenge

$$G_f = \frac{632\, N_i}{H_h + H_n} - G_a \frac{H_n}{H_h + H_n}, \tag{h}$$

wobei $N_i = N_e + N_l = N_e : \eta_m$ ist.

Hiermit kann für verschiedene Belastungen, für die eine bestimmte Abdampfmenge nötig oder verfügbar ist, die erforderliche Frischdampfmenge G_f ermittelt werden. Nach Abb. 429 läßt sich der Dampfverbrauch wie in Abb. 531 angegeben darstellen, wenn man über den G_a-Werten die G_f für verschiedene Belastungen

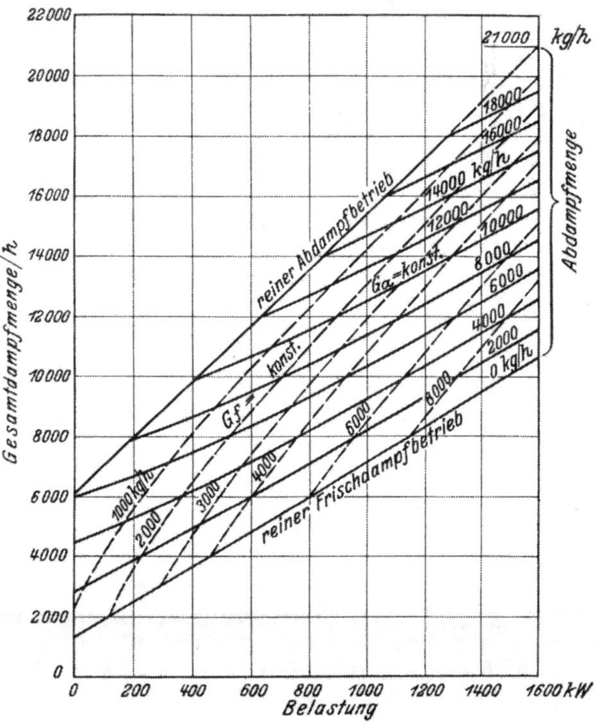

Abb. 532. Dampfverbrauch einer Zweidruckturbine.

aufträgt. Daraus lassen sich dann die Frischdampfmengen und die Gesamtdampfmengen bei verschiedenen verfügbaren Abdampfmengen entnehmen. Die Abbildung ist für eine Turbine von 1600 kW mit maximal 18000 kg/h Abdampf (womit sich bei reinem Abdampfbetrieb 1280 kW erreichen lassen) ermittelt; aus dieser Darstellung läßt sich noch der Dampfverbrauch in Abhängigkeit von der Leistung angeben, und zwar der Abdampf- und der Gesamtdampfverbrauch (Abb. 532), indem für verschiedene Leistungen G_a und $G_a + G_f$ aus Abb. 531 aufgetragen wird; ferner können für gleiche Werte von G_a die Kurven eingetragen werden und endlich auch die Kurven gleicher Menge G_f. Diese Darstellungen dienen auch zur Berechnung der Reglungen.

C. Reglung der Frischdampf-Abdampfturbinen.

1. Die Anforderungen.

Die Anforderungen an die Reglung sind ähnlich denen bei den Entnahmeturbinen; der Frischdampf- und die Abdampfzufuhr zur Turbine muß der im Speicher vorhandenen Abdampfmenge angepaßt werden. Dabei muß

1. bei zunehmender Belastung der Abdampf ausgenutzt, und erst wenn dieser nicht ausreicht, Frischdampf zugeführt werden; bei sinkender Belastung muß zuerst die Frischdampfzufuhr, und erst wenn diese ganz geschlossen ist, die Abdampfzufuhr verringert werden. Bei Belastungsänderungen werden demnach vom Drehzahlregler beide Ventile im gleichen Sinne betätigt, jedoch nacheinander.

2. Bei unveränderter Belastung muß bei zunehmender Abdampfmenge der Druckregler das Abdampfventil mehr öffnen, das Frischdampfventil mehr schließen; bei abnehmender Abdampfmenge umgekehrt. Die Ventile sind also im entgegengesetzten Sinne zu betätigen. Endlich soll beim Übergang vom Frischdampf- oder Abdampfbetrieb auf Mischbetrieb die Drehzahl möglichst wenig geändert werden. Der Druckregler muß auch das Leersaugen des Speichers verhindern.

Diese Anforderungen können erfüllt werden durch ein Kraftgetriebe, bei dem der Kraftkolben durch einen Waagebalken beide Ventile betätigt, jedoch so, daß das Frischdampfventil durch eine Feder bei Schließbewegung früher geschlossen wird als das durch eine Feder entlastete Abdampfventil, bei einer Öffnungsbewegung aber anfangs zugehalten wird und erst wenn das letztere der vorhandenen Abdampfmenge entsprechend geöffnet hat, anfängt zu öffnen. Da das Abdampfventil der vorhandenen Dampfmenge entsprechend öffnen muß, so muß dieses vom *Druckregler* oder bei Glockenspeichern in Abhängigkeit von der Glockenstellung eingestellt werden, wobei bei sinkendem Druck oder tiefster Glockenlage das Abdampfventil ganz geschlossen und zugleich das Frischdampfventil geöffnet wird. Auch hierzu ist ein Kraftgetriebe erforderlich. Der Grundgedanke mit Druckregler ist in dem Schema Abb. 533 durchgeführt.

Der Servomotorkolben K wird in bekannter Weise vom Drehzahlregler mittels des Steuerschiebers S verstellt und wirkt auf den Hebel H (Waagebalken), der an den Spindeln des Frischdampfventils F und des Abdampfventils A angreift; das Frischdampfventil ist durch eine Feder belastet, das Abdampfventil in gleicher Weise entlastet. Dadurch wird bei genügendem Abdampfdruck und zunehmender Belastung a Festpunkt für H, und das Abdampfventil A wird durch den Kraftkolben K gehoben, bis sich Punkt b gegen den Anschlag legt und bei weiterem Hub von K nun auch das Frischdampfventil gegen den Federdruck gehoben wird. Die Stellung des Anschlages wird durch den Druckregler D beeinflußt, über dessen federbelasteten Kolben K_1 der Abdampfdruck wirkt; sinkt dieser, so verstellt die Feder unter dem Kolben K_1 den Steuerschieber S_1 nach oben, Drucköl gelangt über K_2 und verstellt den Anschlag nach unten (dadurch Rückführung),

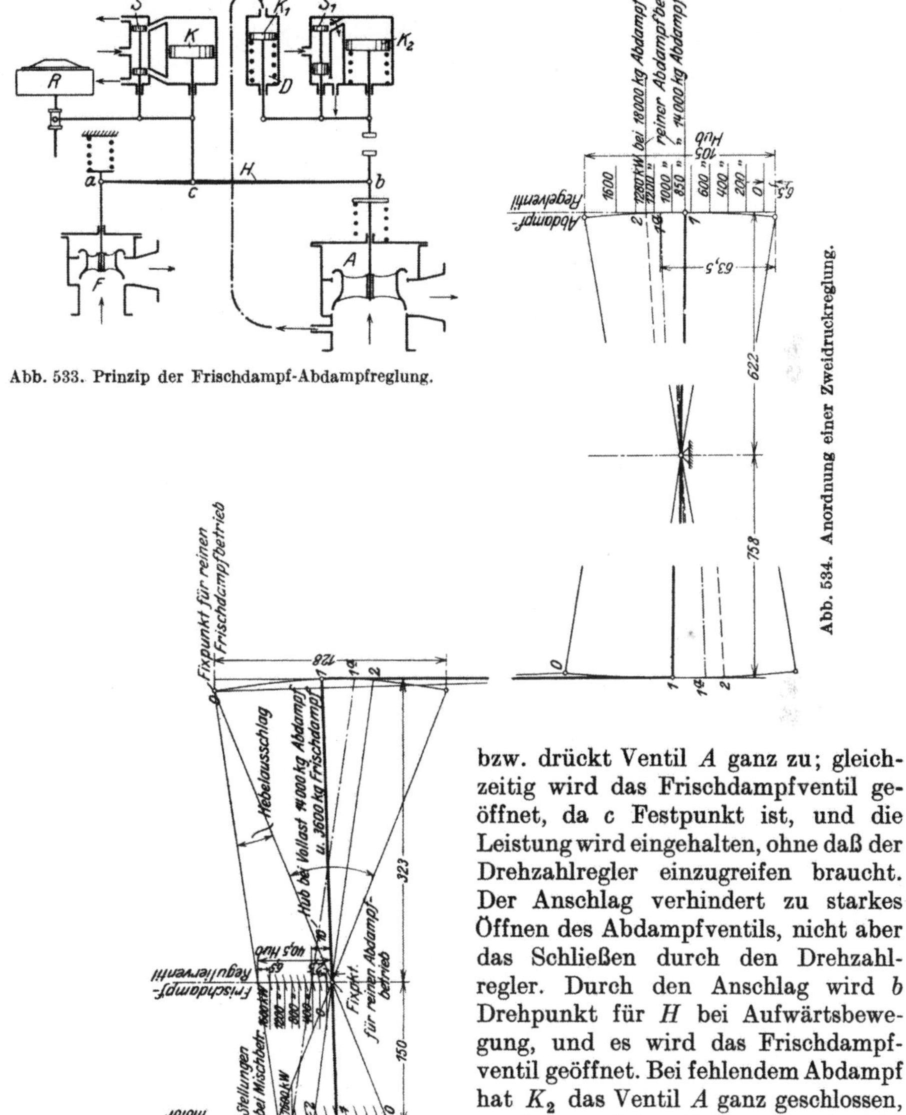

Abb. 533. Prinzip der Frischdampf-Abdampfreglung.

Abb. 534. Anordnung einer Zweidruckreglung.

bzw. drückt Ventil A ganz zu; gleichzeitig wird das Frischdampfventil geöffnet, da c Festpunkt ist, und die Leistung wird eingehalten, ohne daß der Drehzahlregler einzugreifen braucht. Der Anschlag verhindert zu starkes Öffnen des Abdampfventils, nicht aber das Schließen durch den Drehzahlregler. Durch den Anschlag wird b Drehpunkt für H bei Aufwärtsbewegung, und es wird das Frischdampfventil geöffnet. Bei fehlendem Abdampf hat K_2 das Ventil A ganz geschlossen, es wird nur F betätigt — reiner Frischdampfbetrieb —; bei ausreichendem Abdampf ist hingegen F geschlossen, es wird nur A betätigt — reiner Abdampfbetrieb —. Damit sind die Forderungen erfüllt.

Nach diesem Grundgedanken können die Reglungen in mannigfaltigster Weise durchgebildet werden, wobei Abarten möglich sind und auch hydraulische Steuerung angewendet wird.

Vor dem Abdampfregelventil muß ein Absperrventil angeordnet sein, das unter Einfluß des Sicherheitsreglers steht, um Durchgehen durch Abdampf zu verhüten.

Die Hübe der Regelventile müssen natürlich bei verschiedenen Belastungen und Abdampfmengen in einem bestimmten Zusammenhang stehen, entsprechend den erforderlichen Ventilquerschnitten, um bei Frischdampf- und bei Abdampfbetrieb die gleiche Servomotorstellung, also gleiche Drehzahl bei derselben Belastung zu erhalten. Bei Mischbetrieb wird eine kleine Drehzahländerung eintreten müssen.

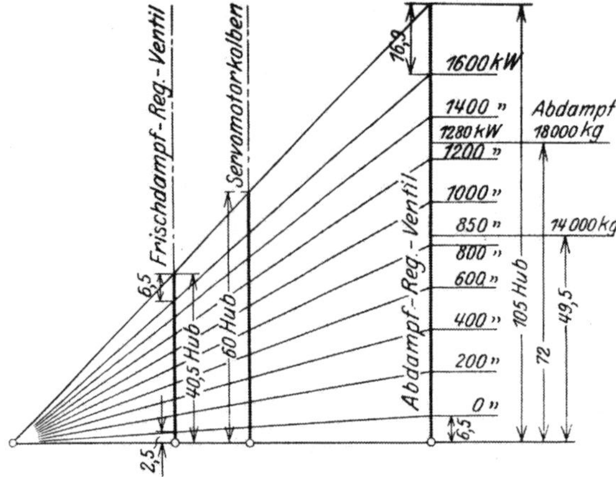

Abb. 535. Ventilhubdiagramm.

Zuerst müssen die konstruktiven Verhältnisse (Abstände der Ventile und ähnliches) und die größten Ventilhübe festgelegt werden, wie z. B. in Abb. 534[1], woraus sich der Servomotorhub und die Ventilstellungen für Frischdampf- und für Abdampfbetrieb ergeben. In einem vereinfachten Ventilhubdiagramm (Abb. 535) kann nach Annahme des Hubes für Leerlauf und eines Überhubes der Hub in gleiche Intervalle für 0 bis Volllast eingeteilt werden, woraus sich die Zusammenhänge zwischen Ventilhüben und Servomotorhub ergeben, die in Abb. 534 eingetragen werden. Mit den Dampfmengen nach Abb. 531 oder 532 können nun die Ventilquerschnitte, wie bei der Drosselreglung (S. 284, Abb. 328) erwähnt, berechnet und die Form der Drosselkegel ermittelt werden (Abb. 536).

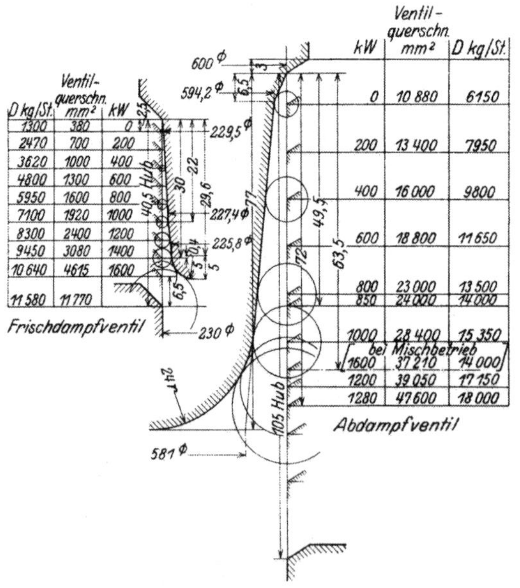

Abb. 536. Drosselkegel.

Bei reinem Abdampfbetrieb wird der Drehzahlregler den Abdampf etwas drosseln, bei Mischbetrieb aber das Abdampfventil so weit geöffnet sein, wie es der Druckregler zuläßt, so daß bei gleichen Leistungen die Querschnitte und die Hübe des Abdampfventils bei Mischbetrieb etwas größer sein werden als bei Abdampfbetrieb. Zum Beispiel ist bei 14000 kg/h bei reinem Abdampfbetrieb (850 kW) der Ventilhub 49,5 mm, bei

[1] Berechnet für 1600 kW bei max. 18000 kg/h Abdampf (vgl. Abb. 531 und 532).

derselben Abdampfmenge bei Mischbetrieb 63,5 mm (Vollast mit 3600 kg/h Frischdampf, wobei der Hub des Frischdampfventils 10 mm beträgt, aus der Darstellung nach Abb. 328 für die Dampfmenge). Einen besseren Überblick gibt das vereinfachte Steuerungsschema nach Abb. 537.

Bei Düsenreglung sind die Ventilberechnungen für die Dampfmengen sinngemäß ähnlich S. 292 durchzuführen.

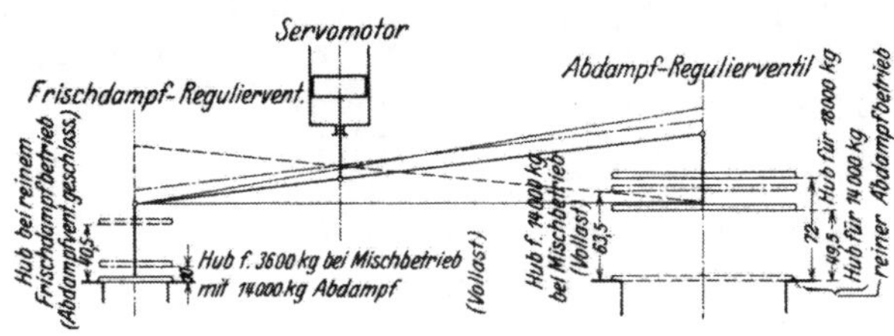

Abb. 537. Vereinfachtes Steuerschema.

2. Ausführungen von Zweidruckreglungen.

Die Zweidruckreglung nach Rateau zeigt Abb. 538.

Bei gleichbleibender Abdampfmenge verstellt der Drehzahlregler bei Belastungsänderung den Kraftkolben K_1 und durch Hebel H, Stangen ED, CD und Winkelhebel EFG, ABC das Frischdampfventil V_f und das Abdampfventil V_a im gleichen Sinne: bei zunehmender Belastung, also Steigen von K_1, wird H gesenkt und, da die Feder L entlastet wird, erst V_a gehoben bis zur Hubbegrenzung durch den Kolben K_2 und dann erst das Ventil V_f öffnen.

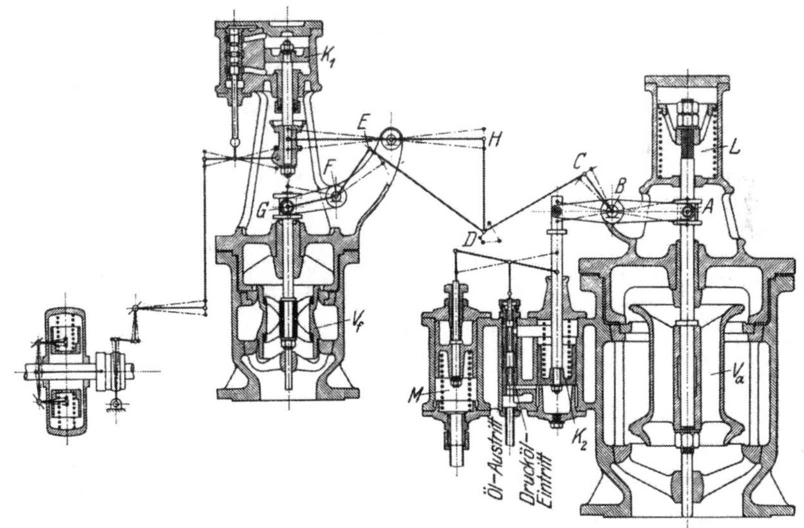

Abb. 538. Zweidruckreglung (Rateau).

Bei gleichbleibender Belastung ist H Festpunkt, der Druckregler M verstellt durch den Kraftkolben K_2 den Winkelhebel ABC und durch die Stangen CD, DE und Hebel EFG das Ventil V_f in entgegengesetztem Sinne. Sinkt z. B. der Abdampfdruck, so geht M nach unten Öl tritt unter K_2, schließt V_a und öffnet V_f.

Das Schema der Zweidruckreglung der WUMAG zeigt Abb. 539; der Servomotorkolben K_1 wirkt durch den Hebel II auf das Frischdampfventil F und das Abdampfventil A ein, während der Druckregler D die Hubbegrenzung bzw. das Schließen des Abdampfventils durch Kraftkolben K_2 bewirkt, der durch Hebel II auch Ventil F betätigen kann.

Der Drehzahlregler R verstellt mittels Steuerschieber S_1 durch Drucköl den Servomotorkolben K_1, der am Doppelhebel II angreift, welcher die Ventile in gleichem Sinne zu bewegen versucht. Ist genügend Abdampf vorhanden, so bewirkt der Druckregler D das Steigen des

Kolbens K_2, das Abdampfventil A kann nach oben bewegt werden, das Frischdampfventil F wird durch die Feder f geschlossen — reiner Abdampfbetrieb — (Abb. 539a); der Regler R betätigt nur das Abdampfventil, da a Festpunkt ist. Ist A ganz offen bzw. stößt die Spindel in L an die Kolbenspindel, so wird bei weiterer Aufwärtsbewegung von K_1 das Frischdampfventil entgegen dem Federdruck geöffnet — Mischbetrieb —. Wird hingegen der Abdampfdruck zu gering, so verstellt die Feder des Druckreglers D den Kolben K_2 nach unten, A wird geschlossen, c wird Drehpunkt für II, und K_1 betätigt nur F — reiner Frischdampfbetrieb — (Abb. 539b).

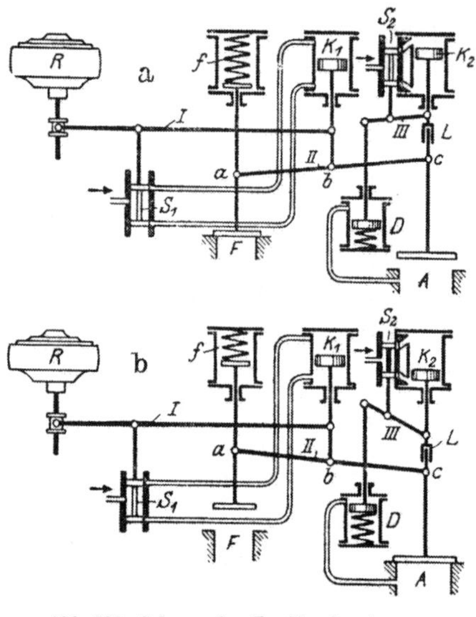

Abb. 539. Schema des Zweidruckreglers der WUMAG.

Bei Glockenspeichern führt die WUMAG eine Fernsteuerung nach Schema Abb. 540 aus, bei der neben der normalen Frischdampfreglung das Abdampfregelventil A durch den von der Stellung der Speicherglocke beeinflußten Druckregler D beherrscht wird.

Die Druckölleitung der zweiten Regelölpumpe führt zum Druckregler D über dessen Kolben K_3 und zu dem Fernsteuerventil V_f an der Speicherglocke; bei hoher Glockenlage ist das Ventil V_f durch das Gewicht G ganz geschlossen, über K_3 herrscht der volle Öldruck, wodurch K_3 nach unten geht und mittels des Steuerschiebers S_2 den Kraftkolben K_2 hebt und Regelventil A voll öffnet — reiner Abdampfbetrieb —, solange der Abdampf ausreicht, andernfalls wird durch den Drehzahlregler Frischdampf zugesetzt. Bei tiefer Glokkenstellung öffnet der Anschlag das Ölventil V_f und läßt Öl ablaufen, wodurch der Druck über K_3 sinkt und Ventil A mehr schließt, wobei wieder die fehlende Leistung durch Frischdampfzufuhr vom Drehzahlregler aufgebracht wird — Mischbetrieb —. Ist die Speicherglocke in ihrer tiefsten Lage angelangt, so ist V_f ganz geöffnet und das Abdampfregelventil ganz geschlossen — reiner Frischdampfbetrieb —. Das Abdampfabsperrventil wird durch den Lageröldruck offen gehalten und bei Auslösen des Sicherheitsreglers, der den Umschaltschieber U_2 so verstellt, daß das Öl unter K_4 ablaufen kann, durch den Federdruck geschlossen.

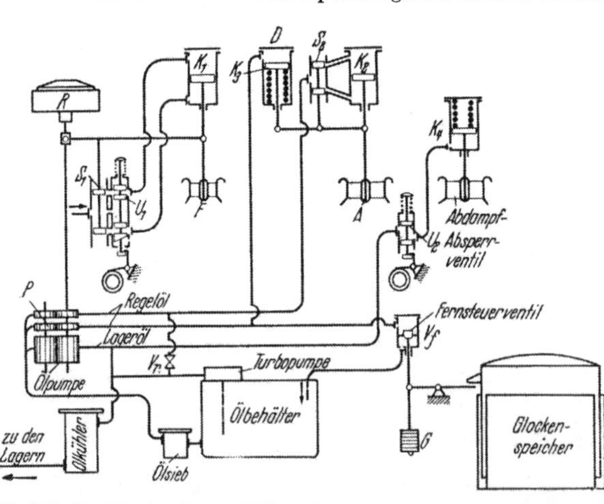

Abb. 540. Zweidruckreglung mit Fernsteuerung (Schema) der WUMAG.

Bei der Zweidruckreglung der AEG, deren Schema Abb. 541 veranschaulicht, werden für Hochdruck- und Niederdruckreglung Gruppenventile, die wie S. 314 beschrieben, durch Drehservomotor und Nockenwelle betätigt werden und unter Einfluß des Druckreglers D und des Drehzahlreglers R stehen.

Bei reinem Frischdampfbetrieb steht Punkt 4 am tiefsten, da ihn der Druckreglerkolben K bei geringer Dampfmenge nach unten zieht, und ist dann Fixpunkt für Hebel H; bei reinem Abdampfbetrieb wird 4 nach oben gedrückt und 3 gesenkt, da 2 zunächst Drehpunkt für H

ist. Dadurch werden die Frischdampfventile geschlossen, und *3* bildet dann den Drehpunkt für *H* bei Belastungsänderungen. Reicht der Abdampf allein nicht aus, so nimmt der Druckregler eine mittlere Lage ein, und der Regler *R* verstellt beide Reglungen, die Abdampfreglung aber nur in den Grenzen des Schlitzes in der Spindel des Druckreglers, also in Abhängigkeit vom Speicherdruck.

Die Reglung der Zweidruckturbinen von BBC ist, wie die normale, eine Öldrucksteuerung, die ähnlich der Entnahmesteuerung wirkt; eine Ausführung bei Kesselspeichern zeigt Abb. 542. Der Drehzahlregler beeinflußt den Druck des von der Pumpe *Z* geförderten Öles in der S. 313 beschriebenen Weise; das Öl tritt unter die Kolben K_1 und K_2 des Frischdampf- bzw. des Abdampfventils (der *HD*-Teil hat Düsenreglung) und läuft bei b_2 durch eine eingestellte Öffnung ab; wegen der geringeren Federspannung wird K_2 früher angehoben als K_1. Der Druckregler *d*, auf dessen Membran durch *e* der Abdampfdruck wirkt, verstellt den Durchfluß im Ölregelventil *C*, so daß bei abnehmendem Druck *C* mehr schließt; dadurch fällt der Druck unter K_2, das Abdampfventil schließt mehr, und steigt unter K_1, das Frischdampfventil öffnet mehr.

Der Regelvorgang ist folgender:

1. Reiner Abdampfbetrieb; bei genügend Abdampf ist Ölventil voll offen und beeinflußt den Öldruck unter K_2 nicht, das Frischdampfventil ist wegen der stärkeren Feder geschlossen, der Drehzahlregler beherrscht das Abdampfventil.

2. Reiner Frischdampfbetrieb; bleibt der Abdampf aus, so schließt der Druckregler Ventil *C*, der Druck unter K_2 sinkt, das Abdampfventil schließt ganz, der Drehzahlregler beeinflußt das Frischdampfventil in bekannter Weise.

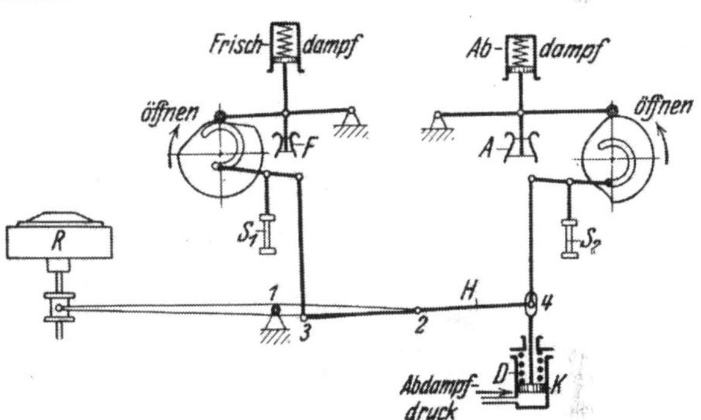

Abb. 541. Schema der Zweidruckreglung der AEG.

3. Mischbetrieb. Sinkt die Abdampfmenge und damit der Druck, so drosselt *C* den Öldurchfluß, der Druck unter K_2 sinkt, das Abdampfventil schließt mehr, gleichzeitig steigt der Druck unter K_1, das Frischdampfventil öffnet mehr, ohne Drehzahländerung.

Bei Glockenspeichern muß Ölventil *C* von der Stellung der Glocke abhängig gemacht werden, derart, daß bei genügend Abdampf, also hoher Glockenstellung, das Abdampfventil unbeeinflußt bleibt, bei tiefer Stellung aber geschlossen wird. Hierzu verwenden BBC eine Fernsteuerung, wie sie Abb. 543 im Schema darstellt.

Neben dem Speicher befindet sich das Umsteuerventil *M*, das durch Gestänge von der Speicherglocke den Öldurchfluß von der Pumpe *Z* durch Leitung *L* nach der Leitung *N* zum Druckregler *D* beherrscht und den Druck unter dem Kolben desselben einstellt, wodurch das Ölventil *C* in derselben Weise betätigt wird wie bei Änderung des Dampfdruckes. Sinkt die Glocke in die tiefste Stellung (gestrichelte Hebelstellung), so wird das Abdampfventil allmählich ganz geschlossen, wodurch Leersaugen des Speichers vermieden wird. Das Gewicht *G* hält das Gestänge bei hochstehender Glocke in Ruhe, so daß Ventil *M* voll offen ist.

Die Zweidruckreglung der GHH ist ebenfalls eine Öldrucksteuerung (Schema in Abb. 544), bei welcher der Impulsöldruck der Leitung *9* von dem Regler auf die bereits auf S. 332, Abb. 392, beschriebene Weise und von der Ablaufsteuerung *C* (Abb. 545) beeinflußt wird. Diese Ablaufsteuerung besteht aus einem Schlitzschieber *D*, der die Bewegungen des Abdampfventils mitmacht und zwei Büchsen, zwischen denen der Spalt *a* eingestellt wird. Ein Öffnen des Abdampfventils hat damit ein Absinken des Impulsöldruckes zur Folge.

Der durch den Drehzahlregler und Ablaufsteuerung C veränderliche Impulsöldruck wirkt gleichzeitig auf das Frischdampfsteuerwerk A und auf das Abdampfsteuerwerk B ein.

Im Frischdampfsteuerwerk A nach Abb. 392 werden die Frischdampfventile, wie S. 330 beschrieben, durch ein gemeinsames Servomotorsteuerwerk über einen Hebel nacheinander betätigt.

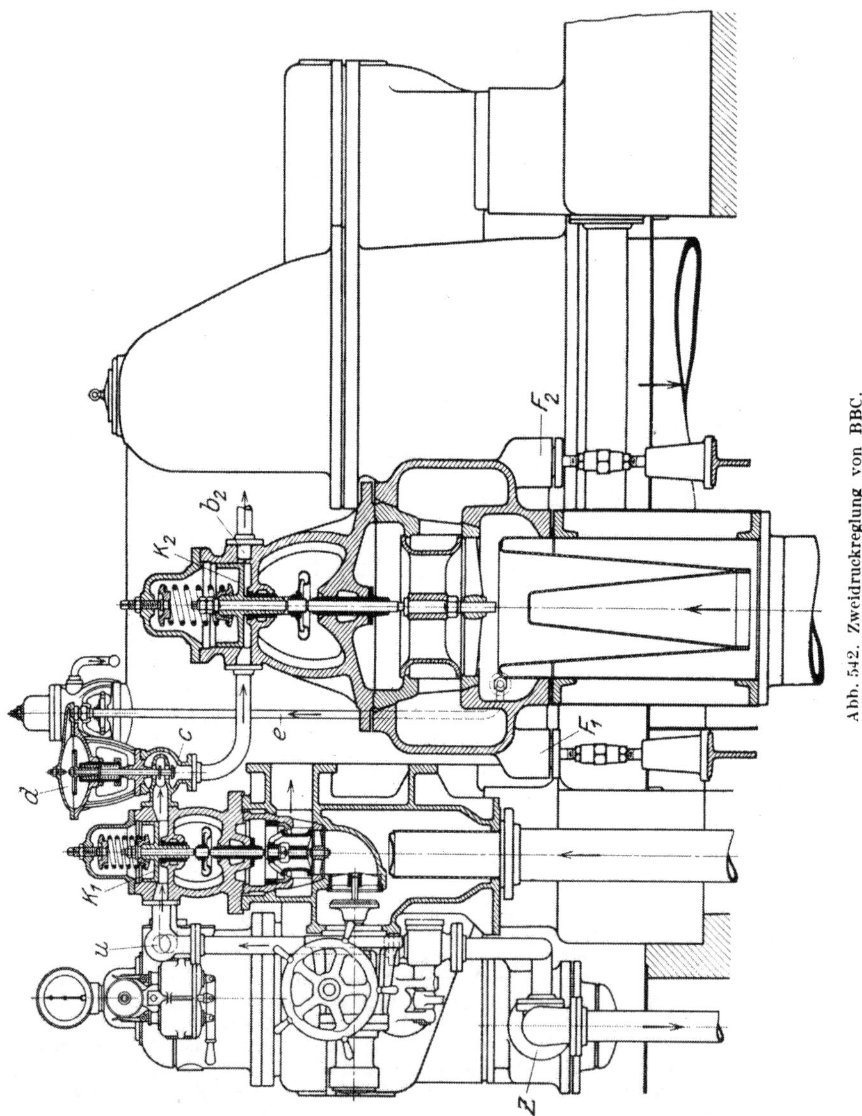

Abb. 542. Zweidruckregelung von BBC.

Wird die Anlage im reinen Frischdampfbetrieb gefahren, so erfolgt die Einstellung des Impulsöldruckes in der Leitung *9* nur durch den Regelschieber S (Abb. 392). Dieser bewirkt am Frischdampfsteuerwerk das Öffnen oder Schließen der Regelventile, entsprechend der auftretenden Belastung, während das Abdampfventil geschlossen bleibt.

Wird die Anlage im reinen Abdampfbetrieb gefahren, so bleiben die Frischdampfventile geschlossen, weil durch die Ablaufsteuerung im Zweidrucksteuerwerk der Impulsöldruck so niedrig gehalten wird, daß das Frischdampfsteuerwerk nicht anspricht. Es arbeitet dann nur das Abdampfsteuerwerk *B*. Der Druck des Abdampfes wirkt dort auf den Membrankolben *F* und bewirkt über den Hebel *H* den Steuerschieber *J* und den Kraftkolben *E* mit Hilfe von Drucköl aus der Leitung *K* das Öffnen des Abdampfventiles. Da jedoch der Abdampfdruck über dem Membrankolben *F* von der Belastung der Turbine unabhängig ist, würde auch bei kleineren Belastungen als der vollen Abdampfleistung das Abdampfventil voll geöffnet werden und damit die Drehzahl übermäßig ansteigen. Der notwendigen leistungsabhängigen Begrenzung der Ventilöffnung dient der Membrankolben *G* und der Bolzen *N*, deren Kraftwirkung nach oben von dem durch Regelschieber *S* und Ablaufschieber *D* gegebenen Impulsöldruck gesteuert wird. Bei Anstieg dieses Druckes auf den dem Leistungsanteil des voll ausgesteuerten Abdampfventiles entsprechenden Betrag wird die blockierende Wirkung auf das Steuerwerk aufgehoben.

Steigt mit wachsender Belastung der Turbine der Impulsdruck über diesen Wert, so spricht das Frischdampfsteuerwerk an und es öffnen auch die Frischdampfventile.

Sinkt während dieses Zweidruckbetriebes der Abdampfdruck, so schließt das Abdampfventil um einen bestimmten Betrag und erhöht durch die Ablaufsteuerung *C* den Impulsöldruck. Diese Druckerhöhung bewirkt ein weiteres Öffnen der Frischdampfventile. Die Betätigung des Abdampfventiles durch den Abdampfimpuls erfolgt dabei in derselben Weise wie die Betätigung des Frischdampfsteuerwerkes durch den Impulsöldruck.

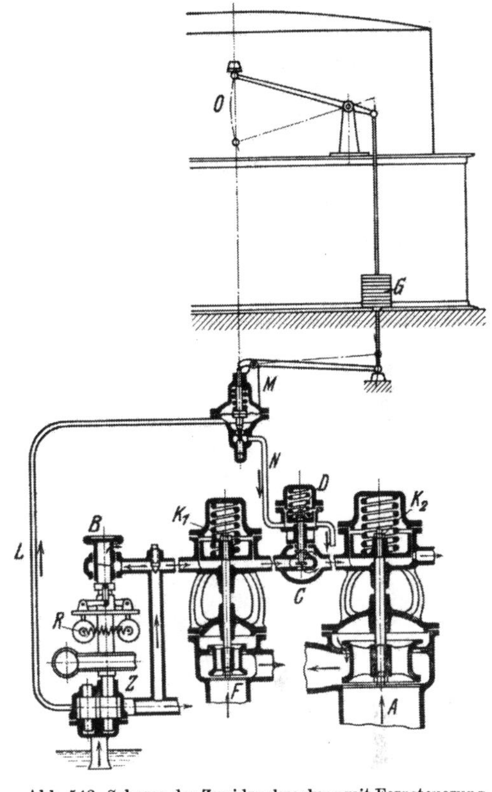

Abb. 543. Schema der Zweidruckreglung mit Fernsteuerung von BBC.

D. Ausführungen von Zweidruckturbinen.

In der Bauart unterscheiden sich die Frischdampf-Abdampfturbinen nur durch die Abdampfzufuhr vor dem *ND*-Teil von den Frischdampfturbinen. Wegen der veränderlichen Dampfzustände wird man im allgemeinen wenige Stufen ausführen.

Eine Zweidruck-Kondensationsturbine der GHH mit 13 atü, 340° C Frischdampf und 1,5 ata Abdampf, 94,5% Vakuum zeigt Abb. 546.

IV. Abdampf- und Wärmespeicher.

Wie erwähnt, muß der Abdampf der intermittierend arbeitenden Kolbenmaschinen in einem Speicher gesammelt werden, um der Turbine in kontinuierlichem Strom zugeführt werden zu können. Vor Eintritt in den Speicher muß der Abdampf sorgfältig entölt werden, wozu besondere Ölabscheider verschiedener Bauart dienen. Es kommen drei Arten von Abdampfspeichern in Betracht: 1. Wärmespeicher mit Wasserfüllung, 2. Glocken- (Gleichdruck-) Speicher und 3. Kessel- (Raum-) Speicher.

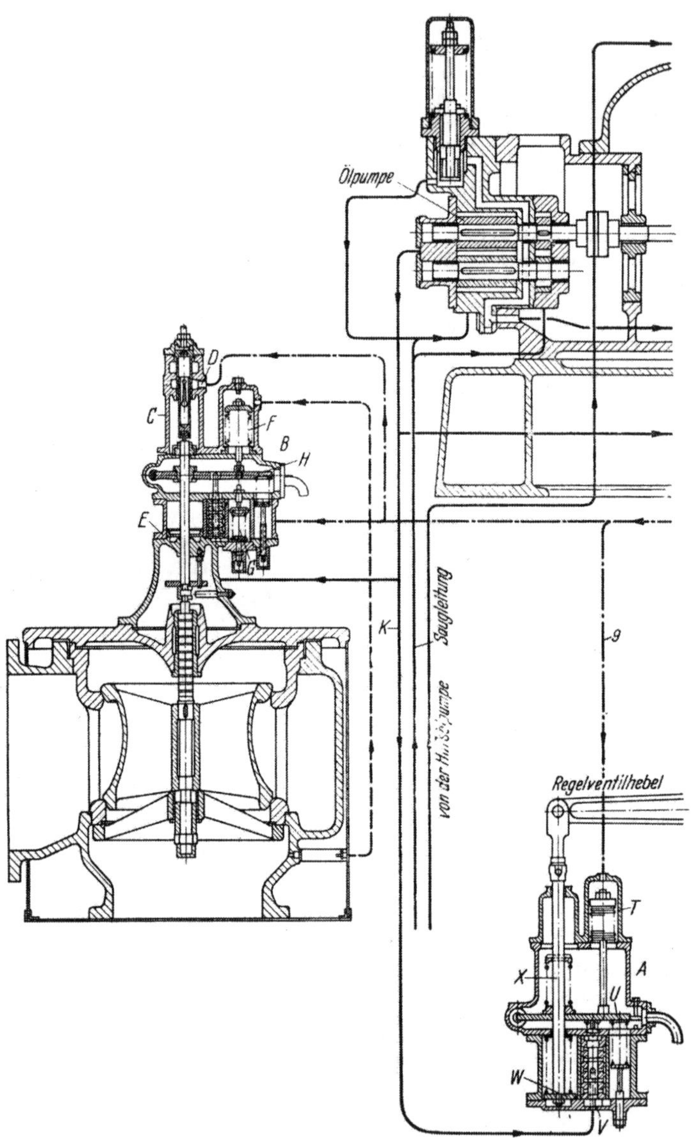

Abb. 544. Schema der Steuerung der Zweidruckturbinen von GHH.

1. Wärmespeicher mit Wasserfüllung.

Nach Rateau wirken sie durch Niederschlagen des Dampfes und Wiederverdampfen in bzw. aus der Wasserfüllung des Speichers, mit welcher der Dampf

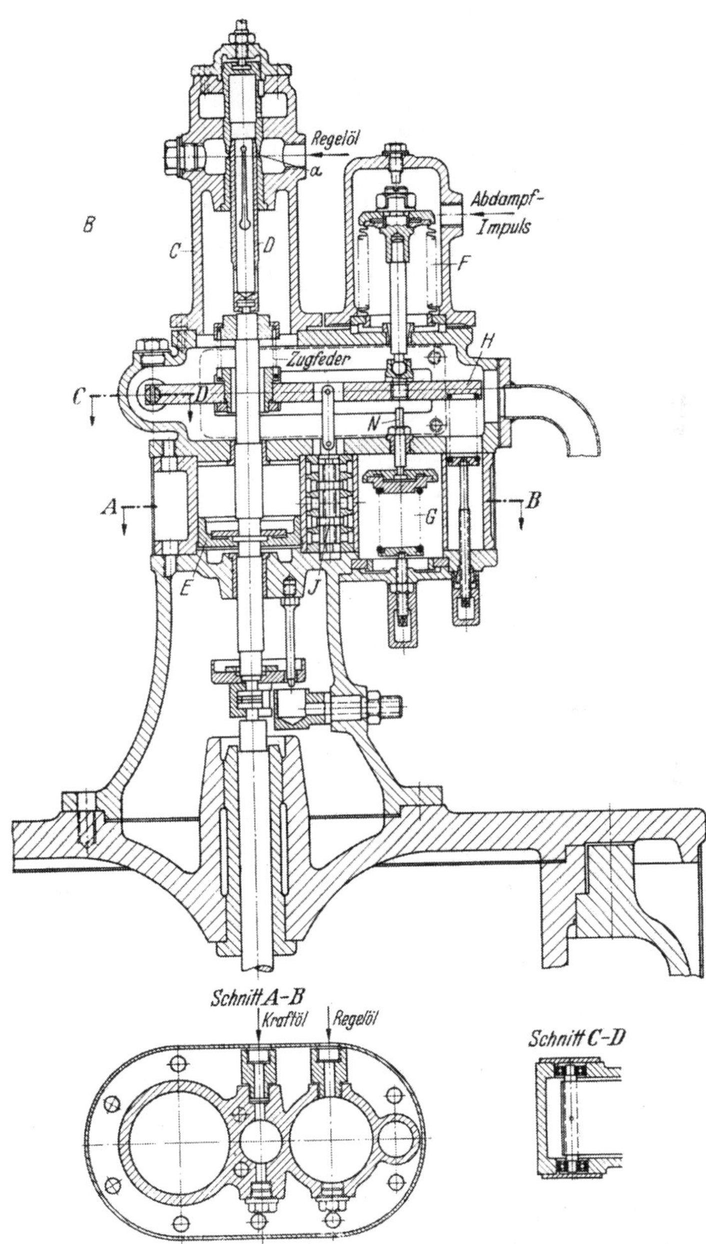

Abb. 545. Abdampfsteuerung zu Abb. 544.

möglichst innig gemischt wird, wobei er seine Verdampfungswärme r abgibt. Dadurch steigt bei Dampfüberschuß die Temperatur und der Druck im Speicher. Bei geringem Druckabfall infolge einer die Zufuhr übersteigenden Entnahme tritt

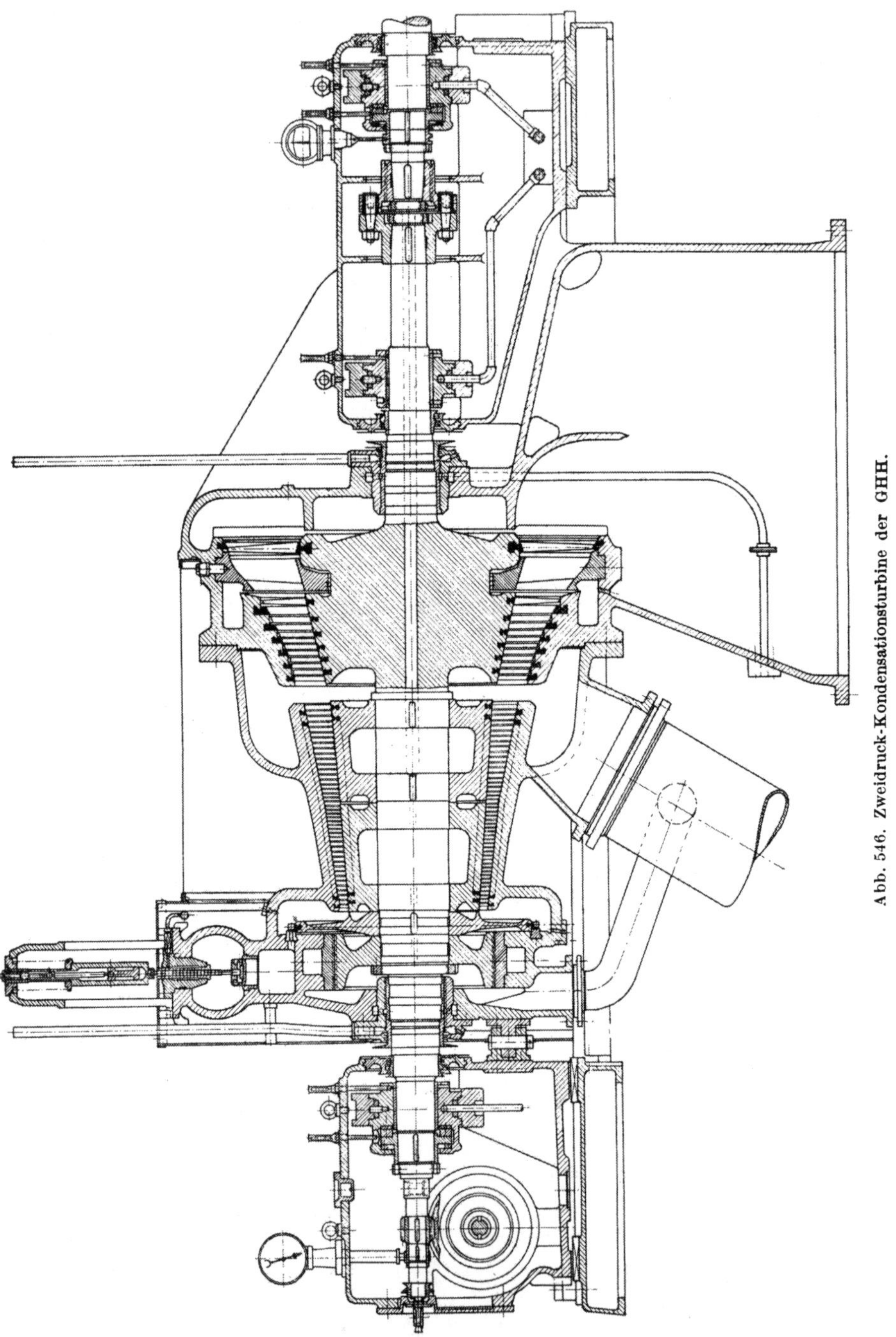

Abb. 546. Zweidruck-Kondensationsturbine der GHH.

Verdampfung ein, bis im Wasser die dem Druck entsprechende Temperatur erreicht ist. Zwecks schnellerer Verdampfung werden Vorrichtungen zum Wasserumlauf angebracht oder das Wasser in eine große Anzahl flacher Gefäße gefüllt, die vom Dampf umspült werden.

Die erforderliche Wasserfüllung W kg oder, falls diese gegeben, der Druckabfall kann aus der in einer bestimmten Zeit niederzuschlagenden Dampfmenge ermittelt werden.

Werden im Laufe von z_1 Sekunden dem Speicher G_1 kg/sek Dampf zugeführt, hört dann die Zufuhr während z_2 Sekunden auf und werden dauernd G_2 kg/sek entnommen, so ist

$$G_1 z_1 = G_2 (z_1 + z_2)\,, \qquad (1)$$

woraus G_2 als die für die Turbine verfügbare Dampfmenge ermittelt werden kann. Nimmt man näherungsweise eine mittlere Verdampfungswärme r_m kcal/kg an und ist die Zunahme der Flüssigkeitswärme $i_2' - i_1'$, die gleich der Temperaturdifferenz $t_2 - t_1$ gesetzt werden kann, so ist nach z_1 Sekunden

$$r_m (G_1 - G_2) = W (i_2' - i_1') = W (t_2 - t_1)\,, \qquad (2)$$

woraus bei einer vorgeschriebenen Druckzunahme (entsprechend der Temperaturzunahme) der Wasserinhalt des Speichers oder bei gegebenem Wasserinhalt der eintretende Druckunterschied bestimmt werden kann.

Der wirkliche Temperaturunterschied ist bei einem praktisch zugelassenen Druckunterschied von 0,2 at 4° C (theoretisch 5° C).

Einen Wärmespeicher der erwähnten Art von der A.G. Balcke zeigt Abb. 547; er besteht aus einem Kessel, der durch eine waagerechte Zwischenwand in zwei Räume geteilt ist, denen der Dampf durch gelochte Rohre zugeführt wird, wodurch das Wasser in Wallung gerät und sich mit dem Dampf gut mischt. Der Abdampfdruck beträgt 0,05 bis 0,1 atü. Die gleiche Höhe des Wasserspiegels bewirkt im unteren Teil ein Schwimmerventil, im oberen ein oder mehrere Überlaufrohre.

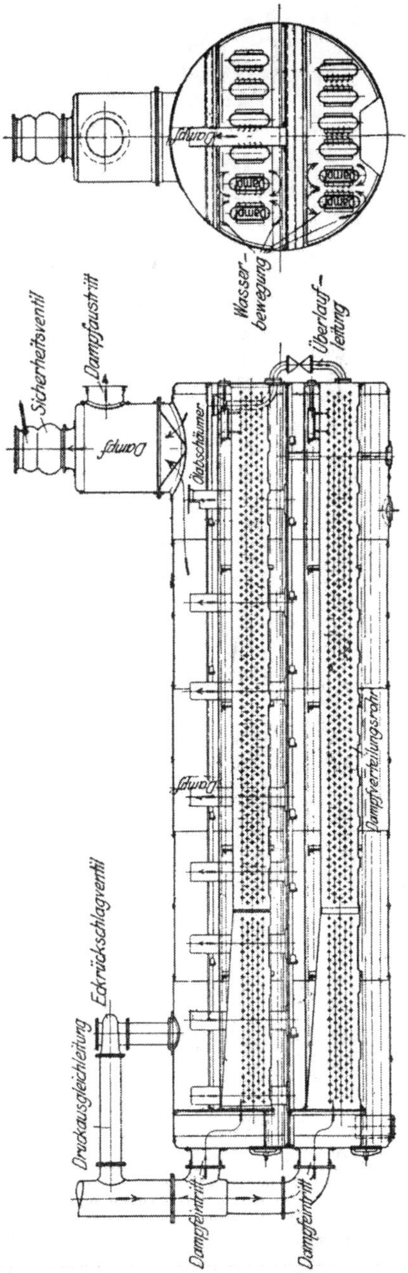

Abb. 547. Rateau-Speicher der A. G. Balcke.

Der Ruths-Speicher ist ebenfalls mit Wasserfüllung versehen, der Dampf wird durch eine Anzahl Mischdüsen unten in das Wasser geführt; dieser Speicher wird aber meist nicht als Abdampfspeicher, sondern als Energiespeicher für schwankende Belastung in Kraft- oder Kraft-Heizbetrieben angewendet und arbeitet mit hohem Druck und großem Druckunterschied, wodurch eine große Speicherfähigkeit erreicht wird (s. Fußnoten S. 402).

2. Glockenspeicher.

sind ähnlich den Gasbehältern gebaut und speichern den Dampf in der ursprünglichen Form, ohne Kondensieren und Verdampfung; der überschüssige Dampf schafft sich durch Heben der Glocke Raum, so daß eine Druckänderung nicht eintritt. Abb. 548 zeigt einen solchen Speicher, System BALCKE-HARLÉ. Die der Luft ausgesetzten Flächen sind durch Schutzmasse bzw. Schutzwände isoliert.

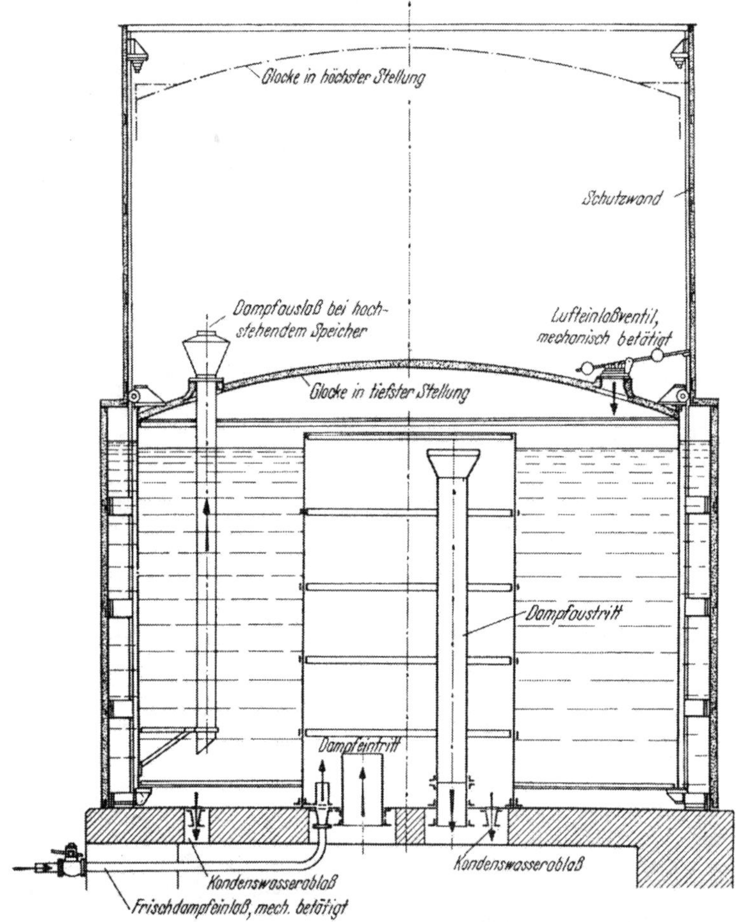

Abb. 548. Glockenspeicher BALCKE-HARLÉ.

Steigt die Dampfzufuhr über das Fassungsvermögen des Speichers, so öffnen sich in der höchsten Stellung Sicherheitsventile, oder es kann der Dampf durch ein alsdann aus dem Wasser in den Dampfraum tretendes Auslaßrohr entweichen. Versagt hingegen bei ungenügender Abdampfmenge das Regelventil an der Dampfturbine, so wird zum weiteren Schutz gegen das Leersaugen zunächst ein Frischdampfeinlaßventil und, falls der Frischdampf nicht genügt, noch ein Lufteinlaßventil geöffnet, das die Glocke mit der Außenluft verbindet; dieses Luftventil öffnet auch bei geringstem Unterdruck selbsttätig. Das Abdampfventil an der Turbine wird durch die Glockenbewegung mittels Drucköl gesteuert, durch einen von der Glocke betätigten Ölschieber, S. Abb. 540 und 543.

Der Vorteil des Glockenspeichers liegt im praktisch konstanten Druck; das Fassungsvermögen läßt sich genau berechnen, doch werden diese Speicher für große zu speichernde Abdampfmengen sehr groß[1].

3. Raumspeicher.

mit unveränderlichem Rauminhalt speichern den Dampf unter Drucksteigerung. Die Größe ist so zu bemessen, daß der Druckunterschied 0,2 at nicht übersteigt. Die Verdichtung beim Eintritt in den Speicher kann als adiabatische angenommen werden mit dem Exponenten $k = 1{,}135$ für trockenen Dampf, so daß für eine Periode der Füllung:

$$p_1 v_1^k = p_2 v_2^k,$$

oder, wenn G_1 und G_2 die Dampfgewichte am Anfang und am Ende der Dampfzufuhr und V der Rauminhalt des Speichers, v_1 und v_2 die spezifischen Volumina:

$$G_2 : G_1 = \frac{V}{v_2} : \frac{V}{v_1} = v_1 : v_2 = (p_2 : p_1)^{1/k}$$

oder

$$(G_2 - G_1) : G_1 = (p_2 : p_1)^{1/k} - 1$$

und angenähert

$$(G_2 - G_1) : G_1 = (p_2 - p_1) : kp\,,$$

woraus für eine zugelassene Druckdifferenz und eine in einer Periode eintretende Dampfmenge $(G_2 - G_1)$ das Speichervolumen $V = Gv$ mit einem mittleren Wert von v ermittelt werden kann.

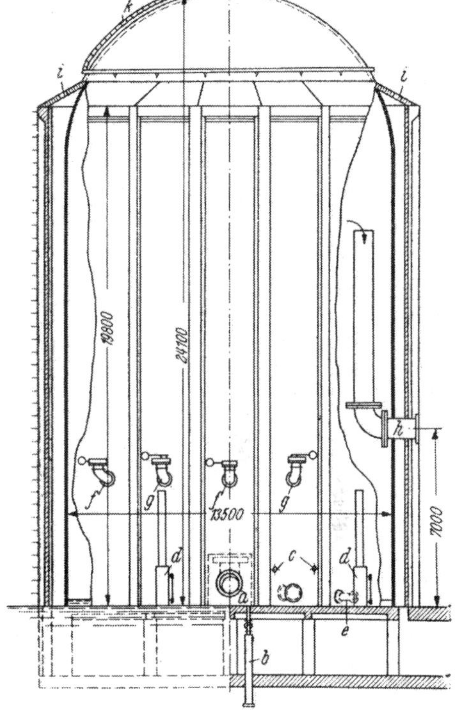

Abb. 549. Raumspeicher ESTNER-LADEWIG.

Einen Raumspeicher Bauart Estner-Ladewig zeigt Abb. 549. Der Dampf wird unten zugeführt und oben trocken entnommen; gegen Über- bzw. Unterdruck wird der Speicher durch Sicherheits- bzw. Lufteinlaßventile und durch selbsttätige Dampfzusatzventile geschützt.

Als Wärmeschutz dient eine Luftschicht und Mauerwerk. Meist wird der Speicher in den Fuchs der Kesselanlage derart eingebaut, daß die Rauchgase den Speicher beheizen, wodurch der Dampf trocken oder etwas überhitzt wird und die Wirtschaftlichkeit erhöht.

Der Durchmesser des Speichers beträgt bei 7 bis 9 mm Wandstärke 8 bis 14 m, die Höhe bis 22 m. Der mittlere Druck im Speicher ist etwa 1,1 at abs.

[1] Gleichdruckspeicher siehe: Die Wärme 1929, Nr. 17, S. 334; Arch. Wärmewirtsch. 1929, H. 6, S. 205 („Gesetze der Gleichdruckspeicherung“ von KUNDT).

Der Stand des Dampfturbinenbaues in internationaler Sicht.

Von Professor Dr.-Ing. K. Röder.

Von den in den letzten 40 Jahren entstandenen Konstruktionen sind vor allem diejenigen in den neutralen Staaten bemerkenswert, in denen die Industrie an Friedensaufgaben weiterarbeiten konnte, z. B. in Schweden und in der Schweiz. Außerdem sind neben der Entwicklung im klassischen Lande des Dampfturbinenbaues, England, die Vorgänge in den USA von besonderem Interesse, da in diesem Lande an die Energieerzeugung die größten Anforderungen gestellt sind, die mit größten Mitteln bearbeitet werden.

Mit der für Gebirgsbewohner charakteristischen, konservativen Zähigkeit entwickeln die Hauptvertreter der Schweizer Turbinenbauanstalten ihre Bauarten weiter, vor allem Brown, Boveri & Cie. die Trommelturbine nach Parsons und Escher Wyss die Kammerturbine nach Zoelly. In Schweden stand bisher die Gegenlauf-Radialturbine der Gebrüder Ljungström im Vordergrund, die auch in Deutschland von der MAN und in England von der Brush-Electrical gebaut wird. Neben der Trommelturbine wird in England für Land- und Schiffsantriebe auch die Kammerturbine verwendet; dies gilt auch für die USA.

Überall sucht man nach Lösungen für die neuen Bauaufgaben, die durch die Weiterentwicklung des Kreisprozesses auf hohe Frischdampfdrücke und auf immer höhere Temperaturen entstanden sind. Sie sind z. T. strömungstechnischer Art, da mit Rücksicht auf das kleine spezifische Volumen des Hochdruckdampfes geeignete Strömungswege für kleine Dampfvolumen geschaffen werden müssen, die womöglich ebenso verlustarm arbeiten wie die breiteren Strömungswege für die größeren Volumen im Mittel- und Niederdruckteil der Turbinen.

In den Vordergrund tritt jedoch als mindestens ebenso wichtig die Abdichtungs- oder Spaltaufgabe, die im Hochdruckgebiet neue Lösungen konstruktiver Art fordert. Den kleinen Strömungsquerschnitten entsprechend sind auch kleine Abdichtungs- oder Spaltquerschnitte zu schaffen und während des Betriebes aufrechtzuerhalten, trotz der hohen Temperaturen des Arbeitsmittels und der damit zusammenhängenden erheblichen Relativdehnungen der einzelnen Turbinenteile. Die Erfahrungen an Turbinen für mittlere Dampfdrücke ließen für die Stufen, die Hochdruckdampf zu verarbeiten haben, die Kammerturbine besonders vorteilhaft erscheinen, weil die spindelförmigen Wellen zu kleinen Abdichtungsdurchmessern und damit zu kleinen Spaltquerschnitten führen, die geringere Lässigkeitsverluste erwarten lassen als bei der Trommelturbine, deren Stufenabdichtung auf den Durchmessern der Dampfströmung selbst erfolgen muß. Außerdem muß bei der Trommelturbine zum Zweck der axialen Entlastung der Trommel ein Teil der Hochdruckabdichtung ebenfalls auf großen Durchmessern untergebracht werden. Bei der üblichen Ausbildung der axialen Trommelturbinen ist deshalb der Anteil der Lässigkeitsverluste an den Gesamtenergieverlusten im allgemeinen größer als bei der Kammerturbine. Dies zeigt sich deutlich bei Übergang auf Hochdruck, so daß nur im Mittel- und Niederdruckteil die üblichen Konstruktionen aufrechterhalten werden konnten.

Der Übergang auf höhere Drücke und Temperaturen brachte allgemein und besonders für die Trommelturbinen bauenden Firmen die Gefahr, sich im Hochdruckteil mit ungünstigen Wirkungsgraden begnügen zu müssen. Zwar konnte durch die allgemeine Einführung der sog. Regelstufe bei mäßiger Druckerhöhung noch ein gewisser Ausgleich erzielt werden. Auch wirkte sich die fortschreitende Erhöhung der Einzelleistung der Aggregate, die dem stark ansteigenden Energiebedarf der Wirtschaft Rechnung trug, günstig aus; ebenso der Übergang auf Grenzleitungsturbinen durch Ausnutzung der höchsten Drehzahl, die mit Rücksicht auf die unmittelbare Kupplung mit zweipoligen elektrischen Generatoren möglich war (3000 in Europa, 3600 in USA und Japan). Dies führte dahin, daß bereits im Jahre 1935 ein Turboaggregat der SSW von 64000 kW mit 3000 Umdr./min in Belgien dem Betrieb übergeben werden konnte.

Mit der Erhöhung des Frischdampfdruckes blieb der Wirkungsgrad der Hochdruckstufen immer weiter zurück gegenüber demjenigen der Mittel- und Niederdruckstufen und beeinflußte den Gesamtwirkungsgrad ungünstig. Man wurde gezwungen, die üblichen Spaltweiten zu reduzieren, um die Vorteile der Druck- und Temperaturerhöhung im Kreisprozeß auszunutzen. Dies führte zu Betriebsstörungen infolge Anstreifens des umlaufenden am ruhenden Teil, hauptsächlich beim Anfahren, so daß die Betriebsbereitschaft der Turbinen in Frage gestellt war. Diese Schwierigkeiten bei den Axialbauarten kamen schließlich der Weiterentwicklung der Radialturbinen zugute, die nicht nur als Gegenlaufturbinen nach LJUNGSTRÖM, sondern von den SSW auch als Einlauf-Radialturbinen gebaut werden. Die Hochdruckstufen dieser Turbinen weisen mit ihren Dichtungen nur kleine Durchmesser auf und haben relativ breite Strömungskanäle, so daß die Stufenabdichtung erleichtert ist. Doch gelang es mit diesen Bauarten nur in Ausnahmefällen, das ganze Wärmegefälle vom Frischdampfzustand bis auf Kondensatordruck in Radialstufen umzusetzen. Bei der LJUNGSTRÖM-Turbine werden die letzten Niederdruckstufen als Axialstufen ausgebildet, bei der Einlaufradialturbine bleiben die Radialstufen dagegen auf den Hochdruckteil beschränkt.

Bei der LJUNGSTRÖM-Turbine mußte auf die sog. Regelstufe verzichtet werden, die Druck und Temperatur im Gehäuse und am umlaufenden Teil gegenüber den Frischdampfzuständen herabsetzt, dadurch den Übergang auf höhere Drücke und Temperaturen erleichtert und die Wirkungsgrade bei Teillast erhöht.

Die mit der Regelstufe verbundene Vermehrung der den Dampfeintritt beherrschenden Regelorgane — Ein- oder Doppelsitzventile — wird mit den bekannten Regel- und Öldrucksystemen zuverlässig beherrscht. Zuerst von Gebr. Sulzer, Winterthur, dreikränzig verwendet, wurde dann ziemlich allgemein die zweikränzige Regelstufe ausgeführt, zuerst bei BBC in Mannheim von Dr. KOOP, einem früheren Mitarbeiter des Prof. SCHRÖDER in München. Erheblich später konnte dann zur einkränzigen Regelstufe übergegangen werden, um das Wirkungsgradniveau weiterzuheben, und zwar zuerst bei schnellaufenden Getriebeturbinen mit sog. atmenden Einbauten (RÖDER). Die von LJUNGSTRÖM in den Turbinenbau eingeführten wertvollen Bauformen für die Abdichtungen befruchteten auch den Axialturbinenbau.

Infolge der Steigerung des Dampfdruckes konnte die Eingehäuse-Axialturbine mit ihren Vorteilen im Platzbedarf, in der leichten Bedienung und in der Zusammensetzung aus wenig Einzelteilen nicht beibehalten werden. Der Übergang zur Mehrgehäuseturbine brachte die Möglichkeit, die Stufenzahl erheblich zu vergrößern und dabei den Lagerabstand des einzelnen Gehäuses so zu beschränken, daß — wenigstens bei der Trommelturbine — in der Mehrzahl der Fälle die Eigenschwingungszahl höher liegt als die höchste Drehzahl im Betrieb, die sog. Schnellschlußdrehzahl (starre Wellen). Bei der weiteren Drucksteigerung reichten schließlich auch die Unterteilung des Gehäuses und die Verwendung der Frischdampfregelstufe im Hochdruckteil nicht mehr aus, um in den auf sie folgenden Stufen befriedigende Wirkungsgrade zu erzielen. Die Verschlechterung des Stufenwirkungsgrades gegenüber dem im Niederdruckteil — nur bei der Regelstufe wirtschaftlich berechtigt im Hinblick auf die durch sie erreichten Verbesserungen bei Teillast — führte von der Trommelturbine zur kombinierten Turbine mit Kammerturbinenstufen im Hochdruckteil.

Am bekanntesten ist die in der Tschechoslowakei entwickelte sog. Brünner Turbine geworden, deren Ausführung von einer Reihe von Maschinenbauanstalten in Europa übernommen worden ist, in Deutschland u. a. von der Friedr. Krupp Germaniawerft, der AEG, der MAN, der Borsig AG. usw., die den sog. Brünner Konzern gebildet haben. Auf die Regelstufe folgte eine Reihe von Gleichdruckstufen, für deren Zwischenböden in Gruppen besondere Einsätze vorgesehen sind, während der Niederdruckteil meist als Trommelturbine ausgebildet wurde. Etwa gleichzeitig brachte BBC-Mannheim mit dem Stichwort der „Spaltüberbrückung" ebenfalls eine ähnliche Kombination auf den Markt (s. STODOLA 5. und 6. Auflage), bei der im Hochdruckteil Zwischenböden, im Niederdruckteil Überdruckstufen ohne Zwischenböden unter Verwendung scheibenförmiger Laufschaufelträger vorgesehen wurden. Während diese Bauart aber bald wieder verlassen wurde, konnte die Brünner Konstruktion bei großen Einheiten konkurrenzfähige Wirkungsgrade erzielen. Eine Reihe derartiger Turbinen kamen in Dauerbetrieb.

Bei kleineren Leistungseinheiten mußte die Brünner Hochdruckturbine bald aufgegeben werden, hauptsächlich wegen der unvollkommenen Strahlführung der Kammerturbine, die bei kleinen Beaufschlagungsdurchmessern und Schaufelhöhen besonders ungünstig wird, so daß die Vorteile des Schnellbetriebes, also der hohen Drehzahlen, bei dieser Bauart nicht voll ausgenutzt werden können. Während der Übergang auf höhere Drücke und Temperaturen bei den Vertretern der Trommelbauart zu Neukonstruktionen führte, die als Anleihen aus dem Kammerturbinenbau angesprochen werden können, gingen Vertreter der Kammerbauart bei der Lösung der Hochdruckaufgabe zum Radialprinzip über, wie die SSW, die früher zwar nicht konstruktiv und fertigungsmäßig, aber als Kraftwerkslieferantin die Entwicklung der Kammerbauart gefördert haben, schon bei der Gründung des Zoellysyndikates. Unter ihrem Einfluß entstand die Internationale Ljungström-Union, die ILU, und schließlich die Einlaufradialbauart für Hochdruckstufen.

Die Entwicklung der Grenzleistungsturbinen, bei Generatorbetrieb durch Verwendung der unmittelbar angetriebenen zweipoligen Generatoren — bereits vor Beginn des ersten Weltkrieges mit der Fabrikation der Bauart „Thyssen-Röder" in den Mülheimer Werkstätten des Thyssenkonzerns begonnen und nach dem Übergang dieser Fabrikationseinrichtungen an die SSW um 1925 als Bauart „Siemens-Röder" bis zur Leistung von 64000 kW bei 3000 Umdr./min um 1935 weiterentwickelt —, setzte sich allgemein durch. Es wurden Bauformen der Welle gewählt, die für höchste Beanspruchungen und Temperaturen geeignet sind. Die Laufschaufelträger wurden mit den übrigen Wellenteilen axial zusammengebaut im Gegensatz zu den radial verpannten Nabenrädern der Kammerturbinen auf Wellenspindeln und zu den s. Z. üblichen Trommelwellen mit eingeschrumpften Wellenenden. Der axiale Zusammenbau verhindert Lockerungen durch radiale Dehnungen. Gleichzeitig wurde dasjenige Konstruktionselement in den vielstufigen Turbinenbau eingeführt, das DE LAVAL für die einkränzigen Turbinen hoher Umfangsgeschwindigkeit verwendete, nämlich die Scheibe gleicher Festigkeit ohne Mittenbohrung. Diese Scheibe wurde sowohl für die Regelstufe als auch für die Niederdruckstufen übernommen und durch einen Kranz von Schrauben mit der Trommel verbunden, die zur Aufnahme der übrigen Laufkränze dient. Später wurden die Scheiben von BBC untereinander und mit der Trommel verschweißt.

Der Läufer setzte sich aus einer kleinen Anzahl auf normalen Pressen bestens durchschmiedbaren Teilen zusammen, die es möglich machen, kleine Beaufschlagungsdurchmesser im Mitteldruckteil zu verwenden und große Fliehkräfte in der Regelstufe und in den Niederdruckstufen bei nur mäßigen Beanspruchungen zuverlässig zu beherrschen.

Diese Trommelbauart hatte die Entwicklung der 3000tourigen Turbinen bei den seinerzeit in Europa verfügbaren Schmiedeeinrichtungen bis auf die obengenannte hohe Leistung von 64000 kW möglich gemacht. Die Auflösung des Niederdruckendes der Trommel in Scheiben ohne Mittenbohrung gestattet gleichzeitig die Ausnutzung des hohen Vakuums bei den beträchtlichen Dampfmengen, die zur Erzeugung der großen Leistungen erforderlich sind. Durch Fühlungnahme mit der Bethlehem Steel Company, Bethlehem/USA, wurde festgestellt, daß in den USA, die s. Z. noch an der Höchstdrehzahl 1800 Umdr./min festhielten, bereits Stahlstücke für Generatorrotoren einteilig hergestellt wurden, die größere Abmessungen als die Läufer der Grenzleistungsturbinen für 3000 Umdr./min aufwiesen. Führende deutsche Stahlwerke beschafften sich derartige Pressen, so daß diese Turbinenläufer heute auch einteilig hergestellt und von den SSW verwendet werden. Eine zentrale Bohrung von kleinem Durchmesser gibt die Möglichkeit der zuverlässigen Prüfung des Baustoffes.

Während beim Übergang auf Hochdruckbetrieb von den Vertretern des Trommelturbinenbaues in Europa im Hochdruckteil bekannte Bauformen aus dem Kammerturbinenbau übernommen wurden, hat in den USA die General-Electric & Co. die besondere Form der Kammerturbine in Zweischalenbauart entwickelt. Die Zusammenfassung einer Reihe von Zwischenböden in je einem besonderen Gehäuseeinsatz nach Brünn wurde dahingehend weiter ausgebaut, daß für besonders hohe Frischdampfdrücke der Hochdruckeinsatz außerdem einen Teil der Hochdruckstopfbüchse und damit auch die Ventilsitze für Normal- und ev. Überlast umfaßt. Dies erleichtert die Flanschabdichtung am Gehäuse bei Aufrechterhaltung der Unterteilung in Deckel und Unterteil. In das äußere Gehäuse gelangt der Dampf erst, nachdem es expandierend die in den ersten Innenschalen eingebauten Turbinenstufen durchströmt hat.

Die Innenschalen werden im Gehäuse axial nur an ihrem Hochdruckende festgehalten. Zur Verschraubung der Horizontalflanschen werden Dehnungsschrauben mit konisch ausgeführtem Muttergewinde zur gleichmäßigen Kraftverteilung auf die Gewindegänge verwendet und die Dichthaltung dadurch erleichtert. Die Mantelheizung der inneren Schalen soll bei zweckmäßiger Ausführung die Anfahrzeit ohne schädliche Formänderungen verkürzen. Die verbleibenden Zwischenböden des HD-Gehäuses sitzen bei der General-Electric Co. ähnlich den Brünner Vorschlägen in Einsätzen und nicht direkt im Gehäuse. Eine ähnliche Bauart für Trommelturbinen führt die Westinghouse-Gesellschaft aus, indem sie die gesamte Dampfmenge um den Leitschaufel- und Dichtungseinsatz herumführt.

Für den Niederdruckteil wurde von der GEC ein geschweißtes Stahlblechgehäuse ausgebildet, das unmittelbar an das Hoch- bzw. Mitteldruckgehäuse anschließt. Der Läufer weist die Drei-Lager-Anordnung auf, wobei das mittlere Lager innerhalb des geschweißten Stahlblechgehäuses liegt. Durch diesen besonders kompakten Zusammenbau sind die Wärmedehnungen und die Temperaturspannungen stark eingeschränkt. Da die Temperaturerhöhung der raschen Druckerhöhung in den USA langsamer folgte, gewann die Einführung der Zwischenüberhitzung bald große Bedeutung. Hoch- und Mitteldruckstufen, zwischen denen der Dampf etwa bis auf die Frischdampftemperatur wieder erhitzt wird, werden bei entgegengesetzter Dampfströmung im gleichen Gehäuse untergebracht. Die Vorwärmung des Speisewassers durch Anzapfdampf wird bei den Hochdruckanlagen weitgehend ausgenutzt. Es werden bis zu acht Anzapfstellen verwendet.

In den USA ist der Trommelturbinenbau unter Aufrechterhaltung der Überdruckbauart ebenfalls weiterentwickelt worden. Im Gebiete der hohen Dampftemperaturen, also im Hochdruckteil, wird die Verwendung des Gehäuses als Leitschaufelträger fast allgemein grundsätzlich abgelehnt. Ein zylindrisches oder leicht konisches Gehäuse tritt hier an die Stelle der hinter der Regelstufe stark eingeschnürten älteren Bauform, so daß auch dadurch die äußere Abdichtung an der axialen Schnittebene des Gehäuses erheblich erleichtert ist. Die Verwendung von besonderen Leitschaufelträgern bringt es mit sich, daß der mit Arbeitsgeschwindigkeit strömende Dampf nicht an der Innenwand des Gehäuses entlangströmt, so daß die Gehäuseaufwärmung langsamer vor sich geht und die Temperaturspannungen und die Verformungen in Gehäuse und Flanschenschrauben verringert werden.

Noch wichtiger sind diese Einsätze aber für die innere Dichtheit der Turbine. Sie sind derartig auszubilden und im Gehäuse zu halten, daß die Vorgänge in den Spalten während des Betriebes nicht zum Anstreifen der Welle führen. Dies ist die wichtigste Voraussetzung dafür, daß eine innerlich dichte Turbomaschine, gleichgültig welcher Bauart, aus jedem Zustand durch heißes Treibmittel in kurzer Zeit in Betrieb genommen werden kann. Bei diesem Vorgang stellen sich so erhebliche und rasch verlaufende Temperaturerhöhungen in den Bauteilen der Turbine ein, daß es nicht möglich ist, den Temperaturfluß und die auftretenden Relativdehnungen in den die Spalte begrenzenden Maschinenteilen in ihrem zeitlichen Verlauf genauer abzuschätzen. Bei den üblichen radialen Spalten ist zu beobachten, daß nach den im Dampfturbinenbau vorliegenden Erfahrungen ein zeitliches Voreilen der umlaufenden Teile in der Temperaturzunahme und der Dehnung gegenüber den radialbenachbarten feststehenden Teilen erwartet werden muß. Hinzu kommt, daß durch das in den Schaufelkanälen strömende Treibmittel zuerst die Schaufeln und Dichtungsstreifen selbst, da sie nur eine kleine Masse aufweisen und da ihre relativ große Oberfläche mit erheblicher Geschwindigkeit angeströmt wird, in kürzester Zeit die Treibmitteltemperatur annehmen und gewissermaßen in die Spalte hineinwachsen. Ihre Träger jedoch, die eine erheblich größere Masse bei nur beschränkt angeströmter Oberfläche aufweisen, hinken in der Temperaturerhöhung und der Dehnung diesen Teilen zeitlich in verschiedenem Maße nach. Es besteht also die Gefahr, daß beim Anfahren die kleinen Spaltbreiten überbrückt werden, wenn nicht besondere Maßnahmen bei der Ausbildung und dem Einbau der Schaufelträger getroffen werden.

Da nun in den Hochdruckstufen enge radiale Spalten verwendet werden müssen, weil sie zur Erreichung guter Wirkungsgrade erforderlich sind, so muß dafür Sorge getragen werden, daß diese Spalten bei keinem Betriebsvorgang, sei er beabsichtigt oder nicht, sich derart verkleinern, daß das gefürchtete Anstreifen eintritt. Die Lösung dieser Aufgabe ist bei der Trommelschaufelung deshalb wichtig, weil durch das Anstreifen erhebliche Schaufeldefekte entstehen können. Kaum minder wichtig ist sie bei den Dichtungsstellen der anderen Bauarten an den Stopfbüchsen und den Zwischenböden, weil durch das Anstreifen an diesen Teilen starke, örtlich beschränkte Erhitzungen auftreten, die zu bleibenden Verformungen, z. B. Verkrümmung der Welle, führen können. Zur Verhütung solcher Schäden, die den momentanen Ausfall der Turbine bedeuten, ist die beste Lösung, die den theoretischen und praktischen Forderungen in befriedigender Weise Rechnung trägt, gerade gut genug. Dabei müssen beim Temperaturwechsel die Form- und Größenänderungen der den Spalt begrenzenden Maschinenteile und die möglichen Änderungen ihrer Achsen beachtet werden.

Ein klarer Einblick in die Formänderungen bei veränderlichen Temperaturen liegt nur bei Drehkörpern vor, z. B. bei der Welle und den auf ihr befestigten Teilen. Wird ein derartiger Drehkörper gleichmäßig über den ganzen äußeren Umfang erwärmt, so behält er die kreisrunde Form bei. Dieses Verhalten der Welle als innerer Begrenzer muß auch bei den äußeren Spaltbegrenzern herbeigeführt werden, wenn während des Betriebes die Spaltweiten über den ganzen Umfang von gleicher Größe sein sollen. Die äußeren Spaltbegrenzer sollten daher in ihrer Grundform ebenfalls die Drehkörperform aufweisen und so aufgehängt sein, daß sie sich den Temperaturänderungen in ihren Abmessungen frei anpassen können. Dies ist die Voraussetzung dafür, daß während des Betriebes, wenn das Arbeitsmittel beide Spaltbegrenzer aufwärmt, die freien Spalte kreisringförmig bleiben. Damit nun dem obengeschilderten Wachsen der Schaufelung und der Dichtungsstreifen beim Anfahren Rechnung getragen wird, muß die Temperaturerhöhung und Dehnung, die das Treibmittel beim Anfahren und Aufwärmen der Turbine in den den Spalt nach außen begrenzenden Körpern verursacht, also in den Leitschaufelträgern bzw. in den feststehenden Teilen der Stopfbüchsen, rascher vor sich gehen als bei der Welle, die als innerer Spaltbegrenzer wirkt. Die Welle ist deshalb möglichst massig und wärmeträg auszubilden, während für den Leitschaufelträger eine möglichst geringe Masse und eine gute Bespülung vorzusehen ist. Örtliche Verstärkungen, z. B. an den Schnittstellen der aus Halbschalen bestehenden Leitschaufel- oder Dichtungsträger, bilden Abweichungen von der Drehform, wenn sie nicht derart gleichmäßig über die kreisrund ausgebildete Grundform verteilt und an sie angeschlossen sind, daß die Dehnungen praktisch ohne Abweichung der Innenbohrung von der Kreisform vor sich gehen. Andernfalls ist mit Unrundwerden dieser Schalen schon während des Startens zu rechnen, so daß die Unsicherheit, die bei Verwendung des Gehäuses als Leitschaufelträger bestand, nicht beseitigt ist.

Zu beachten sind außerdem diejenigen Vorgänge beim Anfahren, nach dem Abstellen und beim Wiederanfahren der Turbinen, die einen formändernden Einfluß auf die Achsen von Welle und Gehäuse ausüben. Durch Undichtheiten oder Öffnen der Ventile vor dem Anlauf füllt sich das Gehäuse oben mit heißem Dampf, während die abgekühlten und nassen Teile sich unten lagern. Dadurch entsteht eine ungleichmäßige Aufwärmung von Gehäuse und Welle, und ihre Achsen werden aus ihrer natürlichen Form gebracht. An Stelle der nach unten durchgebogenen Achsenform, in der die Welle ausgewuchtet und mit dem Gehäuse auf zentrische Lage ausgerichtet wurde, entsteht der sog. Katzenbuckel. Diese Durchbiegung nach oben entsteht nicht nur beim Anfahren aus dem kalten Zustand, sondern auch nach dem Abstellen der Turbine und durch Undichtheiten in den Dampforganen. Nur bei der Welle kann dieser Vorgang durch Drehen vor und während des Anfahrens mit einem Hilfsmotor bekämpft werden.

Die Aufrechterhaltung der gemeinsamen Achsen von Welle und Gehäuse ist jedoch zum ruhigen Lauf und zur Verhütung von Streifvorgängen von innerlich dichten Turbinen notwendig. Das wird zuverlässig erreicht durch Ausrichten und Anwärmen der Turbine mittels Ejektoren, die gedrosselten Frischdampf senkrecht von unten nach oben durch das Gehäuse hindurchtreiben und dadurch Temperaturunterschiede in senkrechten Ebenen an allen Teilen im Gehäuse vor dem Starten beseitigen. Auf diese Weise wird die Turbine in kürzester Zeit startbereit gemacht. Dadurch wird auch der im Turbinenbau bekannte Vorgang bekämpft, daß zylindrische Körper durch rasches Aufwärmen von innen oval werden. Dieser Vorgang tritt beim Aufwärmen durch Öffnen des Anlaßventiles ein.

Die heftige innere Aufwärmung von ring- oder zylinderförmigen Maschinenteilen, deren äußere Materialteile kühler bleiben, auch wenn sie von praktisch ruhendem Dampf bespült sind, führen zu Druckspannungen, die Quetschungen und bleibende Verformungen zur Folge haben können.

Die Bohrungen der zylindrisch oder konisch ausgebildeten Leitschaufelträger der Trommelturbinen werden unrund, wenn sie von innen stärker aufgewärmt werden als von außen, besonders dann, wenn sie Massenansammlungen durch Flanschen usw. aufweisen, also nicht als Drehkörper gestaltet sind. Da diese Quetschvorgänge sich nicht auf die ersten Anfahrvorgänge beschränken, sondern um so häufiger auftreten, je öfter angefahren wird, so können die Verformungen früher oder später, je nach dem Fahrprogramm und der Größe der Radialspalte, zum Streifen führen.

Dem Anfahren durch den Arbeitsdampf sollte deshalb stets ein kurzer Anwärmvorgang vorausgehen, bei dem Treibmittel in regelbarer Menge das Gehäuse von unten nach oben durchströmt und Temperaturdifferenzen in senkrechten Ebenen in allen Teilen beseitigt. Dieses Anwärmmittel wärmt alle inneren Teile der Turbine auf, strömt aber vorwiegend durch die freien Querschnitte an der Innenwand des Gehäuses nach oben, da dies der Weg geringsten Widerstandes ist. Auf diese Weise ist eine geregelte Aufwärmung aller die Spalte begrenzenden Teile vorwiegend von außen zu erreichen, wobei die kreisrunde Form der Spaltquerschnitte nicht beeinträchtigt wird.

Anheizen der Horizontalflanschen des Gehäuses mit Dampf oder seines Unterteiles durch elektrischen Strom werden zur Verhütung des Streifens ebenfalls verwendet.

Die symmetrisch zur Achse ausgebildete Gehäuseform wird auch dann verwendet, wenn die Ventilkätun nicht neben, sondern am Gehäuse selbst untergebracht werden.

Neuere Ausführungen ausländischer Dampfturbinen.

Von Professor Dr.-Ing. K. RÖDER.

Folgende Abbildungen zeigen die Ausführungen einiger neuer Hochdruckturbinen großer Leistung verschiedener Dampfturbinenwerke des Auslandes.

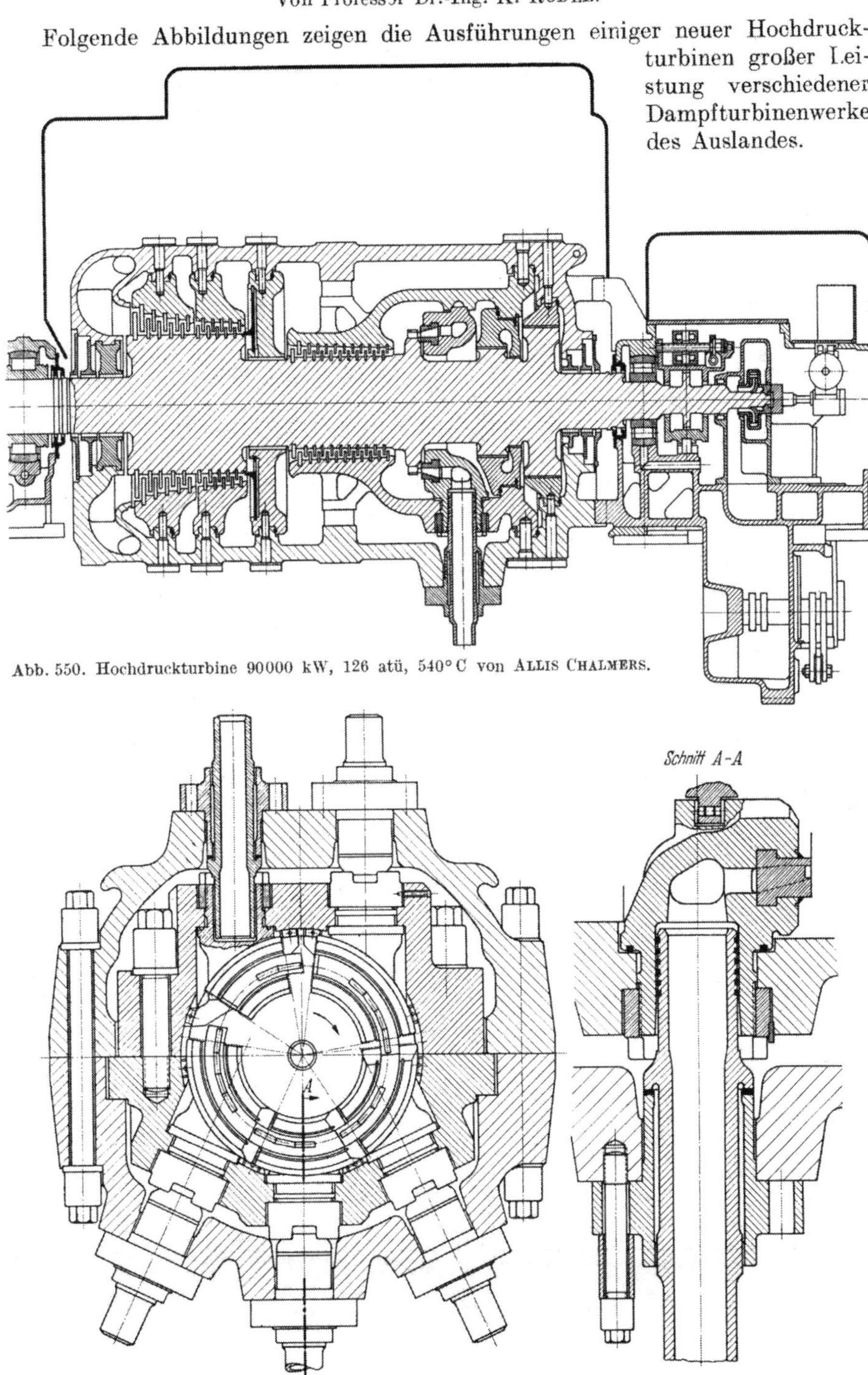

Abb. 550. Hochdruckturbine 90000 kW, 126 atü, 540° C von ALLIS CHALMERS.

Abb. 551. Schnitt durch den Einströmteil zu Abb. 550.

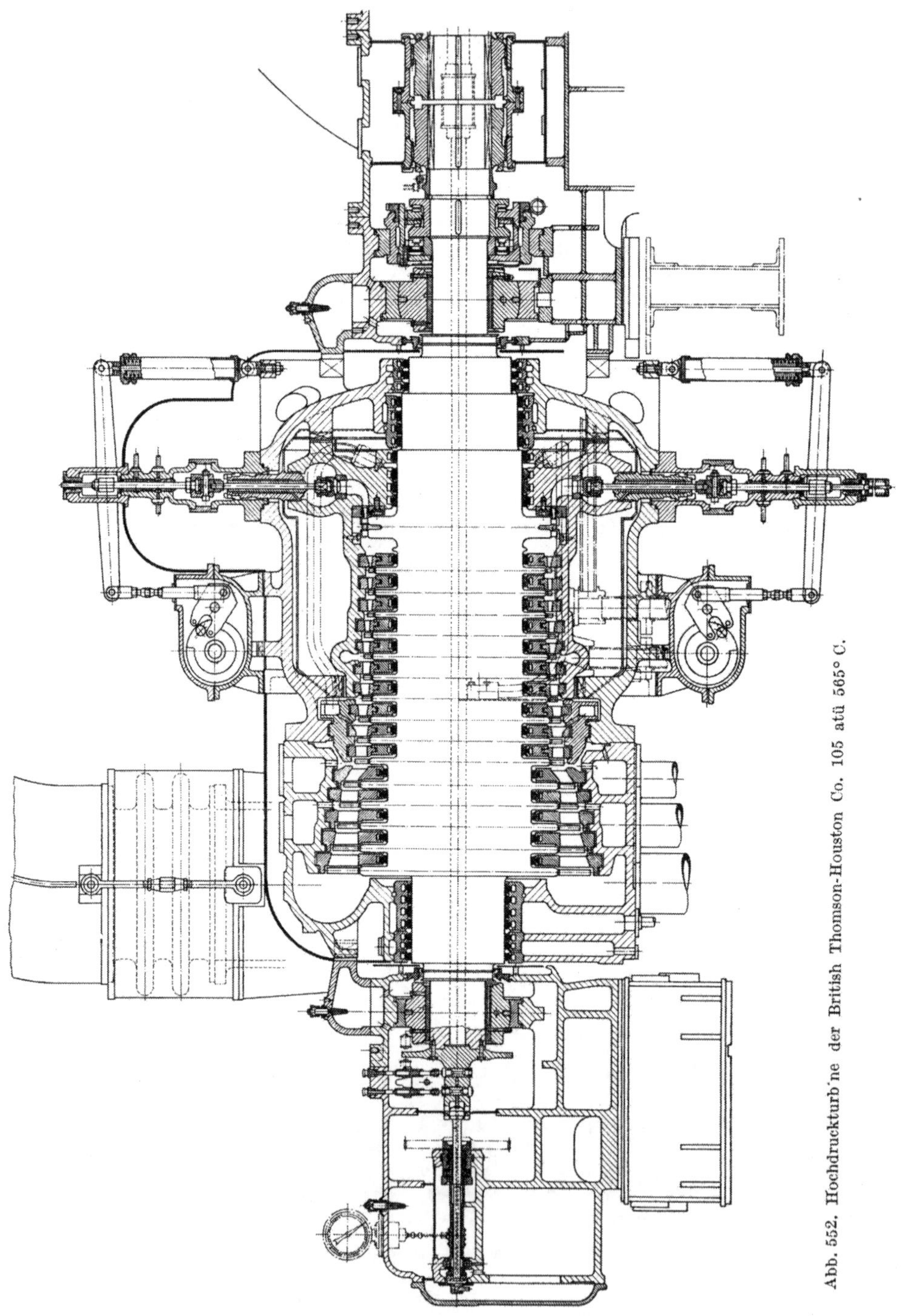

Abb. 552. Hochdruckturbine der British Thomson-Houston Co. 105 atü 565° C.

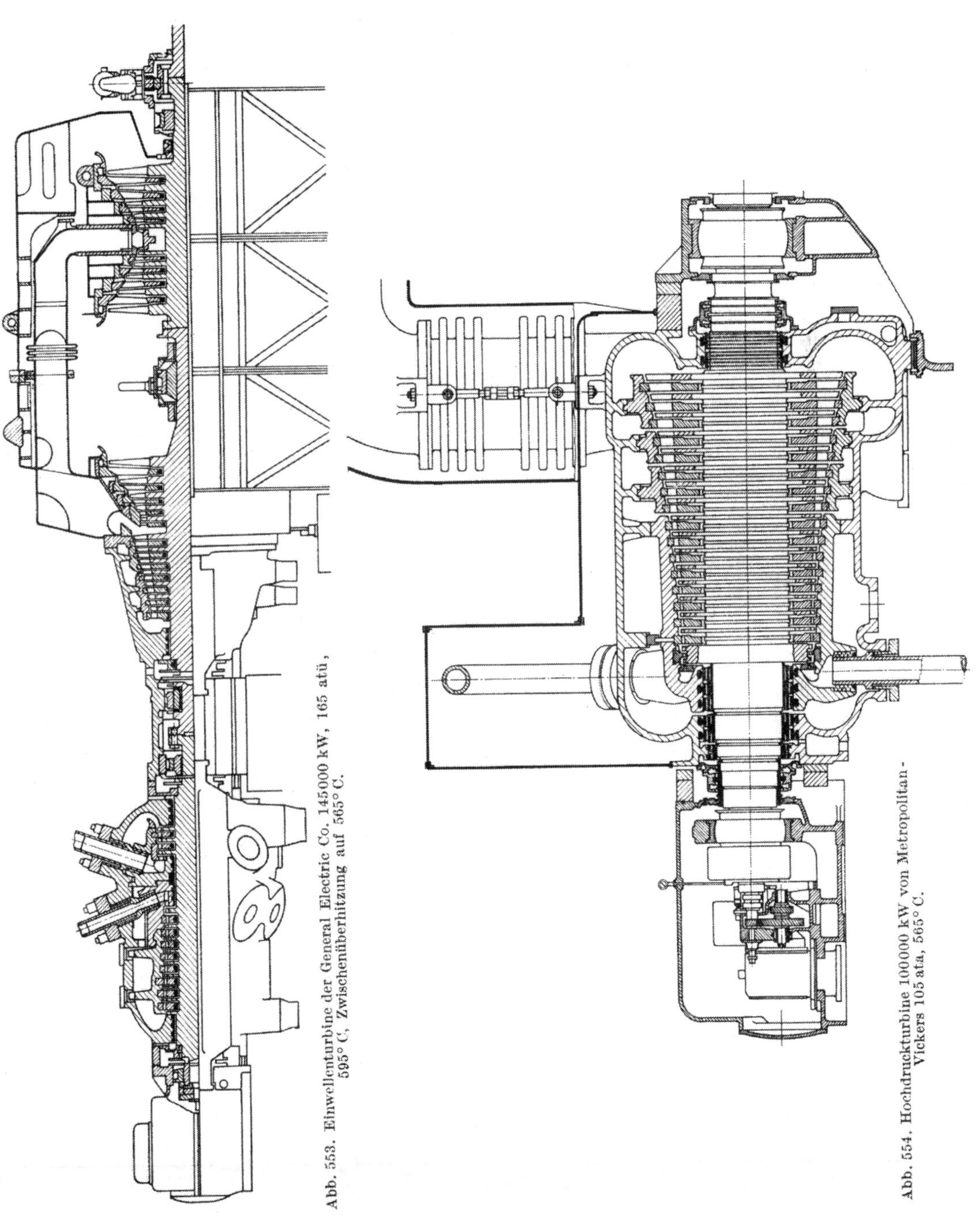

Abb. 553. Einwellenturbine der General Electric Co. 145000 kW, 165 atü, 595° C, Zwischenüberhitzung auf 565° C.

Abb. 554. Hochdruckturbine 100000 kW von Metropolitan-Vickers 105 ata, 565° C.

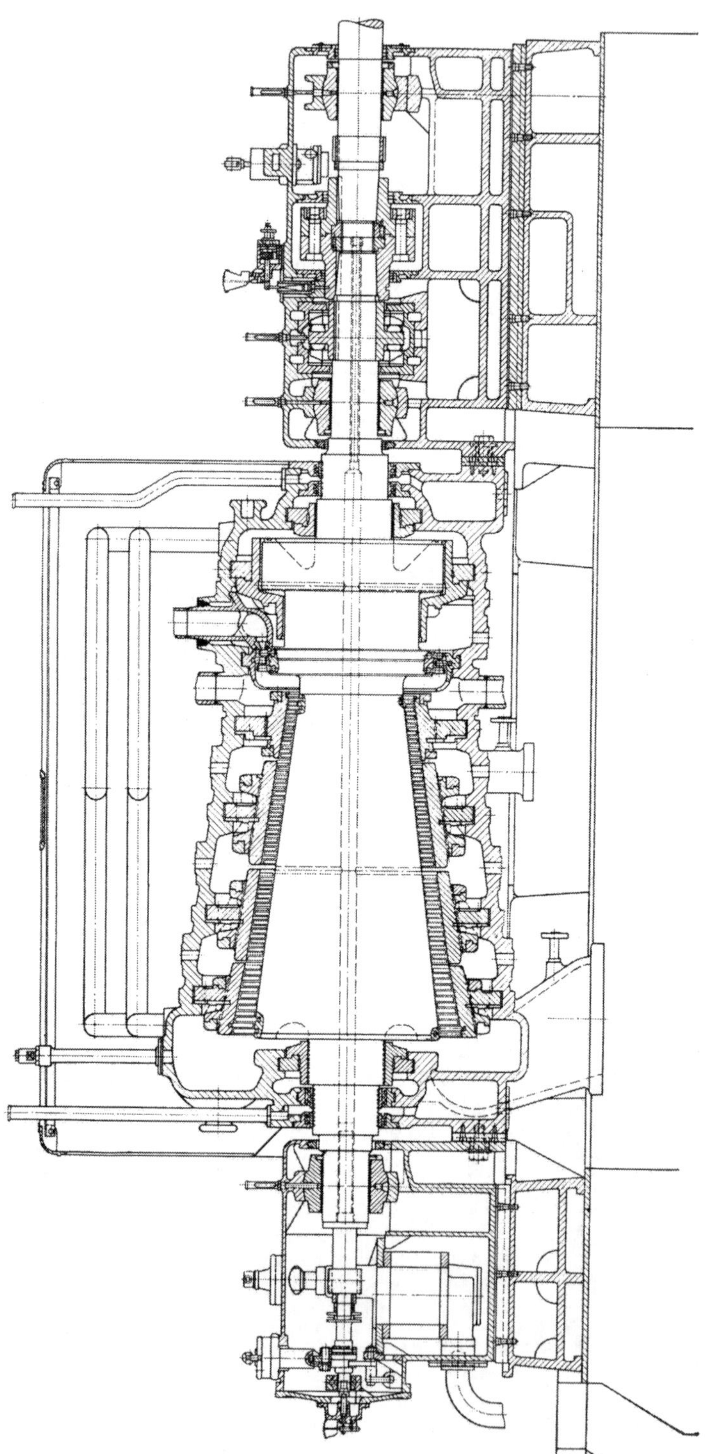

Abb. 555. Stork-Röder-Turbine 15000/20000 kW, $n=3000$ Umdr./min 5 ata normal, 75 ata maximal, 500°C von Stork, Hengelo.

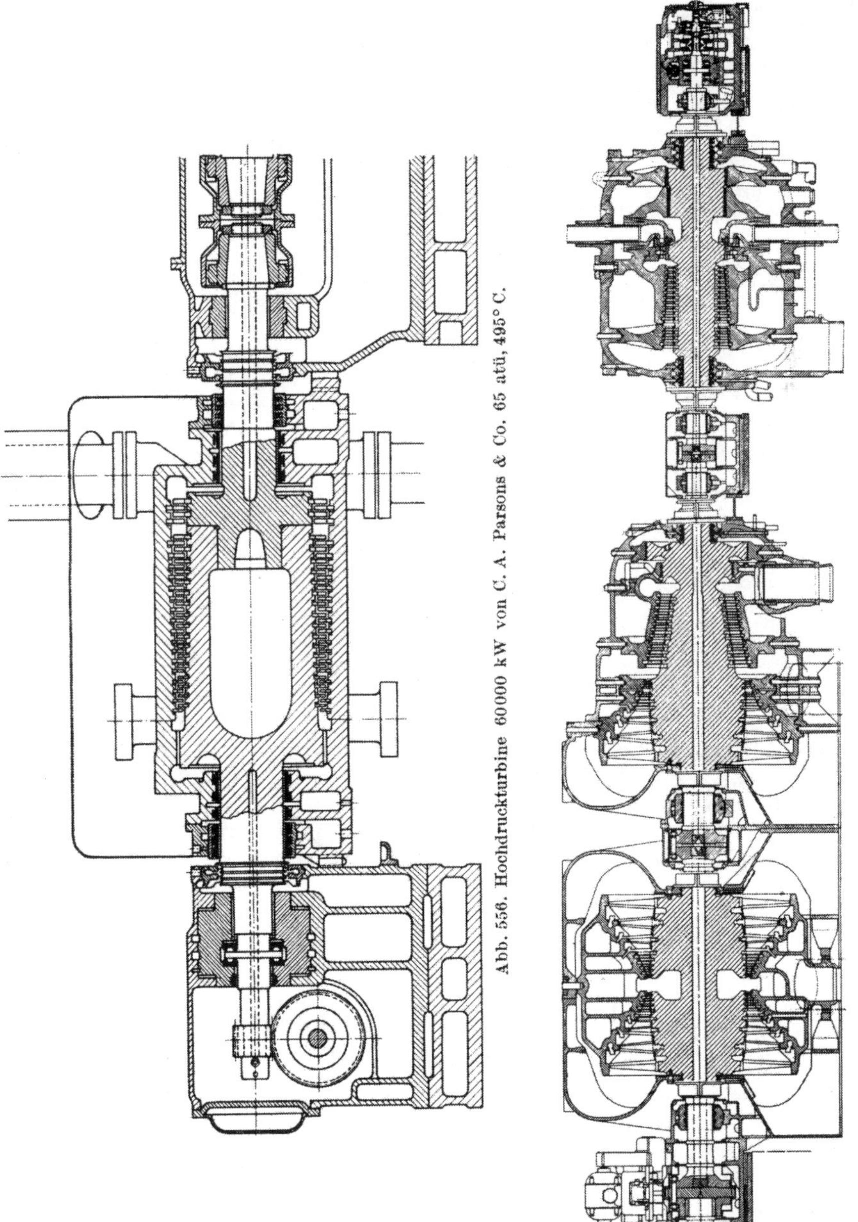

Abb. 556. Hochdruckturbine 60000 kW von C. A. Parsons & Co. 65 atü, 495° C.

Abb. 557. Einwellenturbine 145000 kW bei n = 3600 Umdr./min von Westinghouse, 126 atü, 540° C, 540° C, Zwischenüberhitzung auf 540° C, 95% Vakuum.

Ausblick.

Von Professor Dr.-Ing. K. RÖDER.

Im ersten Jahrzehnt nach Kriegsende hat die Erzeugung elektrischer Energie und die Herstellung von Dampfaggregaten immer höherer Drücke und Temperaturen einen großen Aufschwung genommen. Es fragt sich nun, ob die bisher gelungene Annäherung an den kritischen Druck des Wasserdampfes bei diesem haltmachen wird oder ob man in das Gebiet hoher Drücke weiter vorstoßen wird.

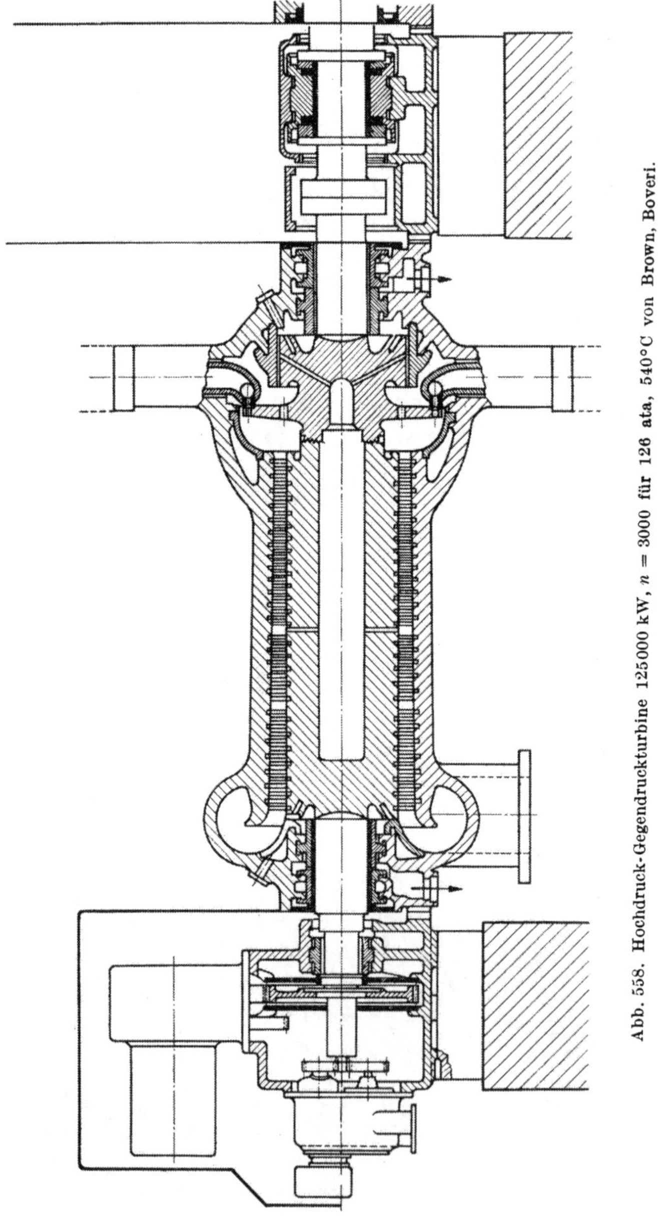

Abb. 558. Hochdruck-Gegendruckturbine 125000 kW, $n = 3000$ für 126 ata, 540°C von Brown, Boveri.

Die Verhältnisse in den USA bieten für diese Pionierarbeiten die besten Voraussetzungen nicht nur in materieller, sondern auch in menschlicher Hinsicht, da eine vertrauensvolle Zusammenarbeit zwischen den Kraftwerken und den Erzeugern der Aggregate durch die Vermittlung der ,,Consulting Engineers" gegeben ist. Wie bisher, so werden die Kesselbauer wohl weiter bei Erhöhung von Druck und Temperatur die Führung behalten, und die Maschinenbauer werden die für sie immer schwieriger werdenden Probleme schließlich auch meistern. Bei gleichzeitiger Verwendung mehrfacher Zwischenüberhitzung und vielstufiger Speisewasservorwärmung erscheinen Wirkungsgrade für die Energieumsetzung von 40% und darüber erreichbar. Die Blockbauweise setzt auch Raumbedarf und Anlagekosten je kW herab.

Für den Turbinenbau stellt sich nun die Frage, welche Bauformen für das Großexperiment geeignet sind, wenn der Dampfdruck im Laufe der Zeit um einige hundert Atmosphären erhöht werden soll. Konstruktiv stehen vor allem zwei Aufgaben im Vordergrund:

1. Die Ausbildung der den arbeitenden Dampf leitenden Elemente im Hinblick auf sein geringes spezifisches Volumen und seine hohe Dichte.
2. Die innere Dichtung von Stufe zu Stufe, um den Lässigkeitsverlust möglichst weit herabzusetzen.

Die Materialfrage soll dabei nicht behandelt werden, da es den Metallurgen gelungen ist, den steigenden Dampftemperaturen durch Verwendung von austenitischen Stählen gerecht zu werden. Durch Verwendung von Doppelgehäusen sind im amerikanischen Maschinenbau wertvolle Vorarbeiten geleistet worden, um den Aufwand an diesen teuren Stählen zu beschränken und ihren großen Wärmedehnungszahlen Rechnung zu tragen.

Zu 1. Der dichte Dampf von mehreren hundert Atmosphären nähert sich in seinem Verhalten bei der Strömung dem Wasser und fordert einfache Strömungskanäle und niedrige Dampfgeschwindigkeiten. Diese sind auch im Hinblick darauf erwünscht, daß geringe Strömungsverluste nur bei günstigen Verhältnissen zwischen Strömungsquerschnitt und Strömungsoberfläche erreicht werden.

Die Ausbildung der ersten Stufe als Regelstufe mit zu- und abschaltbaren Strömungsquerschnitten für den Frischdampf kommt deshalb kaum in Frage, da ihr Einfluß auf den Teillastwirkungsgrad einen gewissen Gefälleanteil, also größere Dampfgeschwindigkeiten voraussetzt. Da bei dem großen Gesamtgefälle die Drosselverluste bei Teillast ohnedies eine geringe Rolle spielen, ist sie von geringem Einfluß. Dadurch erscheint der Weg frei für diejenige Schaufelart, bei der die Entspannung in einem ununterbrochen begrenzten Ringkanal vor sich geht in Gittern, die den Strahl ablenken und beschleunigen. Da bei der vielstufigen Überdruckturbine, der Trommelturbine, der Dampf in jedem Gitter beschleunigt und auf dem ganzen Weg geführt wird, können die Randstörungen nicht zur Entwicklung kommen, da sie ständig dem ausrichtenden Einfluß durch den Kernstrahl unterliegen. Die Verteilung des Gefälles innerhalb jeder Stufe in zwei etwa gleiche Teile und die Vielstufigkeit führt auch zu kleinen Überdrücken je Gitter und damit zu mäßigen Biegungsmomenten und trotz des hohen Druckniveaus zu einfachen Schaufelformen. Der Überdruck auf den Läufer erfordert bei den hohen Drücken besondere Aufmerksamkeit, da auch die Laufgitter zur Entspannung herangezogen werden. Mit Drucklagern können nur relativ kleine Axialschübe aufgenommen werden; das Treibmittel muß deshalb zur Entlastung der Turbinenwelle von Axialschüben mit herangezogen werden. Die auftretenden Höchstschübe sind im Betrieb erheblichen Änderungen unterworfen, wenn der Spannungsverlauf sich im Laufe des Betriebes ändert infolge der unvermeidlichen örtlichen Verengungen der Schaufelkanäle durch Niederschläge aus dem Dampf.

Der übliche Aufbau der Überdruckturbinen mit Entlastungseinrichtungen bietet mit Rücksicht auf das hohe Druckniveau kaum ausreichende Sicherheit gegen schädliches Ansteigen der Axialschübe im Betrieb, wohl aber die sog. Doppelflußbauart, Abb. 559 u. 560, die bisher nur am Niederdruckende der Turbinen verwendet wurde, wenn die normale oder Einflußbauart zu ungünstigen Schaufelrormen mit hohen Beanspruchungen führte. Im Höchstdruckgebiet bietet gerade die Doppelflußbauart Gewähr für die sichere Vermeidung der durch Überanspruchung des Drucklagers möglichen schweren Betriebsausfälle. Ihre Verwendung führt außerdem dahin, Abdichtungselemente nur in den beiden Gehäusestopfbüchsen zu haben, in denen entspannter Dampf vom niedrigsten Gehäusedruck abzudichten ist.

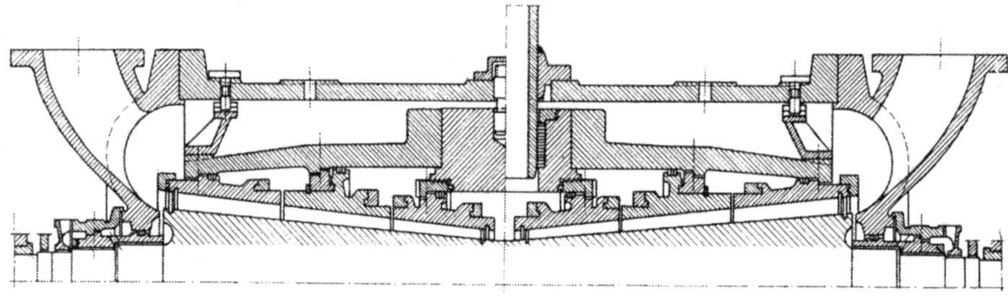

Abb. 559.

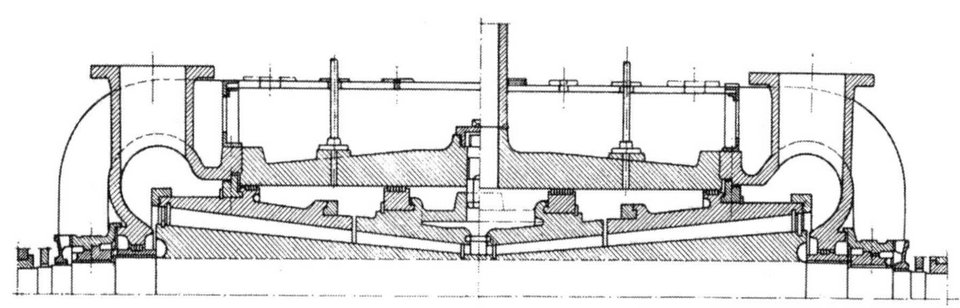

Abb. 560.

Doppelflußbauarten für höchste Drücke und Temperaturen des Frischdampfes (Hochdruckteile).

Zu 2. Die Dichtungsaufgabe innerhalb des Gehäuses beschränkt sich nun auf die Beherrschung der Spalte an den freien Schaufelenden

a) durch den wärmebeweglichen Einbau der äußeren Spaltbegrenzer;

b) durch einen geregelten Anwärmvorgang.

Zu a). Die die Spalte nach außen begrenzenden Maschinenteile, die Leitschaufelträger, werden mit Rücksicht auf die hohen Temperaturen in ein axial ungeteiltes Innengehäuse eingebaut. Es sitzt wärmebeweglich mit radialen und axialen Führungen im Turbinengehäuse (Abb. 559 u. 560), das ebenfalls axial ungeteilt ausgeführt werden kann und wird nur in der senkrechten Mittelebene der Turbine in axialer Richtung fixiert. Völlig symmetrischer Aufbau der heißen Hauptteile zu dieser Mittelebene, nämlich der Welle als Laufschaufelträger, des Innengehäuses als Leitschaufelträger und des Außengehäuses als verbindendes Element mit den Lagerböcken geben die erforderliche klare Einsicht in die Relativdehnungen während des Betriebes.

Zu b). Damit die radialen Dehnungen unter den Temperaturwechseln im Betrieb und besonders beim Anfahren von der gleichen Achse ausgehen, zu keinen

Spaltverengungen führen und auch zu keinerlei Verformungen der spaltbegrenzenden Maschinenteile Veranlassung geben, ist ein besonderes Vorgehen bei der Inbetriebsetzung der Turbine erforderlich. Verformungen von hohlen Teilen großer Wandstärke sind vor allem bei jähem Anwärmen von innen zu befürchten und beispielsweise auch an Turbinengehäusen zu erwarten, die gleichzeitig als Leitschaufelträger wirken und vom strömenden Arbeitsdampf beim Anfahren rasch aufgeheizt werden. Dies wird hier schon dadurch bekämpft, daß der Arbeitsdampf nicht entlang den Bohrungen des Turbinengehäuses, sondern innerhalb der eingebauten Leitschaufelträger strömt. Die geringen verbleibenden Gehäuseverformungen verlieren ihren Einfluß auf die Spaltbegrenzer und damit auf die Spalte, da das Gehäuse völlig achsensymmetrisch ausgebildet und beaufschlagt wird. Die schädliche Aufheizung der Leitschaufelträger von den Bohrungen aus wird nun vermieden, indem der Inbetriebsetzung eine kurze Anwärmperiode vorausgeht, in der bei geschlossenem Anlaßventil gedrosselter Frischdampf durch Ejektoren im Kreislauf senkrecht zur Turbinenachse von unten nach oben durch das Gehäuse bewegt wird. Dieser Dampf strömt vorwiegend im Zwischenraum zwischen Innen- und Turbinengehäuse und wärmt deshalb die Spaltbegrenzer rascher von außen als von innen auf, so daß sie auch bei Zweiteiligkeit wegen der konzentrisch wirkenden Zugkräfte sich nicht verformen. Dies gilt bestimmt dann, wenn die Spaltbegrenzer oder das Innengehäuse nicht nur in der Bohrung, sondern auch am äußeren Umfang weitgehend konzentrisch ausgebildet ist. Dieser Anwärmvorgang bringt auch die Sicherheit dafür, daß Welle und Gehäuse beim Anfahren ihre natürliche Achsenform aufweisen. Durch Restdampf aus der vorhergehenden Arbeitsperiode oder durch Lässigkeitsdampf während des Anwärmens der Leitungen wird sich meistens Dampf im Gehäuse derart gelagert haben, daß alle Teile der Turbine oben höhere Temperaturen aufweisen als unten und Gehäuse und Welle sich nach oben durchgekrümmt haben. Dieser Zustand wird in kürzester Zeit durch den geschilderten Anheizvorgang beseitigt, so daß das darauffolgende Anfahren ohne Streifgefahr vor sich geht, da überdies die äußeren Spaltbegrenzer bei dem geschilderten Anwärmvorgang bereits vor dem Anfahren auf eine höhere Temperatur gebracht wurden als die Welle und das Anfahren mit vergrößerten Spaltbreiten erfolgt. Im Beharrungszustand der Turbine haben sich die hergestellten engen Spalten infolge der betriebsmäßigen Durchwärmung von selbst wieder eingestellt, und die Turbine weist nicht nur stete Betriebsbereitschaft und große Betriebszuverlässigkeit auf, sondern ist auch dauernd innerlich praktisch dicht und arbeitet mit hohem Wirkungsgrad.

Spezifisches Volumen v m³/kg

p_{ata} =	1	2	3	4	5	6	8	10	12	14	16
v'' =	1,725[2]	0,9016	0,6166	0,4706	0,3816	0,3213	0,2448	0,1981	0,1664	0,1435	0,1262
t =											
140	1,927	0,9546	0,6297	—	—	—	—	—	—	—	—
150	1,976	0,9796	0,6473	0,4807	—	—	—	—	—	—	—
160	2,024	1,004	0,6644	0,4941	0,3918	0,3233	—	—	—	—	—
180	2,120	1,053	0,6978	0,5199	0,4132	0,3418	0,2526	0,1987	—	—	—
200	2,215	1,102	0,7307	0,5451	0,4337	0,3594	0,2665	0,2105	0,1731	0,1463	—
220	2,311	1,150	0,7634	0,5700	0,4539	0,3765	0,2717	0,2215	0,1828	0,1549	0,1341
240	2,406	1,198	0,7958	0,5946	0,4738	0,3933	0,2927	0,2322	0,1919	0,1631	0,1414
250	2,453	1,222	0,8120	0,6069	0,4837	0,4017	0,2991	0,2375	0,1964	0,1670	0,1449
260	2,501	1,246	0,8282	0,6191	0,4936	0,4100	0,3054	0,2427	0,2008	0,1709	0,1484
280	2,596	1,294	0,8604	0,6434	0,5132	0,4265	0,3180	0,2529	0,2095	0,1785	0,1552
300	—	—	—	—	0,5328	0,4429	0,3305	0,2630	0,2181	0,1859	0,1618
320	p =	125	150	—	0,5716	0,4592	0,3429	0,2731	0,2265	0,1933	0,1684
340	—	0,01561	—	—	0,5813	0,4754	0,3552	0,2830	0,2349	0,2006	0,1748
350	—	0,01665	0,01198	—	0,5909	0,4835	0,3613	0,2880	0,2391	0,2042	0,1780
360	—	0,01756	0,01304	—	—	0,4915	0,3674	0,2929	0,2433	0,2078	0,1812
380	—	0,01917	0,01474	—	—	0,5077	0,3796	0,3028	0,2515	0,2150	0,1875
400	—	0,02057	0,01613	—	—	0,5237	0,3918	0,3126	0,2598	0,2220	0,1937
420	—	0,02184	0,01735	—	—	—	—	0,3223	0,2679	0,2291	0,2000
440	—	0,02301	0,01843	—	—	—	—	—	0,2761	0,2361	0,2062
450	—	0,02357	0,01894	—	—	—	—	—	—	0,2396	0,2092
460	—	0,02411	0,01944	—	—	—	—	—	—	—	0,2123
480	—	0,02516	0,02039	—	—	—	—	—	—	—	—
500	—	0,02616	0,02128	—	—	—	—	—	—	—	—

hang.

des überhitzten Dampfes.

18	20	25	30	35	40	50	60	70	80	90	100
0,1126	0,1016	0,0816	0,0680	0,0582	0,0508	0,0402	0,0331	0,0280	0,0240	0,0210	0,0185
—	—	—	—	—	—	—	—	—	—	—	—
—	—	—	—	—	—	—	—	—	—	—	—
—	—	—	—	—	—	—	—	—	—	—	—
—	—	—	—	—	—	—	—	—	—	—	—
—	—	—	—	—	—	—	—	—	—	—	—
0,1177	0,1046	—	—	—	—	—	—	—	—	—	—
0,1245	0,1110	0,0865	0,0699	—	—	—	—	—	—	—	—
0,1278	0,1140	0,0891	0,0723	0,0602	0,0510	—	—	—	—	—	—
0,1309	0,1169	0,0916	0,0746	0,0624	0,0531	—	—	—	—	—	—
0,1371	0,1226	0,0964	0,0789	0,0664	0,0569	0,0434	0,0341	—	—	—	—
0,1431	0,1281	0,1010	0,0830	0,0700	0,0603	0,0465	0,0371	0,0303	0,0250	—	—
0,1490	0,1334	0,1055	0,0868	0,0735	0,0634	0,0493	0,0398	0,0329	0,0276	0,0233	0,0199
0,1548	0,1387	0,1098	0,0906	0,0763	0,0664	0,0519	0,0421	0,0351	0,0297	0,0256	0,0221
0,1576	0,1413	0,1120	0,0924	0,0784	0,0679	0,0531	0,0433	0,0361	0,0307	0,0265	0,0231
0,1605	0,1439	0,1141	0,0942	0,0800	0,0693	0,0544	0,0443	0,0371	0,0317	0,0274	0,0240
0,1661	0,1491	0,1183	0,0978	0,0832	0,0722	0,0567	0,0464	0,0391	0,0335	0,0291	0,0256
0,1717	0,1542	0,1225	0,1013	0,0862	0,0749	0,0590	0,0484	0,0409	0,0352	0,0307	0,0271
0,1773	0,1592	0,1266	0,1048	0,0893	0,0776	0,0613	0,0504	0,0426	0,0367	0,0322	0,0285
0,1829	0,1642	0,1307	0,1083	0,0923	0,0803	0,0635	0,0523	0,0443	0,0383	0,0336	0,0298
0,1856	0,1667	0,1327	0,1100	0,0938	0,0816	0,0646	0,0532	0,0451	0,0390	0,0343	0,0305
0,1884	0,1692	0,1347	0,1117	0,0952	0,0829	0,0657	0,0541	0,0459	0,0397	0,0349	0,0311
0,1938	0,1741	0,1397	0,1151	0,0982	0,0855	0,0678	0,0560	0,0475	0,0412	0,0362	0,0323
—	0,1791	0,1427	0,1184	0,1011	0,0881	0,0699	0,0578	0,0491	0,0426	0,0375	0,0335

Gesättigter Wasserdampf von + 10° bis + 50°.

Temperatur	Druck		Spezifisches Volumen v''	Spezifisches Gewicht $1000\ \gamma''$	Verdampfungswärme r	Gesamtwärme λ
°C	mm Hg	kg/cm²	m³/kg	g/m³	kcal/kg	kcal/kg
10	9,21	0,0125	106,4	9,40	589,5	599,5
11	9,84	0,0134	99,7	10,03	589,0	600,0
12	10,52	0,0143	93,7	10,67	588,5	600,5
13	11,23	0,0153	87,9	11,38	588,0	601,0
14	11,99	0,0163	83,0	12,05	587,5	601,5
15	12,79	0,0174	$77{,}9_5$	12,83	586,9	601,9
16	13,64	0,0186	73,2	13,66	586,4	602,4
17	14,5	0,0197	69,0	14,49	585,9	602,9
18	15,5	0,0211	65,1	15,36	585,4	603,4
19	16,5	0,0224	61,4	16,29	584,9	603,9
20	17,5	0,0238	57,8	17,3	584,3	604,3
21	$18{,}6_5$	0,0254	54,4	18,3	583,8	604,8
22	19,8	0,0270	51,4	19,4	583,3	605,3
23	21,1	0,0287	48,6	20,6	582,8	605,8
24	22,4	0,0305	45,9	21,8	582,3	606,3
25	23,8	0,0324	43,4	23,0	581,7	606,7
26	25,2	0,0343	41,0	24,4	581,2	607,2
27	26,7	0,0363	38,8	25,8	580,7	607,7
28	$28{,}3_5$	0,0386	36,8	27,2	580,2	608,2
29	$30{,}0_5$	0,0408	34,8	28,7	579,7	608,7
30	31,8	0,0432	32,9	30,4	579,2	609,2
31	33,7	0,0458	31,2	32,0	578,7	609,7
32	35,7	0,0486	29,6	33,8	578,2	610,2
33	37,7	0,0513	28,0	35,7	577,7	610,7
34	39,9	0,0543	26,6	37,6	577,2	611,2
35	42,2	0,0573	25,2	39,6	576,6	611,6
36	44,6	0,0606	23,9	41,8	576,1	612,1
37	47,1	0,0641	22,7	44,0	575,6	612,6
38	49,7	0,0676	21,6	46,3	575,1	613,1
39	52,5	0,0715	20,5	48,8	574,6	613,6
40	55,3	0,0752	19,5	51,2	574,0	614,0
41	58,4	0,0795	18,6	53,8	573,5	614,5
42	61,5	0,0836	17,7	56,5	572,9	614,8
43	64,8	0,0882	16,8	59,5	572,4	615,3
44	68,3	0,0930	16,0	62,5	571,8	615,7
45	71,9	0,0978	15,3	65,5	571,3	616,2
46	75,7	0,103	14,6	68,5	570,7	616,6
47	79,6	0,108	13,9	71,9	570,2	617,1
48	83,7	0,114	13,2	75,8	569,6	617,5
49	$88{,}0_5$	0,120	12,6	79,4	569,1	618,0
50	92,5	0,126	12,0	83,2	568,5	618,4

Literaturverzeichnis.

I. Bücher über Dampfturbinen.

a) Allgemeine.

BRAUER, A.: Die Dampfturbinen (Fachbücher für Ingenieure). Essen: Girardet 1950.
DIETZEL, FR.: Dampfturbinen. Braunschweig: Westermann 1950.
FLÜGEL, G.: Die Dampfturbinen, ihre Berechnung und Konstruktion. Leipzig: J. A. Barth 1931.
FORNER, G.: Die thermodynamische Berechnung der Dampfturbinen. Berlin: Springer 1931.
JANOWSKI, M. N.: Konstruktion und Festigkeitsberechnung der Teile von Dampfturbinen (russisch). 1947.
KANTOR, S. A.: Regulierung der Turbomaschinen (russisch). 1946.
KASANSKI, W. A.: Technologie der Konstruktion von Turbinen und Turbomaschinen (russisch).
KIRILLOW, J. J., u. S. A. KANTOR: Theorie und Konstruktion der Dampfturbinen (russisch). 1947.
KRAFT, E. A.: (a) Die neuzeitliche Dampfturbine. Verlag Technik 1953.
— (b) Die Dampfturbine im Betriebe. Berlin/Göttingen/Heidelberg: Springer 1952.
KREUZ, FR.: Betriebserfahrungen mit Dampfturbinen. Verlag Technik. Berlin: 1953.
KRUSCHIK, J.: Die Gasturbine. Wien: Springer 1951.
MELAN, H.: Theorie und Bau der Dampfturbinen. Berlin: Springer 1922.
OEHLER, E.: Grundzüge der Berechnung und des Baues von Dampfturbinen. B. G. Teubner, 2. Aufl. 1951.
PFLEIDERER, C.: Dampfturbinen. Hannover: Wissenschaftliche Verlagsanstalt K.G. 1949.
STODOLA, A.: Dampf- und Gasturbinen, 6. Aufl. Berlin: Springer 1925.
SWERTSCHKOFF, A. N.: Reparatur und Instandhaltung von Dampfturbinen (russisch). 1951.
ZERKOWITZ, G.: Thermodynamik der Turbomaschinen. München: R. Oldenbourg 1913.

b) Sondergebiete.

FORNER, G.: Der Einfluß der zurückgewinnbaren Verlustwärme des Hochdruckteiles auf den Dampfverbrauch der Dampfturbinen. Berlin: Springer 1921.
HIEDL, H.: Dampfverbrauchsdiagramme. Wien: Springer 1935.
KARRAS: Die Bauteile der Dampfturbinen. Berlin: Springer 1927.
LASCHE-KIESER: Konstruktion und Material im Bau von Dampfturbinen. Berlin: Springer 1925.
MAURITZ, K.: Verhalten raschlaufender Gegendruckturbinen bei Drehzahländerung. Berlin: Springer, München: R. Oldenbourg 1927.
MELAN, H.: Schaltungsarten der Haus- und Hilfsturbinen. Berlin: Springer 1926.
WAGNER, P.: Der Wirkungsgrad von Dampfturbinen-Schauflungen. Berlin: Springer 1919.
ZINZEN, A.: Der Einfluß der Dampftemperatur auf den Wirkungsgrad von Dampfturbinen. Berlin: Springer 1928.

II. Grundlagen und Teilgebiete.

a) Thermodynamik und Dampftafeln.

BAER, H.: Angewandte Wärmelehre für Maschinenbauer.
BOSNJAKOWIC: Technische Thermodynamik.
BÜTTNER, W.: Die Entropie. Physikalische Grundlagen und technische Anwendung. 2. Aufl. Düsseldorf: VDI-Verlag 1950.
ECK, B.: Technische Strömungslehre. 4. Aufl. Berlin/Göttingen/Heidelberg: Springer 1954.
FLÜGEL, G.: Die näherungsweise Erfassung der Strömungsverluste. VDI-Buch „Hydraulische Probleme“. Berlin: VDI-Verlag 1926.
KNOBLAUCH, RAISCH u. HAUSEN: Tabellen und Diagramme für Wasserdampf. München: R. Oldenbourg 1923.

KOCH, W.: Mollier-Diagramm zu den VDI-Wasserdampftafeln, 3. Aufl. München: R. Oldenbourg, Berlin/Göttingen/Heidelberg: Springer 1952.
NESSELMANN, K.: Die Grundlagen der angewandten Thermodynamik. Berlin/Göttingen/Heidelberg: Springer 1950.
OPPITZ, A.: Allgemeine und mechanische Thermodynamik. München: R. Oldenbourg 1925.
PRANDTL, L.: Führer durch die Strömungslehre. Braunschweig: Vieweg & Sohn 1942.
RICHTER, H.: Leitfaden der technischen Wärmelehre. Berlin/Göttingen/Heidelberg: Springer 1950.
SCHLICHTING, H.: Grenzschicht-Theorie. Karlsruhe: G. Braun 1951.
SCHMIDT, E.: Einführung in die technische Thermodynamik. Berlin/Göttingen/Heidelberg: Springer 1953.
VDI: Dampftafeln.
VDI-Regeln für Abnahmeversuche an Dampfturbinen. DIN 1943.
WEINIG, F.: Die Strömung um die Schaufeln von Turbomaschinen. Leipzig: J. A. Barth 1935.

b) Festigkeitsfragen, Schwingung und kritische Drehzahl.

DONATH: Die Berechnung rotierender Scheiben und Ringe. Berlin: Springer 1912.
FÖPPL, O.: Grundzüge der technischen Schwingungslehre. Berlin: Springer 1935.
GEIGER: Mechanische Schwingungen und ihre Messung. Berlin: Springer 1927.
DEN HARTOG, J. P.: Mechanische Schwingungen, 2. Aufl. Berlin/Göttingen/Heidelberg: Springer 1952.
HOLBA u. G. MESMER: Berechnungsverfahren zur Bestimmung kritischer Drehzahlen von geraden Wellen. Wien: Springer 1936.
HOLZER, H.: Die Berechnung der Drehschwingungen. Berlin: Springer 1921.
HORTH, W.: Technische Schwingungslehre. Berlin: Springer 1922.
KARAS, K.: Die kritischen Drehzahlen wichtiger Rotorformen. Wien: Springer 1935.
SCHNEIDER, E.: Mathematische Schwingungslehre. Berlin: Springer 1924.
STEUDING, H.: Messung mechanischer Schwingungen. Berlin: VDI-Verlag 1928.

c) Regelung.

DANNINGER, P.: Die Dampfturbinen-Regelung. München: R. Oldenbourg 1939.
ENGEL, F. V. A., u. R. C. OLDENBOURG: Mittelbare Regler und Regelanlagen. Wien: Springer 1944.
FABRITZ, G.: Die Regelung der Kraftmaschinen. Wien: Springer 1940.
KRÖNER: Die Geschwindigkeitsregler der Kraftmaschinen. Sammlung Göschen Bd. 19.
OPPELT, W.: Grundgesetze der Regelung. Wolfenbüttel/Hannover 1947.
— Kleines Handbuch der technischen Regelvorgänge. Verlag Chemie GmbH. Weinheim/Bgstr. 1954.
SEIDEL, K.: Regeltechnik, Wien: Franz Deuticker 1950.
STEIN: Regelung und Ausgleich von Dampfanlagen. Berlin: Springer 1926.
TOLLE, M.: Die Regelung der Kraftmaschinen, 3. Aufl. Berlin: Springer 1921.
VDI-Fachausschuß für Regeltechnik: Regelungstechnik, Begriffe und Bezeichnungen. Berlin 1944.
WÜNSCH, G.: Regler für Druck und Menge. München: R. Oldenbourg 1930.

d) Lager und Schmierung.

ASCHER: Die Schmiermittel. Berlin: Springer 1930.
ERKENS: Konstruktive Lagerfragen. VDI-Verlag 1940.
FALZ, E.: Grundzüge der Schmiertechnik. Berlin: Springer 1926.
GÜMBEL-EVERLING: Reibung und Schmierung im Maschinenbau. Berlin: W. Krayn 1925.
KÜHNEL, R.: Werkstoffe für Gleitlager, 2. Aufl. Berlin/Göttingen/Heidelberg: Springer 1952.
SCHIEBEL, A., u. KÖRNER: Die Gleitlager (Einzelkonstruktionen, H. 8). Berlin: Springer 1933.
SCHMID, E., u. R. WEBER: Gleitlager, Berlin/Göttingen/Heidelberg: Springer 1953.
UHTHOFF, E.: Schmierstoffe und Schmierung in Kraftwerksbetrieben. Halle: W. Knapp 1949.
WOLF, K.: Die Schmierung der Dampfturbinen. Berlin/Göttingen/Heidelberg: Springer 1951.

e) Allgemeine Mechanik.

BIEZENO, C. B., u. R. GRAMMEL: Technische Dynamik, 2. Aufl. Berlin/Göttingen/Heidelberg: Springer 1953.
FÖPPL, O.: Technische Dynamik, Bd. 4. München: R. Oldenbourg 1944.
GOLDSTERN, WA.: Dampfspeicheranlagen. Berlin: Springer 1933.
MUSIL, L.: (a) Die Wirtschaftlichkeit der Energiespeicherung für Elektrizitätswerke. Berlin: Springer 1930.

MUSIL, L.: (b) Die Gesamtplanung von Dampfkraftwerken, 2. Aufl. Berlin/Göttingen/Heidelberg: Springer 1948.
NETZ: Messungen und Untersuchungen an wärmetechnischen Anlagen und Maschinen. Berlin: Springer 1933.
PAUER: Fortschritte in der Entwicklung der Wärmewirtschaft. Berlin: VDI-Verlag 1923.

III. Forschungsarbeiten auf dem Gebiet des Ingenieurwesens.

BAER, H.: Die Reglung der Dampfturbinen und ihr Einfluß auf die Leistungsentwicklung in den einzelnen Stufen, H. 86.
BENDEMANN: Über den Ausfluß des Wasserdampfes und über Dampfmengenmessung, H. 32.
BRILING: Verluste in Schaufeln von Freistrahldampfturbinen. H. 68.
BÜCHNER: Zur Frage der Lavalschen Turbinendüsen. H. 18.
EBERLE: H. 78. 1909.
EICHELBERG: Die thermischen Eigenschaften des Naßdampfes im technisch wichtigen Gebiet. H. 220.
FLÜGLE, G.: Die Düsencharakteristik. H. 217.
GUTERMUTH: Versuche über den Ausfluß des Wasserdampfes. H. 19.
HARTMANN, W.: Ausfluß und Kraftmessung an der Beschauflung einer einstufigen Versuchsturbine im Luftversuchsstand. H. 397.
HENNE, E.: Beitrag zur Berechnung der Dampfturbinen auf zeichnerischer Grundlage. H. 260.
HUGGENBERGER: Festigkeit halbkreisförmiger Platten und Dampfturbinenleiträder. H. 19.
JAKOB u. ECK: Der Druckabfall in glatten Rohren und Durchflußziffer von Mündungen. H. 267.
JASINSKY: Ventilationsverluste in Dampfturbinen mit teilweiser Beaufschlagung. H. 67.
LEWICKI, E.: Die Anwendung hoher Überhitzung in Dampfturbinen. H. 12.
LOSCHGE, G.: Der Ausfluß des Dampfes aus Mündungen. H. 144.
MEYER, TH.: Über zweidimensionale Bewegungsvorgänge in einem Gas, das mit Überschallgeschwindigkeit strömt. H. 62
NIPPERT: Über den Strömungsverlust in gekrümmten Kanälen. H. 320.
RUMPF, A.: Reibung und Temperaturverlauf in Gleitlagern. H. 393.
SPEYERER, H.: Bestimmung der Zähigkeit des Wasserdampfes. H. 273 (1925).
VOGELPAHL, G.: Beiträge zur Kenntnis der Lagerreibung. H. 386.
VORKAUF: Das Mitreißen von Wasser. H. 391.

IV. Dissertationen.

ANDERHUB, W.: Untersuchung über die Strömung im radialen Schaufelspalt. Zürich 1912.
CHRISTLEIN: Untersuchung über das allgemeine Verhalten der Geschwindigkeits-Koeffizienten von Dampfturbinenelementen usw. 1911.
FRIEDRICH, H.: Strömungsmechanik einer Dampfturbinenstufe bei wechselnden Betriebszuständen. Karlsruhe 1946.
HONEGGER, E.: Festigkeitsberechnung von Kegelschalen mit linear veränderlicher Stärke. ETH Zürich 1919.
LEIN, J.: Mechanische Untersuchung an Dichtungsringen für rotierende Wellen. Karlsruhe 1953.
LÖLIGER, R.: Untersuchung des Druck- und Strömungsverlaufes in Schaufeln für Gleichdruckturbinen bei Überschallgeschwindigkeit. Zürich 1913.
MARTIN, O.: Praktische Reglungsdynamik. Dresden 1939.
POHL, E.: Beitrag zur Frage der Haltbarkeit von Dampfturbinenschaufeln gegen die Wasserwirkung durch Dampfnässe. Berlin 1937.
TRAUPEL, W.: Neue allgemeine Theorie der axialen Turbomaschinen. Zürich 1948.
WAGNER, K.: Untersuchung der Eigen- und Zwangsschwingungen von Dampfturbinenschaufeln und der dabei auftretenden Beanspruchung. Hannover 1930.
WEISSENBERGER, E.: Strömung durch Spaltdichtungen. Karlsruhe 1953.
WINKHAUS, A.: Über den Dampfverlust in Labyrinthdichtungen. München 1921.

V. Zeitschriftenaufsätze.

Abkürzungen:

AEG-Mitt.	=	Mitteilungen der AEG
AfWw	=	Archiv für Wärmewirtschaft
BBC-Nachr.	=	BBC-Nachrichten
BWK	=	Brennstoff, Wärme, Kraft
EW-Mitt.	=	Escher-Wyss-Mitteilungen
El.-Wirtsch.	=	Elektrizitätswirtschaft

F. Ing. W.	= Forschung auf dem Gebiet des Ingenieurwesens
Gieß.	= Die Gießerei
Ing.-Arch.	= Ingenieur-Archiv
Konstr.	= Konstruktion
Masch.-Bau	= Maschinenbau
Mitt. Ph. G.	= Mitteilungen der Physikalischen Gesellschaft
Phys. Z.	= Physikalische Zeitschrift
Schiffbau	
Schw. Bauz.	= Schweizerische Bauzeitung
Siem.-Z.	= Siemens-Zeitschrift
Techn.	= Die Technik
Wärme	
WM	= Werkzeugmaschine
ZaMM	= Zeitschrift für angewandte Mathematik und Mechanik
Z.f.g.Tw.	= Zeitschrift für das gesamte Turbinenwesen
Z.f.t.Ph.	= Zeitschrift für technische Physik
ZVdI	= Zeitschrift des Vereins deutscher Ingenieure

ACKERET, J.: Über Energieverluste in Gleichdruckschaufelgittern. Stodola-Festschrift 1929.

BADER, W.: Zur Düsenströmung mit Reibung. ZaMM 1953 Heft 7 S. 241/250.

BAER, H.: (a) Zur Frage der Erweiterung der Düsen. ZVdI 1916 S. 645.

— (b) Näherungsverfahren zur Berechnung umlaufender Scheiben. ZVdI 1940 S. 359.

BAMMERT, K.: (a) Grundlagen zur Regelung von Turbinentriebwerken. Techn. Nr. 47 S. 297/308.

— (b) Flüssigkeitsgekühlte Schaufeln und Läufer ein- und mehrstufiger Gleich- und Überdruckturbinen. Techn. 1948 S. 155.

— u. G. KORBACKER: Die Kennfelder einstufiger Überdruckturbinen. Techn. 1946. S. 296 bis 301.

BANDEL, G., u. H. J. WIETSER: Das Verhalten der Werkstoffe bei Heißdampftemperaturen bis 600°. BWK 1949 S. 203/268.

BANKI: Über Versuche an Schaufelkanälen. Z. f. g. Tw. 1906 S. 6.

BAUER, K.: Einfluß der endlichen Breite des Gleitlagers auf Tragfähigkeit und Reibung. F. Ing. W. 1943 S. 48.

BAUMANN: Heat Engines; Engineering 167 (1949) H. 4340/41/42.

BERNHARD, H.: Über Biegungsschwingungen von Turbinenschaufeln mit Hammerfuß. Techn. 1948 S. 145.

BETZ, A.: Strömung von Gasen und Dämpfen bei hohen Geschwindigkeiten. ZVdI 1950 S. 201.

BLAESS, V.: Über Massenausgleich raschlaufender Körper. ZaMM 1926 S. 429.

BLASIG, H.: Stahlrohrregler als Druckregler im Dampfturbinenbau. Wärme 1930 S. 640.

BOLLIER, H.: (a) Untersuchung über Vakuumausnutzung von Kondensationsdampfturbinen. EW-Mitt. 1939.

— (b) Dir praktische Anwendung des Dampfkegels. EW-Mitt. 1942/43.

— (c) Die Ersparnis durch Speisewasservorwärmung. EW-Mitt. 1950/51.

BOSNJAKOVIC: Ing.-Arch. 1940 Nr. 5.

BREMI: Schw. Bauz. 1928 S. 41.

BRENNECKE: Versalzung von Hochdruckturbinen. El.-Wirtsch. 1940 Heft 32.

BUSEMANN, A.: Lavaldüsen für gleichmassige Überschallströmungen. ZVdI 1940 S. 857.

CHRISTLIN: Untersuchung über das allgemeine Verhalten des Geschwindigkeits-Koeffizienten von Leitvorrichtungen. ZVdI 1911 S. 2081; Z.f.g.Tw. 1912 S. 1.

DANNINGER, P.: (a) Dampfturbinenbilder für mehrfach gesteuerte Dampfturbinen. Wärme 1934 S. 65.

— (b) Dampfturbinen-Überlastung mit Berücksichtigung des Spannungsabfalles. Wärme 1937 S. 33.

— (c) Pendeln von Dampfturbinensteuerungen. AfWw 1935 S. 189.

DIETZEL, FR.: Zur Frage des Betriebes von Gegendruckturbinen mit abgesenktem Gegendruck. Energie 1950 H. 6/7.

DREIER, H.: Die Entsalzung und Entkieselung von Dampfturbinen. BBC-Nachr. 1942, H. 3.

DRESDEN, D.: Schnellaufende Wellen. Z.f.g.Tw. 1929 S. 197.

DUBBERS: Ermittlung der Durchbiegung belasteter Wellen. Techn. 1948 S. 21.

DUBS, Dr. W.: Neue Schwingungsuntersuchungen an Dampfturbinenschaufeln. EW-Mitt. 1950/51.

EBEL: Wirtschaftlichster Dampfdruck und Leistungssteigerung. AfWw 1929 S. 285.

EICHHORN: Berechnung der Gegendruckdampfmenge bei einer Entnahme-Gegendruck-Dampfturbine. AfWw 1944 S. 139.

Ellrich, W.: Derzeitiger Stand der Erosionserscheinungen an Niederdruckschaufeln von Dampfturbinen. El.-Wirtsch. 1938 S. 715/19.

Endriss, H.: Die Hochdruckschmierung im Maschinenbau. ZVdI 1950 S. 571.

Ernst, H.: Die Regelung von Gegendruckturbinen. AfWw 1935, Siem.-Z. 1929 S. 626; BBC-Nachr. 1929 S. 161.

Erythropel, H.: Neue Wasserdampftafel bis 700° C. ZVdI 1952 S. 1001/04.

Faltin, H.: (a) Erforschung der Verluste von Dampfturbinenbeschaufelung. Wärme 1933 S. 485.

— (b) Strömungsvorgänge am laufenden Turbinenrad. ZVdI 1926 S. 1582.

Federn, K.: Neuere Entwicklung im Auswuchtmaschinenbau. ZVdI 1950 S. 709.

Felix, W. R.: Betrachtungen zur Wahl der Frischdampfverhältnisse von Kondensations-Turbogruppen. BBC-Nachr. 1946 S. 379.

Fentzke: Ausgleich von Energieschwankungen. AfWw 1930 S. 19.

Fichtner, R.: Über die Anwendung der v^2-Methode bei der Berechnung von Dampfturbinen; Z.f.g.Tw. 1920 S. 97.

Flatt, F.: (a) Der Einfluß der Radreibung und des Injektionsverlustes auf die Wahl des günstigsten Verhältnisses bei vollbeaufschlagten Gleichdruckschaufeln von Dampfturbinen. Stodola-Festschrift 1929.

— (b) Untersuchungen über Wasserausscheidung bei Dampfturbinen. EW-Mitt. 1939.

— (c) Escher-Wyss-Dampfturbinen großer Leistung. Schw. Bauz. 1952 S. 15 u. 31.

Flügel, G.: (a) Die Dampfturbinen bei großen Änderungen des Betriebszustandes. ZVdI 1951 S. 721/26.

— (b) Über Gestaltung und Systematik neuer Schaufelprofile. F. Ing. W. 1949/50 S. 125/32.

— (c) Dampfturbinen bei großen Änderungen des Betriebszustandes. ZVdI 1951 S. 721.

— (d) Der optimal erreichbare Wirkungsgrad von Strömungsmaschinen. ZVdI. 1954, S. 752.

Föhl, C.: (a) Über die Ladung von Ruthsspeichern. Ing.-Arch. 1930 S. 403.

— (b) Ruthsturbinen. AfWw 1928 S. 243.

Föppl, O.: Angenäherte Berechnung der Dreh- und Biegungsschwingungsfrequenzen. Techn. 1947 S. 25.

Forner, G.: (a) Dampfverbrauch und Wirkungsgrad von Dampfturbinen. ZVdI 1926 S. 505.

— (b) Der Dampfverbrauch mehrstufiger Dampfturbinen. ZVdI 1932 S. 100.

— (c) Die Beurteilung des Dampfverbrauches mehrstufiger Turbinen ohne Entnahme bei voller Belastung. Wärme 1938 S. 905/911.

— (d) Die Bewertung der Güte von Kondensationsdampfturbinen. ZVdI 1940 S. 457.

— (e) Die Umrechnung des Dampfverbrauches von Turbinen mit Drosselregelung. AfWw 1935 S. 77/80.

— (f) Die Umrechnung des Dampfverbrauches von Turbinen mit Düsenregelung. AfWw 1935 S. 161/165.

— (g) Umrechnung des Dampfverbrauches mehrstufiger Dampfturbinen ohne Entnahme. AfWw 1938 S. 297/301.

— (h) Gütegrad mehrstufiger Einstrom-Dampfturbinen. Wärme 1935 S. 577/579.

— (i) Einfluß der Schwankungen der Betriebsverhältnisse auf den Dampfverbrauch von Dampfturbinen mit Düsenregelung ohne Entnahme. Wärme 1942 S. 3.

— (k) Die einläufige Radial-Dampfturbine. AfWw 1934 S. 317.

Föttinger, H.: Grundlagen der heutigen Strömungslehre. ZVdI 1931 S. 1283.

Fränkle: Berechnung kritischer Drehzahlen beliebiger Ordnung nach Ritz. Ing.-Arch. 1930 S. 499.

v. Freudenreich: (a) Der schädliche Einfluß der Dampfnässe auf Turbinen. ZVdI 1927 S. 664/667 u. BBC-Nachr. 1927 S. 119.

— (b) Über das Verhalten einseitig verstärkter Naben. BBC-Nachr. 1922 S. 109.

— (c) BBC-Nachr. 1921 S. 41; 1922 S. 47.

Friedrich, H.: Untersuchungen über das Verhalten der Schaufelspaltdichtungen in Gegenlaufturbinen. Mitt. d. Forsch.gs.-Anst. des GHH-Konzerns 1933 S. 198/230/231.

Fritz, W., u. B. Koch: Ermüdungsversuche an Dampfturbinenschaufeln. Wärme 1940 S. 406 (Auszug aus Wärme- und Kältetechnik 1940 S. 65).

Gercke, M. J.: (a) Der Axialschub bei Dampfturbinen. ZVdI 1931 S. 226.

— (b) Über Schubausgleich und Berechnung des Axialschubes bei Dampfturbinen. Wärme 1933 S. 357.

— (c) Die Berechnung der Ausflußmengen von Labyrinthdichtungen. Wärme 1934 S. 513 bis 517.

Gilli, P.: Der wirtschaftlichste Dampfdruck. AfWw 1930 S. 39.

Gleichmann: Das Gleitdruckverfahren. AfWw 1933 S. 145.

GROPP: (a) Anwärmen, Anfahren, Auslaufen und Schnellschlußprobe von Dampfturbinen. AfWw 1926 S. 305.
— (b) Dampfturbinen ohne Zwischenüberhitzung. BWK 1951 Nr. 9.
GRUBER, W.: Wirkungsgrad und Dampfverbrauch von Gegendruckturbinen axialer Bauart. Wärme 1931 S. 751.
GRÜBLER, M.: Spannungszustand rotierender Scheiben veränderlicher Breite. ZVdI 1906 S. 535.
GRÜNAGEL, E.: Kantenwiderstand von Schaufelreihen. F. Ing. W. 1938 S. 187/196.
GUILHAUMANN (a) Die Regelung von Hochdruckturbinen. AEG-Mitt. 1939 Heft 12.
— (b) Stopfbuchsenschaltungen bei Dampfturbinen. AfWw 1943 S. 177.
GÜMBEL: Die Reibungszahl der flüssigen Reibung unter Berücksichtigung endlicher Lagerbreite. Z.f.g.Tw. 1918 S. 215.
HAKE, B.: Erosion an Niederdruck-Laufschaufeln. El.-Wirtsch. 1933 S. 144/147.
HARTMANN, W.: (a) Versuche an einer Dampfturbinenstufe, AfWw 4 S. 87.
— (b) Versuche an Turbinenschaufelgittern. Ing.-Arch. 1950 S. 75/82.
HOLZER, H.: (a) Berechnung der Scheibenräder. Z.f.g.Tw. 1913 S. 401.
— (b) Berechnung der Scheibenräder bei ungleichmäßiger Erwärmung. Z.f.g.Tw. 1915 S. 4.
— (c) Die günstigsten Abmessungen raschlaufender Wellen mit Rücksicht auf die kritische Drehzahl. Z.f.g.Tw. 1915 S. 349.
HONEGGER, E.: Festigkeitsberechnung rotierender konischer Scheiben. ZaMM 1927 S. 120.
HORT, W.: Schwingungen der Räder und Schaufeln. ZVdI 1926 S. 13/15.
— u. M. KOENIG: Studien über Schwingungen von Kreisplatten und Ringen. Z.f.t.Phys. 1928 S. 373.
HUGGENBERGER: Festigkeit halbkreisförmiger Platten. ZVdI 1927 S. 941 (s. a. F. A.).
JAKOB, M.: Strömungsversuche. ZVdI 1930 S. 1485.
JAROSCHEK, K.: (a) Beitrag zur Frage der Dampfturbinen-Regelung, im Sinne eines wirtschaftlichen Teilbetriebes, insbesondere bei Gegendruckturbinen. Wärme 1921 S. 156, 182, 213.
— (b) Die Wirkungsgrade von Industriedampfturbinen. ZVdI 1952 S. 897/906.
— (c) Versuche an Kondensations-, Gegendruck-, Anzapf- und Doppelanzapfturbinen. ZVdI 1930 S. 244/249.
— (d) Der Wirkungsgrad von Industriedampfturbinen. ZVdI 1939 S. 797/865.
JOSSE, E.: Beitrag zur Dampfverbrauchsmessung an Gegendruck- und Anzapfturbinen; AfWw 1929 S. 161.
KAEHLER, P.: Dampfturbinen mit Doppelmantel. BWK 1952 S. 336.
KARAS, K.: Die kritischen Drehzahlen der fliegenden Wellen mit Längsbelastung und Kreiselwirkung. Ing.-Arch. 1930 S. 84.
KEIMLING, P.: Dampfturbinen in Betrieb. Techn. 1948 S. 349.
KELLER, C.: (a) Beitrag zur analytischen Berechnung hochdruckbelasteter Radscheiben. EW-Mitt. 1930 Nr. 1 (auch Stodola-Festschrift 1929).
— (b) Berechnung rotierender Scheiben mittels konischer Teilringe. Schw. Bauz. 1932 von 2. 4. und EW-Mitt. 1932 Heft 1—2.
— (c) Reibungswiderstand rotierender Laufräder von Dampfturbinen und Turbokompressoren. EW-Mitt. 1931 Nr. 5.
— (d) Strömungsverluste in Labyrinthdichtungen von Dampfturbinen. EW-Mitt. 1934 Nr. 1.
— (e) Strömungsbilder in Dampfturbinen-Beschauflungen. EW-Mitt. 1934 Nr. 6.
— (f) Modellversuche an Dampfturbinenelementen. EW-Mitt. 1937 Nr. 1 und Schw. Bauz. 1939 S. 307.
— (g) Labyrinthströmungen in Turbomaschinen. EW-Mitt. 1935 S. 160.
—, u. F. SALZMANN: Die Verwendung von Luft als Untersuchungsmittel für Probleme des Dampfturbinenbaues. Schw. Bauz. 1934 S. 259; EW-Mitt. 1934 Nr. 6 S. 143/159.
—, H.: Berechnung rotierender Scheiben Schw.-Bauz. 1909 S. 307.
KINDSCHER, E.: Neue Erkenntnisse über Reibung, Schmierung und Verschleiß. Techn. 1947 S. 72.
KINKELSDEY, L.: Die Bestimmung der günstigsten Anzapfdrucke bei der Anzapfvorwärmung unter Berücksichtigung des Gütegrades der Dampfturbinen.
KIRCHBERG, G.: Frequenzabsinken und Schaufelschäden an Dampfturbinen. Techn. 1948 S. 355.
KIRCHBERG, Dr. W.: Entwicklung im Dampfturbinenbau in den letzten 10 Jahren. ZVdI 1953 S. 218/219.
KIRST, H.: Der Wärmerückgewinnungsfaktor und seine Bedeutung für Dampfturbinen. Wärme 1929 S. 501, 865 und 1930 S. 569.
KLUGE: Grenzleistung von Dampfturbinen. AfWw 1931 S. 49.

KNOOP, E.: Erfahrung mit Wirkstoff-Dampfturbinenölen. ZVdI 1950 S. 883.
KOCH, W.: Wirkungsgrad von Gegendruck und Vorschaltturbinen. BWK 1949 S. 129/134.
KÖPPE, P.: Vermeidbare Verluste in Dampfturbinen-Betrieben. Wärme 1940 S. 425.
KRAFT, E. A.: (a) Neuer Versuch mit Dampfturbinendüsen. ZVdI 1924 S. 182.
KRAUSE: Zur Berechnung der kritischen Drehzahlen rasch umlaufender Wellen. ZVdI 1914 S. 878.
KREUTER: Versuche an einer Hochdruck-Gegendruckturbine bei stark veränderlicher Drehzahl und verändertem Dampfstrom. „Konstruktion" 1950 S. 41/45, 66/75.
KUCHARSKI, N.: Der Einfluß der endlichen Lagerlänge auf die Strömung in der Schmiermittelschicht. Z.f.g.Tw. 1918 S. 53.
KULL: Neue Beiträge zum Kapitel: Kritische Drehzahl schnell umlaufender Wellen. ZVdI 1918 S. 241.
KUNDT: Gesetze der Gleichdruckspeicherung. AfWw 1929 S. 205.
LEIST, K.: Analytische Ermittlung der Wirkungsgrade und der günstigsten Schnellaufzahl von Dampfturbinen. Wärme 1934 S. 33.
LICENI, F.: (a) Neuzeitliche Fragen der Wärme- und Strömungsforschung. ZVdI 1940 S. 616.
— (b) Mittel gegen Schaufelerosionen von Dampfturbinen. ZVdI 1940 S. 986.
LORENZ: Dampfturbinen mit stark veränderlicher Drehzahl. ZVdI 1926 S. 314.
LOSCHGE: Die Verwendung von Zoelly-Leiträdern von Dampfturbinen für überkritische Dampfgeschwindigkeit. ZVdI 1916 S. 770.
LÖSEL: Ausnutzung hoher Luftleeren in Dampfturbinen. ZVdI 1912 S. 995.
LÖWY, A.: Das Verhalten der Dampfturbinen bei kleinen Änderungen der Betriebsbedingungen. ZVdI 1931 S. 971.
LÜTHI, A.: (a) Spezialregler für Dampfturbinen und Kompressoren. EW-Mitt. 1940.
— (b) Die Regler der Dampfturbinen. EW-Mitt. 1942/43.
— (c) Abklingbedingungen für Reglergleichungen beliebiger Ordnung. EW-Mitt. 1942/43.
LYSHOLM, A.: Versuche mit verdickten Turbinenschaufeln. AfWw 1940 S. 95.
MAYER, H.: (a) Stand der Entwicklung im Hochdruck-Dampfturbinenbau. Techn. 1948 S. 145.
— (b) Der Entwicklungsstand des Dampfturbinenbaues im In- und Ausland. BWK 1950 S. 91.
MELAN, H.: (a) Der Wirkungsgrad von Dampfturbinen. AfWw 1927 S. 301/312.
— (b) Festigkeitsberechnung von Schaufeln. F. Ing. W. 1933 S. 188.
— (c) Die Regelung von Vorschalt- und Nachschaltturbinen. AfWw 1939 Heft 8.
— (d) Theoretische und praktische Untersuchungen über Schaufelschwingungen an Dampfturbinen. ZVdI 1936 Nr. 24.
— (e) Erosion von Niederdruck-Dampfturbinenschaufeln, Verhütung von Zerstörungen und Wirkungsgradminderung. AfWw 1940 S. 199/202.
— (f) Anwendung des Ritzschen Verfahrens bei Festigkeitsaufgaben des Dampfturbinenbaues. ZVdI 1940 S. 652.
— (g) Einfluß der rückgewinnbaren Wärme auf den Wirkungsgrad von Dampfturbinen. 1940 S. 1035.
— (h) Zur Frage der Vorausberechnung der Wirkungsgrade von Dampfturbinen. ZVdI 1942 S. 228.
— (i) Zur Frage der Schaufelerosionen im Niederdruckteil einer Dampfturbine. El.-Wirtsch. 1939 S. 349/351.
— (k) Die günstigste Auslegung von Dampfturbinen nach dem Häufigkeitsschaubild. AfWw 1942 S. 183.
— (l) Neuere Entwicklung im Hochdruckturbinenbau. El.-Wirtsch. 1943 S. 207.
— (m) Über die Näherungsrechnung für Schaufelschwingungszahlen bei Grenzturbinen. F. Ing. W. 1933 S. 188.
— (n) Dampfturbinen für veränderlichen Anfangsdruck. ZVdI 1934 S. 102.
MELDAHL, A.: Über die Endverluste der Turbinenschaufeln. BBC-Nachr. 1941 S. 356.
MESCHER, K.: Erfahrungen über Abwärmeverwertung in Dampfturbinen. Wärme 1931 S. 65.
MICHELL, A. G. M.: The lubrication of plan surfaces. Z. f. Math. u. Phys. 1905 S. 123.
MÜNZINGER, FR.: Die Wirtschaftlichkeit der Dampf-, Gas- und Quecksilberturbinen in ortsfesten Kraftwerken. ZVdI 1951 S. 281/289.
NIETHAMMER, F.: Neue Dampfverbrauchszahlen von Vielradturbinen. AfWw 1936 S. 247 bis 250.
NUSSELT, W.: Die Umsetzung der Energie in der Lavaldüse. Z.f.g.Tw. 1916 S. 137.
OPPELT: Vergleichende Betrachtungen verschiedener Regelaufgaben. ZVdI 1940 S. 33.
OPPITZ, A.: Zeichnerische Berechnung der Dampfturbinen. AfWw 1925 Heft 10.
OSCHATZ, H.: (a) Wege zum Auswuchten umlaufender Massen. ZVdI 1943 S. 671.

OSCHATZ, H.: (b) Geortetes Auswuchten. ZVdI 1944 S. 357.
PAPE, W.: Wirkungsgrade von Dampfturbinen. AfWw 1928 S. 359.
PAUL, H.: (a) Auswirkung der Dampffeuchtigkeit in den Niederdruckstufen auf Betrieb und Bau von Kondensations-Dampfturbinen. ZVdI 1937 S. 1004/1008.
— (b) Einfluß der Füllung auf die Steuerung der Dampfturbinen. VDI-Forsch-Heft 422.
PETER, R. W.: Abnahmeversuche an Kraftwerksdampfturbinen. EW-Mitt. 1944/45, S. 130.
PIO-ULSKI, G.: Die Bestimmung der Stufenzahl sowie der Schaufelhöhen der Arbeitskränze bei Dampfturbinen. Wärme 1926 S. 475.
PIWOWARSKI, E.: Einige Beobachtungen über das Verhalten von Gußeisen im Heißdampf. Gieß. 1926 S. 481.
POHL: Beitrag zur Frage der Haltbarkeit von Dampfturbinenschaufeln gegen Wasser durch die Dampfnässe. Der Maschinenschaden 1936 H. 12; 1937 H. 1—3; 1938 H. 1—2.
PÖSCHL, TH.: Über die angenäherte Berechnung der Schwingungszahlen von Rahmenträgern; Über die Berechnung der Spannungsverteilung in rotierenden Scheiben veränderlicher Breite. Z. f. g. Tw. 1913 S. 70.
PRANDTL, L., u. A. BUSEMANN: Näherungsverfahren zur zeichnerischen Ermittlung von ebenen Strömungen in prismatischen Stäben. Stodola-Festschrift 1929 S. 499.
QUIBY, H.: Einige Betrachtungen über Hochdruck-Dampfturbinen. De Ingenieur 1. 5. 1936.
RENFORDT, A.: (a) Druckverteilung und Dampfverbrauch bei Teillasten von Gegendruck- und Entnahmeturbinen. AfWw 1927 S. 297; 1928 S. 21.
— (b) Mechanische Verluste neuzeitlicher Gegendruckdampfturbinen. AfWw 1928 S. 389/391.
— (c) Verluste durch Undichtheit. AfWw 1928 S. 3.
— (d) Kritik der Dampfverbrauchszahlen und Wirkungsgrade von Dampfturbinen. Wärme 1931 S. 151.
— (e) Die Gütezahl neuzeitlicher Gegendruckturbinen. AfWw 1929 S. 22.
— (f) Entnahme-Dampfturbinen, Konstruktion der Entnahme-Diagramme. Wärme 1930 S. 828.
— (g) Gegendruck-Dampfturbinen. Wärme 1934 S. 625.
RICHTER, H.: Schmierölfragen für Dampfturbinen. Öl u. Kohle 1935 Nr. 33.
RÖDER, K.: (a) Die Abdampf- und Zweidruckturbinen. Z.f.g.Tw. 1913 S. 177.
— (b) Die Abdichtungsaufgabe im Dampfturbinenbau. Wärme 1938 S. 27/29. AfWw 1937 S. 147.
— (c) Das Hochdruckproblem im Dampfturbinenbau. Wärme 1938 S. 27/29.
— (d) Neue schnellaufende Hochdruckdampfturbine. ZVdI 1939 S. 1195.
— (e) Ein Beitrag zum Bau von Hochdruckdampfturbinen. El.-Wirtsch. 1940 Nr. 20.
— (f) Große und kleine Dampfturbinen für hohe Drucke und Temperaturen. Wärme 1941 S. 261.
— (g) Verluste in Strömungskanälen von Dampfturbinen. ZVdI 1941 S. 547.
ROSENLÖCHER, O.: Strömungsverhältnisse und Gütezahl von Dampfturbinen. AfWw 1940 S. 247.
RUBINSTEIN, J. M.: Die vorteilhaftesten Anzapfstellen bei Anzapfvorwärmung. AfWw 1930 S. 349.
SALZMANN, Dr. F.: (a) Über Spaltverluste bei Dampfturbinenbeschauflungen. EW-Mitt. 1935 Nr. 4—5.
— (b) Versuche an Dampfturbinenelementen. EW-Mitt. 1939.
v. SANDEN: Schaufelschwingungen. Z.f.t.Ph. 1929 S. 443.
SAUER, R.: Zur Einführung in die Strömungslehre zusammendrückbarer Flüssigkeiten. ZVdI 1940 S. 301 (Literaturhinweise).
SCHÄFF, K.: (a) Die Zwischenüberhitzung. AfWw 1938 S. 133—37.
— (b) Die vollkommene und die stufenweise Speisewasservorwärmung. AfWw 1940 S. 101 u. 173.
— (c) Brenngasturbinen-, Luftturbinen- und Dampfturbinen-Prozeß im deutschen Kraftwerksbau. ZVdI 1951 S. 181.
SCHINN, R.: Die Turbinenwerkstoffe. ZVdI 1953 S. 818.
SCHLENK, R.: Neue Darstellung des Dampfverbrauches von Entnahmeturbinen. AfWw 1935 S. 217.
SCHÖNE, O.: Der Stand des deutschen Dampfturbinenbaues. AfWw 1937 S. 305.
—, u. O. KRAFT: Zweigehäusige Hochdruck-Radial-Turbinen für kleinen Dampfdurchsatz (SSW-Menninghaus). ZVdI 1938 S. 465/470.
SCHULT: Schw. Bauz. 1930 S. 98.
SCHULZ, E.: Der Werkstoffaufwand in Dampfkraftwerken. ZVdI 1937 S. 1393.
SCHULZE, R.: Die Energieversorgung in den Heizdampf verbrauchenden Industrien. Energie 1950 S. 53.

SCHUMACHER, W.: Untersuchung über die Strömung in engen Spalten. Ing.-Arch. 1930 S. 444.
SCHWERIN, E.: (a) Eigenfrequenzen der Schaufelgruppen von Dampfturbinen. Z.f.t.Ph. 1927 S. 312.
— (b) Über die Dampfdruckbiegungsbeanspruchungen in Schaufelgruppen der Dampfturbinen. Z.f.t.Ph. 1928 S. 92.
SENGER, U.: Die Dampfnässe in den letzten Stufen von Kondensationsdampfturbinen. El.-Wirtsch. 1939 Nr. 14 S. 354/360.
SIEBEL, E., u. N. LUDWIG: Sonderstähle und Legierungen für hohe Temperaturen. Konstr. 1949 S. 13/15.
SIEGFRIED, W.: (a) Zur Knickung von Dampfturbinen-Leitschaufeln. Auszug ZVdI 1951 S. 81.
— (b) Die Rolle der Werkstoffe in der neuen Entwicklung der kalorischen Maschinen. Schw. Bauz. 1950 S. 591 (Auszug ZVdI 1951 S. 81).
SÖRENSEN, E.: (a) Freie und erzwungene Schwingungen elastischer Systeme. ZaMM 1936 S. 366.
— (b) Hydraulische Ähnlichkeit von Dampfturbinenstufen. ZVdI 1934 S. 1403/1411.
— (c) Luft als Untersuchungsmittel für Dampfturbinen. ZVdI 1935 S. 791.
SPOERRY, J. J.: Die Rectaflux-Kondensations-Dampfturbine. EW.-Mitt. 1938 S. 56.
STEGEMANN: Abschaltversuche an einer Hochdruck-Vorschaltturbine. El.-Wirtsch. 1941 S.452.
STELLER, A.: Die Berechnung von Gleitlagern mit Flüssigkeitsreibung. ZVdI 1954 S. 89.
STENDER, W.: (a) Der innere Wirkungsgrad von Dampfturbinen. AfWw 1937 S. 343/346.
— (b) Der thermische Nutzen der Zwischenüberhitzung. AfWw 1939 S. 101.
— (c) Wärmeverbrauch der Ruthsspeicher-Kraftanlagen. AfWw 1930 S. 335.
— (d) Der Gleitdruckbetrieb, sein Wesen und seine Auswirkung. Siem.-Z. 1937.
STODOLA, A.: (a) Zur Theorie der kritischen Drehzahlen. Zf.g.Tw. 1920 S. 1
— (b) Leistungsversuche an einer Gegendruckturbine. ZVdI 1925 S. 1177.
SZEWALSKI, R.: Die Strahlablenkung in Turbinenleitapparaten bei überkritischen Druckgefällen. AfWw 1938 S. 79.
TRUTNOWSKY, K.: Spaltdichtungen. ZVdI 1939 S. 857.
WAGENER, G.: Der thermische Wirkungsgrad und seine Berechnung. Gas- u. Elektrowärme 1944 S. 89.
WELLMANN, W. E.: (a) Abnahmeversuche einer 80000-kW-Turbine des Großkraftwerkes Klingelnberg. ZVdI 1928 S. 1037.
— (b) Untersuchung an einer 50000-kW-Ruthsspeicherturbine. ZVdI 1930 S. 776.
WEWERKA, A.: (a) Die zurückgewinnbare Wärme bei Hochdruck-Dampfturbinen. AfWw 1926 S. 189/112.
— (b) Zur Theorie der Düsen von Dampfturbinen. Z.f.g.Tw. 1920 S. 265.
WITTE, R.: (a) Untersuchungen über Wirkungsgrade von Vorschaltdampfturbinen. ZVdI 1939 S. 1095/1102.
— (b) Die Strömung durch Düsen und Blenden. F. Ing. W. 1931 S. 245, 291.
ZERKOWITZ, G.: (a) Entspannung von Naßdampf in Dampfturbinen. AfWw 1929 und Stodola-Festschrift 1929.
— (b) Zur Beurteilung der Leitvorrichtungen. ZVdI 1917 S. 869.
— (c) Das Gegendruckverfahren und seine Anwendung bei Dampfturbinen. ZVdI 1924 S. 147.
ZOLF, G.: Randverluste von Gleichdruckturbinen. Wärme 1940 S. 399.

Namen- und Sachverzeichnis.

III 18/97. 721/16/54